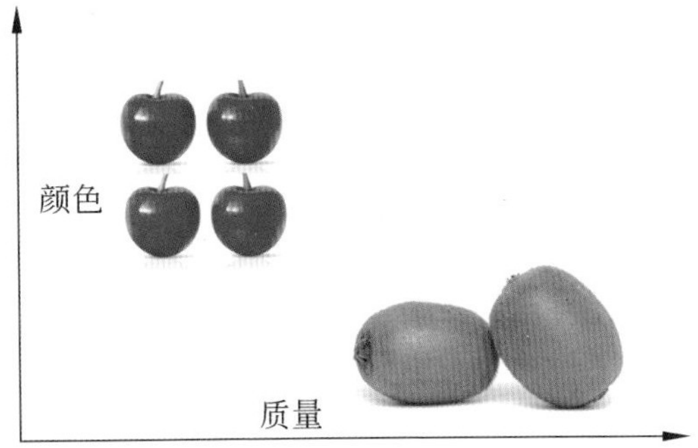


图 1.1 用于区分樱桃和猕猴桃的特征

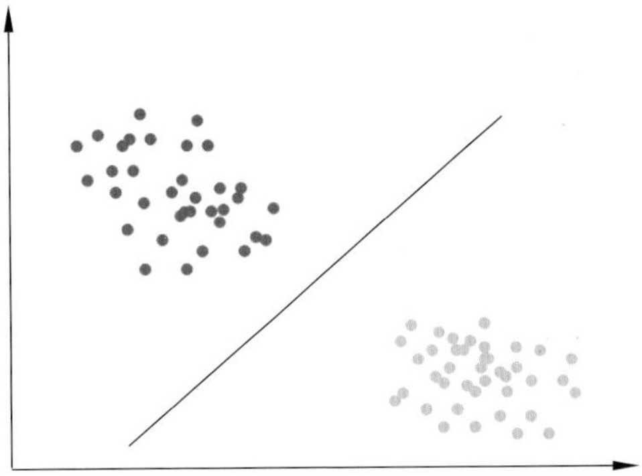

图 1.2 用直线将两类水果分开

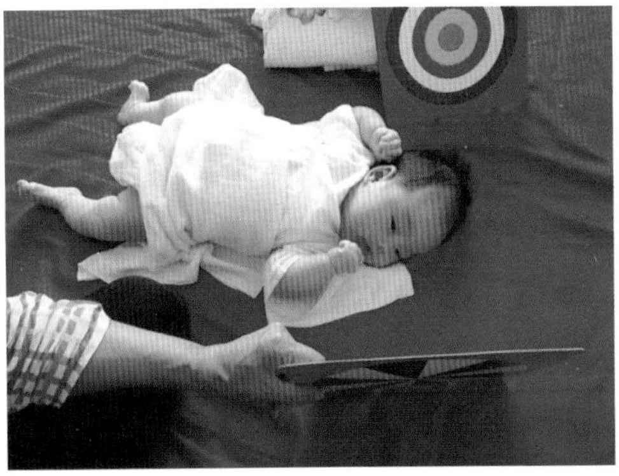

图 1.4 识图卡

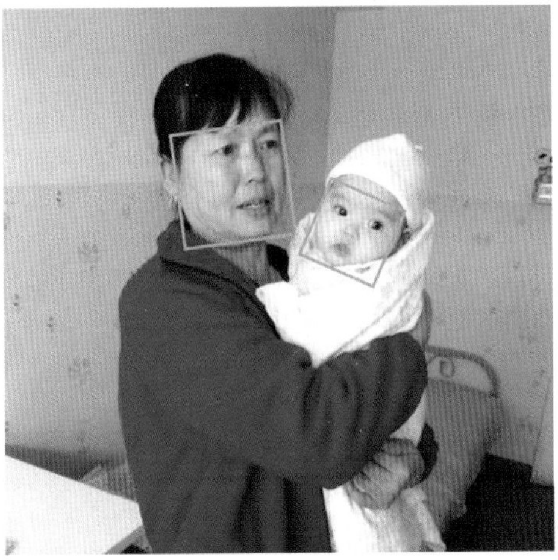

图 1.6 人脸检测的结果

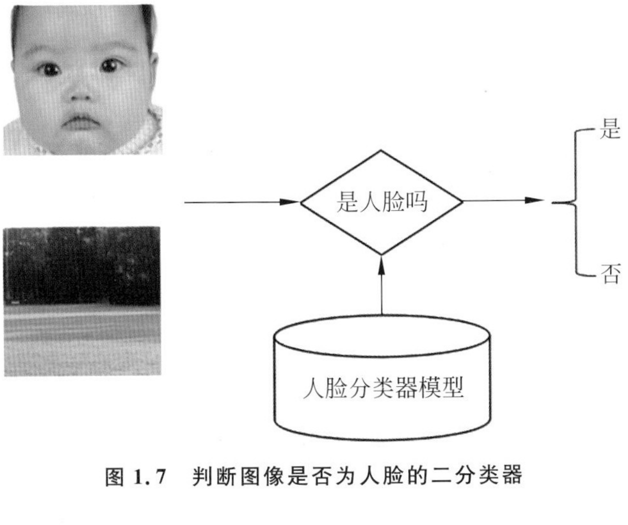


图 1.7 判断图像是否为人脸的二分类器

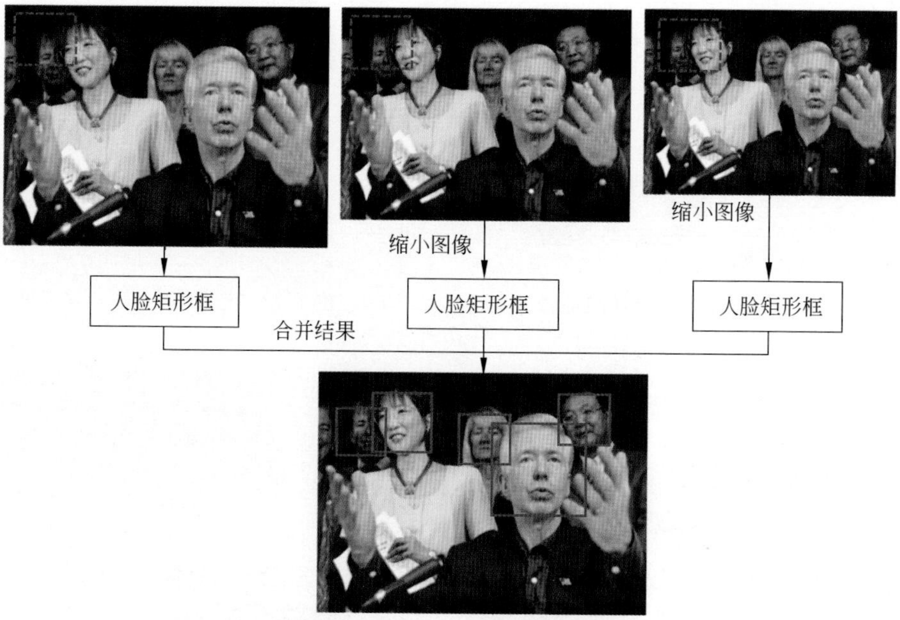


**图 1.8 多尺度人脸检测原理**

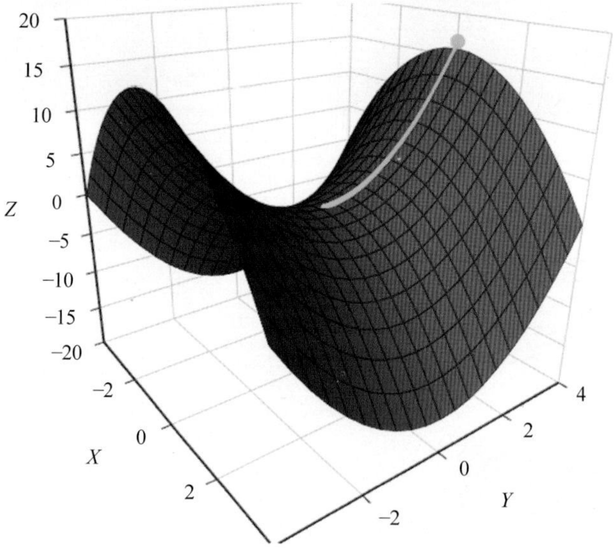


**图 2.5 鞍点示意图**

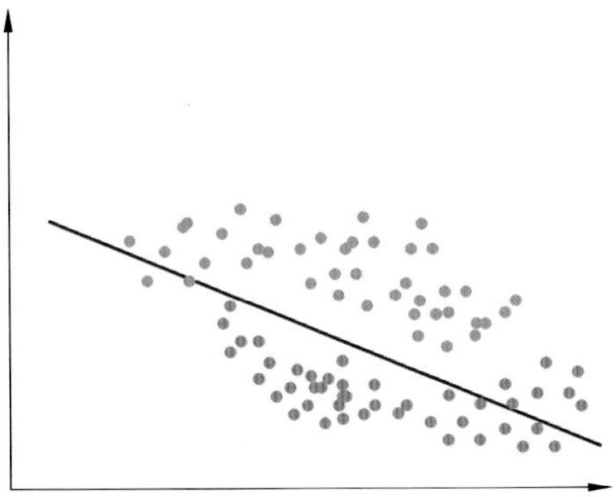

图 3.2 欠拟合

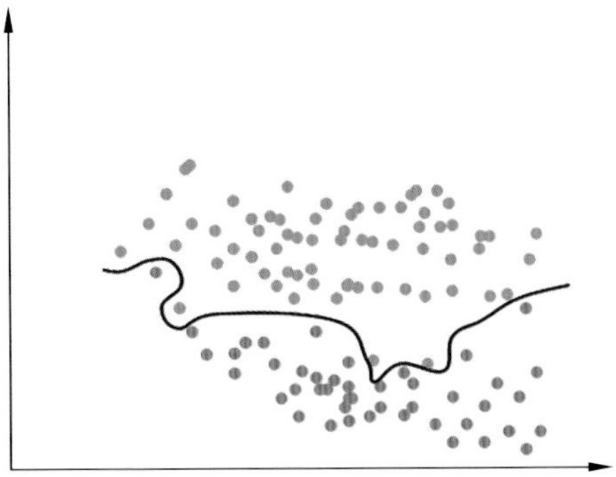

图 3.3 过拟合

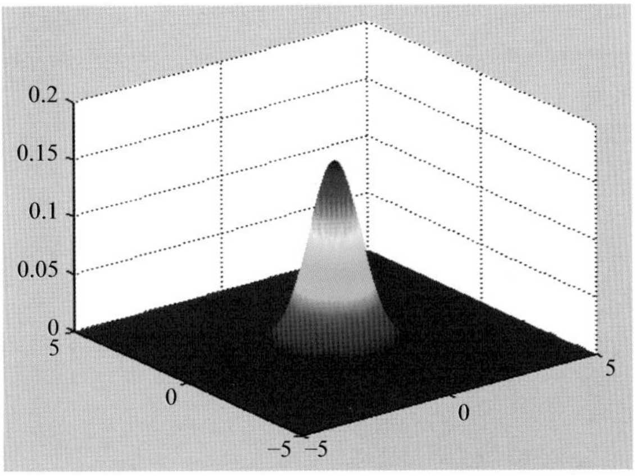


图 4.1 二维正态分布的概率密度函数

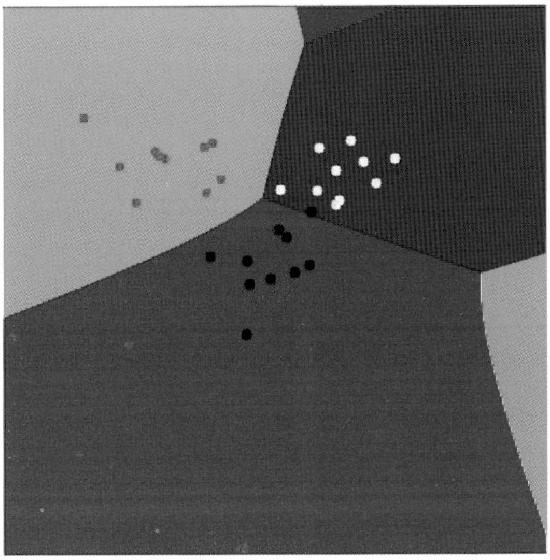

图 4.2 正态贝叶斯分类器的分类结果

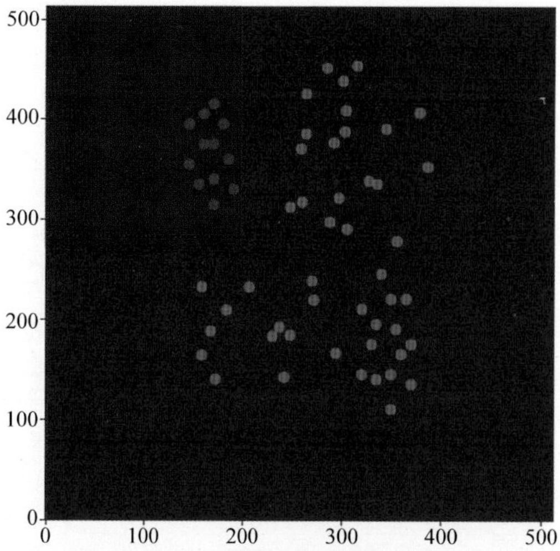


图 5.2　决策树对空间的划分

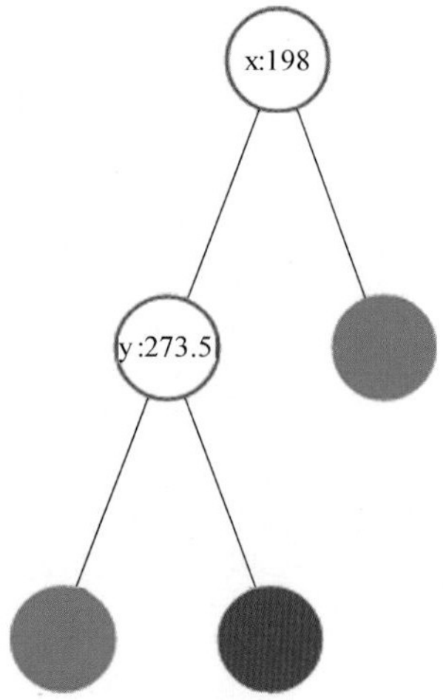


图 5.3　决策树

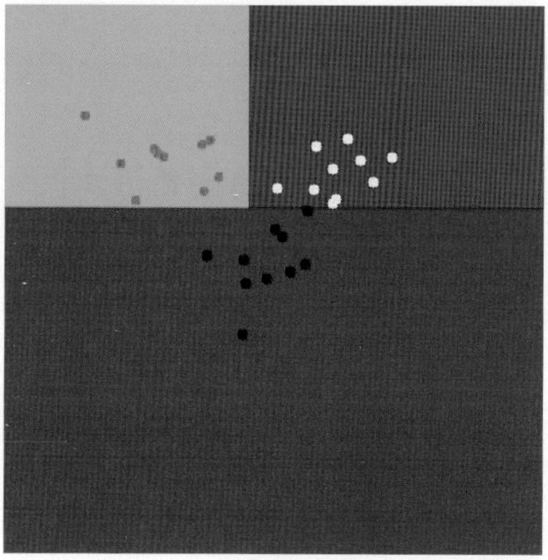

图 5.5　决策树的分类结果

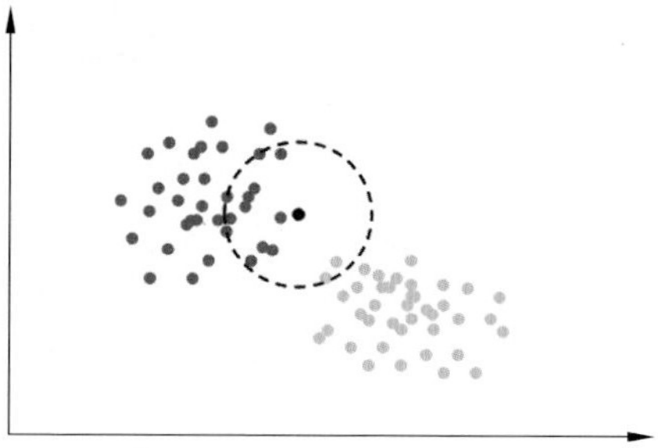

图 6.1　*k* 近邻分类示意图

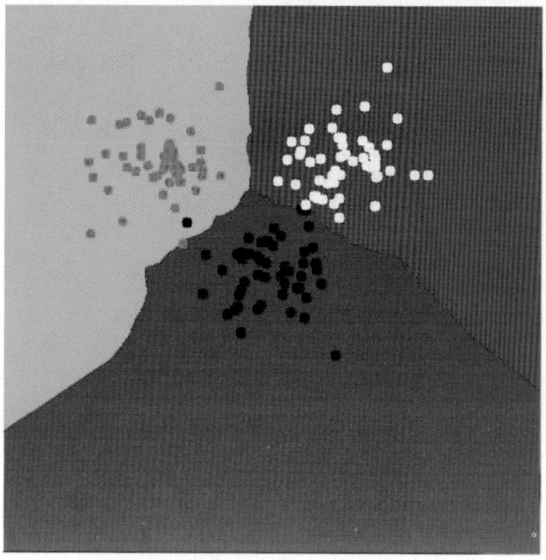

图 6.2　kNN 算法的分类效果

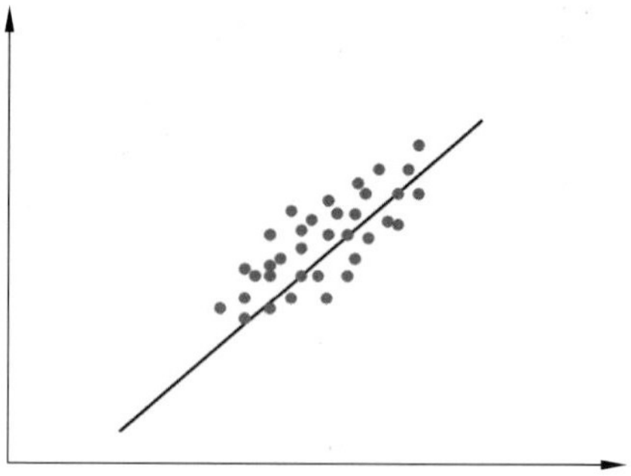

图 7.1　主成分投影示意图

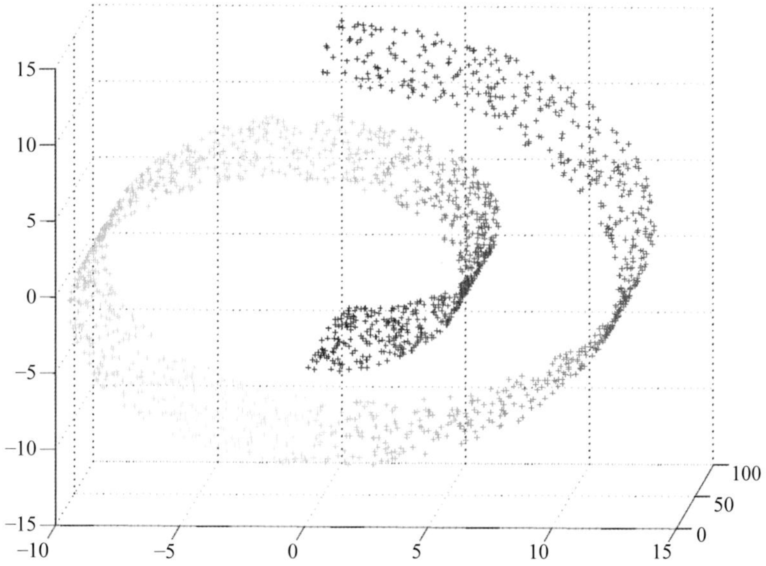


图 7.2　三维空间中的一个流形

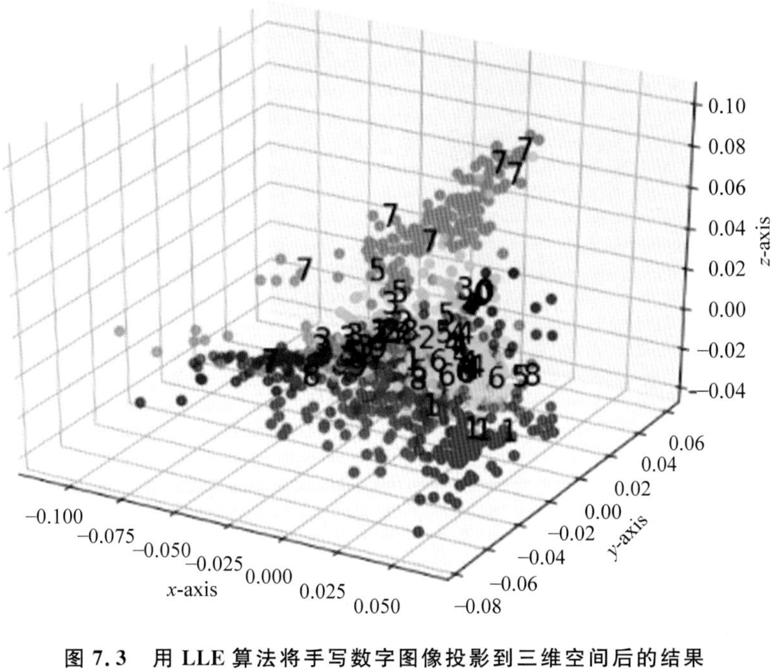


图 7.3　用 LLE 算法将手写数字图像投影到三维空间后的结果

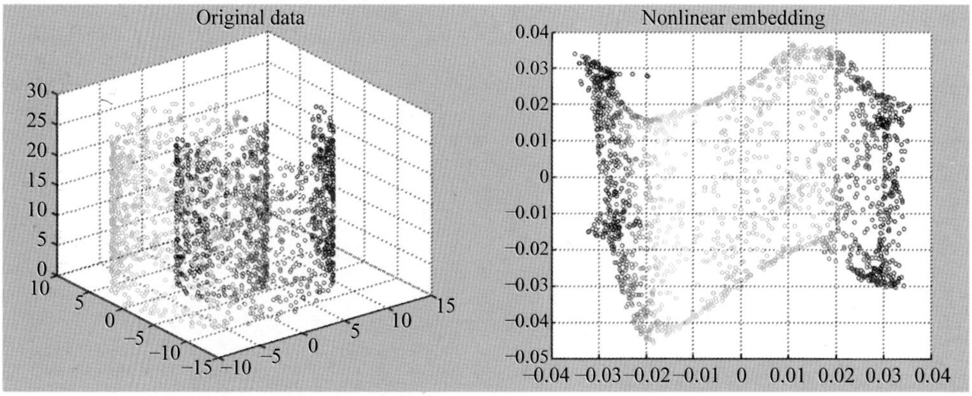


(a) 三维空间中的样本分布　　　　(b) 降维后的结果

**图 7.5　拉普拉斯特征映射对三维数据进行降维**

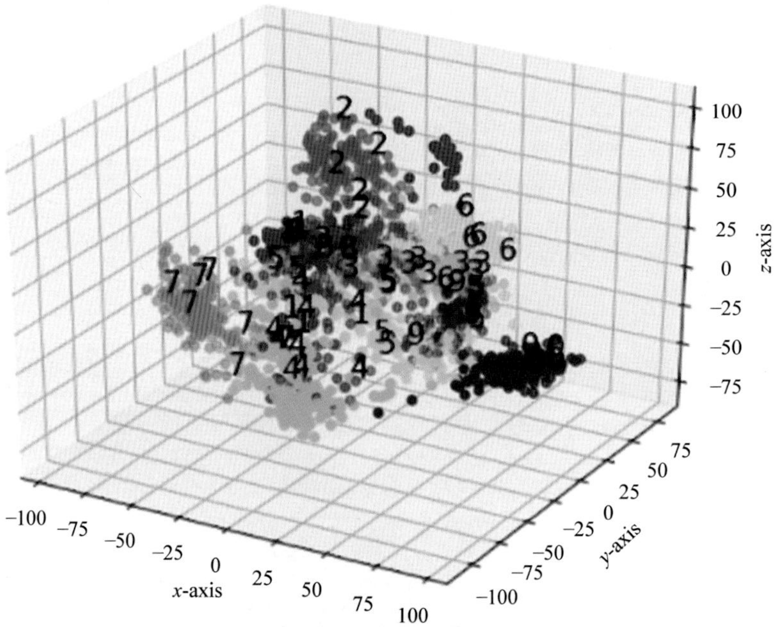


**图 7.6　等距映射的投影结果**

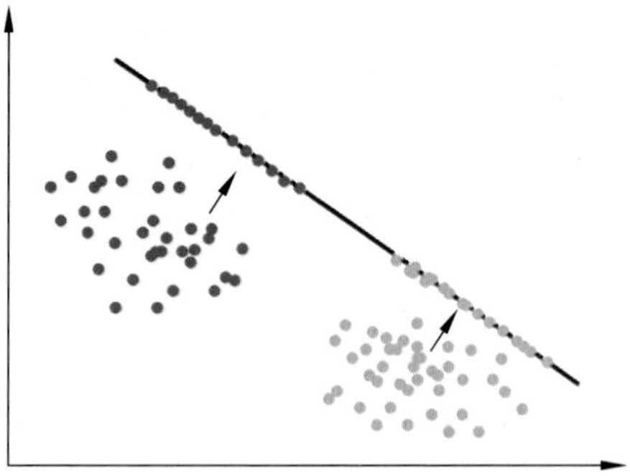

**图 8.1　最佳投影方向**

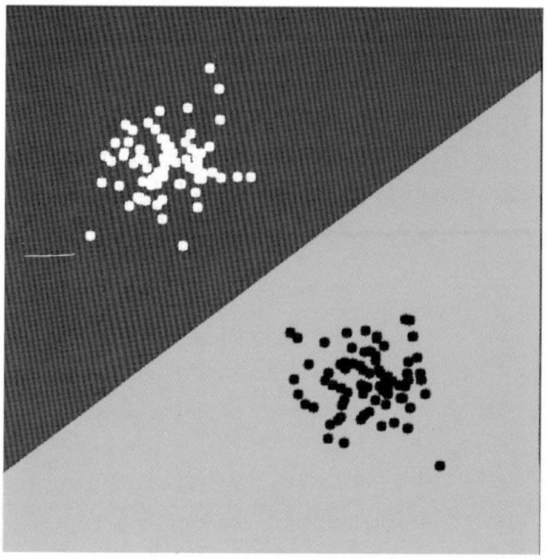

图 8.2　LDA 的分类结果

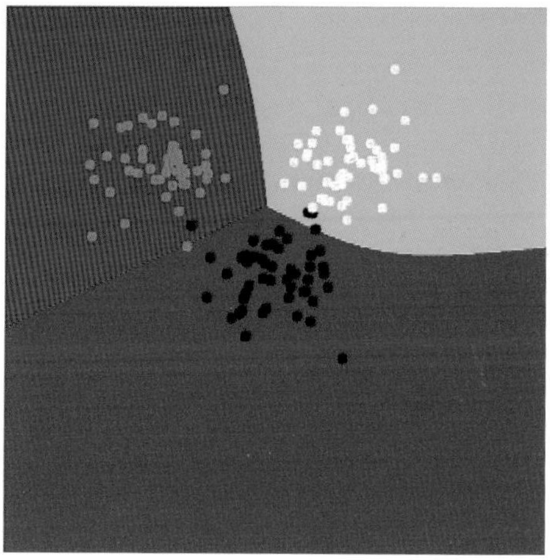

图 9.4　神经网络对三类问题的分类效果

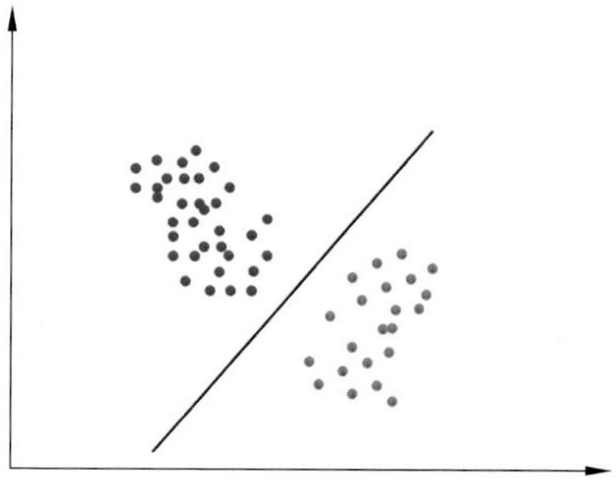

图 10.1　二维空间中的线性分类器

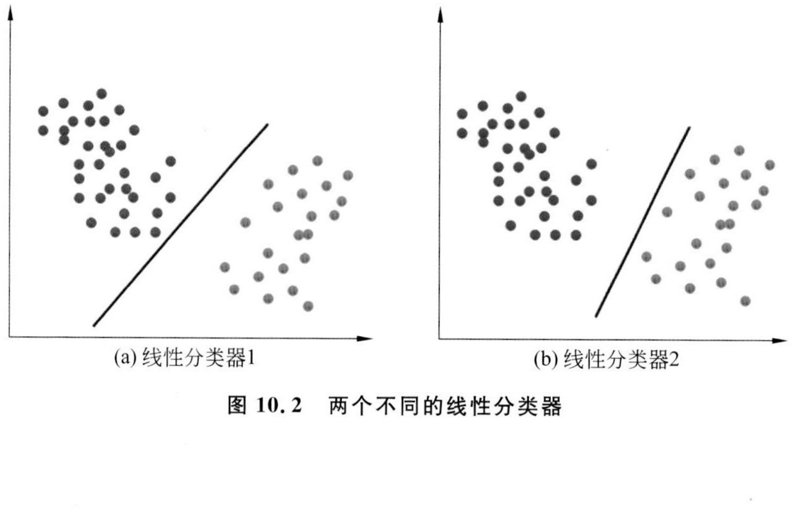

(a) 线性分类器1　　(b) 线性分类器2

图 10.2　两个不同的线性分类器

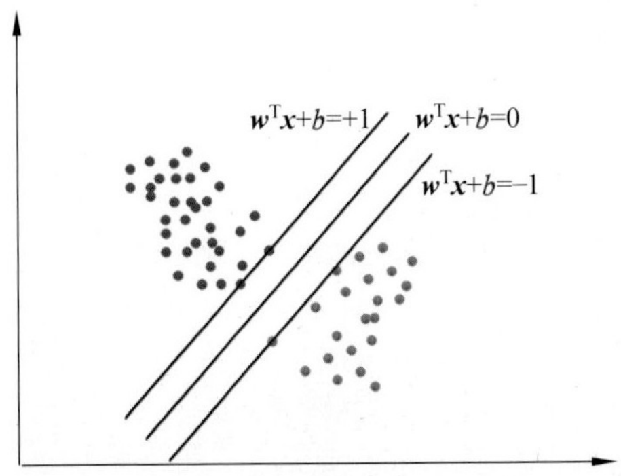


图 10.3　最大化分类间隔

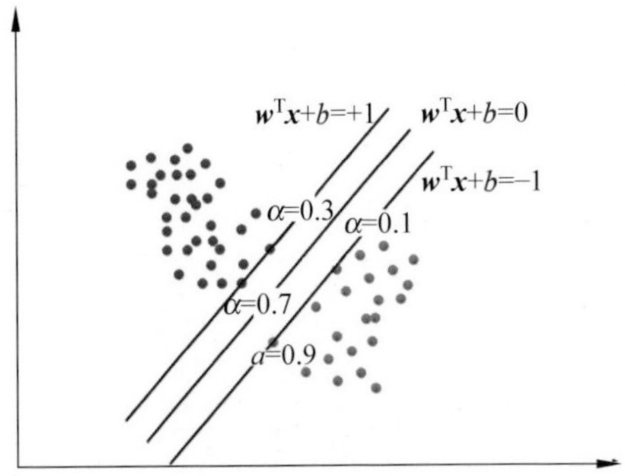


图 10.4　支持向量示意图

图 10.5　线性可分的支持向量机示意图

图 10.6　线性不可分支持向量机的一个例子

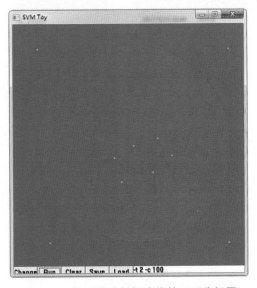

图 10.7　通过核映射解决线性不可分问题

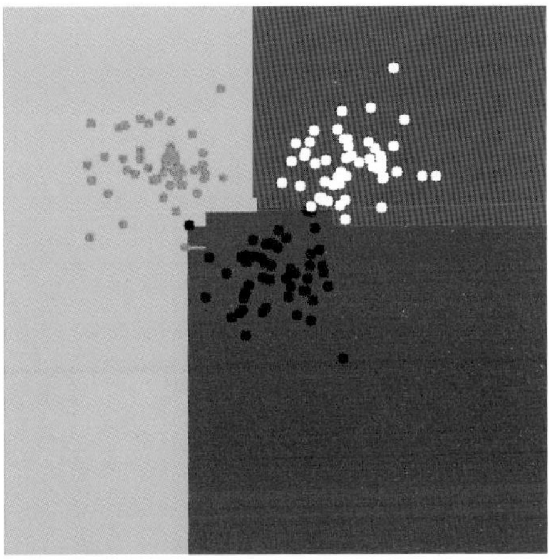

图 12.1　随机森林的分类结果

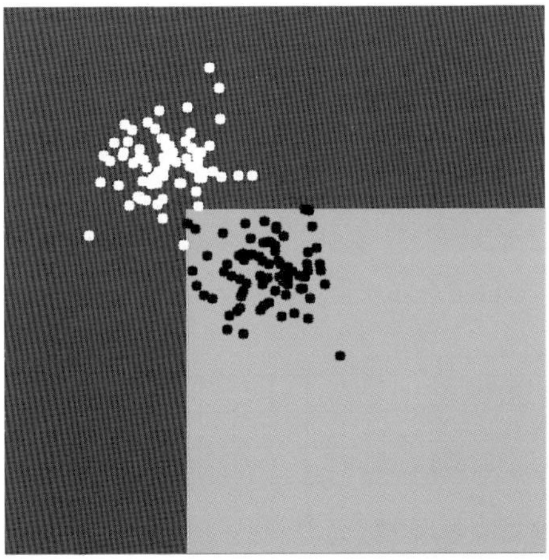

图 13.1　AdaBoost 实验程序运行结果

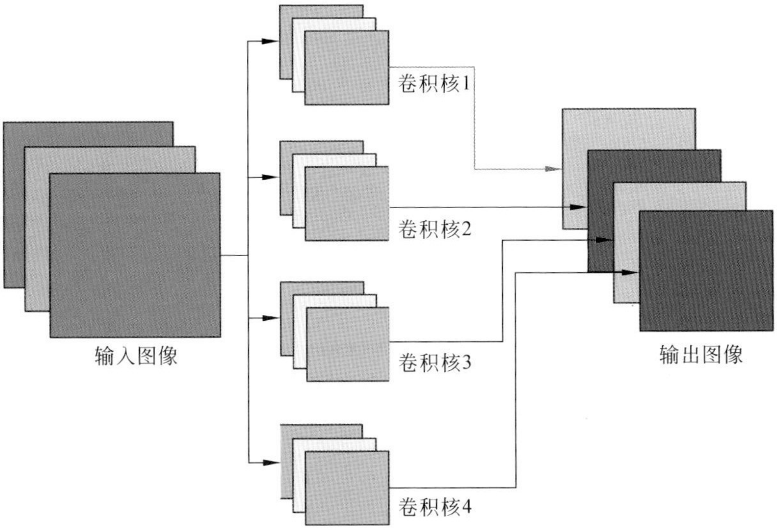


图 15.2　多通道卷积

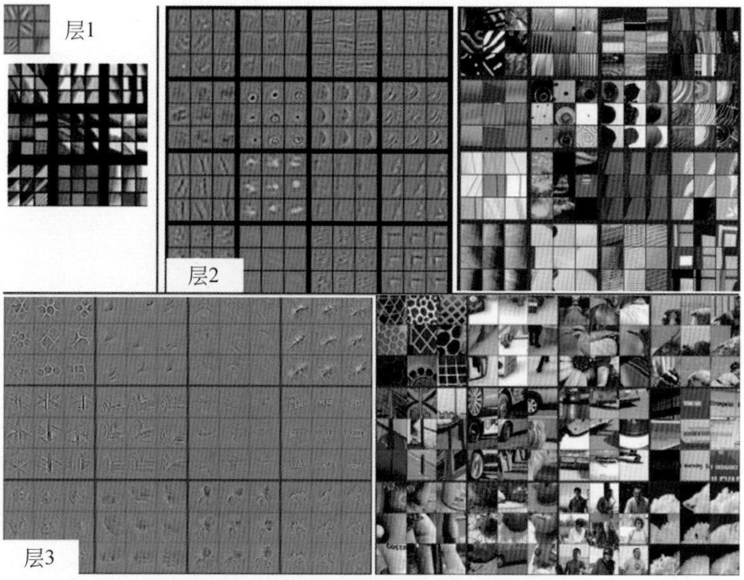


图 15.6 卷积核的可视化(来自文献[24])

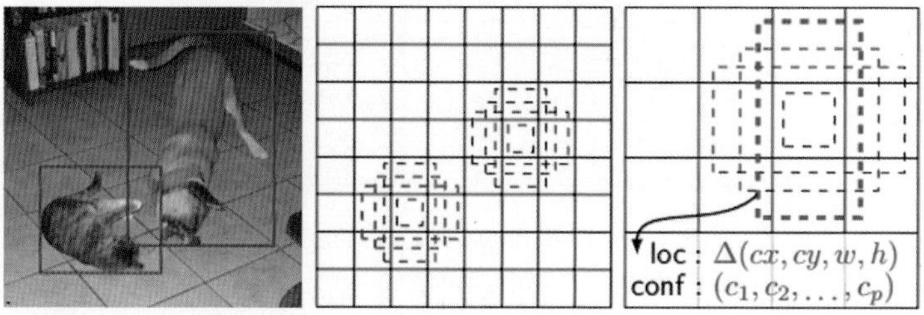


图 15.22 特征图像单元和默认矩形框的示意图(来自文献[35])

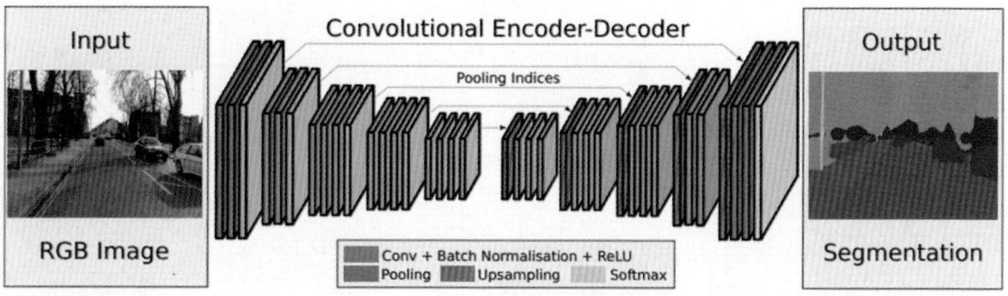


图 15.25 SegNet 网络的结构(来自文献[56])

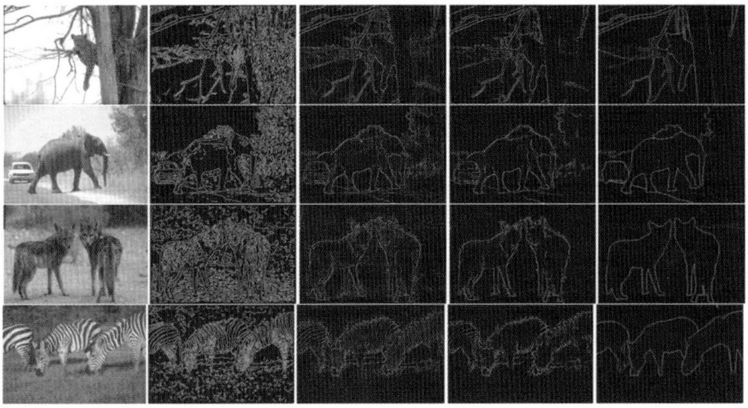

图 15.26　边缘轮廓检测结果(来自文献[60])

图 17.3　DCGAN 生成的卧室图像(来自文献[3])

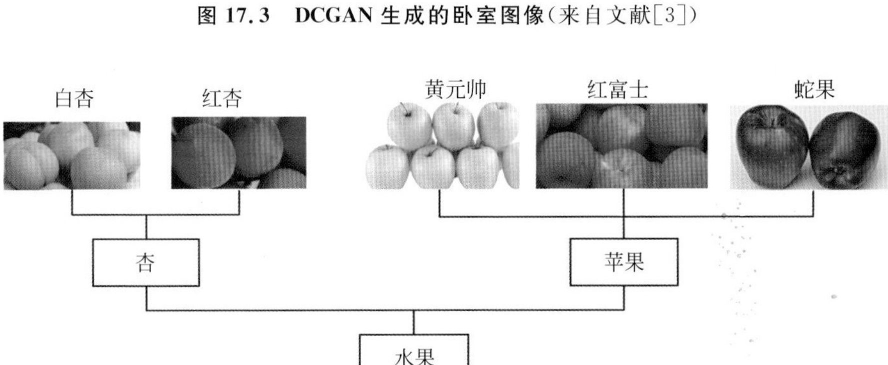


图 18.1　对水果进行层次聚类的结果

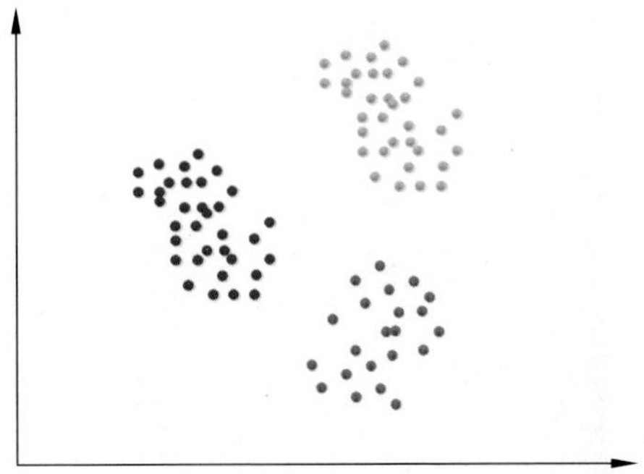

图 18.2　3 类正态分布样本，每个样本所属类别未知

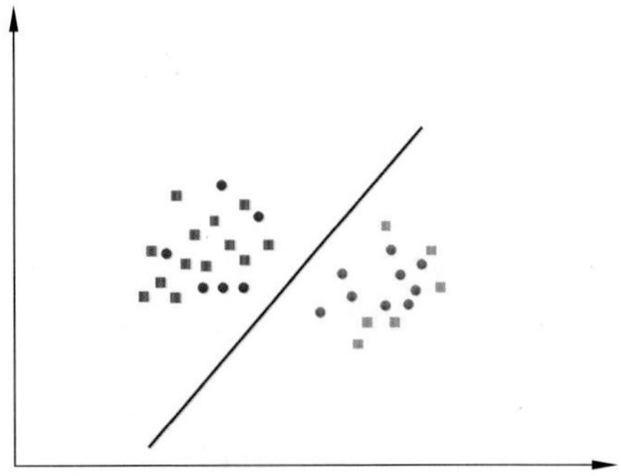

图 19.1　半监督支持向量机示意图

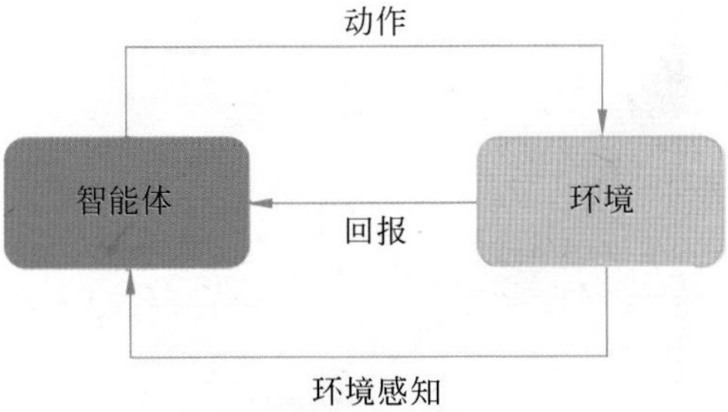


图 20.1　智能体和环境交互

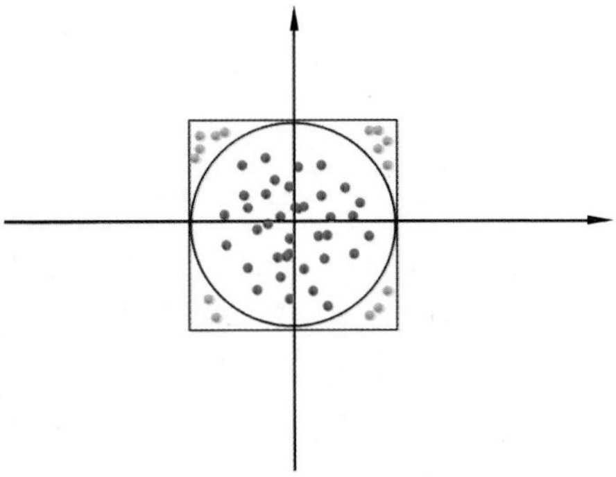

图 20.5　用蒙特卡洛算法计算圆的面积

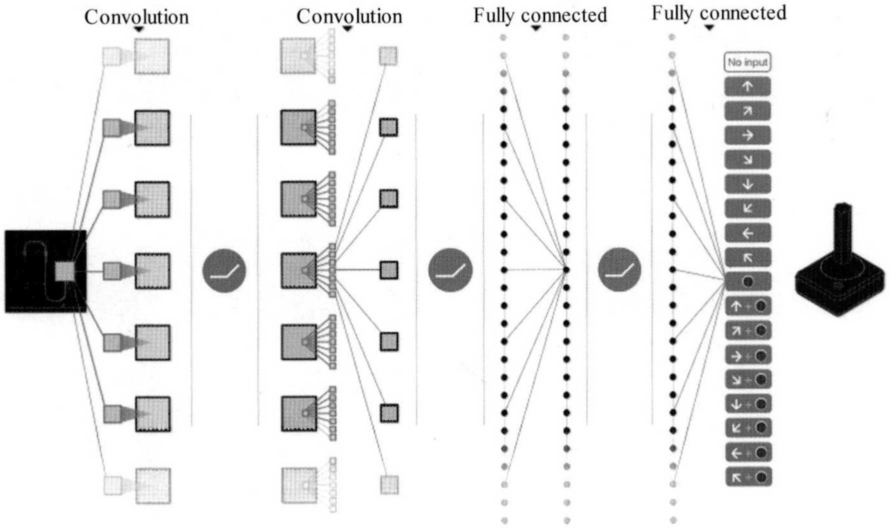


图 20.6　DQN 的网络结构（来自文献[3]）

# 机器学习
# 与应用

雷明 著

清华大学出版社
北 京

## 内容简介

机器学习是当前解决很多人工智能问题的核心技术，深度学习的出现带来了自2012年以来的人工智能复兴。本书是机器学习和深度学习领域的入门与提高教材，系统、深入地讲述机器学习与深度学习的主流方法与理论，并紧密结合工程实践与应用。全书由21章组成，共分为三大部分。第1～3章为第一部分，介绍机器学习的基本原理、所需的数学知识（包括微积分、线性代数、概率论和最优化方法），以及机器学习中的核心概念。第4～20章为第二部分，是本书的主体，介绍各种常用的有监督学习算法、无监督学习算法、半监督学习算法和强化学习算法。对于每种算法，从原理与推导、工程实现和实际应用3个方面进行介绍，对于大多数算法，都配有实验程序。第21章为第三部分，介绍机器学习和深度学习算法实际应用时面临的问题，并给出典型的解决方案。此外，附录A给出各种机器学习算法的总结，附录B给出梯度下降法的演化关系。

本书理论推导与证明详细、深入，结构清晰，详细地讲述主要算法的工程实现细节，配以著名开源库的源代码分析（包括libsvm、liblinear、OpenCV、Caffe等开源库），让读者不仅知其然，还知其所以然，真正理解算法、学会使用算法。对于计算机、人工智能及相关专业的本科生和研究生，这是一本适合入门与系统学习的教材，对于从事人工智能和机器学习产品研发的工程技术人员，本书也具有很强的参考价值。



**图书在版编目（CIP）数据**

机器学习与应用/雷明著. —北京：清华大学出版社，2019(2019.4重印)
ISBN 978-7-302-51468-8

Ⅰ. ①机… Ⅱ. ①雷… Ⅲ. ①机器学习 Ⅳ. ①TP181

中国版本图书馆CIP数据核字(2018)第256549号

**责任编辑**：白立军
**封面设计**：杨玉兰
**责任校对**：焦丽丽
**责任印制**：李红英

**出版发行**：清华大学出版社
**网　址**：http://www.tup.com.cn，http://www.wqbook.com
**地　址**：北京清华大学学研大厦A座　**邮　编**：100084
**社 总 机**：010-62770175　**邮　购**：010-62786544
**投稿与读者服务**：010-62776969，c-service@tup.tsinghua.edu.cn
**质量反馈**：010-62772015，zhiliang@tup.tsinghua.edu.cn
**课件下载**：http://www.tup.com.cn,010-62795954
**印 装 者**：清华大学印刷厂
**经　销**：全国新华书店
**开　本**：185mm×260mm　**印　张**：37.25　**彩　插**：6　**字　数**：911千字
**版　次**：2019年1月第1版　**印　次**：2019年4月第4次印刷
**定　价**：138.00元

产品编号：079772-01

# 序

近年来，随着 IBM 沃森、谷歌 DeepMind AlphaGo 等新型人机系统的横空出世，人工智能日益受到全社会的关注，媒体报道热度空前。事实上，伴随大数据、深度学习、智能芯片等技术的成熟、政府的扶持以及资本的持续投入，一方面在前端催生了刷脸支付、智能音箱、以图搜图、智能翻译等新的商业场景和产品；另一方面，在后端，人工智能也正深刻地改变着既有的技术模式和流程。例如，在端对端的深度神经网络中，一些传统的特征工程模块被弱化乃至取代；原本基于单步预测的个性化推荐引擎被强化学习技术改造。

放眼世界，人工智能正成为国际竞争的新焦点。英国、美国、新加坡等国家也各自提出了推动人工智能相关技术与产业发展的纲要与规划。美国国防部高级研究计划局则于 2018 年 9 月宣布将投入 20 亿美元开展一项名为 AI Next 的计划，其旨在加速人工智能研究。MIT 则计划斥资 10 亿美元，建设新的计算机学院，致力于将人工智能技术用于该校的所有研究领域。在国内，国务院于 2017 年 7 月发布了《国务院关于印发新一代人工智能发展规划的通知》。清华大学、上海交通大学、南京大学等国内顶级高校，也陆续成立了自己的人工智能研究院。在工业界，商汤、旷视、依图等人工智能独角兽企业，也带动了人工智能技术在国内的落地与发展。

从学术角度来看，以 1956 年达特茅斯会议作为人工智能学科公认的起点，60 多年的沉浮史见证了多次起伏，诞生了多个思想学派。近 30 年的人工智能发展，在作者看来，机器学习(包括深度学习)成为这期间的主流思想和技术。支持向量机、随机森林、决策树、卷积神经网络、循环神经网络、生成对抗网络和强化学习等方法层出不穷，构成了当代人工智能的华丽篇章。与此同时，大量机器学习开源框架和成型工具对用户日益“友好”。初学者往往不需要太多的数学基础和编程能力，简单调用接口即可完成一些人工智能任务。这些条件往往可以快速给予初学者信心，鼓励更多人才进入人工智能相关领域，推动了人工智能的应用。同时，一些从业者对开源软件或者框架的过度依赖，乃至抱着一种不求甚解的态度，不去理解和掌握主要算法和模型背后的原理和数学基础。如此一来，个体的技术发展潜力受限，而整个行业的持续发展也将缺乏高级人才基础。事实上，尽管人工智能算法工具日益傻瓜化，甚至出现了 AutoML 这样的自动化机器学习技术，然而深刻理解算法背后的机理，面对具体问题选择合适模型、训练算法和超参数的能力，充分体现机器学习从业者的创新能力和解决问题的能力。事实上，一定程度的学习曲线，也意味着个人竞争力的门槛。

本人全面阅读了雷明老师的作品，在语言精确性和条理性、内容全面性和完整性、理论深度以及工程实践指导方面，不啻为集专业性与通俗性为一体的上乘之作。特别是在公式步步推导的细节方面，有非常仔细的表述，给人一种踏实的感觉。我相信通过本书，读者将可以高效、细致、全面地掌握机器学习的主流知识点和整体脉络。在碰到具体问题时，本书的专业内容也方便读者进行快速查阅和巩固。

人工智能的车轮滚滚向前，从业人员都力图赶上趋势的发展。开卷有益，希望本书能够帮助读者打好机器学习的内功基础，缓解部分从业者内心的焦虑。相信翻看此书时的获得感和充实感，会为读者留下一段美好的回忆。

**上海交通大学特别研究员　严骏驰**

2018 年 11 月 24 日于广州白云国际会议中心

# 前 言

自2012年以来，得益于深度学习技术的迅猛进步，人工智能无论是在学术界还是在产业界都迎来了蓬勃发展，各种新的技术与算法层出不穷，推动机器学习技术大规模走向应用。与之相对应的是优秀教材的缺乏，由于技术的快速进步，此前的经典书籍面临内容老化的问题。本书的立意是帮助人工智能相关方向的在校学生与工程技术人员更好地理解和掌握这门技术，书的原型出自于笔者在zmodo公司的内部培训讲义，在同事们的鼓励下，最终将其写成这本书。

对于绝大多数从事学术研究与产品研发的读者来说，理解算法的原理与掌握算法的实现及应用是同等重要的事情。计算机科学(尤其是人工智能)是偏实践的学科，研究这些算法的最终目的是将其直接投入实际应用。因此，本书从理论与实践两个方面进行讲解，让读者不仅能够理解算法的原理，还能学会算法的实现与应用，做到理论与实践的结合。

本书全面系统地讲解目前主要的机器学习算法，包括有监督学习算法、无监督学习算法、半监督学习算法和强化学习算法4种类型，内容涵盖当前主流的机器学习和深度学习算法。对于主要的算法，从理论讲解、实验程序、工程实现与源代码分析、实际应用4部分进行讲解。对于核心的推导和证明，笔者都详细给出。

学习本书需要读者具有数学(包括微积分、线性代数、概率论等本科数学知识)与编程(至少掌握一门编程语言)的基础知识，部分算法和理论会用到离散数学、数据结构等课程的知识，但数量很少。因此，如果读者没有学过这两门课，对于理解没有大碍。

对于深度学习算法与理论，本书做了重点与深入的介绍。对于卷积神经网络、循环神经网络等应用最广泛的方法，系统地介绍了它们的原理与实现，并分析了截至2017年的主要学术论文，包括基础算法与应用，保证本书的内容能够反映学术界与工程界的新成果。

本书提供一份非常精美的机器学习算法地图，可从SIGAI公众号或清华大学出版社(www.tup.com.cn)下载。

机器学习是范围极广、内容庞杂的一门学科，技术发展日新月异，由于笔者的水平与经验有限，书中难免有错误与理解不到位的地方，敬请读者指正！

雷 明

2018年10月

# 目 录

## 第一部分 基本概念与数学知识

# 第三部分　工程实践问题

# 第一部分

## 基本概念与数学知识

第一部分介绍机器学习的基本概念与机器学习所需的数学知识。第1章将介绍机器学习的起源、解决问题的思路、发展历史和典型的应用。为了让读者更好地理解书中算法的推导,在第2章会全面地讲述机器学习中所需的数学知识,包括微积分、线性代数、概率论、最优化方法。另外,机器学习中常用的核心概念,包括算法的分类、评价指标、模型选择中的核心问题(如过拟合、偏差与方差等概念)会在第3章介绍。作为实例,第3章会讲解线性回归和岭回归算法。

# 第1章

# 机器学习简介

机器学习是当前解决人工智能问题的主要技术，在整个人工智能体系中处于基础与核心地位。本章通过一个简单例子引入机器学习的概念，并解释为什么需要这种技术。机器学习在越来越多的领域有成功的应用，本章选取有代表性的应用进行介绍。最后介绍机器学习的发展历史与当前进展。

## 1.1 机器学习是什么

机器学习是现阶段实现人工智能应用的主要方法，它广泛地应用于机器视觉、语音识别、自然语言处理、数据挖掘等领域。接下来将用一个简单的例子引入机器学习的概念，介绍这种方法解决应用问题的一般思路。

### 1.1.1 一个简单的例子

考虑这样一个问题：怎样用算法来判断一个水果是樱桃还是猕猴桃？在回答这个问题之前，先看人是怎么做的。人们在识别这两种水果时使用了有区分度的特征：第一个典型特征是质量，猕猴桃比樱桃的质量大；第二个典型特征是颜色，樱桃一般是红色，猕猴桃是绿灰色。这些特征是人们从生活经验中学习总结出的知识，而不是与生俱来的。

上面的方法启示我们，计算机算法也可以用类似的手段来解决此问题。我们可以采集一些猕猴桃和樱桃，在这里称它们为训练样本，测量这些样本的质量和颜色，然后将水果画在二维平面上，得到如图1.1所示的图像。

质量和颜色是区分两种水果的有用信息，组合在一起形成二维的特征向量。这些特征向量是二维空间中的点，横坐标 $x$ 代表质量，纵坐标 $y$ 代表颜色。每测量一个水果，就得到一个二维空间的点。

将这些点描绘在二维平面上可发现：猕猴桃在第一象限的右下方，樱桃在左上方。利用这一规律，可以在平面上找到一条直线，把平面分成两部分，落在第一部分的点判定为樱桃，落在第二部分的点判定为猕猴桃。这种做法如图1.2所示。

假设找到一条直线，它的方程为

$$ax + by + c = 0$$

位于直线上方的所有点判定为樱桃，落在下方的判定为猕猴桃。在直线上方的点满足

$$ax + by + c < 0$$

直线下方的点满足

$$ax + by + c > 0$$

图 1.1　用于区分樱桃和猕猴桃的特征

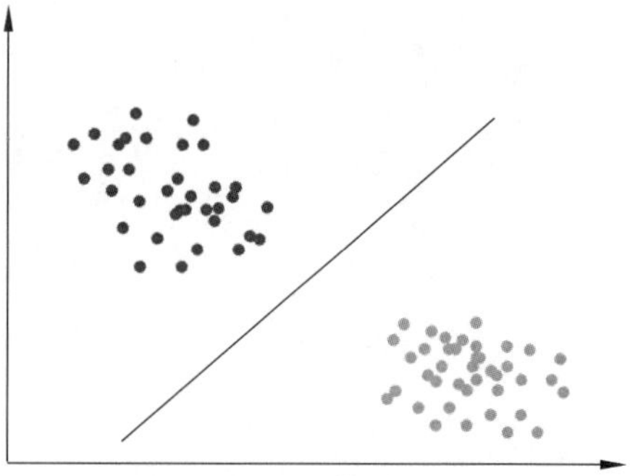

图 1.2　用直线将两类水果分开

给两类水果进行编号，称为类别标签，在这里樱桃的类别标签为$-1$，猕猴桃的类别标签为$+1$。上面的判定规则可以写成决策函数：

$$f(x,y)=\begin{cases}+1, & ax+by+c>0\\ -1, & ax+by+c\leqslant 0\end{cases}$$

现在的问题是怎样找到这条直线，即确定参数 $a$、$b$ 和 $c$ 的值。采集大量的水果样本，测量它们的质量和颜色，形成平面上的一系列点。如果能够通过某种方法找到一条直线，保证这些点能够被正确分类，那么就可以用它来对新来的水果进行判定。通过这些样本寻找分类直线的过程就是机器学习的训练过程。由于要判断一个物体所属的类别，上面的问题被称为分类问题。根据之前的表述，可以得到预测水果类别的函数为

$$\mathrm{sgn}(ax+by+c)$$

其中，sgn 是符号函数，定义为

$$\mathrm{sgn}(x)=\begin{cases}+1, & x>0\\ -1, & x\leqslant 0\end{cases}$$

在后面的各种机器学习算法中会经常用到此函数。上面的例子有一个特点：需要用样本数据进行学习，得到一个函数(或者称为模型)，然后用这个模型对新来的样本进行预测。机器学习任务的一般流程如图 1.3 所示。

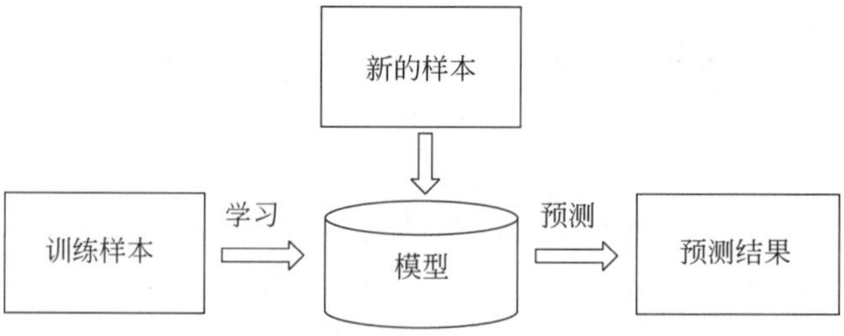


图 1.3　机器学习任务的一般流程

图 1.3 是有监督学习的一般流程，还有一些机器学习算法没有这个训练过程，如聚类和数据降维，我们将在第 3 章中介绍。机器学习算法和其他算法的一个显著区别是需要样本数据，是一种数据驱动的方法。

机器学习(Machine Learning)是人工智能的分支和一种实现方法，它根据样本数据学习模型，用模型对数据进行预测与决策，也称为推理(inference)。在上面的例子中，预测就

是对水果的类型做出判断。机器学习是让计算机算法具有类似人的学习能力，像人一样能够从实例中学到经验和知识，从而具备判断和预测的能力。这里的实例可以是图像、声音，也可以是数字、文字。

机器学习的本质是模型的选择以及模型参数的确定。抽象来看，在大多数情况下机器学习算法是要确定一个映射函数 $f$ 以及函数的参数 $\boldsymbol{\theta}$，建立如下映射关系：

$$\boldsymbol{y} = f(\boldsymbol{x};\boldsymbol{\theta})$$

其中，$\boldsymbol{x}$ 为函数的输入值，一般是一个向量；$\boldsymbol{y}$ 为函数的输出值，是一个向量或标量。当映射函数和它的参数确定之后，给定一个输入就可以产生一个输出。

映射函数的选择并没有特定的限制。在上面的例子中我们使用了最简单的线性函数；一般地，需要根据问题和数据的特点选择合适的函数。用映射函数的输出值可以实现人们需要的推理或决策，例如，判断邮件是否为垃圾邮件，判断病人是阳性还是阴性，预测股票的价格。

### 1.1.2　为什么需要机器学习

计算机发明之初的目的是解决大规模数学计算问题，后来被用于各种领域，包括数据存储、联网、更复杂的数学和非数学计算。对于人们要解决的很多实际问题，计算机程序都取得了远超过人类的成绩。当前智能手机的运算能力已经达到每秒上亿条指令，而人每秒进行的加减法运算一般不会超过 10 次。在使用导航软件时，任意给定出发地点和目的地，程序可以很快计算出最优路线，这也远强于人类。表 1.1 是计算机程序处理各种典型问题的能力。

**表 1.1　计算机程序处理各种典型问题的能力**

| 问　题 | 方　法 | 解决时间 |
|---|---|---|
| 算术运算 | CPU 指令 | 1945 年 |
| 大规模线性方程组 | Krylov 子空间迭代 | 1950 年 |
| 大型矩阵的特征值问题 | QR 算法 | 1959 年 |
| 海量数据的排序 | 快速排序算法 | 1962 年 |
| 寻找地图上两点间最短路径 | Dijkstra 算法 | 1959 年 |
| 存储并管理大规模数据 | 关系型数据库系统 | 1970 年 |
| 数学公式推导 | 符号计算 | 20 世纪 70 年代 |
| 大规模信息检索 | 搜索引擎 | 20 世纪 90 年代 |
| 感知问题——听觉 | 机器学习 | 还未解决 |
| 感知问题——视觉 | 机器学习 | 还未解决 |
| 理解人类语言 | 机器学习 | 还未解决 |
| 创作，如诗歌和音乐 | 机器学习 | 还未解决 |

从表 1.1 中可以发现一个规律：有确定的逻辑与数学模型的问题得到很好的解决，并且计算机算法的处理能力远强于人类；而那些到目前为止还无法用数学或逻辑模型准确描

述的问题，如识别图像、感情、创作问题，计算机程序目前的处理能力一般不如人类。这些难以处理的问题，大多是当前人工智能要解决的核心问题。对于图像和语音理解之类的问题，我们应该用什么方法来解决？机器学习是当前处理这类问题的有力工具。

在20世纪80年代之前，人工智能技术解决各类问题的主流方法是逻辑推理、知识工程与专家系统，它们为人类的知识建立规则库，依靠规则库进行推断与决策以实现智能。以垃圾邮件过滤为例，其目标是确定一封邮件是否为垃圾邮件。如果使用人工规则的方法，最简单的是设定一些关键词，它们是垃圾邮件中经常出现的词，例如：

发票
代开
代购
酒店
折扣
特价

如果一封邮件中出现这些关键词则认为是垃圾邮件；更复杂的做法是给每个关键词一个分数值，对于一封邮件，把所有关键词的分数累加起来，如果超过一个指定的值，则认为是垃圾邮件。

这种方法存在严重的问题。它高度依赖人对具体问题的专业知识，而且通用性差，人们需要对每个问题建立精细的规则，这并不是一件容易的事情。对于图像、语音识别等认知类问题，由于图像与语音信号的变化与多样性、复杂性，人们无法给出一个精确的描述规则。这种方法在处理模式识别等复杂问题时无能为力。

以图像识别为例，假如要判断一张图像是不是猫，最简单的做法是穷举，即列举图像所有可能的情况，然后建立一个规则库，对每种可能的图像取值，将它标记为猫或者非猫。假如图像的宽和高都是512像素，图像是灰度图，每个像素的取值范围是0～255的整数。根据排列组合的原理，所有可能的图像数有

$$256^{512\times 512}=256^{262144}$$

这是一个天文数字，要对如此海量的情况建立一个规则库显然是不现实的。人们目前还无法为“猫”这个概念建立一个精确的数学模型，需要考虑其他途径来解决此问题。

从20世纪80年代开始，机器学习逐渐成为解决人工智能问题的主流方法。人的很多智能是通过先天进化遗传、后天学习训练得到的，人们对图像、声音、语言、动作和行为的识别与理解都是一个学习与认知的过程，从日常生活中得到各种事物的知识，之后大脑根据这些知识对图像和声音进行识别。

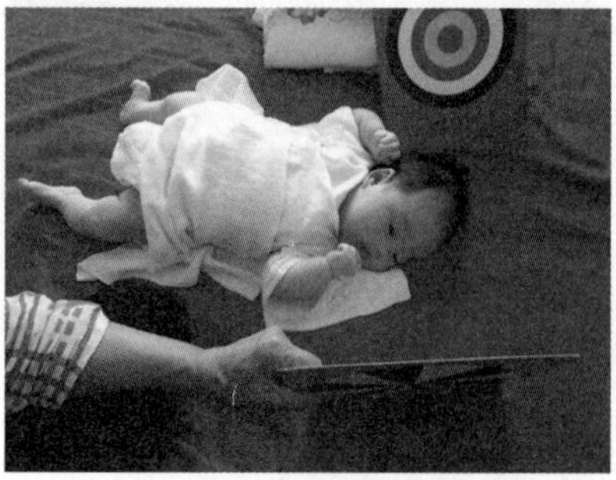

图1.4 识图卡

新生儿刚出生的时候没有视觉和听觉认知能力，在成长的过程中，宝宝从外界环境不断得到信息，对大脑形成刺激，从而建立起认知能力。要给孩子建立“苹果”“香蕉”“熊猫”这样的抽象概念，我们需要给他看很多苹果、香蕉的实例或者图片(识图卡，见图1.4)，并反复地告诉他这些水果的名字。经过长期训练之后，最后在孩子的大脑中形成了“苹果”“香蕉”这些抽象概念和知识，以后他就可以将这些概念运用于眼睛

看到的世界。

与其总结知识告诉人工智能，还不如让人工智能自己去学习知识。要识别猫的图像，可以采集大量图像样本，其中一类样本图像为猫（正样本），其他样本不是猫（负样本）。然后把这些标明了类别的图像送入机器学习程序中进行训练。训练完成之后得到一个模型，之后就可以根据这个模型来判断图像是不是猫了。对声音识别和其他很多问题也可以用这样的方法。在这里，判断图像是否为猫的模型是机器学习程序自己建立起来的，而不是人工设定的。显然这种方法具有通用性，如果我们把训练样本换成狗的图像，就可以识别狗。

机器学习与之前基于人工规则的模型相比，无须人工给出规则，而是让程序自动从大量的样本中抽象、归纳出知识与规则。因此，它具有更好的通用性，采用这种统一的处理框架，人们可以将机器学习算法用于各种不同的领域。

## 1.2　典型应用

机器学习有广泛的用途，从机器视觉到自然语言处理、语音识别、数据挖掘领域都有它的应用。这些应用在日常生活中随处可见，例如，停车场出入口的车牌识别，语音输入法，人脸识别，电商网站的商品推荐，新闻推荐等。接下来简单介绍一些常见的应用，部分应用的详细技术在本书的后续章节中进行介绍。

与机器学习密切相关的一个领域是模式识别，它要解决的是对声音、图像以及其他类型的数据对象的识别问题，机器学习是解决这类问题的一种工具。

另一个与机器学习密切相关的领域是机器视觉（Computer Vision），它用硬件设备和计算机程序实现人的视觉功能，包括图像的理解、空间三维信息的获取、对运动的感知等问题。视觉在日常信息的获取中占据主导地位，人们每天接收到的信息 80%以上来自视觉。

对声音的感知是另一大感知功能，它是仅次于视觉的第二大信息来源。在各种声音中，对人说话声音的理解处于主导地位，它将说话声转换成文字，用计算机程序实现这一功能的方法称为语音识别（Automatic Speech Recognition，ASR）。还有对文字的理解，实现这种功能的技术称为自然语言处理（Natural Language Processing，NLP）。

此外，机器学习在数据挖掘和分析中也得到应用，例如，商品推荐、搜索引擎中的网页排序、用户行为的分析与建模等。

### 1.2.1　语音识别

语音识别的目标是理解人说话的声音信号，将它转化成文字，这是听觉系统的核心功能。语音识别算法是语音输入法、人机对话系统等应用的关键技术，具有很强的应用价值，是模式识别领域被深入、广泛研究的问题之一。

一段语音信号的波形如图 1.5 所示。

语音识别要将声音信号转换成某种语言的文字，声音信号是一个时间序列数据，在每个时刻有一个值。早期的语音识别算法一般通过模板匹配实现，这和图像文字识别类似。机器学习作为替代模板匹配技术的方案为语音识别提供了更灵活、通用和更高精度的解决方案。在采用机器学习的算法中，一种有力的建模工具是隐马尔可夫模型（Hidden Markov Model，HMM），它和高斯混合模型（Gaussian Mixture Model，GMM）结合，形成了 GMM-

图 1.5　一段语音信号的波形

HMM 框架，在很长一段时间内，这是语音识别的经典算法。

虽然人工神经网络在很早以前就被用于语音识别问题，但受网络规模、训练样本数以及计算能力、算法本身存在的问题等因素的限制，并没有显示出比 GMM-HMM 框架有更大的优势。深度学习技术出现之后，使用循环神经网络和端到端结构（如 CTC，连接主义时序分类）的方法[8-10]成为主流，大幅度提升了语音识别的准确率，使得语音识别技术真正走向实用。第 16 章将详细介绍语音识别算法的原理。

## 1.2.2　人脸检测

人脸检测的目标是找出图像中所有的人脸，确定它们的大小和位置，算法的输出是人脸外接矩形的坐标和大小，可能还包括姿态（如倾斜角度等信息）。人脸检测是机器视觉领域被深入研究的经典问题，在安防监控、人机交互、社交等领域都有重要的应用价值。数码相机、智能手机上已经使用人脸检测技术实现成像时对人脸的对焦。与人脸检测密切相关的一个概念是人脸识别，它的目标是确定一个人脸图像的身份，即是哪个人。人脸检测是整个人脸识别算法的第一步，要判断一个人脸图像的身份，首先要确定人脸在图像中的位置。人脸识别的概念在第 8 章介绍。

虽然人脸的结构是确定的，由眉毛、眼睛、鼻子和嘴等部位组成，近似是一个刚体，但由于姿态和表情的变化，由于不同人的外观差异和光照的影响，准确地检测处于各种条件下的人脸是一件困难的事情。图 1.6 是人脸检测的结果，矩形框是检测出的人脸。

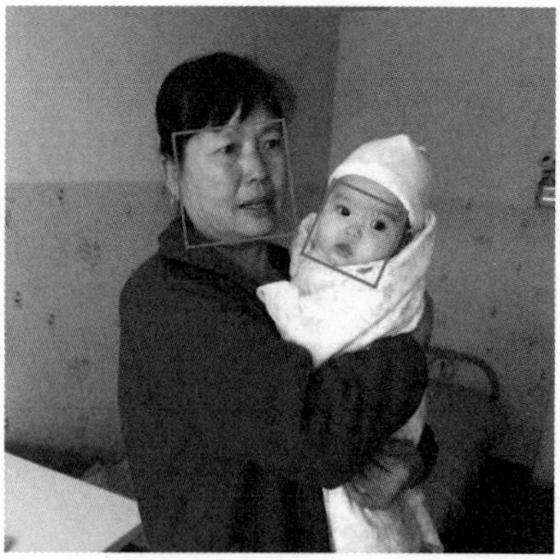

图 1.6　人脸检测的结果

人脸检测算法要解决以下几个核心问题。

（1）人脸可能出现在图像中的任何一个位置。

（2）人脸可能有不同的大小。

（3）人脸在图像中可能有不同的视角和姿态。

早期的人脸检测算法使用模板匹配技术，即用一个人脸模板图像与被检测图像中的各个位置进行匹配，确定这个位置处是否有人脸。此后机器学习算法被用于该问题，包括神经网络、支持向量机等。2001 年，Viola 和 Jones 设计了一种使用简单 Haar 型特征和级联 AdaBoost 分类器的算法[11]，在保证高精度的前提下具有实时的检测速度，是人脸检测领域最具里程碑意义的成果之一。

经典的人脸检测算法流程是这样的：先用大量的人脸和非人脸样本图像进行训练，得到一个解决二分类问题的分类器，称为人脸检测模板。这个分类器接受固定大小的输入图片，判断输入图片是否为人脸，即解决是和否的问题。人脸二分类器的原理如图 1.7 所示。

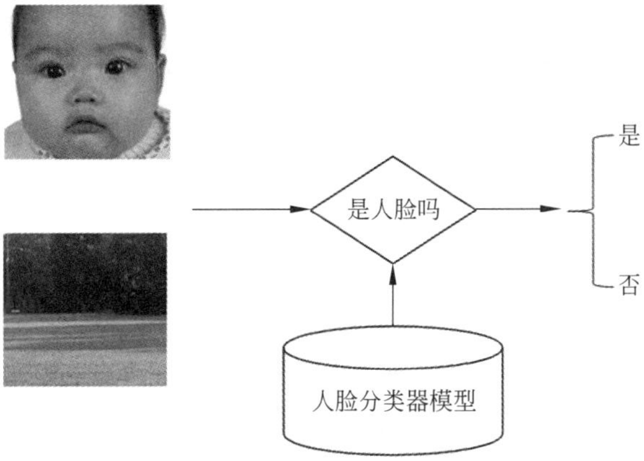


**图 1.7 判断图像是否为人脸的二分类器**

由于人脸可能出现在图像的任何位置，在检测时用固定大小的窗口对图像从上到下、从左到右扫描，判断窗口里的子图像是否为人脸，这称为滑动窗口技术。为了检测不同大小的人脸，还需要对图像进行放大或者缩小，对每张缩放后的图像都用上面的方法进行扫描。由于采用滑动窗口扫描技术，并且要对图像进行反复缩放然后扫描，因此整个检测会非常耗时。以 512 像素×512 像素的图像为例，假设分类器窗口为 24×24，滑动窗口的步长为 1，则总共需要扫描的窗口数为

$$(512-23)\times(512-23)+\left(\frac{512}{1.1}-23\right)\times\left(\frac{512}{1.1}-23\right)+\left(\frac{512}{1.1^2}-23\right)\times\left(\frac{512}{1.1^2}-23\right)\cdots$$
$$>1200000$$

即要检测一张图片需要扫描大于 120 万个窗口。由于一个人脸可能会出现多个检测框，还需要将检测结果进行合并去重，这称为非最大抑制（Non-Maximum Suppression，NMS）技术。

采用滑动窗口技术的多尺度人脸检测方法原理如图 1.8 所示。

使用卷积神经网络的算法取得了更好的精度[12][13]。R-CNN[14]、YOLO[15]、SSD[16]等算法抛弃了这种滑动窗口的做法，用图像分割技术估计出候选目标框或者直接回归出目标的大小和位置。第 13 章详细介绍使用 AdaBoost 分类器的人脸检测算法，第 15 章介绍使用卷积神经网络的人脸检测算法。

### 1.2.3 人机对弈

人机对弈属于策略类问题，它是人工智能的传统问题，象棋、国际象棋、围棋等问题在过去几十年是检验人工智能进展的代表性问题。棋类 AI 的经典方法是搜索树，它枚举所有可能的棋步，形成搜索树，每次落棋时选择最优的棋步，这需要定义一个代价函数来评估各个决策赢的可能性。随着棋步的增加搜索树的规模会以指数级增长，因此，需要对树进行剪枝。

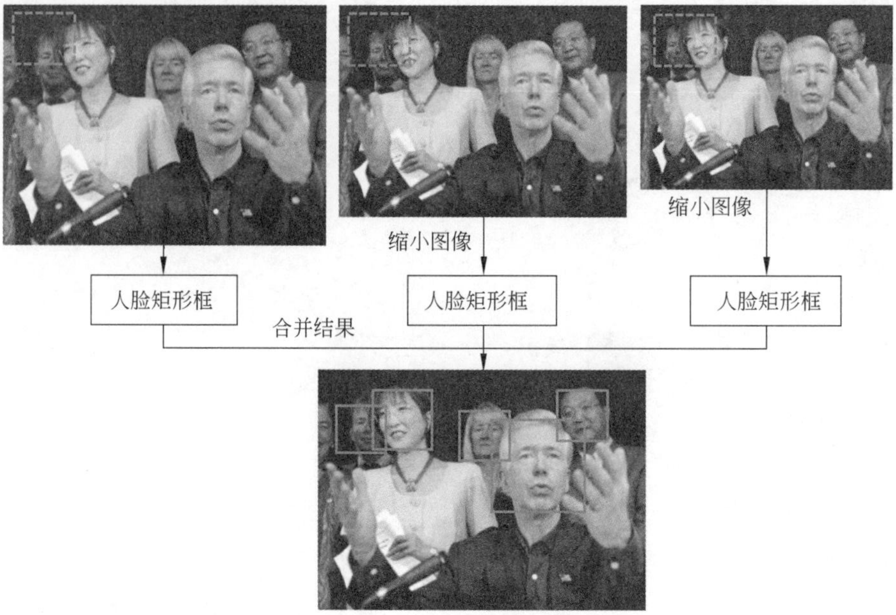


**图 1.8　多尺度人脸检测原理**

由于围棋的变化太多，DeepMind 公司的 AlphaGo[17] 没有采用穷举搜索的技术，而是用机器学习来寻找最优棋步。AlphaGo 由多个神经网络组成，采用深度强化学习技术，它们联合起来实现对最优棋步的搜索。这两个网络都通过大量的棋谱样本进行训练，这一结构如图 1.9 所示。

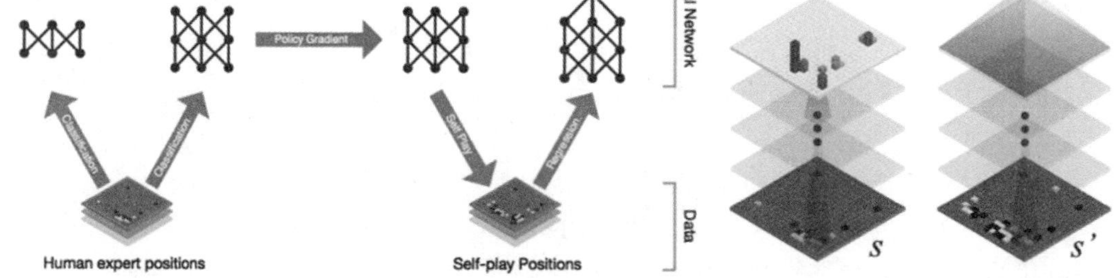


**图 1.9　AlphaGo 的原理**（来自文献[17]）

## 1.2.4　机器翻译

机器翻译（Machine Translation，MT）实现类似人类的语言翻译功能，它的目标是将一种语言的语句转换成另外一种语言的语句，二者有相同的含义。机器翻译是自然语言处理领域最重要、最有应用价值的问题之一。早期的实现大多采用基于规则的方法，后来逐渐过渡到使用机器学习的方法。

循环神经网络[18-22] 和卷积神经网络[23] 被成功地应用于这一问题，准确率不断提高，序列到序列的学习（seq2seq）是解决这一问题的经典方案。目前 Google、搜狗等互联网公司已经提供了各种语言翻译的服务。第 16 章将详细介绍机器翻译技术。

### 1.2.5　自动驾驶

自动驾驶是人工智能领域非常有挑战性的问题，也是对人类生活有深远影响的技术。无人驾驶的实用和普及不但可以解放出人类驾驶员，还可以降低事故率。要实现车辆的自动行驶需要解决如下几个核心问题。

(1) 定位。确定车辆当前所处的位置，这可以通过 GPS、雷达、图像分析等手段结合高精度数字地图来实现，目前已经解决得很好。

(2) 环境感知。指确定道路、车道线、路面有什么物体。这需要准确地检测道路、车道线，以及行人、车辆等障碍物，还需要识别出交通标志、信号灯等重要信息，给出车辆当前所处的环境。对环境的感知可以通过激光雷达、声波、图像等多种数据采集手段配合机器学习算法实现。

(3) 路径规划。指给定车辆的当前位置和目的地，计算出到达目的地的一条可行路径，在行驶期间可能还要根据路况信息做出调整，最优路径的计算可以通过 Dijkstra 算法、$A^*$ 搜索算法实现。

(4) 决策与控制。根据车道占用情况、路况等环境信息确定要执行的动作，得到车辆在每个时刻的行驶速度、方向等参数。由于无法穷举出所有的路况用规则来实现，因此，可以通过机器学习的手段训练出一个模型，以当前的路况作为输入，预测输出为当前时刻要执行的动作。根据环境情况对车的运动进行控制，包括速度、方向和其他姿态参数，这属于强化学习的范畴。

深度卷积神经网络和深度强化学习技术[24-26]被用于自动驾驶问题，解决感知和决策控制问题。卷积神经网络用于实现图像和环境的感知理解，强化学习用于确定车辆的行为。

## 1.3　发展历程

虽然机器学习的历史可以追溯到 1950 年之前，但作为一个独立的方向，在 20 世纪 80 年代才形成。20 世纪 90 年代和 21 世纪初得到快速发展，出现了大量的算法和理论，在这一方向共诞生了两位图灵奖得主。随着 2012 年深度学习技术的兴起，机器学习的应用领域也迅速拓广，成为现阶段解决很多人工智能问题的主要途径。

### 1.3.1　历史成就

图 1.10 列举了自 20 世纪 80 年代以来历史上出现的有代表性的机器学习算法。20 世纪 80 年代的典型成果是用于多层神经网络训练问题的反向传播算法，以及各种决策树（如分类与回归树）。前者是真正意义上能够解决实际问题的神经网络结构，至今在深度神经网络的训练中还被广泛使用。LeCun 在 1989 年设计出第一个卷积神经网络，这是深度卷积神经网络的前身，它被成功地用于手写数字识别。

20 世纪 90 年代是机器学习走向成熟和大规模发展的时代。这一时期出现了支持向量机（Support Vector Machine，SVM）、AdaBoost 算法、随机森林、循环神经网络/LSTM、流形学习等大量的经典算法。同时，机器学习走向了真正的应用，如垃圾邮件分类、车牌识别、人

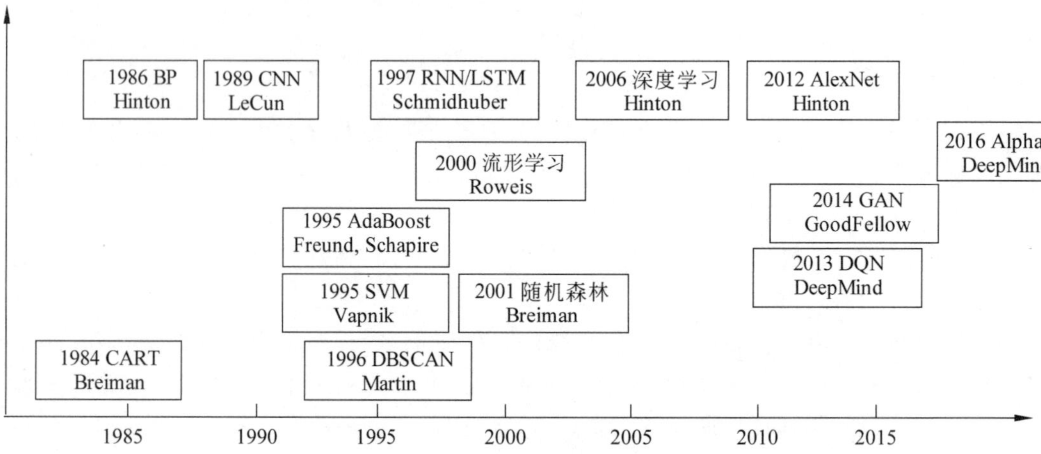


**图 1.10 机器学习历史上的经典方法**

脸检测、文本分类、语音识别、搜索引擎网页排序等产品和功能。这些经典的机器学习算法在第 4～13 章讲述。

深度学习技术在 2006 年之后得到快速发展，目前较好地解决了机器视觉、语音识别等领域的部分核心问题。Hinton 等人在 2006 年提出一种称为预训练的方法，用于解决深层神经网络难以训练的问题；2012 年深度卷积神经网络 AlexNet 在图像分类任务中的成功表现使得神经网络再次被学术界和工业界关注。循环神经网络在序列数据建模上也取得了成功，典型的是语音识别与自然语言处理。各种典型的深度神经网络在第 14～16 章讲述。

在数据生成问题上，以生成对抗网络为代表的深度生成模型也取得惊人的效果，可以生成复杂的数据(如图像、声音)。生成对抗网络的原理在第 17 章详细讲述。

深度学习技术与强化学习技术相结合的产物——深度强化学习——在众多的策略、控制问题上也取得了成功，如棋类游戏、自动驾驶、机器人控制等。强化学习技术在第 20 章详细讲述。

### 1.3.2 当前进展

随着深度学习的兴起，人工智能在诞生 60 多年之后再次迎来复兴。无论在学术界还是工业界，深度学习和人工智能都取得了迅猛发展。深度学习技术首先在机器视觉、语音识别领域取得成功，有效地解决了大量感知类问题。随后又应用到自然语言处理、图形学、数据挖掘、推荐系统等各领域。在数据生成问题上，生成对抗网络取得了成功，这是一种由生成模型和判别模型组合而成的系统，通过训练迭代，可以使得生成网络生成复杂的、与真实样本类似的数据。

在图像识别、语音识别、自然语言处理等领域里重点问题的特定测试数据库上，深度学习算法已经接近或者超越人类的水平，达到或接近实用的标准。在语音识别、人脸识别、OCR(光学字符识别)、自动驾驶、医学图像识别与疾病诊断等众多商业领域，深度学习和人工智能技术正在带来产业变革。

## 1.4 关于本书

本书全面系统地介绍机器学习理论与常用算法，紧密结合工程实现与实际应用。对每种算法会详细介绍它的思想、推导和证明。通过对知名开源库的源代码分析，让读者理解每种算法的工程实现以及实现中的细节问题。另外，还给出重要算法的实验程序和应用实例，便于读者掌握算法的使用。本书的演示程序使用 C++ 语言编写，很容易转换为 Python 版本。

顺利地读懂本书需要读者具备大学本科数学知识，包括微积分、线性代数、概率论，以及少量的离散数学知识；另外还需要 C++ 语言的编程知识[6]、基本的数据结构与算法知识[7]。

表 1.2 列出了本书详细讲解的算法以及所在的章节。

**表 1.2　本书讲解的算法与所在的章节**

| 类　型 | 算　法 | 章 |
|---|---|---|
| 有监督 | 线性回归 | 第 3 章 |
| 有监督 | 岭回归 | 第 3 章 |
| 有监督 | 贝叶斯分类器 | 第 4 章 |
| 有监督 | 决策树 | 第 5 章 |
| 有监督 | $k$ 近邻算法 | 第 6 章 |
| 无监督 | 主成分分析 | 第 7 章 |
| 无监督 | 流形学习降维 | 第 7 章 |
| 有监督 | 线性判别分析 | 第 8 章 |
| 有监督 | 全连接神经网络 | 第 9 章 |
| 有监督 | 支持向量机 | 第 10 章 |
| 有监督 | logistic 回归 | 第 11 章 |
| 有监督 | 线性支持向量机 | 第 11 章 |
| 有监督 | 随机森林 | 第 12 章 |
| 有监督 | AdaBoost 算法 | 第 13 章 |
| 无监督 | 自动编码器 | 第 14 章 |
| 无监督 | 受限玻尔兹曼机 | 第 14 章 |
| 有监督 | 卷积神经网络 | 第 15 章 |
| 有监督 | 循环神经网络 | 第 15 章 |
| 无监督 | 隐马尔可夫模型 | 第 16 章 |

续表

| 类　型 | 算　法 | 章 |
|---|---|---|
| 无监督 | 高斯混合模型 | 第 16 章 |
| 有监督 | 生成对抗网络 | 第 17 章 |
| 无监督 | 层次聚类 | 第 18 章 |
| 无监督 | $k$ 均值算法 | 第 18 章 |
| 无监督 | EM 算法 | 第 18 章 |
| 无监督 | DBSCAN 算法 | 第 18 章 |
| 无监督 | OPTICS 算法 | 第 18 章 |
| 无监督 | 均值漂移算法 | 第 18 章 |
| 无监督 | 谱聚类 | 第 18 章 |
| 半监督 | 自训练 | 第 19 章 |
| 半监督 | 协同训练 | 第 19 章 |
| 半监督 | 半监督生成算法 | 第 19 章 |
| 半监督 | 半监督支持向量机 | 第 19 章 |
| 半监督 | 半监督图算法 | 第 19 章 |
| 半监督 | 半监督深度学习 | 第 19 章 |
| 强化学习 | 动态规划 | 第 20 章 |
| 强化学习 | 蒙特卡洛算法 | 第 20 章 |
| 强化学习 | Sarsa 算法 | 第 20 章 |
| 强化学习 | $Q$ 学习 | 第 20 章 |
| 强化学习 | 深度 $Q$ 学习 | 第 20 章 |
| 强化学习 | 策略梯度算法 | 第 20 章 |

源代码分析使用 OpenCV 的机器学习库、libsvm、liblinear、Caffe。它们的影响力大且应用广泛，稳定可靠，是产品级的实现。表 1.3 列出了本书中分析的开源库的版本号，以便于读者与源代码对应。

**表 1.3　本书分析的开源库的版本号**

| 开　源　库 | 版　本　号 |
|---|---|
| OpenCV | 2.4.9 |
| libsvm | 3.17 |
| liblinear | 2.11 |
| Caffe | 1.0 |

各算法及对应的开源库如表 1.4 所示。

表 1.4 各算法及对应的开源库

| 算 法 | 开 源 库 |
|---|---|
| 贝叶斯分类器 | OpenCV |
| 决策树 | OpenCV |
| 随机森林 | OpenCV |
| 主成分分析 | OpenCV |
| 线性判别分析 | OpenCV |
| 人工神经网络 | OpenCV |
| 支持向量机 | libsvm |
| logistic 回归 | liblinear |
| 线性支持向量机 | liblinear |
| AdaBoost 算法 | OpenCV |
| 卷积神经网络 | Caffe |

有一部分算法现在因为没有找到合适的开源库分析，目前暂时空缺，本书后续的版本中会逐步加上。

# 参 考 文 献

[1] 迪达，等．模式分类[M]．李宏东，等译．北京：机械工业出版社，2003.
[2] 米歇尔．机器学习[M]．曾华军，等译．北京：机械工业出版社，2002.
[3] Christopher M. Bishop. Pattern Recognition and Machine Learning. Berlin: Springer, 2001.
[4] Kevin P. Murphy. Machine Learning: A Probabilistic Perspective. Massachusetts: The MIT Press, 2004.
[5] Trevor Hastie, Robert Tibshirani, Jerome Friedman. The Elements of Statistical Learning: Data Mining, Inference, and Prediction. New York: McGraw Hill, 2001.
[6] 李普曼．C++ primer(中文版)[M]. 5 版．北京：电子工业出版社，2013.
[7] 科尔曼．算法导论[M]. 3 版．北京：机械工业出版社，2007.
[8] Alex Graves, Santiago Fernandez, Faustino J Gomez, et al. Connectionist temporal classification: labelling unsegmented sequence data with recurrent neural networks. International conference on machine learning, 2006.
[9] A Graves, A Mohamed, G Hinton. Speech Recognition with Deep Recurrent Neural Networks. ICASSP 2013.
[10] Alex Graves, Navdeep Jaitly. Towards End-To-End Speech Recognition with Recurrent Neural Networks. international conference on machine learning, 2014.
[11] P Viola, M Jones. Rapid object detection using a boosted cascade of simple features. In Proceedings IEEE Conf. on Computer Vision and Pattern Recognition, 2001.
[12] Haoxiang Li, Zhe Lin, Xiaohui Shen, et al. A convolutional neural network cascade for face

detection. Computer Vision and Pattern Recognition, 2015.

[13] Shuo Yang, Ping Luo, Chen Change Loy, et al. Faceness-Net: Face Detection through Deep Facial Part Responses.

[14] Ross B Girshick, Jeff Donahue, Trevor Darrell, et al. Rich Feature Hierarchies for Accurate Object Detection and Semantic Segmentation. Computer Vision and Pattern Recognition, 2014.

[15] Joseph Redmon, Santosh Kumar Divvala, Ross B Girshick, et al. You Only Look Once: Unified, Real-Time Object Detection. Computer Vision and Pattern Recognition, 2016.

[16] Wei Liu, Dragomir Anguelov, Dumitru Erhan, et al. SSD: Single Shot MultiBox Detector. European Conference on Computer Vision, 2015.

[17] David Silver, et al. Mastering the Game of Go with Deep Neural Networks and Tree Search. Nature, 2016.

[18] Ilya Sutskever, Oriol Vinyals, Quoc V Le. Sequence to Sequence Learning with Neural Networks. Neural Information Processing Systems, 2014.

[19] Kyunghyun Cho, Bart Van Merrienboer, Caglar Gulcehre, et al. Learning Phrase Representations using RNN Encoder—Decoder for Statistical Machine Translation. Empirical Methods in Natural Language Processing, 2014.

[20] Dzmitry Bahdanau, Kyunghyun Cho, Yoshua Bengio. Neural Machine Translation by Jointly Learning to Align and Translate. International Conference on Learning Representations, 2015.

[21] Shujie Liu, Nan Yang, Mu Li, et al. A Recursive Recurrent Neural Network for Statistical Machine Translation. Meeting of the Association for Computational Linguistics, 2014.

[22] Yonghui Wu, et al. Google's Neural Machine Translation System: Bridging the Gap between Human and Machine Translation. Technical Report, 2016.

[23] Jonas Gehring, Michael Auli, David Grangier, et al. Convolutional Sequence to Sequence Learning, 2017.

[24] Mariusz Bojarski, Davide Del Testa, Daniel Dworakowski, et al. End to End Learning for Self-Driving Cars. arXiv: Computer Vision and Pattern Recognition, 2016.

[25] Richard S Sutton, Andrew G Barto. Reinforcement Learning: An Introduction. Neural Information Processing Systems, 1999.

[26] Volodymyr Mnih, Koray Kavukcuoglu, David Silver, et al. Human-level control through deep reinforcement learning. Nature, 2015.

# 第2章

# 数学知识

工欲善其事，必先利其器。数学是机器学习的基础，各种算法及理论需要大量使用微积分、线性代数、概率论、最优化方法等数学知识，尤其是最优化理论。本章将对这些数学知识进行简单介绍。

本书只对数学知识进行简单的介绍，系统地学习数学知识可以阅读本章结尾列出的参考文献。文献[1]和[2]是微积分的经典教材，其中[1]是国内高等数学使用量最大的教材，易于理解，适合作为入门教材，[2]更为深入和全面，如果想要深刻理解微积分和实分析的思想，可以阅读它。线性代数推荐阅读文献[3]或[4]，概率论推荐阅读文献[5]。如果想深入了解数值计算理论和方法，可以阅读文献[6]或[7]。如果想全面深入理解最优化、凸优化理论，文献[8]和[9]是权威的经典教材。

本章内容由3部分构成。

(1) 微积分和线性代数。介绍一元函数的导数、多元函数的偏导数、泰勒展开、雅克比矩阵、Hessian矩阵等微积分的知识，以及向量、矩阵、张量、特征值和特征向量、矩阵对角化、二次型、奇异值分解等线性代数知识。

(2) 最优化理论。包括梯度下降法、牛顿法、坐标下降法3种常用的数值优化方法；求解带等式约束极值问题的拉格朗日乘数法。凸优化理论，凸优化最重要的性质：所有局部最优解都是全局最优解。对偶理论是最优化理论中的重要组成部分，本章介绍拉格朗日对偶和强对偶条件。KKT条件是求解带等式和不等式约束极值问题的理论结果。牛顿法由于在每次迭代时需要计算Hessian以及求解线性方程组，对于大规模问题将面临计算效率的问题，拟牛顿法是它的改进。

(3) 概率论。包括随机事件与概率、条件概率与贝叶斯公式；随机变量、概率密度函数与分布函数；数学期望和方差、随机向量，以及最大似然估计。

## 2.1 微积分和线性代数

本节介绍机器学习所要用到的微积分和线性代数知识，在后面各章的推导中会经常使用它们。

### 2.1.1 导数

导数定义为函数的自变量变化值趋向于0时，函数值的变化量与自变量的变化量比值的极限，即

$$f'(x) = \lim_{\Delta x \to 0} \frac{f(x+\Delta x) - f(x)}{\Delta x}$$

如果上面的极限存在,则称函数在该点处可导。导数的几何意义是函数在某一点处的切线的斜率,典型的物理意义是瞬时速度。根据求导公式和法则,可以计算出任意一个函数的导数。表 2.1 列出了各种基本函数和运算的求导公式。

**表 2.1 基本求导公式**

| 函数或运算 | 求导公式 |
|---|---|
| 幂函数 | $(x^a)' = ax^{a-1}$ |
| 指数函数 | $(e^x)' = e^x$ |
| 指数函数 | $(a^x)' = a^x \ln a$ |
| 三角函数 | $(\sin x)' = \cos x$ |
| 三角函数 | $(\cos x)' = -\sin x$ |
| 对数函数 | $(\ln x)' = \frac{1}{x}$ |
| 加法 | $(f(x)+g(x))' = f'(x)+g'(x)$ |
| 乘法 | $(f(x)g(x))' = f'(x)g(x)+f(x)g'(x)$ |
| 除法 | $\left(\frac{f(x)}{g(x)}\right)' = \frac{f'(x)g(x)-f(x)g'(x)}{g^2(x)}$ |
| 复合函数 | $(f(g(x)))' = f'(g)g'(x)$ |

复合函数的求导公式可以推广到多层复合和多元函数的情况,在后面的章节中将会继续介绍。

下面用一个例子来说明导数的计算方法,对于如下函数:

$$f(x) = \ln(1 + x^2 + e^{2x})$$

根据复合函数以及四则运算的求导法则,有

$$f'(x) = \frac{1}{1+x^2+e^{2x}}(1+x^2+e^{2x})' = \frac{2x+e^{2x}(2x)'}{1+x^2+e^{2x}} = \frac{2x+2e^{2x}}{1+x^2+e^{2x}}$$

导数和函数的单调性密切相关。导数大于 0 时函数单调增,导数小于 0 时函数单调减,在极值点处导数必定为 0。导数等于 0 的点称为函数的驻点,这为我们求解函数的极值提供了依据。

如果对导数继续求导,可以得到高阶导数。将二阶导数记为

$$f''(x)$$

高阶导数记为

$$f^{(n)}(x)$$

二阶导数决定函数的凹凸性。如果二阶导数大于 0,则函数为凸函数;如果二阶导数小于 0,则为凹函数。二阶导数等于 0 的点称为函数的拐点。

根据一阶导数和二阶导数,可以得到一元函数的极值判别法:在驻点处,如果二阶导数大于 0,则为函数的极小值点;如果二阶导数小于 0,则为极大值点。如果二阶导数等于 0,则情况不定。

### 2.1.2　向量与矩阵

向量是有大小和方向的量，是由多个数构成的一维数组，每个数称为它的分量。分量的数量称为向量的维数。物理中的力，速度是典型的向量。$n$ 维行向量 $\boldsymbol{x}$ 有 $n$ 个分量，记为

$$[x_1 \quad \cdots \quad x_n]$$

如果写成列的形式，则称为列向量：

$$\begin{bmatrix} x_1 \\ \vdots \\ x_n \end{bmatrix}$$

转置运算将列向量变成行向量，将行向量变成列向量，向量 $\boldsymbol{x}$ 的转置记为 $\boldsymbol{x}^{\mathrm{T}}$。下面是对一个行向量的转置：

$$[1 \quad 2 \quad 3]^{\mathrm{T}} = \begin{bmatrix} 1 \\ 2 \\ 3 \end{bmatrix}$$

所有 $n$ 维实向量构成的集合简写为 $\mathbb{R}^n$。在数学上经常把向量表示成列向量；在计算机编程语言里，向量一般按行存储。分量全为 0 的向量称为 $\boldsymbol{0}$ 向量。

两个向量的加法定义为向量对应元素相加，它要求参与运算的两个向量尺寸相等，下面是加法运算的一个例子：

$$[1 \quad 2 \quad 3]+[4 \quad 5 \quad 6]=[5 \quad 7 \quad 9]$$

和向量加法类似，两个向量的减法为它们对应元素相减。向量与标量的乘积定义为标量与向量每个分量相乘，下面是一个标量乘的例子：

$$5\times(1 \quad 2 \quad 3)=(5 \quad 10 \quad 15)$$

两个向量 $\boldsymbol{x}$ 和 $\boldsymbol{y}$ 的内积定义为它们对应元素乘积的和，即

$$\boldsymbol{x}^{\mathrm{T}}\boldsymbol{y} = \sum_{i=1}^{n} x_i y_i$$

下面是两个向量内积的例子：

$$\begin{bmatrix} 1 \\ 2 \\ 3 \end{bmatrix}^{\mathrm{T}} \begin{bmatrix} 1 \\ 1 \\ 1 \end{bmatrix} = 1\times1+2\times1+3\times1=6$$

如果两个向量的内积为 0，则称它们正交，这是几何中垂直这个概念在高维空间的推广。

向量的 L-P 范数是一个标量，定义为

$$\|\boldsymbol{x}\|_p = \left(\sum_{i=1}^{n} |x_i|^p\right)^{\frac{1}{p}}$$

其中，常用的是 L1 和 L2 范数。向量的 L1 范数为所有分量的绝对值之和，即

$$\|x\|_1 = \sum_{i=1}^{n} |x_i|$$

向量的 L2 范数也称为向量的模，即向量的长度，计算公式为

$$\|x\|_2 = \sqrt{\sum_{i=1}^{n} (x_i)^2}$$

如不特殊说明,后面各章中的向量范数默认为 2 范数。范数的定义满足三角不等式,这是几何中三角不等式的抽象。

对于一组向量 $\boldsymbol{x}_1,\cdots,\boldsymbol{x}_l$,如果存在一组不全为 0 的数 $\alpha_1,\cdots,\alpha_l$,使得

$$\alpha_1\boldsymbol{x}_1+\alpha_2\boldsymbol{x}_2+\cdots+\alpha_l\boldsymbol{x}_l=\boldsymbol{0}$$

则称这组向量线性相关。如果不存在一组全不为 0 的数使得上式成立,则称这组向量线性无关。

矩阵是一个二维数组,一个 $m\times n$ 的矩阵有 $m$ 个行和 $n$ 个列,它的每一个元素 $a_{ij}$ 为一个数,记为

$$\begin{bmatrix} a_{11} & \cdots & a_{1n} \\ \vdots & \vdots & \vdots \\ a_{m1} & \cdots & a_{mn} \end{bmatrix}$$

下面是一个 2×3 的矩阵:

$$\begin{bmatrix} 1 & 2 & 3 \\ 4 & 5 & 6 \end{bmatrix}$$

如果矩阵的行数和列数相等,则称为方阵,$n\times n$ 的方阵称为 $n$ 阶方阵。如果一个方阵的元素满足

$$a_{ij}=a_{ji}$$

则称该矩阵为对称矩阵。下面是一个对称矩阵的例子:

$$\begin{bmatrix} 1 & 4 & 3 \\ 4 & 2 & 5 \\ 3 & 5 & 3 \end{bmatrix}$$

如果一个矩阵除主对角线之外所有元素都为 0,则称为对角矩阵。下面是一个对角矩阵的例子:

$$\begin{bmatrix} 1 & 0 & 0 \\ 0 & 2 & 0 \\ 0 & 0 & 3 \end{bmatrix}$$

如果一个矩阵的主对角线元素为 1,其他元素都为 0,则称为单位矩阵,记为 $\boldsymbol{I}$:

$$\begin{bmatrix} 1 & \cdots & 0 \\ \vdots & \vdots & \vdots \\ 0 & \cdots & 1 \end{bmatrix}$$

矩阵的转置定义为矩阵的行和列下标相交换,一个 $m\times n$ 的矩阵转置之后为 $n\times m$ 的矩阵。矩阵 $\mathbf{A}$ 的转置记为 $\mathbf{A}^{\mathrm{T}}$,下面是一个矩阵转置的例子:

$$\begin{bmatrix} 1 & 2 & 3 \\ 4 & 5 & 6 \end{bmatrix}^{\mathrm{T}}=\begin{bmatrix} 1 & 4 \\ 2 & 5 \\ 3 & 6 \end{bmatrix}$$

两个矩阵的加法为其对应位置元素相加,显然执行加法运算的两个矩阵必须有相同的尺寸。下面是两个矩阵相加的例子:

$$\begin{bmatrix} 1 & 2 & 3 \\ 4 & 5 & 6 \end{bmatrix}+\begin{bmatrix} 7 & 8 & 9 \\ 10 & 11 & 12 \end{bmatrix}=\begin{bmatrix} 8 & 10 & 12 \\ 14 & 16 & 18 \end{bmatrix}$$

两个矩阵的减法为对应位置元素相减，同样，执行减法运算的两个矩阵必须尺寸相等。

向量与标量的乘法定义为标量与向量的每个分量相乘，下面是标量乘的一个例子：

$$5\times\begin{bmatrix}1 & 2 & 3\\ 4 & 5 & 6\end{bmatrix}=\begin{bmatrix}5 & 10 & 15\\ 20 & 25 & 30\end{bmatrix}$$

两个矩阵的乘法定义为用第一个矩阵的每个行向量和第二个矩阵的每个列向量做内积，形成结果矩阵的每个元素，显然第一个矩阵的列数要和第二个矩阵的行数相等。下面是两个矩阵相乘的例子：

$$\begin{bmatrix}1 & 1 & 0\\ 0 & 0 & 1\end{bmatrix}\times\begin{bmatrix}0 & 1\\ 0 & 0\\ 1 & 0\end{bmatrix}=\begin{bmatrix}1\times0+1\times0+0\times1 & 1\times1+1\times0+0\times0\\ 0\times0+0\times0+1\times1 & 0\times1+0\times0+1\times0\end{bmatrix}$$

$$=\begin{bmatrix}0 & 1\\ 1 & 0\end{bmatrix}$$

矩阵的乘法满足结合律：

$$(\boldsymbol{AB})\boldsymbol{C}=\boldsymbol{A}(\boldsymbol{BC})$$

以及左右分配率：

$$\boldsymbol{A}(\boldsymbol{B}+\boldsymbol{C})=\boldsymbol{AB}+\boldsymbol{AC}$$

$$(\boldsymbol{A}+\boldsymbol{B})\boldsymbol{C}=\boldsymbol{AC}+\boldsymbol{BC}$$

需要注意的是，矩阵的乘法不满足交换律，即一般情况下：

$$\boldsymbol{AB}\neq\boldsymbol{BA}$$

对于 $n$ 阶矩阵 $\boldsymbol{A}$，如果存在另一个 $n$ 阶矩阵 $\boldsymbol{B}$，使得它们的乘积为单位矩阵，即

$$\boldsymbol{AB}=\boldsymbol{I}$$

$$\boldsymbol{BA}=\boldsymbol{I}$$

则分别称 $\boldsymbol{B}$ 为 $\boldsymbol{A}$ 的右逆矩阵和左逆矩阵。一个重要结论是，矩阵的左逆矩阵等于右逆矩阵，统称为矩阵的逆，记为 $\boldsymbol{A}^{-1}$。可以证明有下面公式成立：

$$(\boldsymbol{AB})^{-1}=\boldsymbol{B}^{-1}\boldsymbol{A}^{-1}$$

$$(\boldsymbol{A}^{-1})^{-1}=\boldsymbol{A}$$

$$(\boldsymbol{A}^{\mathrm{T}})^{-1}=(\boldsymbol{A}^{-1})^{\mathrm{T}}$$

矩阵可逆的充分必要条件是其行列式不为 0，或者满秩。矩阵的秩定义为矩阵线性无关的行向量或列向量的最大数量。逆矩阵可以看作是倒数的推广。

张量是矩阵在更高维空间的推广，可以简单地看作编程语言里的多维数组，张量的维数称为它的阶数。一个 3 阶张量有 3 个维度的下标。标量可是 0 阶张量，向量是 1 阶张量，矩阵是 2 阶张量。

### 2.1.3 偏导数与梯度

多元函数的偏导数是一元函数导数的推广。假设有多元函数 $f(x_1,x_2,\cdots,x_n)$，它对自变量 $x_i$ 的偏导数定义为

$$\frac{\partial f}{\partial x_i}=\lim_{\Delta x_i\to0}\frac{f(x_1,\cdots,x_i+\Delta x_i,\cdots,x_n)-f(x_1,\cdots,x_i,\cdots,x_n)}{\Delta x_i}$$

具体计算时，将要求导的变量求导，把其他变量当作常量即可，下面是求偏导数的一个

例子：

$$(x^2+xy-y^2)'_x = 2x+y$$
$$(x^2+xy-y^2)'_y = x-2y$$

梯度是导数对多元函数的推广，它是多元函数对各个自变量偏导数形成的向量。多元函数的梯度定义为

$$\nabla f(\boldsymbol{x}) = \left(\frac{\partial f}{\partial x_1},\cdots,\frac{\partial f}{\partial x_n}\right)^{\mathrm{T}}$$

其中，$\nabla$ 称为梯度算子，它作用于一个多元函数得到一个向量。下面是计算函数梯度的一个例子：

$$\nabla(x^2+xy-y^2) = (2x+y, x-2y)^{\mathrm{T}}$$

梯度和函数的单调性、极值有关。根据 Fermat 定理，可导函数在某一点处取得极值的必要条件是梯度为 0，梯度为 0 的点称为函数的驻点。需要注意的是，梯度为 0 只是函数取极值的必要条件而不是充分条件。

类似地，可以定义函数的高阶偏导数，这比一元函数的高阶导数复杂，因为有多个变量。以二阶偏导数为例，如下二阶偏导数：

$$\frac{\partial^2 f}{\partial x \partial y}$$

表示函数先对 $x$ 求偏导数，然后再对 $y$ 求偏导数。下面是一个实际的例子：

$$\frac{\partial^2}{\partial x \partial y}(x^2+xy-y^2) = \frac{\partial}{\partial y}(2x+y) = 1$$

一般情况下，混合二阶偏导数与求导次序无关，即

$$\frac{\partial^2 f}{\partial x \partial y} = \frac{\partial^2 f}{\partial y \partial x}$$

### 2.1.4 雅克比矩阵

对于如下向量到向量的映射函数：

$$\boldsymbol{y} = f(\boldsymbol{x})$$

其中，向量 $\boldsymbol{x} \in \mathbb{R}^n$，向量 $\boldsymbol{y} \in \mathbb{R}^m$，这个映射写成分量形式为

$$y_i = f_i(\boldsymbol{x})$$

即输出向量的每个分量是输入向量的函数。雅克比矩阵定义为输出向量的每个分量对输入向量的每个分量的偏导数构成的矩阵：

$$\begin{bmatrix} \frac{\partial y_1}{\partial x_1} & \frac{\partial y_1}{\partial x_2} & \cdots & \frac{\partial y_1}{\partial x_n} \\ \frac{\partial y_2}{\partial x_1} & \frac{\partial y_2}{\partial x_2} & \cdots & \frac{\partial y_2}{\partial x_n} \\ \vdots & \vdots & \vdots & \vdots \\ \frac{\partial y_m}{\partial x_1} & \frac{\partial y_m}{\partial x_2} & \cdots & \frac{\partial y_m}{\partial x_n} \end{bmatrix}$$

这是一个 $m$ 行 $n$ 列的矩阵，每一行为一个多元函数的梯度。对于如下向量映射函数：

$$u = x^2 + 2xy + z$$

$$v = x - y^2 + z^2$$

它的雅克比矩阵为

$$\begin{bmatrix} \frac{\partial u}{\partial x} & \frac{\partial u}{\partial y} & \frac{\partial u}{\partial z} \\ \frac{\partial v}{\partial x} & \frac{\partial v}{\partial y} & \frac{\partial v}{\partial z} \end{bmatrix} = \begin{bmatrix} 2x+2y & 2x & 1 \\ 1 & -2y & 2z \end{bmatrix}$$

雅克比矩阵可以简化多元复合函数求导的公式，在第9章反向传播算法推导过程中会有它的运用。

### 2.1.5 Hessian 矩阵

Hessian 矩阵是由多元函数的二阶偏导数组成的矩阵。如果函数 $f(x_1, \cdots, x_n)$ 二阶可导，Hessian 矩阵定义为

$$\begin{bmatrix} \frac{\partial^2 f}{\partial x_1^2} & \frac{\partial^2 f}{\partial x_1 \partial x_2} & \cdots & \frac{\partial^2 f}{\partial x_1 \partial x_n} \\ \frac{\partial^2 f}{\partial x_2 \partial x_1} & \frac{\partial^2 f}{\partial x_2^2} & \cdots & \frac{\partial^2 f}{\partial x_2 \partial x_n} \\ \vdots & \vdots & \vdots & \vdots \\ \frac{\partial^2 f}{\partial x_n \partial x_1} & \frac{\partial^2 f}{\partial x_n \partial x_2} & \cdots & \frac{\partial^2 f}{\partial x_n^2} \end{bmatrix}$$

这是一个 $n$ 阶矩阵。一般情况下多元函数的混合二阶偏导数与求导次序无关，即

$$\frac{\partial^2 f}{\partial x_i \partial x_j} = \frac{\partial^2 f}{\partial x_j \partial x_i}$$

因此，Hessian 矩阵是一个对称矩阵，它可以看作二阶导数对多元函数的推广。Hessian 矩阵简写为 $\nabla^2 f(\boldsymbol{x})$。对于如下多元函数：

$$f(x,y,z) = 2x^2 - xy + y^2 - 3z^2$$

它的 Hessian 矩阵为

$$\begin{bmatrix} \frac{\partial^2 f}{\partial x^2} & \frac{\partial^2 f}{\partial x \partial y} & \frac{\partial^2 f}{\partial x \partial z} \\ \frac{\partial^2 f}{\partial y \partial x} & \frac{\partial^2 f}{\partial y^2} & \frac{\partial^2 f}{\partial y \partial z} \\ \frac{\partial^2 f}{\partial z \partial x} & \frac{\partial^2 f}{\partial z \partial y} & \frac{\partial^2 f}{\partial z^2} \end{bmatrix} = \begin{bmatrix} 4 & -1 & 0 \\ -1 & 2 & 0 \\ 0 & 0 & -6 \end{bmatrix}$$

根据多元函数极值判别法，假设多元函数在点 $M$ 的梯度为 $\boldsymbol{0}$，即 $M$ 是函数的驻点，则有以下结论。

(1) 如果 Hessian 矩阵正定，函数在该点有极小值。

(2) 如果 Hessian 矩阵负定，函数在该点有极大值。

(3) 如果 Hessian 矩阵不定，则不是极值点。

这是一元函数极值判别法对多元函数对推广，Hessian 矩阵正定类似于二阶导数大于0，其他的以此类推。对于 $n$ 阶矩阵 $\boldsymbol{A}$，对于任意非 $\boldsymbol{0}$ 的 $n$ 维向量 $\boldsymbol{x}$ 都有

$$\boldsymbol{x}^{\mathrm{T}} \boldsymbol{A} \boldsymbol{x} > 0$$

则称矩阵 $\boldsymbol{A}$ 为正定矩阵。判定矩阵正定的常用方法有以下几种。

(1) 矩阵的特征值全大于 0。

(2) 矩阵的所有顺序主子式都大于 0。

(3) 矩阵合同于单位阵 $\boldsymbol{I}$。

类似地，如果一个 $n$ 阶矩阵 $\boldsymbol{A}$，对于任何非 $\boldsymbol{0}$ 的 $n$ 维向量 $\boldsymbol{x}$，都有

$$\boldsymbol{x}^{\mathrm{T}}\boldsymbol{A}\boldsymbol{x} < 0$$

则称矩阵 $\boldsymbol{A}$ 为负定矩阵。如果满足

$$\boldsymbol{x}^{\mathrm{T}}\boldsymbol{A}\boldsymbol{x} \geqslant 0$$

则称矩阵 $\boldsymbol{A}$ 为半正定矩阵。Hessian 矩阵正定性与多元函数的凹凸性有关，如果 Hessian 矩阵半正定，则函数为凸函数；如果 Hessian 矩阵正定，则为严格凸函数。

### 2.1.6 泰勒展开

如果一元函数 $n$ 阶可导，它的泰勒展开公式为

$$f(x)=f(x_0)+f'(x_0)(x-x_0)+\frac{1}{2}f''(x_0)(x-x_0)^2+\cdots+\frac{1}{n!}f^{(n)}(x_0)(x-x_0)^n\cdots$$

类似地，多元函数的泰勒展开公式为

$$f(\boldsymbol{x}) = f(\boldsymbol{x}_0) + (\nabla f(\boldsymbol{x}_0))^{\mathrm{T}}(\boldsymbol{x} - \boldsymbol{x}_0) + \frac{1}{2}(\boldsymbol{x} - \boldsymbol{x}_0)^{\mathrm{T}}\boldsymbol{H}(\boldsymbol{x} - \boldsymbol{x}_0) + o(\| \boldsymbol{x} - \boldsymbol{x}_0 \|^2)$$

在这里 $o$ 表示高阶无穷小。$\boldsymbol{H}$ 是 Hessian 矩阵，它和一元函数的泰勒展开在形式上是统一的。在最优化问题的数值求解时，我们会用泰勒展开来近似代替目标函数，在 2.2 节中会看到，梯度下降法使用一阶泰勒展开，牛顿法使用二阶泰勒展开。

### 2.1.7 行列式

行列式是一个数，它是对方阵的一种映射，矩阵 $\boldsymbol{A}$ 的行列式记为 $|\boldsymbol{A}|$。行列式的定义有两种方法，逆序数法和递归法。如果采用逆序数法，行列式的计算公式为

$$|\boldsymbol{A}| = \sum_{\sigma\in S_n}\mathrm{sgn}(\sigma)\prod_{i=1}^{n}a_{i,\sigma(i)}$$

其中，$S_n$ 为集合 $\{1,\cdots,n\}$ 所有置换的全体，即将集合元素打乱顺序后形成的所有有序集合，$\sigma$ 为一个置换。对于集合 $\{1,2,3\}$，所有的置换为

$$\{1,2,3\}\{1,3,2\}\{2,1,3\}\{2,3,1\}\{3,1,2\}\{3,2,1\}$$

其中，$\sigma(i)$ 为置换 $\sigma$ 的第 $i$ 个元素。$\mathrm{sgn}(\sigma)$ 为置换 $\sigma$ 的逆序数的符号值，如果逆序数为偶数，其值为 1，否则为 $-1$。如果 $i<j$ 但 $\sigma(i)>\sigma(j)$，这称为一个逆序。置换 $\{3,2,1\}$ 的逆序为

$$(3,2),(2,1),(3,1)$$

因此，逆序数为 3。按照上面的定义，$n$ 阶矩阵的行列式的求和项有 $n!$ 项。2 阶矩阵的行列式的计算公式为

$$\begin{vmatrix} a_{11} & a_{12} \\ a_{21} & a_{22} \end{vmatrix} = a_{11}a_{22} - a_{12}a_{21}$$

3 阶矩阵的行列式的计算公式为

$$\begin{vmatrix} a_{11} & a_{12} & a_{13} \\ a_{21} & a_{22} & a_{23} \\ a_{31} & a_{32} & a_{33} \end{vmatrix} = a_{11}a_{22}a_{33} + a_{12}a_{23}a_{31} + a_{13}a_{21}a_{32} - a_{13}a_{22}a_{31} - a_{11}a_{23}a_{32} - a_{12}a_{21}a_{33}$$

如果矩阵 $\boldsymbol{A}$ 和 $\boldsymbol{B}$ 是尺寸相同的 $n$ 阶矩阵，则有

$$|\boldsymbol{AB}|=|\boldsymbol{A}||\boldsymbol{B}|$$

即矩阵乘积的行列式等于矩阵行列式的乘积。如果矩阵可逆，其逆矩阵的行列式等于行列式的逆，即

$$|\boldsymbol{A}^{-1}|=|\boldsymbol{A}|^{-1}$$

矩阵与标量乘法的行列式为

$$|\alpha\boldsymbol{A}|=\alpha^n|\boldsymbol{A}|$$

其中，$n$ 为矩阵的阶数。

### 2.1.8 特征值与特征向量

对于一个 $n$ 阶矩阵 $\boldsymbol{A}$，如果存在一个数 $\lambda$ 和一个非 $\boldsymbol{0}$ 向量 $\boldsymbol{x}$，满足

$$\boldsymbol{Ax}=\lambda\boldsymbol{x}$$

则称 $\lambda$ 为矩阵 $\boldsymbol{A}$ 的特征值，$\boldsymbol{x}$ 为该特征值对应的特征向量。根据上面的定义有下面线性方程组成立：

$$(\boldsymbol{A}-\lambda\boldsymbol{I})\boldsymbol{x}=\boldsymbol{0}$$

根据线性方程组的理论，要让齐次方程有非 0 解，系数矩阵的行列式必须为 0，即

$$|\boldsymbol{A}-\lambda\boldsymbol{I}|=\boldsymbol{0}$$

上式左边的多项式称为矩阵的特征多项式。求解这个 $n$ 次方程可以得到所有特征值，方程的根可能是复数。高次方程的求根很困难，5 次或者 5 次以上的代数方程没有公式解，因此一般求数值解，即近似解。求解矩阵特征值的经典方法是 QR 算法和雅克比法，如果想详细了解，可以阅读数值分析教材。

矩阵的迹定义为主对角线元素之和：

$$\operatorname{tr}(\boldsymbol{A})=\sum_{i=1}^{n}a_{ii}$$

根据韦达定理，矩阵所有特征值的和为矩阵的迹：

$$\sum_{i=1}^{n}\lambda_i=\operatorname{tr}(\boldsymbol{A})$$

同样可以证明，矩阵所有特征值的积为矩阵的行列式：

$$\prod_{i=1}^{n}\lambda_i=|\boldsymbol{A}|$$

特征值和特征向量在机器学习的很多算法中都有应用，典型的包括正态贝叶斯分类器、主成分分析、流形学习、线性判别分析、谱聚类等。

一个 $n$ 阶矩阵如果满足

$$\boldsymbol{P}^{-1}=\boldsymbol{P}^{\mathrm{T}}$$

则称为正交矩阵。正交矩阵的行列式为 1，它的行、列向量之间相互正交，即相同的行或列的内积为 1，不同行或列的内积为 0。

对于一个 $n$ 阶矩阵 $\boldsymbol{A}$，如果存在一个正交矩阵 $\boldsymbol{P}$，使得

$$\boldsymbol{P}^{-1}\boldsymbol{AP}=\boldsymbol{\Lambda}$$

则称 $\boldsymbol{P}$ 为对角化旋转矩阵，其中 $\boldsymbol{\Lambda}$ 为对角矩阵。矩阵 $\boldsymbol{\Lambda}$ 的对角线元素为矩 $\boldsymbol{A}$ 阵的特征值，

矩阵 $\boldsymbol{P}$ 的列为矩阵 $\boldsymbol{A}$ 的正交化特征向量。一个矩阵可以对角化的充分必要条件是存在一个线性无关的特征向量。实对称矩阵一定可以对角化，在机器学习中，协方差矩阵之类的矩阵都是对称矩阵。

### 2.1.9 奇异值分解

矩阵对角化只适用于方阵，如果不是方阵也可以进行类似的分解，这就是奇异值分解，简称 SVD。假设 $\boldsymbol{A}$ 是一个 $m\times n$ 的矩阵，则存在如下分解：

$$\boldsymbol{A} = \boldsymbol{U\Sigma V}^{\mathrm{T}}$$

其中，$\boldsymbol{U}$ 为 $m\times m$ 的正交矩阵，其列称为矩阵 $\boldsymbol{A}$ 的左奇异向量；$\boldsymbol{\Sigma}$ 为 $m\times n$ 的对角矩阵，除了主对角线 $\sigma_{ii}$ 以外，其他元素都是 0；$\boldsymbol{V}$ 为 $n\times n$ 的正交矩阵，其行称为矩阵 $\boldsymbol{A}$ 的右奇异向量。$\boldsymbol{U}$ 的列为 $\boldsymbol{AA}^{\mathrm{T}}$ 的特征向量，$\boldsymbol{V}$ 的列为 $\boldsymbol{A}^{\mathrm{T}}\boldsymbol{A}$ 的特征向量。奇异值分析在求解线性方程组、逆矩阵、行列式中都有应用。

### 2.1.10 二次型

二次型是纯二次项构成的函数，写成矩阵形式为

$$\boldsymbol{x}^{\mathrm{T}}\boldsymbol{Ax}$$

其中，$\boldsymbol{A}$ 是 $n$ 阶对称矩阵，$\boldsymbol{x}$ 是一个列向量。二次型展开之后是一个二次齐次多项式，即只有二次项：

$$\sum_{i=1}^{n}\sum_{j=1}^{n}a_{ij}x_ix_j$$

如果对任意的非 $\boldsymbol{0}$ 向量 $\boldsymbol{x}$，二次型的值都大于 0，则称二次型正定；如果大于或等于 0，则称二次型半正定。二次型正定等价于矩阵 $\boldsymbol{A}$ 正定。

### 2.1.11 向量与矩阵求导

为了简化表达，有时候会将函数写成矩阵和向量运算的形式，下面推导常用的矩阵和向量函数的求导公式。对于下面的向量内积函数：

$$y=\boldsymbol{w}^{\mathrm{T}}\boldsymbol{x}$$

其自变量为 $\boldsymbol{x}$。将它展开写成求和形式为

$$y = \sum_{i=1}^{n}w_ix_i$$

函数对每个自变量的偏导数为

$$\frac{\partial y}{\partial x_i} = w_i$$

从而得到梯度的计算公式为

$$\nabla\boldsymbol{w}^{\mathrm{T}}\boldsymbol{x} = \boldsymbol{w}$$

对于如下二次函数

$$y = \boldsymbol{x}^{\mathrm{T}}\boldsymbol{Ax}$$

其自变量为 $\boldsymbol{x}$。展开之后写成求和形式为

$$y = \sum_{i=1}^{n}\sum_{j=1}^{n}a_{ij}x_ix_j$$

根据上面的展开可以得到对每个自变量的偏导数为

$$\frac{\partial y}{\partial x_i}=\frac{\partial\left(\sum_{p=1}^{n}\sum_{q=1}^{n}a_{pq}x_px_q\right)}{\partial x_i}=\sum_{q=1}^{n}a_{iq}x_q+\sum_{p=1}^{n}a_{pi}x_p$$

从而得到梯度的计算公式为

$$\nabla \boldsymbol{x}^{\mathrm{T}}\boldsymbol{A}\boldsymbol{x}=(\boldsymbol{A}+\boldsymbol{A}^{\mathrm{T}})\boldsymbol{x}$$

如果 $\boldsymbol{A}$ 是对称矩阵，上式可以简化为

$$\nabla \boldsymbol{x}^{\mathrm{T}}\boldsymbol{A}\boldsymbol{x}=2\boldsymbol{A}\boldsymbol{x}$$

根据展开公式，二阶偏导数为

$$\frac{\partial^2 y}{\partial x_i\partial x_j}=\frac{\partial^2}{\partial x_i\partial x_j}(a_{ij}x_ix_j+a_{ji}x_jx_i)=a_{ij}+a_{ji}$$

上式成立是因为只有这两个求和项含有 $x_ix_j$，其他求和项的偏导数都为 0。写成矩阵形式，可以得到 Hessian 矩阵为

$$\nabla^2 \boldsymbol{x}^{\mathrm{T}}\boldsymbol{A}\boldsymbol{x}=\boldsymbol{A}+\boldsymbol{A}^{\mathrm{T}}$$

如果 $\boldsymbol{A}$ 是对称矩阵，上式可以简化为

$$\nabla^2 \boldsymbol{x}^{\mathrm{T}}\boldsymbol{A}\boldsymbol{x}=2\boldsymbol{A}$$

## 2.2 最优化方法

本节介绍最优化方法，即寻找函数极值点的数值方法。通常采用的是迭代法，它从一个初始点 $x_0$ 开始，反复使用某种规则从 $x_k$ 移动到下一个点 $x_{k+1}$，直至到达函数的极值点。这些规则一般会利用一阶导数信息即梯度；或者二阶导数信息即 Hessian 矩阵。算法的依据是寻找梯度值为 $\boldsymbol{0}$ 的点，因为根据极值定理，在极值点处函数的梯度必须为 $\boldsymbol{0}$。需要注意的是，梯度为 $\boldsymbol{0}$ 是函数取得极值的必要条件而非充分条件，因此，即使找到了梯度为 $\boldsymbol{0}$ 的点，也可能不是极值点。

我们将最优化问题统一表述为求解函数的极小值问题，即

$$\min_{\boldsymbol{x}} f(\boldsymbol{x})$$

其中，$\boldsymbol{x}$ 称为优化变量，$f$ 称为目标函数。极大值问题可以转换成极小值问题，只需将目标函数加上负号即可。有些时候会对优化变量有约束，如等式约束和不等式约束，它们定义了优化变量的可行域，即满足约束条件的点构成的集合。

### 2.2.1 梯度下降法

梯度下降法沿梯度向量的反方向进行迭代以到达函数的极值点。根据多元函数的泰勒展开公式，如果忽略二次及以上的项，函数 $f(\boldsymbol{x})$ 在 $\boldsymbol{x}$ 点处可以展开为

$$f(\boldsymbol{x}+\Delta\boldsymbol{x})=f(\boldsymbol{x})+(\nabla f(\boldsymbol{x}))^{\mathrm{T}}\Delta\boldsymbol{x}+o(\Delta\boldsymbol{x})$$

变形之后，函数的增量与自变量的增量 $\Delta\boldsymbol{x}$、函数梯度的关系可以表示为

$$f(\boldsymbol{x}+\Delta\boldsymbol{x})-f(\boldsymbol{x})=(\nabla f(\boldsymbol{x}))^{\mathrm{T}}\Delta\boldsymbol{x}+o(\Delta\boldsymbol{x})$$

如果能保证

$$(\nabla f(\boldsymbol{x}))^{\mathrm{T}}\Delta\boldsymbol{x}<0$$

则有

$$f(\boldsymbol{x}+\Delta \boldsymbol{x}) < f(\boldsymbol{x})$$

即函数值递减。选择合适的增量 $\Delta \boldsymbol{x}$ 就能保证函数值下降。可以证明，向量 $\Delta \boldsymbol{x}$ 的模大小一定时，当 $\Delta \boldsymbol{x}=-\nabla f(\boldsymbol{x})$ 即在梯度相反的方向函数值下降的最快。设

$$\Delta \boldsymbol{x} = -\gamma \nabla f(\boldsymbol{x})$$

其中，$\gamma$ 为一个接近于 0 的正数，称为步长，由人工设定，用于保证 $\boldsymbol{x}+\Delta \boldsymbol{x}$ 在 $\boldsymbol{x}$ 的邻域内，从而可以忽略泰勒展开中二次及更高的项。在梯度的反方向有

$$(\nabla f(\boldsymbol{x}))^{\mathrm{T}} \Delta \boldsymbol{x} = -\gamma (\nabla f(\boldsymbol{x}))^{\mathrm{T}} (\nabla f(\boldsymbol{x})) \leqslant 0$$

从初始点 $\boldsymbol{x}_0$ 开始，使用如下迭代公式：

$$\boldsymbol{x}_{k+1} = \boldsymbol{x}_k - \gamma \nabla f(\boldsymbol{x}_k)$$

只要没有到达梯度为 $\boldsymbol{0}$ 的点，函数值会沿着序列 $\boldsymbol{x}_k$ 递减，最终会收敛到梯度为 $\boldsymbol{0}$ 的点，这就是梯度下降法。迭代终止的条件是函数的梯度值为 $\boldsymbol{0}$（实际实现时是接近于 $\boldsymbol{0}$），此时认为已经达到极值点。梯度下降法只需要计算函数在某些点处的梯度，实现简单，计算量小。

最速下降法是梯度下降法的改进。在梯度下降法的迭代中，$\gamma$ 设定为一个固定的接近 0 的正数。最速下降法同样是沿着梯度相反的方向进行迭代，但是要计算最佳步长 $\gamma$。将搜索方向记为

$$\boldsymbol{d}_k = -\nabla f(\boldsymbol{x}_k)$$

在该方向上寻找使得函数值最小的步长 $\gamma$：

$$\gamma_k = \arg\min_{\gamma} f(\boldsymbol{x}_k + \gamma \boldsymbol{d}_k)$$

其他步骤和梯度下降法相同。这是一元函数的极值问题，唯一的优化变量是 $\gamma$，在实现时一般将 $\gamma$ 的取值范围离散化，即取一些典型值 $\gamma_1, \cdots, \gamma_k$，分别计算取这些值是的目标函数值，然后挑选出最优的那个。随机梯度下降法以及更多的梯度下降法变种在第 15 章中介绍。

### 2.2.2 牛顿法

根据极值定理，函数在点 $\boldsymbol{x}^*$ 处取得极值的必要条件是导数（对于多元函数是梯度）为 $\boldsymbol{0}$，即

$$\nabla f(\boldsymbol{x}^*) = \boldsymbol{0}$$

称 $\boldsymbol{x}^*$ 为函数的驻点。可以通过寻找函数的驻点求解函数的极值。直接计算函数的梯度然后解上面的方程组一般来说非常困难，如果函数是一个复杂的非线性函数，这个方程组是一个非线性方程组，不易求解。和梯度下降法类似，在这里也采用迭代法。

对多元函数在 $\boldsymbol{x}_0$ 处进行二阶泰勒展开，有

$$f(\boldsymbol{x}) = f(\boldsymbol{x}_0) + \nabla f(\boldsymbol{x}_0)^{\mathrm{T}}(\boldsymbol{x}-\boldsymbol{x}_0) + \frac{1}{2}(\boldsymbol{x}-\boldsymbol{x}_0)^{\mathrm{T}} \nabla^2 f(\boldsymbol{x}_0)(\boldsymbol{x}-\boldsymbol{x}_0) + o((\boldsymbol{x}-\boldsymbol{x}_0)^2)$$

忽略二次以上的项，将函数近似成二次函数，并对上式两边同时对 $\boldsymbol{x}$ 求梯度，得到函数的导数（梯度向量）为

$$\nabla f(\boldsymbol{x}) = \nabla f(\boldsymbol{x}_0) + \nabla^2 f(\boldsymbol{x}_0)(\boldsymbol{x}-\boldsymbol{x}_0)$$

其中，$\nabla^2 f(\boldsymbol{x}_0)$ 即为 Hessian 矩阵 $\boldsymbol{H}$。令函数的梯度为 $\boldsymbol{0}$，则有

$$\nabla f(\boldsymbol{x}_0) + \nabla^2 f(\boldsymbol{x}_0)(\boldsymbol{x}-\boldsymbol{x}_0) = \boldsymbol{0}$$

解这个线性方程组可以得到

$$x = x_0 - (\nabla^2 f(x_0))^{-1} \nabla f(x_0)$$

如果将梯度向量简写为 $\boldsymbol{g}$，上面的公式可以简写为

$$x = x_0 - H^{-1} g$$

由于在泰勒展开中忽略了高阶项，因此，这个解并不一定是函数的驻点，需要反复用这个公式进行迭代。从初始点 $x_0$ 处开始，反复计算函数在处的 Hessian 矩阵和梯度向量，然后用下面的公式进行迭代：

$$x_{k+1} = x_k - H_k^{-1} g_k$$

最终会到达函数的驻点处。其中，$-H^{-1}g$ 称为牛顿方向。迭代终止的条件是梯度的模接近于 $\mathbf{0}$，或者函数值下降小于指定阈值。牛顿法的完整流程如下。

(1) 给定初始值 $x_0$ 和精度阈值 $\varepsilon$，设置 $k=0$。

(2) 计算梯度 $g_k$ 和矩阵 $H_k$。

(3) 如果 $\| g_k \| < \varepsilon$，则停止迭代。

(4) 计算搜索方向 $d_k = -H_k^{-1} g_k$。

(5) 计算新的迭代点 $x_{k+1} = x_k + \gamma d_k$。

(6) 令 $k=k+1$，返回步骤(2)。

其中，$\gamma$ 是一个接近于 0 的常数，由人工设定，和梯度下降法一样，需要这个参数的原因是保证 $x_{k+1}$ 在 $x_k$ 的邻域内，从而可以忽略泰勒展开的高次项。如果目标函数是二次函数，Hessian 矩阵是一个常数矩阵，对于任意给定的初始点，牛顿法只需要一步迭代就可以收敛到极值点。

牛顿法不能保证每一步迭代时函数值下降，即不保证一定收敛。为此，提出了一些补救措施，其中常用的是直线搜索，即搜索最优步长。具体做法是让 $\gamma$ 取一些典型的离散值，例如：

0.0001，0.001，0.01

比较取哪个值时函数值下降最快，作为最优步长。

和梯度下降法相比牛顿法有更快的收敛速度，但每一步迭代的成本也更高。在每次迭代时，除了要计算梯度向量之外还要计算 Hessian 矩阵，并求解 Hessian 矩阵的逆矩阵。实际实现时一般不直接求 Hessian 矩阵的逆矩阵，而是求解如下方程组：

$$H_k d = - g_k$$

求解这个线性方程组一般使用迭代法，如共轭梯度法。牛顿法面临的另外一个问题是 Hessian 矩阵可能不可逆，从而导致这种方法失效。

### 2.2.3　坐标下降法

坐标下降法的基本思想是每次对一个变量进行优化，这是一种分治法。假设要求解的优化问题为

$$\min f(x), \quad x = (x_1, x_2, \cdots, x_n)^{\mathrm{T}}$$

坐标下降法求解流程为

给定一个初始可行解 $x_0$

循环，直到达到最优点处：

  循环，$i=1,2,\cdots,n$

    求解子问题：$\arg\min_{x_i} f(\boldsymbol{x})$

结束循环

坐标下降法每次迭代时在当前点处沿一个坐标轴方向进行一维搜索，固定其他的坐标方向，找到一个一元函数的极小值。在整个过程中依次循环使用不同的坐标方向进行迭代，一个周期的一维搜索迭代过程相当于一个梯度迭代。

### 2.2.4 拉格朗日乘数法

前面介绍的最优化方法求解的问题都不带有约束条件。拉格朗日乘数法用于求解带等式约束条件的函数极值，这是一个理论结果。假设有如下极值问题：

$$\min f(\boldsymbol{x})$$
$$h_i(\boldsymbol{x})=0,\quad i=1,2,\cdots,p$$

拉格朗日乘数法构造如下目标函数，称为拉格朗日函数：

$$L(\boldsymbol{x},\lambda)=f(\boldsymbol{x})+\sum_{i=1}^{p}\lambda_i h_i(\boldsymbol{x})$$

其中，$\lambda$ 为新引入的自变量，称为拉格朗日乘子，构造这个函数之后，去掉了对优化变量的等数约束。对上述所有自变量求偏导数，并令其为 0，这包括对 $\boldsymbol{x}$ 求导，对 $\lambda$ 求导。得到下列方程组：

$$\nabla_{\boldsymbol{x}} f+\sum_{i=1}^{p}\lambda_i\nabla_{\boldsymbol{x}} h_i=\boldsymbol{0}$$
$$h_i(\boldsymbol{x})=0$$

求解这个方程组即可得到函数的候选极值点。显然方程组的解满足所有的等式约束条件。拉格朗日乘数法的几何解释是，在极值点处目标函数的梯度是约束函数梯度的线性组合，即

$$\nabla_{\boldsymbol{x}} f=-\sum_{i=1}^{p}\lambda_i\nabla_{\boldsymbol{x}} h_i$$

### 2.2.5 凸优化

求解一般函数的全局极值是非常困难的，至少要面临的一个问题是函数可能有多个局部极值点。如果对问题加以限定，则会简单很多。这个限制包括两个方面，对于目标函数，我们限定它为凸函数；对于优化变量的可行域，我们限定为一个凸集。同时满足上述两个限制条件的最优化问题称为凸优化问题。

对于 $n$ 维空间中点的集合 $C$，如果对集合中的任意两点 $\boldsymbol{x}$ 和 $\boldsymbol{y}$，以及实数 $0\leqslant\theta\leqslant1$，都有

$$\theta\boldsymbol{x}+(1-\theta)\boldsymbol{y}\in C$$

则称该集合称为凸集。如果把集合画出来，其边界是凸的，没有凹进去的地方；或者说，把该集合中的任何两点用直线连起来，直线上的点都属于该集合。相应地：

$$\theta\boldsymbol{x}+(1-\theta)\boldsymbol{y}$$

称为点 $\boldsymbol{x}$ 和 $\boldsymbol{y}$ 的凸组合。图 2.1 是凸集和非凸集的示意图，图 2.1(a)为凸集，图 2.1(b)为

非凸集。

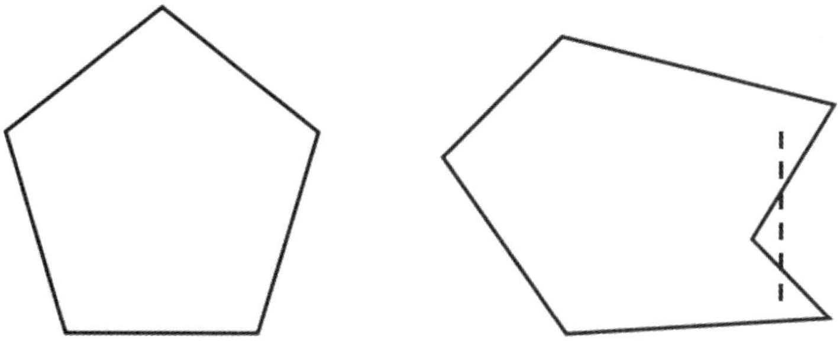

(a) 凸集　　(b) 非凸集

**图 2.1　凸集和非凸集示意图**

下面是实际问题中常见的凸集，记住它们对理解后面的算法非常有帮助。

$n$ 维实向量空间$\mathbb{R}^n$。显然如果 $\boldsymbol{x},\boldsymbol{y}\in\mathbb{R}^n$，则有

$$\theta\boldsymbol{x}+(1-\theta)\boldsymbol{y}\in\mathbb{R}^n$$

(1) 仿射子空间。给定 $m\times n$ 矩阵 $\boldsymbol{A}$ 和 $m$ 维向量 $\boldsymbol{b}$，仿射子空间定义为如下向量的集合：

$$\{\boldsymbol{x}\in\mathbb{R}^n: \boldsymbol{A}\boldsymbol{x}=\boldsymbol{b}\}$$

它是非齐次线性方程组的解。下面给出证明，假设 $\boldsymbol{x},\boldsymbol{y}\in\mathbb{R}^n$并且 $\boldsymbol{A}\boldsymbol{x}=\boldsymbol{b},\boldsymbol{A}\boldsymbol{y}=\boldsymbol{b}$，对于任意 $0\leqslant\theta\leqslant1$，有

$$\boldsymbol{A}(\theta\boldsymbol{x}+(1-\theta)\boldsymbol{y})=\theta\boldsymbol{A}\boldsymbol{x}+(1-\theta)\boldsymbol{A}\boldsymbol{y}=\theta\boldsymbol{b}+(1-\theta)\boldsymbol{b}=\boldsymbol{b}$$

因此，这个集合是一个凸集。这个结论的现实意义是，由线性等式约束条件定义的可行域是一个凸集。

(2) 多面体。多面体定义为如下向量的集合：

$$\{\boldsymbol{x}\in\mathbb{R}^n: \boldsymbol{A}\boldsymbol{x}\leqslant\boldsymbol{b}\}$$

它就是线性不等式围成的区域。下面给出证明，任何 $\boldsymbol{x},\boldsymbol{y}\in\mathbb{R}^n$并且 $\boldsymbol{A}\boldsymbol{x}\leqslant\boldsymbol{b},\boldsymbol{A}\boldsymbol{y}\leqslant\boldsymbol{b}$，如果 $0\leqslant\theta\leqslant1$，有

$$\boldsymbol{A}(\theta\boldsymbol{x}+(1-\theta)\boldsymbol{y})=\theta\boldsymbol{A}\boldsymbol{x}+(1-\theta)\boldsymbol{A}\boldsymbol{y}\leqslant\theta\boldsymbol{b}+(1-\theta)\boldsymbol{b}=\boldsymbol{b}$$

因此，这个集合是一个凸集。这个结论的意义在于，由线性不等式约束条件定义的可行域是一个凸集。在实际应用中，等式和不等式约束一般都是线性的，因此，它们确定的可行域是凸集。

一个重要结论：多个凸集的交集还是凸集。证明如下。

假设 $C_1,\cdots,C_k$ 为凸集，它们的交集为 $\bigcap_{i=1}^{k}C_i$。对于任意点 $\boldsymbol{x},\boldsymbol{y}\in\bigcap_{i=1}^{k}C_i$，并且 $0\leqslant\theta\leqslant1$，由于 $C_1,\cdots,C_k$ 为凸集，所以有

$$\theta\boldsymbol{x}+(1-\theta)\boldsymbol{y}\in C_i,\quad \forall i=1,2,\cdots,k$$

由此：

$$\theta\boldsymbol{x}+(1-\theta)\boldsymbol{y}\in\bigcap_{i=1}^{k}C_i$$

这个结论的实际价值是，如果每个等式或者不等式约束条件定义的集合都是凸集，那么

这些条件联合起来定义的集合还是凸集。需要注意的是，凸集的并集并不是凸集，这样的反例很容易构造。

假设有一个函数，在它的定义域内，对于任意的实数 $0 \leqslant \theta \leqslant 1$，都满足如下条件：

$$f(\theta \boldsymbol{x} + (1-\theta)\boldsymbol{y}) \leqslant \theta f(\boldsymbol{x}) + (1-\theta) f(\boldsymbol{y})$$

则函数为凸函数，这个不等式和凸集的定义类似。从图像上看，一个函数如果是凸函数，那么它是向下凸出去的。用直线连接函数上的任何两点 $A$ 和 $B$，线段 $AB$ 上的点都在函数的上方，如图 2.2 所示。

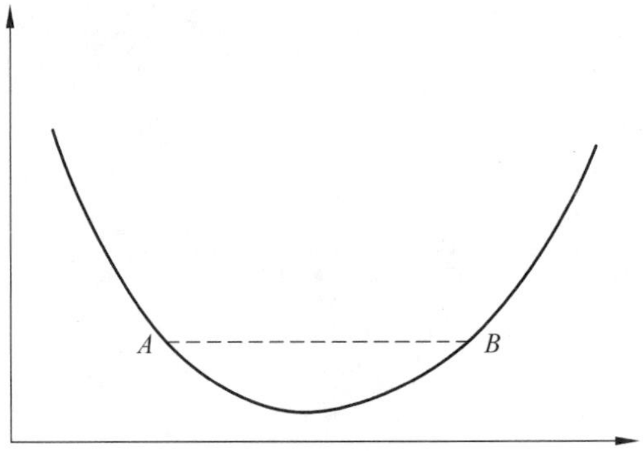


图 2.2 凸函数示意图

如果把上面不等式中的等号去掉：

$$f(\theta \boldsymbol{x} + (1-\theta)\boldsymbol{y}) < \theta f(\boldsymbol{x}) + (1-\theta) f(\boldsymbol{y})$$

则称函数是严格凸函数。凸函数的一阶判定规则为

$$f(\boldsymbol{y}) \geqslant f(\boldsymbol{x}) + \nabla f(\boldsymbol{x})^{\mathrm{T}}(\boldsymbol{y} - \boldsymbol{x})$$

其几何解释为函数在任何点处的切线都位于函数的下方。一元函数是凸函数的判定规则为其二阶导数大于等于 0，即

$$f''(x) \geqslant 0$$

对于多元函数，如果它是凸函数，则其 Hessian 矩阵为半正定矩阵。如果 Hessian 矩阵是正定的，则函数是严格凸函数。

一个重要结论是，凸函数的非负线性组合是凸函数，假设 $f_i$ 是凸函数，并且 $w_i \geqslant 0$，则

$$f(\boldsymbol{x}) = \sum_{i=1}^{k} w_i f_i(\boldsymbol{x})$$

是凸函数。根据凸函数的定义很容易证明这个结论，在这里略去证明过程。

给定一个凸函数以及一个实数 $\alpha$，函数的 $\alpha$ 下水平集（sub-level set）定义为函数值小于或等于的点的集合：

$$\{\boldsymbol{x} \in D(f): f(\boldsymbol{x}) \leqslant \alpha\}$$

很容易证明该集合是一个凸集。这个概念的用途在于我们需要确保优化问题中一些不等式约束条件定义的可行域是凸集。

如果一个最优化问题的可行域是凸集并且目标函数是凸函数，则该问题为凸优化问题。凸优化问题可以形式化地写成

$$\min f(x)$$
$$\boldsymbol{x} \in C$$

其中，$x$ 为优化变量；$f$ 为凸的目标函数；$C$ 是优化变量的可行域，是一个凸集。凸优化问题的另一种通用写法是

$$\min f(x)$$
$$g_i(\boldsymbol{x}) \leqslant 0, \quad i = 1,2,\cdots,m$$
$$h_i(\boldsymbol{x}) = 0, \quad i = 1,2,\cdots,p$$

其中，$g_i(\boldsymbol{x})$是不等式约束函数，为凸函数；$h_i(\boldsymbol{x})$是等式约束函数，为仿射函数。上面的定义中不等式的方向非常重要，因为一个凸函数的 0 下水平集是凸集，反过来则不一定成立。这些不等式共同定义的可行域是一些凸集的交集，仍然为凸集。通过将不等式两边同时乘以 $-1$，可以把不等式都写成小于号的形式。前面已经证明仿射空间是凸集，因此，加上这些等式约束后可行域还是凸集。

上面的定义也给出了证明一个优化问题是凸优化问题的一般性方法，即证明目标函数是凸函数，等式和不等式约束构成的可行域是凸集。

对于一个可行点 $\boldsymbol{x}$，如果在其邻域内没有其他点的函数值比该点小，则称该点为局部最优，下面给出这个概念的严格定义：对于一个可行点，如果存在一个大于 0 的实数 $\delta$，对于所有满足

$$\| \boldsymbol{x} - \boldsymbol{z} \|_2 \leqslant \delta$$

的点，即 $\boldsymbol{x}$ 的 $\delta$ 邻域内的点 $\boldsymbol{z}$，都有

$$f(\boldsymbol{x}) \leqslant f(z)$$

则称 $\boldsymbol{x}$ 为局部最优点。对于一个可行点 $\boldsymbol{x}$，如果可行域内所有点 $\boldsymbol{z}$ 处的函数值都比在这点处大，即

$$f(\boldsymbol{x}) \leqslant f(\boldsymbol{z})$$

则称 $\boldsymbol{x}$ 为全局最优点，全局最优解可能不止一个。凸优化问题有一个重要的特性：所有局部最优解都是全局最优解。这个特性可以保证我们在求解时不会陷入局部最优解，如果找到了问题的一个局部最优解，则它一定也是全局最优解，这极大地简化了问题的求解。下面证明上面的结论，采用反证法，具体证明如下。

假设 $\boldsymbol{x}$ 是一个局部最优解但不是全局最优解，即存在一个可行解 $\boldsymbol{y}$，有

$$f(\boldsymbol{x}) > f(\boldsymbol{y})$$

根据局部最优解的定义，不存在满足 $\| \boldsymbol{x} - \boldsymbol{z} \|_2 \leqslant \delta$ 并且 $f(\boldsymbol{z}) < f(\boldsymbol{x})$的点。选择一个点：

$$\boldsymbol{z} = \theta \boldsymbol{y} + (1 - \theta) \boldsymbol{x}$$

其中

$$\theta = \frac{\delta}{2 \| \boldsymbol{x} - \boldsymbol{y} \|_2}$$

则有

$$\begin{aligned} \| \boldsymbol{x} - \boldsymbol{z} \|_2 &= \left\| \boldsymbol{x} - \left( \frac{\delta}{2 \| \boldsymbol{x} - \boldsymbol{y} \|_2} \boldsymbol{y} + \left( 1 - \frac{\delta}{2 \| \boldsymbol{x} - \boldsymbol{y} \|_2} \right) \boldsymbol{x} \right) \right\|_2 \\ &= \left\| \frac{\delta}{2 \| \boldsymbol{x} - \boldsymbol{y} \|_2} (\boldsymbol{x} - \boldsymbol{y}) \right\|_2 \\ &= \frac{\delta}{2} \leqslant \delta \end{aligned}$$

即该点在 $\boldsymbol{x}$ 的 $\delta$ 邻域内。另外：

$$f(\boldsymbol{z}) = f(\theta\boldsymbol{y} + (1-\theta)\boldsymbol{x}) \leqslant \theta f(\boldsymbol{y}) + (1-\theta)f(\boldsymbol{x}) < f(\boldsymbol{x})$$

这与 $\boldsymbol{x}$ 是局部最优解矛盾。如果一个局部最优解不是全局最优解，在它的任何邻域内还可以找到函数值比该点更小的点，这与该点是局部最优解矛盾。

之所以凸优化问题的定义要求目标函数是凸函数而且优化变量的可行域是凸集，是因为缺其中任何一个条件都不能保证局部最优解是全局最优解。下面来看两个反例。

**情况 1**：可行域是凸集，函数不是凸函数。这样的例子如图 2.3 所示。

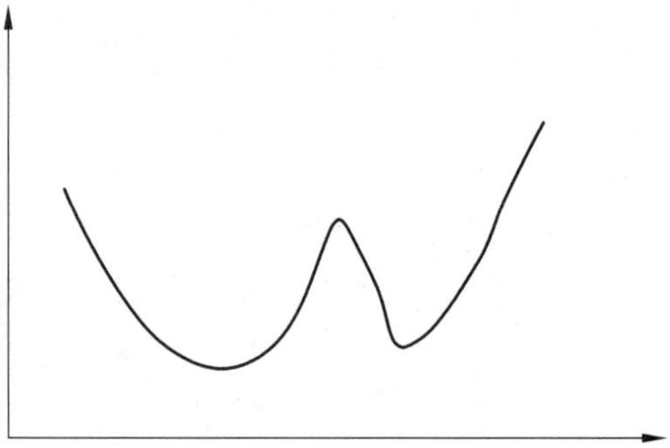

图 2.3　可行域是凸集，目标函数不是凸函数

图 2.3 中优化变量的可行域是整个实数集，显然是凸集，目标函数不是凸函数，有两个局部最小值，这不能保证局部最小值就是全局最小值。

**情况 2**：可行域不是凸集，函数是凸函数。这样的例子如图 2.4 所示。

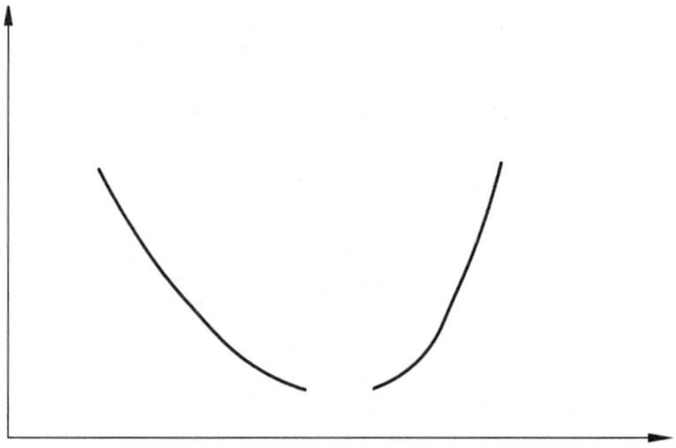

图 2.4　可行域不是凸集，目标函数是凸函数

在图 2.4 中可行域不是凸集，中间有断裂，目标函数还是凸函数。在曲线的左边和右边各有一个最小值，不能保证局部最小值就是全局最小值。可以很容易把这个例子推广到 3 维空间里的 2 元函数(曲面)。

### 2.2.6　拉格朗日对偶

对偶是最求解优化问题的一种手段，它将一个最优化问题转化为另外一个更容易求解的问题，这两个问题是等价的。常见的对偶有拉格朗日对偶、Fenchel 对偶等，本节介绍拉格朗日对偶。对于如下带等式约束和不等式约束的优化问题：

$$\min f(\boldsymbol{x})$$

$$g_i(\boldsymbol{x}) \leqslant 0, \quad i = 1,2,\cdots,m$$
$$h_i(\boldsymbol{x}) = 0, \quad i = 1,2,\cdots,p$$

仿照拉格朗日乘数法构造广义拉格朗日函数：

$$L(\boldsymbol{x},\boldsymbol{\lambda},\boldsymbol{v}) = f(\boldsymbol{x}) + \sum_{i=1}^{m}\lambda_i g_i(\boldsymbol{x}) + \sum_{i=1}^{p}\nu_i h_i(\boldsymbol{x})$$

同样地，称 $\boldsymbol{\lambda}$ 和 $\boldsymbol{v}$ 为拉格朗日乘子，$\lambda_i$ 必须满足 $\lambda_i \geqslant 0$ 的约束。接下来将上面的问题转化为如下原问题，其最优解为 $p^*$：

$$\begin{aligned} p^* &= \min_{\boldsymbol{x}} \max_{\boldsymbol{\lambda},\boldsymbol{v},\boldsymbol{\lambda}\geqslant 0} L(\boldsymbol{x},\boldsymbol{\lambda},\boldsymbol{v}) \\ &= \min_{\boldsymbol{x}} \theta_P(\boldsymbol{x}) \end{aligned}$$

上面第一个等式右边的含义是先固定住变量 $\boldsymbol{x}$，将其看成常数，让拉格朗日函数对乘子变量 $\boldsymbol{\lambda}$ 和 $\boldsymbol{v}$ 求最大值；消掉变量 $\boldsymbol{\lambda}$ 和 $\boldsymbol{v}$ 之后，再对变量 $\boldsymbol{x}$ 求最小值。为了简化表述，定义如下最大化问题：

$$\theta_P(\boldsymbol{x}) = \max_{\boldsymbol{\lambda},\boldsymbol{v},\boldsymbol{\lambda}\geqslant \boldsymbol{0}} L(\boldsymbol{x},\boldsymbol{\lambda},\boldsymbol{v})$$

这是一个对变量 $\boldsymbol{\lambda}$ 和 $\boldsymbol{v}$ 求函数 $L$ 的最大值的问题，将 $\boldsymbol{x}$ 看成常数。这样，原问题被转化为先对变量 $\boldsymbol{\lambda}$ 和 $\boldsymbol{v}$ 求最大值，再对 $\boldsymbol{x}$ 求最小值。这个原问题和我们要求解的最小化问题有同样的解，下面我们给出证明。对于任意的 $\boldsymbol{x}$，分两种情况进行讨论。

(1) 如果对于某些 $i$ 有 $g_i(\boldsymbol{x})>0$，即 $\boldsymbol{x}$ 违反了不等式约束条件，不是可行解，让拉格朗日乘子 $\lambda_i=+\infty$，最终使得目标函数值 $\theta_P(\boldsymbol{x})=+\infty$。如果对于某些 $i$ 有 $h_i(\boldsymbol{x})\neq 0$，可以让

$$\nu_i = +\infty \cdot \operatorname{sgn}(h_i(\boldsymbol{x}))$$

从而使得

$$\theta_P(\boldsymbol{x}) = +\infty$$

即对于任意不满足等式或不等式约束条件的 $\boldsymbol{x}$，则该最大化问题 $\theta_P(\boldsymbol{x})$ 的最优解是 $+\infty$。

(2) 如果 $\boldsymbol{x}$ 是可行解，这时 $\theta_P(\boldsymbol{x})=f(\boldsymbol{x})$，因为有 $h_i(\boldsymbol{x})=0$，并且 $g_i(\boldsymbol{x})\leqslant 0$，而我们要求 $\lambda_i \geqslant 0$，因此 $\theta_P(\boldsymbol{x})$ 的最大值充其量为 $f(\boldsymbol{x})$。为了达到这个极大值，让 $\lambda_i$ 和 $\nu_i$ 为 0，函数的极大值就是 $f(\boldsymbol{x})$。

综合以上两种情况，问题 $\theta_P(\boldsymbol{x})$ 和我们要优化的带等式和不等式约束问题的关系可以表述为

$$\theta_P(\boldsymbol{x}) = \begin{cases} f(\boldsymbol{x}), & g_i(\boldsymbol{x}) \leqslant 0,\ h_i(\boldsymbol{x}) = 0 \\ +\infty, & \text{其他} \end{cases}$$

即 $\theta_P(\boldsymbol{x})$ 是原始优化问题的无约束版本。对任何不可行的 $\boldsymbol{x}$，强制让 $\theta_P(\boldsymbol{x})=\infty$，从而使得原始问题的目标函数值趋向于无穷大，排除掉 $\boldsymbol{x}$ 的不可行区域，最后只剩下可行的 $\boldsymbol{x}$ 组成的区域。这样要求解的带约束优化问题转化成了对 $\boldsymbol{x}$ 不带约束的优化问题，并且二者等价，即

$$\min_{\boldsymbol{x}} \theta_P(\boldsymbol{x}) = \min_{\boldsymbol{x}} \max_{\lambda,\nu,\lambda_i\geqslant 0} L(\boldsymbol{x},\boldsymbol{\lambda},\boldsymbol{v})$$

接下来定义对偶问题与其最优解 $d^*$：

$$d^* = \max_{\boldsymbol{\lambda},\boldsymbol{v},\lambda_i\geqslant 0} \min_{\boldsymbol{x}} L(\boldsymbol{x},\boldsymbol{\lambda},\boldsymbol{v}) = \max_{\boldsymbol{\lambda},\boldsymbol{v},\lambda_i\geqslant 0} \theta_D(\boldsymbol{\lambda},\boldsymbol{v})$$

其中：

$$\theta_D(\boldsymbol{\lambda},\boldsymbol{v}) = \min_{\boldsymbol{x}} L(\boldsymbol{x},\boldsymbol{\lambda},\boldsymbol{v})$$

和上面的定义相反，这里是先固定拉格朗日乘子 $\lambda$ 和 $\nu$，调整 $\boldsymbol{x}$ 让拉格朗日函数对 $\boldsymbol{x}$ 求极小值；然后再调整 $\lambda$ 和 $\nu$ 对函数求极大值。

原问题和对偶问题只是改变了求极大值和极小值的顺序，每次操控的变量是一样的。如果原问题和对偶问题都存在最优解，则对偶问题的最优值不大于原问题的最优值，即

$$d^* = \max_{\boldsymbol{\lambda},\boldsymbol{\nu},\lambda_i \geqslant 0} \min_x L(\boldsymbol{x},\boldsymbol{\lambda},\boldsymbol{\nu}) \leqslant \min_x \max_{\boldsymbol{\lambda},\boldsymbol{\nu},\lambda_i \geqslant 0} L(\boldsymbol{x},\boldsymbol{\lambda},\boldsymbol{\nu}) = p^*$$

下面给出证明。对任意的 $\boldsymbol{x}$ 和 $\boldsymbol{\lambda}$、$\boldsymbol{\nu}$，根据定义，对于对偶问题有

$$\theta_D(\boldsymbol{\lambda},\boldsymbol{\nu}) = \min_x L(\boldsymbol{x},\boldsymbol{\lambda},\boldsymbol{\nu}) \leqslant L(\boldsymbol{x},\boldsymbol{\lambda},\boldsymbol{\nu})$$

对于原问题有

$$\theta_P(\boldsymbol{x}) = \max_{\boldsymbol{\lambda},\boldsymbol{\nu},\boldsymbol{\lambda} \geqslant \boldsymbol{0}} L(\boldsymbol{x},\boldsymbol{\lambda},\boldsymbol{\nu}) \geqslant L(\boldsymbol{x},\boldsymbol{\lambda},\boldsymbol{\nu})$$

因此对任意的 $\boldsymbol{x}$ 和 $\boldsymbol{\lambda}$、$\boldsymbol{\nu}$ 有

$$\theta_P(\boldsymbol{x}) \geqslant \theta_D(\boldsymbol{\lambda},\boldsymbol{\nu})$$

由于原问题和对偶问题的最优值存在，因此有

$$\min_x \theta_P(\boldsymbol{x}) \geqslant \max_{\boldsymbol{\lambda},\boldsymbol{\nu},\boldsymbol{\nu} \geqslant 0} \theta_D(\boldsymbol{\lambda},\boldsymbol{\nu})$$

原问题最优值和对偶问题最优值的差 $p^* - d^*$ 称为对偶间隙。如果原问题和对偶问题有相同的最优解，那么就可以把求解原问题转化为求解对偶问题，这个结论成立的一种前提条件就是下面要讲述的 Slater 条件。

Slater 条件指出，一个凸优化问题如果存在一个候选 $\boldsymbol{x}$ 使得所有不等式约束都是严格满足的，即对于所有的 $i$ 都有 $g_i(\boldsymbol{x})<0$，不等式不取等号。则存在 $\boldsymbol{x}^*$，$\boldsymbol{\lambda}^*$，$\boldsymbol{\nu}^*$ 使得它们分别为原问题和对偶问题的最优解，并且

$$p^* = d^* = L(\boldsymbol{x}^*,\boldsymbol{\lambda}^*,\boldsymbol{\nu}^*)$$

Slater 条件是强对偶成立的充分条件而不是必要条件。强对偶的意义在于人们可以将求原问题转化为求对偶问题，有些时候对偶问题比原问题更容易求解。强对偶只是将原问题转化成对偶问题，而这个对偶问题怎么求解则是另外一个问题。

### 2.2.7 KKT 条件

对于带等式约束的最优化问题可以用拉格朗日乘数法求解，对于既有等式约束又有不等式约束的问题，也有类似的条件定义函数的最优解，即 KKT 条件，它可以看作拉格朗日乘数法的扩展。对于如下优化问题：

$$\begin{aligned} &\min f(\boldsymbol{x}) \\ &g_i(\boldsymbol{x}) \leqslant 0, \quad i = 1,2,\cdots,q \\ &h_i(\boldsymbol{x}) = 0, \quad i = 1,2,\cdots,p \end{aligned}$$

和拉格朗日对偶的做法类似，KKT 条件构如下乘子函数：

$$L(\boldsymbol{x},\boldsymbol{\lambda},\boldsymbol{\mu}) = f(\boldsymbol{x}) + \sum_{j=1}^{p} \lambda_j h_j(\boldsymbol{x}) + \sum_{k=1}^{q} \mu_k g_k(\boldsymbol{x})$$

$\boldsymbol{\lambda}$ 和 $\boldsymbol{\mu}$ 称为 KKT 乘子。在最优解处 $\boldsymbol{x}^*$ 应该满足如下条件：

$$\begin{aligned} &\nabla_x L(\boldsymbol{x}^*) = \boldsymbol{0} \\ &\mu_k \geqslant 0 \\ &\mu_k g_k(\boldsymbol{x}^*) = 0 \end{aligned}$$

$$h_j(\boldsymbol{x}^*) = 0$$

$$g_k(\boldsymbol{x}^*) \leqslant 0$$

等式约束 $h_j(\boldsymbol{x}^*)=0$ 和不等式约束 $g_k(\boldsymbol{x}^*)\leqslant 0$ 是本身应该满足的约束，$\nabla_x L(\boldsymbol{x}^*)=\boldsymbol{0}$ 和之前的拉格朗日乘数法一样。唯一多了关于 $g_i(\boldsymbol{x})$ 的条件：

$$\mu_k g_k(\boldsymbol{x}^*) = 0$$

可以分两种情况讨论。如果

$$g_k(\boldsymbol{x}^*) < 0$$

要满足 $\mu_k g_k(\boldsymbol{x}^*)=0$ 的条件，那么必须有 $\mu_k=0$。如果

$$g_k(\boldsymbol{x}^*) = 0$$

则 $\mu_k$ 的取值自由，只要满足大于或等于 0 即可，此时极值在边界点处取得。需要注意的是，KKT 条件只是取得极值的必要条件而不是充分条件。

### 2.2.8 拟牛顿法

牛顿法在每次迭代时需要计算出 Hessian 矩阵，并且求解一个以该矩阵为系数矩阵的线性方程组，Hessian 矩阵可能不可逆。为此提出了一些改进的方法，典型的代表是拟牛顿法。拟牛顿法的思路是不计算目标函数的 Hessian 矩阵然后求逆矩阵，而是通过其他手段得到一个近似 Hessian 矩阵逆的矩阵。具体做法是构造一个近似 Hessian 矩阵或其逆矩阵的正定对称矩阵，用该矩阵进行牛顿法的迭代。

将函数在 $\boldsymbol{x}_{k+1}$ 点处进行泰勒展开，忽略二次以上的项，有

$$f(\boldsymbol{x}) \approx f(\boldsymbol{x}_{k+1}) + \nabla f(\boldsymbol{x}_{k+1})^{\mathrm{T}}(\boldsymbol{x}-\boldsymbol{x}_{k+1}) + \frac{1}{2}(\boldsymbol{x}-\boldsymbol{x}_{k+1})^{\mathrm{T}}\nabla^2 f(\boldsymbol{x}_{k+1})(\boldsymbol{x}-\boldsymbol{x}_{k+1})$$

对上式两边同时取梯度，有

$$\nabla f(\boldsymbol{x}) \approx \nabla f(\boldsymbol{x}_{k+1}) + \nabla^2 f(\boldsymbol{x}_{k+1})(\boldsymbol{x}-\boldsymbol{x}_{k+1})$$

令 $\boldsymbol{x}=\boldsymbol{x}_k$，有

$$\nabla f(\boldsymbol{x}_{k+1}) - \nabla f(\boldsymbol{x}_k) \approx \nabla^2 f(\boldsymbol{x}_{k+1})(\boldsymbol{x}_{k+1}-\boldsymbol{x}_k)$$

可以简写为

$$\boldsymbol{g}_{k+1} - \boldsymbol{g}_k \approx \boldsymbol{H}_{k+1}(\boldsymbol{x}_{k+1}-\boldsymbol{x}_k)$$

如果令

$$\boldsymbol{s}_k = \boldsymbol{x}_{k+1} - \boldsymbol{x}_k$$

$$\boldsymbol{y}_k = \boldsymbol{g}_{k+1} - \boldsymbol{g}_k$$

上式可以简写为

$$\boldsymbol{y}_k \approx \boldsymbol{H}_{k+1}\boldsymbol{s}_k$$

即

$$\boldsymbol{s}_k \approx \boldsymbol{H}_{k+1}^{-1}\boldsymbol{y}_k$$

这个条件称为拟牛顿条件，用来近似代替 Hessian 矩阵的矩阵需要满足此条件。下面介绍拟牛顿法的一种典型实现——BFGS 算法。BFGS 算法是它的 4 个发明人 Broyden、Fletcher、Goldfarb 和 Shanno 名字首字母的简写。算法的思想是构造 Hessian 矩阵的一个近似矩阵：

$$\boldsymbol{B}_k \approx \boldsymbol{H}_k$$

并迭代更新这个矩阵：

$$\boldsymbol{B}_{k+1} = \boldsymbol{B}_k + \Delta\boldsymbol{B}_k$$

该矩阵的初始值 $\boldsymbol{B}_0$ 为单位阵 $\boldsymbol{I}$。这样，要解决的问题就是每次的修正矩阵 $\Delta\boldsymbol{B}_k$ 的构造。其计算公式为

$$\Delta\boldsymbol{B}_k = \alpha\boldsymbol{u}\boldsymbol{u}^{\mathrm{T}} + \beta\boldsymbol{v}\boldsymbol{v}^{\mathrm{T}}$$

其中，两个向量的计算公式为

$$\boldsymbol{u} = \boldsymbol{y}_k$$

$$\boldsymbol{v} = \boldsymbol{B}_k\boldsymbol{s}_k$$

两个系数的计算公式为

$$\alpha = \frac{1}{\boldsymbol{y}_k^{\mathrm{T}}\boldsymbol{s}_k}$$

$$\beta = -\frac{1}{\boldsymbol{s}_k^{\mathrm{T}}\boldsymbol{B}_k\boldsymbol{s}_k}$$

因此有

$$\Delta\boldsymbol{B}_k = \frac{\boldsymbol{y}_k\boldsymbol{y}_k^{\mathrm{T}}}{\boldsymbol{y}_k^{\mathrm{T}}\boldsymbol{s}_k} - \frac{\boldsymbol{B}_k\boldsymbol{s}_k\boldsymbol{s}_k^{\mathrm{T}}\boldsymbol{B}_k}{\boldsymbol{s}_k^{\mathrm{T}}\boldsymbol{B}_k\boldsymbol{s}_k}$$

算法的完整流程如下。

(1) 给定优化变量的初始值 $\boldsymbol{x}_0$ 和精度阈值 $\varepsilon$，令 $\boldsymbol{B}_0=\boldsymbol{I}, k=0$。

(2) 确定搜索方向 $\boldsymbol{d}_k=-\boldsymbol{B}_k^{-1}\boldsymbol{g}_k$。

(3) 搜索得到步长 $\lambda_k$，令 $\boldsymbol{s}_k=\lambda_k\boldsymbol{d}_k, \boldsymbol{x}_{k+1}=\boldsymbol{x}_k+\boldsymbol{s}_k$。

(4) 如果 $\|\boldsymbol{g}_{k+1}\|<\varepsilon$，则迭代结束。

(5) 计算 $\boldsymbol{y}_k=\boldsymbol{g}_{k+1}-\boldsymbol{g}_k$。

(6) 计算 $\boldsymbol{B}_{k+1}=\boldsymbol{B}_k+\dfrac{\boldsymbol{y}_k\boldsymbol{y}_k^{\mathrm{T}}}{\boldsymbol{y}_k^{\mathrm{T}}\boldsymbol{s}_k}-\dfrac{\boldsymbol{B}_k\boldsymbol{s}_k\boldsymbol{s}_k^{\mathrm{T}}\boldsymbol{B}_k}{\boldsymbol{s}_k^{\mathrm{T}}\boldsymbol{B}_k\boldsymbol{s}_k}$。

(7) 令 $k=k+1$，返回步骤(2)。

每一步迭代需要计算 $n\times n$ 的矩阵 $\boldsymbol{B}_k$，当 $n$ 很大时，存储该矩阵非常耗费内存。为此提出了改进方案 L-BFGS。其思想是不存储完整的矩阵 $\boldsymbol{B}_k$，只存储向量 $\boldsymbol{s}_k$ 和 $\boldsymbol{y}_k$。

### 2.2.9 面临的问题

无论是梯度下降法还是牛顿法，寻找的都是梯度为 $\boldsymbol{0}$ 的点，梯度为 $\boldsymbol{0}$ 只是取得极值的必要条件而非充分条件。因此，完全有可能会出现梯度为 $\boldsymbol{0}$ 但不是极小值的情况，这里有两个问题。

(1) 局部极小值。算法找到的梯度为 $\boldsymbol{0}$ 的点确实是极值点，但不是全局极小值。

(2) 鞍点。梯度为 $\boldsymbol{0}$ 的点处 Hessian 矩阵不定，这连局部极小值都不是。图 2.5 是鞍点的示意图。

在图 2.5 中，我们要优化的目标函数为 $-x^2+y^2$，如果以(0,4)作为初始迭代点，牛顿法最后陷入鞍点。

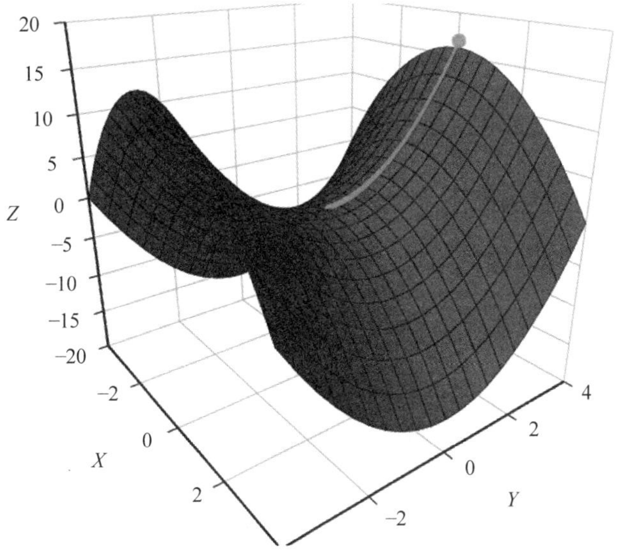


图 2.5　鞍点示意图

## 2.3　概率论

如果将机器学习问题处理的变量看成是随机变量，则可以用概率论的方法来建模。本节简单介绍机器学习将要使用的概率论知识。与概率论相关的应用知识，如熵、交叉熵、KL 散度等概念将在具体的算法中分别进行介绍，在本节中不作统一介绍。

### 2.3.1　随机事件与概率

随机事件 $a$ 是指可能发生也可能不发生的事件，它有一个发生概率 $p(a)$，且该概率值满足如下约束：

$$0 \leqslant p(a) \leqslant 1$$

即概率值为 0～1，这个值越大，事件越可能发生。如果一个随机事件发生的概率为 0，称为不可能事件；如果一个随机事件发生的概率为 1，则称为必然事件。例如，抛一枚硬币，可能正面朝上，也可能反面朝上，两种事件发生的概率是相等的，各为 0.5。

### 2.3.2　条件概率

对于两个相关的随机事件 $a$ 和 $b$，在事件 $a$ 发生的条件下事件 $b$ 发生的概率称为条件概率 $p(b|a)$，定义为

$$p(b \mid a) = \frac{p(a,b)}{p(a)}$$

即 $a$ 和 $b$ 同时发生的概率与 $a$ 发生的概率的比值。如果事件 $a$ 是因，事件 $b$ 是果，则概率 $p(b|a)$ 称为先验概率。后验概率定义为

$$p(a \mid b) = \frac{p(a,b)}{p(b)}$$

贝叶斯公式指出：

$$p(a)p(b \mid a) = p(b)p(a \mid b)$$

变形后为

$$p(a \mid b) = \frac{p(a)p(b \mid a)}{p(b)}$$

贝叶斯公式描述了先验概率和后验概率之间的关系。如果有 $p(b|a)=p(b)$，或者 $p(a|b)=p(a)$，则称随机事件 $a$ 和 $b$ 独立。如果随机事件 $a$ 和 $b$ 独立，则有

$$p(a,b) = p(a)p(b)$$

可以将上面的定义进行推广，如果 $n$ 个随机事件 $a_i, i=1,2,\cdots,n$ 相互独立，则它们同时发生的概率等于它们各自发生的概率的乘积：

$$p(a_1,\cdots,a_n) = \prod_{i=1}^{n} p(a_i)$$

### 2.3.3 随机变量

随机变量是取值有多种可能并且取每个值都有一个概率的变量。它分为离散型和连续型两种，离散型随机变量的取值为有限个或者无限可列个（整数集是典型的无限可列个），连续型随机变量的取值为无限不可列个（实数集是典型的无限不可列个）。

描述离散型随机变量的分布情况的工具是概率分布表，它由随机变量取每个值的概率 $p(x=x_i)=p_i$ 依次排列组成。它满足：

$$p_i \geqslant 0$$

$$\sum p_i = 1$$

表 2.2 是一个随机变量的概率分布表的例子。

**表 2.2 一个随机变量的概率分布表**

| $x$ | 概 率 值 | $x$ | 概 率 值 |
|---|---|---|---|
| 1 | 0.1 | 3 | 0.2 |
| 2 | 0.5 | 4 | 0.2 |

把分布表推广到无限情况，就可以得到连续型随机变量的概率密度函数。一个函数如果满足如下条件，则可以称为概率密度函数：

$$f(x) \geqslant 0$$

$$\int_{-\infty}^{+\infty} f(x)\mathrm{d}x = 1$$

这可以看作离散型随机变量的推广，积分值为 1 对应于取各个值的概率之和为 1。分布函数是概率密度函数的变上限积分，它定义为

$$F(y) = p(x \leqslant y) = \int_{-\infty}^{y} f(x)\mathrm{d}x$$

显然这个函数是增函数，而且其最大值为 1。分布函数的意义是随机变量 $x \leqslant y$ 的概率。注意，连续型随机变量取某一个值的概率为 0，但是其取值落在某一个区间的值可以不为 0：

$$p(x_1 < x < x_2) = \int_{x_1}^{x_2} f(x)\mathrm{d}x = F(x_2) - F(x_1)$$

最常见的连续型概率分布是正态分布，也称为高斯分布。它的概率密度函数为

$$f(x) = \frac{1}{\sqrt{2\pi}\sigma}\mathrm{e}^{-\frac{(x-\mu)^2}{2\sigma^2}}$$

其中，$\mu$ 和 $\sigma^2$ 分别为均值和方差。现实世界中的很多数据，例如人的身高、体重、寿命等都近似服从正态分布。另外一种常用的分布是均匀分布，如果随机变量 $x$ 服从$[a,b]$的均匀分布，则其概率密度函数为

$$f(x) = \begin{cases} \dfrac{1}{b-a}, & a \leqslant x \leqslant b \\ 0, & x < a, x > b \end{cases}$$

编程语言中的随机函数就是服从离散的均匀分布。二项分布也是一种常用的分布，这是一种离散型随机变量的概率分布。变量取值只能是 0 和 1，取这两种值的概率为

$$p(x = 1) = p$$

$$p(x = 0) = 1 - p$$

其中，$p$ 为(0,1)的一个实数。对于二分类问题，分类结果可以看作二项分布。

### 2.3.4 数学期望与方差

数学期望是加权平均值的抽象，是随机变量在概率意义下的均值。对于离散型随机变量 $x$，数学期望定义为

$$E(x) = \sum x_i p(x_i)$$

对于表 2.2 中的随机变量，它的数学期望为

$$1\times0.1+2\times0.5+3\times0.2+4\times0.2=2.5$$

方差定义为

$$D(x) = \sum (x_i - E(x))^2 p(x_i)$$

对于表 2.2 中的随机变量，它的方差为

$$(1-2.5)^2\times0.1+(2-2.5)^2\times0.5+(3-2.5)^2\times0.2+(4-2.5)^2\times0.2=0.85$$

推广到连续的情况，假设有一个连续型随机变量 $x$ 的概率密度函数是 $f(x)$，其数学期望定义为

$$E(x) = \int_{-\infty}^{+\infty} xf(x)\mathrm{d}x$$

根据定积分的定义，可以看到，连续型就是离散型的极限情况。对于连续型随机变量，方差定义为

$$D(x) = \int_{-\infty}^{+\infty} (x - E(x))^2 f(x)\mathrm{d}x$$

方差反映的是随机变量取值变化的程度，方差越小，随机变量的变化幅度越小，反之亦然。

### 2.3.5 随机向量

上面定义的随机变量是单个变量，如果推广到多个变量，就得到随机向量。随机向量 $\boldsymbol{x}$

是一个向量，它的每个分量都是随机向量。同样，随机向量有离散型和连续型两种情况。描述离散型随机向量分布的还是概率分布表：

$$p(\boldsymbol{x}=\boldsymbol{x}_i)$$

对于二维离散型随机向量，这是一个二维表：

$$p(x=x_i, y=y_j)$$

描述连续型随机向量的是联合概率密度函数，这是一个多元函数。如果是二维随机变量，则其联合概率密度函数满足

$$f(x_1, x_2) \geqslant 0$$

$$\int_{-\infty}^{+\infty}\int_{-\infty}^{+\infty} f(x_1, x_2)\mathrm{d}x_1\mathrm{d}x_2 = 1$$

更高维的概率密度函数也需要满足这两个条件。

对于离散型随机向量，边缘概率定义为

$$p(x=x_i) = \sum_y p(x=x_i, y=y_j)$$

对于连续型随机向量，边缘密度函数定义为

$$f(x_1) = \int_{-\infty}^{+\infty} f(x_1, x_2)\mathrm{d}x_2$$

$$f(x_2) = \int_{-\infty}^{+\infty} f(x_1, x_2)\mathrm{d}x_1$$

它是对其中一个分量的积分。条件概率密度函数定义为

$$f(x_1 \mid x_2) = \frac{f(x_1, x_2)}{f(x_2)}$$

有了条件密度函数，就可以定义两个随机变量的之间的独立性：

$$f(x_1 \mid x_2) = f(x_1)$$

显然，如果两个随机变量独立，则有：

$$f(x_1, x_2) = f(x_1)f(x_2)$$

描述两个随机变量之间线性关系强弱的是协方差，定义为

$$\mathrm{cov}(x_1, x_2) = E((x_1 - E(x_1))(x_2 - E(x_2)))$$

可以证明下式成立：

$$\mathrm{cov}(x_1, x_2) = E(x_1x_2) - E(x_1)E(x_2)$$

对于 $n$ 维随机向量 $\boldsymbol{x}$，其任意两个分量 $x_i$ 和 $x_j$ 之间的协方差 $\mathrm{cov}(x_i, x_j)$ 组成的矩阵称为协方差矩阵，协方差矩阵是一个对称矩阵。

将一维的正态分布推广到高维，可以得到多维正态分布概率密度函数为

$$f(\boldsymbol{x}) = \frac{1}{(2\pi)^{\frac{n}{2}} \mid \boldsymbol{\Sigma} \mid^{\frac{1}{2}}} \mathrm{e}\left(-\frac{1}{2}(\boldsymbol{x}-\boldsymbol{\mu})^{\mathrm{T}}\boldsymbol{\Sigma}^{-1}(\boldsymbol{x}-\boldsymbol{\mu})\right)$$

其中，$\boldsymbol{x}$ 为 $n$ 维随机向量；$\boldsymbol{\mu}$ 为均值向量；$\boldsymbol{\Sigma}$ 为协方差矩阵。正态贝叶斯分类器和高斯混合模型都假设向量服从这种分布。

### 2.3.6 最大似然估计

有些应用中已知样本服从的分布，例如服从正态分布，但是要估计分布函数的参数 $\boldsymbol{\theta}$，例如均值和协方差。确定这些参数常用的一种方法是最大似然估计。

最大似然估计(Maximum Likelihood Estimate,MLE)构造一个似然函数,通过让似然函数最大化,求解出 $\boldsymbol{\theta}$。最大似然估计的直观解释是,寻求一组参数,使得给定的样本集出现的概率最大。

假设样本服从的概率密度函数为 $p(\boldsymbol{x};\boldsymbol{\theta})$,其中,$\boldsymbol{x}$ 为随机变量,$\boldsymbol{\theta}$ 为要估计的参数。给定一组样本 $\boldsymbol{x}_i$,$i=1,\cdots,l$,它们都服从这种分布,并且相互独立。最大似然估计构造如下似然函数:

$$L(\boldsymbol{\theta}) = \prod_{i=1}^{l} p(\boldsymbol{x}_i;\boldsymbol{\theta})$$

其中,$\boldsymbol{x}_i$ 是已知量,这是一个关于 $\boldsymbol{\theta}$ 的函数,我们要让该函数的值最大化,这样做的依据是这组样本发生了,因此,应该最大化它们发生的概率,即似然函数。这就是求解如下最优化问题:

$$\max \prod_{i=1}^{l} p(\boldsymbol{x}_i;\boldsymbol{\theta})$$

乘积求导不易处理,因此对该函数取对数,得到对数似然函数:

$$\ln L(\boldsymbol{\theta}) = \ln \prod_{i=1}^{l} p(\boldsymbol{x}_i;\boldsymbol{\theta}) = \sum_{i=1}^{l} \ln p(\boldsymbol{x}_i;\boldsymbol{\theta})$$

最后要求解的问题为

$$\max \sum_{i=1}^{l} \ln p(\boldsymbol{x}_i;\boldsymbol{\theta})$$

这是一个不带约束的优化问题,可以用梯度下降法或者牛顿法求解。在第 11 章的 logistic 回归、第 16 章的隐马尔可夫模型中将会用最大似然估计确定函数的参数。

# 参考文献


[1] 同济大学数学系. 高等数学[M]. 7 版. 北京:高等教育出版社,2014.
[2] 张筑生. 数学分析新讲[M]. 北京:北京大学出版社,1990.
[3] 同济大学数学系. 工程数学线性代数[M]. 6 版. 北京:高等教育出版社,2014.
[4] 史蒂文 · J. 利昂. 线性代数(原书第 9 版)[M]. 北京:机械工业出版社,2015.
[5] 盛骤, 谢式千, 潘承毅. 概率论与数理统计[M]. 4 版. 北京:高等教育出版社,2008.
[6] 马修斯, 芬克. 数值方法(MATLAB 版)[M]. 4 版. 北京:电子工业出版社,2017.
[7] 萨奥尔. 数值分析(原书第 2 版)[M]. 北京:机械工业出版社, 2014.
[8] Stephen Boyd. 凸优化[M]. 北京:清华大学出版社, 2013.
[9] Dimitri P Bertsekas. 非线性规划[M]. 2 版. 北京:清华大学出版社, 2013.

# 第3章

# 基本概念

本章介绍机器学习中的常用概念，包括算法的分类、算法的评价指标，以及模型选择问题。按照样本数据是否带有标签值，可以将机器学习算法分为有监督学习与无监督学习。按照标签值的类型，可以将有监督学习算法进一步细分为分类问题与回归问题。按照求解的方法，可以将有监督学习算法分为生成模型与判别模型。

比较算法的优劣需要使用算法的评价指标。对于分类问题，常用的评价指标是准确率；对于回归问题，是回归误差。二分类问题由于其特殊性，我们为它定义了精度与召回率指标，在此基础上可以得到 ROC 曲线。对于多分类问题，常用的评价指标是混淆矩阵。

泛化能力是衡量有监督学习算法的核心标准。与模型泛化能力相关的概念有过拟合与欠拟合，对泛化误差进行分解可以得到方差与偏差的概念。正则化技术是解决过拟合问题的一种常见方法，在本章中我们将会介绍它的实例——岭回归算法。

## 3.1 算法分类

按照样本数据的特点以及求解手段，机器学习算法有不同的分类标准。这里介绍有监督学习和无监督学习、分类问题与回归问题、生成模型与判别模型的概念。强化学习是一种特殊的机器学习算法，它的原理将在第 20 章详细介绍。

### 3.1.1 监督信号

根据样本数据是否带有标签值(label)，可以将机器学习算法分成有监督学习和无监督学习两类。要识别 26 个英文字母图像，我们需要将每张图像和它是哪个字符(即其所属的类别)对应起来，图像的类别就是标签值。

有监督学习(supervised learning)的样本数据带有标签值，它从训练样本中学习得到一个模型，然后用这个模型对新的样本进行预测推断。样本由输入值与标签值组成：

$$(\boldsymbol{x}, y)$$

其中，$\boldsymbol{x}$ 为样本的特征向量，是模型的输入值；$y$ 为标签值，是模型的输出值。标签值可以是整数，也可以是实数，还可以是向量。有监督学习的目标是给定训练样本集，根据它确定映射函数：

$$y = f(\boldsymbol{x})$$

确定这个函数的依据是它能够很好地解释训练样本，让函数输出值与样本真实标签值之间的误差最小化，或者让训练样本集的似然函数最大化。训练样本数是有限的，而样本集所有可能的取值在很多情况下是一个无限集，因此，只能从中选取一部分样本参与训练。整个样本的集合称为样本空间。

日常生活中的很多机器学习应用，如垃圾邮件分类、手写文字识别、人脸识别、语音识别等都是有监督学习。这类问题需要先收集训练样本，对样本进行标注，用标注好的样本训模型，然后用模型对新的样本进行预测。

无监督学习（Unsupervised Learning）对没有标签的样本进行分析，发现样本集的结构或者分布规律。无监督学习的典型代表是聚类、表示学习和数据降维，它们处理的样本都不带有标签值。

聚类也是分类问题，但没有训练过程。算法把一批没有标签的样本划分成多个类，使得在某种相似度指标下每一类中的样本尽量相似，不同类的样本之间尽量不同。聚类算法的样本只有输入向量而没有标签值，也没有训练过程。在第 18 章中详细介绍各种典型的聚类算法。

无监督学习的另一类典型算法是表示学习，它从样本中自动学习出有用的特征，用于分类和聚类等目的。典型的实现有自动编码器和受限玻尔兹曼机，它们的输入是没有标签值的数据（如图像或语音信号），输出值是提取的特征向量。在第 14 章详细介绍自动编码器和受限玻尔兹曼机的原理。

数据降维也是一种无监督学习算法，它将 $n$ 维空间中的向量 $\boldsymbol{x}$ 通过某种映射函数映射到更低维的 $m$ 维空间中，在这里 $m \ll n$：

$$\boldsymbol{y} = \phi(\boldsymbol{x})$$

通过将数据映射到低维空间，可以更容易地对它们进行分析与显示。如果映射到二维或三维空间，可以直观地将数据可视化。第 7 章将详细介绍数据降维算法。

对于有些应用问题，标注训练样本的成本很高。如何利用少量有标签样本与大量无标签样本进行学习是一个需要解决的问题，一种方法是半监督学习（Semi-Supervised Learning）。半监督学习的训练样本是有标签样本与无标签样本的混合，一般情况下，无标签样本的数量远大于有标签样本数。半监督学习的原理在第 19 章详细讲述。

### 3.1.2　分类问题与回归问题

在有监督学习中，如果样本的标签是整数，则预测函数是一个向量到整数的映射：

$$\mathbb{R}^n \rightarrow \mathbb{Z}$$

这称为分类问题。样本的标签是其类别编号，一般从 0 或者 1 开始编号。如果类型数为 2，则称为二分类问题，类别标签一般设置成 +1 和 −1，分别对应正样本和负样本。例如，如果要判断一张图像是否为人脸，则正样本为人脸，负样本为非人脸。

对于分类问题，如果预测函数是线性函数则称为线性模型，它是 $n$ 维空间的线性划分。线性函数是超平面，在二维平面中是直线，在三维空间中是平面。二分类问题的线性预测函数为

$$\operatorname{sgn}(\boldsymbol{w}^{\mathrm{T}}\boldsymbol{x} + b)$$

其中，$\boldsymbol{w}$ 是权重向量；$b$ 是偏置项。线性支持向量机、logistic 回归等属于线性模型，它们的预测函数都是上面这种形式。

非线性模型的决策函数是非线性函数，分类边界是 $n$ 维空间中的曲面。在实际应用中

大多数情况下数据是非线性的，因此，要求预测函数具有非线性建模的能力。使用非线性核的支持向量机，人工神经网络、决策树等都属于非线性模型。

在有监督学习中，如果标签值是连续实数，则称为回归问题，此时预测函数是向量到实数的映射：

$$\mathbb{R}^n \to \mathbb{R}$$

例如，我们根据一个人的学历、工作年限等特征预测他的收入，这就是一个回归问题，因为收入是实数值而不是类别标签。

与分类问题一样，预测函数可以是线性函数也可以是非线性函数。如果是线性函数则称为线性回归。

对于有监督学习，机器学习算法在训练时的任务是给定训练样本集，选择预测函数的类型，然后确定函数的参数值，如线性模型中的 $\boldsymbol{w}$ 和 $b$。确定参数的常用方法是构造一个损失函数（Loss Function），它表示预测函数的输出值与样本标签值之间的误差。对所有训练样本的误差求平均值，这个值是参数 $\boldsymbol{\theta}$ 的函数：

$$\min_{\boldsymbol{\theta}} L(\boldsymbol{\theta}) = \frac{1}{l}\sum_{i=1}^{l} L(\boldsymbol{x}_i;\boldsymbol{\theta})$$

其中，$L(\boldsymbol{x}_i;\boldsymbol{\theta})$为单个样本的损失函数，$l$ 为训练样本数。训练的目标是最小化损失函数，求解损失函数的极小值可以确定 $\boldsymbol{\theta}$ 的值，从而确定预测函数。对机器学习算法来说关键的一步是确定损失函数，一旦它确定了，剩下的就是求解最优化问题，这在数学上一般有标准的解决方案。

下面以线性回归为例来说明有监督学习算法的训练过程。假设有 $l$ 个训练样本$(\boldsymbol{x}_i, y_i)$，其中，$\boldsymbol{x}_i$ 为特征向量，$y_i$ 为实数标签值。线性回归的预测函数为

$$f(\boldsymbol{x}) = \boldsymbol{w}^{\mathrm{T}}\boldsymbol{x} + b$$

权重向量 $\boldsymbol{w}$ 和偏置 $b$ 是训练要确定的参数。定义损失函数为误差平方和的均值，即均方误差：

$$L = \frac{1}{2l}\sum_{i=1}^{l}(f(\boldsymbol{x}_i) - y_i)^2$$

将回归函数代入损失函数的定义，可以得到如下损失函数：

$$L = \frac{1}{2l}\sum_{i=1}^{l}(\boldsymbol{w}^{\mathrm{T}}\boldsymbol{x}_i + b - y_i)^2$$

为简化表述，将权重向量和特征向量进行增广，即将 $\boldsymbol{w}$ 和 $b$ 进行合并，得到扩充后的向量：

$$[\boldsymbol{w}, b] \to \boldsymbol{w}$$

类似地，对 $\boldsymbol{x}$ 也进行扩充：

$$[\boldsymbol{x}, 1] \to \boldsymbol{x}$$

目标函数可以简化为

$$L = \frac{1}{2l}\sum_{i=1}^{l}(\boldsymbol{w}^{\mathrm{T}}\boldsymbol{x}_i - y_i)^2$$

可以证明这个目标函数是凸函数。

$$L = \frac{1}{2l}\sum_{i=1}^{l}((\boldsymbol{w}^{\mathrm{T}}\boldsymbol{x}_i)^2 + y_i^2 - 2y_i\boldsymbol{w}^{\mathrm{T}}\boldsymbol{x}_i)$$

它的二阶偏导数为

$$\frac{\partial^2 L}{\partial w_i \partial w_j} = \frac{1}{l}\sum_{k=1}^{l} x_{ki} x_{kj}$$

其中，$x_{ki}$ 为第 $k$ 个样本的特征向量的第 $i$ 个分量。因此，目标函数的 Hessian 矩阵为

$$\frac{1}{l}\sum_{k=1}^{l}\begin{bmatrix} x_{k1}x_{k1} & \cdots & x_{k1}x_{kn} \\ \vdots & \vdots & \vdots \\ x_{kn}x_{k1} & \cdots & x_{kn}x_{kn} \end{bmatrix} = \frac{1}{l}\begin{bmatrix} \sum_{k=1}^{l} x_{k1}x_{k1} & \cdots & \sum_{k=1}^{l} x_{k1}x_{kn} \\ \vdots & \vdots & \vdots \\ \sum_{k=1}^{l} x_{kn}x_{k1} & \cdots & \sum_{k=1}^{l} x_{kn}x_{kn} \end{bmatrix}$$

写成矩阵形式为

$$\frac{1}{l}[\boldsymbol{x}_1 \quad \cdots \quad \boldsymbol{x}_l]\begin{bmatrix} \boldsymbol{x}_1^{\mathrm{T}} \\ \vdots \\ \boldsymbol{x}_l^{\mathrm{T}} \end{bmatrix} = \frac{1}{l}\boldsymbol{X}^{\mathrm{T}}\boldsymbol{X}$$

其中，$\boldsymbol{X}$ 是所有样本的特征向量按照行构成的矩阵。对于任意不为 $\boldsymbol{0}$ 的向量 $\boldsymbol{x}$，有

$$\boldsymbol{x}^{\mathrm{T}}\boldsymbol{X}^{\mathrm{T}}\boldsymbol{X}\boldsymbol{x} = (\boldsymbol{X}\boldsymbol{x})^{\mathrm{T}}(\boldsymbol{X}\boldsymbol{x}) \geqslant 0$$

因此，Hessian 矩阵是半正定矩阵，上面的优化问题是一个凸优化问题，可以用梯度下降法或牛顿法求解。损失函数对 $w_j$ 的偏导数为

$$\frac{\partial L}{\partial w_j} = \frac{1}{l}\sum_{i=1}^{l}(\boldsymbol{w}^{\mathrm{T}}\boldsymbol{x}_i - y_i)x_{ij}$$

得到对权重的梯度之后，可以用梯度下降法进行更新。由于是凸优化问题，因此，梯度下降法可以保证收敛到全局最优解。也可以直接寻找梯度为 $\boldsymbol{0}$ 的点来解此问题，求解线性方程组，这就是经典的最小二乘法。

### 3.1.3 判别模型与生成模型

按照求解的方法，可以将分类算法分成判别模型和生成模型。给定特征向量 $\boldsymbol{x}$ 与标签值 $y$，生成模型对联合概率 $p(\boldsymbol{x},y)$ 建模，判别模型对条件概率 $p(y|\boldsymbol{x})$ 进行建模。另外，不使用概率模型的分类器也被归类为判别模型，它直接得到预测函数而不关心样本的概率分布：

$$y = f(\boldsymbol{x})$$

这 3 种模型也分别被称为生成学习、条件学习和判别学习。

除此之外，对生成模型和判别模型还有另外一种定义。生成模型对条件概率 $p(\boldsymbol{x}|y)$ 建模，判别模型对条件概率 $p(y|\boldsymbol{x})$ 建模。前者可以用来根据标签值 $y$ 生成随机的样本数据 $\boldsymbol{x}$，而后者则根据样本特征向量 $\boldsymbol{x}$ 的值判断它的标签值 $y$。

常见的生成模型有贝叶斯分类器、高斯混合模型、隐马尔可夫模型、受限玻尔兹曼机、生成对抗网络等。典型的判别模型有决策树、kNN 算法、人工神经网络、支持向量机、logistic 回归、AdaBoost 算法等。

### 3.1.4 强化学习

强化学习是一类特殊的机器学习算法，它根据输入数据确定要执行的动作，输入数据是

环境参数。与有监督学习算法类似，这里也有训练过程。训练时，对正确的动作做出奖励，对错误的动作进行惩罚，训练完成之后用得到的模型进行预测。在第 20 章中详细介绍这种算法。

## 3.2 模型评价指标

人们需要评价各种机器学习算法和模型的好坏，以进行比较，因此，需要定义衡量模型精度的指标。有监督学习分为训练与预测两个阶段，一般用与训练样本集不同的另一个样本集统计算法的精度。更复杂的做法是再引入一个验证集，用于确定模型的某些人工设定的参数，优化模型。

对于分类问题，评价指标是准确率，它定义为测试样本集中被正确分类的样本数与测试样本总数的比值。对于回归问题，评价指标是回归误差，定义为预测函数输出值与样本标签值之间的均方误差。

### 3.2.1 精度与召回率

精度与召回率是分类问题的评价指标。对于二分类问题，它的样本只有正样本和负样本两类。以人脸检测问题为例，正样本是人脸，负样本是非人脸；对于垃圾邮件分类，正样本是垃圾邮件，负样本是正常邮件。

测试样本中正样本被分类器判定为正样本的数量记为 TP(True Positive)，被判定为负样本的数量记为 FN(False Negative)；负样本被分类器判定为负样本的数量记为 TN(True Negative)，被判定为正样本的数量记为 FP(False Positive)。精度定义为

$$\frac{\mathrm{TP}}{\mathrm{TP}+\mathrm{FP}}$$

召回率定义为

$$\frac{\mathrm{TP}}{\mathrm{TP}+\mathrm{FN}}$$

精度是被分类器判定为正样本的样本中真正的正样本所占的比例，值越接近 1，对正样本的分类越准确。召回率是所有正样本中被分类器判定为正样本的比例。一种极端情况是让分类器的输出都为正样本，此时召回率为 1，但精度会非常低。

### 3.2.2 ROC 曲线

对于二分类问题，我们可以调整分类器的灵敏度从而得到不同的分类结果。将各种灵敏度下的准确率指标连成一条曲线，就是 ROC 曲线(Receiver Operator Characteristic Curve，接收机操作曲线)。首先定义真阳率和假阳率指标。真阳率(TPR)是所有正样本被分类器判定为正样本的比例：

$$\mathrm{TPR}=\frac{\mathrm{TP}}{\mathrm{TP}+\mathrm{FN}}$$

在人脸检测中正样本是人脸，这个指标就是检测率，即所有待检测的人脸中能够检测出来的比例。假阳率(FPR)是所有负样本被分类器判定为正样本的比例：

$$\mathrm{FPR}=\frac{\mathrm{FP}}{\mathrm{FP}+\mathrm{TN}}$$

对于人脸检测问题，这个指标就是误报率，即不是人脸的样本被分类器判定为人脸的比例。ROC 曲线的横轴为假阳率，纵轴为真阳率。当假阳率增加时真阳率会增加，因此，它是一条向上增长的曲线。一个好的分类器应该保证假阳率低而真阳率高，因此，ROC 曲线理想情况下应该接近于直线 $y=1$，即让曲线下面的面积尽可能大。

可以通过调整分类器的阈值(即灵敏度)，计算各种假阳率下对应的真阳率绘制出 ROC 曲线。一般情况下分类器是如下判定函数：

$$\operatorname{sgn}\ (f(\boldsymbol{x}))$$

为了得到它的 ROC 曲线，需要为预测函数加上一个调节灵敏度的阈值 $\xi$：

$$\operatorname{sgn}\ (f(\boldsymbol{x})+\xi)$$

随着阈值的增大，被判定为正样本的样本数会增加，因此，真阳率会提高；但同时负样本被判定为正样本的数量也会增加，假阳率也会上升。通过调整 $\xi$ 的值，每一个真阳率都会对应于一个假阳率，将这些点连起来就得到了 ROC 曲线。图 3.1 是人脸检测算法 ROC 曲线的一个例子。

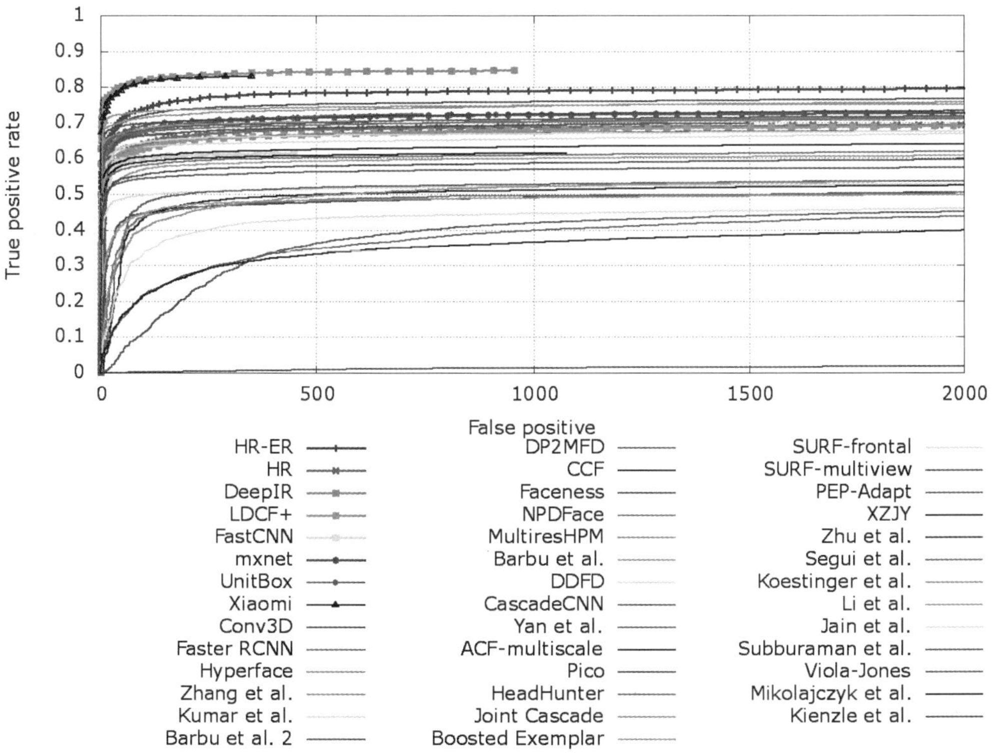


**图 3.1　ROC 曲线的一个实际例子**(来自 FDDB 官网)

图 3.1 取自人脸检测数据集 FDDB 的官网，横坐标是误报数，纵坐标是检测率。各种曲线代表各种不同的算法，ROC 曲线越陡峭、越高，算法的性能越好。

### 3.2.3 混淆矩阵

多分类问题的准确率可以用混淆矩阵定义。对于 $k$ 分类问题，混淆矩阵为 $k\times k$ 的矩阵，它的元素 $c_{ij}$ 表示第 $i$ 类样本被分类器判定为第 $j$ 类的数量：

$$\begin{bmatrix} c_{11} & \cdots & c_{1k} \\ \vdots & \vdots & \vdots \\ c_{k1} & \cdots & c_{kk} \end{bmatrix}$$

如果所有样本都被正确分类，则该矩阵为对角阵。因此，对角线的值越大，分类器的准确率越高。

除了上面定义的这些通用指标，对于某些特定的问题还有特定的精度指标，例如，机器翻译、图像分割等问题都有自己的评价指标，在后面的章节中会具体介绍。

### 3.2.4 交叉验证

对于精度指标的计算，最简单的做法是选择一部分样本作为训练集，用另一部分样本做测试集来统计算法的准确率。交叉验证(Cross Validation)是一种更复杂的统计准确率的技术。$k$ 折交叉验证将样本随机、均匀地分成 $k$ 份，轮流用其中的 $k-1$ 份训练模型，1 份用于测试模型的准确率，用 $k$ 个准确率的均值作为最终的准确率。

## 3.3 模型选择

3.2 节定义了模型的评价指标，本节对导致模型误差的因素进行分析，并给出一般性的解决方案。

### 3.3.1 过拟合与欠拟合

有监督学习训练的目标是在训练集上的误差最小化。由于训练样本集和测试数据集是不一样的，因此需要考虑下面几个问题。

(1) 算法在训练集上的表现。如果在训练集上表现不好，一般来说在实际使用时的精度很难保证。

(2) 在训练集上学习得到的模型能否有效地用于测试集。衡量指标为泛化能力。泛化能力是指模型从训练集推广到测试集的能力。人们希望模型在训练集上有高准确率的同时在测试集上也有高准确率。针对上面两个问题定义了过拟合和欠拟合的概念。

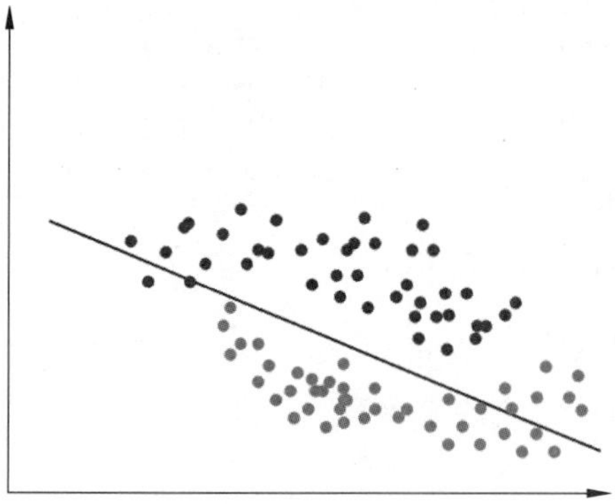

图 3.2 欠拟合

欠拟合(Under-Fitting)也称为欠学习，其直观表现是训练得到的模型在训练集上表现差，没有学到数据的规律。引起欠拟合的原因有：模型本身过于简单，例如，数据本身是非线性的但使用了线性模型；特征数太少无法正确建立映射关系。图 3.2 是欠拟合的示意图。

图 3.2 中数据是线性不可分的，这两类样本的分界线是曲线而非直线，但使用了线性分类器，导致大量的样本被错分类，这时更好的选择是非线性分类器。

过拟合（Over-Fitting）也称为过学习，它的直观表现是在训练集上表现好，但在测试集上表现不好，推广泛化性能差。过拟合产生的根本原因是训练数据包含抽样误差，在训练时模型将抽样误差也进行了拟合。抽样误差是指抽样得到的样本集和整体数据集之间的偏差。直观来看，引起过拟合的可能原因如下。

（1）模型本身过于复杂，拟合了训练样本集中的噪声。此时需要选用更简单的模型，或者对模型进行裁剪。

（2）训练样本太少或者缺乏代表性。此时需要增加样本数，或者增加样本的多样性。

（3）训练样本噪声的干扰，导致模型拟合了这些噪声，这时需要剔除噪声数据或者改用对噪声不敏感的模型。

图 3.3 是过拟合的示意图。

在图 3.3 中训练样本存在噪声，为了拟合它们，分类曲线的形状非常复杂，导致在真实测试时会产生错分类。

过拟合是有监督学习算法长期以来需要解决的一个问题。表 3.1 给出了实际应用时判断过拟合与欠拟合的准则。

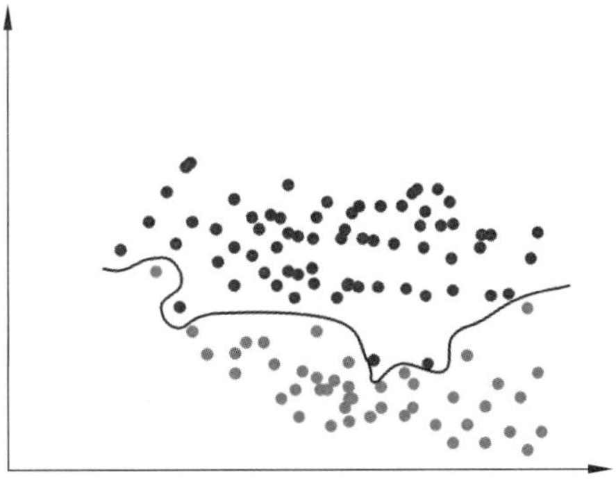

**图 3.3　过拟合**

**表 3.1　过拟合与欠拟合的判断标准**

| 训练集上的表现 | 测试集上的表现 | 结　　论 |
|---|---|---|
| 不好 | 不好 | 欠拟合 |
| 好 | 不好 | 过拟合 |
| 好 | 好 | 适度拟合 |

### 3.3.2　偏差与方差分解

模型的泛化误差可以分解成偏差和方差。偏差（Bias）是模型本身导致的误差，即错误的模型假设所导致的误差，它是模型的预测值的数学期望和真实值之间的差距。假设样本特征向量为 $\boldsymbol{x}$，标签值为 $y$，要拟合的目标函数为 $f(\boldsymbol{x})$，算法拟合的函数为 $\hat{f}(\boldsymbol{x})$，则偏差为

$$\text{Bias}(\hat{f}(\boldsymbol{x})) = E(\hat{f}(\boldsymbol{x}) - f(\boldsymbol{x}))$$

根据上面的定义，高偏差意味着模型本身的输出值与期望值差距很大，因此会导致欠拟合问题。方差（Variance）是由于对训练样本集的小波动敏感而导致的误差。它可以理解为模型预测值的变化范围，即模型预测值的波动程度。根据概率论中方差的定义，有

$$D(\hat{f}(\boldsymbol{x})) = E(\hat{f}^2(\boldsymbol{x})) - E^2(\hat{f}(\boldsymbol{x}))$$

根据定义，高方差意味着算法对训练样本集中的随机噪声进行建模，从而出现过拟合问题。根据定义，模型的总体误差可以分解为偏差的平方与方差之和：

$$E((y-\hat{f}(\boldsymbol{x}))^2)=\mathrm{Bias}^2(\hat{f}(\boldsymbol{x}))+D(\hat{f}(\boldsymbol{x}))+\sigma^2$$

其中，$\sigma^2$ 为噪声项。这称为偏差-方差分解公式。下面给出推导过程。标签值由目标函数和随机噪声决定：

$$y=f+\varepsilon$$

其中，$\varepsilon$ 为随机噪声，其均值为 0，方差为 $\sigma^2$。根据定义，模型的总误差为

$$\begin{aligned}E((y-\hat{f})^2)&=E(y^2+\hat{f}^2-2y\hat{f})\\&=E(y^2)+E(\hat{f}^2)-E(2y\hat{f})\\&=D(y)+E^2(y)+D(\hat{f})+E^2(\hat{f})-2fE(\hat{f})\\&=D(y)+D(\hat{f})+(f^2-2fE(\hat{f}))+E^2(\hat{f})\\&=D(y)+D(\hat{f})+E(f-E(\hat{f}))^2\\&=\sigma^2+D(\hat{f})+\mathrm{Bias}^2(\hat{f})\end{aligned}$$

在这里使用了下面的结论：

$$E(x^2)=D(x)+E^2(x)$$

如果模型过于简单，一般会有大的偏差和小的方差；反之，如果模型复杂则会有大的方差但偏差很小。这是一对矛盾，因此，需要在偏差和方差之间做一个折中。

下面以一个简单的例子来解释偏差和方差的概念。在射击时，子弹飞出枪管之后以曲线轨迹飞行。如果不考虑空气的阻力，这是一条标准的抛物线；如果考虑空气阻力，是一条更复杂的曲线。我们用弹道曲线作为预测模型，在给定子弹初速度的前提下，如果知道靶心与枪口的距离，可以通过调整枪口的仰角来让子弹命中靶心。

如果使用抛物线函数就会产生偏差，因为理论上子弹的落点不会在靶心而是在靶心偏下的位置，此时需要更换弹道曲线模型。无论选用哪种弹道曲线模型，受子弹初速度、风速、枪口震动等因素的影响，即使理论上瞄准的是靶心，子弹还是会随机散布在靶心周围，这就是方差。

### 3.3.3 正则化

有监督机器学习算法训练的目标是最小化误差函数。以均方误差损失函数为例，它是预测值与样本真实值的误差平方和：

$$L(\boldsymbol{\theta})=\frac{1}{2l}\sum_{i=1}^{l}(f_{\boldsymbol{\theta}}(\boldsymbol{x}_i)-y_i)^2$$

其中，$y_i$ 是样本的标签值；$f_\theta(\boldsymbol{x}_i)$是预测函数的输出值；$\boldsymbol{\theta}$ 是模型的参数。在预测函数的类型选定之后，人们能控制的只有函数的参数。为了防止过拟合，可以为损失函数加上一个惩罚项，对复杂的模型进行惩罚，强制让模型的参数值尽可能小以使得模型更简单，加入惩罚项之后损失函数为

$$L(\boldsymbol{\theta})=\frac{1}{2l}\sum_{i=1}^{l}(f_{\boldsymbol{\theta}}(\boldsymbol{x}_i)-y_i)^2+\lambda r(\boldsymbol{\theta})$$

函数的后半部分称为正则化项，这里的目标是让它的值尽可能小，即参数等于 0 或者接近于 0。$\lambda$ 为惩罚项系数，是人工设定的大于 0 的参数。正则化项可以使用 L2 范数(即平方

和)，也可以使用其他范数(如 L1 范数，即绝对值之和)。L2 范数在求解最优化问题时计算简单，而且有更好的数学性质，二次函数的导数为

$$(x^2)' = 2x$$

绝对值函数在 0 点不可导，如果不考虑这种情况，其导数为符号函数 $\text{sgn}(x)$。与 L2 相比，L1 正则化能更有效地让参数趋向于 0，产生的结果更稀疏。除了直接加上正则化项之外，还有其他强制让模型变简单的方法，如决策树的剪枝算法、神经网络训练中的 dropout 技术、提前终止技术等，在后面各章中会详细介绍。

下面以岭回归为例说明正则化技术的使用，它是带 L2 正则化项的线性回归。在 3.1.2 节中已经介绍过，线性回归的目标函数是线性函数，训练时的目标是最小化均方误差损失函数：

$$\frac{1}{2l}\sum_{i=1}^{l}(\boldsymbol{w}^{\mathrm{T}}\boldsymbol{x}_i - y_i)^2$$

对 $w_j$ 求导并且令导数为 0，可以得到下面的线性方程组：

$$\sum_{i=1}^{l}\left(\sum_{k=1}^{n} w_k x_{ik} - y_i\right)x_{ij} = 0$$

变形之后可以得到

$$\sum_{i=1}^{l}\sum_{k=1}^{n} x_{ik}x_{ij}w_k = \sum_{i=1}^{l} y_i x_{ij}$$

写成矩阵形式为下面的线性方程组：

$$(\boldsymbol{x}^{\mathrm{T}}\boldsymbol{x})\boldsymbol{w} = \boldsymbol{x}^{\mathrm{T}}\boldsymbol{y}$$

矩阵 $\boldsymbol{X}$ 是样本向量按行排列形成的矩阵，即

$$\boldsymbol{X} = \begin{bmatrix} \boldsymbol{x}_1^{\mathrm{T}} \\ \vdots \\ \boldsymbol{x}_l^{\mathrm{T}} \end{bmatrix}$$

这是一个 $l \times n$ 的矩阵。如果系数矩阵可逆，上面这个线性方程组的解为

$$\boldsymbol{w} = (\boldsymbol{x}^{\mathrm{T}}\boldsymbol{x})^{-1}\boldsymbol{x}^{\mathrm{T}}\boldsymbol{y}$$

如果系数矩阵不可逆，则无法直接求解这个方程组。可以为损失函数使用 L2 正则化项，加上正则化项之后优化问题变为

$$\min_{w}\sum_{i=1}^{l}(\boldsymbol{w}^{\mathrm{T}}\boldsymbol{x}_i - y_i)^2 + \lambda\boldsymbol{w}^{\mathrm{T}}\boldsymbol{w}$$

要求解的线性方程组变为

$$(\boldsymbol{X}^{\mathrm{T}}\boldsymbol{X} + \lambda\boldsymbol{I})\boldsymbol{w} = \boldsymbol{X}^{\mathrm{T}}\boldsymbol{y}$$

可以解得

$$\boldsymbol{w} = (\boldsymbol{X}^{\mathrm{T}}\boldsymbol{X} + \lambda\boldsymbol{I})^{-1}\boldsymbol{X}^{\mathrm{T}}\boldsymbol{y}$$

如果参数 $\lambda$ 的值足够大，可以保证这个方程组的系数矩阵可逆。因为如果一个矩阵严格对角占优，即每一行的主对角线元素的绝对值大于该行其他元素的绝对值之和，则矩阵一定可逆。除了使用 L2 正则化项，也可以使用 L1 正则化项，即 LASSO 回归。

# 参考文献


[1] 迪达,等. 模式分类[M]. 李宏东,等译. 北京：机械工业出版社,2003.

[2] 米歇尔. 机器学习[M]. 曾华军,等译. 北京：机械工业出版社,2002.

[3] Christopher M Bishop. Pattern Recognition and Machine Learning. Berlin：Springer，2001.

[4] Kevin P Murphy. Machine Learning：A Probabilistic Perspective. Massachusetts：The MIT Press，2004.

[5] Trevor Hastie，Robert Tibshirani，Jerome Friedman. The Elements of Statistical Learning：Data Mining，Inference，and Prediction. New York：McGraw Hill，2001.

# 第二部分

# 主要的机器学习算法与理论

这部分是本书的主体,全面系统地讲解常用的机器学习算法与理论,包括有监督学习、无监督学习、半监督学习、强化学习 4 类算法。 第 4 章讲解贝叶斯分类器,包括朴素贝叶斯与正态贝叶斯分类器。 第 5 章讲述决策树,重点是分类与回归树。 第 6 章讲述 kNN 算法与距离度量学习算法。 第 7 章讲述数据降维算法,包括线性降维算法——主成分分析,以及非线性数据降维算法——流形学习。 第 8 章讲述线性判别分析。 第 9 章讲述人工神经网络,这是深度学习的基础。 第 10 章讲述支持向量机。 第 11 章讲述线性分模型,包括 logistic 回归与线性支持向量机。 第 12 章讲述第 1 种集成学习算法——随机森林。 第 13 章讲述第 2 种集成学习算法——AdaBoost 算法。 第 14 章讲述深度学习的思想与基本概念,以及自动编码器、受限玻尔兹曼机。 第 15 章讲述卷积神经网络。 第 16 章讲述循环神经网络。 第 17 章讲述生成对抗网络。 第 18 章讲述聚类算法,包括层次聚类、EM 算法、基于密度的聚类、谱聚类。 第 19 章讲述半监督学习算法。 第 20 章讲述强化学习算法,包括经典的算法与深度强化学习。

# 第 4 章

# 贝叶斯分类器

贝叶斯分类器是一种概率模型，它用贝叶斯公式解决分类问题。如果样本的特征向量服从某种概率分布，则可以计算特征向量属于一个类的条件概率，条件概率最大的类为分类结果。如果假设特征向量各个分量之间相互独立，则为朴素贝叶斯分类器；如果假设特征向量服从多维正态分布，则为正态贝叶斯分类器。

## 4.1 贝叶斯决策

贝叶斯公式描述了两个相关的随机事件或随机变量之间的概率关系。贝叶斯分类器[1]使用贝叶斯公式计算样本属于某一类的条件概率值，并将样本判定为概率值最大的那个类。

条件概率描述两个有因果关系的随机事件之间的概率关系，$p(b|a)$定义为在事件 $a$ 发生的前提下事件 $b$ 发生的概率。贝叶斯公式阐明了两个随机事件之间的概率关系：

$$p(b \mid a) = \frac{p(a \mid b)p(b)}{p(a)}$$

这一结论可以推广到随机变量。分类问题中样本的特征向量取值 $\boldsymbol{x}$ 与样本所属类型 $y$ 具有因果关系。因为样本属于类型 $y$，所以具有特征值 $\boldsymbol{x}$。如果我们要区分男性和女性，选用的特征为脚的尺寸和身高。一般情况下男性的脚比女性的大，身高更高，因为一个人是男性，才具有这样的特征。分类器要做的则相反，是在已知样本的特征向量为 $\boldsymbol{x}$ 的条件下反推样本所属的类别。根据贝叶斯公式有

$$p(y \mid \boldsymbol{x}) = \frac{p(\boldsymbol{x} \mid y)p(y)}{p(\boldsymbol{x})}$$

只要知道特征向量的概率分布 $p(\boldsymbol{x})$，每一类出现的概率 $p(y)$，以及每一类样本的条件概率 $p(\boldsymbol{x}|y)$，就可以计算出样本属于每一类的概率 $p(y|\boldsymbol{x})$。分类问题只要预测类别，比较样本属于每一类的概率的大小，找出该值最大的那一类即可，因此可以忽略 $p(\boldsymbol{x})$，因为它对所有类都是相同的。简化后分类器的判别函数为

$$\arg\max_y p(\boldsymbol{x} \mid y)p(y)$$

实现贝叶斯分类器需要知道每类样本的特征向量所服从的概率分布。现实中的很多随机变量都近似服从正态分布，因此，常用正态分布来表示特征向量的概率分布。

贝叶斯分类器是一种生成模型。因为使用了类条件概率 $p(\boldsymbol{x}|y)$和类概率 $p(y)$，两者的乘积就是联合概率 $p(\boldsymbol{x},y)$，因此它对联合概率进行建模。

## 4.2 朴素贝叶斯分类器

朴素贝叶斯分类器[2]假设特征向量的分量之间相互独立，这种假设简化了问题求解的难度。给定样本的特征向量 $\boldsymbol{x}$，该样本属于某一类 $c_i$ 的概率为

$$p(y=c_i \mid \boldsymbol{x})=\frac{p(y=c_i)p(\boldsymbol{x} \mid y=c_i)}{p(\boldsymbol{x})}$$

由于假设特征向量各个分量相互独立，因此有

$$p(y=c_i \mid \boldsymbol{x})=\frac{p(y=c_i)\prod_{j=1}^{n}p(x_j \mid y=c_i)}{Z}$$

其中，$Z$ 为归一化因子。上式的分子可以分解为类概率 $p(c_i)$和该类每个特征分量的条件概率 $p(x_j|y=c_i)$的乘积。类概率 $p(c_i)$可以设置为每一类相等，或者设置为训练样本中每类样本占的比重。例如，在训练样本中第一类样本占 30%，第二类占 70%，我们可以设置第一类的概率为 0.3，第二类的概率为 0.7。剩下的问题是估计类条件概率值 $p(x_j|y=c_i)$，下面分离散型与连续型变量两种情况进行讨论。

### 4.2.1 离散型特征

如果特征向量的分量是离散型随机变量，可以直接根据训练样本计算出其服从的概率分布，即类条件概率。计算公式为

$$p(x_i=v \mid y=c)=\frac{N_{x_i=v,y=c}}{N_{y=c}}$$

其中，$N_{y=c}$为第 $c$ 类训练样本数；$N_{x_i=v,y=c}$为第 $c$ 类训练样本中，第 $i$ 个特征取值为 $v$ 的训练样本数，即统计每一类训练样本中每个特征分量取每个值的频率，作为类条件概率的估计值。最后得到的分类判别函数为

$$\arg\max_y p(y=c)\prod_{i=1}^{n}p(x_i=v \mid y=c)$$

其中，$p(y=c)$为第 $c$ 类样本在整个训练样本集中出现的概率，即类概率。其计算公式为

$$p(y=c)=\frac{N_{y=c}}{N}$$

其中，$N_{y=c}$为第 $c$ 类训练样本的数量，$N$ 为训练样本总数。

在类条件概率的计算公式中，如果 $N_{x_i=v,y=c}$为 0，即特征分量的某个取值在某一类训练样本中一次都不出现，则会导致如果预测样本的特征分量取到这个值时整个分类判别函数的值为 0。作为补救措施可以使用拉普拉斯平滑，具体做法是给分子和分母同时加上一个正数。如果特征分量的取值有 $k$ 种情况，将分母加上 $k$，每一类的分子加上 1，这样可以保证所有类的条件概率加起来还是 1：

$$p(x_i=v \mid y=c)=\frac{N_{x_i=v,y=c}+1}{N_{y=c}+k}$$

对于每一个类，计算出待预测样本的各个特征分量的类条件概率，然后与类概率一起连乘，得到上面的预测值，该预测值最大的类为最后的分类结果。

### 4.2.2　连续型特征

如果特征向量的分量是连续型随机变量，可以假设它们服从一维正态分布。根据训练样本集可以计算出正态分布的均值与方差，这可以通过最大似然估计得到。这样得到概率密度函数为

$$f(x_i = x \mid y = c) = \frac{1}{\sqrt{2\pi}\sigma}\exp\left(-\frac{(x-\mu)^2}{2\sigma^2}\right)$$

连续型随机变量不能计算它在某一点的概率，因为它在任何一点处的概率为 0。直接用概率密度函数的值作为概率值，得到的分类器为

$$\arg\max_c p(y = c)\prod_{i=1}^{n} f(x_i \mid y = c)$$

对于二分类问题可以做进一步简化。假设正负样本的类别标签分别为$+1$和$-1$，特征向量属于正样本的概率为

$$p(y = +1 \mid x) = p(y = +1)\frac{1}{Z}\prod_{i=1}^{n}\frac{1}{\sqrt{2\pi}\sigma_i}\exp\left(-\frac{(x_i-\mu_i)^2}{2\sigma_i^2}\right)$$

其中，$Z$ 为归一化因子，$\mu_i$ 为第 $i$ 个特征的均值，$\sigma_i$ 为第 $i$ 个特征的标准差。对上式两边取对数得

$$\ln p(y = +1 \mid x) = \ln\frac{p(y = +1)}{Z} - \sum_{i=1}^{n}\ln\left(\frac{1}{\sqrt{2\pi}\sigma_i}\right)\frac{(x_i-\mu_i)^2}{2\sigma_i^2}$$

整理简化得

$$\ln p(y = +1 \mid x) = \sum_{i=1}^{n} c_i(x_i-\mu_i)^2 + c$$

其中，$c$ 和 $c_i$ 都是常数，$c_i$ 仅由 $\sigma_i$ 决定。同样可以得到样本属于负样本的概率。在分类时只需要比较这两个概率对数值的大小，如果

$$\ln p(y = +1 \mid x) > \ln p(y = -1 \mid x)$$

变形后得到

$$\ln p(y = +1 \mid x) - \ln p(y = -1 \mid x) > 0$$

时将样本判定为正样本，否则判定为负样本。

## 4.3　正态贝叶斯分类器

下面考虑更一般的情况，假设样本的特征向量服从多维正态分布，此时的贝叶斯分类器称为正态贝叶斯(Normal Bayes)分类器。

### 4.3.1　训练算法

假设特征向量服从 $n$ 维正态分布，其中 $\boldsymbol{\mu}$ 为均值向量，$\boldsymbol{\Sigma}$ 为协方差矩阵。类条件概率密度函数为

$$p(x \mid c) = \frac{1}{(2\pi)^{\frac{n}{2}}\,|\boldsymbol{\Sigma}|^{\frac{1}{2}}}\exp\left(-\frac{1}{2}(\boldsymbol{x}-\boldsymbol{\mu})^{\mathrm{T}}\boldsymbol{\Sigma}^{-1}(\boldsymbol{x}-\boldsymbol{\mu})\right)$$

其中,$|\boldsymbol{\Sigma}|$是协方差矩阵的行列式,$\boldsymbol{\Sigma}^{-1}$是协方差矩阵的逆矩阵。图 4-1 是二维正态分布的概论密度函数。

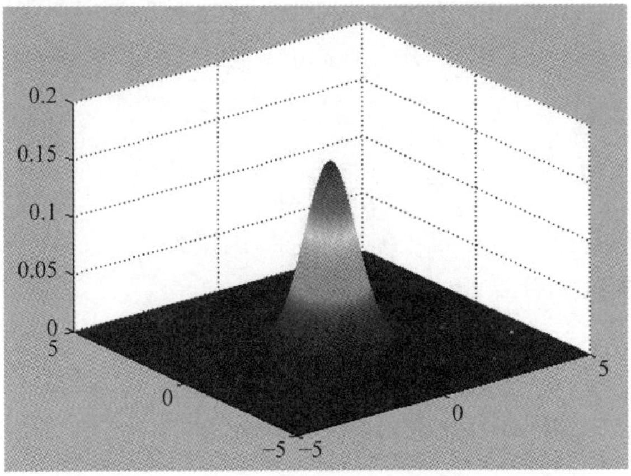


图 4.1 二维正态分布的概率密度函数

在接近均值处,概率密度函数的值大;在远离均值处,函数的值小。正态贝叶斯分类器训练时根据训练样本估计每一类条件概率密度函数的均值与协方差矩阵。另外还需要计算协方差矩阵的行列式和逆矩阵。由于协方差矩阵是实对称矩阵,因此一定可以对角化,可以借助奇异值分解来计算行列式和逆矩阵。对协方差矩阵进行奇异值分解,有

$$\boldsymbol{\Sigma} = \boldsymbol{UWU}^{\mathrm{T}}$$

其中,$\boldsymbol{W}$ 为对角阵,其对角元素为矩阵的特征值;$\boldsymbol{U}$ 为正交矩阵,它的列为协方差矩阵的特征值对应的特征向量。计算 $\boldsymbol{\Sigma}$ 的逆矩阵可以借助该分解:

$$(\boldsymbol{\Sigma})^{-1} = (\boldsymbol{UWU}^{-1})^{-1} = \boldsymbol{UW}^{-1}\boldsymbol{U}^{-1} = \boldsymbol{UW}^{-1}\boldsymbol{U}^{\mathrm{T}}$$

对角矩阵的逆矩阵仍然为对角矩阵,逆矩阵主对角元为矩阵主对角元的倒数;正交矩阵的逆矩阵为其转置矩阵。根据上式可以很方便地计算出逆矩阵 $\boldsymbol{\Sigma}^{-1}$;行列式$|\boldsymbol{\Sigma}|$也很容易被算出,由于正交矩阵的行列式为 1,因此,它等于矩阵 $\boldsymbol{W}$ 的行列式,而 $\boldsymbol{W}$ 的行列式又等于所有对角元素的乘积。

还有一个没有解决的问题是如何根据训练样本估计出正态分布的均值向量和协方差矩阵。通过最大似然估计和矩估计都可以得到正态分布的这两个参数。样本的均值向量就是均值向量的估计值,样本的协方差矩阵就是协方差矩阵的估计值。

## 4.3.2 预测算法

在预测时需要寻找具有最大条件概率的那个类,即最大化后验概率(Maximum A Posteriori, MAP),根据贝叶斯公式有

$$\arg\max_c(p(c \mid \boldsymbol{x})) = \arg\max_c\left(\frac{p(c)p(\boldsymbol{x} \mid c)}{p(\boldsymbol{x})}\right)$$

假设每个类的概率 $p(c)$相等,$p(\boldsymbol{x})$对于所有类都是相等的,因此,等价于求解该问题:

$$\arg\max_c(p(\boldsymbol{x} \mid c))$$

也就是计算每个类的 $p(\boldsymbol{x}|c)$值,然后取最大的那个。对 $p(\boldsymbol{x}|c)$取对数,有

$$\ln(p(\boldsymbol{x} \mid c)) = \ln\left(\frac{1}{(2\pi)^{\frac{n}{2}} \mid \boldsymbol{\Sigma} \mid^{\frac{1}{2}}}\right) - \frac{1}{2}((\boldsymbol{x}-\boldsymbol{\mu})^{\mathrm{T}}\boldsymbol{\Sigma}^{-1}(\boldsymbol{x}-\boldsymbol{\mu}))$$

进一步简化为

$$\ln(p(\boldsymbol{x} \mid c)) = -\frac{n}{2}\ln(2\pi) - \frac{1}{2}\ln(\mid \boldsymbol{\Sigma} \mid) - \frac{1}{2}((\boldsymbol{x}-\boldsymbol{\mu})^{\mathrm{T}}\boldsymbol{\Sigma}^{-1}(\boldsymbol{x}-\boldsymbol{\mu}))$$

其中，$-\frac{n}{2}\ln(2\pi)$是常数，对所有类都是相同的。求上式的最大指等价于求下式的最小值：

$$\ln(\mid \boldsymbol{\Sigma} \mid) + ((\boldsymbol{x}-\boldsymbol{\mu})^{\mathrm{T}}\boldsymbol{\Sigma}^{-1}(\boldsymbol{x}-\boldsymbol{\mu}))$$

其中，$\ln(|\boldsymbol{\Sigma}|)$可以根据每一类的训练样本预先计算好，与 $\boldsymbol{x}$ 无关，不用重复计算。预测时只需要根据样本 $\boldsymbol{x}$ 计算$(\boldsymbol{x}-\boldsymbol{\mu})\boldsymbol{\Sigma}^{-1}(\boldsymbol{x}-\boldsymbol{\mu})^{\mathrm{T}}$ 的值，而 $\boldsymbol{\Sigma}^{-1}$也是在训练时计算好的，不用重复计算。

下面考虑更特殊的情况，问题可以进一步简化。如果协方差矩阵为对角矩阵 $\sigma^2\boldsymbol{I}$，上面的值可以写成

$$\ln(p(\boldsymbol{x} \mid c)) = -\frac{n}{2}\ln(2\pi) - 2n\ln\sigma - \frac{1}{2}\left(\frac{1}{\sigma^2}(\boldsymbol{x}-\boldsymbol{\mu})^{\mathrm{T}}(\boldsymbol{x}-\boldsymbol{\mu})\right)$$

其中：

$$\ln(\mid \boldsymbol{\Sigma} \mid) = \ln \sigma^{2n} = 2n\ln\sigma$$

$$\boldsymbol{\Sigma}^{-1} = \frac{1}{\sigma^2}\boldsymbol{I}$$

对于二分类问题，如果两个类的协方差矩阵相等，分类判别函数是线性函数：

$$\mathrm{sgn}(\boldsymbol{w}^{\mathrm{T}}\boldsymbol{x} + b)$$

这和朴素贝叶斯分类器的情况是一样的。如果协方差矩阵是对角矩阵，则 $\boldsymbol{\Sigma}^{-1}$同样是对角矩阵，上面的公式同样可以简化，这里不再详细讨论。

## 4.4　实验程序

下面通过实验程序介绍贝叶斯分类器的使用，程序是基于 OpenCV 的贝叶斯分类器。在这里特征向量是二维的，是二维平面内的点，可以将平面内所有点的分类结果用二维图像直观地显示出来。

这个例子里的样本有 3 类，编号为 1、2、3。每一类训练样本有 10 个，它们的特征值用正态分布的随机数生成。三类样本有不同的均值，但两个特征分量的标准差都为 30。

训练得到分类器模型之后，用整个图像上所有的点作为测试样本的特征向量。将这些测试样本送到分类器中预测，根据分类结果将像素显示成不同的颜色。另外还将训练样本用不同亮度值的圆显示出来。如不进行特殊说明，后面的演示程序都使用这个思路。

程序源代码如下：

```
int main(int argc, char * * argv)
{
    const int kWidth =512;                                  // 分类结果图像的宽度
    const int kHeight =512;                                 // 分类结果图像的高度
    Vec3b red(0, 0, 255), green(0, 255, 0), blue(255, 0, 0);// 显示分类结果的 3 种颜色
```

```
// 用于显示分类结果的图像
Mat image =Mat::zeros(kHeight, kWidth, CV_8UC3);
// 为训练样本标签赋值
int labels[30];
for (int i=0 ; i <10; i++)
    labels[i] =1;                                   // 前面 10 个样本为第 1 类
for (int i =10; i <20; i++)
    labels[i] =2;                                   // 中间 10 个样本为第 2 类
for (int i =20; i <30; i++)
    labels[i] =3;                                   // 最后 10 个样本为第 3 类
Mat trainResponse(30, 1, CV_32SC1, labels);
// 生成训练样本特征向量数组
float trainDataArray[30][2];
RNG rng;                                            // 用于生成随机数
for (int i =0; i <10; i++)
{
    // 生成第 1 类样本的特征向量
    // x 和 y 都服从正态分布 N(250,30^2),用随机数生成样本的特征值
    // gaussian 函数生成指定标准差、均值为 0 的正态分布数,这里标准差为 30
    trainDataArray[i][0] =250 +static_cast<float>(rng.gaussian(30));
    trainDataArray[i][1] =250 +static_cast<float>(rng.gaussian(30));
}
for (int i =10; i <20; i++)
{
    // 生成第 2 类样本的特征向量
    trainDataArray[i][0] =150 +static_cast<float>(rng.gaussian(30));
    trainDataArray[i][1] =150 +static_cast<float>(rng.gaussian(30));
}
for (int i =20; i <30; i++)
{
    // 生成第 3 类样本的特征向量
    trainDataArray[i][0] =320 +static_cast<float>(rng.gaussian(30));
    trainDataArray[i][1] =150 +static_cast<float>(rng.gaussian(30));
}
Mat trainData(30, 2, CV_32FC1, trainDataArray);
CvNormalBayesClassifier bayesClassifier;
// 训练贝叶斯分类器
bayesClassifier.train(trainData, trainResponse);
// 对图像内所有点(i, j)——即特征向量(x, y)——进行预测,在这里 i 是 y,j 是 x
for (int i =0; i <image.rows; i++)
{
    for (int j =0; j <image.cols; j++)
    {
        // 生成测试样本特征向量
        Mat sampleMat = (Mat_<float>(1, 2) <<j, i);
```

```
            // 用贝叶斯分类器进行预测
            float response =bayesClassifier.predict(sampleMat);
            // 根据预测结果显示不同的颜色
            if (response ==1)
                image.at<Vec3b>(i, j) =red;
            else if (response ==2)
                image.at<Vec3b>(i, j) =green;
            else
                image.at<Vec3b>(i, j) =blue;
        }
    }
    // 显示训练样本
    for (int i =0; i <trainData.rows; i++)
    {
        const float* v =trainData.ptr<float>(i);
        Point pt =Point((int)v[0], (int)v[1]);
        if (labels[i] ==1)
            circle(image, pt, 5, Scalar::all(0), -1, 8);
        else if (labels[i] ==2)
            circle(image, pt, 5, Scalar::all(128), -1, 8);
        else
            circle(image, pt, 5, Scalar::all(255), -1, 8);
    }
    // 显示分类结果图像,水平方向为 x,垂直方向为 y
    imshow("Bayesian classifier demo", image);
    waitKey(0);
    return 0;
}
```

程序运行结果如图 4.2 所示。

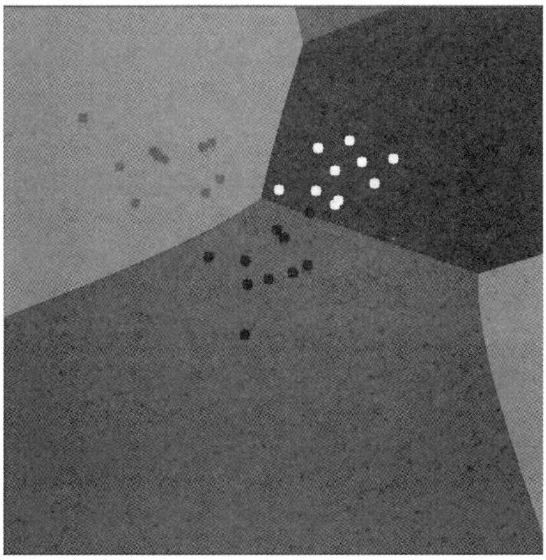

图 4.2　正态贝叶斯分类器的分类结果

在这个例子中,分类边界是曲线,这说明正态贝叶斯分类器具有非线性分类的能力。正态贝叶斯分类器没有需要人工设置的参数,可以直接支持多类分类问题。

## 4.5 源代码分析

下面分析 OpenCV 中正态贝叶斯分类器的实现,它假设特征向量服从多维正态分布,支持多类分类问题。

### 4.5.1 主要数据结构

CvNormalBayesClassifier 类实现了正态贝叶斯分类器。定义如下:

```
class CV_EXPORTS CvNormalBayesClassifier : public CvStatModel
{
public:
    CvNormalBayesClassifier();
    virtual ~CvNormalBayesClassifier();
    // 在构造函数中直接训练模型
    CvNormalBayesClassifier( const CvMat* _train_data, const CvMat* _responses,
        const CvMat* _var_idx=0, const CvMat* _sample_idx=0 );
    // 训练函数,后面会详细解释
    virtual bool train( const CvMat* _train_data, const CvMat* _responses,
        const CvMat* _var_idx =0, const CvMat* _sample_idx=0, bool update=false );
    // 预测函数,后面会详细解释
    virtual float predict( const CvMat* _samples, CvMat* results=0 ) const;
    virtual void clear();
    virtual void write( CvFileStorage* storage, const char* name ) const;
    virtual void read( CvFileStorage* storage, CvFileNode* node );
protected:
    int var_count, var_all;              // var_count 是特征向量的维数
    CvMat*  var_idx;                     // 特征编号
    CvMat*  cls_labels;                  // 训练样本的类别标签值数组
    CvMat** count;                       // 用于计算各个类的均值和协方差矩阵的辅助变量
    CvMat** sum;                         // 辅助变量,用于计算协方差矩阵
    CvMat** productsum;                  // 辅助变量,用于计算协方差矩阵
    CvMat** avg;                         // 每一类的均值向量
    CvMat** inv_eigen_values;            // 各个类协方差矩阵的特征值的逆,Σ^-1
    CvMat** cov_rotate_mats;             // 各个类协方差矩阵的正交化旋转矩阵 U
    CvMat*  c;                           // 存放协方差矩阵的行列式的 ln 值,即 ln|Σ|
};
```

成员变量 inv_eigen_values 和 cov_rotate_mats 联合起来表示每个类的协方差矩阵,在预测时不用每次都计算协方差矩阵的逆矩阵。另外,c 中存放了协方差矩阵的行列式的对数值,这个也不用在每次分类时计算。

### 4.5.2 训练函数

训练算法的核心是计算样本的均值向量、协方差矩阵，以及对协方差矩阵进行奇异值分解，具体流程如下。

(1) 计算每一类训练样本的均值 $\mu$，以及协方差矩阵 $\boldsymbol{\Sigma}$。

(2) 对协方差矩阵进行奇异值分解，然后计算所有特征值的逆，同时还计算出 $\ln(|\boldsymbol{\Sigma}|)$ 存储在 c 中；正交化旋转矩阵存储在 cov_rotate_mats 中。

下面来看 train 函数的实现。代码如下：

```
bool CvNormalBayesClassifier::train(const CvMat * _train_data, const CvMat *
_responses, const CvMat * _var_idx, const CvMat * _sample_idx, bool update)
{
    const float min_variation =FLT_EPSILON;             // 最小方差值，用于数值处理
    bool result =false;
    CvMat * responses=0;
    const float * * train_data =0;
    CvMat * __cls_labels =0;
    CvMat * __var_idx =0;
    CvMat * cov =0;
    CV_FUNCNAME( "CvNormalBayesClassifier::train" );
    __BEGIN__;
    int cls, nsamples =0, _var_count =0, _var_all =0, nclasses =0;
    int s, c1, c2;
    const int * responses_data;
    CV_CALL( cvPrepareTrainData( 0,
        _train_data, CV_ROW_SAMPLE, _responses, CV_VAR_CATEGORICAL,
        _var_idx, _sample_idx, false, &train_data,
        &nsamples, &_var_count, &_var_all, &responses,
        &__cls_labels, &__var_idx ));
    if( !update )
    {
        const size_t mat_size =sizeof(CvMat * );
        size_t data_size;
        clear();
        var_idx =__var_idx;
        cls_labels =__cls_labels;
        __var_idx =__cls_labels =0;
        var_count =_var_count;
        var_all =_var_all;
        nclasses =cls_labels->cols;
        data_size =nclasses * 6 * mat_size;
        CV_CALL( count =(CvMat * * )cvAlloc( data_size ));
        memset( count, 0, data_size );
        sum =count +nclasses;
```

```
    productsum =sum +nclasses;
    avg =productsum +nclasses;
    inv_eigen_values=avg +nclasses;
    cov_rotate_mats =inv_eigen_values +nclasses;
    CV_CALL( c =cvCreateMat( 1, nclasses, CV_64FC1 ));
    for( cls =0; cls <nclasses; cls++)
    {
        CV_CALL(count[cls] =cvCreateMat( 1, var_count, CV_32SC1 ));
        CV_CALL(sum[cls] =cvCreateMat( 1, var_count, CV_64FC1 ));
        CV_CALL(productsum[cls]=cvCreateMat( var_count, var_count,
            CV_64FC1 ));
        CV_CALL(avg[cls] =cvCreateMat( 1, var_count, CV_64FC1 ));
        CV_CALL(inv_eigen_values[cls] =cvCreateMat( 1, var_count,
            CV_64FC1 ));
        CV_CALL(cov_rotate_mats[cls] =cvCreateMat( var_count, var_count,
            CV_64FC1 ));
        CV_CALL(cvZero( count[cls] ));
        CV_CALL(cvZero( sum[cls] ));
        CV_CALL(cvZero( productsum[cls] ));
        CV_CALL(cvZero( avg[cls] ));
        CV_CALL(cvZero( inv_eigen_values[cls] ));
        CV_CALL(cvZero( cov_rotate_mats[cls] ));
    }
}
else
{
    if( _var_count !=var_count || _var_all !=var_all || !((!_var_idx && !var_idx) ||
        (_var_idx && var_idx && cvNorm(_var_idx,var_idx,CV_C) <
            DBL_EPSILON)) )
        CV_ERROR( CV_StsBadArg,
        "The new training data is inconsistent with the original training data" );
    if( cls_labels->cols !=__cls_labels->cols ||
        cvNorm(cls_labels, __cls_labels, CV_C) >DBL_EPSILON )
        CV_ERROR( CV_StsNotImplemented,
        "In the current implementation the new training data must have absolutely "
        "the same set of class labels as used in the original training data" );
    nclasses =cls_labels->cols;
}
responses_data =responses->data.i;
CV_CALL( cov =cvCreateMat( _var_count, _var_count, CV_64FC1 ));
// 对每个样本进行处理
for( s =0; s <nsamples; s++)
{
    cls =responses_data[s];                              // 第 s 个样本的类别标签
    int* count_data =count[cls]->data.i;                 // 第 cls 类样本的数量
```

```
        double* sum_data =sum[cls]->data.db;            // 第 cls 类样本的累加和
        double* prod_data =productsum[cls]->data.db;
        const float* train_vec =train_data[s];          // 第 s 个样本的特征向量
        for( c1 =0; c1 <_var_count; c1++, prod_data +=_var_count )
        {
            double val1 =train_vec[c1];          // 第 s 个训练样本特征向量的第 c1 维分量
            sum_data[c1] +=val1;                 // 第 cls 个类的第 c1 个分量的累加和
            count_data[c1]++;                    // 第 cls 类训练样本的个数累加
            for( c2 =c1; c2 <_var_count; c2++)// 计算两个特征分量的积
                prod_data[c2] +=train_vec[c2] * val1;
        }
    }
    // 为每个类分别计算均值向量 μ 和协方差矩阵 Σ
    for( cls =0; cls <nclasses; cls++)
    {
        double det =1;
        int i, j;
        CvMat* w =inv_eigen_values[cls];
        int* count_data =count[cls]->data.i;
        double* avg_data =avg[cls]->data.db;
        double* sum1 =sum[cls]->data.db;
        cvCompleteSymm( productsum[cls], 0 );
        // 计算均值向量
        for( j =0; j <_var_count; j++)
        {
            int n =count_data[j];
            avg_data[j] =n ? sum1[j] / n : 0.;
        }
        count_data =count[cls]->data.i;
        avg_data =avg[cls]->data.db;
        sum1 =sum[cls]->data.db;
        // 计算协方差矩阵,直接按照公式来
        for( i =0; i <_var_count; i++)
        {
            double* avg2_data =avg[cls]->data.db;
            double* sum2 =sum[cls]->data.db;
            double* prod_data =productsum[cls]->data.db +i * _var_count;
            double* cov_data =cov->data.db +i * _var_count;
            double s1val =sum1[i];
            double avg1 =avg_data[i];
            int count =count_data[i];
            for( j =0; j <=i; j++)
            {
                double avg2 =avg2_data[j];
                double cov_val =prod_data[j] -avg1 * sum2[j] -avg2 * s1val +
```

```
                avg1 * avg2 * count;
            cov_val = (count >1) ? cov_val / (count -1) : cov_val;
            cov_data[j] =cov_val;
        }
    }
    // 前面只计算了协方差矩阵的下三角,在这里把另外一半补上
    CV_CALL( cvCompleteSymm( cov, 1 ));
    // 奇异值分解
    CV_CALL( cvSVD( cov, w, cov_rotate_mats[cls], 0, CV_SVD_U_T ));
    // 对 w 矩阵进行截断处理,避免方差为 0 导致的除 0 操作
    CV_CALL( cvMaxS( w, min_variation, w ));
    // 计算协方差矩阵的行列式,因为是对角矩阵,行列式是对角元素乘积
    // 结果存放在 det 中
    for( j =0; j <_var_count; j++)
        det *=w->data.db[j];
    CV_CALL( cvDiv( NULL, w, w ));          // 求 w 的逆矩阵
    c->data.db[cls] =log( det );            // 计算 ln|Σ|
  }
  result =true;
  __END__;
  if( !result || cvGetErrStatus() <0 )
      clear();
  cvReleaseMat( &cov );
  cvReleaseMat( &__cls_labels );
  cvReleaseMat( &__var_idx );
  cvFree( &train_data );
  return result;
}
```

### 4.5.3 预测函数

预测时,对于输入样本向量 $\boldsymbol{x}$ 为分别对每一个类计算下列值,该值最小的类为样本的分类结果:

$$\ln(|\boldsymbol{\Sigma}|)+((\boldsymbol{x}-\boldsymbol{\mu})\boldsymbol{\Sigma}^{-1}(\boldsymbol{x}-\boldsymbol{\mu})^{\mathrm{T}})$$

C++ 语言的向量按照行存储,实现时和前面的公式略有不同。由于对协方差矩阵做了奇异值分解,因此有

$$(\boldsymbol{x}-\boldsymbol{\mu})\boldsymbol{\Sigma}^{-1}(\boldsymbol{x}-\boldsymbol{\mu})^{\mathrm{T}}=(\boldsymbol{x}-\boldsymbol{\mu})\boldsymbol{U}\boldsymbol{W}\boldsymbol{U}^{\mathrm{T}}(\boldsymbol{x}-\boldsymbol{\mu})^{\mathrm{T}}=((\boldsymbol{x}-\boldsymbol{\mu})\boldsymbol{U})\boldsymbol{W}((\boldsymbol{x}-\boldsymbol{\mu})\boldsymbol{U})^{\mathrm{T}}$$

实现时先计算向量减法 $\boldsymbol{x}-\boldsymbol{\mu}$,然后计算向量与矩阵的乘法 $(\boldsymbol{x}-\boldsymbol{\mu})\boldsymbol{U}$。函数 predict 实现预测功能,代码如下:

```
float CvNormalBayesClassifier::predict(const CvMat* samples, CvMat* results) const
{
    float value =0;
    void* buffer =0;
    int allocated_buffer =0;
```

```
CV_FUNCNAME( "CvNormalBayesClassifier::predict" );
__BEGIN__;
int i, j, k, cls =-1, _var_count, nclasses;
double opt =FLT_MAX;
CvMat diff;
int rtype =0, rstep =0, size;
const int* vidx =0;
nclasses =cls_labels->cols;
_var_count =avg[0]->cols;
if( !CV_IS_MAT(samples) || CV_MAT_TYPE(samples->type) !=CV_32FC1 ||
    samples->cols !=var_all )
    CV_ERROR( CV_StsBadArg,
    "The input samples must be 32f matrix with the number of columns =var_all" );
if( samples->rows >1 && !results )
    CV_ERROR( CV_StsNullPtr,
    "When the number of input samples is >1, the output vector of results must
    be passed" );
if( results )
{
    if( !CV_IS_MAT(results) || (CV_MAT_TYPE(results->type) !=CV_32FC1 &&
    CV_MAT_TYPE(results->type) !=CV_32SC1) ||
    (results->cols !=1 && results->rows !=1) ||
    results->cols +results->rows -1 !=samples->rows )
    CV_ERROR( CV_StsBadArg, "The output array must be integer or floating-point
        vector "
    "with the number of elements =number of rows in the input matrix" );
    rtype =CV_MAT_TYPE(results->type);
    rstep =CV_IS_MAT_CONT(results->type) ?1 :
        results->step/CV_ELEM_SIZE(rtype);
}
if( var_idx )
    vidx =var_idx->data.i;
size =sizeof(double) * (nclasses +var_count);
if( size <=CV_MAX_LOCAL_SIZE )
    buffer =cvStackAlloc( size );
else
{
    CV_CALL( buffer =cvAlloc( size ));
    allocated_buffer =1;
}
diff =cvMat( 1, var_count, CV_64FC1, buffer );
// 依次处理每个样本
for( k =0; k <samples->rows; k++)
{
    int ival;
```

```
        for( i =0; i <nclasses; i++)                          // 对于每个类 i
        {
            double cur =c->data.db[i];                        // 获取第 i 类的 ln|Σ|
            CvMat * u =cov_rotate_mats[i];                   // 获取第 i 类的正交化旋转矩阵 U
            CvMat * w =inv_eigen_values[i];                   // 获取第 i 类的对角逆矩阵
            const double * avg_data =avg[i]->data.db; // 获取均值向量
            const float * x = (const float * ) (samples->data.ptr +samples->step * k);
            // 计算 μ-x
            for( j =0; j <_var_count; j++)
                diff.data.db[j] =avg_data[j] -x[vidx ?vidx[j] : j];
            // 计算 (μ-x) U,存储在 diff 中
            CV_CALL(cvGEMM( &diff, u, 1, 0, 0, &diff, CV_GEMM_B_T ));
            // 寻找极小值
            for( j =0; j <_var_count; j++)
            {
                double d =diff.data.db[j];
                cur +=d * d * w->data.db[j];                  // 计算 ((μ-x) U) W((μ-x) U)^T
            }
            if( cur <opt )                                    // 寻找最小值
            {
                cls =i;
                opt =cur;
            }
        }
        ival =cls_labels->data.i[cls];                        // 最终的分类结果
        if( results )
        {
            if( rtype ==CV_32SC1 )
                results->data.i[k * rstep] =ival;
            else
                results->data.fl[k * rstep] = (float)ival;
        }
        if( k ==0 )
            value = (float)ival;
    }
    __END__;
    if( allocated_buffer )
        cvFree( &buffer );
    return value;
}
```

## 4.6 应用

贝叶斯分类器是生成模型的典型代表,具有实现简单和计算量小的优点。在某些问题上有成功的应用,包括垃圾邮件分类问题[5]、自然语言处理中的文本分类问题[6]、智能视频

监控中的背景建模算法[7]、人脸识别中的联合贝叶斯模型[8]。

贝叶斯框架在机器学习中的应用不只有贝叶斯分类器，还有贝叶斯网络[3][4]。贝叶斯网络可以实现各个变量之间的因果推理，是一种概率图模型，限于篇幅，在本书中不做详细介绍，感兴趣的读者可以阅读相关参考文献。其他一些应用（如语音识别、机器翻译等问题）中也使用了贝叶斯公式和最大化后验概率的思想，在第 16 章中将详细介绍。

## 参考文献


[1] Chao K Chow. On optimum character recognition system using decision functions. IRE Transactions, 1957: 247-254.

[2] Rish Irina. An empirical study of the naive Bayes classifier. IJCAI Workshop on Empirical Methods in Artificial Intelligence, 2001.

[3] Nir Friedman, Dan Geiger, Moises Goldszmidt. Bayesian Network Classifiers. Machine Learning, 1997.

[4] Wray L Buntine. A guide to the literature on learning probabilistic networks from data. IEEE Transactions on Knowledge and Data Engineering, 1996, 8(2): 195-210.

[5] Mehran Sahami, Susan T Dumais, David Heckerman, et al. A Bayesian Approach to Filtering Junk E-Mail, 1998.

[6] Yiming Yang, Xin Liu. A re-examination of text categorization methods. international acm sigir conference on research and development in information retrieval, 1999.

[7] Liyuan Li, Weimin Huang, Irene Y H Gu, et al. Foreground object detection from videos containing complex background. ACM multimedia, 2003.

[8] Dong Chen, Xudong Cao, Liwei Wang, et al. Bayesian face revisited: a joint formulation. European conference on computer vision, 2012.

# 第 5 章

# 决　策　树

决策树是一种基于规则的方法，它用一组嵌套的规则进行预测。在树的每个决策节点处，根据判断结果进入一个分支，反复执行这种操作直到到达叶子节点，得到预测结果。这些规则是通过训练得到的，而不是人工制定的。

## 5.1　树形决策过程

首先看一个简单的例子。银行要确定是否给客户发放贷款，为此需要考察客户的收入与房产情况。在做决策之前，会先获取客户的这两个数据。如果把这个决策看作分类问题，两个指标就是特征向量的两个分量，分类的类别标签是可以贷款和不能贷款。银行按照下面的过程进行决策。

(1) 首先判断客户的年收入指标。如果大于 20 万元，可以贷款；否则继续判断。

(2) 然后判断客户是否有房产。如果有房产，可以贷款；否则不能贷款。

用图形表示这个过程就是一棵决策树。决策过程从树的根节点开始，在内部节点处需要做判断，直到到达一个叶子节点处，得到决策结果。决策树由一系列分层嵌套的判定规则组成，是一个递归的结构。这个例子的决策树如图 5.1 所示。

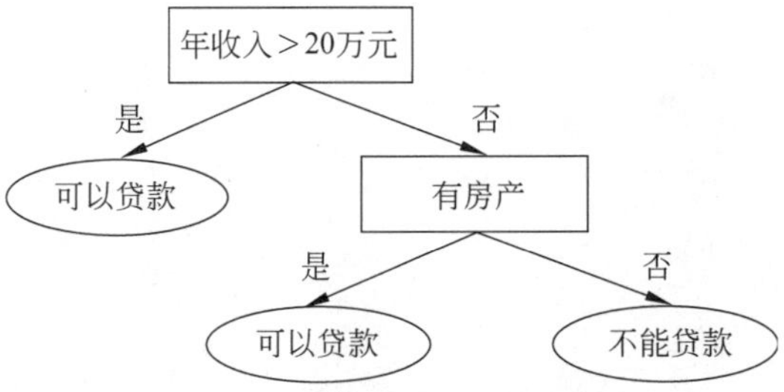


**图 5.1　决策树的一个例子**

收入为数值型特征，可以比较大小，这种特征为整数或小数。房产情况为类别型特征，取值为有房产或没有房产两种情况，这种特征不能比较大小。图 5.1 中决策树所有的内部节点为矩形，叶子节点即决策结果为椭圆形。

为便于用程序实现，一般将决策树设计成二叉树。与树的叶子节点、非叶子节点相对应，决策树的节点分为两种类型。

(1) 决策节点。在这些节点处需要进行判断以决定进入哪个分支，如用一个特征和设定的阈值进行比较。决策节点一定有两个子节点，它是非叶子节点。

(2) 叶子节点。表示最终的决策结果，它们没有子节点。在上面的例子中，叶子节点的值有两种，即可以贷款和不能贷款。对于分类问题，叶子节点中存储的是类别标签。

决策树是一个分层结构，可以为每个节点赋予一个层次数。根节点的层次数为0，子节点的层次数为父节点层次数加1。树的深度定义为所有节点的最大层次数。图5.1决策树的深度为2，要得到一个决策结果最多经过两次判定。

典型的决策树有ID3[1]、C4.5[3]、CART(Classification And Regression Tree，分类与回归树)[4]等，它们的区别在于树的结构与构造算法。分类与回归树既支持分类问题，也可用于回归问题。决策树是一种判别模型，天然支持多类分类问题。限于篇幅，本章只介绍分类与回归树。

分类树的映射函数是多维空间的分段线性划分，即用平行于各坐标轴的超平面对空间进行切分；回归树的映射函数是分段常数函数。决策树是分段线性函数而不是线性函数，它具有非线性建模的能力。只要划分得足够细，分段常数函数可以逼近闭区间上任意函数到任意指定精度，因此，决策树在理论上可以对任意复杂度的数据进行拟合。对于分类问题，如果决策树深度够大，它可以将训练样本集的所有样本正确分类。但如果特征向量维数过高，可能会面临维数灾难导致准确率下降，维数灾难的概念在第14章介绍。

图5.2是决策树对空间划分的一个例子。这里有红色和蓝色两类训练样本，用下面两条平行于坐标轴的直线可以将这两类样本分开。

这个划分方案对应的决策树如图5.3所示。

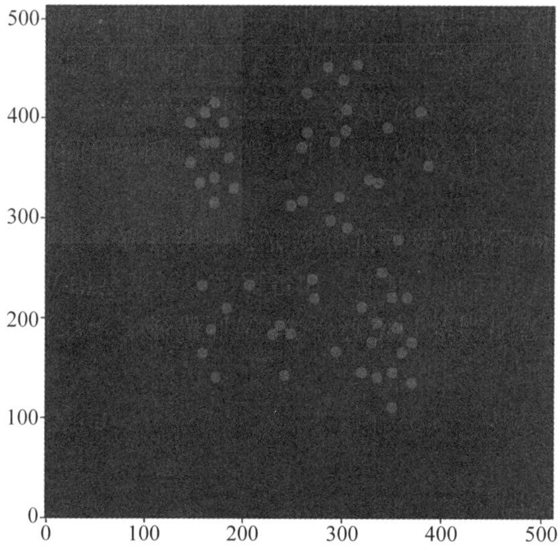


图5.2 决策树对空间的划分

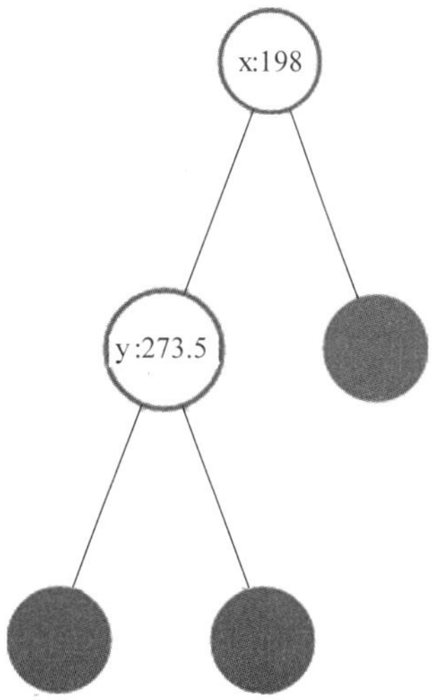


图5.3 决策树

## 5.2 分类与回归树

下面介绍分类与回归树的原理，它们是二叉决策树。预测时从根节点开始，每次只对一个特征进行判定，然后进入左子节点或者右子节点，直至到达一个叶子节点处，得到类别值或回归函数值。预测算法的时间复杂度与树的深度有关，判定的执行次数不超过决策树的深度。

## 5.3 训练算法

现在要解决的关键问题是如何用训练样本建立决策树。无论是分类问题还是回归问题,决策树都要尽可能地对训练样本进行正确的预测。直观的想法是从根节点开始构造,递归地用训练样本集建立起决策树,这棵树能够将训练集正确分类,或者对训练集的回归误差最小化。为此要解决以下问题。

特征向量有多个分量,每个决策节点上应该选择哪个分量做判定?这个判定会将训练样本集一分为二,然后用这两个子集构造左右子树。

选定一个特征后,判定的规则是什么?也就是说,满足什么条件时进入左子树分支。对数值型变量要寻找一个分裂阈值进行判断,小于该阈值进入左子树,否则进入右子树。对于类别型变量则需要为它确定一个子集划分,将特征的取值集合划分成两个不相交的子集,如果特征的值属于第一个子集则进入左子树,否则进入右子树。

何时停止分裂,把节点设置为叶子节点?对于分类问题,当节点的样本都属于同一类型时停止,但这样可能会导致树的节点过多、深度过大,产生过拟合问题。另一种方法是当节点中的样本数小于一个阈值时停止分裂。

如何为每个叶节点赋予类别标签或者回归值?也就是说,到达叶子节点时样本被分为哪一类或者赋予一个什么实数值。

下面给出这几个问题的答案。特征有数值型变量和类别型变量两种情况,决策树有分类树和回归树两种类型,组合起来一共有 4 种情况。限于篇幅,只对数值型变量进行介绍。

### 5.3.1 递归分裂过程

训练算法是一个递归的过程。首先创建根节点,然后递归地建立左子树和右子树。如果练样本集为 $D$,训练算法的整体流程如下。

(1) 用样本集 $D$ 建立根节点,找到一个判定规则,将样本集分裂成 $D_1$ 和 $D_2$ 两部分,同时为根节点设置判定规则。

(2) 用样本集 $D_1$ 递归建立左子树。

(3) 用样本集 $D_2$ 递归建立右子树。

(4) 如果不能再进行分裂,则把节点标记为叶子节点,同时为它赋值。

在确定这个递归流程之后,接下来要解决的核心问题是怎样对训练样本集进行分裂。

### 5.3.2 寻找最佳分裂

训练时需要找到一个分裂规则把训练样本集分裂成两个子集,因此,要确定分裂的评价标准,根据它寻找最佳分裂。对于分类问题,要保证分裂之后左右子树的样本尽可能纯,即它们的样本尽可能属于不相交的某一类或者几类。为此需要定义不纯度的指标:当样本都属于某一类时不纯度为 0;当样本均匀地属于所有类时不纯度最大。满足这个条件的有熵不纯度、Gini 不纯度,以及误分类不纯度等,下面分别进行介绍。

不纯度指标用样本集中每类样本出现的概率值构造。因此,首先要计算每个类出现的概率,这通过训练样本集中每类样本数除以样本总数得到

$$p_i = \frac{N_i}{N}$$

其中，$N_i$ 是第 $i$ 类样本数；$N$ 为总样本数。根据这个概率值可以定义各种不纯度指标，下面分别介绍。

样本集 $D$ 的熵不纯度定义为

$$E(D) = -\sum_i p_i \log_2 p_i$$

熵是信息论中的一个重要概念，用来度量一组数据包含的信息量大小。当样本只属于某一类时熵最小，当样本均匀地分布于所有类中时熵最大。因此，如果能找到一个分裂让熵最小，这就是我们想要的最佳分裂。

样本集的 Gini 不纯度定义为

$$G(D) = 1 - \sum_i p_i^2$$

当样本属于某一类时 Gini 不纯度的值最小，此时最小值为 0；当样本均匀地分布于每一类时 Gini 不纯度的值最大。这源自于如下数学结论，在下面的约束条件下：

$$\sum_i p_i = 1$$

$$p_i \geqslant 0$$

对于如下目标函数：

$$\sum_i p_i^2$$

所有变量相等时它有极小值，只有一个变量为 1 其他变量为 0 时该函数有极大值，这对应于 Gini 不纯度的极小值，即所有样本都来自同一类时 Gini 不纯度的值最小，样本均匀地属于每一类时 Gini 不纯度的值最大。将类概率的计算公式代入 Gini 不纯度的定义，可以得到简化的计算公式：

$$G(D) = 1 - \sum_i p_i^2 = 1 - \sum_i \left(\frac{N_i}{N}\right)^2 = 1 - \frac{\sum_i N_i^2}{N^2}$$

样本集的误分类不纯度定义为

$$E(D) = 1 - \max(p_i)$$

之所以这样定义是因为人们会把样本判定为频率最大的那一类，因此，其他样本都会被错分，故错误分类率为上面的值。和上面的两个指标一样，当样本只属于某一类时误分类不纯度有最小值 0，样本均匀地属于每一类时该值最大。

上面定义的是样本集的不纯度，我们需要评价的是分裂的好坏，因此，需要根据样本集的不纯度构造出分裂的不纯度。分裂规则将节点的训练样本集分裂成左右两个子集，分裂的目标是把数据分成两部分之后这两个子集都尽可能纯。因此，我们计算左右子集的不纯度之和作为分裂的不纯度，显然求和需要加上权重，以反映左右两边的训练样本数。由此得到分裂的不纯度计算公式为

$$G = \frac{N_L}{N} G(D_L) + \frac{N_R}{N} G(D_R)$$

其中，$G(D_L)$是左子集的不纯度；$G(D_R)$是右子集的不纯度；$N$ 是总样本数；$N_L$ 是左子集的样本数；$N_R$ 是右子集的样本数。

如果采用 Gini 不纯度指标，将 Gini 不纯度的计算公式代入上式可以得到

$$G=\frac{N_L}{N}\left(1-\frac{\sum_i N_{L,i}^2}{N_L^2}\right)+\frac{N_R}{N}\left(1-\frac{\sum_i N_{R,i}^2}{N_R^2}\right)$$

$$=\frac{1}{N}\left(N_L-\frac{\sum_i N_{L,i}^2}{N_L}+N_R-\frac{\sum_i N_{R,i}^2}{N_R}\right)$$

$$=1-\frac{1}{N}\left(\frac{\sum_i N_{L,i}^2}{N_L}+\frac{\sum_i N_{R,i}^2}{N_R}\right)$$

其中，$N_{L,i}$是左子节点中第 $i$ 类样本数；$N_{R,i}$是右子节点中第 $i$ 类样本数。由于 $N$ 是常数，要让 Gini 不纯度最小化等价于让下面的值最大化：

$$G=\frac{\sum_i N_{L,i}^2}{N_L}+\frac{\sum_i N_{R,i}^2}{N_R}$$

这个值可以看作 Gini 纯度，它的值越大，样本越纯。寻找最佳分裂时需要计算用每个阈值对样本集进行分裂后的这个值，寻找该值最大时对应的分裂，它就是最佳分裂。如果是数值型特征，对于每个特征将 $l$ 个训练样本按照该特征的值从小到大排序，假设排序后的值为

$$x_1, x_2, \cdots, x_l$$

接下来从 $x_1$ 开始，依次用每个 $x_i$ 作为阈值，将样本分成左右两部分，计算上面的纯度值，该值最大的那个分裂阈值就是此特征的最佳分裂阈值。在计算出每个特征的最佳分裂阈值和上面的纯度值后，比较所有这些分裂的纯度值大小，该值最大的分裂为所有特征的最佳分裂。这里采用贪心法的策略，每次都是选择当前条件下最好的分裂作为当前节点的分裂。对单个变量寻找最佳分裂阈值的过程如图 5.4 所示。

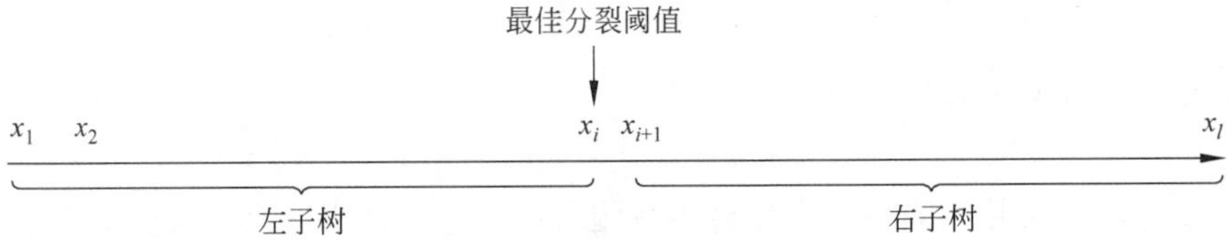


**图 5.4　为数值型变量寻找最佳分裂阈值**

对于回归树，衡量分裂的标准是回归误差(即样本方差)，每次分裂时选用使得方差最小化的那个分裂。假设节点的训练样本集有 $l$ 个样本$(\boldsymbol{x}_i, y_i)$，其中，$\boldsymbol{x}_i$ 为特征向量，$y_i$ 为实数的标签值。节点的回归值为所有样本的均值，回归误差为所有样本的标签值与回归值的均方和误差，定义为

$$E(D)=\frac{1}{l}\sum_{i=1}^{l}(y_i-\bar{y})^2$$

把均值的定义带入上式，得到

$$E(D)=\frac{1}{l}\sum_{i=1}^{l}\left(y_i-\frac{1}{l}\sum_{j=1}^{l}y_j\right)^2$$

$$= \frac{1}{l}\sum_{i=1}^{l}\left(y_i^2 - 2y_i\frac{1}{l}\sum_{j=1}^{l}y_j + \frac{1}{l^2}\left(\sum_{j=1}^{l}y_j\right)^2\right)$$

$$= \frac{1}{l}\left(\sum_{i=1}^{l}y_i^2 - \frac{2}{l}\left(\sum_{i=1}^{l}y_i\right)^2 + \frac{1}{l}\left(\sum_{j=1}^{l}y_j\right)^2\right)$$

$$= \frac{1}{l}\left(\sum_{i=1}^{l}y_i^2 - \frac{1}{l}\left(\sum_{j=1}^{l}y_j\right)^2\right)$$

根据样本集的回归误差，我们同样可以构造出分裂的回归误差。分裂的目标是最大程度地减小回归误差，因此，把分裂的误差指标定义为分裂之前的回归误差减去分裂之后左右子树的回归误差：

$$E = E(D) - \frac{N_{\mathrm{L}}}{N}E(D_{\mathrm{L}}) - \frac{N_{\mathrm{R}}}{N}E(D_{\mathrm{R}})$$

将误差的计算公式代入上式，可以得到

$$E = \frac{1}{N}\left(\sum_{i=1}^{N}y_i^2 - \frac{1}{N}\left(\sum_{i=1}^{N}y_i\right)^2\right) - \frac{N_{\mathrm{L}}}{N}\left(\frac{1}{N_{\mathrm{L}}}\left(\sum_{i=1}^{N_{\mathrm{L}}}y_i^2 - \frac{1}{N_{\mathrm{L}}}\left(\sum_{i=1}^{N_{\mathrm{L}}}y_i\right)^2\right)\right) -$$

$$\frac{N_{\mathrm{R}}}{N}\left(\frac{1}{N_{\mathrm{R}}}\left(\sum_{i=1}^{N_{\mathrm{R}}}y_i^2 - \frac{1}{N_{\mathrm{R}}}\left(\sum_{i=1}^{N_{\mathrm{R}}}y_i\right)^2\right)\right)$$

$$= -\frac{1}{N^2}\left(\sum_{i=1}^{N}y_i\right)^2 + \frac{1}{N}\left(\frac{1}{N_{\mathrm{L}}}\left(\sum_{i=1}^{N_{\mathrm{L}}}y_i\right)^2 + \frac{1}{N_{\mathrm{R}}}\left(\sum_{i=1}^{N_{\mathrm{R}}}y_i\right)^2\right)$$

由于 $N$ 和 $-\frac{1}{N^2}\left(\sum_{i=1}^{N}y_i\right)^2$ 是常数，要让上式最大化等价于让下式最大化：

$$E = \frac{1}{N_{\mathrm{L}}}\left(\sum_{i=1}^{N_{\mathrm{L}}}y_i\right)^2 + \frac{1}{N_{\mathrm{R}}}\left(\sum_{i=1}^{N_{\mathrm{R}}}y_i\right)^2$$

寻找最佳分裂时要计算上面的值，让该值最大化的分裂就是最佳分裂。回归树对类别型特征的处理和分类树类似，只是 $E$ 值的计算公式不同，其他的过程相同。

### 5.3.3 叶子节点值的设定

如果不能继续分裂，则将该节点设置为叶子节点。对于分类树，将叶子节点的值设置成本节点的训练样本集中出现概率最大的那个类；对于回归树，则设置为本节点训练样本标签值的均值。

### 5.3.4 属性缺失问题

在某些情况下样本特征向量中一些分量没有值，这称为属性缺失。例如，晚上我们无法观察到物体的颜色值，颜色属性就缺失了。在决策树的训练过程中，寻找最佳分裂时如果某一个属性上有些样本有属性缺失，可以把这些缺失该属性的样本剔除掉，然后照常训练，这是最简单的做法。

此外，还可以使用替代分裂规则。对于每个决策树节点除了计算出一个最佳分裂规则作为主分裂规则，还会生成一个或者多个替代分裂规则作为备选。在预测时如果主分裂规则对应的特征出现缺失，则使用替代分裂规则进行判定。需要注意的是，替代分裂对于分类问题和回归问题是做相同的处理。

现在的关键问题是怎样生成替代分裂规则。主分裂和替代分裂对所有样本的分裂结果有 4 种情况，分别为

$$\text{LL},\text{LR},\text{RL},\text{RR}$$

LL 表示被主分裂、替代分裂都分到了左子树的样本数；LR 表示被主分裂分到了左子树，被替代分裂分到了右子树的样本数；RL 表示被主分裂分到了右子树，被替代分裂分到了左子树的样本数；RR 表示被主分裂和替代分裂都分到了右子树的样本数。

LL＋RR 是被替代分裂正确分类的样本数，LR＋RL 是被替代分裂错分的样本数。由于可以将左右子树反过来，因此，给定一个特征分量，在寻找替代分裂的分裂阈值时要让 LL＋RR 或者 LR＋RL 最大化，最后取它们的最大值：

$$\max(\text{LL}+\text{RR},\text{LR}+\text{RL})$$

该值对应的分裂阈值为替代分裂的分裂阈值。对于除最佳分裂所用特征之外的其他所有特征，都找出该特征的最佳分裂和上面的值。最后取该值最大的那个特征和分裂阈值作为替代分裂规则。

### 5.3.5 剪枝算法

如果决策树的结构过于复杂，可能会导致过拟合问题。此时需要对树进行剪枝，消掉某些节点让它变得更简单。剪枝的关键问题是确定剪掉哪些树节点以及剪掉它们之后如何进行节点合并。决策树的剪枝算法可以分为两类，分别称为预剪枝和后剪枝。前者在树的训练过程中通过停止分裂对树的规模进行限制；后者先构造出一棵完整的树，然后通过某种规则消除掉部分节点，用叶子节点替代。

预剪枝可以通过限定树的高度、节点的训练样本数、分裂所带来的纯度提升的最小值来来实现，具体做法在前面已经讲述，在源代码分析中会介绍实现细节。后剪枝的典型实现有降低错误剪枝(Reduced-Error Pruning，REP)、悲观错误剪枝(Pesimistic-Error Pruning，PEP)、代价-复杂度剪枝(Cost-Complexity Pruning，CCP)[5]等方案。分类与回归树采用的是代价-复杂度剪枝算法，下面重点介绍它的原理。

代价是指剪枝后导致的错误率的变化值，复杂度是指决策树的规模。训练出一棵决策树之后，剪枝算法首先计算该决策树每个非叶子节点的 $\alpha$ 值，它是代价与复杂度的比值。该值定义为

$$\alpha=\frac{E(n)-E(n_t)}{|\,n_t\,|-1}$$

其中，$E(n)$是节点 $n$ 的错误率，$E(n_t)$是以节点 $n$ 为根的子树的错误率。$|n_t|$为子树的叶子节点数，即复杂度。$\alpha$ 值是用树的复杂度归一化之后的错误率增加值，即将整个子树剪掉之后用一个叶子节点替代，相对于原来的子树错误率的增加值。该值越小，剪枝之后树的分类效果和剪枝之前越接近。上面的定义依赖于节点的错误率指标，下面对分类问题和回归问题介绍它的计算公式。对于分类问题，错误率定义为

$$E(n)=\frac{N-\max(N_i)}{N}$$

其中，$N$ 是节点的总样本数；$N_i$ 是第 $i$ 类样本数，这就是之前定义的误分类指标。对于回归问题，错误率为节点样本集的均方误差：

$$E(n)=\frac{1}{N}\left(\sum_i(y_i^2)-\frac{1}{N}\left(\sum_i y_i\right)^2\right)$$

子树的错误率为树的所有叶子节点错误率之和。计算出 $\alpha$ 值之后，剪掉该值最小的节点得到剪枝后的树，然后重复这种操作直到剩下根节点，由此得到一个决策树序列：

$$T_0,T_1,\cdots,T_m$$

其中，$T_0$ 是初始训练得到的决策树；$T_{i+1}$ 是在 $T_i$ 的基础上剪枝得到的，即剪掉 $T_i$ 中 $\alpha$ 值最小的那个节点为根的子树并用一个叶子节点替代后得到的树。

整个剪枝算法分为两步完成。

第一步先训练出 $T_0$，然后用上面的方法逐步剪掉树的所有非叶子节点，直到只剩下根节点得到剪枝后的树序列。这一步的误差计算采用的是训练样本集。

第二步根据真实误差值从上面的树序列中挑选出一棵树作为剪枝后的结果。这可以通过交叉验证实现，用交叉验证的测试集对上一步得到的树序列的每一棵树进行测试，得到这些树的错误率，然后根据错误率选择最佳的树作为剪枝后的结果。

## 5.4 实验程序

下面通过实验程序介绍决策树的使用，程序使用 OpenCV 的决策树类。与贝叶斯分类器的实验程序一样，这里也有 3 类样本，每类样本的特征向量用正态分布随机数生成。训练得到决策树模型之后，用它对图像内的所有点进行预测，根据预测分类结果将像素显示成不同颜色。

程序源代码如下：

```
int main(int argc, char * * argv)
{
    const int kWidth =512, kHeight =512;              // 显示分类结果图像的宽度和高度
    Vec3b red(0, 0, 255), green(0, 255, 0), blue(255, 0, 0); // 显示分类结果的 3 种颜色
    Mat image =Mat::zeros(kHeight, kWidth, CV_8UC3);
    // 为 3 类训练样本标签赋值
    int labels[30];
    for (int i  =0 ; i <10; i++)
        labels[i] =1;
    for (int i =10; i <20; i++)
        labels[i] =2;
    for (int i =20; i <30; i++)
        labels[i] =3;
    Mat trainResponse(30, 1, CV_32SC1, labels);
    // 用随机数生成训练样本特征向量数组
    float trainDataArray[30][2];
    RNG rng;
    for (int i =0; i <10; i++)
    {
        trainDataArray[i][0] =250 +static_cast<float>(rng.gaussian(30));
        trainDataArray[i][1] =250 +static_cast<float>(rng.gaussian(30));
```

```
}
for (int i =10; i <20; i++)
{
    trainDataArray[i][0] =150 +static_cast<float>(rng.gaussian(30));
    trainDataArray[i][1] =150 +static_cast<float>(rng.gaussian(30));
}
for (int i =20; i <30; i++)
{
    trainDataArray[i][0] =320 +static_cast<float>(rng.gaussian(30));
    trainDataArray[i][1] =150 +static_cast<float>(rng.gaussian(30));
}
Mat trainData(30, 2, CV_32FC1, trainDataArray);
CvDTree dtree;
// 决策树的训练参数,在后面的源代码分析中会详细讲解
CvDTreeParams params(5, 1, 0, true, 2, 0, true, true, NULL);
// 训练决策树
dtree.train (trainData, CV_ROW_SAMPLE, trainResponse, cv::Mat(), cv::Mat(),
    cv::Mat(), cv::Mat(), params);
// 对图像平面内所有点进行预测,根据分类结果显示不同的颜色
for (int i =0; i <image.rows; i++)
{
    for (int j =0; j <image.cols; j++)
    {
        Mat sampleMat = (Mat_<float>(1, 2) <<j, i);
        // 用决策树进行预测,返回分类结果
        float response =dtree.predict(sampleMat)->value;
        // 根据分类结果显示不同的颜色
        if (response ==1)
            image.at<Vec3b>(i, j) =red;
        else if (response ==2)
            image.at<Vec3b>(i, j) =green;
        else
            image.at<Vec3b>(i, j) =blue;
    }
}
// 用不同的亮度显示 3 类训练样本
for (int i =0; i <trainData.rows; i++)
{
    const float* v =trainData.ptr<float>(i);
    Point pt =Point((int)v[0], (int)v[1]);
    if (labels[i] ==1)
        circle(image, pt, 5, Scalar::all(0), -1, 8);
    else if (labels[i] ==2)
        circle(image, pt, 5, Scalar::all(128), -1, 8);
    else
```

```
        circle(image, pt, 5, Scalar::all(255), -1, 8);
    }
    imshow("Decision tree classifier demo", image);
    waitKey(0);
    return 0;
}
```

程序的运行结果如图 5.5 所示。

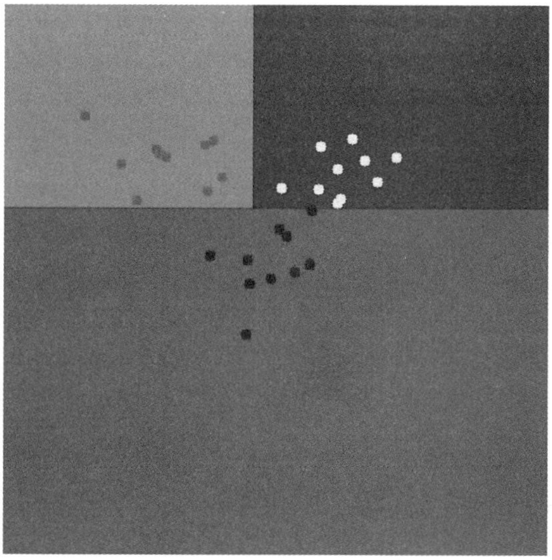

图 5.5　决策树的分类结果

图 5.5 中 3 类训练样本都被正确分类，它们的分类决策线为直线，这也证明决策树是分段线性函数。

## 5.5　源代码分析

下面分析 OpenCV 中决策树的实现。它实现了分类与回归树的完整功能，支持数值型变量和类别型变量，可以处理属性缺失问题，支持输出变量的重要性，还实现了 CCP 剪枝算法。

### 5.5.1　主要数据结构

结构体 CvDTreeSplit 为决策树节点的分裂规则，即判定规则。预测时使用该规则进行判定，训练时它将训练样本集划分成两个不相交的子集，训练算法要为每个节点计算出该规则。结构体的定义如下：

```
struct CvDTreeSplit
{
    int var_idx;                        // 分裂所使用的特征分量的编号
    int condensed_idx;
    int inversed;                       // 分支方向，左右子树是否交换方向
```

```
    float quality;                  // 分裂质量，是公式中的 Gini 纯度
    CvDTreeSplit * next;            // 指向下一个分裂的指针，用于实现替代分裂
    union                           // 分裂规则，分数值型变量与类别型变量两种情况
    {
        int subset[2];              // 类别型变量的值子集掩码
        struct                      // 数值型变量的阈值
        {
            float c;                // 比较时的阈值
            int split_point;        // 分裂点，仅供训练算法内部使用
        } ord;
    };
};
```

对于类别型变量，变量取值在值子集中则进入一个分支，否则进入另外一个分支。对于数值型变量，如果比阈值小，进入一个分支，否则进入另外一个分支。是进入左分支还是进入右分支由 inversed 控制。由于要支持替代分裂，因此，一个树节点可能有多个分裂规则，它们形成链表结构。

结构体 CvDTreeParams 是决策树的训练参数，用于训练函数。定义如下：

```
struct CV_EXPORTS CvDTreeParams
{
    int   max_categories;           // 分类问题的类型数
    int   max_depth;                // 树的最大深度，用于训练函数，达到该深度将停止分裂
    int   min_sample_count;         // 最小训练样本数，小于该值将停止分裂
    int   cv_folds;                 // 交叉验证的折数
    bool  use_surrogates;           // 是否使用替代分裂
    bool  use_1se_rule;             // 如果为真，表示在剪枝的过程中使用 1SE 规则
    bool  truncate_pruned_tree;     // 如果为 1，被剪掉的分支将被物理删除
    float regression_accuracy;      // 回归树的回归精度阈值
    const float * priors;           // 类先验概率数组，存放每个类的先验概率
};
```

结构体 CvDTreeNode 是决策树的节点，其中存储了指向左子树、右子树和父节点的指针以形成树结构，以及本节点的分裂规则，还有用于剪枝的其他数据。定义如下：

```
struct CvDTreeNode
{
    int class_idx;                  // 类索引，值为[0, classe_n -1]
    int Tn;                         // 树在剪枝后的树序列中的序列号，用于剪枝算法
    double value;                   // 节点值，对于分类树是类别标签；对于回归树是一个实
                                       数值
    CvDTreeNode * parent;           // 指向父节点的指针
    CvDTreeNode * left;             // 指向左子树的指针
    CvDTreeNode * right;            // 指向右子树的指针
    CvDTreeSplit * split;           // 节点的分裂规则，是分裂规则链表的头指针
    int sample_count;               // 本节点的训练样本数
```

```
    int depth;                      // 本节点的深度,根节点为 0,子节点的深度为父节点的
                                       值+1
    // 下面的变量为辅助变量,仅在训练时使用
    int* num_valid;
    int offset;
    int buf_idx;
    double maxlr;
    // 下列变量用于实现剪枝算法
    int complexity;                 // 树的复杂度
    double alpha;                   // α 值
    double node_risk, tree_risk, tree_error;  // 节点的风险值
    int* cv_Tn;                     // 交叉验证时的树编号,即剪枝树序列
    double* cv_node_risk;           // 节点的风险值数组
    double* cv_node_error;          // 节点的误差值数组
    int get_num_valid(int vi) { return num_valid ?num_valid[vi] : sample_count; }
    void set_num_valid(int vi, int n) { if( num_valid ) num_valid[vi] =n; }
};
```

类 CvDTree 即决策树,继承自 CvStatModel 类。定义如下:

```
class CV_EXPORTS CvDTree : public CvStatModel
{
public:
    CvDTree();
    virtual ~CvDTree();
    virtual bool train( const CvMat* _train_data, int _tflag,
        const CvMat* _responses, const CvMat* _var_idx=0,
        const CvMat* _sample_idx=0, const CvMat* _var_type=0,
        const CvMat* _missing_mask=0,
        CvDTreeParams params=CvDTreeParams() );
    virtual bool train( CvMLData* _data, CvDTreeParams _params=CvDTreeParams() );
    virtual float calc_error( CvMLData* _data, int type, std::vector<float> *
        resp =0 );
    virtual bool train( CvDTreeTrainData * _train_data, const CvMat* _subsample_idx );
    virtual CvDTreeNode* predict( const CvMat* _sample,
    const CvMat* _missing_data_mask=0,
        bool preprocessed_input=false ) const;
    virtual const CvMat* get_var_importance();
    virtual void clear();
    virtual void read( CvFileStorage* fs, CvFileNode* node );
    virtual void write( CvFileStorage* fs, const char* name ) const;
    virtual void read( CvFileStorage* fs, CvFileNode* node,
        CvDTreeTrainData* data );
    virtual void write( CvFileStorage* fs ) const;
    const CvDTreeNode* get_root() const;
    int get_pruned_tree_idx() const;
```

```
    CvDTreeTrainData* get_data();
protected:
    friend struct cv::DTreeBestSplitFinder;
    virtual bool do_train( const CvMat* _subsample_idx );
    virtual void try_split_node( CvDTreeNode* n );
    virtual void split_node_data( CvDTreeNode* n );
    virtual CvDTreeSplit* find_best_split( CvDTreeNode* n );
    virtual CvDTreeSplit* find_split_ord_class( CvDTreeNode* n, int vi,
        float init_quality =0, CvDTreeSplit* _split =0, uchar* ext_buf =0 );
    virtual CvDTreeSplit* find_split_cat_class( CvDTreeNode* n, int vi,
        float init_quality =0, CvDTreeSplit* _split =0, uchar* ext_buf =0 );
    virtual CvDTreeSplit* find_split_ord_reg( CvDTreeNode* n, int vi,
        float init_quality =0, CvDTreeSplit* _split =0, uchar* ext_buf =0 );
    virtual CvDTreeSplit* find_split_cat_reg( CvDTreeNode* n, int vi,
        float init_quality =0, CvDTreeSplit* _split =0, uchar* ext_buf =0 );
    virtual CvDTreeSplit* find_surrogate_split_ord( CvDTreeNode* n, int vi,
        uchar* ext_buf =0 );
    virtual CvDTreeSplit* find_surrogate_split_cat( CvDTreeNode* n, int vi,
        uchar* ext_buf =0 );
    virtual double calc_node_dir( CvDTreeNode* node );
    virtual void complete_node_dir( CvDTreeNode* node );
    virtual void cluster_categories( const int* vectors, int vector_count,
        int var_count, int* sums, int k, int* cluster_labels );
    virtual void calc_node_value( CvDTreeNode* node );
    virtual void prune_cv();
    virtual double update_tree_rnc( int T, int fold );
    virtual int cut_tree( int T, int fold, double min_alpha );
    virtual void free_prune_data(bool cut_tree);
    virtual void free_tree();
    virtual void write_node( CvFileStorage* fs, CvDTreeNode* node ) const;
    virtual void write_split( CvFileStorage* fs, CvDTreeSplit* split ) const;
    virtual CvDTreeNode* read_node( CvFileStorage* fs, CvFileNode* node,
        CvDTreeNode* parent );
    virtual CvDTreeSplit* read_split( CvFileStorage* fs, CvFileNode* node );
    virtual void write_tree_nodes( CvFileStorage* fs ) const;
    virtual void read_tree_nodes( CvFileStorage* fs, CvFileNode* node );
    CvDTreeNode* root;               // 决策树的根节点
    CvMat* var_importance;           // 变量的重要性数组
    CvDTreeTrainData* data;          // 训练样本集
public:
    int pruned_tree_idx;             // 剪枝树的编号
};
```

### 5.5.2 递归分裂

训练函数是一个递归过程。用所有样本训练根节点，得到根节点的判定规则，这个规则将训练集分为左右两个子集,然后递归地训练左子树和右子树。在每个节点处根据评价标准选择最佳分裂作为决策规则。对于分类问题评价分裂的标准是 Gini 纯度;对于回归问题是误差平方和。如果需要,还要为节点寻找替代分裂规则。如果树达到了指定的最大深度,节点的训练样本少于指定的阈值,分类问题节点的所有训练样本都属于同一类,对于回归问题样本方差小于某一阈值,则终止递归。

函数 do_train 实现决策树的训练功能。代码如下:

```
bool CvDTree::do_train( const CvMat * _subsample_idx )
{
    bool result =false;
    CV_FUNCNAME( "CvDTree::do_train" );
    __BEGIN__;
    // 先建立根节点
    root =data->subsample_data( _subsample_idx );
    // 训练根节点,然后递归地训练左子树和右子树
    CV_CALL( try_split_node(root));
    // 如果需要做交叉验证剪枝则进行剪枝
    if( data->params.cv_folds >0 )
        CV_CALL( prune_cv());
    // 如果数据没有被共享则释放训练数据
    if( !data->shared )
        data->free_train_data();
    result =true;
    __END__;
    return result;
}
```

函数 try_split_node 实现递归分裂和创建树节点的功能,是训练算法的核心。代码如下:

```
void CvDTree::try_split_node( CvDTreeNode * node )
{
    CvDTreeSplit * best_split =0;                 // 根节点的分裂规则
    int i, n =node->sample_count, vi;             // n 为该节点的训练样本数
    bool can_split =true;                         // 是否能够进行分裂的标志位置为 true
    double quality_scale;
    calc_node_value( node );                      // 计算节点的值
    // 如果训练样本数太小或者树到了最大深度,则不再分裂,即预剪枝
    if( node->sample_count <=data->params.min_sample_count ||
        node->depth >=data->params.max_depth )
        can_split =false;
    if( can_split && data->is_classifier )        // 如果可以分裂,并且是分类树
    {
        // 判断本节点是不是纯的,即只有一类样本
        int * cls_count =data->counts->data.i;
```

```
    int nz =0, m =data->get_num_classes();// m 为总类型数
    for( i =0; i <m; i++)
        nz +=cls_count[i] !=0;           // 该类样本数不为 0,则 nz 加 1
    // nz 为节点训练样本的类型数,如果只一类则不用再分裂
    if( nz ==1 )
        can_split =false;
}
else if( can_split )                     // 如果可以分裂,并且是回归树
{
    // 如果节点的回归误差小于指定阈值,则停止分裂
    if( sqrt(node->node_risk)/n <data->params.regression_accuracy )
        can_split =false;
}
// 如果可以进行分裂
if( can_split )
{
    best_split =find_best_split(node);    // 寻找最佳分裂
    node->split =best_split;              // 将最佳分裂的分裂质量赋给本节点
}
if( !can_split || !best_split )
{
    data->free_node_data(node);
    return;
}
quality_scale =calc_node_dir( node );     // 计算节点的方向
if( data->params.use_surrogates )         // 如果使用替代分裂规则
{
    // 寻找所有替代分裂,根据它们和主分裂的相似度进行排序
    for( vi =0; vi <data->var_count; vi++)
    {
        CvDTreeSplit* split;
        int ci =data->get_var_type(vi);
        if( vi ==best_split->var_idx )    // 跳过最佳分裂所用的变量
            continue;
        // 寻找替代分裂规则
        if( ci >=0 )                      // 类别型变量
            split =find_surrogate_split_cat( node, vi );
        else                              // 数值型变量
            split =find_surrogate_split_ord( node, vi );
        if( split )
        {
            // 将该分裂插入分裂链表中,这是标准的链表插入算法
            CvDTreeSplit* prev_split =node->split;
            split->quality =(float)(split->quality* quality_scale);
            while( prev_split->next &&
```

```
                    prev_split->next->quality >split->quality )
                prev_split =prev_split->next;
            split->next =prev_split->next;
            prev_split->next =split;
        }
    }
  }
  split_node_data( node );                              // 节点分裂
  try_split_node( node->left );                         // 递归训练左子树
  try_split_node( node->right );                        // 递归训练右子树
}
```

函数 calc_node_value 计算树节点的值,包括输出值和风险值。对于分类树节点的值为类别标签,是本节点的训练样本集中样本数最多的那一类,节点的风险值为被错分的样本的加权和。对于回归树节点的值为回归函数的预测值,是节点所有训练样本标签值的均值,节点的风险值为误差平方和。具体的计算公式参考 5.3.2 节。

函数实现代码如下：

```
void CvDTree::calc_node_value( CvDTreeNode* node )
{
    int i, j, k, n =node->sample_count, cv_n =data->params.cv_folds;
    int m =data->get_num_classes();
    int base_size =data->is_classifier ?m* cv_n* sizeof(int) :
        2* cv_n* sizeof(double)+cv_n* sizeof(int);
    int ext_size =n* (sizeof(int) +(data->is_classifier ?sizeof(int) :
        sizeof(int)+sizeof(float)));
    cv::AutoBuffer<uchar>inn_buf(base_size +ext_size);
    uchar* base_buf =(uchar* )inn_buf;
    uchar* ext_buf =base_buf +base_size;
    int* cv_labels_buf =(int* )ext_buf;
    const int* cv_labels =data->get_cv_labels(node, cv_labels_buf);
    if( data->is_classifier )
    {
        // 对于分类树,节点的值是样本权重和最大的那个类
        // 节点的风险(risk)是错分样本的加权和
        int* cls_count =data->counts->data.i;
        int* responses_buf =cv_labels_buf +n;
        const int* responses =data->get_class_labels(node, responses_buf);
        int* cv_cls_count =(int* )base_buf;
        double max_val =-1, total_weight =0;
        int max_k =-1;
        double* priors =data->priors_mult->data.db;
        // 首先统计每个类的样本数
        for( k =0; k <m; k++)
            cls_count[k] =0;
```

```
if( cv_n ==0 )
{
    for( i =0; i <n; i++)
        cls_count[responses[i]]++;
}
else
{
    for( j =0; j <cv_n; j++)
        for( k =0; k <m; k++)
            cv_cls_count[j * m +k] =0;
    for( i =0; i <n; i++)
    {
        j =cv_labels[i]; k =responses[i];
        cv_cls_count[j * m +k]++;
    }
    for( j =0; j <cv_n; j++)
        for( k =0; k <m; k++)
            cls_count[k] +=cv_cls_count[j * m +k];
}
if( data->have_priors && node->parent ==0 )
{
    double sum =0;
    for( k =0; k <m; k++)
    {
        int n_k =cls_count[k];
        priors[k] =data->priors->data.db[k] * (n_k ?1./n_k : 0.);
        sum +=priors[k];
    }
    sum =1./sum;
    for( k =0; k <m; k++)
        priors[k] *=sum;
}
for( k =0; k <m; k++)                          //寻找具有最大权重和的那个类
{
    double val =cls_count[k] * priors[k];
    total_weight +=val;
    if( max_val <val )
    {
        max_val =val;
        max_k =k;
    }
}
node->class_idx =max_k;
node->value =data->cat_map->data.i[
    data->cat_ofs->data.i[data->cat_var_count] +max_k];
```

```
    node->node_risk =total_weight -max_val;
    for( j =0; j <cv_n; j++)
    {
        double sum_k =0, sum =0, max_val_k =0;
        max_val =-1; max_k =-1;
        for( k =0; k <m; k++)
        {
            double w =priors[k];
            double val_k =cv_cls_count[j * m +k] * w;
            double val =cls_count[k] * w -val_k;
            sum_k +=val_k;
            sum +=val;
            if( max_val <val )
            {
                max_val =val;
                max_val_k =val_k;
                max_k =k;
            }
        }
        node->cv_Tn[j] =INT_MAX;
        node->cv_node_risk[j] =sum -max_val;
        node->cv_node_error[j] =sum_k -max_val_k;
    }
}
else
{
    // 对于回归树,节点的值为样本响应值的均值,风险是误差平方和
    double sum =0, sum2 =0;
    float* values_buf =(float*)(cv_labels_buf +n);
    int* sample_indices_buf =(int*)(values_buf +n);
    const float* values =data->get_ord_responses(node, values_buf,
        sample_indices_buf);
    double *cv_sum =0, *cv_sum2 =0;
    int* cv_count =0;
    if( cv_n ==0 )
    {
        for( i =0; i <n; i++)
        {
            double t =values[i];
            sum +=t;
            sum2 +=t * t;
        }
    }
    else
    {
```

```
            cv_sum = (double * )base_buf;
            cv_sum2 = cv_sum + cv_n;
            cv_count = (int * ) (cv_sum2 + cv_n);
            for( j = 0; j < cv_n; j++ )
            {
                cv_sum[j] = cv_sum2[j] = 0.;
                cv_count[j] = 0;
            }
            for( i = 0; i < n; i++ )
            {
                j = cv_labels[i];
                double t = values[i];
                double s = cv_sum[j] + t;
                double s2 = cv_sum2[j] + t * t;
                int nc = cv_count[j] + 1;
                cv_sum[j] = s;
                cv_sum2[j] = s2;
                cv_count[j] = nc;
            }
            for( j = 0; j < cv_n; j++ )
            {
                sum += cv_sum[j];
                sum2 += cv_sum2[j];
            }
        }
        node->node_risk = sum2 - (sum/n) * sum;
        node->value = sum/n;
        for( j = 0; j < cv_n; j++ )
        {
            double s = cv_sum[j], si = sum - s;
            double s2 = cv_sum2[j], s2i = sum2 - s2;
            int c = cv_count[j], ci = n - c;
            double r = si/MAX(ci,1);
            node->cv_node_risk[j] = s2i - r * r * ci;
            node->cv_node_error[j] = s2 - 2 * r * s + c * r * r;
            node->cv_Tn[j] = INT_MAX;
        }
    }
}
```

### 5.5.3 寻找最佳分裂

在前面介绍过，寻找最佳分裂的方法是遍历所有特征、每个特征所有可能的阈值，找到最好的分裂特征与分裂阈值。对于分类问题和回归问题都分为数值型特征和类别型特征两种情况处理，因此，一共有 4 种情况。限于篇幅，在这里只介绍对数值型变量的处理。

函数 find_best_split 是寻找最佳分裂的接口函数。代码如下：

```
CvDTreeSplit * CvDTree::find_best_split( CvDTreeNode * node )
{
    DTreeBestSplitFinder finder( this, node );
    // 并行计算,寻找所有变量的最佳分裂
    cv::parallel_reduce(cv::BlockedRange(0, data->var_count), finder);
    CvDTreeSplit *bestSplit =data->new_split_cat( 0, -1.0f );
    memcpy( bestSplit, finder.bestSplit, finder.splitSize );
    return bestSplit;
}
```

它调用了 DTreeBestSplitFinder 类的方法，寻找最佳分裂的任务由这个类实现。使用 DTreeBestSplitFinder 是为了用并行计算进行加速，它并行地为每个变量计算最佳分裂。代码如下：

```
void DTreeBestSplitFinder::operator()(const BlockedRange& range)
{
    // vi1 为变量的起始编号,vi2 为变量的结束编号
    // 即为编号为[vi1, vi2]的变量寻找最佳分裂
    int vi, vi1 =range.begin(), vi2 =range.end();
    int n =node->sample_count;                  // n 为训练样本数
    CvDTreeTrainData * data =tree->get_data();
    AutoBuffer<uchar>inn_buf(2 * n * (sizeof(int) +sizeof(float)));
    for( vi =vi1; vi <vi2; vi++)                // 对每个变量进行处理
    {
        CvDTreeSplit *res;
        // 获取变量的类型,是类别型变量还是数值型变量
        int ci =data->get_var_type(vi);
        // 获取有该变量值的样本数,如果小于 1 则跳过该变量
        if( node->get_num_valid(vi) <=1 )
            continue;
        if( data->is_classifier )               // 如果是分类树
        {
            if( ci >=0 )                        // 类别型变量
                res =tree->find_split_cat_class( node, vi, bestSplit->quality,
                    split, (uchar * )inn_buf );
            else                                // 数值型变量
                res =tree->find_split_ord_class( node, vi, bestSplit->quality,
                    split, (uchar * )inn_buf );
        }
        else                                    // 如果是回归树
        {
            if( ci >=0 )                        // 类别型变量
                res =tree->find_split_cat_reg( node, vi, bestSplit->quality,
                    split, (uchar * )inn_buf );
```

```
            else                                    // 数值型变量
                res = tree->find_split_ord_reg( node, vi, bestSplit->quality,
                    split, (uchar* )inn_buf );
        }
        // 如果比之前找到的最佳分裂还要好,则将其作为最佳分裂
        if( res && bestSplit->quality < split->quality )
                memcpy( (CvDTreeSplit* )bestSplit, (CvDTreeSplit* )split,
                    splitSize );
    }
}
```

具体功能由 find_split_cat_class、find_split_ord_class、find_split_cat_reg、find_split_ord_reg 这 4 个函数完成。它们分别处理类别型变量的分类问题、数值型变量的分类问题、类别型变量的回归问题、数值型变量的回归问题。

函数 find_split_ord_class 为分类树的数值型变量寻找最佳分裂阈值,算法在 5.3.2 节已经介绍。其中,node 为树节点的指针,vi 为要处理的变量号,init_quality 为不纯度的初始值。代码如下:

```
CvDTreeSplit* CvDTree::find_split_ord_class(CvDTreeNode* node, int vi,
    float init_quality, CvDTreeSplit* _split, uchar* _ext_buf )
{
    const float epsilon = FLT_EPSILON* 2;
    int n = node->sample_count;                 // 本节点的样本数
    int n1 = node->get_num_valid(vi);           // 第 i 个变量有值的样本数
    int m = data->get_num_classes();            // 训练样本的类型数
    int base_size = 2* m* sizeof(int);
    cv::AutoBuffer<uchar>inn_buf(base_size);
    if( !_ext_buf )
        inn_buf.allocate(base_size + n* (3* sizeof(int)+sizeof(float)));
    uchar* base_buf = (uchar* )inn_buf;
    uchar* ext_buf = _ext_buf ? _ext_buf : base_buf + base_size;
    float* values_buf = (float* )ext_buf;
    int* sorted_indices_buf = (int* )(values_buf + n);
    int* sample_indices_buf = sorted_indices_buf + n;
    const float* values = 0;
    const int* sorted_indices = 0;
    // 第一步是对训练样本按照该特征的值进行升序排序
    data->get_ord_var_data( node, vi, values_buf, sorted_indices_buf, &values,
        &sorted_indices, sample_indices_buf );
    int* responses_buf =  sample_indices_buf + n;
    const int* responses = data->get_class_labels( node, responses_buf );
    const int* rc0 = data->counts->data.i;
    int* lc = (int* )base_buf;
    int* rc = lc + m;
    int i, best_i = -1;
```

```
// 不纯度的初始值,lsum2 为∑N²_{L,i},rsum2 为∑N²_{R,i}
double lsum2 =0, rsum2 =0, best_val =init_quality;
const double* priors =data->have_priors ?data->priors_mult->data.db : 0;
// 初始化每个类别在左右子树中的样本数,开始时全部样本都属于右子树
// [c1_l, c2_l, c3_l, c4_l, ..., cn_l],左子树中每一类样本数
// [c1_r, c2_r, c3_r, c4_r, ..., cn_r],右子树中每一类样本数
// m 为类型数,初始化左右子树中每一类样本数,所有样本都属于右子树
for( i =0; i <m; i++)
{
    lc[i] =0;                    // 左边为 0,即全部样本属于右边
    rc[i] =rc0[i];               // 右边就是每一类样本的数量,rc0[i]为每一类样本数
}
// 去掉那些属性缺失的样本,从 n1 到 n-1 的样本是属性缺失的
for( i =n1; i <n; i++)
{
    rc[responses[sorted_indices[i]]]--;
}
// 如果不使用先验概率,即样本没有权重
if( !priors )
{
    // L 和 R 分别为左右子树的总样本数,初始时所有样本都分到右子树
    int L =0, R =n1;
    // rsum2 为右子树中各类样本数的平方和
    for( i =0; i <m; i++)
        rsum2 += (double)rc[i] * rc[i];
    // 搜索最佳阈值,从第一个样本开始,依次处理每一个样本
    // 注意,这些样本已经按照第 vi 个特征分量的值排序过了
    for( i =0; i <n1 -1; i++)
    {
        // sorted_indices[i]存放第 i 个样本排序后的位置
        int idx =responses[sorted_indices[i]];  // 第 i 个样本的类别
        int lv, rv;
        // 以第 i 个样本的特征值作为阈值,将小于或等于它的分到左子树,大于它
        // 的分到右子树
        // 调整左右子树中的样本数,左边加 1,右边减 1,即把本样本移到左子树中
        L++; R--;
        // 该类样本在左右子树中的数量
        lv =lc[idx]; rv =rc[idx];
        // 调整左右子树的类别频率平方和,左子树要加,右子树要减
        // 用到了下列公式以减少计算量:
        // (x+1)² - x² = 2x+1, (x-1)² - x² = -2x+1
        lsum2 +=lv * 2 +1;
        rsum2 -=rv * 2 -1;
        // 改变阈值之后调整左右子中该类样本的数量
        lc[idx] =lv +1; rc[idx] =rv -1;
```

```
                //第 i 个和第 i+1 个样本不相等
                if( values[i] +epsilon <values[i+1] )
                {
                    //计算纯度值,公式参考 5.3.2 节
                    double val = (lsum2 * R +rsum2 * L)/((double)L * R);
                    if( best_val <val )                 //如果大于当前最大值
                    {
                        best_val =val;                  //最大纯度值
                        best_i =i;                      //最佳分裂位置
                    }
                }
            }
        }
        else                                            //使用先验概率,即样本有权重值
        {
            double L =0, R =0;                          //左右子树的样本数初值
            for( i =0; i <m; i++)
            {
                //此时需要将样本数乘上该类的先验概率
                double wv =rc[i] * priors[i];
                //右子树总样本数
                R +=wv;
                //右子树各类样本的数量平方和,注意,是带权重的
                rsum2 +=wv * wv;
            }
            for( i =0; i <n1 -1; i++)
            {
                //下面的处理和不带先验概率时一样,只是在所有的地方乘上了先验概率值
                int idx =responses[sorted_indices[i]];
                int lv, rv;
                double p =priors[idx], p2 =p * p;       //第 i 类样本的先验概率
                L +=p; R -=p;
                lv =lc[idx]; rv =rc[idx];
                lsum2 +=p2 * (lv * 2 +1);
                rsum2 -=p2 * (rv * 2 -1);
                lc[idx] =lv +1; rc[idx] =rv -1;
                if( values[i] +epsilon <values[i+1] )
                {
                    double val = (lsum2 * R +rsum2 * L)/((double)L * R);
                    if( best_val <val )
                    {
                        best_val =val;
                        best_i =i;
                    }
                }
```

```
        }
    }
    CvDTreeSplit* split =0;
    if( best_i >=0 )
    {
        split =_split ? _split : data->new_split_ord( 0, 0.0f, 0, 0, 0.0f );
        split->var_idx =vi;                                     // 选中的分裂变量
        split->ord.c = (values[best_i] +values[best_i+1]) * 0.5f;// 最佳分裂阈值
        split->ord.split_point =best_i;                         // 最佳分裂点位置
        split->inversed =0;                                     // 左右子树不反向
        split->quality = (float)best_val;                       // 分裂质量,即不纯度的值
    }
    return split;                                               // 返回得到的最佳分裂
}
```

首先对所有样本按照特征值升序排序,然后计算所有可能阈值的分裂质量。分裂质量是左子树和右子树的纯度之和,纯度值越大说明样本越集中于同一个类。依次以每个样本的特征值作为阈值,将样本分为左右两部分,计算左右子树中的各类样本数和纯度。最后得到纯度的最大值,对应的是该变量的最佳分裂。在得到每个变量的最佳分裂之后,比较所有样本的最佳分裂,再取它们中最好的那个,作为最终的分裂。

再来看对回归问题的处理。回归树为数值型变量寻找最佳分裂的算法在 5.3.2 节已经介绍,find_split_ord_reg 函数实现此功能。代码如下:

```
CvDTreeSplit* CvDTree::find_split_ord_reg(CvDTreeNode* node, int vi, float
    init_quality, CvDTreeSplit* _split, uchar* _ext_buf )
{
    const float epsilon =FLT_EPSILON* 2;
    int n =node->sample_count;
    int n1 =node->get_num_valid(vi);
    cv::AutoBuffer<uchar>inn_buf;
    if( !_ext_buf )
        inn_buf.allocate(2* n* (sizeof(int) +sizeof(float)));
    uchar* ext_buf =_ext_buf ? _ext_buf : (uchar* )inn_buf;
    float* values_buf = (float* )ext_buf;
    int* sorted_indices_buf = (int* )(values_buf +n);
    int* sample_indices_buf =sorted_indices_buf +n;
    const float* values =0;
    const int* sorted_indices =0;
    // 在这里对训练样本按照特征的值进行升序排序
    data->get_ord_var_data( node, vi, values_buf, sorted_indices_buf, &values,
        &sorted_indices, sample_indices_buf );
    float* responses_buf =  (float* )(sample_indices_buf +n);
    const float* responses =data->get_ord_responses( node, responses_buf,
        sample_indices_buf );
    int i, best_i =-1;
```

```
    // rsum 为节点的值乘以训练样本数,节点值为所有样本均值,这样 rsum 实际上
    // 就是所有样本值的累加和
    double best_val =init_quality, lsum =0, rsum =node->value * n;
    // 左右子树中的样本数,初始时,所有样本属于右子树
    int L =0, R =n1;
    // 处理属性缺失的样本
    for( i =n1; i <n; i++)
        rsum -=responses[sorted_indices[i]];
    for( i =0; i <n1 -1; i++)                          // 寻找最佳分裂
    {
        // sorted_indices[i]为排序后的第 i 个样本的位置
        // t 为第 i 个样本的输出值
        float t =responses[sorted_indices[i]];
        // 调整左右子树的样本数
        L++; R--;
        lsum +=t;                                      // 左子树的和加上该样本的值
        rsum -=t;                                      // 右子树的和减掉该样本的值
        if( values[i] +epsilon <values[i+1] )
        {
            // 计算回归误差值,按照前面介绍的公式,这里进行了通分
            double val =(lsum * lsum * R +rsum * rsum * L)/((double)L * R);
            if( best_val <val )
            {
                best_val =val;
                best_i =i;
            }
        }
    }
    CvDTreeSplit* split =0;
    if( best_i >=0 )
    {
        split =_split ?_split : data->new_split_ord( 0, 0.0f, 0, 0, 0.0f );
        split->var_idx =vi;
        split->ord.c =(values[best_i] +values[best_i+1]) * 0.5f;
        split->ord.split_point =best_i;
        split->inversed =0;
        split->quality =(float)best_val;
    }
    return split;
}
```

这里的处理流程和分类问题类似，只是将指标由 Gini 纯度换成了回归误差，其他的相同。

### 5.5.4 寻找替代分裂

寻找替代分裂规则时跳过主分裂所用的特征，找到一个和主分裂规则效果最接近的分

裂。同样分为数值型变量和类别型变量两种情况，这里只分析对数值型变量的处理。寻找替代分裂时对分类树和回归树做统一处理，它不使用具体的分裂度量指标，而是考察替代分裂和主分裂对样本的分裂效果是否相似，即把训练样本分到左边还是右边。

函数 find_surrogate_split_ord 为单个数值型变量寻找替代分裂规则，其中 vi 为变量号。代码如下：

```
CvDTreeSplit* CvDTree::find_surrogate_split_ord(CvDTreeNode* node, int vi,
    uchar* _ext_buf )
{
    const float epsilon =FLT_EPSILON*2;
    const char* dir =(char*)data->direction->data.ptr;
    int n =node->sample_count, n1 =node->get_num_valid(vi);
    cv::AutoBuffer<uchar>inn_buf;
    if( !_ext_buf )
        inn_buf.allocate( n*(sizeof(int)*(data->have_priors ?3 : 2) +sizeof(float)) );
    uchar* ext_buf =_ext_buf ? _ext_buf : (uchar*)inn_buf;
    float* values_buf =(float*)ext_buf;
    int* sorted_indices_buf =(int*)(values_buf +n);
    int* sample_indices_buf =sorted_indices_buf +n;
    const float* values =0;
    const int* sorted_indices =0;
    // 先对样本按照特征值进行升序排序
    data->get_ord_var_data( node, vi, values_buf, sorted_indices_buf, &values,
        &sorted_indices, sample_indices_buf );
    // LL 是被主分裂和替代分裂都分到左边的样本数
    // LR 是被主分裂分到左边、被替代分裂分到右边的样本数
    // RL 是被主分裂分到右边、被替代分裂分到左边的样本数
    // RR 是被主分裂和替代分裂都分到右边的样本数
    int i, best_i =-1, best_inversed =0;
    double best_val;

    // 如果样本没有先验概率
    if( !data->have_priors )
    {
        int LL =0, RL =0, LR, RR;
        int worst_val =cvFloor(node->maxlr), _best_val =worst_val;
        int sum =0, sum_abs =0;
        for( i =0; i <n1; i++)
        {
            int d =dir[sorted_indices[i]];
            sum +=d; sum_abs +=d & 1;
        }
        // sum_abs =R +L; sum =R -L,因此可以得到 RR 和 LR 的值
        RR =(sum_abs +sum) >>1;
        LR =(sum_abs -sum) >>1;
```

```
        // 替代分裂的阈值从特征的最小值开始,所有样本都被替代分裂分到右边
        // LR 是被主分裂分到左边的样本数,RR 是被主分裂分到右边的样本数
        // 然后对每个阈值计算 LL、LR、RL、RR 的值
        for( i =0; i <n1 -1; i++)
        {
            // sorted_indices 为按照特征值排序后的样本编号,dir 为主分裂对样本的
            // 分裂结果
            int d =dir[sorted_indices[i]];
            if( d <0 )                                  // 样本被主分裂规则分入左边
            {
                // 左子树的样本数+1,右子树的样本数-1
                LL++; LR--;
                // 寻找 LL+RR 的最大值
                if( LL +RR >_best_val && values[i] +epsilon <values[i+1] )
                {
                    best_val =LL +RR;
                    best_i =i; best_inversed =0;
                }
            }
            else if( d >0 )                             // 样本被主分裂规则分入右边
            {
                RL++; RR--;
                // 寻找 RL +LR 的最大值
                if( RL +LR >_best_val && values[i] +epsilon <values[i+1] )
                {
                    best_val =RL +LR;
                    best_i =i; best_inversed =1;
                }
            }
        }
        best_val = _best_val;
    }
    else
    {// 如果样本有先验概率(即权重)
        double LL =0, RL =0, LR, RR;
        double worst_val =node->maxlr;
        double sum =0, sum_abs =0;
        const double * priors =data->priors_mult->data.db;
        int * responses_buf =sample_indices_buf +n;
        const int * responses =data->get_class_labels(node, responses_buf);
        best_val =worst_val;
        for( i =0; i <n1; i++)
        {
            int idx =sorted_indices[i];
            double w =priors[responses[idx]];
```

```
            int d = dir[idx];
            sum += d * w; sum_abs += (d & 1) * w;
        }
        // sum_abs = R + L; sum = R - L
        RR = (sum_abs + sum) * 0.5;
        LR = (sum_abs - sum) * 0.5;
        // 这里只是多了样本权重,其他的与前面的处理方式相同
        for( i = 0; i < n1 - 1; i++ )
        {
            int idx = sorted_indices[i];
            double w = priors[responses[idx]];
            int d = dir[idx];
            if( d < 0 )
            {
                LL += w; LR -= w;
                if( LL + RR > best_val && values[i] + epsilon < values[i+1] )
                {
                    best_val = LL + RR;
                    best_i = i; best_inversed = 0;
                }
            }
            else if( d > 0 )
            {
                RL += w; RR -= w;
                if( RL + LR > best_val && values[i] + epsilon < values[i+1] )
                {
                    best_val = RL + LR;
                    best_i = i; best_inversed = 1;
                }
            }
        }
    }
    return best_i >= 0 && best_val > node->maxlr ? data->new_split_ord( vi, (values
        [best_i] + values[best_i+1]) * 0.5f, best_i, best_inversed, (float)best_val ) : 0;
}
```

### 5.5.5 变量的重要性

决策树可以输出变量的重要性,即每个特征分量对分类或者回归的贡献大小。具体计算方法为对每个变量在整个决策树中的分裂质量累加求和,然后归一化。统计所有节点的分裂质量需要对树进行遍历,可以使用任何一种遍历算法。这样做的依据是,如果一个变量被选来做分裂则说明它对分类或者回归很重要;如果它做分裂时的分裂质量很大,说明其对分类或者回归的贡献很大。

函数 get_var_importance 计算所有变量的重要性。代码如下:

```
const CvMat* CvDTree::get_var_importance()
{
    if( !var_importance )
    {
        CvDTreeNode* node = root;                       // 从根节点开始处理
        double* importance;
        if( !node )
            return 0;
        // 创建变量重要性数组,并初始化为 0
        var_importance = cvCreateMat( 1, data->var_count, CV_64F );
        cvZero( var_importance );
        importance = var_importance->data.db;
        // 中序遍历二叉树,先一直向左子树走,直到达到叶子节点,然后退回,进入右子树
        for(;;)
        {
            CvDTreeNode* parent;
            for( ;; node = node->left )                 // 一直向左子树走
            {
                CvDTreeSplit* split = node->split;
                if( !node->left || node->Tn <= pruned_tree_idx )
                    break;
                // 计算分裂质量的累加和,split->var_idx 是选择的分裂变量
                // 分别为每个分裂所用的变量累加分裂质量值
                for( ; split != 0; split = split->next )
                    importance[split->var_idx] += split->quality;
            }
            // 往父节点回溯
            for( parent = node->parent; parent && parent->right == node;
                node = parent, parent = parent->parent )
                ;
            if( !parent )
                break;
            node = parent->right;                       // 进入右子树
        }
        // 数组 L1 归一化
        cvNormalize( var_importance, var_importance, 1., 0, CV_L1 );
    }
    return var_importance;                              // 返回变量的重要性数组
}
```

### 5.5.6 预测算法

预测算法由函数 predict 实现。对于待预测样本,从根节点开始根据每个节点的规则进行分支比较,直到达到叶子节点。函数只对一个样本进行预测,返回值为到达的叶子节点指针。这里考虑了属性缺失问题,如果发生属性缺失则用替代分裂规则进行判定。

下面来看预测函数 predict 的实现。代码如下：

```
CvDTreeNode * CvDTree::predict(const CvMat * _sample, const CvMat * _missing,
    bool preprocessed_input ) const
{
    CvDTreeNode * result =0;
    int * catbuf =0;
    CV_FUNCNAME( "CvDTree::predict" );
    __BEGIN__;
    int i, step, mstep =0;
    const float * sample;
    const uchar * m =0;
    CvDTreeNode * node =root;                          // 从根节点开始
    const int * vtype;
    const int * vidx;
    const int * cmap;
    const int * cofs;
    if( !node )
        CV_ERROR( CV_StsError, "The tree has not been trained yet" );
    if( !CV_IS_MAT(_sample) || CV_MAT_TYPE(_sample->type) !=CV_32FC1 ||
        (_sample->cols !=1 && _sample->rows !=1) ||  // 必须是一行或者一列的向量
        (_sample->cols +_sample->rows -1 !=data->var_all && !preprocessed_input) ||
        (_sample->cols +_sample->rows -1 !=data->var_count && preprocessed_input) )
        CV_ERROR( CV_StsBadArg,
        "the input sample must be 1d floating-point vector with the same "
        "number of elements as the total number of variables used for training" );
    sample =_sample->data.fl;                          // 特征向量数据
    step =CV_IS_MAT_CONT(_sample->type) ?1 : _sample->step/sizeof(sample[0]);
    if( data->cat_count && !preprocessed_input )
    {
        int n =data->cat_count->cols;
        catbuf =(int * )cvStackAlloc(n * sizeof(catbuf[0]));
        for( i =0; i <n; i++)
            catbuf[i] =-1;
    }
    if( _missing )
    {
        if( !CV_IS_MAT(_missing) || !CV_IS_MASK_ARR(_missing) ||
        !CV_ARE_SIZES_EQ(_missing, _sample) )
            CV_ERROR( CV_StsBadArg,
        "the missing data mask must be 8-bit vector of the same size as input sample" );
        m =_missing->data.ptr;
        mstep =CV_IS_MAT_CONT(_missing->type) ?1 : _missing->step/sizeof(m[0]);
    }
    vtype =data->var_type->data.i;
    vidx =data->var_idx && !preprocessed_input ?data->var_idx->data.i : 0;
```

```
cmap =data->cat_map ?data->cat_map->data.i : 0;
cofs =data->cat_ofs ?data->cat_ofs->data.i : 0;
// node 为当前节点位置
while( node->Tn >pruned_tree_idx && node->left )
{
    CvDTreeSplit* split =node->split;
    int dir =0;
    for( ; !dir && split !=0; split =split->next ) // 使用替代分裂节点
    {
        int vi =split->var_idx;
        int ci =vtype[vi];
        i =vidx ?vidx[vi] : vi;
        float val =sample[i* step];
        if( m && m[i* mstep] )
            continue;
        if( ci <0 )                                    // 数值型变量,与阈值比较
            dir =val <=split->ord.c ?-1 : 1;           // 进入左子树还是右子树
        else                                           // 类别型变量、判断变量的值是
                                                       //否在取值的子集中
        {
            int c;
            if( preprocessed_input )
                c =cvRound(val);
            else
            {
                c =catbuf[ci];
                if( c <0 )
                {
                    int a =c =cofs[ci];
                    int b =(ci+1 >=data->cat_ofs->cols) ?data->cat_map->cols :
                        cofs[ci+1];
                    int ival =cvRound(val);
                    if( ival !=val )
                        CV_ERROR( CV_StsBadArg,
                        "one of input categorical variable is not an integer" );
                    int sh =0;
                    while( a <b )
                    {
                        sh++;
                        c =(a +b) >>1;
                        if( ival <cmap[c] )
                            b =c;
                        else if( ival >cmap[c] )
                            a =c+1;
                        else
```

```
                    break;
                }
                if( c <0 || ival !=cmap[c] )
                    continue;
                catbuf[ci] =c -=cofs[ci];
            }
        }
        c = ( (c ==65535) && data->is_buf_16u ) ?-1 : c;
        dir =CV_DTREE_CAT_DIR(c, split->subset);
    }
    if( split->inversed )                          // 是否需要反向
        dir =-dir;
  }
  if( !dir )
  {
      double diff =node->right->sample_count -node->left->sample_count;
      dir =diff <0 ?-1 : 1;
  }
  node =dir <0 ?node->left : node->right;        // 决定进入左子树还是右子树
}
result =node;
__END__;
return result;                                     // 返回最后到达的叶子节点
}
```

## 5.6 应用

决策树具有实现简单、计算量小的优点，并具有很强的可解释性。训练得到的树模型符合人的直观思维，能够可视化地显示出来，因此便于理解，这对某些数据的分析非常重要。它被成功地应用于经济和管理数据分析、疾病诊断、模式识别等各类问题。除了单独使用之外，决策树还作为弱分类器用于随机森林和 AdaBoost 等集成学习算法，在第 12 章和第 13 章中将会详细介绍。

## 参考文献


[1] J Ross Quinlan. Induction of decision trees. Machine Learning, 1986, 1(1): 81-106.

[2] J Ross Quinlan. Learning efficient classification procedures and their application to chess end games, 1993.

[3] J Ross Quinlan. C4.5: Programs for Machine Learning. Morgan Kaufmann, San Francisco, CA, 1993.

[4] Breiman L, Friedman J, Olshen R, et al. Classification and Regression Trees, Wadsworth, 1984.

[5] Eibe Frank. Pruning Decision Trees and Lists, 2000.

# 第 6 章

# k 近邻算法

$k$ 近邻算法(kNN 算法)由 Thomas 等人在 1967 年提出[1]。它基于以下思想：要确定一个样本的类别，可以计算它与所有训练样本的距离，然后找出和该样本最接近的 $k$ 个样本，统计这些样本的类别进行投票，票数最多的那个类就是分类结果。因为直接比较待预测样本和训练样本的距离，kNN 算法也被称为基于实例的算法。

## 6.1 基本概念

确定样本所属类别的一种最简单的方法是直接比较它和所有训练样本的相似度，然后将其归类为最相似的样本所属的那个类，这是一种模板匹配的思想。$k$ 近邻算法采用了这种思路，图 6.1 是使用 $k$ 近邻思想进行分类的一个例子。

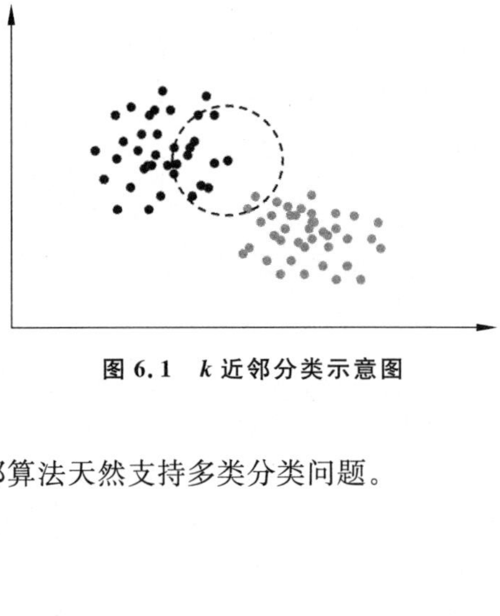

图 6.1　$k$ 近邻分类示意图

在图 6.1 中有红色和绿色(见彩插)两类样本。对于待分类样本即图中的黑色点，我们寻找离该样本最近的一部分训练样本，在图中是以这个矩形样本为圆心的某一圆范围内的所有样本。然后统计这些样本所属的类别，在这里红色点有 12 个，绿色点有 2 个，因此，把这个样本判定为红色这一类。上面的例子是二分类的情况，可以推广到多类，$k$ 近邻算法天然支持多类分类问题。

## 6.2 预测算法

$k$ 近邻算法没有要求解的模型参数，因此没有训练过程，参数 $k$ 由人工指定。它在预测时才会计算待预测样本与训练样本的距离。

对于分类问题，给定 $l$ 个训练样本($\boldsymbol{x}_i$，$y_i$)，其中，$\boldsymbol{x}_i$ 为特征向量，$y_i$ 为标签值，设定参数 $k$，假设类型数为 $c$，待分类样本的特征向量为 $\boldsymbol{x}$。预测算法的流程如下。

(1) 在训练样本集中找出离 $\boldsymbol{x}$ 最近的 $k$ 个样本，假设这些样本的集合为 $N$。

(2) 统计集合 $N$ 中每一类样本的个数 $C_i$，$i=1,\cdots,c$。

(3) 最终的分类结果为 $\arg\max_i C_i$。

在这里，$\arg\max_i C_i$ 表示最大的 $C_i$ 值对应的那个类 $i$。如果 $k=1$，$k$ 近邻算法退化成最近邻算法。

$k$ 近邻算法实现简单，缺点是当训练样本数大、特征向量维数很高时计算复杂度高。因为每次预测时要计算待预测样本和每一个训练样本的距离，而且要对距离进行排序找到最近的 $k$ 个样本。可以使用高效的部分排序算法，只找出最小的 $k$ 个数；另外一种加速手段是用 $k$-$d$ 树实现快速的近邻样本查找。

一个需要解决的问题是参数 $k$ 的取值。它需要根据问题和数据的特点来确定。在实现时可以考虑样本的权重，即每个样本有不同的投票权重，这种方法称为带权重的 $k$ 近邻算法。另外还有其他改进措施，如模糊 $k$ 近邻算法[2]。

kNN 算法也可以用于回归问题。假设离测试样本最近的 $k$ 个训练样本的标签值为 $y_i$，则对样本的回归预测输出值为

$$\hat{y} = \left(\sum_{i=1}^{k} y_i\right)/k$$

即所有邻居的标签均值，在这里最近的 $k$ 个邻居的贡献被认为是相等的。同样也可以采用带权重的方案。带样本权重的回归预测函数为

$$\hat{y} = \left(\sum_{i=1}^{k} w_i y_i\right)/k$$

其中，$w_i$ 为第 $i$ 个样本的权重。权重值可以人工设定，或者用其他方法来确定，例如，设置为与距离成反比。

## 6.3 距离定义

kNN 算法的实现依赖于样本之间的距离值，因此，需要定义距离的计算方式。本节介绍几种常用的距离定义，它们适用于不同特点的数据。

两个向量之间的距离为 $d(\boldsymbol{x}_i, \boldsymbol{x}_j)$，这是一个将两个维数相同的向量映射为一个实数的函数。距离函数必须满足以下条件，第一个条件是三角不等式：

$$d(\boldsymbol{x}_i, \boldsymbol{x}_k) + d(\boldsymbol{x}_k, \boldsymbol{x}_j) \geqslant d(\boldsymbol{x}_i, \boldsymbol{x}_j)$$

这与几何中的三角不等式吻合。第二个条件是非负性，即距离不能是一个负数：

$$d(\boldsymbol{x}_i, \boldsymbol{x}_j) \geqslant 0$$

第三个条件是对称性，即 $A$ 到 $B$ 的距离和 $B$ 到 $A$ 的距离必须相等：

$$d(\boldsymbol{x}_i, \boldsymbol{x}_j) = d(\boldsymbol{x}_j, \boldsymbol{x}_i)$$

第四个条件是区分性，如果两点间的距离为 0，则两个点必须相同：

$$d(\boldsymbol{x}_i, \boldsymbol{x}_j) = 0 \Rightarrow \boldsymbol{x}_j = \boldsymbol{x}_i$$

满足上面 4 个条件的函数都可以用作距离定义。

### 6.3.1 常用距离定义

常用的距离函数有欧几里得距离（以下简称欧氏距离）、Mahalanobis 距离等。欧氏距离就是 $n$ 维欧氏空间中两点之间的距离。对于 $\mathbb{R}^n$ 空间中有两个点 $\boldsymbol{x}$ 和 $\boldsymbol{y}$，它们之间的距离定义为

$$d(\boldsymbol{x}, \boldsymbol{y}) = \sqrt{\sum_{i=1}^{n} (x_i - y_i)^2}$$

这是我们最熟知的距离定义。在使用欧氏距离时应将特征向量的每个分量归一化，以

减少因为特征值的尺度范围不同所带来的干扰，否则数值小的特征分量会被数值大的特征分量淹没。例如，特征向量包含两个分量，分别为身高和肺活量，身高的范围是 150～200cm，肺活量为 2000～9000mL，如果不进行归一化，身高的差异对距离的贡献显然会被肺活量淹没。欧氏距离只是将特征向量看作空间中的点，没有考虑这些样本特征向量的概率分布规律。

Mahalanobis 距离是一种概率意义上的距离，给定两个向量 $\boldsymbol{x}$ 和 $\boldsymbol{y}$ 以及矩阵 $\boldsymbol{S}$，它定义为

$$d(\boldsymbol{x},\boldsymbol{y}) = \sqrt{(\boldsymbol{x}-\boldsymbol{y})^{\mathrm{T}}\boldsymbol{S}(\boldsymbol{x}-\boldsymbol{y})}$$

要保证根号内的值非负，即矩阵 $\boldsymbol{S}$ 必须是半正定的。这种距离度量的是两个随机向量的相似度。当矩阵 $\boldsymbol{S}$ 为阶单位矩阵 $\boldsymbol{I}$ 时，Mahalanobis 距离退化为欧氏距离。矩阵可以通过计算训练样本集的协方差矩阵得到，也可以通过训练样本学习得到。

对于矩阵如何确定的问题有不少的研究，代表性的有文献[9-12]，其中文献[9]提出的方法具有很强的指导意义和应用价值。文献[9]指出，kNN 算法的精度在很大程度上依赖于所使用的距离度量标准，为此他们提出了一种从带标签的样本集中学习得到距离度量矩阵的方法，称为距离度量学习(Distance Metric Learning)，我们将在 6.3.2 节中介绍。

Bhattacharyya 距离定义了两个离散型或连续型概率分布的相似性。对于离散型随机变量的分布，它的定义为

$$d(\boldsymbol{x},\boldsymbol{y}) = -\ln\left(\sum_{i=1}^{n}\sqrt{x_i \cdot y_i}\right)$$

其中，$x_i$、$y_i$ 为两个随机变量取某一值的概率，它们是向量 $\boldsymbol{x}$ 和 $\boldsymbol{y}$ 的分量，它们的值必须非负。两个向量越相似，这个距离值越小。

### 6.3.2 距离度量学习

Mahalanobis 距离中的矩阵 $\boldsymbol{S}$ 可以通过对样本的学习得到，这称为距离度量学习。距离度量学习通过样本集学习到一种线性或非线性变换，目前有多种实现。下面介绍文献[9]的方法，它使得变换后每个样本的 $k$ 个最近邻居都和它是同一个类，而不同类型的样本通过一个大的间隔被分开，这和第 8 章将要介绍的线性判别分析的思想类似。如果原始的样本点为 $\boldsymbol{x}$，变换之后的点为 $\boldsymbol{y}$，在这里要寻找的是如下线性变换：

$$\boldsymbol{y} = \boldsymbol{L}\boldsymbol{x}$$

其中，$\boldsymbol{L}$ 为线性变换矩阵。首先定义目标邻居的概念。一个样本的目标邻居是和该样本同类型的样本。我们希望通过学习得到的线性变换让样本最接近的邻居就是它的目标邻居：

$$j \rightsquigarrow i$$

表示训练样本 $\boldsymbol{x}_j$ 是样本 $\boldsymbol{x}_i$ 的目标邻居。这个概念不是对称的，$\boldsymbol{x}_j$ 是 $\boldsymbol{x}_i$ 的目标邻居不等于 $\boldsymbol{x}_i$ 是 $\boldsymbol{x}_j$ 的目标邻居。

为了保证 kNN 算法能准确分类，任意一个样本的目标邻居样本要比其他类别的样本更接近于该样本。对每个样本，我们可以将目标邻居想象成为这个样本建立起了一个边界，使得和本样本标签值不同的样本无法入侵进来。训练样本集中，侵入这个边界并且和该样本不同标签值的样本称为冒充者(Impostors)，这里的目标是最小化冒充者的数量。

为了增强 kNN 分类的泛化性能，要让冒充者离由目标邻居估计出的边界的距离尽可

能的远。通过在kNN决策边界周围加上一个大的安全间隔(Margin),可以有效地提高算法的鲁棒性。

接下来定义冒充者的概念。对于训练样本 $\boldsymbol{x}_i$,其标签值为 $y_i$,目标邻居为 $\boldsymbol{x}_j$,冒充者是指那些和 $\boldsymbol{x}_i$ 有不同的标签值并且满足如下不等式的样本 $\boldsymbol{x}_l$:

$$\| \boldsymbol{L}(\boldsymbol{x}_i - \boldsymbol{x}_l) \|^2 \leqslant \| \boldsymbol{L}(\boldsymbol{x}_i - \boldsymbol{x}_j) \|^2 + 1$$

其中,$\boldsymbol{L}$ 为线性变换矩阵,左乘这个矩阵相当于对向量进行线性变换。根据上面的定义,冒充者就是闯入了一个样本的分类间隔区域并且和该样本标签值不同的样本。这个线性变换实际上确定了一种距离定义:

$$\| \boldsymbol{L}(\boldsymbol{x}_i - \boldsymbol{x}_j) \| = \sqrt{(\boldsymbol{L}(\boldsymbol{x}_i - \boldsymbol{x}_j))^{\mathrm{T}}(\boldsymbol{L}(\boldsymbol{x}_i - \boldsymbol{x}_j))} = \sqrt{(\boldsymbol{x}_i - \boldsymbol{x}_j)^{\mathrm{T}}\boldsymbol{L}^{\mathrm{T}}\boldsymbol{L}(\boldsymbol{x}_i - \boldsymbol{x}_j)}$$

其中,$\boldsymbol{L}^{\mathrm{T}}\boldsymbol{L}$ 就是Mahalanobis距离中的矩阵。

训练时优化的损失函数由推损失函数和拉损失函数两部分构成。拉损失函数的作用是让和样本标签相同的样本尽可能与它接近:

$$\varepsilon_{\mathrm{pull}}(\boldsymbol{L}) = \sum_{j \rightsquigarrow i} \| \boldsymbol{L}(\boldsymbol{x}_i - \boldsymbol{x}_j) \|^2$$

推损失函数的作用是把不同类型的样本推开:

$$\varepsilon_{\mathrm{push}}(\boldsymbol{L}) = \sum_{i,j \rightsquigarrow i} \sum_{l} (1 - y_{il})[1 + \| \boldsymbol{L}(\boldsymbol{x}_i - \boldsymbol{x}_j) \|^2 - \| \boldsymbol{L}(\boldsymbol{x}_i - \boldsymbol{x}_l) \|^2]_+$$

如果 $y_i = y_j$,则 $y_{ij} = 1$,否则 $y_{ij} = 0$。函数 $[z]_+$ 定义为

$$[z]_+ = \max(z, 0)$$

如果两个样本类型相同,则有

$$1 - y_{il} = 0$$

因此,推损失函数只对不同类型的样本起作用。总损失函数由这两部分的加权和构成:

$$\varepsilon(\boldsymbol{L}) = (1 - \mu)\varepsilon_{\mathrm{pull}}(\boldsymbol{L}) + \mu\varepsilon_{\mathrm{push}}(\boldsymbol{L})$$

这里 $\mu$ 是人工设定的参数。求解该最小化问题即可得到线性变换矩阵。通过这个线性变换,同类样本尽量都成为最近的邻居节点;而不同类型的样本会拉开距离。这会有效地提高kNN算法的分类精度。

## 6.4 实验程序

下面用实验程序介绍kNN算法的使用,程序基于OpenCV。这里我们对3个类进行分类,每类有50个训练样本,用正态分布随机数生成。

程序源代码如下:

```
int main(int argc, char * * argv)
{
    const int kWidth =512, kHeight =512;
    const int kK =5;                                    // kNN 算法中的参数
    Vec3b red(0, 0, 255), green(0, 255, 0), blue(255, 0, 0);
    Mat image =Mat::zeros(kHeight, kWidth, CV_8UC3);
    // 为训练样本标签赋值
    int labels[150];
```

```
for (int i  =0 ; i <50; i++)
    labels[i] =1;
for (int i =50; i <100; i++)
    labels[i] =2;
for (int i =100; i <150; i++)
    labels[i] =3;
Mat trainResponse(150, 1, CV_32SC1, labels);
// 为训练样本特征向量数组赋值
float trainDataArray[150][2];
RNG rng;
for (int i =0; i <50; i++)
{
    trainDataArray[i][0] =250 +static_cast<float>(rng.gaussian(30));
    trainDataArray[i][1] =250 +static_cast<float>(rng.gaussian(30));
}
for (int i =50; i <100; i++)
{
    trainDataArray[i][0] =150 +static_cast<float>(rng.gaussian(30));
    trainDataArray[i][1] =150 +static_cast<float>(rng.gaussian(30));
}
for (int i =100; i <150; i++)
{
    trainDataArray[i][0] =320 +static_cast<float>(rng.gaussian(30));
    trainDataArray[i][1] =150 +static_cast<float>(rng.gaussian(30));
}
Mat trainData(150, 2, CV_32FC1, trainDataArray);
CvKNearest knn;
// 训练 kNN 分类器
knn.train(trainData, trainResponse);
// 对图像内所有点(i,j)进行预测,并显示不同的颜色
for (int i =0; i <image.rows; i++)
{
    for (int j =0; j <image.cols; j++)
    {
        Mat sampleMat = (Mat_<float>(1, 2) <<j, i);
        // kNN 分类预测
        float response =knn.find_nearest(sampleMat, kK);
        if (response ==1)
            image.at<Vec3b>(i, j) =red;
        else if (response ==2)
            image.at<Vec3b>(i, j) =green;
        else
            image.at<Vec3b>(i, j) =blue;
    }
}
```

```
    // 显示 3 类训练样本
    for (int i =0; i <trainData.rows; i++)
    {
        const float * v =trainData.ptr<float>(i);
        Point pt =Point((int)v[0], (int)v[1]);
        if (labels[i] ==1)
            circle(image, pt, 5, Scalar::all(0), -1, 8);
        else if (labels[i] ==2)
            circle(image, pt, 5, Scalar::all(128), -1, 8);
        else
            circle(image, pt, 5, Scalar::all(255), -1, 8);
    }
    imshow("KNN classifier demo", image);
    waitKey(0);
    return 0;
}
```

程序运行结果如图 6.2 所示。

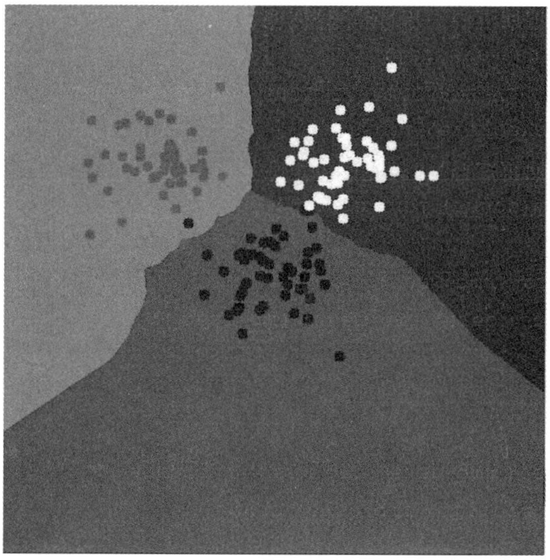

图 6.2　kNN 算法的分类效果

在这里分类边界是曲线，证明了 kNN 算法有非线性分类的能力。由于实现很简单，本书不对源代码进行分析。

## 6.5　应用

kNN 算法简单却有效，如果能定义合适的距离，它可以取得很好的性能。kNN 算法被成功地用于文本分类[5-7]、图像分类[8-11]等模式识别问题。应用 kNN 算法的关键是构造出合适的特征向量以及确定合适的距离函数。

# 参考文献

[1] Thomas M Cover, Peter E Hart. Nearest neighbor pattern classification. IEEE Transactions on Information Theory, 1967.

[2] James M Keller, Michael R Gray, James Givens. A fuzzy k-nearest neighbor algorithm. Systems Man and Cybernetics, 1985.

[3] Thierry Denoeux. A k-nearest neighbor classification rule based on Dempster-Shafer theory. Systems Man and Cybernetics, 1995

[4] Trevor Hastie, Rolbert Tibshirani. Discriminant adaptive nearest neighbor classification. IEEE Transactions on Pattern Analysis and Machine Intelligence, 1996.

[5] Bruno Trstenjak, Sasa Mikac, Dzenana Donko. KNN with TF-IDF based Framework for Text Categorization. Procedia Engineering, 2014.

[6] J He, Ahhwee Tan, Chew Lim Tan. A Comparative Study on Chinese Text Categorization Methods. Pacific Rim International Conference On Artificial Intelligence, 2000.

[7] Shengyi Jiang, Guansong Pang, Meiling Wu, et al. An improved k-nearest-neighbor algorithm for text categorization. Expert Systems With Application, 2012.

[8] Oren Boiman, Eli Shechtman, Michal Irani. In defense of Nearest-Neighbor based image classification. Computer Vision and Pattern Recognition, 2008.

[9] Kilian Q Weinberger, Lawrence K Saul. Distance Metric Learning for Large Margin Nearest Neighbor Classification. Journal of Machine Learning Research, 2009.

[10] S Belongie, J Malik, J Puzicha. Shape matching and obejct recognition using shape contexts. IEEE Transactions on Pattern Analysis and Machine Intelligence, 2002, 24(4): 509-522.

[11] P Y Simard, Y LeCun, I Decker. Efficient pattern recognition using a new transformation distance. In S Hanson, J Cowan, and L Giles, editors, Advances in Neural Information Processing Systems 6, San Mateo, CA, Morgan Kaufman, 1993: 50-58.

[12] S Chopra, R Hadsell, Y LeCun. Learning a similarity metric discriminatively, with application to face verification. In Proceedings of the IEEE Conference on Computer Vision and Pattern Recognition (CVPR 2005), San Diego, CA, 2005: 349-356.

# 第7章

# 数据降维

在很多应用问题中向量的维数会很高。处理高维向量不仅给算法带来挑战，而且不便于可视化，另外还会面临维数灾难(这一概念在第14章中介绍)的问题。降低向量的维数是数据分析中一种常用的手段。本章介绍最经典的线性降维方法——主成分分析，以及非线性降维技术——流形学习算法。

## 7.1 主成分分析

在有些应用中向量的维数非常高。以图像数据为例，对于高度和宽度都为100像素的图像，如果将所有像素值拼接起来形成一个向量，这个向量的维数是10 000。一般情况下，向量的各个分量之间可能存在相关性。直接将向量送入机器学习算法中处理效率会很低，也影响算法的精度。为了可视化显示数据，我们也需要把向量变换到低维空间中。如何降低向量的维数并且去掉各个分量之间的相关性？主成分分析就是达到这种目的方法之一。

### 7.1.1 数据降维问题

主成分分析(Principal Component Analysis，PCA)[1]是一种数据降维和去除相关性的方法，它通过线性变换将向量投影到低维空间。对向量进行投影就是对向量左乘一个矩阵，得到结果向量：

$$\boldsymbol{y}=\boldsymbol{W}\boldsymbol{x}$$

在这里，结果向量的维数小于原始向量的维数。降维要确保的是在低维空间中的投影能很好地近似表达原始向量，即重构误差最小化。图7.1是主成分投影示意图。

图7.1 主成分投影示意图

在图7.1中样本用红色的点(见彩插)表示，倾斜的直线是它们的主要变化方向。将数据投影到这条直线上即能完成数据的降维，把数据从二维降为一维。

### 7.1.2 计算投影矩阵

核心的问题是如何得到投影矩阵，和其他机器学习算法一样，它通过优化目标函数得到。首先考虑最简单的情况，将向量投影到一维空间，然后推广到一般情况。假设有$n$个$d$维向量$\boldsymbol{x}_i$，如果要用一个向量$\boldsymbol{x}_0$来近似代替它们，这个向量取什么值的时候近似代替的误差最小？如果用均方误差作为标准，就是要最小化如下函数：

$$L(\boldsymbol{x}_0)=\sum_{i=1}^{n}\|\boldsymbol{x}_i-\boldsymbol{x}_0\|^2$$

显然问题的最优解是这些向量的均值：

$$\boldsymbol{m}=\frac{1}{n}\sum_{i=1}^{n}\boldsymbol{x}_i$$

证明很简单。为了求上面这个目标函数的极小值，对它求梯度并令梯度等于 $\boldsymbol{0}$，可以得到

$$\nabla L(\boldsymbol{x}_0)=\sum_{i=1}^{n}2(\boldsymbol{x}_0-\boldsymbol{x}_i)=\boldsymbol{0}$$

解这个方程即可得到上面的结论。只用均值代表整个样本集过于简单，误差太大。作为改进，可以将每个向量表示成均值向量和另外一个向量的和：

$$\boldsymbol{x}_i=\boldsymbol{m}+a_i\boldsymbol{e}$$

其中，$\boldsymbol{e}$ 为单位向量，$a_i$ 是标量。上面这种表示相当于把向量投影到一维空间，坐标就是 $a_i$。当 $\boldsymbol{e}$ 和 $a_i$ 取什么值的时候，这种近似表达的误差最小？这相当于最小化如下误差函数：

$$L(a,\boldsymbol{e})=\sum_{i=1}^{n}\|\boldsymbol{m}+a_i\boldsymbol{e}-\boldsymbol{x}_i\|^2$$

为了求这个函数的极小值，对 $a_i$ 求偏导数并令其为 0 可以得到

$$2\boldsymbol{e}^{\mathrm{T}}(\boldsymbol{m}+a_i\boldsymbol{e}-\boldsymbol{x}_i)=0$$

变形后得到

$$a_i\boldsymbol{e}^{\mathrm{T}}\boldsymbol{e}=\boldsymbol{e}^{\mathrm{T}}(\boldsymbol{x}_i-\boldsymbol{m})$$

由于 $\boldsymbol{e}$ 是单位向量，因此 $\boldsymbol{e}^{\mathrm{T}}\boldsymbol{e}=1$，最后得到

$$a_i=\boldsymbol{e}^{\mathrm{T}}(\boldsymbol{x}_i-\boldsymbol{m})$$

这就是样本和均值的差对向量 $\boldsymbol{e}$ 做投影。现在的问题是 $\boldsymbol{e}$ 的值如何选确定。定义如下散布矩阵：

$$\boldsymbol{S}=\sum_{i=1}^{n}(\boldsymbol{x}_i-\boldsymbol{\mu})(\boldsymbol{x}_i-\boldsymbol{\mu})^{\mathrm{T}}$$

它是协方差矩阵的 $n$ 倍，协方差矩阵的计算公式为

$$\boldsymbol{\Sigma}=\frac{1}{n}\sum_{i=1}^{n}(\boldsymbol{x}_i-\boldsymbol{\mu})(\boldsymbol{x}_i-\boldsymbol{\mu})^{\mathrm{T}}$$

将上面求得的 $a_i$ 带入目标函数中，得到只有变量 $\boldsymbol{e}$ 的函数：

$$\begin{aligned}L(\boldsymbol{e})&=\sum_{i=1}^{n}(\alpha_i\boldsymbol{e}+\boldsymbol{m}-\boldsymbol{x}_i)^{\mathrm{T}}(\alpha_i\boldsymbol{e}+\boldsymbol{m}-\boldsymbol{x}_i)\\&=\sum_{i=1}^{n}((\alpha_i\boldsymbol{e})^{\mathrm{T}}\alpha_i\boldsymbol{e}+2(\alpha_i\boldsymbol{e})^{\mathrm{T}}(\boldsymbol{m}-\boldsymbol{x}_i)+(\boldsymbol{m}-\boldsymbol{x}_i)^{\mathrm{T}}(\boldsymbol{m}-\boldsymbol{x}_i))\\&=\sum_{i=1}^{n}a_i^2-2\sum_{i=1}^{n}a_i^2+\sum_{i=1}^{n}(\boldsymbol{m}-\boldsymbol{x}_i)^{\mathrm{T}}(\boldsymbol{m}-\boldsymbol{x}_i)\\&=-\sum_{i=1}^{n}(\boldsymbol{e}^{\mathrm{T}}(\boldsymbol{x}_i-\boldsymbol{m}))^2+\sum_{i=1}^{n}(\boldsymbol{m}-\boldsymbol{x}_i)^{\mathrm{T}}(\boldsymbol{m}-\boldsymbol{x}_i)\end{aligned}$$

$$=-\sum_{i=1}^{n}(\boldsymbol{e}^{\mathrm{T}}(\boldsymbol{x}_i-\boldsymbol{m})(\boldsymbol{x}_i-\boldsymbol{m})^{\mathrm{T}}\boldsymbol{e})+\sum_{i=1}^{n}(\boldsymbol{m}-\boldsymbol{x}_i)^{\mathrm{T}}(\boldsymbol{m}-\boldsymbol{x}_i)$$

$$=-\boldsymbol{e}^{\mathrm{T}}\boldsymbol{S}\boldsymbol{e}+\sum_{i=1}^{n}(\boldsymbol{m}-\boldsymbol{x}_i)^{\mathrm{T}}(\boldsymbol{m}-\boldsymbol{x}_i)$$

上式的后半部分和 $\boldsymbol{e}$ 无关，由于 $\boldsymbol{e}$ 是单位向量，因此有 $\|\boldsymbol{e}\|=1$ 的约束，这个约束条件可以写成 $\boldsymbol{e}^{\mathrm{T}}\boldsymbol{e}=1$。我们要求解的是一个带等式约束的极值问题，可以使用拉格朗日乘数法。构造拉格朗日函数：

$$L(\boldsymbol{e},\lambda)=-\boldsymbol{e}^{\mathrm{T}}\boldsymbol{S}\boldsymbol{e}+\lambda(\boldsymbol{e}^{\mathrm{T}}\boldsymbol{e}-1)$$

对 $\boldsymbol{e}$ 求梯度并令其为 $\boldsymbol{0}$ 可以得到

$$-2\boldsymbol{S}\boldsymbol{e}+2\lambda\boldsymbol{e}=\boldsymbol{0}$$

即

$$\boldsymbol{S}\boldsymbol{e}=\lambda\boldsymbol{e}$$

$\lambda$ 就是散度矩阵的特征值，$\boldsymbol{e}$ 为它对应的特征向量，因此，上面的最优化问题可以归结为矩阵的特征值和特征向量问题。矩阵 $\boldsymbol{S}$ 是实对称半正定矩阵，因此，一定可以对角化，并且所有特征值非负。事实上，对于任意的非 0 向量 $\boldsymbol{x}$，有

$$\begin{aligned}\boldsymbol{x}^{\mathrm{T}}\boldsymbol{S}\boldsymbol{x}&=\boldsymbol{x}^{\mathrm{T}}\Big(\sum_{i=1}^{n}(\boldsymbol{x}_i-\boldsymbol{\mu})(\boldsymbol{x}_i-\boldsymbol{\mu})^{\mathrm{T}}\Big)\boldsymbol{x}\\&=\sum_{i=1}^{n}\boldsymbol{x}^{\mathrm{T}}(\boldsymbol{x}_i-\boldsymbol{\mu})(\boldsymbol{x}_i-\boldsymbol{\mu})^{\mathrm{T}}\boldsymbol{x}\\&=\sum_{i=1}^{n}(\boldsymbol{x}^{\mathrm{T}}(\boldsymbol{x}_i-\boldsymbol{\mu}))(\boldsymbol{x}^{\mathrm{T}}(\boldsymbol{x}_i-\boldsymbol{\mu}))^{\mathrm{T}}\\&\geqslant 0\end{aligned}$$

因此，这个矩阵半正定。这里需要最大化 $\boldsymbol{e}^{\mathrm{T}}\boldsymbol{S}\boldsymbol{e}$ 的值，由于

$$\boldsymbol{e}^{\mathrm{T}}\boldsymbol{S}\boldsymbol{e}=\lambda\boldsymbol{e}^{\mathrm{T}}\boldsymbol{e}=\lambda$$

因此，$\lambda$ 为散度矩阵最大的特征值时，$\boldsymbol{e}^{\mathrm{T}}\boldsymbol{S}\boldsymbol{e}$ 有极大值，目标函数取得极小值。将上述结论从一维推广到 $d'$ 维，每个向量可以表示成

$$\boldsymbol{x}=\boldsymbol{m}+\sum_{i=1}^{d'}a_i\boldsymbol{e}_i$$

在这里 $\boldsymbol{e}_i$ 是单位向量。误差函数变成

$$L=\sum_{i=1}^{n}\left\|\boldsymbol{m}+\sum_{j=1}^{d'}a_{ij}\boldsymbol{e}_j-\boldsymbol{x}_i\right\|^2$$

可以证明，使得该函数取最小值的 $\boldsymbol{e}_j$ 为散度矩阵最大的 $d'$ 个特征值对应的单位长度特征向量，即求解下面的优化问题：

$$\min_{\boldsymbol{W}}-\mathrm{tr}(\boldsymbol{W}^{\mathrm{T}}\boldsymbol{S}\boldsymbol{W})$$
$$\boldsymbol{W}^{\mathrm{T}}\boldsymbol{W}=\boldsymbol{I}$$

其中，tr 为矩阵的迹。矩阵 $\boldsymbol{W}$ 的列 $\boldsymbol{e}_j$ 是要求解的基向量。散度矩阵是实对称矩阵，属于不同特征值的特征向量相互正交。前面已经证明这个矩阵半正定，特征值非负。这些特征向量构成一组基向量，可以用它们的线性组合来表达向量 $\boldsymbol{x}$。从另外一个角度来看，这种变换将协方差矩阵对角化，相当于去除了各分量之间的相关性。

从上面的推导过程可以得到计算投影矩阵的流程如下。

(1) 计算样本集的均值向量,将所有向量减去均值,这称为白化。

(2) 计算样本集的协方差矩阵。

(3) 对方差矩阵进行特征值分解,得到所有特征值与特征向量。

(4) 将特征值从大到小排序,保留最大的一部分特征值对应的特征向量,以它们为行,形成投影矩阵。

具体保留多少个特征值由投影后的向量维数决定。使用协方差矩阵和使用散度矩阵是等价的,因为后者是前者的 $n$ 倍,而矩阵 $\boldsymbol{A}$ 和 $n\boldsymbol{A}$ 有相同的特征向量。

### 7.1.3 向量降维

得到投影矩阵之后可以进行向量降维,将其投影到低维空间。向量投影的流程如下。

(1) 将样本减掉均值向量。

(2) 左乘投影矩阵,得到降维后的向量。

### 7.1.4 向量重构

向量重构指根据投影后的向量重构原始向量,与向量投影的作用和过程相反。向量重构的流程如下。

(1) 输入向量左乘投影矩阵的转置矩阵。

(2) 加上均值向量,得到重构后的结果。

从上面的推导过程可以看到,在计算过程中没有使用样本标签值,因此,主成分分析是一种无监督学习算法。除了标准算法之外它还有多个变种,如稀疏主成分分析、核主成分分析[2,8]、概率主分量分析等。

## 7.2 源代码分析

下面分析 OpenCV 中主成分分析的实现。它实现了完整的功能,包括计算投影矩阵、向量降维和向量重构。

### 7.2.1 主要数据结构

类 PCA 实现了主成分分析的功能。类 PCA 定义如下:

```
class CV_EXPORTS PCA
{
public:
    PCA();
    PCA(InputArray data, InputArray mean, int flags, int maxComponents=0);
    PCA(InputArray data, InputArray mean, int flags, double retainedVariance);
    PCA& operator()(InputArray data, InputArray mean, int flags, int maxComponents=0);
    PCA& computeVar(InputArray data, InputArray mean, int flags,
double retainedVariance);
    Mat project(InputArray vec) const;
```

```
    void project(InputArray vec, OutputArray result) const;
    Mat backProject(InputArray vec) const;
    void backProject(InputArray vec, OutputArray result) const;
    Mat eigenvectors;                                 // 协方差矩阵的特征向量,即投影矩阵
    Mat eigenvalues;                                  // 协方差矩阵的特征值
    Mat mean;                                         // 样本集的均值向量
};
```

### 7.2.2 计算投影矩阵

函数 operator 计算投影矩阵,处理流程和 7.1.2 节介绍的相同。代码如下:

```
PCA& PCA::operator()(InputArray _data, InputArray __mean, int flags,
    int maxComponents)
{
    Mat data =_data.getMat(), _mean =__mean.getMat();
    int covar_flags =CV_COVAR_SCALE;
    int i, len, in_count;
    Size mean_sz;
    CV_Assert( data.channels() ==1 );
    if( flags & CV_PCA_DATA_AS_COL )
    {
        len =data.rows;
        in_count =data.cols;
        covar_flags |=CV_COVAR_COLS;
        mean_sz =Size(1, len);
    }
    else
    {
        len =data.cols;
        in_count =data.rows;
        covar_flags |=CV_COVAR_ROWS;
        mean_sz =Size(len, 1);
    }
    int count =std::min(len, in_count), out_count =count;
    if( maxComponents >0 )
        out_count =std::min(count, maxComponents);
    if( len <=in_count )
        covar_flags |=CV_COVAR_NORMAL;
    int ctype =std::max(CV_32F, data.depth());
    mean.create( mean_sz, ctype );
    Mat covar( count, count, ctype );
    if( _mean.data )
    {
        CV_Assert( _mean.size() ==mean_sz );
        _mean.convertTo(mean, ctype);
```

```
        covar_flags |=CV_COVAR_USE_AVG;
    }
    // 计算协方差矩阵
    calcCovarMatrix( data, covar, mean, covar_flags, ctype );
    // 对协方差矩阵进行特征值分解
    // eigenvalues 为分解得到的特征值,eigenvectors 为对应的特征向量
    // 如果对特征值分解的实现感兴趣,可以阅读这个函数的源代码
    eigen( covar, eigenvalues, eigenvectors );
    if( !(covar_flags & CV_COVAR_NORMAL) )
    {
        Mat tmp_data, tmp_mean =repeat(mean, data.rows/mean.rows,
            data.cols/mean.cols);
        // 所有样本向量减去均值向量
        if( data.type() !=ctype || tmp_mean.data ==mean.data )
        {
            data.convertTo( tmp_data, ctype );
            subtract( tmp_data, tmp_mean, tmp_data );
        }
        else
        {
            subtract( data, tmp_mean, tmp_mean );
            tmp_data =tmp_mean;
        }
        Mat evects1(count, len, ctype);
        // 减去均值向量之后,与特征向量矩阵相乘,完成投影
        gemm( eigenvectors, tmp_data, 1, Mat(), 0, evects1,
            (flags & CV_PCA_DATA_AS_COL) ?CV_GEMM_B_T : 0);
        eigenvectors =evects1;
        // 将所有特征向量归一化,因为特征值分解并没有做这个归一化操作
        for( i =0; i <out_count; i++)
        {
            Mat vec =eigenvectors.row(i);
            normalize(vec, vec);          // 向量归一化
        }
    }
    if( count >out_count )                // 只保留最大的一部分特征值和对应的特征向量
    {
        eigenvalues =eigenvalues.rowRange(0,out_count).clone();
        eigenvectors =eigenvectors.rowRange(0,out_count).clone();
    }
    return *this;
}
```

实现主分量分析的核心是对矩阵进行特征值分解,矩阵的规模和向量的维数相同,如果维数非常高,计算量也会很大。

### 7.2.3 向量降维

函数 project 实现向量降维,处理流程与 7.1.3 节介绍的相同。代码如下:

```
void PCA::project(InputArray _data, OutputArray result) const
{
    Mat data =_data.getMat();
    CV_Assert( mean.data && eigenvectors.data &&
        ((mean.rows ==1 && mean.cols ==data.cols) || (mean.cols ==1 &&
        mean.rows ==data.rows)));
    Mat tmp_data, tmp_mean =repeat(mean, data.rows/mean.rows, data.cols/mean.cols);
    int ctype =mean.type();
    // 首先减去均值向量
    if( data.type() !=ctype || tmp_mean.data ==mean.data )
    {
        data.convertTo( tmp_data, ctype );
        subtract( tmp_data, tmp_mean, tmp_data );
    }
    else
    {
        subtract( data, tmp_mean, tmp_mean );
        tmp_data =tmp_mean;
    }
    //然后左乘特征向量矩阵,结果即为投影后的向量
    if( mean.rows ==1 )                    // 如果向量按照行存储,计算 xW^T
        gemm( tmp_data, eigenvectors, 1, Mat(), 0, result, GEMM_2_T );
    else                                   // 如果向量按照列存储,计算 Wx
        gemm( eigenvectors, tmp_data, 1, Mat(), 0, result, 0 );
}
```

### 7.2.4 向量重构

函数 backProject 实现向量重构,处理流程与 7.1.4 节介绍的相同。代码如下:

```
void PCA::backProject(InputArray _data, OutputArray result) const
{
    Mat data =_data.getMat();
    CV_Assert( mean.data && eigenvectors.data &&
        ((mean.rows ==1 && eigenvectors.rows ==data.cols) ||
        (mean.cols ==1 && eigenvectors.rows ==data.rows)));
    Mat tmp_data, tmp_mean;
    data.convertTo(tmp_data, mean.type());
    if( mean.rows ==1 )                    // 如果向量按照行存储
    {
        tmp_mean =repeat(mean, data.rows, 1);
        // 计算 yW+m
```

```
        gemm( tmp_data, eigenvectors, 1, tmp_mean, 1, result, 0 );
    }
    else                                          // 如果向量按照列存储
    {
        tmp_mean =repeat(mean, 1, data.cols);
        // 计算 W^T y+m
        gemm( eigenvectors, tmp_data, 1, tmp_mean, 1, result, GEMM_1_T );
    }
}
```

## 7.3 流形学习

主成分分析是一种线性降维技术，对于非线性数据具有局限性，而在实际应用中很多时候数据是非线性的。此时可以采用非线性降维技术，流形学习（Manifold Learning）是典型的代表。除此之外，第 9 章介绍的人工神经网络也能完成非线性降维任务。这些方法都使用非线性函数将原始输入向量 $\boldsymbol{x}$ 映射成更低维的向量 $\boldsymbol{y}$，向量 $\boldsymbol{y}$ 要保持 $\boldsymbol{x}$ 的某些信息：

$$\boldsymbol{y}=\phi(\boldsymbol{x})$$

流形是几何中的一个概念，它是高维空间中的几何结构，即空间中的点构成的集合，可以简单地将流形理解成二维空间中的曲线、三维空间中的曲面在更高维空间的推广。图 7.2 是三维空间中的一个流形，这是一个卷曲面。

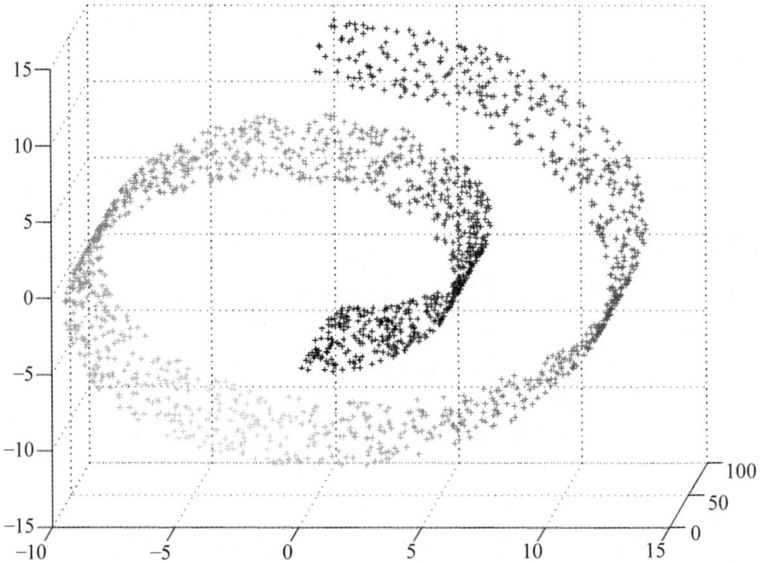


**图 7.2　三维空间中的一个流形**

很多应用问题的数据在高维空间中的分布具有某种几何形状，即位于一个低维的流形附近。例如，同一个人的人脸图像在高维的空间中可能是一个复杂的形状。流形学习假设原始数据在高维空间的分布位于某一更低维的流形上，基于这个假设来进行数据的分析。

对于降维，要保证降维之后的数据同样满足与高维空间流形有关的几何约束关系。除此之外，流形学习还可以用于实现聚类、分类和回归算法，在后面各章中会详细介绍。

假设有一个 $N$ 维空间中的流形 $M$，即 $M \subset \mathbb{R}^N$，流形学习降维要实现的是如下映射：

$$M \to \mathbb{R}^n$$

其中，$n \ll N$，即将 $N$ 维空间中流形 $M$ 上的点映射为 $n$ 维空间中的点。下面介绍几种典型的流形降维算法。

## 7.3.1 局部线性嵌入

局部线性嵌入[3] (Locally Linear Embedding, LLE)将高维数据投影到低维空间中，并保持数据点之间的局部线性关系。其核心思想是每个点都可以由与它相邻的多个点的线性组合来近似重构，投影到低维空间之后要保持这种线性重构关系，即有相同的重构系数。

假设数据集由 $L$ 个 $D$ 维向量 $\boldsymbol{x}_i$ 组成，它们分布在 $D$ 维空间中的一个流形附近。每个数据点和它的邻居位于或者接近于流形的一个局部线性片段上，即可以用邻居点的线性组合来重构，组合系数刻画了局部面片的几何特性：

$$\boldsymbol{x}_i \approx \sum\nolimits_j w_{ij} \boldsymbol{x}_j$$

权重 $w_{ij}$ 为第 $j$ 个数据点对第 $i$ 个点的组合权重，这些点的线性组合被用来近似重构数据点 $i$。权重系数通过最小化下面的重构误差确定：

$$\min_{w_{ij}} \sum_{i=1}^{l} \left\| \boldsymbol{x}_i - \sum_{j=1}^{l} w_{ij} \boldsymbol{x}_j \right\|^2$$

在这里还加上了两个约束条件：每个点只由它的邻居来重构，如果 $\boldsymbol{x}_j$ 不在 $\boldsymbol{x}_i$ 的邻居集合里则权重值为 0。另外，限定权重矩阵的每一行元素之和为 1，即

$$\sum_j w_{ij} = 1$$

这是一个带约束的优化问题，求解该问题可以得到权重系数。这一问题和主成分分析要求解的问题类似。可以证明，这个权重值对平移、旋转、缩放等几何变换具有不变性。

假设算法将向量从 $D$ 维空间的 $\boldsymbol{x}$ 映射为 $d$ 维空间的 $\boldsymbol{y}$。每个点在 $d$ 维空间中的坐标由下面的最优化问题确定：

$$\min_{\boldsymbol{y}_i} \sum_{i=1}^{l} \left\| \boldsymbol{y}_i - \sum_{j=1}^{l} w_{ij} \boldsymbol{y}_j \right\|^2$$

这里的权重和上一个优化问题的值相同，在前面已经得到。优化的目标是 $\boldsymbol{y}_i$，这个优化问题等价于求解稀疏矩阵的特征值问题。得到 $\boldsymbol{y}$ 之后，即完成了从 $D$ 维空间到 $d$ 维空间的非线性降维。

图 7.3 为用 LLE 算法将手写数字图像投影到三维空间后的结果。

## 7.3.2 拉普拉斯特征映射

拉普拉斯特征映射[4] (Laplacian Eigenmaps, LE)是基于图论的方法。它从样本点构造带权重的图，然后计算图的拉普拉斯矩阵，对该矩阵进行特征值分解得到投影变换结果。

图是离散数学和数据结构中的一个概念。一个图由节点(也称为顶点)和边构成，任意

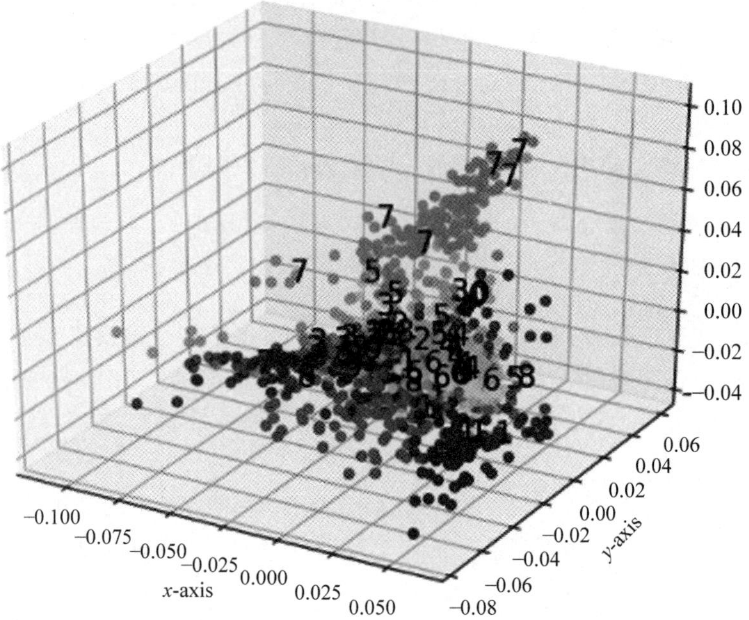


图 7.3 用 LLE 算法将手写数字图像投影到三维空间后的结果

两个节点之间可能都有边进行连接。边可以带有值信息，例如，两点之间的距离。图 7.4 是一个简单的无向图。

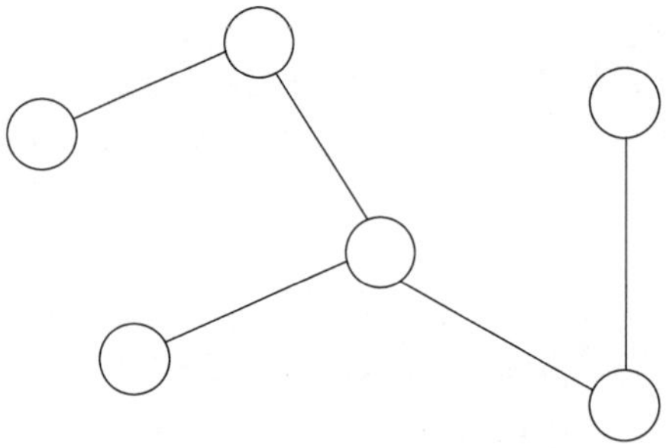

图 7.4 一个简单的无向图

图的边可以是有向的，也可以是无向的，前者称为有向图，后者称为无向图。我们可以将地图表示成一个图，每个地点是节点，如果两个地点之间有路连接，则有一条边。如果这条路是单行线，则边是有向的，否则是无向的。

节点的度定义为包含一个顶点的边的数量，对于有向图它还分为出度和入度，出度是指从一个顶点射出的边的数量，入度是连入一个节点的边的数量。边可以带有权重，例如表示两个地点之间的距离。无向图可以用三元组形式化地表示为

$$(V, E, w)$$

其中，$V$ 是顶点的集合；$E$ 是边的集合；$w$ 是边的权重函数，它为每条边赋予一个正的权重值，如地图上两点间的距离。假设 $i$ 和 $j$ 为图的顶点，$w_{ij}$ 为边 $(i,j)$ 的权重，由它构成的矩阵 $\boldsymbol{W}$ 称为邻接矩阵。显然，无向图的邻接矩阵是一个对称矩阵。

拉普拉斯矩阵是图的一种矩阵表示，通过构造邻接矩阵。定义节点 $i$ 的带权重的度为与该节点相关的所有边的权重之和：

$$d_i = \sum_j w_{ij}$$

定义矩阵 $\boldsymbol{D}$ 为一个对角矩阵，其主对角线元素为每个顶点带权重的度：

$$\begin{bmatrix} d_1 & \cdots & 0 \\ \vdots & \vdots & \vdots \\ 0 & \cdots & d_n \end{bmatrix}$$

其中，$n$ 为图的顶点数。图的拉普拉斯矩阵定义为

$$\boldsymbol{L} = \boldsymbol{D} - \boldsymbol{W}$$

根据定义，无向图的拉普拉斯矩阵是一个对称矩阵。可以证明，它是半正定矩阵，因此，所有特征值为非负实数。降维变换通过对拉普拉斯矩阵进行特征值分解得到。下面给出矩阵半正定的证明。对于任意的非 $\boldsymbol{0}$ 向量 $\boldsymbol{f}$，有

$$\begin{aligned}
\boldsymbol{f}^{\mathrm{T}}\boldsymbol{L}\boldsymbol{f} &= \boldsymbol{f}^{\mathrm{T}}\boldsymbol{D}\boldsymbol{f} - \boldsymbol{f}^{\mathrm{T}}\boldsymbol{W}\boldsymbol{f} \\
&= \sum_{i=1}^{n} d_i f_i^2 - \sum_{i=1}^{n}\sum_{j=1}^{n} w_{ij} f_i f_j \\
&= \frac{1}{2}\left(\sum_{i=1}^{n} d_i f_i^2 - 2\sum_{i=1}^{n}\sum_{j=1}^{n} w_{ij} f_i f_j + \sum_{j=1}^{n} d_j f_j^2\right) \\
&= \frac{1}{2}\left(\sum_{i=1}^{n}\sum_{j=1}^{n} w_{ij} f_i^2 - 2\sum_{i=1}^{n}\sum_{j=1}^{n} w_{ij} f_i f_j + \sum_{j=1}^{n}\sum_{i=1}^{n} w_{ji} f_j^2\right) \\
&= \frac{1}{2}\sum_{i=1}^{n}\sum_{j=1}^{n}\left(w_{ij} f_i^2 - 2w_{ij} f_i f_j + w_{ji} f_j^2\right) \\
&= \frac{1}{2}\sum_{i=1}^{n}\sum_{j=1}^{n} w_{ij}(f_i - f_j)^2 \geqslant 0
\end{aligned}$$

因此，拉普拉斯矩阵半正定。下面介绍通过拉普拉斯矩阵进行数据降维的具体做法。

假设有一批样本点 $\boldsymbol{x}_1, \boldsymbol{x}_2, \cdots, \boldsymbol{x}_k$，它们是 $\mathbb{R}^l$ 空间的向量，降维的目标是将它们变换为更低维的 $\mathbb{R}^m$ 空间中的向量 $\boldsymbol{y}_1, \boldsymbol{y}_2, \cdots, \boldsymbol{y}_k$，其中 $m \ll l$。在这里假设 $\boldsymbol{x}_1, \boldsymbol{x}_2, \cdots, \boldsymbol{x}_k \in M$，其中，$M$ 为嵌入 $\mathbb{R}^l$ 空间中的一个流形。

算法为样本点构造加权图，图的节点是每一个样本点，边为每个节点与它的邻居节点之间的相似度，每个节点只与它的邻居有连接关系。

算法的第一步是构造图的邻接关系。如果样本点 $\boldsymbol{x}_i$ 和样本点 $\boldsymbol{x}_j$ 的距离很近，则为图的节点 $i$ 和节点 $j$ 建立一条边。判断两个样本点是否解接近的方法有两种。第一种是计算二者的欧氏距离，如果距离小于某一值 $\varepsilon$ 则认为两个样本很接近：

$$\| \boldsymbol{x}_i - \boldsymbol{x}_j \|^2 < \varepsilon$$

其中，$\varepsilon$ 是一个人工设定的阈值。第二种方法是使用近邻规则，如果节点 $i$ 在节点 $j$ 最近的 $n$ 个邻居节点的集合中，或者节点 $j$ 在节点 $i$ 最近的 $n$ 个邻居节点的集合中，则认为二者距离很近。

第二步是计算边的权重，在这里也有两种选择。第一种方法为，如果节点 $i$ 和节点 $j$ 是连通的，则它们之间的边的权重为

$$w_{ij} = \exp\left(-\frac{\|\boldsymbol{x}_i - \boldsymbol{x}_j\|^2}{t}\right)$$

否则 $w_{ij}=0$。其中，$t$ 是一个人工设定的大于 0 的实数。第二种方式是如果节点 $i$ 和节点 $j$ 是连通的，则它们之间边的权重为 1，否则为 0。

第三步是特征映射。假设构造的图是连通的，即任何两个节点之间都有路径可达，如果不连通，则算法分别作用于每个连通分量上。根据前面构造的图计算它的拉普拉斯矩阵，然后求解如下广义特征值和特征向量问题：

$$\boldsymbol{L}\boldsymbol{f} = \lambda \boldsymbol{D}\boldsymbol{f}$$

由于是实对称矩阵中的半正定矩阵，因此特征值非负。假设 $\boldsymbol{f}_0, \boldsymbol{f}_1, \cdots, \boldsymbol{f}_{k-1}$ 是这个广义特征值问题的解，它们按照特征值的大小升序排列，即

$$0 = \lambda_0 \leqslant \lambda_1 \leqslant \cdots \leqslant \lambda_{k-1}$$

去掉值为 0 的特征值 $\lambda_0$，用剩下的 $m$ 个特征向量来构造投影结果矩阵，将向量投影到以它们为坐标的低维空间中。在这里也是通过寻找一个投影矩阵实现数据的降维，投影矩阵也是通过求解特征值问题构造。图 7.5 是拉普拉斯特征映射对三维数据进行降维的一个例子。

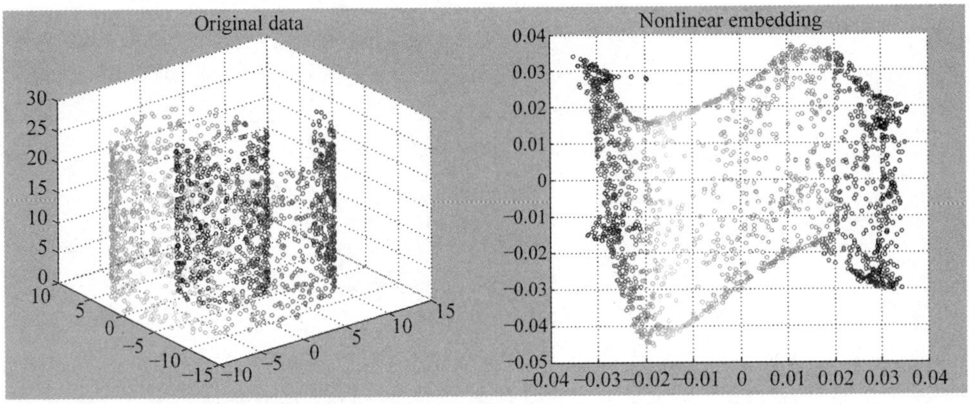


(a) 三维空间中的样本分布　　(b) 降维后的结果

**图 7.5　拉普拉斯特征映射对三维数据进行降维**

图 7.5(a)中为三维空间中的样本分布，图 7.5(b)为降维后的结果。这种变换起到的效果大致上相当于把三维空间中的曲面拉平之后铺到二维平面上。

## 7.3.3　局部保持投影

局部保持投影（Locality Preserving Projection，LPP）[5]通过求解能够最好地保持一个数据集的邻居结构信息的变分问题来构造投影映射，其思路和拉普拉斯特征映射类似，也是一种基于图论的方法。

假设有样本集 $\boldsymbol{x}_1, \boldsymbol{x}_2, \cdots, \boldsymbol{x}_m$，它们是 $\mathbb{R}^n$ 空间中的向量。这里的目标是寻找一个变换矩阵 $\boldsymbol{A}$，将这些样本点映射到更低维的 $\mathbb{R}^l$ 空间，得到向量 $\boldsymbol{y}_1, \boldsymbol{y}_2, \cdots, \boldsymbol{y}_m$，使得 $\boldsymbol{y}_i$ 能够代表 $\boldsymbol{x}_i$，其中，$l \ll n$：

$$\boldsymbol{y}_i = \boldsymbol{A}^{\mathrm{T}} \boldsymbol{x}_i$$

假设 $\boldsymbol{x}_1,\boldsymbol{x}_2,\cdots,\boldsymbol{x}_m \in M$，其中，$M$ 是 $\mathbb{R}^l$ 空间中的一个流形。

算法的第一步是根据样本构造图，这和拉普拉斯特征映射的做法相同，包括确定两个节点是否连通以及计算边的权重，在这里不再重复介绍。

第二步是特征映射，计算如下广义特征向量问题：

$$\boldsymbol{XLX}^{\mathrm{T}}\boldsymbol{a} = \lambda \boldsymbol{XDX}^{\mathrm{T}}\boldsymbol{a}$$

矩阵 $\boldsymbol{L}$ 和 $\boldsymbol{D}$ 的定义与计算方式和 7.3.2 节相同，矩阵 $\boldsymbol{X}$ 是将样本按列排列形成的。假设上面广义特征向量问题的解为 $\boldsymbol{a}_0,\boldsymbol{a}_1,\cdots,\boldsymbol{a}_{l-1}$，它们对应的特征值满足

$$\lambda_0 < \lambda_1 < \cdots < \lambda_{l-1}$$

要寻找的降维变换矩阵为

$$\boldsymbol{x}_i \to \boldsymbol{y}_i = \boldsymbol{A}^{\mathrm{T}}\boldsymbol{x}_i, \quad \boldsymbol{A} = (\boldsymbol{a}_0,\boldsymbol{a}_1,\cdots,\boldsymbol{a}_{l-1})$$

$\boldsymbol{y}_i$ 是一个 $i$ 维的向量；$\boldsymbol{A}$ 是一个 $n \times l$ 的矩阵。对向量左乘矩阵 $\boldsymbol{A}$ 即可完成数据的降维。

### 7.3.4　等距映射

等距映射(Isomap)[6]使用微分几何中测地线的思想，它希望数据在向低维空间映射之后能够保持流形上的测地线距离。

测地线源自于大地测量学，是地球上任意两点之间在球面上的最短路径。在三维空间中两点之间的最短距离是它们之间线段的长度，但如果要沿着地球表面走，最短距离就是测地线的长度，因为人们不能从地球内部穿过去。这里的测地线就是球面上两点之间大圆上劣弧的长度。算法计算任意两个样本之间的测地距离，然后根据这个距离构造距离矩阵。最后通过距离矩阵求解优化问题完成数据的降维，降维之后的数据保留了原始数据点之间的距离信息。

在这里测地线距离通过图构造，是图的两个节点之间的最短距离。算法的第一步构造样本集的邻居图，这和前面介绍的两种方法相同。如果两个数据点之间的距离小于指定阈值或者其中一个节点在另外一个节点的邻居集合中，则两个节点是连通的。假设有 $N$ 个样本，则邻居图有 $N$ 个节点。邻居图的节点 $i$ 和 $j$ 之间边的权重为它们之间的距离 $w_{ij}$，距离的计算可以有多种选择。

第二步计算图中任意两点之间的最短路径长度，可以通过经典的 Dijkstra 算法实现。假设最短路径长度为 $d_G(i,j)$，由它构造如下矩阵：

$$\boldsymbol{D}_G = \{d_G(i,j)\}$$

其元素是所有节点对之间的最短路径长度。算法的第三步根据矩阵 $\boldsymbol{D}_G$ 构造 $d$ 维嵌入，这通过求解如下最优化问题实现：

$$\min_{\boldsymbol{y}} \sum_{i=1}^{N}\sum_{j=1}^{N}(d_G(i,j) - \|\boldsymbol{y}_i - \boldsymbol{y}_j\|)^2$$

这个问题的解 $\boldsymbol{y}_i$ 即为降维之后的向量。这个目标函数的意义是向量降维之后任意两点之间的距离要尽量地接近在原始空间中这两点之间的最短路径长度，因此，可以认为降维尽量保留了数据点之间的测地距离信息。图 7.6 为等距映射将手写数字图像投影到三维空间后的结果。

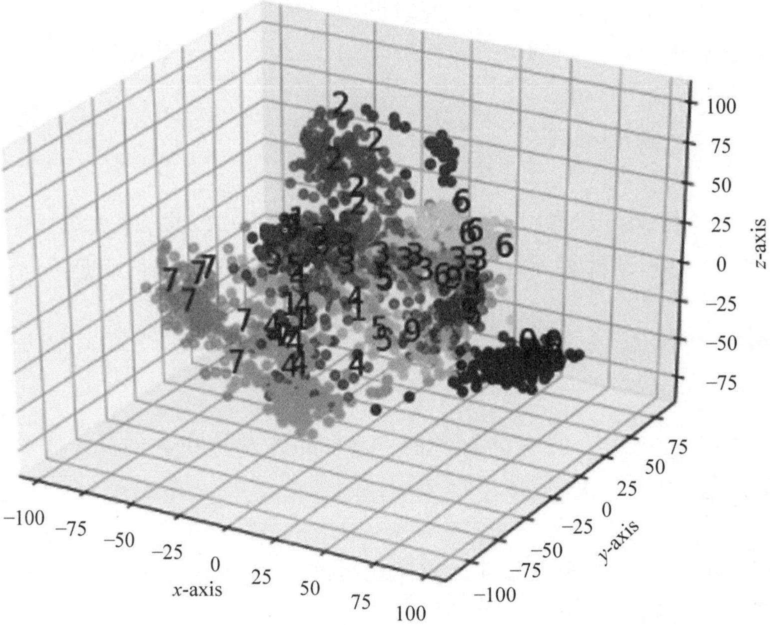


图 7.6　等距映射的投影结果

## 7.4　应用

主成分分析被大量地用于科学与工程数据分析中需要数据降维的地方，是一种通用性非常好的算法。在人脸识别早期它被直接用于人脸识别问题[7]，将在第 8 章中详细介绍。流形学习在高维复杂数据集上得到了更好的表现，如人脸图像[9]和其他图像的分类问题。

## 参考文献


[1] Ian T Jolliffe. Principal Component Analysis. New York: Springer, 1986.

[2] Sebastian Mika, Bernhard Scholkopf, Alexander J Smola, et al. Kernel PCA and de-noising in feature spaces. neural information processing systems, 1999.

[3] Roweis Sam T, Saul Lawrence K. Nonlinear dimensionality reduction by locally linear embedding. Science, 2000, 290(5500), 2323-2326.

[4] Belkin Mikhail, Niyogi Partha. Laplacian eigenmaps for dimensionality reduction and data representation. Neural computation, 2003, 15(6): 1373-1396.

[5] He Xiaofei, Niyogi Partha. Locality preserving projections. NIPS. 2003: 234-241.

[6] Tenenbaum Joshua B, De Silva Vin, Langford John C. A global geometric framework for nonlinear dimensionality reduction. Science, 2000, 290(5500): 2319-2323.

[7] Matthew Turk, Alex Pentland. Eigenfaces for recognition. Journal of Cognitive Neuroscience, 1991

[8] Scholkopf B, Smola A, Mulller K.-P. Nonlinear component analysis as a kernel eigenvalue problem. Neural Computation, 1998, 10(5): 1299-1319.

[9] He Xiaofei, et al. Face recognition using Laplacianfaces. Pattern Analysis and Machine Intelligence, IEEE Transactions on 27.3(2005): 328-340.

# 第 8 章

# 线性判别分析

主成分分析的目标是向量在低维空间中的投影能很好地近似代替原始向量，但这种投影对分类不一定合适。由于是无监督学习，没有利用样本标签信息，不同类型样本的特征向量在这个空间中的投影可能很相近。本章要介绍的线性判别分析也是一种子空间投影技术，但是它的目的是用来做分类，让投影后的向量对于分类任务有很好的区分度。

## 8.1 用投影进行分类

线性判别分析(Linear Discriminant Analysis，LDA)[1,2]的基本思想是通过线性投影来最小化同类样本间的差异，最大化不同类样本间的差异。具体做法是寻找一个向低维空间的投影矩阵 $\boldsymbol{W}$，样本的特征向量 $\boldsymbol{x}$ 经过投影之后得到新向量：

$$\boldsymbol{y} = \boldsymbol{W}\boldsymbol{x}$$

同一类样本投影后的结果向量差异尽可能小，不同类的样本差异尽可能大。直观来看，就是经过投影之后同一类样本尽量聚集在一起，不同类的样本尽可能离得远。图 8.1 是这种投影的示意图。

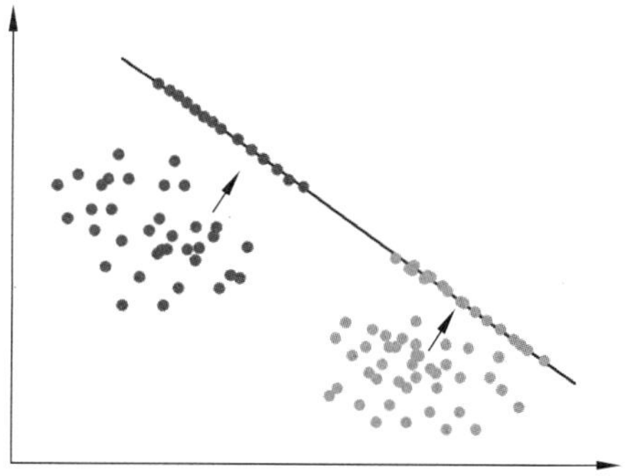

图 8.1　最佳投影方向

图 8.1 中特征向量是二维的，我们向一维空间即直线投影，投影后这些点位于直线上。在图 8.1 中有两类样本，通过向右上方的直线投影，两类样本被有效地分开了。绿色的样本投影之后位于直线的下半部分，红色的样本投影之后位于直线的上半部分。由于是向一维空间投影，这相当于用一个向量 $\boldsymbol{w}$ 和特征向量 $\boldsymbol{x}$ 做内积，得到一个标量：

$$y = \boldsymbol{w}^{\mathrm{T}}\boldsymbol{x}$$

## 8.2 投影矩阵

### 8.2.1 一维的情况

问题的关键是如何找到最佳投影矩阵。下面先考虑最简单的情况，把向量映射到一维空间。假设有 $n$ 个样本，它们的特征向量为 $\boldsymbol{x}_i$，属于两个不同的类。属于类 $C_1$ 的样本集为 $D_1$，有 $n_1$ 个样本；属于类 $C_2$ 的样本集为 $D_2$，有 $n_2$ 个样本。有一个向量 $\boldsymbol{w}$，所有向量对该向量做投影可以得到一个标量：

$$y = \boldsymbol{w}^{\mathrm{T}}\boldsymbol{x}$$

投影运算产生了 $n$ 个标量，分属于与 $C_1$ 和 $C_2$ 相对应的两个集合 $Y_1$ 和 $Y_2$。我们希望投影后两个类内部的各个样本差异最小化，类之间的差异最大化。类间差异可以用投影之后两类样本均值的差来衡量。投影之前每类样本的均值为

$$\boldsymbol{m}_i = \frac{1}{n_i}\sum_{\boldsymbol{x}\in D_i}\boldsymbol{x}$$

投影后的均值为

$$\widetilde{\boldsymbol{m}}_i = \frac{1}{n_i}\sum_{\boldsymbol{x}\in D_i}\boldsymbol{w}^{\mathrm{T}}\boldsymbol{x} = \boldsymbol{w}^{\mathrm{T}}\boldsymbol{m}_i$$

它等价于样本均值在 $\boldsymbol{w}$ 上的投影。投影后两类样本均值差的绝对值为

$$|\widetilde{\boldsymbol{m}}_1 - \widetilde{\boldsymbol{m}}_2| = |\boldsymbol{w}^{\mathrm{T}}(\boldsymbol{m}_1 - \boldsymbol{m}_2)|$$

类内的差异大小可以用方差来衡量。定义类别 $C_i$ 的类内散布为

$$\tilde{s}_i^2 = \sum_{y\in Y_i}(y - \widetilde{m}_i)^2$$

这是一个标量，与方差相差一个倍数，衡量某一类的所有样本与该类中心的距离。$(1/n)(\tilde{s}_1^2 + \tilde{s}_2^2)$是全体样本的方差，$\tilde{s}_1^2 + \tilde{s}_2^2$ 称为总类内散布。我们要寻找的最佳投影需要使下面的目标函数最大化：

$$L(\boldsymbol{w}) = \frac{(\widetilde{\boldsymbol{m}}_1 - \widetilde{\boldsymbol{m}}_2)^2}{\tilde{s}_1^2 + \tilde{s}_2^2}$$

即让类间的均值差最大化（分子），类内的差异最小化（分母）。为了把这个目标函数写成 $\boldsymbol{w}$ 的函数，定义类内散布矩阵为

$$\boldsymbol{S}_i = \sum_{\boldsymbol{x}\in D_i}(\boldsymbol{x} - \boldsymbol{m}_i)(\boldsymbol{x} - \boldsymbol{m}_i)^{\mathrm{T}}$$

总类内散布矩阵为

$$\boldsymbol{S}_W = \boldsymbol{S}_1 + \boldsymbol{S}_2$$

这样有

$$\begin{aligned}\tilde{s}_i^2 &= \sum_{\boldsymbol{x}\in D_i}(\boldsymbol{w}^{\mathrm{T}}\boldsymbol{x} - \boldsymbol{w}^{\mathrm{T}}\boldsymbol{m}_i)^2 \\ &= \sum_{\boldsymbol{x}\in D_i}\boldsymbol{w}^{\mathrm{T}}(\boldsymbol{x} - \boldsymbol{m}_i)(\boldsymbol{x} - \boldsymbol{m}_i)^{\mathrm{T}}\boldsymbol{w} \\ &= \boldsymbol{w}^{\mathrm{T}}\boldsymbol{S}_i\boldsymbol{w}\end{aligned}$$

因此，各类的散布之和可以写成

$$\tilde{s}_1^2 + \tilde{s}_2^2 = \boldsymbol{w}^{\mathrm{T}}\boldsymbol{S}_W\boldsymbol{w}$$

各类样本的均值之差可以写成

$$(\widetilde{\boldsymbol{m}}_1 - \widetilde{\boldsymbol{m}}_2)^2 = (\boldsymbol{w}^{\mathrm{T}}(\boldsymbol{m}_1 - \boldsymbol{m}_2))^2 = \boldsymbol{w}^{\mathrm{T}}(\boldsymbol{m}_1 - \boldsymbol{m}_2)(\boldsymbol{m}_1 - \boldsymbol{m}_2)^{\mathrm{T}}\boldsymbol{w}$$

如果定义

$$\boldsymbol{S}_B = (\boldsymbol{m}_1 - \boldsymbol{m}_2)(\boldsymbol{m}_1 - \boldsymbol{m}_2)^{\mathrm{T}}$$

则可以写成

$$(\widetilde{\boldsymbol{m}}_1 - \widetilde{\boldsymbol{m}}_2)^2 = \boldsymbol{w}^{\mathrm{T}}\boldsymbol{S}_B\boldsymbol{w}$$

$\boldsymbol{S}_B$ 称为总类间散布矩阵，$\boldsymbol{S}_W$ 称为总类内散布矩阵。要优化的目标函数为

$$L(\boldsymbol{w}) = \frac{\boldsymbol{w}^{\mathrm{T}}\boldsymbol{S}_B\boldsymbol{w}}{\boldsymbol{w}^{\mathrm{T}}\boldsymbol{S}_W\boldsymbol{w}}$$

这个最优化问题的解不唯一，可以证明，如果 $\boldsymbol{w}^*$ 是最优解，将它乘上一个非零系数 $k$ 之后，$k\boldsymbol{w}^*$ 还是最优解。因此，可以加上一个约束条件消掉冗余，同时简化问题：

$$\boldsymbol{w}^{\mathrm{T}}\boldsymbol{S}_W\boldsymbol{w} = 1$$

这样，上面的最优化问题转化为带等式约束的极大值问题：

$$\max\ \boldsymbol{w}^{\mathrm{T}}\boldsymbol{S}_B\boldsymbol{w}$$

$$\boldsymbol{w}^{\mathrm{T}}\boldsymbol{S}_W\boldsymbol{w} = 1$$

下面用拉格朗日乘数法求解。构造拉格朗日乘子函数：

$$L = \boldsymbol{w}^{\mathrm{T}}\boldsymbol{S}_B\boldsymbol{w} + \lambda(\boldsymbol{w}^{\mathrm{T}}\boldsymbol{S}_W\boldsymbol{w} - 1)$$

对 $\boldsymbol{w}$ 求梯度并令梯度为 0，可以得到

$$\boldsymbol{S}_B\boldsymbol{w} + \lambda\boldsymbol{S}_W\boldsymbol{w} = 0$$

即

$$\boldsymbol{S}_B\boldsymbol{w} = \lambda\boldsymbol{S}_W\boldsymbol{w}$$

如果 $\boldsymbol{S}_W$ 可逆，上式两边左乘 $\boldsymbol{S}_W^{-1}$ 后可以得到

$$\boldsymbol{S}_W^{-1}\boldsymbol{S}_B\boldsymbol{w} = \lambda\boldsymbol{w}$$

即 $\lambda$ 是矩阵 $\boldsymbol{S}_W^{-1}\boldsymbol{S}_B$ 的特征值，$\boldsymbol{w}$ 为对应的特征向量。

上面的做法只将样本向量投影到一维空间，并没有说明在这个空间中怎么分类。如果我们得到了投影后的值，一个方案是比较它离所有类的均值的距离，取最小的那个作为分类的结果：

$$\arg\min_i \mid \boldsymbol{w}^{\mathrm{T}}\boldsymbol{x} - \widetilde{\boldsymbol{m}}_i \mid$$

这类似于 kNN 算法，不同的是计算待分类样本和各类训练样本均值向量的距离。另外，也可以用其他分类器完成分类。

### 8.2.2　推广到高维

接下来将上面的方法推广到多个类、向高维空间投影的情况。对于 $c$ 类分类问题，需要把特征向量投影到 $c-1$ 维的空间中。类内散布矩阵定义为

$$\boldsymbol{S}_W = \sum_{i=1}^{c}\boldsymbol{S}_i$$

它仍然是每个类的类内散布矩阵之和，与单个类的类内散布矩阵和之前的定义相同：

$$\boldsymbol{S}_i = \sum_{\boldsymbol{x}\in D_i}(\boldsymbol{x} - \boldsymbol{m}_i)(\boldsymbol{x} - \boldsymbol{m}_i)^{\mathrm{T}}$$

其中，$\boldsymbol{m}_i$ 为每个类的均值向量。定义总体均值向量为

$$\boldsymbol{m} = \frac{1}{n}\sum_{i=1}^{n}\boldsymbol{x}_i = \frac{1}{n}\sum_{i=1}^{c}n_i\boldsymbol{m}_i$$

定义总体散布矩阵为

$$\boldsymbol{S}_T = \sum_{i=1}^{n}(\boldsymbol{x}_i - \boldsymbol{m})(\boldsymbol{x}_i - \boldsymbol{m})^{\mathrm{T}}$$

则有

$$\begin{aligned}\boldsymbol{S}_T &= \sum_{i=1}^{c}\sum_{\boldsymbol{x}\in D_i}(\boldsymbol{x}-\boldsymbol{m}_i+\boldsymbol{m}_i-\boldsymbol{m})(\boldsymbol{x}-\boldsymbol{m}_i+\boldsymbol{m}_i-\boldsymbol{m})^{\mathrm{T}} \\ &= \sum_{i=1}^{c}\sum_{\boldsymbol{x}\in D_i}(\boldsymbol{x}-\boldsymbol{m}_i)(\boldsymbol{x}-\boldsymbol{m}_i)^{\mathrm{T}}+\sum_{i=1}^{c}\sum_{\boldsymbol{x}\in D_i}(\boldsymbol{m}_i-\boldsymbol{m})(\boldsymbol{m}_i-\boldsymbol{m})^{\mathrm{T}} \\ &= \boldsymbol{S}_W+\sum_{i=1}^{c}n_i(\boldsymbol{m}_i-\boldsymbol{m})(\boldsymbol{m}_i-\boldsymbol{m})^{\mathrm{T}}\end{aligned}$$

把上式右边的第二项定义为类间散布矩阵，总散布矩阵是类内散布矩阵和类间散布矩阵之和：

$$\boldsymbol{S}_B=\sum_{i=1}^{c}n_i(\boldsymbol{m}_i-\boldsymbol{m})(\boldsymbol{m}_i-\boldsymbol{m})^{\mathrm{T}}$$

$$\boldsymbol{S}_T=\boldsymbol{S}_W+\boldsymbol{S}_B$$

相应地从 $d$ 维空间向 $c-1$ 维空间投影变为矩阵和向量的乘积：

$$\boldsymbol{y}=\boldsymbol{W}^{\mathrm{T}}\boldsymbol{x}$$

其中，$\boldsymbol{W}$ 是 $d\times(c-1)$ 的矩阵。可以证明，最后的目标为求解下面的最优化问题：

$$\max L(\boldsymbol{W})=\frac{\mathrm{tr}(\boldsymbol{W}^{\mathrm{T}}\boldsymbol{S}_B\boldsymbol{W})}{\mathrm{tr}(\boldsymbol{W}^{\mathrm{T}}\boldsymbol{S}_W\boldsymbol{W})}$$

其中，tr 为矩阵的迹。同样地，通过构造拉格朗日函数可以证明使该目标函数最大的 $\boldsymbol{W}$ 的列 $\boldsymbol{w}$ 必须满足

$$\boldsymbol{S}_B\boldsymbol{w}=\lambda\boldsymbol{S}_W\boldsymbol{w}$$

最优解还是矩阵 $\boldsymbol{S}_W^{-1}\boldsymbol{S}_B$ 的特征值和特征向量。实现时的关键步骤是计算矩阵 $\boldsymbol{S}_B$、$\boldsymbol{S}_W$ 以及矩阵乘法 $\boldsymbol{S}_W^{-1}\boldsymbol{S}_B$，对矩阵 $\boldsymbol{S}_W^{-1}\boldsymbol{S}_B$ 进行特征值分解。矩阵 $\boldsymbol{S}_W^{-1}\boldsymbol{S}_B$ 可能有 $d$ 个特征值和特征向量，我们要将向量投影到 $c-1$ 维，为此挑选出最大的 $c-1$ 个特征值以及它们对应的特征向量，组成矩阵 $\boldsymbol{W}$。

虽然最后都归结为求解矩阵的特征值问题，主成分分析和线性判别分析有本质的不同。前者是无监督的机器学习方法；而后者要计算类内和类间散度矩阵，使用了样本标签值，是有监督的机器学习方法。二者优化的目标也不同，前者是最小化重构误差，而后者是最大化类间差异同时最小化类内差异。从变换函数可以看出，线性判别分析也是一种判别模型。

## 8.3 实验程序

下面通过实验程序介绍线性判别分析的使用，程序基于 OpenCV。在这里对两类样本进行分类，每类训练样本 75 个，同样是用正态分布随机数生成。

在生成训练样本数据之后，先寻找投影矩阵，计算出特征值和特征向量。然后计算每个类的均值向量，以及均值向量在子空间的投影。对于待分类样本，先计算其在子空间的投影，然后比较投影后的向量和每类均值投影的距离，将样本分到距离最近的那一类。

程序源代码如下：

```
int main(int argc, char * * argv)
{
    const int kClassNum =2;                  // 类型数
```

```
const int kWidth =512, kHeight =512;
Vec3b red(0, 0, 255), green(0, 255, 0), blue(255, 0, 0);
Mat image =Mat::zeros(kHeight, kWidth, CV_8UC3);
// 训练样本标签数组
int labels[150];
for (int i=0 ; i <75; i++)
    labels[i] =0;
for (int i =75; i <150; i++)
    labels[i] =1;
std::vector<int>trainResponse;
for (int i =0; i <150; i++)
    trainResponse.push_back(labels[i]);
// 训练样本特征向量数组
double trainDataArray[150][2];
RNG rng;
for (int i =0; i <75; i++)
{
    trainDataArray[i][0] =350 +rng.gaussian(30);
    trainDataArray[i][1] =350 +rng.gaussian(30);
}
for (int i =75; i <150; i++)
{
    trainDataArray[i][0] =150 +rng.gaussian(30);
    trainDataArray[i][1] =150 +rng.gaussian(30);
}
Mat trainData(150, 2, CV_64FC1, trainDataArray);
// 计算 LDA 投影,投影后为一维的,即 kClassNum -1
LDA lda(trainData, trainResponse, kClassNum -1);
Mat eigenVector =lda.eigenvectors().clone();                  // 获取特征向量
vector<Mat>classMean(kClassNum);
vector<int>classCount(kClassNum);
// 下面的代码用来计算量每个类的均值向量投影后的值
for (int i =0; i <kClassNum; i++)
{
    classMean[i] =Mat::zeros(1, trainData.cols, CV_64FC1);   // 初始化类中均值为 0
    classCount[i] =0;                                         // 每一类中的样本数
}
Mat sample;
for (int i =0;i <trainData.rows; i++)
{     // 先计算每类样本特征向量的累加值
    sample =trainData.row(i);
    if(labels[i]==0)
    {
        add(classMean[0], sample, classMean[0]);
        classCount[0]++;
```

```
    }
    else
    {
        add(classMean[1], sample, classMean[1]);
        classCount[1]++;
    }
}
//然后除以每类样本的数量,得到均值向量
for (int i =0; i <kClassNum; i++)
    classMean[i].convertTo(classMean[i], CV_64FC1,
        1.0/static_cast<float>(classCount[i]));
//两个类投影后的中心
vector<Mat>cluster(kClassNum);
//计算两个类投影后的中心,在这里是一维的
//类均值和投影矩阵相乘,得到投影后的类中心,在这里是一维的点
for (int i =0; i <kClassNum; i++)
    cluster[i] =classMean[i] * eigenVector;
//对图像内所有点进行预测
for (int i =0; i <image.rows; i++)
{
    for (int j =0; j <image.cols; j++)
    {
        Mat sampleMat = (Mat_<double>(1, 2) <<j, i);
        Mat projection =Mat::zeros(1,1,CV_64FC1);
        //先计算样本向量的投影
        projection =sampleMat * eigenVector;
        double temp =projection.ptr<double>(0)[0];
        //然后比较与哪个类的投影中心更接近,确定分类结果
        int response = (fabs(temp -cluster[0].ptr<double>(0)[0]) <fabs(temp -
            cluster[1].ptr<double>(0)[0])) ?0 : 1;
        if (response ==0)
            image.at<Vec3b>(i, j) =green;
        else
            image.at<Vec3b>(i, j) =blue;
    }
}
//显示两类训练样本
for (int i =0; i <trainData.rows; i++)
{
    const double * v =trainData.ptr<double>(i);
    Point pt =Point((int)v[0], (int)v[1]);

    if (labels[i] ==0)
        circle(image, pt, 5, Scalar::all(0), -1, 8);
    else
```

```
        circle(image, pt, 5, Scalar::all(255), -1, 8);
    }
    imshow("LDA classifier demo", image);
    waitKey(0);
    return 0;
}
```

程序运行结果如图 8.2 所示。

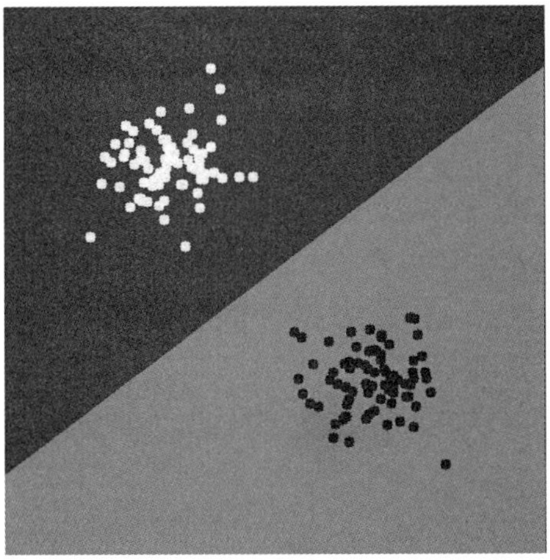

图 8.2　LDA 的分类结果

可以看到分界线为直线,这验证了线性判别分析是一个线性模型。如果我们画一条与分界线垂直的直线,这条直线就是最佳投影方向。在这个最佳方向上,投影之后不同类的样本间隔很远,而同类样本之间的间隔很小,这也验证了线性判别分析确实是同时最大化类间差异且最小化类内差异。

## 8.4　源代码分析

下面分析 OpenCV 的线性判别分析实现。它实现了完整的线性判别分析功能,包括计算投影矩阵、对向量进行投影、对投影后的向量进行重构。

### 8.4.1　主要数据结构

类 LDA 实现了线性判别分析功能,定义如下:

```
class CV_EXPORTS LDA
{
public:
    // 构造函数,num_components 为投影之后的维数
    LDA(int num_components = 0) : _num_components(num_components) {};
    // 直接在构造函数中进行 LDA 投影,src 是样本特征向量数组,labels 是样本标签
    // num_components 是投影之后的维数
    LDA(const Mat& src, vector<int>labels, int num_components = 0) :
```

```
    _num_components(num_components)
    {
        // 真正的计算是调用 compute 函数实现的
        this->compute(src, labels);
    }
    LDA(InputArrayOfArrays src, InputArray labels, int num_components =0) :
        _num_components(num_components)
    {
        this->compute(src, labels);
    }
    void save(const string& filename) const;
    void load(const string& filename);
    void save(FileStorage& fs) const;
    void load(const FileStorage& node);
    ~LDA() {}
    // LDA 计算函数,寻找投影矩阵 W
    void compute(InputArrayOfArrays src, InputArray labels);
    // 投影函数,对输入矩阵 src 进行投影操作
    Mat project(InputArray src);
    // 重构函数,根据输入的投影矩阵反算原始矩阵
    Mat reconstruct(InputArray src);
    // 返回特征向量
    Mat eigenvectors() const { return _eigenvectors; };
    // 返回特征值
    Mat eigenvalues() const { return _eigenvalues; }
protected:
    bool _dataAsRow;                // 样本是否以行形式存放,即每一行是一个样本的向量
    int _num_components;            // 投影之后的维数
    Mat _eigenvectors;              // 特征向量,即投影矩阵
    Mat _eigenvalues;               // 特征值
    void lda(InputArrayOfArrays src, InputArray labels);
};
```

### 8.4.2 计算投影矩阵

函数 lda 实现计算投影矩阵的功能,处理流程如下。

(1) 计算各个类的均值向量和总均值向量。

(2) 计算类间散布矩阵 $\boldsymbol{S}_B$、类内散布矩阵 $\boldsymbol{S}_W$。

(3) 计算矩阵乘法 $\boldsymbol{S}_W^{-1}\boldsymbol{S}_B$。

(4) 对 $\boldsymbol{S}_W^{-1}\boldsymbol{S}_B$ 进行特征值分解,得到特征值和特征向量。

(5) 对特征值从大到小排序,截取部分特征值和特征向量构成投影矩阵。

代码如下:

```
void LDA::lda(InputArrayOfArrays _src, InputArray _lbls)
{
```

```
Mat src =_src.getMat();
vector<int>labels;
// 将输入数据复制
{
    Mat tmp =_lbls.getMat();
    for(unsigned int i =0; i <tmp.total(); i++) {
        labels.push_back(tmp.at<int>(i));
    }
}
Mat data;
src.convertTo(data, CV_64FC1);                        // 转化为双精度进行计算
// 将类别标签映射为[0,1,...,C]
vector<int>mapped_labels(labels.size());
vector<int>num2label =remove_dups(labels);
map<int, int>label2num;
for (int i =0; i <(int)num2label.size(); i++)
    label2num[num2label[i]] =i;
for (size_t i =0; i <labels.size(); i++)
    mapped_labels[i] =label2num[labels[i]];
int N =data.rows;                                     // 样本数
int D =data.cols;                                     // 向量维数
int C =(int)num2label.size();                         // 类别数
// 如果只有一个类,是不能做 LDA 的
if(C ==1) {
    string error_message ="At least two classes are needed to perform a LDA.
        Reason:
    Only one class was given!";
    CV_Error(CV_StsBadArg, error_message);
}
if (labels.size() !=static_cast<size_t>(N)) {
    string error_message =format("The number of samples must equal the number of
    labels. Given %d labels, %d samples. ", labels.size(), N);
    CV_Error(CV_StsBadArg, error_message);
}
// 如果样本数少于向量维数,类内散度矩阵奇异
if (N <D) {
    cout <<"Warning: Less observations than feature dimension given!"
         <<"Computation will probably fail."
         <<endl;
}
if ((_num_components <=0) || (_num_components >(C -1))) {
    _num_components =(C -1);
}
// meanTotal 为总均值向量
Mat meanTotal =Mat::zeros(1, D, data.type());
```

```
// meanClass 为各个类的均值向量,numClass 为各个类的样本数
vector<Mat>meanClass(C);
vector<int>numClass(C);
// 初始化
for (int i =0; i <C; i++) {
    numClass[i] =0;
    meanClass[i] =Mat::zeros(1, D, data.type());
}
// 计算总和
for (int i =0; i <N; i++) {
    Mat instance =data.row(i);
    int classIdx =mapped_labels[i];
    add(meanTotal, instance, meanTotal);                          // 总均值
    add(meanClass[classIdx], instance, meanClass[classIdx]);  // 类均值
    numClass[classIdx]++;
}
// 计算总均值向量
meanTotal.convertTo(meanTotal, meanTotal.type(), 1.0 / static_cast<double>(N));
// 计算类均值向量
for (int i =0; i <C; i++) {
    meanClass[i].convertTo(meanClass[i], meanClass[i].type(), 1.0 /
    static_cast<double>(numClass[i]));
}
// 所有样本减去类均值
for (int i =0; i <N; i++) {
    int classIdx =mapped_labels[i];
    Mat instance =data.row(i);
    subtract(instance, meanClass[classIdx], instance);
}
// 计算类内散布矩阵
Mat Sw =Mat::zeros(D, D, data.type());
mulTransposed(data, Sw, true);
// 计算各个类的类间散布矩阵
Mat Sb =Mat::zeros(D, D, data.type());
for (int i =0; i <C; i++) {
    Mat tmp;
    subtract(meanClass[i], meanTotal, tmp);
    mulTransposed(tmp, tmp, true);
    add(Sb, tmp, Sb);
}
Mat Swi =Sw.inv();                                      // 计算 S_W 的逆矩阵
Mat M;
gemm(Swi, Sb, 1.0, Mat(), 0.0, M);                      // 计算矩阵乘法 M=S_W^-1 S_B
// 对矩阵 M 进行特征值分解
EigenvalueDecomposition es(M);
```

```
    _eigenvalues =es.eigenvalues();                              // 特征值
    _eigenvectors =es.eigenvectors();                            // 特征向量
    _eigenvalues =_eigenvalues.reshape(1, 1);
    // 按照特征值降序排序
    vector<int>sorted_indices =argsort(_eigenvalues, false);
    // 最后得到投影矩阵
    _eigenvalues =sortMatrixColumnsByIndices(_eigenvalues, sorted_indices);
    _eigenvectors =sortMatrixColumnsByIndices(_eigenvectors, sorted_indices);
    // 对特征值和特征向量进行截取,只保留_num_components 个
    _eigenvalues =Mat(_eigenvalues, Range::all(), Range(0, _num_components));
    _eigenvectors =Mat(_eigenvectors, Range::all(), Range(0, _num_components));
}
```

算法关键的一步是利用 EigenvalueDecomposition 类完成矩阵的特征值分解。

### 8.4.3 向量投影

函数 subspaceProject 实现向子空间的投影操作。代码如下：

```
Mat subspaceProject(InputArray _W, InputArray _mean, InputArray _src) {
    Mat W =_W.getMat();
    Mat mean =_mean.getMat();
    Mat src =_src.getMat();
    int n =src.rows;                          // 向量个数,这里假设 _W 的向量是按行存储的
    int d =src.cols;                          // 维数
    if(W.rows !=d) {
        string error_message =format("Wrong shapes for given matrices. Was size(src) =
        (%d,%d), size(W) =(%d,%d).", src.rows, src.cols, W.rows, W.cols);
        CV_Error(CV_StsBadArg, error_message);
    }
    if(!mean.empty() && (mean.total() !=(size_t) d)) {
        string error_message =format("Wrong mean shape for the given data matrix.
        Expected %d, but was %d.", d, mean.total());
        CV_Error(CV_StsBadArg, error_message);
    }
    Mat X, Y;
    src.convertTo(X, W.type());
    if(!mean.empty()) {                       // 先把所有的 x 减去均值 m
        for(int i=0; i<n; i++) {
            Mat r_i =X.row(i);
            subtract(r_i, mean.reshape(1,1), r_i);
        }
    }
    // 计算(x-m)W,前面介绍的公式是 Wx,因为 x 是按行存储的,需要转置
    gemm(X, W, 1.0, Mat(), 0.0, Y);
    return Y;
}
```

### 8.4.4 向量重构

函数 subspaceReconstruct 完成向量重构。代码如下：

```
Mat subspaceReconstruct(InputArray _W, InputArray _mean, InputArray _src)
{
    Mat W = _W.getMat();
    Mat mean = _mean.getMat();
    Mat src = _src.getMat();
    int n = src.rows;                           // 样本数
    int d = src.cols;                           // 特征向量维数
    if(W.cols != d) {
        string error_message = format("Wrong shapes for given matrices. Was size(src) =
        (%d,%d), size(W) = (%d,%d).", src.rows, src.cols, W.rows, W.cols);
        CV_Error(CV_StsBadArg, error_message);
    }
    if(!mean.empty() && (mean.total() != (size_t) W.rows)) {
        string error_message = format("Wrong mean shape for the given eigenvector
        matrix. Expected %d, but was %d.", W.cols, mean.total());
        CV_Error(CV_StsBadArg, error_message);
    }
    Mat X, Y;
    src.convertTo(Y, W.type());
    gemm(Y, W, 1.0, Mat(), 0.0, X, GEMM_2_T);   // 乘上投影矩阵的转置,即 YW^T
    if(!mean.empty()) {                         // 加上均值向量
        for(int i=0; i<n; i++) {
            Mat r_i = X.row(i);
            add(r_i, mean.reshape(1,1), r_i);
        }
    }
    return X;
}
```

## 8.5 应用

线性判别分析被应用于模式识别中的各类问题,包括图像分类、人脸识别以及其他数据的分析。下面我们介绍在人脸识别中的应用。

子空间方法是人脸识别研究早期非常重要的一类方法,它将人脸图像作为一个向量投影到低维的子空间中然后进行分类。使用主成分分析的特征脸(Eigenfaces)和使用线性判别分析的 Fisherfaces 是这类方法的典型代表[3-5]。

使用主成分分析的人脸识别算法把人脸图像看作一个向量,即将图像按行或者按列拼接起来。对人脸图像形成的向量进行主成分分解,得到投影矩阵,然后将训练样本向量投影到低维空间。在识别时,先对待识别图像进行主成分投影,然后在低维空间中计算待识别人脸图像与训练样本图像的距离，将其分到距离最近的那一类，即 kNN 算法。投影矩阵的每一行所代表的图像称为特征脸图像，如图 8.3 所示。

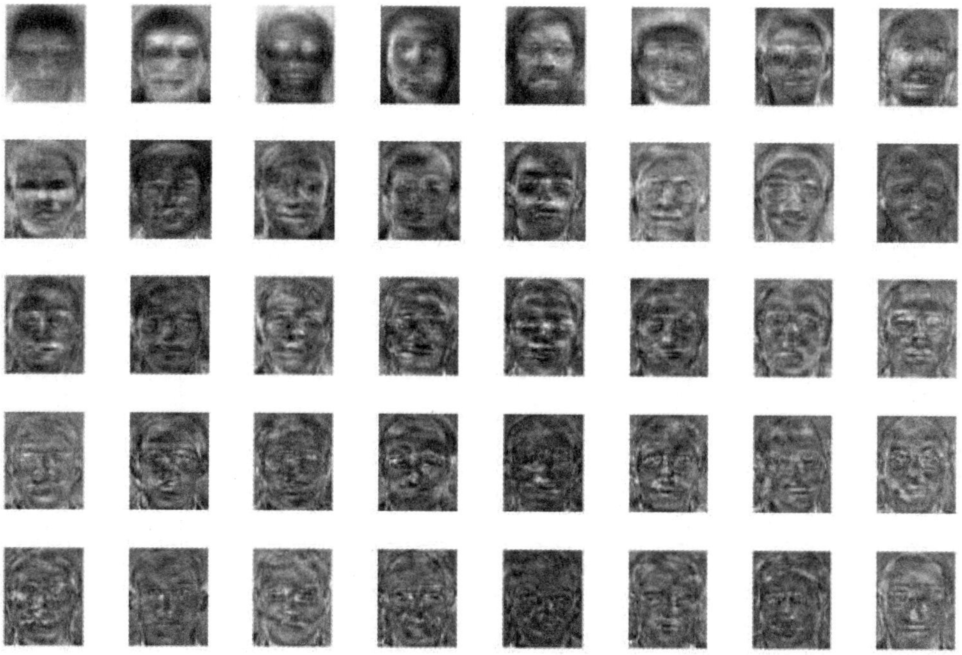

**图 8.3　特征脸图像**

使用线性判别分析的人脸识别也是将人脸图像看作向量，然后对所有训练样本图像计算线性判别分析的投影矩阵，并将这些样本投影到子空间。接下来，在识别时将待识别图像也投影到 LDA 子空间，然后计算投影后的向量与训练样本投影向量的距离，将其分到距离最近的那个类中。我们只要将图像转换成向量，就可以直接使用前面的实验程序进行两个人的人脸识别，通过修改 LDA 投影空间的维数，很容易推广到多个人的识别。

在用线性判别分析进行人脸识别时，如果类内散布矩阵不可逆，这种方法将失效。有大量的文章研究此问题的解决方法，其中经典的做法是先对人脸图像进行主成分分析降维，然后再应用线性判别分析进行处理。

## 参考文献


[1] Ronald A Fisher. The use of multiple measurements in taxonomic problems. Annals of Eugenics, 1936,7(2): 179-188.

[2] Geoffrey J McLachlan. Discriminant Analysis and Statistical Pattern Recognition. New York: Wiley, 1992.

[3] Matthew Turk, Alex Pentland. Eigenfaces for recognition. Journal of Cognitive Neuroscience, 1991.

[4] Peter N, Belhumeur, J P, Hespanha, David Kriegman. Eigenfaces vs. Fisherfaces: recognition using class specific linear projection. IEEE Transactions on Pattern Analysis and Machine Intelligence, 1997.

[5] Kamran Etemad, Rama Chellappa. Discriminant analysis for recognition of human face images, 1997.

# 第 9 章

# 人工神经网络

人的大脑由大约 800 亿个神经元组成，每个神经元通过突触与其他神经元相连接，接收这些神经元传来的电信号和化学信号，对信号汇总处理之后输出到其他神经元。大脑通过神经元之间的协作来完成它的功能，神经元之间的连接关系是在进化过程中以及生长发育、长期的学习、对外界环境的刺激反馈中建立起来的。

人工神经网络[1,2]是对这种机制的简单模拟。它由多个相互连接的神经元构成，这些神经元从其他相连的神经元接收输入数据，通过计算产生输出数据，这些输出数据可能会送入其他神经元继续处理。

人工神经网络应用广泛。除了用于模式识别之外，它还可以用于求解函数的极值、自动控制等问题。到目前为止有多种不同结构的神经网络，典型的有多层前馈型神经网络(可称为全连接神经网络)、卷积神经网络、循环神经网络、Hopfield 网络等。

本章介绍最简单的前馈型神经网络，也称为多层感知器(Multi-Layer Perceptron，MLP)模型或全连接神经网络，其他类型的神经网络会在后面的各章中介绍。前馈型神经网络具有分层结构，每一层的神经元从上一层神经元接收数据，经过计算之后产生输出数据，送入下一层神经元继续处理，最后一层神经元的输出是神经网络最终的输出值。

## 9.1 多层前馈型神经网络

本节将介绍神经元、神经元层的工作机理，以及前馈型神经网络的结构和正向传播算法的原理。

### 9.1.1 神经元

大脑的神经元通过突触与其他神经元相连接，接收来自其他神经元的信号，经过汇总处理之后产生输出。在人工神经网络中，神经元的作用与此类似。图 9.1 是一个神经元的示意图，左侧为输入数据，右侧为输出数据。

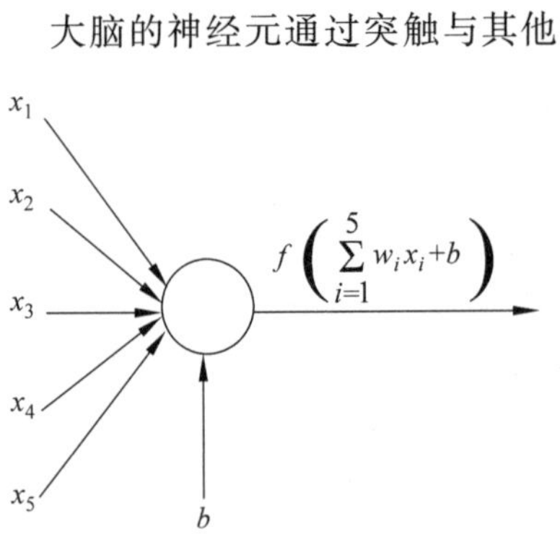


图 9.1 一个神经元的示意图

这个神经元接收的输入信号为向量$(x_1, x_2, x_3, x_4, x_5)$，向量$(w_1, w_2, w_3, w_4, w_5)$为输入向量的组合权重，$b$ 为偏置项，是一个标量。神经元的作用是对输入向量进行加权求和，并加上偏置项，最后经过激活函数变换产生输出：

$$y = f\left(\sum_{i=1}^{5} w_i x_i + b\right)$$

为表述简洁，把上面的公式写成向量和矩阵形式。对于每个神经元，假设它接收的上一层节点的输入为向量 $\boldsymbol{x}$，本节点的权重向量为 $\boldsymbol{w}$，偏置项为 $b$，该神经元的输出值为

$$f(\boldsymbol{w}^{\mathrm{T}} \boldsymbol{x} + b)$$

即先计算输入向量与权重向量的内积，加上偏置项，再送入一个函数进行变换，最后得到输出。这个函数称为激活函数，一种典型的激活函数是 sigmoid 函数。为什么需要激活函数以及什么样的函数可以充当激活函数，后面会给出解释。sigmoid 函数定义为

$$\sigma(x) = \frac{1}{1 + \exp(-x)}$$

这个函数也被用于 logistic 回归，会在第 11 章介绍。该函数的值域为(0,1)，是一个单调增函数。sigmoid 函数的导数为

$$\sigma'(x) = \sigma(x)(1 - \sigma(x))$$

按照这个公式，根据函数值可以很方便地计算出导数值，在反向传播算法中会看到这种特性带来的好处。sigmoid 函数的图像如图 9.2 所示。

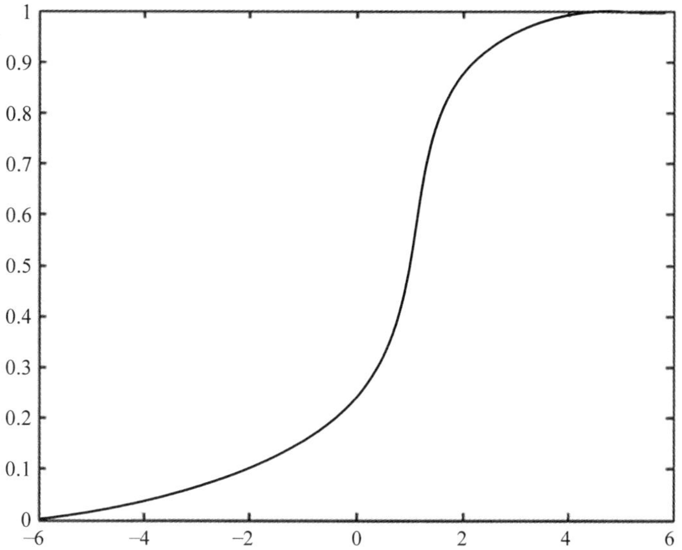


**图 9.2　sigmoid 函数的图像**

在 0 点处，该函数的导数有最大值 0.25，远离 0 点处的导数值逐渐减少，函数的图像是一个 S 形曲线。

### 9.1.2　网络结构

用于分类问题时，神经网络一般有多个层。第一层为输入层，对应输入向量，神经元的数量等于特征向量的维数，这个层不对数据进行处理，只是将输入向量送入下一层中进行计算。中间为隐含层，可能有多个。最后是输出层，神经元的数量等于要分类的类别数，输出层的输出值被用来做分类预测。

下面来看一个简单神经网络的例子，如图 9.3 所示。

这个神经网络有3层。第一层是输入层，对应的输入向量为 $\boldsymbol{x}$，有3个神经元，写成分量形式为$(x_1,x_2,x_3)$，它们不对数据做任何处理，直接原样送入下一层。中间层有4个神经元，接收的输入数据为向量 $\boldsymbol{x}$，输出向量为 $\boldsymbol{y}$，写成分量形式为$(y_1,y_2,y_3,y_4)$。第三个层为输出层，接收的输入数据为向量 $\boldsymbol{y}$，输出向量为 $\boldsymbol{z}$，写成分量形式为$(z_1,z_2)$。第一层到第二层的权重矩阵为 $\boldsymbol{W}^{(1)}$，第二层到第三层的权重矩阵为 $\boldsymbol{W}^{(2)}$。权重矩阵的每一行为一个权重向量，是上一层所有神经元到本层某一个神经元的连接权重，这里的上标表示层数。

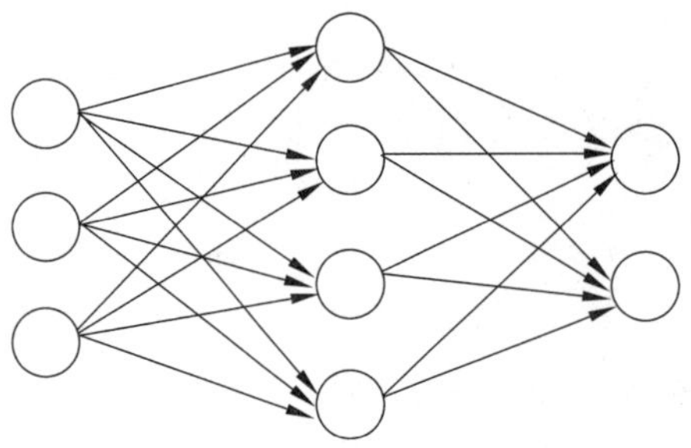

**图 9.3 一个简单的神经网络**

如果激活函数选用 sigmoid 函数，则第二层神经元的输出值为

$$y_1=\frac{1}{1+\exp\left(-\left(w_{11}^{(1)}x_1+w_{12}^{(1)}x_2+w_{13}^{(1)}x_3+b_1^{(1)}\right)\right)}$$

$$y_2=\frac{1}{1+\exp\left(-\left(w_{21}^{(1)}x_1+w_{22}^{(1)}x_2+w_{23}^{(1)}x_3+b_2^{(1)}\right)\right)}$$

$$y_3=\frac{1}{1+\exp\left(-\left(w_{31}^{(1)}x_1+w_{32}^{(1)}x_2+w_{33}^{(1)}x_3+b_3^{(1)}\right)\right)}$$

$$y_4=\frac{1}{1+\exp\left(-\left(w_{41}^{(1)}x_1+w_{42}^{(1)}x_2+w_{43}^{(1)}x_3+b_4^{(1)}\right)\right)}$$

第三层神经元的输出值为

$$z_1=\frac{1}{1+\exp\left(-\left(w_{11}^{(2)}y_1+w_{12}^{(2)}y_2+w_{13}^{(2)}y_3+w_{14}^{(2)}y_4+b_1^{(2)}\right)\right)}$$

$$z_2=\frac{1}{1+\exp\left(-\left(w_{21}^{(2)}y_1+w_{22}^{(2)}y_2+w_{23}^{(2)}y_3+w_{24}^{(2)}y_4+b_2^{(2)}\right)\right)}$$

如果把 $y_i$ 代入上面二式中，可以将输出向量 $\boldsymbol{z}$ 表示成输出向量 $\boldsymbol{x}$ 的函数。通过调整权重矩阵和偏置项可以实现不同的函数映射，即从输入向量到输出向量的映射，因此，神经网络就是一个复合函数。

神经网络通过激活函数而具有非线性，通过调整权重形成不同的映射函数。现实应用中要拟合的函数一般是非线性的，线性函数无论怎样复合最终都是线性函数，因此，必须使用非线性激活函数。

还没有解决的一个核心问题是一旦神经网络的结构(即神经元层数、每层神经元数量)确定之后，怎样得到权重矩阵和偏置项。这些参数是通过训练得到的，在9.2节中会详细介绍。

### 9.1.3 正向传播算法

下面把这个简单的例子推广到更一般的情况。假设神经网络的输入是 $n$ 维向量 $\boldsymbol{x}$，输出是 $m$ 维向量 $\boldsymbol{y}$，它实现了如下向量到向量的映射：

$$\mathbb{R}^n \rightarrow \mathbb{R}^m$$

把这个函数记为

$$\boldsymbol{y} = h(\boldsymbol{x})$$

用于分类问题时，比较输出向量中每个分量的大小，求其最大值，最大值对应的分量下标即为分类的结果。用于回归问题时，直接将输出向量作为回归值。

神经网络第 $l$ 层的变换写成矩阵和向量形式为

$$\boldsymbol{u}^{(l)} = \boldsymbol{W}^{(l)}\boldsymbol{x}^{(l-1)} + \boldsymbol{b}^{(l)}$$

$$\boldsymbol{x}^{(l)} = f(\boldsymbol{u}^{(l)})$$

其中，$\boldsymbol{x}^{(l-1)}$ 为前一层（第 $l-1$ 层）的输出向量，也是本层接收的输入向量；$\boldsymbol{W}^{(l)}$ 为本层神经元和上一层神经元的连接权重矩阵，是一个 $s_l \times s_{l-1}$ 的矩阵，其中，$s_l$ 为本层神经元数量，$s_{l-1}$ 为前一层神经元数量，$\boldsymbol{W}^{(l)}$ 的每个行为本层一个神经元与上一层所有神经元的权重向量；$\boldsymbol{b}^{(l)}$ 为本层的偏置向量，是一个 $s_l$ 维的列向量。激活函数分别作用于输入向量的每一个分量，产生一个向量输出。

在计算网络输出值的时候，从输入层开始，对于每一层都用上面的两个公式进行计算，最后得到神经网络的输出，这个过程称为正向传播，用于神经网络的预测阶段，以及训练时的正向传播阶段。

可以将前面例子中的 3 层神经网络实现的映射写成如下完整形式：

$$\boldsymbol{z} = f(\boldsymbol{W}^{(2)} f(\boldsymbol{W}^{(1)}\boldsymbol{x} + \boldsymbol{b}^{(1)}) + \boldsymbol{b}^{(2)})$$

从上式可以看出，这个神经网络是一个 2 层复合函数。如果令

$$\boldsymbol{y} = f(\boldsymbol{W}^{(1)}\boldsymbol{x} + \boldsymbol{b}^{(1)})$$

上式可以写成

$$\boldsymbol{y} = f(\boldsymbol{W}^{(1)}\boldsymbol{x} + \boldsymbol{b}^{(1)})$$

$$\boldsymbol{z} = f(\boldsymbol{W}^{(2)}\boldsymbol{y} + \boldsymbol{b}^{(2)})$$

下面给出正向传播算法的流程。假设神经网络有 $m$ 层，第一层为输入层，输入向量为 $\boldsymbol{x}$，第 $l$ 层的权重矩阵为 $\boldsymbol{W}^{(l)}$，偏置向量为 $\boldsymbol{b}^{(l)}$。正向传播算法的流程为

设置 $\boldsymbol{x}^{(1)} = \boldsymbol{x}$
循环 $l=2,3,\cdots,m$，对每一层
　　计算 $\boldsymbol{u}^{(l)} = \boldsymbol{W}^{(l)}\boldsymbol{x}^{(l-1)} + \boldsymbol{b}^{(l)}$
　　计算 $\boldsymbol{x}^{(l)} = f(\boldsymbol{u}^{(l)})$
结束循环
输出向量 $\boldsymbol{x}^{(m)}$，作为神经网络的预测值

## 9.2 反向传播算法

本节介绍神经网络的训练算法——反向传播算法。首先推导前面例子中 3 层神经网络的训练算法，接下来把它推广到更一般的情况，得到通用的反向传播算法。

### 9.2.1 一个简单的例子

首先以前面的 3 层神经网络为例，推导损失函数对神经网络所有参数梯度的计算方法。假设训练样本集中有 $m$ 个样本 $(\boldsymbol{x}_i, \boldsymbol{z}_i)$。现在要确定神经网络的映射函数：

$$z = h(x)$$

什么样的函数能很好地解释这批训练样本？答案是神经网络的预测输出要尽可能地接近样本的标签值，即在训练集上最小化预测误差。如果使用均方误差，则优化的目标为

$$L = \frac{1}{2m}\sum_{i=1}^{m} \| h(\boldsymbol{x}_i) - \boldsymbol{z}_i \|^2$$

其中，$h(\boldsymbol{x})$和 $\boldsymbol{z}_i$ 都是向量。上面的误差也称为欧氏距离损失函数，除此之外还可以使用其他损失函数，如交叉熵、对比损失等，这些损失函数在第 15 章中介绍。

优化目标函数的自变量是各层的权重矩阵 $\boldsymbol{W}^{(i)}$ 和梯度向量 $\boldsymbol{b}^{(i)}$，一般情况下无法保证目标函数是凸函数，因此，这不是一个凸优化问题，有陷入局部极小值的风险，这是神经网络之前一直被诟病的一个问题。可以使用梯度下降法进行求解，对于非凸优化问题梯度下降法只能保证收敛到局部最小值点。使用梯度下降法需要计算出损失函数对所有权重矩阵、偏置向量的梯度值，接下来的关键是这些梯度值的计算。在这里我们先将问题简化，只考虑对单个样本的损失函数：

$$L = \frac{1}{2} \| h(\boldsymbol{x}) - \boldsymbol{z} \|^2$$

后面如果不加说明，都使用这种单样本的损失函数。如果计算出了对单个样本损失函数的梯度值，对这些梯度值计算均值就可以得到整个目标函数的梯度值。

由于 $\boldsymbol{W}^{(1)}$ 和 $\boldsymbol{b}^{(1)}$ 要被代入到网络的后一层中，是复合函数的内层变量，先考虑外层的 $\boldsymbol{W}^{(2)}$ 和 $\boldsymbol{b}^{(2)}$。权重矩阵 $\boldsymbol{W}^{(2)}$ 是一个 2×4 的矩阵，它的两个行分别为向量 $\boldsymbol{w}_1^{(2)}$ 和 $\boldsymbol{w}_2^{(2)}$，$\boldsymbol{b}^{(2)}$ 是一个二维的列向量，它的两个元素为 $b_1^{(2)}$ 和 $b_2^{(2)}$。网络的输入是向量 $\boldsymbol{x}$，第一层映射之后的输出是向量 $\boldsymbol{y}$。

首先计算损失函数对权重矩阵每个元素的偏导数，将欧氏距离损失函数展开，有

$$\frac{\partial L}{\partial w_{ij}^{(2)}} = \frac{\partial \frac{1}{2}((f(\boldsymbol{w}_1^{(2)}\boldsymbol{y} + b_1^{(2)}) - z_1)^2 + (f(\boldsymbol{w}_2^{(2)}\boldsymbol{y} + b_2^{(2)}) - z_2)^2)}{\partial w_{ij}^{(2)}}$$

如果 $i=1$，即对权重矩阵第一行的元素求导，上式分子中的后半部分对 $w_{ij}$ 来说是常数。根据链式法则有

$$\begin{aligned}\frac{\partial L}{\partial w_{ij}^{(2)}} &= (f(\boldsymbol{w}_1^{(2)}\boldsymbol{y} + b_1^{(2)}) - z_1) f'(\boldsymbol{w}_1^{(2)}\boldsymbol{y} + b_1^{(2)}) \frac{\partial(\boldsymbol{w}_1^{(2)}\boldsymbol{y} + b_1^{(2)})}{\partial w_{ij}^{(2)}} \\ &= (f(\boldsymbol{w}_1^{(2)}\boldsymbol{y} + b_1^{(2)}) - z_1) f'(\boldsymbol{w}_1^{(2)}\boldsymbol{y} + b_1^{(2)}) \frac{\partial\left(\sum_{k=1}^{4} w_{1k}^{(2)} y_k + b_1^{(2)}\right)}{\partial w_{ij}^{(2)}} \\ &= (f(\boldsymbol{w}_1^{(2)}\boldsymbol{y} + b_1^{(2)}) - z_1) f'(\boldsymbol{w}_1^{(2)}\boldsymbol{y} + b_1^{(2)}) y_j\end{aligned}$$

如果 $i=2$，即对矩阵第二行的元素求导，类似地有

$$\frac{\partial L}{\partial w_{ij}^{(2)}} = (f(\boldsymbol{w}_2^{(2)}\boldsymbol{y} + b_2^{(2)}) - z_2) f'(\boldsymbol{w}_2^{(2)}\boldsymbol{y} + b_2^{(2)}) y_j$$

这可以统一写成

$$\frac{\partial L}{\partial w_{ij}^{(2)}} = (f(\boldsymbol{w}_i^{(2)}\boldsymbol{y} + b_i^{(2)}) - z_i) f'(\boldsymbol{w}_i^{(2)}\boldsymbol{y} + b_i^{(2)}) y_j$$

可以发现，第一个下标 $i$ 决定了权重矩阵的第 $i$ 行和偏置向量的第 $i$ 个分量，第二个下

标 $j$ 决定了向量 $\boldsymbol{y}$ 的第 $j$ 个分量。这可以看成是一个列向量与一个行向量相乘的结果，写成矩阵形式为

$$\nabla_{W^{(2)}} L=(f(\boldsymbol{W}^{(2)}\boldsymbol{y}+b^{(2)})-z)\odot f'(\boldsymbol{W}^{(2)}\boldsymbol{y}+b^{(2)})\boldsymbol{y}^{\mathrm{T}}$$

上式中乘法⊙为向量对应元素相乘，第二个乘法是矩阵乘法。$f(\boldsymbol{W}^{(2)}\boldsymbol{y}+b^{(2)})-\boldsymbol{z}$ 是一个二维列向量，$f'(\boldsymbol{W}^{(2)}\boldsymbol{y}+b^{(2)})$ 也是一个二维列向量，两个向量执行⊙运算的结果还是一个二维列向量。$\boldsymbol{y}$ 是一个 4 元素的列向量，其转置为四维行向量，前面这个二维列向量与 $\boldsymbol{y}^{\mathrm{T}}$ 的乘积为 2×4 的矩阵，这正好与矩阵 $\boldsymbol{W}^{(2)}$ 的尺寸相等。在上面的公式中，权重的偏导数在求和项中由 3 部分组成，分别是网络输出值与真实标签值的误差 $f(\boldsymbol{W}^{(2)}\boldsymbol{y}+b^{(2)})-\boldsymbol{z}$、激活函数的导数 $f'(\boldsymbol{W}^{(2)}\boldsymbol{y}+b^{(2)})$、本层的输入值 $\boldsymbol{y}$。神经网络的输出值、激活函数的导数值、本层的输入值都可以在正向传播时得到，因此可以高效地计算出来。对所有训练样本的偏导数计算均值，可以得到总的偏导数。

偏置项的偏导数为

$$\frac{\partial((f(\boldsymbol{w}_1^{(2)}\boldsymbol{y}+b_1^{(2)})-z_1)^2+(f(\boldsymbol{w}_2^{(2)}\boldsymbol{y}+b_2^{(2)})-z_2)^2)}{\partial b_i^{(2)}}$$

如果 $i=1$，上式分子中的后半部分对 $b_1$ 来说是常数，有

$$\begin{aligned}\frac{\partial L}{\partial b_1^{(2)}}&=(f(\boldsymbol{w}_1^{(2)}\boldsymbol{y}+b_1^{(2)})-z_1)f'(\boldsymbol{w}_1^{(2)}\boldsymbol{y}+b_1^{(2)})\frac{\partial(\boldsymbol{w}_1^{(2)}\boldsymbol{y}+b_1^{(2)})}{\partial b_1^{(2)}}\\&=(f(\boldsymbol{w}_1^{(2)}\boldsymbol{y}+b_1^{(2)})-z_1)f'(\boldsymbol{w}_1^{(2)}\boldsymbol{y}+b_1^{(2)})\end{aligned}$$

如果 $i=2$，类似地有

$$\frac{\partial L}{\partial b_2^{(2)}}=(f(\boldsymbol{w}_2^{(2)}\boldsymbol{y}+b_2^{(2)})-z_2)f'(\boldsymbol{w}_2^{(2)}\boldsymbol{y}+b_2^{(2)})$$

这可以统一写成

$$\frac{\partial L}{\partial b_i^{(2)}}=(f(\boldsymbol{w}_i^{(2)}\boldsymbol{y}+b_i^{(2)})-z_i)f'(\boldsymbol{w}_i^{(2)}\boldsymbol{y}+b_i^{(2)})$$

写成矩阵形式为

$$\nabla_{b^{(2)}} L=(f(\boldsymbol{W}^{(2)}\boldsymbol{y}+b^{(2)})-z)\odot f'(\boldsymbol{W}^{(2)}\boldsymbol{y}+b^{(2)})$$

偏置项的导数由两部分组成，分别是神经网络预测值与真实值之间的误差、激活函数的导数值，与权重矩阵的偏导数相比唯一的区别是少了 $\boldsymbol{y}^{\mathrm{T}}$。

接下来计算对 $\boldsymbol{W}^{(1)}$ 和 $\boldsymbol{b}^{(1)}$ 的偏导数，由于是复合函数的内层，情况更为复杂。$\boldsymbol{W}^{(1)}$ 是一个 4×3 的矩阵，它的 4 个行向量为 $\boldsymbol{w}_1^{(1)}$、$\boldsymbol{w}_2^{(1)}$、$\boldsymbol{w}_3^{(1)}$、$\boldsymbol{w}_4^{(1)}$。偏置项 $\boldsymbol{b}^{(1)}$ 是四维向量，4 个分量分别是 $b_1^{(1)}$、$b_2^{(1)}$、$b_3^{(1)}$、$b_4^{(1)}$。首先计算损失函数对 $\boldsymbol{W}^{(1)}$ 的元素的偏导数：

$$\frac{\partial L}{\partial w_{ij}^{(1)}}=\frac{\partial\,\frac{1}{2}((f(\boldsymbol{w}_1^{(2)}\boldsymbol{y}+b_1^{(2)})-z_1)^2+(f(\boldsymbol{w}_2^{(2)}\boldsymbol{y}+b_2^{(2)})-z_2)^2)}{\partial w_{ij}^{(1)}}$$

而

$$\boldsymbol{y}=f(\boldsymbol{W}^{(1)}\boldsymbol{x}+\boldsymbol{b}^{(1)})$$

上式分子中的两部分都有 $\boldsymbol{y}$，因此都与 $\boldsymbol{W}^{(1)}$ 有关。为了表述简洁，令

$$\boldsymbol{u}^{(2)}=\boldsymbol{W}^{(2)}\boldsymbol{y}+\boldsymbol{b}^{(2)}$$

根据链式法则有

$$\frac{\partial L}{\partial w_{ij}^{(1)}}=(f(u_1^{(2)})-z_1)f'(u_1^{(2)})\frac{\partial\boldsymbol{w}_1^{(2)}\boldsymbol{y}}{\partial w_{ij}^{(1)}}+(f(u_2^{(2)})-z_2)f'(u_2^{(2)})\frac{\partial\boldsymbol{w}_2^{(2)}\boldsymbol{y}}{\partial w_{ij}^{(1)}}$$

其中，$f(u_1^{(2)})-z_1$ 和 $f'(u_1^{(2)})$、$f(u_2^{(2)})-z_2$ 和 $f'(u_2^{(2)})$都是标量，$\boldsymbol{w}_1^{(2)}\boldsymbol{y}$ 和 $\boldsymbol{w}_2^{(2)}\boldsymbol{y}$ 是两个向量的内积，$\boldsymbol{y}$ 的每一个分量都是 $w_{ij}^{(1)}$ 的函数。接下来计算$\frac{\partial \boldsymbol{w}_1^{(2)}\boldsymbol{y}}{\partial w_{ij}^{(1)}}$和$\frac{\partial \boldsymbol{w}_2^{(2)}\boldsymbol{y}}{\partial w_{ij}^{(1)}}$：

$$\frac{\partial \boldsymbol{w}_1^{(2)}\boldsymbol{y}}{\partial w_{ij}^{(1)}} = \boldsymbol{w}_1^{(2)} \frac{\partial \boldsymbol{y}}{\partial w_{ij}^{(1)}}$$

这里的$\frac{\partial \boldsymbol{y}}{\partial w_{ij}^{(1)}}$是一个向量，表示 $\boldsymbol{y}$ 的每个分量分别对 $w_{ij}^{(1)}$ 求导。当 $i=1$ 时有

$$\frac{\partial \boldsymbol{y}}{\partial w_{ij}^{(1)}} = \begin{bmatrix} \frac{\partial y_1}{\partial w_{ij}^{(1)}} \\ \frac{\partial y_2}{\partial w_{ij}^{(1)}} \\ \frac{\partial y_3}{\partial w_{ij}^{(1)}} \\ \frac{\partial y_4}{\partial w_{ij}^{(1)}} \end{bmatrix} = \begin{bmatrix} f'(\boldsymbol{w}_1^{(1)}\boldsymbol{x}+b_1^{(1)})x_j \\ 0 \\ 0 \\ 0 \end{bmatrix}$$

后面 3 个分量相对于求导变量 $w_{ij}^{(1)}$ 都是常数。类似地，当 $i=2$ 时有

$$\frac{\partial \boldsymbol{y}}{\partial w_{ij}^{(1)}} = \begin{bmatrix} \frac{\partial y_1}{\partial w_{ij}^{(1)}} \\ \frac{\partial y_2}{\partial w_{ij}^{(1)}} \\ \frac{\partial y_3}{\partial w_{ij}^{(1)}} \\ \frac{\partial y_4}{\partial w_{ij}^{(1)}} \end{bmatrix} = \begin{bmatrix} 0 \\ f'(\boldsymbol{w}_2^{(1)}\boldsymbol{x}+b_1^{(1)})x_j \\ 0 \\ 0 \end{bmatrix}$$

$i=3$ 和 $i=4$ 时的结果以此类推。综合起来有

$$\frac{\partial \boldsymbol{w}_1^{(2)}\boldsymbol{y}}{\partial w_{ij}^{(1)}} = w_{1i}^{(2)} f'(\boldsymbol{w}_i^{(1)}\boldsymbol{x}+b_i^{(1)})x_j$$

同理有

$$\frac{\partial \boldsymbol{w}_2^{(2)}\boldsymbol{y}}{\partial w_{ij}^{(1)}} = w_{2i}^{(2)} f'(\boldsymbol{w}_i^{(1)}\boldsymbol{x}+b_i^{(1)})x_j$$

如果令

$$\boldsymbol{u}^{(1)} = \boldsymbol{W}^{(1)}\boldsymbol{x}+\boldsymbol{b}^{(1)}$$

合并得到

$$\begin{aligned}\frac{\partial L}{\partial w_{ij}^{(1)}} &= (f(u_1^{(2)})-z_1)f'(u_1^{(2)})\frac{\partial \boldsymbol{w}_1^{(2)}\boldsymbol{y}}{\partial w_{ij}^{(1)}} + (f(u_2^{(2)})-z_2)f'(u_2^{(2)})\frac{\partial \boldsymbol{w}_2^{(2)}\boldsymbol{y}}{\partial w_{ij}^{(1)}} \\ &= (f(u_1^{(2)})-z_1)f'(u_1^{(2)})w_{1i}^{(2)}f'(u_1^{(1)})x_j + (f(u_2^{(2)})-z_2)f'(u_2^{(2)})w_{2i}^{(2)}f'(u_2^{(1)})x_j \\ &= [w_{1i}^{(2)} \quad w_{2i}^{(2)}]((f(\boldsymbol{u}^{(2)})-\boldsymbol{z})\odot f'(\boldsymbol{u}^{(2)})\odot f'(\boldsymbol{u}^{(1)}))x_j\end{aligned}$$

写成矩阵形式为

$$\nabla_{\boldsymbol{W}^{(1)}} L = (\boldsymbol{W}^{(2)})^{\mathrm{T}}((f(\boldsymbol{u}^{(2)})-\boldsymbol{z})\odot f'(\boldsymbol{u}^{(2)})\odot f'(\boldsymbol{u}^{(1)}))\boldsymbol{x}^{\mathrm{T}}$$

最后计算偏置项的偏导数：

$$\frac{\partial L}{\partial b_i^{(1)}} = (f(u_1^{(2)})-z_1)f'(u_1^{(2)})\frac{\partial \boldsymbol{w}_1^{(2)}\boldsymbol{y}}{\partial b_i^{(1)}} + (f(u_2^{(2)})-z_2)f'(u_2^{(2)})\frac{\partial \boldsymbol{w}_2^{(2)}\boldsymbol{y}}{\partial b_i^{(1)}}$$

类似地，可得到

$$\frac{\partial \boldsymbol{w}_1^{(2)} \boldsymbol{y}}{\partial b_i^{(1)}} = w_{1i}^{(2)} f'(\boldsymbol{w}_i^{(1)} \boldsymbol{x} + b_i^{(1)})$$

合并后得到

$$\begin{aligned}\frac{\partial L}{\partial b_i^{(1)}} &= (f(u_1^{(2)}) - z_1) f'(u_1^{(2)}) \frac{\partial \boldsymbol{w}_1^{(2)} \boldsymbol{y}}{\partial b_i^{(1)}} + (f(u_2^{(2)}) - z_2) f'(u_2^{(2)}) \frac{\partial \boldsymbol{w}_2^{(2)} \boldsymbol{y}}{\partial b_i^{(1)}} \\ &= (f(u_1^{(2)}) - z_1) f'(u_1^{(2)}) w_{1i}^{(2)} f'(u_1^{(1)}) + (f(u_2^{(2)}) - z_2) f'(u_2^{(2)}) w_{2i}^{(2)} f'(u_2^{(1)}) \\ &= \begin{bmatrix} w_{1i}^{(2)} & w_{2i}^{(2)} \end{bmatrix} ((f(\boldsymbol{u}^{(2)}) - \boldsymbol{z}) \odot f'(\boldsymbol{u}^{(2)}) \odot f'(\boldsymbol{u}^{(1)}))\end{aligned}$$

写成矩阵形式为

$$\nabla_{b^{(1)}} L = (\boldsymbol{W}^{(2)})^{\mathrm{T}} ((f(\boldsymbol{u}^{(2)}) - \boldsymbol{z}) \odot f'(\boldsymbol{u}^{(2)}) \odot f'(\boldsymbol{u}^{(1)}))$$

至此，得到了这个简单网络对所有参数的偏导数，接下来将这种做法推广到更一般的情况。从上面的结果可以看出一个规律，输出层的权重矩阵和偏置向量梯度计算公式中共用了$(f(\boldsymbol{u}^{(2)})-\boldsymbol{z}) \odot f'(\boldsymbol{u}^{(2)})$。对于隐含层也有类似的结果。

### 9.2.2 完整的算法

现在考虑一般的情况，即反向传播算法，它由 Rumelhart 等人在 1986 年提出[3]。假设有 $m$ 个训练样本$(\boldsymbol{x}_i, \boldsymbol{y}_i)$，$\boldsymbol{x}_i$ 为输入向量，$\boldsymbol{y}_i$ 为标签向量。训练的目标是最小化样本标签值与神经网络预测值之间的误差，如果使用均方误差，则优化的目标为

$$L(W) = \frac{1}{2m} \sum_{i=1}^{m} \| h(\boldsymbol{x}_i) - \boldsymbol{y}_i \|^2$$

其中，$W$ 为神经网络所有参数的集合，包括各层的权重和偏置。这个最优化问题是一个不带约束条件的问题，可以用梯度下降法求解。

上面的误差函数定义在整个训练样本集上，梯度下降法每一次迭代利用了所有训练样本，称为批量梯度下降法。如果样本数量很大，每次迭代都用所有样本进计算成本太高。为了解决这个问题，可以采用单样本梯度下降法，将上面的损失函数写成对单个样本的损失函数之和：

$$L(W) = \frac{1}{m} \sum_{i=1}^{m} \left( \frac{1}{2} \| h(\boldsymbol{x}_i) - \boldsymbol{y}_i \|^2 \right)$$

定义对单个样本$(\boldsymbol{x}_i, \boldsymbol{y}_i)$的损失函数为

$$L_i = L(W, \boldsymbol{x}_i, \boldsymbol{y}_i) = \frac{1}{2} \| h(\boldsymbol{x}_i) - \boldsymbol{y}_i \|^2$$

如果采用单个样本进行迭代，梯度下降法第 $t+1$ 次迭代时参数的更新公式为

$$W_{t+1} = W_t - \eta \nabla_W L_i(W_t)$$

如果要用所有样本进行迭代，根据单个样本的损失函数梯度计算总损失梯度即可，即所有样本梯度的均值。

用梯度下降法求解需要初始化优化变量的值。一般初始化为一个随机数，如用正态分布 $N(0,\sigma^2)$产生这些随机数，其中，$\sigma$ 是一个很小的正数。还有更复杂的初始化方法，在后面会详细介绍。

到目前为止还有一个关键问题没有解决：目标函数是一个多层的复合函数，因为神经网络中每一层都有权重矩阵和偏置向量，且每一层的输出将会作为下一层的输入。因此，直

接计算损失函数对所有权重和偏置的梯度很复杂,需要使用复合函数的求导公式进行递推计算。

在进行推导之前,首先来看下面几种复合函数的求导。有如下线性映射函数:

$$\boldsymbol{y}=\boldsymbol{W}\boldsymbol{x}$$

其中,$\boldsymbol{x}$ 是 $n$ 维向量,$\boldsymbol{W}$ 是 $m\times n$ 的矩阵,$\boldsymbol{y}$ 是 $m$ 维向量。

**问题 1**:假设有函数 $f(\boldsymbol{y})$,如果把 $\boldsymbol{x}$ 看成常数,$\boldsymbol{y}$ 看成 $\boldsymbol{W}$ 的函数,如何根据$\nabla_{y}f$ 计算$\nabla_{W}f$?根据链式法则,由于 $w_{ij}$ 只和 $y_i$ 有关,和其他 $y_k(k\neq i)$无关,因此有

$$\frac{\partial f}{\partial w_{ij}}=\sum_{k=1}^{m}\frac{\partial f}{\partial y_k}\frac{\partial y_k}{\partial w_{ij}}=\sum_{k=1}^{m}\left(\frac{\partial f}{\partial y_k}\frac{\partial\sum_{l=1}^{n}(w_{kl}x_l)}{\partial w_{ij}}\right)=\frac{\partial f}{\partial y_i}\frac{\partial\sum_{l=1}^{n}(w_{il}x_l)}{\partial w_{ij}}=\frac{\partial f}{\partial y_i}x_j$$

对于 $\boldsymbol{W}$ 的所有元素有

$$\begin{bmatrix}\frac{\partial f}{\partial w_{11}} & \cdots & \frac{\partial f}{\partial w_{1n}}\\ \vdots & \vdots & \vdots\\ \frac{\partial f}{\partial w_{m1}} & \cdots & \frac{\partial f}{\partial w_{mn}}\end{bmatrix}=\begin{bmatrix}\frac{\partial f}{\partial y_1}x_1 & \cdots & \frac{\partial f}{\partial y_1}x_n\\ \vdots & \vdots & \vdots\\ \frac{\partial f}{\partial y_m}x_1 & \cdots & \frac{\partial f}{\partial y_m}x_n\end{bmatrix}=\begin{bmatrix}\frac{\partial f}{\partial y_1}\\ \vdots\\ \frac{\partial f}{\partial y_m}\end{bmatrix}[x_1\ \cdots\ x_n]$$

写成矩阵形式为

$$\nabla_{W}f=(\nabla_{y}f)\boldsymbol{x}^{\mathrm{T}}$$

**问题 2**:如果将 $\boldsymbol{W}$ 看成常数,$\boldsymbol{y}$ 将看成 $\boldsymbol{x}$ 的函数,如何根据$\nabla_{y}f$ 计算$\nabla_{x}f$?由于任意的 $x_i$ 和所有的 $\boldsymbol{y}_j$ 都有关系,根据链式法则有

$$\frac{\partial f}{\partial x_i}=\sum_{j=1}^{m}\frac{\partial f}{\partial y_j}\frac{\partial y_j}{\partial x_i}=\sum_{j=1}^{m}\frac{\partial f}{\partial y_j}\frac{\partial\left(\sum_{k=1}^{n}w_{jk}x_k\right)}{\partial x_i}=\sum_{j=1}^{m}\frac{\partial f}{\partial y_i}w_{ji}=[w_{1i}\ \cdots\ w_{mi}]\nabla_{y}f$$

写成矩阵形式为

$$\nabla_{x}f=\boldsymbol{W}^{\mathrm{T}}\nabla_{y}f$$

这是一个对称的结果,在计算函数映射时用矩阵 $\boldsymbol{W}$ 乘以向量 $\boldsymbol{x}$ 得到 $\boldsymbol{y}$,在求梯度时用矩阵 $\boldsymbol{W}$ 的转置乘以 $\boldsymbol{y}$ 的梯度得到 $\boldsymbol{x}$ 的梯度。

**问题 3**:如果有向量到向量的映射:

$$\boldsymbol{y}=g(\boldsymbol{x})$$

写成分量形式为

$$y_i=g(x_i)$$

在这里每个 $y_i$ 只和对应的 $x_i$ 有关,与其他所有 $x_j(j\neq i)$无关,且每个分量采用了相同的映射函数 $g$。对于函数 $f(\boldsymbol{y})$,如何根据$\nabla_{y}f$ 计算$\nabla_{x}f$?根据链式法则,由于每个 $y_i$ 只和对应的 $x_i$ 有关,有

$$\frac{\partial f}{\partial x_i}=\frac{\partial f}{\partial y_i}\frac{\partial y_i}{\partial x_i}$$

写成矩阵形式为

$$\nabla_{x}f=\nabla_{y}f\odot g'(\boldsymbol{x})$$

即两个向量对应元素相乘,这种乘法在 9.2.1 节已经介绍。

**问题 4**：接下来我们考虑更复杂的情况，如果有下面的复合函数：

$$\boldsymbol{u} = \boldsymbol{W}\boldsymbol{x}$$

$$\boldsymbol{y} = g(\boldsymbol{u})$$

其中，$g$ 是向量对应元素一对一映射，即

$$y_i = g(x_i)$$

如果有函数 $f(\boldsymbol{y})$，如何根据$\nabla_{\boldsymbol{y}} f$ 计算$\nabla_{\boldsymbol{x}} f$？在这里有两层复合，首先是从 $\boldsymbol{x}$ 到 $\boldsymbol{u}$，然后是从 $\boldsymbol{u}$ 到 $\boldsymbol{y}$。根据问题 2 和问题 3 的结论，有

$$\nabla_{\boldsymbol{x}} f = \boldsymbol{W}^{\mathrm{T}}(\nabla_{\boldsymbol{u}} f) = \boldsymbol{W}^{\mathrm{T}}((\nabla_{\boldsymbol{y}} f) \odot g'(\boldsymbol{u}))$$

**问题 5**：$\boldsymbol{x}$ 是 $n$ 维向量，$\boldsymbol{y}$ 是 $m$ 维向量，有映射 $\boldsymbol{y}=g(\boldsymbol{x})$，即

$$y_i = g_i(x_1, x_2, \cdots, x_n), \quad i = 1, 2, \cdots, m$$

这里的映射方式和上面介绍的不同。对于向量 $\boldsymbol{y}$ 的每个分量 $y_i$，映射函数 $g_i$ 不同，而且 $y_i$ 和向量 $\boldsymbol{x}$ 的每个分量 $x_j$ 有关。对于函数 $f(\boldsymbol{y})$，如何根据$\nabla_{\boldsymbol{y}} f$ 计算$\nabla_{\boldsymbol{x}} f$？根据链式法则，由于任何的 $y_i$ 和任何的 $x_j$ 都有关系，因此有

$$\frac{\partial f}{\partial x_j} = \sum_{i=1}^{m} \frac{\partial f}{\partial y_i} \frac{\partial y_i}{\partial x_j} = \begin{bmatrix} \dfrac{\partial y_1}{\partial x_j} & \cdots & \dfrac{\partial y_m}{\partial x_j} \end{bmatrix} \begin{bmatrix} \dfrac{\partial f}{\partial y_1} \\ \vdots \\ \dfrac{\partial f}{\partial y_m} \end{bmatrix}$$

对于所有元素有

$$\begin{bmatrix} \dfrac{\partial f}{\partial x_1} \\ \vdots \\ \dfrac{\partial f}{\partial x_n} \end{bmatrix} = \begin{bmatrix} \dfrac{\partial y_1}{\partial x_1} & \vdots & \dfrac{\partial y_m}{\partial x_1} \\ \vdots & \vdots & \vdots \\ \dfrac{\partial y_1}{\partial x_n} & \vdots & \dfrac{\partial y_m}{\partial x_n} \end{bmatrix} \begin{bmatrix} \dfrac{\partial f}{\partial y_1} \\ \vdots \\ \dfrac{\partial f}{\partial y_m} \end{bmatrix} = \begin{bmatrix} \dfrac{\partial y_1}{\partial x_1} & \vdots & \dfrac{\partial y_1}{\partial x_n} \\ \vdots & \vdots & \vdots \\ \dfrac{\partial y_m}{\partial x_1} & \cdots & \dfrac{\partial y_m}{\partial x_n} \end{bmatrix}^{\mathrm{T}} \begin{bmatrix} \dfrac{\partial f}{\partial y_1} \\ \vdots \\ \dfrac{\partial f}{\partial y_m} \end{bmatrix}$$

写成矩阵形式有

$$\nabla_{\boldsymbol{x}} f = \left(\frac{\partial \boldsymbol{y}}{\partial \boldsymbol{x}}\right)^{\mathrm{T}} \nabla_{\boldsymbol{y}} f$$

其中，$\dfrac{\partial \boldsymbol{y}}{\partial \boldsymbol{x}}$为雅可比矩阵，在第 2 章中介绍了这一概念。前面介绍的几个问题都是这个映射的特例。之所以要推导上面几种复合函数的导数，是因为它们在机器学习中具有普遍性。后面介绍的各种神经网络，无论是多层前馈型网络，还是卷积神经网络，以及循环神经网络，映射函数都是这样的形式。

根据上面的结论可以方便地推导出神经网络的求导公式。假设神经网络有 $n_l$ 层，第 $l$ 层神经元个数为 $s_l$。第 $l$ 层从第 $l-1$ 层接收的输入向量为 $\boldsymbol{x}^{(l-1)}$，本层的权重矩阵为 $\boldsymbol{W}^{(l)}$，偏置向量为 $\boldsymbol{b}^{(l)}$，输出向量为 $\boldsymbol{x}^{(l)}$。该层的输出可以写成如下矩阵形式：

$$\boldsymbol{u}^{(l)} = \boldsymbol{W}^{(l)} \boldsymbol{x}^{(l-1)} + \boldsymbol{b}^{(l)}$$

$$\boldsymbol{x}^{(l)} = f(\boldsymbol{u}^{(l)})$$

其中，$\boldsymbol{W}^{(l)}$ 是 $s_l \times s_{l-1}$ 的矩阵，$\boldsymbol{u}^{(l)}$ 和 $\boldsymbol{b}^{(l)}$ 是 $s_l$ 维的向量。根据定义，$\boldsymbol{W}^{(l)}$ 和 $\boldsymbol{b}^{(l)}$ 是目标函数的自变量，$\boldsymbol{u}^{(l)}$ 和 $\boldsymbol{x}^{(l)}$ 可以看成它们的函数。根据前面的结论，损失函数对权重矩阵的梯度为

$$\nabla_{\boldsymbol{W}^{(l)}} L = (\nabla_{\boldsymbol{u}^{(l)}} L)(\boldsymbol{x}^{(l-1)})^{\mathrm{T}}$$

偏置向量的梯度为

$$\nabla_{b^{(l)}} L = \nabla_{u^{(l)}} L$$

现在的问题是，梯度$\nabla_{u^{(l)}} L$怎么计算？我们分两种情况讨论，如果第 $l$ 层是输出层，在这里只考虑对单个样本的损失函数，根据 9.2.1 节推导的结论，这个梯度为

$$\nabla_{u^{(l)}} L = (\nabla_{x^{(l)}} L) \odot f'(\boldsymbol{u}^{(l)}) = (\boldsymbol{x}^{(l)} - \boldsymbol{y}) \odot f'(\boldsymbol{u}^{(l)})$$

这就是输出层的神经元输出值与期望值之间的误差。这样得到输出层权重的梯度为

$$\nabla_{W^{(l)}} L = (\boldsymbol{x}^{(l)} - \boldsymbol{y}) \odot f'(\boldsymbol{u}^{(l)}) (\boldsymbol{x}^{(l-1)})^{\mathrm{T}}$$

等号右边第一个乘法是向量对应元素乘；第二个乘法是矩阵乘，在这里是列向量与行向量的乘积，结果是一个矩阵，尺寸刚好和权重矩阵相同。损失函数对偏置项的梯度为

$$\nabla_{b^{(l)}} L = (\boldsymbol{x}^{(l)} - \boldsymbol{y}) \odot f'(\boldsymbol{u}^{(l)})$$

下面考虑第二种情况。如果第 $l$ 层是隐含层，则有

$$\boldsymbol{u}^{(l+1)} = \boldsymbol{W}^{(l+1)} \boldsymbol{x}^{(l)} + \boldsymbol{b}^{(l+1)} = \boldsymbol{W}^{(l+1)} f(\boldsymbol{u}^{(l)}) + \boldsymbol{b}^{(l+1)}$$

假设梯度$\nabla_{u^{(l+1)}} L$已经求出，根据前面的结论，有

$$\nabla_{u^{(l)}} L = (\nabla_{x^{(l)}} L) \odot f'(\boldsymbol{u}^{(l)}) = ((\boldsymbol{W}^{(l+1)})^{\mathrm{T}} \nabla_{u^{(l+1)}} L) \odot f'(\boldsymbol{u}^{(l)})$$

这是一个递推的关系，通过$\nabla_{u^{(l+1)}} L$可以计算出$\nabla_{u^{(l)}} L$，递推的终点是输出层，而输出层的梯度值我们之前已经算出。由于根据$\nabla_{u^{(l)}} L$可以计算出$\nabla_{W^{(l)}} L$和$\nabla_{b^{(l)}} L$，因此，可以计算出任意层权重与偏置的梯度值。

为此，我们定义误差项为损失函数对临时变量 $\boldsymbol{u}$ 的梯度：

$$\boldsymbol{\delta}^{(l)} = \nabla_{u^{(l)}} L = \begin{cases} (\boldsymbol{x}^{(l)} - \boldsymbol{y}) \odot f'(\boldsymbol{u}^{(l)}) & l = n_l \\ (\boldsymbol{W}^{(l+1)})^{\mathrm{T}} (\boldsymbol{\delta}^{(l+1)}) \odot f'(\boldsymbol{u}^{(l)}) & l \neq n_l \end{cases}$$

向量 $\boldsymbol{\delta}^{(l)}$ 的尺寸和本层神经元的个数相同。这是一个递推的定义，$\boldsymbol{\delta}^{(l)}$ 依赖于 $\boldsymbol{\delta}^{(l+1)}$，递推的终点是输出层，它的误差项可以直接求出。

根据误差项可以方便地计算出对权重和偏置的偏导数。首先计算输出层的误差项，根据它得到权重和偏置项的梯度，这是起点；根据上面的递推公式，逐层向前，利用后一层的误差项计算出本层的误差项，从而得到本层权重和偏置项的梯度。

单个样本的反向传播算法在每次迭代时的流程如下。

(1) 正向传播，利用当前权重和偏置值，计算每一层对输入样本的输出值。

(2) 反向传播，对输出层的每一个节点计算其误差：

$$\boldsymbol{\delta}^{(n_l)} = (\boldsymbol{x}^{(n_l)} - \boldsymbol{y}) \odot f'(\boldsymbol{u}^{(n_l)})$$

(3) 对于 $l=n_l-1,\cdots,2$ 的各层，计算第 $l$ 层每个节点的误差：

$$\boldsymbol{\delta}^{(l)} = (\boldsymbol{W}^{(l+1)})^{\mathrm{T}} \boldsymbol{\delta}^{(l+1)} \odot f'(\boldsymbol{u}^{(l)})$$

(3) 根据误差计算损失函数对权重的梯度值：

$$\nabla_{w^{(l)}} L = \boldsymbol{\delta}^{(l)} (\boldsymbol{x}^{(l-1)})^{\mathrm{T}}$$

对偏置的梯度为

$$\nabla_{b^{(l)}} L = \boldsymbol{\delta}^{(l)}$$

(5) 用梯度下降法更新权重和偏置：

$$\boldsymbol{W}^{(l)} = \boldsymbol{W}^{(l)} - \eta \nabla_{W^{(l)}} L$$

$$\boldsymbol{b}^{(l)} = \boldsymbol{b}^{(l)} - \eta \nabla_{b^{(l)}} L$$

实现时需要在正向传播时记住每一层的输入向量 $\boldsymbol{x}^{(l-1)}$，本层的激活函数导数值 $f'(\boldsymbol{u}^{(l)})$。

神经网络的训练算法可以总结为

复合函数求导＋梯度下降法

训练算法有两个版本：批量模式和单样本模式。批量模式在每次梯度下降法迭代时对所有样本计算损失函数值，计算出对这些样本的总误差，然后用梯度下降法更新参数；单样本模式是每次对一个样本进行前向传播，计算对该样本的误差，然后更新参数，它可以天然地支持增量学习，即动态地加入新的训练样本进行训练。

上面给出的是单个样本的反向传播过程。对于多个样本的情况，输出层的误差项是所有样本误差的均值。反向传播计算梯度时，在每一层，对每个样本计算梯度，然后计算所有样本梯度的平均值。

还可以采取一种介于单个模式和批量模式中间的策略，每次梯度下降法迭代时只选择一部分样本进行计算，在卷积神经网络一章中会介绍这种方法。

除了标准的梯度下降法迭代更新策略之外，还有其他改进算法，在第 15 章中详细介绍。除了梯度下降法这种一阶优化技术外，还可以采用牛顿法等二阶优化算法。一般来说，神经网络的优化损失函数不是凸函数，因此，不能保证收敛到全局最优解，网络层次深了之后也会带来一系列的困难，这是神经网络在过去被邂逅的主要原因之一。

反向传播算法是为了解决多层神经网络训练问题而设计的一种方法，在人脑的神经网络中，没有足够的证据证明也使用了这种机制。网络中神经元的连接关系以及训练的目标函数决定了所使用的训练算法。

## 9.3 实验程序

下面通过实验程序来介绍神经网络在分类问题中的使用，程序基于 OpenCV 的前馈型神经网络类。在这个例子中，每类有 50 个训练样本，特征向量同样是用正态分布的随机数生成。3 类样本的标签向量分别被设置成

$$(+1,-1,-1),(-1,+1,1),(-1,-1,+1)$$

这是我们前面介绍过的用于分类问题时神经网络输出向量的编码规则。例子里的神经网络有 3 层，第一层 2 个神经元对应于输入的特征向量，第三层有 3 个神经元，对应于 3 个类，第二层（即隐含层）有 6 个神经元。

在用这些样本训练得到神经网络模型之后，对图像平面内所有的点进行预测。在预测时，升级网络的输出值是一个 3 维向量，我们寻找向量最大的分量，对应的分量号就是分量的结果。程序源代码如下：

```
int main(int argc, char * * argv)
{
    const int kWidth =512, kHeight =512;
    Vec3b red(0, 0, 255), green(0, 255, 0), blue(255, 0, 0);
    Mat image =Mat::zeros(kHeight, kWidth, CV_8UC3);
    // 为 3 类训练样本的标签赋值
    float labels[150][3];
    for (int i=0 ; i <50; i++)
    {
```

```
        labels[i][0] =1.0f;
        labels[i][1] =-1.0f;
        labels[i][2] =-1.0f;
    }
    for (int i =50; i <100; i++)
    {
        labels[i][0] =-1.0f;
        labels[i][1] =1.0f;
        labels[i][2] =-1.0f;
    }
    for (int i =100; i <150; i++)
    {
        labels[i][0] =-1.0f;
        labels[i][1] =-1.0f;
        labels[i][2] =1.0f;
    }
    Mat trainResponse(150, 3, CV_32FC1, labels);
    // 生成训练样本特征向量数组
    float trainDataArray[150][2];
    RNG rng;
    for (int i =0; i <50; i++)
    {
        trainDataArray[i][0] =250 +static_cast<float>(rng.gaussian(30));
        trainDataArray[i][1] =250 +static_cast<float>(rng.gaussian(30));
    }
    for (int i =50; i <100; i++)
    {
        trainDataArray[i][0] =150 +static_cast<float>(rng.gaussian(30));
        trainDataArray[i][1] =150 +static_cast<float>(rng.gaussian(30));
    }
    for (int i =100; i <150; i++)
    {
        trainDataArray[i][0] =320 +static_cast<float>(rng.gaussian(30));
        trainDataArray[i][1] =150 +static_cast<float>(rng.gaussian(30));
    }
    Mat trainData(150, 2, CV_32FC1, trainDataArray);
    CvANN_MLP mlp;
    // 神经网络有 3 层,第一层 2 个神经元,对应于二维的特征向量。第二层有
    // 6 个神经元,第三层有 3 个神经元,对应分类问题中的 3 个类别
    Mat layerSizes= (Mat_<int>(1,3) <<2, 6, 3);
    CvANN_MLP_TrainParams params;
    // 神经网络的训练参数,在后面会详细解释
    params.term_crit =cvTermCriteria( CV_TERMCRIT_ITER | CV_TERMCRIT_EPS,
        1000, 0.001 );
    params.train_method =CvANN_MLP_TrainParams::BACKPROP;
```

```
    params.bp_dw_scale =0.1;
    params.bp_moment_scale =0.1;
    // 创建神经网络
    mlp.create(layerSizes, CvANN_MLP::SIGMOID_SYM);
    // 训练神经网络
    mlp.train(trainData, trainResponse,Mat(), Mat(), params);
    // 对图像内所有点(i,j)进行预测,根据分类结果显示不同的颜色
    for (int i =0; i <image.rows; i++)
    {
        for (int j =0; j <image.cols; j++)
        {
            Mat sampleMat = (Mat_<float>(1, 2) <<j, i);
            Mat predictResult(1, 3, CV_32FC1);
            // 用神经网络预测,predictResult 是预测输出向量
            mlp.predict(sampleMat, predictResult);
            Point maxLoc;
            double maxVal;
            // 训练向量的最大分量,maxVal 是返回的最大分量值,maxLoc 是最大值
            // 对应的分量号,即分类结果
            minMaxLoc(predictResult, 0, &maxVal, 0, &maxLoc);
            // 根据分类结果显示不同的颜色
            if (maxLoc.x ==0)
                image.at<Vec3b>(i, j) =red;
            else if (maxLoc.x ==1)
                image.at<Vec3b>(i, j) =blue;
            else
                image.at<Vec3b>(i, j) =green;
        }
    }
    // 显示训练样本
    for (int i =0; i <trainData.rows; i++)
    {
        const float * v =trainData.ptr<float>(i);
        Point pt =Point((int)v[0], (int)v[1]);
        if (labels[i][0] ==1)
            circle(image, pt, 5, Scalar::all(0), -1, 8);
        else if (labels[i][1] ==1)
            circle(image, pt, 5, Scalar::all(128), -1, 8);
        else
            circle(image, pt, 5, Scalar::all(255), -1, 8);
    }
    imshow("MLP classifier demo", image);
    waitKey(0);
    return 0;
}
```

程序运行结果如图 9.4 所示。

图 9.4 神经网络对三类问题的分类效果

图中的分类边界是曲线，这证明了多层神经网络具有非线性建模的能力。在这里只用了一个隐含层，隐含层只有 6 个神经元，通过 sigmoid 函数的作用，就能拟合出复杂的曲线边界，而且将平面分成 3 部分。

## 9.4 理论解释

神经网络代表了人工智能中的连接主义思想，是一种仿生的方法。在实现时，它又与大脑神经系统的结构不同；从数学上看，神经网络是一个复合函数。本节将介绍对神经网络的理论解释，包括数学特性以及与动物神经系统的关系两个层面。

### 9.4.1 数学性质

神经网络是一个复合函数，这会让人们考虑一个问题：这个函数的建模能力有多强？即它能拟合什么样的目标函数。已经证明，只要激活函数选择得当，神经元数量足够，使用具有一个隐含层的神经网络就可以实现对任何一个从输入向量到输出向量的连续映射函数的逼近[6-16]，这个结论称为万能逼近(Universal Approximation)定理。

这个定理的表述：如果 $\varphi(x)$是一个非常数、有界且单调递增的连续函数，$\boldsymbol{I}_m$ 是 $m$ 维的单位立方体，$\boldsymbol{I}_m$ 中的连续函数空间为 $C(\boldsymbol{I}_m)$。对于任意 $\varepsilon>0$ 以及函数 $f\in C(\boldsymbol{I}_m)$，存在整数 $N$，实数 $v_i$、$b_i$，实向量 $\boldsymbol{w}_i\in\mathbb{R}^m$，构造函数 $F(\boldsymbol{x})$作为函数 $f$ 的逼近：

$$F(\boldsymbol{x}) = \sum_{i=1}^{N} v_i\varphi(\boldsymbol{w}_i^{\mathrm{T}}\boldsymbol{x} + b_i)$$

对任意的 $\boldsymbol{x}\in\boldsymbol{I}_m$ 满足

$$|F(\boldsymbol{x}) - f(\boldsymbol{x})| < \varepsilon$$

这个定理的直观解释：可以构造出上面这样的函数，逼近定义在单位立方体空间中的任何一个连续函数到任意指定的精度。这一结论和多项式逼近类似，后者利用多项式函数来逼近任何连续函数到任何精度。显然，单个隐含层的神经网络就是这种形式的函数。文献[11]证明了以下类似的结论：如果 $\sigma$ 是一个连续函数，并且满足下面的条件：

$$\lim_{x \to -\infty} \sigma(x) = 0$$

$$\lim_{x \to +\infty} \sigma(x) = 1$$

则函数族：

$$f(\boldsymbol{x}) = \sum \alpha_i \sigma(\boldsymbol{w}_i^{\mathrm{T}} \boldsymbol{x} + b_i)$$

在 $n$ 维单位立方体空间 $C^n[0,1]$ 中是稠密的，即这样的函数可以逼近定义在单位立方体空间中的任意连续函数到任意指定的精度。显然 sigmoid 函数就满足对 $\sigma$ 的要求，因此，采用它作为激活函数的神经网络具有上面的性质。上面这些结论的函数输出值都是一个标量，但可以把它推广的向量的情况，神经网络的输出一般是一个向量。

文献[6]指出，万能逼近特性并不取决于神经网络具体的激活函数，而是由神经网络的结构保证的。只要网络规模设计得当，使用 sigmoid 函数和 ReLU 函数作为激活函数的神经网络的逼近能力都能够得到保证。ReLU 函数定义为

$$\mathrm{ReLU}(x) = \max(0, x)$$

它是一个分段线性函数。文献[11]和[14]证明和分析了 sigmoid 激活函数的逼近能力。文献[15]和[16]分析了使用 ReLU 激活函数的神经网络的逼近能力，在第 15 章中会详细介绍这个函数。

### 9.4.2 与神经系统的关系

人工神经网络是对生物神经系统的模拟，但只是简单的模拟，在多个方面两者的机理是不同的。人脑的单个神经元有很复杂的结构，各个神经元在结构和功能上不是完全相同的，另外，神经元之间的连接关系非常复杂。在训练方式上，人脑的神经网络没有反向传播算法这种机制，在外界刺激下建立神经元之间连接通路的机制远比反向传播算法复杂。本章介绍的前馈型人工神经网络本质上来说只是一个多层的复合函数。

## 9.5 面临的问题

神经网络的层次越多，神经元数量越大，建模能力就越强，因此，对于复杂的实际应用问题人们倾向于使用更复杂的网络。但是随着网络规模的增加(尤其是层数的增加)会带来一些问题，本节中详细介绍这些问题。

### 9.5.1 梯度消失

根据前面推导的公式，在用反向传播算法计算误差项时每一层都要乘以本层激活函数的导数：

$$\boldsymbol{\delta}^{(l)} = (\boldsymbol{W}^{(l+1)})^{\mathrm{T}} \boldsymbol{\delta}^{(l+1)} \odot f'(\boldsymbol{u}^{(l)})$$

如果激活函数导数的绝对值小于 1，多次连乘之后误差项很快会衰减到接近于 0，参数的梯度值由误差项计算得到，从而导致前面层的权重梯度接近于 0，参数无法有效地更新，这称为梯度消失问题。与之相反的是梯度爆炸问题，如果激活函数导数的绝对值大于 1，多次乘积之后权重值会趋向于非常大的值。梯度消失问题最早在 1991 年发现，文献[17]对深

层网络难以训练的问题进行了分析。

### 9.5.2 退化

与过拟合不同的是，退化(Degradation)是指在训练集和测试集上的误差都很大。实验证明，神经网络的训练误差和测试误差会随着层数的增加而增大。文献[18]对网络层次过多导致的退化问题进行了分析，并提出了解决方案。在第15章中会详细介绍解决梯度消失和退化问题的各种方法，包括使用新的激活函数，以及高速公路网络、残差网络、LSTM等新的网络结构。

### 9.5.3 局部极小值

神经网络的损失函数一般不是凸函数，因此，在训练时有陷入局部极小值的风险，梯度下降法只能保证收敛到梯度为0的点，而这不一定是局部极值点，更不能保证是全局最优值点。如果对神经网络训练中的局部极值问题感兴趣，可以进一步阅读文献[24-26]。

### 9.5.4 鞍点

除了局部极小值问题之外，神经网络在训练时可能还会面临鞍点问题。第3章中已经介绍过，鞍点是指梯度为0但Hessian矩阵不定的点，这不是局部极值点。文献[28]对高维非凸优化问题中的鞍点问题进行了分析，文献[21-23]对损失函数曲面的形状进行了分析，感兴趣的读者可以进一步阅读。对神经网络训练时优化算法的定量分析可以阅读文献[29]。

## 9.6 实现细节问题

本节介绍神经网络的实现细节问题，包括输入向量与输出向量值的设定、网络的规模、激活函数的选择、损失函数的选择、权重的初始化、过拟合问题与正则化项、学习率的设定、冲量项。它们对于保证网络的精度非常重要。

### 9.6.1 输入值与输出值

神经网络输入向量的各个分量数值范围可能相差很大，例如，有些变量为[0,1]，有些变量为[0,1000]。显然这样不利于数值求解和稳定性，可以把每个分量都变换到同一个范围内，如[0,1]或者[−1,+1]，这称为输入向量的归一化。归一化一般采用下面的变换：

$$x' = a \times x + b$$

其中，$x$是原始的输入值；$x'$是变换后的输入值；参数$a$和$b$在训练时通过对训练样本统计得到，具体实现在源代码分析中会讲到。

另一个问题是对输出向量(即标签值)的设定。对于有$k$个类的分类问题，如果选择sigmoid函数作为激活函数，一般使用编码向量的方式。具体做法是，将输出向量设置为$k$维，如果训练样本属于第$i$类，将输出向量的第$i$个分量设置为1，其他的设置为0，即

$$(0,0,\cdots,+1,0,\cdots 0)$$

在预测时，计算输出向量分量的最大值，这个值对应的分量号就是分类结果。这种方式

称为 one-hot 编码。如果是回归问题，一般将训练样本的输出值归一化到一个区间范围内，比如[−1，+1]或[0，1]。

### 9.6.2　网络规模

在具体应用中，神经网络应该设计成多少层，各层的神经元个数设置为多少，并没有一个固定的结论。通常情况下，网络至少要有一个隐含层。输入层神经元的个数必须等于特征向量的维数，输出层神经元的个数必须等于要分类的类数或者要回归的目标向量的维数。关键问题是确定隐藏层的神经元个数，这可以通过实验来确定。

由于计算能力的限制以及层数过多带来的梯度消失等问题，在很长一段时间内，实际应用时神经网络的规模都不大，一般只有 3～4 层，每层的神经元个数也不太多。随着近几年深度学习的兴起，网络的规模不断增大，目前最大的网络层数已经超过 1000 层，神经元个数已经到百亿数量级，接近人脑的神经元数。

### 9.6.3　激活函数

除了 sigmoid 函数之外，常用的激活函数还有对称型 sigmoid 函数、tanh（双曲正切函数）、幂函数、ReLU（修正线性单元）等。因为反向传播时需要计算激活函数的导数值，人们对激活函数的要求是几乎处处可导，一般情况下，都会选择单调增函数。

tanh 函数定义为

$$\tanh(x)=\frac{1-\mathrm{e}^{-2x}}{1+\mathrm{e}^{-2x}}$$

tanh 函数的图像如图 9.5 所示。

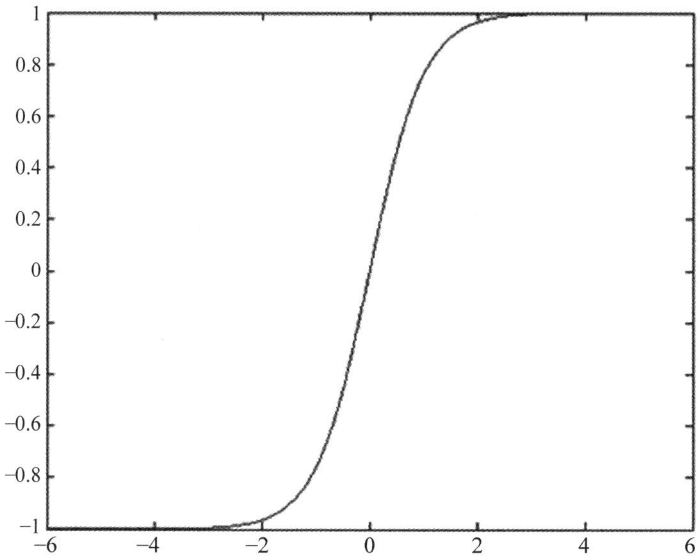


**图 9.5　tanh 函数的图像**

这个函数是一个奇函数，关于 0 点是对称的。很容易证明它的导数为

$$\tanh'(x)=1-(\tanh(x))^2$$

新的激活函数是神经网络一个重要的改进点，更多的激活函数在第 15 章中详细介绍。

### 9.6.4 损失函数

除了欧氏距离损失函数，人们还有其他的选择，如交叉熵、对比损失函数等。对于分类问题，一般来说交叉熵比欧氏距离有更好的表现。各种损失函数的细节在第15章中详细介绍。

### 9.6.5 权重初始化

神经网络在训练时需要初始化权重参数，作为梯度下降法的起始值。在这里，不能简单地初始化为0或者1，一般的做法是用服从某种分布的随机数来初始化。更多的细节将在后面的源代码分析中介绍。

### 9.6.6 正则化

神经网络也会出现过拟合问题，一种解决方法是在损失函数中加上正则化项。除此之外，还有dropout，在第15章中会详细介绍。如果使用L2正则化，加入正则化项之后的损失函数变为

$$L(W)=\frac{1}{2m}\sum_{i=1}^{m}\|\boldsymbol{y}_i-h(\boldsymbol{x}_i)\|^2+\lambda\frac{1}{2}\|W\|_2^2$$

由于L2正则化项的梯度为$W$，加入正则化项之后参数梯度的计算公式中要加上$\lambda W_t$。如果是L1正则化，损失函数为

$$L(W)=\frac{1}{2m}\sum_{i=1}^{m}\|\boldsymbol{y}_i-h(\boldsymbol{x}_i)\|^2+\lambda\|W\|_1$$

由于L1正则化项的梯度为$\text{sgn}(W)$，参数梯度的计算公式中要加上$\lambda\text{sgn}(W_t)$。加上正则化项之后，反向传播时只需要在每层权重的梯度项上加上正则化项的梯度值，然后用梯度下降法更新。

### 9.6.7 学习率的设定

学习率是梯度下降法中梯度的系数，它决定了参数的更新速度。一般将它设置为一个很小的数，如0.001。在有些实现中采用了更复杂的策略，随着迭代的进行动态地调整这个值，在第15章中会看到这些细节。

### 9.6.8 动量项

为了加快算法的收敛速度减少振荡，引入动量项。动量项累积了之前的权重更新值，加上此项之后的参数更新公式为

$$W_{t+1}=W_t+V_{t+1}$$

其中，$V_{t+1}$是动量项，它取代了之前的梯度项。动量项的计算公式为

$$V_{t+1}=-\alpha\nabla_W L(W_t)+\mu V_t$$

它是上一时刻的动量项与本次梯度值的加权平均值，其中，$\alpha$是学习率，$\mu$是动量项系数。如果按照时间$t$进行展开，则第$t$次迭代时使用了$1\sim t$次迭代时的所有梯度值，且旧的梯度值按$\mu^t$的系数指数级衰减。注意不要把正则化项和动量项混淆，二者不是一回事，它

们的目的也不同，正则化项是为了防止过拟合，动量项是为了加快梯度下降法的收敛，它使用历史信息对当前梯度值进行修正，以抵消在病态条件问题上的来回振荡。

## 9.7　源代码分析

下面分析 OpenCV 的神经网络代码，它实现了前馈神经网络，即多层感知器模型。这是一个轻量级的实现，既可以用于分类问题，也可以用于回归问题，适合用来学习。

OpenCV 支持的激活函数包括对称 sigmoid 函数、高斯函数、恒等函数。表 9.1 是各种激活函数和它们的导数。

**表 9.1　各种激活函数和它们的导数**

| 类　型 | 激活函数 | 导　数 |
|---|---|---|
| 对称 sigmoid | $\beta\frac{1-e^{-\alpha x}}{1+e^{-\alpha x}}$ | $\frac{2\alpha\beta}{1+e^{-\alpha x}}\left(1-\frac{1}{1+e^{-\alpha x}}\right)$ |
| 高斯函数 | $\beta e^{-\alpha x^2}$ | $-2\alpha\beta x e^{-\alpha x^2}$ |
| 恒等函数 | $x$ | 1 |

在 OpenCV 中所有神经元的激活函数都必须相同，有相同的参数，这些参数在创建神经网络时由用户指定或者从已有的模型里加载，后面不会变化，不是训练需要调整的参数。在实现时，高斯函数的定义为

$$f(x)=\beta e^{-(\alpha x)^2}$$

这里实现了两种训练算法，第一种是经典的随机顺序反向传播算法[19]。第二种是批量模式的 RPROP 算法[20]。

需要强调的是，在前面介绍的正向传播和反向传播公式中，输入向量 $\boldsymbol{x}$ 是一个列向量，权重矩阵 $\boldsymbol{W}$ 的每一行为一个神经元与上层神经元的连接权重向量。由于使用了 C++ 语言实现，向量按照行存储，计算公式会稍有不同，为了与之适应，权重矩阵是按照列存储。

如果 $\boldsymbol{x}$ 是行向量，权重矩阵 $\boldsymbol{W}$ 按照列存储，即每一列为本层一个神经元与上一层所有神经元的连接权重。之前的所有公式都要加上转置，正向传播时的迭代公式为

$$\boldsymbol{u}^{(l)}=\boldsymbol{x}^{(l-1)}\boldsymbol{W}^{(l)}+\boldsymbol{b}^{(l)}$$

在这里乘积 $\boldsymbol{x}^{(l-1)}\boldsymbol{W}^{(l)}$ 是一个行向量。误差项也是一个行向量，反向传播时的误差计算公式变为

$$\boldsymbol{\delta}^{(l)}=\boldsymbol{\delta}^{(l+1)}(\boldsymbol{W}^{(l+1)})^{\mathrm{T}}\odot f'(\boldsymbol{u}^{(l)})$$

权重梯度的计算公式变为

$$\nabla_{\boldsymbol{W}}L=(\boldsymbol{x}^{(l-1)})^{\mathrm{T}}\boldsymbol{\delta}^{(l)}$$

### 9.7.1　主要数据结构

结构体 CvANN_MLP_TrainParams 是神经网络的训练参数，供训练算法使用。定义如下：

```
struct CV_EXPORTS CvANN_MLP_TrainParams
```

```
{
    CvANN_MLP_TrainParams();
    CvANN_MLP_TrainParams( CvTermCriteria term_crit, int train_method,
        double param1, double param2=0 );
    ~CvANN_MLP_TrainParams();
    enum { BACKPROP=0, RPROP=1 };                    // 训练算法的类型,两种反向传播算法
    // 训练算法迭代终止条件,达到指定迭代次数或者精度
    CvTermCriteria term_crit;
    // 训练算法类型,BACKPROP 或 RPROP
    int train_method;
    // 反向传播算法的参数,bp_dw_scale 为梯度项的权重系数,bp_moment_scale 为
    // 动量项的权重系数,前者的默认值为 0.1,后者的推荐值也是 0.1
    double bp_dw_scale, bp_moment_scale;
    // rprop 算法的参数,分别为 Δ0、η+、η-、Δmin 和 Δmax,具体见后面的介绍
    double rp_dw0, rp_dw_plus, rp_dw_minus, rp_dw_min, rp_dw_max;
};
```

类 CvANN_MLP 实现多层前馈型神经网络,继承自 CvStatModel 类,定义如下:

```
class CV_EXPORTS CvANN_MLP : public CvStatModel
{
public:
    CvANN_MLP();
    // 构造函数,创建神经网络,_layer_sizes 为各层神经元数
    // _activ_func 为激活函数的类型,_f_param1 和_f_param2 为激活函数的参数
    CvANN_MLP( const CvMat* _layer_sizes,
        int _activ_func=SIGMOID_SYM,
        double _f_param1=0, double _f_param2=0 );
    virtual ~CvANN_MLP();
    // 创建一个神经网络,参数和前面的构造函数相同
    virtual void create( const CvMat* _layer_sizes,
        int _activ_func=SIGMOID_SYM,
        double _f_param1=0, double _f_param2=0 );
    // 训练函数,后面会详细讲解
    virtual int train( const CvMat* _inputs, const CvMat* _outputs,
        const CvMat* _sample_weights, const CvMat* _sample_idx=0,
        CvANN_MLP_TrainParams _params =CvANN_MLP_TrainParams(),
        int flags=0 );
    // 预测函数,后面会详细讲解
    virtual float predict( const CvMat* _inputs, CvMat* _outputs ) const;
    // 清空神经网络,释放所有数据
    virtual void clear();
    // 激活函数的类型
    enum { IDENTITY =0, SIGMOID_SYM =1, GAUSSIAN =2 };
    // 对输入和输出数据进行缩放的参数
    enum { UPDATE_WEIGHTS =1, NO_INPUT_SCALE =2, NO_OUTPUT_SCALE =4 };
```

```
    // 从模型文件中载入神经网络
    virtual void read( CvFileStorage * fs, CvFileNode * node );
    // 将神经网络保存到模型文件中
    virtual void write( CvFileStorage * storage, const char * name ) const;
    // 返回神经网络的层数
    int get_layer_count() { return layer_sizes ? layer_sizes->cols : 0; }
    // 返回各层神经元个数
    const CvMat * get_layer_sizes() { return layer_sizes; }
    // 返回第 layer 层的连接权重数组,层编号从 1 开始
    double * get_weights(int layer)
    {
        return layer_sizes && weights &&
            (unsigned) layer <= (unsigned) layer_sizes->cols ? weights[layer] : 0;
    }
protected:
    // 为训练做准备
    virtual bool prepare_to_train( const CvMat * _inputs, const CvMat * _outputs,
        const CvMat * _sample_weights, const CvMat * _sample_idx,
        CvVectors * _ivecs, CvVectors * _ovecs, double * * _sw, int _flags );
    // 反向传播算法,这是默认的训练算法,使用单个样本的随机梯度下降法
    virtual int train_backprop( CvVectors _ivecs, CvVectors _ovecs, const double * _sw );
    // 反向传播算法,RPROP 算法
    virtual int train_rprop( CvVectors _ivecs, CvVectors _ovecs, const double * _sw );
    // 计算激活函数的值,供预测函数使用
    virtual void calc_activ_func( CvMat * xf, const double * bias ) const;
    // 计算激活函数值和导数值,供训练函数在正向传播时使用
    virtual void calc_activ_func_deriv( CvMat * xf, CvMat * deriv, const double * bias )
        const;
    // 设置激活函数的参数值
    virtual void set_activ_func( int _activ_func=SIGMOID_SYM,
        double _f_param1=0, double _f_param2=0 );
    // 初始化权重参数值
    virtual void init_weights();
    // 对输入向量进行缩放
    virtual void scale_input( const CvMat * _src, CvMat * _dst ) const;
    // 对输出向量进行缩放
    virtual void scale_output( const CvMat * _src, CvMat * _dst ) const;
    // 计算输入向量的缩放系数
    virtual void calc_input_scale( const CvVectors * vecs, int flags );
    // 计算输出向量的缩放系数
    virtual void calc_output_scale( const CvVectors * vecs, int flags );
    // 将参数保存到模型文件中
    virtual void write_params( CvFileStorage * fs ) const;
    // 从模型文件中读取参数
    virtual void read_params( CvFileStorage * fs, CvFileNode * node );
```

```
    CvMat * layer_sizes;                    // 每一层的神经元数,1×n 数组,n 为层数
    CvMat * wbuf;                           // 为权重、偏置项统一开辟的存储区域
    CvMat * sample_weights;                 // 训练样本权重数组
    double * * weights;                     // 每一层的权重矩阵,注意,偏置项也存储在这里
    double f_param1, f_param2;              // 激活函数的参数 α 和 β
    double min_val, max_val, min_val1, max_val1;// 辅助变量
    int activ_func;                         // 激活函数的类型
    int max_count, max_buf_sz;              // 辅助变量
    CvANN_MLP_TrainParams params;           // 训练参数
    CvRNG rng;                              // 用于产生随机数的参数,权重初始化时使用
};
```

### 9.7.2 激活函数

前面介绍了 OpenCV 支持的激活函数,每种激活函数都有两个参数(例外的是恒等函数,不需要参数)。

calc_activ_func 计算激活函数的值,仅用于预测函数。sums 为要计算的输入变量 x,同时也存储返回的激活函数值,bias 为偏置项值。代码如下:

```
void CvANN_MLP::calc_activ_func( CvMat * sums, const double * bias) const
{
    int i, j, n =sums->rows, cols =sums->cols;
    double * data =sums->data.db;                   // x
    double scale =0, scale2 =f_param2;
    switch( activ_func )                            // 先确定第一个系数
    {
    case IDENTITY:
        scale =1.;
        break;
    case SIGMOID_SYM:
        scale =-f_param1;                           // -α
        break;
    case GAUSSIAN:
        scale =-f_param1 * f_param1;                // -α²
        break;
    default:
        ;
    }
    assert( CV_IS_MAT_CONT(sums->type) );
    if( activ_func !=GAUSSIAN )
    {
        // 对所有的变量 x,先加上偏置 b,然后乘以系数 scale
        for( i =0; i <n; i++, data +=cols )         // 所有行
            for( j =0; j <cols; j++)                // 所有列
                data[j] = (data[j] +bias[j]) * scale;
```

```
        if( activ_func ==IDENTITY )
            return;
    }
    else
    {
        for( i =0; i <n; i++, data +=cols )          // 高斯激活函数
            for( j =0; j <cols; j++)
            {
                double t =data[j] +bias[j];           // 先加上偏置
                data[j] =t * t * scale;               // 计算-αx²
            }
    }
    cvExp( sums, sums );                              // 计算 e^αx
    n *=cols;
    data -=n;
    switch( activ_func )                              // 对每种类型的激活函数分别处理
    {
    case SIGMOID_SYM:
        // 每 4 个数为一组进行计算,以加快速度,纯加速技巧,可以忽略这些代码
        for( i =0; i <=n -4; i +=4 )
        {
            double x0 =1.+data[i], x1 =1.+data[i+1], x2 =1.+data[i+2],
            x3 =1.+data[i+3];
            double a =x0 * x1, b =x2 * x3, d =scale2/(a * b), t0, t1;
            a *=d; b *=d;
            t0 = (2 -x0) * b * x1; t1 = (2 -x1) * b * x0;
            data[i] =t0; data[i+1] =t1;
            t0 = (2 -x2) * a * x3; t1 = (2 -x3) * a * x2;
            data[i+2] =t0; data[i+3] =t1;
        }
        for( ; i <n; i++)
        {
            double t =scale2 * (1. -data[i])/(1. +data[i]);  // 计算 α(1-e^-x)/(1+e^-x)
            data[i] =t;
        }
        break;
    case GAUSSIAN:
        for( i =0; i <n; i++)
            data[i] =scale2 * data[i];
        break;
    default:
        ;
    }
}
```

函数 calc_activ_func_deriv 同时计算激活函数与其导数值，用于训练函数的正向传播过程。_xf 既作为输入 x，也存放输出的激活函数值，_df 为返回的激活函数导数，bias 为偏置项。代码如下：

```
void CvANN_MLP::calc_activ_func_deriv(CvMat* _xf, CvMat* _df, const double* bias)
const
{
    int i, j, n = _xf->rows, cols = _xf->cols;
    double* xf = _xf->data.db;
    double* df = _df->data.db;
    double scale, scale2 = f_param2;
    assert( CV_IS_MAT_CONT( _xf->type & _df->type ) );
    if( activ_func == IDENTITY )                       // 恒等函数
    {
        for( i = 0; i < n; i++, xf += cols, df += cols )
            for( j = 0; j < cols; j++)
            {
                xf[j] += bias[j];                      // 加上偏置项
                df[j] = 1;                             // 导数为 1
            }
        return;
    }
    else if( activ_func == GAUSSIAN )                  // 高斯函数,计算公式参考表 10.1
    {
        scale = -f_param1 * f_param1;                  // 计算-α²
        scale2 *= scale;                               // 计算-α²β
        for( i = 0; i < n; i++, xf += cols, df += cols )
            for( j = 0; j < cols; j++)
            {
                double t = xf[j] + bias[j];            // 先对 x 加上偏置项
                df[j] = t * 2 * scale2;                // 计算-2βα²x
                xf[j] = t * t * scale;                 // 计算-α²x²
            }
        cvExp( _xf, _xf );                             // 计算 e^(-α²x²)
        n *= cols;
        xf -= n; df -= n;
        for( i = 0; i < n; i++)
            df[i] *= xf[i];                            // 计算-2α²βe^(-α²x²)
    }
    else
    {   // 对称 sigmoid,函数和导数的计算公式参考表 10.1
        scale = f_param1;
        for( i = 0; i < n; i++, xf += cols, df += cols )
            for( j = 0; j < cols; j++)
            {
```

```
                xf[j] = (xf[j] +bias[j]) * scale;
                df[j] =-fabs(xf[j]);
            }
        cvExp( _df, _df );
        n *=cols;
        xf -=n; df -=n;

        scale *=2 * f_param2;
        for( i =0; i <n; i++)
        {
            int s0 =xf[i] >0 ?1 : -1;
            double t0 =1./(1. +df[i]);
            double t1 =scale * df[i] * t0 * t0;
            t0 *=scale2 * (1. -df[i]) * s0;
            df[i] =t1;
            xf[i] =t0;
        }
    }
}
```

### 9.7.3 权重初始化

神经网络权重的初始化使用 Nguyen-Widrow 算法，它也是一种随机初始化算法，利用了神经元数量信息。假设前一层神经元的个数为 $n_1$，当前层神经元的个数为 $n_2$（为缩放因子），算法流程如下。

(1) 计算缩放因子：

$$\gamma = 0.7 \times n_2^{1/n_1}$$

(2) 把区间[−1,+1]内均匀分布的随机数作为权重 $w_{ij}$ 的初始值。

(3) 权重归一化：

$$w_{ij} = \gamma \frac{w_{ij}}{\sqrt{\sum_{i=1}^{n_1} w_{ij}^2}}$$

(4) 对每个神经元的偏置，设置为[$-w_{ij}$, $w_{ij}$]的一个随机数。

权重初始化由函数 init_weights 实现，与前面描述的算法稍有不同。代码如下：

```
void CvANN_MLP::init_weights()
{
    int i, j, k;
    // 对每一层进行处理，注意，层编号从 1 开始
    for( i =1; i <layer_sizes->cols; i++)
    {
        int n1 =layer_sizes->data.i[i-1];          // 第 i-1 层的神经元个数
        int n2 =layer_sizes->data.i[i];            // 第 i 层的神经元个数
        // 计算 0.7(n1)^(1/(n2-1))，即缩放因子
```

```
            double val =0, G =n2 >2 ?0.7 * pow((double)n1,1./(n2-1)) : 1.;
            double * w =weights[i];                          // 第 i 层的权重数组
            // w为 n1 * n2 的矩阵,每一列为前一层的一个神经元和本层所有神经元的权重
            for( j =0; j <n2; j++)                           // 每一列
            {
                double s =0;                                 // 权重累加和,用于归一化,对列求和
                for( k =0; k <=n1; k++)                      // 每一列
                {
                    val =cvRandReal(&rng) * 2-1.;            // 权重随机值,为[-1, +1]
                    w[k * n2 +j] =val;                       // 为权重赋值
                    s +=fabs(val);                           // 累加和,采用一范数
                }
                if( i <layer_sizes->cols -1 )                // 如果不是输出层
                {
                    s =1./(s -fabs(val));                    // 归一化系数
                    for( k =0; k <=n1; k++)                  // 对每一列
                        w[k * n2 +j] *=s;                    // 权重归一化
                    w[n1 * n2 +j] *=G * (-1+j * 2./n2);      // 偏置的初始值
                }
            }
        }
    }
```

### 9.7.4 训练函数

反向传播算法每次迭代分为两步：先用现有参数进行正向传播，计算出每个样本的损失函数值，同时记住了每一层的输出值以及激活函数的导数值；第二阶段是反向传播，从输出层开始，计算误差项，根据误差项计算对权重、偏置的导数，再更新权重。在这里考虑了动量项，但没有正则化项。

训练的接口函数为 train，首先会初始化训练数据，然后根据用户指定的参数调用不同的反向传播训练函数。_inputs 为训练样本集的特征向量数组，每一行为一个样本；_outputs 为训练样本集的输出响应数组，每一行为一个样本；_sample_weights 为每个样本的权重数组，仅用于反向传播算法；_sample_idx 为样本索引数组，如果设置，只考虑这些样本；_params 为训练参数。代码如下：

```
int CvANN_MLP::train(const CvMat * _inputs, const CvMat * _outputs,
    const CvMat * _sample_weights, const CvMat * _sample_idx,
    CvANN_MLP_TrainParams _params, int flags )
{
    const int MAX_ITER =1000;                                // 最大迭代次数
    const double DEFAULT_EPSILON =FLT_EPSILON;               // 精度阈值
    double * sw =0;
    CvVectors x0, u;
    int iter =-1;
```

```
    x0.data.ptr = u.data.ptr = 0;
    CV_FUNCNAME( "CvANN_MLP::train" );
    __BEGIN__;
    int max_iter;
    double epsilon;
    params = _params;
    // 初始化训练数据
    CV_CALL( prepare_to_train( _inputs, _outputs, _sample_weights,
        _sample_idx, &x0, &u, &sw, flags ));
    // 初始化权重参数
    if( !(flags & UPDATE_WEIGHTS) )
        init_weights();
    // 最大迭代次数值
    max_iter = params.term_crit.type & CV_TERMCRIT_ITER ?
        params.term_crit.max_iter : MAX_ITER;
    max_iter = MIN( max_iter, MAX_ITER );
    max_iter = MAX( max_iter, 1 );
    // 精度阈值,如果相邻两次损失函数值的差小于这个值,迭代终止
    epsilon = params.term_crit.type & CV_TERMCRIT_EPS ? params.term_crit.epsilon :
        DEFAULT_EPSILON;
    epsilon = MAX(epsilon, DBL_EPSILON);
    params.term_crit.type = CV_TERMCRIT_ITER + CV_TERMCRIT_EPS;
    params.term_crit.max_iter = max_iter;
    params.term_crit.epsilon = epsilon;
    // 根据指定的训练算法参数调用不同的训练算法函数
    if( params.train_method == CvANN_MLP_TrainParams::BACKPROP )
    {
        // 单样本的反向传播算法
        CV_CALL( iter = train_backprop( x0, u, sw ));
    }
    else
    {   // 批量反向传播算法
        CV_CALL( iter = train_rprop( x0, u, sw ));
    }
    __END__;
    cvFree( &x0.data.ptr );
    cvFree( &u.data.ptr );
    cvFree( &sw );
    return iter;
}
```

函数 train_backprop 实现单个样本的随机反向传播算法,每次计算损失函数值和参数梯度值时只使用一个样本。x0 为训练样本的特征向量集合;u 为训练样本的输出向量集合,即标签值;sw 为训练样本的权重。

完整的训练流程如下。

```
循环,直到达到最大迭代次数
    循环,对每个样本
    如果每个样本都用完一遍了,则进行随机洗牌
    对输入向量进行归一化
    对当前样本进行正向传播,在这个过程中记住激活函数值、激活函数导数值
    反向传播:
        更新权重
        将误差传播到前一层
    结束循环
结束循环
```

下面来看 train_backprop 函数的实现代码:

```
int CvANN_MLP::train_backprop(CvVectors x0, CvVectors u, const double* sw)
{
    CvMat* dw =0;                                    // dw 用于存储权重的梯度
    CvMat* buf =0;
    // x 为每一层的输出值,df 为每一层输出值的导数值
    double **x =0, **df =0;
    CvMat* _idx =0;
    int iter =-1, count =x0.count;                   // count 为训练样本数
    CV_FUNCNAME( "CvANN_MLP::train_backprop" );
    __BEGIN__;
    int i, j, k, ivcount, ovcount, l_count, total =0, max_iter;
    double *buf_ptr;
    double prev_E =DBL_MAX* 0.5, E =0, epsilon;
    max_iter =params.term_crit.max_iter* count;
    epsilon =params.term_crit.epsilon* count;
    l_count =layer_sizes->cols;                      // 神经网络的层数
    ivcount =layer_sizes->data.i[0];                 // 输入层神经元个数
    ovcount =layer_sizes->data.i[l_count-1];         // 输出层神经元个数
    // 计算所有层神经元的总个数,注意,每一层加了一个 1,totoal 为总个数
    for( i =0; i <l_count; i++)                      // 计算所有权重的个数,包括偏置
        total +=layer_sizes->data.i[i] +1;
    // dw 是权重的梯度
    CV_CALL( dw =cvCreateMat( wbuf->rows, wbuf->cols, wbuf->type ));
    cvZero( dw );                                    // 梯度初始化为 0
    // buf 用于存放临时数据
    CV_CALL( buf =cvCreateMat( 1, (total +max_count)* 2, CV_64F ));
    CV_CALL( _idx =cvCreateMat( 1, count, CV_32SC1 ));
    // idx 存放样本的编号,用于后面的随机洗牌采样
    for( i =0; i <count; i++)
        _idx->data.i[i] =i;
    CV_CALL( x = (double**)cvAlloc( total* 2* sizeof(x[0]) ));
    df =x +total;
```

```
buf_ptr =buf->data.db;
for( j =0; j <l_count; j++)                         // 计算每层数据的存放位置
{
    x[j] =buf_ptr;                                  // x[j]存储第 j 层神经元的输出
    df[j] =x[j] +layer_sizes->data.i[j];            // df[j]存储第 j 层的梯度
    buf_ptr += (df[j] -x[j]) * 2;                   // 下一层的开始
}
// 反向传播过程,最大迭代次数为 max_iter,E 为损失函数的值
// 下面是整个反向传播的大循环,iter 为当前迭代次数,循环内是一次完整的迭代
// 直到达到最大迭代次数 max_iter,退出循环
for( iter =0; iter <max_iter; iter++)
{
    // 把所有样本都用过一遍之后,进行一次随机洗牌,即每隔 count 次进行一次随机洗牌
    // idx 为每次选取的一个样本,count 为训练样本数
    int idx =iter %count;
    double* w =weights[0];                          // 输入层的权重
    double sweight =sw ?count * sw[idx] : 1.;
    // _w 为权重,_df 为激活函数的导数值,_dw 为权重的梯度
    CvMat _w, _dw, hdr1, hdr2, ghdr1, ghdr2, _df;
    CvMat *x1 =&hdr1, *x2 =&hdr2, *grad1 =&ghdr1, *grad2 =&ghdr2, *temp;
    // 如果是新一轮的开始,即所有样本都用了一遍,则进行随机洗牌
    if( idx ==0 )                                   // iter %count =0
    {
        // 如果达到指定精度,算法终止,退出循环
        // prev_E 是上次的损失函数值,E 是当前的损失函数值
        if( fabs(prev_E -E) <epsilon )
            break;
        prev_E =E;                                  // 更新之前的损失函数值
        E =0;                                       // 更新当前的损失函数值为 0
        for( i =0; i <count; i++)                   // 先随机洗牌,交换两个样本
        {
            int tt;
            // 选择[0, count -1]的一个样本
            j = (unsigned)cvRandInt(&rng) %count;
            // 选择[0, count -1]的一个样本
            k = (unsigned)cvRandInt(&rng) %count;
            // 交换这两个样本
            CV_SWAP( _idx->data.i[j], _idx->data.i[k], tt );
        }
    }
    // 使用第 idx 个样本做反向传播
    idx =_idx->data.i[idx];
    if( x0.type ==CV_32F )
    {
        const float* x0data =x0.data.fl[idx];  // 该样本的特征向量
```

```
        // 对于输入层的每个神经元计算输出,这里只是进行缩放归一化
        for( j =0; j <ivcount; j++)
            x[0][j] =x0data[j] * w[j * 2] +w[j * 2 +1];
    }
    else
    {
        // 与上面的代码相同,只不过是处理双精度数
        const double * x0data =x0.data.db[idx];
        for( j =0; j <ivcount; j++)
            x[0][j] =x0data[j] * w[j * 2] +w[j * 2 +1];
    }
    cvInitMatHeader( x1, 1, ivcount, CV_64F, x[0] ); // ivcount 为输入层神经元数
    // 正向传播过程,计算每一层的输出 y = f(wx +b),以及梯度 f'(wx +b)
    // y[i]=w * x[i-1], x[i]=f(y[i]), df[i]=f'(y[i])
    for( i =1; i <l_count; i++)
    {
        // x1 是第 i 层的输入,x2 是第 i 层的临时输出
        cvInitMatHeader( x2, 1, layer_sizes->data.i[i], CV_64F, x[i] );
        // _w 为权重,s1 * s2 的矩阵
        cvInitMatHeader( &_w, x1->cols, x2->cols, CV_64F, weights[i] );
        // 计算 x2 =x1 * _w
        cvGEMM( x1, &_w, 1, 0, 0, x2 );
        _df = * x2;                                // _df = _df * x2
        _df.data.db =df[i];
        // 计算激活函数的梯度,注意这里加上的偏置值
        // 注意,这里同时算出了激活函数值和其导数值,在反向传播时还有用
        // _w.data.db + _w.rows * _w.cols 为偏置数值的起始位置
        //   x2 =f(x2 +b)   _df =f'(x2 +b)
        calc_activ_func_deriv( x2, &_df, _w.data.db + _w.rows * _w.cols );
        CV_SWAP( x1, x2, temp );                   // 交换输入和输出,进入下一层
    }
    // grad1 是 1×n 的矩阵,即行向量
    cvInitMatHeader( grad1, 1, ovcount, CV_64F, buf_ptr );
    * grad2 = * grad1;
    grad2->data.db =buf_ptr +max_count;
    w =weights[l_count+1];                         // 输出层的权重,实际上是归一化系数
    // 下面这段循环的作用是对输出层的值做归一化
    if( u.type ==CV_32F )
    {   // 对于单精度浮点数
        const float * udata =u.data.fl[idx];
        for( k =0; k <ovcount; k++)                // ovcount 为输出层的神经元个数
        {
            // 计算输出层误差,先对输出值归一化
            double t =udata[k] * w[k * 2] +w[k * 2+1] -x[l_count-1][k];
            grad1->data.db[k] =t * sweight;    // 输出层的梯度
```

```
            E +=t * t;                          // 误差累计平方和
        }
    }
    else
    {    // 对于双精度浮点数
        const double * udata =u.data.db[idx];
        for( k =0; k <ovcount; k++)
        {
            double t =udata[k] * w[k * 2] +w[k * 2+1] -x[l_count-1][k];
            grad1->data.db[k] =t * sweight;
            E +=t * t;
        }
    }
    E *=sweight;                                // 损失函数值还要乘上样本权重
    // 反向传播过程,计算梯度值,更新权重
    for( i =l_count-1; i >0; i--)               // 从输出层开始
    {
        // n1 为前一层的神经元个数,n2 为本层神经元个数
        int n1 =layer_sizes->data.i[i-1], n2 =layer_sizes->data.i[i];
        // _df 为本层的激活函数导数值,是矩阵,即行向量
        cvInitMatHeader( &_df, 1, n2, CV_64F, df[i] );
        // grad1 为误差项,计算
        cvMul( grad1, &_df, grad1 );
        cvInitMatHeader( &_w, n1+1, n2, CV_64F, weights[i] );
        cvInitMatHeader( &_dw, n1+1, n2, CV_64F, dw->data.db +(weights[i] -
            weights[0]) );
        cvInitMatHeader( x1, n1+1, 1, CV_64F, x[i-1] );
        x[i-1][n1] =1.;
        // _dw =a * x1 * grad1 +b * _dw,计算权重的更新量
        // 在这里考虑了动量项
        cvGEMM( x1, grad1, params.bp_dw_scale, &_dw, params.bp_moment_scale,
            &_dw );
        // _w =_w +_dw,更新权重
        cvAdd( &_w, &_dw, &_w );
        if( i >1 )                              // 如果不是输入层,传播误差
        {
            grad2->cols =n1;
            _w.rows =n1;
            // 计算 grad2 =grad1 * _w^T,即
            cvGEMM( grad1, &_w, 1, 0, 0, grad2, CV_GEMM_B_T );
        }
        CV_SWAP( grad1, grad2, temp );
    }
}
iter /=count;
```

```
    __END__;
    cvReleaseMat( &dw );
    cvReleaseMat( &buf );
    cvReleaseMat( &_idx );
    cvFree( &x );
    return iter;                                      // 函数会返回迭代次数
}
```

函数 train_rprop 实现 RPROP 批量反向传播算法，这是标准反向传播算法的一个变种。在正向传播时，利用所有样本计算误差函数值。反向传播时，算法分两种情况更新权重，如果两次梯度符号相反，则抑制参数变化；如果两次梯度符号相同，则增强参数变化。具体的公式为

$$\Delta w_t = \begin{cases} -\Delta_t, & \dfrac{\partial L}{\partial w_t} > 0 \\ +\Delta_t, & \dfrac{\partial L}{\partial w_t} < 0 \end{cases}$$

其中，$\Delta_t$ 定义为

$$\Delta_t = \begin{cases} \eta^+ \Delta_{t-1}, & \dfrac{\partial L}{\partial w_{t-1}} \dfrac{\partial L}{\partial w_t} > 0 \\ \eta^- \Delta_{t-1}, & \dfrac{\partial L}{\partial w_{t-1}} \dfrac{\partial L}{\partial w_t} < 0 \\ \Delta_{t-1}, & \text{其他} \end{cases}$$

其中，常数 $\eta^+ > 1, 0 < \eta^- < 1$，它们是人工设定的参数。下面来看函数的实现。x0 为训练样本的特征向量集合，u 为训练样本的输出向量集合，sw 为训练样本的权重。函数代码如下：

```
int CvANN_MLP::train_rprop(CvVectors x0, CvVectors u, const double * sw)
{
    const int max_buf_size =1 <<16;
    CvMat * dw =0;
    CvMat * dEdw =0;                                  // 权重的偏导数
    CvMat * prev_dEdw_sign =0;                        // 上一次权重偏导数的符号
    CvMat * buf =0;

    // 同样地,x 为每层的输出值,df 为每层的输出值的导数
    double * * x =0, * * df =0;
    int iter =-1, count =x0.count;
    CV_FUNCNAME( "CvANN_MLP::train" );
    __BEGIN__;
    int i, ivcount, ovcount, l_count, total =0, max_iter, buf_sz, dcount0;
    double * buf_ptr;
    double prev_E =DBL_MAX * 0.5, epsilon;            // 上一次的损失函数值
    double dw_plus, dw_minus, dw_min, dw_max;
    double inv_count;
    max_iter =params.term_crit.max_iter;             // 最大迭代次数
    epsilon =params.term_crit.epsilon;
```

```
dw_plus =params.rp_dw_plus;
dw_minus =params.rp_dw_minus;
dw_min =params.rp_dw_min;
dw_max =params.rp_dw_max;
l_count =layer_sizes->cols;                  // 网络的层数
ivcount =layer_sizes->data.i[0];             // 输入向量的维数,即输入层神经元数
ovcount =layer_sizes->data.i[l_count-1];     // 输出向量的维数,即输出层神经元数
// 计算缓存空间大小
for( i =0; i <l_count; i++)
    total +=layer_sizes->data.i[i];
// 创建矩阵
CV_CALL( dw =cvCreateMat( wbuf->rows, wbuf->cols, wbuf->type ));
cvSet( dw, cvScalarAll(params.rp_dw0) );
// 创建权重梯度矩阵
CV_CALL( dEdw =cvCreateMat( wbuf->rows, wbuf->cols, wbuf->type ));
cvZero( dEdw );
// 上一次迭代时权重梯度的符号矩阵
CV_CALL( prev_dEdw_sign =cvCreateMat( wbuf->rows, wbuf->cols, CV_8SC1 ));
cvZero( prev_dEdw_sign );
inv_count =1./count;                         // 训练样本数
dcount0 =max_buf_size/(2 * total);
dcount0 =MAX( dcount0, 1 );
dcount0 =MIN( dcount0, count );
buf_sz =dcount0 * (total +max_count) * 2;
CV_CALL( buf =cvCreateMat( 1, buf_sz, CV_64F ));
CV_CALL( x =(double * * )cvAlloc( total * 2 * sizeof(x[0]) ));
df =x +total;
buf_ptr =buf->data.db;
// 计算各层缓冲区的指针
for( i =0; i <l_count; i++)
{
    x[i] =buf_ptr;
    df[i] =x[i] +layer_sizes->data.i[i] * dcount0;
    buf_ptr +=(df[i] -x[i]) * 2;
}
// 主迭代循环
for( iter =0; iter <max_iter; iter++)
{
    int n1, n2, j, k;
    double E =0;                             // 损失函数初值为 0
    // 首先,对所有样本进行正向传播和反向传播,计算权重梯度矩阵 dEdw
    // 在这里,对 0~count 的样本进行分块并行处理
    cv::parallel_for_(cv::Range(0, count),rprop_loop(this, weights, count, ivcount,
    &x0, l_count, layer_sizes, ovcount, max_count, &u, sw, inv_count, dEdw,
    dcount0, &E, buf_sz)
```

```
);
// 更新权重,从输出层开始,逐层更新权重
for( i =1; i <l_count; i++)
{
    // n1 是权重矩阵的行数,n2 是权重矩阵的列数
    n1 =layer_sizes->data.i[i-1]; n2 =layer_sizes->data.i[i];
    // 对权重矩阵的每一行
    for( k =0; k <=n1; k++)
    {
        double* wk =weights[i]+k* n2;
        size_t delta =wk -weights[0];
        double* dwk =dw->data.db +delta;
        double* dEdwk =dEdw->data.db +delta;
        char* prevEk = (char* )(prev_dEdw_sign->data.ptr +delta);
        // 对权重矩阵的每一列
        for( j =0; j <n2; j++)
        {
            double Eval =dEdwk[j];
            double dval =dwk[j];
            double wval =wk[j];
            int s =CV_SIGN(Eval);
            int ss =prevEk[j]* s;          // 两次迭代的偏导数同号
            if( ss >0 )
            {
                dval *=dw_plus;
                dval =MIN( dval, dw_max );
                dwk[j] =dval;
                wk[j] =wval +dval* s;
            }
            else if( ss <0 )               // 两次迭代的偏导数异号
            {
                dval *=dw_minus;
                dval =MAX( dval, dw_min );
                prevEk[j] =0;
                dwk[j] =dval;
                wk[j] =wval +dval* s;
            }
            else
            {
                prevEk[j] = (char)s;
                wk[j] =wval +dval* s;
            }
            dEdwk[j] =0.;
        }
    }
```

```
        }
        // 如果损失函数值下降不充分,退出循环
        if( fabs(prev_E -E) <epsilon )
            break;
        prev_E =E;
        E =0;
    }
    __END__;
    cvReleaseMat( &dw );
    cvReleaseMat( &dEdw );
    cvReleaseMat( &prev_dEdw_sign );
    cvReleaseMat( &buf );
    cvFree( &x );
    return iter;
}
```

ParallelLoopBody 实现并行的正向传播和反向传播,但不更新权重的值,只计算权重的偏导数。下面来看 rprop_loop 的代码:

```
struct rprop_loop : cv::ParallelLoopBody {
    rprop_loop(const CvANN_MLP * _point, double * * & _weights, int& _count,
    int& _ivcount, CvVectors * _x0,int& _l_count, CvMat * & _layer_sizes,
    int& _ovcount, int& _max_count, CvVectors * _u, const double * & _sw,
    double& _inv_count, CvMat * & _dEdw, int& _dcount0, double * _E, int _buf_sz)
{
    point =_point;
    weights =_weights;
    count =_count;
    ivcount =_ivcount;                          // 输入向量的维数
    x0 =_x0;                                    // 输入向量
    l_count =_l_count;                          // 网络的层数
    layer_sizes =_layer_sizes;                  // 各层大小
    ovcount =_ovcount;                          // 输出向量的维数
    max_count =_max_count;
    u =_u;
    sw =_sw;
    inv_count =_inv_count;
    dEdw =_dEdw;
    dcount0 =_dcount0;
    E =_E;
    buf_sz =_buf_sz;
    }
    const CvANN_MLP * point;
    // 因为每次迭代要用多个样本,因此要保存每个样本在网络每一层的梯度值
    double * * weights;
    int count;
```

```
int ivcount;
CvVectors* x0;
int l_count;                                    // 网络的层数
CvMat* layer_sizes;                             // 各层大小
int ovcount;
int max_count;
CvVectors* u;
const double* sw;
double inv_count;
CvMat* dEdw;
int dcount0;
double* E;
int buf_sz;
// 并行计算,完成正向传播和反向传播,range 指明了函数处理的样本的编号范围
void operator()( const cv::Range& range ) const
{
    double* buf_ptr;
    double** x =0;
    double **df =0;
    int total =0;
    // 首先计算出缓冲区的大小
    for(int i =0; i <l_count; i++)
        total +=layer_sizes->data.i[i];
    CvMat* buf;
    buf =cvCreateMat( 1, buf_sz, CV_64F );
    x = (double**)cvAlloc( total*2*sizeof(x[0]) );
    df =x +total;
    buf_ptr =buf->data.db;
    // 计算各层的 x、df 在缓冲区中的位置
    for(int i =0; i <l_count; i++)
    {
        x[i] =buf_ptr;
        df[i] =x[i] +layer_sizes->data.i[i]*dcount0;
        buf_ptr += (df[i] -x[i])*2;
    }
    // 对 range.start ~range.end 的样本进行处理
    for(int si =range.start; si <range.end; si++)
    {
        // 把样本均分成 dcount0 等分,本次只处理其中的一等分
        if (si %dcount0 !=0) continue;
        int n1, n2, k;
        double* w;
        CvMat _w, _dEdw, hdr1, hdr2, ghdr1, ghdr2, _df;
        CvMat *x1, *x2, *grad1, *grad2, *temp;
        int dcount =0;
```

```
dcount =MIN(count -si, dcount0 );
w =weights[0];
grad1 =&ghdr1; grad2 =&ghdr2;
x1 =&hdr1; x2 =&hdr2;
// 对输入向量进行预处理,即归一化
if( x0->type ==CV_32F )
{
    for(int i =0; i <dcount; i++)
    {
        const float* x0data =x0->data.fl[si+i];
        double* xdata =x[0]+i* ivcount;
        for(int j =0; j <ivcount; j++)
            xdata[j] =x0data[j]* w[j* 2] +w[j* 2+1];
    }
}
else
    for(int i =0; i <dcount; i++)
    {
        const double* x0data =x0->data.db[si+i];
        double* xdata =x[0]+i* ivcount;
        for(int j =0; j <ivcount; j++)
            xdata[j] =x0data[j]* w[j* 2] +w[j* 2+1];
    }
cvInitMatHeader( x1, dcount, ivcount, CV_64F, x[0] );
// 正向传播,计算 y[i]=w* x[i-1], x[i]=f(y[i]), df[i]=f'(y[i])
for(int i =1; i <l_count; i++)
{
    // 初始化 x 和 W 矩阵
    cvInitMatHeader( x2, dcount, layer_sizes->data.i[i], CV_64F, x[i] );
    cvInitMatHeader( &_w, x1->cols, x2->cols, CV_64F, weights[i] );
    cvGEMM( x1, &_w, 1, 0, 0, x2 );      // 计算 W^(l) x^(l-1)
    _df = * x2;
    _df.data.db =df[i];
    point->calc_activ_func_deriv( x2, &_df, _w.data.db +
        _w.rows* _w.cols );              // 计算激活函数和导数
    CV_SWAP( x1, x2, temp );
}
cvInitMatHeader( grad1, dcount, ovcount, CV_64F, buf_ptr );
w =weights[l_count+1];
grad2->data.db =buf_ptr +max_count* dcount;
// 计算损失函数值
if( u->type ==CV_32F )
    // 对于每个样本
    for(int i =0; i <dcount; i++)
    {
```

```
            const float* udata =u->data.fl[si+i];
            const double* xdata =x[l_count-1] +i* ovcount;
            double* gdata =grad1->data.db +i* ovcount;
            double sweight =sw ? sw[si+i] : inv_count, E1 =0;
            // 对于输出向量的每一维
            for(int j =0; j <ovcount; j++)
            {
                // 累加损失函数值
                double t =udata[j]* w[j* 2] +w[j* 2+1] -xdata[j];
                gdata[j] =t* sweight;
                E1 +=t* t;
            }
            * E +=sweight* E1;
        }
    else
        for(int i =0; i <dcount; i++)
        {
            const double* udata =u->data.db[si+i];
            const double* xdata =x[l_count-1] +i* ovcount;
            double* gdata =grad1->data.db +i* ovcount;
            double sweight =sw ? sw[si+i] : inv_count, E1 =0;
            for(int j =0; j <ovcount; j++)
            {
                double t =udata[j]* w[j* 2] +w[j* 2+1] -xdata[j];
                gdata[j] =t* sweight;
                E1 +=t* t;
            }
            * E +=sweight* E1;
        }
    static cv::Mutex mutex;
    // 反向传播过程,在这里只计算出了权重的梯度项,并没有执行权重
    // 更新,权重更新是在 train_rprop 函数中做的
    for(int i =l_count-1; i >0; i--)
    {
        n1 =layer_sizes->data.i[i-1]; n2 =layer_sizes->data.i[i];
        cvInitMatHeader( &_df, dcount, n2, CV_64F, df[i] );
        // 计算本层的误差项
        cvMul( grad1, &_df, grad1 );
        {
            // 这段代码要保证多线程互斥,因为线程之间要共享权重梯度矩阵
            cv::AutoLock lock(mutex);
            cvInitMatHeader( &_dEdw, n1, n2, CV_64F, dEdw->data.db+
                (weights[i]-weights[0]) );
            cvInitMatHeader( x1, dcount, n1, CV_64F, x[i-1] );
            // 更新权重梯度矩阵
```

```
                cvGEMM( x1, grad1, 1, &_dEdw, 1, &_dEdw, CV_GEMM_A_T );
                // 更新 dEdw 的偏置部分
                for( k =0; k <dcount; k++)
                {
                    double * dst =_dEdw.data.db +n1 * n2;
                    const double * src =grad1->data.db +k * n2;
                    for(int j =0; j <n2; j++)
                        dst[j] +=src[j];
                }
                if (i >1)
                    cvInitMatHeader( &_w, n1, n2, CV_64F, weights[i] );
            }
            cvInitMatHeader( grad2, dcount, n1, CV_64F, grad2->data.db );
            // 反向传播误差到前一层
            if( i >1 )
                cvGEMM( grad1, &_w, 1, 0, 0, grad2, CV_GEMM_B_T );
            CV_SWAP( grad1, grad2, temp );
        }
    }
    cvFree(&x);
    cvReleaseMat( &buf );
}
```

## 9.7.5 预测函数

预测时，给定输入向量，循环计算每一层的变换输出，输出层的结果就是最终预测结果。需要强调的是，对输入向量和输出向量都要做归一化缩放。

predict 实现了预测功能。在这里，_inputs 为待预测的特征向量，_outputs 为输出的预测值。代码如下：

```
float CvANN_MLP::predict(const CvMat * _inputs, CvMat * _outputs) const
{
    CV_FUNCNAME( "CvANN_MLP::predict" );
    __BEGIN__;
    double * buf;
    int i, j, n, dn =0, l_count, dn0, buf_sz, min_buf_sz;
    if( !layer_sizes )
        CV_ERROR( CV_StsError, "The network has not been initialized" );
    if( !CV_IS_MAT(_inputs) || !CV_IS_MAT(_outputs) ||
        !CV_ARE_TYPES_EQ(_inputs,_outputs) ||
        (CV_MAT_TYPE(_inputs->type) !=CV_32FC1 &&
        CV_MAT_TYPE(_inputs->type) !=CV_64FC1) ||
        _inputs->rows !=_outputs->rows )
        CV_ERROR( CV_StsBadArg, "Both input and output must be floating-point
            matrices " "of the same type and have the same number of rows" );
```

```
if( _inputs->cols !=layer_sizes->data.i[0] )
    CV_ERROR( CV_StsBadSize, "input matrix must have the same number of
        columns as " "the number of neurons in the input layer" );
if( _outputs->cols !=layer_sizes->data.i[layer_sizes->cols -1] )
    CV_ERROR( CV_StsBadSize, "output matrix must have the same number of
        columns as " "the number of neurons in the output layer" );
n =dn0 =_inputs->rows;                          // 样本数,每一行为一个样本的特征向量
// 下面的代码用于分配临时的存储空间
min_buf_sz =2 * max_count;
buf_sz =n * min_buf_sz;
if( buf_sz >max_buf_sz )
{
    dn0 =max_buf_sz/min_buf_sz;
    dn0 =MAX( dn0, 1 );
    buf_sz =dn0 * min_buf_sz;
}
buf = (double * )cvStackAlloc( buf_sz * sizeof(buf[0]) );
l_count =layer_sizes->cols;
// 依次处理每个样本
for( i =0; i <n; i +=dn )
{
    CvMat hdr[2], _w, * layer_in =&hdr[0], * layer_out =&hdr[1], * temp;
    dn =MIN( dn0, n -i );
    // 获取样本的特征向量,存储在 layer_in 中
    cvGetRows( _inputs, layer_in, i, i +dn );
    cvInitMatHeader( layer_out, dn, layer_in->cols, CV_64F, buf );
    // 对特征向量进行缩放
    scale_input( layer_in, layer_out );
    CV_SWAP( layer_in, layer_out, temp );
    // 循环计算每一层的输出
    for( j =1; j <l_count; j++)
    {
        double * data =buf + (j&1 ?max_count * dn0 : 0);
        int cols =layer_sizes->data.i[j];
        cvInitMatHeader( layer_out, dn, cols, CV_64F, data );
        cvInitMatHeader( &_w, layer_in->cols, layer_out->cols, CV_64F,
            weights[j] );
            // _w 为第 j 层的权重矩阵
            // layer_out =layer_in * _w
        cvGEMM( layer_in, &_w, 1, 0, 0, layer_out );
        // 计算激活函数,这个函数只计算激活函数,不计算导数
        calc_activ_func( layer_out, _w.data.db + _w.rows * _w.cols );
        // 交换输入与输出
        CV_SWAP( layer_in, layer_out, temp );
    }
```

```
        cvGetRows( _outputs, layer_out, i, i +dn );
        // 对输出向量进行缩放
        scale_output( layer_in, layer_out );
    }
    __END__;
    return 0.f;
}
```

## 9.8 应用

神经网络作为一个通用的模型，既适用于分类问题，也适用于回归问题。它在模式识别的各个问题中都有成功的应用，典型的包括人脸检测[30]、人脸识别[31]，光学字符识别OCR[32-34]、手写字符识别[35-36]，自然语言处理[37]等问题。

下面介绍神经网络在图像识别中的应用。在这里使用 MNIST 手写数字数据集，这个数据集有 10 类阿拉伯数字的手写图像，尺寸为 28 像素×28 像素，其中有 60 000 张图像作为训练样本，10 000 张图像作为测试样本。数据集的下载地址为

http://yann.lecun.com/exdb/mnist/

在这个官网上还给出了各种算法的错误率，以便于比较。关于这个数据集更多的信息可参阅官网上的说明。图 9.6 是从数据库中截取的部分数字的图像。

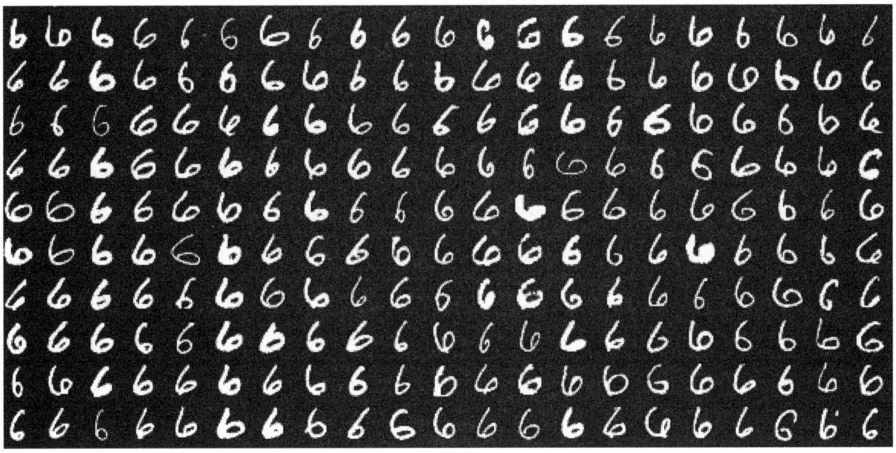

**图 9.6 MNIST 中数字的图像**(来自 MNIST 的官网)

我们直接将图像按行拼接形成特征向量，这样特征向量为 784 维，当然，也可以按照列进行拼接。为此，神经网络的输入层设计为 784 维，由于像素值的取值范围为[0,255]，一般要进行归一化，统一缩放到[0,1]。因为有 10 个类，因此，网络的输出层设置为 10 维，训练样本的标签向量采用向量编码模式，在前面已经介绍过了。

隐含层的深度、每层神经元的个数我们可以自己调节，2～5 层可以进行尝试，根据分类结果选择一个最好的网络结构。使用 OpenCV 的神经网络类或者其他开源库(如 Caffe 和 TensorFlow)，可以很容易地完成这个实验。

# 参考文献

[1] Anil K Jain, Jianchang Mao, K Moidin Mohiuddin. Artificial neural networks: A tutorial. Computer, 1996, 29(3): 31-44.

[2] Richard Lippmann. An introduction to computing with neural nets. IEEE ASSP Magazine, 1987: 4-22.

[3] David E Rumelhart, Geoffrey E Hinton, Ronald J Williams. Learning internal representations by back-propagating errors. Nature, 1986, 323(99): 533-536.

[4] Alan Lapedes, Ron Farber. How neural nets work. In Dana Z. Anderson, editor, Advances in Neural Information Processing Systems, New York: American Institute of Physics, 1988: 442-456.

[5] Robert Hecht-Nielsen. Theory of the backpropagation neural network. In Proceeding of the International Joint Conference on Neural Networks(IJCNN), New York: IEEE, 1989,1: 593-605.

[6] Kurt Hornik. Approximation capabilities of multilayer feedforward networks. Neural Networks, 1991.

[7] Hava T Siegelmann, Eduardo D Sontag. On the computational power of neural nets. conference on learning theory, 1992.

[8] David G Stork, James D Allen. How to solve the n-bit parity problem with two hidden units. Neural Networks, 1992, 5(6): 923-926.

[9] David G Stork, James D Allen. How to solve the n-bit parity problem with just one hidden unit. Neural computing, 1993, 5(3): 141-143.

[10] Hornik K, Stinchcombe M, White H. Multilayer feedforward networks are universal approximators. Neural Networks, 1989, 2: 359-366.

[11] Cybenko G. Approximation by superpositions of a sigmoid function. Mathematics of Control, Signals, and Systems, 1989, 2: 303-314.

[12] Hornik K, Stinchcombe M, White H. Universal approximation of an unknown mapping and its derivatives using multilayer feedforward networks. Neural networks, 1990, 3(5): 551-560.

[13] Leshno M, Lin V Y, Pinku, A, et al. Multilayer feedforward networks with a nonpolynomial activation function can approximate any function. Neural Networks, 1993, 6: 861-867.

[14] Barron A E. Universal approximation bounds for superpositions of a sigmoid function. IEEE Transactions on Information Theory, 1993, 39: 930-945.

[15] Montufar G. Universal approximation depth and errors of narrow belief networks with discrete units. Neural Computation, 2014.

[16] Raman Arora, Amitabh Basu, Poorya Mianjy, et al. Understanding Deep Neural Networks with Rectified Linear Units. Electronic Colloquium on Computational Complexity, 2016.

[17] Xavier Glorot, Yoshua Bengio. Understanding the difficulty of training deep feedforward neural networks. Journal of Machine Learning Research, 2010.

[18] Kaiming He, Xiangyu Zhang, Shaoqing Ren, et al. Deep Residual Learning for Image Recognition. Computer Vision and Pattern Recognition, 2015.

[19] LeCun, L Bottou, G B Orr, et al. Efficient backprop, in Neural Networks Tricks of the Trade. Springer Lecture Notes in Computer Sciences 1524, 1998: 5-50.

[20] M Riedmiller, H Braun. A Direct Adaptive Method for Faster Backpropagation Learning: The RPROP Algorithm, Proc. ICNN, San Francisco (1993).

[21] D R Hush, J M Slas, B Horne. Error surfaces for multi-layer perceptrons. International Symposium on Neural Networks, 1991.

[22] Choromanska A, Henaff M, Mathieu M, et al. The loss surfaces of multilayer networks. arXiv: 1412.0233, 2014.

[23] Marcus Gallagher. Multi-layer Perceptron Error Surfaces: Visualization, Structure and Modelling, 2000.

[24] Sontag E D, Sussman H J. Backpropagation can give rise to spurious local minima even for networks without hidden layers. Complex Systems, 1989, 3: 91-106.

[25] Brady M L, Raghavan R, Slawny J. Backpropagation fails to separate where perceptrons succeed. IEEE Transactions on Circuits and Systems, 1989, 36(5): 665-674.

[26] Gori M, Tesi A. On the problem of local minima in backpropagation. IEEE Transcations on Pattern Analysis and Machine Intelligence. 1992, 14(1): 76-86.

[27] Saxe A M, McClelland J L, Ganguli S. Exact solutions to the nonlinear dynamics of learning in deep linear neural networks. ICLR, 2013.

[28] Dauphin Y, Pascanu R, Gulcehre C, et al. Identifying and attacking the saddle point problem in high-dimensional non-convex optimization. NIPS 2014.

[29] Goodfellow I J, Vinyals O, Saxe A M. Qualitatively characterizing neural network optimization problems. International Conference on Learning Representations, 2015.

[30] Choromanska A, Heanffm M, Mathieu M, et al. The loss surface of multilayer networks, 2014.

[31] Henry A Rowley, Shumeet Baluja, Takeo Kanade. Neural network-based face detection. IEEE Transactions on Pattern Analysis and Machine Intelligence, 1998.

[32] Steve Lawrence, C L Giles, Ah Chung Tsoi, et al. Face recognition: a convolutional neural-network approach. IEEE Transactions on Neural Networks, 1997.

[33] Michael Sabourin, Amar Mitiche. Original Contribution: Optical character recognition by a neural network. Neural Networks, 1992.

[34] M D Ganis, Charles L Wilson, James L Blue. Neural network-based systems for handprint OCR applications. IEEE Transactions on Image Processing, 1998.

[35] Dong Xiao Ni. Application of Neural Networks to Character Recognition, 2007.

[36] Neiva Maria Picinini Santos, E Da Costa Oliverira. A neural network for handwritten pattern recognition, 1996.

[37] Anita Pal, Dayashankar Singh. Handwritten English Character Recognition Using Neural Network, 2010.

[38] Mikaela Keller, Samy Bengio. A neural network for text representation. International Conference on Artificial Neural Networks, 2005.

# 第 10 章

# 支持向量机

支持向量机由 Vapnik 等人提出[1-3]，在出现后的二十多年里它是最有影响力的机器学习算法之一。在深度学习技术出现之前，使用高斯核(RBF)的支持向量机在很多分类问题上一度取得了最好的结果。支持向量机不仅可以用于分类问题，还可以用于回归问题。它具有泛化性能好、适合小样本和高维特征等优点，被广泛应用于各种实际问题。

## 10.1 线性分类器

线性函数计算简单，训练时易于求解，是机器学习领域被研究得最深入的模型之一。支持向量机是最大化分类间隔的线性分类器，如果使用核函数，可以解决非线性问题。

### 10.1.1 线性分类器概述

线性分类器是 $n$ 维空间中的分类超平面，将空间切分成两部分。对于二维空间，是一条直线；对于三维空间，是一个平面；超平面是在更高维空间的推广。它的方程为

$$\boldsymbol{w}^{\mathrm{T}}\boldsymbol{x}+b=0$$

其中，$\boldsymbol{x}$ 为输入向量；$\boldsymbol{w}$ 是权重向量；$b$ 是偏置项，这两个参数通过训练得到。对于一个样本，如果满足

$$\boldsymbol{w}^{\mathrm{T}}\boldsymbol{x}+b\geqslant 0$$

则被判定为正样本，否则被判定为负样本。图 10.1 是一个线性分类器对空间进行分割的示意图，在这里是二维平面。

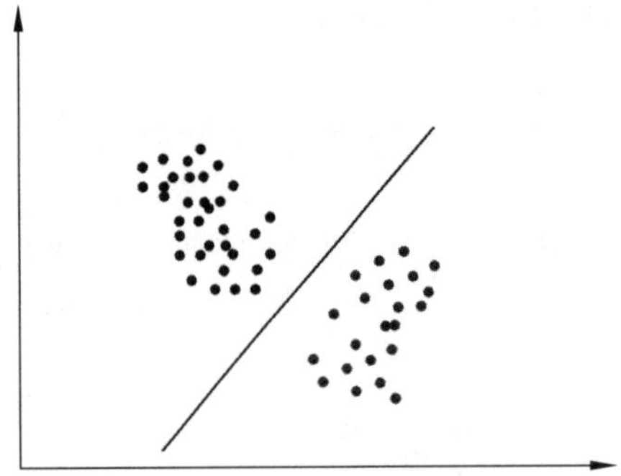

图 10.1　二维空间中的线性分类器

在图 10.1 中，直线将二维平面分成了两部分，落在直线左边的点被判定成第一类，落在直线右边的点被判定成第二类。线性分类器的判别函数可以写成

$$\mathrm{sgn}(\boldsymbol{w}^{\mathrm{T}}\boldsymbol{x}+b)$$

给定一个样本的向量，代入上面的函数，就可以得到它的类别值±1。这种线性模型也被称为感知器模型，由 Rosenblatt 在 1958 年提出。

### 10.1.2 分类间隔

一般情况下，给定一组训练样本可以得到不止一个可行的线性分类器，图 10.2 就是一个例子。

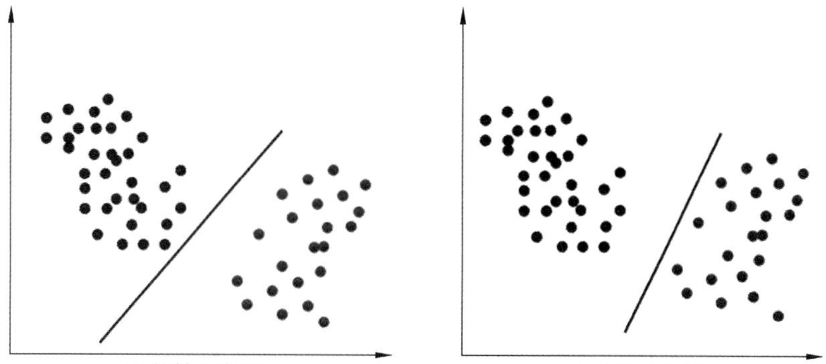

(a) 线性分类器1　　(b) 线性分类器2

图 10.2　两个不同的线性分类器

在图 10.2 中两条直线都可以将两类样本分开。问题是：在多个可行的线性分类器中，什么样的分类器是好的？从直观上看，为了得到好的泛化性能，分类平面应该不偏向于任何一类，并且离两个类的样本都尽可能远。这种最大化分类间隔的目标就是支持向量机的基本思想。

## 10.2　线性可分的问题

首先来看样本线性可分时的情况，即可以通过一个超平面将两类样本分开。

### 10.2.1　原问题

支持向量机的目标是寻找一个分类超平面，它不仅能正确地分类每一个样本，并且要使得每一类样本中距离超平面最近的样本到超平面的距离尽可能远。假设训练样本集有 $l$ 个样本，特征向量 $\boldsymbol{x}_i$ 是 $n$ 维向量，类别标签 $y_i$ 取值为 $+1$ 或者 $-1$，分别对应正样本和负样本。支持向量机为这些样本寻找一个最优分类超平面，其方程为

$$\boldsymbol{w}^{\mathrm{T}}\boldsymbol{x}+b=0$$

首先要保证每个样本都被正确分类。对于正样本有

$$\boldsymbol{w}^{\mathrm{T}}\boldsymbol{x}+b\geqslant 0$$

对于负样本有

$$\boldsymbol{w}^{\mathrm{T}}\boldsymbol{x}+b<0$$

由于正样本的类别标签为 $+1$，负样本的类别标签为 $-1$，可以统一写成如下不等式约束：

$$y_i(\boldsymbol{w}^{\mathrm{T}}\boldsymbol{x}_i+b)\geqslant 0$$

第二个要求是超平面离两类样本的距离要尽可能大。根据点到平面的距离公式，每个样本离分类超平面的距离为

$$d=\frac{|\boldsymbol{w}^{\mathrm{T}}\boldsymbol{x}_i+b|}{\|\boldsymbol{w}\|}$$

其中，$\|\boldsymbol{w}\|$ 是向量的 L2 范数。上面的超平面方程有冗余，将方程两边都乘以不等于 0 的常数，还是同一个超平面，利用这个特点可以简化求解的问题。对 $\boldsymbol{w}$ 和 $b$ 加上如下约束：

$$\min_{\boldsymbol{x}_i}|\boldsymbol{w}^{\mathrm{T}}\boldsymbol{x}_i+b|=1$$

可以消掉这个冗余，同时简化点到超平面距离的计算公式。这样对分类超平面的约束变成

$$y_i(\boldsymbol{w}^{\mathrm{T}}\boldsymbol{x}_i+b)\geqslant 1$$

这是上面那个不等式约束的加强版。分类超平面与两类样本之间的间隔为

$$\begin{aligned}d(\boldsymbol{w},b)&=\min_{\boldsymbol{x}_i,y_i=-1}d(\boldsymbol{w},b;\boldsymbol{x}_i)+\min_{\boldsymbol{x}_i,y_i=1}d(\boldsymbol{w},b;\boldsymbol{x}_i)\\&=\min_{\boldsymbol{x}_i,y_i=-1}\frac{|\boldsymbol{w}^{\mathrm{T}}\boldsymbol{x}_i+b|}{\|\boldsymbol{w}\|}+\min_{\boldsymbol{x}_i,y_i=-1}\frac{|\boldsymbol{w}^{\mathrm{T}}\boldsymbol{x}_i+b|}{\|\boldsymbol{w}\|}\\&=\frac{1}{\|\boldsymbol{w}\|}(\min_{\boldsymbol{x}_i,y_i=-1}|\boldsymbol{w}^{\mathrm{T}}\boldsymbol{x}_i+b|+\min_{\boldsymbol{x}_i,y_i=1}|\boldsymbol{w}^{\mathrm{T}}\boldsymbol{x}_i+b|)\\&=\frac{2}{\|\boldsymbol{w}\|}\end{aligned}$$

目标是使得这个间隔最大化，这等价于最小化下面的目标函数：

$$\frac{1}{2}\|\boldsymbol{w}\|^2$$

加上前面定义的约束条件之后，求解的优化问题可以写成

$$\min\frac{1}{2}\boldsymbol{w}^{\mathrm{T}}\boldsymbol{w}$$

$$y_i(\boldsymbol{w}^{\mathrm{T}}\boldsymbol{x}_i+b)\geqslant 1$$

目标函数的 Hessian 矩阵是 $n$ 阶单位矩阵 $\boldsymbol{I}$，它是严格正定矩阵，因此，目标函数是严格凸函数。可行域是由线性不等式围成的区域，是一个凸集。因此，这个优化问题是一个凸优化问题。由于假设数据是线性可分的，因此，一定存在 $\boldsymbol{w}$ 和 $b$ 使得不等式约束严格满足，根据 Slater 条件强对偶成立。事实上，如果 $\boldsymbol{w}$ 和 $b$ 是一个可行解，即：

$$\boldsymbol{w}^{\mathrm{T}}\boldsymbol{x}_i+b\geqslant 1$$

则 $2\boldsymbol{w}$ 和 $2b$ 也是可行解，且：

$$2\boldsymbol{w}^{\mathrm{T}}\boldsymbol{x}_i+2b\geqslant 2>1$$

可以将该问题转换为对偶问题求解。目标函数有下界，显然有：

$$\frac{1}{2}\boldsymbol{w}^{\mathrm{T}}\boldsymbol{w}\geqslant 0$$

并且可行域不是空集，因此，函数的最小值一定存在，由于目标函数是严格凸函数，所以解唯一。图 10.3 是最大间隔分类超平面示意图。

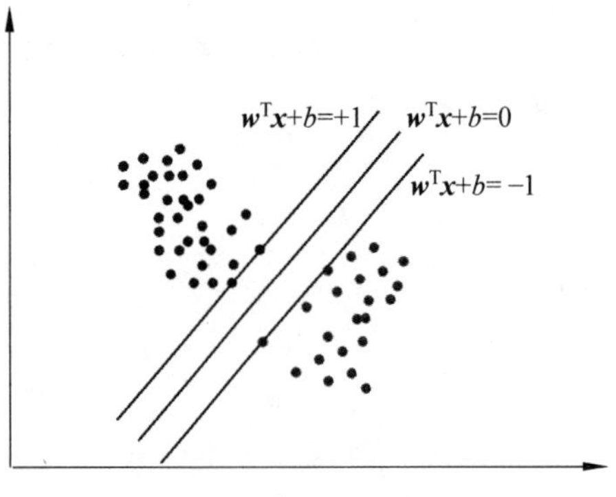

**图 10.3 最大化分类间隔**

在图 10.3 中，红色和蓝色（见彩插）样本都有 2 个离分类直线最近。把同一类型的这些最近样本连接起来，形成两条平行的直线，分类直线位于这两条线的中间位置。

### 10.2.2 对偶问题

上面的优化问题带有大量不等式约束，不容易求解，可以用拉格朗日对偶将其转化成对偶问题。为上面的优化问题构造拉格朗日函数：

$$L(\boldsymbol{w},b,\boldsymbol{\alpha})=\frac{1}{2}\boldsymbol{w}^{\mathrm{T}}\boldsymbol{w}-\sum_{i=1}^{l}\alpha_i(y_i(\boldsymbol{w}^{\mathrm{T}}\boldsymbol{x}_i+b)-1)$$

约束条件为 $\alpha_i \geqslant 0$。10.2 节已经证明原问题满足 Slater 条件，强对偶成立，原问题与对偶问题有相同的最优解：

$$\min_{w,b} \max_{\boldsymbol{\alpha}} L(\boldsymbol{w}, b, \boldsymbol{\alpha}) \Leftrightarrow \max_{\boldsymbol{\alpha}} \min_{w,b} L(\boldsymbol{w}, b, \boldsymbol{\alpha})$$

这里我们求解对偶问题，先固定住拉格朗日乘子 $\boldsymbol{\alpha}$，调整 $\boldsymbol{w}$ 和 $b$，使得拉格朗日函数取极小值。把 $\boldsymbol{\alpha}$ 看成常数，对 $\boldsymbol{w}$ 和 $b$ 求偏导数并令它们为 0，得到如下方程组：

$$\frac{\partial L}{\partial b} = 0$$

$$\nabla_{w} L = \mathbf{0}$$

从而解得

$$\sum_{i=1}^{l} \alpha_i y_i = 0$$

$$\boldsymbol{w} = \sum_{i=1}^{l} \alpha_i y_i \boldsymbol{x}_i$$

将上面两个解代入拉格朗日函数消掉 $\boldsymbol{w}$ 和 $b$：

$$\begin{aligned}
\frac{1}{2}\boldsymbol{w}^{\mathrm{T}}\boldsymbol{w} - \sum_{i=1}^{l} \alpha_i \left(y_i \left(\boldsymbol{w}^{\mathrm{T}}\boldsymbol{x}_i + b\right) - 1\right) &= \frac{1}{2}\boldsymbol{w}^{\mathrm{T}}\boldsymbol{w} - \sum_{i=1}^{l} \left(\alpha_i y_i \boldsymbol{w}^{\mathrm{T}}\boldsymbol{x}_i + \alpha_i y_i b - \alpha_i\right) \\
&= \frac{1}{2}\boldsymbol{w}^{\mathrm{T}}\boldsymbol{w} - \sum_{i=1}^{l} \alpha_i y_i \boldsymbol{w}^{\mathrm{T}}\boldsymbol{x}_i - \sum_{i=1}^{l} \alpha_i y_i b + \sum_{i=1}^{l} \alpha_i \\
&= \frac{1}{2}\boldsymbol{w}^{\mathrm{T}}\boldsymbol{w} - \boldsymbol{w}^{\mathrm{T}} \sum_{i=1}^{l} \alpha_i y_i \boldsymbol{x}_i - b \sum_{i=1}^{l} \alpha_i y_i + \sum_{i=1}^{l} \alpha_i \\
&= \frac{1}{2}\boldsymbol{w}^{\mathrm{T}}\boldsymbol{w} - \boldsymbol{w}^{\mathrm{T}}\boldsymbol{w} + \sum_{i=1}^{l} \alpha_i \\
&= -\frac{1}{2}\boldsymbol{w}^{\mathrm{T}}\boldsymbol{w} + \sum_{i=1}^{l} \alpha_i \\
&= -\frac{1}{2}\left(\sum_{i=1}^{l} \alpha_i y_i \boldsymbol{x}_i\right)\left(\sum_{j=1}^{l} \alpha_j y_j \boldsymbol{x}_j\right) + \sum_{i=1}^{l} \alpha_i
\end{aligned}$$

接下来调整乘子变量 $\boldsymbol{\alpha}$，使得目标函数取极大值：

$$\max_{\boldsymbol{\alpha}} -\frac{1}{2}\sum_{i=1}^{l} \sum_{j=1}^{l} \alpha_i \alpha_j y_i y_j \boldsymbol{x}_i^{\mathrm{T}} \boldsymbol{x}_j + \sum_{i=1}^{l} \alpha_i$$

这等价于最小化下面的函数：

$$\min_{\boldsymbol{\alpha}} \frac{1}{2}\sum_{i=1}^{l} \sum_{j=1}^{l} \alpha_i \alpha_j y_i y_j \boldsymbol{x}_i^{\mathrm{T}} \boldsymbol{x}_j - \sum_{i=1}^{l} \alpha_i$$

约束条件为

$$\alpha_i \geqslant 0, \quad i = 1, 2, \cdots, l$$

$$\sum_{i=1}^{l} \alpha_i y_i = 0$$

与原问题相比有了很大的简化。至于这个问题怎么求解，会在后面讲述。求出 $\boldsymbol{\alpha}$ 后，可以根据它计算 $\boldsymbol{w}$：

$$\boldsymbol{w} = \sum_{i=1}^{l} \alpha_i y_i \boldsymbol{x}_i$$

参数 $b$ 的计算方法会在后面说明。把 $\boldsymbol{w}$ 的值带入超平面方程，可以得到分类判别函数为

$$\mathrm{sgn}\left(\sum_{i=1}^{l}\alpha_i y_i \boldsymbol{x}_i^{\mathrm{T}}\boldsymbol{x}+b\right)$$

$b$ 的计算方法将在 10.8.1 节说明。不为 0 的 $\alpha$ 对应的训练样本称为支持向量，这就是支持向量机这一名字的来历。图 10.4 是支持向量的示意图。

为便于理解，下面用一个例子来说明。开源支持向量机库 libsvm 自带可视化工具 svm-toy，可以在 libsvm 官网下载。对于一个训练样本集，该程序将训练得到的支持向量机分类超平面的结果显示出来。首先创建一个文本文件，如 train.txt，打开文件，输入线性可分的样本集，在这里特征向量是二维的，可以看作平面上的点，两个分量的范围都为 0～1：

```
1  1:0.1   2:0.1
1  1:0.12  2:0.09
1  1:0.23  2:0.11
1  1:0.14  2:0.17
2  1:0.7   2:0.7
2  1:0.65  2:0.68
2  1:0.88  2:0.91
2  1:0.77  2:0.81
2  1:0.95  2:0.83
2  1:0.6   2:0.7
```

每行为一个样本。其中第一列是样本的类别标签，这里有两类，分别为 1 和 2。接下来是样本的特征向量，是二维向量，分别用"特征编号:特征值"表示。例如，1:0.1 表示第一个特征分量为 0.1，2:0.1 表示第二特特征分量为 0.1，特征分量之间用空格或者 tab 符隔开。svm-toy 可以设置训练参数，包括核函数类型、核函数参数、迭代次数等，现在这些参数都使用默认的值。对于上面的样本集，训练得到的分类超平面如图 10.5 所示。

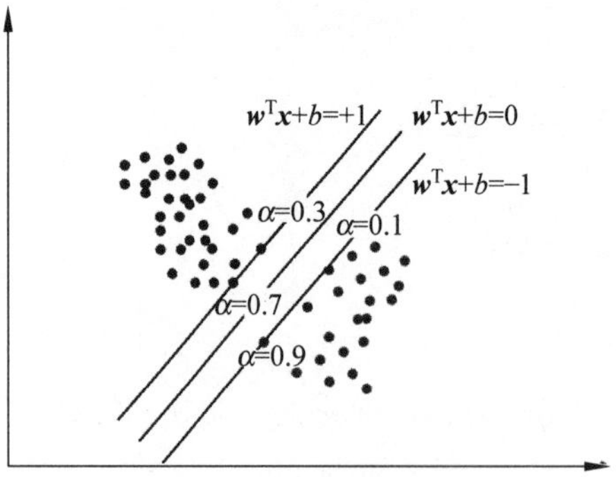


图 10.4 支持向量示意图

图 10.5 线性可分的支持向量机示意图

这里的坐标系左上角是原点，横向是 $x$ 坐标，纵向是 $y$ 坐标。在图 10.5 中，每个点处的颜色代表对该点进行分类的结果。两种颜色的训练样本都被正确分类，分类超平面确实是一条直线，这条直线离两个类最近的样本的距离是相等的。

## 10.3　线性不可分的问题

线性可分的支持向量机不具有太多的实用价值，因为在现实应用中样本一般都不是线性可分的，接下来对它进行扩展，得到能够处理线性不可分问题的支持向量机。

### 10.3.1　原问题

通过使用松弛变量和惩罚因子对违反不等式约束的样本进行惩罚，可以得到如下最优化问题：

$$\min \frac{1}{2}\boldsymbol{w}^{\mathrm{T}}\boldsymbol{w} + C\sum_{i=1}^{l}\xi_i$$
$$y_i(\boldsymbol{w}^{\mathrm{T}}\boldsymbol{x}_i + b) \geqslant 1 - \xi_i$$
$$\xi_i \geqslant 0, \quad i = 1,2,\cdots,l$$

其中，$\xi_i$ 是松弛变量，如果它不为 0，表示样本违反了不等式约束条件；$C$ 为惩罚因子，是人工设定的大于 0 的参数，用来对违反不等式约束条件的样本进行惩罚。

前面已经证明目标函数的前半部分是凸函数，后半部分是线性函数，显然也是凸函数，两个凸函数的非负线性组合还是凸函数。上面优化问题的不等式约束都是线性约束，构成的可行域显然是凸集。因此，该优化问题是凸优化问题。

上述问题是满足 Slater 条件的。如果令 $\boldsymbol{w}=\boldsymbol{0}$，$b=0$，$\xi_i=2$，则有

$$y_i(\boldsymbol{w}^{\mathrm{T}}\boldsymbol{x}_i + b) = 0 > 1 - \xi_i = 1 - 2 = -1$$

不等式条件严格满足，因此强对偶条件成立，原问题和对偶问题有相同的最优解。10.3.2 节同样将该问题转化为对偶问题。

### 10.3.2　对偶问题

首先将原问题的等式和不等式约束方程写成标准形式：

$$y_i(\boldsymbol{w}^{\mathrm{T}}\boldsymbol{x}_i + b) \geqslant 1 - \xi_i \Rightarrow -(y_i(\boldsymbol{w}^{\mathrm{T}}\boldsymbol{x}_i + b) - 1 + \xi_i) \leqslant 0$$
$$\xi_i \geqslant 0 \Rightarrow -\xi_i \leqslant 0$$

然后构造拉格朗日函数：

$$L(\boldsymbol{w},b,\boldsymbol{\alpha},\boldsymbol{\xi},\boldsymbol{\beta}) = \frac{1}{2}\boldsymbol{w}^{\mathrm{T}}\boldsymbol{w} + C\sum_{i=1}^{l}\xi_i - \sum_{i=1}^{l}\alpha_i(y_i(\boldsymbol{w}^{\mathrm{T}}\boldsymbol{x}_i + b) - 1 + \xi_i) - \sum_{i=1}^{l}\beta_i\xi_i$$

其中，$\boldsymbol{\alpha}$ 和 $\boldsymbol{\beta}$ 是拉格朗日乘子。首先固定住乘子变量 $\boldsymbol{\alpha}$ 和 $\boldsymbol{\beta}$，对 $\boldsymbol{w}$、$b$、$\boldsymbol{\xi}$ 求偏导数并令它们为 0，得到如下方程组：

$$\frac{\partial L}{\partial b} = 0$$
$$\nabla_{\boldsymbol{\xi}} L = \boldsymbol{0}$$
$$\nabla_{\boldsymbol{w}} L = \boldsymbol{0}$$

解得

$$\sum_{i=1}^{l}\alpha_i y_i = 0$$

$$\alpha_i + \beta_i = C$$

$$\boldsymbol{w} = \sum_{i=1}^{l}\alpha_i y_i \boldsymbol{x}_i$$

将上面的解代入拉格朗日函数中，得到关于$\boldsymbol{\alpha}$ 和$\boldsymbol{\beta}$ 的函数：

$$\begin{aligned}
L(\boldsymbol{w},b,\boldsymbol{\alpha},\boldsymbol{\xi},\boldsymbol{\beta}) &= \frac{1}{2}\boldsymbol{w}^{\mathrm{T}}\boldsymbol{w} + C\sum_{i=1}^{l}\xi_i - \sum_{i=1}^{l}\alpha_i\left(y_i\left(\boldsymbol{w}^{\mathrm{T}}\boldsymbol{x}_i + b\right) - 1 + \xi_i\right) - \sum_{i=1}^{l}\beta_i\xi_i \\
&= \frac{1}{2}\boldsymbol{w}^{\mathrm{T}}\boldsymbol{w} + C\sum_{i=1}^{l}\xi_i - \sum_{i=1}^{l}\beta_i\xi_i - \sum_{i=1}^{l}\alpha_i\xi_i - \sum_{i=1}^{l}\alpha_i\left(y_i\left(\boldsymbol{w}^{\mathrm{T}}\boldsymbol{x}_i + b\right) - 1\right) \\
&= \frac{1}{2}\boldsymbol{w}^{\mathrm{T}}\boldsymbol{w} + \sum_{i=1}^{l}(C - \alpha_i - \beta_i)\xi_i - \sum_{i=1}^{l}(\alpha_i y_i \boldsymbol{w}^{\mathrm{T}}\boldsymbol{x}_i + \alpha_i y_i b - \alpha_i) \\
&= \frac{1}{2}\boldsymbol{w}^{\mathrm{T}}\boldsymbol{w} - \sum_{i=1}^{l}\alpha_i y_i \boldsymbol{w}^{\mathrm{T}}\boldsymbol{x}_i - \sum_{i=1}^{l}\alpha_i y_i b + \sum_{i=1}^{l}\alpha_i \\
&= \frac{1}{2}\boldsymbol{w}^{\mathrm{T}}\boldsymbol{w} - \boldsymbol{w}^{\mathrm{T}}\boldsymbol{w} + \sum_{i=1}^{l}\alpha_i \\
&= -\frac{1}{2}\boldsymbol{w}^{\mathrm{T}}\boldsymbol{w} + \sum_{i=1}^{l}\alpha_i \\
&= -\frac{1}{2}\sum_{i=1}^{l}\sum_{j=1}^{l}\alpha_i\alpha_j y_i y_j \boldsymbol{x}_i^{\mathrm{T}}\boldsymbol{x}_j + \sum_{i=1}^{l}\alpha_i
\end{aligned}$$

接下来调整乘子变量，求解如下最大化问题：

$$\max_{\boldsymbol{\alpha}} -\frac{1}{2}\sum_{i=1}^{l}\sum_{j=1}^{l}\alpha_i\alpha_j y_i y_j \boldsymbol{x}_i^{\mathrm{T}}\boldsymbol{x}_j + \sum_{i=1}^{l}\alpha_i$$

由于 $\alpha_i+\beta_i=C$ 并且 $\beta_i\geqslant 0$，因此有 $\alpha_i\leqslant C$。这等价于如下最优化问题：

$$\min_{\boldsymbol{\alpha}} \frac{1}{2}\sum_{i=1}^{l}\sum_{j=1}^{l}\alpha_i\alpha_j y_i y_j \boldsymbol{x}_i^{\mathrm{T}}\boldsymbol{x}_j - \sum_{k=1}^{l}\alpha_k$$

$$0 \leqslant \alpha_i \leqslant C$$

$$\sum_{j=1}^{l}\alpha_j y_j = 0$$

与线性可分的对偶问题相比，唯一的区别是多了不等式约束 $\alpha_i\leqslant C$，这是乘子变量的上界。将 $\boldsymbol{w}$ 的值带入超平面方程，得到分类决策函数为

$$\operatorname{sgn}\left(\sum_{i=1}^{l}\alpha_i y_i \boldsymbol{x}_i^{\mathrm{T}}\boldsymbol{x} + b\right)$$

这和线性可分是一样的。为了简化表述，定义矩阵 $\boldsymbol{Q}$，其元素为

$$\boldsymbol{Q}_{ij} = y_i y_j \boldsymbol{x}_i^{\mathrm{T}}\boldsymbol{x}_j$$

对偶问题可以写成矩阵和向量形式：

$$\min_{\alpha} \frac{1}{2}\boldsymbol{\alpha}^{\mathrm{T}}\boldsymbol{Q}\boldsymbol{\alpha} - \boldsymbol{e}^{\mathrm{T}}\boldsymbol{\alpha}$$

$$0 \leqslant \alpha_i \leqslant C$$

$$\boldsymbol{y}^{\mathrm{T}}\boldsymbol{\alpha} = \boldsymbol{0}$$

其中，$\boldsymbol{e}$ 是分量全为 1 的向量；$\boldsymbol{y}$ 是样本的类别标签向量。可以证明 $\boldsymbol{Q}$ 是半正定矩阵，这个矩阵可以写成一个矩阵和其自身转置的乘积：

$$\boldsymbol{Q} = \boldsymbol{X}^{\mathrm{T}}\boldsymbol{X}$$

矩阵 $\boldsymbol{X}$ 为所有样本的特征向量分别乘以该样本的标签值组成的矩阵：

$$\boldsymbol{X} = [y_1\boldsymbol{x}_1, y_2\boldsymbol{x}_2, \cdots, y_l\boldsymbol{x}_l]$$

对于任意非 $\boldsymbol{0}$ 向量 $\boldsymbol{x}$ 有

$$\boldsymbol{x}^{\mathrm{T}}\boldsymbol{Q}\boldsymbol{x} = \boldsymbol{x}^{\mathrm{T}}(\boldsymbol{X}^{\mathrm{T}}\boldsymbol{X})\boldsymbol{x} = (\boldsymbol{X}\boldsymbol{x})^{\mathrm{T}}(\boldsymbol{X}\boldsymbol{x}) \geqslant 0$$

因此，矩阵 $\boldsymbol{Q}$ 半正定，它就是目标函数的 Hessian 矩阵，目标函数是凸函数。上面问题的等式和不等式约束条件都是线性的，可行域是凸集，故对偶问题也是凸优化问题。

在最优点处必须满足 KKT 条件，将其应用于原问题，对于原问题中的两组不等式约束，必须满足

$$\alpha_i(y_i(\boldsymbol{w}^{\mathrm{T}}\boldsymbol{x}_i + b) - 1 + \xi_i) = 0, \quad i = 1,2,\cdots,l$$

$$\beta_i\xi_i = 0, \quad i = 1,2,\cdots,l$$

对于第一个方程，如果 $\alpha_i > 0$，则必须有 $y_i(\boldsymbol{w}^{\mathrm{T}}\boldsymbol{x}_i + b) - 1 + \xi_i = 0$，即

$$y_i(\boldsymbol{w}^{\mathrm{T}}\boldsymbol{x}_i + b) = 1 - \xi_i$$

由于 $\xi_i \geqslant 0$，因此，必定有

$$y_i(\boldsymbol{w}^{\mathrm{T}}\boldsymbol{x}_i + b) \leqslant 1$$

再看第二种情况。如果 $\alpha_i = 0$，则对 $y_i(\boldsymbol{w}^{\mathrm{T}}\boldsymbol{x}_i + b) - 1 + \xi_i$ 的值没有约束。由于有 $\alpha_i + \beta_i = C$ 的约束，因此，$\beta_i = C$；又因为 $\beta_i\xi_i = 0$ 的限制，如果 $\beta_i > 0$，则必须有 $\xi_i = 0$。由于原问题中有约束条件 $y_i(\boldsymbol{w}^{\mathrm{T}}\boldsymbol{x}_i + b) \geqslant 1 - \xi_i$，而 $\xi_i = 0$，因此有

$$y_i(\boldsymbol{w}^{\mathrm{T}}\boldsymbol{x}_i + b) \geqslant 1$$

对于 $\alpha_i > 0$ 的情况，又可以细分为 $\alpha_i < C$ 和 $\alpha_i = C$。如果 $\alpha_i < C$，由于有 $\alpha_i + \beta_i = C$ 的约束，因此有 $\beta_i > 0$，因为有 $\beta_i\xi_i = 0$ 的约束，因此 $\xi_i = 0$，不等式约束 $y_i(\boldsymbol{w}^{\mathrm{T}}\boldsymbol{x}_i + b) \geqslant 1 - \xi_i$ 变为 $y_i(\boldsymbol{w}^{\mathrm{T}}\boldsymbol{x}_i + b) \geqslant 1$。由于 $0 < \alpha_i < C$ 时既要满足 $y_i(\boldsymbol{w}^{\mathrm{T}}\boldsymbol{x}_i + b) \leqslant 1$ 又要满足 $y_i(\boldsymbol{w}^{\mathrm{T}}\boldsymbol{x}_i + b) \geqslant 1$，因此有

$$y_i(\boldsymbol{w}^{\mathrm{T}}\boldsymbol{x}_i + b) = 1$$

将三种情况合并起来，在最优点处，所有的样本都必须要满足下面的条件：

$$\alpha_i = 0 \Rightarrow y_i(\boldsymbol{w}^{\mathrm{T}}\boldsymbol{x}_i + b) \geqslant 1$$

$$0 < \alpha_i < C \Rightarrow y_i(\boldsymbol{w}^{\mathrm{T}}\boldsymbol{x}_i + b) = 1$$

$$\alpha_i = C \Rightarrow y_i(\boldsymbol{w}^{\mathrm{T}}\boldsymbol{x}_i + b) \leqslant 1$$

上面第一种情况对应的是自由变量(即非支持向量)，第二种情况对应的是支持向量，第三种情况对应的是违反不等式约束的样本。在后面的求解算法中，会应用此条件来选择优化变量。

同样地用一个例子对线性不可分的支持向量机进行演示，这个例子还是使用 svm-toy 程序。训练数据集如下：

```
1  1:0.1   2:0.1
2  1:0.12  2:0.09
1  1:0.23  2:0.11
```

```
1  1:0.14  2:0.17
2  1:0.7   2:0.7
2  1:0.65  2:0.68
1  1:0.88  2:0.91
2  1:0.77  2:0.81
2  1:0.95  2:0.83
2  1:0.6   2:0.7
```

运行结果如图 10.6 所示。

图 10.6　线性不可分支持向量机的一个例子

从图 10.6 可以看出分类超平面还是一条直线,两个类各有一个样本被错分。

## 10.4　核映射与核函数

虽然加入松弛变量和惩罚因子之后可以处理线性不可分问题,但支持向量机还是一个线性分类器,只是允许错分样本的存在。本节要介绍的核映射使得支持向量机成为非线性分类器,决策边界不再是线性的超平面,而可以是形状非常复杂的曲面。

如果样本线性不可分,可以对特征向量进行映射将它转化到更高维的空间,使得在该空间中线性可分,这种方法在机器学习中被称为核技巧[4]。核映射 $\phi$ 将特征向量变换到更高维的空间:

$$\boldsymbol{z} = \phi(\boldsymbol{x})$$

在对偶问题中计算的是两个样本向量之间的内积,映射后的向量在对偶问题中为

$$\boldsymbol{z}_i^{\mathrm{T}}\boldsymbol{z}_j = \phi(\boldsymbol{x}_i)^{\mathrm{T}}\phi(\boldsymbol{x}_j)$$

直接计算这个映射效率太低,而且不容易构造映射函数。如果映射函数选取得当,存在函数 $K$,使得下面等式成立

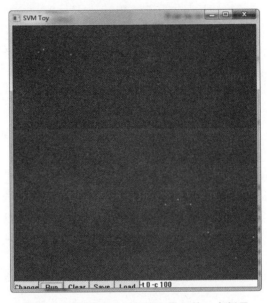

$$K(\boldsymbol{x}_i, \boldsymbol{x}_j) = K(\boldsymbol{x}_i^{\mathrm{T}}, \boldsymbol{x}_j) = \phi(\boldsymbol{x}_i)^{\mathrm{T}} \phi(\boldsymbol{x}_j)$$

这样只须先对向量做内积，然后用函数 $K$ 进行变换，这等价于先对向量做核映射，然后再做内积，这将能有效地简化问题的求解。在这里我们看到了求解对偶问题的另外一个好处，对偶问题中出现的是样本特征向量之间的内积，而核函数刚好作用于这种内积，替代对特征向量的核映射。满足上面条件的函数称为核函数，常用的核函数与它们的计算公式如表 10.1 所示。

表 10.1　各种核函数与它们的计算公式

| 核　函　数 | 计 算 公 式 |
|---|---|
| 线性核 | $K(\boldsymbol{x}_i, \boldsymbol{x}_j) = \boldsymbol{x}_i^{\mathrm{T}} \boldsymbol{x}_j$ |
| 多项式核 | $K(\boldsymbol{x}_i, \boldsymbol{x}_j) = (\gamma \boldsymbol{x}_i^{\mathrm{T}} \boldsymbol{x}_j + b)^d$ |
| 径向基函数核/高斯核 | $K(\boldsymbol{x}_i, \boldsymbol{x}_j) = \exp(-\gamma \lVert \boldsymbol{x}_i - \boldsymbol{x}_j \rVert^2)$ |
| sigmoid 核 | $K(\boldsymbol{x}_i, \boldsymbol{x}_j) = \tanh(\gamma \boldsymbol{x}_i^{\mathrm{T}} \boldsymbol{x}_j + b)$ |

核函数的精妙之处在于不用对特征向量做核映射，而是直接对特征向量的内积进行变换，这种变换却等价于先对特征向量做核映射然后做内积。

需要注意的是，并不是任何函数都可以用来作为核函数，必须满足一定的条件，即 Mercer 条件。

Mercer 条件指出：一个对称函数 $K(\boldsymbol{x}, \boldsymbol{y})$是核函数的条件是对任意的有限个样本的样本集，核矩阵半正定。核矩阵的元素是由样本集中任意两个样本的内积构造的一个数，即

$$K_{ij} = K(\boldsymbol{x}_i, \boldsymbol{x}_j)$$

核是机器学习里常用的一种技巧，它还被用于支持向量机之外的其他机器学习算法中，其目的就是将特征向量映射到另外一个空间中，使得问题能被更有效地处理。为向量加上核映射后，要求解的对偶问题变为

$$\min_{\alpha} \frac{1}{2} \sum_{i=1}^{l} \sum_{j=1}^{l} \alpha_i \alpha_j y_i y_j \phi(\boldsymbol{x}_i)^{\mathrm{T}} \phi(\boldsymbol{x}_j) - \sum_{i=1}^{l} \alpha_i$$

$$0 \leqslant \alpha_i \leqslant C$$

$$\sum_{j=1}^{l} \alpha_j y_j = 0$$

根据核函数必须满足的等式条件，它等价于下面的问题：

$$\min_{\alpha} \frac{1}{2} \sum_{i=1}^{l} \sum_{j=1}^{l} \alpha_i \alpha_j y_i y_j K(\boldsymbol{x}_i^{\mathrm{T}} \boldsymbol{x}_j) - \sum_{i=1}^{l} \alpha_i$$

$$0 \leqslant \alpha_i \leqslant C$$

$$\sum_{j=1}^{l} \alpha_j y_j = 0$$

最后得到的分类判别函数为

$$\operatorname{sgn}\left(\sum_{i=1}^{l} \alpha_i y_i K(\boldsymbol{x}_i^{\mathrm{T}} \boldsymbol{x}) + b\right)$$

与不用核映射相比，只是求解的目标函数、最后的判定函数对特征向量的内积做了核函

数变换。预测时的时间复杂度为 $O(nl)$，当训练样本很多、支持向量的个数很大时，速度是一个问题。

下面我们看第三个实际例子，使用高斯核解决线性不可分问题。训练样本集为

```
1  1:0.1   2:0.1
1  1:0.9   2:0.1
1  1:0.15  2:0.9
1  1:0.9   2:0.9
2  1:0.5   2:0.5
2  1:0.45  2:0.65
2  1:0.66  2:0.54
2  1:0.58  2:0.61
2  1:0.6   2:0.47
2  1:0.42  2:0.55
```

设置好参数之后，运行 svm-toy，结果如图 10.7 所示。

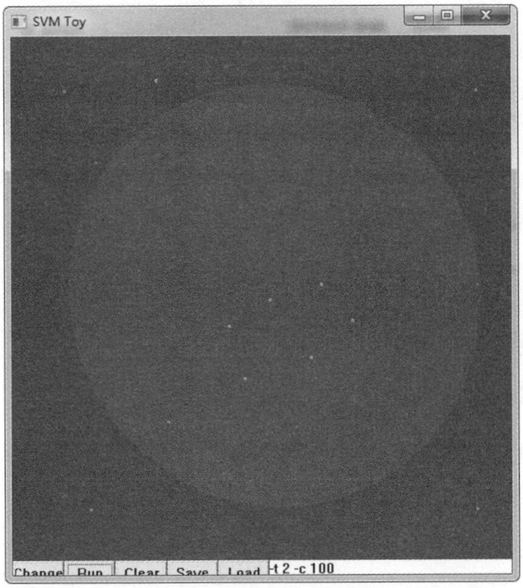


**图 10.7　通过核映射解决线性不可分问题**

从图 10.7 可以看到，使用高斯核的支持向量机拟合出的分界面是一个圆，这证明使用非线性核的支持向量机确实可以解决线性不可分问题。理论上来说，高斯核将向量映射到无穷维的空间(读者如果对这个概念感兴趣，可以阅读泛函分析教材)。

虽然核函数在某种程度上解决了线性不可分问题，而且不用显式地计算核映射，但在实际应用中，如果训练样本的量很大，训练得到的模型中支持向量的数量太多，在每次做预测时，需要计算待预测样本与每个支持向量的内积，然后做核函数变换，这会非常耗时，在这种情况下更倾向于使用线性支持向量机，线性支持向量机将在第 11 章中介绍。

## 10.5 SMO 算法

前面给出了支持向量机的对偶问题，但并没有说明怎么求解此问题。由于矩阵 $\boldsymbol{Q}$ 的规模和样本数相等，当训练样本数很大时，这个矩阵的规模很大，求解二次规划问题的经典算法将会面临性能问题。本节介绍高效的求解算法——经典的 SMO(Sequential Minimal Optimization，顺序最小优化)算法[5]。前面已经推导出加上松弛变量和核函数后的对偶问题：

$$\min_{\alpha} \frac{1}{2}\boldsymbol{\alpha}^{\mathrm{T}}\boldsymbol{Q}\boldsymbol{\alpha} - \boldsymbol{e}^{\mathrm{T}}\boldsymbol{\alpha}$$

$$\boldsymbol{y}^{\mathrm{T}}\boldsymbol{\alpha} = \boldsymbol{0}$$

$$0 \leqslant \alpha_i \leqslant C, \quad i = 1,2,\cdots,l$$

核矩阵 $\boldsymbol{Q}$ 为对称半正定矩阵，在后面会给出证明，其元素为

$$\boldsymbol{Q}_{ij} = y_i y_j K(\boldsymbol{x}_i,\boldsymbol{x}_j)$$

根据核函数的定义有

$$K(\boldsymbol{x}_i,\boldsymbol{x}_j) = \phi(\boldsymbol{x}_i)^{\mathrm{T}}\phi(\boldsymbol{x}_j)$$

核矩阵半正定由核函数的性质保证，证明方法与 10.3.2 节相同。上面目标函数的 Hessian 矩阵就是核矩阵，因此目标函数是凸函数。等式约束和不等式约束条件都是线性的，构成的可行域是凸集。因此，上面的最优化问题是凸问题。为了表述方便，定义下面的核矩阵：

$$K_{ij} = K(\boldsymbol{x}_i,\boldsymbol{x}_j)$$

它和核矩阵 $\boldsymbol{Q}$ 的关系为

$$\boldsymbol{Q}_{ij} = y_i y_j K_{ij}$$

定义变量

$$u_i = \sum_{j=1}^{l} y_j \alpha_j K(\boldsymbol{x}_j,\boldsymbol{x}_i) + b$$

之前推导过，原问题的 KKT 条件为

$$\alpha_i = 0 \Leftrightarrow y_i u_i \geqslant 1$$

$$0 < \alpha_i < C \Leftrightarrow y_i u_i = 1$$

$$\alpha_i = C \Leftrightarrow y_i u_i \leqslant 1$$

因为目标函数是凸函数，如果有至少一个 $\alpha$ 满足约束条件且目标函数在可行域有下界，则该问题有全局最小值。

### 10.5.1 求解子问题

SMO 算法由 Platt 等人提出，是求解支持向量机对偶问题的高效算法。算法的核心思想是每次在优化变量中挑出两个分量进行优化，让其他分量固定，这样能保证满足等式约束条件，这是一种分治法的思想。

下面先给出这两个变量的优化问题(称为子问题)的求解方法。假设选取的两个分量为 $\alpha_i$ 和 $\alpha_j$，其他分量都固定(即当成常数)。由于 $y_i y_i = 1$，$y_j y_j = 1$，这两个变量的目标函数可

以写成

$$f(\alpha_i,\alpha_j)=\frac{1}{2}K_{ii}\alpha_i^2+\frac{1}{2}K_{jj}\alpha_j^2+sK_{ij}\alpha_i\alpha_j+y_iv_i\alpha_i+y_jv_j\alpha_j-\alpha_i-\alpha_j+c$$

其中，$c$ 是一个常数。前面的二次项很容易计算出来，一次项要复杂一些，其中：

$$s=y_iy_j$$

$$v_i=\sum_{k=1,k\neq i,k\neq j}^{l}y_k\alpha_k^*K_{ik}$$

这里的 $\alpha^*$ 为 $\alpha$ 在上一轮迭代后的值。上面的目标函数是一个二元二次函数，可以直接给出最小值的解析解（公式解）。这个问题的约束条件为

$$0\leqslant\alpha_i\leqslant C$$

$$0\leqslant\alpha_j\leqslant C$$

$$y_i\alpha_i+y_j\alpha_j=-\sum_{k=1,k\neq i,k\neq j}^{l}y_k\alpha_k=\xi$$

前面两个不等式约束构成一个矩形，最后的等式约束是一条直线。由于 $y_i$ 和 $y_j$ 的取值只能为 $+1$ 或者 $-1$，如果它们异号，等式约束为 $\alpha_i-\alpha_j=\xi$，它确定的可行域是一条斜率为 1 的直线段（因为 $\alpha_i$ 和 $\alpha_j$ 要满足约束条件 $0\leqslant\alpha_i\leqslant C$ 和 $0\leqslant\alpha_j\leqslant C$），如图 10.8 所示。

图 10.8 中的两条直线分别对应于 $\xi$ 取正负值的情况。如果是上面那条直线，则 $\alpha_j$ 的取值范围为 $[-\xi,C]$；如果是下面的那条直线，则为 $[0,C-\xi]$。对于这两种情况，$\alpha_j$ 的下界和上界可以统一写成如下形式：

$$L=\max(0,\alpha_j-\alpha_i)$$

$$H=\min(C,C+\alpha_j-\alpha_i)$$

下边界是直线和 $x$ 轴交点的 $x$ 坐标以及 0 的较大值；上边界是直线和直线 $x=C$ 交点的 $x$ 坐标和 $C$ 的较小值。

再来看第二种情况。如果 $y_i$ 和 $y_j$ 同号，等式约束为 $\alpha_i+\alpha_j=\xi$。此时的下界和上界为

$$L=\max(0,\alpha_j+\alpha_i-C)$$

$$H=\min(C,\alpha_j+\alpha_i)$$

这种情况如图 10.9 所示。

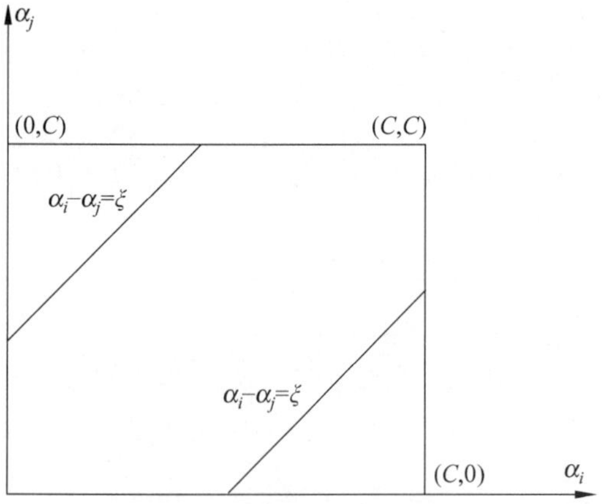


图 10.8 可行域示意图（情况 1）

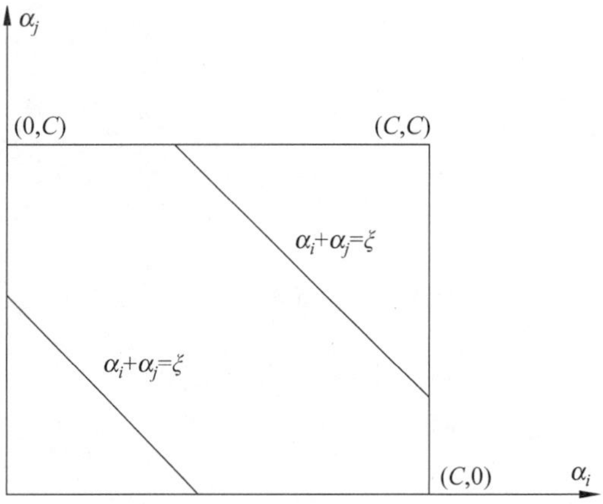


图 10.9 可行域示意图（情况 2）

利用这两个变量的等式约束条件，可以消掉 $\alpha_i$，只剩下一个变量 $\alpha_j$，目标函数是 $\alpha_j$ 的二次函数。可以直接求得这个二次函数的极值，假设不考虑约束条件得到的极值点，则最终的极值点为

$$\alpha_j^{\text{new}} = \begin{cases} H, & \alpha_j^{\text{new, unclipped}} > H \\ \alpha_j^{\text{new, unclipped}}, & L \leqslant \alpha_j^{\text{new, unclipped}} \leqslant H \\ L, & \alpha_j^{\text{new, unclipped}} < L \end{cases}$$

这三种情况如图 10.10 所示。

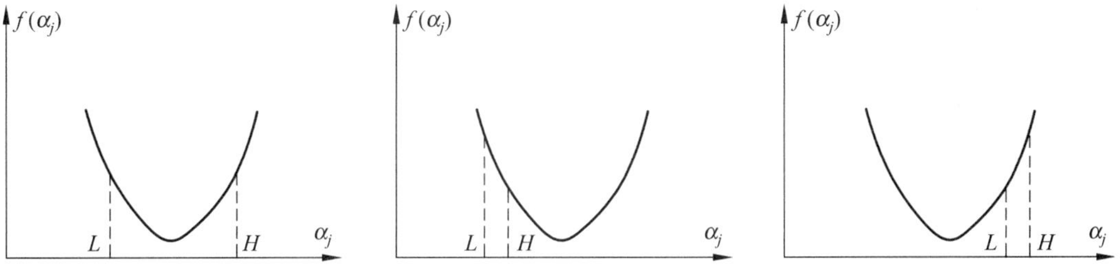


(a) 第一种情况　(b) 第二种情况　(c) 第三种情况

**图 10.10　各种约束情况下的极小值**

图 10.10(a)是抛物线的最小值点在$[L, H]$中；图 10.10(b)是抛物线的最小值点大于 $H$，被截断为 $H$；第三种情况是小于 $L$，被截断为 $L$。

下面我们来计算不考虑截断时的函数极值。为了避免分$-1$ 和$+1$ 两种情况，将上面的等式约束两边同乘以 $y_i$，有

$$\alpha_i + y_i y_j \alpha_j = y_i \xi$$

变形后得到

$$\alpha_i = y_i \xi - y_i y_j \alpha_j$$

为了表述简介，令 $w = y_i \xi$，将上面方程代入目标函数中消掉 $\alpha_i$，有

$$\frac{1}{2} K_{ii} (w - s\alpha_j)^2 + \frac{1}{2} K_{jj} \alpha_j^2 + sK_{ij} (w - s\alpha_j)\alpha_j + y_i v_i (w - s\alpha_j) + y_j v_j \alpha_j - (w - s\alpha_j) - \alpha_j + c$$

对 $\alpha_j$ 求导并令导数为 0，得

$$K_{ii}(w - s\alpha_j)(-s) + K_{jj}\alpha_j + sK_{ij}(w - 2s\alpha_j) - sy_i v_i + y_j v_j + s - 1 = 0$$

而 $sy_i v_i = y_i y_j y_i v_i = y_j v_i$，化简得

$$(K_{ii} + K_{jj} - 2K_{ij})\alpha_j - swK_{ii} - swK_{ij} - y_j v_i + y_j v_j + s - 1 = 0$$

即

$$(K_{ii} + K_{jj} - 2K_{ij})\alpha_j = sw (K_{ii} + K_{ij}) + y_j v_i - y_j v_j + 1 - s$$

将 $w$ 和 $v$ 带入，由于 $y_j y_j = 1$。化简得

$$(K_{ii} + K_{jj} - 2K_{ij})\alpha_j = \alpha_j^* (K_{ii} + K_{jj} - 2K_{ij}) + y_j (u_i - u_j + y_j - y_i)$$

如果令

$$\eta = K_{ii} + K_{jj} - 2K_{ij}$$

上式两边同时除以 $\eta$，得

$$\alpha_j^{\text{new}} = \alpha_j + \frac{y_j (E_i - E_j)}{\eta}$$

其中，$E_i=u_i-y_i$。考虑前面推导过的约束：

$$\alpha_j^{\text{new,clipped}}=\begin{cases}H, & \alpha_j^{\text{new}}>H\\ \alpha_j^{\text{new}}, & L\leqslant\alpha_j^{\text{new}}\leqslant H\\ L, & \alpha_j^{\text{new}}<L\end{cases}$$

在求得 $\alpha_j$ 之后，根据等式约束条件就可以求得 $\alpha_i$：

$$\alpha_i^{\text{new}}=\alpha_i+s\,(\alpha_j-\alpha_j^{\text{new,clipped}})$$

目标函数的二阶导数为 $\eta$，前面假设二阶导数 $\eta>0$，从而保证目标函数是凸函数，即开口向上的抛物线，有极小值。如果 $\eta<0$，或者 $\eta=0$ 该怎么处理？对于线性核或正定核函数，由于矩阵 $\boldsymbol{K}$ 的任意一个上述子问题对应的二阶子矩阵半正定，必定有 $\eta\geqslant0$。下面给出证明这个关于两个变量的子问题的目标函数是凸函数，只需要证明它的 Hessian 矩阵是半正定矩阵。这两个变量的目标函数的 Hessian 为

$$\begin{bmatrix}\boldsymbol{Q}_{ii} & \boldsymbol{Q}_{ij}\\ \boldsymbol{Q}_{ji} & \boldsymbol{Q}_{jj}\end{bmatrix}$$

与 10.3.2 节证明整个对偶问题的 Hessian 矩阵正定的方法相同，如果是线性核，这个矩阵也可以写成一个矩阵和它的转置的乘积形式：

$$\begin{bmatrix}y_i\boldsymbol{x}_i^{\mathrm{T}}\\ y_j\boldsymbol{x}_j^{\mathrm{T}}\end{bmatrix}[y_i\boldsymbol{x}_i,y_j\boldsymbol{x}_j]=\boldsymbol{A}^{\mathrm{T}}\boldsymbol{A}$$

矩阵 $\boldsymbol{A}$ 为训练样本特征向量乘上类别标签形成的矩阵。显然这个 Hessian 矩阵是半正定的，因此必定有 $\eta\geqslant0$。如果是非线性核，因为核函数相当于对两个核映射之后的向量做内积，因此上面的结论同样成立。

无论本次迭代时 $\alpha_i$ 和 $\alpha_j$ 的初始值是多少，通过上面的子问题求解算法得到是在可行域里的最小值，因此，每次求解更新这两个变量的值之后，都能保证目标函数值小于或者等于初始值，即函数值下降，所以 SMO 算法能保证收敛。

### 10.5.2 优化变量的选择

上面已经解决了两个变量问题的求解，接下来说明怎么选择这两个变量，在这里使用了启发式规则。第一个变量的选择方法是在训练样本中选取违反 KKT 条件最严重的那个样本。在 10.3.2 节中推导过，在最优点处训练样本是否满足 KKT 条件的判据为

$$\alpha_i=0\Leftrightarrow y_ig(\boldsymbol{x}_i)\geqslant1$$
$$0<\alpha_i<C\Leftrightarrow y_ig(\boldsymbol{x}_i)=1$$
$$\alpha_i=C\Leftrightarrow y_ig(\boldsymbol{x}_i)\leqslant1$$

其中，$g(\boldsymbol{x}_i)$定义为

$$g(\boldsymbol{x}_i)=\sum_{j=1}^{l}\alpha_jy_jK(\boldsymbol{x}_i,\boldsymbol{x}_j)+b$$

首先遍历所有满足约束条件 $0<\alpha_i<C$ 的样本点，检查它们是否满足 KKT 条件。如果都满足 KKT 条件，则遍历整个训练样本集，判断它们是否满足 KKT 条件，直到找到一个违反 KKT 条件的变量 $\alpha_i$。找到这个变量之后，接下来寻找 $\alpha_j$，选择的标准是使得 $\alpha_j$ 有足够大的变化。根据前面的推导，$\alpha_j^{\text{new}}$依赖于$|E_i-E_j|$。因此，选择使得$|E_i-E_j|$最大的 $\alpha_j$。由于 $\alpha_i$已经确定，因此 $E_i$已知。如果 $E_i>0$，则选择最小的 $E_j$；否则选择最大的 $E_j$。

现在我们总结支持向量机优化问题和求解方法的整个推导思路，分为以下几个关键的步骤。

$$\text{线性可分 SVM} \xlongequal{\text{松弛变量，惩罚因子}} \text{线性不可分 SVM}$$

$$\xlongequal{\text{拉格朗日对偶}} \text{对偶问题}$$

$$\xlongequal{\text{核函数}} \text{非线性模型}$$

$$\xlongequal{\text{SMO 算法，KKT 条件选择优化变量，子问题解析解}} \text{最优解}$$

首先用松弛变量将线性可分的支持向量机扩展到线性不可分的支持向量机；然后用拉格朗日对偶将原问题转换问对偶问题；接下来通过加入核函数将模型转化为非线性模型；最后用 SMO 算法求解对偶问题，这里包含关键的两部分：工作集的选择依据 KKT 条件，子问题的求解直接采用公式解计算二次函数的极值。理解支持向量机的关键是理解拉格朗日对偶和 KKT 条件。

## 10.6　多分类问题

前面讲述的支持向量机只能解决二分类问题。对于多分类问题，可以用这种二分类器的组合来解决，有以下两种方案。

(1) 一对剩余方案。对于有 $k$ 个类的分类问题，训练 $k$ 个二分类器。训练时第 $i$ 个分类器的正样本是第 $i$ 类样本，负样本是除第 $i$ 类之外其他类型的样本，这个分类器的作用是判断样本是否属于第 $i$ 类。在进行分类时，对于待预测样本，用每个分类器计算输出值，取输出值最大的那个作为预测结果。

(2) 一对一方案。如果有 $k$ 个类，训练 $C_k^2$ 个二分类器，即这些类两两组合。训练时将第 $i$ 类作为正样本，其他各个类依次作为负样本，总共有 $k(k-1)/2$ 种组合。每个分类器的作用是判断样本是属于第 $i$ 类还是第 $j$ 类。对样本进行分类时采用投票的方法，依次用每个二分类器进行预测，如果判定为第 $m$ 类，则 $m$ 类的投票数加 1，得票最多的那个类作为最终的判定结果。

下面用一个简单的例子来进行说明，我们要对 3 个类进行分类。如果采用一对剩余方案，则训练 3 个分类器：

$$\text{svm}_1: 1 \sim 2,3$$

$$\text{svm}_2: 2 \sim 1,3$$

$$\text{svm}_3: 3 \sim 1,2$$

第 1 个分类器在训练时以第 1 类样本作为正样本，另外两类作为负样本；第 2 个分类器在训练时以第 2 类样本作为正样本，另外两类作为负样本；第 3 个分类器在训练时以第 3 类样本作为正样本，另外两类作为负样本。在预测时，输入样本特征向量，计算每个模型的预测函数值，将样本判别为预测值最大的那个类。

如果采用一对一方案，需要训练 3 个分类器：

$$svm_{1\text{-}2}: 1 \sim 2$$
$$svm_{1\text{-}3}: 1 \sim 3$$
$$svm_{2\text{-}3}: 2 \sim 3$$

在训练第 1 个分类器时，以第 1 类样本作为正样本，第 2 类样本作为负样本；其他的模型以此类推。在预测时，用 3 个模型对输入向量进行预测。然后统计投票，对于模型 $svm_{i\text{-}j}$，如果预测值为 +1，则第类的投票加 1，否则第 $j$ 类的投票加 1。最后将样本判定为得票最多的那个类。

除了通过二分类器的组合来构造多类分类器之外，还可以通过直接优化多类分类的目标函数得到多分类器，在第 11 章介绍。

## 10.7 实验程序

下面通过实验来介绍支持向量机的训练和预测（对分类问题），程序基于 libsvm 库[6] 的工具程序 svm-train 和 svm-predict。前者是训练程序，可以从指定格式的文件中读取训练样本，训练模型并保存到指定文件中；后者是预测程序，可以从模型文件中载入模型，并对预测样本文件中的样本进行预测。

首先制作训练样本文件，libsvm 要求训练样本文件每一行为一个训练样本，必须是如下格式（与 svm-toy 要求的格式相同）：

```
类别标签 特征编号:特征值 特征编号:特征值
```

其中，类别标签为整数，如果是多类分类，从 1 开始，如果是二分类问题，一般设置为 −1 和 +1；特征编号为整数，编号从 1 开始；特征值为实数，各个值之间用空格进行分隔。

在这里，直接从 libsvm 的官网下载测试数据文件 a1a，下载地址为

```
https://www.csie.ntu.edu.tw/~cjlin/libsvmtools/datasets/
```

它包括训练样本文件 a1a 和测试样本文件 a1a.t。用文本编辑器打开 a1a 文件，可以看到前几行的内容为

```
-1 3:1 11:1 14:1 19:1 39:1 42:1 55:1 64:1 67:1 73:1 75:1 76:1 80:1 83:1
-1 3:1 6:1 17:1 27:1 35:1 40:1 57:1 63:1 69:1 73:1 74:1 76:1 81:1 103:1
-1 4:1 6:1 15:1 21:1 35:1 40:1 57:1 63:1 67:1 73:1 74:1 77:1 80:1 83:1
-1 5:1 6:1 15:1 22:1 36:1 41:1 47:1 66:1 67:1 72:1 74:1 76:1 80:1 83:1
```

下载之后，把这两个文件复制到 libsvm 的 Windows 目录下。下面介绍 svm-train.exe 的命令行参数。这个程序的命令行格式为

```
svm-train [options] training_set_file [model_file]
```

其中，[options]为可选参数，接下来会详细介绍；training_set_file 为训练样本文件名，包括文件路径；[model_file]为可选参数，指定训练之后保存 SVM 模型的文件名，如果不带这个参数，则不保存模型到文件中。下面对 svm-train 的[options]参数进行详细介绍。

-s 为支持向量机的类型。0 为 C-SVC，在这里 C 为惩罚因子，即用于分类问题；1 为 $\nu$-SVC，也是用于分类问题；2 为单类 SVM；3 为 $\varepsilon$-SVR，用于回归问题；4 为 $\nu$-SVR，也是用于

回归问题。各种分类问题都支持多类分类，在源代码分析中将详细介绍这些支持向量机的类型。用于分类问题时通常将这个参数设置为 0，即 C-SVC。

-t 为核函数类型。0 为线性核；1 为多项式核；2 为径向基函数核，即高斯核；3 为 sigmoid 核；4 为自定义核，此时应该在样本文件里先计算好核矩阵，而不是直接存放样本的特征向量。如果不考虑速度问题，一般使用高斯核，从而有更高的分类精度，即将这个参数设置为 2。

-d 为核函数的参数 $d$。用于多项式核，多项式的次数，默认值为 3。

-g 为核函数参数 $\gamma$。用于多项式核、高斯核和 sigmoid 核，默认值为 $1/n$，其中 $n$ 为特征向量维数。

-r 为核函数参数。它是 0 次项系数，用于多项式核，在 sigmoid 核中，默认值为 0。

-c 为惩罚因子。用于 C-SVC、ε-SVR 和 ν-SVR，默认值为 1。

-n 为参数 ν。用于 ν-SVC 、单类 SVM 和 ν-SVR，默认值为 0.5。

-p 为参数 ε。用于 ε-SVR，默认值为 0.1。

-m 为 Cache 的大小，以 MB 为单位。关于 Cache，在源代码分析中会详细介绍，它用于缓存一部分核函数的值，减小内存开销。

-e 为参数 ξ。用于迭代终止的判定，默认值为 0.001。

-h 为是否做样本缩减。默认值为 1，即执行样本缩减操作。

-b 为是否估计概率值。关于概率值估计，在后面的源代码分析中会详细介绍。

-wi 为第 i 类的权重。

-v 为交叉验证参数。交叉验证的折数，如果设置为大于 0 的数 n，则执行 n 折交叉验证，交叉验证信息会在训练时输出到屏幕上。

输入命令行：

```
svm-train -s 0 -t 2 a1a a1a_model
```

程序运行结果如图 10.11 所示。

**图 10.11　svm-train 的运行结果**

其中，iter 为 SMO 算法的迭代次数，在这里为 537；obj 为目标函数值；rho 为 SVM 判定函数中的-b，nSV 为支持向量的个数。

打开生成的模型文件，可看到如下内容（在这里只显示了部分内容）：

```
svm_type c_svc
kernel_type rbf
gamma 0.00840336
nr_class 2
total_sv 754
rho 0.628337
label 1 -1
```

```
nr_sv 371 383
SV
1 5:1 11:1 15:1 32:1 39:1 40:1 52:1 63:1 67:1 73:1 74:1 76:1 78:1 83:1
1 5:1 18:1 19:1 39:1 40:1 63:1 67:1 73:1 74:1 76:1 80:1 83:1
```

模型的前半部分是支持向量机的参数，后半部分为支持向量。在后面的源代码分析中，将详细介绍这个文件的格式。

接下来对训练的模型进行测试，这里使用的测试文件是 a1a. t。预测程序 svm-predict 的命令行格式为

```
svm-predict [options] test_file model_file output_file
```

其中，[options]为可选的命令行参数，下面进行详细介绍。

-b，是否进行概率输出，如果为 1，输出，否则不输出，默认值为 0。

test_file 为测试样本集数据文件；model_file 为支持向量机的模型文件；output_file 为输出结果文件。

输入命令行：

```
svm-predict a1a.t a1a_model a1a_predict
```

程序运行结果如图 10.12 所示。

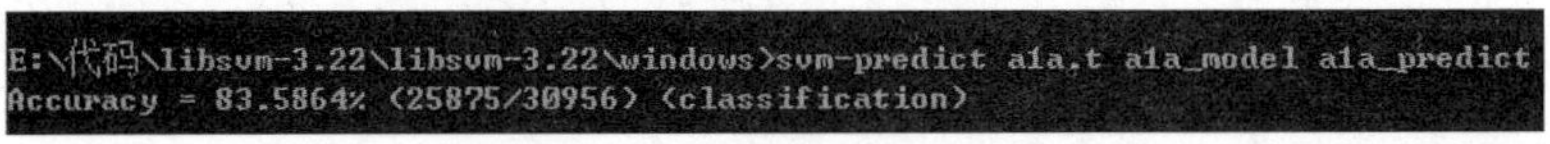


**图 10.12　svm-predict 的运行结果**

在屏幕上会显示出分类准确率，在这里为 83.5864%。打开预测结果文件，会看到对每个测试样本的分类结果。

可以改变支持向量机的参数和训练参数，包括惩罚因子、核函数的类型以及核函数的参数，观察使用不同参数值时的分类效果，感兴趣的读者可以自己实现。

## 10.8 源代码分析

本节分析支持向量机的实现。libsvm[6]是目前影响力最大、应用最广的支持向量机库，由林智仁教授和他的学生开发。它使用 C++ 语言编写，并提供 Java、Python、MATLAB 等语言的接口。libsvm 实现了 5 种类型的支持向量机，用于分类和回归问题。它们分别如下。

C-SVC，即 C-Support Vector Classification，用于分类问题，这就是前面讲述的用于分类问题的支持向量机，是源代码分析的重点。

$\nu$-SVC，即 $\nu$-Support Vector Classification，用于分类问题，另外一种表述的支持向量机，不使用惩罚因子，而是使用另一个变量替代它。

one class SVM，单类支持向量机，用于估计特征向量的分布。

$\varepsilon$-SVR，即 $\varepsilon$-Support Vector Regression，用于回归问题。

$\nu$-SVR，即 $\nu$-Support Vector Regression，用于回归问题。

限于篇幅，我们只分析 C-SVC。libsvm 支持多类分类和交叉验证，并且可以输出估算的概率值。多类分类问题采用的是一对一的方案。

## 10.8.1 求解算法

libsvm 对 C-SVC 的求解采用了 SMO 算法，在工作集的选择上做了改进，利用二阶导数信息加快算法收敛速度，我们将在后面详细介绍。求解的问题可以写成如下形式：

$$\min_{\alpha} f(\boldsymbol{\alpha}) = \frac{1}{2}\boldsymbol{\alpha}^{\mathrm{T}}\boldsymbol{Q}\boldsymbol{\alpha} + \boldsymbol{p}^{\mathrm{T}}\boldsymbol{\alpha}$$

$$\boldsymbol{y}^{\mathrm{T}}\boldsymbol{\alpha} = \Delta$$

$$0 \leqslant \alpha_t \leqslant C, \quad t = 1,2,\cdots,l$$

接下来介绍具体的求解算法，分为子问题求解和工作集选择算法两部分，工作集选择算法负责选择两个优化变量。求解子问题的流程如下。

(1) 寻找一个初始可行解$\boldsymbol{\alpha}^1$，一般初始化成 $\boldsymbol{0}$ 向量，这显然满足 $\boldsymbol{p}^{\mathrm{T}}\boldsymbol{\alpha} = \boldsymbol{0}$，设置 $k=1$。

(2) 如果$\boldsymbol{\alpha}^k$ 已经是最优点，停止循环。否则，用 WSS1 算法寻找一个两个元素的工作集 $B=\{i,j\}$。定义集合 $N=\{1,2,\cdots,l\}\backslash B$，即除掉工作集之外的其他变量的集合，$\boldsymbol{\alpha}_B^k$和$\boldsymbol{\alpha}_N^k$是 $B$ 和 $N$ 对应的子向量。

(3) 如果 $a_{ij}=K_{ii}+K_{jj}-2K_{ij}>0$，求解如下关于 $\alpha_i$和 $\alpha_j$两个变量的子问题：

$$\min_{\alpha_i,\alpha_j} \frac{1}{2}\begin{bmatrix}\alpha_i & \alpha_j\end{bmatrix}\begin{bmatrix}\boldsymbol{Q}_{ii} & \boldsymbol{Q}_{ij} \\ \boldsymbol{Q}_{ij} & \boldsymbol{Q}_{jj}\end{bmatrix}\begin{bmatrix}\alpha_i \\ \alpha_j\end{bmatrix} + (\boldsymbol{p}_B + \boldsymbol{Q}_{BN}\boldsymbol{\alpha}_N^k)^{\mathrm{T}}\begin{bmatrix}\alpha_i \\ \alpha_j\end{bmatrix}$$

$$0 \leqslant \alpha_i, \quad \alpha_j \leqslant C$$

$$y_i\alpha_i + y_j\alpha_j = \Delta - \boldsymbol{y}_N^{\mathrm{T}}\boldsymbol{\alpha}_N^k$$

(4) 否则，求解如下子问题：

$$\min_{\alpha_i,\alpha_j} \frac{1}{2}\begin{bmatrix}\alpha_i & \alpha_j\end{bmatrix}\begin{bmatrix}\boldsymbol{Q}_{ii} & \boldsymbol{Q}_{ij} \\ \boldsymbol{Q}_{ij} & \boldsymbol{Q}_{jj}\end{bmatrix}\begin{bmatrix}\alpha_i \\ \alpha_j\end{bmatrix} + (\boldsymbol{p}_B + \boldsymbol{Q}_{BN}\boldsymbol{\alpha}_N^k)^{\mathrm{T}}\begin{bmatrix}\alpha_i \\ \alpha_j\end{bmatrix} +$$

$$\frac{\tau - \alpha_{ij}}{4}((\alpha_i - \alpha_i^k)^2 + (\alpha_j - \alpha_j^k)^2)$$

$$0 \leqslant \alpha_i, \quad \alpha_j \leqslant C$$

$$y_i\alpha_i + y_j\alpha_j = \Delta - \boldsymbol{y}_N^{\mathrm{T}}\boldsymbol{\alpha}_N^k$$

(5) 设置$\boldsymbol{\alpha}_B^{k+1}$ 为最优解，$\boldsymbol{\alpha}_N^{k+1}=\boldsymbol{\alpha}_N^k$，$k\leftarrow k+1$，返回步骤(2)。

这里分为 $a_{ij}>0$ 和 $a_{ij}\leqslant 0$ 两种情况，前面一种是之前介绍的 SMO 算法处理的。如果用线性核可能会出现 $a_{ij}=0$ 的情况，此时子问题的目标函数退化为线性函数。如果使用非正定核(如 sigmoid 核)，可能会出现 $a_{ij}<0$ 的情况。

在 10.5.2 节中介绍了用启发式搜索选择工作集的标准，这通过在原问题上应用 KKT 条件得到。下面介绍 libsvm 的工作集选择算法，这里使用了二阶导数信息。将 KKT 条件应用于对偶问题，为对偶问题构造拉格朗日乘子函数：

$$L(\boldsymbol{\alpha},b,\boldsymbol{\lambda},\boldsymbol{\mu}) = \frac{1}{2}\boldsymbol{\alpha}^{\mathrm{T}}\boldsymbol{Q}\boldsymbol{\alpha} - \boldsymbol{p}^{\mathrm{T}}\boldsymbol{\alpha} + b(\boldsymbol{y}^{\mathrm{T}}\boldsymbol{\alpha} - \Delta) + \sum_{i=1}^{l}\lambda_i(-\alpha_i) + \sum_{i=1}^{l}\mu_i(\alpha_i - C)$$

根据 KKT 条件，最优点处必须满足：

$$\nabla_{\alpha} f(\boldsymbol{\alpha}) + b\boldsymbol{y} = \boldsymbol{\lambda} - \boldsymbol{\mu}$$
$$\lambda_i \alpha_i = 0$$
$$\mu_i (C - \alpha_i) = 0$$

目标函数的梯度为

$$\nabla f(\boldsymbol{\alpha}) = \boldsymbol{Q\alpha} + \boldsymbol{p}$$

后面两个方程是对对偶问题不等式约束的限制。如果 $\alpha_i > 0$，因为有 $\lambda_i\alpha_i = 0$ 的限制，因此有 $\lambda_i = 0$，此时有

$$\nabla f(\boldsymbol{\alpha})_i + by_i = \lambda_i - \mu_i = 0 - \mu_i \leqslant 0$$

如果 $\alpha_i < C$，由于有 $\mu_i(C - \alpha_i) = 0$ 的限制，因此有 $\mu_i = 0$，此时有

$$\nabla f(\boldsymbol{\alpha})_i + by_i = \lambda_i - \mu_i = \lambda_i - 0 \geqslant 0$$

将上面的两种情况综合起来，这个条件可以写成如下形式：

$$\nabla f(\boldsymbol{\alpha})_i + by_i \geqslant 0, \quad \alpha_i < C$$
$$\nabla f(\boldsymbol{\alpha})_i + by_i \leqslant 0, \quad \alpha_i > 0$$

将上面的第一个不等式两边同乘以 $-y_i$，如果 $y_i = +1$，不等式反号：

$$-y_i \nabla f(\boldsymbol{\alpha})_i - b \leqslant 0, \quad \alpha_i < C$$

即

$$-y_i \nabla f(\boldsymbol{\alpha})_i \leqslant b$$

如果 $y_i = -1$，不等式不变号：

$$-y_i \nabla f(\boldsymbol{\alpha})_i - b \geqslant 0, \quad \alpha_i < C$$

因此有

$$-y_i \nabla f(\boldsymbol{\alpha})_i \geqslant b$$

对于另外一个不等式，情况类似。这 4 种情况可以统一写成

$$-y_i \nabla f(\boldsymbol{\alpha})_i \leqslant b, \quad \forall i \in I_{\text{up}}(\boldsymbol{\alpha})$$
$$-y_i \nabla f(\boldsymbol{\alpha})_i \geqslant b, \quad \forall i \in I_{\text{low}}(\boldsymbol{\alpha})$$

其中：

$$I_{\text{up}}(\boldsymbol{\alpha}) \equiv \{t \mid \alpha_t < C, y_t = +1 \text{ 或 } \alpha_t > 0, y_t = -1\}$$
$$I_{\text{low}}(\boldsymbol{\alpha}) \equiv \{t \mid \alpha_t < C, y_t = -1 \text{ 或 } \alpha_t > 0, y_t = +1\}$$

上面的第一个集合是正样本中满足 $\alpha < C$ 或者负样本中满足 $\alpha > 0$ 的样本集合；第二个集合是负样本中满足 $\alpha < C$ 或者正样本中满足 $\alpha > 0$ 的样本集合。

将上面两个不等式合并，有

$$-y_i \nabla f(\boldsymbol{\alpha})_i \leqslant b \leqslant -y_j \nabla f(\boldsymbol{\alpha})_j, \quad \forall i \in I_{\text{up}}(\boldsymbol{\alpha}), \quad \forall j \in I_{\text{low}}(\boldsymbol{\alpha})$$

如果定义

$$m(\boldsymbol{\alpha}) \equiv \max_{i \in I_{\text{up}(\alpha)}} - y_i \nabla f(\boldsymbol{\alpha})_i$$
$$M(\boldsymbol{\alpha}) \equiv \min_{j \in I_{\text{low}(\alpha)}} - y_j \nabla f(\boldsymbol{\alpha})_j$$

则有

$$m(\boldsymbol{\alpha}) \leqslant b \leqslant M(\boldsymbol{\alpha})$$

一个可行解是最优解当且仅当它满足下面的条件：

$$m(\boldsymbol{\alpha}) \leqslant M(\boldsymbol{\alpha})$$

反之，如果一对变量 $a_i$ 和 $a_j$ 不满足上面的条件，则这样的变量就需要优化。通过上面的不等式，可以构造出迭代停止的准则为

$$m(\boldsymbol{\alpha}^k)-M(\boldsymbol{\alpha}^k)\leqslant\xi$$

其中，$\xi$ 是一个人工设定的很小的正数，$\boldsymbol{\alpha}^k$ 为第 $k$ 次迭代得到的 $\boldsymbol{\alpha}$ 值。根据上面的结论，可以得到第一种工作集选择算法 WSS1，具体做法是寻找违反上面不等式约束的两个变量 $i$ 和 $j$。

(1) 选择

$$i\in\arg\max_i\{-y_t\nabla f(\boldsymbol{\alpha}^k)_t \mid t\in I_{\mathrm{up}}(\boldsymbol{\alpha}^k)\}$$
$$j\in\arg\max_i\{-y_t\nabla f(\boldsymbol{\alpha}^k)_t \mid t\in I_{\mathrm{low}}(\boldsymbol{\alpha}^k)\}$$

其中：

$$I_{\mathrm{up}}(\boldsymbol{\alpha})\equiv\{t\mid\alpha_t<C,y_t=+1\text{ 或 }\alpha_t>0,y_t=-1\}$$
$$I_{\mathrm{low}}(\boldsymbol{\alpha})\equiv\{t\mid\alpha_t<C,y_t=-1\text{ 或 }\alpha_t>0,y_t=+1\}$$

(2) 返回 $B=\{i,j\}$。

为了加快收敛速度，可以利用二阶导数信息。定义

$$\boldsymbol{d}\equiv[\boldsymbol{d}_B,\boldsymbol{0}_N]$$

即每次迭代时只调整了工作集中 $B$ 的分量值，即 $\boldsymbol{d}_B$，其他分量保持不变，因此，改变值都为 0。将目标函数在$\boldsymbol{\alpha}^k$处进行二阶泰勒展开，因为目标函数就是二次函数，因此有

$$\begin{aligned}f(\boldsymbol{\alpha}^k+\boldsymbol{d})&=f(\boldsymbol{\alpha}^k)+\nabla f(\boldsymbol{\alpha}^k)^{\mathrm{T}}\boldsymbol{d}+\frac{1}{2}\boldsymbol{d}^{\mathrm{T}}\nabla^2 f(\boldsymbol{\alpha}^k)\boldsymbol{d}\\&=f(\boldsymbol{\alpha}^k)+\nabla f(\boldsymbol{\alpha}^k)_B^{\mathrm{T}}\boldsymbol{d}_B+\frac{1}{2}\boldsymbol{d}_B^{\mathrm{T}}\nabla^2 f(\boldsymbol{\alpha}^k)_{BB}\boldsymbol{d}_B\end{aligned}$$

在第 $k+1$ 次迭代时，要保证函数值 $f(\boldsymbol{\alpha}^k+\boldsymbol{d})$在 $f(\boldsymbol{\alpha}^k)$的基础上充分下降，即要使得函数差值最小，这等价于求解如下最优化问题：

$$\begin{aligned}&\min_{\boldsymbol{d}_B,|B|}\ \nabla f(\boldsymbol{\alpha}^k)_B^{\mathrm{T}}\boldsymbol{d}_B+\frac{1}{2}\boldsymbol{d}_B^{\mathrm{T}}\nabla^2 f(\boldsymbol{\alpha}^k)_{BB}\boldsymbol{d}_B\\&\boldsymbol{y}_B^{\mathrm{T}}\boldsymbol{d}_B=0\\&d_t\geqslant 0,\quad \alpha_t^k=0,\quad t\in B\\&d_t\leqslant 0,\quad \alpha_t^k=C,\quad t\in B\end{aligned}$$

等式约束是因为要保证 $\boldsymbol{\alpha}$ 值更新之后还要满足等式约束条件 $\boldsymbol{y}^{\mathrm{T}}\boldsymbol{\alpha}=0$。因为 $\boldsymbol{y}^{\mathrm{T}}\boldsymbol{\alpha}^k=0$，要保证 $\boldsymbol{y}^{\mathrm{T}}(\boldsymbol{\alpha}^k+\boldsymbol{d})=0$ 则必须有 $\boldsymbol{y}^{\mathrm{T}}\boldsymbol{d}=0$。不等式约束由限定 $0\leqslant\boldsymbol{\alpha}_i\leqslant C$ 条件得到，如果 $\boldsymbol{\alpha}_i$ 之前已经达到了下界 0，只能增加它的值才能满足这个限定范围；同理，如果它的值达到了上界 $C$，只能减小它的值才能满足这个限定范围。

严格求解上面的最小化问题需要遍历所有的 $\alpha_i$ 和 $\alpha_j$组合，分别求解上面的问题，计算成本太高。在这里采用了启发式搜索技术，由此得到工作集 $B$ 的选择算法 WSS2 如下。

(1) 选择

$$i\in\arg\max_t\{-y_t\nabla f(\boldsymbol{\alpha}^k)_t\mid t\in I_{\mathrm{up}}(\boldsymbol{\alpha}^k)\}$$

(2) 选择

$$j\in\arg\max_t\{\mathrm{Sub}(\{i,t\})\mid t\in I_{\mathrm{low}}(\boldsymbol{\alpha}^k),-y_t\nabla f(\boldsymbol{\alpha}^k)_t<-y_i\nabla f(\boldsymbol{\alpha}^k)_i\}$$

(3) 返回 $B=\{i,j\}$。

其中，Sub($\{i,t\}$)为上面的优化问题，一旦 $i$ 选定，这个优化问题很好求解，具体求解方

法为，如果 $K_{ii}+K_{jj}-2K_{ij}>0$，则有

$$\text{Sub}\left(\{i,t\}\right)=-\frac{\left(-y_i\nabla f\left(\boldsymbol{\alpha}^k\right)_i+y_t\nabla f\left(\boldsymbol{\alpha}^k\right)_t\right)^2}{2\left(K_{ii}+K_{tt}-2K_{it}\right)}$$

整个训练算法的核心可以分为两步：第一步选择工作集；第二步对选定的工作集变量的子问题进行最优化求解。由于是一个密集矩阵，当问题的规模很大时，不能完全将矩阵内容存放在内存中，在实现时采用了 Cache 策略缓存一部分矩阵内容。

在得到$\boldsymbol{\alpha}$之后，还需要求出决策函数中的 $b$，定义 $\rho=-b$。如果 $\alpha_i$ 满足 $0<\alpha_i<C$，根据 KKT 条件有

$$\rho=y_i\nabla f(\boldsymbol{\alpha})_i$$

为了减小数值计算误差，一般计算如下平均值，分母为满足 $0<\alpha_i<C$ 的样本数：

$$\rho=\frac{\sum_{0<\alpha_i<C}y_i\nabla f(\boldsymbol{\alpha})_i}{\sum_{0<\alpha_i<C}1}$$

### 10.8.2 主要数据结构

结构体 svm_node 为特征向量的一个特征分量。

```
struct svm_node
{
    int index;                  // 特征编号
    double value;               // 特征值
};
```

其中，index 为特征编号，value 为特征值。这是一种稀疏表示，当特征向量的很多分量为 0 时，可以节约存储空间并加快内积等运算的速度。

结构体 svm_problem 为训练样本的集合。

```
struct svm_problem
{
    int l;                      // 训练样本的个数
    double * y;                 // 训练样本的对应输出，类别标签或者实数值
    struct svm_node * * x;      // 训练样本的特征向量
};
```

其中，l 为训练样本的数量；y 为每个样本所属的类别，是一个大小为 l 的一维数组；x 为训练样本的特征向量的集合，为一个二维数组，每一个元素 x[j]为一个样本的特征向量。

结构体 svm_parameter 为支持向量机的训练参数，用于训练算法。

```
struct svm_parameter
{
    int svm_type;            // 支持向量机的 5 种类型，前面讲过
    int kernel_type;         // 核函数的类型，0 为线性核，1 为多项式核，2 是径向基函数核
    deouble degree;          // 核函数的参数，表 10.1 中多项式核计算公式中的 d
    double gamma;            // 核函数的参数，表 10.1 中多项式核计算公式中的 γ
    double coef0;            // 核函数的参数，表 10.1 中多项式核计算公式中的 b
```

```
    double cache_size;          // Cache 的大小,以 MB 为单位,用于缓存 Q 矩阵的值
    double eps;                 // 迭代终止的阈值
    double C;                   // 惩罚因子 C
    int nr_weight;              // 样本权重数组的尺寸
    int * weight_label;         // 权重的类别标签
    double * weight;            // 样本权重值
    double nu;                  // 参数 ν
    double p;
    int shrinking;              // 是否做样本缩减
    int probability;            // 是否做概率估计
};
```

其中,svm_type 是支持向量机的类型,分为 5 种,前面已经介绍;kernel_type 是核函数的类型;degree、gamma 和 coef0 是核函数的参数。cache_size 为训练时所使用的 Cache 的大小,单位为 MB;eps 为算法迭代终止条件;C 为惩罚因子;nr_weight 为权重数组的大小;weight_label 为权重的类别标签;weight 为权重数组;nu 为参数;p 为概率值;shrinking 表示是否要做样本缩减;probability 表示是否做概率估计。

结构体 svm_model 为训练得到的支持向量机模型。

```
struct svm_model
{
    svm_parameter param;
    int nr_class;               // 类型数
    int l;                      // 训练样本数
    svm_node **SV;              // 支持向量
    double **sv_coef;           // 支持向量的系数
    double * rho;               // ρ 数组,大小为 k(k-1)/2
    double * probA;             // 成对概率数据
    double * probB;
    int * label;                // 每个类的类别标签
    int * nSV;                  // 每个类的支持向量个数
    int free_sv;
};
```

其中,param 是训练时指定的参数,nr_class 为类型数,l 为训练样本数,SV 为训练得到的支持向量,sv_coef 为这些支持向量的系数,这是一个二维数组,每一个一维数组为一个二分类 SVM 模型的支持向量系数,rho 为参数。最终得到的分类器为

$$\operatorname{sgn}\left(\sum_{i=1}^{l} y_i\alpha_i K(\boldsymbol{x}_i,\boldsymbol{x})+b\right)$$

libsvm 支持多分类问题,如果有 $k$ 个类则存储的是 $k(k-1)/2$ 个二分类器模型。

结构体 decision_function 为训练得到的决策函数,它包括支持向量的 $\boldsymbol{\alpha}$ 系数以及参数 $b$,定义如下:

```
struct decision_function
{
```

```
    double * alpha;          // 支持向量的系数数组 α
    double rho;              // -b
};
```

矩阵 $\boldsymbol{Q}$ 是一个密集矩阵，当样本数很大时，完全存储会占用大量空间。因此，有必要采用缓存技术，只存储矩阵的部分内容。在 SMO 的迭代过程中，只用到这个矩阵的部分列，如果在缓存中存放了这些列，可以避免大部分的核函数计算。

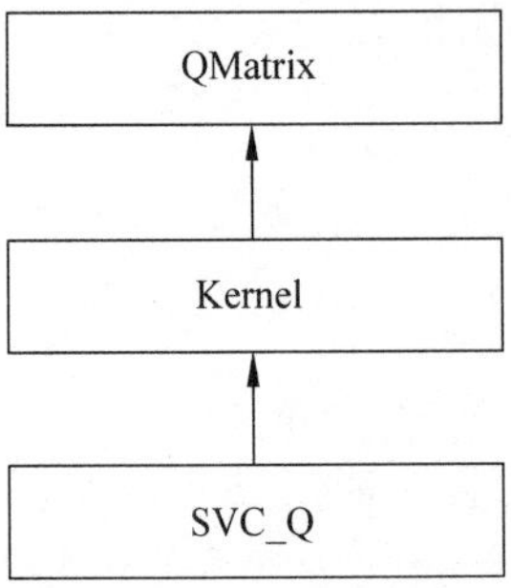


图 10.13 核矩阵类的继承关系

在 libsvm 中的 Cache 采用了 LRU 策略(最近最少使用，这个概念可以参考任何一本操作系统或者计算机系统结构教材)，由类 Cache 实现。

下面要介绍的 3 个类是与最优化问题中矩阵的实现相关。其中，QMatrix 是抽象的基类，Kernel 继承自 QMatrix，SVC_Q 又继承自 Kernel。这几个类的继承关系如图 10.13 所示。

类 QMatrix 为核函数矩阵，使用它能够快速计算 $K_{ij}$ 的值，该矩阵定义为

$$K_{ij}=K(\boldsymbol{x}_i,\boldsymbol{x}_j)$$

其中，$\boldsymbol{x}_i$ 和 $\boldsymbol{x}_j$ 为两个样本的特征向量，$K$ 为核函数。这个类的名字容易让人混淆，实际上它不是公式里使用的 $\boldsymbol{Q}$ 矩阵，公式里 $\boldsymbol{Q}$ 矩阵的元素还要在核函数基础上乘以 $y_iy_j$。libsvm 支持自定义核函数，在训练时，只要将核矩阵保存在指定的文件中，程序可以自动读出用来训练。QMatrix 是一个抽象基类，定义如下：

```
class QMatrix {
public:
    virtual Qfloat * get_Q(int column, int len) const =0;    // 获取 Q_ij 的值
    virtual double * get_QD() const =0;                       // 获取对角线元素的值
    virtual void swap_index(int i, int j) const =0;
    virtual ~QMatrix() {}
};
```

函数 get_Q 用于获取矩阵元素的值，函数 get_QD 用于获取矩阵对角线元素的值，swap_index 用于交换下标。

核函数类 Kernel 继承自 QMatrix，提供了线性核、多项式核、RBF 核、sigmoid 核，自定义核 5 种核函数，即计算 $K(\boldsymbol{x}_i,\boldsymbol{x}_j)$。类定义如下：

```
class Kernel: public QMatrix {
public:
    Kernel(int l, svm_node * const * x, const svm_parameter& param);
    virtual ~Kernel();
    static double k_function(const svm_node * x, const svm_node * y,
                             const svm_parameter& param);
    // 这两个函数留给派生类实现
    virtual Qfloat * get_Q(int column, int len) const =0;
```

```
    virtual double *get_QD() const =0;
    virtual void swap_index(int i, int j) const
    {
        swap(x[i],x[j]);
        if(x_square) swap(x_square[i],x_square[j]);
    }
protected:
    double (Kernel::*kernel_function)(int i, int j) const;
private:
    const svm_node **x;                          //特征向量集合
    double *x_square;                            //临时变量,用于存放向量与自身的内积
    //下面是核函数的参数
    const int kernel_type;                       //核函数的类型
    const int degree;                            //多项式核的次数
    const double gamma;                          //多项式核的系数,高斯核的系数
    const double coef0;
    //计算向量内积
    static double dot(const svm_node *px, const svm_node *py);
    //计算线性核的值
    double kernel_linear(int i, int j) const
    {
        return dot(x[i],x[j]);
    }
    //多项式核 (γ·xiTxj+b)d
    double kernel_poly(int i, int j) const
    {
        return powi(gamma*dot(x[i],x[j])+coef0,degree);
    }
    //高斯核 e(−γ(xi−xj)T(xi−xj))
    double kernel_rbf(int i, int j) const
    {
        return exp(-gamma*(x_square[i]+x_square[j]-2*dot(x[i],x[j])));
    }
    //sigmoid 核 tanh (γ·xiTxj+b)
    double kernel_sigmoid(int i, int j) const
    {
        return tanh(gamma*dot(x[i],x[j])+coef0);
    }
    //自定义核,已经直接计算出了核函数的值
    double kernel_precomputed(int i, int j) const
    {
        return x[i][(int)(x[j][0].value)].value;
    }
};
```

函数 dot 用于计算两个向量的内积,这里用到了稀疏向量的乘法,代码如下:

```
double Kernel::dot(const svm_node *px, const svm_node *py)
{
    double sum =0;
    while(px->index !=-1 && py->index !=-1)
    {
        if(px->index ==py->index)          // 如果是同一个分量,相乘
        {
            sum +=px->value * py->value;
            ++px;
            ++py;
        }
        else
        {
            if(px->index >py->index)       // 否则,进入下一个分量
                ++py;
            else
                ++px;
        }
    }
    return sum;
}
```

函数 k_function 用于计算两个样本 $\boldsymbol{x}$ 和 $\boldsymbol{y}$ 的核函数值,传入的参数为特征向量和核函数的参数:

```
double Kernel::k_function(const svm_node *x, const svm_node *y,
const svm_parameter& param)
{
    switch(param.kernel_type)
    {
        case LINEAR:
            return dot(x,y);
        case POLY:
            return powi(param.gamma*dot(x,y)+param.coef0,param.degree);
        case RBF:                          // 这里复杂一些,要计算
        {
            double sum =0;
            while(x->index !=-1 && y->index !=-1)
            {
                if(x->index ==y->index)
                {
                    double d =x->value -y->value;
                    sum +=d*d;
                    ++x;
                    ++y;
                }
```

```
            else
            {
                if(x->index >y->index)
                {
                    sum +=y->value * y->value;
                    ++y;
                }
                else
                {
                    sum +=x->value * x->value;
                    ++x;
                }
            }
        }
        while(x->index !=-1)
        {
            sum +=x->value * x->value;
            ++x;
        }
        while(y->index !=-1)
        {
            sum +=y->value * y->value;
            ++y;
        }
        return exp(-param.gamma * sum);
    }
    case SIGMOID:
        return tanh(param.gamma * dot(x,y)+param.coef0);
    case PRECOMPUTED:
        return x[(int)(y->value)].value;
    default:
        return 0;
  }
}
```

类 SVC_Q 是 $Q$ 矩阵，和前面公式中的定义相同，继承自 Kernel 类。类定义如下：

```
class SVC_Q: public Kernel
{
public:
    // 在构造函数中申请缓存 Cache,申请存储对角线元素的空间 QD,并且计算出对
    // 角线元素的值
    SVC_Q(const svm_problem& prob, const svm_parameter& param, const schar * y_)
    :Kernel(prob.l, prob.x, param)
    {
        clone(y,y_,prob.l);
```

```
        cache =new Cache(prob.l,(long int)(param.cache_size * (1<<20)));
        QD =new double[prob.l];
        for(int i=0;i<prob.l;i++)
            // QD 中存储的是 Q 矩阵对角线的值,这里没有乘以 yi yi
            // 因为这个值一定是 1
            QD[i] =(this-> * kernel_function)(i,i);
    }
    // 获取第 i 行 len 个元素的值
    Qfloat * get_Q(int i, int len) const
    {
        Qfloat * data;
        int start, j;
        if((start =cache->get_data(i,&data,len)) <len)
        {
            for(j=start;j<len;j++)              // 计算 yi yj xi^T xj
                data[j] =(Qfloat)(y[i] * y[j] * (this-> * kernel_function)(i,j));
        }
        return data;
    }
    // 返回对角线元素
    double * get_QD() const
    {
        return QD;
    }
    // 交换两个元素的下标
    void swap_index(int i, int j) const
    {
        cache->swap_index(i,j);
        Kernel::swap_index(i,j);                // 交换矩阵元素
        swap(y[i],y[j]);                        // 交换类别标签
        swap(QD[i],QD[j]);                      // 交换对角元素
    }
    // 析构函数中释放空间
    ~SVC_Q()
    {
        delete[] y;
        delete cache;
        delete[] QD;
    }
private:
    schar * y;                                  // 类别标签
    Cache * cache;
    double * QD;
};
```

### 10.8.3 求解器

求解器 Solver 用于支持向量机最优化问题的求解。在 libsvm 中，求解器的基类是 Solver，它实现了 C-SVC 的求解。Solver_NU 继承自 Solver，用于求解 ν-SVC。在这里，重点分析 Solver 类。

Solver 是求解器的基类，实现了求解对偶问题的 SMO 算法。类定义如下：

```
class Solver {
public:
    Solver() {};
    virtual ~Solver() {};
    struct SolutionInfo {
        double obj;                             // 目标函数值
        double rho;                             // -b
        double upper_bound_p;                   // 正样本的 C
        double upper_bound_n;                   // 负样本的 C
        double r;                               // 仅供 Solver_NU 使用
    };
    // 求解函数,核心函数,也是这个类唯一的接口函数
    // l 为样本数,Q 为核函数矩阵,p_为目标函数一次项的系数向量,y_为样本标签
    // 数组,alpha_为返回参数,即α、Cp 和 Cn 为正负样本的参数 C,eps 为迭代终
    // 止阈值,shrinking 为是否做样本缩减
    void Solve(int l, const QMatrix& Q, const double *p_, const schar *y_,
        double *alpha_, double Cp, double Cn, double eps, SolutionInfo* si, int
        shrinking);
protected:
    int active_size;                            // 活跃样本集的大小,它们参加迭代
schar *y;                                       // 类别标签向量,取值为-1 或者+1
    double *G;                                  // 目标函数梯度 ∇f(α)_t=G_t=(Qα+p)_t
    // α值的状态, α_i≤0,0<α_i<C,α_i=C 三种情况
    enum { LOWER_BOUND, UPPER_BOUND, FREE };
    char *alpha_status;                         // LOWER_BOUND、UPPER_BOUND、FREE
    double *alpha;                              // α值数组
const QMatrix *Q;                               // Q 矩阵
    const double *QD;                           // Q 矩阵的对角线元素
double eps;                                     // 误差阈值,迭代终止的条件
    double Cp,Cn;                               // 正样本和负样本的惩罚因子
    double *p;                                  // 目标函数中的一次项系数 p
    int *active_set;                            // 活跃样本集
    // G_bar 那些达到上界的样本的核矩阵元素之和,定义这个变量,是为了提高
    // 计算速度,对样本做缩减时,减小重建梯度的计算量,后面会进行详细介绍
    double *G_bar;
    int l;                                      // 训练样本数
    bool unshrink;                              // 是否进行样本缩减
    // 函数 get_C 返回第 i 个样本的惩罚因子,根据正负样本返回不同的值
```

```
    double get_C(int i)
    {
        // 正样本返回 Cp,负样本返回 Cn
        return (y[i] >0)? Cp : Cn;
    }
    // 函数 update_alpha_status 用于更新αi 的状态
    void update_alpha_status(int i)
    {
        if(alpha[i] >=get_C(i))          // αi≥C
            alpha_status[i] =UPPER_BOUND;
        else if(alpha[i] <=0)            // αi≤0
            alpha_status[i] =LOWER_BOUND;
        else alpha_status[i] =FREE;      // 0≤αi≤C
    }
    // 函数 is_upper_bound 判断αi是否达到上界
    bool is_upper_bound(int i) { return alpha_status[i] ==UPPER_BOUND; }
    // 判断αi是否达到下界
    bool is_lower_bound(int i) { return alpha_status[i] ==LOWER_BOUND; }
    // 判断α i是否自由,即满足约束条件
    bool is_free(int i) { return alpha_status[i] ==FREE; }
    // 交换两个样本的下标
    void swap_index(int i, int j);
    // 重构梯度
    void reconstruct_gradient();
    // 工作集选择,关键的一步
    virtual int select_working_set(int &i, int &j);
    // 计算ρ 的值
    virtual double calculate_rho();
    // 进行样本缩减
    virtual void do_shrinking();
private:
    bool be_shrunk(int i, double Gmax1, double Gmax2);
};
```

理解 Solver 类的核心是理解 Solve、select_working_set、reconstruct_gradient 这 3 个函数,下面重点对它们进行分析。

函数 reconstruct_gradient 用于重新计算目标函数的梯度,梯度在选择工作集、计算目标函数值、求解两个变量的子问题的时候都有用。梯度的计算公式为

$$\boldsymbol{G}=\overline{A}+\sum_{0<\alpha<C}Q_{ij}\alpha_j=\sum_{j=1}^{l}Q_{ij}\alpha_j$$

其中:

$$\overline{\boldsymbol{A}}=C\sum_{\alpha_j=C}Q_{ij},\quad i=1,\cdots,l$$

这部分 $\alpha$ 其实是不变的,不用重复计算。每次更新$\boldsymbol{\alpha}$之后,都需要重新计算梯度值。函数代码如下:

```
void Solver::reconstruct_gradient()
{
    if(active_size ==l) return;
    int i,j;
    int nr_free =0;
    // 先加上 p,一次项的系数
    for(j=active_size;j<l;j++)
        G[j] =G_bar[j] +p[j];
    // 统计自由变量的个数
    for(j=0;j<active_size;j++)
        if(is_free(j))
            nr_free++;
    if(2 * nr_free <active_size)
        info("\nWARNING: using -h 0 may be faster\n");
    if (nr_free * l >2 * active_size * (l-active_size))
    {
        for(i=active_size;i<l;i++)
        {
            const Qfloat * Q_i =Q->get_Q(i,active_size);
            for(j=0;j<active_size;j++)
                if(is_free(j))
                    G[i] +=alpha[j] * Q_i[j];
        }
    }
    else
    {
        for(i=0;i<active_size;i++)
            if(is_free(i))
            {
                const Qfloat * Q_i =Q->get_Q(i,l);
                double alpha_i =alpha[i];
                for(j=active_size;j<l;j++)
                    G[j] +=alpha_i * Q_i[j];
            }
    }
}
```

函数 Solve 是 SMO 算法的核心，函数参数在前面已经介绍过了，函数返回值为 alpha_。代码如下：

```
void Solver::Solve(int l, const QMatrix& Q, const double * p_, const schar * y_,
    double * alpha_, double Cp, double Cn, double eps, SolutionInfo * si, int
    shrinking)
{
    this->l =l;                                          // 训练样本数
    this->Q =&Q;                                         // Q 矩阵
```

```
QD=Q.get_QD();                                 // Q矩阵的对角线
clone(p, p_,l);                                // 复制一次项系数
clone(y, y_,l);                                // 复制样本类别标签
clone(alpha,alpha_,l);                         // 复制 alpha 的初始值
this->Cp =Cp;
this->Cn =Cn;
this->eps =eps;
unshrink =false;
// 首先,初始化 αi 的状态,根据值设置状态
{
    alpha_status =new char[l];
    for(int i=0;i<l;i++)
        update_alpha_status(i);
}
// 初始化活动集,用于样本缩减,活动集中的样本,在后面还会用,否则不用
{
    active_set =new int[l];
    for(int i=0;i<l;i++)
        active_set[i] =i;
    active_size =l;
}
// 初始化梯度,包括梯度的值和 G_bar 的值
{
    G =new double[l];                          // 分配梯度的空间
    G_bar =new double[l];                      // 分配 Ḡ 的空间
    int i;
    // 对每个样本,进行第一遍循环,初始化梯度和 Ḡ 的值
    for(i=0;i<l;i++)
    {
        G[i] =p[i];                            // 梯度初始化为 p
        G_bar[i] =0;                           // Ḡ 初始化为 0
    }
    // 对每个样本,进行第二遍循环,计算梯度和 G_bar 的值
    for(i=0;i<l;i++)
        if(!is_lower_bound(i))                 // 如果αi>0
        {
            const Qfloat *Q_i =Q.get_Q(i,l);   // 获取矩阵的第 i 列
            double alpha_i =alpha[i];
            int j;
            for(j=0;j<l;j++)                   // Gj = Σ αi Qij
                G[j] +=alpha_i *Q_i[j];
            // 达到上界的变量,更新 G_bar
            // Ḡ = Ci yi Σj yj Kij
            if(is_upper_bound(i))
```

```
                for(j=0;j<l;j++)
                    G_bar[j] +=get_C(i) * Q_i[j];
        }
}
// 下面是 SMO 算法的核心
int iter =0;                                                    // 迭代次数
int max_iter =max(10000000, l>INT_MAX/100 ? INT_MAX : 100*l);
int counter =min(l,1000)+1;
// 迭代循环,最多迭代 max_iter 次
while(iter <max_iter)
{
    // 显示进度,执行样本缩减
    if(--counter ==0)
    {
        counter =min(l,1000);
        if(shrinking) do_shrinking();          // 如果需要做样本缩减
        info(".");
    }
    // i 和 j 为工作集变量的下标
    int i,j;
    // 调用 select_working_set 选择工作集
    if(select_working_set(i,j)!=0)
    {
        // 重构整个梯度
        reconstruct_gradient();
        // 重置活动集,并进行检查
        active_size =l;
        info("*");
        if(select_working_set(i,j)!=0)         // 如果选不出工作集,则终止迭代
            break;
        else
            counter =1;                        // 下次迭代中进行样本缩减
    }
    ++iter;                                    // 迭代次数加 1
    // 更新和,并且要处理可行域边界情况
    const Qfloat *Q_i =Q.get_Q(i,active_size);
    const Qfloat *Q_j =Q.get_Q(j,active_size);
    double C_i =get_C(i);
    double C_j =get_C(j);
    // αi和αj在上一轮迭代中的值
    double old_alpha_i =alpha[i];
    double old_alpha_j =alpha[j];
    // 下面就是 SMO 经典论文中的步骤了,求解两个变量的最优化问题
    // 分 yi 和 yj 同号与异号两种情况进行处理
    // 第一种情况,如果 yi 和 yj 异号
```

```
if(y[i]!=y[j])
{
    // η=Q_ii+Q_jj+2Q_ij,二次项的系数
    double quad_coef =QD[i]+QD[j]+2 * Q_i[j];
    // 对于小于或等于 0 的情况,在这里做了截断处理
    if (quad_coef <=0)              // TAU 是一个接近于 0 的小正数,值为 10^-12
        quad_coef =TAU;
    // Δ =－(E_i+E_j)/η
    double delta = (-G[i]-G[j])/quad_coef;
    double diff =alpha[i] -alpha[j];
    alpha[i] +=delta;               // 更新α_i
    alpha[j] +=delta;               // 更新α_j
    if(diff >0)
    {
        if(alpha[j] <0)
        {
            alpha[j] =0;
            alpha[i] =diff;
        }
    }
    else
    {
        if(alpha[i] <0)
        {
            alpha[i] =0;
            alpha[j] =-diff;
        }
    }
    if(diff >C_i -C_j)
    {
        if(alpha[i] >C_i)
        {
            alpha[i] =C_i;
            alpha[j] =C_i -diff;
        }
    }
    else
    {
        if(alpha[j] >C_j)
        {
            alpha[j] =C_j;
            alpha[i] =C_j +diff;
        }
    }
}
```

```
else                                            // 如果同号
{
    // η=Qii+Qjj-2Qij,二次项的系数
    double quad_coef =QD[i]+QD[j]-2 * Q_i[j];
                                                // 同样做截断处理
    if (quad_coef <=0)
        quad_coef =TAU;
    // Δ =- (Ei+Ej)/η
    double delta = (G[i]-G[j])/quad_coef;
    double sum =alpha[i] +alpha[j];             // αi+αj 的值在迭代前后不变
    alpha[i] -=delta;                           // 更新
    alpha[j] +=delta;                           // 更新
    if(sum >C_i)
    {
        if(alpha[i] >C_i)                       // 超出可行域的上界,做截断处理
        {
            alpha[i] =C_i;
            alpha[j] =sum -C_i;
        }
    }
    else
    {
        if(alpha[j] <0)                         // 超出可行域的下界,做截断处理
        {
            alpha[j] =0;
            alpha[i] =sum;
        }
    }
    if(sum >C_j)
    {
        if(alpha[j] >C_j)                       // 超出可行域的上界,做截断处理
        {
            alpha[j] =C_j;
            alpha[i] =sum -C_j;
        }
    }
    else
    {
        if(alpha[i] <0)                         // 超出可行域的下界,做截断处理
        {
            alpha[i] =0;
            alpha[j] =sum;
        }
    }
}
```

```
        // 更新梯度的值
        double delta_alpha_i =alpha[i] -old_alpha_i;
        double delta_alpha_j =alpha[j] -old_alpha_j;
        // 由于αi和αj的变化导致梯度更新
        for(int k=0;k<active_size;k++)
        {
            G[k] +=Q_i[k] * delta_alpha_i +Q_j[k] * delta_alpha_j;
        }
        // 更新αi的状态和G
        {
            bool ui =is_upper_bound(i);
            bool uj =is_upper_bound(j);
            update_alpha_status(i);
            update_alpha_status(j);
            int k;
            if(ui !=is_upper_bound(i))
            {
                Q_i =Q.get_Q(i,l);
                if(ui)
                    for(k=0;k<l;k++)
                        G_bar[k] -=C_i * Q_i[k];
                else
                    for(k=0;k<l;k++)
                        G_bar[k] +=C_i * Q_i[k];
            }
            if(uj !=is_upper_bound(j))
            {
                Q_j =Q.get_Q(j,l);
                if(uj)
                    for(k=0;k<l;k++)
                        G_bar[k] -=C_j * Q_j[k];
                else
                    for(k=0;k<l;k++)
                        G_bar[k] +=C_j * Q_j[k];
            }
        }
    }
    // 如果已经达到最大迭代次数
    if(iter >=max_iter)
    {
        if(active_size <l)
        {
            // 重构整个梯度以计算目标函数的值
            reconstruct_gradient();
            active_size =l;
```

```
            info("*");
        }
        fprintf(stderr,"\nWARNING: reaching max number of iterations\n");
    }
    // 计算ρ的值
    si->rho =calculate_rho();
    // 计算目标函数的值
    // 因为 G_t=(Qα+p)_t,目标函数为 1/2 α^T Qα+p^T α,用梯度可以直接算出来
    {
        double v =0;
        int i;
        for(i=0;i<l;i++)
            v +=alpha[i] * (G[i] +p[i]);          // α^T(G+p)
        si->obj =v/2;
    }
    // 回填解的值
    {
        for(int i=0;i<l;i++)
            alpha_[active_set[i]] =alpha[i];
    }
    si->upper_bound_p =Cp;
    si->upper_bound_n =Cn;
    // 输出日志信息,便于分析和调试
    info("\noptimization finished, #iter =%d\n",iter);
    delete[] p;
    delete[] y;
    delete[] alpha;
    delete[] alpha_status;
    delete[] active_set;
    delete[] G;
    delete[] G_bar;
}
```

函数 select_working_set 负责选择工作集,如果已经达到最优解返回 1,否则返回 0,out_i 和 out_j 为返回的工作集,工作集的选择依赖于梯度的值。代码如下:

```
int Solver::select_working_set(int &out_i, int &out_j)
{
    double Gmax =-INF;
    double Gmax2 =-INF;
    int Gmax_idx =-1;
    int Gmin_idx =-1;
    double obj_diff_min =INF;
    // 遍历整个活动集
    for(int t=0;t<active_size;t++)
```

```
    if(y[t]==+1)                                    // 正样本
    {
        if(!is_upper_bound(t))
            if(-G[t] >=Gmax)                        // 计算 G 的最大值
            {
                Gmax =-G[t];                        // 更新最大值
                Gmax_idx =t;                        // 更新最大值对应的 i
            }
    }
    else
    {                                               // 负样本
        if(!is_lower_bound(t))
            if(G[t] >=Gmax)
            {
                Gmax =G[t];
                Gmax_idx =t;
            }
    }
int i =Gmax_idx;
const Qfloat * Q_i =NULL;
if(i !=-1)
    Q_i =Q->get_Q(i,active_size);
for(int j=0;j<active_size;j++)
{
    if(y[j]==+1)
    {
        if (!is_lower_bound(j))
        {
            double grad_diff=Gmax+G[j];
            if (G[j] >=Gmax2)
                Gmax2 =G[j];
            if (grad_diff >0)
            {
                double obj_diff;
                double quad_coef =QD[i]+QD[j]-2.0 * y[i] * Q_i[j];
                if (quad_coef >0)
                    obj_diff =-(grad_diff * grad_diff)/quad_coef;
                else
                    obj_diff =-(grad_diff * grad_diff)/TAU;
                if (obj_diff <=obj_diff_min)
                {
                    Gmin_idx=j;
                    obj_diff_min =obj_diff;
                }
            }
```

```
            }
        }
        else
        {
            if (!is_upper_bound(j))
            {
                double grad_diff=Gmax-G[j];
                if (-G[j] >=Gmax2)
                    Gmax2 =-G[j];
                if (grad_diff >0)
                {
                    double obj_diff;
                    double quad_coef =QD[i]+QD[j]+2.0 * y[i] * Q_i[j];
                    if (quad_coef >0)
                        obj_diff =- (grad_diff * grad_diff) /quad_coef;
                    else
                        obj_diff =- (grad_diff * grad_diff) /TAU;

                    if (obj_diff <=obj_diff_min)
                    {
                        Gmin_idx=j;
                        obj_diff_min =obj_diff;
                    }
                }
            }
        }
    }
    if(Gmax+Gmax2 <eps)
        return 1;
    out_i =Gmax_idx;
    out_j =Gmin_idx;
    return 0;
}
```

函数 calculate_rho 计算 $\rho$，即 $-b$ 的值，计算公式在之前已经介绍。代码如下：

```
double Solver::calculate_rho()
{
    double r;
    int nr_free =0;
    double ub =INF, lb =-INF, sum_free =0;
    for(int i=0;i<active_size;i++)
    {
        double yG =y[i] * G[i];
        if(is_upper_bound(i))
        {
```

```
            if(y[i]==-1)
                ub =min(ub,yG);
            else
                lb =max(lb,yG);
        }
        else if(is_lower_bound(i))
        {
            if(y[i]==+1)
                ub =min(ub,yG);
            else
                lb =max(lb,yG);
        }
        else
        {
            ++nr_free;
            sum_free +=yG;
        }
    }
    if(nr_free>0)
        r =sum_free/nr_free;
    else
        r = (ub+lb)/2;
    return r;
}
```

## 10.9 应用

支持向量机作为深度学习技术出现之前最好的机器学习方法，在过去二十多年里被广泛应用于数据分析和模式识别的各个领域，使用径向基函数核的支持向量机在众多问题上都有最好的表现。文献[7]对模式识别领域的应用进行了概述。典型的应用包括行人检测[8]、文本分类[9-11]、人脸检测[12]、人脸识别[13][14]、字符识别[15-19]、疾病诊断[20]、遥感图像识别[21]等。

文本分类是自然语言处理领域的一个经典问题，其目标是判断一篇文本的类别，例如，对于新闻类的网页，判断它是属于政治、经济、体育还是娱乐。和其他模式识别问题一样，文本分类的流程也是先用大量人工标注好类别的样本送入机器学习算法中训练，得到一个模型，然后用这个模型对新文本的类型进行预测。

贝叶斯分类器、$k$ 近邻算法、神经网络、支持向量机等机器学习算法先后都被用于解决文本分类问题。如果我们选用支持向量机作为机器学习算法，剩下的另外一个问题就是怎么计算特征向量。在自然语言处理领域，描述文档的经典方法是向量空间模型（Vector Space Model，VSM），它用一个向量来表示一篇文档。在这种模型里，最常用的特征是 TF-IDF 特征，下面我们介绍这一特征的原理。

在这里 TF 指词频率，即一个词在某一篇文档中出现的次数；IDF 指文档频率的倒数，文档频率指一个词在多少篇训练文档中出现。一个词对文档分类是否有价值，最简单的判断规则是这个词在某一类或者几类文档中频繁出现，但在其他类型的文档中不频繁出现。例如，“航空母舰”“战斗机”这些词多出现在军事类的文档中，而在其他类型的文档中很少出现；GDP、“价格”这样的词多出现在经济类的文档中，在其他类型的文档中很少出现。

首先计算词对文档的词频率 $\mathrm{TF}_{ij}$，这个值为词出现的次数除以文档的总词数。接下来计算逆文档频率 $\mathrm{IDF}_j$，这个值为总文档数除以出现词的文档数，然后取对数：

$$\mathrm{IDF}_j = \ln \frac{N}{N_{t_j \in d_i} + \varepsilon}$$

在这里，$N_{t_j \in d_i}$ 为出现词的文档数，$\varepsilon$ 是一个很小的正数，加上它是为了避免除 0 操作。根据这两个值可以计算词 $j$ 对文档 $i$ 的 TF-IDF 特征：

$$x_{ij} = \mathrm{TF}_{ij} \times \mathrm{IDF}_j$$

对于词典中的所有词我们都计算它对第 $i$ 篇文档的 TF-IDF 特征，最后组合成文档的特征向量：

$$\boldsymbol{x}_i = [x_{i1}, x_{i2}, \cdots, x_{in}]$$

在这里，$n$ 是词典中词的个数。有一个问题我们需要考虑，有一些词在所有类型的文档中都会出现，如日期、标准的动词等，这些词对分类没有价值；另外，如果使用词典中的所有词计算特征，特征向量的维数也会很高。因此，只选择对分类有用的一部分词来构建这个向量。选择词的标准和前面的 TF-IDF 特征思想类似，即在某一类文档中出现频繁，而在另外类型的文档中出现不频繁的词是对分类有用的特征，衡量词对分类重要性的常用指标有交叉熵、互信息、信息增益、CHI 统计量等。

我们对词典中所有的词计算上面的指标值，然后按照指标值从大到小排序，最后选择出前面的一部分词最后特征，至于选多少个词，可以根据经验和实验效果来定。另外，我们还需要对特征向量做归一化，可以用 L1 归一化，也可以用 L2 归一化。

到这里为止还有一个问题没有解决：中文的词之间不像英文一样有空格符进行间隔，因此我们需要对句子进行分词，即断句，将句子切分成单词。目前常用的分词算法有最大正向匹配、最大双向匹配、隐马尔可夫模型等。开源的中文分词系统有 ICTCLAS、Iksegment 等。

## 参考文献

[1] B E Boser, I Guyon, V Vapnik. A training algorithm for optimal margin classifiers. In Proceedings of the Fifth Annual Workshop on Computational Learning Theory. ACM Press, 1992: 144-152.

[2] Cortes C, Vapnik V. Support vector networks. Machine Learning, 1995, 20: 273-297.

[3] Bernhard Scholkopf, Christopher J C Burges, Valdimir Vapnik. Extracting support data for a given task, 1995

[4] Scholkopf, Christopher J C Burges, Alexander J Smola. Advances in Kernel Methods—Support Vector Learning. Cambridge, MA: MIT Press, 1998.

[5] John C Platt. Fast training of support vector machines using sequential minimal optimization, 1998.

[6] C -C Chang, C -J Lin. LIBSVM: a Library for Support Vector Machines. ACM TIST, 2011.

[7] Burges J C. A tutorial on support vector machines for pattern recognition. Bell Laboratories, Lucent

Technologies, 1997.

[8] Bill Triggs. Histograms of oriented gradients for human detection. Navneet Dalal. Computer Vision and Pattern Recognition, 2005.

[9] Thorsten Joachims. Text categorization with support vector machines. ECML 1998.

[10] Thorsten Joachims. Transductive Inference for Text Classification using Support Vector Machines. International Conference on Machine Learning, 1999.

[11] Simon Tong, Daphne Koller. Support vector machine active learning with applications to text classification. Journal of Machine Learning Research, 2002.

[12] Edgar Osuna, Robert M Freund, Federico Girosit. Training support vector machines: an application to face detection. Computer Vision and Pattern Recognition, 1997.

[13] Guodong Guo, Stan Z Li, Kap Luk Chan. Face recognition by support vector machines. IEEE International Conference on Automatic Face and Gesture Recognition, 2000.

[14] Bernd Heisele, Purdy Ho, Tomaso Poggio. Face recognition with support vector machines: global versus component-based approach. International Conference on Computer Vision, 2001.

[15] Luiz S Oliveira, Robert Sabourin. Support vector machines for handwritten numerical string recognition. International Conference on Frontiers in Handwriting Recognition, 2004.

[16] Dewi Nasien, Habibollah Haron, Siti Sophiayati Yuhaniz. Support Vector Machine (SVM) for English Handwritten Character Recognition, 2010.

[17] Javad Sadri, Ching Y Suen, Tien D Bui. Application of Support Vector Machines for Recognition of Handwritten Arabic/Persian Digits, 2003.

[18] Urszula Markowskakaczmar, Pawel Kubacki. Support vector machines in handwritten digits classification. Intelligent Systems Design and Applications, 2005.

[19] Zhao Bin, Liu Yong, Xia Shaowei. Support vector machine and its application in handwritten numeral recognition. International Conference on Pattern Recognition, 2000.

[20] Terrence S Furey, Nello Cristianini, Nigel Duffy, et al. Support vector machine classification and validation of cancer tissue samples using microarray expression data. Bioinformatics, 2000.

[21] Farid Melgani, Lorenzo Bruzzone. Classification of hyperspectral remote sensing images with support vector machines. IEEE Transactions on Geoscience and Remote Sensing, 2004.

# 第 11 章

# 线性模型

本章介绍线性模型家族，包括 logistic 回归和线性支持向量机两类，它们的预测函数是线性函数。虽然线性函数的建模能力有限，但当特征向量维数很高、训练样本数很大时它具有速度上的优势，在大规模分类问题中得到成功的应用。

## 11.1 logistic 回归

logistic 回归[1]即对数概率回归，它的名字虽然叫“回归”，但却是一种用于二分类问题的分类算法，它用 sigmoid 函数估计出样本属于某一类的概率。概率的值为 0～1，如果有这样一个函数：对于一个样本的特征向量，这个函数可以输出样本属于每一类的概率值，那么这个函数就可以用来作为分类函数。第 9 章介绍的 sigmoid 函数（也称为 logistic 函数）就具有这种性质，它的定义为

$$h(z) = \frac{1}{1 + \exp(-z)}$$

这个函数的定义域为整个实数域，值域为 (0,1)，并且是一个单调的增函数。根据对分布函数的要求，这个函数可以用来作为随机变量 $x$ 的分布函数，即

$$p(x \leqslant z) = h(z)$$

直接将这个函数用于分类有问题，它是个一元函数，在实际应用中特征向量一般是多维的。先用一个线性函数将输入向量 $\boldsymbol{x}$ 映射成一个实数 $z$ 即可，这样就得到如下预测函数：

$$h(\boldsymbol{x}) = \frac{1}{1 + \exp(-\boldsymbol{w}^{\mathrm{T}}\boldsymbol{x})}$$

其中，$\boldsymbol{w}$ 为线性映射权向量，由训练算法确定。在预测时，用权重与测试样本的特征向量计算加权和：

$$z = w_0 + w_1 \cdot x_1 + \cdots + w_n \cdot x_n$$

再用 logistic 函数进行变换，就得到了最终的输出。在这里还使用了偏置 $w_0$，如果按照如下定义扩充特征向量和权重向量：

$$\boldsymbol{x} \leftarrow [1, \boldsymbol{x}]$$

以及权重向量：

$$\boldsymbol{w} \leftarrow [w_0, w_1, \cdots, w_n]$$

就可以写成上面的向量内积形式。上面的线性映射实际上就是线性回归，最后加上一维、单调的 logistic 函数并不能改变这是线性模型的本质。样本属于正样本的概率为

$$p(y = 1 \mid \boldsymbol{x}) = h(\boldsymbol{x})$$

属于负样本的概率为

$$p(y=0 \mid \boldsymbol{x}) = 1 - h(\boldsymbol{x})$$

其中，$y$ 为类别标签，取值为 1 或者 0，分别对应正负样本。样本属于正样本和负样本概率值比的对数称为对数似然比：

$$\ln \frac{p(y=1 \mid \boldsymbol{x})}{p(y=0 \mid \boldsymbol{x})} = \ln \frac{\dfrac{1}{1+\exp(-\boldsymbol{w}^{\mathrm{T}}\boldsymbol{x})}}{1-\dfrac{1}{1+\exp(-\boldsymbol{w}^{\mathrm{T}}\boldsymbol{x})}} = \boldsymbol{w}^{\mathrm{T}}\boldsymbol{x}$$

分类规则：如果正样本的概率大于负样本的概率，即

$$h(\boldsymbol{x}) > 0.5$$

则样本被判定为正样本，否则被判定为负样本。这等价于

$$\frac{h(\boldsymbol{x})}{1-h(\boldsymbol{x})} = \frac{p(y=1 \mid \boldsymbol{x})}{p(y=0 \mid \boldsymbol{x})} > 1$$

也就是下面的线性不等式：

$$\boldsymbol{w}^{\mathrm{T}}\boldsymbol{x} > 0$$

因此，logistic 回归是一个线性模型。

假设训练样本集为$(\boldsymbol{x}_i, y_i)$，$i=1,\cdots,l$，其中，$\boldsymbol{x}_i$为 $n$ 维特征向量，$y_i$为类别标签，取值为 1 或 0。给定参数 $\boldsymbol{w}$ 和样本特征向量 $\boldsymbol{x}$，样本属于每个类的概率可以统一写成如下形式：

$$p(y \mid \boldsymbol{x}, \boldsymbol{w}) = (h(\boldsymbol{x}))^{y}(1-h(\boldsymbol{x}))^{1-y}$$

证明很简单，令 $y$ 为 1 或 0，上式分别等于样本属于正负样本的概率。logistic 回归输出的是样本属于一个类的概率，而样本的类别标签为离散的 1 或者 0，因此，不适合直接用欧氏距离误差来定义损失函数，这里通过最大似然估计来确定参数。由于样本之间相互独立，训练样本集的似然函数为

$$L(\boldsymbol{w}) = \prod_{i=1}^{l} p(y_i \mid \boldsymbol{x}_i, \boldsymbol{w}) = \prod_{i=1}^{l} (h(\boldsymbol{x}_i)^{y_i}(1-h(\boldsymbol{x}_i))^{1-y_i})$$

这个函数对应于 $n$ 重伯努利分布。对数似然函数为

$$f(\boldsymbol{w}) = \ln L(\boldsymbol{w}) = \sum_{i=1}^{l} (y_i \ln h(\boldsymbol{x}_i) + (1-y_i)\ln(1-h(\boldsymbol{x}_i)))$$

这个函数称为二项式对数似然函数(Binomial Log-Likelihood)。要求该函数的最大值，等价于求解如下最小化问题：

$$\min_{\boldsymbol{w}} - f(\boldsymbol{w})$$

可以证明这个目标函数是凸函数。下面分两种情况进行证明。对于任何一个样本，如果 $y_i=0$，即样本是负样本，有

$$y_i \ln h(\boldsymbol{x}_i) + (1-y_i)\ln(1-h(\boldsymbol{x}_i)) = \ln(1-h(\boldsymbol{x}_i))$$

函数的梯度为

$$\nabla \ln(1-h(\boldsymbol{x}_i)) = \frac{1}{1-h(\boldsymbol{x}_i)}(-1)h(\boldsymbol{x}_i)(1-h(\boldsymbol{x}_i))\boldsymbol{x}_i = -h(\boldsymbol{x}_i)\boldsymbol{x}_i$$

这里利用了 logistic 函数的导数公式。函数的 Hessian 矩阵为

$$\nabla^2 \ln(1-h(\boldsymbol{x}_i)) = \nabla(-h(\boldsymbol{x}_i)\boldsymbol{x}_i) = -h(\boldsymbol{x}_i)(1-h(\boldsymbol{x}_i))\boldsymbol{X}$$

如果单个样本的特征向量为 $\boldsymbol{x}_i = [x_{i1}, x_{i2}, \cdots, x_{in}]^{\mathrm{T}}$，令矩阵 $\boldsymbol{X}$ 为

$$\boldsymbol{X}=\begin{bmatrix} x_{i1}^2 & \cdots & x_{i1}x_{in} \\ \vdots & \vdots & \vdots \\ x_{in}x_{i1} & \cdots & x_{in}^2 \end{bmatrix}$$

则 $-\ln(1-h(\boldsymbol{x}_i))$ 的 Hessian 矩阵为

$$h(\boldsymbol{x}_i)\ (1-h(\boldsymbol{x}_i))\mathrm{X}$$

矩阵 $\boldsymbol{X}$ 可以写成如下乘积形式：

$$\boldsymbol{X}=\boldsymbol{x}_i\boldsymbol{x}_i^{\mathrm{T}}$$

对任意不为 $\boldsymbol{0}$ 的向量 $\boldsymbol{x}$ 有

$$\boldsymbol{x}^{\mathrm{T}}\boldsymbol{X}\boldsymbol{x}=\boldsymbol{x}^{\mathrm{T}}(\boldsymbol{x}_i\boldsymbol{x}_i^{\mathrm{T}})\boldsymbol{x}=\boldsymbol{x}^{\mathrm{T}}\boldsymbol{x}_i\boldsymbol{x}_i^{\mathrm{T}}\boldsymbol{x}=(\boldsymbol{x}^{\mathrm{T}}\boldsymbol{x}_i)\ (\boldsymbol{x}_i^{\mathrm{T}}\boldsymbol{x})\geqslant 0$$

从而矩阵 $\boldsymbol{X}$ 半正定，另外由于

$$h(\boldsymbol{x}_i)(1-h(\boldsymbol{x}_i))>0$$

因此，Hessian 矩阵半正定，上面的函数是凸函数。下面考虑另外一种情况，如果 $y_i=1$，则有

$$y_i\ln h(\boldsymbol{x}_i)+(1-y_i)\ln(1-h(\boldsymbol{x}_i)=\ln h(\boldsymbol{x}_i)$$

Hessian 矩阵为

$$\nabla^2\ln h(\boldsymbol{x}_i)=\nabla(1-h(\boldsymbol{x}_i))\boldsymbol{x}_i=(-1)h(\boldsymbol{x}_i)(1-h(\boldsymbol{x}_i))\boldsymbol{X}$$

这里矩阵 $\boldsymbol{X}$ 的定义与前一种情况相同。因此，$-\ln h_{\boldsymbol{w}}(\boldsymbol{x}_i)$ 的 Hessian 矩阵为

$$h_{\boldsymbol{w}}(\boldsymbol{x}_i)\ (1-h_{\boldsymbol{w}}(\boldsymbol{x}_i))\boldsymbol{X}$$

矩阵 $\boldsymbol{X}$ 是半正定矩阵，由于

$$h(\boldsymbol{x}_i)(1-h(\boldsymbol{x}_i))>0$$

因此，这个函数是凸函数。因为所有的

$$-y_i\ln h(\boldsymbol{x}_i)-(1-y_i)\ln(1-h(\boldsymbol{x}_i))$$

都是凸函数，由于凸函数的非负线性组合还是凸函数，所以目标函数是凸函数，这个最优化问题是不带约束条件的凸优化问题。如果使用欧氏距离作为损失函数，则不能保证为凸函数，这是使用最大似然估计(即交叉熵)最主要的原因。可以使用梯度下降法求解，目标函数的梯度为

$$\begin{aligned}
&-\nabla\sum_{i=1}^{l}(y_i\ln h(\boldsymbol{x}_i)+(1-y_i)\ln(1-h(\boldsymbol{x}_i)))\\
&=-\sum_{i=1}^{l}\left(y_i\frac{1}{h(\boldsymbol{x}_i)}h(\boldsymbol{x}_i)\ (1-h(\boldsymbol{x}_i))\boldsymbol{x}_i+(1-y_i)\ \frac{1}{1-h(\boldsymbol{x}_i)}(-1)h(\boldsymbol{x}_i)\ (1-h(\boldsymbol{x}_i))\boldsymbol{x}_i\right)\\
&=-\sum_{i=1}^{l}(y_i\ (1-h(\boldsymbol{x}_i))\boldsymbol{x}_i-(1-y_i)h(\boldsymbol{x}_i)\boldsymbol{x}_i)\\
&=\sum_{i=1}^{l}(h(\boldsymbol{x}_i)-y_i)\boldsymbol{x}_i
\end{aligned}$$

最后得到权重的梯度下降法的迭代更新公式为

$$\boldsymbol{w}_{k+1}=\boldsymbol{w}_k-\alpha\sum_{i=1}^{l}(h_{\boldsymbol{w}}(\boldsymbol{x}_i)-y_i)\boldsymbol{x}_i$$

$\boldsymbol{w}$ 的初始值可以设为全为 1 的向量，或者采用更复杂的方法初始化。梯度下降法每迭代一次要用到训练集所有的样本，如果样本数量很大速度会非常慢。作为改进可以使用随机梯度下降法，每次选择一部分样本参与迭代，这种技术在第 15 章中详细讲述。除了梯度

下降法这种一阶优化技术，还可以使用牛顿法及其变种，如 BFGS 算法，在后面的 L2 正则化 logistic 回归中会详细讲述。

## 11.2 正则化 logistic 回归

### 11.2.1 对数似然函数

11.1 节介绍的标准 logistic 回归可能会面临过拟合问题，可以为损失函数加上正则化项，得到正则化 logistic 回归。

在这里采用另外一种形式的似然函数。假设二分类问题两个类的类别标签为 +1 和 −1，前面一种写法的类别标签是 0 和 1。一个样本为每一类的概率可以统一写为

$$p(y=\pm 1 \mid \boldsymbol{x},\boldsymbol{w}) = \frac{1}{1+\exp(-y(\boldsymbol{w}^{\mathrm{T}}\boldsymbol{x}+b))}$$

样本是正样本的概率为

$$p(y=+1 \mid \boldsymbol{x},\boldsymbol{w}) = \frac{1}{1+\exp(-(\boldsymbol{w}^{\mathrm{T}}\boldsymbol{x}+b))}$$

样本是负样本的概率为

$$p(y=-1 \mid \boldsymbol{x},\boldsymbol{w}) = \frac{1}{1+\exp(\boldsymbol{w}^{\mathrm{T}}\boldsymbol{x}+b)}$$

给定一组训练样本的特征 $\boldsymbol{x}_i$ 以及它们的类别标签 $y_i$，logistic 回归的对数似然函数为

$$-\sum_{i=1}^{l}\ln(1+\exp(-y_i(\boldsymbol{w}^{\mathrm{T}}\boldsymbol{x}_i+b)))$$

求该函数的极大值等价于求解如下极小值问题：

$$\min_{\boldsymbol{w},b}\sum_{i=1}^{l}\ln(1+\exp(-y_i(\boldsymbol{w}^{\mathrm{T}}\boldsymbol{x}_i+b)))$$

下面给出推导过程。根据前面给出的概率计算公式，给定一组样本，可以得到似然函数为

$$L(\boldsymbol{w},b) = \prod_{i=1}^{l}\frac{1}{1+\exp(-y_i(\boldsymbol{w}^{\mathrm{T}}\boldsymbol{x}_i+b))}$$

对数似然函数为

$$\ln\prod_{i=1}^{l}\frac{1}{1+\exp(-y_i(\boldsymbol{w}^{\mathrm{T}}\boldsymbol{x}_i+b))} = -\sum_{i=1}^{l}\ln(1+\exp(-y_i(\boldsymbol{w}^{\mathrm{T}}\boldsymbol{x}_i+b)))$$

求该函数的极大值等价于求其负函数的极小值，由此得到目标函数为

$$f(\boldsymbol{w},b) = \sum_{i=1}^{l}\ln(1+\exp(-y_i(\boldsymbol{w}^{\mathrm{T}}\boldsymbol{x}_i+b)))$$

为简单表述，对特征向量和权重向量进行扩充，定义如下扩充后的 $\boldsymbol{x}$ 和 $\boldsymbol{w}$：

$$\boldsymbol{x}^{\mathrm{T}} \leftarrow [\boldsymbol{x}^{\mathrm{T}},1]$$
$$\boldsymbol{w}^{\mathrm{T}} \leftarrow [\boldsymbol{w}^{\mathrm{T}},b]$$

目标函数可以简化为

$$\sum_{i=1}^{l}\ln(1+\mathrm{e}^{-y_i\boldsymbol{w}^{\mathrm{T}}\boldsymbol{x}_i})$$

在 11.2.2 节中我们会证明这个函数同样是凸函数，因此训练时求解的是一个凸优化

问题。

### 11.2.2　L2 正则化原问题

为了防止过拟合，为上面的目标参数加上 L2 正则化项，得到 L2 正则化的目标函数：

$$\min_w f(\boldsymbol{w}) = \frac{1}{2}\boldsymbol{w}^{\mathrm{T}}\boldsymbol{w} + C\sum_{i=1}^{l}\ln(1+\mathrm{e}^{-y_i\boldsymbol{w}^{\mathrm{T}}\boldsymbol{x}_i})$$

其中，$C$ 为一个人工设定的大于 0 的惩罚因子，用于平衡训练样本，损失函数前半部分是正则化项。从另一个角度看，这个惩罚因子为训练样本加上了权重。下面我们证明如下函数是凸函数：

$$\ln(1+\mathrm{e}^{-y_i\boldsymbol{w}^{\mathrm{T}}\boldsymbol{x}_i})$$

该函数的梯度为

$$\nabla\ln(1+\mathrm{e}^{-y_i\boldsymbol{w}^{\mathrm{T}}\boldsymbol{x}_i}) = \frac{1}{1+\mathrm{e}^{-y_i\boldsymbol{w}^{\mathrm{T}}\boldsymbol{x}_i}}\mathrm{e}^{-y_i\boldsymbol{w}^{\mathrm{T}}\boldsymbol{x}_i}(-y_i)\boldsymbol{x}_i = -y_i\left(1-\frac{1}{1+\mathrm{e}^{-y_i\boldsymbol{w}^{\mathrm{T}}\boldsymbol{x}_i}}\right)\boldsymbol{x}_i$$

Hessian 矩阵为

$$\nabla^2\ln(1+\mathrm{e}^{-y_i\boldsymbol{w}^{\mathrm{T}}\boldsymbol{x}_i}) = \frac{y_i^2\mathrm{e}^{-y_i\boldsymbol{w}^{\mathrm{T}}\boldsymbol{x}_i}}{(1+\mathrm{e}^{-y_i\boldsymbol{w}^{\mathrm{T}}\boldsymbol{x}_i})^2}\boldsymbol{X}$$

矩阵 $\boldsymbol{X}$ 的定义和 11.1 节中相同，已经证明它是半正定矩阵。由于

$$\frac{y_i^2\mathrm{e}^{-y_i\boldsymbol{w}^{\mathrm{T}}\boldsymbol{x}_i}}{(1+\mathrm{e}^{-y_i\boldsymbol{w}^{\mathrm{T}}\boldsymbol{x}_i})^2} > 0$$

因此，Hessian 矩阵是半正定矩阵，函数是凸函数。凸函数的非负线性组合还是凸函数，因此，函数

$$C\sum_{i=1}^{l}\ln(1+\mathrm{e}^{-y_i\boldsymbol{w}^{\mathrm{T}}\boldsymbol{x}_i})$$

是凸函数。正则化项部分是凸函数，由此得到整个目标函数是凸函数。常用的优化方法如梯度下降法、共轭梯度法、拟牛顿法都可以求解此问题。

当问题的规模很大时，常规的算法都面临效率问题。如果训练样本数和特征向量维数都非常大，寻找一个高效的求解算法非常重要。文献[2]提出了用可信域牛顿法（Trust Region Newton Methods）求解此问题，它是截断牛顿法的一种。前面已经推导过目标函数的梯度和 Hessian 矩阵，为了表述简洁，写成向量和矩阵形式。目标函数的梯度为

$$\nabla f(\boldsymbol{w}) = \boldsymbol{w} + C\sum_{i=1}^{l}(\sigma(y_i\boldsymbol{w}^{\mathrm{T}}\boldsymbol{x}_i)-1)y_i\boldsymbol{x}_i$$

Hessian 矩阵为

$$\nabla^2 f(\boldsymbol{w}) = \boldsymbol{I} + C\boldsymbol{X}^{\mathrm{T}}\boldsymbol{D}\boldsymbol{X}$$

其中，$\boldsymbol{I}$ 为 $n$ 阶单位矩阵；$\sigma$ 为 sigmoid 函数：

$$\sigma(y_i\boldsymbol{w}^{\mathrm{T}}\boldsymbol{x}_i) = (1+\mathrm{e}^{-y_i\boldsymbol{w}^{\mathrm{T}}\boldsymbol{x}_i})^{-1}$$

矩阵 $\boldsymbol{X}$ 为所有训练样本的特征向量组成的 $l\times n$ 矩阵，每一行为一个样本：

$$\boldsymbol{X} = \begin{bmatrix}\boldsymbol{x}_1^{\mathrm{T}}\\ \vdots \\ \boldsymbol{x}_l^{\mathrm{T}}\end{bmatrix}$$

$\boldsymbol{D}$ 为对角矩阵，主对角线元素为

$$\boldsymbol{D}_{ii}=\sigma(y_i\boldsymbol{w}^{\mathrm{T}}\boldsymbol{x}_i)(1-\sigma(y_i\boldsymbol{w}^{\mathrm{T}}\boldsymbol{x}_i))$$

这是一个 $l\times n$ 的矩阵。前面已经证明不带正则化项的 Hessian 矩阵半正定，矩阵 $\boldsymbol{I}$ 严格正定，因此目标函数的 Hessian 矩阵严格正定，故目标函数的 Hessian 矩阵可逆。牛顿法按如下公式更新权重向量的值：

$$\boldsymbol{w}^{k+1}=\boldsymbol{w}^k+\boldsymbol{s}^k$$

其中，$k$ 为迭代的次数；$\boldsymbol{s}^k$ 为牛顿方向，它是如下线性方程组的解：

$$\nabla^2 f(\boldsymbol{w}^k)\boldsymbol{s}^k=-\nabla f(\boldsymbol{w}^k)$$

标准牛顿法的更新方法可能会存在两个问题。

(1) 序列 $\boldsymbol{w}^k$可能不会收敛到一个最优解，它甚至不能保证函数值会按照这个序列递减。

(2) 矩阵 $\boldsymbol{X}^{\mathrm{T}}\boldsymbol{DX}$ 一般是一个密集矩阵，此时 Hessian 矩阵规模太大不便于存储，求解上述线性方程组是个问题。

解决第一个问题可以通过调整牛顿方向的步长来实现，目前常用的方法有两种：直线搜索和可信区域法，在这里采用了可信区域法。

对于第二个问题，有两类方法求解线性方程组：直接法(如高斯消元法)和迭代法(如共轭梯度法)。迭代法的主要步骤是计算 Hessian 矩阵和向量 $\boldsymbol{s}$ 的乘积：

$$\nabla^2 f(\boldsymbol{w})\boldsymbol{s}=(\boldsymbol{I}+C\boldsymbol{X}^{\mathrm{T}}\boldsymbol{DX})\boldsymbol{s}=\boldsymbol{s}+C\cdot\boldsymbol{X}^{\mathrm{T}}(\boldsymbol{D}(\boldsymbol{Xs}))$$

由于矩阵 $\boldsymbol{X}$ 稀疏，不用存储 Hessian 矩阵就可以计算上面的矩阵和向量乘法。对于大规模 logistic 回归问题，迭代法比直接法更好。在所有的迭代法中，共轭梯度法是目前在牛顿法求解中最常用的。

整个优化算法有两层循环迭代，外层循环是带直线搜索的牛顿法，在每个外层迭代中，内层循环的共轭梯度法用于计算牛顿方向。在外层迭代的早期阶段，用近似的牛顿方向进行代替，这种方法称为截断牛顿法。

可信域牛顿法是截断牛顿法的一个变种，用于求解带界限约束的最优化问题。在可信域牛顿法的每一步迭代中，有一个迭代序列 $\boldsymbol{w}^k$，一个可信域的大小 $\Delta_k$，以及一个二次目标函数：

$$q_k(\boldsymbol{s})=(\nabla f(\boldsymbol{w}^k))^{\mathrm{T}}\boldsymbol{s}+\frac{1}{2}\boldsymbol{s}^{\mathrm{T}}\nabla^2 f(\boldsymbol{w}^k)\boldsymbol{s}$$

这个式子可以通过泰勒展开得到，忽略二次以上的项，这在第 2 章已经介绍过，这是对函数下降值

$$f(\boldsymbol{w}^k+\boldsymbol{s})-f(\boldsymbol{w}^k)$$

的近似。算法寻找一个 $\boldsymbol{s}^k$，在满足约束条件 $\|\boldsymbol{s}\|\leqslant\Delta_k$ 下近似最小化 $q_k(\boldsymbol{s})$。接下来检查如下比值以更新 $\boldsymbol{w}^k$ 和 $\Delta_k$：

$$\rho_k=\frac{f(\boldsymbol{w}^k+\boldsymbol{s}^k)-f(\boldsymbol{w}^k)}{q_k(\boldsymbol{s}^k)}$$

这是函数值的实际减少量和二次近似模型预测方向导致的函数减少量的比值。迭代方向可以接受的条件是 $\rho_k$ 足够大，由此得到参数的更新规则为

$$\boldsymbol{w}^{k+1}=\begin{cases}\boldsymbol{w}^k+\boldsymbol{s}^k, & \rho_k>\eta_0\\ \boldsymbol{w}^k, & \rho_k\leqslant\eta_0\end{cases}$$

其中，$\eta_0$ 是一个人工设定的值。$\Delta_k$ 的更新规则取决于人工设定的正常数 $\eta_1$ 和 $\eta_2$，其中：

$$\eta_1 < \eta_2 < 1$$

$\Delta_k$ 的更新率取决于人工设定的正常数 $\sigma_1$、$\sigma_2$、$\sigma_3$，其中：

$$\sigma_1 < \sigma_2 < 1 < \sigma_3$$

可行域的边界 $\Delta_k$ 的更新规则为

$$\Delta_{k+1} \in [\sigma_1 \min\{\|s^k\|, \Delta_k\}, \sigma_2 \Delta_k], \quad \text{如果 } \rho_k \leqslant \eta_1$$
$$\Delta_{k+1} \in [\sigma_1 \Delta_k, \sigma_3 \Delta_k], \quad \text{如果 } \rho_k \in (\eta_1, \eta_2)$$
$$\Delta_{k+1} \in [\Delta_k, \sigma_3 \Delta_k], \quad \text{如果 } \rho_k \geqslant \eta_2$$

共轭梯度法用于寻找牛顿方向，最主要的一步是计算 Hessian 矩阵和向量的乘法 $\nabla^2 f(\boldsymbol{w}^k)\boldsymbol{d}^i$。由于

$$\boldsymbol{r}^i = -\nabla f(\boldsymbol{w}^k) - \nabla^2 f(\boldsymbol{w}^k)\bar{\boldsymbol{s}}^i$$

这个值是共轭梯度法返回的，后面会介绍。因此，循环停止条件为

$$\| -\nabla f(\boldsymbol{w}^k) - \nabla^2 f(\boldsymbol{w}^k)\bar{\boldsymbol{s}}^i \| \leqslant \xi_k \| \nabla f(\boldsymbol{w}^k) \|$$

其中，$\bar{\boldsymbol{s}}^i$是线性方程组的近似解。一般设置初值为 0，因此有

$$\| \bar{\boldsymbol{s}}^i \| < \| \bar{\boldsymbol{s}}^{i+1} \|, \quad \forall i$$

求解 L2 正则化 logistic 回归原问题的可信域牛顿法完整流程如下。

设置初始值 $\boldsymbol{w}^0$
循环，$k=0,1,\cdots$
　　如果 $\nabla f(\boldsymbol{w}^k)=0$，则已经达到极值点，停止循环
　　用共轭梯度法为可信域子问题寻找一个近似解 $\boldsymbol{s}^k$：

$$\min_s q_k(\boldsymbol{s}), \quad \|\boldsymbol{s}\| \leqslant \Delta_k$$

计算 $\rho_k$
　　用牛顿方向更新参数 $\boldsymbol{w}^{k+1} \leftarrow \boldsymbol{w}^k$
　　更新可信域的范围 $\Delta_{k+1}$
结束

寻找牛顿方向的共轭梯度法流程如下。

设置 $\xi_k<1, \Delta_k>0$，设置 $\bar{\boldsymbol{s}}^0=0, \boldsymbol{r}^0=-\nabla f(\boldsymbol{w}^k), \boldsymbol{d}^0=\boldsymbol{r}^0$
循环，$i=0,1,\cdots$
　　如果 $\|\boldsymbol{r}^i\| \leqslant \xi_k \|\nabla f(\boldsymbol{w}^k)\|$，输出 $\boldsymbol{s}^k=\bar{\boldsymbol{s}}^i$，结束循环
　　计算 $\alpha_i = \|\boldsymbol{r}^i\|^2 / ((\boldsymbol{d}^i)^T \nabla^2 f(\boldsymbol{w}^k)\boldsymbol{d}^i)$
　　计算$\bar{\boldsymbol{s}}^{i+1} = \bar{\boldsymbol{s}}^i + \alpha_i \boldsymbol{d}^i$
　　如果 $\|\bar{\boldsymbol{s}}^{i+1}\| \geqslant \Delta_k$，计算 $\tau$ 使得 $\|\bar{\boldsymbol{s}}^i + \tau \boldsymbol{d}^i\| = \Delta_k$
　　输出 $\boldsymbol{s}^k = \bar{\boldsymbol{s}}^i + \tau \boldsymbol{d}^i$，停止
　　计算 $\boldsymbol{r}^{i+1} = \boldsymbol{r}^i - \alpha_i \nabla^2 f(\boldsymbol{w}^k)\boldsymbol{d}^i$
　　计算 $\beta_i = \|\boldsymbol{r}^{i+1}\|^2 / \|\boldsymbol{r}^i\|^2$
　　计算 $\boldsymbol{d}^{i+1} = \boldsymbol{r}^{i+1} + \beta_i \boldsymbol{d}^i$
结束

可信域牛顿法和 L-BFGS 相比有更快的收敛速度，因此，更适合大规模稀疏特征的 logistic 回归问题求解。

### 11.2.3 L2 正则化对偶问题

利用 Fenchel 对偶，可以得到 L2 正则化 logistic 回归的对偶问题为

$$\min_{\boldsymbol{\alpha}} D_{\mathrm{LR}}(\boldsymbol{\alpha}) = \frac{1}{2}\boldsymbol{\alpha}^{\mathrm{T}}\boldsymbol{Q}\boldsymbol{\alpha} + \sum_{i:\alpha_i>0}\alpha_i\ln\alpha_i + \sum_{i:\alpha_i<C}(C-\alpha_i)\ln(C-\alpha_i)$$

$$0 \leqslant \alpha_i \leqslant C, \quad i=1,\cdots,l$$

限于篇幅，不在这里进行详细推导，感兴趣的读者可以查阅相关资料。其中，$C$ 为原问题中的惩罚因子，矩阵 $\boldsymbol{Q}$ 定义为

$$\boldsymbol{Q}_{ij} = y_i y_j \boldsymbol{x}_i^{\mathrm{T}}\boldsymbol{x}_j$$

这和支持向量机的对偶问题相同。如果定义

$$0\ln 0 = 0$$

上式可以简化为

$$\min_{\boldsymbol{\alpha}} D_{\mathrm{LR}}(\alpha) = \frac{1}{2}\boldsymbol{\alpha}^{\mathrm{T}}\boldsymbol{Q}\boldsymbol{\alpha} + \sum_{i=1}^{l}(\alpha_i\ln\alpha_i + (C-\alpha_i)\ln(C-\alpha_i))$$

$$0 \leqslant \alpha_i \leqslant C, \quad i=1,\cdots,l$$

上面的目标函数中带有对数函数，可以采用坐标下降法求解。和其他最优化方法如共轭梯度法、拟牛顿法相比，坐标下降法有更快的迭代速度，更适合大规模问题的求解。下面介绍带约束条件的坐标下降法的求解思路。考虑如下带线性约束的最优化问题：

$$\min f(\boldsymbol{\alpha})$$

$$\boldsymbol{A}\boldsymbol{\alpha} = \boldsymbol{b}$$

$$\boldsymbol{0} \leqslant \boldsymbol{\alpha} \leqslant C\boldsymbol{e}$$

优化向量$\boldsymbol{\alpha}$为 $n$ 维向量。线性约束的系数矩阵 $\boldsymbol{A}$ 为 $m\times n$ 矩阵，线性约束的常数向量 $\boldsymbol{b}$ 为 $m$ 维向量，向量 $\boldsymbol{e}$ 是一个分量全为 1 的 $n$ 维向量，$C$ 是一个大于 0 的常数。坐标下降法的思路是每次迭代时更新$\boldsymbol{\alpha}$部分变量的值，这比同时优化所有变量要简化很多。

极端情况下，如果每次只优化一个变量，上面的对偶问题每次需要优化的子问题为单变量的极值问题：

$$\min_z g(z) = (c_1+z)\ln(c_1+z) + (c_2-z)\ln(c_2-z) + \frac{a}{2}z^2 + bz$$

$$-c_1 \leqslant z \leqslant c_2$$

其中，常数

$$c_1 = \alpha_i, \quad c_2 = C-\alpha_i, \quad a = \boldsymbol{Q}_{ii}, \quad b = (\boldsymbol{Q}\boldsymbol{\alpha})_i$$

因为目标函数含有对数函数，上面的函数是一个超越函数，无法给出公式解。如果采用牛顿法求解上面的问题，不考虑不等式约束条件$-c_1\leqslant z\leqslant c_2$，迭代公式为

$$z^{k+1} = z^k + d$$

$$d = -\frac{g'(z^k)}{g''(z^k)}$$

其中，$k$ 为迭代次数，$\forall z\in(-c_1,c_2)$。子问题目标函数的一阶导数和二阶导数分别为

$$g'(z) = az + b + \ln \frac{c_1 + z}{c_2 - z},$$

$$g''(z) = a + \frac{c_1 + c_2}{(c_1 + z)(c_2 - z)}$$

为了保证牛顿法收敛,还需要加上直线搜索,检查函数值是否充分下降。

### 11.2.4 L1 正则化原问题

L1 正则化 logistic 回归求解如下不带约束的最优化问题:

$$\min_w \| \boldsymbol{w} \|_1 + C \sum_{i=1}^{l} \ln(1 + \mathrm{e}^{-y_i \boldsymbol{w}^{\mathrm{T}} \boldsymbol{x}_i})$$

目标函数前半部分为 L1 正则化项,即绝对值之和;$C$ 为惩罚因子,是一个大于 0 的人工设定参数。因为绝对值函数不可导,所以,上面的目标函数在 0 点是不可导的。下面证明,该问题是凸优化问题。绝对值函数是凸函数,多个绝对值函数的和也是凸函数,因此,正则化项是凸函数。前面已经证明上面目标函数的后半部分是凸函数,因此,整个函数是凸函数。该问题是不带约束条件的凸优化问题。

可以采用坐标下降法求解。由于

$$\begin{aligned}
\sum_{i=1}^{l} \ln(1 + \mathrm{e}^{-y_i \boldsymbol{w}^{\mathrm{T}} \boldsymbol{x}_i}) &= \sum_{i=1, y_i=1}^{l} \ln(1 + \mathrm{e}^{-\boldsymbol{w}^{\mathrm{T}} \boldsymbol{x}_i}) + \sum_{i=1, y_i=-1}^{l} \ln(1 + \mathrm{e}^{\boldsymbol{w}^{\mathrm{T}} \boldsymbol{x}_i}) \\
&= \sum_{i=1}^{l} \ln(1 + \mathrm{e}^{-\boldsymbol{w}^{\mathrm{T}} \boldsymbol{x}_i}) + \sum_{i=1, y_i=-1}^{l} (\ln(1 + \mathrm{e}^{\boldsymbol{w}^{\mathrm{T}} \boldsymbol{x}_i}) - \ln(1 + \mathrm{e}^{-\boldsymbol{w}^{\mathrm{T}} \boldsymbol{x}_i})) \\
&= \sum_{i=1}^{l} \ln(1 + \mathrm{e}^{-\boldsymbol{w}^{\mathrm{T}} \boldsymbol{x}_i}) + \sum_{i=1, y_i=-1}^{l} (\boldsymbol{w}^{\mathrm{T}} \boldsymbol{x}_i)
\end{aligned}$$

因此,目标函数可以写成

$$f(\boldsymbol{w}) = \| \boldsymbol{w} \|_1 + C\left( \sum_{i=1}^{l} \ln(1 + \mathrm{e}^{-\boldsymbol{w}^{\mathrm{T}} \boldsymbol{x}_i}) + \sum_{i: y_i=-1} \boldsymbol{w}^{\mathrm{T}} \boldsymbol{x}_i \right)$$

坐标下降法每次选择向量 $\boldsymbol{w}$ 的一个分量进行优化。假设选中的分量下标为 $j$,这相当于最小化单个变量的目标函数:

$$\begin{aligned}
& f(\boldsymbol{w} + z\boldsymbol{e}_j) - f(\boldsymbol{w}) \\
&= | w_j + z | - | w_j | + C\left( \sum_{i=1}^{l} \ln(1 + \mathrm{e}^{-(\boldsymbol{w}+z\boldsymbol{e}_j)^{\mathrm{T}} \boldsymbol{x}_i}) + \sum_{i: y_i=-1} (\boldsymbol{w} + z\boldsymbol{e}_j)^{\mathrm{T}} \boldsymbol{x}_i \right) - \\
& \quad C\left( \sum_{i=1}^{l} \ln(1 + \mathrm{e}^{-\boldsymbol{w}^{\mathrm{T}} \boldsymbol{x}_i}) + \sum_{i: y_i=-1} \boldsymbol{w}^{\mathrm{T}} \boldsymbol{x}_i \right) \\
&= | w_j + z | + L_j(z, \boldsymbol{w}) + c \\
&\approx | w_j + z | + L_j'(0, \boldsymbol{w}) z + \frac{1}{2} L_j''(0, \boldsymbol{w}) z^2 + c
\end{aligned}$$

向量 $\boldsymbol{e}_j$ 的第 $j$ 个分量为 1,其他分量为 0,$c$ 是一个常数。上式的最后一步用函数在 0 点处的二阶泰勒展开近似代替函数 $L_j(z, \boldsymbol{w})$。函数 $L_j(z, \boldsymbol{w})$ 和它的一阶导数、二阶导数分别为

$$L_j(z,\boldsymbol{w}) = C\left(\sum_{i=1}^{l} \ln\left(1+\mathrm{e}^{-(\boldsymbol{w}+z\boldsymbol{e}_j)^{\mathrm{T}}\boldsymbol{x}_i}\right) + \sum_{i:y_i=-1} (\boldsymbol{w}+z\boldsymbol{e}_j)^{\mathrm{T}}\boldsymbol{x}_i\right)$$

$$L'_j(0,\boldsymbol{w}) = C\left(\sum_{i=1}^{l} \frac{-x_{ij}}{\mathrm{e}^{\boldsymbol{w}^{\mathrm{T}}\boldsymbol{x}_i}+1} + \sum_{i:y_i=-1} x_{ij}\right)$$

$$L''_j(0,\boldsymbol{w}) = C\left(\sum_{i=1}^{l} \left(\frac{x_{ij}}{\mathrm{e}^{\boldsymbol{w}^{\mathrm{T}}\boldsymbol{x}_i}+1}\right)\mathrm{e}^{\boldsymbol{w}^{\mathrm{T}}\boldsymbol{x}_i}\right)$$

通过将目标函数近似成二次函数，根据导数为 0 的极值条件，上面子问题的最优搜索方向为

$$d = \begin{cases} -\dfrac{L'_j(0,\boldsymbol{w})+1}{L''_j(0,\boldsymbol{w})}, & L'_j(0,\boldsymbol{w})+1 \leqslant L''_j(0,\boldsymbol{w})w_j \\ -\dfrac{L'_j(0,\boldsymbol{w})-1}{L''_j(0,\boldsymbol{w})}, & L'_j(0,\boldsymbol{w})-1 \leqslant L''_j(0,\boldsymbol{w})w_j \\ -w_j, & \text{其他} \end{cases}$$

接下来使用直线搜索确定最优步长。文献[4]对 logistic 回归的各种求解算法进行了比较，感兴趣的读者可以进一步阅读。

### 11.2.5 实验程序

下面通过实验来演示 logistic 回归的使用，该例子使用 liblinear 库的 train.exe 程序。liblinear 接受与 libsvm 相同的数据格式，在这里不重复介绍。同样地，我们使用从 libsvm 的官网下载的 a1a 数据集。train 程序支持 logistic 回归和线性支持向量机两大类算法，其命令行为

```
train [options] training_set_file [model_file]
```

其中，[options]为可选命令行参数，接下来会详细介绍。training_set_file 为训练样本数据文件，与 libsvm 格式相同，需要注意的是，logistic 回归只支持二分类问题。[model_file]为可选参数，为保存的模型文件。

[options]支持以下参数。

-s，求解器的类型。对于多类分类问题：0 为求解 L2 正则化 logistic 回归原问题；1 为求解 L2 正则化 L2 损失函数支持向量机对偶问题；2 为求解 L2 正则化 L2 损失函数支持向量机原问题；3 为求解 L2 正则化 L1 损失函数支持向量机对偶问题；4 为求解 Grammer 和 Singer 的支持向量机；5 为求解 L1 正则化 L2 损失函数支持向量机分类问题；6 为求解 L1 正则化 logistic 回归问题；7 为求解 L2 正则化 logistic 回归对偶问题。

对于回归问题，11 为求解 L2 正则化 L2 损失函数支持向量回归原问题；12 为求解 L2 正则化 L2 损失函数支持向量回归对偶问题；13 为求解 L2 正则化 L1 损失函数支持向量回归对偶问题。

-c，正则化项的系数，默认值为 1。

-p，ε-SVR 的参数 ε，默认值为 0.1。

-e，用于算法迭代终止的判定条件，对于不同的求解器类型有不同的含义。

-B，是否增加偏置项。

-wi，各个类的权重系数。

-v，是否执行 $n$ 折交叉验证。

-C，寻找参数。

各种类型的求解器以及上面这些参数的详细信息将在后面的源代码分析中介绍。在这里，设置-s 为 0，即使用求解 L2 正则化 logistic 回归。将下载的 a1a 和 a1a. t 复制到 liblinear 的 Windows 目录下，输入命令：

```
train -s 0 a1a a1a_model
```

程序运行结果如图 11.1 所示。

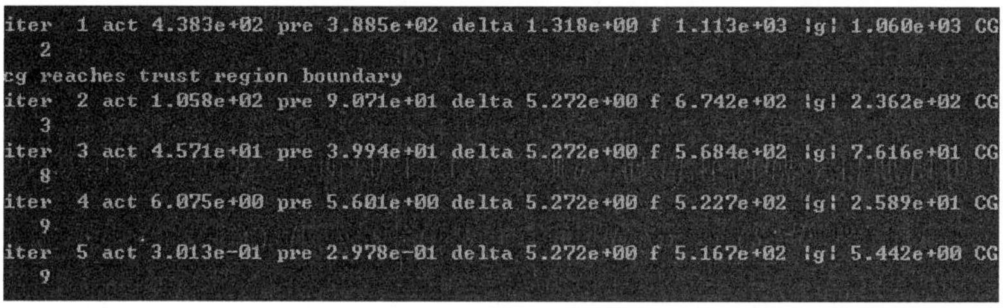


**图 11.1　logistic 回归的训练**

屏幕上显示的是可信域牛顿法的迭代信息。打开训练生成的文件，内容如下(注意，这里只显示了一部分)：

```
solver_type L2R_LR
nr_class 2
label 1 -1
nr_feature 119
bias -1
w
-1.186453063332046
-0.5143822392120447
```

其中，solver_type 是求解器的类型，在这里是 L2R_LR，即 L2 正则化 logistic 回归。nr_class 是类型数，在这里值为 2。label 是类别标签的各种取值，在这里为＋1 和－1，分别表示正样本和负样本。nr_feature 是特征向量的维数，在这里是 119。

接下来是训练得到的模型参数。bias 是偏置项 $b$ 的值，在这里值为－1。w 是权重数组，与特征向量的维数相等。

接下来使用 predict. exe 程序对上面训练的模型进行测试，测试集使用 a1a. t 文件。predict 的命令行为

```
predict [options] test_file model_file output_file
```

其中，[options]为可选命令行参数，下面详细介绍。

-b，是否进行概率估计，0 为不进行概率估计，1 为进行概率估计，默认值为 0。

test_file 为测试样本集文件；model_file 为模型文件；output_file 为预测结果文件。输入命令

```
predict a1a.t a1a_model a1a_predict
```

程序运行结果如图 11.2 所示。

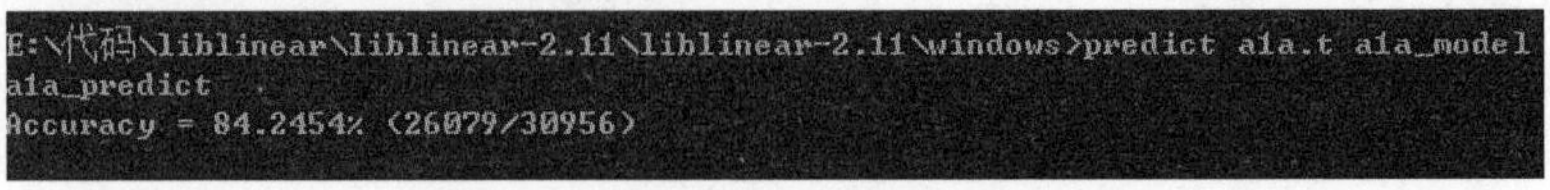


**图 11.2 logistic 回归的分类效果**

在屏幕中显示出了分类的准确率，在这里是 84.2454%。打开 a1a_predict 文件，可以看到每个样本的预测结果。可以调整训练参数，包括正则化类型以及正则化项的权重系数，观察不同参数时的分类效果。

## 11.3 线性支持向量机

使用高斯核的支持向量机虽然有更高的精度，但是在支持向量的数量很大时会面临计算效率的问题。线性支持向量机[5-10]因为直接使用一个线性函数预测，从而规避了此问题。

### 11.3.1 L2 正则化 L1-loss SVC 原问题

第 10 章中我们从最大化分类间隔的目标推导出了支持向量机的原问题，通过拉格朗日对偶得到了对偶问题，本章将从另一个角度来定义支持向量机的优化问题。L2 正则化 L1 损失函数线性支持向量机求解如下最优化问题：

$$\min_{w} \frac{1}{2}\boldsymbol{w}^{\mathrm{T}}\boldsymbol{w}+C\sum_{i=1}^{l}\left(\max\left(0,1-y_i\boldsymbol{w}^{\mathrm{T}}\boldsymbol{x}_i\right)\right)$$

其中，$C$ 为惩罚因子。目标函数的第一部分为正则化项，第二部分为真正的损失项，是一次函数。上述形式的损失函数称为 hinge loss，即合页损失函数。其意义为，当

$$1-y_i\boldsymbol{w}^{\mathrm{T}}\boldsymbol{x}_i\leqslant 0$$

即当样本的间隔大于 1 时：

$$y_i\boldsymbol{w}^{\mathrm{T}}\boldsymbol{x}_i\geqslant 1$$

该样本的损失是 0；否则样本的损失是 $1-y_i\boldsymbol{w}^{\mathrm{T}}\boldsymbol{x}_i$。这个问题和第 10 章定义的线性不可分时的支持向量机原问题是等价的。如果令

$$\xi_i=\max\left(0,1-y_i\boldsymbol{w}^{\mathrm{T}}\boldsymbol{x}_i\right)$$

上面的目标函数可以写成

$$\min_{w} \frac{1}{2}\boldsymbol{w}^{\mathrm{T}}\boldsymbol{w}+C\sum_{i=1}^{l}\xi_i$$

而 $\xi_i=\max\left(0,1-y_i\boldsymbol{w}^{\mathrm{T}}\boldsymbol{x}_i\right)$ 又等价于

$$\xi_i\geqslant 0$$

$$\xi_i\geqslant 1-y_i\boldsymbol{w}^{\mathrm{T}}\boldsymbol{x}_i$$

这就是第 10 章中讲述的约束条件，因此，这种表述的支持向量机和第 10 章中的模型是等价的。

### 11.3.2 L2 正则化 L2-loss SVC 原问题

类似地，L2 正则化 L2 损失函数线性支持向量机求解如下最优化问题：

$$\min_{w} \frac{1}{2}\boldsymbol{w}^{\mathrm{T}}\boldsymbol{w}+C\sum_{i=1}^{l}(\max(0,1-y_i\boldsymbol{w}^{\mathrm{T}}\boldsymbol{x}_i))^2$$

目标函数的第一部分为正则化项，目标函数的第二部分为真正的损失项，这是一个二次函数，其意义和 L1 损失函数相同。可以采用可信域牛顿法求解此问题，上述目标函数的梯度为

$$\boldsymbol{w}+2C\boldsymbol{X}_{I,:}^{\mathrm{T}}(\boldsymbol{X}_{I,:}\boldsymbol{w}-\boldsymbol{y}_I)$$

集合 $I$ 定义为

$$I\equiv\{i\mid 1-y_i\boldsymbol{w}^{\mathrm{T}}\boldsymbol{x}_i>0\}$$

即满足上面不等式的样本下标集合。$\boldsymbol{y}$ 为所有样本的类别标签向量，矩阵 $\boldsymbol{X}$ 为训练样本的特征向量按行组成的矩阵：

$$\boldsymbol{X}=\begin{bmatrix}\boldsymbol{x}_1^{\mathrm{T}}\\ \vdots\\ \boldsymbol{x}_l^{\mathrm{T}}\end{bmatrix}$$

上面的损失函数不是二阶可导的，为了使用牛顿法，定义如下广义 Hessian 矩阵：

$$\boldsymbol{I}+2C\boldsymbol{X}^{\mathrm{T}}\boldsymbol{D}\boldsymbol{X}=\boldsymbol{I}+2C\boldsymbol{X}_{I,:}^{\mathrm{T}}\boldsymbol{D}_{I,I}\boldsymbol{X}_{I,:}$$

其中，$\boldsymbol{I}$ 为 $n$ 阶单位矩阵，$\boldsymbol{D}$ 为 $n$ 阶对角矩阵，其对角线元素为

$$\boldsymbol{D}_{ii}=\begin{cases}1, & i\in I\\ 0, & i\notin I\end{cases}$$

Hessian 矩阵与向量 $\boldsymbol{s}$ 的乘积为

$$\boldsymbol{s}+2C\boldsymbol{X}_{I,:}^{\mathrm{T}}(\boldsymbol{D}_{I,I}(\boldsymbol{X}_{I,:}\boldsymbol{s}))$$

其中，$\boldsymbol{X}_{I,:}$ 为集合 $I$ 中的样本的特征向量构成的子矩阵；$\boldsymbol{D}_{I,I}$ 为集合 $I$ 中的那些下标对应的元素构成的子矩阵。有了函数的梯度以及 Hessian 矩阵的计算公式，就可以用前面讲述的可信域牛顿法对优化问题进行求解，具体细节不再重复讲述。

### 11.3.3 L2 正则化 SVC 对偶问题

通过拉格朗日对偶，L2 正则化 L2、L1 损失函数线性支持向量机的对偶问题都为如下形式：

$$\min_{\alpha} \frac{1}{2}\boldsymbol{\alpha}^{\mathrm{T}}\bar{\boldsymbol{Q}}\boldsymbol{\alpha}-\boldsymbol{e}^{\mathrm{T}}\boldsymbol{\alpha}$$

$$0\leqslant\alpha_i\leqslant U,\quad i=1,2,\cdots,l$$

其中，$\bar{\boldsymbol{Q}}=\boldsymbol{Q}+\boldsymbol{D}$，$\boldsymbol{D}$ 是一个对角矩阵，矩阵 $\boldsymbol{Q}$ 的定义和第 10 章中支持向量机的对偶问题是一样的。对于 L1 损失函数支持向量机，$U=C$，$\boldsymbol{D}_{ii}=0$，对于 L2 损失函数支持向量机，$U=\infty$，$\boldsymbol{D}_{ii}=1/2C$。可以采用坐标下降法[6]求解此问题。

如果每次只优化一个变量，依次从所有变量中选择一个进行优化，单变量的子问题可以写成

$$\min_{z} \boldsymbol{D}_{\mathrm{SVM}}(\alpha_1,\cdots,\alpha_i+z,\cdots,\alpha_l)=\frac{1}{2}Q_{ii}z^2+\nabla_i\boldsymbol{D}_{\mathrm{SVM}}(\boldsymbol{\alpha})z+c$$

$$0\leqslant\alpha_i+z\leqslant C$$

其中，$\nabla_i\boldsymbol{D}_{\mathrm{SVM}}(\boldsymbol{\alpha})$ 是梯度向量的第 $i$ 个分量。上面子问题的目标函数是 $z$ 的二次函数，可以

得到最小值的公式解。容易证明,如果 $Q_{ii}>0$,这个问题的解为

$$z=\min\left(\max\left(\alpha_i-\frac{\nabla_i \boldsymbol{D}_{\mathrm{SVM}}(\boldsymbol{\alpha})}{\boldsymbol{Q}_{ii}},0\right),C\right)-\alpha_i$$

梯度的计算公式为

$$\nabla_i \boldsymbol{D}_{\mathrm{SVM}}(\boldsymbol{\alpha})=(\boldsymbol{Q}\boldsymbol{\alpha})_i-1=\sum_{j=1}^{l}\boldsymbol{Q}_{ij}\alpha_j-1$$

算法直接用公式求解的方法计算出了单个变量最优化问题的解,并考虑了约束条件。按照第 10 章中介绍的方法,在得到了向量$\boldsymbol{\alpha}$ 之后,就可以计算出 $\boldsymbol{w}$ 和 $b$。

### 11.3.4 L1 正则化 L2-loss SVC 原问题

L1 正则化 L2 损失函数线性支持向量机求解如下最优化问题:

$$\min_{\boldsymbol{w}}\ \|\boldsymbol{w}\|_1+C\sum_{i=1}^{l}(\max(0,1-y_i\boldsymbol{w}^{\mathrm{T}}\boldsymbol{x}_i))^2$$

其中,目标函数的前半部分为 L1 范数的正则化项。在 liblinear 中,求解上述问题采用了坐标下降法。如果只挑选出一个变量 $w_j$ 进行优化,要求解的子问题为

$$\begin{aligned}f(\boldsymbol{w}+z\boldsymbol{e}_j)-f(\boldsymbol{w})&=|\boldsymbol{w}_j+z|-|\boldsymbol{w}_j|+C\sum_{i\in I(\boldsymbol{w}+z\boldsymbol{e}_j)}b_i(\boldsymbol{w}+z\boldsymbol{e}_j)^2-C\sum_{i\in I(\boldsymbol{w})}b_i(\boldsymbol{w})^2\\&=|\boldsymbol{w}_j+z|+L_j(z,\boldsymbol{w})+c\\&\approx|\boldsymbol{w}_j+z|+L_j'(0,\boldsymbol{w})z+\frac{1}{2}L_j''(0,\boldsymbol{w})z^2+c\end{aligned}$$

其中,向量 $\boldsymbol{e}$ 的第 $j$ 个分量为 1,其他分量全为 0,函数 $b$ 定义为

$$b_i(\boldsymbol{w})=1-y_i\boldsymbol{w}^{\mathrm{T}}\boldsymbol{x}_j$$

集体 $I$ 定义为

$$I(\boldsymbol{w})=\{i\mid b_i(\boldsymbol{w})>0\}$$

上式中最后一步对函数用二阶泰勒展开近似代替。函数 $L_j(z,\boldsymbol{w})$和它的一阶导数、二阶导数分别为

$$\begin{aligned}L_j(z,\boldsymbol{w})&=C\sum_{i\in I(\boldsymbol{w}+z\boldsymbol{e}_j)}b_i(\boldsymbol{w}+z\boldsymbol{e}_j)^2\\L_j'(0,\boldsymbol{w})&=-2C\sum_{i\in I(\boldsymbol{w})}y_i\boldsymbol{x}_{ij}b_i(\boldsymbol{w})\\L_j''(0,\boldsymbol{w})&=\max\left(2C\sum_{i\in I(\boldsymbol{w})}x_{ij}^2,10^{-12}\right)\end{aligned}$$

上面子问题的求解可以采用牛顿法。实现时,在整个坐标下降法中,牛顿法负责求解上面的子问题。

### 11.3.5 多类线性支持向量机

前面讲述的支持向量机本质上是二分类器,在本节中将介绍用于多类分类问题的线性支持向量机。在第 10 章中,解决多分类问题是通过多个二分类器实现的,在这里直接构造多类问题的损失函数。假设训练样本为$(\boldsymbol{x}_i,y_i)$,$i=1,2,\cdots,l$,其中,$\boldsymbol{x}_i$ 为 $n$ 维特征向量,类别标签 $y_i\in\{1,2,\cdots,k\}$,其中,$k$ 为类型数。多类分类问题的线性支持向量机求解如下最优化问题:

$$\min_{w_m, \xi_i} \frac{1}{2}\sum_{m=1}^{k} \boldsymbol{w}_m^{\mathrm{T}}\boldsymbol{w}_m + C\sum_{i=1}^{l} \xi_i$$

约束条件为

$$\boldsymbol{w}_{y_i}^{\mathrm{T}}\boldsymbol{x}_i - \boldsymbol{w}_m^{\mathrm{T}}\boldsymbol{x}_i \geqslant e_i^m - \xi_i, \quad i = 1,2,\cdots,l$$

其中：

$$e_i^m = \begin{cases} 0, & y_i = m \\ 1, & y_i \neq m \end{cases}$$

这可以看成是二分类问题的推广，目标函数的左边部分是 $k$ 个二次函数的和，每一个代表一个分界面；右边是对错分类的惩罚项。分类决策函数为

$$\arg\max_{m=1,2,\cdots,k} \boldsymbol{w}_m^{\mathrm{T}}\boldsymbol{x}$$

通过拉格朗日对偶，可以将上述问题转化为对偶问题：

$$\min_{\boldsymbol{\alpha}} \frac{1}{2}\sum_{m=1}^{k} \|\boldsymbol{w}_m\|^2 + \sum_{i=1}^{l}\sum_{m=1}^{k} e_i^m \alpha_i^m$$

$$\sum_{m=1}^{k} \alpha_i^m = 0, \quad \forall i = 1,2,\cdots,l$$

$$\alpha_i^m \leqslant C_{y_i}^m, \quad \forall i = 1,2,\cdots,l;\ m = 1,2,\cdots,k$$

其中：

$$\boldsymbol{w}_m = \sum_{i=1}^{l} \alpha_i^m \boldsymbol{x}_i, \quad \forall m, \quad \boldsymbol{\alpha} = [\alpha_1^1, \alpha_1^2, \cdots, \alpha_1^k, \cdots, \alpha_l^1, \cdots, \alpha_l^k]^{\mathrm{T}}$$

并且

$$C_{y_i}^m = \begin{cases} 0, & y_i \neq m \\ C, & y_i = m \end{cases}$$

可以采用顺序对偶法求解该问题，这也是一种分治法，每次挑选出一部分变量进行优化。上面的对偶问题有 $k \times l$ 个变量，规模非常大。为此，使用坐标下降法将 $\boldsymbol{\alpha}$ 分解为多个块 $[\bar{\boldsymbol{\alpha}}_1, \bar{\boldsymbol{\alpha}}_2, \cdots, \bar{\boldsymbol{\alpha}}_l]$，其中：

$$\bar{\boldsymbol{\alpha}}_i = [\alpha_i^1, \alpha_i^2, \cdots, \alpha_i^k]^{\mathrm{T}}, \quad i = 1,2,\cdots,l$$

每次选择一个下标 $i$，然后求解关于 $\bar{\alpha}_i$ 的最小化问题，这个问题有 $k$ 个变量：

$$\min_{\bar{\alpha}_i} \sum_{m=1}^{k} \frac{1}{2} A(\alpha_i^m)^2 + B_m \alpha_i^m$$

$$\sum_{m=1}^{k} \alpha_i^m = 0$$

$$\alpha_i^m \leqslant C_{y_i}^m, \quad m = \{1,2,\cdots,k\}$$

其中：

$$A = \boldsymbol{x}_i^{\mathrm{T}}\boldsymbol{x}_i$$

$$B_m = \boldsymbol{w}_m^{\mathrm{T}}\boldsymbol{x}_i + \boldsymbol{e}_i^m - A\alpha_i^m$$

子问题的参数 $A$ 和 $B_m$ 可以看成是常数，它们从上一轮迭代的中求出。由于在训练过程中，有界变量 $\alpha_i^m$ 可以被缩减，因此，最小化子向量 $\bar{\alpha}_i^{U_i}$ 的目标函数。其中，$U_i \subset \{1,2,\cdots,k\}$ 是一个下标子集，即求解一个有 $|U_i|$ 个变量的子问题，让其他变量固定：

$$\min_{\bar{\alpha}_i^{U_i}} \sum_{m\in U_i} \frac{1}{2}A(\alpha_i^m)^2 + B_m\alpha_i^m$$

$$\sum_{m\in U_i}\alpha_i^m = -\sum_{m\notin U_i}\alpha_i^m$$

$$\alpha_i^m \leqslant C_{y_i}^m, \quad m\in U_i$$

需要注意的是，在坐标下降法中并没有按照顺序来逐个优化 $\bar{\alpha}_1, \bar{\alpha}_2, \cdots, \bar{\alpha}_l$，而是将$\{1, 2, \cdots, l\}$的顺序打乱，得到序列$\{\pi(1), \pi(2), \cdots, \pi(l)\}$，然后逐次求解 $\bar{\alpha}_{\pi(1)}, \bar{\alpha}_{\pi(2)}, \cdots, \bar{\alpha}_{\pi(l)}$。这样做能得到更快的收敛速度。

### 11.3.6 实验程序

我们用 liblinear 来演示线性支持向量机的使用，使用的训练程序、预测程序和测试数据与第 11 章相同。train.exe 的用法在前面已经介绍过了，在这里还是使用 a1a 数据文件。我们使用 L2 正则化 L1 损失函数的支持向量机，求解对偶问题，即 s 为 2。输入命令：

```
train -s 3 a1a a1a_model_svm
```

程序运行结果如图 11.3 所示。

图 11.3 线性支持向量机的训练

在屏幕上显示了算法迭代信息，迭代次数 iter 为 169，目标函数值为－540.863 528，支持向量个数为 608。打开训练得到的模型，内容如下(注意，在这里只显示了一部分)：

```
nr_class 2
label 1 -1
nr_feature 119
bias -1
w
-0.6712184355140607
-0.4280933369941015
```

这个模型的参数与 logistic 回归的参数是一样的，不再详细介绍。

接下来对上面生成的模型进行测试，测试集使用 a1a.t。输入命令：

```
predict a1a.t a1a_model_svm a1a_predict_svm
```

程序运行结果如图 11.4 所示。

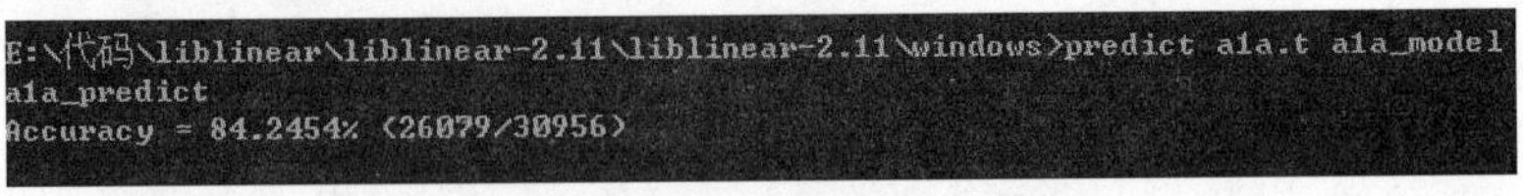


图 11.4 线性支持向量机的预测

分类准确率为 83.8125%。打开结果文件，可以看到每个样本的预测结果。读者可以在 libsvm 官网上下载其他数据集来训练自己的模型，以及进行预测。同样地，可以使用不同的参数，包括正则化项的类型和正则化项的权重值，观察不同参数时的分类效果。

## 11.4　源代码分析

liblinear[11]是一个用于大规模线性分类问题的开源库，它的作者和 libsvm 相同。这个库支持 logistic 回归和线性支持向量机两类算法，使用 C++ 语言编写。它是为大规模分类问题而设计，尤其适合大型稀疏数据集的分类。当训练样本的数量、特征向量的维数都是海量时，线性分类器是最有效的机器学习技术。

### 11.4.1　求解的问题

前面已经给出了各种损失函数和正则化项的 logistic 回归、线性支持向量机求解的问题，表 11.1 是对它们的总结。

**表 11.1　liblinear 求解的各种问题**

| 算法类型 | 求解的问题 | 求解算法 |
|---|---|---|
| L1 正则化 LR | 原问题 | 坐标下降法 |
| L2 正则化 LR | 原问题 | 可信域牛顿法 |
| L2 正则化 LR | 对偶问题 | 坐标下降法 |
| L1 正则化 L2 损失函数 SVC | 原问题 | 坐标下降法 |
| L2 正则化 L2 损失函数 SVC | 原问题 | 可信域牛顿法 |
| L2 正则化 L1 损失函数 SVC | 对偶问题 | 坐标下降法 |
| L2 正则化 L2 损失函数 SVC | 对偶问题 | 坐标下降法 |
| L1 损失函数 SVR | 对偶问题 | 坐标下降法 |
| L2 损失函数 SVR | 原问题 | 可信域牛顿法 |
| L2 损失函数 SVR | 对偶问题 | 坐标下降法 |
| 多类 SVM | 对偶问题 | 坐标下降法 |

### 11.4.2　主要数据结构

下面开始分析源代码，分主要的结构和类、求解器和求解函数、全局函数和接口函数 3 部分进行介绍。

结构体 feature_node 表示一个特征项，即特征向量的分量，与 libsvm 中的 svm_node 相同：

```
struct feature_node
{
    int index;                              // 特征的编号
    double value;                           // 特征的值
};
```

其中,index 为特征的编号,value 是特征的值。这样设计是为了适应特征向量是稀疏向量的情况,采用这种设计在存储空间和计算速度上都有优势。

结构体 problem 为训练样本集数据,定义如下:

```
struct problem
{
    int l, n;                        // l 为特征向量的个数,即训练样本数,n 为特征向量的维数
    double * y;                 // 样本标签值,对于分类问题,是类别号;对于回归问题,是实数值
    struct feature_node * * x;  // 特征向量集,每一行为一个样本
    double bias;                     // 偏置项 b
};
```

结构体 parameter 为训练参数,定义如下:

```
struct parameter
{
    int solver_type;            // 求解器类型
    double eps;                 // 算法迭代终止阈值
    double C;                   // 惩罚因子
    int nr_weight;              // 权重数组的大小
    int * weight_label;         // 权重标签数组
    double* weight;             // 权重数组
    double p;
};
```

结构体 model 为训练得到的模型,定义如下:

```
struct model
{
    struct parameter param;     // 训练参数
    int nr_class;               // 类别数
    int nr_feature;             // 特征向量维数
    double * w;                 // 权重向量 w
    int * label;                // 每个类的类别标签
    double bias;                // 偏置项 b
};
```

类 function 是损失函数(即优化目标函数)的基类,其功能是计算损失函数值、梯度值以及 Hessian 矩阵等,这些值都会用于牛顿法、坐标下降法和其他算法的求解过程。从 function 派生出了一些类,用于实现各种损失函数,派生关系如图 11.5 所示。

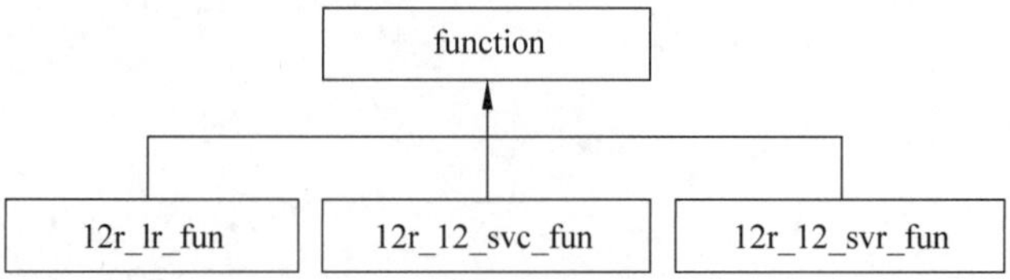


**图 11.5 function 类的继承关系**

下面先看 function 类的定义，这是一个虚基类，所有成员函数都留给派生类实现。

```
class function
{
public:
    // 计算目标函数的值，w 为权重数组，返回的是损失函数的值
    virtual double fun(double * w) =0 ;
    // 计算目标函数的梯度，w 为权重数组，g 为返回的梯度值
    virtual void grad(double * w, double * g) =0 ;
    // 计算目标函数 Hessian 矩阵与向量的乘积，s 为传入向量，Hs 为返回的 Hessian
    // 与向量 s 的乘积
    virtual void Hv(double * s, double * Hs) =0 ;
    // 获取特征向量的维数，即变量数
    virtual int get_nr_variable(void) =0 ;
    virtual ~function(void){}
};
```

这些虚函数并没有实现，它们由派生类实现。

类 l2r_lr_fun 继承自 function，实现了 L2 正则化 logistic 回归原问题的损失函数，该函数、梯度、Hessian 矩阵的计算公式在之前已经介绍过。下面来看类的定义：

```
class l2r_lr_fun: public function
{
public:
    l2r_lr_fun(const problem * prob, double * C);
    ~l2r_lr_fun();
    double fun(double * w);                   // 计算目标函数值
    void grad(double * w, double * g);        // 计算目标函数的梯度值
    void Hv(double * s, double * Hs);         // 计算 Hessian 矩阵与向量 s 的乘积
    int get_nr_variable(void);
private:
    void Xv(double * v, double * Xv);         // 计算 w^T x_i
    void XTv(double * v, double * XTv);
    double * C;                 // 惩罚因子，可以为每个样本定义一个惩罚因子，相当于权重
    double * z;                               // 用于存储 z_i = w^T x_i，这是一个临时变量
    double * D;            // 临时变量，存储 logistic 函数的导数，用于计算 Hessian 矩阵
    const problem * prob;               // 训练样本集，计算损失函数、梯度要用到整个训练集
};
```

函数 fun 用于计算最优化目标函数的值，传入参数为权重向量，返回值为函数的值，实现代码如下：

```
double l2r_lr_fun::fun(double * w)
{
    int i;
    double f=0;                               // 损失函数的值，累加每个样本的损失
    double * y=prob->y;                       // 类别标签
```

```
        int l=prob->l;                          // 样本数
        int w_size=get_nr_variable();           // 权重向量的维数
        Xv(w, z); //计算每个 wTxi,存于 z 中
        // 下面的代码用于计算 L2 正则化项
        for(i=0;i<w_size;i++)
            f +=w[i] * w[i];
        f /=2.0;                                // 最后除以 2.0
        for(i=0;i<l;i++)                        // 循环累加每个样本的损函数值
        {
            double yz =y[i] * z[i];             // 计算 yi wT xi
            if (yz >=0)                         // 如果 yz>=0,为 Cln (1+e^(-yi wT xi))
                f +=C[i] * log(1 +exp(-yz));
            else
                // 如果 yz <0,则为
                // 计算 ln (1+e^(-yz))=ln (e^(-yz(1+e^yz)))=ln (e^(-yz))ln (1+e^yz)
                // 即 -yz+ln (1+e^yz)
                f +=C[i] * (-yz+log(1 +exp(yz)));
        }
        return(f);
    }
```

计算流程如下。

(1) 计算 $\boldsymbol{z}=\boldsymbol{x}\boldsymbol{w}$,其中,$\boldsymbol{x}$ 为训练样本的特征集合矩阵,每一行为一个特征向量(一个样本),$\boldsymbol{w}$ 为要求解的权重向量,计算得到的结果向量存储在其中。

(2) 计算 L2 正则化项。

(3) 循环累加每个样本的损失函数,如果是正样本,则为

$$C\ln(1+\mathrm{e}^{-yz})$$

如果是负样本则为

$$C(-yz+\ln(1+\mathrm{e}^{yz}))$$

函数 grad 用于计算目标函数的梯度。其中,$\boldsymbol{w}$ 为权重向量,$\boldsymbol{g}$ 为返回的梯度向量。具体的计算公式参考 11.1.2 节。函数代码如下:

```
    void l2r_lr_fun::grad(double * w, double * g)
    {
        int i;
        double * y=prob->y;                     // 样本的类别标签
        int l=prob->l;                          // 样本数
        int w_size=get_nr_variable();           // 特征向量的维数
        // 循环对每个样本计算
        for(i=0;i<l;i++)
        {
            // 计算 z=1/(1+e^(-yi wT xi))
            z[i] =1/(1 +exp(-y[i] * z[i]));
```

```
        D[i] =z[i] * (1-z[i]);              // D 中存放 logistic 函数的导数
        // 计算 z=C(1/(1+e^(-y_i w^T x_i)) -1) y_i = -y_i C e^(-y_i w^T x_i)/(1+e^(-y_i w^T x_i))
        z[i] =C[i] * (z[i]-1) * y[i];
    }
    XTv(z, g);                              // 累加每个样本的 z,即 x^T z
    for(i=0;i<w_size;i++)
        g[i] =w[i] +g[i];                   // 最后加上 w
}
```

函数 Hv 用于计算 Hessian 矩阵与向量 $\boldsymbol{s}$ 的乘积,其中 $\boldsymbol{s}$ 为传入的向量,Hs 为返回的结果。实现代码如下:

```
void l2r_lr_fun::Hv(double *s, double *Hs)
{
    int i;
    int l=prob->l;                          // 训练样本数
    int w_size=get_nr_variable();           // 权重向量的维数
    double *wa =new double[l];
    Xv(s, wa);                              // 计算 wa=Xs
    for(i=0;i<l;i++)
        wa[i] =C[i] * D[i] * wa[i];
    XTv(wa, Hs);
    for(i=0;i<w_size;i++)
        Hs[i] =s[i] +Hs[i];
    delete[] wa;
}
```

函数 Xv 用于计算所有样本的 $\boldsymbol{w}^{\mathrm{T}}\boldsymbol{x}_i$,代码如下:

```
void l2r_lr_fun::Xv(double *v, double *Xv)
{
    int i;
    int l=prob->l;
    feature_node **x=prob->x;
    for(i=0;i<l;i++)                        // 对每个样本
    {
        feature_node *s=x[i];
        Xv[i]=0;
        while(s->index!=-1)                 // 计算内积
        {
            Xv[i]+=v[s->index-1] * s->value;
            s++;
        }
    }
}
```

函数 XTv 用于计算 $\boldsymbol{X}^{\mathrm{T}}\boldsymbol{w}$，代码如下：

```
void l2r_lr_fun::XTv(double * v, double * XTv)
{
    int i;
    int l=prob->l;
    int w_size=get_nr_variable();
    feature_node * * x=prob->x;
    for(i=0;i<w_size;i++)
        XTv[i]=0;
    for(i=0;i<l;i++)                        // 对每个样本
    {
        feature_node * s=x[i];
        // 计算内积
        while(s->index!=-1)
        {
            XTv[s->index-1]+=v[i] * s->value;
            s++;
        }
    }
}
```

类 l2r_l2_svc_fun 是 L2 正则化 L2 损失函数支持向量机的损失函数，同样继承自 function 类。类定义如下：

```
class l2r_l2_svc_fun: public function
{
public:
    l2r_l2_svc_fun(const problem * prob, double * C);
    ~l2r_l2_svc_fun();
    // 计算目标函数值
    double fun(double * w);
    // 计算目标函数的梯度值
    void grad(double * w, double * g);
    // 计算目标函数的 Hessian 矩阵与向量 s 的乘积
    void Hv(double * s, double * Hs);
    // 返回特征向量的维数
    int get_nr_variable(void);
protected:
    // 内部辅助函数，用于计算矩阵和向量乘法
    void Xv(double * v, double * Xv);
    void subXv(double * v, double * Xv);
    void subXTv(double * v, double * XTv);
    double * C;                         // 惩罚因子数组
    double * z;                         // 临时变量
    double * D;                         // 矩阵 D
```

```
    int * I;                              // 单位矩阵 I
    int sizeI;
    const problem * prob;                 // 训练样本集
};
```

函数 fun 计算目标函数的值。代码如下：

```
double l2r_l2_svc_fun::fun(double * w)
{
    int i;
    double f=0;
    double * y=prob->y;
    int l=prob->l;
    int w_size=get_nr_variable();
    Xv(w, z);                             // 计算 z_i=w^T x_i
    // 计算 L2 正则化项部分
    for(i=0;i<w_size;i++)
        f +=w[i] * w[i];
    f /=2.0;
    // 计算样本的 L2 损失值,即 C∑_{i=1}^{l}(max(0,1-y_i w^T x_i))^2
    for(i=0;i<l;i++)
    {
        z[i] =y[i] * z[i];                // 计算 y_i w^T x_i
        double d =1-z[i];                 // 计算 1-y_i w^T x_i
        // 如果 1-y_i w^T x_i<0 ,什么都不加,否则加上 C(1-y_i w^T x_i)^2
        if (d >0)
            f +=C[i] * d * d;
    }
    return(f);
}
```

函数 grad 计算目标函数的梯度。代码如下：

```
void l2r_l2_svc_fun::grad(double * w, double * g)
{
    int i;
    double * y=prob->y;
    int l=prob->l;
    int w_size=get_nr_variable();
    sizeI =0;
    for (i=0;i<l;i++)
        // 此时,z[i]中存放的已经是 y_i w^T x_i,在这里判断 1-y_i w^T x_i的符号
        // 如果 z[i] >=1,函数是 0,常数,导数也是 0
        if (z[i] <1)
        {
            // 计算 z_i=Cy_i(y_i w^T x_i-1)
```

```
            z[sizeI] =C[i] * y[i] * (z[i]-1);
            I[sizeI] =i;
            sizeI++;
        }
    // 计算 gi=zi xi=Cyi (yi wT xi-1) xi
    subXTv(z, g);
    // 加上 w,即 L2 正则化项的梯度
    for(i=0;i<w_size;i++)
        g[i] =w[i] +2 * g[i];
}
```

函数 Hv 计算 Hessian 矩阵与向量 $\boldsymbol{s}$ 的乘积，其中，$\boldsymbol{s}$ 为传入的向量，Hs 为返回的结果。代码如下：

```
void l2r_l2_svc_fun::Hv(double * s, double * Hs)
{
    int i;
    int w_size=get_nr_variable();
    double * wa =new double[sizeI];
    subXv(s, wa);
    for(i=0;i<sizeI;i++)
        wa[i] =C[I[i]] * wa[i];
    subXTv(wa, Hs);
    for(i=0;i<w_size;i++)
        Hs[i] =s[i] +2 * Hs[i];
    delete[] wa;
}
```

函数 Xv 计算矩阵乘法 $\boldsymbol{Xw}$。代码如下：

```
void l2r_l2_svc_fun::Xv(double * v, double * Xv)
{
    int i;
    int l=prob->l;
    feature_node * * x=prob->x;
    for(i=0;i<l;i++)
    {
        feature_node * s=x[i];
        Xv[i]=0;
        while(s->index!=-1)
        {
            Xv[i]+=v[s->index-1] * s->value;
            s++;
        }
    }
}
```

函数 subXv 计算 $\boldsymbol{X}$ 的子矩阵与 $\boldsymbol{w}$ 的乘法。代码如下：

```
void l2r_l2_svc_fun::subXv(double *v, double *Xv)
{
    int i;
    feature_node **x=prob->x;
    for(i=0;i<sizeI;i++)
    {
        feature_node *s=x[I[i]];
        Xv[i]=0;
        while(s->index!=-1)
        {
            Xv[i]+=v[s->index-1]*s->value;
            s++;
        }
    }
}
```

函数 subXTv 计算 $\boldsymbol{X}$ 的子矩阵的转置与 $\boldsymbol{w}$ 的乘法。代码如下：

```
void l2r_l2_svc_fun::subXTv(double *v, double *XTv)
{
    int i;
    int w_size=get_nr_variable();
    feature_node **x=prob->x;
    for(i=0;i<w_size;i++)
        XTv[i]=0;
    for(i=0;i<sizeI;i++)
    {
        feature_node *s=x[I[i]];
        while(s->index!=-1)
        {
            XTv[s->index-1]+=v[i]*s->value;
            s++;
        }
    }
}
```

上面两个类都将用于 TRON 类的求解函数，为它提供计算目标函数值、梯度值、Hessian 矩阵值与向量的乘法等运算的支持。

### 11.4.3 求解器

求解器的实现是源代码分析的核心，分为可信域牛顿法与坐标下降法两类。可信域牛顿法由 TRON 类实现，坐标下降法由各个问题具体的求解函数实现。限于篇幅，在这里只分析一部分求解器，其他的实现原理类似。

可信域牛顿法由类 TRON 实现，这个类为 L2 正则化 logistic 回归和 L2 正则化支持向量机的训练提供支持。类定义如下：

```
class TRON
{
public:
    // 传入的是基类 function 的指针,可以使用上面两种损失函数,eps 为迭代精度
    // max_iter 为最大迭代次数,默认值为 1000
    TRON(const function * fun_obj, double eps =0.1, int max_iter =1000);
    ~TRON();
    // 这是求解的接口函数
    void tron(double * w);
    void set_print_string(void (* i_print) (const char * buf));
private:
    int trcg(double delta, double * g, double * s, double * r);
                                                    // 共轭梯度法,被 tron 调用
    double norm_inf(int n, double * x);
    double eps;                         // 收敛精度
    int max_iter;                       // 最大迭代次数
    function * fun_obj;                 // 目标函数
    void info(const char * fmt,…);
    void (* tron_print_string)(const char * buf);
};
```

函数 tron 是可信域牛顿法求解的主体。其中，$w$ 为返回的权重参数，直接按照之前的公式进行。代码如下：

```
void TRON::tron(double * w)
{
    // 常数 η0、η1、η2
    double eta0 =1e-4, eta1 =0.25, eta2 =0.75;
    // 常数 σ1、σ2、σ3,用于更新可信域的大小 Δ
    double sigma1 =0.25, sigma2 =0.5, sigma3 =4;
    int n =fun_obj->get_nr_variable();  // 特征向量的维数
    int i, cg_iter;
    double delta, snorm, one=1.0;
    double alpha, f, fnew, prered, actred, gs;
    int search =1, iter =1, inc =1;
    double * s =new double[n];          // 牛顿方向,公式中的 s^k
    double * r =new double[n];          // 公式中的 r
    double * w_new =new double[n];      // 迭代后 w 向量的新值
    double * g =new double[n];          // 梯度向量
    // w 的初值赋为 0,由于不带约束条件,这是初始可行解
    for (i=0; i<n; i++)
        w[i] =0;
    // 计算初始时的目标函数值
    f =fun_obj->fun(w);
```

```
fun_obj->grad(w, g);                    // 计算初始时的梯度值,g 为返回的梯度值
delta =dnrm2_(&n, g, &inc);             // delta 为公式中的 Δ
double gnorm1 =delta;
double gnorm =gnorm1;
// 如果梯度已经接近 0,则说明达到最优点,直接返回
if (gnorm <=eps * gnorm1)
    search =0;
iter =1;                                // 迭代次数的初始值
// 开始迭代,主迭代循环
while (iter <=max_iter && search)
{
    // 首先,用共轭梯度法搜索近似牛顿方向,s 为返回的牛顿方向
    // 同时还返回了 r,这个向量在后面会用上
    cg_iter =trcg(delta, g, s, r);
    // 将上次的值 w_new 复制到 w 中
    memcpy(w_new, w, sizeof(double) * n);
    // 计算 w^{k+1}=w^k+s^k,即 w_new =one * w_new+s
    daxpy_(&n, &one, s, &inc, w_new, &inc);
    // 计算梯度向量与 s 的内积 (∇f(w_k))^T s ,ddot_是向量内积函数,gs 是结果
    gs =ddot_(&n, g, &inc, s, &inc);
    // 计算 -1/2((∇f(w_k))^T s-s^T r),prered 是公式中的 q_k(s)
    // r=-∇f(w^k)-∇^2 f(w^k)s
    prered =-0.5 * (gs-ddot_(&n, s, &inc, r, &inc));
    // 计算新的函数值 f(w^k+s)
    fnew =fun_obj->fun(w_new);
    // 计算函数的实际减小值 f(w^k+s)-f(w^k) ,f 是上一次的函数值
    // actred 是实际减小值
    actred =f -fnew;
      // 计算 s 的模 ‖s‖
    snorm =dnrm2_(&n, s, &inc);
    if (iter ==1)
        delta =min(delta, snorm);
    // 计算
    if (fnew -f -gs <=0)
        alpha =sigma3;
    else
        alpha =max(sigma1, -0.5 * (gs/(fnew -f -gs)));
    // 更新可信域边界 Δ_{k+1} ,分三种情况,按照公式来计算
    if (actred <eta0 * prered)           // ρ_k<η_0
        delta =min(max(alpha, sigma1) * snorm, sigma2 * delta);
    else if (actred <eta1 * prered)      // ρ_k∈(η_1,η_2)
        delta =max(sigma1 * delta, min(alpha * snorm, sigma2 * delta));
    else if (actred <eta2 * prered)      // ρ_k≤η_1
        delta =max(sigma1 * delta, min(alpha * snorm, sigma3 * delta));
```

```
        else                                          // ρk≥η2
            delta =max(delta, min(alpha * snorm, sigma3 * delta));
        info("iter %2d act %5.3e pre %5.3e delta %5.3e f %5.3e |g| %5.3e CG %3d\n",
        iter,
            actred, prered, delta, f, gnorm, cg_iter);
                                                      // 更新 w的值
        if (actred >eta0 * prered)                    // ρk>η0
        {
            iter++;
                                                      // 更新 w的值
            memcpy(w, w_new, sizeof(double) * n);
            f =fnew;                                  // 更新函数的值
            fun_obj->grad(w, g);                      // 重新计算梯度
            gnorm =dnrm2_(&n, g, &inc);
            if (gnorm <=eps * gnorm1)                 // 梯度模小于指定阈值,迭代结束
                break;
        }
        if (f <-1.0e+32)
        {
            info("WARNING: f <-1.0e+32\n");
            break;
        }
        if (fabs(actred) <=0 && prered <=0)
        {
            info("WARNING: actred and prered <=0\n");
            break;
        }
        if (fabs(actred) <=1.0e-12 * fabs(f) &&
            fabs(prered) <=1.0e-12 * fabs(f))
        {
            info("WARNING: actred and prered too small\n");
            break;
        }
    }
    delete[] g;
    delete[] r;
    delete[] w_new;
    delete[] s;
}
```

函数 trcg 实现了共轭梯度法搜索近似牛顿方向,具体参考前面的公式。其中,$\boldsymbol{g}$ 为梯度,$\boldsymbol{s}$ 和 $\boldsymbol{r}$ 是公式中定义的向量。实现代码如下:

```
int TRON::trcg(double delta, double *g, double *s, double *r)
{
    int i, inc =1;
```

```
int n =fun_obj->get_nr_variable();
double one =1;
double * d =new double[n];
double * Hd =new double[n];
double rTr, rnewTrnew, alpha, beta, cgtol;
// 对 s, r, d赋初值, s̄⁰=0 ,r⁰=-∇f(w_k) , d⁰=r⁰
for (i=0; i<n; i++)
{
    s[i] =0;
    r[i] =-g[i];
    d[i] =r[i];
}
cgtol =0.1* dnrm2_(&n, g, &inc);            // ξ_k ‖∇f(w_k)‖
int cg_iter =0;
rTr =ddot_(&n, r, &inc, r, &inc);           // r^T r
while (1)
{
    // ‖r^i‖≤ξ_k ‖∇f(w_k)‖
    if (dnrm2_(&n, r, &inc) <=cgtol)
        break;
    cg_iter++;
    // 计算 ∇²f(w^k)d^i
    fun_obj->Hv(d, Hd);
    // α_i=‖r^i‖²/((d^i)^T ∇²f(w^k)d^i)
    alpha =rTr/ddot_(&n, d, &inc, Hd, &inc);
    // s̄^{i+1}=s̄^i+α_i d^i
    daxpy_(&n, &alpha, d, &inc, s, &inc);
    // ‖s̄^{i+1}‖≥Δ_k
    if (dnrm2_(&n, s, &inc) >delta)
    {
        // 求解 ‖s̄^i+τd^i‖=Δ_k 得到 τ,这是一个一元二次方程
        info("cg reaches trust region boundary\n");
        alpha =-alpha;
        daxpy_(&n, &alpha, d, &inc, s, &inc);
        double std =ddot_(&n, s, &inc, d, &inc);
        double sts =ddot_(&n, s, &inc, s, &inc);
        double dtd =ddot_(&n, d, &inc, d, &inc);
        double dsq =delta * delta;          // (Δ_k)²
        double rad =sqrt(std* std +dtd* (dsq-sts));
        if (std >=0)
            alpha = (dsq -sts)/(std +rad);
        else
            alpha = (rad -std)/dtd;
        daxpy_(&n, &alpha, d, &inc, s, &inc);
```

```
                alpha =-alpha;
                daxpy_(&n, &alpha, Hd, &inc, r, &inc);
                break;
            }
            alpha =-alpha;
            // r^{i+1}=r^i-α_i∇²f(w^k)d^i
            daxpy_(&n, &alpha, Hd, &inc, r, &inc);
            // (r^{i+1})^T r^{i+1},即 ‖r^{i+1}‖²
            rnewTrnew =ddot_(&n, r, &inc, r, &inc);
            // β_i=‖r^{i+1}‖²/‖r^i‖²
            beta =rnewTrnew/rTr;
            // β_i d^i
            dscal_(&n, &beta, d, &inc);
            // d^{i+1}=r^{i+1}+β_i d^i
            daxpy_(&n, &one, r, &inc, d, &inc);
            rTr =rnewTrnew;
        }
        delete[] d;
        delete[] Hd;
        return(cg_iter);
    }
```

函数 solve_l2r_lr_dual 实现求解 L2 正则化 logistic 回归对偶问题的坐标下降法。代码如下：

```
void solve_l2r_lr_dual(const problem *prob, double *w, double eps, double Cp,
double Cn)
{
    int l =prob->l;
    int w_size =prob->n;
    int i, s, iter =0;
    double *xTx =new double[l];
    int max_iter =1000;
    int *index =new int[l];
    double *alpha =new double[2*l];
    schar *y =new schar[l];
    int max_inner_iter =100;                 // Newton 内循环最大迭代次数
    double innereps =1e-2;
    double innereps_min =min(1e-8, eps);
    double upper_bound[3] ={Cn, 0, Cp};      // 上界
    // 给类别标签赋值
    for(i=0; i<l; i++)
    {
        if(prob->y[i] >0)
        {
            y[i] =+1;
```

```
        }
        else
        {
            y[i] =-1;
        }
    }
    // 给 α 赋初值
    for(i=0; i<l; i++)
    {
        alpha[2 * i] =min(0.001 * upper_bound[GETI(i)], 1e-8);      // α_i
        alpha[2 * i+1] =upper_bound[GETI(i)] -alpha[2 * i];         // α'_i=C-α_i
    }
    for(i=0; i<w_size; i++)                                           // w 初始化为 0
        w[i] =0;
    for(i=0; i<l; i++)
    {
        xTx[i] =0;
        feature_node * xi =prob->x[i];
        // 计算所有的 x_i^T x_i，即矩阵 Q 的主对角元素
        while (xi->index !=-1)
        {
            double val =xi->value;
            xTx[i] +=val * val;
            w[xi->index-1] +=y[i] * alpha[2 * i] * val;
            xi++;
        }
        index[i] =i;
    }
    // 这是坐标下降法的核心
    while (iter <max_iter)
    {
        // 先对要优化变量的顺序进行随机洗牌
        for (i=0; i<l; i++)
        {
            int j =i+rand()%(l-i);
            swap(index[i], index[j]);
        }
        int newton_iter =0;
        double Gmax =0;
        // 依次优化每一个变量
        for (s=0; s<l; s++)
        {
            i =index[s];                                    // 选择第 s 个变量进行优化
            schar yi =y[i];                                 // 类别标签
            double C =upper_bound[GETI(i)];                 // 上界
```

```
double ywTx =0, xisq =xTx[i];
feature_node * xi =prob->x[i];
// 计算 y_i w^T x_i,先计算内积 w^T x_i
while (xi->index !=-1)
{
    ywTx +=w[xi->index-1] * xi->value;
    xi++;
}
ywTx *=y[i];                              // 然后乘上 y_i
// 公式中的 a、b , a=Q_ii , b=y_i w^T x_i
double a =xisq, b =ywTx;
int ind1 =2 * i, ind2 =2 * i+1, sign =1;
if(0.5 * a * (alpha[ind2]-alpha[ind1])+b <0)
{
    ind1 =2 * i+1;
    ind2 =2 * i;
    sign =-1;
}
double alpha_old =alpha[ind1];
double z =alpha_old;
if(C -z <0.5 * C)
    z =0.1 * z;
// gp 是一阶导数,按照公式计算
double gp =a * (z-alpha_old)+sign * b+log(z/(C-z));
Gmax =max(Gmax, fabs(gp));
// 求解子问题的牛顿法
const double eta =0.1;                    // xi in the paper
int inner_iter =0;
while (inner_iter <=max_inner_iter)
{
    if(fabs(gp) <innereps)
        break;
    // gpp 是二阶导数,按照公式计算
    double gpp =a +C/(C-z)/z;
    double tmpz =z -gp/gpp;               // 牛顿法的更新公式
    if(tmpz <=0)                          // 做截断处理
        z *=eta;
    else                                  // tmpz in (0, C)
        z =tmpz;
    / 更新一阶导数的值
    gp =a * (z-alpha_old)+sign * b+log(z/(C-z));
    newton_iter++;
    inner_iter++;
}
```

```
            if(inner_iter >0)
            {
                // α_i ← Z_1 ,α'_i ← Z_2
                alpha[ind1] =z;
                alpha[ind2] =C-z;
                xi =prob->x[i];
                // 更新 w 的值 w← w+ ( Z_1 - α_i ) y_i x_i
                while (xi->index !=-1)
                {
                    w[xi->index-1] +=sign * (z-alpha_old) * yi * xi->value;
                    xi++;
                }
            }
        }
        iter++;
        if(iter %10 ==0)
            info(".");
        if(Gmax <eps)
            break;
        if(newton_iter <=l/10)
            innereps =max(innereps_min, 0.1* innereps);
    }
    info("\noptimization finished, #iter =%d\n",iter);
    if (iter >=max_iter)
        info("\nWARNING: reaching max number of iterations\nUsing -s 0 may be faster
            (also see FAQ)\n\n");
            // 计算目标函数值,先计算正则化项
    double v =0;
    for(i=0; i<w_size; i++)
        v +=w[i] * w[i];
    v *=0.5;
    // 然后计算样本的损失函数部分
    for(i=0; i<l; i++)
        v +=alpha[2* i] * log(alpha[2* i]) +alpha[2* i+1] * log(alpha[2* i+1])
            -upper_bound[GETI(i)] * log(upper_bound[GETI(i)]);
    info("Objective value =%lf\n", v);
    delete [] xTx;
    delete [] alpha;
    delete [] y;
    delete [] index;
}
```

函数 solve_l2r_l1l2_svc 实现用于求解 L2 正则化 L1-loss 和 L2-loss 支持向量机对偶问题的坐标下降法。代码如下：

```
static void solve_l2r_l1l2_svc( const problem *prob, double *w, double eps,
```

```
        double Cp, double Cn, int solver_type)
{
    int l =prob->l;
    int w_size =prob->n;
    int i, s, iter =0;
    double C, d, G;
    double *QD =new double[l];
    int max_iter =1000;
    int *index =new int[l];
    double *alpha =new double[l];
    schar *y =new schar[l];
    int active_size =l;
    double PG;
    double PGmax_old =INF;
    double PGmin_old =-INF;
    double PGmax_new, PGmin_new;
    //默认求解器类型为 L2R_L2LOSS_SVC_DUAL
    double diag[3] ={0.5/Cn, 0, 0.5/Cp};
    double upper_bound[3] ={INF, 0, INF};
    if(solver_type ==L2R_L1LOSS_SVC_DUAL)
    {
        diag[0] =0;
        diag[2] =0;
        upper_bound[0] =Cn;
        upper_bound[2] =Cp;
    }
    //样本标签值
    for(i=0; i<l; i++)
    {
        if(prob->y[i] >0)
        {
            y[i] =+1;
        }
        else
        {
            y[i] =-1;
        }
    }
    //初始化 alpha 值,在这里初始化为 0
    for(i=0; i<l; i++)
        alpha[i] =0;
    //初始化 w 的值,在这里也初始化为 0
    for(i=0; i<w_size; i++)
        w[i] =0;
    //计算 w = sum_{i=1}^{l} y_i alpha_i x_i
```

```
for(i=0; i<l; i++)
{
    QD[i] =diag[GETI(i)];
    feature_node * xi =prob->x[i];
    while (xi->index !=-1)
    {
        double val =xi->value;
        QD[i] +=val * val;
        w[xi->index-1] +=y[i] * alpha[i] * val;
        xi++;
    }
    index[i] =i;
}
// 坐标下降法主迭代循环
while (iter <max_iter)
{
    PGmax_new =-INF;
    PGmin_new =INF;
    for (i=0; i<active_size; i++)          // 先对样本进行随机洗牌
    {
        int j =i+rand()% (active_size-i);
        swap(index[i], index[j]);
    }
    // 依次优化每一变量
    for (s=0; s<active_size; s++)
    {
        i =index[s];                        // 对第 s 个变量进行优化
        // 计算 G=y_i w^T x_i -1+D_ii α_i
        G =0;
        schar yi =y[i];
                                            // 计算 w^T x_i
        feature_node * xi =prob->x[i];
        while(xi->index!=-1)
        {
            G +=w[xi->index-1] * (xi->value);
            xi++;
        }
                                            // 计算 y_i w^T x_i -1
        G =G * yi-1;
        C =upper_bound[GETI(i)];
                                            // 加上 D_ii α_i
        G +=alpha[i] * diag[GETI(i)];
        //       ⎧min(G,0),   α_i=0
        // PG=   ⎨max(G,0),   α_i=U
        //       ⎩G,          0<α_i<U
```

```
PG =0;
if (alpha[i] ==0)
{
    if (G >PGmax_old)
    {
        active_size--;
        swap(index[s], index[active_size]);
        s--;
        continue;
    }
    else if (G <0)
        PG =G;
}
else if (alpha[i] ==C)
{
    if (G <PGmin_old)
    {
        active_size--;
        swap(index[s], index[active_size]);
        s--;
        continue;
    }
    else if (G >0)
        PG =G;
}
else
    PG =G;
PGmax_new =max(PGmax_new, PG);
PGmin_new =min(PGmin_new, PG);
// 更新
if(fabs(PG) >1.0e-12)
{
    // ᾱi←αi
    double alpha_old =alpha[i];
    // αi←min (max (αi-G/Qii,0),U)
    alpha[i] =min(max(alpha[i] -G/QD[i], 0.0), C);
    // w=w+(αi-ᾱi)yixi
    d =(alpha[i] -alpha_old) * yi;
    xi =prob->x[i];
    while (xi->index !=-1)
    {
        w[xi->index-1] +=d * xi->value;
        xi++;
    }
}
```

```
    }
    iter++;
    if(iter %10 ==0)
        info(".");
    if(PGmax_new - PGmin_new <=eps)
    {
        if(active_size ==l)
            break;
        else
        {
            active_size =l;
            info("*");
            PGmax_old =INF;
            PGmin_old =-INF;
            continue;
        }
    }
    PGmax_old =PGmax_new;
    PGmin_old =PGmin_new;
    if (PGmax_old <=0)
        PGmax_old =INF;
    if (PGmin_old >=0)
        PGmin_old =-INF;
}
info("\noptimization finished, %iter =%d\n",iter);
if (iter >=max_iter)
    info("\nWARNING: reaching max number of iterations\nUsing -s 2 may be faster
    (also see FAQ)\n\n");
// 计算目标函数值,首先计算正则化部分
double v =0;
int nSV =0;
for(i=0; i<w_size; i++)
    v +=w[i] * w[i];
// 然后计算损失函数部分
for(i=0; i<l; i++)
{
    v +=alpha[i] * (alpha[i] * diag[GETI(i)] -2);
    if(alpha[i] >0)
        ++nSV;
}
info("Objective value =%lf\n",v/2);
info("nSV =%d\n",nSV);
delete [] QD;
delete [] alpha;
delete [] y;
```

```
    delete [] index;
}
```

## 11.5 softmax 回归

logistic 回归只能用于二分类问题，将它进行推广可以得到处理多类分类问题的softmax 回归。给定 $l$ 个训练样本($\boldsymbol{x}_i, y_i$)，其中 $\boldsymbol{x}_i$ 为 $n$ 维特征向量，$y_i$ 为类别标签，取值为 1～$k$ 的整数。softmax 回归按照下面的公式估计一个样本属于每一类的概率：

$$h_\theta(\boldsymbol{x}) = \frac{1}{\sum_{i=1}^{k} e^{\theta_i^T \boldsymbol{x}}} \begin{bmatrix} e^{\theta_1^T \boldsymbol{x}} \\ \vdots \\ e^{\theta_k^T \boldsymbol{x}} \end{bmatrix}$$

模型的输出为一个 $k$ 维的概率向量，其元素之和为 1，每一个分量为样本属于该类的概率。使用指数函数进行变换的原因是指数函数值都大于 0，概率值必须是非负的。分类时将样本判定为概率最大的那个类。要估计的参数为

$$\boldsymbol{\theta} = [\boldsymbol{\theta}_1 \quad \boldsymbol{\theta}_2 \quad \cdots \quad \boldsymbol{\theta}_k]$$

其中，每个$\boldsymbol{\theta}_i$ 都是一个列向量，$\boldsymbol{\theta}$是一个 $n \times k$ 的矩阵。如果将上面预测出的概率向量记为 $\boldsymbol{y}^*$，即

$$\boldsymbol{y}^* == \frac{1}{\sum_{i=1}^{k} e^{\theta_i^T \boldsymbol{x}}} \begin{bmatrix} e^{\theta_1^T \boldsymbol{x}} \\ \vdots \\ e^{\theta_k^T \boldsymbol{x}} \end{bmatrix}$$

样本真实标签向量用 one-hot 编码，即如果样本是第 $i$ 类，则向量的第 $i$ 个分量为 1，其他的为 0，将这个标签向量记为 $\boldsymbol{y}$。仿照 logistic 回归的做法，样本属于每个类的概率可以统一写成

$$\prod_{i=1}^{k} (y_i^*)^{y_i}$$

显然这个结论是成立的。因为只有一个 $y_i$ 为 1，其他的都为 0，一旦 $\boldsymbol{y}$ 的取值确定，如样本为第 $j$ 类样本，则上式的值为 $y_j^*$。给定一批样本，它们的似然函数为

$$\prod_{i=1}^{l} \left( \prod_{j=1}^{k} \left( \ln \frac{\exp(\boldsymbol{\theta}_j^T \boldsymbol{x}_i)}{\sum_{t=1}^{k} \exp(\boldsymbol{\theta}_t^T \boldsymbol{x}_i)} \right)^{y_{ij}} \right)$$

其中，$y_{ij}$ 为第 $i$ 个训练样本标签向量的第 $j$ 个分量。对上式取对数，得到对数似然函数为

$$\sum_{i=1}^{l} \sum_{j=1}^{k} \left( y_{ij} \ln \frac{\exp(\boldsymbol{\theta}_j^T \boldsymbol{x}_i)}{\sum_{t=1}^{k} \exp(\boldsymbol{\theta}_t^T \boldsymbol{x}_i)} \right)$$

让对数似然函数取极大值等价于让下面的损失函数取极小值：

$$L(\boldsymbol{\theta}) = -\sum_{i=1}^{l} \sum_{j=1}^{k} \left( y_{ij} \ln \frac{\exp(\boldsymbol{\theta}_j^T \boldsymbol{x}_i)}{\sum_{t=1}^{k} \exp(\boldsymbol{\theta}_t^T \boldsymbol{x}_i)} \right)$$

上式可以看作是 logistic 回归损失函数的推广，称为交叉熵损失函数，可以证明这个损失函数是凸函数，并且有冗余的参数，有不止一个最优解。交叉熵的详细解释见 15.7.7 节。

对单个样本的损失函数可以写成

$$L(\boldsymbol{x},y,\boldsymbol{\theta})=-\sum_{j=1}^{k}\left(y_j\ln\frac{\exp(\boldsymbol{\theta}_j^{\mathrm{T}}\boldsymbol{x})}{\sum_{t=1}^{k}\exp(\boldsymbol{\theta}_t^{\mathrm{T}}\boldsymbol{x})}\right)$$

$$=-\sum_{j=1}^{k}\left(y_j\left(\boldsymbol{\theta}_j^{\mathrm{T}}\boldsymbol{x}-\ln\left(\sum_{t=1}^{k}\exp(\boldsymbol{\theta}_t^{\mathrm{T}}\boldsymbol{x})\right)\right)\right)$$

如果样本属于第 $i$ 类，则 $y_i=1$，其他的分量都为 0，上式可以简化为

$$L(\boldsymbol{x},y,\boldsymbol{\theta})=-\left(\boldsymbol{\theta}_i^{\mathrm{T}}\boldsymbol{x}-\ln\left(\sum_{t=1}^{k}\exp(\boldsymbol{\theta}_t^{\mathrm{T}}\boldsymbol{x})\right)\right)$$

下面计算损失函数对$\boldsymbol{\theta}_p$ 的梯度值。如果 $i=p$，则有

$$\nabla_{\boldsymbol{\theta}_p}L=-\left(\boldsymbol{x}-\frac{\exp(\boldsymbol{\theta}_p^{\mathrm{T}}\boldsymbol{x})}{\sum_{t=1}^{k}\exp(\boldsymbol{\theta}_t^{\mathrm{T}}\boldsymbol{x})}\boldsymbol{x}\right)=\boldsymbol{x}\left(\frac{\exp(\boldsymbol{\theta}_p^{\mathrm{T}}\boldsymbol{x})}{\sum_{t=1}^{k}\exp(\boldsymbol{\theta}_t^{\mathrm{T}}\boldsymbol{x})}-1\right)$$

否则

$$\nabla_{\boldsymbol{\theta}_p}L=-\left(0-\frac{\exp(\boldsymbol{\theta}_p^{\mathrm{T}}\boldsymbol{x})}{\sum_{t=1}^{k}\exp(\boldsymbol{\theta}_t^{\mathrm{T}}\boldsymbol{x})}\boldsymbol{x}\right)=\frac{\exp(\boldsymbol{\theta}_p^{\mathrm{T}}\boldsymbol{x})}{\sum_{t=1}^{k}\exp(\boldsymbol{\theta}_t^{\mathrm{T}}\boldsymbol{x})}\boldsymbol{x}$$

得到梯度值之后，可以同梯度下降法迭代，完成训练。这里再直观地解释交叉熵损失函数的含义。如果一个样本是第 $p$ 类的，对单个样本的损失函数可以简化为

$$-\sum_{j=1}^{k}\left(y_j\ln\frac{\exp(\boldsymbol{\theta}_j^{\mathrm{T}}\boldsymbol{x})}{\sum_{t=1}^{k}\exp(\boldsymbol{\theta}_t^{\mathrm{T}}\boldsymbol{x})}\right)=-\ln\frac{\exp(\boldsymbol{\theta}_p^{\mathrm{T}}\boldsymbol{x})}{\sum_{t=1}^{k}\exp(\boldsymbol{\theta}_t^{\mathrm{T}}\boldsymbol{x})}$$

如果 softmax 回归预测出来的属于第 $p$ 类的值为 1，即与真实标签值完全吻合，此时损失函数有极小值 0。反之，如果预测出来属于第 $p$ 类的值为 0，此时损失函数值为正无穷。

## 11.6 应用

logistic 回归在模式识别和数据挖掘领域有成功的应用，典型应用包括广告点击预估 CTR[12]、疾病诊断[13]。线性支持向量机因为计算速度快，被用于行人检测[14]，文本分类等问题。

文献[12]提出了一种用 logistic 回归预测广告点击率的方法，这种方法和它的改进方案被很多互联网公司的广告系统使用。广告点击率预估的目标是给定一个用户搜索以及一个广告，预测这个广告被点击的概率。在这个方法中，特征向量是人工设计的广告特征，例如，文档的标题中词的个数，是否包含某一特定词等。

下面介绍支持向量机在行人检测中的应用。使用梯度方向直方图（Histogram of Oriented Gradient，HOG）特征的线性支持向量机被成功地用于行人检测问题，由 Dalal 等

人在 2005 年提出[14]。行人检测的目标是找出图像中所有行人的位置和大小。这是比人脸检测更具有挑战性的问题，除了要处理视角、光照、遮挡等问题之外，人体比人脸有更复杂的形状，可能有大幅度的变形，雨伞、帽子等干扰物都为行人检测问题带来困难。

HOG 特征用于描述图像中边缘的朝向和强度，根据它来构造直方图作为特征向量。特征的计算主要分如下几步：

（1）图像归一化，可以采用伽马校正，这样做的目的是为了减小光照引起的偏差。

（2）计算图像在水平和垂直方向的导数，这通过水平或者垂直方向相邻像素相减实现。

（3）计算梯度的模和朝向，计算公式分别为

$$M = \sqrt{(\Delta x)^2 + (\Delta y)^2}$$
$$\alpha = \arctan(\Delta y / \Delta x)$$

（4）将图像划分成单元，计算每个单元的梯度方向直方图，即将 360°划分成 $n$ 个等分区间，然后计算梯度方向在每个区间内的像素数，为了平滑，还采用了线性插值。

（5）根据相邻多个单元的直方图构造直方图特征。

（6）对直方图进行归一化，得到最终的特征向量。

然后将特征送入线性支持向量机中进行训练和预测。选用线性支持向量机的原因是计算量更小，只需要执行一次向量内积。

## 参考文献


[1] David W Hosmer, Stanley Lemeshow. Applied logistic regression. Technometrics, 2000.

[2] Chih-Jen Lin, Ruby C Weng, S Sathiya Keerthi. Trust Region Newton Method for Large-Scale Logistic Regrression. Journal of Machine Learning Research 2008,9: 627-650.

[3] Kwangmoo Koh, Seung-Jean Kim, Stephen Boyd. An interior-point method for large scale l1-regularized logistic regression. Journal of Machine Learning Research, 2007,8:1519-1555.

[4] Thomas P Minka. A comparison of numerical optimizers for logistic regression, 2003.

[5] S Shalev-Shwartz, Y Singer, N Srebro. Pegasos: primal estimated sub-gradient solver for SVM. In ICML, 2007.

[6] Kai-Wei Chang, Cho-Jui Hsieh, Chih-Jen Lin. Coordinate descent method for large-scale L2-loss linear SVM. Journal of Machine Learning Research,2008, 9:1369-1398.

[7] Chia-Hua Ho, Chih-Jen Lin. Large-scale linear support vector regression. Journal of Machine Learning Research, 2012, 13:3323-3348.

[8] Cho-Jui Hsieh, Kai-Wei Chang, Chih-Jen Lin, et al. A dual coordinate descent method for large-scale linear SVM. In Proceedings of the Twenty Fifth International Conference on Machine Learning (ICML), 2008.

[9] Wei-Chun Kao, Kai-Min Chung, Chia-Liang Sun, et al. Decomposition methods for linear support vector machines. Neural Computation, 2004, 16(8):1689-1704.

[10] S Sathiya Keerthi, Dennis DeCoste. A modified finite Newton method for fast solution of large scale linear SVMs. Journal of Machine Learning Research, 2005, 6:341-361.

[11] Rong-En Fan, Kai-Wei Chang, Cho-Jui Hsieh, et al. LIBLINEAR: A Library for Large Linear

Classification. Journal of Machine Learning Research 2008 9: 1871-1874.

[12] Matthew Richardson, Ewa Dominowska, Robert J Ragno. Predicting clicks: estimating the click-through rate for new ads. international world wide web conferences, 2007.

[13] Daryl Pregibon. Logistic Regression Diagnostics. Annals of Statistics, 1981.

[14] Navneet Dalal, Bill Triggs. Histograms of oriented gradients for human detection. Computer Vision and Pattern Recognition, 2005.

# 第 12 章

# 随机森林

随机森林是一种集成学习算法，它由多棵决策树组成。用多棵决策树联合预测可以提高模型的精度，这些决策树用对训练样本集随机抽样构造出的样本集训练得到。由于训练样本集由随机抽样构造，因此称为随机森林。随机森林不仅对训练样本进行抽样，还对特征向量的分量随机抽样，在训练决策树时，每次寻找最佳分裂时只使用一部分抽样的特征分量作为候选特征进行分裂。

## 12.1 集成学习

集成学习(Ensemble Learning)是机器学习中的一种思想，它通过多个模型的组合形成一个精度更高的模型，参与组合的模型称为弱学习器(Weak Learner)。在预测时使用这些弱学习器模型联合进行预测；训练时需要用训练样本集依次训练出这些弱学习器。本章介绍的 Bagging 框架是集成学习的典型例子，在第 13 章中介绍的 AdaBoost 算法是集成学习的另一个例子。

### 12.1.1 随机抽样

Bootstrap 抽样是一种数据抽样方法。抽样是指从一个样本数据集中随机选取一些样本，形成新的数据集。这里有两种选择：有放回抽样和无放回抽样。对于前者，一个样本被抽中之后会放回去，在下次抽样时还有机会被抽中。对于后者，一个样本被抽中之后就从抽样集中去除，下次不会再参与抽样，因此，一个样本最多只会被抽中一次。在这里 Bootstrap 使用的是有放回抽样。

这种抽样的做法是在 $n$ 个样本的集合中有放回地抽取 $n$ 个样本形成一个数据集。在这个新的数据集中原始样本集中的一个样本可能会出现多次，也可能不出现。假设样本集中有 $n$ 个样本，每次抽中其中任何一个样本的概率都为 $1/n$，一个样本在每次抽样中没被抽中的概率为 $1-1/n$。由于是有放回的抽样，每两次抽样之间是独立的，因此，对连续 $n$ 次抽样，一个样本没被抽中的概率为

$$(1-1/n)^n$$

可以证明 $n$ 趋向于无穷大时这个值的极限是 $1/\mathrm{e}$，约等于 0.368，其中 e 是自然对数的底数，即如下结论成立：

$$\lim_{n\to+\infty}(1-1/n)^n = 1/\mathrm{e}$$

如果样本量很大，在整个抽样过程中每个样本有 0.368 的概率不被抽中。由于样本集中各个样本是相互独立的，在整个抽样中所有样本大约有 36.8%没有被抽中。这部分样本称为包外(Out Of Bag，OOB)数据。

### 12.1.2 Bagging 算法

在日常生活中人们会遇到这样的情况：对一个决策问题，如果一个人拿不定主意，可以组织多个人来集体决策。如果要判断一个病人是否患有某种疑难疾病，可以组织一批医生来会诊。会诊的做法是让每个医生做一个判断，然后收集他们的判断结果进行投票协商，得票最多的那个判断结果作为最终的结果。这种思想在机器学习领域的应用就是集成学习算法。

在 Bootstrap 抽样的基础上可以构造出 Bagging(Bootstrap Aggregating)算法。这种方法对训练样本集进行多次 Bootstrap 抽样，用每次抽样形成的数据集训练一个弱学习器模型，得到多个独立的弱学习器，最后用它们的组合进行预测。训练流程如下。

循环，对 $i=1,2,\cdots,T$

　　对训练样本集进行 Bootstrap 抽样，得到抽样后的训练样本集

　　用抽样得到的样本集训练一个模型 $h_i(\boldsymbol{x})$

结束循环

输出模型组合 $h_1(\boldsymbol{x}),\cdots,h_T(\boldsymbol{x})$

其中，$T$ 为弱学习器的数量。上面的算法是一个抽象的框架，没有指明每个弱学习器模型的具体形式。如果弱学习器是决策树，这种方法就是随机森林。

## 12.2 随机森林概述

随机森林由 Breiman 等人提出[1,2]，它由多棵决策树组成。在数据结构中森林由多棵数组成，这里沿用了此概念。对于分类问题，一个测试样本会送到每一棵决策树中进行预测，然后投票，得票最多的类为最终分类结果。对于回归问题随机森林的预测输出是所有决策树输出的均值。

随机森林使用多棵决策树联合进行预测可以降低模型的方差，下面给出一种不太严格的解释。对于 $n$ 个独立同分布的随机变量 $x_i$，假设它们的方差为 $\sigma^2$，则它们均值的方差为

$$D\left(\frac{1}{n}\sum_{i}^{n}x_i\right)=\sigma^2/n$$

即将多个随机变量相加取均值方差会减小。如果将每棵决策树的输出值看作随机变量，多棵树的输出值之和的方差会比单棵树小，因此可以降低模型的方差。

## 12.3 训练算法

随机森林在训练时依次训练每一棵决策树，每棵树的训练样本都是从原始训练集中进行随机抽样得到。在训练决策树的每个节点时所用的特征也是随机抽样得到的，即从特征向量中随机抽出部分特征参与训练。随机森林对训练样本和特征向量的分量都进行了随机采样。

在这里决策树的训练算法与第 5 章中介绍的相同，唯一不同的是训练决策树的每个节

点时只使用随机抽取的部分特征分量。

样本的随机抽样可以用均匀分布的随机数构造，如果有 $l$ 个训练样本，只需要将随机数变换到区间$[0,l-1]$即可。每次抽取样本时生成一个该区间内的随机数，然后选择编号为该随机数的样本。对特征分量的采样是无放回抽样，可以用随机洗牌算法实现。

这里需要确定决策树的数量以及每次分裂时选用的特征数量。第一个问题根据训练集的规模和问题的特点而定，后面在分析误差时会给出一种解决方案。第二个问题并没有一个精确的理论答案，可以通过实验确定。

正是因为有了这些随机性，随机森林可以在一定程度上消除过拟合。对样本进行采样是必需的，如果不进行采样，每次都用完整的训练样本集训练出来的多棵树是相同的。

训练每一棵决策树时有部分样本未参与训练。可以在训练时利用这些没有被选中的样本做测试，统计它们的预测误差，这称为包外误差。这种做法与交叉验证类似。二者都是把样本集切分成多份，轮流用其中的一部分样本进行训练，用剩下的样本进行测试。不同的是，交叉验证把样本均匀地切分成分，在训练集中同一个样本不会出现多次；后者在每次 Bootstrap 抽样时同一个样本可能会被选中多次。

利用包外样本作为测试集得到的包外误差与交叉验证得到的误差基本一致，因此，可以用来代替交叉验证的结果。因此，可以使用包外误差作为泛化误差的估计。下面给出包外误差的计算方法。对于分类问题，包外误差定义为被错分的包外样本数与总包外样本数的比值。对于回归问题，所有包外样本的回归误差和除以包外样本数。

实验结果证明，增加决策树的数量包外误差与测试误差会下降。这个结论为我们提供了确定决策树数量的一种思路，可以通过观察误差来决定何时终止训练，当训练误差稳定之后停止训练。

## 12.4 变量的重要性

随机森林可以在训练过程中输出变量的重要性，即哪个特征对分类更有用。实现的方法有两种：Gini 法和置换法，在这里我们介绍置换法。它的原理是，如果某个特征很重要，那么改变样本的该特征值，该样本的预测结果就容易出现错误。也就是说，这个特征值对分类结果很敏感。反之，如果一个特征对分类不重要，随便改变它对分类结果没多大影响。

对于分类问题，训练某决策树时在包外样本集中随机挑选两个样本，如果要计算某一变量的重要性，则置换这两个样本的这个特征值。假设置换前样本的预测值为 $y^*$，真实标签值为 $y$，置换之后的预测值为 $y_\pi^*$。变量重要性的计算公式为

$$v=\frac{n_{y=y*}-n_{y=y_\pi^*}}{|\text{oob}|}$$

其中，$|\text{oob}|$为包外样本数；$n_{y=y*}$ 为包外集合中在进行特征置换之前被正确分类的样本数，$n_{y=y_\pi^*}$ 为包外集合中特征置换之后被正确分类的样本数。二者的差反映的是置换前后的分类准确率变化值。

对于回归问题，变量重要性的计算公式为

$$v=\frac{\sum_{i\in\text{oob}}\exp\left(-\left(\frac{y_i-y_i^*}{m}\right)^2\right)-\sum_{i\in\text{oob}}\exp\left(-\left(\frac{y_i-y_{i,\pi}^*}{m}\right)^2\right)}{|\text{oob}|}$$

其中，$m$ 为所有训练样本中标签值绝对值的最大值。这个定义和分类问题类似，都是衡量置换前和置换后的准确率的差值。除以这个最大值是为了数值计算的稳定。

上面定义的是单棵决策树的变量重要性，计算出每棵树的变量重要性之后，对该值取平均就得到随机森林的变量重要性。计算出每个变量的重要性之后，将该值归一化得到最终的重要性值。

## 12.5 实验程序

下面通过实验程序介绍随机森林的使用，它使用 OpenCV 的随机森林类。同样对 3 个类的样本进行分类。每类有 50 个训练样本，同样使用正态分布随机数生成。在这里，设置随机森林决策树的数量为 5。

程序源代码如下：

```
int main(int argc, char * * argv)
{
    const int kWidth =512, kHeight =512;          // 显示分类结果的图像的高度和宽度
    Vec3b red(0, 0, 255), green(0, 255, 0), blue(255, 0, 0);     // 显示分类结果的颜色
    Mat image =Mat::zeros(kHeight, kWidth, CV_8UC3);
    // 为训练样本标签赋值,每类样本 50 个
    int labels[150];
    for (int i =0 ; i <50; i++)
        labels[i] =1;
    for (int i =50; i <100; i++)
        labels[i] =2;
    for (int i =100; i <150; i++)
        labels[i] =3;
    Mat trainResponse(150, 1, CV_32SC1, labels);
    // 为训练样本特征向量数组赋值
    float trainDataArray[150][2];
    RNG rng;
    for (int i =0; i <50; i++)
    {
        trainDataArray[i][0] =250 +static_cast<float>(rng.gaussian(30));
        trainDataArray[i][1] =250 +static_cast<float>(rng.gaussian(30));
    }
    for (int i =50; i <100; i++)
    {
        trainDataArray[i][0] =150 +static_cast<float>(rng.gaussian(30));
        trainDataArray[i][1] =150 +static_cast<float>(rng.gaussian(30));
    }
    for (int i =100; i <150; i++)
    {
        trainDataArray[i][0] =320 +static_cast<float>(rng.gaussian(30));
        trainDataArray[i][1] =150 +static_cast<float>(rng.gaussian(30));
```

```
    }
    Mat trainData(150, 2, CV_32FC1, trainDataArray);
    // 随机森林的训练参数,在源代码分析中会详细讲解。在这里,决策树的数量为 5
    CvRTParams params =CvRTParams(5, 2, 0, false, 2, NULL, true, 0, 5, 0,
        CV_TERMCRIT_ITER);
    CvRTrees rtrees;
    // 训练随机森林
    rtrees.train(trainData, CV_ROW_SAMPLE, trainResponse, cv::Mat(),
        cv::Mat(), cv::Mat(), cv::Mat(), params);
    // 对图像内所有点进行预测,并显示不同的颜色
    for (int i =0; i <image.rows; i++)
    {
        for (int j =0; j <image.cols; j++)
        {
            Mat sampleMat = (Mat_<float>(1, 2) <<j, i);
            float response =rtrees.predict(sampleMat);
            if (response ==1)
                image.at<Vec3b>(i, j) =red;
            else if (response ==2)
                image.at<Vec3b>(i, j) =green;
            else
                image.at<Vec3b>(i, j) =blue;
        }
    }
    // 显示 3 类训练样本
    for (int i =0; i <trainData.rows; i++)
    {
        const float* v =trainData.ptr<float>(i);
        Point pt =Point((int)v[0], (int)v[1]);
        if (labels[i] ==1)
            circle(image, pt, 5, Scalar::all(0), -1, 8);
        else if (labels[i] ==2)
            circle(image, pt, 5, Scalar::all(128), -1, 8);
        else
            circle(image, pt, 5, Scalar::all(255), -1, 8);
    }

    imshow("random forest classifier demo", image);
    waitKey(0);
    return 0;
}
```

程序运行结果如图 12.1 所示。

图 12.1 中 3 个类的分类界线为分段直线,因为决策树是分段线性的,随机森林是它们的投票结果,因此还是分段线性的。

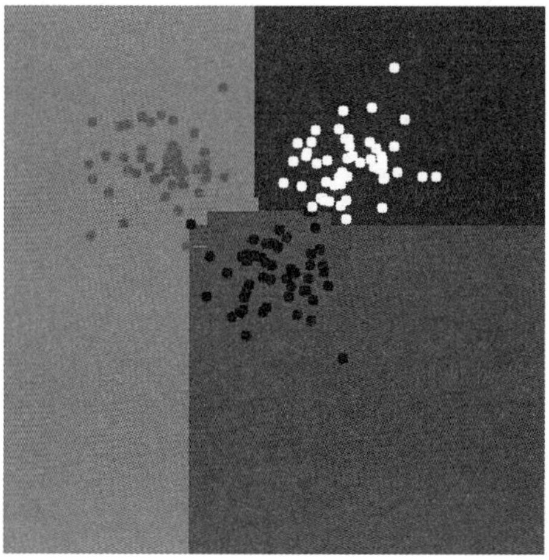

图 12.1　随机森林的分类结果

## 12.6　源代码分析

下面分析 OpenCV 中随机森林的源代码。它实现了完整的随机森林功能，包括训练算法、预测算法，并且支持计算包外误差、输出变量重要性、计算变量相似度，支持分类和回归问题。

### 12.6.1　主要数据结构

CvForestTree 类是随机森林的决策树，继承自决策树 CvDTree 类。定义如下：

```
class CV_EXPORTS CvForestTree: public CvDTree
{
public:
    CvForestTree();
    virtual ~CvForestTree();
    virtual bool train( CvDTreeTrainData * _train_data, const CvMat * _subsample_idx,
        CvRTrees * forest );
    virtual int get_var_count() const {return data ? data->var_count : 0;}
    virtual void read( CvFileStorage * fs, CvFileNode * node, CvRTrees * forest,
        CvDTreeTrainData * _data );
    // 下面这些函数是内部调用的
    virtual bool train( const CvMat * _train_data, int _tflag,
        const CvMat * _responses, const CvMat * _var_idx=0,
        const CvMat * _sample_idx=0, const CvMat * _var_type=0,
        const CvMat * _missing_mask=0,
        CvDTreeParams params=CvDTreeParams() );
    virtual bool train( CvDTreeTrainData * _train_data, const CvMat * _subsample_idx );
    virtual void read( CvFileStorage * fs, CvFileNode * node );
    virtual void read( CvFileStorage * fs, CvFileNode * node, CvDTreeTrainData *
```

```
data );
protected:
    // 辅助结构,用于寻找最佳分裂时的并行计算
    friend struct cv::ForestTreeBestSplitFinder;
    // 寻找最佳分裂,重写了基类的函数
    virtual CvDTreeSplit * find_best_split( CvDTreeNode * n );
    // 指向随机森林的指针
    CvRTrees * forest;
};
```

这里重写了 find_best_split 函数,因为随机森林的决策树和标准决策树的训练算法不同,前者在训练时每次分裂都要对特征向量的分量进行随机采样。

CvRTrees 是随机森林类,继承自 CvStatModel,定义如下:

```
class CV_EXPORTS CvRTrees: public CvStatModel
{
public:
    CvRTrees();
    virtual ~CvRTrees();
    virtual bool train( const CvMat * _train_data, int _tflag,
        const CvMat * _responses, const CvMat * _var_idx=0,
        const CvMat * _sample_idx=0, const CvMat * _var_type=0,
        const CvMat * _missing_mask=0,
        CvRTParams params=CvRTParams() );
    virtual bool train( CvMLData * data, CvRTParams params=CvRTParams() );
    virtual float predict( const CvMat * sample, const CvMat * missing =0 ) const;
    virtual float predict_prob( const CvMat * sample, const CvMat * missing =0 ) const;
#ifndef SWIG
    virtual bool train( const cv::Mat& _train_data, int _tflag,
        const cv::Mat& _responses, const cv::Mat& _var_idx=cv::Mat(),
        const cv::Mat& _sample_idx=cv::Mat(), const cv::Mat& _var_type=cv::Mat(),
        const cv::Mat& _missing_mask=cv::Mat(),
        CvRTParams params=CvRTParams() );
    virtual float predict( const cv::Mat& sample, const cv::Mat& missing =cv::Mat() )
        const;
    virtual float predict_prob( const cv::Mat& sample, const cv::Mat& missing =
   cv::Mat() )
        const;
#endif
    virtual void clear();
    virtual const CvMat * get_var_importance();
    virtual float get_proximity( const CvMat * sample1, const CvMat * sample2,
        const CvMat * missing1 =0, const CvMat * missing2 =0 ) const;
    virtual float calc_error( CvMLData * _data, int type , std::vector<float> *
    resp =0 );
    virtual float get_train_error();
```

```
    virtual void read( CvFileStorage * fs, CvFileNode * node );
    virtual void write( CvFileStorage * fs, const char * name ) const;
    CvMat * get_active_var_mask();
    CvRNG * get_rng();
    int get_tree_count() const;
    CvForestTree * get_tree(int i) const;
protected:
    virtual bool grow_forest( const CvTermCriteria term_crit );
    CvForestTree * * trees;                 // 随机森林所包含的决策树
    CvDTreeTrainData * data;                // 树的训练样本数据,所有决策树共用
    int ntrees;                             // 决策树的数量
    int nclasses;                           // 类型数,仅用于分类问题
    double oob_error;                       // oob 误差
    CvMat * var_importance;                 // 变量重要性数组
    int nsamples;                           // 训练样本数
    CvRNG rng;                              // 随机数生成,对样本、特征进行随机采样时使用
    CvMat * active_var_mask;                // 特征分量活跃性掩码,用于特征的随机采样
};
```

## 12.6.2 训练算法

下面介绍决策树的训练算法。训练过程中每次分裂只对抽样选中的部分特征进行计算,这由重写的 find_best_split 函数实现。

ForestTreeBestSplitFinder 继承自 DTreeBestSplitFinder,用于随机森林树的最佳分裂搜索,目的是为了使用并行计算进行加速。下面的函数负责搜索指定编号范围内的变量最佳分裂,用于多线程并行处理时调用,range 指明了搜索范围。代码如下:

```
void ForestTreeBestSplitFinder::operator()(const BlockedRange& range)
{
    int vi, vi1 =range.begin(), vi2 =range.end();  // 搜索的起始范围
    int n =node->sample_count;                     // 采样数量
    CvDTreeTrainData * data =tree->get_data();     // 训练样本数据
    AutoBuffer<uchar>inn_buf(2 * n * (sizeof(int) +sizeof(float)));
    CvForestTree * ftree = (CvForestTree * )tree;
    // 活跃变量掩码数组,表示哪些特征分量被随机选中用来训练
    const CvMat * active_var_mask =ftree->forest->get_active_var_mask();
    for( vi =vi1; vi <vi2; vi++)                   // vi 是特征分量的下标
    {
        CvDTreeSplit *res;
        int ci =data->var_type->data.i[vi];
        // 如果特征分量不活跃则跳过该特征,即没有被抽样选中
        if( node->num_valid[vi] <=1
            || (active_var_mask && !active_var_mask->data.ptr[vi]) )
            continue;
        if( data->is_classifier )                  // 对于分类问题
```

```
        {
            // 调用的还是决策树的寻找最佳分裂函数
            if( ci >=0 )
                res =ftree->find_split_cat_class( node, vi, bestSplit->quality,
                split,(uchar * )inn_buf );
            else
                res =ftree->find_split_ord_class( node, vi, bestSplit->quality,
                split, (uchar * )inn_buf );
        }
        else                                                // 对于回归问题
        {
            if( ci >=0 )
                res =ftree->find_split_cat_reg( node, vi, bestSplit->quality,
                split, (uchar * )inn_buf );
            else
                res =ftree->find_split_ord_reg( node, vi, bestSplit->quality,
                split, (uchar * )inn_buf );
        }
        // 如果寻找到的最佳分裂比当前最好的最佳分裂还要好,更新最佳分裂
        if( res && bestSplit->quality <split->quality )
            memcpy( (CvDTreeSplit * )bestSplit, (CvDTreeSplit * )split, splitSize );
    }
}
```

与标准的决策树相比,这里的不同在于寻找最佳分裂时跳过了那些没有被抽样选中的特征,只对选中的特征进行计算。

函数 find_best_split 为决策树的一个节点寻找最佳分裂。首先对特征分量进行随机洗牌,选出部分特征作为分裂的候选特征,这相当于特征分量的采样;然后寻找最佳分裂。实现代码如下:

```
CvDTreeSplit * CvForestTree::find_best_split( CvDTreeNode * node )
{
    CvMat * active_var_mask =0;
    if( forest )
    {
        int var_count;
        CvRNG * rng =forest->get_rng();
        // 获取变量的活跃性掩码
        active_var_mask =forest->get_active_var_mask();
        var_count =active_var_mask->cols;
        CV_Assert( var_count ==data->var_count );
        // 以下循环对参与分裂的特征分量进行随机洗牌排序
        for( int vi =0; vi <var_count; vi++)
        {
```

```
            // 随机交换两个掩码值
            uchar temp;
            int i1 =cvRandInt(rng) %var_count;
            int i2 =cvRandInt(rng) %var_count;
            CV_SWAP( active_var_mask->data.ptr[i1],
                active_var_mask->data.ptr[i2], temp );
        }
    }
    // 并行计算,寻找最佳分裂
    cv::ForestTreeBestSplitFinder finder( this, node );
    cv::parallel_reduce(cv::BlockedRange(0, data->var_count), finder);
    CvDTreeSplit * bestSplit =data->new_split_cat( 0, -1.0f );
    memcpy( bestSplit, finder.bestSplit, finder.splitSize );
    return bestSplit;
}
```

函数 train 是随机森林的训练函数。代码如下：

```
bool CvRTrees::train( const CvMat * _train_data, int tflag, const CvMat * _responses,
    const CvMat * _var_idx, const CvMat * _sample_idx, const CvMat * _var_type,
    const CvMat * _missing_mask, CvRTParams params )
{
    clear();                                          // 清除上次的数据
    // 生成构造决策树的参数
    CvDTreeParams tree_params( params.max_depth, params.min_sample_count,
        params.regression_accuracy, params.use_surrogates, params.max_categories,
        params.cv_folds, params.use_1se_rule, false, params.priors );
    // 生成训练数据
    data =new CvDTreeTrainData();
    data->set_data( _train_data, _tflag, _responses, _var_idx,
        _sample_idx, _var_type, _missing_mask, tree_params, true);
    int var_count =data->var_count;                  // 特征数
    // 如果采样特征数超过总特征数,做截断处理
    if( params.nactive_vars >var_count )
        params.nactive_vars =var_count;
    else if( params.nactive_vars ==0 )               // 如果采样特征数是 0,设为默认值
        params.nactive_vars =(int)sqrt((double)var_count);    // 默认值
    else if( params.nactive_vars <0 )
        CV_Error( CV_StsBadArg, "<nactive_vars>must be non-negative" );
    // 创建特征分量的活跃掩码,即哪些特征分量被用来做分裂候选
    // 这是一个行向量
    active_var_mask =cvCreateMat( 1, var_count, CV_8UC1 );
    // 初始化变量重要性数组
    if( params.calc_var_importance )
    {
```

```
        var_importance =cvCreateMat( 1, var_count, CV_32FC1 );
        cvZero(var_importance);
    }
    {    // 初始化这个掩码数组
        CvMat submask1, submask2;
        CV_Assert( (active_var_mask->cols >=1) && (params.nactive_vars >0) &&
        (params.nactive_vars <=active_var_mask->cols) );
        // 取出 active_var_mask 的前 params.nactive_vars 列
        cvGetCols( active_var_mask, &submask1, 0, params.nactive_vars );
        // 将前 params.nactive_vars 列设置为 1
        cvSet( &submask1, cvScalar(1) );
        if( params.nactive_vars <active_var_mask->cols )
        {
            // 取出 active_var_mask 剩余的列
            cvGetCols( active_var_mask, &submask2, params.nactive_vars, var_count );
            // 将这些列初始化为 0
            // 这段代码实现的效果实际上是,第一次采样时,选择的是前 nactive_vars
            // 个特征做分裂,接下来,只要对这个特征掩码数组进行随机洗牌,
            // 就能达到随机选择 nactive_vars 个特征的目的
            cvZero( &submask2 );
                }
            }
    // 这个函数负责训练每一棵树
    return grow_forest( params.term_crit );
}
```

训练每一棵决策树由 grow_forest 函数实现。代码如下:

```
bool CvRTrees::grow_forest( const CvTermCriteria term_crit )
{
    // 样本 Bootstrap 采样掩码数组,被采样选中的样本掩码值为 0xff,否则为 0
    CvMat * sample_idx_mask_for_tree =0;
    // 被 Bootstrap 采样选中的样本的编号数组
    CvMat * sample_idx_for_tree =0;
    // 决策树的最大数量
    const int max_ntrees =term_crit.max_iter;
    // OOB 误差的最大值
    const double max_oob_err =term_crit.epsilon;
    const int dims =data->var_count;                    // 特征向量的维数
    float maximal_response =0;                          // 响应的最大值
    // OOB 样本响应值的投票结果,用于分类问题
    CvMat * oob_sample_votes=0;
    // OOB 样本响应值,用于回归问题
    CvMat * oob_responses =0;
    // OOB 样本的置换指针
```

```
float* oob_samples_perm_ptr=0;
// 样本数组的首地址指针
float* samples_ptr=0;
// 属性缺失掩码数组的首地址指针
uchar* missing_ptr=0;
// 样本响应值数组的首地址指针
float* true_resp_ptr=0;
// 计算 OOB 误差,或者计算变量的重要性
bool is_oob_or_vimportance = (max_oob_err >0 && term_crit.type !=
    CV_TERMCRIT_ITER) || var_importance;
// 单个样本在所有决策树 OOB 集合中的预测值的累加和
CvMat oob_predictions_sum =cvMat( 1, 1, CV_32FC1 );
// 单个样本在所有决策树 OOB 集合中被预测的次数
CvMat oob_num_of_predictions =cvMat( 1, 1, CV_32FC1 );
nsamples =data->sample_count;                    // 总样本数
nclasses =data->get_num_classes();               // 类别数
// 计算 OOB 误差或者变量的重要性
if ( is_oob_or_vimportance )
{
// 如果是分类问题
    if( data->is_classifier )
    {
        // 创建 OOB 投票数组,数组的行数为总样本数,列数为类别数
        oob_sample_votes =cvCreateMat( nsamples, nclasses, CV_32SC1 );
        // 数组初始化为 0
        cvZero(oob_sample_votes);
    }
    else
    {
        // 如果是回归问题,创建 OOB 预测数组
        // oob_responses[0][i]为第 i 个样本对所有决策树的预测值之和
        // oob_responses[1][i]为第 i 个样本被所有决策树的预测次数
        oob_responses =cvCreateMat( 2, nsamples, CV_32FC1 );
        // 整个数组初始化为 0
        cvZero(oob_responses);
        cvGetRow( oob_responses, &oob_predictions_sum, 0 );
        cvGetRow( oob_responses, &oob_num_of_predictions, 1 );
    }
    oob_samples_perm_ptr= (float* )cvAlloc( sizeof(float) * nsamples * dims );
    samples_ptr= (float* )cvAlloc( sizeof(float) * nsamples * dims );
    missing_ptr= (uchar* )cvAlloc( sizeof(uchar) * nsamples * dims );
    true_resp_ptr= (float* )cvAlloc( sizeof(float) * nsamples );
    data->get_vectors( 0, samples_ptr, missing_ptr, true_resp_ptr );
    double minval, maxval;
```

```
        CvMat responses =cvMat(1, nsamples, CV_32FC1, true_resp_ptr);
        cvMinMaxLoc( &responses, &minval, &maxval );
        maximal_response =(float)MAX( MAX( fabs(minval), fabs(maxval) ), 0 );
    }
    // 为所有的决策树指针分配空间
    trees =(CvForestTree* * )cvAlloc( sizeof(trees[0]) * max_ntrees );
    memset( trees, 0, sizeof(trees[0]) * max_ntrees );
    // 创建 Bootstrap 采样掩码数组
    sample_idx_mask_for_tree =cvCreateMat( 1, nsamples, CV_8UC1 );
    sample_idx_for_tree     =cvCreateMat( 1, nsamples, CV_32SC1 );
    ntrees =0;
    // 依次训练每一棵树
    while( ntrees <max_ntrees )
    {
        int i, oob_samples_count =0;
        double ncorrect_responses =0;                    // 用于估算变量的重要性
        CvForestTree* tree =0;
        cvZero( sample_idx_mask_for_tree );
        // 随机抽样 n 个样本用来训练决策树, 即 Bootstrap 采样
        for(i =0; i <nsamples; i++)
        {
            // 生成[0, nsamples-1]均匀分布的随机数 idx
            int idx =cvRandInt( &rng ) %nsamples;
            // 第 idx 个样本被选中
            sample_idx_for_tree->data.i[i] =idx;
            sample_idx_mask_for_tree->data.ptr[idx] =0xFF;
        }
        // 训练第 ntrees 棵树
        trees[ntrees] =new CvForestTree();
        tree =trees[ntrees];
        // 训练决策树,sample_idx_for_tree 中是被抽样选中的样本的编号
        tree->train( data, sample_idx_for_tree, this );
        // 如果需要计算 OOB 误差或变量的重要性
        if ( is_oob_or_vimportance )
        {
            CvMat sample, missing;
            // 被选中的特征
            sample =cvMat( 1, dims, CV_32FC1, samples_ptr );
            // 没有被选中的特征
            missing =cvMat( 1, dims, CV_8UC1, missing_ptr );
            oob_error =0;                               // OOB 误差初始化为 0
            // 下面的循环用于计算 OOB 样本的误差
            // 依次处理每个样本
            for( i =0; i <nsamples; i++,
```

```
    sample.data.fl +=dims, missing.data.ptr +=dims )
{
    CvDTreeNode* predicted_node =0;
    // 检查第 i 个样本是不是 OOB 样本,如果不是,直接跳过
    if( sample_idx_mask_for_tree->data.ptr[i] )
        continue;
    // 用当前训练出来的决策树对 OOB 样本进行预测
    if( !predicted_node )
        predicted_node =tree->predict(&sample, &missing, true);
    if( !data->is_classifier ) //如果是回归问题,计算回归误差
    {
        double avg_resp, resp =predicted_node->value;
        // 累加回归值
        oob_predictions_sum.data.fl[i] +=(float)resp;
        // 累加样本的预测次数
        oob_num_of_predictions.data.fl[i] +=1;
        // 计算 OOB 误差
        // 先计算平均预测值
        avg_resp =
        oob_predictions_sum.data.fl[i]/oob_num_of_predictions.data.fl[i];
        // 与真实输出值相减
        avg_resp -=true_resp_ptr[i];
        // 误差平方和累加
        oob_error +=avg_resp* avg_resp;
        resp =(resp -true_resp_ptr[i])/maximal_response;
        ncorrect_responses +=exp( -resp* resp );
    }
    else                                        // 如果是分类问题
    {
        double prdct_resp;
        CvPoint max_loc;
        CvMat votes;
        // 累加第 i 个样本的投票结果,即第 i 个样本的第 class_idx 类的
        // 投票结果加 1
        cvGetRow(oob_sample_votes, &votes, i);
        votes.data.i[predicted_node->class_idx]++;
        // 寻找最大投票值
        cvMinMaxLoc( &votes, 0, 0, 0, &max_loc );
        // 累加 OOB 误差
        // 得到样本的分类结果
        prdct_resp =data->cat_map->data.i[max_loc.x];
        // 如果 prdct_resp ==true_resp_ptr[i],即分类正确,不累加误差
        // 否则误差加 1
        oob_error +=(fabs(prdct_resp -true_resp_ptr[i]) <FLT_EPSILON)
            ? 0 : 1;
```

```
            // 被正确分类的次数
            ncorrect_responses +=cvRound(predicted_node->value -
                true_resp_ptr[i]) ==0;
        }
        oob_samples_count++;                // OOB 样本数累加
    }
    // OOB 误差为总误差除以 OOB 样本数
    if( oob_samples_count >0 )
        oob_error /=(double)oob_samples_count;
    // 下面的代码计算变量的重要性
    if( var_importance && oob_samples_count >0 )
    {
        int m;
        memcpy( oob_samples_perm_ptr, samples_ptr,
            dims * nsamples * sizeof(float));
        // 对特征向量的每一维,即依次计算每个特征的重要性
        for( m =0; m <dims; m++)
        {
            double ncorrect_responses_permuted =0;
            float* mth_var_ptr =oob_samples_perm_ptr +m;
            // 随机置换两个样本的特征
            for( i =0; i <nsamples; i++)
            {
                int i1, i2;
                float temp;
                if( sample_idx_mask_for_tree->data.ptr[i] )
                    continue;
                i1 =cvRandInt( &rng ) %nsamples;
                i2 =cvRandInt( &rng ) %nsamples;
                CV_SWAP( mth_var_ptr[i1 * dims], mth_var_ptr[i2 * dims],
                    temp );
                if( m >1 )
                    oob_samples_perm_ptr[i * dims+m-1] =
                        samples_ptr[i * dims+m-1];
            }
            sample =cvMat( 1, dims, CV_32FC1, oob_samples_perm_ptr );
            missing =cvMat( 1, dims, CV_8UC1, missing_ptr );
            // 依次处理每个样本
            for( i =0; i <nsamples; i++,
                sample.data.fl +=dims, missing.data.ptr +=dims )
            {
                double predct_resp, true_resp;
                // 如果不是 OOB 样本,跳过
                if( sample_idx_mask_for_tree->data.ptr[i] )
                    continue;
```

```
                        // 用当前训练出来的决策树进行预测
                        predct_resp = tree->predict(&sample, &missing, true)->
                        value;
                        true_resp = true_resp_ptr[i];
                        // 如果是分类问题
                        if( data->is_classifier )
                            ncorrect_responses_permuted += cvRound(true_resp -
                                predct_resp) == 0;
                        else                                // 如果是回归问题
                        {
                            true_resp = (true_resp - predct_resp)/maximal_response;
                            ncorrect_responses_permuted +=
                                exp( -true_resp * true_resp );
                        }
                    }
                    // 累加变量的重要性值
                    var_importance->data.fl[m] += (float)(ncorrect_responses
                        - ncorrect_responses_permuted);
                }
            }
        }
        ntrees++;
        if( term_crit.type != CV_TERMCRIT_ITER && oob_error < max_oob_err )
            break;
    }
    // 如果需要计算变量的重要性
    if( var_importance )
    {
        for ( int vi = 0; vi < var_importance->cols; vi++ )
                var_importance->data.fl[vi] = ( var_importance->data.fl[vi] > 0 ) ?
                    var_importance->data.fl[vi] : 0;
        // 重要性归一化
        cvNormalize( var_importance, var_importance, 1., 0, CV_L1 );
    }
    cvFree( &oob_samples_perm_ptr );
    cvFree( &samples_ptr );
    cvFree( &missing_ptr );
    cvFree( &true_resp_ptr );
    cvReleaseMat( &sample_idx_mask_for_tree );
    cvReleaseMat( &sample_idx_for_tree );
    cvReleaseMat( &oob_sample_votes );
    cvReleaseMat( &oob_responses );
    return true;
}
```

### 12.6.3 预测算法

预测算法由函数 predict 实现。代码如下：

```
float CvRTrees::predict( const CvMat* sample, const CvMat* missing ) const
{
    double result =-1;
    int k;
    if( nclasses >0 )                              // 如果是分类问题
    {
        int max_nvotes =0;
        int* votes =(int*)alloca( sizeof(int) * nclasses );
        memset( votes, 0, sizeof(*votes) * nclasses );
        // 对 1~ntrees 的所有树进行预测
        for( k =0; k <ntrees; k++)
        {
            CvDTreeNode* predicted_node =trees[k]->predict( sample, missing );
            int nvotes;
            int class_idx =predicted_node->class_idx;
            CV_Assert( 0 <=class_idx && class_idx <nclasses );

            nvotes =++votes[class_idx];            // 统计投票结果
            if( nvotes >max_nvotes )
            {
                max_nvotes =nvotes;                // 最大票数所代表的类是最终的分类结果
                result =predicted_node->value;
            }
        }
    }
    else
    {    // 对于回归问题
        result =0;
        for( k =0; k <ntrees; k++)//用每一棵决策树进行回归
            result +=trees[k]->predict( sample, missing )->value;
        result /=(double)ntrees;                   //计算均值
    }
    return (float)result;
}
```

## 12.7 应用

作为决策树的改进，随机森林同样具有运算量小、实现简单的优点，得到了广泛的应用。典型的应用包括各种图像和数据的分类[3][4]，水溶性预测[5]，疾病诊断[6]，人脸检测与关键点定位问题[7]。

# 参 考 文 献

[1] Breiman Leo. Random Forests. Machine Learning 45, 2001(1): 5-32.

[2] Ho Tin Kam. Random Decision Forest. Proc. of the 3rd Int'l Conf. on Document Analysis and Recognition, Montreal, Canada, 1995: 278-282.

[3] Jisoo Ham, Yangchi Chen, Melba M Crawford, et al. Investigation of the random forest framework for classification of hyperspectral data. IEEE Transactions on Geoscience and Remote Sensing, 2005.

[4] M Pal. Random forest classifier for remote sensing classification. International Journal of Remote Sensing, 2005.

[5] David S Palmer, Noel M Oboyle, Robert C Glen, et al. Random forest models to predict aqueous solubility. Journal of Chemical Information and Modeling, 2007.

[6] Tao Shi, David Seligson, Arie S Belldegrun, et al. Tumor classification by tissue microarray profiling: random forest clustering applied to renal cell carcinoma. Modern Pathology,2005.

[7] Dong Chen, Shaoqing Ren, Yichen Wei, et al. Joint Cascade Face Detection and Alignment. european conference on computer vision. 2014.

# 第13章

# Boosting算法

Boosting算法也是一种集成学习算法。它的分类器(学习器)由多个弱分类器(学习器)组成,预测时用每个弱分类器分别进行预测,然后投票得到结果;训练时依次训练每个弱分类器,在这里采用了与随机森林不同的策略,不是对样本进行独立的随机抽样构造训练集,而是重点关注被前面的弱分类器错分的样本。弱分类器是很简单的分类器,它计算量小且精度不用太高。

AdaBoost算法由Freund等人提出[1-5],是Boosting算法的一种实现版本。在最早的版本中,这种方法的弱分类器带有权重,分类器的预测结果为弱分类器预测结果的加权和。训练时训练样本具有权重,并且会在训练过程中动态调整,被前面的弱分类器错分的样本会加大权重,因此算法会更关注难分的样本。2001年级联的AdaBoost分类器被成功用于人脸检测问题,此后它在很多模式识别问题上得到了应用。

## 13.1 AdaBoost算法简介

AdaBoost算法的全称是自适应Boosting(Adaptive Boosting),是一种用于二分类问题的算法,它用弱分类器的线性组合来构造强分类器。弱分类器的性能不用太好,仅比随机猜测强,依靠它们可以构造出一个非常准确的强分类器。强分类器的计算公式为

$$F(\boldsymbol{x}) = \sum_{t=1}^{T} \alpha_t f_t(\boldsymbol{x})$$

其中,$\boldsymbol{x}$是输入向量,$F(\boldsymbol{x})$是强分类器,$f_t(\boldsymbol{x})$是弱分类器,$\alpha_t$是弱分类器的权重,$T$为弱分类器的数量,弱分类器的输出值为+1或-1,分别对应正样本和负样本。分类时的判定规则为

$$\operatorname{sgn}\ (F(\boldsymbol{x}))$$

强分类器的输出值也为+1或-1,同样对应于正样本和负样本。弱分类器和它们的权重通过训练算法得到。之所以叫弱分类器是因为它们的精度不用太高,对于二分类问题,只要保证准确率大于0.5即可,即比随机猜测强,随机猜测也有50%的准确率。

## 13.2 训练算法

训练时,依次训练每一个弱分类器,并得到它们的权重值。在这里,训练样本带有权重值,初始时所有样本的权重相等,在训练过程中,被前面的弱分类器错分的样本会加大权重,反之会减小权重,这样接下来的弱分类器会更加关注这些难分的样本。弱分类器的权重值根据它的准确率构造,精度越高的弱分类器权重越大。给定$l$个训练样本$(\boldsymbol{x}_i, y_i)$,其中,$\boldsymbol{x}_i$是特征向量,$y_i$为类别标签,其值为+1或-1。训练算法的流程如下。

初始化样本权重值，所有样本的初始权重相等：

$$w_i^0 = 1/l, \quad i = 1,2,\cdots,l$$

循环，对 $t=1,2,\cdots,T$ 依次训练每个弱分类器：

训练一个弱分类器 $f_t(\boldsymbol{x})$，并计算它对训练样本集的错误率 $e_t$

计算弱分类器的权重：

$$\alpha_t = \frac{1}{2}\ln\left((1-e_t)/e_t\right)$$

更新所有样本的权重：

$$w_i^t = w_i^{t-1}\exp\left(-y_i\alpha_t f_t(\boldsymbol{x}_i)\right)/Z_t$$

其中，$Z_t$ 为归一化因子，它是所有样本的权重之和：

$$Z_t = \sum_{i=1}^{l} w_i^{t-1}\exp\left(-y_i\alpha_t f_t(\boldsymbol{x}_i)\right)$$

结束循环

最后得到强分类器：

$$\operatorname{sgn}(F(\boldsymbol{x})) = \operatorname{sgn}\left(\sum_{t=1}^{T}\alpha_t f_t(\boldsymbol{x})\right)$$

根据计算公式，错误率低的弱分类器权重大，它是准确率的增函数。沿用第 12 章医生集体会诊的例子，如果在之前的诊断中医生的技术更好，对病人情况的判断更准确，那么可以加大他在此次会诊时说话的分量（即权重）。弱分类器在训练样本集上的错误率计算公式为

$$e_t = \left(\sum_{i=1}^{l} w_i^{t-1}\,\left|f_t(\boldsymbol{x}_i) - y_i\right|\right)\Big/ 2\sum_{i=1}^{l} w_i^{t-1}$$

在这里考虑了样本权重值。因为可以保证在训练集上弱分类器的正确率大于 0.5，所以有

$$(1-e_t)/e_t > 1$$

因此，弱分类器的权重大于 0。弱分类器的错误率小于 0.5 是能保证的，如果准确率小于 0.5，只需要将弱分类器的输出反号即可。对于被弱分类器正确分类的样本，有

$$y_i f_t(\boldsymbol{x}_i) = +1$$

对于被弱分类器错误分类的样本，有

$$y_i f_t(\boldsymbol{x}_i) = -1$$

如果不考虑归一化因子，样本权重更新公式可以简化为

$$w_i^t = \begin{cases} \mathrm{e}^{-\alpha_t} \times w_i^{t-1}, & f_t(\boldsymbol{x}_i) = y_i \\ \mathrm{e}^{\alpha_t} \times w_i^{t-1}, & f_t(\boldsymbol{x}_i) \neq y_i \end{cases}$$

由于

$$\mathrm{e}^{-\alpha_t} = \mathrm{e}^{-\frac{1}{2}\ln\frac{1-e_t}{e_t}} = \sqrt{e_t/(1-e_t)}$$

它可以进一步可以简化成

$$w_i^t = \begin{cases} \sqrt{e_t/(1-e_t)} \times w_i^{t-1}, & f_t(\boldsymbol{x}_i) = y_i \\ \sqrt{(1-e_t)/e_t} \times w_i^{t-1}, & f_t(\boldsymbol{x}_i) \neq y_i \end{cases}$$

被上一个弱分类器错误分类的样本本轮权重会增大，正确分类的样本本轮权重减小，训练下一个弱分类器时算法会关注在上一轮中被错分的样本。这类似于人们日常生活中的做

法：一个学生在每次考试之后会调整他学习的重点，本次考试做对的题目下次不再重点学习；而对于做错的题目下次要重点学习，以期待考试成绩能够提高。给样本加权重是有必要的，如果样本没有权重，每个弱分类器的训练样本是相同的，训练出来的弱分类器也是相同的，这样训练多个弱分类器没有意义。AdaBoost 算法的核心思想是关注之前被错分的样本，准确率高的弱分类器有更大的权重。

上面的算法中并没有说明弱分类器是什么样的，具体实现时应该选择什么样的分类器作为弱分类器？在实际应用时一般用深度很小的决策树，在后面会详细介绍。强分类器是弱分类器的线性组合，如果弱分类器是线性函数，无论怎样组合，强分类器都是线性的，因此，应该选择非线性的分类器做弱分类器。

随机森林和 AdaBoost 算法都是集成学习算法，一般都由多棵决策树组成，但是在多个方面有所区别，如表 13.1 所示。

**表 13.1 随机森林与 AdaBoost 算法的比较**

| 比较项目 | 随机森林 | AdaBoost |
|---|---|---|
| 决策树规模 | 大 | 小 |
| 是否对样本进行随机采样 | 是 | 否 |
| 是否对特征进行随机采样 | 是 | 否 |
| 弱分类器是否有权重 | 无 | 有 |
| 训练样本是否有权重 | 无 | 有 |
| 是否支持多分类 | 是 | 不直接支持 |
| 是否支持回归问题 | 是 | 不直接支持 |

随机森林和 AdaBoost 算法都是通过构造不同的样本集训练多个弱分类器，前者通过样本抽样构造不同的训练集，后者则通过给样本加上权重构造不同的样本集。随机森林中的决策树不能太简单，过于简单的决策树会导致随机森林精度很低。AdaBoost 却没有这个问题，即使用深度为 1 的决策树，将它们集成起来也能得到非常高的精度，这得益于 AdaBoost 的弱分类器带有权重信息，并且也重点关注了之前被错分的样本。

## 13.3 训练误差分析

弱分类器的数量一般是一个人工设定的值，下面分析它和强分类器准确率之间的关系。首先证明如下结论：强分类器在训练样本集上的错误率上界是每一轮调整样本权重时权重归一化因子的乘积，即下面的不等式成立：

$$p_{\text{error}} = \frac{1}{l}\sum_{i=1}^{l} [\![ \text{sgn}\,(F(\boldsymbol{x}_i)) \neq y_i ]\!] \leqslant \prod_{t=1}^{T} Z_t$$

其中，$p_{\text{error}}$ 是强分类器在训练样本集上的错误率，$l$ 为训练样本数，$Z_t$ 为训练第 $t$ 个弱分类器时样本权重归一化因子。$[\![ \cdot ]\!]$ 为指示函数，如果条件成立其值为 1，否则为 0。下面给出这一结论的证明，首先证明下面的不等式成立：

$$[\![ y_i \neq \text{sgn}\,(F(\boldsymbol{x}_i)) ]\!] \leqslant \exp\,(-y_i F(\boldsymbol{x}_i))$$

在这里分两种情况讨论，如果样本被错分，则有

$$[\![ y_i \neq \operatorname{sgn}(F(\boldsymbol{x}_i)) ]\!] = 1$$

样本被错分意味着 $y_i$ 和 $F(\boldsymbol{x}_i)$ 异号，因此：

$$-y_i F(\boldsymbol{x}_i) > 0$$

从而有

$$\exp(-y_i F(\boldsymbol{x}_i)) > \exp(0) = 1$$

如果样本被正确分类，则有

$$[\![ y_i \neq \operatorname{sgn}(F(\boldsymbol{x}_i)) ]\!] = 0$$

而对任意的 $x$ 有 $e^x > 0$ 恒成立。综合上述两种情况，上面的不等式成立。按照权重更新公式，有

$$w_i^t = w_i^{t-1} \exp(-y_i \alpha_t f_t(\boldsymbol{x}_i)) / Z_t$$

将等式两边同乘以归一化因子 $Z_t$，可以得到

$$w_i^{t-1} \exp(-y_i \alpha_t f_t(\boldsymbol{x}_i)) = w_i^t Z_t$$

反复利用上面这个等式，可以把 $Z_t$ 提出来。假设样本初始权重为 $w_i^0 = 1/l$，因此有

$$\begin{aligned}
\frac{1}{l} \sum_{i=1}^{l} \exp(-y_i F(\boldsymbol{x}_i)) &= \frac{1}{l} \sum_{i=1}^{l} \exp\left(-y_i \sum_{t=1}^{T} \alpha_t f_t(\boldsymbol{x}_i)\right) \\
&= \sum_{i=1}^{l} w_i^0 \exp\left(-y_i \sum_{t=1}^{T} \alpha_t f_t(\boldsymbol{x}_i)\right) \\
&= \sum_{i=1}^{l} \left(w_i^0 \exp(-y_i \alpha_1 f_1(\boldsymbol{x}_i)) \exp\left(-y_i \sum_{t=2}^{T} \alpha_t f_t(\boldsymbol{x}_i)\right)\right) \\
&= \sum_{i=1}^{l} Z_1 w_i^1 \exp\left(-y_i \sum_{t=2}^{T} \alpha_t f_t(\boldsymbol{x}_i)\right) \\
&= Z_1 \sum_{i=1}^{l} w_i^1 \exp\left(-y_i \sum_{t=2}^{T} f_t(\boldsymbol{x}_i)\right) \\
&\vdots \\
&= \prod_{t=1}^{T} Z_t
\end{aligned}$$

前面已经证明了不等式 $[\![ y_i \neq \operatorname{sgn}(F(\boldsymbol{x}_i)) ]\!] \leqslant \exp(-y_i F(\boldsymbol{x}_i))$ 成立，因此有

$$\frac{1}{l} \sum_{i=1}^{l} [\![ \operatorname{sgn}(F(\boldsymbol{x}_i)) \neq y_i ]\!] \leqslant \frac{1}{l} \sum_{i=1}^{l} \exp(-3 y_i F(\boldsymbol{x}_i)) = \prod_{t=1}^{T} Z_t$$

接下来证明另外一个不等式成立：

$$\prod_{t=1}^{T} Z_t = \prod_{t=1}^{T} 2\sqrt{e_t(1-e_t)} = \prod_{t=1}^{T} \sqrt{(1-4\gamma_t^2)} \leqslant \exp\left(-2 \sum_{t=1}^{T} \gamma_t^2\right)$$

其中：

$$\gamma_t = \frac{1}{2} - e_t$$

根据错误率和弱分类器权重的计算公式有

$$Z_t = \sum_{i=1}^{l} w_i^{t-1} \exp(-y_i \alpha_t f_t(\boldsymbol{x}_i))$$

$$= \sum_{i=1, y_i = f_t(\boldsymbol{x}_i)}^{l} w_i^{t-1} \exp(-\alpha_t) + \sum_{i=1, y_i \neq f_t(\boldsymbol{x}_i)}^{l} w_i^{t-1} \exp(\alpha_t)$$

$$= (1 - e_t)\exp(-\alpha_t) + e_t \exp(\alpha_t)$$

$$= 2\sqrt{e_t(1 - e_t)} = \sqrt{1 - 4\gamma_t^2}$$

在这里利用了错误率 $e_t$ 以及弱分类器权重 $\alpha_t$ 的定义。由于在上一轮迭代时权重是归一化的，因此有

$$\sum_{i=1, y_i = f_t(\boldsymbol{x}_i)}^{l} w_i^{t-1} + \sum_{i=1, y_i \neq f_t(\boldsymbol{x}_i)}^{l} w_i^{t-1} = \sum_{i=1}^{l} w_i^{t-1} = 1$$

根据错误率的定义：

$$e_t = \left(\sum_{i=1}^{l} w_i^{t-1} \mid f(\boldsymbol{x}_i) - y_i \mid \right) \Big/ 2\sum_{i=1}^{l} w_i^{t-1} = \sum_{i=1, y_i \neq f_t(\boldsymbol{x}_i)}^{l} w_i^{t-1}$$

当 $e_t = 0.5$ 时，$2\sqrt{e_t(1-e_t)}$ 有极大值 1，即 $Z_t = 1$。弱分类器能够保证 $e_t < 0.5$，因此有 $Z_t < 1$。每增加一个弱分类器强分类误差的上界都会乘上一个小于 1 的因子，上述结论在理论上保证了算法在训练集上的误差上界会随着弱分类器个数的增加而减少。接下来证明下面的不等式成立：

$$\sqrt{1 - 4\gamma_t^2} \leqslant \exp(-2\gamma_t^2)$$

由于不等式两边都大于 0，因此可以两边平方，这等价于证明当 $x \geqslant 0$ 时下面不等式成立：

$$1 - 4x \leqslant (\mathrm{e}^{-2x})^2$$

构造如下函数：

$$(\mathrm{e}^{-2x})^2 - 1 + 4x$$

其导数为

$$4 - 4(\mathrm{e}^{-2x})^2 \geqslant 0$$

因此，当 $x \geqslant 0$ 时这是个增函数，当 $x = 0$ 时 0 是最小值。综合上面两个结论的不等式可以得到下面的结论：

$$p_{\text{error}} \leqslant \exp\left(-2\sum_{t=1}^{T} \gamma_t^2\right)$$

这个结论指出，随着迭代的进行，强分类器的训练误差会以指数级下降。随着弱分类器数量的增加，算法在测试样本集上的错误率一般也会持续下降。AdaBoost 算法不仅能够减小模型偏差，还能减小方差。由于会关注错分样本，因此对噪声数据可能会比较敏感。

## 13.4 广义加法模型

可以用广义加法模型[6]解释 AdaBoost 算法的优化目标，从而推导出其训练算法。广义加法模型拟合的目标函数是多个基函数的线性组合：

$$F(\boldsymbol{x}) = \sum_{i=1}^{M} \beta_i f(\boldsymbol{x}; \boldsymbol{\gamma}_i)$$

其中，$\boldsymbol{\gamma}_i$ 为基函数的参数；$\beta_i$ 为基函数的权重系数。训练时要确定的是基函数的参数和权重

值。训练的目标是最小化对所有样本的损失函数：

$$\min_{\beta_j,\boldsymbol{\gamma}_j}\sum_{i=1}^{l} L\left(y_i,\sum_{j=1}^{M}\beta_j f(\boldsymbol{x}_i;\boldsymbol{\gamma}_j)\right)$$

训练算法依次确定每个基函数的参数和权重。接下来将从广义加法模型推导出 AdaBoost 训练算法，从而给 AdaBoost 算法以理论上的解释。首先定义强分类器对单个训练样本的损失函数：

$$L(y,F(\boldsymbol{x}))=\exp(-yF(\boldsymbol{x}))$$

在这里使用了指数损失函数。如果标签值与强分类器的预测值越接近，损失函数的值越小，反之越大。使用指数损失函数而不用均方误差损失函数的原因是均方误差损失函数对分类问题的效果并不好。将广义加法模型的预测函数代入上面的损失函数中，得到算法训练时要优化的目标函数为

$$(\beta_j,f_j)=\arg\min_{\beta,f}\sum_{i=1}^{l}\exp\left(-y_i(F_{j-1}(\boldsymbol{x}_i)+\beta f(\boldsymbol{x}_i))\right)$$

这里将指数函数拆成两部分，已有的强分类器 $F_{j-1}$，以及当前弱分类器 $f$ 对训练样本的损失函数，前者在之前的迭代中已经求出，因此可以看成常数。这样目标函数可以简化为

$$\min_{\beta,f}\sum_{i=1}^{l} w_i^{j-1}\exp(-\beta y_i f(\boldsymbol{x}_i))$$

其中：

$$w_i^{j-1}=\exp(-y_iF_{j-1}(\boldsymbol{x}_i))$$

它只和前面迭代得到的强分类器有关，与当前的弱分类器、弱分类器权重无关，这就是样本权重。这个问题可以分两步求解，首先将 $\beta$ 看成常数，由于 $y_i$ 和 $f(\boldsymbol{x}_i)$ 的取值只能为 +1 或 −1，显然，要让上面的目标函数最小化，必须让二者相等。因此，损失函数对 $f(\boldsymbol{x})$ 的最优解为

$$f_j=\arg\min_{f}\sum_{i=1}^{l} w_i^{j-1}I(y_i\neq f(\boldsymbol{x}_i))$$

其中，$I$ 是指标函数，根据括号里的条件是否成立，其取值为 0 或者 1。上式的最优解是使得对样本的加权误差率最小的那个分类器。得到弱分类器之后，优化目标可以表示成 $\beta$ 的函数：

$$\mathrm{e}^{-\beta}\times\sum_{y_i=f_j(\boldsymbol{x}_i)} w_i^{j-1}+\mathrm{e}^{\beta}\times\sum_{y_i\neq f_j(\boldsymbol{x}_i)} w_i^{j-1}$$

上式前半部分是被正确分类的样本，后半部分是被错误分类的样本。这可以写成

$$F(\beta)=(\mathrm{e}^{\beta}-\mathrm{e}^{-\beta})\times\sum_{i=1}^{l} w_i^{j-1}I(y_i\neq f_j(\boldsymbol{x}_i))+\mathrm{e}^{-\beta}\times\sum_{i=1}^{l} w_i^{j-1}$$

具体推导过程为

$$\begin{aligned}&\mathrm{e}^{-\beta}\cdot\sum_{y_i=f_j(\boldsymbol{x}_i)} w_i^{j-1}+\mathrm{e}^{\beta}\cdot\sum_{y_i\neq f_j(\boldsymbol{x}_i)} w_i^{j-1}\\&=\mathrm{e}^{-\beta}\cdot\sum_{y_i=f_j(\boldsymbol{x}_i)} w_i^{j-1}+\mathrm{e}^{-\beta}\cdot\sum_{y_i\neq f_j(\boldsymbol{x}_i)} w_i^{j-1}-\mathrm{e}^{-\beta}\cdot\sum_{y_i\neq f_j(\boldsymbol{x}_i)} w_i^{j-1}+\mathrm{e}^{\beta}\cdot\sum_{y_i\neq f_j(\boldsymbol{x}_i)} w_i^{j-1}\end{aligned}$$

$$=e^{-\beta}\cdot\sum_{i=1}^{l}w_i^{j-1}+(e^{\beta}-e^{-\beta})\cdot\sum_{y_i\neq f_j(\boldsymbol{x}_i)}w_i^{j-1}$$

$$=e^{-\beta}\cdot\sum_{i=1}^{l}w_i^{j-1}+(e^{\beta}-e^{-\beta})\cdot\sum_{i=1}^{l}w_i^{j-1}I(y_i\neq f_j(\boldsymbol{x}_i))$$

函数在极值点的导数为 0,即

$$(e^{\beta}+e^{-\beta})\cdot\sum_{i=1}^{l}w_i^{j-1}I\,(y_i\neq f_j(\boldsymbol{x}_i))-e^{-\beta}\cdot\sum_{i=1}^{l}w_i^{j-1}=0$$

由此得到关于 $\beta$ 的方程：

$$(e^{\beta}+e^{-\beta})\cdot \mathrm{err}_j-e^{-\beta}=0$$

最优解为

$$\beta=\frac{1}{2}\ln\frac{1-\mathrm{err}_j}{\mathrm{err}_j}$$

其中,$\mathrm{err}_j$ 为弱分类器对训练样本集的加权错误率：

$$\mathrm{err}_j=\left(\sum_{i=1}^{l}w_i^{j-1}I\,(y_i\neq f_j(\boldsymbol{x}_i))\right)/\left(\sum_{i=1}^{l}w_i^{j-1}\right)$$

得到当前的弱分类器之后,对逼近函数做如下更新：

$$F_j(\boldsymbol{x})=F_{j-1}(\boldsymbol{x})+\beta_j f_j(\boldsymbol{x})$$

导致下次迭代时样本的权重为

$$w_i^j=w_i^{j-1}\cdot e^{-\beta_j y_i f_j(\boldsymbol{x}_i)}$$

这就是样本权重的更新公式。AdaBoost 训练算法是求解上述最优化问题的过程。

## 13.5 各种 AdaBoost 算法

从广义加法模型可以推导出 4 种类型的 AdaBoost 算法[7],它们的弱分类器不同,训练时优化的目标函数也不同,下面分别进行介绍。

### 13.5.1 离散型 AdaBoost

离散型 AdaBoost 算法就是 13.2 节介绍的算法,在 13.4 节中从广义加法模型推导出了它的训练算法。这里从另一个角度解释,它用牛顿法求解加法 logistic 回归模型。

在第 11 章中介绍了对数似然比的概念。对于二份类问题,加法 logistic 回归模型拟合的目标函数为对数似然比：

$$\ln\frac{p(y=+1\mid\boldsymbol{x})}{p\,(y=-1\mid\boldsymbol{x})}=F(\boldsymbol{x})=\sum_{i=1}^{M}f_i(\boldsymbol{x})$$

即用多个函数的和来拟合对数似然比函数。对上式变形可以得到

$$\frac{p(y=+1\mid\boldsymbol{x})}{p\,(y=-1\mid\boldsymbol{x})}=\exp(F(\boldsymbol{x}))$$

由于一个样本不是正样本就是负样本,因此它们的概率之和为 1,联合上面的方程可以解得

$$p(y=+1\mid\boldsymbol{x})=\frac{1}{1+\exp(-F(\boldsymbol{x}))}$$

这就是 logistic 回归的概率预测函数。离散型 AdaBoost 算法的训练目标是最小化指数损失函数：

$$L(F(\boldsymbol{x})) = E(\exp(-yF(\boldsymbol{x})))$$

其中，$E$ 为数学期望，是所有样本损失函数的均值。可以证明，使得上面的指数损失函数最小化的强分类器为

$$F(\boldsymbol{x}) = \frac{1}{2}\ln\frac{p(y=+1 \mid \boldsymbol{x})}{p(y=-1 \mid \boldsymbol{x})}$$

上面的指数损失函数是对 $\boldsymbol{x}$ 和 $y$ 的联合概率的期望，最小化它等价于最小化如下条件期望值，由于 $y$ 的取值有两种情况，因此有

$$E(\exp(-yF(\boldsymbol{x})) \mid \boldsymbol{x}) = p(y=+1 \mid \boldsymbol{x})\exp(-F(\boldsymbol{x})) + p(y=-1 \mid \boldsymbol{x})\exp(F(\boldsymbol{x}))$$

对 $F(\boldsymbol{x})$求导并令导数为 0，可以得到

$$-p(y=+1 \mid \boldsymbol{x})\exp(-F(\boldsymbol{x})) + p(y=-1 \mid \boldsymbol{x})\exp(F(\boldsymbol{x})) = 0$$

解这个方程即可得到上面的结论。如果用加法模型表示强分类器，采用分阶段优化的方法，先优化弱分类器再优化权重系数，可以得到离散型 AdaBoost 训练算法的流程。

之前的迭代已经得到强分类器 $F(\boldsymbol{x})$，下一步要得到 $F(\boldsymbol{x})+cf(\boldsymbol{x})$。首先把权重 $c$ 和 $F(\boldsymbol{x})$ 看成常数，把弱分类器 $f(\boldsymbol{x})$ 看作变量对它进行优化。根据指数函数的泰勒展开，有

$$\begin{aligned}L(F+cf) &= E(\exp(-y(F(\boldsymbol{x})+cf(\boldsymbol{x}))))\\ &= E(\exp(-yF(\boldsymbol{x}))\exp(-ycf(\boldsymbol{x})))\\ &\approx E(\exp(-yF(\boldsymbol{x}))(1-ycf(\boldsymbol{x})+c^2y^2f^2(\boldsymbol{x})/2))\\ &= E(\exp(-yF(\boldsymbol{x}))(1-ycf(\boldsymbol{x})+c^2/2))\end{aligned}$$

其中，$\exp(-yF(\boldsymbol{x}))$是常数，可以看作样本权重。最小化上面的损失函数等价于求解如下问题：

$$\min_f E_w(1-ycf(\boldsymbol{x})+c^2/2 \mid \boldsymbol{x})$$

其中，$E_w(\cdot \mid \boldsymbol{x})$为加权条件期望，权重为

$$w = \exp(-yF(\boldsymbol{x}))$$

因为权重 $c$ 的值大于 0，最小化上面的目标函数等价于最大化如下目标函数：

$$\max_f E_w(yf(\boldsymbol{x}))$$

因为弱分类器的输出值值只能为+1 或者−1，它的最优解为

$$f(\boldsymbol{x}) = \begin{cases}+1, & E_w(y \mid \boldsymbol{x}) = p_w(y=+1 \mid \boldsymbol{x}) - p_w(y=-1 \mid \boldsymbol{x}) > 0\\ -1, & E_w(y \mid \boldsymbol{x}) = p_w(y=+1 \mid \boldsymbol{x}) - p_w(y=-1 \mid \boldsymbol{x}) \leqslant 0\end{cases}$$

得到弱分类器之后，接下来优化权重：

$$\min_c E_w(\exp(-cyf(\boldsymbol{x})))$$

在 13.4 节中已经推导过，这个问题的最优解为

$$c = \frac{1}{2}\ln\frac{1-\text{err}}{\text{err}}$$

其中，err 为错误率。同样可以得到样本权重更新公式，在这里不再重复推导。

### 13.5.2 实数型 AdaBoost

实数型 AdaBoost 算法弱分类器的输出值是实数值，它是向量到实数的映射。这个实数的绝对值可以看作是置信度，它的值越大，样本被判定为正样本的可信度越高。给定 $l$ 个训练样本 $(\boldsymbol{x}_i, y_i)$，训练算法的流程如下。

初始化样本权重 $w_i = 1/l$
循环训练每个弱分类器，对 $m=1,\cdots,M$
　　根据训练样本集和样本权重估计样本属于正样本的概率：

$$p_m(\boldsymbol{x}) = p_w(y=+1 \mid \boldsymbol{x})$$

根据上一步的概率值训练弱分类器：

$$f_m(\boldsymbol{x}) = \frac{1}{2}\ln(p_m/(1-p_m))$$

更新样本权重：

$$w_i = w_i \exp(-y_i f_m(\boldsymbol{x}_i)), \quad i=1,2,\cdots,l$$

对样本权重进行归一化
结束循环
输出强分类器：

$$\operatorname{sgn}\left(\sum_{m=1}^{M} f_m(\boldsymbol{x})\right)$$

弱分类器输出值是样本属于正样本的概率 $p(\boldsymbol{x})$ 和属于负样本概率比值的对数值：

$$f(\boldsymbol{x}) = \frac{1}{2}\ln\left(p(\boldsymbol{x})/\left(1-p(\boldsymbol{x})\right)\right)$$

如果样本是正样本的概率大于 0.5，即正样本的概率大于负样本的概率，弱分类器的输出值为正，否则为负。实数型 AdaBoost 也是用加法 logsitic 回归拟合对数概率比函数，训练时的损失函数也是指数损失函数。在前面的迭代已经得到了 $F(\boldsymbol{x})$，本次迭代要确定的是弱分类器 $f(\boldsymbol{x})$。考虑正负样本两种情况，损失函数可以写成

$$\begin{aligned} L(F(\boldsymbol{x})+f(\boldsymbol{x})) &= E(\exp(-yF(\boldsymbol{x}))\exp(-yf(\boldsymbol{x})) \mid \boldsymbol{x}) \\ &= \exp(-f(\boldsymbol{x}))E(\exp(-yF(\boldsymbol{x}))1_{y=1} \mid \boldsymbol{x}) + \\ &\quad \exp(f(\boldsymbol{x}))E(\exp(-yF(\boldsymbol{x}))1_{y=-1} \mid \boldsymbol{x}) \end{aligned}$$

将上面的函数对 $f(\boldsymbol{x})$ 求导并令导数为 0，可以解得

$$f(\boldsymbol{x}) = \frac{1}{2}\ln\frac{E_w(1_{y=+1} \mid \boldsymbol{x})}{E_w(1_{y=-1} \mid \boldsymbol{x})} = \frac{1}{2}\ln\frac{p_w(1_{y=+1} \mid \boldsymbol{x})}{p_w(1_{y=-1} \mid \boldsymbol{x})}$$

另外，可以得到样本权重更新公式为

$$w = w \times \mathrm{e}^{-yf(\boldsymbol{x})}$$

无论是离散型还是实数型 AdaBoost，都是求解指数损失函数的最小值问题，将之前迭代已经得到的强分类器看作为常数。

### 13.5.3 LogitBoost

广义加性模型没有限定损失函数的具体类型，离散型和实数型 AdaBoost 采用的是指

数损失函数。如果把 logistic 回归的损失函数应用于此模型，可以得到 LogitBoost 的损失函数：

$$L = \sum_{i=1}^{l} \ln(1 + \exp(-y_i F(\boldsymbol{x}_i)))$$

给定 $l$ 个训练样本 $(\boldsymbol{x}_i, y_i)$，训练算法的流程如下。

样本权重初始化 $w_i = 1/l$，强分类器 $F(\boldsymbol{x}) = 0$，样本概率估计值 $p(\boldsymbol{x}_i) = 1/2$

循环，对 $m = 1, 2, \cdots, M$，训练每一个弱分类器

　　计算每个样本的工作输出与权重：

$$z_i = \frac{y_i^* - p(\boldsymbol{x}_i)}{p(\boldsymbol{x}_i)(1 - p(\boldsymbol{x}_i))}$$

$$w_i = p(\boldsymbol{x}_i)(1 - p(\boldsymbol{x}_i))$$

　　其中，$y_i^* = (y_i + 1)/2$

　　根据，$\boldsymbol{x}_i$，$z_i$ 和权重 $w_i$ 拟合一个函数 $f_m(\boldsymbol{x})$

　　更新强分类器：

$$F(\boldsymbol{x}) = F(\boldsymbol{x}) + \frac{1}{2} f_m(\boldsymbol{x})$$

　　更新样本权重

　　对样本权重进行归一化

结束循环

输出强分类器：

$$\operatorname{sgn}\left(\sum_{m=1}^{M} f_m(\boldsymbol{x})\right)$$

按照计算公式，当 $p(\boldsymbol{x}_i)$ 的值接近于 0.5 时 $w_i$ 的值更大，接近于 0 或 1 时 $w_i$ 的值更小，因此，它反映了样本的难分程度。通过变换将类别标签变成 0 或 1，样本属于正样本的概率值可以写成

$$p(\boldsymbol{x}) = \frac{\exp(F(\boldsymbol{x}))}{\exp(F(\boldsymbol{x})) + \exp(-F(\boldsymbol{x}))}$$

可以证明，LogitBoost 用牛顿法优化 logistic 回归的对数似然函数。假设在下一步迭代中的函数为 $F(\boldsymbol{x}) + f(\boldsymbol{x})$，对数似然函数的数学期望为

$$E(L(F + f)) = E[2y^*(F(\boldsymbol{x}) + f(\boldsymbol{x}) - \ln(1 + \mathrm{e}^{2(F(\boldsymbol{x}) + f(\boldsymbol{x}))}))]$$

在 0 点处它的一阶导数和二阶导数分别为

$$g(\boldsymbol{x}) = \left.\frac{\partial E(L(F(\boldsymbol{x}) + f(\boldsymbol{x})))}{\partial(\boldsymbol{x})}\right|_{f(\boldsymbol{x})=0} = 2E(y^* - p(\boldsymbol{x}) \mid \boldsymbol{x})$$

$$H(\boldsymbol{x}) = \left.\frac{\partial^2 E(L(F(\boldsymbol{x}) + f(\boldsymbol{x})))}{\partial(\boldsymbol{x})^2}\right|_{f(\boldsymbol{x})=0} = -4E(p(\boldsymbol{x})(1 - p(\boldsymbol{x})) \mid \boldsymbol{x})$$

牛顿法的迭代公式为

$$F(\boldsymbol{x}) \leftarrow F(\boldsymbol{x}) - H^{-1}(\boldsymbol{x}) g(\boldsymbol{x})$$

将一阶导数和二阶导数带入牛顿法的迭代公式，可以得到强分类器的更新公式：

$$F(\boldsymbol{x}) = F(\boldsymbol{x}) + \frac{1}{2} \frac{E(y^* - p(\boldsymbol{x}) \mid \boldsymbol{x})}{E(p(\boldsymbol{x})(1 - p(\boldsymbol{x})) \mid \boldsymbol{x})} = F(\boldsymbol{x}) + \frac{1}{2} E_w \left( \frac{y^* - p(\boldsymbol{x})}{p(\boldsymbol{x})(1 - p(\boldsymbol{x}))} \mid \boldsymbol{x} \right)$$

### 13.5.4 Gentle 型 AdaBoost

Gentle 型 AdaBoost 的弱分类器是回归函数，与实数型 AdaBoost 类似。与定 $l$ 个训练样本 $(\boldsymbol{x}_i, y_i)$，训练算法的流程如下。

样本权重初始化 $w_i=1/l$，强分类器 $F(\boldsymbol{x})=0$

循环，对于 $m=1,2,\cdots,M$

　　根据 $\boldsymbol{x}_i$、$z_i$ 和权重 $w_i$，拟合一个函数 $f_m(\boldsymbol{x})$

　　更新样本权重：

$$w_i = w_i \exp\left(-y_i f_m(\boldsymbol{x}_i)\right), \quad i = 1,2,\cdots,l$$

　　对样本权重进行归一化

输出强分类器：

$$\operatorname{sgn}\left(\sum_{m=1}^{M} f_m(\boldsymbol{x})\right)$$

可以证明，Gentle 型 AdaBoost 是用牛顿法最小化指数损失函数，下面给出证明过程。在 0 点处目标函数的一阶导数和二阶导数为

$$\left.\frac{\partial L(F(\boldsymbol{x})+f(\boldsymbol{x}))}{\partial f(\boldsymbol{x})}\right|_{f(\boldsymbol{x})=0} = -E(\mathrm{e}^{-yF(\boldsymbol{x})} y \mid \boldsymbol{x})$$

$$\left.\frac{\partial^2 L(F(\boldsymbol{x})+f(\boldsymbol{x}))}{\partial f(\boldsymbol{x})^2}\right|_{f(\boldsymbol{x})=0} = E(\mathrm{e}^{-yF(\boldsymbol{x})} \mid \boldsymbol{x})$$

根据牛顿法的迭代公式有

$$F(\boldsymbol{x}) \leftarrow F(\boldsymbol{x}) + \frac{E(\mathrm{e}^{-yF(\boldsymbol{x})} y \mid \boldsymbol{x})}{E(\mathrm{e}^{-yF(\boldsymbol{x})} \mid \boldsymbol{x})} = F(\boldsymbol{x}) + E_w(y \mid \boldsymbol{x})$$

其中，权重定义为

$$w(\boldsymbol{x}, y) = \exp\left(-yF(\boldsymbol{x})\right)$$

Gentle 型和实数型 AdaBoost 的区别在于弱分类器的选择上，后者使用的是分类器，前者使用的是回归函数。表 13.2 总结了各种 AdaBoost 求解的最优化问题以及求解算法。

**表 13.2　各种 AdaBoost 求解最优化问题与求解算法**

| AdaBoost 类型 | 优化目标函数 | 求解算法 |
|---|---|---|
| 离散型 AdaBoost | 加法 logistic 回归模型，指数损失函数 | 牛顿法 |
| 实数型 AdaBoost | 加法 logistic 回归模型，指数损失函数 | 分阶段优化 |
| Logit 型 AdaBoost | logistic 回归的对数似然函数 | 牛顿法 |
| Gentle 型 AdaBoost | 指数损失函数 | 牛顿法 |

标准的 AdaBoost 算法只能用于二分类问题，它的改进型可以用于多类分类问题，典型的实现有 AdaBoost. MH 算法、多类 Logit 型 AdaBoost。

## 13.6　实现细节问题

本节介绍算法的实现细节问题，包括弱分类器的选择和弱分类器数量的确定，以及样本权重削减技术，它们对算法的精度至关重要。

### 13.6.1　弱分类器的选择

选用什么分类器作为弱分类器是实现 AdaBoost 算法时需要考虑的一个问题。最核心的要求是计算简单,而且是非线性模型,精度不用太高。一般选用决策树,即使是最简单的只有一个内部节点的决策树,只要弱分类器的数量足够大,强分类器也有很高的精度。

### 13.6.2　弱分类器的数量

弱分类器的数量与训练误差之间的关系在前面已经给出结论。具体用多少个弱分类器合适?这需要根据问题的实际情况决定。一种做法是在训练时一直增加弱分类器的个数,同时统计训练误差或者测试误差,当误差达到某一指定的阈值时终止迭代。在后面的目标检测应用中会看到这种做法的实现细节。

### 13.6.3　样本权重削减

在训练过程中,随着样本权重调整,有些样本的权重可能会趋向于 0。这些样本在后面的训练中所起的作用不大,因此可以剔除这些样本,这称为权重削减。具体做法是设定一个阈值,在迭代时,如果样本的权重小于该阈值,则不参加后续的训练。

## 13.7　实验程序

下面通过实验程序来介绍 AdaBoost 分类器的使用,程序基于 OpenCV。在这里对两类样本进行分类,因为标准的 AdaBoost 算法只支持二分类问题。同样地,每类训练样本的特征向量用正态分布随机数生成。

程序源代码如下:

```
int main(int argc, char * * argv)
{
    const int kWidth =512, kHeight =512;
    Vec3b red(0, 0, 255), green(0, 255, 0), blue(255, 0, 0);
    Mat image =Mat::zeros(kHeight, kWidth, CV_8UC3);
    // 训练样本标签数组
    int labels[150];
    for (int i =0 ; i <75; i++)
        labels[i] =1;
    for (int i =75; i <150; i++)
        labels[i] =2;
    Mat trainResponse(150, 1, CV_32SC1, labels);
    // 训练样本特征向量数组
    float trainDataArray[150][2];
    RNG rng;
    for (int i =0; i <75; i++)
    {
        trainDataArray[i][0] =250 +static_cast<float>(rng.gaussian(30));
```

```
        trainDataArray[i][1] =250 +static_cast<float>(rng.gaussian(30));
    }
    for (int i =75; i <150; i++)
    {
        trainDataArray[i][0] =150 +static_cast<float>(rng.gaussian(30));
        trainDataArray[i][1] =150 +static_cast<float>(rng.gaussian(30));
    }
    Mat trainData(150, 2, CV_32FC1, trainDataArray);
    float priors[2] ={1, 1};
    // AdaBoost 训练参数,源代码分析中会解释,在这里设置弱分类器的个数为 10
    CvBoostParams params( CvBoost::REAL, 10, 0.95, 5, false, priors);
    CvBoost boost;
    // 训练分类器
    boost.train(trainData, CV_ROW_SAMPLE, trainResponse, cv::Mat(), cv::Mat(),
        cv::Mat(), cv::Mat(), params);
    // 对图像内所有点进行预测,显示不同的颜色
    for (int i =0; i <image.rows; i++)
    {
        for (int j =0; j <image.cols; j++)
        {
            Mat sampleMat = (Mat_<float>(1, 2) <<j, i);
            // 调用 AdaBoost 的预测函数
            float response =boost.predict(sampleMat);
            // 根据预测结果显示不同颜色
            if (response ==1)
                image.at<Vec3b>(i, j) =green;
            else
                image.at<Vec3b>(i, j) =blue;
        }
    }
    // 显示训练样本
    for (int i =0; i <trainData.rows; i++)
    {
        const float* v =trainData.ptr<float>(i);
        Point pt =Point((int)v[0], (int)v[1]);
        if (labels[i] ==1)
            circle(image, pt, 5, Scalar::all(0), -1, 8);
        else
            circle(image, pt, 5, Scalar::all(255), -1, 8);
    }
    imshow("AdaBoost classifier demo", image);
    waitKey(0);
    return 0;
}
```

程序运行结果如图 13.1 所示。

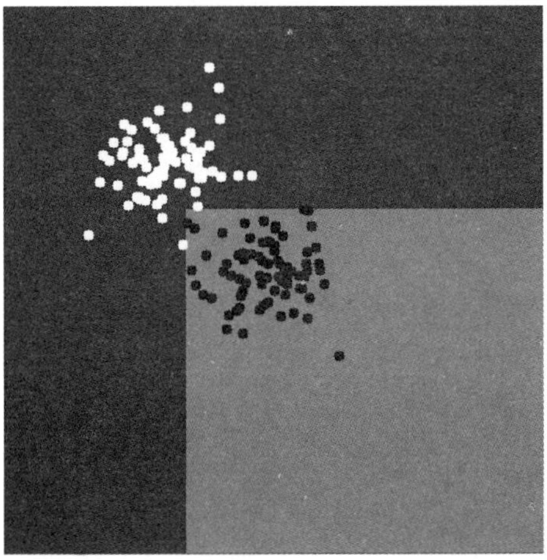

**图 13.1 AdaBoost 实验程序运行结果**

在图 13.1 中所有训练样本都被正确分类，分类界线是分段直线，这也说明使用决策树作为弱分类器的 AdaBoost 算法是一个非线性模型。可以调整弱分类器的数量以及弱分类器的参数（如决策树的深度），观察不同参数时的分类结果，感兴趣的读者自己尝试。

## 13.8 源代码分析

本节分析 OpenCV 中 AdaBoost 算法的实现，它支持前面介绍的 4 种算法，它们都只能用于二分类问题。弱分类器使用的是决策树，由类 CvBoostTree 实现，它从标准决策树类 CvDTree 继承；强分类器由类 CvBoost 实现。

### 13.8.1 主要数据结构

结构体 CvBoostParams 是 AdaBoost 算法的训练参数，继承自 CvDTreeParams。定义如下：

```
struct CV_EXPORTS CvBoostParams: public CvDTreeParams
{
    int boost_type;                          // AdaBoost 的类型,13.5 节介绍的 4 种类型
    int weak_count;                          // 弱分类器的最大数量
    // 决策树分裂的度量指标,支持 Gini 系数、误分类率、均方误差
    int split_criteria;
    double weight_trim_rate;                 // 样本权重削减的权重比例阈值
    CvBoostParams();
    CvBoostParams( int boost_type, int weak_count, double weight_trim_rate,
    int max_depth, bool use_surrogates, const float* priors );
};
```

CvBoostTree 继承自 CvDTree 类，是弱分类器的实现。它重写了决策树的训练函数，寻找最佳分裂规则相关的函数，以及叶子节点值标记函数。重写这些函数的原因有两个，第一个

原因是标准的决策树在训练时没有考虑样本的权重，而 AdaBoost 的弱分类器要求解带权重的误差最小化问题：

$$\min_f \sum_{i=1}^{N} w_i^{m-1} I(y_i \neq f(\boldsymbol{x}_i))$$

第二个原因是为了支持各种 AdaBoost 算法的实现，决策树的输出值和标准决策树也有不同。

CvBoostTree 作为分类树使用时，用于离散型和实数型 AdaBoost，其输出值分别为类别标签±1 和实数值。作为回归树使用时，用于 Logit 和 Gentle 型 AdaBoost，树的输出值为一个实数值，决策树所代表的回归函数是分段常数函数。对于分类树，比较阈值通过最小化 Gini 纯度或者误分类率指标得到；对于回归树，此阈值通过最小化均方误差得到。

在这里没有使用线性回归作为 Logit 和 Gentle 型 AdaBoost 的弱分类器，原因是当特征向量维数很高的时候计算开销大，而且线性模型的组合还是线性的。如果使用决策树，预测时每次只使用一个特征进行比较，计算量会小很多，而且是非线性的。

CvBoost 是强分类器类，它实现了 4 种 AdaBoost 算法。类定义如下：

```
class CV_EXPORTS CvBoost: public CvStatModel
{
public:
    // AdaBoost 的 4 种类型
    enum { DISCRETE=0, REAL=1, LOGIT=2, GENTLE=3 };
    // 节点分裂的度量准则,前面已经介绍过
    enum { DEFAULT=0, GINI=1, MISCLASS=3, SQERR=4 };
    CvBoost();
    virtual ~CvBoost();
    // 直接在构造时进行训练
    CvBoost( const CvMat* trainData, int tflag,
        const CvMat* responses, const CvMat* varIdx=0,
        const CvMat* sampleIdx=0, const CvMat* varType=0,
        const CvMat* missingDataMask=0,
        CvBoostParams params=CvBoostParams() );
    // 训练函数,此次分析的重点
    virtual bool train( const CvMat* trainData, int tflag,
        const CvMat* responses, const CvMat* varIdx=0,
        const CvMat* sampleIdx=0, const CvMat* varType=0,
        const CvMat* missingDataMask=0,
        CvBoostParams params=CvBoostParams(),
        bool update=false );
    virtual bool train( CvMLData* data,
        CvBoostParams params=CvBoostParams(),
        bool update=false );
    // 预测函数,此次分析的重点
    virtual float predict( const CvMat* sample, const CvMat* missing=0,
        CvMat* weak_responses=0, CvSlice slice=CV_WHOLE_SEQ,
        bool raw_mode=false, bool return_sum=false ) const;
```

```
    // 构造函数的包装,用于支持Mat,在新的OpenCV版本中用Mat取代CvMat
    CV_WRAP CvBoost( const cv::Mat& trainData, int tflag,
        const cv::Mat& responses, const cv::Mat& varIdx=cv::Mat(),
        const cv::Mat& sampleIdx=cv::Mat(), const cv::Mat& varType=cv::Mat(),
        const cv::Mat& missingDataMask=cv::Mat(),
        CvBoostParams params=CvBoostParams() );
    // 训练函数的包装,用于支持Mat
    CV_WRAP virtual bool train( const cv::Mat& trainData, int tflag,
        const cv::Mat& responses, const cv::Mat& varIdx=cv::Mat(),
        const cv::Mat& sampleIdx=cv::Mat(), const cv::Mat& varType=cv::Mat(),
        const cv::Mat& missingDataMask=cv::Mat(),
        CvBoostParams params=CvBoostParams(),
        bool update=false );
    // 预测函数的包装,用于支持Mat
    CV_WRAP virtual float predict( const cv::Mat& sample,
        const cv::Mat& missing=cv::Mat(),
        const cv::Range& slice=cv::Range::all(), bool rawMode=false,
        bool returnSum=false ) const;
    // 计算弱分类器的误差,用来更新样本权重、计算弱分类器的权重
    virtual float calc_error( CvMLData* _data, int type, std::vector<float> *
    resp =0 );
    CV_WRAP virtual void prune( CvSlice slice );  // 对强分类器进行裁剪
    CV_WRAP virtual void clear();                 // 清空之前的数据,即弱分类器数组
    // 模型读取和保存相关数据
    virtual void write( CvFileStorage* storage, const char* name ) const;
    virtual void read( CvFileStorage* storage, CvFileNode* node );
    // 获取活跃变量
    virtual const CvMat* get_active_vars(bool absolute_idx=true);
    CvSeq* get_weak_predictors();                 // 返回弱分类器数组
    CvMat* get_weights();
    CvMat* get_subtree_weights();
    CvMat* get_weak_response();
    const CvBoostParams& get_params() const;
    const CvDTreeTrainData* get_data() const;
protected:
    // 更新样本权重,核心的函数
    void update_weights_impl( CvBoostTree* tree, double initial_weights[2] );
    virtual bool set_params( const CvBoostParams& params );
    virtual void update_weights( CvBoostTree* tree );
    virtual void trim_weights();                  // 对样本按照权重进行削减
    virtual void write_params( CvFileStorage* fs ) const;
    virtual void read_params( CvFileStorage* fs, CvFileNode* node );
    CvDTreeTrainData* data;                       // 决策树的训练样本数据
    CvBoostParams params;                         // AdaBoost训练参数
    CvSeq* weak;                                  // 弱分类器数组
```

```
    CvMat * active_vars;                          // 活跃的特征分量掩码数组
    CvMat * active_vars_abs;
    bool have_active_cat_vars;
    CvMat * orig_response;                        // 原始的输出响应
    CvMat * sum_response;
    CvMat * weak_eval;
    CvMat * subsample_mask;
    CvMat * weights;
    CvMat * subtree_weights;
    bool have_subsample;
};
```

### 13.8.2 弱分类器

函数 scale 将决策树节点的值乘以一个系数，其作用是为离散型 AdaBoost 的弱分类器赋予权重，相当于为弱分类器的输出值乘上权重系数。在训练时调用的更新样本权重函数 update_weights 中，每次训练完一个弱分类器后对于离散型 AdaBoost 会调用该函数。实现代码如下：

```
void CvBoostTree::scale( double scale )
{
    CvDTreeNode * node =root;
    for(;;)                                       // 中序遍历二叉树
    {
        CvDTreeNode * parent;
        for(;;)                                   // 向左子树前进
        {
            node->value * =scale;                 // 对节点的值进行缩放,即乘以 scale
            if( !node->left )                     // 如果没有左子节点了,跳出循环,向右子树前进
                break;
            node =node->left;                     // 否则,一直向左子节点前进
        }
        // 向父节点回溯
        for( parent =node->parent; parent && parent->right ==node;
            node =parent, parent =parent->parent )
            ;
        if( !parent )
            break;
        node =parent->right;                      // 向右子树前进
    }
}
```

函数 find_split_ord_class 为分类树的数值型变量寻找最佳分裂。分裂的度量标准不仅支持 Gini 系数，还支持误分类指标，另外还要考虑样本权重。加上样本权重之后 Gini 纯度计算公式为

$$G=\frac{\sum_{i}\left(\sum_{j,y_j=i} w_{\mathrm{L},j}\right)^2}{\sum_{i} w_{\mathrm{L},i}}+\frac{\sum_{i}\left(\sum_{j,y_j=i} w_{\mathrm{R},j}\right)^2}{\sum_{i} w_{\mathrm{R},i}}$$

其中，$\sum_{i} w_{\mathrm{L},i}$ 为左子节点所有样本权重和；$\sum_{i} w_{\mathrm{R},i}$ 为右子节点所有样本权重和；$\sum_{j,y_j=i} w_{\mathrm{R},j}$ 为左子节点第 $j$ 类样本权重和；$\sum_{j,y_j=i} w_{\mathrm{R},j}$ 为右子节点第 $j$ 类样本权重和。实现代码如下：

```
CvDTreeSplit* CvBoostTree::find_split_ord_class( CvDTreeNode* node, int vi,
    float init_quality, CvDTreeSplit* _split, uchar* _ext_buf )
{
    const float epsilon =FLT_EPSILON*2;
    const double* weights =ensemble->get_subtree_weights()->data.db;
    int n =node->sample_count;            //本节点的样本数
    //有第 vi 个特征值的样本数,即去掉属性缺失样本
    int n1 =node->get_num_valid(vi);
    cv::AutoBuffer<uchar>inn_buf;
    if( !_ext_buf )
        inn_buf.allocate(n*(3*sizeof(int)+sizeof(float)));
    uchar* ext_buf =_ext_buf ? _ext_buf : (uchar*)inn_buf;
    float* values_buf =(float*)ext_buf;
    int* sorted_indices_buf =(int*)(values_buf +n);
    int* sample_indices_buf =sorted_indices_buf +n;
    const float* values =0;
    const int* sorted_indices =0;
    //对样本按照第 vi 个特征的特征值进行排序
    data->get_ord_var_data( node, vi, values_buf, sorted_indices_buf, &values,
        &sorted_indices, sample_indices_buf );
    int* responses_buf =sorted_indices_buf +n;
    const int* responses =data->get_class_labels( node, responses_buf );
    const double* rcw0 =weights +n;
    double lcw[2] ={0,0}, rcw[2];
    int i, best_i =-1;
    double best_val =init_quality;
    int boost_type =ensemble->get_params().boost_type;
    int split_criteria =ensemble->get_params().split_criteria;
    rcw[0] =rcw0[0]; rcw[1] =rcw0[1];
    for( i =n1; i <n; i++)
    {
        int idx =sorted_indices[i];
        double w =weights[idx];
        rcw[responses[idx]] -=w;
    }
    if( split_criteria !=CvBoost::GINI && split_criteria !=CvBoost::MISCLASS )
        split_criteria =boost_type ==CvBoost::DISCRETE ? CvBoost::MISCLASS :
        CvBoost::GINI;
```

```
// 如果使用 Gini 系数作为分裂的度量标准
if( split_criteria ==CvBoost::GINI )
{
    double L =0, R =rcw[0] +rcw[1];
    double lsum2 =0, rsum2 =rcw[0] * rcw[0] +rcw[1] * rcw[1];
    for( i =0; i <n1 -1; i++)
    {
        // 下面的计算与 CART 基本相同,只是所有样本都带上了权重
        int idx =sorted_indices[i];
        // w 为第 i 个样本的权重,w2 为权重的平方
        double w =weights[idx], w2 =w * w;
        double lv, rv;
        idx =responses[idx];
        L +=w; R -=w;
        lv =lcw[idx]; rv =rcw[idx];
        lsum2 +=2 * lv * w +w2;
        rsum2 -=2 * rv * w -w2;
        lcw[idx] =lv +w; rcw[idx] =rv -w;
        if( values[i] +epsilon <values[i+1] )
        {
            // 计算带权重的 Gini 系数值
            double val = (lsum2 * R +rsum2 * L)/(L * R);
            if( best_val <val )          // 寻找 Gini 系数最大值
            {
                best_val =val;
                best_i =i;
            }
        }
    }
}
else                                     // 如果采用误分类指标
{
    for( i =0; i <n1 -1; i++)
    {
        int idx =sorted_indices[i];
        double w =weights[idx];          // 第 i 个样本的权重
        idx =responses[idx];
        lcw[idx] +=w;                    // 左子树加上该权重
        rcw[idx] -=w;                    // 右子树减去该权重
        if( values[i] +epsilon <values[i+1] )
        {
            // 计算带权重的误分类指标
            double val =lcw[0] +rcw[1], val2 =lcw[1] +rcw[0];
            val =MAX(val, val2);
            if( best_val <val )          // 寻找误分类指标的最大值
```

```
                {
                    best_val =val;
                    best_i =i;
                }
            }
        }
    }
    // 生成最佳分裂
    CvDTreeSplit * split =0;
    if( best_i >=0 )
    {
        split =_split ? _split : data->new_split_ord( 0, 0.0f, 0, 0, 0.0f );
        split->var_idx =vi;
        split->ord.c = (values[best_i] +values[best_i+1]) * 0.5f;
        split->ord.split_point =best_i;
        split->inversed =0;
        split->quality = (float)best_val;
    }
    return split;
}
```

函数 find_split_ord_reg 为回归树的数值型变量寻找最佳分裂阈值，计算回归误差时考虑了样本权重，其他和标准决策树相同。实现代码如下：

```
CvDTreeSplit * CvBoostTree::find_split_ord_reg( CvDTreeNode * node, int vi,
float init_quality, CvDTreeSplit * _split, uchar * _ext_buf )
{
    const float epsilon =FLT_EPSILON * 2;
    const double * weights =ensemble->get_subtree_weights()->data.db;
    int n =node->sample_count;
    int n1 =node->get_num_valid(vi);
    cv::AutoBuffer<uchar>inn_buf;
    if( !_ext_buf )
        inn_buf.allocate(2 * n * (sizeof(int)+sizeof(float)));
    uchar * ext_buf =_ext_buf ? _ext_buf : (uchar * )inn_buf;
    float * values_buf = (float * )ext_buf;
    int * indices_buf = (int * ) (values_buf +n);
    int * sample_indices_buf =indices_buf +n;
    const float * values =0;
    const int * indices =0;
    data->get_ord_var_data( node, vi, values_buf, indices_buf, &values, &indices,
        sample_indices_buf );
    float * responses_buf = (float * ) (indices_buf +n);
    const float * responses =data->get_ord_responses( node, responses_buf,
        sample_indices_buf );
    int i, best_i =-1;
```

```
    double L =0, R =weights[n];
    double best_val =init_quality, lsum =0, rsum =node->value * R;
    // 处理属性缺失问题
    for( i =n1; i <n; i++)
    {
        int idx =indices[i];
        double w =weights[idx];
        rsum -=responses[idx] * w;
        R -=w;
    }
    // 寻找最佳分裂
    for( i =0; i <n1 -1; i++)
    {
        int idx =indices[i];
        double w =weights[idx];              // 第 i 个样本的权重
        double t =responses[idx] * w;
        L +=w; R -=w;
        lsum +=t; rsum -=t;
        if( values[i] +epsilon <values[i+1] )
        {
            // 计算带权重的回归误差
            double val = (lsum * lsum * R +rsum * rsum * L)/(L * R);
            if( best_val <val )             // 寻找最大值
            {
                best_val =val;
                best_i =i;
            }
        }
    }
    CvDTreeSplit* split =0;
    if( best_i >=0 )
    {
        split =_split ? _split : data->new_split_ord( 0, 0.0f, 0, 0, 0.0f );
        split->var_idx =vi;
        split->ord.c = (values[best_i] +values[best_i+1]) * 0.5f;
        split->ord.split_point =best_i;
        split->inversed =0;
        split->quality = (float)best_val;
    }
    return split;
}
```

函数 calc_node_value 计算叶子节点的值，用于决策树的输出，也就是各种弱分类器的输出值。对分类树和回归树两种情况分别做了处理，输出值按照 13.5 节的公式计算。代码如下：

```
void CvBoostTree::calc_node_value( CvDTreeNode * node )
{
    int i, n =node->sample_count;
    const double * weights =ensemble->get_weights()->data.db;
    cv::AutoBuffer< uchar> inn_buf(n * (sizeof(int) + ( data->is_classifier ?
    sizeof(int) :
        sizeof(int) +sizeof(float))));
    int * labels_buf = (int * )(uchar * )inn_buf;
    const int * labels =data->get_cv_labels(node, labels_buf);
    double * subtree_weights =ensemble->get_subtree_weights()->data.db;
    double rcw[2] ={0,0};
    int boost_type =ensemble->get_params().boost_type;
    // 如果是分类树
    if( data->is_classifier )
    {
        int * _responses_buf =labels_buf +n;
        const int * _responses =data->get_class_labels(node, _responses_buf);
        int m =data->get_num_classes();
        int * cls_count =data->counts->data.i;
        for( int k =0; k <m; k++)
            cls_count[k] =0;
        // 在这里累加各个类所有样本的权重和
        for( i =0; i <n; i++)
        {
            int idx =labels[i];            // 第 i 个样本的类别标签
            double w =weights[idx];        // 第 i 类的权重
            int r =_responses[i];          // 第 i 个样本的真实响应值
            rcw[r] +=w;                    // 第 r 类样本的权重累加
            cls_count[r]++;                // 第 r 类的样本数累加
            subtree_weights[i] =w;
        }
        node->class_idx =rcw[1] >rcw[0]; // 节点类型值
        // 对于离散型 AdaBoost,输出值为-1 和+1
        if( boost_type ==CvBoost::DISCRETE )
        {
            // 节点的输出值从{0,1}转换为{-1,1}
            node->value =node->class_idx * 2 -1;
        }
        else                               // 对于实数型 AdaBoost
        {
            // 在这里样本带有权重,正样本权重和比上总权重和
            // 计算 p(x),即属于正样本的概率
            double p =rcw[1]/(rcw[0] +rcw[1]);
            assert( boost_type ==CvBoost::REAL );
            // 计算 1/2 ln(p(x)/(1-p(x)))
```

```
                node->value =0.5 * log_ratio(p);
            }
        }
        else
        {   // 对于 Logit 和 Gentle 型 AdaBoost,决策树是回归树
            // 节点的值为样本标签的均值,节点的风险值为均方误差
            double sum =0, sum2 =0, iw;
            float * values_buf = (float * ) (labels_buf +n);
            int * sample_indices_buf = (int * ) (values_buf +n);
            const float * values =data->get_ord_responses(node, values_buf,
            sample_indices_buf);
            // 累加所有样本的误差
            for( i =0; i <n; i++)
            {
                int idx =labels[i];
                double w =weights[idx];
                double t =values[i];
                rcw[0] +=w;                     // 样本权重累加和
                subtree_weights[i] =w;
                sum +=t * w;                    // 样本响应值带权重的累加和
                sum2 +=t * t * w;
            }
            iw =1./rcw[0];
            node->value =sum * iw;              // 节点值为样本均值
            node->node_risk =sum2 - (sum * iw) * sum;
            node->node_risk  * =n * iw * n * iw;
        }
        subtree_weights[n] =rcw[0];
        subtree_weights[n+1] =rcw[1];
    }
```

### 13.8.3 强分类器

强分类器的实现是 AdaBoost 算法的核心，这里重点分析训练和预测算法的实现。函数 train 实现 AdaBoost 的训练算法。代码如下：

```
bool CvBoost::train(const CvMat * _train_data, int _tflag, const CvMat *
_responses,
    const CvMat * _var_idx, const CvMat * _sample_idx, const CvMat * _var_type,
    const CvMat * _missing_mask, CvBoostParams _params, bool _update )
{
    bool ok =false;
    CvMemStorage * storage =0;
    CV_FUNCNAME( "CvBoost::train" );
    __BEGIN__;
    int i;
```

```
set_params( _params );
cvReleaseMat( &active_vars );
cvReleaseMat( &active_vars_abs );
if( !_update || !data )
{
    clear();
    data =new CvDTreeTrainData( _train_data, _tflag, _responses, _var_idx,
        _sample_idx, _var_type, _missing_mask, _params, true, true );
    if( data->get_num_classes() !=2 )
        CV_ERROR( CV_StsNotImplemented,
        "Boosted trees can only be used for 2-class classification." );
    CV_CALL( storage =cvCreateMemStorage() );
    weak =cvCreateSeq( 0, sizeof(CvSeq), sizeof(CvBoostTree* ), storage );
    storage =0;
}
else
{
    data->set_data( _train_data, _tflag, _responses, _var_idx,
        _sample_idx, _var_type, _missing_mask, _params, true, true, true );
}
if ( (_params.boost_type ==LOGIT) || (_params.boost_type ==GENTLE) )
    data->do_responses_copy();
// 以下是 AdaBoost 的主体流程。首先,初始化样本权重,如果传入参数为 0,
// update_weights 将初始化所有样本的权重
update_weights( 0 );
//循环训练每一个弱分类器,weak_count 是想要训练的弱分类器的个数
for( i =0; i <params.weak_count; i++)
{
    // 先分配一个 CvBoostTree
    CvBoostTree* tree =new CvBoostTree;
    // 训练一个弱分类器,调用 CvBoostTree 的 train 函数,subsample_mask
    // 为样本采样掩码数组,这是核心的一步
    if( !tree->train( data, subsample_mask, this ) )
    {
        // 如果没有训练出弱分类器,则释放掉当前的弱分类器空间,进入下一
        // 次循环
        delete tree;
        continue;
    }
    cvSeqPush( weak, &tree );           // 将该弱分类器放入弱分类器数组中
    update_weights( tree );             // 更新样本权重,这是核心的一步
    trim_weights();                     // 按照权重对样本进行削减
    // 如果已经没有活跃样本的,退出循环,训练终止
    if( cvCountNonZero(subsample_mask) ==0 )
    break;
```

```
    }
    if(weak->total >0)
    {
        get_active_vars();
        data->is_classifier =true;
        data->free_train_data();
        ok =true;
    }
    else
        clear();
    __END__;
    return ok;
}
```

接下来看更新样本权重的过程,对于不同 AdaBoost 算法执行不同的权重更新策略。更新样本权重由函数 update_weights_impl 实现。这个函数首先区分是初始化样本权重还是在训练过程中更新样本权重,如果传入的 tree 为 NULL,则初始化样本权重。如果是在训练过程中更新样本权重,则分 4 种类型的 AdaBoost 进行更新。计算弱分类器错误率时需要用到当前弱分类器对所有样本的预测结果。对于参与本轮弱分类器训练的样本,训练时给出了预测值,没参与训练的样本要用本弱分类器预测一遍,得到输出值。实现代码如下:

```
void CvBoost::update_weights_impl( CvBoostTree * tree, double initial_weights[2] )
{
    CV_FUNCNAME( "CvBoost::update_weights_impl" );
    __BEGIN__;
    int i, n =data->sample_count;
    double sumw =0.;
    int step =0;
    float* fdata =0;
    int *sample_idx_buf;
    const int* sample_idx =0;
    cv::AutoBuffer<uchar>inn_buf;
    size_t _buf_size = (params.boost_type ==LOGIT) || (params.boost_type ==GENTLE)
        ? (size_t)(data->sample_count) * sizeof(int) : 0;
    if( !tree )
        _buf_size +=n * sizeof(int);
    else
    {
        if( have_subsample )
            _buf_size +=data->get_length_subbuf() * (sizeof(float)+sizeof(uchar));
    }
    inn_buf.allocate(_buf_size);
    uchar* cur_buf_pos = (uchar* )inn_buf;
    if ( (params.boost_type ==LOGIT) || (params.boost_type ==GENTLE) )
```

```
{
    step =CV_IS_MAT_CONT(data->responses_copy->type) ?1 :
    data->responses_copy->step / CV_ELEM_SIZE(data->responses_copy->type);
    fdata =data->responses_copy->data.fl;
    sample_idx_buf = (int * )cur_buf_pos;
    cur_buf_pos = (uchar * ) (sample_idx_buf +data->sample_count);
    sample_idx =data->get_sample_indices( data->data_root, sample_idx_buf );
}
CvMat * dtree_data_buf =data->buf;
size_t length_buf_row =data->get_length_subbuf();
if( !tree )                              // 如果 tree 为 NULL,表示要初始化样本权重
{
    int * class_labels_buf = (int * )cur_buf_pos;
    cur_buf_pos = (uchar * ) (class_labels_buf +n);
    const int * class_labels =data->get_class_labels(data->data_root, class
    _labels_buf);
    // 对于 Logitboost 和 Gentle AdaBoost 每一棵决策树是回归树,需要将类别
    // 标签转换成浮点数
    double w0 =1./n;
    double p[2] ={ initial_weights[0], initial_weights[1] };
    cvReleaseMat( &orig_response );
    cvReleaseMat( &sum_response );
    cvReleaseMat( &weak_eval );
    cvReleaseMat( &subsample_mask );
    cvReleaseMat( &weights );
    cvReleaseMat( &subtree_weights );
    CV_CALL( orig_response =cvCreateMat( 1, n, CV_32S ));
    CV_CALL( weak_eval =cvCreateMat( 1, n, CV_64F ));
    CV_CALL( subsample_mask =cvCreateMat( 1, n, CV_8U ));
    CV_CALL( weights =cvCreateMat( 1, n, CV_64F ));
    CV_CALL( subtree_weights =cvCreateMat( 1, n +2, CV_64F ));
    // 如果考虑类先验概率
    if( data->have_priors )
    {
        int c1 =0;
        for( i =0; i <n; i++)
            c1 +=class_labels[i];
        p[0] =data->priors->data.db[0] * (c1 <n ? 1./(n -c1) : 0.);
        p[1] =data->priors->data.db[1] * (c1 >0 ? 1./c1 : 0.);
        p[0] /=p[0] +p[1];
        p[1] =1. -p[0];
    }
    if (data->is_buf_16u)
    {
        unsigned short * labels = (unsigned short * ) (dtree_data_buf->data.s +
```

```
            data->data_root->buf_idx * length_buf_row +data->data_root->
            offset +
            (data->work_var_count-1) * data->sample_count);
        for( i =0; i <n; i++)
        {
            orig_response->data.i[i] =class_labels[i] * 2 -1;
            subsample_mask->data.ptr[i] = (uchar)1;
            weights->data.db[i] =w0 * p[class_labels[i]];
            labels[i] = (unsigned short)i;
        }
    }
    else
    {
        int * labels =dtree_data_buf->data.i +
            data->data_root->buf_idx * length_buf_row +
            data->data_root->offset +
            (data->work_var_count-1) * data->sample_count;
        for( i =0; i <n; i++)
        {
            orig_response->data.i[i] =class_labels[i] * 2 -1;
            subsample_mask->data.ptr[i] = (uchar)1;
            weights->data.db[i] =w0 * p[class_labels[i]];
            labels[i] =i;
        }
    }
    if( params.boost_type ==LOGIT )
    {
        CV_CALL( sum_response =cvCreateMat( 1, n, CV_64F ));
        for( i =0; i <n; i++)
        {
            sum_response->data.db[i] =0;
            fdata[sample_idx[i] * step] =orig_response->data.i[i] >0 ? 2.f : -2.f;
        }
        // 此时是回归问题而不是分类问题
        data->is_classifier =false;
    }
    else if( params.boost_type ==GENTLE )
    {
        for( i =0; i <n; i++)
            fdata[sample_idx[i] * step] = (float)orig_response->data.i[i];
        data->is_classifier =false;
    }
}
else
{    // 这里是真正更新样本的权重
```

```
        // 对于这种情况,所有参与最近一个弱分类器训练的样本我们知道它们的输
        // 出值,对其他样本要计算输出值
        if( have_subsample )
        {
            float* values =(float*)cur_buf_pos;
            cur_buf_pos =(uchar*)(values +data->get_length_subbuf());
            uchar* missing =cur_buf_pos;
            cur_buf_pos =missing +data->get_length_subbuf() *
            (size_t)CV_ELEM_SIZE(data->buf->type);
            CvMat _sample, _mask;
            // 将子集采样的掩码置反
            cvXorS( subsample_mask, cvScalar(1.), subsample_mask );
            data->get_vectors( subsample_mask, values, missing, 0 );
            _sample =cvMat( 1, data->var_count, CV_32F );
            _mask =cvMat( 1, data->var_count, CV_8U );
            // 对于所有未采样的样本,用决策树进行预测
            for( i =0; i <n; i++)
                if( subsample_mask->data.ptr[i] )
                {
                    _sample.data.fl =values;
                    _mask.data.ptr =missing;
                    values +=_sample.cols;
                    missing +=_mask.cols;
                    weak_eval->data.db[i] =tree->predict( &_sample, &_mask,
                    true )->value;
                }
    }
    // 对各种类型的 Boosting 分别更新样本权重
    if( params.boost_type ==DISCRETE )
    {
        // 离散型 AdaBoost,注意这里和 13.1 节介绍的公式稍有不同
        // 这里的 C=ln( (1-err)/err),而不是 1/2 ln((1-err)/err)
        // 可以证明,二者是等价的
        double C, err =0.;
        double scale[] ={ 1., 0. };
        // 先计算样本在弱分类器上的带权重累计误差和 e
        for( i =0; i <n; i++)
        {
            double w =weights->data.db[i];     // 第 i 个样本的权重
            sumw +=w;                          // 权重累加
            // 错误累加,即比较弱分类器输出响应是否和期望相等
            err +=w* (weak_eval->data.db[i] !=orig_response->data.i[i]);
        }
        if( sumw !=0 )
```

```
        err /=sumw;                          // 对错误率做归一化
    C =err =-log_ratio( err );               // 弱分类器的权重
    scale[1] =exp(err);                      // 用于更新样本权重
    sumw =0; //样本权重之和,用于权重归一化
    // 更新每个样本的权重
    for( i =0; i <n; i++)
    {
        double w =weights->data.db[i] *
            scale[weak_eval->data.db[i] !=orig_response->data.i[i]];
        sumw +=w;
        weights->data.db[i] =w;
    }
    //弱分类器按照权重缩放,实际上就是把权重给弱分类器
      tree->scale( C );
}
else if( params.boost_type ==REAL )
{
    // 实数型 AdaBoost,按照 13.5.2 节的公式计算
    // 计算每个样本的-y_i f(x_i)
    for( i =0; i <n; i++)
        weak_eval->data.db[i] *=-orig_response->data.i[i];
    // 计算所有样本的 exp(-y_i f(x_i))
    cvExp( weak_eval, weak_eval );
    // 更新每个样本的权重
    for( i =0; i <n; i++)
    {
        // 计算 w_i=w_i exp(-y_i f_m(x_i))
        double w =weights->data.db[i] * weak_eval->data.db[i];
        sumw +=w;                            // 权重累加,用于归一化
        weights->data.db[i] =w;
    }
}
else if( params.boost_type ==LOGIT )
{
    // LogitBoost 型,按照 13.5.3 节的公式计算
    const double lb_weight_thresh =FLT_EPSILON;
    const double lb_z_max =10.;              // z 的最大值
    // 对所有样本计算强分类器输出
    for( i =0; i <n; i++)
    {
        double s =sum_response->data.db[i] +0.5 * weak_eval->data.db[i];
        sum_response->data.db[i] =s;     // 累加和
        weak_eval->data.db[i] =-2 * s;   // -2F(x)
        }
        cvExp(weak_eval, weak_eval );    // 计算 exp(-2F(x))
```

```
        for( i =0; i <n; i++)
        {
            // 对每个样本,先计算 p_i = 1/(1+exp(-2F(x_i)))
            double p =1./(1. +weak_eval->data.db[i]);
            // 再计算 w_i = p(x_i)(1-p(x_i))
            double w =p* (1 -p), z;
            w =MAX( w, lb_weight_thresh );
            weights->data.db[i] =w;        // 更新样本权重
            sumw +=w;                      // 样本权重累加
            // 最后计算 z_i = ((y_i+1)/2-p(x_i)) / (p(x_i)(1-p(x_i))) ,计算时进行了简化
          // y_i=1 简化为 z_i = ((1+1)/2-p(x_i)) / (p(x_i)(1-p(x_i))) = 1/p(x_i)
        if( orig_response->data.i[i] >0 )
        {
            z =1./p;
            fdata[sample_idx[i] * step] =(float)MIN(z, lb_z_max);
        }
        else
        {
            // y_i=-1 时简化为 z_i = ((-1+1)/2-p(x_i)) / (p(x_i)(1-p(x_i))) = -1/(1-p(x_i))
            z =1./(1-p);
            fdata[sample_idx[i] * step] =(float)-MIN(z, lb_z_max);
        }
    }
}
else
{
    // Gentle 型 AdaBoost,计算公式参考 13.5.4 节
    assert( params.boost_type ==GENTLE );
    // 对每个样本计算 -y_i f_m(x_i)
    for( i =0; i <n; i++)
        weak_eval->data.db[i] *=-orig_response->data.i[i];
    // 计算 exp(-y_i f_m(x_i))
    cvExp( weak_eval, weak_eval );
    // 更新每个样本的权重
    for( i =0; i <n; i++)
    {
        // w_i=w_i exp(-y_i f_m(x_i))
        double w =weights->data.db[i] * weak_eval->data.db[i];
        weights->data.db[i] =w;            // 更新权重
        sumw +=w;                          // 权重累加和
    }
}
```

```
    }
    // 权重归一化,所有样本的权重除以权重和 sumw,这对 4 种类型的 AdaBoost
    // 是一样的
    if( sumw >FLT_EPSILON )
    {
        sumw =1./sumw;
        for( i =0; i <n; ++i ) //对每个样本的权值进行归一化
            weights->data.db[i] *=sumw;
    }
    __END__;
}
```

函数 predict 完成强分类器的预测,它计算每个弱分类器的输出值然后累加求和。代码如下:

```
float CvBoost::predict( const CvMat* _sample, const CvMat* _missing,
    CvMat* weak_responses, CvSlice slice, bool raw_mode, bool return_sum ) const
{
    float value =-FLT_MAX;
    CvSeqReader reader;
    double sum =0;
    int wstep =0;
    const float* sample_data;
    if( !weak )
         CV_Error( CV_StsError, "The boosted tree ensemble has not been trained
         yet" );
    if( !CV_IS_MAT(_sample) || CV_MAT_TYPE(_sample->type) !=CV_32FC1 ||
        (_sample->cols !=1 && _sample->rows !=1) ||
        (_sample->cols +_sample->rows -1 !=data->var_all && !raw_mode) ||
        (active_vars && _sample->cols +_sample->rows -1 !=active_vars->cols &&
        raw_mode) )
            CV_Error( CV_StsBadArg,
            "the input sample must be 1d floating-point vector with the same "
            "number of elements as the total number of variables or "
            "as the number of variables used for training" );
    if( _missing )
    {
        if( !CV_IS_MAT(_missing) || !CV_IS_MASK_ARR(_missing) ||
            !CV_ARE_SIZES_EQ(_missing, _sample) )
            CV_Error( CV_StsBadArg,
            "the missing data mask must be 8-bit vector of the same size as input
            sample" );
    }
    int i, weak_count =cvSliceLength( slice, weak );     // 弱分类器的个数
    if( weak_count >=weak->total )
    {
```

```
        weak_count =weak->total;
        slice.start_index =0;
    }
    if( weak_responses )
    {
        if( !CV_IS_MAT(weak_responses) ||
            CV_MAT_TYPE(weak_responses->type) !=CV_32FC1 ||
            (weak_responses->cols !=1 && weak_responses->rows !=1) ||
            weak_responses->cols +weak_responses->rows -1 !=weak_count )
            CV_Error( CV_StsBadArg,
            "The output matrix of weak classifier responses must be valid "
            "floating-point vector of the same number of components as the length of
            input slice" );
            wstep =CV_IS_MAT_CONT(weak_responses->type) ? 1 :
            weak_responses->step/sizeof(float);
    }
    int var_count =active_vars->cols;
    const int * vtype =data->var_type->data.i;
    const int * cmap =data->cat_map->data.i;
    const int * cofs =data->cat_ofs->data.i;
    cv::Mat sample =_sample;
    cv::Mat missing;
    if(!_missing)
        missing =_missing;
    // 对输入向量进行预处理
    if( !raw_mode )
    {
        int sstep, mstep =0;
        const float * src_sample;
        const uchar * src_mask =0;
        float * dst_sample;
        uchar * dst_mask;
        const int * vidx =active_vars->data.i;
        const int * vidx_abs =active_vars_abs->data.i;
        bool have_mask =_missing !=0;

        sample =cv::Mat(1, var_count, CV_32FC1);
        missing =cv::Mat(1, var_count, CV_8UC1);
        dst_sample =sample.ptr<float>();
        dst_mask =missing.ptr<uchar>();
        src_sample =_sample->data.fl;
        sstep =CV_IS_MAT_CONT(_sample->type) ? 1 :
            _sample->step/sizeof(src_sample[0]);
        if( _missing )
        {
```

```
            src_mask = _missing->data.ptr;
            mstep = CV_IS_MAT_CONT(_missing->type) ? 1 : _missing->step;
        }
        for( i = 0; i < var_count; i++ )
        {
            int idx = vidx[i], idx_abs = vidx_abs[i];
            float val = src_sample[idx_abs * sstep];
            int ci = vtype[idx];
            uchar m = src_mask ? src_mask[idx_abs * mstep] : (uchar)0;
            if( ci >= 0 )
            {
                int a = cofs[ci], b = (ci+1 >= data->cat_ofs->cols) ?
                    data->cat_map->cols : cofs[ci+1],
                    c = a;
                int ival = cvRound(val);
                if ( (ival != val) && (!m) )
                    CV_Error( CV_StsBadArg,
                        "one of input categorical variable is not an integer" );
                while( a < b )
                {
                    c = (a + b) >> 1;
                    if( ival < cmap[c] )
                        b = c;
                    else if( ival > cmap[c] )
                        a = c+1;
                    else
                        break;
                }
                if( c < 0 || ival != cmap[c] )
                {
                    m = 1;
                    have_mask = true;
                }
                else
                {
                    val = (float)(c - cofs[ci]);
                }
            }
            dst_sample[i] = val;
            dst_mask[i] = m;
        }
        if( !have_mask )
            missing.release();
    }
    else
```

```
{
    if( !CV_IS_MAT_CONT(_sample->type & (_missing ? _missing->type : -1)) )
        CV_Error( CV_StsBadArg, "In raw mode the input vectors must be
        continuous" );
}
cvStartReadSeq( weak, &reader );
cvSetSeqReaderPos( &reader, slice.start_index );
sample_data =sample.ptr<float>();
if( !have_active_cat_vars && missing.empty() && !weak_responses )
{
    // 下面是真正的预测过程,循环用每个弱分类器进行预测
    for( i =0; i <weak_count; i++)
    {
        CvBoostTree * wtree;                // 弱分类器指针
        const CvDTreeNode * node;           // 弱分类器预测时的返回值
        CV_READ_SEQ_ELEM( wtree, reader );  // 读取弱分类器
        node =wtree->get_root();            // 定位到弱分类器决策树的根节点
        while( node->left )                 // 决策树预测,一直走,直到遇到叶子节点
        {
            CvDTreeSplit * split =node->split;
            int vi =split->condensed_idx;
            float val =sample_data[vi];
            int dir =val <=split->ord.c ? -1 : 1;
            if( split->inversed )
                dir =-dir;
            node =dir <0 ? node->left : node->right;
        }
        sum +=node->value;                  // 弱分类器输出值累加
    }
}
else
{
    const int * avars =active_vars->data.i;
    const uchar * m =!missing.empty() ? missing.ptr<uchar>() : 0;
    // full-featured version
    for( i =0; i <weak_count; i++)
    {
        CvBoostTree * wtree;
        const CvDTreeNode * node;
        CV_READ_SEQ_ELEM( wtree, reader );
        node =wtree->get_root();
        while( node->left )
        {
            const CvDTreeSplit * split =node->split;
            int dir =0;
            for( ; !dir && split !=0; split =split->next )
            {
```

```
                    int vi =split->condensed_idx;
                    int ci =vtype[avars[vi]];
                    float val =sample_data[vi];
                    if( m && m[vi] )
                        continue;
                    if( ci <0 )                 // ordered
                        dir =val <=split->ord.c ? -1 : 1;
                    else                        // categorical
                    {
                        int c =cvRound(val);
                        dir =CV_DTREE_CAT_DIR(c, split->subset);
                    }
                    if( split->inversed )
                        dir =-dir;
                }
                if( !dir )
                {
                    int diff =node->right->sample_count -node->left->sample_count;
                    dir =diff <0 ? -1 : 1;
                }
                node =dir <0 ? node->left : node->right;
            }
            if( weak_responses )
                weak_responses->data.fl[i * wstep] = (float)node->value;
            sum +=node->value;                  // 弱分类器输出值累加
        }
    }
    if( return_sum )                            // 如果是,直接返回弱分类器累加值
        value = (float)sum;
    else
    {   // 如果是,返回类别号
        int cls_idx =sum >=0;          // 如果强分类器的预测值大于 0,返回 1;否则返回 0
        if( raw_mode )
            value = (float)cls_idx;
        else
            value = (float)cmap[cofs[vtype[data->var_count]] +cls_idx];
    }
    return value;
}
```

## 13.9 应用——目标检测

AdaBoost 算法在模式识别中最成功的应用之一是机器视觉里的目标检测问题,如人脸检测和行人检测。在深度卷积神经网络用于此问题之前,AdaBoost 算法在视觉目标检测领域的实际应用上一直处于主导地位。在第 1 章中简单介绍了采用滑动窗口技术进行人脸检

测的基本原理,本节详细介绍如何用级联 AdaBoost 分类器实现目标检测。

### 13.9.1 VJ 框架的原理

在 2001 年 Viola 和 Jones 设计了一种人脸检测算法[9]。他们使用简单的 Haar 特征和级联 AdaBoost 分类器构造检测器,检测速度较之前的方法有 2 个数量级的提高,并且有很高的精度,人们称这种方法为 VJ 框架。VJ 框架是人脸检测历史上有里程碑意义的一个成果,奠定了 AdaBoost 目标检测框架的基础。

人脸检测的评价指标包括检测率和误报率。检测率定义为图中的人脸被算法检测出来的比例。误报率定义为误检的数量与分类器扫描的非人脸窗口数量的比值。算法要在检测率和误报率之间做平衡,理想的情况是有高检测率和低误报率。

用级联 AdaBoost 分类器进行目标检测的思想:用多个 AdaBoost 分类器合作完成对候选框的分类,这些分类器组成一个流水线,对滑动窗口中的候选框图像进行判定,确定它是人脸还是非人脸。在这些 AdaBoost 分类器中,前面的分类器很简单,包含的弱分类器很少,可以快速排除掉大量非人脸窗口,但也可能会把一些不是人脸的图像判定为人脸。如果一个候选框通过了第一级分类器的筛选(即被它判定为人脸),则送入下一级分类器中进行判定,否则丢弃掉,以此类推。如果一个检测窗口通过了所有的分类器,则认为是人脸,否则是非人脸。

这种思想的精髓在于用简单的强分类器先排除掉大量的非人脸窗口,使得最终能通过所有级强分类器的样本数很少。这样做的依据是在待检测图像中,绝大部分都不是人脸而是背景,即人脸是一个稀疏事件,如果能快速地把非人脸样本排除掉,则能大大提高目标检测的效率。

出于性能的考虑,弱分类器使用了简单的 Haar 特征。这种特征源自于小波分析中的 Haar 小波变换,Haar 小波是最简单的小波函数,用于对信号进行均值、细节分解。这里的 Haar 特征定义为图像中相邻矩形区域像素之和的差值。图 13.2 是基本 Haar 特征的示意图。

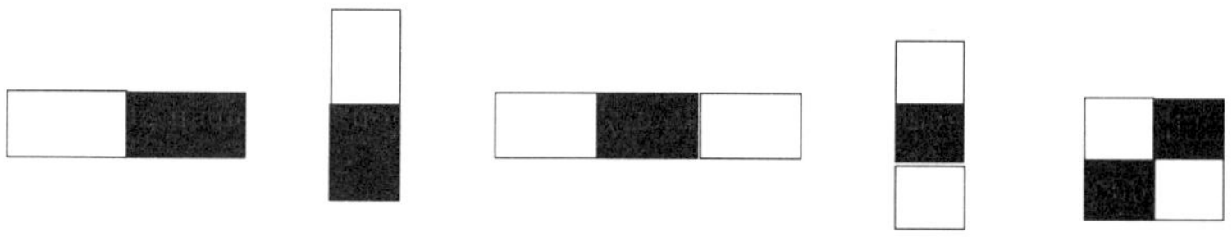

**图 13.2 基本 Haar 特征的示意图**

Haar 特征是白色矩形框内的像素值之和,减去黑色区域内的像素值之和。以图像中第一个特征为例,它的计算方法如下:首先计算左边白色矩形区域里所有像素值的和,接下来计算右边黑色矩形区域内所有像素的和,最后得到的 Haar 特征值为左边的和减右边的和。

这种特征捕捉图像的边缘、变化信息,各种特征描述在各个方向上的图像变化信息。人脸的五官等区域有各自的亮度信息,很符合 Haar 特征的特点。

为了实现快速计算,使用了一种称为积分图的机制。通过它可以快速计算出图像中任何一个矩形区域的像素之和,从而计算出各种类型的 Haar 特征。假设有一张图像,其第 $i$ 行第 $j$ 列处的像素值为 $x_{ij}$,积分图定义为

$$s_{ij}=\sum_{p=1}^{i}\sum_{q=1}^{j}x_{pq}$$

即图像在任何一点处的左上方元素之和。在构造出积分图之后，借助于它可以快速计算出任何一个矩形区域内的像素之和。以图 13.3 中的黑色矩形框为例。

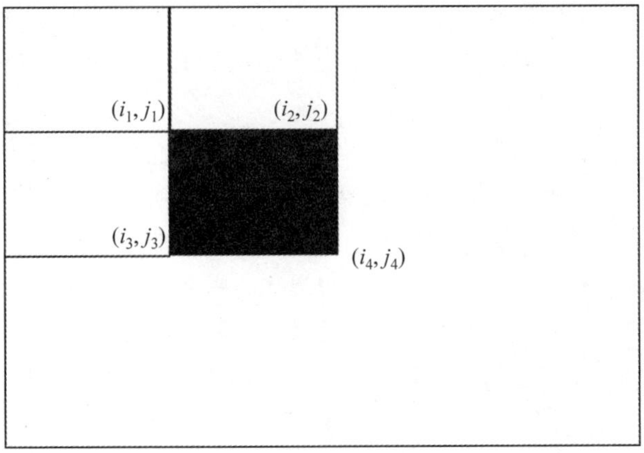


**图 13.3　借助积分图计算任何一个矩形框的像素值之和**

在图 13.3 中，要计算黑色矩形框内的像素值之和，计算公式为

$$s_{i_4j_4}-s_{i_2j_2}-s_{i_3j_3}+s_{i_1j_1}$$

之所以这样，是因为黑色区域内的像素值之和等于这 4 个矩形框内的像素值之和，减去上面两个矩形框的像素值之和，再减去左边两个矩形框的像素值之和，这样做的话，左上角的矩形框被减了两次，因此要加一次回来。显然，在计算出任何一个矩形区域的像素值之和后，可以方地的计算出上面任何一种 Haar 特征。

弱分类器采用深度很小的决策树，甚至只有一个内部节点。决策树的训练算法在之前已经介绍过了，需要注意的是这里的特征向量是稀疏的，即每棵决策树只接受少量特征分量作为输入，根据它们来做决策。

强分类器和前面讲述的是一样的，不同的是加上了一个调节阈值：

$$F(\boldsymbol{x})=\sum_{i=1}^{N}f_i(\boldsymbol{x})-\xi$$

其中，$\xi$ 为级联阈值，它和弱分类器的数量在训练时根据检测率和误报率指标来确定，首先确保检测率，得到级联阈值，然后计算该阈值下的误报率，如果得到要求，则终止本级强分类器的训练。训练时，依次训练每一级强分类器。每一级强分类器在训练时使用所有的人脸样本作为正样本，并用上一级强分类器对负样本图像进行扫描，把找到的虚警中被判定为人脸的区域截取出来作为下一级强分分类器的负样本。

假设第 $i$ 级强分类器的检测率和误报率分别为 $d_i$ 和 $f_i$，由于要通过所有强分类器才被判定为正样本，因此，级联分类器的误报率为

$$F=\prod f_i$$

上式表明增加分类器的级数可以降低误报率。类似地，级联分类器的检测率为

$$D=\prod d_i$$

这个式子表明增加分类器的级数会降低检测率。对于前者，可以理解为一个负样本被每一级分类器都判定为正样本的概率；对于后者，可以理解为一个正样本被所有分类器都判定为正样本的概率。

在 VJ 算法问世之后，出现了各种改进型的方案[10-22]。这些方案的改进主要在以下几个方面：新的特征如 LBP、ICF、ACF，其他类型的 AdaBoost 分类器如实数型和 Gentle 型，新的分类器级联结构如 Soft Cascade，用于解决多视角人脸检测问题的金字塔级联和树状级联。

### 13.9.2　模型训练

利用 OpenCV 提供的训练程序可以很方便地训练自己的检测器。用 opencv_traincascade 训练自己的模型需要经历如下步骤。

（1）准备正样本图像。

（2）准备负样本图像。

（3）生成正负样本列表文件。

（4）生成.vec 文件。

（5）训练分类器。

这里的正样本是要检测的目标，如人脸。所有正样本都要缩放到同样的大小，并且需将这些图像放到同一个目录下（如 pos）。需要注意的是，正样本图像要尽量覆盖目标的各种姿态、角度等，而且要量大。

负样本是不包括要检测的目标的任何图像。它的尺寸可以很大，程序在使用负样本图像时会进行裁剪采样。为了降低误报率，通常需要大量的负样本图像，而且图像涵盖的范围要广泛。同样地，我们也将负样本图像放到同一个目录下（如 neg）。

在准备好正负样本图像之后，接下来生成它们的描述文件。首先，在命令行中切换到正样本图像所在的目录下，输入如下命令：

```
dir/b>posfiles.txt
```

这样会在正样本的目录下生成一个 posfiles.txt 文件，即正样本列表文件。文件每一行为该目录下的一个图像文件名，注意，posfiles.txt 这个文件名也会出现在这个文件中，我们需要把这一行找到删掉。在文件的每一行后面，我们还需要加入“100　w　h”，其中，w 和 h 是正样本图像的高度和宽度，如 64。接下来切换到负样本的目录下，输入命令：

```
dir/b>negfiles.txt
```

生成负样本列表文件，也要把 negfiles.txt 这一行删掉。接下来，用 opencv_createsamples 程序生成样本描述文件。命令如下：

```
opencv_createsamples.exe - info posfiles.txt - vec pos.vec - num 1024 - w 64 - h 64
```

最后，用 opencv_traincascade 程序进行训练：

```
opencv_traincascade.exe -data model -vec pos.vec -bg negfiles.txt -numPos 700 -
numNeg 2100 -featureType HOG -w 64 -h 64 -numStages 20
```

训练过程中会在屏幕上输出训练信息，训练完成之后会生成 XML 格式的模型文件，之后就可以用自己的模型进行目标检测。

# 参考文献


[1] Freund Y. Boosting a weak learning algorithm by majority. Information and Computation, 1995.

[2] Yoav Freund, Robert E Schapire. A decision-theoretic generalization of on-line learning and an application to boosting. computational learning theory, 1995.

[3] Freund Y. An adaptive version of the boost by majority algorithm. In Proceedings of the Twelfth Annual Conference on Computational Learning Theory, 1999.

[4] R Schapire. The boosting approach to machine learning: An overview. In MSRI Workshop on Nonlinear Estimation and Classification, Berkeley, CA, 2001.

[5] Freund Y, Schapire R E. A short introduction to boosting. Journal of Japanese Society for Artificial Intelligence, 1999, 14(5): 771-780.

[6] Hastie T, Tibshirani R. Generalized Additive Models. London: Chapman and Hall, 1990.

[7] Jerome Friedman, Trevor Hastie, Robert Tibshirani. Additive logistic regression: a statistical view of boosting. Annals of Statistics, 2000, 28(2): 337-407.

[8] Buja A, Hastie T, Tibshirani R. Linear smoothers and additive models (with discussion). Annals Statistics, 1989, 17: 453-555.

[9] P Viola, M Jones. Rapid object detection using a boosted cascade of simple features. In Proceedings IEEE Conf. on Computer Vision and Pattern Recognition, 2001.

[10] Lubomir Bourdev, Jonathan Brandt. Robust Object Detection Via Soft Cascade. CVPR, 2005.

[11] Rainer Lienhart, Jochen Maydt. An extended set of Haar-like features for rapid object detection. International Conference on Image Processing. 2002.

[12] Bo Wu, Haizhou Ai, Chang Huang, et al. Fast rotation invariant multi-view face detection based on real Adaboost. IEEE International Conference on Automatic Face and Gesture Recognition, 2004.

[13] Bin Yang, Junjie Yan, Zhen Lei, et al. Aggregate channel features for multi-view face detection. International Journal of Central Banking, 2014.

[14] Timo Ahonen, Abdenour Hadid, Matti Pietikainen. Face Description with Local Binary Patterns: Application to Face Recognition. IEEE Transactions on Pattern Analysis and Machine Intelligence, 2006.

[15] R Benenson, M Mathhhias, R Tomofte, et al. Pedestrian detection at 100 frames per second. CVPR, 2012.

[16] M Jones, P Viola. Fast Multi-View Face Detection. Mitsubishi Electric Research Laboratories, Technical Report: MERL-2003-96, 2003.

[17] Y Ma, X Q Ding. Real-time rotation invariant face detection based on cost-sensitive AdaBoost. In: Proceedings of the IEEE International Conference on Image Processing. Barcelona, Spain: IEEE Computer Society, 2003: 921-924.

[18] Y Ma, X Q Ding. Robust multi-view face detection and pose estimation based on cost-sensitive AdaBoost. In: Proceedings of the 6-th Asian Conference on Computer Vision. Jeju: Springer, 2004.

[19] S Z Li, L Zhu, Z Q Zhang, et al. Statistical learning of multi-view face detection. In: Proceedings of the 7-th European Conference on Computer Vision. Copenhagen Springer, 2002: 67-81.

[20] S Z Li, Z Q Zhang, H Y. Shum, et al. FloatBoost learning for classification. In: Proceedings of the 16-th Annual Conference on Neural Information Processing Systems. Vancouver: MIT Press,2002: 993-1000.

[21] S Z Li, L Zhu, Z Q Zhang, et al. Learning to detect multi-view faces in real-time. In: Proceedings of the 2-nd International Conference on Development and Learning. Cambridge, MA, USA: IEEE Computer Society,2002: 172-177.

[22] S Z Li, Z Q Zhang. FloatBoost Learning and Statistical Face Detection. In: IEEE Transactions on Pattern Analysis and Machine Intelligence, 2004.

[23] Yudong Cai, Kaiyan Feng, Wencong Lu, et al. Using LogitBoost classifier to predict protein structural classes. Journal of Theoretical Biology, 2006.

[24] Robert E Schapire, Yoram Singer. Improved boosting algorithms using confidence-rated predictions. Computational Learning Theory, 1998.

# 第 14 章

# 深度学习概论

机器学习在经历了多年的发展之后，虽然取得了大的进展，但对某些复杂问题的处理效果还远未达到实用的标准。典型的是语音识别和图像识别，经典的机器学习算法在精度上存在瓶颈，无法达到大规模实用的要求。本章介绍的深度学习技术在这类问题上取得了当前最好的效果，并仍处于高速发展阶段，是机器学习目前最重要的方向之一。

## 14.1 机器学习面临的挑战

到目前为止，本书介绍的机器学习算法的输入都是特征向量，至于这个向量是什么以及怎么构造，并没有统一的答案。它们需要根据具体问题的特点人工设计，同一个机器学习算法应用于不同的问题时，会使用不同的特征。表 14.1 是机器学习算法用于各种应用问题时所使用的典型特征。

表 14.1 各种应用问题所使用的典型特征

| 特　　征 | 应用领域 | 特征的含义 |
| --- | --- | --- |
| 颜色直方图 | 计算机视觉 | 描述图像颜色的概率分布 |
| Haar 特征 | 计算机视觉 | 描述图像在水平和垂直方向的变化 |
| HOG 特征 | 计算机视觉 | 描述图像的边缘朝向和强度分布 |
| Gabor 特征 | 计算机视觉 | 描述图像各个方向和尺度的频谱分布 |
| MFCC 特征 | 语音识别 | 描述声音信号的频率特征 |
| TF-IDF 特征 | 自然语言处理 | 描述单词在文档中的概率分布 |

机器学习算法在解决实际问题时分为两步：第一步是特征提取；第二步是将特征向量送入机器学习算法中进行训练或者预测。这个过程如图 14.1 所示。

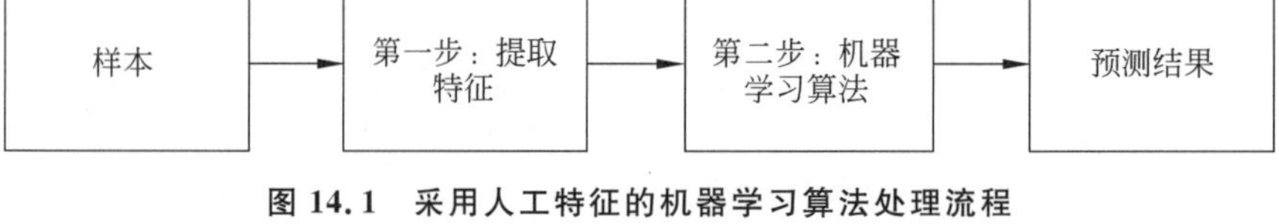


图 14.1 采用人工特征的机器学习算法处理流程

在这种方案中机器学习算法只用于分类或者回归等任务，不负责特征的提取。特征设计依靠人工经验，使用了特定领域的知识。

### 14.1.1 人工特征

虽然人工设计的特征行之有效，在很多具体问题上都有成功的应用，但这种做法至少会面临以下几个问题。

(1) 特征通用性差。不同的应用问题需要设计不同的特征，设计这些特征高度依赖每个应用领域的专业知识，并且需要经过反复试验来确保有效性。仅计算机视觉领域的图像分类，目标检测问题就有很多不同的任务，需要为每个任务都设计有效的特征。例如，在人脸检测中有效的 Haar 特征用于行人检测时效果较差，针对这个问题又设计出 HOG 特征。

(2) 特征的描述能力有限。人工设计的特征一般模式固定并且比较简单，特征的表达能力有限，在复杂的应用问题上会遇到精度上的瓶颈。例如，标准的 Haar 特征只能描述图像在水平和垂直方向的变化；HOG 特征虽然能描述图像梯度的朝向分布，但不具有旋转不变性，将一个物体在图像中进行旋转，得到的 HOG 特征和旋转之前完全不同。特征的表达能力限制了机器学习算法的精度上限，容易导致过拟合问题。

(3) 维数灾难[138](Curse of Dimensionality)。为了提高算法的精度，会使用越来越多的特征。当特征向量维数不高时，增加特征确实可以带来精度上的提升；但是当特征向量的维数增加到一定值之后，继续增加特征反而会导致精度的下降，这一问题称为维数灾难。引起这一问题的主要原因是高维空间所带来的数据稀疏性，从而导致过拟合。

以计算机视觉领域 ILSVRC(ImageNet Large Scale Visual Recognition Challenge)的 ImageNet 图像分类任务为例，这个任务要对 1000 种类型的图像进行分类。多年以来，人工设计的特征在精度上无法取得突破。2012 年使用卷积神经网络的方法出现之后，准确率不断得到提升。图 14.2 是 ImageNet 竞赛历年冠军的 top-5 错误率比较。

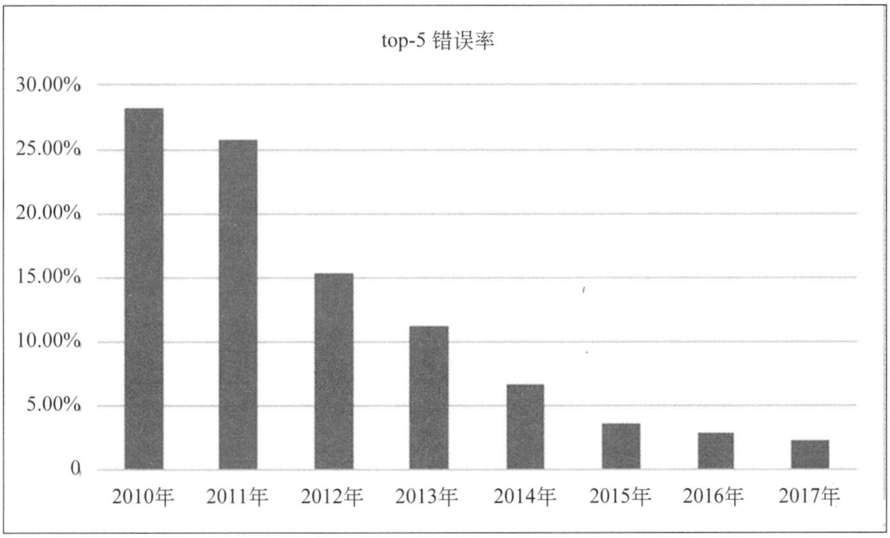


**图 14.2 ImageNet 历年的错误率**

在 2012 年，AlexNet 网络将错误率从 2011 年的 25.8%大幅度降低到 15.3%，随后这个记录不断被深度卷积神经网络刷新。2013 年 ZF-Net 网络将错误率降低到了 11.2%；2014 年 VGGNet 将错误率降低到 6.7%；2015 残差网络 ResNet 降低到 3.57%，在这种标准数据集上首次超越人类5%的识别错误率。接下来，在2016年错误率又被降低到2.9%，2017年降低到2.25%。至此，这个问题基本已经解决。

### 14.1.2 机器学习算法

除了人工设计的特征存在不足之外，前面介绍的机器学习算法在面对图像、语音识别等复杂任务时也存在瓶颈，在大数据集上泛化性能急剧下降。简单的模型在面对复杂的问题时建模能力有限；即使能在训练集上得到很好的拟合效果，在测试集上表现不一定好。而表示能力和泛化能力是衡量机器学习算法的两个核心指标。下面来分析各种典型机器算法模型的复杂度(即参数的规模)，如表14.2所示。

**表14.2 各种典型机器学习算法的参数规模**

| 算 法 | 参 数 | 参数规模 |
| --- | --- | --- |
| 决策树 | 判定规则，如阈值 | $O(n)$，$n$ 为决策树的节点数 |
| logistic 回归 | 权重与偏置 | $O(n)$，$n$ 为输入向量的维数 |
| 支持向量机(线性) | 权重与偏置 | $O(n)$，$n$ 为输入向量的维数 |
| AdaBoost | 弱分类器参数，弱分类器权重 | $O(nt)$，$n$ 为弱分类器数量，$t$ 为弱分类器参数数量 |
| 神经网络 | 各层的权重与偏置项 | $O(lmn)$，$l$ 为网络层数，$m$ 和 $n$ 为相邻两层神经元数量 |

除神经网络和决策树之外，对于指定维数的输入向量，其他模型的规模都是确定的，无法人为控制模型规模。如果想通过加大模型的复杂度来拟合更复杂的函数，神经网络是最有潜力的一种方法。另一方面，万能逼近定理从理论上保证了多层神经网络的逼近能力。虽然决策树在理论上也能拟合任意的函数，但在高维空间容易出现过拟合。

实践证明"人工特征+分类器"的方案不能解决图像识别、语音识别等复杂的感知问题，而这些问题又是人工智能当前阶段要解决的核心问题。因此，需要寻求其他方法，目前解决这些问题的一种有效方法就是本章和接下来几章将要介绍的深度学习技术。

## 14.2 深度学习技术

如果能通过机器学习的手段自动学习出有效的特征，同时加大模型的复杂度，人们有希望更好地处理复杂的问题，并且使得机器学习算法具有通用性。前面已经比较过，除神经网络之外其他的都是简单模型。理论上，只有一个隐含层的神经网络就可以逼近任意连续函数到任意精度，只要加大网络的深度、神经元的数量，就可以建立更复杂的模型。但是层次的加深会带来严重的问题，最主要的问题之一是梯度消失[5]。如果能解决神经网络层次过多而带来的问题，就可以用深层神经网络来完成复杂的任务。

对于这个问题的努力一直没有中断过。Hinton等人在文献[1]中提出一种解决深层神经网络训练难题的方法，采用受限玻尔兹曼机和逐层训练的方法训练深层网络。这种方法训练了一个有多个隐含层的自动编码器网络，用于数据降维，这也可以看作是特征提取。自动编码器是一种特殊的神经网络，由编码器和解码器组成，在本章中会详细介绍。网络前面的层为编码器，用于实现对数据的非线性映射，从而提取出特征；网络的后半部分为解码器，以编码器输出的向量为输入，重构出原始输出向量。

训练有多个隐含层的自动编码器存在困难，如果权重初始值设置不当，训练时将无法收敛。但如果参数初始值已经接近最优解，通过梯度下降法可以完成网络的训练。文献[1]的具体做法是先训练多个受限玻尔兹曼机，得到它们的权重值，然后以这些权重作为编码器各层权重的初始值，以它们的转置作为解码器各层权重的初始值，接下来用梯度下降法训练自动编码器。在多个数据集上的实验结果证明了这种方法的有效性，这为解决多层神经网络难以训练的问题提供了一种新的思路。

文献[1]的方法虽然在实验中有效，但并没有大规模实用。2012 年 Hinton 等人提出的 AlexNet[7] 网络在 ImageNet 图像分类比赛中夺冠，大幅度领先排名第二的算法，显示出深层卷积神经网络的优势，这是一种更具有应用价值的方法。通过使用 ReLU 激活函数和 dropout 机制，这种深层网络可以被成功地训练出来，具体的原理将在第 15 章中讲述。此后深度卷积神经网络在图像、视频类的空间数据建模上得到了广泛使用。研究和工程实践结果证明，如果有充足的训练样本，更深层的神经网络在复杂问题上能取得更好的效果。

在时间序列数据建模问题上，循环神经网络取得了成功。这种神经网络可以记忆长时间的信息，因此，可以对序列数据长时间的依赖进行建模，这比隐马尔可夫模型这种采用一阶马尔可夫假设限制的方法更具有优势。循环神经网络在语音识别、自然语言处理、机器视觉中的时态数据建模问题上取得了成功。

深度学习并不是特指某种具体的算法，而是一类机器学习算法的统称，它们的一个显著特点是无须使用人工设计的特征，将特征提取与机器学习算法融合到一起，直接完成端到端(End-to-End)的训练，这是一种通用性很强的框架。以图像识别为例，端到端的训练无须再为图像设计特征，而是直接将图像和标签值送入机器学习算法中进行训练。通过更换样本，就可以完成不同的任务。这种方案的处理流程如图 14.3 所示。

**图 14.3　端到端学习框架**

深度学习算法通过深层神经网络来自动学习复杂、有用的特征，完成特征抽取与机器学习算法的整合，从而提升预测的精度。与之相对应的是浅层学习的机器学习算法。这种框架提供了很大的灵活性，针对问题的特点，可以设计各种不同的神经网络结构，使用不同的损失函数来达到目的。例如，对于目标检测问题，可以设计专用的卷积神经网络完成对目标位置和大小的预测；对于图像分割问题，可以设计全卷积网络完成对每个像素类别的预测。

前面已经介绍过，神经网络层数的增加会带来训练的困难。典型的是梯度消失和退化，以及局部最优解等问题。深度学习算法通过各种技巧规避这些问题，包括新的激活函数如 ReLU、dropout 正则化技术、归一化技术、跨层连接等手段，保证深层神经网络能够被有效地训练出来。

为了训练出更为复杂的模型，同时要避免过拟合问题，人们需要更大规模的训练样本集。大型互联网公司如Google、腾讯等在多年的运营中积累了海量的数据；移动设备的普及也让音频和图像数据的采集变得更为容易。得利于这些因素，训练复杂模型所需的海量样本被有效满足。以人脸识别问题为例，从20世纪90年代到现在，常用人脸数据库的规模不断增长，在深度学习技术出现之后，数据集更是达到了前所未有的规模。表14.3列出了各个典型的人脸图像数据库大小。

表14.3 各种人脸图像数据库的大小

| 数据库 | 人数 | 图像数 |
| --- | --- | --- |
| YALE 人脸数据库 | 15 | 165 |
| MIT 人脸数据库 | 16 | 2592 |
| ORL 人脸数据库 | 40 | 400 |
| FERET 人脸数据库 | 200 | 1400 |
| LFW | 1680 | 1.3万 |
| MSRA-CFW | 1583 | 20万 |
| WLFDB | 6025 | 70万 |
| CASIA-WebFace | 1万 | 50万 |
| MegaFace | 67.2万 | 470万 |

人脸图像数据集从早期的百数量级增长到目前的上百万数量级，海量的样本数据为深度学习算法的训练提供了保证。在很多问题上，大数据集上训练出来的复杂模型比小数据集训练出来的简单模型在精度上有显著的提高。

模型复杂度和训练样本数的增加带来的一个问题是计算量的急剧增加，如何高效地完成神经网络的训练和预测是实际使用时必须要解决的问题。使用图形处理器(Graphic Processing Unit，GPU)的并行计算技术非常适合大规模的矩阵和向量运算，与CPU相比，GPU能够带来2～3个数量级甚至更大的速度提升。典型代表是NVIDIA公司的CUDA框架[6]、Google公司的TPU(Tensor Processing Unit，张量处理器)，它们被广泛应用于卷积神经网络、循环神经网络等深度学习算法的实现。另外，分布式计算技术也被用于大规模深度学习模型的训练和预测。

## 14.3 进展与典型应用

深度学习算法首先在机器视觉领域取得了成功，随后被用于语音识别、自然语言处理、数据挖掘、推荐系统、计算机图形学等方向。在这些领域中，深度学习算法在很多问题上都取得了当前最好的性能。

### 14.3.1　计算机视觉

机器视觉是深度学习最先取得突破的领域，也是应用最广泛的领域。第一个公开的卷积神经网络[2-4]就是用于识别手写数字图像，AlexNet 也是用于图像分类问题。在 AlexNet 网络之后，卷积网络被用于机器视觉里的各种任务，包括通用目标检测、行人检测、人脸检测、人脸关键点定位、人脸识别、图像分割、边缘检测、目标跟踪、视频分类等各种问题，都取得了成功。此外，循环神经网络也被用于机器视觉领域，解决目标跟踪、动作识别等问题。在第 15 章和第 16 章将会详细介绍深度学习算法在机器视觉领域的应用。表 14.4 是对深度学习技术在机器视觉中主要问题上的应用情况总结。

**表 14.4　深度学习技术在机器视觉领域里的应用**

| 问　题 | 典 型 方 法 |
|---|---|
| 图像分类 | AlexNet[7]、ZF-Net[8]、GoogLeNet[9]、VGGNet[10]、ResNet[11] |
| 通用目标检测 | R-CNN[12]、SPP-Net[13]、Fast R-CNN[14]、Faster R-CNN[15]、YOLO[16]、SSD[17]、R-FCN[18] |
| 行人检测 | Cascade CNN[19] |
| 人脸检测 | Cascade CNN[20]、Dense Box[21]、Faceness-Net[22]、MT-CNN[135] |
| 人脸识别 | DeepFace[23]、DeepID[24]、DeepID2[25]、DeepID3[26]、FaceNet[27]、Center loss[136]、Sphere loss[137] |
| 字符识别 | 文献[28-31] |
| 图像分割 | FCN[32]、[33]、DeepLab[34]、SegNet[35] |
| 边缘检测 | DeepContour[36]、[37]、DeepEdge[38] |
| 风格迁移 | 文献[40] |
| 图像增强 | 文献[41] |
| 深度估计 | 文献[42-48] |
| 目标跟踪 | 文献[49-59] |
| 动作识别 | 文献[60-64] |
| 视频分类 | 文献[65-66] |
| 3D 视觉 | 文献[67] |

使用深度学习技术之后，机器视觉的很多问题都取得大幅度进展。以人脸检测为例，当前最好的结果都是由深度卷积网络取得的，这些方法在精度上远超之前的算法，图 14.4 是 FDDB 数据集上各种算法的 ROC 曲线比较。

在图像分类的 CIFAR 数据库、MNIST 数据库、人脸识别的 LFW 数据库，上述深度学习算法的准确率也不断得到提升。图 14.5 是在 LFW 数据库上各种典型人脸识别算法的 ROC 曲线比较。

对于非常有挑战性的通用目标检测问题，深度学习算法同样取得了惊人的成就。

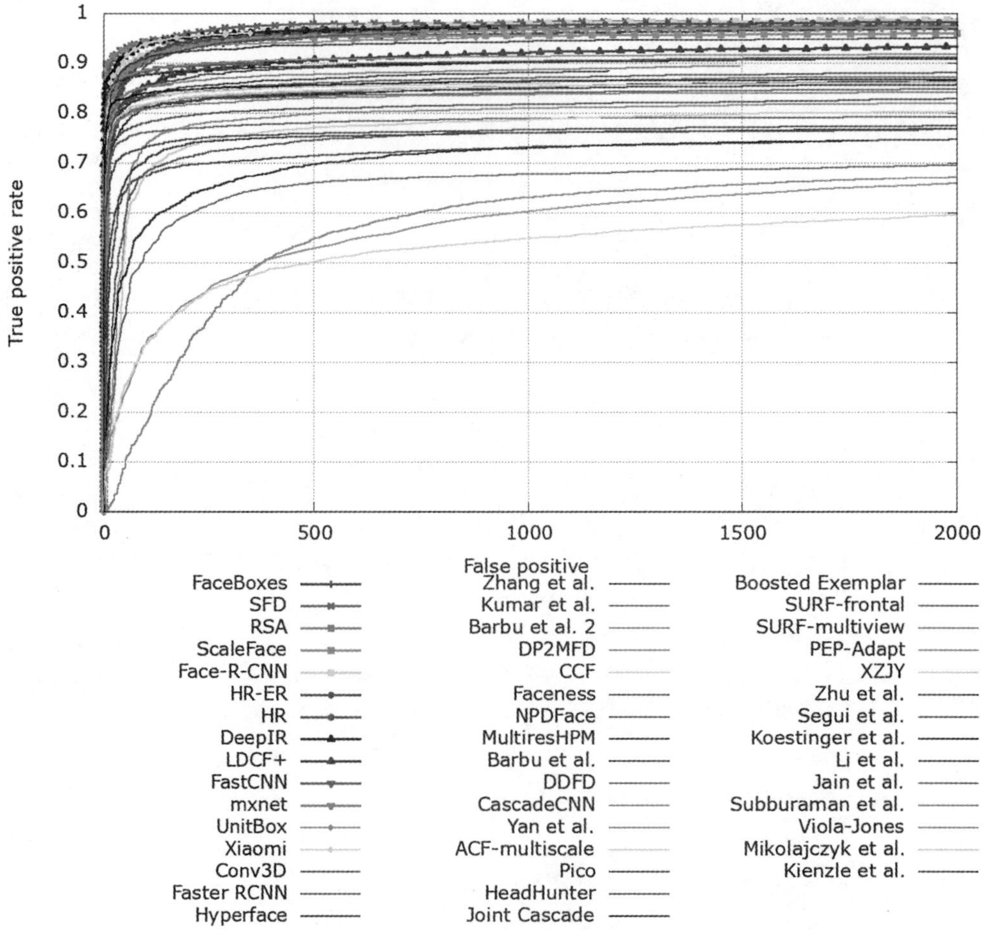


图 14.4 各种典型人脸检测算法在 FDDB 的 ROC 曲线比较

表 14.5 是各种典型的深度学习算法在目标检测数据集 VOC2012 上的 mAP 精度比较。

表 14.5 深度学习目标检测算法在 VOC2012 上的 mAP 精度比较

| 算 法 | mAP 精度 |
|---|---|
| R-CNN | 62.4% |
| YOLO | 57.9% |
| Fast R-CNN | 68.4% |
| Faster R-CNN | 70.4% |
| YOLO2 | 75.4% |
| SSD512 | 82.2% |
| FSSD512 | 84.2% |
| RefineDet | 86.8% |
| R-FCN | 88.4% |
| FOCAL_DRFCN | 88.8% |

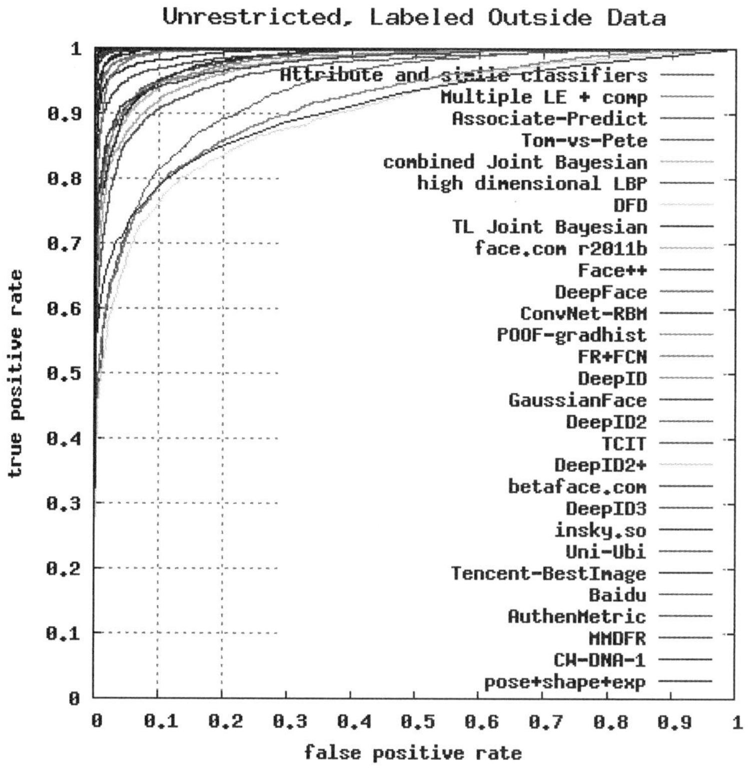


图 14.5 各种典型人脸识别算法在 LFW 数据库上的 ROC 曲线比较

### 14.3.2 语音识别

同样作为感知类问题，语音识别是深度学习又一个成功应用的领域。受限玻尔兹曼机[68-70]被用于声学建模，循环神经网络在深度学习出现之前就被用于语音识别问题[71]，文献[72]对循环神经网络在语音识别问题上的应用进行了重新思考。在用于声学建模之后，循环神经网络又被用于直接实现端到端的语音识别算法[73-82]。除了循环神经网络之外，卷积神经网络也被用于语音识别问题[83,84]。

使用深度学习技术之后，语音识别的准确率比之前有大幅度的提高。另一方面，深度学习的端对端训练框架也简化了训练流程，减小了训练样本处理的工作量。在第 16 章中会详细介绍循环神经网络在语音识别问题上的应用。

### 14.3.3 自然语言处理

自然语言处理是机器学习技术主要应用领域之一。隐马尔可夫模型、支持向量机、条件随机场、贝叶斯分类器等算法都曾经被成功地应用于自然语言处理中的各类问题。与机器视觉、语音识别这种感知类问题相比，深度学习技术在自然语言处理领域的使用相对更晚。循环神经网络具有记忆功能，适合对自然语言处理中时序数据的建模。卷积神经网络在文本分类、机器翻译等问题上也有成功的应用。表 14.6 总结了深度学习技术在自然语言处理领域的应用情况。

表 14.6 深度学习技术在自然语言处理领域的应用

| 问题 | 典型方法 | 问题 | 典型方法 |
|---|---|---|---|
| 分词与词性标注 | 文献[85-87] | 自动摘要 | 文献[97-98] |
| 命名实体识别 | 文献[88] | 机器翻译 | 文献[99-104] |
| 文本分类 | 文献[89-96] | | |

在第 15 章和第 16 章中会详细介绍卷积神经网络和循环神经网络在自然语言处理问题上的应用。

### 14.3.4 计算机图形学

计算机图形学的任务是用计算机程序生成图像，尤其是具有真实感的图像。建模和绘制（也称为渲染）是图形学里两个重点研究的问题。前者包括建立物体和场景的几何模型及物理模型，例如，物体表面的曲面、物体运动的动力学模型和光照模型。后者通过建模数据绘制出图像，包括光照、纹理映射等过程。

机器学习与深度学习技术被用于解决计算机图形学中的一些问题，它们代表了数据驱动这一类方法，与传统方法不同的是，需要根据训练样本学习来建立模型。在计算机图形学会议 SIGGRAPH 上出现了越来越多的用深度学习技术解决图形学问题的论文。表 14.7 总结了用深度学习技术解决图形学问题的各种典型方法。

表 14.7 深度学习在图形学领域的应用

| 问题 | 典型方法 | 问题 | 典型方法 |
|---|---|---|---|
| 几何模型 | 文献[105] | 纹理合成 | 文献[110][111] |
| 材质建模 | 文献[106] | HDR | 文献[112] |
| 流体模拟 | 文献[107][108] | 图像彩色化 | 文献[113] |
| 光照模型 | 文献[109] | | |

### 14.3.5 推荐系统

推荐系统是一种直接面向实际应用的技术，其目标是给用户推荐可能感兴趣的产品，例如新闻和商品。推荐系统在电商和其他很多类互联网公司的商业模式中处于非常重要的地位。为用户推荐什么取决于用户的特征信息和历史行为，如性别、年龄、之前的购买记录，以及产品的特征。如果一个用户年龄较大，我们更可能给他推荐健康类产品；如果一个用户之前经常购买高档白酒，我们更倾向于给他推荐茅台和五粮液；如果一个用户之前浏览体育类新闻，我们就更倾向于给他推荐此类新闻。

一般来说，人们将推荐算法分为基于内容的推荐、协同过滤，以及混合算法 3 种类型。基于内容的推荐通过分析产品的内容信息来对用户进行推荐，协同过滤通过分析用户的历史行为和偏好来进行推荐，混合算法则结合了多方面的信息。奇异值分解、协同过滤、基于内容的推荐算法都被成功地应用于实用的推荐系统。深度学习技术也被用于数据挖掘与推荐系统,代表性的方法有文献[114-116]和[134]。

### 14.3.6　深度强化学习

深度学习与强化学习的结合使得强化学习算法可以解决某些策略、控制类问题,典型的包括围棋、游戏、机器人控制、无人驾驶等。深度神经网络在这里的作用是用于表示强化学习中的动作价值函数(Q 函数)以及策略函数[139-142],典型的代表是深度 Q 网络(简称 DQN)以及使用深度神经网络的策略梯度算法。深度学习和深度强化学习的原理将在第 20 章进行介绍。

## 14.4　自动编码器

深度学习利用深层神经网络来达到自动学习特征的目的,这只是一个抽象的概念,并没有指明具体的实现方式。目前有多种不同的网络结构可以实现这一目标,包括自动编码器、受限玻尔兹曼机、卷积神经网络、循环神经网络等,它们都用神经网络对输入数据进行映射,得到输出向量作为特征。在接下来的几章中会分别介绍这些网络。

自动编码器(Auto-Encoders,AE)是本书介绍的第一种深度学习框架,也是最简单的一种模型。其思路是直接用一个单层或者多层神经网络对输入数据进行映射,得到输出向量,作为从输入数据提取出的特征。在这种框架中,神经网络的前半部分为编码器,用于从原始输入数据中提取特征;后半部分为解码器,训练时根据提取的特征重构原始数据,它只用于训练阶段。这种编码器-解码器结构的思想在卷积神经网络、循环神经网络中都有应用,在后面的各章中会详细介绍。

### 14.4.1　自动编码器简介

自动编码器是用于特征提取和数据降维的特殊的神经网络。最简单的自动编码器由一个输入层、一个隐含层和一个输出层组成。隐含层的映射充当编码器的角色,输出层的映射充当解码器的角色。在训练时,编码器对输入向量进行编码,得到编码后的向量;解码器对编码向量进行解码重构,得到重构后的向量,它是对输入向量的近似。编码器和解码器同时训练,在这里并没有设置每个数据的标签值,是一种无监督的学习,训练的目标是最小化重构误差,即让重构向量与原始输入向量之间的误差最小化。训练完成之后,只使用编码器而不再需要解码器,编码器的输出结果被进一步使用。

下面来看一个实际的例子。在这个网络中,输入数据是 6 维向量,因此输入层有 6 个神经元;隐含层有 3 个神经元,对应编码后的向量;输出层有 6 个神经元,对应重构后的向量。这个自动编码器的结构如图 14.6 所示。

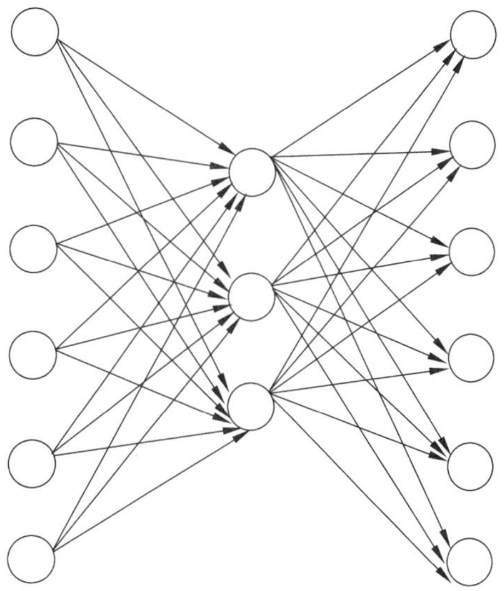

图 14.6　一个简单的自动编码器网络

自动编码器是一种无监督的学习,训练时不需要样本标签值,只要给定一组向量就能完成训练。事实上,它是将输入数据也作为标签值使用。这种做法和主成分分析类似,不同的是,主成分分析是一种线性变换技术,神经网络由于有非线性的激活函数,是一种非线性变换,可以处理更为复杂的数据。

训练时,先经过编码器得到编码后的向量,然后再通过解码器得到解码后的向量,用解码后的向量和原始输入向量计算重构误差。如果编码器的映射函数为 $h$,解码器的映射函数为 $g$,训练时优化的目标函数为

$$\min \frac{1}{2l}\sum_{i=1}^{l} \| \boldsymbol{x}_i - g_{\theta'}(h_{\theta}(\boldsymbol{x}_i)) \|_2^2$$

其中,$l$ 为训练样本数,$\boldsymbol{\theta}$ 和$\boldsymbol{\theta}'$分别是编码器和解码器要确定的参数。解码器近似于编码器的反函数,但这只是一个不严格的类比,编码器一般不是一对一映射,所以不存在反函数。训练可以采用反向传播算法和梯度下降法完成。

前面讲述的自动编码器都只有一个层,也可以用多个隐含层来表示编码器和解码器,解码器也可以这样实现,这种结构被文献[1]所采用。

### 14.4.2 去噪自动编码器

去噪自动编码器(Denoising Auto-Encoder,DAE)[124]对自动编码器的主要改进是在训练样本中加入随机噪声,重构的目标是不带噪声的样本数据,用自动编码器学习得到的模型重构出来的数据可以去除这种噪声,获得没有被噪声污染过的数据,这也意味着自动编码器能从有噪声的数据学习特征。

对于每个样本向量 $\boldsymbol{x}$ 随机选择其中的一部分分量,将它们的值置为0,其他分量保持不变,得到的带噪声向量为 $\widetilde{\boldsymbol{x}}$。接下来将这些样本送入自动编码器网络进行训练。训练时的优化目标为

$$\min \frac{1}{2l}\sum_{i=1}^{l} \left\| \boldsymbol{x}_i - g_{\theta'}(h_{\theta}(\widetilde{\boldsymbol{x}}_i)) \right\|_2^2$$

**注意**:这里的重构目标是 $\boldsymbol{x}$ 而不是 $\widetilde{\boldsymbol{x}}$,因为我们期望解码重构出没有被噪声污染的数据。

### 14.4.3 稀疏自动编码器

稀疏自动编码器[117][118]是对自动编码器的改进,主要的区别在于训练时的目标函数中加入了稀疏性惩罚项,使得编码器的输出向量中各个分量的值尽可能接近于0,得到稀疏的编码结果。

稀疏性可以通过神经元的活跃度来表示,它是一个神经元的激活函数值,如果其值比较大,则被认为是活跃的。编码器网络隐含层的第 $i$ 个神经元的平均激活度为对所有训练样本的激活函数值的均值,记为$\hat{\rho}_i$。$\rho$ 为人工指定的活跃度,是一个接近于0的数。稀疏性惩罚项为编码器所有神经元的平均活跃度 $\hat{\rho}_i$与 $\rho$ 的相对熵之和。稀疏性惩罚项定义为

$$\sum_{i=1}^{n}\left(\rho\ln\frac{\rho}{\hat{\rho}_i} + (1-\rho)\ln\frac{1-\rho}{1-\hat{\rho}_i}\right)$$

其中,$n$ 为编码器隐含层神经元的数量。相对熵是用来衡量两个概率分布的差异的指标,如果两个概率分布相同,则其相对熵有最小值0,两个概率分布的差异越大,相对熵的值越大。加上稀疏性惩罚项之后,自动编码器训练时的目标函数为

$$\min \frac{1}{2l}\sum_{i=1}^{l} \| \boldsymbol{x}_i - g_{\theta'}(h_\theta(\boldsymbol{x}_i)) \|_2^2 + \beta \sum_{i=1}^{n} \left( \rho \ln \frac{\rho}{\hat{\rho}_i} + (1-\rho) \ln \frac{1-\rho}{1-\hat{\rho}_i} \right)$$

其中,$\beta$ 是一个人工设定的系数。

### 14.4.4 收缩自动编码器

收缩自动编码器(Contractive Auto-Encoder,CAE)[122]对自动编码器的改进是训练时在损失函数中加上正则化项,使得编码器函数的导数尽可能小。训练时的优化目标为

$$L_{\text{CAE}}(\boldsymbol{\theta}) = \sum_{x \in D} (L(\boldsymbol{x}, g(h(\boldsymbol{x}))) + \lambda \| L_h(\boldsymbol{x}) \|^2)$$

其中,$D$ 为训练样本集。损失函数的第二项为正则化项,是编码器函数导数的二范数平方:

$$\| L_h(\boldsymbol{x}) \|^2 = \sum_{i,j} \left( \frac{\partial h_j(\boldsymbol{x})}{\partial x_i} \right)^2$$

其中,$\lambda$ 为人工设定的参数;$h$ 是编码器函数;$g$ 是解码器函数。由于限制了编码函数偏导数的大小,因此,收缩自动编码器能够抵抗输入数据的微小扰动,如果导数值很小,自变量值的小幅度改变不会导致函数值的激变。

### 14.4.5 多层编码器

单个自动编码器只能进行一层特征提取,可以将多个自动编码器组合起来使用,得到一种称为层叠编码器[121][125][128]的结构。层叠自动编编码器由多个自动编码器串联组成,能够逐层提取输入数据的特征,在此过程中逐层降低输入数据的维度,将高维的输入数据转化成低维的特征。

训练也是逐层进行的。给定输入向量,采用无监督方式训练第一层自动编码器。把第一个自动编码器的输出作为第二个自动编码器的输入,采用同样的方法训练第二个自动编码器。重复第二步直到所有自动编码器训练完成。

在每一层,都会得到输入数据的不同抽象特征,随着层数的增加,这个特征越来越抽象。自动编码器本身不完成分类或者其他任务,它只学习得到了输入数据的一个特征表示或者是对数据的降维。为了完成分类任务,可以在它的后端加上一个分类器,以自动编码器的输出作为特征向量。

## 14.5 受限玻尔兹曼机

受限玻尔兹曼机[131](Restricted Boltzmann Machines,RBM)是一种随机神经网络,其神经元的输出值(状态值)具有随机性而不是确定性。这种神经网络的神经元有两种类型,分别称为可见单元和隐藏单元,这些神经元的输出值服从玻尔兹曼分布。可见单元为输入数据,隐藏单元是从输入数据提取出的特征。

### 14.5.1 玻尔兹曼分布

玻尔兹曼分布是统计物理中的一种概率分布,描述系统处于某种状态的概率分布。其概率分布定义为

$$p(x)=\frac{\mathrm{e}^{-\text{energy}(x)}}{z}$$

其中，$x$ 是状态值，是离散型随机变量；energy($x$)是处于这种状态时的能量；$z$ 是归一化因子，以保证这是一个概率分布。$p(x)$定义了系统处于状态 $x$ 的概率。由于 $\mathrm{e}^{-x}$ 是减函数，因此，系统处于一种状态时的能量越高，则处于这种状态的概率越低，反之则越高，这使得系统要从高能量状态转向低能量状态才能稳定下来。

玻尔兹曼分布在物理之外的其他领域也有应用，如最优化中的模拟退火算法，本节要介绍的受限玻尔兹曼机的变量服从这种分布。

### 14.5.2 受限玻尔兹曼机

受限玻尔兹曼机是一种随机神经网络。在这种模型中，神经元的输出值是以随机的方式确定的，而不像之前介绍的神经网络那样是确定性的。

受限玻尔兹曼机的变量(神经元)分为可见变量和隐藏变量两种类型，并定义了它们服从的概率分布。可见变量是神经网络的输入数据，如图像；隐藏变量可以看作是从输入数据中提取的特征。在受限玻尔兹曼机中，可见变量和隐藏变量都是二元变量，即其取值只能为0或1，整个神经网络是一个二部图。

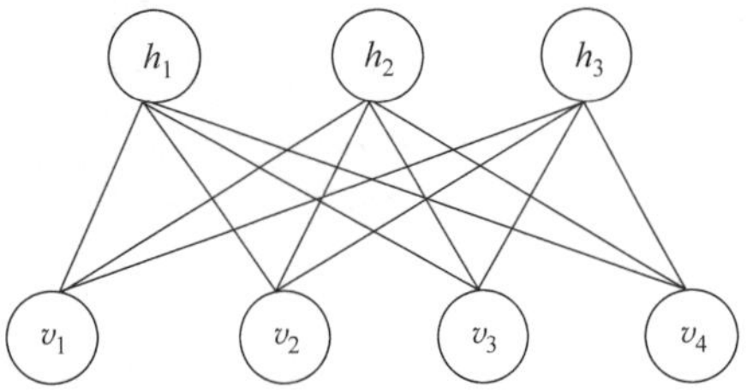


**图 14.7 一个简单的 RBM**

二部图是指图的节点集合被划分成两个不相交的子集，这两个子集内的节点之间没有边连接，子集之间的节点之间有边连接，这是图论中的一个概念。在这里，两个子集分别为隐藏节点集合和可见节点集合，只有可见单元和隐藏单元之间才会存在边，可见单元之间以及隐藏单元之间都不会有边连接。图 14.7 是一个简单的受限玻尔兹曼机。

这个受限玻尔兹曼机有 4 个可见节点，它们的集合为

$$\{v_1,\cdots,v_4\}$$

可见节点的值用向量表示为 $\boldsymbol{v}$。网络有 3 个隐藏节点，它们的集合为

$$\{h_1,\cdots,h_3\}$$

隐藏节点的值用向量表示为 $\boldsymbol{h}$。任意可见节点和隐藏节点之间都有边连接，因此一共有 12 条边。$(\boldsymbol{v},\boldsymbol{h})$服从玻尔兹曼分布，联合概率定义为

$$p(\boldsymbol{v},\boldsymbol{h})=\frac{1}{Z_\theta}\exp\left(-E_\theta(\boldsymbol{v},\boldsymbol{h})\right)=\frac{1}{Z_\theta}\exp\left(\boldsymbol{v}^{\mathrm{T}}\boldsymbol{W}\boldsymbol{h}+\boldsymbol{b}^{\mathrm{T}}\boldsymbol{v}+\boldsymbol{d}^{\mathrm{T}}\boldsymbol{h}\right)$$

其中，$\boldsymbol{\theta}$ 是模型的参数，包括权重矩阵和偏置向量。其中能量定义为

$$E_\theta(\boldsymbol{v},\boldsymbol{h})=-\boldsymbol{v}^{\mathrm{T}}\boldsymbol{W}\boldsymbol{h}-\boldsymbol{b}^{\mathrm{T}}\boldsymbol{v}-\boldsymbol{d}^{\mathrm{T}}\boldsymbol{h}$$

可见变量和隐藏变量服从玻尔兹曼分布，而且隐含节点、可见节点集合内部没有边相互连接，这就是受限玻尔兹曼机这一名称的来历。权重矩阵 $\boldsymbol{W}$ 的元素 $w_{ij}$ 以及偏置向量一起描述了变量 $v_i$ 和 $h_j$ 之间的概率关系。$Z_\theta$ 是归一化因子，其定义为

$$Z_\theta=\sum_{(\boldsymbol{v},\boldsymbol{h})}\exp(-E_\theta(\boldsymbol{v},\boldsymbol{h}))$$

由于变量的取值只能为0或1，对于上面例子中的受限玻尔兹曼机，可以列出可见变量

和隐藏变量取各种值时的概率，即联合概率分布，如表 14.8 所示。

表 14.8 RBM 变量值的概率分布

| $v_1$ | $v_2$ | $v_3$ | $v_4$ | $h_1$ | $h_2$ | $h_3$ | 联合概率 |
|---|---|---|---|---|---|---|---|
| 0 | 0 | 0 | 0 | 0 | 0 | 1 | 0.1 |
| 0 | 0 | 0 | 0 | 0 | 1 | 1 | 0.2 |
| 0 | 0 | 0 | 0 | 1 | 1 | 1 | 0.1 |
| 0 | 0 | 0 | 1 | 1 | 1 | 1 | 0.08 |
| 0 | 0 | 1 | 1 | 1 | 1 | 1 | 0.01 |
| 0 | 1 | 1 | 1 | 1 | 1 | 1 | 0.01 |

由于篇幅的限制，表 14.8 中只列出了一部分取值情况，在这里可见变量和隐藏变量有 7 个，因此，所有的取值有 $2^7$ 种情况。

给定可见变量的值，根据模型参数可以得到隐藏变量的条件概率。根据条件概率的计算公式有

$$p(\boldsymbol{h} \mid \boldsymbol{v}) = \frac{p(\boldsymbol{v},\boldsymbol{h})}{p(\boldsymbol{v})} = \frac{p(\boldsymbol{v},\boldsymbol{h})}{\sum_{\boldsymbol{h}} p(\boldsymbol{v},\boldsymbol{h})}$$

上式分母为对 $\boldsymbol{h}$ 所有可能的取值进行求和以得到对 $\boldsymbol{v}$ 的边缘概率值。将 $p(\boldsymbol{v},\boldsymbol{h})$ 的定义代入上式，可以得到

$$\begin{aligned}
p(\boldsymbol{h} \mid \boldsymbol{v}) &= \frac{\frac{1}{Z_\theta}\exp(-E_\theta(\boldsymbol{v},\boldsymbol{h}))}{\sum_{\boldsymbol{h}} \frac{1}{Z_\theta}\exp(-E_\theta(\boldsymbol{v},\boldsymbol{h}))} \\
&= \frac{\exp(\boldsymbol{v}^{\mathrm{T}}\boldsymbol{W}\boldsymbol{h} + \boldsymbol{b}^{\mathrm{T}}\boldsymbol{v} + \boldsymbol{d}^{\mathrm{T}}\boldsymbol{h})}{\sum_{\boldsymbol{h}} \exp(\boldsymbol{v}^{\mathrm{T}}\boldsymbol{W}\boldsymbol{h} + \boldsymbol{b}^{\mathrm{T}}\boldsymbol{v} + \boldsymbol{d}^{\mathrm{T}}\boldsymbol{h})} \\
&= \frac{\exp(\boldsymbol{b}^{\mathrm{T}}\boldsymbol{v}) \prod_j \exp(\boldsymbol{v}^{\mathrm{T}}\boldsymbol{w}_j h_j + d_j h_j)}{\exp(\boldsymbol{b}^{\mathrm{T}}\boldsymbol{v}) \sum_{h_1 \in \{0,1\}} \sum_{h_2 \in \{0,1\}} \cdots \sum_{h_n \in [0,1]} \prod_j \exp(\boldsymbol{v}^{\mathrm{T}}\boldsymbol{w}_j h_j + d_j h_j)} \\
&= \frac{\prod_j \exp(\boldsymbol{v}^{\mathrm{T}}\boldsymbol{w}_j h_j + d_j h_j)}{\prod_j \sum_{h_j \in \{0,1\}} \exp(\boldsymbol{v}^{\mathrm{T}}\boldsymbol{w}_j h_j + d_j h_j)} \\
&= \prod_j \frac{\exp(\boldsymbol{v}^{\mathrm{T}}\boldsymbol{w}_j h_j + d_j h_j)}{\sum_{h_j \in \{0,1\}} \exp(\boldsymbol{v}^{\mathrm{T}}\boldsymbol{w}_j h_j + d_j h_j)} \\
&= \prod_j p(h_j \mid \boldsymbol{v})
\end{aligned}$$

上式第 4 步中交换了求和与连乘的顺序，这是成立的。上面的结果表明，隐藏节点的条件概率是相互独立的。在已知可见变量 $\boldsymbol{v}$ 的条件下，有

$$p(\boldsymbol{h} \mid \boldsymbol{v}) = p(\boldsymbol{h}_1 \mid \boldsymbol{v}) \cdots p(\boldsymbol{h}_n \mid \boldsymbol{v})$$

反过来可以用类似的方法得到条件概率 $p(\boldsymbol{v} \mid \boldsymbol{h})$ 的值。下面来计算已知可见变量的

值时某一个隐藏变量的值为 1 的概率：

$$p(h_i=1\mid \boldsymbol{v})=\frac{\exp(\boldsymbol{v}^{\mathrm{T}}\boldsymbol{w}_i h_i+d_i h_i)}{\sum_{h_i\in\{0,1\}}\exp(\boldsymbol{v}^{\mathrm{T}}\boldsymbol{w}_i h_i+d_i h_i)}$$

$$=\frac{\exp(\boldsymbol{v}^{\mathrm{T}}\boldsymbol{w}_i+d_i)}{\exp(\boldsymbol{v}^{\mathrm{T}}\boldsymbol{w}_i+d_i)+\exp(0)}$$

$$=\sigma(\boldsymbol{v}^{\mathrm{T}}\boldsymbol{w}_i+d_i)$$

其中，$\sigma$ 为 sigmoid 函数，上面的结果就是 logistic 回归的映射函数。可见变量和隐藏变量之间的关系是对称的，在已知联合概率的前提下，可以得到 $p(\boldsymbol{h}\mid\boldsymbol{v})$，也可以得到 $p(\boldsymbol{v}\mid\boldsymbol{h})$。由于对联合概率进行建模，因此，受限玻尔兹曼机也是一种生成模型。

下面以文献[1]中的方法为例说明怎样用受限玻尔兹曼机实现特征提取。神经网络的输入是 MNIST 数据集中的手写数字图像，把它拼接成 784 维的向量，是受限玻尔兹曼机的可见单元，提取的特征向量是隐藏单元。神经网络权重和偏置项的值已知，给定一张输入图像，可以利用神经网络来计算它的特征向量。具体做法如下。

(1) 计算第 $i$ 个隐藏层神经元的激励能量，计算公式为

$$a_i=\sum_j w_{ij}v_j+d_i$$

(2) 根据 14.5.1 节给出的公式计算该隐藏单元的条件概率值，即状态为 1 的概率：

$$p_i=\sigma(a_i)$$

(3) 以 $p_i$ 的概率将隐藏层神经元的状态值设置为 1，以 $1-p_i$ 的概率将其设置为 0。

隐藏变量的状态值就是从图像提取出来的特征向量。从这个计算过程可以清晰地看出，受限玻尔兹曼机是一种随机性的方法。

### 14.5.3 训练算法

训练时的目标为最大化似然函数，迭代更新网络参数直至收敛，这种方法称为 Contrastive Divergence[131]。每次迭代的过程如下。

(1) 获取一个训练样本，根据该样本设置网络的可见单元值。

(2) 对于每个隐藏单元，计算它的激励能量：

$$a_i=\sum_j w_{ij}v_j+d_i$$

然后计算概率值：

$$p_i=\sigma(a_i)$$

以 $p_i$ 的概率将第 $i$ 个隐藏单元的状态值设置为 1，以 $1-p_i$ 的概率将状态值设置为 0。然后为每条边 $e_{ij}$ 计算如下值：

$$\mathrm{pos}(e_{ij})=x_i x_j$$

其中，$x_i$ 为可见单元或隐藏单元第 $i$ 个神经元的状态值。

(3) 用类似的方法计算每个可见单元的激励能量 $a_i$，并更新它的状态。接下来再次更新隐藏单元状态，并对每条边计算：

$$\mathrm{neg}(e_{ij})=x_i x_j$$

(4) 更新每条边 $e_{ij}$ 的权重：

$$w_{ij}=w_{ij}+\gamma\cdot(\mathrm{pos}(e_{ij})-\mathrm{neg}(e_{ij}))$$

其中，$w_{ij}$ 为边的权重，$\gamma$ 为更新率，是人工设定的参数。

(5) 对每个训练样本重复以上操作。

该迭代过程直到收敛为止，即训练样本和重构样本之差小于指定阈值，或达到指定的最大迭代次数。

下面给出这种方法的解释。

在第一个过程中，$\text{pos}(e_{ij})$评价了通过训练样本学习得到的第 $i$ 个可见单元和第 $j$ 个隐藏单元间的关联，如果它们的状态值都为 1，则表示该可见单元支撑了该隐藏单元。

在重构时，基于现有的模型和隐藏单元状态来预测可见单元的值。$\text{neg}(e_{ij})$评价了受限玻尔兹曼机网络的预测能力。例如，如果输入值为 1，通过重构过程重构的预测值也为 1，则表示预测正确。

通过为每条边增加 $\text{pos}(e_{ij})-\text{neg}(e_{ij})$，可以使得预测结果与实际训练样本更加一致。如果预测不一致，$\text{neg}(e_{ij})$会较大，$\text{pos}(e_{ij})-\text{neg}(e_{ij})$较小或为负值，这表明该条边建立的单元 $i$ 和 $j$ 的关系是不可靠的，应该减小它们的关系(即边的权重)。

根据万能逼近定理，有一个隐含层的前馈型神经网络能够逼近闭区间上任何一个连续的函数。受限玻尔兹曼机的可见层和隐藏层神经元是二值的，神经元的状态值也以随机的方式生成，它的拟合能力是需要考虑的一个问题。文献[130]对这个问题进行了分析，结论指出，增加隐藏单元的个数可以直接提高受限玻尔兹曼机的建模能力；另外，受限玻尔兹曼机具有逼近任何一个离散型概率分布的能力。

### 14.5.4 深度玻尔兹曼机

前面介绍的是单个隐藏层模型，与自动编码器类似，可以将多个受限玻尔兹曼机层叠加起来使用，在种结构称为深度玻尔兹曼机(Deep Boltzmann Machine，DBM)[132]。通过多层的受限玻尔兹曼机，可以完成数据在不同层次上的特征提取和抽象。

在训练时以可见层数据为输入，训练第一层受限玻尔兹曼机；然后将第一层受限玻尔兹曼机的输出作为输入，训练第二层模型；依次类推，就可以得到每一层受限玻尔兹曼机。在预测时，将原始输入向量送入第一级受限玻尔兹曼机，产生的输出送入第二级受限玻尔兹曼机，经过所有级受限玻尔兹曼机处理之后产生输出数据，这种层叠结果与堆叠自动编码器类似。

### 14.5.5 深度置信网

在 DBM 中，所有层的节点之间的连接关系是无向的，如果限制某些层之间的连接关系为有向的，就得到另外一种结构，称为深信度网络(Deep Belief Network，DBN)。在 DBN 中，靠近输入层的各个层之间的连接关系是有向的，是贝叶斯置信网；靠近输出层的各个层之间的连接关系是无向的，是受限玻尔兹曼机。

## 参 考 文 献

[1] G E Hinton, et al. Reducing the Dimensionality of Data with Neural Networks. Science, 2006.

[2] Y LeCun, B Boser, J S Denker, et al. Backpropagation applied to handwritten zip code recognition.

Neural Computation, 1989.

[3] Y LeCun, B Boser, J S. Denker, et al. Handwritten digit recognition with a back-propagation network. In David Touretzky, editor, Advances in Neural Information Processing Systems 2 (NIPS * 89), Denver, CO, Morgan Kaufman, 1990.

[4] Y LeCun, L Bottou, Y Bengio, et al. Gradient-based learning applied to document recognition. Proceedings of the IEEE, 1998.

[5] Xavier Glorot, Yoshua Bengio. Understanding the difficulty of training deep feedforward neural networks. Journal of Machine Learning Research, 2010.

[6] David Luebke. CUDA: Scalable parallel programming for high-performance scientific computing. International Symposium on Biomedical Imaging, 2008.

[7] Alex Krizhevsky, Ilya Sutskever, Geoffrey E. Hinton. ImageNet Classification with Deep Convolutional Neural Networks, 2012.

[8] Zeiler M D, Fergus R. Visualizing and Understanding Convolutional Networks[C]. European Conference on Computer Vision, 2013.

[9] Christian Szegedy, Wei Liu, Yangqing Jia, et al. Going Deeper with Convolutions. Arxiv Link: http://arxiv.org/abs/1409.4842, 2014.

[10] K Simonyan, A Zisserman. Very Deep Convolutional Networks for Large-Scale Image Recognition, 2014.

[11] Kaiming He, Xiangyu Zhang, Shaoqing Ren, et al. Deep Residual Learning for Image Recognition. Computer Vision and Pattern Recognition, 2015.

[12] Ross B Girshick, Jeff Donahue, Trevor Darrell, et al. Rich Feature Hierarchies for Accurate Object Detection and Semantic Segmentation. Computer Vision and Pattern Recognition, 2014.

[13] Kaiming He, Xiangyu Zhang, Shaoqing Ren, et al. Spatial Pyramid Pooling in Deep Convolutional Networks for Visual Recognition. IEEE Transactions on Pattern Analysis and Machine Intelligence, 2015.

[14] Ross B Girshick. Fast R-CNN. International Conference on Computer Vision, 2015.

[15] Shaoqing Ren, Kaiming He, Ross B Girshick, et al. Faster R-CNN: Towards Real-Time Object Detection with Region Proposal Networks. IEEE Transactions on Pattern Analysis and Machine Intelligence, 2015.

[16] Joseph Redmon, Santosh Kumar Divvala, Ross B Girshick, et al. You Only Look Once: Unified, Real-Time Object Detection. Computer Vision and Pattern Recognition, 2016.

[17] Wei Liu, Dragomir Anguelov, Dumitru Erhan, et al. SSD: Single Shot MultiBox Detector. European Conference on Computer Vision, 2015.

[18] Jifeng Dai, Yi Li, Kaiming He, and Jian Sun. R-FCN: Object Detection via Region-based Fully Convolutional Networks. Conference on Neural Information Processing Systems (NIPS), 2016.

[19] Anelia Angelova, Alex Krizhevsky, Vincent Vanhoucke, et al. Real-Time Pedestrian Detection With Deep Network Cascades, 2015.

[20] Haoxiang Li, Zhe Lin, Xiaohui Shen, et al. A convolutional neural network cascade for face detection. Computer Vision and Pattern Recognition, 2015.

[21] Lichao Huang, Yi Yang, Yafeng Deng, et al. DenseBox: Unifying Landmark Localization with End to End Object Detection. arXiv: Computer Vision and Pattern Recognition, 2015.

[22] Shuo Yang, Ping Luo, Chen Change Loy, et al. Faceness-Net: Face Detection through Deep Facial Part Responses, 2015.

[23] Yaniv Taigman, Ming Yang, Marcaurelio Ranzato, et al. DeepFace: Closing the Gap to Human-Level Performance in Face Verification. Computer Vision and Pattern Recognition, 2014.

[24] Yi Sun, Xiaogang Wang, Xiaoou Tang. DeepID: Deep Learning for Face Recognition. Computer Vision and Pattern Recognition, 2014.

[25] Yi Sun, Yuheng Chen, Xiaogang Wang, et al. Deep Learning Face Representation by Joint Identification-Verification. Neural Information Processing Systems, 2014.

[26] Yi Sun, Ding Liang, Xiaogang Wang, et al. DeepID3: Face Recognition with Very Deep Neural Networks. Computer Vision and Pattern Recognition, 2015.

[27] Florian Schroff, Dmitry Kalenichenko, James Philbin. FaceNet: A unified embedding for face recognition and clustering. Computer Vision and Pattern Recognition, 2015.

[28] Kobchaisawat T, Chalidabhongse T H. Thai text localization in natural scene images using Convolutional Neural Network. Asia-Pacific Signal and Information Processing Association, Annual Summit and Conference (APSIPA). IEEE, 2014: 1-7.

[29] Guo Q, Lei J, Tu D, et al. Reading numbers in natural scene images with convolutional neural networks. Security, Pattern Analysis, and Cybernetics (SPAC), 2014 International Conference on. IEEE, 2014: 48-53.

[30] Xu H, Su F. A robust hierarchical detection method for scene text based on convolutional neural networks. Multimedia and Expo (ICME), IEEE International Conference on. IEEE, 2015: 1-6.

[31] Cireşan D C, Meier U, Gambardella L M, et al. Convolutional neural network committees for handwritten character classification. Document Analysis and Recognition (ICDAR), 2011 International Conference on. IEEE, 2011: 1135-1139.

[32] Long J, Shelhamer E, Darrell T, et al. Fully convolutional networks for semantic segmentation. Computer Vision and Pattern Recognition, 2015.

[33] Hyeonwoo Noh, Seunghoon Hong, Bohyung Han. Learning Deconvolution Network for Semantic Segmentation. International Conference on Computer Vision, 2015.

[34] L -C Chen, G Papandreou, I Kokkinos, et al. DeepLab: Semantic Image Segmentation with Deep Convolutional Nets, Atrous Convolution, and Fully Connected CRFs, 2016.

[35] Vijay Badrinarayanan, Alex Kendall, Roberto Cipolla. SegNet: A Deep Convolutional Encoder-Decoder Architecture for Image Segmentation.

[36] Wei Shen, Xinggang Wang, Yan Wang, et al. DeepContour: A deep convolutional feature learned by positive-sharing loss for contour detection. Computer Vision and Pattern Recognition, 2015.

[37] Saining Xie, Zhuowen Tu. Holistically-Nested Edge Detection. International Conference on Computer Vision, 2015.

[38] Gedas Bertasius, Jianbo Shi, Lorenzo Torresani. DeepEdge: A multi-scale bifurcated deep network for top-down contour detection. Computer Vision and Pattern Recognition, 2015.

[39] R Girshick, J Donahue, T Darrell, et al. Region-Based Convolutional Networks for Accurate Object Detection and Segmentation. IEEE Transactions on Pattern Analysis and Machine Intelligence, 2015.

[40] Gatys L A, Ecker A S, Bethge M. Image Style Transfer Using Convolutional Neural Networks. CVPR 2016.

[41] Michael Gharbi, Jiawen Chen, Jonathan T Barron, et al. Deep Bilateral Learning for Real-Time Image Enhancement. ACM Transactions on Graphics, 2017.

[42] David Eigen, Christian Puhrsch, Rob Fergus. Depth Map Prediction from a Single Image using a

Multi-Scale Deep Network. Neural Information Processing Systems, 2014.
[43] David Eigen, Rob Fergus. Predicting Depth, Surface Normals and Semantic Labels with a Common Multi-scale Convolutional Architecture. International Conference on Computer Vision, 2015.
[44] Jun Li, Reinhard Klein, Angela Yao. A Two-Streamed Network for Estimating Fine-Scaled Depth Maps from Single RGB Images. arXiv: Computer Vision and Pattern Recognition, 2016.
[45] Arsalan Mousavian, Hamed Pirsiavash, Jana Kosecka. Joint Semantic Segmentation and Depth Estimation with Deep Convolutional Networks. arXiv: Computer Vision and Pattern Recognition, 2016.
[46] Iro Laina, Christian Rupprecht, Vasileios Belagiannis, et al. Deeper Depth Prediction with Fully Convolutional Residual Networks. Computer Vision and Pattern Recognition, 2016.
[47] Dan Xu, Elisa Ricci, Wanli Ouyang, et al. Multi-Scale Continuous CRFs as Sequential Deep Networks for Monocular Depth Estimation, 2017.
[48] Clement Godard, Oisin Mac Aodha, Gabriel J. Brostow. Unsupervised Monocular Depth Estimation with Left-Right Consistency.
[49] Naiyan Wang, Dityan Yeung. Learning a Deep Compact Image Representation for Visual Tracking. Neural Information Processing Systems, 2013.
[50] Naiyan Wang, Siyi Li, Abhinav Gupta, et al. Transferring Rich Feature Hierarchies for Robust Visual Tracking. Computer Vision and Pattern Recognition, 2015.
[51] Hyeonseob Nam, Bohyung Han. Learning Multi-domain Convolutional Neural Networks for Visual Tracking. Computer Vision and Pattern Recognition, 2016.
[52] Lijun Wang, Wanli Ouyang, Xiaogang Wang, et al. Visual Tracking with Fully Convolutional Networks. International Conference on Computer Vision, 2015.
[53] Chao Ma, Jiabin Huang, Xiaokang Yang, et al. Hierarchical Convolutional Features for Visual Tracking. International Conference on Computer Vision, 2015.
[54] Yuankai Qi, Shengping Zhang, Lei Qin, et al. Hedged Deep Tracking. Computer Vision and Pattern Recognition, 2016.
[55] Luca Bertinetto, Jack Valmadre, Joao F Henriques, et al. Fully-Convolutional Siamese Networks for Object Tracking. European Conference on Computer Vision, 2016.
[56] David Held, Sebastian Thrun, Silvio Savarese. Learning to Track at 100 FPS with Deep Regression Networks. European Conference on Computer Vision, 2016.
[57] Anton Milan, Seyed Hamid Rezatofighi, Anthony R Dick, et al. Online Multi-target Tracking using Recurrent Neural Networks. National Conference on Artificial Intelligence, 2016.
[58] Zhen Cui, Shengtao Xiao, Jiashi Feng, et al. Recurrently Target-Attending Tracking. Computer Vision and Pattern Recognition, 2016.
[59] Peter Ondruska, Ingmar Posner. Deep tracking: seeing beyond seeing using recurrent neural networks. National Conference on Artificial Intelligence, 2016.
[60] J Donahue, L A. Hendricks, S Guadarrama, et al. Long-term recurrent convolutional networks for visual recognition and description. arXiv preprint arXiv:1411.4389, 2014.
[61] Y Du, W Wang, L Wang. Hierarchical recurrent neural network for skeleton based action recognition. CVPR 2015.
[62] M Baccouche, F Mamalet, C Wolf, et al. Sequential deep learning for human action recognition. In Human Behavior Understanding. Springer, 2011.
[63] A Grushin, D D Monner, J A Reggia, et al. Robust human action recognition via long short-term

memory. In International Joint Conference on Neural Networks, IEEE, 2013.

[64] G Lefebvre, S Berlemont, F Mamalet, et al. Blstm-rnn based 3D gesture classification. In Artificial Neural Networks and Machine Learning, Springer, 2013.

[65] Antoine Miech, Ivan Laptev, Josef Sivic. Learnable pooling with Context Gating for video classification. Computer Vision and Pattern Recognition, 2017.

[66] Andrej Karpathy, George Toderici, Sanketh Shetty, et al. Large-Scale Video Classification with Convolutional Neural Networks. Computer Vision and Pattern Recognition, 2014.

[67] Richard Socher, Brody Huval, Bharath Putta Bath, et al. Convolutional-Recursive Deep Learning for 3D Object Classification. Neural Information Processing Systems, 2012.

[68] A Mohamed, G E Dahl, G Hinton. Acoustic modeling using deep belief networks. Audio, Speech, and Language Processing, IEEE Transactions on, 2012,20(1): 14-22.

[69] Jaitly Navdeep, Hinton Geoffrey. Learning a better representation of speech sound waves using restricted boltzmann machines. In ICASSP, 2011: 5884-5997.

[70] G Hinton, Li Deng, Dong Yu, et al. Deep Neural networks for acoustic modeling in speech recognition. Signal Processing Magazine, IEEE, 2012, 29(6): 82-97.

[71] Alex Graves, Santiago Fernandez, Faustino J Gomez, et al. Connectionist temporal classification: labelling unsegmented sequence data with recurrent neural networks. International Conference on Machine Learning, 2006.

[72] Oriol Vinyals, Suman Ravuri, Daniel Povey. Revisiting Recurrent Neural Networks for Robust ASR. ICASSP, 2012.

[73] A Graves, A Mohamed, G Hinton. Speech Recognition with Deep Recurrent Neural Networks. ICASSP 2013.

[74] H Sak Hasim, Senior Andrew, Beaufays Francoise. Long short-term memory recurrent neural network architectures for large scale acoustic modeling. In Inter speech, 2014.

[75] Alex Graves, Navdeep Jaitly. Towards End-To-End Speech Recognition with Recurrent Neural Networks. International Conference on Machine Learning, 2014.

[76] Hasim Sak, Andrew W Senior, Kanishka Rao, et al. Fast and Accurate Recurrent Neural Network Acoustic Models for Speech Recognition. Conference of the International Speech Communication Association, 2015.

[77] Miao Yajie, Mohammad Gowayyed, Florian Metze. EESEN: End-to-end speech recognition using deep RNN models and WFST-based decoding. 2015 IEEE Workshop on Automatic Speech Recognition and Understanding (ASRU). IEEE, 2015.

[78] Dario Amodei, Sundaram Ananthanarayanan, Rishita Anubhai, et al. Deep speech 2: end-to-end speech recognition in English and mandarin. International Conference on Machine Learning, 2016.

[79] Bahdanau, Dzmitry, et al. End-to-end attention-based large vocabulary speech recognition. 2016 IEEE International Conference on Acoustics, Speech and Signal Processing (ICASSP). IEEE, 2016.

[80] Chan, William, et al. Listen, attend and spell: A neural network for large vocabulary conversational speech recognition. 2016 IEEE International Conference on Acoustics, Speech and Signal Processing (ICASSP). IEEE, 2016.

[81] Chorowski Jan, Bahdanau Dzmitry, Cho Kyunghyun, et al. End-to-End continuous speech recognition using attention-based recurrent nn: First results. abs/1412.1602, 2015. http://arxiv.org/1412.1602

[82] Hannun Awni, Case Carl, Casper Jared, et al. Deep speech: Scaling up end-to-end speech

recognition. http://arxiv.org/abs/1412.5567, 2014.

[83] Abdel-Hamid Ossama, Mohamed Abdel-rahman, Jang, Hui, et al. Applying convolutional neural networks concepts to hybrid nn-hmm model for speech recognition. In ICASSP, 2012.

[84] Sainath Tara N, rahman Mohamed Abdel, Kingsbury, Brian, et al. Deep convolutional neural networks for LVCSR. In ICASSP, 2013.

[85] Xiaoqing Zheng, Hanyang Chen, Tianyu Xu. Deep Learning for Chinese Word Segmentation and POS Tagging. Empirical Methods in Natural Language Processing, 2013.

[86] Yan Shao, Christian Hardmeier, Jorg Tiedemann, et al. Character-based Joint Segmentation and POS Tagging for Chinese using Bidirectional RNN-CRF, 2017.

[87] Peilu Wang, Yao Qian, Frank K Soong, et al. Part-of-Speech Tagging with Bidirectional Long Short-Term Memory Recurrent Neural Network. Computation and Language, 2015.

[88] Guillaume Lample, Miguel Ballesteros, Sandeep Subramanian, et al. Neural architectures for named entity recognition. north american chapter of the association for computational linguistics, 2016.

[89] Yoon Kim. Convolutional Neural Networks for Sentence Classification. Empirical Methods in Natural Language Processing, 2014.

[90] Siwei Lai, Liheng Xu, Kang Liu, et al. Recurrent convolutional neural networks for text classification. National Conference on Artificial Intelligence, 2015.

[91] Chunting Zhou, Chonglin Sun, Zhiyuan Liu, et al. A C-LSTM Neural Network for Text Classification. arXiv: Computation and Language, 2015.

[92] Ying Wen, Weinan Zhang, Rui Luo, et al. Learning text representation using recurrent convolutional neural network with highway layers. International Acm Sigir Conference on Research and Development, 2016

[93] Zichao Yang, Diyi Yang, Chris Dyer, et al. Hierarchical Attention Networks for Document Classification. North American Chapter of the Association for Computational Linguistics, 2016.

[94] Xiang Zhang, Junbo Zhao, Yann LeCun. Character-level convolutional networks for text classification. arXiv preprint 1509.01626, 2015.

[95] Rie Johnson, Tong Zhang. Effective use of word order for text categorization with convolutional neural networks. arXiv preprint 1408.5882, 2014.

[96] Phil Blunsom, Edward Grefenstette, Nal Kalchbrenner, et al. A Convolutional neural network for modelling sentences. In Proceedings of the 52nd Annual Meeting of the Association for Computational Linguistics, 2015.

[97] Romain Paulus, Caiming Xiong, Richard Socher. A Deep Reinforced Model for Abstractive Summarization. Computation and Language, 2017.

[98] Konstantin Lopyrev. Generating News Headlines with Recurrent Neural Networks. arXiv: Computation and Language, 2015.

[99] Ilya Sutskever, Oriol Vinyals, Quoc V Le. Sequence to Sequence Learning with Neural Networks. Neural Information Processing systems, 2014.

[100] Kyunghyun Cho, Bart Van Merrienboer, Caglar Gulcehre, et al. Learning Phrase Representations using RNN Encoder—Decoder for Statistical Machine Translation. Empirical Methods in Natural Language Processing, 2014.

[101] Dzmitry Bahdanau, Kyunghyun Cho, Yoshua Bengio. Neural Machine Translation by Jointly Learning to Align and Translate. International Conference on Learning Representations, 2015.

[102] Shujie Liu, Nan Yang, Mu Li, et al. A Recursive Recurrent Neural Network for Statistical

Machine Translation. Meeting of the Association for Computational Linguistics, 2014.

[103] Yonghui Wu, et al. Google's Neural Machine Translation System: Bridging the Gap between Human and Machine Translation. Technical Report, 2016.

[104] Jonas Gehring, Michael Auli, David Grangier, et al. Convolutional Sequence to Sequence Learning, 2017.

[105] Pengshuai Wang, Yang Liu, Yuxiao Guo, et al. O-CNN: octree-based convolutional neural networks for 3D shape analysis. ACM Transactions on Graphics, 2017.

[106] Xiao Li, Yue Dong, Pieter Peers, et al. Modeling surface appearance from a single photograph using self-augmented convolutional neural networks. ACM Transactions on Graphics, 2017.

[107] Mengyu Chu, Nils Thuerey. Data-Driven Synthesis of Smoke Flows with CNN-based Feature Descriptors. ACM Transactions on Graphics, 2017.

[108] Jonathan Tompson, Kristofer Schlachter, Pablo Sprechmann, et al. Accelerating Eulerian Fluid Simulation With Convolutional Networks. international conference on machine learning, 2016.

[109] Peiran Ren, Yue Dong, Stephen Lin, et al. Image based relighting using neural networks. International Conference on Computer Graphics and Interactive Techniques, 2015.

[110] Leon A Gatys, Alexander S Ecker, Matthias Bethge. Texture synthesis using convolutional neural networks. Neural Information Processing Systems, 2015.

[111] Omry Sendik, Daniel Cohenor. Deep Correlations for Texture Synthesis. ACM Transactions on Graphics, 2017.

[112] Nima Khademi Kalantari, Ravi Ramamoorthi. Deep high dynamic range imaging of dynamic scenes. ACM Transactions on Graphics, 2017.

[113] Richard zhang, Jun-Yan Zhu, Phillip Isola, et al. Real-Time User-Guided Image Colorization with Learned Deep Priors,2017.

[114] Hao Wang, Naiyan Wang, Dityan Yeung. Collaborative Deep Learning for Recommender Systems. Knowledge Discovery and Data Mining, 2015.

[115] Ali Mamdouh Elkahky , Yang Song, Xiaodong He. A Multi-View Deep Learning Approach for Cross Domain User Modeling in Recommendation Systems. International World Wide Web Conferences, 2015.

[116] Paul Covington, Jay Adams, Emre Sargin. Deep Neural Networks for YouTube Recommendations. Conference on Recommender Systems, 2016.

[117] X X Luo, L Wan. A novel efficient method for training sparse auto-encoders[J]. Proc. of the 6th International Congress on Image and Signal Processing, 2013: 1019-1023.

[118] J Deng, Z X Zhang, M Erik. Sparse auto-encoder based feature transfer learning for speech emotion recognition[J]. Proc. of Humaine Association Conference on Affective Computing and Intelligent Interaction, 2013: 511-516.

[119] J Gehring, Y J Miao, F Metze. Extracting deep bottleneck features using stacked auto-encoders [J]. Proc. of the 26th IEEE International Conference on Acoustics, Speech and Signal Processing, 2013: 3377-3381.

[120] Y L Ma, P Zhang, Y N Gao, Parallel auto-encoder for efficient outlier detection[J]. Proceeding of IEEE International Conference on Big Data, 2013: 15-17.

[121] T Amaral, L M Silva, L A Alexande. Using different cost functions to train stacked auto-encoders [J]. Proc. of the 12th Mexican International Conference on Artificial Intelligence, 2013: 114-120.

[122] Salah Rifai, Pascal Vincent, Xavier Muller, et al. Contractive Auto-Encoders: Explicit Invariance

During Feature Extraction. International Conference on Machine Learning, 2011.

[123] Ehsan Hosseiniasl, Jacek M Zurada, Olfa Nasraoui. Deep Learning of Part-Based Representation of Data Using Sparse Autoencoders With Nonnegativity Constraints. IEEE Transactions on Neural Networks, 2016.

[124] Pascal Vincent, Hugo Larochelle, Yoshua Bengio, et al. Extracting and composing robust features with denoising auto encoders. International Conference on Machine Learning, 2008.

[125] Junbo Jake Zhao, Michael Mathieu , Ross Goroshin, et al. Stacked What-Where Auto-encoders. Machine Learning, 2015.

[126] Yoshua Bengio, Aaron C Courville, Pascal Vincent. Representation Learning: A Review and New Perspectives. IEEE Transactions on Pattern Analysis and Machine Intelligence, 2013.

[127] Diederik P Kingma, Max Welling. Auto-Encoding Variational Bayes. International Conference on Learning Representations, 2014.

[128] Pascal Vincent, Hugo Larochelle, Isabelle Lajoie, et al. Stacked Denoising Autoencoders: Learning Useful Representations in a Deep Network with a Local Denoising Criterion. Journal of Machine Learning Research, 2010.

[129] G E Hinton, A Krizhevsky, S D Wang. Transforming Auto-encoders. International Conference on Artificial Neural Networks, 2011.

[130] Nicolas Le Roux, Yoshua Bengio. Representational power of Restricted Boltzmann Machines and deep belief networks. Neural Computation, 2008.

[131] Geoffrey E Hinton. A Practical Guide to Training Restricted Boltzmann Machines, 2012.

[132] Ruslan Salakhutdinov, Geoffrey E Hinton. Deep Boltzmann Machines. International Conference on Artificial Intelligence and Statistics, 2009.

[133] Ruslan Salakhutdinov, Andriy Mnih, Geoffrey E Hinton. Restricted Boltzmann machines for collaborative filtering. International Conference on Machine Learning, 2007.

[134] Aaron van den Oord, Sander Dieleman, Benjamin Schrauwen. Deep content-based music recommendation. Neural Information Processing Systems, 2013.

[135] Kaipeng Zhang, Zhanpeng Zhang, Zhifeng Li, et al. Joint Face Detection and Alignment Using Multitask Cascaded Convolutional Networks, 2016.

[136] Yandong Wen, Kaipeng Zhang, Zhifeng Li, et al. A Discriminative Feature Learning Approach for Deep Face Recognition. European Conference on Computer Vision, 2016.

[137] Weiyang Liu, Yandong Wen, Zhiding Yu, et al. SphereFace: Deep Hypersphere Embedding for Face Recognition. CVPR 2017.

[138] Trunk G V. A Problem of Dimensionality: A Simple Example. IEEE Transactions on Pattern Analysis and Machine Intelligence. 1979, PAMI-1 (3): 306-307.

[139] Volodymyr M, Koray K, David S, et al. Playing Atari with Deep Reinforcement Learning. NIPS 2013.

[140] Volodymyr M, et al. Human-level control through deep reinforcement learning. Nature, 2015, 518 (7540): 529-533.

[141] David S, et al. Mastering the Game of Go with Deep Neural Networks and Tree Search. Nature, 2016.

[142] David S, Thomas H, Julian S, et al. AlphaZero: Mastering Chess and Shogi by Self-Play with a General Reinforcement Learning Algorithm. arXiv: Artificial Intelligence, 2017.

# 第 15 章

# 卷积神经网络

在各种深度神经网络中，卷积神经网络是应用最广泛的一种，它由 LeCun 在 1989 年提出[1]，被成功应用于手写字符图像的识别[1-3]。2012 年，有更深层次的 AlexNet[4] 网络在图像分类任务中取得成功，此后卷积神经网络高速发展，被广泛用于机器视觉等领域，在很多问题上都取得了当前最好的性能。

卷积神经网络通过卷积和池化层自动学习图像在各个尺度上的特征，这借鉴自人类理解图像时所采用的做法。人在认知图像时是分层进行的，首先理解的是颜色和亮度，然后是边缘、角点、直线等局部细节特征，接下来是纹理、形状、区域等更复杂的信息和结构，最后形成整个物体的概念。

视觉神经科学之前对于视觉机理的研究已经证明了大脑的视觉皮层具有分层结构。眼睛将看到的物体成像在视网膜上，视网膜把光学信号转换成电信号，传递到大脑的视觉皮层（Visual Cortex），视觉皮层是大脑中负责处理视觉信号的部分。1959 年，David 和 Wiesel 进行了一次实验[5]，他们在猫的初级视觉皮层内插入电极，在猫的眼前展示各种形状、空间位置、角度的光带，然后测量大脑神经元放出的电信号。实验发现，当光带处于某一位置和角度时，电信号最为强烈；不同的神经元对各种空间位置和方向偏好不同。这一实验证明了这些视觉神经细胞具有选择性。

视觉皮层具有层次结构。从视网膜传来的信号首先到达初级视觉皮层（Primary Visual Cortex），即 V1 皮层。V1 皮层简单神经元对一些细节、特定方向的图像信号敏感。V1 皮层处理之后，将信号传导到 V2 皮层。V2 皮层将边缘和轮廓信息表示成简单形状，然后由 V4 皮层中的神经元进行处理，它对颜色信息敏感。复杂物体最终在 IT 皮层（Inferior Temporal Cortex）被表示出来。

卷积神经网络可以看成是对上面这种机制的简单模仿。它由多个卷积层构成，每个卷积层包含多个卷积核，用这些卷积核从左向右、从上往下依次扫描整个图像，得到称为特征图（Feature Map）的输出数据。网络前面的卷积层捕捉图像局部、细节信息，有小的感受野，即输出图像的每个像素只对应输入图像很小的一个范围。后面的卷积层感受野逐层加大，用于捕获图像更复杂、更抽象的信息。经过多个卷积层的运算，最后得到图像在各个不同尺度的抽象表示。

## 15.1 网络结构

典型的卷积神经网络由卷积层、池化层、全连接层构成，本节分别介绍这些层的原理，全连接层与第 9 章中介绍的神经网络相同，这里重点介绍的是卷积层和池化层。

### 15.1.1 卷积层

在数字图像处理领域，卷积是一种常见的运算。它可用于图像去噪、增强、边缘检测等问题，还可以用于提取图像的特征。卷积运算用一个称为卷积核的矩阵自上而下、自左向右在图像上滑动，将卷积核矩阵的各个元素与它在图像上覆盖的对应位置的元素相乘，然后求和，得到输出值。下面以 Sobel 边缘检测算子为例，它的卷积核矩阵为

$$\begin{bmatrix} -1 & -2 & -1 \\ 0 & 0 & 0 \\ 1 & 2 & 1 \end{bmatrix}$$

假设输入图像以$(x,y)$为中心的 3×3 子图像为

$$\begin{bmatrix} I_{x-1,y-1} & I_{x,y-1} & I_{x+1,y-1} \\ I_{x-1,y} & I_{x,y} & I_{x+1,y} \\ I_{x-1,y+1} & I_{x,y+1} & I_{x+1,y+1} \end{bmatrix}$$

在该点处的卷积结果按照如下方式计算：

$$-I_{x-1,y-1}-2I_{x,y-1}-I_{x+1,y-1}+I_{x-1,y+1}+2I_{x,y+1}+I_{x+1,y+1}$$

即以$(x,y)$为中心的子图像与卷积核的对应位置元素相乘，然后相加得到卷积后的值。在这里，是相邻像素相减，使用的是中心差分公式。通过将卷积从上到下、从左到右依次作用于输入图像的所有位置，可以得到图像的边缘图。边缘图在边缘位置有更大的值，在非边缘处的值接近于 0。

除 Sobel 算子之外，常用的还有 Roberts 算子、Prewitt 算子等，它们实现卷积的方法相同，但使用了不同的卷积核矩阵。通过这种卷积运算可以抽取图像的边缘，如果我们使用其他的卷积核，可以抽取更一般的图像特征。在图像处理中，这些卷积核矩阵的数值是根据经验人工设计的，也可以通过机器学习的手段来自动生成这些卷积核，从而描述各种不同类型的特征。卷积神经网络就是通过自动学习的手段来得到各种有用的卷积核。

卷积运算使用卷积核矩阵遍历整个图像，对所有位置进行卷积操作，得到输出图像。假设卷积核矩阵为 $K$，是一个 $s\times s$ 的矩阵，卷积输入图像为 $X$，在图像的$(i,j)$坐标处，卷积操作的输出值为

$$\sum_{p=1}^{s}\sum_{q=1}^{s} k_{pq}\cdot x_{i+p-1,j+q-1}$$

即将卷积核矩阵和图像对应位置处的元素相乘，然后累加求和得到输出值。对整个图像从上到下、从左到右依次进行卷积，得到卷积之后的图像。下面通过一个实际的例子来理解卷积运算。如果卷积输入图像为

$$\begin{bmatrix} 11 & 1 & 7 & 2 & 2 \\ 1 & 3 & 9 & 6 & 7 \\ 7 & 3 & 9 & 6 & 1 \\ 4 & 3 & 2 & 6 & 3 \\ 4 & 1 & 3 & 4 & 5 \end{bmatrix}$$

卷积核为

$$\begin{bmatrix} 1 & 5 & 2 \\ 2 & 6 & 3 \\ 7 & 1 & 1 \end{bmatrix}$$

首先用图像第一个位置处的子图像，即左上角的子图像和卷积核对应元素相乘，然后相加，在这里子图像为

$$\begin{bmatrix} 11 & 1 & 7 \\ 1 & 3 & 9 \\ 7 & 3 & 9 \end{bmatrix}$$

卷积结果为

$$11\times1+1\times5+7\times2+1\times2+3\times6+9\times3+7\times7+3\times1+9\times1=138$$

接下来在待卷积图像上向右滑动一列，将第二个位置处的子图像

$$\begin{bmatrix} 1 & 7 & 2 \\ 3 & 9 & 6 \\ 3 & 9 & 6 \end{bmatrix}$$

与卷积核进行卷积，结果为 154。接下来，再向右滑动一位，将第三个位置处的子图像与卷积核进行卷积，结果为 166。处理完第一行之后，退回到第一列，向下滑动一行，然后重复上面的过程。以此类推，最后得到卷积结果图像为

$$\begin{bmatrix} 138 & 154 & 166 \\ 126 & 167 & 133 \\ 104 & 110 & 121 \end{bmatrix}$$

经过卷积运算之后图像尺寸变小了，如果原始图像是 $m\times n$，卷积核为 $s\times s$，则卷积结果图像的尺寸为

$$(m-s+1)\times(n-s+1)$$

也可以先对图像进行扩充(Padding)，例如在周边补 0，然后用尺寸扩大后的图像进行卷积，保证卷积结果图像和原图像尺寸相同。在从上到下、从左到右滑动过程中，水平和垂直方向滑动的步长都是 1，也可以采用其他步长。

接下来利用卷积操作来构建卷积神经网络。前馈型神经网络由多个神经元层构成，每一层的所有节点和上一层、下一层的所有节点之间都有连接，由于这些层的节点之间是全连接关系，因此称为全连接层。卷积神经网络在标准的前馈型神经网络基础上加了一些卷积层和池化层。一个简单的卷积神经网络如图 15.1 所示。

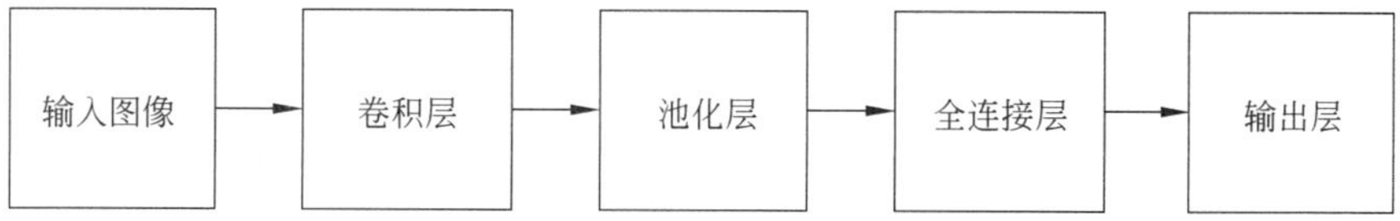


**图 15.1　一个简单的卷积神经网络**

假设输入图像的子图像在 $(i,j)$ 位置的像素值为 $x_{ij}$，卷积核矩阵在位置 $(p,q)$ 的元素值为 $k_{pq}$。卷积核作用于图像的某一位置，得到的输出为

$$f\left(\sum_{p=1}^{s}\sum_{q=1}^{s}x_{i+p-1,j+q-1}\cdot k_{pq}+b\right)$$

其中，$f$ 为激活函数；$b$ 为偏置项。这里使用激活函数的原因和前馈型神经网络一样，是为了保证非线性。卷积核与偏置项通过学习得到，与普通神经元类似，卷积核参数即为连接权重，偏置和普通神经网络的偏置相同，激活函数也一样。在这里，卷积核也被称为滤波器。

每个卷积核是一个特征抽取器，图像中所有位置处的卷积操作共享这个卷积核的权重。只有一个卷积层一般是不够的，因为我们要在不同的尺度和层次上进行特征抽取，如果只有一个卷积层，就只能处理一个尺度。为此，需要设计多个卷积层。另外，只抽取一种特征一般也是不够用的，因此，每个卷积层需要多个卷积核，抽取各种不同的特征。

前面讲述的是单通道图像卷积，输入是二维数组。实际应用时遇到的经常是多通道图像，如 RGB 彩色图像有三个通道，另外由于每一层可以有多个卷积核，产生的输出也是多通道的特征图像，此时对应的卷积核也是多通道的。具体做法是用卷积核的各个通道分别对输入图像的各个通道进行卷积，然后把对应位置处的像素值按照各个通道累加。

由于每一层允许有多个卷积核，卷积操作后会输出多张特征图像，因此，第 $l$ 个卷积层每个卷积核的通道数必须和输入特征图像的通道数相同，即等于第 $l-1$ 个卷积层的卷积核的个数。图 15.2 是多通道卷积的例子。

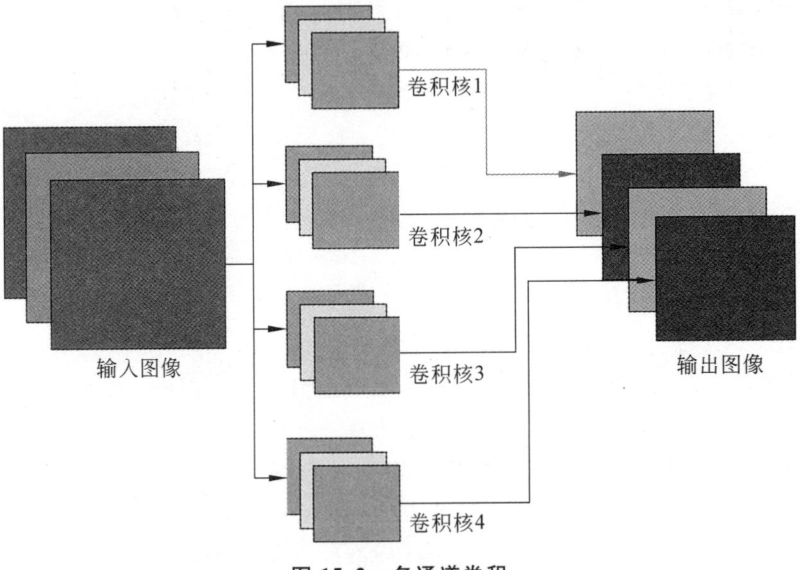


**图 15.2 多通道卷积**

在图 15.2 中卷积层的输入图像是 3 通道的(图中第 1 列)。对应地，卷积核也是 3 通道的(图中第 2 列)。在进行卷积操作时，分别用每个通道的卷积核对对应通道的图像进行卷积，然后将同一个位置处的各个通道值累加，得到一个单通道图像。在图 15.2 中，有 4 个卷积核，每个卷积核产生一个单通道的输出图像，4 个卷积核共产生 4 个通道的输出图像。

卷积核在一次卷积操作时对原图像的作用范围称为感受野，不同的卷积层有不同的感受野。网络前面的卷积层感受野小，用于提取图像细节的信息；后面的卷积层感受野更大，用于提取更大范围的、高层的抽象信息，这是多层卷积网络的设计初衷。

### 15.1.2 池化层

通过卷积操作，完成了对输入向图像的降维和特征抽取，但特征图像的维数还是很高。维数高不仅计算耗时，而且容易导致过拟合。为此，引入了下采样技术，也称为池化(pooling)操作。

最基本的池化操作的做法是对图像的某一个区域用一个值代替，如最大值或平均值。如果采用最大值，称为最大池化；如果采用均值，称为均值池化。除了降低图像尺寸之外，池化带来的另外一个好处是一定程度的平移、旋转不变性，因为输出值由图像的一片区域计算得到，对于小幅度的平移和旋转不敏感。

下面通过一个实际例子来理解池化运算。输入图像为

$$\begin{bmatrix} 11 & 1 & 7 & 2 \\ 1 & 3 & 9 & 6 \\ 7 & 3 & 9 & 6 \\ 4 & 3 & 2 & 6 \end{bmatrix}$$

在这里进行无重叠的 2×2 最大池化，结果图像为

$$\begin{bmatrix} 11 & 9 \\ 7 & 9 \end{bmatrix}$$

结果图像中第一个元素 11 是原图左上角 2×2 子图像：

$$\begin{bmatrix} 11 & 1 \\ 1 & 3 \end{bmatrix}$$

元素的最大值 11。第二个元素 9 为第二个 2×2 子图像：

$$\begin{bmatrix} 7 & 2 \\ 9 & 6 \end{bmatrix}$$

元素的最大值 9，其他的以此类推。如果是采用均值池化，结果为

$$\begin{bmatrix} 4 & 6 \\ 4.24 & 5.75 \end{bmatrix}$$

池化层实现时是在进行卷积操作之后对得到的特征图像进行分块，图像被划分成不相交的块，计算这些块内的最大值或平均值，得到池化后的图像。均值池化和最大池化都可以完成降维操作，前者是线性函数，而后者是非线性函数，一般情况下最大池化有更好的效果。

### 15.1.3 全连接层

图 15.1 的卷积网络第 3 个层为全连接层。该层的每个节点和上一层中所有图像的所有像素都有连接。实际上，这一层和普通的神经网络没有区别。第 4 层为输出层，每个神经元和上一层的每个神经元保持连接。对于分类问题，输出层神经元的个数由类别数决定，具体做法和第 9 章介绍的全连接神经网络相同。

卷积神经网络的正向传播算法和全连接神经网络类似，只不过输入的是二维或者更高维的图像，输入数据依次经过每个层，最后产生输出。卷积层、池化层的正向传播计算方法前面已经讲述，结合全连接层的正向传播方法，可以得到整个卷积神经网络的正向传播算法。

## 15.2 训练算法

在全连接网络中，权重和偏置通过反向传播算法训练得到，卷积网络的训练同样使用这种算法。反向传播算法的关键是计算误差项的值，根据该值计算损失函数对权重、偏置项的梯度值。全连接层的反向传播算法在第 9 章中已经讲述过，下面重点对卷积层、池化层的反向传播实现进行介绍。

### 15.2.1 卷积层

在开始推导之前，首先回顾一下第 9 章中介绍的全连接神经网络反向传播算法的误差项递推计算公式：

$$\boldsymbol{\delta}^{(l)} = (\boldsymbol{W}^{(l+1)})^{\mathrm{T}}\boldsymbol{\delta}^{(l+1)} \odot f'(\boldsymbol{u}^{(l)})$$

根据误差项计算权重梯度值的公式为

$$\nabla_{\boldsymbol{W}^{(l)}} L = \boldsymbol{\delta}^{(l)}(\boldsymbol{x}^{(l-1)})^{\mathrm{T}}$$

上面的公式具有普遍意义，可以推广到卷积网络中，因为卷积网络可以看作是一种权重共享、局部连接的神经网络。根据前面的定义，卷积层的正向传播计算公式为

$$x_{ij}^{(l)} = f(u_{ij}^{(l)}) = f\left(\sum_{p=1}^{s}\sum_{q=1}^{s} x_{i+p-1,j+q-1}^{(l-1)} \times k_{pq}^{(l)} + b^{(l)}\right)$$

卷积输出图像的任意一个元素都与卷积核矩阵的任意一个元素都有关，因为输出图像的每一个像素值都共用了一个卷积核模板。反向传播时需要计算损失函数对卷积核以及偏置项的偏导数，和全连接网络不同的是，卷积核要作用于同一个图像的多个不同位置。根据链式法则，损失函数对第 $L$ 层的卷积核的偏导数为

$$\frac{\partial L}{\partial k_{pq}^{(l)}} = \sum_{i}\sum_{j}\left(\frac{\partial L}{\partial x_{ij}^{(l)}}\frac{\partial x_{ij}^{(l)}}{\partial k_{pq}^{(l)}}\right) = \sum_{i}\sum_{j}\left(\frac{\partial L}{\partial x_{ij}^{(l)}}\frac{\partial x_{ij}^{(l)}}{\partial u_{ij}^{(l)}}\frac{\partial u_{ij}^{(l)}}{\partial k_{pq}^{(l)}}\right)$$

在这里 $i$ 和 $j$ 是卷积输出图像的行和列下标，这是因为输出图像的每一个元素都与卷积核的元素 $k_{pq}$ 相关。首先看上式最右边求和项的第二个乘积项：

$$\frac{\partial x_{ij}^{(l)}}{\partial u_{ij}^{(l)}} = f'(u_{ij}^{(l)})$$

这是激活函数对输入值的导数，激活函数作用于每一个元素，产生同尺寸的输出图像，和全连接网络相同。第三个乘积项为

$$\frac{\partial u_{ij}^{(l)}}{\partial k_{pq}^{(l)}} = \frac{\partial\left(\sum_{p=1}^{s}\sum_{q=1}^{s} x_{i+p-1,j+q-1}^{(l-1)} \times k_{pq}^{(l)} + b^{(l)}\right)}{\partial k_{pq}^{(l)}} = x_{i+p-1,j+q-1}^{(l-1)}$$

假设 $\frac{\partial L}{\partial x_{ij}^{(l)}}$ 已经求出，根据它就可以算出 $\frac{\partial L}{\partial k_{pq}^{(l)}}$ 的值：

$$\frac{\partial L}{\partial k_{pq}^{(l)}} = \sum_{i}\sum_{j}\left(\frac{\partial L}{\partial x_{ij}^{(l)}} f'(u_{ij}^{(l)}) x_{i+p-1,j+q-1}^{(l-1)}\right)$$

偏置项的偏导数更简单：

$$\frac{\partial L}{\partial b^{(l)}} = \sum_{i}\sum_{j}\left(\frac{\partial L}{\partial x_{ij}^{(l)}}\frac{\partial x_{ij}^{(l)}}{\partial b^{(l)}}\right) = \sum_{i}\sum_{j}\left(\frac{\partial L}{\partial x_{ij}^{(l)}}\frac{\partial x_{ij}^{(l)}}{\partial u_{ij}^{(l)}}\frac{\partial u_{ij}^{(l)}}{\partial b^{(l)}}\right) = \sum_{i}\sum_{j}\left(\frac{\partial L}{\partial x_{ij}^{(l)}} f'(u_{ij}^{(l)})\right)$$

这和全连接层的计算方式类似。同样可定义误差项为

$$\delta_{ij}^{(l)}=\frac{\partial L}{\partial u_{ij}^{(l)}}=\frac{\partial L}{\partial x_{ij}^{(l)}}\frac{\partial x_{ij}^{(l)}}{\partial u_{ij}^{(l)}}$$

这是损失函数对临时变量的偏导数。与全连接神经网络不同的是,这是一个矩阵:

$$\begin{bmatrix}\delta_{11}^{(l)} & \cdots & \delta_{1m}^{(l)}\\ \vdots & \vdots & \vdots\\ \delta_{n1}^{(l)} & \cdots & \delta_{nm}^{(l)}\end{bmatrix}$$

尺寸和卷积输出图像相同,而全连接层的误差向量和该层的神经元个数相等。这样有

$$\frac{\partial L}{\partial k_{pq}^{(l)}}=\sum_i\sum_j(\delta_{ij}^{(l)}x_{i+p-1,j+q-1}^{(l-1)})$$

这也是一个卷积操作,$\boldsymbol{\delta}^{(l)}$充当卷积核,$\boldsymbol{x}^{(l-1)}$则充当输入图像。为了看得更清楚一些,下面以一个简单的例子来说明,假设卷积核矩阵为

$$\begin{bmatrix}k_{11} & k_{12} & k_{13}\\ k_{21} & k_{22} & k_{23}\\ k_{31} & k_{32} & k_{33}\end{bmatrix}$$

输入图像是

$$\begin{bmatrix}x_{11} & x_{12} & x_{13} & x_{14}\\ x_{21} & x_{22} & x_{23} & x_{24}\\ x_{31} & x_{32} & x_{33} & x_{34}\\ x_{41} & x_{42} & x_{43} & x_{44}\end{bmatrix}$$

卷积之后产生的输出图像是$\boldsymbol{U}$,注意这里只进行了卷积和加偏置项操作,没有使用激活函数:

$$\begin{bmatrix}u_{11} & u_{12}\\ u_{21} & u_{22}\end{bmatrix}$$

对应的误差项矩阵$\boldsymbol{\delta}$为

$$\begin{bmatrix}\delta_{11} & \delta_{12}\\ \delta_{21} & \delta_{22}\end{bmatrix}$$

下面计算损失函数对卷积核各个元素的偏导数,根据链式法则有

$$\begin{aligned}\frac{\partial L}{\partial k_{11}^{(l)}}&=\delta_{11}\frac{\partial u_{11}}{\partial k_{11}^{(l)}}+\delta_{12}\frac{\partial u_{12}}{\partial k_{11}^{(l)}}+\delta_{21}\frac{\partial u_{21}}{\partial k_{11}^{(l)}}+\delta_{22}\frac{\partial u_{22}}{\partial k_{11}^{(l)}}\\ &=x_{11}\delta_{11}+x_{12}\delta_{12}+x_{21}\delta_{21}+x_{22}\delta_{22}\end{aligned}$$

这是因为产生输出$u_{11}$时卷积核元素$k_{11}$在输入图像中对应的元素是$x_{11}$。产生输出$u_{12}$时卷积核元素$k_{11}$在输入图像中对应的元素是$x_{12}$。其他的依次类推。同样有

$$\frac{\partial L}{\partial k_{12}^{(l)}}=x_{12}\delta_{11}+x_{13}\delta_{12}+x_{22}\delta_{21}+x_{23}\delta_{22}$$

$$\frac{\partial L}{\partial k_{13}^{(l)}}=x_{13}\delta_{11}+x_{14}\delta_{12}+x_{23}\delta_{21}+x_{24}\delta_{22}$$

$$\frac{\partial L}{\partial k_{21}^{(l)}}=x_{21}\delta_{11}+x_{22}\delta_{12}+x_{31}\delta_{21}+x_{32}\delta_{22}$$

其他的以此类推。从上面几个偏导数的值可以总结出这个规律:损失函数对卷积核的

偏导数实际上就是输入图像矩阵与误差矩阵的卷积：

$$\begin{bmatrix} x_{11} & x_{12} & x_{13} & x_{14} \\ x_{21} & x_{22} & x_{23} & x_{24} \\ x_{31} & x_{32} & x_{33} & x_{34} \\ x_{41} & x_{42} & x_{43} & x_{44} \end{bmatrix} * \begin{bmatrix} \delta_{11} & \delta_{12} \\ \delta_{21} & \delta_{22} \end{bmatrix}$$

其中，* 为卷积运算。写成矩阵形式为

$$\nabla_{\boldsymbol{\delta}^{(l)}} L = \operatorname{conv}\left(\boldsymbol{X}^{(l-1)}, \boldsymbol{\delta}^{(l)}\right)$$

在这里 conv 为卷积运算，卷积输出图像的尺寸刚好和卷积核矩阵的尺寸相同。现在的问题是 $\boldsymbol{\delta}^{(l)}$ 怎么得到。如果卷积层后面是全连接层，按照全连接层的方式可以从后面的层的误差得到 $\boldsymbol{\delta}^{(l)}$。如果后面接的是池化层，处理的方法在 15.2.2 节中介绍。

接下来要解决的问题是怎样将误差项传播到前一层。卷积层从后一层接收到的误差为 $\boldsymbol{\delta}^{(l)}$，尺寸和卷积输出图像相同，传播到前一层的误差为 $\boldsymbol{\delta}^{(l-1)}$，尺寸和卷积输入图像相同。同样，用上面的例子。假设已经得到了 $\boldsymbol{\delta}^{(l)}$，现在要做的是根据这个值计算出 $\boldsymbol{\delta}^{(l-1)}$。根据定义

$$\delta_{ij}^{(l)} = \frac{\partial L}{\partial u_{ij}^{(l)}} = \frac{\partial L}{\partial x_{ij}^{(l)}} \frac{\partial x_{ij}^{(l)}}{\partial u_{ij}^{(l)}}$$

$$\delta_{ij}^{(l-1)} = \frac{\partial L}{\partial u_{ij}^{(l-1)}} = \frac{\partial L}{\partial x_{ij}^{(l-1)}} \frac{\partial x_{ij}^{(l-1)}}{\partial u_{ij}^{(l-1)}}$$

正向传播时的卷积操作为

$$\begin{bmatrix} u_{11} & u_{12} \\ u_{21} & u_{22} \end{bmatrix} = \begin{bmatrix} x_{11} & x_{12} & x_{13} & x_{14} \\ x_{21} & x_{22} & x_{23} & x_{24} \\ x_{31} & x_{32} & x_{33} & x_{34} \\ x_{41} & x_{42} & x_{43} & x_{44} \end{bmatrix} * \begin{bmatrix} k_{11} & k_{12} & k_{13} \\ k_{21} & k_{22} & k_{23} \\ k_{31} & k_{32} & k_{33} \end{bmatrix} + \begin{bmatrix} b & b \\ b & b \end{bmatrix}$$

$$= \begin{bmatrix} x_{11}k_{11} + x_{12}k_{12} + x_{13}k_{13} + & x_{12}k_{11} + x_{13}k_{12} + x_{14}k_{13} + \\ x_{21}k_{21} + x_{22}k_{22} + x_{23}k_{23} + & x_{22}k_{21} + x_{23}k_{22} + x_{24}k_{23} + \\ x_{31}k_{31} + x_{32}k_{32} + x_{33}k_{33} + b & x_{32}k_{31} + x_{33}k_{32} + x_{34}k_{33} + b \\ x_{21}k_{11} + x_{22}k_{12} + x_{23}k_{13} + & x_{22}k_{11} + x_{23}k_{12} + x_{24}k_{13} + \\ x_{31}k_{21} + x_{32}k_{22} + x_{33}k_{23} + & x_{32}k_{21} + x_{33}k_{22} + x_{34}k_{23} + \\ x_{41}k_{31} + x_{42}k_{32} + x_{43}k_{33} + b & x_{42}k_{31} + x_{43}k_{32} + x_{44}k_{33} + b \end{bmatrix}$$

根据定义：

$$\delta_{11}^{(l-1)} = \frac{\partial L}{\partial x_{11}^{(l-1)}} \frac{\partial x_{11}^{(l-1)}}{\partial u_{11}^{(l-1)}} = \frac{\partial L}{\partial x_{11}^{(l-1)}} f'\left(u_{11}^{(l-1)}\right) = \left(\sum_i \sum_j \left(\frac{\partial L}{\partial u_{ij}^{(l)}} \frac{\partial u_{ij}^{(l)}}{\partial x_{11}^{(l-1)}}\right)\right) f'\left(u_{11}^{(l-1)}\right)$$

由于

$$u_{11} = x_{11}k_{11} + x_{12}k_{12} + x_{13}k_{13} + x_{21}k_{21} + x_{22}k_{22} + x_{23}k_{23} + x_{31}k_{31} + x_{32}k_{32} + x_{33}k_{33} + b$$

因此有

$$\frac{\partial u_{11}}{\partial x_{11}} = k_{11}$$

类似地可以得到

$$\frac{\partial u_{12}}{\partial x_{11}} = 0, \quad \frac{\partial u_{21}}{\partial x_{11}} = 0, \quad \frac{\partial u_{22}}{\partial x_{11}} = 0$$

从而有

$$\delta_{11}^{(l-1)} = (\delta_{11}^{(l)} k_{11}) f'(u_{11}^{(l-1)})$$

类似地有

$$\frac{\partial u_{11}}{\partial x_{12}} = k_{12}, \quad \frac{\partial u_{12}}{\partial x_{12}} = k_{11}, \quad \frac{\partial u_{21}}{\partial x_{12}} = 0, \quad \frac{\partial u_{22}}{\partial x_{12}} = 0$$

$$\delta_{12}^{(l-1)} = (\delta_{11}^{(l)} k_{12} + \delta_{12}^{(l)} k_{11}) f'(u_{12}^{(l-1)})$$

$$\frac{\partial u_{11}}{\partial x_{13}} = k_{13}, \quad \frac{\partial u_{12}}{\partial x_{13}} = k_{12}, \quad \frac{\partial u_{21}}{\partial x_{13}} = 0, \quad \frac{\partial u_{22}}{\partial x_{13}} = 0$$

$$\delta_{13}^{(l-1)} = (\delta_{11}^{(l)} k_{13} + \delta_{12}^{(l)} k_{12}) f'(u_{13}^{(l-1)})$$

$$\delta_{21}^{(l-1)} = (\delta_{11}^{(l)} k_{21} + \delta_{21}^{(l)} k_{11}) f'(u_{21}^{(l-1)})$$

$$\delta_{22}^{(l-1)} = (\delta_{11}^{(l)} k_{22} + \delta_{12}^{(l)} k_{21} + \delta_{21}^{(l)} k_{12} + \delta_{22}^{(l)} k_{11}) f'(u_{22}^{(l-1)})$$

$$\delta_{23}^{(l-1)} = (\delta_{11}^{(l)} k_{23} + \delta_{12}^{(l)} k_{22} + \delta_{21}^{(l)} k_{13} + \delta_{22}^{(l)} k_{12}) f'(u_{23}^{(l-1)})$$

剩下的以此类推。从上面的过程可以看到，实际上是将 $\boldsymbol{\delta}^{(l-1)}$ 进行扩充(上下左右各扩充 2 个 0)之后的矩阵和卷积核矩阵 $\boldsymbol{K}$ 顺时针旋转 180°的矩阵的卷积，即

$$\begin{bmatrix} 0 & 0 & 0 & 0 & 0 & 0 \\ 0 & 0 & 0 & 0 & 0 & 0 \\ 0 & 0 & \delta_{11} & \delta_{12} & 0 & 0 \\ 0 & 0 & \delta_{21} & \delta_{22} & 0 & 0 \\ 0 & 0 & 0 & 0 & 0 & 0 \\ 0 & 0 & 0 & 0 & 0 & 0 \end{bmatrix} * \begin{bmatrix} k_{33} & k_{32} & k_{31} \\ k_{23} & k_{22} & k_{21} \\ k_{13} & k_{12} & k_{11} \end{bmatrix}$$

将上面的结论推广到一般情况，可得到误差项的递推公式为

$$\boldsymbol{\delta}^{(l-1)} = \boldsymbol{\delta}^{(l)} * \mathrm{rot180}\,(\boldsymbol{K}) \odot f'(\boldsymbol{u}^{(l-1)})$$

其中，rot180 表示矩阵顺时针旋转 180°操作。至此根据误差项得到了卷积层的权重、偏置项的偏导数；并且把误差项通过卷积层传播到了前一层。推导卷积层反向传播算法计算公式的另外一种思路是把卷积运算转换成矩阵乘法，这种做法更容易理解，在 15.4.1 节与 15.7.3 中将会介绍。

### 15.2.2　池化层

池化层没有权重和偏置项，因此，无须计算本层参数的偏导数以及执行梯度下降更新操作，所要做的是将误差传播到前一层。假设下采样层的输入图像是 $\boldsymbol{X}^{(l-1)}$，输出图像为 $\boldsymbol{X}^{(l)}$，这种变换定义为

$$\boldsymbol{X}^{(l)} = \mathrm{down}\,(\boldsymbol{X}^{(l-1)})$$

其中，down 为下采样操作，在正向传播时，对输入数据进行了降维。在反向传播时，接受的误差是 $\boldsymbol{\delta}^{(l)}$，尺寸和 $\boldsymbol{X}^{(l)}$ 相同，传递出去的误差是 $\boldsymbol{\delta}^{(l-1)}$，尺寸和 $\boldsymbol{X}^{(l-1)}$ 相同。和下采样相反，我们用上采样来计算误差项：

$$\boldsymbol{\delta}^{(l-1)} = \mathrm{up}\,(\boldsymbol{\delta}^{(l)})$$

其中，up 为上采样操作。如果是对 $s \times s$ 的块进行的池化，在反向传播时要将 $\boldsymbol{\delta}^{(l)}$ 的一个误差项值扩展为 $\boldsymbol{\delta}^{(l-1)}$ 的对应位置的 $s \times s$ 个误差项值。下面分别对均值池化和最大池化进行讨论。均值池化的变换函数为

$$y = \frac{1}{s \times s} \sum_{i=1}^{k} x_i$$

其中，$x_i$ 为池化操作的 $s \times s$ 子图像块的像素；$y$ 是池化输出像素值。假设损失函数对输出像素的偏导数为 $\delta$，则对输入像素的偏导数为

$$\frac{\partial L}{\partial x_i} = \frac{\partial L}{\partial y} \frac{\partial y}{\partial x_i} = \frac{1}{s \times s} \delta$$

因此，由 $\boldsymbol{\delta}^{(l)}$ 得到 $\boldsymbol{\delta}^{(l-1)}$ 的方法为，将 $\boldsymbol{\delta}^{(l)}$ 的每一个元素都扩充为 $s \times s$ 个元素：

$$\begin{bmatrix} \frac{\delta}{s \times s} & \cdots & \frac{\delta}{s \times s} \\ \vdots & \vdots & \vdots \\ \frac{\delta}{s \times s} & \cdots & \frac{\delta}{s \times s} \end{bmatrix}$$

再看第二种情况。如果是最大池化，在进行正向传播时，需要记住最大值的位置。在反向传播时，对于扩充的 $s \times s$ 块，最大值位置处的元素设为 $\delta$，其他位置全部置为 0：

$$\begin{bmatrix} 0 & \cdots & 0 \\ 0 & \cdots & \cdots \\ \delta & \cdots & 0 \end{bmatrix}$$

同样地，我们给出推导过程。假设池化函数为

$$y = \max(x_1, x_2, \cdots, x_l) = x_t$$

损失函数对 $x_i$ 的偏导数为

$$\frac{\partial L}{\partial x_i} = \frac{\partial L}{\partial y} \frac{\partial y}{\partial x_i} = \delta \frac{\partial y}{\partial x_i}$$

在这里分两种情况，如果 $i = t$，则有

$$\frac{\partial y}{\partial x_i} = 1$$

否则有

$$\frac{\partial y}{\partial x_i} = 0$$

至此，得到了卷积层和池化层的反向传播实现。全连接层的反向传播计算方法和全连接神经网络相同，组合起来就得到了整个卷积网络的反向传播算法计算公式。

### 15.2.3 随机梯度下降法

在第 9 章中介绍过，神经网络的训练有单样本模式和批量模式两种方案。卷积神经网络的训练样本数一般很大，大多采用随机梯度下降法（Stochastic Gradient Descent，SGD）。随机梯度下降法每次参与梯度下降迭代的只有一部分样本，这称为 Mini-Batch 随机梯度下降。

假设训练样本集有 $N$ 个样本，神经网络训练时优化的目标是这个数据集上的平均损失函数：

$$L(\boldsymbol{w}) = \frac{1}{N} \sum_{i=1}^{N} L(\boldsymbol{w}, \boldsymbol{x}_i, \boldsymbol{y}_i) + \lambda r(\boldsymbol{w})$$

其中，$L(\boldsymbol{w}, \boldsymbol{x}_i, \boldsymbol{y}_i)$是对单个训练样本$(\boldsymbol{x}_i, \boldsymbol{y}_i)$的损失函数，$\boldsymbol{w}$ 是神经网络需要学习的参数；

$r(\boldsymbol{w})$是正则化项;$\lambda$ 是正则化项的权重。如果训练时每次迭代都用所有样本,计算成本太高,作为改进可以在每次迭代时选取一批样本,将损失函数定义在这些样本上。

批量随机梯度下降法在每次迭代中使用上面目标函数的随机逼近值,即只使用 $M \ll N$ 个样本来近似计算损失函数。在每次迭代时要优化的目标函数变为

$$L(\boldsymbol{w}) \approx \frac{1}{M}\sum_{i=1}^{M} L(\boldsymbol{w}, \boldsymbol{x}_i, \boldsymbol{y}_i) + \lambda r(\boldsymbol{w})$$

训练时在正向传播阶段计算损失函数值,在反向传播阶段计算参数的梯度值并对参数进行更新。参数的更新值由优化算法根据参数的梯度计算得到。如果使用 L2 正则化,正则化项的梯度为 $\boldsymbol{w}$,如果使用 L1 正则化,正则化项的梯度为 $\mathrm{sgn}(\boldsymbol{w})$。为了加快算法的收敛,一般还会使用动量项。已经证明[105,106],随机梯度下降法在数学期望的意义下收敛,即随机采样产生的梯度的期望值是真实的梯度。

实现时,可以将上面的损失函数看成是对单个样本的损失函数之和,然后取均值。因此,可以先对单个样本计算每一层的误差项和梯度值,然后取它们的均值。具体做法是,在正向传播阶段,对多个样本进行正向传播,并记录网络每一层的输出值。在反向传播阶段,对于每一层,计算对单个样本的梯度值。整个梯度值是参与迭代的样本梯度值的均值。

### 15.2.4 迁移学习

在机器视觉中有一些特征具有共性,它们对各种物体的识别具有普遍性,如边缘、角点、纹理特征,因此,卷积神经网络学习得到的特征可能会具有通用性。这一特点启发人们思考这个问题:能不能将一个数据集上训练的网络用于另外一个任务?直接把这个网络拿来用显然不是好的做法,可以把这个网络的参数作为训练的初始值,在新的任务上继续训练,这种做法称为 Fine-Tune,即网络微调。

大量的实验结果和应用结果证明,这种微调是有效的。这说明卷积神经网络在一定程度上具有迁移学习的能力,卷积层学习到的特征具有通用性。VGG 网络在 ImageNet 数据集上的训练结果在进行微调之后,被广泛应用于目标检测、图像分割等任务,在后面会详细介绍。

## 15.3 典型网络

前面讲述了卷积神经网络的一般结构,接下来介绍历史上出现的几种经典的网络结构。

### 15.3.1 LeNet-5 网络

LeNet-5 网络[3]由 LeCun 在 1998 年提出,这是第一个广为传播的卷积网络,用于手写文字的识别,此后各种卷积网络的设计都借鉴了它的思想。网络的结构如图 15.3 所示。

整个网络的输入为 32 像素×32 像素的单通道灰度图像。第一个卷积层 C1 作用于输入图像,使用 6 个 5 像素×5 像素的卷积核,得到 6 张 28 像素×28 像素的特征图像。第二层是池化层 S2,对输入图像进行 2 像素×2 像素的池化,得到 6 张 14 像素×14 像素的图像。

第三层是 C3 卷积层,使用 16 个 5 像素×5 像素的卷积核,通过卷积操作得到 16 张 10

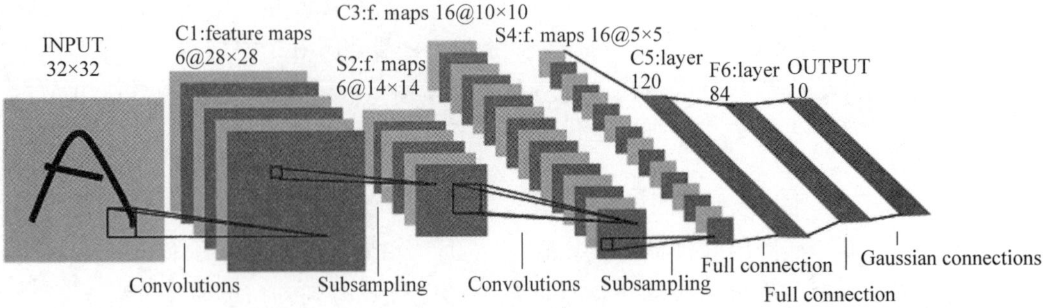


图 15.3 LeNet 的结构

像素×10 像素的输出图像。这一层的每个卷积核作用于 S2 层输出图像的部分通道。

第四层是池化层 S4，对 C3 的图像做 2 像素×2 像素的池化，得到 16 张 5 像素×5 像素的图像。第五层是卷积层 C5，卷积核的大小仍然是 5 像素×5 像素，一共 120 个，每个卷积核作用于上一层的所有图像，得到 120 个 1 像素×1 像素的图像。

第六层是全连接层 F6，有 84 个神经元，每一个神经元与上一层的每个神经元连接。最后一层是输出层，有 10 个神经元，代表 0～9 这 10 个数字。

激活函数统一采用 tanh；损失函数采用欧氏距离损失函数。求解算法采用梯度下降法。训练样本的类别标签采用向量编码形式，这种方法在第 9 章中讲述过。在预测时，比较输出层的每一个分量的值，取最大的那个作为最终的类别。

## 15.3.2 AlexNet 网络

由于计算能力和训练样本数的限制，网络层数增加带来的梯度消失等问题的困扰，在提出后的 20 多年内卷积神经网络并没有得到大规模的应用。直到 2012 年，Hinton 等人设计出一个称为 AlexNet 的深层卷积神经网络[4]，在图像分类任务上取得了成功。此后卷积神经网络被广泛用于机器视觉中的各种任务，成为解决很多图像问题的主流方法。

AlexNet 网络有 5 个卷积层，它们中的一部分后面接着 max 池化层；3 个全连接层。最后一层是 softmax 输出层，共有 1000 个节点，对应 1000 个图像类。在实现时，卷积操作用 GPU 来计算，以提高处理速度。

这个网络有两个主要的创新点：新的激活函数，dropout 机制。dropout 的做法是在训练时随机地选择一部分神经元进行正向传播和反向传播，另外一些神经元的参数值保持不变，以减轻过拟合。文献[97]对这一机制进行了更深入的分析。dropout 机制使得每个神经元在训练时只用了样本集中的部分样本，这相当于对样本集进行采样，即 bagging 的做法。最终得到的是多个神经网络的组合，但这不是一种严格的解释。

网络的输入为 224 像素×224 像素的彩色图像。第一个卷积层有 96 个 11 像素×11 像素的卷积核，卷积操作的步长为 4。这里的卷积核是多通道的，具体实现时用 3 个二维的卷积核分别作用在 RGB 通道上，然后将 3 张结果图像相加。这个卷积层后面是池化层，其他的卷积层结构类似，在这里不再详细介绍。

这个网络的第二个创新是没有使用传统的 sigmoid 或 tanh 函数作为激活函数，而是使用了新型的 ReLU 函数[7]：

$$\mathrm{ReLU}(x)=\max(0,x)$$

其导数为 $\mathrm{ReLU}(x)=\begin{cases}-1, & x>0\\ 0, & x\leqslant 0\end{cases}$。ReLU 函数和它的导数计算简单，在正向传播和反向传播时都减少了计算量。由于在 $x>0$ 时导数值为 1，可以在一定程度上缓解梯度消失问题，训练时有更快的收敛速度。当 $x\leqslant 0$ 时函数值为 0，这使一些神经元的输出值为 0，从而让网络变得更稀疏，起到正则化的作用，也可以在一定程度上缓解过拟合。

### 15.3.3　VGG 网络

VGG 网络由牛津大学视觉组提出[20]，被广泛地应用于视觉领域的各类任务。这个网络的主要创新是采用了小尺寸卷积核。所有卷积层都使用 3 像素×3 像素的卷积核，且卷积步长为 1。为了保证卷积后的图像大小不变，对图像进行了填充，四周各填充 1 像素。所有池化层都采用 2 像素×2 像素的核，步长为 2。除了最后一个全连接层之外，所有层都采用了 ReLU 激活函数。

用 2 个相连的 3 像素×3 像素卷积核可以实现 5 像素×5 像素的卷积核；用 3 个相连的 3 像素×3 像素卷积核可以实现 7 像素×7 像素的卷积核。小卷积核有更少的参数，能够加速网络的训练和计算，同时可以减轻过拟合问题。两个 3 像素×3 像素的卷积核有 18 个参数(不考虑偏置项)，而一个 5 像素×5 像素卷积核有 25 个参数，其他的以此类推。

作者设计了 6 种不同层数的网络，这些网络编号从 A 到 E，其中，A-LRN 是 A 的扩充版。表 15.1 是 VGG 网络结构。

**表 15.1　VGG 网络结构**

| 网络配置 | | | | | |
|---|---|---|---|---|---|
| **A** | **A-LRN** | **B** | **C** | **D** | **E** |
| **11 个带权重层** | **11 个带权重层** | **13 个带权重层** | **16 个带权重层** | **16 个带权重层** | **19 个带权重层** |
| 输入层 | | | | | |
| conv3-64 | conv3-64<br>LRN | conv3-64<br>conv3-64 | conv3-64<br>conv3-64 | conv3-64<br>conv3-64 | conv3-64<br>conv3-64 |
| 最大池化 | | | | | |
| conv3-128 | conv3-128 | conv3-128<br>conv3-128 | conv3-128<br>conv3-128 | conv3-128<br>conv3-128 | conv3-128<br>conv3-128 |
| 最大池化 | | | | | |
| conv3-256<br>conv3-256 | conv3-256<br>conv3-256 | conv3-256<br>conv3-256 | conv3-256<br>conv3-256<br>conv1-256 | conv3-256<br>conv3-256<br>conv3-256 | conv3-256<br>conv3-256<br>conv3-256<br>conv3-256 |
| 最大池化 | | | | | |
| conv3-512<br>conv3-512 | conv3-512<br>conv3-512 | conv3-512<br>conv3-512 | conv3-512<br>conv3-512<br>conv1-512 | conv3-512<br>conv3-512<br>conv3-512 | conv3-512<br>conv3-512<br>conv3-512<br>conv3-512 |

续表

| 网络配置 | | | | | |
|---|---|---|---|---|---|
| **A** | **A-LRN** | **B** | **C** | **D** | **E** |
| **11 个带权重层** | **11 个带权重层** | **13 个带权重层** | **16 个带权重层** | **16 个带权重层** | **19 个带权重层** |
| 最大池化 | | | | | |
| conv3-512<br>conv3-512 | conv3-512<br>conv3-512 | conv3-512<br>conv3-512 | conv3-512<br>conv3-512<br>conv1-512 | conv3-512<br>conv3-512<br>conv3-512 | conv3-512<br>conv3-512<br>conv3-512<br>conv3-512 |
| 最大池化 | | | | | |
| FC-4096 | | | | | |
| FC-4096 | | | | | |
| FC-1000 | | | | | |
| soft-max | | | | | |

实验证明，增加网络的深度能够提高精度。VGG 网络被广泛用于其他问题，包括人脸识别、目标检测、图像分割等，在 15.8 节中会详细介绍。

### 15.3.4 GoogLeNet 网络

在 AlexNet 网络出现之后，针对图像类任务出现了大量改进的网络结构，其中的一种思路是增大网络的规模，包括深度和宽度。但是直接增加网络的规模将面临两个问题：首先，网络参数增加之后更容易出现过拟合，在训练样本有限的情况下这一问题更为明显；其次，是计算量的增加。GoogLeNet[19] 致力于解决上面两个问题。

GoogLeNet 由 Google 公司提出，主要创新是 Inception 机制，它对图像进行多尺度处理。这种机制带来的一个好处是大幅度减少了模型的参数数量，其做法是将多个不同尺度的卷积核、池化进行整合，形成一个 Inception 模块。最简单的 Inception 模块结构如图 15.4 所示。

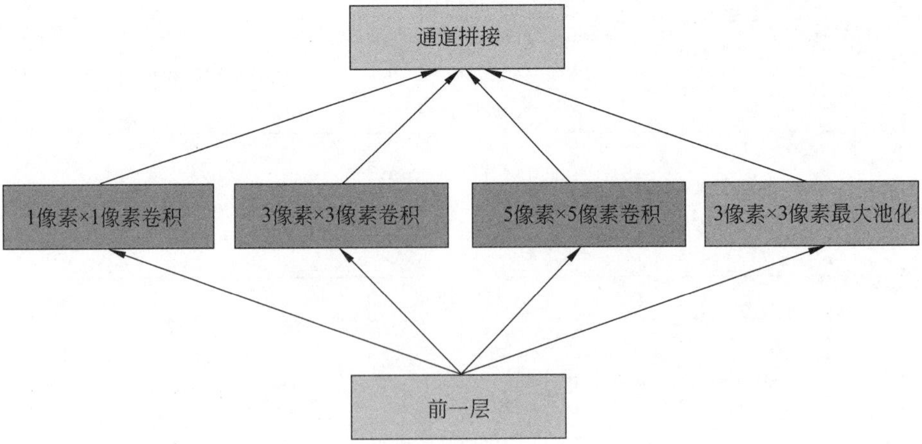


**图 15.4　一个简单的 Inception 模块**

图 15.4 的模块由 3 组卷积核和一个池化单元组成，它们共同接纳来自前一层的输入图像，在这里有 3 种尺寸的卷积核，以及一个最大池化操作，它们并行地对输入图像进行处理，然后将输出结果按照通道拼接起来。因为卷积操作接纳的输入图像大小相等，而且卷积进行了 padding 操作，因此，输出图像的大小也相同，可以直接按照通道进行拼接。需要注意的是，要保证池化操作后的尺寸不减小，必须采用步长为 1 的池化。

从理论上看，Inception 模块的目标是用尺寸更小的矩阵来替代大尺寸的稀疏矩阵，即用一系列小的卷积核来替代大的卷积核，而保证二者有近似的性能。

图 15.4 的卷积操作中，如果输入图像的通道数太多，则运算量太大，而且卷积核的参数太多，因此，有必要进行数据降维。图 15.5 是加上降维操作后的 Inception 模块。

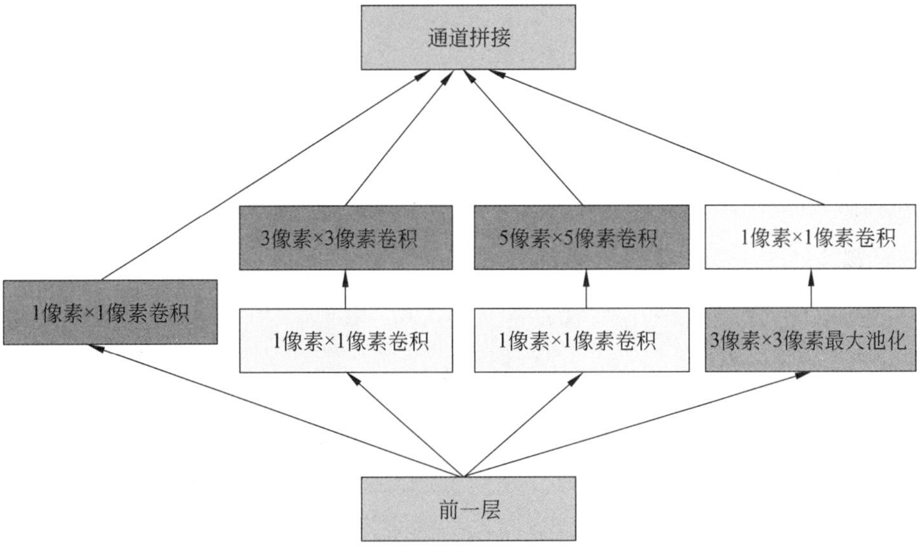


**图 15.5 具有降维功能的 Inception 模块**

在图 15.5 中，除 1 像素×1 像素卷积之外，所有的卷积和池化操作都使用了 1 像素×1 像素卷积进行降维，即降低图像的通道数。因为 1 像素×1 像素卷积不会改变图像的高度和宽度，只会改变通道数。

## 15.4 理论分析

卷积网络一般有很深的层次，要对它进行严格的分析比较困难。与卷积网络的应用和设计相比，对它的理论和运行机理分析与解释相对较少。如果我们能分析卷积网络的运行机理，把卷积操作可视化地显示出来，无论是对于理解卷积网络，还是对于网络的设计都具有重要的意义。文献[29-31]在这方面进行了探索。

### 15.4.1 反卷积运算

卷积操作可以转化为矩阵乘法来实现，下面用一个简单的例子进行说明。假设卷积输入图像为

$$\begin{bmatrix} x_{11} & x_{12} & x_{13} & x_{14} \\ x_{21} & x_{22} & x_{23} & x_{24} \\ x_{31} & x_{32} & x_{33} & x_{34} \\ x_{41} & x_{42} & x_{43} & x_{44} \end{bmatrix}$$

卷积核矩阵为

$$\begin{bmatrix} k_{11} & k_{12} & k_{13} \\ k_{21} & k_{22} & k_{23} \\ k_{31} & k_{32} & k_{33} \end{bmatrix}$$

首先将图像和卷积核都转换为矩阵形式。图像按行拼接形成列向量 $\boldsymbol{x}$：

$$\begin{bmatrix} x_{11} & x_{12} & x_{13} & x_{14} & x_{21} & x_{22} & x_{23} & x_{24} & x_{31} & x_{32} & x_{33} & x_{34} & x_{41} & x_{42} & x_{43} & x_{44} \end{bmatrix}^{\mathrm{T}}$$

为了与卷积操作相适应，将卷积核进行如下展开形成矩阵 $\boldsymbol{C}$：

$$\begin{bmatrix} k_{11} & k_{12} & k_{13} & 0 & k_{21} & k_{22} & k_{23} & 0 & k_{31} & k_{32} & k_{33} & 0 & 0 & 0 & 0 & 0 \\ 0 & k_{11} & k_{12} & k_{13} & 0 & k_{21} & k_{22} & k_{23} & 0 & k_{31} & k_{32} & k_{33} & 0 & 0 & 0 & 0 \\ 0 & 0 & 0 & 0 & k_{11} & k_{12} & k_{13} & 0 & k_{21} & k_{22} & k_{23} & 0 & k_{31} & k_{32} & k_{33} & 0 \\ 0 & 0 & 0 & 0 & 0 & k_{11} & k_{12} & k_{3} & 0 & k_{21} & k_{22} & k_{23} & 0 & k_{31} & k_{32} & k_{33} \end{bmatrix}$$

显然这个矩阵中的数据有冗余，卷积核中有些元素在这个矩阵中出现了多次，这是因为卷积核要作用于图像的多个位置。这样可以将卷积运算转换成矩阵乘法：

$$\boldsymbol{y} = \boldsymbol{C}\boldsymbol{x}$$

在反向传播时已知梯度$\nabla_{\boldsymbol{y}} L$，要得到$\nabla_{\boldsymbol{x}} L$，在 9.2.2 节中已经推导过，这种复合函数的求导公式为

$$\nabla_{\boldsymbol{x}} L = \boldsymbol{C}^{\mathrm{T}} \nabla_{\boldsymbol{y}} L$$

这就是卷积矩阵的转置与传入的误差项的乘积。由此可以得到如下结论：正向传播时，卷积层是用卷积矩阵 $\boldsymbol{C}$ 与图像向量 $\boldsymbol{x}$ 相乘；反向传播时，是用卷积矩阵的转置与传入的误差向量相乘，将误差项传播到前一层。

反卷积也称为转置卷积[22,23]，它的操作刚好和这个过程相反，正向传播时左乘矩阵 $\boldsymbol{C}^{\mathrm{T}}$，反向传播时左乘矩阵 $\boldsymbol{C}$。这里的反卷积和信号处理里的反卷积是两个不同的概念，它只能得到和原始输出图像尺寸相同的图像，并不是卷积运算的逆运算。反卷积运算有一些实际的用途，包括接下来要介绍的卷积网络可视化；全卷积网络中的上采样操作。反卷积运算通过对卷积运算得到的输出图像 $\boldsymbol{y}$ 左乘卷积矩阵的转置 $\boldsymbol{C}^{\mathrm{T}}$，可以得到和原始图像尺寸 $\boldsymbol{x}$ 相同的图像。

### 15.4.2 卷积层可视化

文献[24]设计了一种用反卷积进行卷积层可视化的方案。具体做法是，将卷积网络学习到的特征图像左乘得到这些特征图像的卷积核的转置矩阵，将图像从特征图像空间转换到原始的像素空间，以发现是哪些像素激活了特定的特征图像，达到分析卷积网络的目的。

对于卷积层，反卷积运算使用正向传播的卷积核的转置矩阵对特征图像进行卷积，将特征图像还原到原始的像素图像空间得到重构的图像。通过反卷积操作得到卷积核的可视化图像如图 15.6 所示。

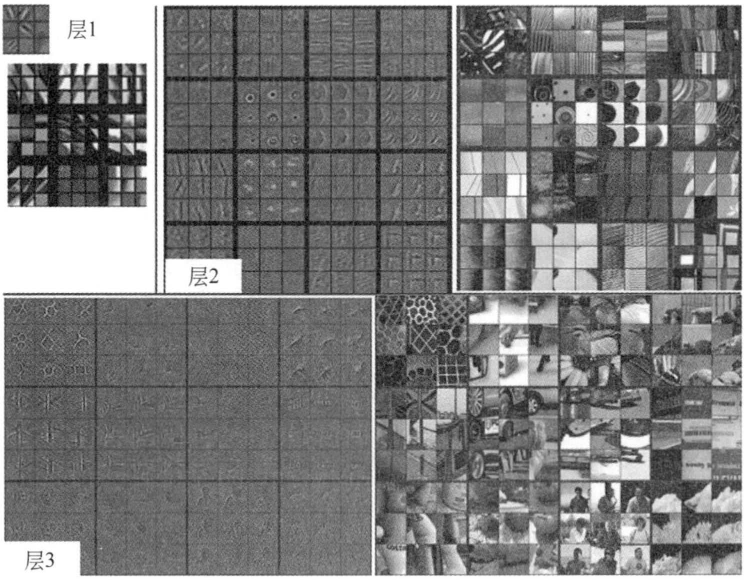


**图 15.6 卷积核的可视化**(来自文献[24])

实验表明,前面的层提取的特征比较简单,越往后的卷积层提取的特征越复杂,这符合人们对卷积神经网络的设计初衷,即通过多层卷积完成对图像的逐层特征提取。

另一种分析卷积网络机制的思路是根据卷积结果图像重构出输入图像。文献[26]设计了一种方法,用卷积网络提取出来的特征反过来重构图像来观察卷积网络的能力。即由卷积网络编码后的向量近似重构原始输入图像。具体做法是给定卷积网络编码后的向量,寻找一张图像,这张图像通过卷积网络编码之后的向量与给定向量最匹配。

假设输入图像高度为 $H$,宽度为 $W$,通道数为 $C$,卷积网络输出的向量为 $d$ 维。卷积网络完成的映射为

$$\Phi: \mathbb{R}^{H\times W\times C} \rightarrow \mathbb{R}^{d}$$

给定一张图像的输出向量 $\Phi_0$,算法要对它进行反向表示寻找输入图像 $\boldsymbol{x}$,它是如下最优化问题的解:

$$\boldsymbol{x}^* = \arg\min_{\boldsymbol{x}\in\mathbb{R}^{H\times W\times C}} L(\Phi(\boldsymbol{x}),\Phi_0) + \lambda R(\boldsymbol{x})$$

损失函数用于比较重构图像的输出向量和真实图像的输出向量。$R$ 是正则化项,用于捕捉自然图像的先验知识。损失函数直接采用欧氏距离:

$$L(\Phi(\boldsymbol{x}),\Phi_0) = \| \Phi(\boldsymbol{x}) - \Phi_0 \|^2$$

正则化项由两部分组成,分别为范数部分和总变化部分。范数部分定义为

$$R_\alpha(\boldsymbol{x}) = \| \boldsymbol{x} \|_\alpha^\alpha$$

总变化部分由图像在水平和垂直方向的偏导数构造:

$$R_{V^\beta}(\boldsymbol{x}) = \sum_{i,j} \left[ (x_{i,j+1} - x_{i,j})^2 + (x_{i+1,j} - x_{i,j})^2 \right]^{\frac{\beta}{2}}$$

其中,$\beta$ 是一个大于 0 的实数,不同的取值可以达到不同的效果。最后要优化的目标函数为

$$L(\boldsymbol{x}) = \| \Phi(\sigma\boldsymbol{x}) - \Phi_0 \|_2^2 / \| \Phi_0 \|_2^2 + \lambda_\alpha R_\alpha(\boldsymbol{x}) + \lambda_{V^\beta} R_{V^\beta}(\boldsymbol{x})$$

其中,$\sigma$ 是训练样本集中所有自然图像的欧几里得范数的均值,$\lambda_\alpha$ 和 $\lambda_{V^\beta}$ 是人工设定的参数。

在实验中作者发现,虽然这种优化方法很简单,但是重构效果很好。

### 15.4.3 理论解释

对卷积网络的解释和分析来自两个方面。第一种是数学角度,对网络的表示能力、映射特性的数学分析;第二种是卷积网络和视觉系统关系的研究,分析二者的关系有助于理解、设计更好的方法,同时也促进了神经科学的进步。

文献[25]从数学角度对深层卷积网络进行了分析。在这里,作者将卷积网络看作是用一组级联的线性加权滤波器和非线性函数对数据进行散射。通过对这一组函数的压缩(Contraction)和分割(Separation)特性进行分析来解释深度卷积网络的建模能力。在这里,分割是指对空间的划分。另外还解释了深度神经网络的迁移特性。卷积网络的卷积操作分为两步:第一步是线性变换;第二步是激活函数变换。前者可以看成是将数据线性投影到更低维的空间;后者是对数据的压缩非线性变换。

多层卷积网络与人脑视觉系统的关系对于卷积网络的解释和设计有重要的意义,这分为两个层面的问题。第一个问题,深度卷积神经网络是否能够取得和视觉神经系统相似的性能,即二者能力的对比。第二个问题,二者在结构上是否具有一致性,这是从系统结构上分析二者的关系。

文献[91]对第一个问题进行了分析,文献作者验证了深度神经网络可以取得和灵长类动物视觉 IT 皮层相同的性能。视觉神经系统在物体样例变化、几何变换、背景变化的情况下仍然可以达到很高的识别性能,这主要得利于下颞叶(IT)皮层的表示能力。通过深度卷积神经网络训练的模型,在物体识别问题上同样达到了很高的性能。作者用扩展的核分析技术对深度神经网络和 IT 皮层进行了比较。这种技术将模型的泛化误差作为表示复杂度的函数。分析结果表明,深度神经网络在视觉目标识别任务上可以达到大脑 IT 皮层的表示能力。

文献[92]也分析了深层神经网络与视觉神经之间的对应关系。文献作者利用目标驱动的深度学习模型来理解大脑的视觉皮层。具体的思路是用目标驱动的分层卷积神经网络(HCNNs)对视觉皮层区中单个单元和群体的输出响应进行建模。这种手段建立起了深层神经网络和大脑感知皮层的对应关系,能够帮助人们理解视觉皮层的机理。从另一角度看,也找到了深度神经网络在神经科学上的对应点。

在第 9 章中介绍过,全连接神经网络的分层拓扑结构远比大脑的神经网络拓扑结构简单;反向传播算法在人脑中也没有对应的机理。探寻目前这些神经网络结构以及反向传播算法之外的网络结构对神经网络也有非常重要的意义。文献[93]提出了一种新的网络连接方式,使用胶囊(Capsule)来组织神经网络。在这里,胶囊是指一组神经元,它们共同作用产生一个输出向量。胶囊内的神经元的活跃性代表了图像中某一个实体的不同视觉特征。这些特性有各种不同类型的实例化参数,如物体的位置、尺寸、朝向、运动速度、纹理等。在这里有一个特殊的特征,就是图像中是否存在本物体。物体是否存在的概率用向量的长度来表示。

在训练和预测时,各个胶囊的信息交换使用了一种称为动态路由的机制。初始时,一个胶囊会将它的输出信息送入每一个父节点。胶囊将它的预测向量乘以一个权重矩阵,然后送入它的父节点。如果这个预测向量和一个父节点的输出向量的内积很大,则本胶囊会收到来自这个父节点的自上而下的反馈，增加它们的耦合系数，并降低和其他父节点的耦合系数。

首先定义每个胶囊的输入和输出。第 $j$ 个胶囊的输出向量通过对它的输入向量进行挤压得到，计算公式为

$$\boldsymbol{v}_j = \frac{\|\boldsymbol{s}_j\|^2}{1+\|\boldsymbol{s}_j\|^2}\frac{\boldsymbol{s}_j}{\|\boldsymbol{s}_j\|}$$

其中，$\boldsymbol{s}_j$ 是它的总输入向量。除第一个层之外，所有层的胶囊的总输入向量是它下面(前面)一层的所有胶囊预测向量 $\hat{\boldsymbol{u}}_{j|i}$ 的加权和。预测向量通过将前一层的胶囊的输出向量 $\boldsymbol{u}_i$ 乘上一个权重矩阵得到。计算公式为

$$\boldsymbol{s}_j = \sum_i c_{ij}\hat{\boldsymbol{u}}_{j|i}$$

$$\hat{\boldsymbol{u}}_{j|i} = \boldsymbol{W}_{ij}\hat{\boldsymbol{u}}_i$$

其中，$c_{ij}$ 为耦合系数，通过动态路由算法确定。胶囊 $i$ 与它的上一层的所有胶囊之间的耦合系数之和为 1。这通过对 $b_{ij}$ 进行路由 softmax 变换得到，其中，$b_{ij}$ 为胶囊 $i$ 与胶囊 $j$ 进行耦合的对数先验概率。对数先验概率和其他权重一起通过学习得到。

## 15.5 挑战与改进措施

自 AlexNet 网络出现之后，各种改进的卷积网络不断被提出。这些改进主要在以下几个方面进行：卷积层、池化层、激活函数、损失函数、网络结构，在本节中将分别进行介绍。

随着深度的增加，全连接网络的训练变得更困难，卷积网络也面临同样的问题。文献[6]对这一问题进行了分析和验证。在实验中，作者分别训练了有 1～5 个隐含层的神经网络，激活函数使用了 sigmoid、tanh 和 softsign。实验结果证明，随着网络层数的增加，反向传播的作用越来越小，网络更加难以训练，作者对原因进行了分析。针对深层网络难以训练的问题有一些解决方案，典型的代表是高速公路网络、残差网络、LSTM 等，在本节和第 16 章中将详细介绍。

### 15.5.1 卷积层

对卷积层的改进目前有两种典型的方案，分别是 Network In Network(NIN)和 Inception 机制，后者在之前已经介绍过，在这里重点介绍 NIN 机制。

NIN[18] 的思想是用一个小规模的神经网络替代卷积层的线性滤波器，小型网络是一个多层感知器网络，它比线性卷积运算有更强的能力。

卷积核的大小和数量如何确定也是实际应用时需要考虑的问题。在 LeNet-5 中使用了 5 像素×5 像素的卷积核，在 AlexNet 中使用了多种不同尺寸的卷积核，现在趋向于用小卷积核。

一种特殊的卷积核大小为 1 像素×1 像素，由于在执行卷积时每个像素不利用周围像素的信息，因此，它只在通道上进行卷积，相当于对多个输入通道进行加权平均。这种卷积不会改图像的高度和宽度，只改变通道数。它被用于全卷积网络，以及通道降维。

### 15.5.2 池化层

之前介绍的池化有均值和最大值两种方案，也可以采用更复杂的策略。典型的有 L-P

池化、混合池化、随机池化，以及 Spatial Pyramid Pooling(SPP)。SPP 的原理在 15.8.2 节进行介绍。

### 15.5.3 激活函数

激活函数的作用是给神经网络加入非线性，因此，它必须是非线性函数。由于使用梯度下降法时需要对目标函数求导，因此，激活函数必须是可导的。实际应用时并不要求它在定义域内处处可导，只要是几乎处处可导(即不可导点为有限个，或者无限可列个)即可。这是因为激活函数的输入值是一个浮点数，可以看作是一个随机变量，它落在不可导点的概率为 0。因为连续型随机变量取有限个或无限可列个值的概率为 0。如果一个激活函数满足

$$\lim_{x \to +\infty} f'(x) = 0$$

即在正半轴函数的导数趋向于 0，则称该函数右饱和。如果满足

$$\lim_{x \to -\infty} f'(x) = 0$$

即在负半轴函数的导数趋向于 0，则称该函数左饱和。如果一个激活函数既满足左饱和又满足右饱和，称之为饱和。如果存在常数 $c$，当 $x > c$ 时有

$$f'(x) = 0$$

则称函数右硬饱和。类似地可以定义左硬饱和。既满足左硬饱和又满足右硬饱和的激活函数为硬饱和函数。饱和性和梯度消失问题有关。在反向传播过程中，误差项在每一层都要乘以激活函数的导数值，如果激活函数的输入值落入饱和区间，多次乘积之后会导致梯度的绝对值越来越小，从而出现梯度消失问题。显然，sigmoid 函数和 tanh 函数都是饱和函数，因此容易产生梯度消失问题。

ReLU 函数在深度卷积神经网络中得到了广泛使用，它的导数计算很简单，而且由于在正半轴导数为 1，有效地缓解了梯度消失问题。在 ReLU 的基础上又出现了各种新的激活函数，包括 ELU、PReLU 等。更多的激活函数将在 15.7.6 节中详细讲述。

### 15.5.4 损失函数

损失函数定义了神经网络的优化目标。全连接神经网络一般使用的是欧氏距离和交叉熵。卷积网络在用于各种不同的任务时，根据问题的特点产生了各种类型的损失函数，甚至有同时完成多个任务的复杂损失函数，称为多任务损失函数。在 15.8 节中将会介绍一些多任务损失函数，在 15.7.7 节中将会详细介绍各种损失函数的实现。

### 15.5.5 网络结构

卷积网络一般包括卷积层、池化层、全连接层。在各种层的使用以及连接关系上也有多种改进方案。典型的包括高速公路网络和残差网络，不使用全连接层的全卷积网络，以及多尺度连接等。

高速公路网络(Highway Networks)[17]是解决深层网络训练问题的一种方案，它的做法是一定比例地保留神经网络的输入，从而保证反向传播时误差项能顺利地传播到前一层，这种思想和第 16 章中要讲述的长短期记忆模型相同。在一般的神经网络中，每一层的变换为

$$\boldsymbol{y}=H(\boldsymbol{x},\boldsymbol{W}_H)$$

其中，$\boldsymbol{x}$ 为输入向量；$\boldsymbol{y}$ 为输出向量；$\boldsymbol{W}_H$ 为权重矩阵；$H$ 为激活函数。高速公路网络每一层的变换为

$$\boldsymbol{y}=H(\boldsymbol{x},\boldsymbol{W}_H)\odot T(\boldsymbol{x},\boldsymbol{W}_T)+\boldsymbol{x}\odot C(\boldsymbol{x},\boldsymbol{W}_C)$$

输出向量是传统的变换输出 $H(\boldsymbol{x},\boldsymbol{W}_H)$和原始输入向量 $\boldsymbol{x}$ 的加权和，这里的乘法为向量相应元素乘。$T(\boldsymbol{x},\boldsymbol{W}_T)$和 $C(\boldsymbol{x},\boldsymbol{W}_C)$分别控制着最终的输出值来源于变换后的输入和原始输入的比例，它们各个分量的取值都为 0～1。其中，$T$ 称为变换门(Transform Gate)，表示对输入数据进行变换后的输出在总输出中的比例；$C$ 称为运输门(Carry Gate)，表示将输入数据直接进行输出在总输出中的比例；$\boldsymbol{W}_T$ 为变换门的权重矩阵；$\boldsymbol{W}_C$ 为运输门的权重矩阵。与普通的权重矩阵一样，这两个矩阵也通过训练算法得到。如果令 $C=1-T$，上面的公式变为

$$\boldsymbol{y}=H(\boldsymbol{x},\boldsymbol{W}_H)\odot T(\boldsymbol{x},\boldsymbol{W}_T)+\boldsymbol{x}\odot(1-T(\boldsymbol{x},\boldsymbol{W}_T))$$

定义 $T(\boldsymbol{x},\boldsymbol{W}_T)$为

$$T(\boldsymbol{x})=\sigma(\boldsymbol{W}_T\boldsymbol{x}+\boldsymbol{b}_T)$$

在这 $\sigma$ 里为 sigmoid 函数，$\boldsymbol{b}_T$ 是偏置项。根据正向传播的计算公式，很容易得到反向传播时的误差项、权重和偏置项的计算公式。实验结果证明，高速功能网络和普通神经网络相比，在训练时误差更小。随着神经网络层数的增加，高速公路网络的收敛速度明显快于普通神经网络。

残差网络[21]用跨层连接、拟合误差项的手段来解决深层网络难以训练的问题，将网络的层数推广到前所未有的规模。之前的经验已经证明，增加网络的层数会提高网络的性能，但增加到一定程度之后，随着层次的增加，神经网络的训练误差和测试误差会增大，这个问题称为退化。

为了解决这个问题，作者设计了一种称为深度残差网络的结构，这种网络通过跨层连接和拟合残差来解决层次过多带来的问题，这种做法借鉴了高速公路网络的设计思想。假设神经网络要拟合的函数为 $H(\boldsymbol{x})$。残差定义为

$$F(\boldsymbol{x})=H(\boldsymbol{x})-\boldsymbol{x}$$

其中，$\boldsymbol{x}$ 为输入向量。之前的映射 $H(\boldsymbol{x})$变成 $F(\boldsymbol{x})+\boldsymbol{x}$。为了构造残差网络，首先定义一种称为 Building Block 的结构：

$$\boldsymbol{y}=F(\boldsymbol{x},\{\boldsymbol{W}_i\})+\boldsymbol{x}$$

其中，$\boldsymbol{x}$ 和 $\boldsymbol{y}$ 是要考虑的层的输入和输出向量；函数 $F$ 是要学习的残差映射；$\boldsymbol{W}_i$ 为权重。这一结构的原理如图 15.7 所示。

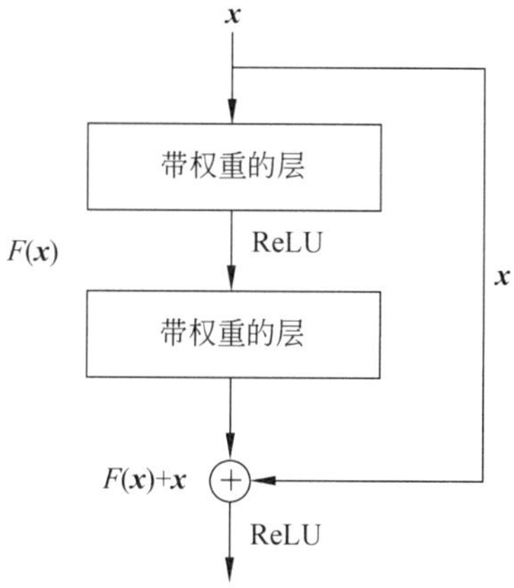


**图 15.7 跨层连接与拟合误差**

对于图 15.7 来说，这两个层的映射函数为 $F=\boldsymbol{W}_2\sigma(\boldsymbol{W}_1\boldsymbol{x})$，其中 $\sigma$ 是 ReLU 激活函数。为了表达上的简化，忽略了偏置项。操作 $F+\boldsymbol{x}$ 通过跨层连接与向量加法实现。

上述这种结构没有引入额外的参数和计算，但是带来的好处是更容易优化。在上面的定义中，要求 $F$ 和 $\boldsymbol{x}$ 的维数是相同的。如果不满足这个条件，可以在跨层连

接中加入一个线性投影 $\boldsymbol{W}_s$，使得二者的维数相等：

$$\boldsymbol{y}=F(\boldsymbol{x},\{\boldsymbol{W}_i\})+\boldsymbol{W}_s\boldsymbol{x}$$

函数 $F$ 的形式是灵活多变的，在文献[21]中，它跳过的层数一般为 2～3 层，更多的层数也是可以的。如果只有一层，函数变成了一个线性映射：

$$\boldsymbol{y}=\boldsymbol{W}_1\boldsymbol{x}+\boldsymbol{x}$$

上面的这种映射，不仅可以用于全连接层，还可以用于卷积层。通过跨层连接技术，作者把深度神经网络增加到了上百甚至上千层。

文献[103]对残差网络的机制进行了分析。得出以下结论：残差网络并不是一个单一的超深网络，而是多个网络指数级的隐式集成，由此引入多样性的概念，它用来描述隐式集成的网络的数量；在预测时，残差网络的行为类似于集成学习；对训练时的梯度流向进行了分析，发现隐式集成大多由一些相对浅层的网络组成，因此，残差网络并不能解决梯度消失问题。

对于单个跨层模块，它所代表的映射可以写成如下形式：

$$\boldsymbol{y}_{i+1}=f_{i+1}(\boldsymbol{y}_i)+\boldsymbol{y}_i$$

其中，$\boldsymbol{y}_i$ 为前一层的输出数据；$f_{i+1}$ 为本模块实现的映射函数，$\boldsymbol{y}_{i+1}$ 为本模块的输出数据，它由直接传递前一层的数据和本模块的映射数据相加而成。对于有 3 个跨层模块的网络，它所实现的映射如图 15.8 所示。

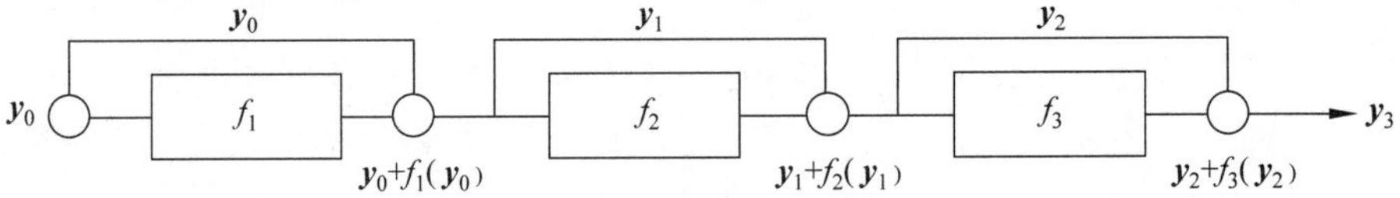


**图 15.8 一个三层的残差网络**

图 15.8 中的圆圈代表向量加法运算。在每一个层都有两种选择，跨过该模块，或者通过该模块。将上式反复代入进行展开，可以得到上面的 3 层结构实现的映射的计算公式为

$$\begin{aligned}\boldsymbol{y}_3&=\boldsymbol{y}_2+f_3(\boldsymbol{y}_2)\\&=[\boldsymbol{y}_1+f_2(\boldsymbol{y}_1)]+f_3(\boldsymbol{y}_1+f_2(\boldsymbol{y}_1))\\&=[\boldsymbol{y}_0+f_1(\boldsymbol{y}_0)+f_2(\boldsymbol{y}_0+f_1(\boldsymbol{y}_0))]+f_3(\boldsymbol{y}_0+f_1(\boldsymbol{y}_0)+f_2(\boldsymbol{y}_0+f_1(\boldsymbol{y}_0)))\end{aligned}$$

展开之后最终的计算公式中只有 $\boldsymbol{y}_0$。为了更清楚地看到这个网络是多个网络的集成的事实，将上式画成图 15.9 所示的结构。

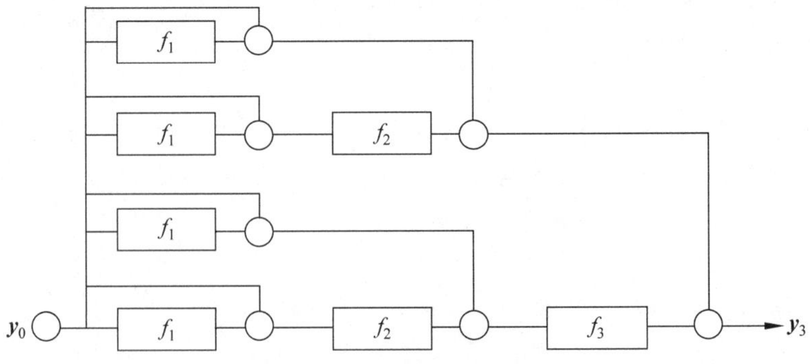


**图 15.9 展开后的残差网络**

从 $\boldsymbol{y}_0$ 到 $\boldsymbol{y}_3$ 数据的流向一共有 8 条路径。正向传播时，数据沿着这 8 条路径向前流动；反向传播时，误差项和梯度反向沿着这 8 条路径流动。因此，如果有 $n$ 个跨层结构，则数据通过的路径有 $2^n$ 种可能，这称为网络的多样性。

传统的前馈型神经网络、卷积神经网络的路径数是 1，即从输入层到输出层，数据的流向只有一条路径。基于上面的分析，作者得出的结论是残差网络是多个单路径网络的集成。

为了进一步证明残差网络的这种集成特性，并确定删除掉一部分跨层结构对网络精度的影响，作者进行了删除层的实验，在这里有两组实验，第一组是删除单个层，第二组是同时删除多个层。为了进行比较，作者使用了残差网络和 VGG 网络。

在第一组实验中，首先按照标准的程序训练了一个 110 层的残差网络，然后删除网络中的单个跨层模块，观察删除之后的准确率。为了进行比较，作者还对 VGG 网络也执行了这种删除层的操作。实验结果证明，除了个别的层之外，删掉单个层对残差网络的精度影响非常小。相比之下，删掉 VGG 网络的单个层会导致精度的急剧下降。

第二组实验是删除多个层。由于残差网络本质上是多个神经网络的集成，删除的层越多，破坏掉的单个神经网络的数量越大，对精度的影响就越大。实验结果证明了这一结论，随着删除的层数增加，网络的误差也平滑的增加。

第三组实验是对网络的结构进行变动，调整层的顺序。在实验中，作者打乱某些层的顺序，这样会影响一部分路径。具体做法是，随机地交换多对层的位置，这些层的输入和输出数据尺寸相同。同样地，随着调整的层的数量增加，错误率也平滑上升，这和第二组实验的结果一致。

一个 $n$ 层的残差网络有 $2^n$ 条路径，数据在所有这些路径中流动。这些路径的重要性是相同的吗？作者观察了反向传播时在各个路径上的梯度流向比例。具体做法是，使用一个训练好的 54 层的残差网络，随机采样一些指定长度的路径（因为同一长度的路径不止一条），然后计算各条路径在反向传播时达到输入层的梯度的模。实验结果发现，梯度的模随着路径长度的增加呈指数级衰减，这说明越长的路径在反向传播时传递的信息越少。另外，作者还统计了各种不同长度的路径的梯度模分布，分布的峰值出现在 5～17 长度的路径上。这说明网络的大部分信息是由 5～17 层的网络提供的。另外也证明了残差网络并不能解决梯度消失的问题，它只是多个浅层网络的集成。

但是作者的这种解释有些牵强。普通意义上的集成学习算法，其各个弱学习器之间是相互独立的，而这里的各个网络共享了一些层，极端情况下，除了一层不同之外，另外的层都相同。另外，这些网络是同时训练出来的，而且使用了相同的样本。

全卷积网络（Fully Convolutional Networks[53]，FCN）是在标准卷积网络的基础上所做的改变，它将标准卷积网络的全连接层替换成卷积层，以适应图像分割、深度估计等需要对原始图像每个像素点进行预测的情况。一般情况下，全卷积网络最后几个卷积层采用 1×1 的卷积核。由于卷积和下采样层导致图像尺寸的减小，为了得到与原始输入图像尺寸相同的图像，使用了反卷积层实现上采样以得到和输入图像尺寸相等的预测图像。

不同层的卷积核有不同的感受野，描述了图像在不同尺度的信息。多尺度处理也是卷积网络的一种常用手段，将不同卷积层输出图像汇总到一个层中进行处理可以提取图像多尺度的信息，典型的做法包括 GoogLeNet、SSD[35]、Cascade CNN[38]、DenseBox[39]，在 15.8 节中会详细介绍。

### 15.5.6 批量归一化

神经网络在训练过程中每一层的参数会随着迭代的进行而不断变化，这会导致它后面一层的输入数据的分布不断发生变化，这种问题称为内部协变量漂移(Internal Covariate Shift)。在训练时，每一层要适应输入数据的分布，这需要我们在迭代过程中调整学习率，以及精细的初始化权重参数。为了解决这个问题，可以对神经网络每一层的输入数据进行归一化。其中一种解决方案为批量归一化(Batch Normalization)[15]，它是网络中一种特殊的层，用于对前一层的输入数据进行批量归一化，然后送入下一层进行处理，这种做法可以加速神经网络的训练过程。

归一化可以让数据具有 0 均值和单位方差，即对数据进行如下变换：

$$x' = \frac{x - E(x)}{\sqrt{\text{Var}(x)}}$$

其中，$E(x)$为数据的数学期望即均值；$\text{Var}(x)$为数据的方差。在神经网络的训练过程中，每次迭代时对 mini-batch 的样本数据做批量归一化。整个批量归一化算法的输入为样本在网络中产生的输出值 $\boldsymbol{x}_i, i=1,2,\cdots,m$，$m$ 为批量的大小。算法需要学习缩放参数 $\gamma$ 和平移参数 $\beta$，用它们对数据进行变换完成归一化：

$$y = \gamma x' + \beta$$

假设在训练时每次迭代输入的批量数据为 $B=\{x_1, x_2, \cdots, x_m\}$，以及参数 $\gamma$ 和 $\beta$，这两个参数通过学习得到。输出为归一化后的数据 $y_i = \text{BN}_{\alpha,\beta}(x_i)$。正向传播的流程如下。

(1) 计算均值：$\mu_B = \frac{1}{m}\sum_{i=1}^{m} x_i$。

(2) 计算方差：$\sigma_B^2 = \frac{1}{m}\sum_{i=1}^{m} (x_i - \mu_B)^2$。

(3) 归一化：$\hat{x}_i = \frac{x_i - \mu_B}{\sqrt{\sigma_B^2 + \varepsilon}}$。

(4) 数据缩放和平移：$y_i = \gamma \hat{x}_i + \beta$。

在测试阶段由于每次只对一个样本进行预测，因此，没法计算上面的均值和方差。在这里，可以使用训练阶段计算出的均值和方差。具体做法是，以训练时每次迭代计算出的均值作为测试时的均值，而方差则为训练时每次迭代的方差的无偏估计。它们的计算公式分别为

$$E[x] = E_B[\mu_B]$$

$$\text{Var}[x] = \frac{m}{m-1} E_B[\sigma_B^2]$$

无论是在训练阶段，还是在测试阶段，上面的变换都作用于每一个神经元，这是一对一的映射。反向传播时，由于引入了批量归一化操作，导数的计算有所改变。$\gamma$ 和 $\beta$ 是神经网络的可学习参数，它们也是在训练时通过梯度下降法和反向传播算法更新得到，与神经网络的其他参数没有本质上的区别。实验结果证明批量归一化技术能够有效地消除内部协变量漂移问题，并加快网络训练的速度，同时还可以提高网络的精度。

## 15.6 实际例子

本节以 Caffe 为例介绍 LeNet 网络的实现以及如何训练自己的网络模型。Caffe 是一个开源的卷积网络实现，由加州大学伯克利分校的机器视觉组开发，作者是贾杨清博士[86]。在 Caffe 中，网络结构的定义采用 prototxt 格式的文件。

### 15.6.1 LeNet-5 网络

Caffe 默认支持一些经典的网络，包括 LeNet-5、AlexNet 等。文件 lenet_train_test.prototxt 定义了 LeNet-5 网络训练、测试阶段各层的结构，在这里为该文件加上了 C++ 风格的注释。需要注意的是，Caffe 中的 LeNet 网络并没有按照原文进行实现，结构略有不同。

第一层是数据层，分训练和测试两个阶段，分别使用了不同的数据。

```
layer {                //网络的第一层——数据层，它负责从文件中读入图像，并对图像进行预处理
    name: "mnist"                //层的名称
    type: "Data"                 //层的类型
    top: "data"                  //层的输出值，从文件读取并变换之后的图像
    top: "label"                 //层的输出值，图像的类别标签
    include {                    //本层在训练时使用
        phase: TRAIN
    }
    transform_param {            //本层的变换参数
        scale: 0.00390625        //1/256，图像像素的 RGB 值乘以该值，缩放到[0,1)
    }
    data_param {                 //数据参数
        source: "examples/mnist/mnist_train_lmdb"  //数据源，图像文件信息放在本文件
        batch_size: 64           //批量的尺寸，每次读入 64 张图像
        backend: LMDB
    }
}
```

再来看卷积层的定义：

```
layer {                          //第一层，卷积层
    name: "conv1"                //层的名称
    type: "Convolution"          //层的类型
    bottom: "data"               //本层的输入
    top: "conv1"                 //本层的输出
    param {                      //学习因子
        lr_mult: 1
    }
    param {
        lr_mult: 2
    }
    convolution_param {          //卷积相关的参数
```

```
        num_output: 20        //本层的输出图像张数,即卷积核的个数
        kernel_size: 5        //卷积核的大小
        stride: 1             //卷积操作的步长
        weight_filler {
            type: "xavier"    //权重初始化方法
        }
        bias_filler {
            type: "constant" //偏置项初始化方法
        }
    }
}
```

接下来看池化层的定义：

```
layer {                       //池化层
    name: "pool1"
    type: "Pooling"
    bottom: "conv1"
    top: "pool1"
    pooling_param {
        pool: MAX
        kernel_size: 2        //池化核的尺寸
        stride: 2             //池化的步长
    }
}
```

下面为全连接层的定义：

```
layer {                       //全连接层
    name: "ip1"
    type: "InnerProduct"
    bottom: "pool2"
    top: "ip1"
    param {
        lr_mult: 1
    }
    param {
        lr_mult: 2
    }
    inner_product_param {
        num_output: 500       //输出数据维数
        weight_filler {
            type: "xavier"    //权重初始化方式
        }
        bias_filler {
            type: "constant" //偏置项初始化方式
        }
```

```
    }
}
```

激活函数层的定义：

```
layer {                         //激活函数层
    name: "relu1"
    type: "ReLU"
    bottom: "ip1"
    top: "ip1"
}
```

损失层只在训练阶段使用，是网络的最后一层。定义如下：

```
layer {                         //损失层
    name: "loss"
    type: "SoftmaxWithLoss"
    bottom: "ip2"
    bottom: "label"
    top: "loss"
}
```

Caffe 中的 LeNet 两个卷积层都没有使用激活函数，两个全连接层中也只有第一个层使用了激活函数，而且是 ReLU 函数，而不是原文中的 tanh 函数。另外，损失层使用的是 SoftmaxWithLoss 函数。

### 15.6.2 训练自己的模型

使用 Caffe 可以很方便地定义自己的神经网络，并完成模型训练。Caffe 默认支持 mnist、cifar10、ImageNet 1000 等数据集。mnist 和 cifar10 的数据集可以通过程序代码自动下载，ImageNet 1000 需要自己下载。训练一个神经网络模型分如下几步。

(1) 准备训练样本数据。

(2) 生成 lmdb 文件。

(3) 计算所有样本图像的均值。

(4) 定义网络结构。

(5) 执行训练程序。

下面分别介绍每个步骤。首先是准备训练样本图片，为图像建立一个目录，然后将所有图片复制到该目录。所有图像必须缩放到神经网络所需要的大小。接下来建立图像描述文件，这是一个文本文件，每一行代表一个样本。该文件的格式为

```
[图像文件名][类别编号]
```

图像文件名是图像文件的路径，类别编号是该图片的类别，用整数编号，一般从 1 开始。由于训练样本很多，手工建立该文件效率太低，一般用程序或者脚本生成，这个程序很简单，自己写一个或者利用系统命令都可以做到。

接下来生成 lmdb 文件，lmdb 文件是 Caffe 使用的样本描述文件格式。在训练时，程序

会从该文件读取图像信息,加载图像。在这里修改 Caffe 的脚本,然后执行该脚本,把文件转换成 lmdb 格式。

执行脚本,生成均值文件,计算图像均值的目的在于让所有样本图像都减掉这个均值,以加快训练时算法的收敛速度,避免数值计算问题。

定义网络结构,为 prototxt 格式,这个文件定义了网络的结构,主要是网络名称,各个层的信息,该文件的例子在前面介绍过。另外,还要定义 solver. prototxt 文件,它描述了求解器的参数。

最后执行命令,完成训练:

```
# sudo build/tools/caffe train -solver examples/myfile/solver.prototxt
```

在训练过程中,程序会在屏幕上输出训练信息,如当前迭代次数、目标函数值等。训练结束后会得到一个. caffemodel 模型文件。

## 15.7 源代码分析

目前已有多个著名的开源卷积神经网络实现,包括 Caffe[86]、TensorFlow[87,88]、CNTK[89]、Mxnet[90]、Torch,以及 Theano 等。其中,Caffe 是最早推出且使用最广泛的框架之一,本书的源代码分析将以 Caffe 为例,这些开源实现的原理类似,理解了其中的一个,很容易理解其他的库。

### 15.7.1 Caffe 简介

Caffe 用 C++ 语言编写,最核心的 3 种类是 Layer、Net 和 Solver。神经网络由 Net 类实现,它由多个层即 Layer 类的对象组成,可以通过使用不同的层来实现各种结构的网络。Layer 是一个抽象类,由它派生了各种不同的类来实现各种层。典型的包括卷积层、池化层、内积层、激活函数层、损失层等。大部分的层都实现了正向传播和反向传播函数,在正向传播阶段计算输入数据的输出值;在反向传播阶段计算参数的梯度值以及更新参数,并将误差传播到前一层。模型训练时最优化问题的求解由求解器类 Solver 完成,这也是一个基类,从它派生出了各种类实现各种不同的随机梯度下降法,它们都是标准梯度下降法的变种。

在实现时,全连接层和卷积层不带有激活函数,激活函数由单独的层来实现。求解器和网络类实现了分离,这样可以很方便地扩展出各种求解算法。

本书只分析与算法实现相关的核心部分。考虑到 GPU 的代码需要读者有 GUDA 编程知识,我们只对 CPU 版本的代码进行分析。重点分析的是 Caffe 中各种层的实现,包括正向传播、反向传播过程的实现;网络的整体结构,即 Net 类;求解训练的最优化问题的求解器 Solver;以及完整的训练算法流程。

在 Caffe 中所有大尺寸数据都保存在 Blob 类中,如图像、神经网络的权重参数等。这是一个多维数组,通常是四维数组,4 个维度为

$$(N,C,H,W)$$

$N$、$C$、$H$、$W$ 分别为数据数(如图像的数量)、通道数(如 RGB 图像有 3 个通道)、数组的高度

和数组的宽度。图像在 Caffe 中按照通道、高度、宽度的顺序存储。

在 Caffe 中一个神经网络由多个层组成，这和前面介绍的标准前馈型神经网络、卷积神经网络的定义一致。各个层的作用是实现正向传播和反向传播过程，下面分别介绍各种层的正向传播、反向传播的规律。如果将一个层的变换写成如下映射函数：

$$\boldsymbol{y} = f(\boldsymbol{x})$$

正向传播时需要根据输入向量计算输出向量。反向传播时需要根据输入向量的梯度值 $\nabla_y L$ 计算输入向量的梯度值 $\nabla_x L$，传播到前一层。如果本层有参数，还需要根据梯度值 $\nabla_y L$ 计算本层参数的梯度值 $\nabla_{\boldsymbol{\theta}} L$ 以用于梯度下降法的更新。其中，$L$ 是损失函数，$\boldsymbol{\theta}$ 是本层的参数。

比较特殊的是损失层，在训练阶段的正向传播阶段，它根据输入数据 $\boldsymbol{x}$ 计算损失函数值 $L$，这是一个标量。在训练阶段的反向传播阶段，它直接计算损失函数对本层传入数据的梯度值 $\nabla_x L$。

卷积层被拆分成纯卷积操作层与激活函数层两个层。纯卷积操作层只做卷积操作，然后加上偏置项；反向传播时计算参数的更新值，并把误差传播到前一层。

全连接层被拆分成内积层和激活函数层两个层实现。内积层实现乘权重矩阵和加偏置项的运算，激活函数层只实现一对一的激活函数映射。

池化层和前面介绍的标准下采样层是一样的，这种层不带参数，在反向传播时，只需将误差传播到前一层，无须更新本层的参数值。

激活函数层，正向传播时计算激活函数值，输出向量的每个分量和输入向量的每个分量一一对应。反向传播时，由于激活函数没有参数，因此反向传播时无须更新参数，只需要将误差传播到前一层。

内积层实现全连接层的乘权重矩阵，加偏置项操作。反向传播时计算本层参数的更新值，并把误差项传播到前一层。

损失层比较特殊，它接收前一层的输入向量，和样本的真实输出响应值一起进行计算得到损失函数值。在反向传播时，需要计算损失函数对输入值的偏导数，然后传递到前一层。由于损失函数没有要训练得到的参数值，因此，也无须更新参数。

在 Caffe 中，所有的层都从 layer 类派生，这是一个抽象基类。layer 类最关键的 3 个成员函数是 SetUp、Forward、Backward。其中，SetUp 完成层的初始化，包括分配空间、变量初始化；Forward 是正向传播函数；Backward 是反向传播函数。

类 layer 的关键是实现正向传播和反向传播的功能。正向传播时接收输入数据，计算正向变换。此时，输入数据存放在输入参数 bottom 中，输出数据存放在输出参数 top 中。反向传播时接收后一层传来的误差项，如果需要，计算本层参数的梯度值、本层的误差值，传播到前一层。此时 top 是输入数据，bottom 是输出数据，和正向传播相反。正向传播和反向传播的过程如图 15.10 所示。

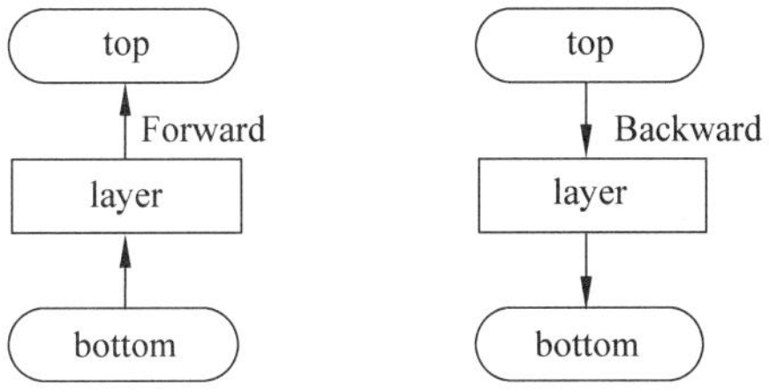

**图 15.10　layer 的正向传播和反向传播**

本层的参数存储在成员变量 layer_param_ 中，训练得到的参数存储在成员变量 blobs_ 中，这是 layer 最重要的两个成员变量。

下面先看正向传播函数 Forward 的实现，这只是一个接口包装函数，具体的正向传播功能是调用函数 Forward_cpu 或 Forward_gpu 实现的，这两个函数留给派生类实现。

### 15.7.2 数据层

数据层的作用是从文件或者数据库中读取图像数据和标签，放到这一层的两个 top 中。需要注意的是，数据层在正向传播时，只使用输出值，即读取的样本数据，没有使用输入值 bottom。

BaseDataLayer 是数据层的基类；BasePrefetchingDataLayer 是预取数据层类，实现预取的功能，即读取训练图片和标签值。DataLayer 是普通数据的存取层；ImageDataLayer 类用于图像数据的读取。数据类的继承关系如图 15.11 所示。

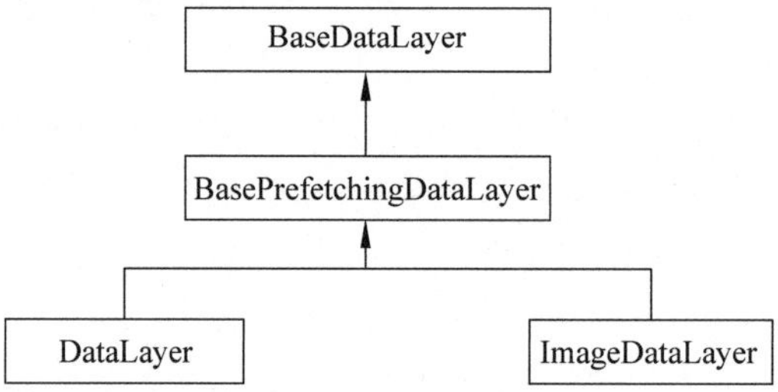


**图 15.11 数据层类的继承关系**

### 15.7.3 卷积层

卷积操作是通过转化成矩阵乘法实现的，分为以下 3 步。

(1) 将待卷积图像、卷积核转换成矩阵。

(2) 调用通用矩阵乘法 GEMM 函数对两个矩阵进行乘积。

(3) 将结果矩阵转换回图像。

在反卷积的原理介绍中，也介绍了这种用矩阵乘法实现卷积运算的思路。在 Caffe 的实现中和前面的思路略有不同，不是将卷积核的元素复制多份，而是将待卷积图像的元素复制多份。

首先将输入图像每个卷积位置处的子图像按照行列拼接起来转换成一个列向量。假设子图像的尺寸为 $s\times s$，与卷积核大小一样，行向量的尺寸就是 $s\times s$；如果一共有 $n_{\text{conv}}$ 个卷积子图像，列向量的个数就是 $n_{\text{conv}}$，接下来将这些列向量组合起来形成矩阵。假设有一个 $m\times n$ 的输入图像：

$$\begin{bmatrix} x_{11} & \cdots & x_{1n} \\ \vdots & \vdots & \vdots \\ x_{m1} & \cdots & x_{mn} \end{bmatrix}$$

对于第一个卷积位置的 $s\times s$ 子图像，转换成列向量之后变为

$$\begin{bmatrix} x_{11} & \cdots & x_{1s} & x_{21} & \cdots & x_{2s} & \cdots & x_{s1} & \cdots & x_{ss} \end{bmatrix}^{\text{T}}$$

对于单通道图像，将所有位置的子矩阵都像这样转换成列向量，最后将 $n_{\text{conv}}$ 个列向量组成矩阵，矩阵的行数为 $s\times s$，列数为 $n_{\text{conv}}$：

$$\boldsymbol{X}=\begin{bmatrix} x_{11} & \\ \vdots & \\ x_{1s} & \\ x_{21} & \\ \vdots & \\ x_{2s} & \cdots \\ \vdots & \\ x_{s1} & \\ \vdots & \\ x_{ss} & \end{bmatrix}$$

对于多通道图像，还要将上面这种单通道图像转换成的矩阵在垂直方向依次拼接起来。最后形成的矩阵的行数为 $c\times s\times s$，其中，$c$ 是图像的通道数。

接下来，将卷积核矩阵也转换成向量。具体做法是，将卷积核矩阵的所有行拼接起来形成一个行向量。每个卷积核形成一个行向量，有 $n_{\text{kernel}}$ 个卷积核，就有 $n_{\text{kernel}}$ 个行向量。假设有一个 $s\times s$ 的卷积核矩阵：

$$\begin{bmatrix} k_{11} & \cdots & k_{1s} \\ \vdots & \vdots & \vdots \\ k_{s1} & \cdots & k_{ss} \end{bmatrix}$$

转换之后变成这样的行向量：

$$\boldsymbol{k}=[k_{11} \quad \cdots \quad k_{1s} \quad k_{21} \quad \cdots \quad k_{2s} \quad \cdots \quad k_{s1} \quad \cdots \quad k_{ss}]$$

如果卷积核有多个通道，就将这多个通道拼接起来，形成一个更大的行向量。由于卷积层有多个卷积核，因此，这样的行向量有多个，将这些行向量合并在一起，形成一个矩阵：

$$\boldsymbol{K}=\begin{bmatrix} k_1 \\ \vdots \\ k_{n_{\text{kernel}}} \end{bmatrix}$$

有了上面这些矩阵，最后就将卷积操作转换成如下矩阵乘积：

$$\boldsymbol{KX}$$

乘积结果矩阵的每一行是一个卷积结果图像。

在进行预测时，是对单张图像的多个通道进行卷积；在训练时，由于采用了 Mini-Batch 的随机梯度下降法，因此，正向传播时要对多张图像同时进行卷积。

采用这种矩阵乘法之后，可以更清楚地看到卷积神经网络共享权值的特性。另外，反向传播求导可以很方面地通过矩阵乘法实现，刚好和正向传播时所乘的矩阵相对称，即转置矩阵，这在 15.4.1 节中已经介绍过。卷积运算由 Im2colLayer、BaseConvolutionLayer、ConvolutionLayer 这 3 个类完成。

Im2colLayer 类是一个辅助工具类，实现将图像转换为向量的功能，用于卷积运算。函数 Forward_cpu 完成正向传播功能，将图像转换成矩阵形式。函数 Backward_cpu 实现反向传播功能，将图像从矩阵形式转换回来。

BaseConvolutionLayer 类是卷积操作的基类，用于实现卷积和反卷积操作。在正向传播时，它接收上一层传过来的输入图像，图像可能有多张，每张图像可能有多个通道，进行卷积操作之后，输出的图像可能也有多个通道，通道数等于本层卷积核的个数。

### 15.7.4 池化层

均值和最大值池化由 PoolingLayer 类实现，正向传播和反向传播时严格按照前面给出的公式进行，因为实现很简单，限于篇幅，在这里不进行源代码分析。

### 15.7.5 神经元层

神经元层实现了激活函数和 dropout 功能。前面已经介绍过，激活函数实现的是向量到向量的逐元素映射，对输入向量的每个分量进行激活函数变换。正向传播时接收前一层的输入，通过激活函数作用之后产生输出。反向传播时接收后一层传入的误差项，计算本层的误差项并把误差项传播到前一层，计算公式为

$$\boldsymbol{\delta}^{(l)} = \boldsymbol{\delta}^{(l+1)} \odot f'(\boldsymbol{u})$$

NeuronLayer 是神经元层的基类。在 Caffe 中乘权重矩阵、加偏置项这两项操作并没有在这个类中实现，而是由另外一种类 InnerProductLayer 来实现，在后面会讲述。表 15.2 是 Caffe 支持的各种激活函数及它们的导数。

**表 15.2 Caffe 支持的各种激活函数及它们的导数**

| 类型 | 激活函数 | 导数 |
|---|---|---|
| sigmoid | $f(x)=\frac{1}{1+\exp(-x)}$ | $f'(x)=f(x)(1-f(x))$ |
| tanh | $f(x)=\frac{\exp(2x)-1}{\exp(2x)+1}$ | $f'(x)=1-(f(x))^2$ |
| BNLL | $f(x)=\ln(1+\exp(x))$ | $f'(x)=\frac{\exp(x)}{1+\exp(x)}$ |
| power | $f(x)=(\alpha x+\beta)^{\gamma}$ | $f'(x)=\alpha\gamma(\alpha x+\beta)^{\gamma-1}$ |
| ReLU | $f(x)=\max(0,x)$ | $f'(x)=\begin{cases}1, & x>0\\0, & x\leqslant 0\end{cases}$ |
| ELU | $f(x)=\begin{cases}x, & x>0\\\alpha(e^x-1), & x\leqslant 0\end{cases}$ | $f'(x)=\begin{cases}1, & x>0\\f(x)+\alpha, & x\leqslant 0\end{cases}$ |
| PReLU | $f(x)=\begin{cases}x, & x>0\\\alpha x, & x\leqslant 0\end{cases}$ | $f'(x)=\begin{cases}1, & x>0\\\alpha, & x\leqslant 0\end{cases}$ |
| exp | $f(x)=\gamma^{\alpha x+\beta}$ | $f'(x)=\gamma^{\alpha x+\beta}(\ln\gamma)\alpha$ |
| ln | $f(x)=\ln_{\gamma}(\alpha x+\beta)$ | $f'(x)=\frac{\alpha}{\ln\gamma}\frac{1}{\alpha x+\beta}$ |

所有的激活函数层在进行变换时都是把输入数据 bottom 当成一个整体的大向量，分别对每个分量计算激活函数，而不管这个输入数组每一维的尺寸；在反向传播时也是如此。

SigmoidLayer 类实现了标准 sigmoid 激活函数。正向传播函数对每个输入数据计算 sigmoid 函数值，在这里 count 是输入数据的维数。实现代码如下：

```
template<typename Dtype>
void SigmoidLayer<Dtype>::Forward_cpu(const vector<Blob<Dtype>*>& bottom,
const vector<Blob<Dtype>*>& top) {
    //输入数据
    const Dtype* bottom_data=bottom[0]->cpu_data();
    //输出数据
    Dtype* top_data=top[0]->mutable_cpu_data();
    //输入数据的个数
    const int count=bottom[0]->count();
    for(int i=0; i<count;++i) {
        top_data[i]=sigmoid(bottom_data[i]);        //对每个数据计算 sigmoid 函数
    }
}
```

反向传播函数计算后一层的误差项与激活函数导数的乘积。实现代码如下：

```
template<typename Dtype>void SigmoidLayer<Dtype>::Backward_cpu(
const vector<Blob<Dtype>*>& top,
    const vector<bool>& propagate_down,
    const vector<Blob<Dtype>*>& bottom) {
    if(propagate_down[0]) {
        //top_data 为本层的 sigmoid 值
        const Dtype* top_data=top[0]->cpu_data();
        //top_diff 为后一层的误差
        const Dtype* top_diff=top[0]->cpu_diff();
        //bottom_diff 存放本层误差
        Dtype* bottom_diff=bottom[0]->mutable_cpu_diff();
        const int count=bottom[0]->count();
        for(int i=0; i<count;++i) {
            //sigmoid 函数值在正向传播时被计算出来,并存在这里供反向传播时用
            const Dtype sigmoid_x=top_data[i];
            //计算 sigmoid 函数的导数,并与后一层传来的误差相乘,导数的计算公
            //式参考 10.1 节
            bottom_diff[i]=top_diff[i] * sigmoid_x * (1.-sigmoid_x);
        }
    }
}
```

TanHLayer 类实现了 tanh 激活函数。正向传播函数实现代码如下：

```
template<typename Dtype>
void TanHLayer<Dtype>::Forward_cpu(const vector<Blob<Dtype>*>& bottom,
const vector<Blob<Dtype>*>& top) {
    const Dtype* bottom_data=bottom[0]->cpu_data();
    Dtype* top_data=top[0]->mutable_cpu_data();
    const int count=bottom[0]->count();
    //对每个输入数据计算 tanh 函数
```

```
    for(int i=0; i<count;++i) {
        //直接调用数学库的 tanh 函数
        top_data[i]=tanh(bottom_data[i]);
    }
}
```

反向传播函数的实现如下,在这里利用了 tanh 函数的求导公式:

```
template<typename Dtype>
void TanHLayer<Dtype>::Backward_cpu(const vector<Blob<Dtype> * >& top,
const vector<bool>& propagate_down,
    const vector<Blob<Dtype> * >& bottom) {
    if(propagate_down[0]) {
        const Dtype* top_data=top[0]->cpu_data();
        const Dtype* top_diff=top[0]->cpu_diff();
        Dtype* bottom_diff=bottom[0]->mutable_cpu_diff();
        const int count=bottom[0]->count();
        Dtype tanhx;
        for(int i=0; i<count;++i) {
            tanhx=top_data[i];        //拿到 tanh(x)值
            //计算 tanh 的导数,并与后一层的误差相乘,导数计算公式参考表 15.2
            bottom_diff[i]=top_diff[i] * (1-tanhx * tanhx);
        }
    }
}
```

类 ReLULayer 实现 ReLU 激活函数,和前面介绍的标准 ReLU 不同,这里做了改进,定义为

$$f(x)=\begin{cases}x, & x>0\\ ax, & x\leqslant 0\end{cases}$$

其中,$a$ 是人工设定的大于 0 的参数。显然该函数的导数为

$$f'(x)=\begin{cases}1, & x>0\\ a, & x\leqslant 0\end{cases}$$

下面来看正向传播函数的代码:

```
template<typename Dtype>
void ReLULayer<Dtype>::Forward_cpu(const vector<Blob<Dtype> * >& bottom,
    const vector<Blob<Dtype> * >& top) {
    const Dtype* bottom_data=bottom[0]->cpu_data();
    Dtype* top_data=top[0]->mutable_cpu_data();
    const int count=bottom[0]->count();
    //x≤0 时的斜率,人工设定的参数 a
    Dtype negative_slope=this->layer_param_.relu_param().negative_slope();
    for(int i=0; i<count;++i) {
        //max(x, 0)+a * min(x, 0)
        top_data[i]=std::max(bottom_data[i], Dtype(0))
```

```
            +negative_slope * std::min(bottom_data[i], Dtype(0));
    }
}
```

反向传播函数的实现如下：

```
template<typename Dtype>
void ReLULayer<Dtype>::Backward_cpu(const vector<Blob<Dtype> * >& top,
    const vector<bool>& propagate_down,
    const vector<Blob<Dtype> * >& bottom) {
    if(propagate_down[0]) {
    const Dtype * bottom_data=bottom[0]->cpu_data();
        const Dtype * top_diff=top[0]->cpu_diff();
        Dtype * bottom_diff=bottom[0]->mutable_cpu_diff();
        const int count=bottom[0]->count();
        Dtype negative_slope=this->layer_param_.relu_param().negative_slope();
        for(int i=0; i<count;++i) {
            //如果 bottom_data[i]>0,下式为 top_diff[i]
            //否则为 negative_slope
            bottom_diff[i]=top_diff[i] * ((bottom_data[i]>0)
                +negative_slope * (bottom_data[i]<=0));
        }
    }
}
```

ELULayer 类实现 ELU 激活函数，是直线函数和指数函数的结合。当 $x>0$ 时函数值为 $x$；当 $x<0$ 是一条衰减的指数函数曲线。可以证明，当 $x\rightarrow-\infty$ 时该函数的极限为 $-\alpha$。当 $x\leqslant 0$ 时其导数为

$$f'(x)=\alpha e^{x}=\alpha e^{x}-\alpha+\alpha=a\left(e^{x}-1\right)+\alpha=f(x)+\alpha$$

这样可以通过函数值得到导数值，减少计算量。正向传播函数的实现如下：

```
template<typename Dtype>
void ELULayer<Dtype>::Forward_cpu(const vector<Blob<Dtype> * >& bottom,
    const vector<Blob<Dtype> * >& top) {
    const Dtype * bottom_data=bottom[0]->cpu_data();
    Dtype * top_data=top[0]->mutable_cpu_data();
    const int count=bottom[0]->count();
    Dtype alpha=this->layer_param_.elu_param().alpha();        //参数 α 的值
    for(int i=0; i<count;++i) {
        //当 bottom_data[i]>0 时下式的值为 bottom_data[i]
        //否则，值为 alpha * exp(bottom_data[i]-1)
        top_data[i]=std::max(bottom_data[i], Dtype(0))
            +alpha * (exp(std::min(bottom_data[i], Dtype(0)))-Dtype(1));
    }
}
```

反向传播函数的实现如下：

```
template<typename Dtype>
void ELULayer<Dtype>::Backward_cpu(const vector<Blob<Dtype>*>& top,
    const vector<bool>& propagate_down,
    const vector<Blob<Dtype>*>& bottom) {
    if(propagate_down[0]) {
        const Dtype* bottom_data=bottom[0]->cpu_data();
        const Dtype* top_data=top[0]->cpu_data();
        const Dtype* top_diff=top[0]->cpu_diff();
        Dtype* bottom_diff=bottom[0]->mutable_cpu_diff();
        const int count=bottom[0]->count();
        Dtype alpha=this->layer_param_.elu_param().alpha();
        for(int i=0; i<count;++i) {
            //当 x>0 时,下式的值为 top_diff[i]
            //当 x≤0 时,下式的值为 alpha+top_data[i]即 α+f(x)
            bottom_diff[i]=top_diff[i] * ((bottom_data[i]>0)
                 +(alpha+top_data[i]) * (bottom_data[i]<=0));
        }
    }
}
```

类 PReLULayer 实现了 PReLU 激活函数。正向传播函数的实现如下：

```
template<typename Dtype>
void PReLULayer<Dtype>::Forward_cpu(const vector<Blob<Dtype>*>& bottom,
    const vector<Blob<Dtype>*>& top) {
    const Dtype* bottom_data=bottom[0]->cpu_data();
    Dtype* top_data=top[0]->mutable_cpu_data();
    const int count=bottom[0]->count();
    const int dim=bottom[0]->count(2);
    const int channels=bottom[0]->channels();
    const Dtype* slope_data=this->blobs_[0]->cpu_data();
    if(bottom[0]==top[0]) {
        caffe_copy(count, bottom_data, bottom_memory_.mutable_cpu_data());
    }
    const int div_factor=channel_shared_ ? channels : 1;
    for(int i=0; i<count;++i) {
        int c=(i/dim) % channels/div_factor;
        //当 bottom_data[i]>0 时,下式的值为 bottom_data[i]
        //否则为 slope_data[c] * bottom_data[i]
        top_data[i]=std::max(bottom_data[i], Dtype(0))
            +slope_data[c] * std::min(bottom_data[i], Dtype(0));
    }
}
```

反向传播函数的实现如下：

```
template<typename Dtype>
```

```
void PReLULayer<Dtype>::Backward_cpu(const vector<Blob<Dtype> * >& top,
    const vector<bool>& propagate_down,
    const vector<Blob<Dtype> * >& bottom) {
    const Dtype * bottom_data=bottom[0]->cpu_data();
    const Dtype * slope_data=this->blobs_[0]->cpu_data();
    const Dtype * top_diff=top[0]->cpu_diff();
    const int count=bottom[0]->count();
    const int dim=bottom[0]->count(2);
    const int channels=bottom[0]->channels();
    if(top[0]==bottom[0]) {
        bottom_data=bottom_memory_.cpu_data();
    }
    const int div_factor=channel_shared_ ? channels : 1;
    if(this->param_propagate_down_[0]) {
        Dtype * slope_diff=this->blobs_[0]->mutable_cpu_diff();
        for(int i=0; i<count;++i) {
            int c=(i/dim) % channels/div_factor;
            slope_diff[c]+=top_diff[i] * bottom_data[i] * (bottom_data[i]<=0);
        }
    }
    if(propagate_down[0]) {
        Dtype * bottom_diff=bottom[0]->mutable_cpu_diff();
        for(int i=0; i<count;++i) {
            int c=(i/dim) % channels/div_factor;
            bottom_diff[i]=top_diff[i] * ((bottom_data[i]>0)
                +slope_data[c] * (bottom_data[i]<=0));
        }
    }
}
```

类 DropoutLayer 实现 dropout 机制。在训练阶段，随机丢掉一部分神经元，用剩下的节点进行前向和后向传播。这里实现时通过二项分布随机数来控制神经元是否启用，如果随机数取值为 1 则启用，否则不启用。正向传播函数的实现如下：

```
template<typename Dtype>
void DropoutLayer<Dtype>::Forward_cpu(const vector<Blob<Dtype> * >& bottom,
const vector<Blob<Dtype> * >& top) {
    const Dtype * bottom_data=bottom[0]->cpu_data();
    Dtype * top_data=top[0]->mutable_cpu_data();
    unsigned int * mask=rand_vec_.mutable_cpu_data();
    const int count=bottom[0]->count();
    if(this->phase_==TRAIN) {        //如果在训练阶段，启用 dropout 机制
        //先生成随机数，伯努利二项分布，随机数存放在掩码数组 mask 中，值为
        //0 或者 1，以 threshold_的概率取值 1，以 1.-threshold_的概率取值 0
        caffe_rng_bernoulli(count, 1.-threshold_, mask);
        for(int i=0; i<count;++i) {
```

```
            //输出值要么为输入值(即恒等变换),要么为 0
          top_data[i]=bottom_data[i] * mask[i] * scale_;
        }
    } else {    //在测试阶段不启用 dropout 机制,直接将输入值原样复制输出
        caffe_copy(bottom[0]->count(), bottom_data, top_data);
    }
}
```

反向传播函数的实现如下：

```
template<typename Dtype>
void DropoutLayer<Dtype>::Backward_cpu(const vector<Blob<Dtype> * >& top,
    const vector<bool>& propagate_down,
    const vector<Blob<Dtype> * >& bottom) {
    if(propagate_down[0]) {
        const Dtype* top_diff=top[0]->cpu_diff();
        Dtype* bottom_diff=bottom[0]->mutable_cpu_diff();
        if(this->phase_==TRAIN) {        //如果在训练阶段,启用 dropout 机制
            //先获取正向传播时的掩码数组
            const unsigned int* mask=rand_vec_.cpu_data();
            const int count=bottom[0]->count();
            for(int i=0; i<count;++i) {
                //导数值要么为 0,要么为输入值
                bottom_diff[i]=top_diff[i] * mask[i] * scale_;
            }
        } else {        //在测试阶段,不实用 dropout 机制
            caffe_copy(top[0]->count(), top_diff, bottom_diff);
        }
    }
}
```

### 15.7.6 内积层

全连接层乘权重矩阵和加偏置项操作没有让神经元层完成,而是由独立的内积层完成,这样做更利于代码的复用和组合。内积层的输入数据是一个向量,计算该向量与权重矩阵的乘积,如果需要还要加上偏置,最后产生输出。计算公式为

$$\boldsymbol{u}^{(l)}=\boldsymbol{W}^{(l)}\boldsymbol{x}^{(l-1)}+\boldsymbol{b}^{(l)}$$

各个变量的定义参考 9.1.3 节。反向传播时计算本层权重与偏置的导数,另外还要计算误差项：

$$\boldsymbol{\delta}^{(l-1)}=(\boldsymbol{W}^{(l)})^{\mathrm{T}}\boldsymbol{\delta}^{(l)}$$

上面的公式中向量是列向量,而编程实现时是行向量,因此是对上面这些公式的转置,后面会详细介绍。正向传播函数实现如下：

```
template<typename Dtype>
void InnerProductLayer < Dtype >:: Forward _cpu (const vector < Blob < Dtype > * > &
```

```
bottom,
    const vector<Blob<Dtype> * >& top) {
    const Dtype * bottom_data=bottom[0]->cpu_data();      //输入向量
    Dtype * top_data=top[0]->mutable_cpu_data();          //输出向量
    const Dtype * weight=this->blobs_[0]->cpu_data();     //权重矩阵
    //首先乘上权重矩阵 xW 得到向量 y,x 是行向量,乘积 y 还是一个行向量
    caffe_cpu_gemm<Dtype>(CblasNoTrans, transpose_ ? CblasNoTrans : CblasTrans,
        M_, N_, K_,(Dtype)1.,
        bottom_data, weight,(Dtype)0., top_data);
    //然后加上偏置项
    if(bias_term_) {
        caffe_cpu_gemm<Dtype>(CblasNoTrans, CblasNoTrans, M_, N_, 1,(Dtype)1.,
        bias_multiplier_.cpu_data(),
        this->blobs_[1]->cpu_data(),(Dtype)1., top_data);
    }
}
```

反向传播函数根据传入的误差项计算权重矩阵、偏置向量的梯度值，并计算本层的误差值。这里是同时对多个样本进行计算的。实现代码如下：

```
template<typename Dtype>
void InnerProductLayer<Dtype>::Backward_cpu(const vector<Blob<Dtype> * >& top,
    const vector<bool>& propagate_down,
    const vector<Blob<Dtype> * >& bottom) {
    if(this->param_propagate_down_[0]) {
        //后一层传过来的误差向量
        const Dtype * top_diff=top[0]->cpu_diff();
        //本层的输入值
        const Dtype * bottom_data=bottom[0]->cpu_data();
        //计算权重的梯度,即 x^(l-1) δ^(l+1)
        if(transpose_) {        //如果矩阵转置存储
            caffe_cpu_gemm<Dtype>(CblasTrans, CblasNoTrans,
                K_, N_, M_,
                (Dtype)1., bottom_data, top_diff,
                (Dtype)1., this->blobs_[0]->mutable_cpu_diff());
        } else {
            caffe_cpu_gemm<Dtype>(CblasTrans, CblasNoTrans,
                N_, K_, M_,
                (Dtype)1., top_diff, bottom_data,
                (Dtype)1., this->blobs_[0]->mutable_cpu_diff());
        }
    }
    //计算偏置项的梯度
    if(bias_term_ && this->param_propagate_down_[1]) {
        const Dtype * top_diff=top[0]->cpu_diff();
        //Gradient with respect to bias
```

```
        caffe_cpu_gemv<Dtype>(CblasTrans, M_, N_,(Dtype)1., top_diff,
        bias_multiplier_.cpu_data(),(Dtype)1.,
        this->blobs_[1]->mutable_cpu_diff());
    }
    if(propagate_down[0]) {      //将误差传播到前一层
        const Dtype* top_diff=top[0]->cpu_diff(); //δ^(l+1)
          //this->blobs_[0]存放的是本层的权重矩阵
        if(transpose_) {
            caffe_cpu_gemm<Dtype>(CblasNoTrans, CblasTrans,
                M_, K_, N_,
                (Dtype)1., top_diff, this->blobs_[0]->cpu_data(),
                (Dtype)0., bottom[0]->mutable_cpu_diff());
        } else {
            caffe_cpu_gemm<Dtype>(CblasNoTrans, CblasNoTrans,
                M_, K_, N_,
                (Dtype)1., top_diff, this->blobs_[0]->cpu_data(),
                (Dtype)0., bottom[0]->mutable_cpu_diff());
        }
    }
}
```

### 15.7.7 损失层

损失层实现各种类型的损失函数，它们仅在训练阶段使用，是神经网络的最后一层，也是反向传播过程的起点。损失层的功能是在正向传播时根据传入的数据以及函数的参数计算损失函数的值，送入到求解器中使用；在反向传播时计算损失函数对输入数据的导数值，传入前一层。表 15.3 列出了 Caffe 支持的各种损失函数和它们的导数。

**表 15.3 Caffe 支持的各种损失函数与它们的导数**

| 类 型 | 损 失 函 数 | 导 数 |
| --- | --- | --- |
| 欧氏距离 | $L=\frac{1}{2n}\sum_{i=1}^{n}\Vert \hat{\boldsymbol{y}}_i-\boldsymbol{y}_i\Vert^2$ | $\nabla_{\hat{y}}L=\frac{1}{n}\sum_{i=1}^{n}(\hat{\boldsymbol{y}}_i-\boldsymbol{y}_i)$<br>$\nabla_{y}L=-\frac{1}{n}\sum_{i=1}^{n}(\hat{\boldsymbol{y}}_i-\boldsymbol{y}_i)$ |
| softmax 交叉熵 | $y_i^*=\frac{\exp(x_i)}{\sum_{j=1}^{k}\exp(x_j)}$<br>$L=-\frac{1}{n}\sum_{i=1}^{n}\boldsymbol{y}_i^{\mathrm{T}}\ln\boldsymbol{y}_i^*$ | $\nabla_{x}L=\frac{1}{n}\sum_{i=1}^{n}(\boldsymbol{y}_i^*-\boldsymbol{y}_i)$ |
| sigmoid 交叉熵 | $\hat{p}_i=\frac{1}{1+\mathrm{e}^{-x_i}}$<br>$L=-\frac{1}{n}\sum_{i=1}^{n}(p_i\ln(\hat{p}_i)+(1-p_i)\ln(1-\hat{p}_i))$ | $\frac{\partial L}{\partial x_i}=\frac{1}{n}(\hat{p}_i-p_i)$ |

续表

| 类　型 | 损 失 函 数 | 导　　数 |
|---|---|---|
| 对比损失 | $d_i = \Vert \boldsymbol{a}_i - \boldsymbol{b}_i \Vert_2$<br>$L = \frac{1}{2n}\sum_{i=1}^{n}(y_i d_i^2 + (1-y_i)\max(m-d_i^2, 0))$ | $\nabla L_{a_i} = \frac{1}{n}(y_i(\boldsymbol{a}_i - \boldsymbol{b}_i))$<br>$\nabla L_{b_i} = -\frac{1}{n}(y_i(\boldsymbol{a}_i - \boldsymbol{b}_i))$ |
| 合页损失 | $L = \frac{1}{n}\sum_{i=1}^{n}\sum_{j=1}^{k}(\Vert \max(0, 1-\delta\{l_i = j\}t_{ij}) \Vert^p)$ | $\frac{\partial L}{\partial t_{ij}} = \begin{cases} -\frac{1}{n}\delta\{l_i = j\} \\ 0 \end{cases}$ |
| 信息增益 | $L = -\frac{1}{n}\sum_{i=1}^{n}\sum_{j=1}^{k}h_{ij}\ln(\hat{p}_{ij})$ | $\frac{\partial L}{\partial \hat{p}_{ij}} = -\frac{1}{n}\frac{h_{ij}}{\hat{p}_{ij}}$ |
| 多项式 logistic | $L = -\sum_{i=1}^{k}I(y=i)\ln(p_i)$ | $\frac{\partial L}{\partial p_i} = -\sum_{i=1}^{k}I(y=i)\frac{1}{p_i}$ |

各种损失函数由 LossLayer 的派生类实现，需要实现自己的正向传播函数、反向传播函数。如果要实现自己定义的损失函数，需要从 LossLayer 类派生出一个类，实现正向传播、反向传播等函数。类 LossLayer 是所有损失层的基类，继承自 Layer 类。这个类并没有做什么具体的工作，核心函数的实现都交给派生类来完成，下面来分析各种损失函数的实现。

类 EuclideanLossLayer 实现欧氏距离损失函数。假设有 $n$ 个样本，损失层接收的输入向量为 $\hat{\boldsymbol{y}}_i$，样本的标签向量为 $\boldsymbol{y}_i$。正向传播函数计算 $n$ 个样本的损失函数值，其输入值是所有样本的预测值，以及所有样本的标签值。实现代码如下：

```
template<typename Dtype>
void EuclideanLossLayer<Dtype>::Forward_cpu(
const vector<Blob<Dtype> * >& bottom,          //输入向量ŷ、y
    const vector<Blob<Dtype> * >& top) {       //输出，存放损失函数值
    int count=bottom[0]->count();              //输入向量的维数，N×C×H×W
    //两个向量相减，结果存入 diff_
    caffe_sub(
        count,
        bottom[0]->cpu_data(), //网络的输出值(即ŷ)，所有样本的都存在一起
        bottom[1]->cpu_data(), //样本的标签值(即 yi)，所有样本的都存在一起
        diff_.mutable_cpu_data()); //ŷi-yi
    //计算内积(ŷi-yi)T(ŷi-yi)
    Dtype dot=caffe_cpu_dot(count, diff_.cpu_data(), diff_.cpu_data());
    //除以 2n，bottom[0]->num()是样本数 n
    Dtype loss=dot/bottom[0]->num()/Dtype(2);
    top[0]->mutable_cpu_data()[0]=loss;
}
```

反向传播函数计算目标函数对输入的梯度，在这里输入是 $\hat{\boldsymbol{y}}$，$\boldsymbol{y}$，对它们分别求梯度。反向传播函数的实现代码如下：

```
template<typename Dtype>
void EuclideanLossLayer<Dtype>::Backward_cpu(const vector<Blob<Dtype>*>& top,
    const vector<bool>& propagate_down, const vector<Blob<Dtype>*>& bottom) {
    //i=0，1分别表示对ŷi、yi 求导
    for(int i=0; i<2;++i) {
      if(propagate_down[i]) {
        const Dtype sign=(i==0) ? 1 : -1;        //对 yi 求导时，需要加上负号
        //alpha 为±1/n
        const Dtype alpha=sign * top[0]->cpu_diff()[0]/bottom[i]->num();
        //计算 beta * Y+alpha * X
        caffe_cpu_axpby(
            bottom[i]->count(),      //向量维数
            alpha,   //系数 alpha
            diff_.cpu_data(),   //a
            Dtype(0),   //系数 beta
            bottom[i]->mutable_cpu_diff());  //b
      }
    }
}
```

类 SoftmaxWithLossLayer 实现了 softmax 交叉熵损失函数，即 softmax 回归的损失函数。实现时进行了拆分，将 softmax 回归中的线性变换部分（即 $\boldsymbol{\theta}^{\mathrm{T}}\boldsymbol{x}$）交给内积层实现，这里的 softmax 只实现如下变换：

$$y_i^* = \frac{\exp(x_i)}{\sum_{k=1}^{K}\exp(x_k)}$$

其中，$\boldsymbol{x}$ 是本层的输入向量；$\boldsymbol{y}$ 是概率估计向量；$\boldsymbol{y}^*$ 是样本的真实标签值。交叉熵损失函数定义为

$$L = -\boldsymbol{y}^{\mathrm{T}}\ln \boldsymbol{y}^*$$

样本的类别标签中只有一个分量为 1，其他都是 0，这在 11.4 节中已经介绍过。假设标签向量的第 $j$ 个分量为 1，该函数的导数为

$$\frac{\partial L}{\partial x_i} = -\frac{1}{y_j^*}\frac{\partial y_j^*}{\partial x_i}$$

下面分两种情况讨论。如果 $i=j$（即 $y_i=1$），有

$$\begin{aligned}
\frac{\partial L}{\partial x_i} &= -\frac{1}{y_i^*} \times \frac{\exp(x_i)\sum_{k=1}^{K}\exp(x_k) - \exp(x_i)\exp(x_i)}{\left(\sum_{k=1}^{K}\exp(x_k)\right)^2} \\
&= -\frac{\sum_{k=1}^{K}\exp(x_k)}{\exp(x_i)} \times \frac{\exp(x_i)\left(\sum_{k=1}^{K}\exp(x_k) - \exp(x_i)\right)}{\left(\sum_{k=1}^{K}\exp(x_k)\right)^2}
\end{aligned}$$

$$=-\frac{\sum_{j=k}^{K}\exp(x_k)-\exp(x_i)}{\sum_{k=1}^{K}\exp(x_k)}=-(1-y_i^*)=y_i^*-y_i$$

否则有

$$\frac{\partial L}{\partial x_i}=\frac{1}{y_j^*}\times\frac{\exp(x_j)\exp(x_i)}{\left(\sum_{k=1}^{K}\exp(x_k)\right)^2}=\frac{\sum_{k=1}^{K}\exp(x_k)}{\exp(x_j)}\times\frac{\exp(x_j)\exp(x_i)}{\left(\sum_{k=1}^{K}\exp(x_k)\right)^2}$$

$$=\frac{\exp(x_i)}{\sum_{k=1}^{K}\exp(x_k)}=y_i^*$$

此时 $y_i=0$。将两种情况合并起来写成向量形式为

$$\nabla_x L=\boldsymbol{y}^*-\boldsymbol{y}$$

一般意义上的交叉熵定义为

$$-\sum_{x}p(x)\ln q(x)$$

其中，$x$ 为离散型随机变量，$p(x)$和 $q(x)$是它的两个概率分布。交叉熵衡量了对于某一随机变量，两个概率分布的相似度。类别标签向量可以看作是类别取每个值的概率，神经网络输出的概率估计向量要和真实的样本标签向量接近。可以证明，当两个分布相等的时候，交叉熵有极小值。假设 $p(x)$为常数，此时交叉熵为如下函数：

$$f(\boldsymbol{x})=-\sum_{i=1}^{n}a_i\ln x_i$$

$$\sum_{i=1}^{n}x_i=1$$

构造拉格朗日乘子函数：

$$L(\boldsymbol{x},\lambda)=-\sum_{i=1}^{n}a_i\ln x_i+\lambda\left(\sum_{i=1}^{n}x_i-1\right)$$

对所有变量求偏导数，并令偏导数为 0，有

$$-\frac{a_i}{x_i}+\lambda=0$$

$$\sum_{i=1}^{n}x_i=1$$

$$\sum_{i=1}^{n}a_i=1$$

最后解得

$$\lambda=1$$

$$x_i=a_i$$

进一步可以验证，交叉熵函数的 Hessian 矩阵为

$$\begin{bmatrix} \frac{a_1}{x_1^2} & 0 & \cdots & 0 \\ 0 & \frac{a_2}{x_2^2} & \cdots & \cdots \\ \vdots & & \vdots & \vdots \\ 0 & \cdots & \cdots & \frac{a_n}{x_n^2} \end{bmatrix}$$

显然正定，因此上面的极值点是极小值点。

正向传播函数的实现如下：

```
template<typename Dtype>
void SoftmaxWithLossLayer<Dtype>::Forward_cpu(
    const vector<Blob<Dtype> * >& bottom, const vector<Blob<Dtype> * >& top) {
    //首先调用 SoftmaxLayer 的正向传播函数,根据输入向量 x 计算出它属于每一类
    //的概率,变换之后产生的输出存储在 softmax_top_vec_中,即 y
    softmax_layer_->Forward(softmax_bottom_vec_, softmax_top_vec_);
    const Dtype* prob_data=prob_.cpu_data();
    const Dtype* label=bottom[1]->cpu_data();
    int dim=prob_.count()/outer_num_;
    int count=0;
    Dtype loss=0;
    for(int i=0; i<outer_num_;++i) {
        for(int j=0; j<inner_num_; j++) {
        //取出样本类别标签值 label_value
            const int label_value=static_cast<int>(label[i * inner_num_+j]);
            if(has_ignore_label_ && label_value==ignore_label_) {
                continue;
            }
            DCHECK_GE(label_value, 0);
            DCHECK_LT(label_value, prob_.shape(softmax_axis_));
            //累加,在这里用到了 label_value
            loss -=log(std::max(prob_data[i * dim+label_value * inner_num_+j],
                Dtype(FLT_MIN)));
            ++count;
        }
    }
    top[0]->mutable_cpu_data()[0]=loss/get_normalizer(normalization_, count);
    if(top.size()==2) {
        top[1]->ShareData(prob_);
    }
}
```

接下来看反向传播函数的实现：

```
template<typename Dtype>
void SoftmaxWithLossLayer<Dtype>::Backward_cpu(const vector<Blob<Dtype> * >& top,
```

```
    const vector<bool>& propagate_down, const vector<Blob<Dtype>*>& bottom) {
    if(propagate_down[1]) {
        LOG(FATAL)<<this->type()
        <<" Layer cannot backpropagate to label inputs.";
    }
    if(propagate_down[0]) {
        Dtype* bottom_diff=bottom[0]->mutable_cpu_diff();
        const Dtype* prob_data=prob_.cpu_data();
        caffe_copy(prob_.count(), prob_data, bottom_diff);
        const Dtype* label=bottom[1]->cpu_data();
        int dim=prob_.count()/outer_num_;
        int count=0;
        for(int i=0; i<outer_num_;++i) {
            for(int j=0; j<inner_num_;++j) {
              const int label_value=static_cast<int>(label[i * inner_num_+j]);
              if(has_ignore_label_ && label_value==ignore_label_) {
                  for(int c=0; c<bottom[0]->shape(softmax_axis_);++c) {
                    bottom_diff[i * dim+c * inner_num_+j]=0;
                  }
              } else {
                    //计算 y* -y
                    bottom_diff[i * dim+label_value * inner_num_+j] -=1;
                    ++count;
                }
            }
        }
        //对梯度进行缩放,get_normalizer 返回归一化因子
        Dtype loss_weight=top[0]->cpu_diff()[0]/
        get_normalizer(normalization_, count);
        caffe_scal(prob_.count(), loss_weight, bottom_diff);
    }
}
```

类 SigmoidCrossEntropyLossLayer 实现了 sigmoid 交叉熵损失函数，可以看成是 softmax 交叉熵的二分类版本。假设输入是向量 $\boldsymbol{x}$，首先对这个向量进行 sigmoid 变换，然后计算交叉熵损失函数值。$n$ 是训练样本数，$p_i$ 为样本的标签值，$\hat{p}_i$ 是神经网络的预测输出，这两个值越接近交叉熵越小，二者相等时函数取得最小值。函数的导数为

$$\frac{\partial L}{\partial x_i}=-\frac{1}{n}\left(p_i\frac{1}{\hat{p}_i}\frac{\partial \hat{p}_i}{\partial x_i}+(1-p_i)\frac{-1}{1-\hat{p}_i}\frac{\partial \hat{p}_i}{\partial x_i}\right)$$

前面推导过 sigmoid 函数的导数，带入上式得到

$$\frac{\partial L}{\partial x_i}=-\frac{1}{n}\left(p_i\frac{1}{\hat{p}_i}\hat{p}_i(1-\hat{p}_i)+(1-p_i)\frac{-1}{1-\hat{p}_i}\hat{p}_i(1-\hat{p}_i)\right)=\frac{1}{n}(\hat{p}_i-p_i)$$

下面来看正向传播函数的实现：

```
template<typename Dtype>
```

```
void SigmoidCrossEntropyLossLayer<Dtype>::Forward_cpu(
    const vector<Blob<Dtype> * >& bottom, const vector<Blob<Dtype> * >& top) {.
    sigmoid_bottom_vec_[0]=bottom[0];
    //先进行 sigmoid 变换
    sigmoid_layer_->Forward(sigmoid_bottom_vec_, sigmoid_top_vec_);
    const Dtype * input_data=bottom[0]->cpu_data();
    const Dtype * target=bottom[1]->cpu_data();
    int valid_count=0;
    Dtype loss=0;
    for(int i=0; i<bottom[0]->count();++i) {
        const int target_value=static_cast<int>(target[i]);
        if(has_ignore_label_ && target_value==ignore_label_) {
            continue;
        }
        loss -=input_data[i] * (target[i]-(input_data[i]>=0)) -
        log(1+exp(input_data[i]-2 * input_data[i] * (input_data[i]>=0)));
        ++valid_count;
    }
    normalizer_=get_normalizer(normalization_, valid_count);
    top[0]->mutable_cpu_data()[0]=loss/normalizer_;
}
```

接下来看反向传播函数的实现：

```
template<typename Dtype>
void SigmoidCrossEntropyLossLayer<Dtype>::Backward_cpu(
    const vector<Blob<Dtype> * >& top, const vector<bool>& propagate_down,
    const vector<Blob<Dtype> * >& bottom) {
    if(propagate_down[1]) {
        LOG(FATAL)<<this->type()
        <<" Layer cannot backpropagate to label inputs.";
    }
    if(propagate_down[0]) {
        //首先,计算 diff
        const int count=bottom[0]->count();
        const Dtype * sigmoid_output_data=sigmoid_output_->cpu_data();
        const Dtype * target=bottom[1]->cpu_data();
        Dtype * bottom_diff=bottom[0]->mutable_cpu_diff();
        //执行减法
        caffe_sub(count, sigmoid_output_data, target, bottom_diff);
        //Zero out gradient of ignored targets.
        if(has_ignore_label_) {
            for(int i=0; i<count;++i) {
                const int target_value=static_cast<int>(target[i]);
                if(target_value==ignore_label_) {
                    bottom_diff[i]=0;
```

```
                }
            }
        }
        //数据缩放,除以归一化系数
        Dtype loss_weight=top[0]->cpu_diff()[0]/normalizer_;
        caffe_scal(count, loss_weight, bottom_diff);
    }
}
```

类 ContrastiveLossLayer 实现了对比损失函数。$n$ 为训练样本数,$d_i$ 为向量 $\boldsymbol{a}_i$ 和 $\boldsymbol{b}_i$ 的欧氏距离,$m$ 是人工设定的参数。函数的输入是向量 $\boldsymbol{a}_i$ 和 $\boldsymbol{b}_i$。样本标签的取值为 0 或者 1,函数计算公式中的求和项可以进行简化。如果把对单个样本的损失函数记为 $L_i$,当 $y_i=1$ 时带入函数的定义,损失函数简化为

$$L_i = d_i^2$$

对 $\boldsymbol{a}_i$ 的梯度为

$$\nabla_{\boldsymbol{a}_i} L_i = \nabla_{\boldsymbol{a}_i} \frac{1}{2n} d_i^2 = \frac{1}{n} (\boldsymbol{a}_i - \boldsymbol{b}_i)$$

当时 $y_i=0$ 时带入函数的定义,损失函数简化为

$$L_i = \max(m - d_i^2, 0)$$

对 $\boldsymbol{a}_i$ 的梯度为

$$\nabla_{\boldsymbol{a}_i} L_i = \nabla_{\boldsymbol{a}_i} \frac{1}{2n} \max(m - d_i^2, 0) = -\frac{1}{n} (\boldsymbol{a}_i - \boldsymbol{b}_i)$$

上面的导数只考虑了 $m-d_i^2>0$ 的情况,当 $m-d_i^2<0$ 时导数为 0。下面来看正向传播函数的实现:

```
template<typename Dtype>
void ContrastiveLossLayer<Dtype>::Forward_cpu(
    const vector<Blob<Dtype> * >& bottom,      //bottom 是输入参数,存放着 a 和 b
    const vector<Blob<Dtype> * >& top) {       //top 是返回值
    int count=bottom[0]->count();              //count 是向量维数
    caffe_sub(                                 //计算个样本的 a-b
        count,
        bottom[0]->cpu_data(),                 //向量 a
        bottom[1]->cpu_data(),                 //向量 b
        diff_.mutable_cpu_data());             //结果 a-b
    const int channels=bottom[0]->channels();
    //margin 就是公式中的 margin
    Dtype margin=this->layer_param_.contrastive_loss_param().margin();
    bool legacy_version=
        this->layer_param_.contrastive_loss_param().legacy_version();
    Dtype loss(0.0);
    for(int i=0; i<bottom[0]->num();++i) {
        //dist_sq_存放距离的平方,即二范数的平方 d²
        dist_sq_.mutable_cpu_data()[i]=caffe_cpu_dot(channels,
```

```
        diff_.cpu_data()+(i*channels), diff_.cpu_data()+(i*channels));
        //bottom[2]中存放的是向量 y
        //如果 yi=1,求和项为 yi di²+(1-yi)max (margin-d,0)²=di²
        if(static_cast<int>(bottom[2]->cpu_data()[i])) {  //similar pairs
            loss+=dist_sq_.cpu_data()[i];
        } else {  //dissimilar pairs
            if(legacy_version) {
                loss+=std::max(margin-dist_sq_.cpu_data()[i], Dtype(0.0));
            } else {
                Dtype dist=std::max<Dtype>(margin-sqrt(dist_sq_.cpu_data()[i]),
                Dtype(0.0));
                loss+=dist*dist;
            }
        }
    }
    //损失函数值除以 2n
    loss=loss/static_cast<Dtype>(bottom[0]->num())/Dtype(2);
    top[0]->mutable_cpu_data()[0]=loss;
}
```

接下来看反向传播函数的实现：

```
template<typename Dtype>
void ContrastiveLossLayer<Dtype>::Backward_cpu(const vector<Blob<Dtype>*>& top,
    const vector<bool>& propagate_down, const vector<Blob<Dtype>*>& bottom) {
    Dtype margin=this->layer_param_.contrastive_loss_param().margin();
    bool legacy_version=
        this->layer_param_.contrastive_loss_param().legacy_version();
    for(int i=0; i<2;++i) {                        //分别对 a 和 b 进行求导
        if(propagate_down[i]) {
            const Dtype sign=(i==0) ? 1 : -1;   //对 b 求导时,要乘以-1
            //先乘以后一层传过来的梯度 top[0]->cpu_diff,以及 sign,然后除以 n
            const Dtype alpha=sign * top[0]->cpu_diff()[0] /
            static_cast<Dtype>(bottom[i]->num());
            int num=bottom[i]->num();
            int channels=bottom[i]->channels();
            for(int j=0; j<num;++j) {
                Dtype* bout=bottom[i]->mutable_cpu_diff();
                if(static_cast<int>(bottom[2]->cpu_data()[j])) {
                    caffe_cpu_axpby(
                        channels,
                        alpha,
                        diff_.cpu_data()+(j*channels),
                        Dtype(0.0),
                        bout+(j*channels));
                } else {
                    Dtype mdist(0.0);
```

```
                    Dtype beta(0.0);
                    if(legacy_version) {
                        mdist=margin-dist_sq_.cpu_data()[j];
                        beta=-alpha;
                    } else {
                        Dtype dist=sqrt(dist_sq_.cpu_data()[j]);
                        mdist=margin-dist;
                        beta=-alpha * mdist /(dist+Dtype(1e-4));
                    }
                    if(mdist>Dtype(0.0)) {
                        caffe_cpu_axpby(
                        channels,
                        beta,
                        diff_.cpu_data()+(j * channels),
                        Dtype(0.0),
                        bout+(j * channels));
                    } else {
                        caffe_set(channels, Dtype(0), bout+(j * channels));
                    }
                }
            }
        }
    }
}
```

类 MultinomialLogisticLossLayer 实现类多项式 logistic 损失函数，函数的输入值为样本的类别标签以及样本属于第 $i$ 类的概率 $p_i$，总类型数为 $k$，如果 $y=i$，则 $I(y=i)$的值为 1，否则为 0。下面来看正向传播函数的实现：

```
template<typename Dtype>
void MultinomialLogisticLossLayer<Dtype>::Forward_cpu(
    const vector<Blob<Dtype> * >& bottom, const vector<Blob<Dtype> * >& top) {
    const Dtype * bottom_data=bottom[0]->cpu_data();
    const Dtype * bottom_label=bottom[1]->cpu_data();
    int num=bottom[0]->num();
    int dim=bottom[0]->count()/bottom[0]->num();
    Dtype loss=0;
    for(int i=0; i<num;++i) {
        int label=static_cast<int>(bottom_label[i]);     //第 i 个样本的标签值
        Dtype prob=std::max(       //第 i 个样本对第 label 类的概率值
        //对概率值做截断处理,避免对 0 计算对数值
        bottom_data[i * dim+label], Dtype(kLOG_THRESHOLD));
        loss -=log(prob);
    }
    top[0]->mutable_cpu_data()[0]=loss/num;
}
```

接下来看反向传播函数的实现：

```
template<typename Dtype>
void MultinomialLogisticLossLayer<Dtype>::Backward_cpu(
    const vector<Blob<Dtype> * >& top, const vector<bool>& propagate_down,
    const vector<Blob<Dtype> * >& bottom) {
    if(propagate_down[1]) {
        LOG(FATAL)<<this->type()
        <<" Layer cannot backpropagate to label inputs.";
    }
    if(propagate_down[0]) {
        const Dtype * bottom_data=bottom[0]->cpu_data();
        const Dtype * bottom_label=bottom[1]->cpu_data();
        Dtype * bottom_diff=bottom[0]->mutable_cpu_diff();
        int num=bottom[0]->num();
        int dim=bottom[0]->count()/bottom[0]->num();
        caffe_set(bottom[0]->count(), Dtype(0), bottom_diff);
        const Dtype scale=-top[0]->cpu_diff()[0]/num;
        for(int i=0; i<num;++i) {
            int label=static_cast<int>(bottom_label[i]);
            Dtype prob=std::max(       //对概率值做截断处理,避免对 0 计算对数值
                bottom_data[i * dim+label], Dtype(kLOG_THRESHOLD));
            bottom_diff[i * dim+label]=scale/prob;
        }
    }
}
```

### 15.7.8 网络的实现——Net 类

Net 类表示神经网络，由多个层组成，这个类最重要的功能就是执行正向传播、反向传播操作，前者既要用于网络的预测算法，也要用于训练算法；后者只用于网络的训练。

函数 ForwardFromTo 是正向传播的实现，对网络的第 start 到 end 层进行正向传播，函数返回损失函数的值 loss，第 $i$ 层的输入值存放在 bottom_vecs_[i]中，输出值存放在 top_vecs_[i]中，函数最终是调用 Layer 类的 Forward 函数。代码如下：

```
template<typename Dtype>
Dtype Net<Dtype>::ForwardFromTo(int start, int end) {
    CHECK_GE(start, 0);
    CHECK_LT(end, layers_.size());
    Dtype loss=0;
    //对第 start 到 end 层
    for(int i=start; i<=end;++i) {
        //先调用用户注册的回调函数
        for(int c=0; c<before_forward_.size();++c) {
            before_forward_[c]->run(i);
```

```
        }
        //调用 Layer 的正向传播函数,bottom_vecs_[i]是第 i 层的输入数据
        //top_vecs_[i]是第 i 层的输出数据
        Dtype layer_loss=layers_[i]->Forward(bottom_vecs_[i], top_vecs_[i]);
        //累加第 i 层的损失函数值
        loss+=layer_loss;
        if(debug_info_) { ForwardDebugInfo(i); }

        //调用用户注册的回调函数
        for(int c=0; c<after_forward_.size();++c) {
            after_forward_[c]->run(i);
        }
    }
    return loss;            //返回总的损失值
}
```

函数 BackwardFromTo 是反向传播功能的真正实现,对网络的第 start 到 end 层进行反向传播,注意,这里 start 比 end 要大,第 $i$ 层的输入值存放在 top_vecs_[i]中,输出值存放在 bottom_vecs_[i]中。代码如下:

```
template<typename Dtype>
void Net<Dtype>::BackwardFromTo(int start, int end) {
    CHECK_GE(end, 0);
    CHECK_LT(start, layers_.size());
    for(int i=start; i>=end; --i) {
        //先调用用户注册的回调函数
        for(int c=0; c<before_backward_.size();++c) {
            before_backward_[c]->run(i);
        }
        //对第 i 层进行反向传播,在这里,top_vecs_[i]是输入值,bottom_vecs_[i]是
        //输出值
        if(layer_need_backward_[i]) {
            layers_[i]->Backward(
            top_vecs_[i], bottom_need_backward_[i], bottom_vecs_[i]);
            if(debug_info_) { BackwardDebugInfo(i); }
        }
        //再次调用用户注册的回调函数
        for(int c=0; c<after_backward_.size();++c) {
            after_backward_[c]->run(i);
        }
    }
}
```

函数 Update 更新网络的参数,这些参数通过学习得到,如权重和偏置项,这个函数将被梯度下降法的求解器类 Solver 调用,最终调用了 Blob 类的 Update 函数。代码如下:

```
template<typename Dtype>
void Net<Dtype>::Update() {
```

```
    for(int i=0; i<learnable_params_.size();++i) {
        //最终是调用的 Blob 类的 Update 函数实现参数更新
        learnable_params_[i]->Update();
    }
}
```

### 15.7.9 求解器

求解器 Solver 的作用是求解训练时的最小化问题，实现梯度下降法。整个训练过程由 Solver 和 Net 两个类配合完成。Solver 的作用是求解最优化问题，执行参数更新；Net 的作用是执行正向传播函数，生成损失函数值；执行反向传播函数，计算参数的梯度，并执行参数更新操作。假设梯度下降法每次选择 $N$ 个样本进行迭代，则每一轮的迭代过程如下。

(1) 对这 $N$ 个输入图像进行正向传播，得到损失函数值，同时，还记住了神经网络每一层的输出值。

(2) 执行反向传播函数，计算每一层参数的梯度值和误差项，如果必要，将误差项传播到前一层。

(3) 求解器根据 Net 计算出来的参数梯度值执行更新操作，更新参数的值。

接下来先介绍 Caffe 中支持的各种梯度下降法，然后分析 Solver 及其派生类的实现代码，最后给出神经网络的整个训练流程。

Mini-Batch 随机梯度下降法的原理在 15.2.3 节中已经介绍。求解器在前向传播阶段计算损失函数值，在反向传播阶段计算梯度值并对参数进行更新。参数的更新值由求解器根据误差项的梯度、正则化项的梯度计算得到，为了加快算法的收敛，可能还会使用动量项。

标准的带动量项的随机梯度下降法通过负梯度、上次权重更新值的线性组合来更新权重的值。其中，学习率是负梯度的权重系数，动量系数是上一次权重更新值的权重系数。带动量项的 Mini-Batch 梯度下降法权重更新公式为

$$V_{t+1} = -\alpha \nabla_W L(W_t) + \mu V_t$$
$$W_{t+1} = W_t + V_{t+1}$$

其中，$\alpha$ 和 $\mu$ 是人工设定的系数，前者是学习率，后者是动量项系数；$V_t$ 是动量项。动量项累积了之前的梯度更新值，并且是按照指数级衰减做的平均。求解器需要使用一些人工设定的参数，比如上面的 $\alpha$ 和 $\mu$ 值，这些参数放在求解器的配置文件中，这种文件的例子在前面介绍过。下面是典型的求解器配置参数：

```
base_lr: 0.01          //基础学习率,即上面公式中的 α,会动态调整
lr_policy: "step"      //学习率调整策略,在这里使用 step 策略,即逐步衰减学习率的值
gamma: 0.1             //学习率衰减系数
stepsize: 100000       //每迭代 100000 次做一次学习率衰减
max_iter: 350000       //最大迭代次数
momentum: 0.9          //动量项系数,即上面公式中的 μ
```

前面给出了标准的随机梯度下降法(带动量项)的迭代公式，接下来介绍 Caffe 中支持的各种改进型的梯度下降法。所有这些算法的输入都是参数上一轮迭代的值、参数的梯度值，以及其他人工设定的参数。下面介绍各自改进的梯度下降法。

AdaGrad 即 Adaptive Gradient 算法[11]，是梯度下降法最直接的改进。AdaGrad 根据前几轮迭代时的历史梯度值动态调整学习率，且优化向量的每一个分量都有自己的学习率。参数更新公式为

$$(\boldsymbol{x}_{t+1})_i = (\boldsymbol{x}_t)_i - \alpha \frac{(\boldsymbol{g}_t)_i}{\sqrt{\sum_{j=1}^{t}((\boldsymbol{g}_j)_i)^2 + \varepsilon}}$$

其中，$\alpha$ 是学习因子；$\boldsymbol{g}_t$ 是第 $t$ 次迭代时参数的梯度向量；$\varepsilon$ 是一个很小的正数。为了避免除 0 操作，下标 $i$ 表示向量的分量。与标准梯度下降法唯一不同的是多了分母中的这一项，它累积了到本次迭代为止梯度的历史值信息用于生成梯度下降的系数值。根据上式，历史导数值的绝对值越大分量学习率越小，反之越大。虽然实现了自适应学习率，但这种算法还是存在问题：需要人工设置一个全局的学习率 $\alpha$，随着时间的累积，上式中的分母会越来越大，导致学习率趋向于 0，参数无法有效更新。

RMSProp 算法[13]对 AdaGrad 的改进，避免了长期累积梯度值所导致的学习率趋向于 0 的问题。具体做法是由梯度值构造一个向量 MS，初始化为 0，按照衰减系数累积了历史的梯度平方值。更新公式为

$$\text{RMS}((\boldsymbol{x}_t)_i) = \delta\text{RMS}((\boldsymbol{x}_{t-1})_i) + (1-\delta)(\boldsymbol{g}_t)_i^2$$

AdaGrad 直接累加所有历史梯度的平方和，而这里将历史梯度平方值按照 $\delta^t$ 衰减之后再累加。参数更新公式为

$$(\boldsymbol{x}_{t+1})_i = (\boldsymbol{x}_t)_i - \alpha \frac{(\boldsymbol{g}_t)_i}{\sqrt{\text{RMS}((\boldsymbol{x}_t)_i)}}$$

其中，$\delta$ 是人工设定的参数，与 AdaGrad 一样，这里也需要人工指定的全局学习率 $\alpha$。

AdaDelta 算法[10]也是对 AdaGrad 的改进，避免了长期累积梯度值所导致的学习率趋向于 0 的问题，另外，还去掉了对人工设置的全局学习率的依赖。假设要优化的参数为 $\boldsymbol{x}$，梯度下降法第 $t$ 次迭代时计算出来的参数梯度值为 $\boldsymbol{g}_t$。算法首先初始化如下两个向量为 $\mathbf{0}$ 向量：

$$E[\boldsymbol{g}^2]_0 = \mathbf{0}$$
$$E[\Delta\boldsymbol{x}^2]_0 = \mathbf{0}$$

其中，$E[\boldsymbol{g}^2]$是梯度平方(对每个分量分别平分)的累计值，更新公式为

$$E[\boldsymbol{g}^2]_t = \rho E[\boldsymbol{g}^2]_{t-1} + (1-\rho)\boldsymbol{g}_t^2$$

在这里 $\boldsymbol{g}^2$ 是向量每个元素分别计算平方，后面所有的计算公式都是对向量的每个分量进行。接下来计算如下 RMS 量：

$$\text{RMS}[\boldsymbol{g}]_t = \sqrt{E[\boldsymbol{g}^2]_t + \varepsilon}$$

这也是一个向量，计算时分别对向量的每个分量进行。然后计算参数的更新值：

$$\Delta\boldsymbol{x}_t = -\frac{\text{RMS}[\Delta\boldsymbol{x}]_{t-1}}{\text{RMS}[\boldsymbol{g}]_t}\boldsymbol{g}_t$$

$\text{RMS}[\Delta\boldsymbol{x}]_{t-1}$的计算公式与这个类似。这个更新值同样通过梯度来构造，只不过学习率是通过梯度的历史值确定的。更新公式为

$$E[\Delta\boldsymbol{x}^2]_t = \rho E[\Delta\boldsymbol{x}^2]_{t-1} + (1-\rho)\Delta\boldsymbol{x}_t^2$$

参数更新的迭代公式为

$$\boldsymbol{x}_{t+1} = \boldsymbol{x}_t + \Delta \boldsymbol{x}_t$$

Adam 算法[12]全称为 Adaptive Moment Estimation，它整合了自适应学习率与动量项。算法用梯度构造了两个向量 $\boldsymbol{m}$ 和 $\boldsymbol{v}$，它们的初始值为 0，更新公式为

$$(\boldsymbol{m}_t)_i = \beta_1 (\boldsymbol{m}_{t-1})_i + (1-\beta_1)(\boldsymbol{g}_t)_i$$

$$(\boldsymbol{v}_t)_i = \beta_2 (\boldsymbol{v}_{t-1})_i + (1-\beta_2)(\boldsymbol{g}_t)_i^2$$

其中，$\beta_1$、$\beta_2$ 是人工指定的参数；$i$ 为向量的分量下标。依靠这两个值构造参数的更新值，参数的更新公式为

$$(\boldsymbol{x}_{t+1})_i = (\boldsymbol{x}_t)_i - \alpha \frac{\sqrt{1-(\beta_2)_i^t}}{1-(\beta_1)_i^t} \frac{(\boldsymbol{m}_t)_i}{\sqrt{(\boldsymbol{v}_t)_i}+\varepsilon}$$

在这里，$\boldsymbol{m}$ 类似于动量项，用 $\boldsymbol{v}$ 来构造学习率。

NAG 算法由 Nesterov 提出，类似于动量项梯度下降法。与动量项梯度下降法的更新公式类似，NAG 算法构造一个向量 $\boldsymbol{v}$，初始值为 0。$\boldsymbol{v}$ 的更新公式为

$$\boldsymbol{v}_{t+1} = \mu \boldsymbol{v}_t - \alpha \nabla L(\boldsymbol{x}_t + \mu \boldsymbol{v}_t)$$

参数的更新公式为

$$\boldsymbol{x}_{t+1} = \boldsymbol{x}_t + \boldsymbol{v}_{t+1}$$

与带动量项的 SGD 相比，NAG 只是计算梯度时用的参数值不同，NAG 计算梯度时考虑了动量项，使用的是 $\boldsymbol{x}_t + \mu \boldsymbol{v}_t$。

除了上面介绍的算法，还有更复杂的一阶优化技术。在神经网络的优化中一般使用梯度下降法而不使用牛顿法这样的二阶优化技术，原因主要有以下几点。

(1) 神经网络的参数规模太大，已经到了亿数量级，如果参数个数为 $n$，梯度下降法每一轮迭代的时间复杂度是 $O(n)$，牛顿法为 $O(n^2)$，时间开销太大。

(2) 由于神经网络是复杂的复合函数，层数过多的时候计算 Hessian 矩阵或者其近似矩阵都不容易。当数据规模不大时也可以采用二阶优化技术。

参数初始化和动量项对算法的收敛都至关重要，在文献[9]中，Sutskever 等人对这两方面的因素进行了分析。文献[9]的观点认为，对于深度神经网络和循环神经网络的训练优化问题求解，权重初始值和动量项都很重要。如果初始值设置不当，即使使用动量项也很难收敛到好的效果；如果初始值设置得很好，但不使用动量项，收敛效果也打折扣。文章研究了配合精心设计的初始化策略，以及不同的动量项加速时的随机梯度下降法的有效性。更多的随机梯度下降法实现技巧可以参考文献[8]和[14]。

接下来分析每种算法的实现。各种梯度下降法由求解器 Solver 类的派生类来完成。图 15.12 是各个类的继承关系。

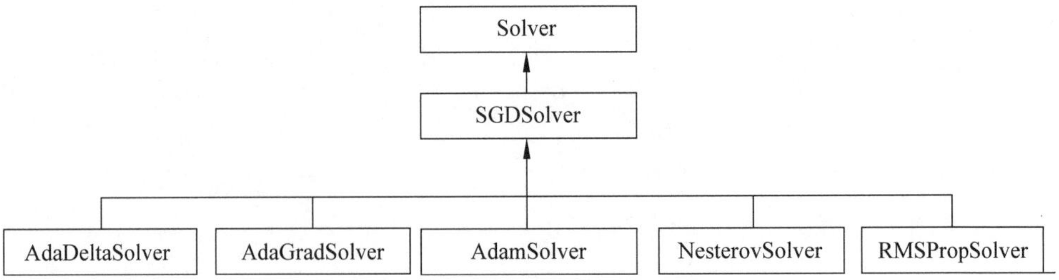


**图 15.12 求解器类的继承关系**

其中，Solver 是求解器的基类，定义了求解器的基本行为。SGDSolver 类实现标准的随机梯度下降法，默认的使用该类。另外 5 个类都继承自 SGDSolver，实现了前面讲述的 5 种变形的梯度下降法。

Solver 类是求解器的基类，这是一个抽象类。这个类的重点是 Solve 和 Step 函数，它们实现了梯度下降法求解的核心，其中前者是求解的接口函数，后者是梯度下降迭代循环，下面我们分别进行介绍。

Step 函数是求解最优化问题的主迭代循环。代码如下：

```
template<typename Dtype>
void Solver<Dtype>::Step(int iters) {
    const int start_iter=iter_;                 //初始迭代次数
    const int stop_iter=iter_+iters;            //终止迭代次数
    //存储前 average_loss 次损失函数值
    int average_loss=this->param_.average_loss();
    losses_.clear();
    smoothed_loss_=0;
    iteration_timer_.Start();
    //主循环迭代,直到达到终止迭代的次数 stop_iter
    while(iter_<stop_iter) {
        //先清除网络的误差项值
        net_->ClearParamDiffs();
        //每迭代 test_interval 次对网络做一次测试
        if(param_.test_interval() && iter_ % param_.test_interval()==0
            &&(iter_>0 || param_.test_initialization())) {
            if(Caffe::root_solver()) {
                //测试网络,即正向传播
                TestAll();
            }
            if(requested_early_exit_) {
                //如果需要提前退出
                break;
            }
        }
        //执行回调函数
        for(int i=0; i<callbacks_.size();++i) {
            callbacks_[i]->on_start();
        }
        const bool display=param_.display() && iter_ % param_.display()==0;
        net_->set_debug_info(display && param_.debug_info());
        //累加损失函数值和梯度值,这是核心部分
        Dtype loss=0;
        //iter_size 在 solver.prototxt 中设置,实际上的 batch_size=iter_size *
        //batch_size
        //iter_size 在 SolverParameter 中定义,这个变量的默认值为 1,其含义是,每
        //次梯度下降迭代时执行 iter_size * batch_size 次正向、反向传播操作来累积梯
        //度值
```

```
for(int i=0; i<param_.iter_size();++i) {
    //进行一轮正向、反向传播,这个函数是关键,在 Net 类中已经讲述过
    //经过这一步,已经计算出了梯度值
    loss+=net_->ForwardBackward();
}
loss /=param_.iter_size(); //计算损失函数的均值
//更新损失函数值
UpdateSmoothedLoss(loss, start_iter, average_loss);
//下面的代码用于显示训练信息,可以忽略
if(display) {
    float lapse=iteration_timer_.Seconds();
    float per_s=(iter_-iterations_last_) /(lapse ? lapse : 1);
    LOG_IF(INFO, Caffe::root_solver())<<"Iteration "<<iter_
    <<"("<<per_s<<" iter/s, "<<lapse<<"s/"
    <<param_.display()<<" iters), loss="<<smoothed_loss_;
    iteration_timer_.Start();
    iterations_last_=iter_;
    const vector<Blob<Dtype> * >& result=net_->output_blobs();
    int score_index=0;
    //下面的代码用于显示训练信息
    for(int j=0; j<result.size();++j) {
        const Dtype * result_vec=result[j]->cpu_data();
        const string& output_name=
        net_->blob_names()[net_->output_blob_indices()[j]];
        const Dtype loss_weight=
        net_->blob_loss_weights()[net_->output_blob_indices()[j]];
        for(int k=0; k<result[j]->count();++k) {
            ostringstream loss_msg_stream;
            if(loss_weight) {
                loss_msg_stream<<"(* "<<loss_weight
                <<"="<<loss_weight * result_vec[k]<<" loss)";
            }
            LOG_IF(INFO, Caffe::root_solver())<<"    Train Net output #"
            <<score_index++<<": "<<output_name<<"="
            <<result_vec[k]<<loss_msg_stream.str();
        }
    }
}
//调用回调函数,梯度准备就绪
for(int i=0; i<callbacks_.size();++i) {
    callbacks_[i]->on_gradients_ready();
}
//更新网络的参数,在基类中,并没有实现该函数,留给派生类实现
//这是第二个关键的函数,在后面各种 Solver 中我们将重点分析它的实现
ApplyUpdate();
//迭代次数加 1,这个值也是参数的更新次数
++iter_;
```

```
        SolverAction::Enum request=GetRequestedAction();
        //保存快照值
        if((param_.snapshot()
            && iter_ % param_.snapshot()==0
            && Caffe::root_solver()) ||
            (request==SolverAction::SNAPSHOT)) {
            Snapshot();
        }
        if(SolverAction::STOP==request) {
            requested_early_exit_=true;
            //如果需要退出迭代,则终止循环
            break;
        }
    }
}
```

这个函数的关键是调用 Net 类的 ForwardBackward 函数执行正向反向传播操作,计算出参数的梯度值,前面已经分析过,这个函数最终又是调用 Net 类的 Forward 和 Backward 函数;调用派生类的 ApplyUpdate 函数更新网络的参数,这个函数在 Solver 类中并没有实现。

Step 函数的执行流程如图 15.13 所示(注意,这里我们忽略了一些非核心逻辑,只关注最主要的步骤)。

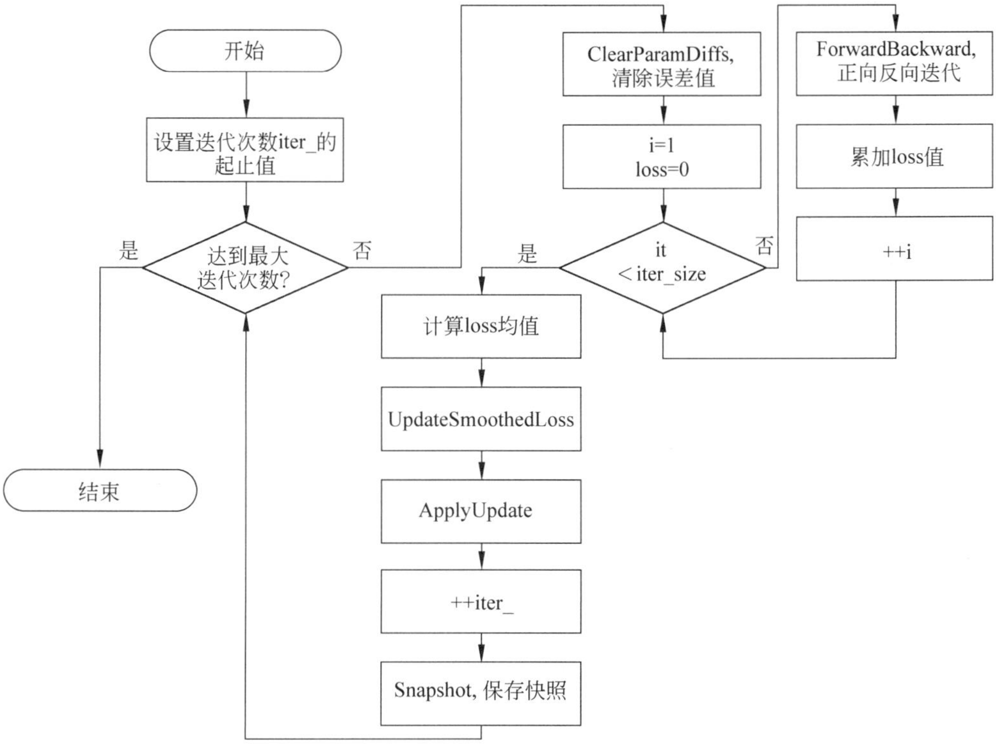


**图 15.13　Step 函数的执行流程**

整个函数有两层循环，外层循环由 iter_变量控制，是迭代次数，也是参数更新的次数；内层循环由 i 控制，循环从 0 到 param_. iter_size()，执行正向、反向传播操作，是对一批样本执行正向、反向传播操作，而 param_. iter_size()的值就是 batchsize，即批的大小。

下面我们接着看函数 Solve 的实现，这是 Solver 求解最优化问题的接口函数。代码如下：

```
template<typename Dtype>
void Solver<Dtype>::Solve(const char* resume_file) {
    CHECK(Caffe::root_solver());
    LOG(INFO)<<"Solving "<<net_->name();
    LOG(INFO)<<"Learning Rate Policy: "<<param_.lr_policy();
    //每次开始 训练时设置成 false
    requested_early_exit_=false;
    //如果不是从头开始训练,先载入已有的求解器状态
    if(resume_file) {
        LOG(INFO)<<"Restoring previous solver status from "<<resume_file;
        Restore(resume_file);
    }
    int start_iter=iter_;
    //真正的训练迭代由函数 Step 完成
    Step(param_.max_iter()-iter_);
    if(param_.snapshot_after_train()
        &&(!param_.snapshot() || iter_ %param_.snapshot() ! =0)) {
        Snapshot();
    }
    if(requested_early_exit_) {
        LOG(INFO)<<"Optimization stopped early.";
        return;
    }
    if(param_.display() && iter_ %param_.display()==0) {
        int average_loss=this->param_.average_loss();
        Dtype loss;
        net_->Forward(&loss);
        UpdateSmoothedLoss(loss, start_iter, average_loss);
        LOG(INFO)<<"Iteration "<<iter_<<", loss="<<smoothed_loss_;
    }
    if(param_.test_interval() && iter_ %param_.test_interval()==0) {
        TestAll();
    }
    LOG(INFO)<<"Optimization Done.";
}
```

Solve 函数的执行流程如图 15.14 所示，同样的我们忽略了非关键的部分。

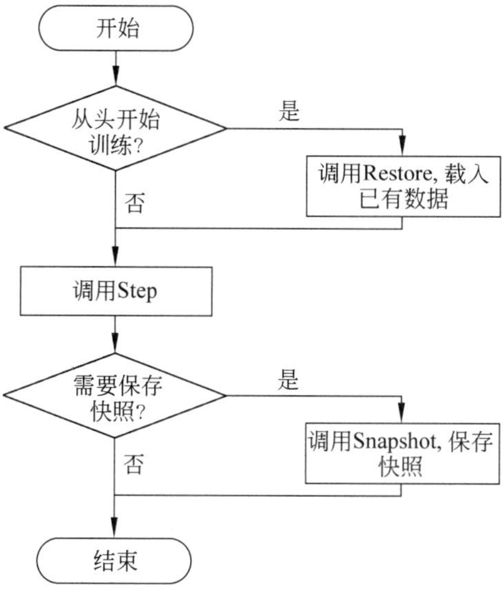


**图 15.14 Solve 函数的执行流程**

函数 UpdateSmoothedLoss 用于更新平滑的损失函数值，代码如下：

```
template<typename Dtype>
void Solver<Dtype>::UpdateSmoothedLoss(Dtype loss, int start_iter,
int average_loss) {
    if(losses_.size()<average_loss) {
        losses_.push_back(loss);
        int size=losses_.size();
        //加权求和
        smoothed_loss_=(smoothed_loss_ * (size-1)+loss)/size;
    } else {
        int idx=(iter_-start_iter) %average_loss;
        smoothed_loss_+=(loss-losses_[idx])/average_loss;
        losses_[idx]=loss;
    }
}
```

SGDSolver 类继承自 Solver 类，实现了标准的带动量项的随机梯度下降法，算法的原理在前面已经讲述过了。成员变量 history 维持历史的 momentum 信息(即动量项)；变量 update 维持参数更新相关的信息。变量 temp 维持其他的与计算梯度、更新值相关的临时值。

接下来我们分析成员函数的实现，重点是 GetLearningRate、ApplyUpdate、Normalize、Regularize、ComputeUpdateValue、ClipGradients 这几个函数。

函数 GetLearningRate 计算本次迭代的学习率，这个系数用于参数的梯度、动量项，完成对参数的更新。在这里 base_lr 是基础学习率，由用户设定；gamma 是一个常数，由用户设定；iter 是当前迭代次数，算法每迭代更新一次参数，该值加 1；step 是一个常数，由用户指定；power 是一个常数，由用户指定。这个函数支持的各种学习率计算策略如表 15.4 所示。

表 15.4 各种学习率计算策略

| 策　略 | 学习率计算公式 |
|---|---|
| fixed | base_lr |
| step | base_lr $\times$ gamma$^{\text{floor(iter/step)}}$ |
| exp | base_lr $\times$ gamma$^{\text{iter}}$ |
| inv | base_lr $\times$ (1 + gamma $\times$ iter)$^{-\text{power}}$ |
| multistep | 与 step 类似 |
| poly | base_lr $\times$ (1 − iter/max_iter)$^{\text{power}}$ |
| sigmoid | base_lr $\times \dfrac{1}{1+\exp(-\text{gamma}\times(\text{iter}-\text{stepsize}))}$ |

下面来看函数的代码实现，就是分各种情况用上面的公式进行计算：

```
template<typename Dtype>
Dtype SGDSolver<Dtype>::GetLearningRate() {
Dtype rate;
    const string& lr_policy=this->param_.lr_policy();
    //对各种情况,直接按照上面列的公式 进行计算
    if(lr_policy=="fixed") {                    //fixed 策略
        rate=this->param_.base_lr();
    } else if(lr_policy=="step") {              //step 策略
        this->current_step_=this->iter_/this->param_.stepsize();
        rate=this->param_.base_lr() *
            pow(this->param_.gamma(), this->current_step_);
    } else if(lr_policy=="exp") {               //exp 策略
        rate=this->param_.base_lr() * pow(this->param_.gamma(), this->iter_);
    } else if(lr_policy=="inv") {               //inv 策略
        rate=this->param_.base_lr() *
            pow(Dtype(1)+this->param_.gamma() * this->iter_,
            -this->param_.power());
    } else if(lr_policy=="multistep") {         //multistep 策略
        if(this->current_step_<this->param_.stepvalue_size() &&
            this->iter_>=this->param_.stepvalue(this->current_step_)) {
            this->current_step_++;
            LOG(INFO)<<"MultiStep Status: Iteration "<<
            this->iter_<<", step="<<this->current_step_;
        }
        rate=this->param_.base_lr() *
            pow(this->param_.gamma(), this->current_step_);
    } else if(lr_policy=="poly") {              //poly 策略
        rate=this->param_.base_lr() * pow(Dtype(1.) -
            (Dtype(this->iter_)/Dtype(this->param_.max_iter())),
            this->param_.power());
```

```
    } else if(lr_policy=="sigmoid") {           //sigmoid 策略
        rate=this->param_.base_lr() * (Dtype(1.) /
            (Dtype(1.)+exp(-this->param_.gamma() * (Dtype(this->iter_)-
            Dtype(this->param_.stepsize())))));
    } else {
        LOG(FATAL)<<"Unknown learning rate policy: "<<lr_policy;
    }
    return rate;
}
```

函数 ClipGradients 用于对梯度进行截断处理，如果梯度的模大于指定的阈值，则对梯度进行缩放，这样做是为了处理梯度爆炸问题。当在一次迭代中权重的更新值过大的话，很容易导致损失函数的值不收敛。处理流程如下。

(1) 在 solver 中先设置一个 clip_gradient。

(2) 在前向传播与反向传播之后，会得到每个权重的梯度，计算所有权重梯度的平方，如果该值大于指定的阈值，则计算缩放因子，其值为 0～1。

(3) 最后将所有的权重梯度乘以这个缩放因子。

下面来看 ClipGradients 函数的代码：

```
template<typename Dtype>
void SGDSolver<Dtype>::ClipGradients() {
    //获取 clip_gradients 参数,即阈值
    const Dtype clip_gradients=this->param_.clip_gradients();
    if(clip_gradients<0) { return; }
    //获取网络各个层的参数
    const vector<Blob<Dtype> * >& net_params=this->net_->learnable_params();
    Dtype sumsq_diff=0;
    //计算各层参数的梯度模,即 2 范数
    for(int i=0; i<net_params.size();++i) {
        sumsq_diff+=net_params[i]->sumsq_diff();
    }
    const Dtype l2norm_diff=std::sqrt(sumsq_diff);
    //如果 2 范数大于阈值 clip_gradients
    if(l2norm_diff>clip_gradients) {
    //计算缩放因子
        Dtype scale_factor=clip_gradients/l2norm_diff;
        LOG(INFO)<<"Gradient clipping: scaling down gradients(L2 norm "
        <<l2norm_diff<<">"<<clip_gradients<<") "
        <<"by scale factor "<<scale_factor;
        //对各个向量进行缩放
        for(int i=0; i<net_params.size();++i) {
            net_params[i]->scale_diff(scale_factor);
        }
    }
}
```

函数 ApplyUpdate 执行网络参数的更新操作,参数的更新公式在前面已经讲述过。在调用这个函数之前,已经计算出了各个层参数的梯度值。处理流程如下。

(1) 获取学习率。

(2) 对梯度进行截断处理。

(3) 对梯度做归一化。

(4) 为梯度加上正则化项。

(5) 计算更新值。

(6) 对参数进行更新。

下面来看代码实现:

```
template<typename Dtype>
void SGDSolver<Dtype>::ApplyUpdate() {
    //第 1 步,首先计算出本次迭代的学习率,前面公式中的 α
    Dtype rate=GetLearningRate();
    if(this->param_.display() && this->iter_ %this->param_.display()==0) {
        LOG_IF(INFO, Caffe::root_solver())<<"Iteration "<<this->iter_
        <<", lr="<<rate;
    }
    //第 2 步,对梯度进行截断处理
    ClipGradients();
    //对神经网络各个层的参数 learnable_params 执行更新
    for(int param_id=0; param_id<this->net_->learnable_params().size();
        ++param_id) {
        //第 3 步,对参数归一化,即除以 iter_size
        Normalize(param_id);
        //第 4 步,加上正则化项
        Regularize(param_id);
        //第 5 步,计算更新值,在这里计算出
        ComputeUpdateValue(param_id, rate);
    }
    //第 6 步,调用 Net 类的 Update 函数,这个函数在前面分析过
    this->net_->Update();        //对应公式 W_{t+1}=W_t+V_{t+1}
}
```

函数 Normalize 对参数的更新值进行归一化,即对向量执行一次缩放操作。实现代码如下:

```
template<typename Dtype>
void SGDSolver<Dtype>::Normalize(int param_id) {
    //如果 iter_size 为 1,不做任何操作,直接返回
    if(this->param_.iter_size()==1) { return; }
    //对参数的梯度值进行缩放,以抵抗累计效应.
    const vector<Blob<Dtype> * >& net_params=this->net_->learnable_params();
    //缩放因子为 1/iter_size
    const Dtype accum_normalization=Dtype(1.)/this->param_.iter_size();
```

```
    switch(Caffe::mode()) {
    case Caffe::CPU: {
        //执行缩放
        caffe_scal(net_params[param_id]->count(), accum_normalization,
        net_params[param_id]->mutable_cpu_diff());
    break;
    }
    case Caffe::GPU: {
#ifndef CPU_ONLY
        caffe_gpu_scal(net_params[param_id]->count(), accum_normalization,
            net_params[param_id]->mutable_gpu_diff());
#else
        NO_GPU;
#endif
    break;
}
    default:
        LOG(FATAL)<<"Unknown Caffe mode: "<<Caffe::mode();
    }
}
```

函数 Regularize 用于生成正则化项，支持 L1 和 L2 正则化，正则化项将被加到梯度值里。实现代码如下：

```
template<typename Dtype>
void SGDSolver<Dtype>::Regularize(int param_id) {
    //获取所有可学习参数
    const vector<Blob<Dtype> * >& net_params=this->net_->learnable_params();
    //获取所有参数的权重衰减系数
    const vector<float>& net_params_weight_decay=
        this->net_->params_weight_decay();
    //获取模型整体的权重衰减系数
    Dtype weight_decay=this->param_.weight_decay();
    //正则化类型,L1 或 L2
    string regularization_type=this->param_.regularization_type();
    Dtype local_decay=weight_decay * net_params_weight_decay[param_id];
    switch(Caffe::mode()) {
    case Caffe::CPU: {
        if(local_decay) {
            if(regularization_type=="L2") {
                //L2 正则化,梯度为 diff_=weight_decay * data_+diff_
                //diff_为梯度项,data_为 L2 正则化项,即上一次的参数值
                caffe_axpy(net_params[param_id]->count(),
                    local_decay,
                    net_params[param_id]->cpu_data(),
                    net_params[param_id]->mutable_cpu_diff());
```

```
            } else if(regularization_type=="L1") {
                //L1 正则化,梯度为 diff_=diff_+sign(data_)
                //temp_=sign(data_),这是 L1 正则化项
                caffe_cpu_sign(net_params[param_id]->count(),
                    net_params[param_id]->cpu_data(),
                    temp_[param_id]->mutable_cpu_data());
                //将 temp_加到 diff_中,diff_=weight_decay*temp_+diff_
                caffe_axpy(net_params[param_id]->count(),
                    local_decay,
                    temp_[param_id]->cpu_data(),
                    net_params[param_id]->mutable_cpu_diff());
            } else {
                LOG(FATAL)<<"Unknown regularization type: "
                <<regularization_type;
            }
        }
        break;
    }
    case Caffe::GPU: {
#ifndef CPU_ONLY
        if(local_decay) {
            if(regularization_type=="L2") {
                //add weight decay
                caffe_gpu_axpy(net_params[param_id]->count(),
                local_decay,
                net_params[param_id]->gpu_data(),
                net_params[param_id]->mutable_gpu_diff());
            } else if(regularization_type=="L1") {
                caffe_gpu_sign(net_params[param_id]->count(),
                net_params[param_id]->gpu_data(),
                temp_[param_id]->mutable_gpu_data());
                caffe_gpu_axpy(net_params[param_id]->count(),
                    local_decay,
                    temp_[param_id]->gpu_data(),
                    net_params[param_id]->mutable_gpu_diff());
            } else {
                LOG(FATAL)<<"Unknown regularization type: "
                <<regularization_type;
            }
        }
#else
        NO_GPU;
#endif
        break;
    }
```

```
    default:
        LOG(FATAL)<<"Unknown caffe mode: "<<Caffe::mode();
    }
}
```

函数 ComputeUpdateValue 计算参数更新值,在这里加上了动量项。代码如下:

```
template<typename Dtype>
void SGDSolver<Dtype>::ComputeUpdateValue(int param_id, Dtype rate) {
    //获取所有可以更新的参数的 vector
    const vector<Blob<Dtype> * >& net_params=this->net_->learnable_params();
    //获取所有参数对应的 learning_rate(即学习率)的 vector
    const vector<float>& net_params_lr=this->net_->params_lr();
    //获取动量项系数
    Dtype momentum=this->param_.momentum();
    //实际的 learning_rate 为全局的 learning_rate 乘以每个参数对应的 learning_rate
    Dtype local_rate=rate * net_params_lr[param_id];
    switch(Caffe::mode()) {
    case Caffe::CPU: {
        //history_存储了上一次的梯度更新值,即动量项
        //history_=learning_rate * diff_+momentum * history
        //这对应着公式 v_{t+1}=α∇_w L+μv_t
        caffe_cpu_axpby(net_params[param_id]->count(), local_rate,
            net_params[param_id]->cpu_diff(), momentum,
            history_[param_id]->mutable_cpu_data());
        //把当前的梯度复制给参数 Blob 的 diff_
        caffe_copy(net_params[param_id]->count(),
            history_[param_id]->cpu_data(),
            net_params[param_id]->mutable_cpu_diff());
    break;
    }
    case Caffe::GPU: {
#ifndef CPU_ONLY
        sgd_update_gpu(net_params[param_id]->count(),
            net_params[param_id]->mutable_gpu_diff(),
            history_[param_id]->mutable_gpu_data(),
            momentum, local_rate);
#else
        NO_GPU;
#endif
    break;
    }
    default:
        LOG(FATAL)<<"Unknown caffe mode: "<<Caffe::mode();
    }
}
```

AdaDeltaSolver 类实现了 AdaDelta 算法。下面来看计算更新值函数的实现：

```
template<typename Dtype>
void AdaDeltaSolver<Dtype>::ComputeUpdateValue(int param_id, Dtype rate) {
    //要进行更新的参数
    const vector<Blob<Dtype> * >& net_params=this->net_->learnable_params();
    //学习率
    const vector<float>& net_params_lr=this->net_->params_lr();
    //公式中的 ε 值，加上它以防止除 0 操作
    Dtype delta=this->param_.delta();
    //动量项系数，公式中的 δ 值
    Dtype momentum=this->param_.momentum();
    //最终的学习率
    Dtype local_rate=rate * net_params_lr[param_id];
    size_t update_history_offset=net_params.size();
    switch(Caffe::mode()) {
    case Caffe::CPU: {
        //计算梯度的均方值
        //对 net_params[param_id]->cpu_diff()的每一个分量计算平方值，结果存储在
        //update_[param_id]->mutable_cpu_data()中
        //net_params[param_id]->count()是向量的维数
        //这相当于计算 g_t^2
        caffe_powx(net_params[param_id]->count(),
            net_params[param_id]->cpu_diff(), Dtype(2),
            this->update_[param_id]->mutable_cpu_data());
        //更新梯度的历史值
        //E[g^2]_t=ρE[g^2]_{t-1}+(1-ρ)g_t^2
        //history_中存放的是 E[g^2]_{t-1}，history_中存放的是 g_t^2
        caffe_cpu_axpby(net_params[param_id]->count(), Dtype(1)-momentum,
            this->update_[param_id]->cpu_data(), momentum,
            this->history_[param_id]->mutable_cpu_data());
        //将 temp_向量的值设置为 delta，后面会加上这个值，防止除 0 操作
        caffe_set(net_params[param_id]->count(), delta,
            this->temp_[param_id]->mutable_cpu_data());
        //将 E[g^2]加上ε，防止除 0 操作，结果存放在 update_中
        caffe_add(net_params[param_id]->count(),
            this->temp_[param_id]->cpu_data(),
            this->history_[update_history_offset+param_id]->cpu_data(),
            this->update_[param_id]->mutable_cpu_data());
        //E[g^2]+ε，结果存放在 temp_中
        caffe_add(net_params[param_id]->count(),
            this->temp_[param_id]->cpu_data(),
            this->history_[param_id]->cpu_data(),
            this->temp_[param_id]->mutable_cpu_data());
        caffe_div(net_params[param_id]->count(),
            this->update_[param_id]->cpu_data(),
```

```
            this->temp_[param_id]->cpu_data(),
            this->update_[param_id]->mutable_cpu_data());
        //同时计算更新值、梯度历史值的 RMS
        caffe_powx(net_params[param_id]->count(),
            this->update_[param_id]->cpu_data(), Dtype(0.5),
            this->update_[param_id]->mutable_cpu_data());
        //计算更新值
        caffe_mul(net_params[param_id]->count(),
            net_params[param_id]->cpu_diff(),
            this->update_[param_id]->cpu_data(),
            net_params[param_id]->mutable_cpu_diff());
        //计算更新值的平方
        caffe_powx(net_params[param_id]->count(),
            net_params[param_id]->cpu_diff(), Dtype(2),
            this->update_[param_id]->mutable_cpu_data());
        //更新更新值的历史值
        caffe_cpu_axpby(net_params[param_id]->count(), Dtype(1)-momentum,
            this->update_[param_id]->cpu_data(), momentum,
            this->history_[update_history_offset+param_id]->mutable_cpu_data());
        //乘上学习率
        caffe_cpu_scale(net_params[param_id]->count(), local_rate,
            net_params[param_id]->cpu_diff(),
            net_params[param_id]->mutable_cpu_diff());
    break;
    }
    case Caffe::GPU: {
#ifndef CPU_ONLY
        adadelta_update_gpu(net_params[param_id]->count(),
            net_params[param_id]->mutable_gpu_diff(),
            this->history_[param_id]->mutable_gpu_data(),
            this->history_[update_history_offset+param_id]->mutable_gpu_data(),
            momentum, delta, local_rate);
#else
        NO_GPU;
#endif
    break;
    }
    default:
        LOG(FATAL)<<"Unknown Caffe mode: "<<Caffe::mode();
    }
}
```

## 15.8 应用——计算机视觉

卷积神经网络在诸多领域得到成功的应用。接下来介绍它在计算机视觉、计算机图形学、自然语言处理中的应用。对于这些应用问题和为它们设计的算法，理解的关键点如下。

(1) 网络结构。即网络由哪些层组成,各个层的作用是什么,它们的输入数据是什么,输出数据是什么。

(2) 训练目标。即损失函数,这直接取决于要解决的问题。

### 15.8.1 人脸检测

卷积网络在图像分类问题上取得成功之后,很快被用于人脸检测,在精度上大幅度超越之前的 AdaBoost 框架。如果直接用滑动窗口技术,用卷积网络对窗口图像进行分类,计算量太大很难达到实时。因此,使用卷积网络进行人脸检测的方法采用各种手段解决或规避这个问题。在这些方法中,级联的卷积网络(Cascade CNN)、DenseBox、Femaleness-Net、MT-CNN 是其中的代表。

文献[38]将 VJ 框架的分类器级联用于卷积网络,以保证人脸检测的实时性,这里也采用了滑动窗口技术。这个方案采用了 3 级卷积网络,从简单到复杂,分别接收由小到大尺寸的图像。第一级网络结构简单,计算量小,用于快速排除大量的非人脸窗口。如果一个窗口图像通过了一个卷积网络即被判定为人脸,则接着被送入下一级网络中继续判断。如果窗口图像通过了所有 3 级网络,则被认为是人脸。除了用于判断图像是否是人脸的卷积网络之外,这一方法还包括一组用于校正人脸框位置的卷积网络。

整个人脸检测流程如下。

(1) 用第一级检测网络对图像进行多尺度扫描,检测各个尺寸的人脸。然后用第一级校准网络对检测出来的人脸矩形框进行位置和大小校正。最后在各个尺度上分别进行非最大抑制。

(2) 用第二级检测网络对上一步检测出的人脸区域进行判定,非人脸窗口直接抛弃。然后用第二级校准网络对人脸矩形框进行位置和大小校正。最后在各个尺度上进行非最大抑制。

(3) 用第三级检测网络对上一步检测出的人脸区域进行判定,非人脸窗口直接抛弃。接下来执行全局非最大抑制。最后用第三级校准网络对人脸矩形框进行位置和大小校正,得到最后的检测结果。

校正网络的作用是对检测出来的矩形框进行校正,调整其大小和位置,以实现更准确的目标定位。假设初始矩形为$(x,y,w,h)$,其中,$(x,y)$为左上角坐标,$w$、$h$ 为宽度和高度。校正后的矩形框为

$$(x-x_n w/s_n, y-y_n h/s_n, w/s_n, h/s_n)$$

其中,$s_n$、$x_n$、$y_n$ 为校正参数,分别为尺度缩放、水平和垂直方向的平移量。这 3 个参数采用离散值量化,组合起来有 45 种校正情况。校正网络要根据输入图像判断应该用这 45 种方式中的哪一种进行校正,这是一个多分类问题。由于各种校正情况之间并不严格互斥,为了提高精度采用了取平均的方式。

训练时需要完成对 3 个检测网络以及 3 个校准网络的训练,另外还需要确定级联阈值。训练检测网络时用背景图像生成负样本,用 AFLW 人脸图像作为正样本。检测网络和校正网络都采用多项式 logistic 回归损失函数。对于校正网络,通过对标准的人脸图像按照 45 种方式的随机扰动生成训练样本,并缩放到 3 种校正网络的输入尺寸。

检测网络的训练和 AdaBoost 级联分类器的训练类似，采用逐级训练的方式训练每一级分类器，并确定级联阈值。对于第一级检测网络，将所有正样本缩放到 12 像素×12 像素大小，从背景图像中随机采集 20 万张图像作为负样本。训练完成之后确定级联阈值，保证 99%的检测率。

然后用训练出来的第一级检测网络和校正网络对背景图像进行扫描，大于阈值的图像作为第二级检测网络的负样本。所有正样本都缩放到 24 像素×24 像素大小，训练第二级检测网络。训练完成之后再确定第二级级联阈值，保证 97%的检测率。第三级检测网络的训练和第二级网络类似，采用第二级网络在背景图像上的虚警作为负样本。

Cascade CNN 还是采用了滑动窗口技术，卷积神经网络每次只接收一个固定尺寸的小的窗口图像，判断这个区域是否为人脸，因为窗口数太多，计算量太大。文献[39]提出了一种称为 DenseBox 的目标检测算法，这种方法使用全卷积网络（全卷积网络去掉了全连接层，其结构将在 15.8.5 节介绍），在同一个网络中直接预测目标矩形框和目标类别置信度。通过在检测人脸的同时进行关键点定位，进一步提高了检测精度。检测流程如下。

(1) 对待检测图像进行缩放，将各种尺度的图像送入卷积网络中处理，以检测不同大小的目标。

(2) 输入图像经过多次卷积和池化操作之后，对特征图像进行上采样，然后再进行卷积，得到最终的输出图像，该图像包含了每个位置出现目标的概率，以及目标的位置和大小信息。

(3) 由上一步的输出图像得到目标矩形框。

(4) 非最大抑制，得到最终的检测结果。

卷积网络接收 $m\times n$ 的输入图像，产生 5 通道的 $m/4\times n/4$ 输出图像。假设目标矩形左上角 $p_t$ 的坐标为 $(x_t,y_t)$，右下角 $p_b$ 的坐标为 $(x_b,y_b)$，输出图像中位于点 $(x_i,y_i)$ 处的像素用五维向量描述了一个目标的矩形框和置信度：

$$\hat{t}_i=\{\hat{s},\mathrm{d}\hat{x}^t=\hat{x}_i-x_t,\mathrm{d}\hat{y}^t=y_i-y_t,\mathrm{d}\hat{x}^b=x_i-x_b,\mathrm{d}\hat{y}^b=y_i-y_b\}_i$$

第一个分量是候选框，是一个目标的置信度，后面 4 项分别为本像素的位置与矩形框左上角、右下角的距离。每个像素都转化成一个矩形框和置信度值，然后对置信度值大于指定阈值的矩形框进行非最大抑制，得到最终检测结果。

卷积网络以 VGG 网络为基础，有 16 个卷积层。前 12 个卷积层用 VGG 的模型进行初始化。卷积层 Conv4_4 的输出被送入 4 个 1 像素×1 像素的卷积层中。第一组的两个卷积层产生 1 通道的输出图像作为置信度得分；第二组的两个卷积层产生 4 通道的输出图像作为矩形框的 4 个坐标。网络的输出有两个并列的分支，分别表示置信度和矩形框位置的预测值。DenseBox 整个网络的结构如图 15.15 所示。

为了提高检测精度，采用了多尺度融合的策略。将 Conv3_4 和 Conv_4_4 的卷积结果拼接后送入后面的层处理。由于两个层的输出图像大小不同，使用了上采样和线性插值对小的图像进行放大，将两种图像尺寸变为相等。

由于输出层有两个分支，因此，损失函数由两部分组成。第一部分输出值为分类置信度，即本位置是一个目标的概率，用$\hat{y}$表示。真实的类别标签值为 $y^*$，取值为 0 或者 1，分别表示是背景和目标。分类损失函数采用欧氏距离，定义为

$$L_{\mathrm{cls}}(\hat{y},y^*)=\|\hat{y}-y^*\|^2$$

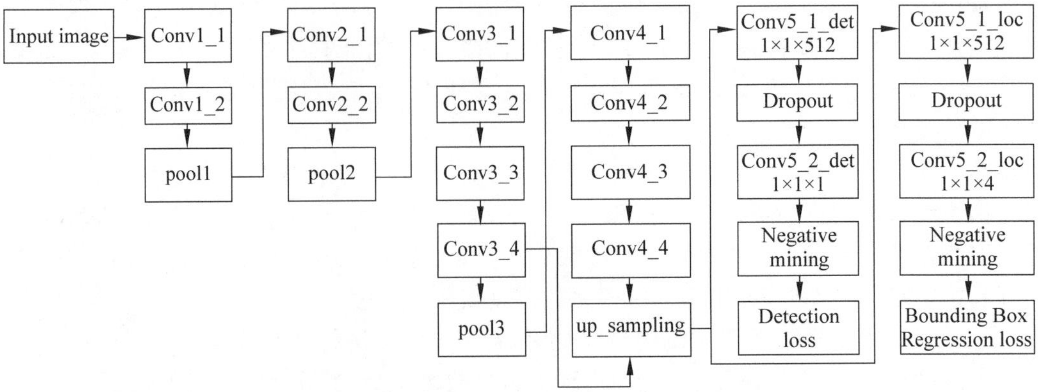


**图 15.15 DenseBox 的网络结构**(来自文献[39])

损失函数的第二部分是矩形框预测误差,假设预测值为$\hat{\boldsymbol{d}}$,真实值为 $\boldsymbol{d}^*$,它们的 4 个分量均为当前像素与矩形框左上角和右下角的距离。定位损失函数同样采用了欧氏距离,定义为

$$L_{\text{loc}}(\hat{\boldsymbol{d}},\boldsymbol{d}^*) = \|\hat{\boldsymbol{d}}-\boldsymbol{d}^*\|^2$$

总损失函数是这两部分的加权和。训练样本的标注方案为,对于图像的任何一个位置,如果它和真实目标矩形框的重叠比大于指定阈值,则标注为 1,否则标注为 0;对位置的标注根据每个像素与目标矩形框 4 条边的距离计算。

文献[40]提出了一种称为 Faceness-Net 的人脸检测算法。其主要创新是用多个卷积网络分别检测人脸的组件,包括头发、眼睛、鼻子、嘴巴、胡须。用另一个卷积网络对检测到的这些组件进行联合优化,输出人脸检测的结果。由于使用了部件检测器,因此,对人脸的遮挡具有非常好的鲁棒性。

文献[104]提出了一种称为 MT-CNN(Multi-Task CNN,多任务 CNN)的人脸检测算法,这个方法融合了人脸检测和关键点定位,在一个框架内同时完成这两个任务。系统由 3 个网络构成,分别称为 Proposal Net、Refinement Net、Output Net。检测时,使用这 3 个网络进行级联,逐步求精。整个检测流程如下。

首先用 Proposal Net 输出候选框和人脸关键点的坐标,这是一个全卷积网络,处理速度比滑动窗口方案更快。接下来用 Refinement Net 对第一个网络的输出结果进行细化,抛弃掉非人脸窗口,并进一步进行位置和大小回归,并执行非最大抑制操作。最后将结果送入 Output Net,这个网络也进行进一步分类、矩形框回归,以及人脸关键点的细化,最后得到最终的检测结果。

### 15.8.2 通用目标检测

与人脸、行人等特定类型的目标检测不同,通用目标检测要同时检测图像中的多种类型目标。各类目标的形状不同,因此,目标矩形的宽高比不同。处理这一问题的经典方法是"人工特征+分类器"方案,典型的是 DPM(Deformable Parts Model)。面对复杂的检测任务,这类方法的精度难以大幅度提升。卷积网络被成功用于通用目标检测问题,R-CNN 系列算法是典型的代表。通用目标检测要解决如下核心问题。

(1) 目标可能出现在图像的任何位置。

(2) 目标有各种不同的大小。

(3) 目标有各种不同的形状。如果用矩形框来定义目标,则矩形有不同的宽高比。

后面将要介绍的各种算法除了完成对检测框图像的分类这一任务之外,它们的核心目标就是用各种策略解决上面 3 个问题。为了评价检测效果,在这里定义 IOU 的概念,它是两个矩形交集与其并集的面积比值,反映了两个矩形的重叠程度:

$$\text{IOU} = \frac{A \cap B}{A \cup B}$$

如果两个矩形分别为目标真实矩形框与检测结果矩形框,则该值越大,意味着检测结果越接近真实目标。

R-CNN[27] 是第一个公开的采用深度卷积网络解决通用目标检测问题的方法,奠定了这一系列方法的基础。它抛弃了滑动窗口技术,改用启发式搜索技术提取图像中所有可能是目标的候选区域,这些候选区域称为 Region Proposals。然后用卷积网络提取这些候选区域的特征,得到固定维数的特征向量。最后用支持向量机进行分类,判断它是目标还是背景。整个目标检测的流程分为以下 4 步。

(1) 用 Selective Search 算法从待检测图像中提取可能是目标的候选区域。与滑动窗口技术相比,这种方法将候选窗口减少了至少 2 个数量级。

(2) 用卷积网络分别提取所有候选区域的特征,每个候选窗口得到固定长度的特征向量。

(3) 使用线性支持向量机对上一步提取的特征向量进行分类,确定它是不是某一类目标。

(4) 对目标位置和大小进行调整。

最后还要对检测结果进行非最大抑制。这一流程如图 15.16 所示。

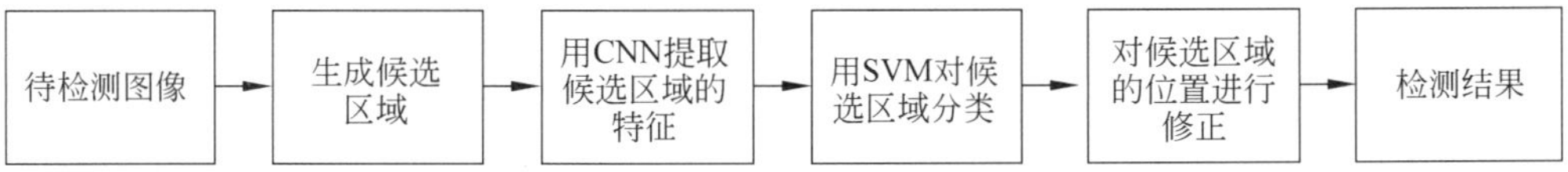


**图 15.16 R-CNN 算法的检测流程**

不采用滑动窗口技术的原因有两个:一是计算成本高,会产生大量的待分类窗口;另外不同类型目标的矩形框有不同的宽高比,无法使用统一尺寸的窗口对图像进行扫描。用于提取候选区域特征的卷积网络输入数据是固定大小的 RGB 图像,输出为 4096 维的向量。对候选区域的分类采用的是线性支持向量机,对待检测图像计算所有候选区域的特征向量,送入支持向量机中进行分类。

卷积网络用背景图像、各类目标图像进行训练。对于每张训练样本图像,用 Selective Search 算法从中抽取出约 2000 个子图像,如果一个子图像与真实目标矩形框的 IOU 超过 0.5,则被标注为该类目标,否则标注为背景。训练完成之后,网络最后一个全连接层的输出被用作特征向量。

线性支持向量机采用这些特征向量进行训练,如果要检测 $k$ 类目标,则要训练 $k$ 个支持向量机。每个支持向量机负责区分图像是否为某一类目标,训练时,与真实目标矩形框的

IOU 超过某一阈值的图像作为正样本，否则作为负样本。位置校正采用岭回归算法，其输入为 4096 维的特征向量，输出为 $x$ 和 $y$ 方向的平移和缩放。训练时，与某一目标真实矩形框 IOU 超过某一阈值的图像作为训练样本。

R-CNN 算法虽然比之前的算法有很大的进步，但它存在下列问题。

(1) 用于提取特征的卷积网络只能接收固定尺寸的输入图像，即使是很小的候选区域，也要缩放到统一尺寸然后再送入网络进行处理，非常耗时。

(2) 所有候选区域都要送入卷积网络计算一次，对于有重叠区域的候选窗口，显然存在重复计算。

(3) 由于卷积网络只能接收固定尺寸的图像，为了适应这个图像尺寸，要么截取这个尺寸的图像区域，这将导致图像未覆盖整个目标；要么对图像进行缩放，这会产生扭曲。无论哪种情况，都会影响检测精度。

SPP 网络[29]致力于解决上面的问题，它通过引入一种称为空间金字塔池化(Spatial Pyramid Pooling，SPP)的池化层解决卷积网络只能接收固定尺寸输入图像这一核心问题。

在卷积网络中，卷积层并不要求输入图像的尺寸固定，只有第一个全连接层需要固定尺寸的输入，因为它和前一层之间的权重矩阵是固定大小的，其他的全连接层也不要求图像的尺寸固定。如果在最后一个卷积层和第一个全连接层之间做特殊处理，将不同大小的图像变为固定大小的全连接层输入就可以解决问题。SPP 网络在最后一个卷积层之后加入 SPP 层，它把待处理图像在多个尺度上划分成网格，然后对每个网格进行池化，最后将各个尺度的池化结果拼接起来形成一个固定长度的向量。这一原理如图 15.17 所示。

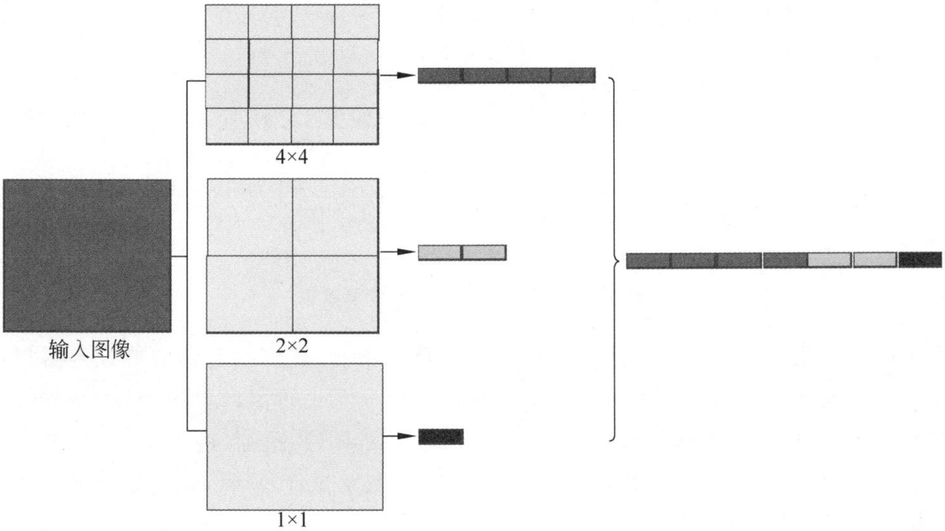


**图 15.17 SPP 操作示意图**

实现时采用 3 个尺度的划分。对于卷积特征图像，第一个尺度将图像划分成 4×4 等分的网格，对每个网格进行池化，输出 16 维的向量；第二个尺度将图像划分成 2×2 等分，输出 4 维的向量；最后一个尺度对整个图像进行池化，输出一维的向量。因此，SPP 操作之后每张特征图像的输出向量为 21 维。

在检测时只对整个图像进行一遍处理。对于输入图像的所有候选窗口，在经过所有卷积层之后，对原始图像的所有候选区域在卷积特征图像中对应的子图像做 SPP 操作，形成固定长度的向量，然后送入全连接层进行处理，形成特征向量，这样就消除了特征提取的重复计算。SPP 网络对候选区域的分类、位置回归与 R-CNN 算法相同。

训练时要分两部分进行训练。因为 SPP 层是自适应多尺度的池化，因此，无法通过反向传播算法将误差项传播到它前面的层。因为网络在多个尺度上进行了划分，然后输出固定长度的向量，反向传播时无法根据输出向量的导数计算 SPP 层输入图像的导数。卷积层采用预训练的策略提前训练好，然后训练全连接层，这用标准的反向传播算法实现。

Fast R-CNN[30] 是对 SPP 网络的改进。其主要创新是用 ROI 池化层替代 SPP 层，以及在一个卷积网络中同时对候选区域进行分类和矩形框回归，不再使用支持向量机对候选区域进行分类。这种方法实现了端到端的训练和检测。

R-CNN 的训练要分阶段进行。第 1 步是卷积网络的训练，第 2 步训练支持向量机，第 3 步训练目标矩形回归器实现目标的精确定位。这种分离的方案训练时非常耗费时间和存储空间，为了训练支持向量机和目标矩形回归器，每个候选区域都要提取特征向量并存储到硬盘中，特征提取的计算量非常大。

SPP 网络虽然消除了卷积网络特征提取的重复计算，但还是存在缺点。它的训练过程还是分上面 3 个阶段。由于 SPP 层无法进行反向传播（因为不知道池化之前的图像的尺寸），在进行网络微调时无法更新卷积层的参数。

Fast R-CNN 算法以整个图像和目标候选区域列表作为输入，卷积网络先用若干卷积层和池化层对整个图像进行处理，得到特征图像。然后对每个候选区域用 ROI 池化层从特征图像中提取出固定长度的特征向量。特征向量被送入全连接层中，最后一个全连接层后有两个输出层。第一个输出层用 softmax 回归进行分类，包括 $k$ 个目标类和一个背景类；第二个输出层为 $k$ 个目标类中的每个类输出 4 个实数值，表示这一个类的目标矩形框的位置和大小。

ROI 池化层的做法和 SPP 层类似，但只使用一个尺度进行网格划分和池化。假设该层输出图像的尺寸为 $H\times W$，它们是可配置参数。它接收的输入是一个高度为 $h$、宽度为 $w$ 的图像。池化操作将输入图像均分成 $H\times W$ 的网格，然后对网格进行 max 池化。

由于有两个并列的输出层，因此使用了多任务损失函数。第一个输出层对全连接层输出的 $k+1$ 维向量进行 softmax 变换得到概率向量 $\boldsymbol{p}$：

$$(p_0, p_1, \cdots, p_k)$$

即候选窗口属于每一类的概率值。第二个输出层输出的向量表示目标矩形的位置偏移值，对于第 $k$ 个类，输出向量 $\boldsymbol{t}^k$ 为

$$(t_x^k, t_y^k, t_w^k, t_h^k)$$

这个向量表示对目标矩形框的平移和对数空间的宽高缩放。训练样本图像中的每一个 ROI 都对应一组标签值，分别是类型 $\boldsymbol{u}$ 和矩形框回归目标 $\boldsymbol{v}$。多任务损失函数定义为

$$L(\boldsymbol{p}, u, \boldsymbol{t}^u, \boldsymbol{v}) = L_{\text{cls}}(\boldsymbol{p}, \boldsymbol{u}) + \lambda[u \geqslant 1]L_{\text{loc}}(\boldsymbol{t}^u, \boldsymbol{v})$$

第一部分为对数损失函数（即交叉熵），它用于判断候选区域是何种目标。第二部分根据第 $u$ 类的真实矩形框 $\boldsymbol{v}$ 以及网络的预测值 $\boldsymbol{t}^u$ 构造，定义为

$$L_{\text{loc}}(\boldsymbol{t}^u, \boldsymbol{v}) = \sum_{i\in\{x,y,w,h\}} \text{smooth}_{L_1}(t_i^u - v_i)$$

其中，smooth 是一个光滑的分段函数，定义为

$$\mathrm{smooth}_{L_1}(x)=\begin{cases}0.5x^2, & |x|<1\\ |x|-0.5, & |x|\geqslant 1\end{cases}$$

参数 $\lambda$ 由人工设定，用于控制分类和位置回归的相对重要性。训练时 ROI 池化层的误差反向传播计算方法和标准 max 池化类似，在前面已经介绍，需要记住正向传播时最大值的位置。

检测时网络的输入为待检测图像以及候选区域列表。对每一个候选区域，网络输出其属于每一类的概率，根据这个概率可以判断出候选区域是不是要检测的目标，如果是目标，再根据网络的输出进行位置回归。最后执行非最大抑制操作得到最终的检测结果。

R-CNN 和 Fast R-CNN 的检测过程都包括候选区域生成、特征提取、候选区域分类、目标位置回归与调整 4 步。Fast R-CNN 对后面的 3 步已经做了性能上的优化，剩下的只有候选区域的提取，这一步比较耗时并且无法用 GPU 并行化。Faster R-CNN[31] 将候选区域的提取也用卷积网络实现，代替 Selective Search 算法，这通过候选区域生成网络实现，候选区域生成网络与检测网络共享卷积层参数，因此，计算开销非常小。

生成候选区域的网络（Region Proposal Network，RPN）的输出值为目标候选区域列表。第二个网络接收待检测图像和 RPN 产生的候选区域作为输入，最终产生目标检测输出。整个系统的结构如图 15.18 所示。

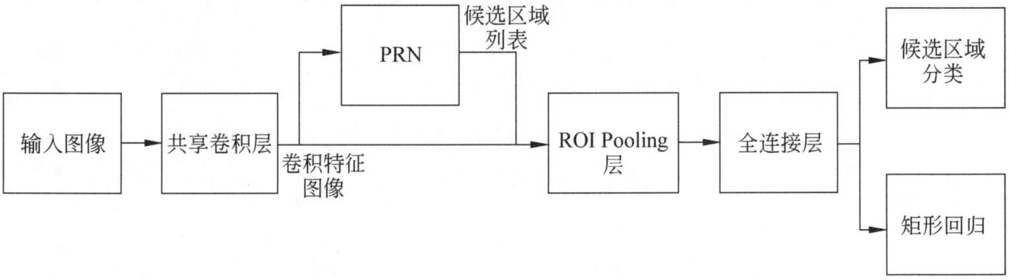


**图 15.18 Faster R-CNN 网络结构**

RPN 的输入为卷积特征图像，输出为一系列的候选矩形框。RPN 网络对最后一个共享卷积层的特征图像进行处理，首先执行 3×3 的卷积运算。在这里，卷积输入图像中任意一个 3×3 子图像代表了原始图像中该点为中心的一个矩形区域，以此检测处于不同位置处的目标。这个子图像首先被卷积层映射成一个特征向量，然后送入两个并列的 1×1 卷积层进行处理。第一个分支是目标矩形分类，确定这个区域是背景还是前景；第二个是目标矩形回归，确定候选框的位置和大小。

为了检测不同大小和宽高比的目标，使用了一种称为锚点（Anchor）的机制。卷积特征图像中的每个位置对应原始图像中的多个候选矩形，这些矩形以该点为中心，有不同大小和宽高比，称为锚点。它们可以看作是基准矩形，要检测目标矩形通过对这些锚点矩形进行平移和缩放而得到。图 15.19 是锚点的原理。

图 15.19 中的锚点有 3 种不同的大小，每种大小有 3 种不同的宽高比，因此，在每个位置产生出 9 个候选框。不同的矩形大小是为了检测不同大小的目标，不同的宽高比是为了检测不同形状的目标。如果每个位置的锚点数为 $k$，则 RPN 的回归层有 $4k$ 个输出值，表示

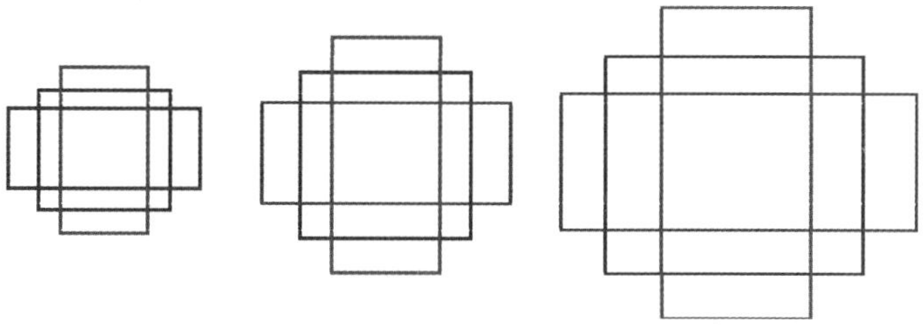

图 15.19　锚点的原理

候选矩形相对锚点矩形的位置和尺寸调整；分类层有 $2k$ 个输出值，表示此位置是目标以及背景的概率。如果卷积特征图像尺寸为 $h\times w$，则所有可能的锚点为 $h\times w\times k$ 个。图 15.20 是 RPN 的原理示意图。

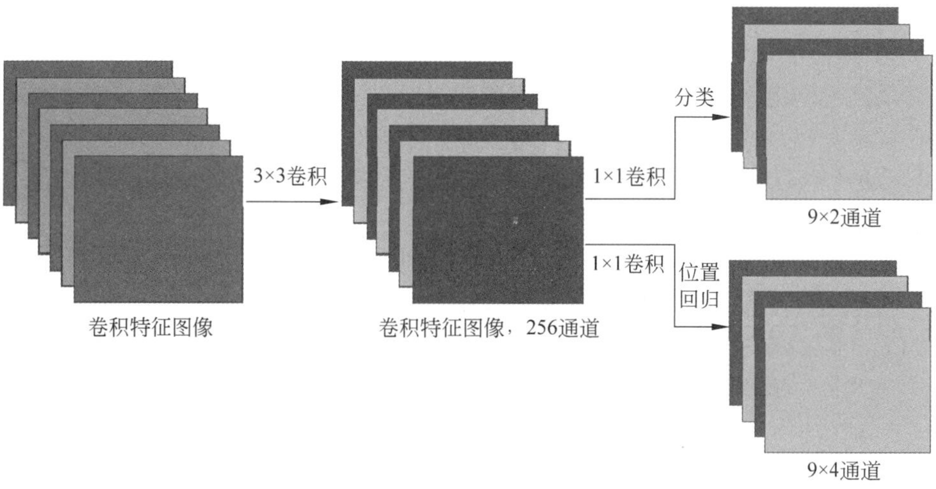


图 15.20　RPN 的原理

RPN 的损失函数由分类和位置回归两部分构成。分类部分用来判断锚点是背景还是目标，正样本为目标，负样本为背景，注意这里并不对目标的类型进行细分。图像每个锚点处的损失函数由分类算和回归损失构成，定义为

$$L(p_i,\boldsymbol{t}_i)=\frac{1}{N_{\text{cls}}}\sum_i L_{\text{cls}}(p_i,p_i^*)+\lambda\frac{1}{N_{\text{reg}}}\sum_i p_i^* L_{\text{reg}}(\boldsymbol{t}_i,\boldsymbol{t}_i^*)$$

其中，$p_i$ 是锚点，为目标的概率；$p_i^*$ 为样本的真实类别标签，分类损失函数使用的是交叉熵；$\boldsymbol{t}_i$ 是一个 4 维向量，是预测的矩形的参数化坐标；$\boldsymbol{t}_i^*$ 是一个正样本锚点的真实矩形；$N_{\text{cls}}$ 为 Mini-Batch 的大小；$N_{\text{reg}}$ 为锚点的数量；$\lambda$ 是人工设定的系数，用于调节分类和位置回归的重要性。回归损失函数为

$$L_{\text{reg}}(\boldsymbol{t}_i,\boldsymbol{t}_i^*)=R(\boldsymbol{t}_i-\boldsymbol{t}_i^*)$$

其中，$R$ 是 L1 光滑函数，前面乘以 $p_i^*$ 表示它只对正样本起作用。位置回归的参数化坐标计算公式为

$$t_x=(x-x_a)/w_a,\quad t_y=(y-y_a)/h_a$$
$$t_w=\ln(w/w_a),\quad t_h=\ln(h/h_a)$$

它们分别为矩形的中心点坐标、高度和宽度。$x$、$x_a$、$x^*$ 分别为预测矩形框、锚点矩形

框、真实矩形框的中心点 $x$ 坐标，其他 3 个变量的含义类似。

训练时样本图像中满足下面条件的锚点会被赋予正样本标签：与某一真实的目标矩形框有最高 IOU 重叠比，与任何一个真实目标矩形框的 IOU 重叠比超过 0.7。根据这一规则，一个真实目标可能会将多个锚点赋予正样本标签。如果锚点与所有真实目标的 IOU 重叠比都小于 0.3，则被标记为负样本。既不标记为正样本也不标记为负样本的锚点不参与训练。

RPN 用反向传播算法和随机梯度下降法训练。每个 Mini-Batch 来自一张样本图像，从图像中随机采样一些正样本和负样本锚点，每张图像生成 256 个锚点，正负样本的比例为 1∶1。

还有一个需要解决的问题是如何实现 RPN 前面的卷积层和检测网络的卷积层参数的共享。在这里采用了交替训练的策略，具体做法如下。

(1) 用 ImageNet 模型初始化，训练 RPN 的参数。

(2) 用 ImageNet 模型初始化，使用上一步 RPN 产生的候选区域作为输入，训练 Fast R-CNN 网络，此时两个网络每一层的参数不共享。

(3) 使用第(2)步的 Fast R-CNN 网络参数初始化一个新的 RPN，但是把 RPN、Fast R-CNN 共享的那些卷积层的学习率设置为 0，只更新 RPN 特有的那些层，重新训练，此时两个网络已经共享了所有公共的卷积层。

(4) 固定共享的那些网络层，把 Fast R-CNN 特有的层也加入进来，形成一个统一的网络，继续训练，微调 Fast R-CNN 特有的层。

YOLO[34]去掉了 R-CNN 系列的提取候选区域步骤，直接得到目标的类别和矩形，在速度上达到了实时。整个框架只使用一个网络，同时完成目标位置的预测和分类，实现了真正意义上端到端的训练和预测。与基于滑动窗口、候选框的方法相比，对整张图像进行处理带来的一个好处是可以利用更大范围的图像语义信息，从而提高检测精度。

算法将待检测图像缩放到标准尺寸，然后送入卷积网络，为了检测不同位置的目标，将图像等分成 $S\times S$ 的网格，这也是最终输出图像的尺寸，如果某个目标的中心落在一个网格单元中，此网格单元就负责预测该目标。每个网格单元负责预测 $B$(实现时这个值为 2)个目标矩形框大小和坐标，以及它们的置信度得分，该置信度包含了两方面的信息：这个矩形是目标的概率，以及这个矩形是目标矩形的精确度。置信度定义为

$$p(\text{object})\times \text{IOU}_{\text{pred}}^{\text{truth}}$$

上式前半部分为矩形是一个目标的概率，后半部分是矩形的精确度预测值，即和预测出的矩形框与真实目标矩形框的重合度。事实上，在检测阶段，预测出的是这个乘积值而不是这两个乘积项。在训练阶段，如果网格单元里没有目标，则置信度得分为 0；否则第一个乘积项 $p(\text{object})$设置为 1，第二项$\text{IOU}_{\text{pred}}^{\text{truth}}$则为预测的矩形与真实矩形的 IOU。

在检测时，为每个矩形预测 5 个值，包括矩形的位置坐标$(x,y)$和大小$(w,h)$，以及置信度。其中，坐标 $x$ 和 $y$ 为目标矩形的中心点相对于网格单元的位置，高度 $h$ 和宽度 $w$ 为相对于整个图像尺寸的值。

每个网格单元预测 $C$ 个类的概率值，这个概率值表示本网格单元是每一类目标的概率值。需要注意的是，每个网格单元只预测一组类概率值，虽然它预测 $B$ 个矩形。对于 $S\times S$ 的网格，因为每个网格负责预测 $B$ 个目标矩形，因此模型预测的输出是一个 $S\times S\times(5\times B+$

$C$)的张量。

类别由网格负责预测，置信度由矩形负责预测。在检测时，将类概率和单个矩形置信度预测值相乘，即可得到矩形对于每个类的置信度得分：

$$p(\text{class}_i \mid \text{object} \times p(\text{object} \times \text{IOU}_{\text{pred}}^{\text{truth}} = p\text{class}_i \times \text{IOU}_{\text{pred}}^{\text{truth}}$$

按照前面的定义，该置信度值包含了这个类的目标在矩形中出现的概率，以及预测的矩形与这个目标的真实矩形的重合度有多高这两部分信息。

卷积层负责提取特征，全连接层负责预测目标的概率和矩形框。网络的最后一层输出所有位置出现各类目标的概率以及目标的矩形框。矩形的高度和宽度相对于整个图像的高度和宽度做了归一化，值为 0～1。矩形的 $x$ 和 $y$ 坐标是对某一网格位置的偏移，也进行了参数化，值同样为 0～1。

训练时，如果一个目标的中心落在了某一个单元格里，则将该单元格的类别标签值设置为该目标，将其预测的矩形框设置为目标的矩形框。

损失函数采用平方和误差函数，定义为

$$\begin{aligned}
&\lambda_{\text{coord}} \sum_{i=0}^{S^2} \sum_{j=0}^{B} 1_{ij}^{\text{obj}} \left[ (x_i - \hat{x}_i)^2 + (y_i - \hat{y}_i)^2 \right] + \\
&\lambda_{\text{coord}} \sum_{i=0}^{S^2} \sum_{j=0}^{B} 1_{ij}^{\text{obj}} \left[ \left( \sqrt{w_i} - \sqrt{\hat{w}_i} \right)^2 + \left( \sqrt{h_i} - \sqrt{\hat{h}_i} \right)^2 \right] + \\
&\sum_{i=0}^{S^2} \sum_{j=0}^{B} 1_{ij}^{\text{obj}} (C_i - \widehat{C}_i)^2 + \lambda_{\text{noobj}} \sum_{i=0}^{S^2} \sum_{j=0}^{B} 1_{ij}^{\text{obj}} (C_i - \widehat{C}_i)^2 + \\
&\sum_{i=1}^{S^2} 1_{ij}^{\text{obj}} \sum_{c \in \text{classes}} (p_i(c) - \hat{p}_i(c))^2
\end{aligned}$$

其中，$\lambda_{\text{coord}}$ 和 $\lambda_{\text{noobj}}$ 是人工设定的参数；$1_i^{\text{obj}}$ 表示目标在第 $i$ 个网格单元是否出现；$1_{ij}^{\text{obj}}$ 表示第 $i$ 个网格单元中的第 $j$ 个矩形预测器是否负责本次预测。

SSD[35]也采用了网格划分的思想，与 Faster R-CNN 不同的是它没有候选区域生成网络，而是直接用一个卷积网络进行目标位置的预测和分类。为了检测不同尺度的目标，SSD 对不同卷积层的特征图像进行滑窗扫描；在前面的卷积层输出的特征图像中检测小的目标，在后面的卷积层输出的特征图像中检测大的目标。

整个卷积网络以 VGG 网络为基础，在它的卷积层后面添加了一些卷积层，用于目标检测的多尺度特征提取。这些添加的卷积层输出的不同尺特征图像和 VGG 网络最后一个卷积层的输出图像一起被送入后面用于目标分类和位置预测的层中。SSD 网络结构如图 15.21 所示。

为了检测所有位置处的目标，将卷积特征图像中每个位置处目标矩形框的输出空间离散化为一个默认矩形框的集合，这些默认矩形框有不同的宽高比和尺度。在检测时卷积网络为默认矩形框生成各类目标出现的概率，并对它们进行调整以适应目标的形状。最后对各种分辨率卷积特征图像的检测结果进行合并，以检测不同大小的目标。

在 VGG 网络的卷积层之后添加的每个卷积层可以产生特定尺度和宽高比的矩形框列表。对于 $m \times n$ 特征图像，使用 $3 \times 3$ 的卷积核来预测输出每一个位置属于某一类目标的概率，以及相对于默认矩形框的形状偏移。在这里定义了两个概念。

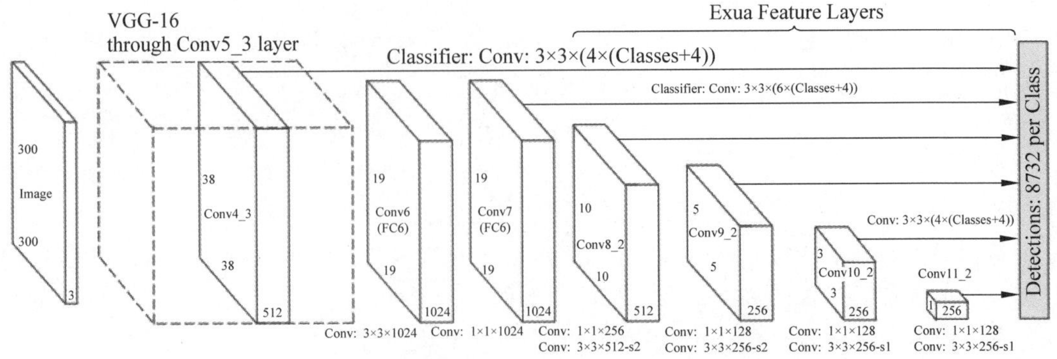


**图 15.21 SSD 网络结构**(来自文献[35])

特征图像单元(Feature Map Cell)。将卷积特征图像划分成 $s\times s$ 的网格,每一个单元格称为一个特征图像单元。这样做是为了在特定尺度下检测不同位置的目标。

默认矩形框(Default Box)。它是这些网格对应的一些固定大小、宽高比的矩形框,即为每个特征图像单元设置一组默认矩形框,它们具有各种不同宽高比。这样做是为了在特定尺度下检测各种不同大小和形状的目标。

图 15.22 是特征图像单元和默认矩形框的示意图。

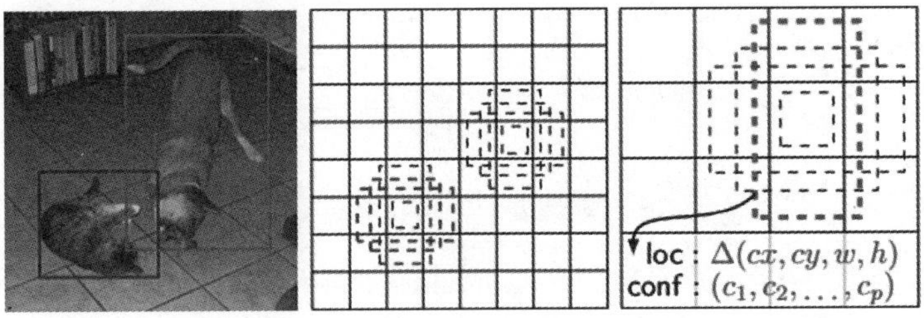


**图 15.22 特征图像单元和默认矩形框的示意图**(来自文献[35])

在训练时需要将训练样本图像中的真实目标矩形与默认矩形匹配起来,即每个默认矩形是否真的代表了一个目标。指示变量 $x_{ij}^{p}\in\{0,1\}$ 表示第 $i$ 个默认矩形和第 $j$ 个真实矩形对于目标类型 $p$ 是否匹配。损失函数定义为

$$L(x,c,l,g)=\frac{1}{N}(L_{\text{conf}}(x,c)+\alpha L_{\text{loc}}(x,l,g))$$

其中,$N$ 为匹配的默认矩形的数量;$\alpha$ 是人工设定的参数,用于平衡定位损失和置信度损失。定位损失函数是一个光滑的 L1 损失函数,定义预测的矩形和真实的矩形之间的误差。假设默认矩形的中心点坐标为$(cx,cy)$,宽度和高度分别为 $w$ 和 $h$。定位损失函数定义为

$$L_{\text{conf}}(x,l,g)=\sum_{i\in \text{pos},m\in\{cx,cy,w,h\}}^{N}\sum x_{ij}^{k}\,\text{smooth}_{\text{L1}}(l_i^m-\hat{g}_j^m)$$

置信度损失是对所有类的置信度的 softmax 损失,定义为

$$L_{\text{conf}}(x,c)=-\sum_{i\in \text{pos}}^{N}x_{ij}^{p}\ln(\hat{c}_i^p)-\sum_{i\in \text{neg}}\ln(\hat{c}_i^0)$$

还有一个要解决的问题是每个尺度的特征图像使用哪些大小和宽高比的默认矩形,它根据尺度和宽高比确定。默认矩形的尺度计算公式为

$$s_k = s_{\min} + \frac{s_{\max} - s_{\min}}{m-1}(k-1), \quad k \in [1, m]$$

其中，$s_{\min}=0.2$，$s_{\max}=0.9$。宽高比的取值有几种离散值。默认矩形的宽度和高度计算公式为

$$w_k^a = s_k \sqrt{a_r}$$

$$h_k^a = s_k / \sqrt{a_r}$$

这种默认矩形在不同的特征层有不同的尺度大小，在同一个特征层又有不同的宽高比，因此，可以覆盖输入图像中各种目标大小和宽高比。

### 15.8.3 人脸关键点定位

人脸关键点定位的目标是确定关键位置的坐标，如眼睛的中点、鼻尖和嘴尖等。它在人脸识别、美颜等功能中都有应用。这是一个回归问题，要实现的是如下映射：

$$\boldsymbol{I} \rightarrow (x_1, y_1), (x_2, y_2), \cdots, (x_n, y_n)$$

其中，$\boldsymbol{I}$ 是待处理图像；$(x_i, y_i)$ 是关键点的坐标。用卷积网络解决这一问题最简单的做法是用卷积网络直接根据输入图像预测多个关键点的坐标值。训练时使用标注了关键点的人脸图像作为样本，关键点的坐标要对人脸的高度和宽度做归一化，缩放到 0～1 范围内。预测时先将人脸图像缩放到卷积网络接受的输入尺寸，网络直接输出关键点的坐标。对归一化的坐标进行反变换，得到在图像中的坐标。图 15.23 是人脸关键点定位的结果。

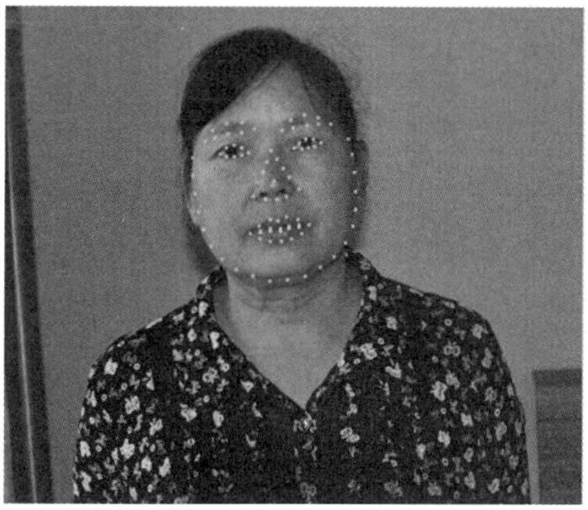

图 15.23 人脸关键点定位的结果

除此之外还有更复杂的策略。文献[41]提出了一种用级联的卷积网络进行人脸关键点检测的方法，通过逐级细化的思路实现。这里检测 5 个关键点，分别是左右眼的中心 LE 和 RE、鼻尖 N、嘴的左右端 LM 和 RM。采用了 3 个层次的卷积网络进行级联，逐步求精。第一个层次上包含 3 个卷积网络，分别称为 F1、EN1、NM1，输入分别为整个人脸图像、眼睛和鼻子、鼻子和嘴巴。每个网络都同时预测多个关键点。对每个关键点，将这些网络的预测值进行平均以减小方差。

### 15.8.4 人脸识别

在第 8 章中介绍了人脸识别的基本概念。典型的人脸识别算法由人脸检测、人脸对齐、

特征提取,分类 4 步构成。人脸检测算法在前面已经介绍,人脸对齐的一般做法是根据关键点来做姿态和表情校正,将人脸图像归一化。分类可以使用各种分类器,如支持向量机、AdaBoost 算法。

与人脸识别密切相关的一个概念是人脸验证,即判断两张人脸图像是否属于同一个人,这是一个二分类问题。需要学习到对区分不同的人有用的特征,保证同一个人的不同人脸图像提取的特征向量被判定为正,而不同的人的两张图像提取的特征向量被判定为负。人脸识别可以借助人脸验证来实现。

在深度卷积网络应用于人脸识别之前,使用的是人工设计的特征,典型的是 LBP 特征。卷积网络在脸识别问题中起的主要作用是特征提取,各种算法的核心是构造有效的损失函数,迫使神经网络学到对区分不同的人有用的特征。

DeepFace[42] 是用深度卷积网络解决人脸识别问题的第一个经典模型。它采用 3D 人脸对齐技术,对齐后的人脸图像缩放到固定大小然后送入卷积网络中提取出 4096 维的特征。特征提取采用 5 个卷积层。在这里使用了局部卷积技术,即每个区域的卷积核参数不共享,其原因是人脸不同的位置有不同的特征。

在训练时,最后一个全连接层的输出被送入 softmax 损失函数层,在这里使用了交叉熵损失函数。对特征向量的分类有 3 种方法,分别是直接计算向量内积、加权的卡方距离和 Siamese 网络。

DeepID 是一系列方法,它经历了 3 代。DeepID1[43] 的主要创新是采用了多图像块的方案,从人脸多个区域抽取出图像块分别提取特征。在用卷积网络提取特征时,首先检测人脸的 5 个关键点,分别是两个眼睛的中心、嘴的两个角点、鼻尖。以每个关键点为基点提取 2 个图像块,总共得到 10 个图像块。然后使用 3 种不同的分辨率,每个分辨率有 2 种颜色模式,分别为彩色和黑白,这样总共得到 60 个图像块。训练时,为每个图像块训练一个卷积网络,这样总共有 60 个卷积网络。每个卷积网络的最后一层是 softmax 层,有 10000 个类,对应于训练样本的 10000 个人。在预测阶段,卷积网络为每个图像块输出 160 维的特征向量。

作者使用了两种方法进行人脸验证,分别是联合贝叶斯和神经网络,在这里重点介绍神经网络。用于人脸验证的神经网络有 4 层,是一个前馈型神经网络。网络接收的输入为两张人脸图像的特征向量,输出层有一个节点,代表两张图像是一个人的概率,这是一个二分类问题。

DeepID2[44] 采用了和 DeepID1 类似的网络结构。主要创新是采用了新的损失函数,这种损失函数的目标是差异化不同人的特征向量,最小化同一个人的不同图像特征向量的差异。特征向量通过两个监督信号学习得到,对应于损失函数的两个部分。第一个为人脸认证信号,目标是将一张人脸图像分类为 $n$ 个不同的人中的一个,认证通过 softmax 层实现。这个层输出一个对 $n$ 个类的概率分布向量,训练时采用交叉熵。损失函数定义为

$$\mathrm{Ident}(\boldsymbol{x},t,\boldsymbol{\theta}_{id}) = -\sum_{i=1}^{n} p_i \ln \hat{p}_i = -\ln \hat{p}_t$$

其中,$\boldsymbol{x}$ 是特征向量;$t$ 是样本的目标类别标签值;$p_i$ 是目标类别标签的编码向量的分量;$\hat{p}_t$ 是 softmax 输出的概率值;$\boldsymbol{\theta}_{id}$ 为 softmax 参数。为了对所有的类型正确分类,必须学习到区分不同人的特征。

第二个信号称为验证信号，目标是让同一个人提取的特征向量尽量相似。这个信号可以消除同一个人的差异，具体做法是直接进行正则化。在这里使用了第 2 范数的损失函数：

$$\mathrm{Verif}(\boldsymbol{x}_i,\boldsymbol{x}_j,y_{ij},\theta_{ve})=\begin{cases}\dfrac{1}{2}\|\boldsymbol{x}_i-\boldsymbol{x}_j\|_2^2, & y_{ij}=+1\\ \dfrac{1}{2}\max(0,m-\|\boldsymbol{x}_i-\boldsymbol{x}_j\|_2)^2, & y_{ij}=-1\end{cases}$$

其中，$\boldsymbol{x}_i$ 和 $\boldsymbol{x}_j$ 是从两张人脸图像提取的特征向量。如果两张图像属于同一个人则 $y_{ij}$ 值为 +1，否则其值为 −1。对于第一种情况，目标函数要最小化两个特征向量的差异；对第二种情况，目标函数要最让两个向量的距离大于间隔值 $m$，否则就会产生正的损失。$\theta_{ve}$ 是要学习的参数。整个损失函数是认证损失函数和验证损失函数的加权和：

$$L=\mathrm{Ident}+\lambda\mathrm{Verif}$$

其中，$\lambda$ 是人工设定的系数。这种思想和第 8 章介绍的线性判别分析类似，线性判别分析的目标也是最大化类间差异，最小化内类差异。不同的是线性判别分析是线性映射，而这里的卷积网络是一个复杂的非线性映射。

DeepID3[45] 的卷积网络有更深的结构。作者设计了两种网络，分别借鉴了 VGG 网络和 GoogLeNet 网络的思想，使用了 Inception 模块。

FaceNet[46] 是 Google 公司提出的一种人脸识别算法。它没有用 softmax 交叉熵损失函数进行训练，也没有用最后一个全连接层的输出作为特征，而是直接进行端对端学习得到从图像到向量空间的编码方法，然后用这个向量完成人脸识别、人脸验证和人脸聚类等任务。为了完成这一任务，FaceNet 使用了一种称为 Triplet Loss 的损失函数。

假设神经网络的映射为 $f(\boldsymbol{x})$，其中 $\boldsymbol{x}$ 是输入图像，网络的输出是 $d$ 维的特征向量。这里附加一个约束条件，输出向量位于单位球面上。卷积网络要确保的是某一个人的人脸图像和此人的所有其他图像之间的距离都比和其他人的图像之间的距离要近，这和之前介绍的距离度量学习的思想类似，即满足如下不等式约束：

$$\|\boldsymbol{x}_i^a-\boldsymbol{x}_i^p\|_2^2+\alpha<\|\boldsymbol{x}_i^a-\boldsymbol{x}_i^n\|_2^2,\quad \forall(\boldsymbol{x}_i^a,\boldsymbol{x}_i^p,\boldsymbol{x}_i^n)\in T$$

其中，$\alpha$ 为正负样本对之间的距离；$T$ 是所有这种三元组的集合，其基数为 $N$。基于上面的定义，可以得到卷积网络要优化的损失函数为

$$L=\sum_{i=1}^{N}(\|\boldsymbol{x}_i^a-\boldsymbol{x}_i^p\|_2^2-\|\boldsymbol{x}_i^a-\boldsymbol{x}_i^n\|_2^2+\alpha)$$

列举出所有的三元组计算量太大，而且有些三元组满足约束条件，对损失函数没有贡献。为了加快速度，实现时挑选出违反上面不等式约束的三元组尤为关键。给定 $\boldsymbol{x}_i^a$，要挑选的正样本是最大化问题的解：

$$\arg\max_{\boldsymbol{x}_i^p}\|f(\boldsymbol{x}_i^a)-f(\boldsymbol{x}_i^p)\|_2^2$$

要挑选的负样本是如下最小化问题的解：

$$\arg\min_{\boldsymbol{x}_i^n}\|f(\boldsymbol{x}_i^a)-f(\boldsymbol{x}_i^n)\|_2^2$$

近期人脸识别算法的主要改进是在损失函数上，迫使神经网络能够学习得到对于区分不同的两个人有用的特征，除了前面介绍的各种损失函数之外还有 Center Loss[47]、Sphere Loss[102] 等，算法的细节可以阅读这些文献。

### 15.8.5 图像分割

图像分割的目标是确定图像中每个像素属于什么物体，即对所有像素进行分类。颜色、纹理、边缘等信息先后都被用于图像分割任务。使用这些特征的典型方法有分水岭算法、区域生长、图切割、活动轮廓、水平集(level set)算法等。这些方法都是像素级别的模型，没有考虑图像语义信息。

图像语义分割和图像识别是密切相关的问题，分割可看作是对每个像素的分类问题。卷积网络在进行多次卷积和池化后会缩小图像的尺寸，最后的输出结果无法对应到原始图像中的每一个像素，卷积层后面接的全连接层将图像映射成固定长度的向量，这也与分割任务不符。针对这两个问题有几种解决方案，最简单的做法是对图像中一个像素为中心的一块区域进行卷积，对每个像素都执行这样的操作。这种方法有两个缺点：计算量大，利用的信息只是本像素周围的一小片区域。更好的方法是全卷积网络，这是我们接下来要介绍的重点。

文献[53]提出了一种称为全卷积网络(FCN)的结构来实现图像的语义分割，这种模型从卷积特征图像预测出输入图像每个像素的类别。网络能够接收任意尺寸的输入图像，并产生相同尺寸的输出图像，输入图像和输出图像的像素一一对应。这种网络支持端到端、像素到像素的训练。

最简单的 FCN 的前半部分改装自 AlexNet 网络，将最后两个全连接层和一个输出层改成 3 个卷积层，卷积核均为 1×1 大小。解决卷积和池化带来的图像分辨率缩小问题的思路是上采样。网络的最后是上采样层，在这里用反卷积操作实现，反卷积的卷积核通过训练得到。在实现时，在最后一个卷积层后面接上一个反卷积层，将卷积结果映射回与输入图像相等的尺寸。为了得到更精细的结果，可以将不同卷积层的反卷积结果组合起来。全卷积网络的结构如图 15.24 所示。

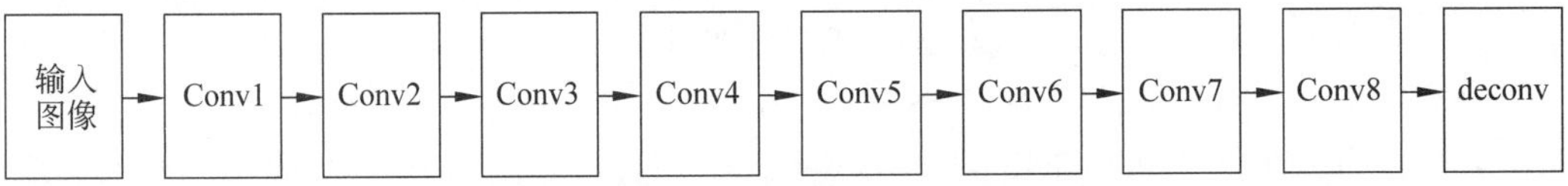


**图 15.24 全卷积网络的结构**

文献[55]提出一种称为 DeepLab 的图像分割方法。这个方法的创新有 3 点：用上采样的滤波器进行卷积，称为 atrous(空间)卷积，以实现密集的、像素级的预测；采用 atrous 空间金字塔下采样技术，以实现对物体的多尺度分割；使用了概率图模型，实现更精确的目标边界定位，通过将卷积网络最后一层的输出值与全连接的条件随机场相结合而实现。

文献[56]提出一种称为 SegNet 的语义分割网络，这也是一个全卷积网络，其主要特点是整个网络由编码器和解码器构成。网络的前半部分是编码器，由多个卷积层和池化层组成。网络的后半部分为解码器，由多个上采样层和卷积层构成。解码器的最后一层是 softmax 层，用于对像素进行分类。

编码器网络的作用是产生有语义信息的特征图像；解码器网络的作用是将编码器网络输出的低分辨率特征图像映射回输入图像的尺寸，以进行逐像素的分类。解码器用编码器 max 池化时记住的最大元素下标值执行非线性上采样，这样上采样的参数不用通过学习得到。上采样得到的特征图像通过卷积之后产生密集的特征图像。整个框架实现了完全端到端的训练。

编码器网络的结构与 VGG16 网络相同，去掉了它的全连接层。解码器网络由多个分层的解码器组成，这些解码器与编码器网络中的每个编码器相对应。SegNet 网络的结构如图 15.25 所示。

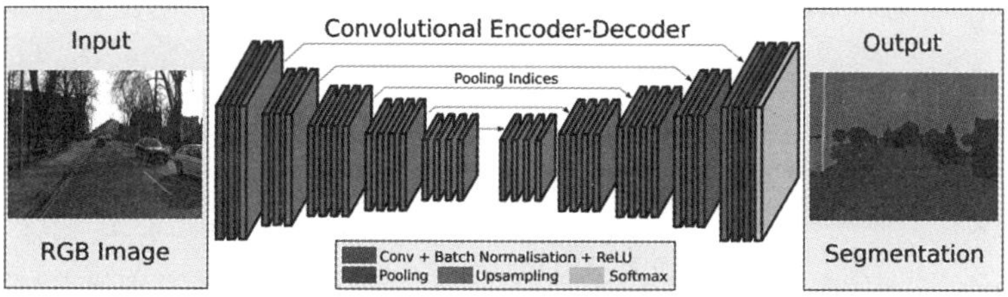


**图 15.25 SegNet 网络的结构**（来自文献[56]）

解码器网络最后的输出被送入 softmax 层，为每个像素产生分类概率输出。编码器网络中的每一个编码器首先执行卷积操作，然后执行批量归一化操作，接下来是 ReLU 激活函数操作，最后是最大池化操作。

解码器网络中的每个解码器首先执行最大上采样操作。对于上采样的输入图像，根据编码器中对应的最大池化时记住的最大元素的下标，将该位置的元素设置为上采样输入图像中对应位置的值，其他元素设置为 0，这和最大池化在反向传播时的做法相同。

接下来对上采样图像执行卷积操作，卷积核通过训练得到。最后一个解码器的输出图像被送入 softmax 分类器进行处理。这个分类器对每个像素单独进行处理，最后的输出是 $k$ 通道的概率图像，$k$ 为类型数，即要分割的区域的种类。最后将每个像素分为概率最大的那个类，完成图像的分割。

### 15.8.6 边缘检测

边缘检测的目标是找出图像中所有的边缘像素点。Sobel 算子和拉普拉斯算子都可以通过卷积（计算差分，即水平和垂直方向的偏导数）和阈值化的方式提取出图像的边缘。更复杂的方法有 Canny 算子，它首先用 Sobel 算子得到梯度图像，在进行阈值化之后进行非最大抑制，最后通过边缘跟踪得到更为干净的边缘图。与图像分割一样，纯图像处理的方法只在像素一级进行操作，没有利用图像语义和结构信息。边缘和轮廓检测可以看作是二分类问题，正样本为边缘点像素，负样本为非边缘像素。与图像分割相同，边缘检测也是逐像素分类问题。

文献[59]提出了一种称为 DeepEdge 的边缘提取方法，这是一种基于图像块的方法，卷积网络作用于原始图像中以每个像素为中心的小图像块，判断该像素是否为边缘像素。轮廓检测流程分为如下几步。

（1）用 Canny 算子提取候选轮廓点，它输出的边缘图像中所有的边缘点是候选轮廓点。

（2）为所有候选轮廓点截取 4 个尺度的子图像，将它们同时送入卷积网络中进行处理。

（3）将卷积的结果送入 2 个子网络中进行处理，第一个网络用于分类，第二个网络用于回归。

（4）将这两个网络的输出值进行加权平均，得到最后的分数值，这个分数值表示该候选轮廓点是否真的是轮廓点。

(5) 对上一步的输出分数进行阈值化,得到最终的轮廓图像。

整个网络的前半部分为一个 5 层的卷积网络,网络的权重直接从一个大规模的目标检测数据库预训练得到。为了进行多尺度处理,输入图像被缩放为 4 个不同大小的图像,并行地送入这个卷积网络进行处理。这 4 个卷积网络的输出送入一个交叉的子网络进行处理,这个子网络包含两个独立训练的分支:第一个分支用来预测轮廓似然值;第二个分支用来确定轮廓是否出现在某一给定点处。

两个子网络都是全连接网络,各自包括两个全连接层。第一个子网络进行二分类,判断一个像素点是否是轮廓点。第二个子网络执行回归任务,回归的目标是人类标注员中认为这一点处在轮廓的人的比例。训练时通过从训练图像中抽取出图像片段来训练子网络。图 15.26 为边缘轮廓检测的结果。

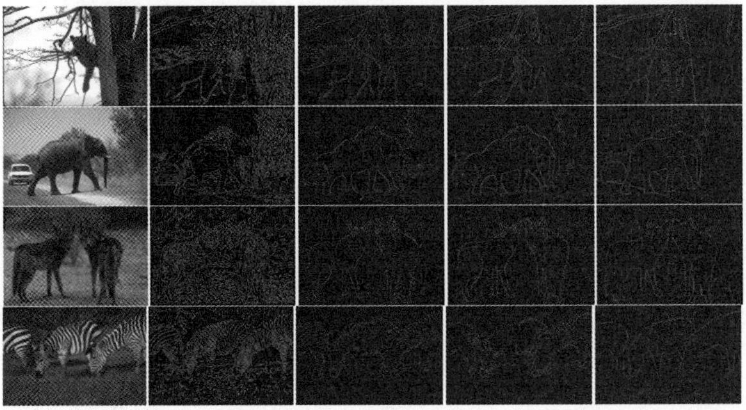

**图 15.26 边缘轮廓检测结果**(来自文献[60])

图 15.26 中第一列为原始图像,第二列为 Canny 算子边缘检测结果,第三列为 DeepEdge 网络的原始输出,第四列为 DeepEdge 输出结果阈值化后的结果,第五列为人工标注的真实边缘图像。

文献[57]提出了一种称为 DeepContour 的物体轮廓提取算法,这也是一种基于图像块的方法。这里将正样本(即轮廓)划分为多个子类,并且用不同的模型拟合这些子类。作者设计了一种新的损失函数,称为 Positive-Sharing Loss,各个子类共享正样本类的损失。在这里用卷积网络对小的图像块进行分类,这些图像块从整个图像中切分出来,可能包括轮廓,也可能不包括轮廓。

首先从手工标注的二值轮廓图像中抽取小图像块,实现时只使用中心点被轮廓穿过的那些图像块。然后对图像块进行聚类,得到形状类别,典型的如直线段或者更复杂的结构。假设得到的形状类型数为 $n$。

接下来根据这 $n$ 个形状类为从彩色图像抽取的图像块赋以标签值。如果图像块是一个轮廓块,标签值为 $y=k,k\in\{1,2,\cdots,n\}$,与该图像块在手工标注轮廓图像中的块对应;否则是背景块,标签值为 0。所有的轮廓块称为正样本块,背景块称为负样本块。训练时从数据集的训练集抽取了 200 万个图像块,正负图像块的数量相等。然后将这些数据送入卷积网络中进行训练。

这里没有使用 softmax 损失函数，因为将正样本错分为其他类型的正样本并不重要，重要的是正样本和负样本之间的错分，即将轮廓和非轮廓图像块混淆。为此使用了新的损失函数。假设有 $m$ 个训练样本 $(\boldsymbol{x}_i, y_i)$，对第 $i$ 个样本 softmax 输出值为概率向量 $\boldsymbol{p}_i$。损失函数定义为

$$L = L_0 - \frac{1}{m}\left(\sum_{i=1}^{m}\lambda(1(y_i = 0)\ln p_{i,0}) + \sum_{j=1}^{n}1(y_i = j)\ln(1 - p_{i,0})\right)$$

其中，$L_0$ 为标准的 softmax 交叉熵损失函数；$\lambda$ 为人工设定的参数。损失函数的第二部分是对正负样本错分的一个强化惩罚，忽略正样本之间的错分。

在进行轮廓检测时，将图像块中每个像素从卷积网络 FC1 层提取出的特征向量串行地送入结构化的随机森林分类器中进行预测，判断其是否为轮廓像素。

文献[58]提出了一种称为整体式嵌套(Holistically-Nested)的边缘检测算法。整体式是指整个算法是端到端的，嵌套是指在边缘检测的过程中通过不断地细化求解，得到精确的边界图像。网络对输入图像进行多尺度的处理，这通过卷积网络运行过程中得到的多个尺度的特征图像进行处理融合而实现。

算法的训练样本由原始图像与其对应的二值化边缘图像组成，假设有 $l$ 个训练样本。在这里将原始图像 $\boldsymbol{x}_i$ 和二值化图像 $\boldsymbol{y}_i$ 都看作是向量。假设神经网络要训练的参数为 $\boldsymbol{w}$。整个网络包括 5 个卷积层，这些卷积层的结果都被用来进行分类，判断每一个像素是否为边缘像素。这样，可以得到 5 个尺度的边缘图像。称这些卷积层为旁侧输出层。假设有 $M$ 个旁侧输出层，每个层关联一个分类器，这些层的权重参数表示为

$$\boldsymbol{w} = (\boldsymbol{w}^{(1)}, \boldsymbol{w}^{(2)}, \cdots, \boldsymbol{w}^{(M)})$$

首先定义这些层的损失函数为

$$L_{\text{side}}(\boldsymbol{W}, \boldsymbol{w}) = \sum_{m=1}^{M}\alpha_m L_{\text{side}}^{(m)}(\boldsymbol{W}, \boldsymbol{w}^{(m)})$$

它由每个层的损失函数构成，每个层的损失函数则由一张图像所有像素 $\boldsymbol{x}$ 以及对应的边缘图像的所有像素值 $\boldsymbol{y}$ 计算得到。如果第 $i$ 个像素为边缘像素则 $y_i$ 为 1，否则 $y_i$ 为 0。边缘像素的下标构成的集合为 $\boldsymbol{y}_+$，由非边缘像素的下标构成的集合为 $\boldsymbol{y}_-$。每一层的损失函数定义为

$$L_{\text{side}}^{(m)}(\boldsymbol{W}, \boldsymbol{w}^{(m)}) = -\beta\sum_{j\in \boldsymbol{y}_+}\ln p(y_j = 1 \mid \boldsymbol{x}; \boldsymbol{W}, \boldsymbol{w}^{(m)}) - (1-\beta)\sum_{j\in \boldsymbol{y}_-}\ln p(y_j = 0 \mid \boldsymbol{x}; \boldsymbol{W}, \boldsymbol{w}^{(m)})$$

这是交叉熵损失函数，但是带上了权重参数 $\beta$，用于对边缘像素和非边缘像素两类进行平衡，因为在自然图像中，边缘像素远比非边缘像素少。权重为非边缘像素数占总像素数的比例。

假设每一个旁侧输出层的卷积输出值为 $\hat{\boldsymbol{A}}_{\text{side}}^{(m)}$，$\sigma$ 为 sigmoid 函数，通过它可以构造边缘图像：

$$\hat{\boldsymbol{Y}}_{\text{side}}^{(m)} = \sigma(\hat{\boldsymbol{A}}_{\text{side}}^{(m)})$$

定义融合的边缘图像为

$$\hat{\boldsymbol{Y}}_{\text{fuse}} = \sigma\left(\sum_{m=1}^{M} h_m \hat{\boldsymbol{A}}_{\text{side}}^{(m)}\right)$$

然后构造融合损失函数为

$$L_{\text{fuse}}(\boldsymbol{W},\boldsymbol{w},\boldsymbol{h}) = \text{Dist}(\boldsymbol{Y},\hat{\boldsymbol{Y}}_{\text{fuse}})$$

其中：

$$\boldsymbol{h} = (h_1, h_2, \cdots, h_M)$$

为融合权重，Dist 为预测边缘图像与真实边缘图像之间的距离，在这里使用了交叉熵。整个损失函数由旁侧损失函数与融合损失函数的和构成，这样整个网络的训练相当于求解如下最小化问题：

$$(\boldsymbol{W},\boldsymbol{w},\boldsymbol{h})^* = \arg\min\ (L_{\text{side}}(\boldsymbol{W},\boldsymbol{w}) + L_{\text{fuse}}(\boldsymbol{W},\boldsymbol{w},\boldsymbol{h}))$$

得到了网络的所有参数之后，就可以用它预测出边缘图像。

### 15.8.7 风格迁移

风格迁移的目标是把输入图像变成另一种风格，如油画风格或者凡·高风格，但要保持和输入图像的内容相同，这是一个根据两张图像预测一张图像的问题。

文献[60]提出了一种用卷积网络进行风格迁移的方法。在这里将风格看成是图像的纹理特征，风格迁移看成是提取待迁移图像的语义及内容信息，然后将纹理特征作用于该图像，得到目标风格的输出图像。

算法的输入包括一张风格图像和一张要进行风格迁移的内容图像，输出的图像内容和内容图像保持一致，风格和风格图像保持一致。处理流程如下。

(1) 用卷积网络提取风格图像的风格特征，内容图像的内容特征。

(2) 从一张白噪声图像开始迭代生成目标图像，优化的目标是使得目标图像的风格特征与风格图像相似，内容特征与内容图像相似。

这里的关键是如何用卷积网络提取内容特征和风格特征。给定一张输入图像 $\boldsymbol{x}$，卷积网络通过每一层的卷积滤波器输出对其进行编码。如果某个卷积层有 $N_l$ 个卷积核，则其输出包含 $N_l$ 张特征图像，每张图像的尺寸为 $M_l$，等于图像的高度乘以宽度。第 $l$ 个卷积层的输出响应可以转换成 $N_l \times M_l$ 的特征矩阵 $\boldsymbol{F}^l$，其元素 $F_{ij}^l$ 为第 $l$ 层的第 $i$ 个卷积滤波器在第 $j$ 个位置的响应值。

在这里要做的是找到另外一张图像，它的卷积输出响应值和原始图像的卷积输出响应值相匹配。假设 $\boldsymbol{p}$ 是内容图像，$\boldsymbol{x}$ 是生成的图像，$\boldsymbol{P}^l$ 和 $\boldsymbol{F}^l$ 是它们在第 $l$ 层的特征矩阵。两个特征表示之间的均方误差损失为

$$L_{\text{content}}(\boldsymbol{p},\boldsymbol{x},l) = \frac{1}{2}\sum_{i,j}(F_{ij}^l - P_{ij}^l)^2$$

可以使用反向传播算法计算损失函数对图像 $\boldsymbol{x}$ 的梯度值，从而迭代更新图像的值，直到它在某一层的输出响应值和原始图像的输出响应值一致。

卷积网络前面卷积层输出的特征代表的是图像像素级细节信息，后面卷积层输出的特征代表的是图像的更大尺度的物体和布局信息。因此，在表示内容特征时使用了后面卷积层特征，表示风格特征时使用了前面卷积层的特征。

为了描述风格特征，使用了为捕获纹理特征而设计的一种特征空间。这种特征空间可以通过使用卷积网络任何一个卷积层的输出响应值来构造，它包含不同滤波器输出响应值之间的相关性。相关性用 Gram 矩阵 $\boldsymbol{G}^l$ 表示，是一个 $N_l \times N_l$ 的矩阵，其元素为卷积网络第

$l$ 层的特征图像 $i$ 和 $j$ 的向量内积：

$$G_{ij}^{l} = \sum_{k} F_{ik}^{l} F_{jk}^{l}$$

通过包含多个层的特征相关性，可以得到输入图像固定的、多尺度的表示。它捕获了图像的纹理信息而不包含全景布局信息。同样地，可以根据风格特征重建一张图像，使得它的风格特征与输入图像的风格特征一致。初始时，给定一张白噪声图像，然后用梯度下降法迭代更新它。目标是让这张图像的 Gram 矩阵和风格图像的 Gram 矩阵元素的均方误差最小化。

假设 $\boldsymbol{a}$ 是风格图像，$\boldsymbol{x}$ 是生成的图像，$\boldsymbol{A}^l$ 和 $\boldsymbol{G}^l$ 是它们在第 $l$ 层的风格特征矩阵。第 $l$ 层的损失定义为

$$E_l = \frac{1}{4N_l^2 M_l^2} \sum_{i,j} (G_{ij}^l - A_{ij}^l)^2$$

风格损失函数为各层的损失函数之和，即

$$L_{\text{style}}(\boldsymbol{a}, \boldsymbol{x}) = \sum_{l=0}^{L} w_l E_l$$

其中，$w_l$ 为权重系数。类似地可以定义内容损失 $L_{\text{content}}$。同样地，可以用反向传播算法计算出损失函数对 $\boldsymbol{x}$ 的梯度值。有了上面定义的内容特征和风格特征，就可以将一张风格图像 $\boldsymbol{a}$ 的风格迁移到一张内容图像 $\boldsymbol{p}$ 了。具体做法是生成一张图像，它同时能匹配的 $\boldsymbol{a}$ 风格和 $\boldsymbol{p}$ 的内容。从一张白噪声图像开始，用梯度下降法迭代更新它，最终得到要生成的图像。梯度下降法的目标函数是让这种生成的图像的风格特征和图像 $\boldsymbol{a}$ 的风格特征一致，同时它的内容特征和 $\boldsymbol{p}$ 的内容特征一致，即最小化如下目标函数：

$$L_{\text{total}}(\boldsymbol{p}, \boldsymbol{a}, \boldsymbol{x}) = \alpha L_{\text{content}}(\boldsymbol{p}, \boldsymbol{x}) + \beta L_{\text{style}}(\boldsymbol{a}, \boldsymbol{x})$$

其中，$\alpha$、$\beta$ 为人工设定的权重系数。迭代结束之后就得到了风格迁移的结果图像。

### 15.8.8 图像增强

图像增强的目标是提升图像的对比度，最简单的有直方图均衡化、伽马校正等方法。文献[77]提出了一种用卷积神经网络进行图像增强的方法。其基本思想是学习人工对图像进行增强调整的模型。这种方法有非常好的效果，而且可以在移动设备上达到实时。

在进行图像增强时，卷积网络输出的是原始图像的低分辨版本，进行双边空间中的一系列仿射变换，然后对这些仿射变换进行保边缘的上采样。再将上采样后的变换作用于原始输出图像，得到增强后的图像。这个方法的关键点有 3 个。

(1) 大部分的预测在低分辨率的双边网格上进行，在双边网格中，每个像素的 $x$ 和 $y$ 坐标用第三个维度进行增广，这个维度是像素颜色值的函数。

(2) 神经网络的预测输出是原始图到目标图像的变换，而不是直接预测目标图像。在这里学习的是局部仿射颜色变换。

(3) 虽然训练和预测都是对低分辨率的数据进行的，但是训练时的损失函数却是定义在原始分辨率的图像上的。

假设原始输入图像为 $\boldsymbol{I}$，进行预测的低分辨率图像为 $\tilde{\boldsymbol{I}}$。首先 $\tilde{\boldsymbol{I}}$ 被送入到一系列的卷积层中进行处理，提取图像的低层特征。最后一个卷积层的输出特征图像被送入两个不对称的分支中进行处理。第一个分支为全卷积结构，负责学习图像的局部特征，这些特征在传播

图像数据的同时保持了空间信息。第二个分支同时使用了卷积和全连接层，输出固定长度的向量，表示图像的全局特征，如场景类型，是室内还是室外。它的感受野包含整个输入图像。两条路径的输出值融合成一个特征集合。然后用一个逐点线性变换层进行处理，输出最终的数组。这个数组是仿射变换系数的双边网格。

下面来看局部特征提取的细节。首先对低分辨率图像 $\tilde{\boldsymbol{I}}$ 进行一系列的卷积。假设第 $i$ 个卷积层的输出图像为 $\boldsymbol{S}^i$。

接下来将上一步输出的卷积图像送入第一个分支（即局部分支）中进行处理。在这个分支中，每一层的卷积核个数相同，并且输出图像的分辨率相同。

同时第一步的输出图像被送入第二个分支（即全局分支）中进行处理。由于使用了全连接层，因此，整个网络的输入图像的尺寸必须固定。第二个分支输出 64 维的向量，包含图像的全局信息，作为先验知识来调节局部分支的预测结果。

接下来，将局部分支和全局分支的输出结果进行融合，然后用 ReLU 激活函数进行变换，输出一个特征数组：

$$\boldsymbol{F}_c[x,y]=\sigma\left(b_c+\sum_{c'}w'_{cc'}+\sum_{c'}w_{cc'}L_{c'}^{n_L}[x,y]\right)$$

然后用 1×1 的线性预测产生输出：

$$\boldsymbol{A}_c[x,y]=b_c+\sum_{c'}\boldsymbol{F}_{c'}[x,y]w_{cc'}$$

到此为止，神经网络低分辨率的输入图像产生了最终的输出特征图像 $\boldsymbol{A}$。将这张图像看作是三维图像在第三个维度上的展开：

$$\boldsymbol{A}_{dc+z}[x,y]\leftrightarrow\boldsymbol{A}_c[x,y,z]$$

在这里 $d$ 是网格的深度。按照这种解释，可以将 $\boldsymbol{A}$ 看作是 16×16×8 的双边网格，每个网格单元包含 12 个成员，是一个 3×4 的仿射颜色变换的系数矩阵。

前面根据低分辨率图像 $\tilde{\boldsymbol{I}}$ 通过卷积网络得到了双边网格系数数组，接下来要将它变换回输入图像 $\boldsymbol{I}$ 的高分辨率空间，以产生最终的增强结果图像。在这里，通过 $\boldsymbol{A}$ 对进行线性插值得到

$$\overline{\boldsymbol{A}}_c[x,y]=\sum_{i,j,k}\tau(s_x x-i)\tau(s_y y-j)\tau(d.\boldsymbol{g}[x,y]-k)\boldsymbol{A}_c[i,j,k]$$

其中，$s_x$ 和 $s_y$ 分别为网格数组与原始输入图像的宽高比；$\boldsymbol{g}$ 是单通道的制导映射矩阵。这里使用了线性插值核：

$$\tau(\cdot)=\max(1-|\cdot|,0)$$

通过上面的变换，可得到高分辨率的仿射变换矩阵 $\overline{\boldsymbol{A}}$。

还有一个没有解决的问题是怎么得到 $\boldsymbol{g}$。对于全分辨率图像 $\boldsymbol{I}$，我们提取 $n_\phi$ 个全分辨率特征 $\boldsymbol{\phi}$。最简单的做法是直接用 $\boldsymbol{\phi}=\boldsymbol{I}$，此时表示原始输入图像的 3 个通道。根据它可以得到 $\boldsymbol{g}$：

$$\boldsymbol{g}[x,y]=b+\sum_{c=0}^{2}\rho_c(\boldsymbol{M}_c^{\mathrm{T}}\cdot\boldsymbol{\phi}_c[x,y]+b'_c)$$

其中，$\boldsymbol{M}_c^{\mathrm{T}}$ 是 3×3 颜色变换矩阵的行；$b$ 和 $b'_c$ 是偏置；$\rho_c$ 是逐元素的线性变换函数，按照下式计算：

$$\rho_c(x)=\sum_{i=0}^{15}a_{c,i}\max(x-t_{c,i},0)$$

参数 $\boldsymbol{M}$、$a$、$t$、$b$、$b'$和神经网络的参数一同通过训练得到。$\boldsymbol{M}$ 初始化为单位矩阵，$a$、$t$、$b$、$b'$初始化为使得 $\rho_c$ 是[0,1]上的恒等变换。

在得到 $\overline{\boldsymbol{A}}$ 之后，可以通过它得到最终的增强结果图像的每个通道：

$$\boldsymbol{O}_c[x,y]=\overline{\boldsymbol{A}}_{n_\phi+(n_\phi+1)c}+\sum_{c'=0}^{n_\phi-1}\overline{\boldsymbol{A}}_{c'+(n_\phi+1)c}[x,y]\phi_{c'}[x,y]$$

网络的参数通过对输入输出图像对训练得到。假设训练样本集为

$$D=\{(\boldsymbol{I}_i,\boldsymbol{O}_i)\}$$

其中，$\boldsymbol{I}_i$ 为原始图像；$\boldsymbol{O}_i$ 为增强后的图像。损失函数定义为

$$L=\frac{1}{|D|}\sum_i\parallel\boldsymbol{I}_i-\boldsymbol{O}_i\parallel^2$$

## 15.8.9　三维视觉

卷积神经网络被成功地用于根据单张图像估计深度信息。文献[61]提出了一种用多尺度的卷积网络从单张图像估计深度的方法，在这里，深度信息只是相对数据，即图像中每个像素离摄像机的远近关系，而不是真实的物理距离。由于每个像素点都会预测出一个深度值，因此，这是一个逐像素的回归问题。

系统的输入是单张 RGB 图像，输出是深度图，与输入图像尺寸相同。系统由两个卷积网络层叠组成，第一个网络对整个图像进行粗的全局深度预测，第二个卷积网络用局部信息对全局预测结果进行求精。下面分别介绍这两个网络的结构。

第一个网络对整个图像深度进行粗预测，其输入为原始 RGB 图像。第二个网络以第一个网络的结果图像以及原始 RGB 图像为输入，对第一个网络的预测结果进行细化和调整，得到最终的深度图像。

第一个卷积网络包括 5 个卷积层、2 个全连接层。这个网络能够对图像进行全局理解，如图像的灭点，每个物体的位置。最后输出图像的分辨率为原始图像的 1/4。

第二个网络只有卷积层，包括 3 个卷积层。第一个卷积层以原始图像为输入，第二个卷积层以第一个卷积层的输出以及第一个网络的输出为输入。第二个网络的最终输出图像和原始输入图像的尺寸相同。

假设预测的深度图像为 $\boldsymbol{y}$，真实的深度图像为 $\boldsymbol{y}^*$，它们都有 $n$ 个像素。误差衡量指标使用对数空间的尺度不变均方误差，定义为

$$D(\boldsymbol{y},\boldsymbol{y}^*)=\frac{1}{2n}\sum_{i=1}^{n}(\ln y_i-\ln y_i^*+\alpha(\boldsymbol{y},\boldsymbol{y}^*))^2$$

其中：

$$\alpha(\boldsymbol{y},\boldsymbol{y}^*)=\frac{1}{n}\sum_i(\ln y_i^*-\ln y_i)$$

训练时的每个样本为一张 RGB 图像以及与它对应的人工标注的深度图所组成的图像对。与误差衡量指标类似，训练时的损失函数也要保证尺度不变性，定义为

$$L(\boldsymbol{y},\boldsymbol{y}^*)=\frac{1}{n}\sum_i d_i^2-\frac{\lambda}{n^2}\left(\sum_i d_i\right)^2$$

其中：

$$d_i=\ln y_i-\ln y_i^*$$

其中，$\lambda$ 是人工设定的参数。

更进一步，文献[62]提出了一种用多尺度卷积网络从单张图像同时估计深度和法向量的方法。卷积网络的输入为单张 RGB 图像，输出为 3 张图像，分别为深度图手、法向量图和物体分割标记图。

这个卷积网络包括 3 个尺度，形成级联结构。每个尺度的第一层都接收原始 RGB 图像作为输入，另外还接收上一个级卷积网络的输出作为输入，这个输出是经过上采样的。

训练时的损失函数由深度、法向量、语义分割标记 3 部分构造。假设 $\boldsymbol{D}$ 为预测的深度图，$\boldsymbol{D}^*$ 为真实的深度图，$d$ 为二者的差。深度损失定义为

$$L_{\text{depth}}(\boldsymbol{D},\boldsymbol{D}^*)=\frac{1}{n}\sum_i d_i^2-\frac{1}{2n^2}\left(\sum_i d_i\right)^2+\frac{1}{n}\sum_i\left((\nabla_x d_i)^2+(\nabla_y d_i)^2\right)$$

其中，$n$ 为图像中的合法像素数；$\nabla_x d_i$ 和 $\nabla_y d_i$ 为差值图像在水平和垂直方向的差分。不合法的像素是指在标注图像中这个像素没有深度值。

法向量为三维向量。假设 $\boldsymbol{N}$ 为预测的法向量图，$\boldsymbol{N}^*$ 为真实的法向量图，法向量损失定义为

$$L_{\text{normals}}(\boldsymbol{N},\boldsymbol{N}^*)=-\frac{1}{n}\sum_i \boldsymbol{N}\cdot\boldsymbol{N}_i^*=-\frac{1}{n}\boldsymbol{N}\cdot\boldsymbol{N}^*$$

这里的乘法是向量内积。语义分割标签损失函数采用交叉熵，定义为

$$L_{\text{semantic}}(\boldsymbol{C},\boldsymbol{C}^*)=-\frac{1}{n}\sum_i C_i^*\ln C_i$$

其中，$C_i$ 为第 $i$ 个像素经过 softmax 变换后的概率输出值。每一个训练样本由原始图像、深度图像、法向量图像、语义分割标注图像组成。

### 15.8.10 目标跟踪

目标跟踪是机器视觉领域中的一个重要问题，它分为单目标跟踪与多目标跟踪两种问题。前者只跟踪单个目标，后者要对多个目标同时进行跟踪。单目标跟踪是一个状态预测问题，它根据目标在之前帧中的位置、大小、外观和运动信息估计在当前帧中的位置、大小等状态。如果只考虑速度而不考虑加速度，目标运动的动力学模型为

$$x_{t+1}=x_t+\Delta x_t$$
$$y_{t+1}=y_t+\Delta y_t$$

在这里，$x_t$，$y_t$ 为 $t$ 时刻目标在图像平面内的坐标；$\Delta x_t$，$\Delta y_t$ 为 $t$ 时刻目标的速度。根据这两个量，预测出目标在下一个时刻的位置。人们称目标的位置坐标、速度、加速度等为状态。单目标跟踪要做的就是预测目标在每个时刻的状态值。

典型的目标状态预测算法有卡尔曼滤波和粒子滤波器，它们对当前时刻的状态进行预测，然后根据检测得到的实际状态进行修正。直接定位物体大小和位置的方法有 Mean Shift、TLD，相关性滤波如 KCF 等算法。其中有一类方法是通过检测来实现跟踪，具体做法是确定要跟踪的目标之后，在后续的帧中检测该目标来完成跟踪。

与图像分类、目标检测等问题相比，深度学习在目标跟踪问题上的优势目前体现得不太明显，主要原因是缺乏大量的训练样本来训练用于检测要跟踪的目标的神经网络。卷积神经网络用于跟踪问题的一般做法是通过在线训练得到目标检测器，在当前帧中进行检测。由于训练样本很少，因此先离线训练一个检测器，然后根据要检测的目标对模型进行微调。

文献[63]用堆叠的降噪自动编码器进行目标跟踪。在这里，用神经网络提取图像的特征，用离线的数据无监督地训练这个模型，然后用 sigmoid 函数进行分类。在跟踪时通过在目标周围抽取图像块采样在线训练这个神经网络，不断地更新模型以适应目标外观的变化。

文献[64]用卷积神经网络来实现目标的检测以用于目标跟踪。网络的输入为固定尺寸的图像，包含 3 个卷积层，输出为概率图像，表示该位置为目标的概率。在卷积层和全连接层之间加入了 SPP 网络中的 SPP 池化层，以提高目标定位的精度。

整个网络先用 ImageNet 的目标检测数据集进行离线训练，这样就具有区分目标和背景的能力。离线训练时的损失函数为

$$\min_{p_{ij}} \sum_{i=1}^{50}\sum_{j=1}^{50} -(1-t_{ij})\ln(1-p_{ij})-t_{ij}\ln(p_{ij})$$

其中，$p_{ij}$ 为神经网络的预测图像在$(i,j)$点处的值；$t_{ij}$ 为二值化的目标掩码图像在该点处的值。在跟踪时，首先确定当前帧的最佳搜索区域。然后用该区域作为输入，用卷积网络生成概率图像，接下来计算每一个点处的得分值，这个值为目标处于该位置的概率的近似：

$$c=\sum_{i=x}^{x+w-1}\sum_{j=y}^{y+h-1}(p_{ij}-\varepsilon)\cdot w\cdot h$$

这个值最大的位置就是目标所处的位置。在检测过程中，以要跟踪的目标作为正样本，随机采样的背景作为负样本进行网络的微调训练，以适应目标外观和尺寸的变化。

文献[66]提出了一种用全卷积网络进行目标跟踪的方法，卷积网络的作用是目标检测。这种方法用一个在 ImageNet 数据集上预先训练好的卷积网络提取图像的特征，用于区分目标和背景，卷积网络采用 VGG 结构。另外也用卷积网络的特征生成热度图，表示每个位置处是目标的概率。

假设某一卷积层的输出为 $d\times n$ 的图像 $\boldsymbol{F}$，其中 $n$ 为卷积特征图像的数量，$d$ 为每张卷积特征图像转换成一维向量之后的维数，即图像的宽度乘以高度。接下来将这张图像与 $d\times 1$ 的二值前景掩码图像 $\boldsymbol{\pi}$ 关联起来，像素值 $\boldsymbol{\pi}_i=1$ 表示该位置为目标，否则为背景。通过求解下面的最优化问题得到前景掩码图像：

$$\begin{aligned}&\min_c \|\boldsymbol{\pi}-\boldsymbol{Fc}\|_2^2+\lambda\|\boldsymbol{c}\|_1\\&\boldsymbol{c}\geqslant 0\end{aligned}$$

其中，$\boldsymbol{c}$ 为一个稀疏的 $n$ 维系数向量；$\lambda$ 为惩罚因子，用于控制模型的稀疏性。在得到掩码图像之后就可以确定目标的位置。更多的目标跟踪算法可以阅读文献[65]和文献[68-70]。

## 15.9 应用——计算机图形学

计算机图形学是计算机科学的一个重要分支，它的任务是用计算机程序生成图像，尤其是真实感图像。图形学中有 3 个基本的问题：几何模型的建立（如物体表面的曲面）、物理模型的建立（包括光照模以及运动物体的力学模型）、渲染（即由几何和物理模型生成最终的图像）。

机器学习技术在图形学中的应用代表了数据驱动这类方法，它通过大量的训练样本得到要建立的模型的参数，或者直接由训练的模型生成图像等数据。卷积网络适合处理图像、二维或者三维空间中的网格数据这些具有空间结构的数据，在图形学的很多问题上也取得

了很好的效果。

### 15.9.1 几何模型

文献[71]提出一种用基于八叉树的卷积网络进行三维形状分析的方法，称为 O-CNN。在这里用八叉树表示三维物体，将八叉树最精细叶子节点的法向量均值作为卷积网络的输入，执行三维卷积运算。这种卷积网络能用于对三维形状进行分类、检索和分割。

八叉树是图形学中用于表示三维空间物体形状的一种方法，它将三维空间递归地分割成 8 个部分，对应于三维坐标轴的 3 个方向。与二维图像分析类似，三维形状分析的关键是抽取出三维形状的特征。

算法的第一步是创建八叉树，这和标准八叉树有所不同。首先将三维形状在 3 个坐标轴方向缩放到单位立方体内，即 $x$、$y$、$z$ 坐标都位于区间[0,3]内。然后按照宽度优先的顺序对三维形状的包围立方体递归地进行细分。在每一步中，遍历当前深度 $l$ 中被三维形状的边界所占据的非空八分体(Octant)，将它们细分成 8 个深度为 $l+1$ 的子八分体。重复这个过程，直到八叉树的深度达到指定深度。

八叉树建立之后，下一步就是生成用于卷积网络的特征数据。在这里，为每个八叉树节点计算洗牌码(Shuffle Key)和标签值。同时，还要根据存储在八叉树最精细的叶子节点中的三维形状计算出卷积网络的输入数据，并把卷积网络的输出结果存储在八叉树节点中。对于八叉树的每一层节点，按照其洗牌码升序排序，然后将它们的特征打包成一个特征向量。所有的特征向量共享索引值，向量的长度和当前深度的节点数相同。

为了在下采样时快速找到一个八叉树节点的父节点，为深度为 $l$ 的节点赋予标签值。对于非空节点，它表示本节点在排序之后的洗牌码数组中的位置；对于空节点，其值为 0。所有深度为 $l$ 的节点的标签值存储在标签向量 $\boldsymbol{L}_l$ 中。按照上面的编码规则，对于深度为 $l$ 的第 $i$ 个节点，其深度为 $l+1$ 的第一个孩子节点的编号为

$$k = 8 \times (\boldsymbol{L}_l[i] - 1)$$

卷积网络的输入数据为最精细一层节点中所有法向量的均值。对于空节点其值为 0；对于非空节点，对嵌入到这个节点中的三维形状的表面进行采样，得到一些采样点，然后计算这些采样点处的法向量的均值作为本节点在卷积网络中的输入值。在这里将所有叶子节点对卷积网络的输入值存储在一个输入向量中，这个向量的长度等于八叉树最精细的一层叶子节点的节点数。

对于深度为 $l$ 的每个三维卷积核，将这个深度的所有节点的卷积结果记录在特征映射向量 $\boldsymbol{T}_L$ 中。三维卷积计算公式为

$$\Phi_c(\boldsymbol{O}) = \sum_n \sum_i \sum_j \sum_k W_{ijk}^{(n)} \cdot \boldsymbol{T}^{(n)}(O_{ijk})$$

其中，$O_{ijk}$ 表示节点 $\boldsymbol{O}$ 的一个邻居节点；$\boldsymbol{T}^{(n)}(\cdot)$ 表示特征向量的第 $n$ 个通道；$W_{ijk}^{(n)}$ 为卷积核的权重。在实现时这种卷积运算也可以转化为矩阵乘法来实现。卷积网络交替地使用卷积和池化操作，作用于八叉树的每一层，激活函数采用 ReLU 函数。

在进行物体分类时采用的网络为

O-CNN($d$) → Dropout → FC(128) → Dropout → FC($k$) → softmax → output

对于三维形状检索任务，使用了与分类任务相同的网络结构，对提取的特征向量计算相

似度，然后进行检索。对于三维形状分割任务，采用了全卷积网络结构：

$$\text{O-CNN}(d) \rightarrow \text{DU}_2 \rightarrow \text{DU}_3 \rightarrow \cdots \rightarrow \text{DU}_3$$

其中，$\text{DU}_i$ 为反卷积层，与二维全卷积网络类似，通过转置卷积来实现。

### 15.9.2 物理模型

在图形学中，物理模型包括对要绘制的物体进行力学和光学建模。前者主要针对运动的或变形的物体，包括刚体和流体。对所有要渲染的物体，都需要建立光学模型，包括物体表面材质的光学特征，以及光照模型。

文献[73]提出了一种使用单张图片估计物体表面反射函数的方法，该算法用卷积网络表示表面反射函数。表面反射函数定义了物体表面的光学反射特性，它决定了给定光照条件下物体表面的颜色和纹理，这对绘制物体至关重要。

用机器学习的方法拟合表面反射函数最大的困难在于缺乏训练样本。在这里训练样本是一张图像和它对应的表面反射函数。表面反射函数的获取成本高，需要专用的采集设备和长时间地采集。为了解决这个问题，作者提出了一种自增强神经网络的训练方法，把真实感渲染的逆映射引入到训练流程中，使用大量无标注数据，即平面纹理材质的图像，结合少量的标注数据一起对网络进行训练，得到与人工标注结果相近的预测结果。

流体模拟是图形学中一个重要的问题，它对液体、气体（如烟雾）等物体的运动进行建模和绘制。在仿真、游戏与动画、电影特技里都有这种技术的应用。经典的方法是基于物理的流体模拟。它主要由两步构成：对流体的运动进行建模，以及对流体的表面进行绘制，前者的基础是流体力学。在流体力学领域，描述流体运动使用的是 Navier-Stokes 方程，这是一个复杂的偏微分方程组，一般情况下无法求得精确解。用离散化的数值方法计算需要求解大规模的方程组，非常耗时，使得高精度的流体模拟很难实时进行。

文献[78]提出了一种用卷积网络加速流体模拟的方法，这种方法不再求解大规模的线性方程组，而是直接用卷积网络进行预测。这个网络用大量的仿真数据作为训练集，采用半监督的方法进行训练，目标是最小化长期速度散度。

如果流体没有黏性，去掉不可压缩流体 Navier-Stokes 方程的黏性项之后，可以得到如下欧拉方程：

$$\nabla \cdot \boldsymbol{u} = 0$$

$$\frac{\partial \boldsymbol{u}}{\partial t} = -\boldsymbol{u} \cdot \nabla \boldsymbol{u} - \frac{1}{\rho} \nabla p + \boldsymbol{f}$$

其中，$\boldsymbol{u}$ 为速度，是矢量场；$t$ 是时间；$p$ 为压强，是一个标量场；$\rho$ 为流体的密度，是一个标量；$\boldsymbol{f}$ 是作用于流体的外力，是一个矢量场。在图形学中经常使用这个方程组来对水、烟雾等流体进行建模。求解时采用数值方法进行离散化，使用网格化进行计算，用中心差分公式近似偏导数。在这里，关键的一步是求解如下形式的线性方程组：

$$\boldsymbol{A}\boldsymbol{p}_t = \boldsymbol{b}$$

然后更新速度的值：

$$\boldsymbol{u}_t = \boldsymbol{u}_{t-1} - \Delta t \boldsymbol{p}_t$$

其中，$\boldsymbol{u}_t$ 为 $t$ 时刻的速度；$\Delta t$ 为时间步长。在这里卷积网络所起的作用是直接预测出决定下一个时刻速度值 $\boldsymbol{u}_t$ 的压强值 $\boldsymbol{p}_t$，而无须再求解上面的方程组。网络的输入是上一个时刻的速度场、压强场，以及几何模型数据；网络的输出值是下一个时刻的压强场。

卷积网络的输入数据为张量，包括6个卷积层，网络的最后是一个上采样卷积层，最后的输出是压强值。训练时的目标是最小化预测值与真实值之间的欧氏距离，损失函数定义为

$$L = \lambda_p \| \boldsymbol{p}_t - \hat{\boldsymbol{p}}_t \|^2 + \lambda_u \| \boldsymbol{u}_t - \hat{\boldsymbol{u}}_t \|^2 + \lambda_{\text{div}} \| \nabla \cdot \hat{\boldsymbol{u}}_t \|^2$$

其中，$\boldsymbol{p}_t$ 和 $\boldsymbol{u}_t$ 为真实的压强和速度场；$\hat{\boldsymbol{p}}_t$ 是网络预测出的压强值；$\hat{\boldsymbol{u}}_t$ 是用预测出的压强值更新后的速度场；$\lambda$ 是人工设定的参数，用于控制3个项的重要性。

文献[72]提出了一种用卷积网络进行烟雾合成的方法，其关键是用卷积网络建立烟雾运动的力学模型。在这里采用了一个有4个卷积层和2个全连接层的卷积网络。卷积网络的作用是学习描述粗糙尺度烟雾模拟局部和精细尺度烟雾模拟局部对应关系的映射。在新场景中生成精细的烟雾特效时，只需进行快速的粗糙模拟，并根据卷积网络建立的映射得到与各局部相对应的精细模拟局部，然后将其细节形体信息转移过来即可。

基于图像的渲染是图形学中的一种技术，它直接由图像生成图像，而无须先建立几何和物理模型。光照发生变化时将当期图像渲染为光照变化后的图片是一个常见的需求。文献[79]提出一种用多层神经网络进行重光照的方法。在这里将重光照表示为对场景的光线传输矩阵和新的光照向量的乘法。光线传输矩阵从输入图像中重构得到，神经网络被用来逼近光线传输矩阵。

### 15.9.3 纹理合成

纹理合成是渲染时重要的一步，它从小的纹理样图生成大的纹理图像，然后映射到物体表面的曲面上，要保证生成的图像没有缝隙。和风格迁移一样，这也是一个从图像生成图像的问题。卷积神经网络的卷积输出值蕴含了图像的信息，因此，可以根据它来计算纹理特征，用来衡量样例图像和生成图像的相似度。

文献[75]提出了一种用卷积网络合成纹理的方案，其思想和前面介绍的风格迁移类似。这个方法分为两步。第一步是纹理分析，它的输入是纹理样图，送入卷积网络处理之后，在各个卷积层的输出特征图像上计算Gram矩阵。第二步是纹理合成，它的输入是一张白噪声图像，送入卷积网络进行处理，用纹理模型在卷积网络的各个层上计算损失函数。然后用梯度下降法迭代更新这张白噪声图像，使得损失函数最小化。对白噪声图像的优化结果就是合成得到的纹理图像，它与纹理样例图像具有相同的Gram矩阵。

假设第 $l$ 层有 $N_l$ 个卷积滤波器，产生 $N_l$ 个输出特征图像，每个特征图像被转化成 $M_l$ 维的向量。这些特征图像组成一个 $N_l \times M_l$ 的矩阵 $\boldsymbol{F}^l$。其元素 $F_{jk}^l$ 为第 $j$ 个滤波器在位置 $k$ 处的响应值。根据这个矩阵可以得到描述纹理特征的Gram矩阵 $\boldsymbol{G}^l$，这是一个 $N_l \times N_l$ 的矩阵，其元素定义为

$$G_{ij}^l = \sum_k F_{ik}^l F_{jk}^l$$

从各个层得到一组Gram矩阵

$$\{\boldsymbol{G}^1, \boldsymbol{G}^2, \cdots, \boldsymbol{G}^L\}$$

接下来生成新的图像，首先生成一张白噪声图像，把它送入和样例图像相同的卷积网络中进行处理，在各个卷积层计算得到Gram矩阵，然后迭代更新这张噪声图像，使得它的

Gram 矩阵与样例图像的 Gram 矩阵相同。假设样例图像为 $\boldsymbol{x}$，要生成的图像为$\hat{\boldsymbol{x}}$。它们在第 $l$ 层的 Gram 矩阵分别为 $\boldsymbol{G}^l$ 和 $\hat{\boldsymbol{G}}^l$。第 $l$ 层的损失函数定义为

$$E_l = \frac{1}{4N_l^2 M_l^2} \sum_{i,j} (G_{ij}^l - \hat{G}_{ij}^l)^2$$

在这里使用了欧氏距离。总损失函数为各个层的损失函数之和，定义为

$$L(\boldsymbol{x},\hat{\boldsymbol{x}}) = \sum_{l=0}^{L} w_l E_l$$

其中，$w_l$ 为每一层的损失权重系数。接下来计算损失函数对图像$\hat{\boldsymbol{x}}$的梯度，然后用梯度下降法更新它的像素值。最后得到的图像就是要生成的纹理图像。

文献[76]提出了一种用卷积网络学习纹理的特征，然后合成纹理的方法。它们的思路和文献[75]的思路类似，也是用一个卷积网络提取出图像在各个层的纹理特征，用同样的网络对一张白噪声图像进行处理，提取出相同的纹理特征。然后用梯度下降法更新噪声图像，目标是使得二者的纹理特征相同。在这里，他们没有使用 Gram 矩阵描述纹理特征，而是使用了结构化能量，它基于输出图像的相关系数，捕捉纹理的自相似性和规则性。

### 15.9.4 图像彩色化

图像彩色化的目标是给定一张黑白图像，在少量的用户交互作用下生成对应的彩色图像。在这里的用户交互一般是让用户在黑白图像的某些位置设置颜色。文献[80]提出一种使用卷积网络将黑白图像彩色化的方法。卷积网络的输入是灰度图像以及少量的用户提示信息，输出数据是彩色图像。其目标是根据灰度图像的结构信息以及用户在几个典型位置的输入颜色，预测出每个像素的颜色值。系统由两个网络构成：第一个为局部提示网络，它接收稀疏的用户输入；第二个网络是全局提示网络，它使用图像的全局统计信息。

系统的输入为 $H\times W\times 1$ 的灰度图像 $\boldsymbol{X}$，以及用户指定的颜色信息提示 $\boldsymbol{U}$。灰度图像是 CIE 颜色空间中的亮度分量 $L$。系统的输出是 $H\times W\times 2$ 的图像 $\hat{\boldsymbol{Y}}$。输出图像的两个通道分别为 $ab$ 颜色通道。卷积网络建立了上面输入到输出的映射 $F$，要确定的参数为 $\boldsymbol{\theta}$。

假设训练样本集为 $D$，它由灰度图像 $\boldsymbol{X}$、用户输入 $\boldsymbol{U}$、对应的彩色图像 $\boldsymbol{Y}$ 组成。训练时优化的目标为

$$\boldsymbol{\theta}^* = \arg\min_{\boldsymbol{\theta}} E_{\boldsymbol{X},\boldsymbol{U},\boldsymbol{Y}\sim D} \left[ L\left( F\left( \boldsymbol{X},\boldsymbol{U},\boldsymbol{\theta} \right), \boldsymbol{Y} \right) \right]$$

这里训练了两个卷积网络，分别使用了局部用户提示 $U_l$ 以及全局用户提示 $U_g$。训练时，通过给神经网络一个峰值或者真实颜色 $\boldsymbol{Y}$ 的投影值来生成用户提示。真实颜色的投影值按照下面的公式计算：

$$\boldsymbol{U}_l = p_l(\boldsymbol{Y})$$

$$\boldsymbol{U}_g = p_g(\boldsymbol{Y})$$

局部提示网络和全局提示网络的优化目标为

$$\boldsymbol{\theta}_l^* = \arg\min_{\boldsymbol{\theta}_l} E_{\boldsymbol{X},\boldsymbol{Y}\sim D} \left[ L\left( F_l\left( \boldsymbol{X},\boldsymbol{U}_l,\boldsymbol{\theta}_l \right), \boldsymbol{Y} \right) \right]$$

$$\boldsymbol{\theta}_g^* = \arg\min_{\boldsymbol{\theta}_g} E_{\boldsymbol{X},\boldsymbol{Y}\sim D} \left[ L\left( F_g\left( \boldsymbol{X},\boldsymbol{U}_g,\boldsymbol{\theta}_g \right), \boldsymbol{Y} \right) \right]$$

损失函数定义为

$$L_\delta(x,y) = \frac{1}{2}(x-y)^2 1\{|x-y|<\delta\} + \delta\left(|x-y| - \frac{1}{2}\delta\right)1\{|x-y|\geqslant\delta\}$$

$$L(F(\boldsymbol{X},\boldsymbol{U},\boldsymbol{\theta}),Y)=\sum_{h,w}\sum_{q}l_{\delta}(F(\boldsymbol{X},\boldsymbol{U},\boldsymbol{\theta})_{h,w,q},\boldsymbol{Y}_{h,w,q})$$

其中，$\delta$ 是用户指定的参数，在实现时其值为 1。接下来介绍局部提示网络和全局提示网络的实现细节。

用户指定的颜色点被参数化为 $H\times W\times 2$ 的张量 $\boldsymbol{X}_{ab}$，在用户指定的那些点处具有颜色值 $ab$，$\boldsymbol{B}_{ab}$ 是一个 $H\times W\times 1$ 的二值掩码张量，表示哪些点处用户指定了颜色值。掩码张量将用户指定了颜色的点和没指定颜色的点区分开来，用户没有指定颜色的点处的颜色值为 $(a,b)=0$。将这两个张量合并起来得到 $H\times W\times 3$ 的张量：

$$\boldsymbol{U}_1=\{\boldsymbol{X}_{ab},\boldsymbol{B}_{ab}\}\in\mathbb{R}^{H\times W\times 3}$$

这里有一个问题，给定的训练样本是灰度图像和其对应的彩色图像。可以通过将彩色图像灰度化得到灰度图。但算法要求的输入是灰度图像，以及用户输入的颜色提示信息，因此需要根据灰度图像、对应的彩色图像生成模拟的用户输入颜色信息。作者采用随机采样的手段来生成模拟的用户输入。从彩色图像中随机抽取出一些小区域，然后计算区域内的平均颜色值。对每张图像，随机采样区域的个数服从几何分布。然后用二维正态分布随机生成这些随机采样区域中心点的坐标。

用户点击图像中心区域的概率更大。通过生成这些随机的点，模拟了用户点击这些点指定颜色的过程。另外，还需要指定随机采样的区域大小，在这里采样区域为矩形，大小服从 1～9 的均匀分布。然后，计算各个随机采样区域内的 $ab$ 颜色均值，作为用户输入数据，给神经网络训练使用。

在预测时，选择合适的颜色对图像彩色化至关重要，如果不给提示信息，让用户完全自己指定一个颜色对用户来说有些困难。在这里，使用了数据驱动的调色板技术。对于每个像素，预测其为某种颜色的概率分布，这样得到一个 $H\times W\times Q$ 的张量 $\hat{\boldsymbol{Z}}$。其中 $Q$ 为量化的颜色数。在这里使用了对 CIE lab 颜色空间的参数化，$ab$ 分量空间被划分成 $10\times 10$ 的段。用于从灰度图像、用户输入的点生成预测的颜色分布 $\hat{\boldsymbol{Z}}$ 的映射由神经网络 $g_l$ 训练得到，然后通过 $\psi_l$ 进行参数化。真实的输出值 $\boldsymbol{Z}$ 通过对真实彩色图像 $\boldsymbol{Y}$ 进行软编码得到。训练时使用交叉熵损失函数来度量预测颜色值和真实颜色值之间的距离：

$$L_d(g_l(\boldsymbol{X},\boldsymbol{U},\psi_l),\boldsymbol{Z})=-\sum_{h,w}\sum_{q}\boldsymbol{Z}_{h,w,q}\ln(g_l((\boldsymbol{X},\boldsymbol{U},\psi_l),\boldsymbol{Z})_{h,w.q})$$

其中：

$$\psi_l^*=\arg\min_{\psi_l}E_{\boldsymbol{X},\boldsymbol{Y}\sim D}[L_d(g_l(\boldsymbol{X},\boldsymbol{U}_l,\psi_l),\boldsymbol{Y})]$$

全局网络使用全局颜色信息，包括整个图像的颜色直方图 $\boldsymbol{X}_{\text{hist}}\in\Delta^Q$，图像饱和度的均值 $\boldsymbol{X}_{\text{sat}}\in[0,1]$。这些全局信息是否被支持由两个指示变量来表示 $\boldsymbol{B}_{\text{hist}},\boldsymbol{B}_{\text{sat}}\in\boldsymbol{B}$。这样用户的全局输入为

$$\boldsymbol{U}_{\text{g}}=\{\boldsymbol{X}_{\text{hist}},\boldsymbol{B}_{\text{hist}},\boldsymbol{X}_{\text{sat}},\boldsymbol{B}_{\text{sat}}\}\in\mathbb{R}^{1\times 1\times(Q+3)}$$

计算全局直方图时，先将图像 $\boldsymbol{Y}$ 缩放到 1/4，然后对每个像素的 $ab$ 值进行量化编码，然后进行空间上的平均得到。饱和度通过将图像转换到 HSV 颜色空间，然后对 S 通道进行空间上的平均得到。

### 15.9.5 HDR

高度动态范围(High Dynamic Range，HDR)确保在极端光照条件下图像的高光和弱光

区域都很清晰。普通照相机因为传感器量化范围的限制，产生的图像会有欠曝光或者过曝光区域，HDR 是解决这个问题的一种方法。

产生 HDR 图像的做法一般是用相机拍摄多张有不同曝光度的低动态范围（Low Dynamic Range，LDR）的图像，然后合并成一张高动态范围的图像。生成 HDR 图像需要解决两个问题：①要将多张 LDR 图像对齐；②将这些图像进行合并，生成 HDR 图像。第一个问题可以用光流法等手段解决，但会留下人工痕迹。

文献[74]提出一种用机器学习的手段进行 HDR 图像合成的方法。这种方法能够根据 3 张不同曝光的 LDR 图像生成 HDR 图像。首先用光流法将高曝光与低曝光图像与中度曝光图像对齐，中度曝光图像为参考图像。最后生成的 HDR 图像与参考图像对齐，但包含另外两张图像（即高曝光与低曝光图像）的信息。然后将 3 张对齐的图像送入卷积网络中预测，生成 HDR 图像。

算法的输入是 3 张 LDR 图像（$\boldsymbol{Z}_1, \boldsymbol{Z}_2, \boldsymbol{Z}_3$），输出是 HDR 图像 $\boldsymbol{H}$，它与参考图像 $\boldsymbol{Z}_2$ 对齐。整个过程分为两个阶段，首先将低曝光图像 $\boldsymbol{Z}_1$ 与高曝光图像 $\boldsymbol{Z}_3$ 分别与参考图像 $\boldsymbol{Z}_2$ 对齐，得到 3 张对齐后的图像（$\boldsymbol{I}_1, \boldsymbol{I}_2, \boldsymbol{I}_3$），其中 $\boldsymbol{I}_2 = \boldsymbol{Z}_2$。然后将 3 张对齐后的图像进行合并，生成 HDR 图像 $\boldsymbol{H}$。由于光流法对齐图像时会产生人工痕迹，因此，卷积网络在进行图像合并时要消除这种痕迹。

卷积网络的训练样本为对齐后的图像与真实 HDR 图像。损失函数定义在对卷积网络预测的图像进行色调映射之后形成的 HDR 图像与真实 HDR 图像之间。色调映射采用了下面的函数：

$$\boldsymbol{T} = \frac{\ln(1 + \mu \boldsymbol{H})}{\ln(1 + \mu)}$$

其中，$\mu$ 是人工设定的参数；$\boldsymbol{H}$ 是 HDR 图像；$\boldsymbol{T}$ 是色调映射后的图像，其元素的值为 0～1。损失函数定义为

$$E = \sum_{k=1}^{3} (\hat{\boldsymbol{T}}_k - \boldsymbol{T}_k)^2$$

在这里 $\hat{\boldsymbol{T}}$ 是算法预测出来的 HDR 图像，经过了色调映射；$\boldsymbol{T}$ 是真实的 HDR 图像。对于彩色图像，损失函数对 RGB 3 个颜色通道求和。

HDR 合并的过程可以形式化地写成如下映射：

$$\boldsymbol{H}' = g(\boldsymbol{I}, \boldsymbol{H})$$

其中，$g$ 是映射函数，通过卷积网络训练得到；$\boldsymbol{H}$ 是 HDR 对齐后的图像集合，包括图像 $\boldsymbol{H}_1$、$\boldsymbol{H}_2$、$\boldsymbol{H}_3$；$\boldsymbol{I}$ 是 LDR 对齐的图像集合，包括图像 $\boldsymbol{I}_1$、$\boldsymbol{I}_2$、$\boldsymbol{I}_3$。$\boldsymbol{H}_i$ 通过 $\boldsymbol{I}_i$ 计算得到，计算公式为

$$\boldsymbol{H}_i = \boldsymbol{I}_i^{\gamma} / t_i$$

其中，$t_i$ 为第 $i$ 张图像的曝光时间；$\gamma$ 为人工设定的参数。

卷积网络有 3 种实现结构。第一种结构只用一个卷积网络来对整个过程建模。第二种结构的卷积网络只负责预测 HDR 合并时的混合权重。第三种结构除了估计混合权重之外，还输出细化之后的对齐 LDR 图像。

第一种结构只使用一个卷积网络，直接估计 HDR 图像。卷积网络输出图像 $\boldsymbol{H}$，然后对它进行色调映射，得到最终的 HDR 图像。网络训练时的优化目标是让预测的图像 $\boldsymbol{H}$ 和真实的 HDR 图像在经过色调映射之后的误差最小化。

第二种结构通过计算 LDR 图像的加权平均来得到 HDR 图像，计算公式为

$$\hat{H}(p)=\frac{\sum_{j=1}^{3}\alpha_j(p)H_j(p)}{\sum_{j=1}^{3}\alpha_j(p)}$$

其中：

$$H_j(p)=I_j^{\gamma}/t_j$$

在这里 $\alpha_j(p)$是第 $j$ 张对齐的 LDR 图像对像素 $p$ 的融合权重，此权重通过卷积网络训练得到。这种结构的卷积网络的输入为$\{I,H\}$，输入为权重图像 $\alpha$。在学习得到权重图像之后，根据它对 LDR 图像进行加权，得到 HDR 图像。第二种结构的卷积网络结构与第一种结构的相同。

第三种结构的网络输出为混合权重以及细化的 LDR 图像$\{\alpha,\tilde{I}\}$，再根据细化的 LDR 图像以及混合权重进行加权平均计算得到 HDR 图像。

## 15.10 应用——自然语言处理

自然语言处理领域大多数的问题都是时间序列问题，这是循环神经网络擅长处理的问题，在第 16 章中将详细介绍。对于有些问题，使用卷积网络也能进行建模并且得到了很好的结果，在这里简单介绍文本分类[81-84]和机器翻译[85]。

### 15.10.1 文本分类

文献[81]设计了一种用卷积网络进行句子分类的方案。这个方法的结构很简单，使用不同尺寸的卷积核对文本矩阵进行卷积，卷积核的宽度等于词向量的长度，然后使用最大池化。对每一个卷积核提取的向量进行操作，最后每一个卷积核对应一个数据，把这些数据拼接起来，得到一个表征该句子的向量，最后的预测都基于该句子。

卷积网络的输入是一个由句子构成的二维矩阵，矩阵的每一行为一个词的向量编码，如果词典的大小为 $k$，则这个向量的长度为 $k$。如果句子有 $n$ 个词，则输入图像为 $n\times k$，如果句子的词个数不为 $n$，需要进行填 0 操作。

### 15.10.2 机器翻译

文献[85]提出了一种用卷积网络进行机器翻译的方法。这种方法使用卷积网络实现了序列到序列的学习，而之前的经典做法是用循环神经网络构建序列到序列的学习框架。在一些标准数据集上，这种方法的精度超越了循环神经网络翻译系统。在第 16 章中将详细介绍机器翻译问题。

## 参考文献

[1] Y LeCun, B Boser, J S Denker, et al. Backpropagation applied to handwritten zip code recognition. Neural Computation, 1989.

[2] Y LeCun, B Boser, J S Denker, et al. Handwritten digit recognition with a back-propagation network. In David Touretzky, editor, Advances in Neural Information Processing Systems 2 (NIPS 1989), Denver, CO, Morgan Kaufman, 1990.

[3] Y LeCun, L Bottou, Y Bengio, et al. Gradient-based learning applied to document recognition. Proceedings of the IEEE, 1998.

[4] Alex Krizhevsky, Ilya Sutskever, Geoffrey E. Hinton. ImageNet Classification with Deep Convolutional Neural Networks, 2012.

[5] Hubel D H, T N Wiesel. Receptive Fields Of Single Neurones In The Cat's Striate Cortex. Journal of Physiology, (1959) 148, 574-591.

[6] X Glorot, Y Bengio. Understanding the difficulty of training deep feedforward neural networks. AISTATS, 2010.

[7] Nai V, Hinton. Rectified linear units improve restricted Boltzmann machines. In L Bottou and M Littman, editors, Proceedings of the Twenty-seventh International Conference on Machine Learning (ICML 2010).

[8] L Bottou. Stochastic Gradient Descent Tricks. Neural Networks: Tricks of the Trade. Springer, 2012.

[9] I Sutskever, J Martens, G Dahl, et al. On the Importance of Initialization and Momentum in Deep Learning. Proceedings of the 30th International Conference on Machine Learning, 2013.

[10] M Zeiler. ADADELTA: An Adaptive Learning Rate Method. arXiv preprint, 2012.

[11] Duchi, E Hazan, Y Singer. Adaptive Subgradient Methods for Online Learning and Stochastic Optimization. The Journal of Machine Learning Research, 2011.

[12] D Kingma, J Ba. Adam: A Method for Stochastic Optimization. International Conference for Learning Representations, 2015.

[13] T Tieleman, G Hinton. RMSProp: Divide the gradient by a running average of its recent magnitude. COURSERA: Neural Networks for Machine Learning. Technical report, 2012.

[14] Hardt Moritz, Ben Recht, Yoram Singer. Train faster, generalize better: Stability of stochastic gradient descent. Proceedings of The 33rd International Conference on Machine Learning, 2016.

[15] S Ioffe, C Szegedy. Batch Normalization: Accelerating Deep Network Training by Reducing Internal Covariate Shift. arXiv preprint arXiv:1502.03167, 2015.

[16] I J Goodfellow, D Warde-Farley, M Mirza, et al. Maxout networks. arXiv:1302.4389, 2013.

[17] R K Srivastava, K Greff, J Schmidhuber. Highway networks. arXiv: 1505.00387, 2015.

[18] Lin Min, Qiang Chen, Shuicheng Yan. Network in network. arXiv preprint arXiv:1312.4400.

[19] Christian Szegedy, Wei Liu, Yangqing Jia, et al. Going Deeper with Convolutions, Arxiv Link: http://arxiv.org/abs/1409.4842.

[20] K Simonyan, A Zisserman. Very Deep Convolutional Networks for Large-Scale Image Recognition. international conference on learning representations, 2015.

[21] Kaiming He, Xiangyu Zhang, Shaoqing Ren, et al. Deep Residual Learning for Image Recognition. computer vision and pattern recognition, 2015.

[22] Zeiler M D, Krishnan D, Taylor G W, et al. Deconvolutional networks. Computer Vision and Pattern Recognition, 2010.

[23] Zeiler M D, Taylor G W, Fergus R, et al. Adaptive deconvolutional networks for mid and high level feature learning[C]. International Conference on Computer Vision, 2011.

[24] Zeiler M D, Fergus R. Visualizing and Understanding Convolutional Networks. European

Conference on Computer Vision,2013.

[25] Stephane Mallat. Understanding deep convolutional networks. Philosophical Transactions of the Royal Society A,2016.

[26] Aravindh Mahendran, Andrea Vedaldi. Understanding Deep Image Representations by Inverting Them. CVPR 2015.

[27] R Girshick,J Donahue,T Darrell,et al. Rich feature hierarchies for accurate object detection and semantic segmentation. IEEE Conference on Computer Vision and Pattern Recognition(CVPR), 2014.

[28] R Girshick,J Donahue,T Darrell,et al. Region-Based Convolutional Networks for Accurate Object Detection and Segmentation. IEEE Transactions on Pattern Analysis and Machine Intelligence,May. 2015.

[29] K He,X Zhang,S Ren,et al. Spatial pyramid pooling in deep convolutional networks for visual recognition. In ECCV,2014.

[30] Ross Girshick. Fast R-CNN. International Conference on Computer Vision,2015.

[31] S Ren,K He,R Girshick,et al. Faster R-CNN: Towards Real-Time Object Detection with Region Proposal Networks. Advances in Neural Information Processing Systems 28(NIPS),2015.

[32] C Szegedy,A Toshev,D Erhan. Deep Neural Networks for Object Detection. Advances in Neural Information Processing Systems 26(NIPS),2013.

[33] P Sermanet,D Eigen,X Zhang,et al. OverFeat: Integrated recognition,localization and detection using convolutional networks. ICLR,2014.

[34] Redmon J,Divvala S,Girshick R,et al. You only look once: Unified,real-time object detection. CVPR,2016.

[35] Liu W,Anguelov D,Erhan D,et al. SSD: Single Shot MultiBox Detector[J]. arXiv preprint:1512.02325,2015.

[36] Jifeng Dai,Yi Li,Kaiming He,et al. R-FCN: Object Detection via Region-based Fully Convolutional Networks. Conference on Neural Information Processing Systems(NIPS),2016.

[37] Anelia Angelova,Alex Krizhevsky,Vincent Vanhoucke,et al. Real-Time Pedestrian Detection With Deep Network Cascades.

[38] Haoxiang Li,Zhe Lin,Xiaohui Shen,et al. A convolutional neural network cascade for face detection. Computer Vision and Pattern Recognition,2015.

[39] Lichao Huang,Yi Yang,Yafeng Deng,et al. DenseBox: Unifying Landmark Localization with End to End Object Detection. arXiv: Computer Vision and Pattern Recognition,2015.

[40] Shuo Yang,Ping Luo,Chen Change Loy,et al. Faceness-Net: Face Detection through Deep Facial Part Responses. IEEE Transactions on Pattern Analysis & Machine Intelligence,2017.

[41] Yi Sun, Xiaogang Wang, Xiaoou Tang. Deep Convolutional Network Cascade for Facial Point Detection. Computer Vision and Pattern Recognition,2013.

[42] Yaniv Taigman,Ming Yang,Marcaurelio Ranzato,et al. DeepFace: Closing the Gap to Human-Level Performance in Face Verification. Computer Vision and Pattern Recognition,2014.

[43] Yi Sun,Xiaogang Wang,Xiaoou Tang. DeepID: Deep Learning Face. Computer Vision and Pattern Recognition,2014.

[44] Yi Sun, Yuheng Chen, Xiaogang Wang, et al. Deep Learning Face Representation by Joint Identification-Verification. Neural Information Processing Systems,2014.

[45] Yi Sun,Ding Liang,Xiaogang Wang,et al. DeepID3: Face Recognition with Very Deep Neural

Networks. Computer Vision and Pattern Recognition, 2015.

[46] Florian Schroff, Dmitry Kalenichenko, James Philbin. FaceNet: A unified embedding for face recognition and clustering. Computer Vision and Pattern Recognition,2015.

[47] Yandong Wen,Kaipeng Zhang,Zhifeng Li,et al. A Discriminative Feature Learning Approach for Deep Face Recognition. European Conference on Computer Vision,2016.

[48] Jingtuo Liu,Yafeng Deng,Tao Bai,et al. Targeting Ultimate Accuracy: Face Recognition via Deep Embedding,2015.

[49] Kobchaisawat T, Chalidabhongse T H. Thai text localization in natural scene images using Convolutional Neural Network. Asia-Pacific Signal and Information Processing Association. Annual Summit and Conference(APSIPA). IEEE,2014: 1-7.

[50] Guo Q,Lei J, Tu D, et al. Reading numbers in natural scene images with convolutional neural networks. Security,Pattern Analysis,and Cybernetics(SPAC). International Conference on. IEEE, 2014: 48-53.

[51] Xu H,Su F. A robust hierarchical detection method for scene text based on convolutional neural networks. Multimedia and Expo(ICME). IEEE International Conference on. IEEE,2015: 1-6.

[52] Cireşan D C, Meier U, Gambardella L M, et al. Convolutional neural network committees for handwritten character classification. Document Analysis and Recognition (ICDAR). International Conference on. IEEE,2011: 1135-1139.

[53] Long J,Shelhamer E,Darrell T,et al. Fully convolutional networks for semantic segmentation. Computer Vision and Pattern Recognition,2015.

[54] Hyeonwoo Noh,Seunghoon Hong,Bohyung Han. Learning Deconvolution Network for Semantic Segmentation. International Conference On computer Vision,2015.

[55] L-C Chen,G Papandreou,I Kokkinos,et al. DeepLab: Semantic Image Segmentation with Deep Convolutional Nets,Atrous Convolution,and Fully Connected CRFs,2016.

[56] Vijay Badrinarayanan, Alex Kendall, Roberto Cipolla. SegNet: A Deep Convolutional Encoder-Decoder Architecture for Image Segmentation,2015.

[57] Wei Shen,Xinggang Wang,Yan Wang,et al. DeepContour: A deep convolutional feature learned by positive-sharing loss for contour detection. Computer Vision and Pattern Recognition,2015.

[58] Saining Xie, Zhuowen Tu. Holistically-Nested Edge Detection. International Conference on Computer Vision,2015.

[59] Gedas Bertasius,Jianbo Shi,Lorenzo Torresani. DeepEdge: A multi-scale bifurcated deep network for top-down contour detection. Computer Vision and Pattern Recognition,2015.

[60] Gatys L A,Ecker A S,Bethge M. Image Style Transfer Using Convolutional Neural Networks. CVPR 2016.

[61] David Eigen,Christian Puhrsch,Rob Fergus. Depth Map Prediction from a Single Image using a Multi-Scale Deep Network. Neural Information Processing Systems,2014.

[62] David Eigen,Rob Fergus. Predicting Depth,Surface Normals and Semantic Labels with a Common Multi-scale Convolutional Architecture. International Conference on Computer Vision,2015.

[63] Naiyan Wang,Dityan Yeung. Learning a Deep Compact Image Representation for Visual Tracking. Neural Information Processing Systems,2013.

[64] Naiyan Wang,Siyi Li,Abhinav Gupta,et al. Transferring Rich Feature Hierarchies for Robust Visual Tracking. arXiv: Computer Vision and Pattern Recognition. ,2015

[65] Hyeonseob Nam,Bohyung Han. Learning Multi-domain Convolutional Neural Networks for Visual

Tracking. Computer Vision and Pattern Recognition, 2016.

[66] Lijun Wang, Wanli Ouyang, Xiaogang Wang, et al. Visual Tracking with Fully Convolutional Networks. International Conference on Computer Vision, 2015.

[67] Chao Ma, Jiabin Huang, Xiaokang Yang, et al. Hierarchical Convolutional Features for Visual Tracking. International Conference on Computer Vision, 2015.

[68] Yuankai Qi, Shengping Zhang, Lei Qin, et al. Hedged Deep Tracking. Computer Vision and Pattern Recognition, 2016.

[69] Luca Bertinetto, Jack Valmadre, Joao F Henriques, et al. Fully-Convolutional Siamese Networks for Object Tracking. European Conference on Computer Vision, 2016.

[70] David Held, Sebastian Thrun, Silvio Savarese. Learning to Track at 100 FPS with Deep Regression Networks. European Conference on Computer Vision, 2016.

[71] Pengshuai Wang, Yang Liu, Yuxiao Guo, et al. O-CNN: octree-based convolutional neural networks for 3D shape analysis. ACM Transactions on Graphics, 2017.

[72] Mengyu Chu, Nils Thuerey. Data-Driven Synthesis of Smoke Flows with CNN-based Feature Descriptors. ACM Transactions on Graphics, 2017.

[73] Xiao Li, Yue Dong, Pieter Peers, et al. Modeling surface appearance from a single photograph using self-augmented convolutional neural networks. ACM Transactions on Graphics, 2017.

[74] Nima Khademi Kalantari, Ravi Ramamoorthi. Deep high dynamic range imaging of dynamic scenes. ACM Transactions on Graphics, 2017.

[75] Leon A Gatys, Alexander S Ecker, Matthias Bethge. Texture synthesis using convolutional neural networks. Neural Information Processing Systems, 2015.

[76] Omry Sendik, Daniel Cohenor. Deep Correlations for Texture Synthesis. ACM Transactions on Graphics, 2017.

[77] Michael Gharbi, Jiawen Chen, Jonathan T Barron, et al. Deep Bilateral Learning for Real-Time Image Enhancement. ACM Transactions on Graphics, 2017.

[78] Jonathan Tompson, Kristofer Schlachter, Pablo Sprechmann, et al. Accelerating Eulerian Fluid Simulation With Convolutional Networks. International Conference on Machine Learning, 2016.

[79] Peiran Ren, Yue Dong, Stephen Lin, et al. Image based relighting using neural networks. International Conference on Computer Graphics and Interactive Techniques, 2015.

[80] Richard zhang, Jun-Yan Zhu, Phillip Isola, et al. Real-Time User-Guided Image Colorization with Learned Deep Priors, 2017.

[81] Yoon Kim. Convolutional Neural Networks for Sentence Classification. Empirical Methods in Natural Language Processing, 2014.

[82] Xiang Zhang, Junbo Zhao, Yann LeCun. Character-level convolutional networks for text classification. arXiv preprint: 1509.01626, 2015.

[83] Rie Johnson, Tong Zhang. Effective use of word order for text categorization with convolutional neural networks. arXiv preprint: 1408.5882, 2014.

[84] Phil Blunsom, Edward Grefenstette, Nal Kalchbrenner, et al. A Convolutional neural network for modelling sentences. In Proceedings of the 52nd Annual Meeting of the Association for Computational Linguistics, 2015.

[85] Jonas Gehring, Michael Auli, David Grangier, et al. Convolutional Sequence to Sequence Learning, 2017.

[86] Yangqing Jia, Evan Shelhamer. Caffe: Convolutional Architecture for Fast Feature Embedding.

[87] Martin Abadi, Ashish Agarwal, Paul Barham, et al. TensorFlow: Large-Scale Machine Learning on Heterogeneous Distributed Systems. arXiv: Distributed, Parallel, and Cluster Computing, 2016.
[88] Martin Abadi, Paul Barham, Jianmin Chen, et al. TensorFlow: a system for large-scale machine learning. operating systems design and implementation, 2016.
[89] Tianqi Chen, Mu Li, Yutian Li, et al. MXNet: A Flexible and Efficient Machine Learning Library for Heterogeneous Distributed Systems. arXiv: Distributed, Parallel, and Cluster Computing, 2015.
[90] Frank Seide, Amit Agarwal. CNTK: Microsoft's Open-Source Deep-Learning Toolkit. Knowledge Discovery and Data Mining, 2016.
[91] Charles F Cadieu, Ha Hong, Daniel Yamins, et al. Deep Neural Networks Rival the Representation of Primate IT Cortex for Core Visual Object Recognition. PLOS Computational Biology, 2014.
[92] Daniel Yamins, James J Dicarlo. Using goal-driven deep learning models to understand sensory cortex. Nature Neuroscience, 2016.
[93] Sara Sabour, Nicholas Frosst, Geoffrey E. Hinton. Dynamic Routing Between Capsules. NIPS 2017.
[94] Dong Chen, Xudong Cao, Fang Wen et al. Blessing of Dimensionality: High-dimensional Feature and Its Efficient Compression for Face Verification. CVPR 2013.
[95] James Martens. Deep learning via Hessian-free optimization. International Conference on Machine Learning, 2010.
[96] Yarin Gal, Zoubin Ghahramani. Dropout as a Bayesian Approximation: Insights and Applications. ICML 2015.
[97] Christian Szegedy, Vincent Vanhoucke, Sergey Ioffe, et al. Rethinking the Inception Architecture for Computer Vision. Computer Vision and Pattern Recognition, 2016.
[98] Christian Szegedy, Sergey Ioffe, Vincent Vanhoucke, et al. Inception-v4, Inception-ResNet and the Impact of Residual Connections on Learning. National Conference on Artificial Intelligence, 2016.
[99] Jason Yosinski, Jeff Clune, Anh Nguyen, et al. Understanding Neural Networks Through Deep Visualization. arXiv: Computer Vision and Pattern Recognition, 2015.
[100] Mengchen Liu, Jiaxin Shi, Zhen Li, et al. Towards Better Analysis of Deep Convolutional Neural Networks. IEEE Transactions on Visualization and Computer Graphics, 2017.
[101] Tsung-Yi Lin, Piotr Dollar, Ross Girshick, et al. Feature Pyramid Networks for Object Detection, 2017.
[102] Weiyang Liu, Yandong Wen, Zhiding Yu, et al. SphereFace: Deep Hypersphere Embedding for Face Recognition. CVPR 2017.
[103] Andreas Veit, Michael J Wilber, Serge J Belongie. Residual Networks Behave Like Ensembles of Relatively Shallow Networks. Neural Information Processing Systems, 2016.
[104] Kaipeng Zhang, Zhanpeng Zhang, Zhifeng Li, et al. Joint Face Detection and Alignment Using Multitask Cascaded Convolutional Networks, 2016.
[105] Arkadi Nemirovski, Anatoli Juditsky, Guanghui Lan, et al. Robust Stochastic Approximation Approach to Stochastic Programming. Siam Journal on Optimization, 2008.
[106] Leon Bottou, Frank E Curtis, Jorge Nocedal. Optimization Methods for Large-Scale Machine Learning. arXiv: Machine Learning, 2016.

# 第 16 章

# 循环神经网络

全连接神经网络和卷积神经网络在运行时每次处理的都是独立的输入数据，没有记忆功能。有些应用需要神经网络具有记忆能力，典型的是输入数据为时间序列的问题，时间序列可以抽象地表示为一个向量序列：

$$\boldsymbol{x}_1, \boldsymbol{x}_2, \cdots, \boldsymbol{x}_t$$

其中，$\boldsymbol{x}_i$ 是向量，下标 $i$ 为时刻。各个时刻的向量之间存在相关，$\boldsymbol{x}_t$ 与比它更早时刻的向量有关。例如，在说话时当前要说的词和之前已经说出去的词之间存在关系，依赖于上下文语境。算法需要根据输入序列来产生输出值。这类问题称为序列预测问题，需要注意的是输入序列的长度可能不固定。

语音识别和自然语言处理是序列预测问题的典型代表。前者的输入是一个语音信号序列；后者是文字序列。下面用一个实际例子来说明序列预测问题。假设神经网络要用来完成汉语填空，考虑下面这个句子：

现在已经下午 2 点了，我们还没有吃饭，非常饿，赶快去餐馆________。

最佳答案是“吃饭”，这个答案需要根据上下文理解得到。首先，根据前面的“我们还没有吃饭，非常饿”可以推断是饿了还没有吃饭；去餐馆，可以是歇一会儿，或者是喝水，也可以是吃饭；但结合前面的饿了，最佳答案显然是“吃饭”，为了完成这个预测，神经网络需要依次输入前面的每一个词，最后输入“餐馆”这个词时，得到预测结果。

神经网络每次的输入为一个词（实际上是对这个词进行编码后的向量），最后要填出这个空，这需要网络能够理解语义，并记住之前输入的信息，即语句上下文。这里神经网络要根据之前的输入词序列计算出当前使用哪个词的概率最大。如何设计一个神经网络满足上面的要求？答案就是本章接下来要介绍的循环神经网络。

## 16.1 网络结构

循环神经网络由输入层、循环层和输出层构成，可能还包括全连接神经网络中的全连接层。输入层和输出层与前馈型神经网络类似，唯一不同的是循环层，下面重点介绍。

### 16.1.1 循环层

循环神经网络[1,2]具有记忆功能，它会记住网络在上一时刻运行时产生的状态值，并将该值用于当前时刻输出值的生成。循环神经网络的输入为前面介绍的向量序列，每个时刻接收一个输入 $\boldsymbol{x}_t$，网络会产生一个输出 $\boldsymbol{y}_t$，而这个输出是由之前时刻的输入序列共同决定的。假设 $t$ 时刻的状态值为 $\boldsymbol{h}_t$，它由上一时刻的状态值 $\boldsymbol{h}_{t-1}$ 以及当前时刻的输入值 $\boldsymbol{x}_t$ 共同

决定，即

$$h_t = f(h_{t-1}, x_t)$$

这是一个递推的定义，现在的问题是如何确定这个递推公式。假设 $t$ 时刻循环层的输入向量为 $x_t$，输出向量为 $h_t$，上一时刻的输出值为 $h_{t-1}$，$f$ 为激活函数，则隐含层输出的状态值的计算公式为

$$h_t = f(W_{xh}x_t + W_{hh}h_{t-1} + b)$$

其中，$W_{xh}$ 为输入层到隐含层的权重矩阵；$W_{hh}$ 为隐含层内的权重矩阵，可以看作状态转移权重；$b$ 为偏置向量。从上面的计算公式可以看出，循环层任意一个神经元的当前时刻状态值与该循环层所有神经元在上一时刻的状态值、当前时刻输入向量的任何一个分量都有关系。与前馈型神经网络相比，这里多了一个项 $W_{hh}h_{t-1}$，它意味着使用了隐含层上次的输出值。一般选用 tanh 作为激活函数，这样隐含层的变换为

$$h_t = \tanh(W_{xh}x_t + W_{hh}h_{t-1} + b)$$

使用激活函数的原因和其他类型的神经网络相同，是为了保证神经网络的映射函数是非线性的。下面用示意图来表示隐含层的映射，如图 16.1 所示。

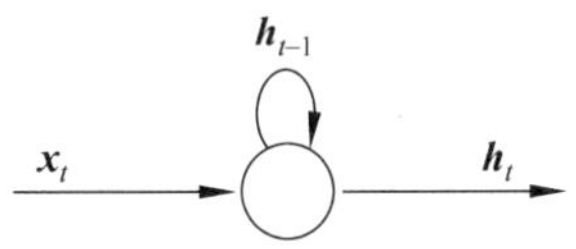

图 16.1 循环层的映射

在这里 $h_{t-1}$ 和 $x_t$ 共同决定 $h_t$，$h_{t-1}$ 体现了记忆功能，而它的值又是由 $h_{t-2}$ 和 $x_{t-1}$ 决定的。依次展开之后，$h_t$ 的值实际上是由 $x_1, x_2, \cdots, x_t$ 决定的，它记住了之前完整的序列信息。权重矩阵 $W_{hh}$ 并不会随着时间变化，在每个时刻进行计算时使用的是同一个矩阵。这样做的好处一方面是减少了模型参数，另一方面也记住了之前的信息。

如果把每个时刻的输入值和输出值按照时间线展开之后画出来，如图 16.2 所示。

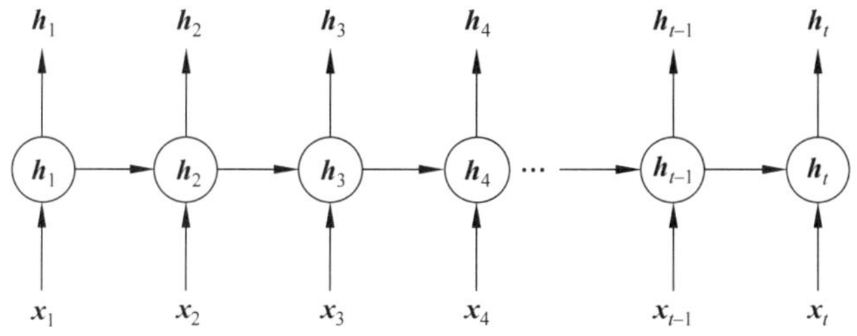

图 16.2 循环层的输出按照时间轴展开

## 16.1.2 输出层

输出层以循环层的输出值作为输入并产生循环神经网络最终的输出，它不具有记忆功能。输出层实现的变换为

$$y_t = g(W_o h_t + b_o)$$

其中，$W_o$ 为权重矩阵；$b_o$ 为偏置向量；$g$ 为变换函数。变换函数的类型根据任务而定，对于分类任务一般选用 softmax 函数，输出各个类的概率。在这里只使用了一个循环层，实际使用时可以有多个循环层，在后面会详细介绍。

## 16.1.3 一个简单的例子

下面来看一个简单的循环神经网络，这个网络有一个输入层、一个循环层和一个输出层，一个简单的循环神经网络的结构如图 16.3 所示。

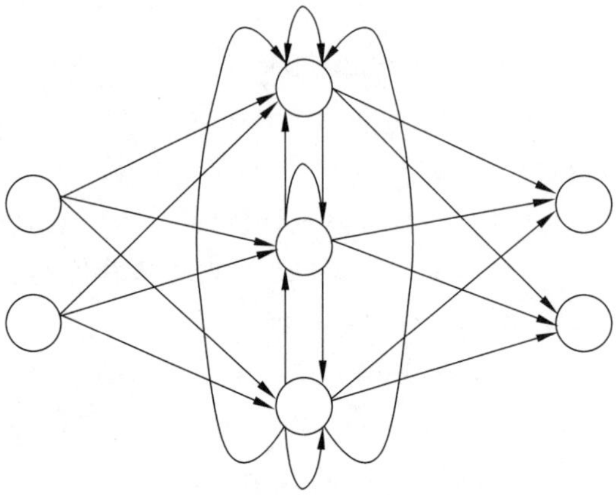

图 16.3 一个简单的循环神经网络

网络的输入层有 2 个神经元，循环层有 3 个神经元，输出层有 2 个神经元。假设输入为向量序列 $\boldsymbol{x}_1,\boldsymbol{x}_2,\cdots,\boldsymbol{x}_t$，下面来计算网络的输出。循环层的输出按照下面的公式计算：

$$\boldsymbol{h}_t = f(\boldsymbol{W}_{xh}\boldsymbol{x}_t + \boldsymbol{W}_{hh}\boldsymbol{h}_{t-1} + \boldsymbol{b}_h)$$

在这里循环层的输入向量是二维的，输出向量是三维的。输出层的计算公式为

$$\boldsymbol{y}_t = g(\boldsymbol{W}_o\boldsymbol{h}_t + \boldsymbol{b}_o)$$

输出层的输入向量是三维的，输出向量是二维的。需要注意的是，循环层的每个神经元需要接收同一层中所有神经元在上一个时刻的值作为输入，而不仅仅是本神经元上一个时刻的值。下面按照时间轴进行展开，当输入为 $\boldsymbol{x}_1$ 时，网络的输出为

$$\boldsymbol{h}_1 = f(\boldsymbol{W}_{xh}\boldsymbol{x}_1 + \boldsymbol{b}_h)$$

$$\boldsymbol{y}_1 = g(\boldsymbol{W}_o\boldsymbol{h}_1 + \boldsymbol{b}_o)$$

当输入为 $\boldsymbol{x}_2$ 时，网络的输出为

$$\boldsymbol{h}_2 = f(\boldsymbol{W}_{xh}\boldsymbol{x}_2 + \boldsymbol{W}_{hh}\boldsymbol{h}_1 + \boldsymbol{b}_h) = f(\boldsymbol{W}_{xh}\boldsymbol{x}_2 + \boldsymbol{W}_{hh}f(\boldsymbol{W}_{xh}\boldsymbol{x}_1 + \boldsymbol{b}_h) + \boldsymbol{b}_h)$$

$$\boldsymbol{y}_2 = g(\boldsymbol{W}_o\boldsymbol{h}_2 + \boldsymbol{b}_o)$$

输出值与 $\boldsymbol{x}_1$、$\boldsymbol{x}_2$ 都有关。以此类推，可以得到 $\boldsymbol{x}_3,\cdots,\boldsymbol{x}_t$ 时网络的输出值，$\boldsymbol{x}_t$ 时的输出值与 $\boldsymbol{x}_1,\boldsymbol{x}_2,\cdots,\boldsymbol{x}_t$ 都有关。通过这个例子更清楚地看到了循环神经网络通过递推的计算实现了记忆功能。

## 16.1.4 深层网络

上面介绍的循环神经网络只有一个输入层、一个循环层和一个输出层。与全连接神经网络以及卷积神经网络一样，可以把它推广到任意多个隐含层的情况，得到深层循环神经网络[3]。

这里有 3 种方案，第一种方案称为 Deep Input-to-Hidden Function，它在循环层之前加入多个普通的全连接层，将输入向量进行多层映射之后再送入循环层进行处理。

第二种方案是 Deep Hidden-to-Hidden Transition，它使用多个循环层，这和前馈型神经网络类似，唯一不同的是计算隐含层输出的时候需要利用本隐含层上一时刻的值。

第三种方案是 Deep Hidden-to-Output Function，它在循环层到输出层之间加入多个全连接层，这和第一种情况类似。

由于循环层一般用 tanh 作为激活函数，层次过多之后会导致梯度消失问题，和第 5 章中介绍的残差网络类似，可以采用跨层连接的方案。在 16.5 节的应用问题上，会看到深层循环神经网络的应用，实验结果证明深层网络比浅层网络有更好的精度。

## 16.2　网络的训练

前面介绍了循环神经网络的结构，接下来要解决的问题是网络的参数如何通过训练确定。循环神经网络的输入是序列数据，每个训练样本是一个时间序列，包含多个相同维数的向量。解决循环神经网络训练问题的算法是 Back Propagation Through Time 算法，简称 BPTT 算法[4,5]。

循环神经网络的每个训练样本是一个时间序列，同一个训练样本前后时刻的输入值之间有关联，每个样本的序列长度可能不相同。训练时先对这个序列中每个时刻的输入值进行正向传播，再通过反向传播计算出参数的梯度值并更新参数。

### 16.2.1　一个简单的例子

与第 9 章的做法一样，在这里先对一个简单的例子进行推导，使用图 16.3 的网络结构。假设有一个训练样本，其序列值为

$$(\boldsymbol{x}_1,\boldsymbol{y}_1),(\boldsymbol{x}_2,\boldsymbol{y}_2),(\boldsymbol{x}_3,\boldsymbol{y}_3)$$

其中，$\boldsymbol{x}_i$ 为输入向量；$\boldsymbol{y}_i$ 为标签向量。循环层状态的初始值设置为 0。在 $t=1$ 时刻，网络的输出为

$$\begin{aligned}
\boldsymbol{u}_1 &= \boldsymbol{W}_{xh}\boldsymbol{x}_1+\boldsymbol{b}_h\\
\boldsymbol{h}_1 &= f(\boldsymbol{u}_1)\\
\boldsymbol{v}_1 &= \boldsymbol{W}_o\boldsymbol{h}_1+\boldsymbol{b}_o\\
\boldsymbol{y}_1^* &= g(\boldsymbol{v}_1)
\end{aligned}$$

在 $t=2$ 时刻，网络的输出为

$$\begin{aligned}
\boldsymbol{u}_2 &= \boldsymbol{W}_{xh}\boldsymbol{x}_2+\boldsymbol{W}_{hh}f(\boldsymbol{W}_{xh}\boldsymbol{x}_1+\boldsymbol{b}_h)+\boldsymbol{b}_h\\
\boldsymbol{h}_2 &= f(\boldsymbol{u}_2)\\
\boldsymbol{v}_2 &= \boldsymbol{W}_o\boldsymbol{h}_2+\boldsymbol{b}_o\\
\boldsymbol{y}_2^* &= g(\boldsymbol{v}_2)
\end{aligned}$$

在 $t=3$ 时刻，网络的输出为

$$\begin{aligned}
\boldsymbol{u}_3 &= \boldsymbol{W}_{xh}\boldsymbol{x}_3+\boldsymbol{W}_{hh}f(\boldsymbol{W}_{xh}\boldsymbol{x}_2+\boldsymbol{W}_{hh}f(\boldsymbol{W}_{xh}\boldsymbol{x}_1+\boldsymbol{b}_h)+\boldsymbol{b}_h)+\boldsymbol{b}_h\\
\boldsymbol{h}_3 &= f(\boldsymbol{u}_3)\\
\boldsymbol{v}_3 &= \boldsymbol{W}_o\boldsymbol{h}_3+\boldsymbol{b}_o\\
\boldsymbol{y}_3^* &= g(\boldsymbol{v}_3)
\end{aligned}$$

对单个样本的序列数据，定义 $t$ 时刻的损失函数为

$$L_t = L(\boldsymbol{y}_t, \boldsymbol{y}_t^*)$$

总损失函数为各个时刻损失函数之和

$$L = \sum_{t=1}^{3} L(\boldsymbol{y}_t, \boldsymbol{y}_t^*)$$

如果输出层使用 softmax 变换,损失函数使用交叉熵,则有

$$L_t = -\boldsymbol{y}_t^{\mathrm{T}} \ln(\boldsymbol{y}_t^*)$$

这种情况下的梯度计算公式在 15.7.7 节中已经推导过:

$$\nabla_{\boldsymbol{v}_t} L_t = \boldsymbol{y}_t^* - \boldsymbol{y}_t$$

下面来计算损失函数对输出层参数的梯度。根据 9.2.2 节的结论,在 $t$ 时刻损失函数对输出层权重的梯度为

$$\nabla_{\boldsymbol{W}_{\mathrm{o}}} L_t = (\nabla_{\boldsymbol{v}_t} L_t)\boldsymbol{h}_t^{\mathrm{T}} = (\boldsymbol{y}_t^* - \boldsymbol{y}_t)\boldsymbol{h}_t^{\mathrm{T}}$$

对偏置项的梯度为

$$\nabla_{\boldsymbol{b}_{\mathrm{o}}} L_t = \nabla_{\boldsymbol{v}_t} L_t = \boldsymbol{y}_t^* - \boldsymbol{y}_t$$

总损失函数对权重的梯度为

$$\nabla_{\boldsymbol{W}_{\mathrm{o}}} L = \sum_{t=1}^{3} ((\boldsymbol{y}_t^* - \boldsymbol{y}_t)\boldsymbol{h}_t^{\mathrm{T}})$$

对偏置项的梯度为

$$\nabla_{\boldsymbol{b}_{\mathrm{o}}} L = \sum_{t=1}^{3} ((\boldsymbol{y}_t^* - \boldsymbol{y}_t))$$

下面来看隐含层,与输出层相比情况更复杂。按时间展开之后,各个时刻隐含层的输出值是权重矩阵和偏置向量的复合函数,和全连接神经网络类似,但这种复合是在时间轴上进行的,每次都用同一个权重矩阵。全连接神经网络是在各个神经元层之间进行的,各个层的权重矩阵不同。

首先考虑 $t=1$ 时刻。根据 9.2.2 节的结论,对 $\boldsymbol{W}_{xh}$ 的梯度为

$$\begin{aligned}\nabla_{\boldsymbol{W}_{xh}} L_1 &= (\nabla_{\boldsymbol{u}_1} L_1)\boldsymbol{x}_1^{\mathrm{T}} = ((\nabla_{\boldsymbol{h}_1} L_1) \odot f'(\boldsymbol{u}_1))\boldsymbol{x}_1^{\mathrm{T}} = ((\boldsymbol{W}_{\mathrm{o}}^{\mathrm{T}}(\nabla_{\boldsymbol{v}_1} L_1)) \odot f'(\boldsymbol{u}_1))\boldsymbol{x}_1^{\mathrm{T}} \\ &= ((\boldsymbol{W}_{\mathrm{o}}^{\mathrm{T}}(\boldsymbol{y}_1^* - \boldsymbol{y}_1)) \odot f'(\boldsymbol{u}_1))\boldsymbol{x}_1^{\mathrm{T}}\end{aligned}$$

由于 $t=1$ 时刻隐含层的输出值和 $\boldsymbol{W}_{hh}$ 无关,因此

$$\nabla_{\boldsymbol{W}_{hh}} L_1 = 0$$

对偏置项有

$$\nabla_{\boldsymbol{b}_h} L_1 = \nabla_{\boldsymbol{u}_1} L_1 = (\boldsymbol{W}_{\mathrm{o}}^{\mathrm{T}}(\boldsymbol{y}_1^* - \boldsymbol{y}_1)) \odot f'(\boldsymbol{u}_1)$$

下面考虑 $t=2$ 时刻。因为

$$\boldsymbol{u}_2 = \boldsymbol{W}_{xh}\boldsymbol{x}_2 + \boldsymbol{W}_{hh} f(\boldsymbol{W}_{xh}\boldsymbol{x}_1 + \boldsymbol{b}_h) + \boldsymbol{b}_h$$

在这里 $\boldsymbol{W}_{xh}$ 出现了 2 次。根据 9.2.2 节的结论,这个时刻损失函数对权重 $\boldsymbol{W}_{xh}$ 的梯度为

$$\nabla_{\boldsymbol{W}_{xh}} L_2 = (\nabla_{\boldsymbol{u}_2} L_2)\boldsymbol{x}_2^{\mathrm{T}} + (\nabla_{\boldsymbol{u}_1} L_2)\boldsymbol{x}_1^{\mathrm{T}}$$

现在的关键是计算 $\nabla_{\boldsymbol{u}_1} L_2$,由于

$$\boldsymbol{u}_2 = \boldsymbol{W}_{xh}\boldsymbol{x}_2 + \boldsymbol{W}_{hh} f(\boldsymbol{u}_1) + \boldsymbol{b}_h$$

根据 9.2.2 节的结论,有

$$\nabla_{\boldsymbol{u}_1} L_2 = \nabla_{\boldsymbol{h}_1} L_2 \odot f'(\boldsymbol{u}_1) = \boldsymbol{W}_{hh}^{\mathrm{T}}(\nabla_{\boldsymbol{u}_2} L_2) \odot f'(\boldsymbol{u}_1)$$

带入上式可以得到

$$\nabla_{W_{xh}} L_2 = (\nabla_{u_2} L_2) x_2^T + (W_{hh}^T (\nabla_{u_2} L_2) \odot f'(u_1)) x_1^T$$
$$= ((\nabla_{h_2} L_2) \odot f'(u_2)) x_2^T + (W_{hh}^T ((\nabla_{h_2} L_2) \odot f'(u_2)) \odot f'(u_1)) x_1^T$$
$$= ((W_o^T (\nabla_{v_2} L_2)) \odot f'(u_2)) x_2^T + (W_{hh}^T ((W_o^T (\nabla_{v_2} L_2)) \odot f'(u_2)) \odot f'(u_1)) x_1^T$$

下面计算$\nabla_{W_{hh}} L_2$：

$$\nabla_{W_{hh}} L_2 = (\nabla_{u_2} L_2) h_1^T = ((\nabla_{h_2} L_2) \odot f'(u_2)) h_1^T$$
$$= ((W_o^T (\nabla_{v_2} L_2)) \odot f'(u_2)) h_1^T$$

下面考虑 $t=3$ 时刻。因为

$$u_3 = W_{xh} x_3 + W_{hh} f(W_{xh} x_2 + W_{hh} f(W_{xh} x_1 + b_h) + b_h) + b_h$$

在这里 $W_{xh}$ 出现了 3 次。根据 9.2.2 节的结论，对 $W_{xh}$ 的梯度为

$$\nabla_{W_{xh}} L_3 = (\nabla_{u_3} L_3) x_3^T + (\nabla_{u_2} L_3) x_2^T + (\nabla_{u_1} L_3) x_1^T$$

$\nabla_{u_3} L_3$ 的值可以直接求出。类似地可以计算出$\nabla_{u_2} L_3$：

$$\nabla_{u_2} L_3 = (\nabla_{h_2} L_3) \odot f'(u_2) = W_{hh}^T (\nabla_{u_3} L_3) \odot f'(u_2)$$

以及$\nabla_{u_1} L_3$：

$$\nabla_{u_1} L_3 = (\nabla_{h_1} L_3) \odot f'(u_1) = W_{hh}^T (\nabla_{u_2} L_3) \odot f'(u_1)$$
$$= W_{hh}^T (\nabla_{u_2} L_3) \odot f'(u_1)$$
$$= W_{hh}^T (W_{hh}^T (\nabla_{u_3} L_3) \odot f'(u_2)) \odot f'(u_1)$$

由此得到了$\nabla_{W_{xh}} L_3$。类似地可以计算出$\nabla_{W_{hh}} L_3$。在计算出每个时刻的损失函数对各个参数的梯度之后，把它们加起来就得到总损失函数对各个参数的偏导数：

$$\nabla_{W_{xh}} L = \sum_{t=1}^{3} \nabla_{W_{xh}} L_t$$

$$\nabla_{W_{hh}} L = \sum_{t=1}^{3} \nabla_{W_{hh}} L_t$$

然后用梯度下降法进行参数更新。

### 16.2.2 完整的算法

接下来把这个例子推广到一般情况，得到通用的 BPTT 算法。只有一个循环层和一个输出层的循环神经网络正向传播时的变换为

$$u_t = W_{xh} x_t + W_{hh} h_{t-1} + b_h$$
$$h_t = f(u_t)$$
$$v_t = W_o h_t + b_o$$
$$y_t^* = g(v_t)$$

损失函数的定义和全连接网络、卷积网络不同。全连接网络和卷积网络的各个训练样本之间没有关系，损失函数是所有样本损失的均值。循环神经网络的单个样本是一个时间序列，每个时刻都有损失，因此损失函数定义为沿着时间轴累加：

$$L = \sum_{t=1}^{T} L_t$$

其中，$T$ 为时间序列的长度；$L_t$ 为 $t$ 时刻的损失函数：

$$L_t = L(y_t^*, y_t)$$

循环神经网络的反向传播是基于时间轴进行的，我们需要计算所有时刻的总损失函数对所有参数的梯度，然后用梯度下降法进行更新。另外需要注意的是循环神经网络在各个时刻的权重、偏置都是相同的。

首先计算输出层偏置项的梯度：

$$\nabla_{\boldsymbol{b}_o} L = \sum_{t=1}^{T} \nabla_{\boldsymbol{b}_o} L_t = \sum_{i=1}^{T} (\nabla_{\boldsymbol{v}_t} L_t) = \sum_{i=1}^{T} ((\nabla_{\boldsymbol{y}_t^*} L_t) \odot g'(\boldsymbol{v}_t))$$

如果选择 softmax 作为输出层的激活函数函数，交叉熵作为损失函数，上面的梯度为

$$\nabla_{\boldsymbol{b}_o} L = \sum_{t=1}^{T} \nabla_{\boldsymbol{b}_o} L_t = \sum_{i=1}^{T} (\nabla_{\boldsymbol{v}_t} L_t) = \sum_{i=1}^{T} ((\boldsymbol{y}_t^* - \boldsymbol{y}_t) \odot g'(\boldsymbol{v}_t))$$

对权重矩阵的梯度为

$$\nabla_{\boldsymbol{W}_o} L = \sum_{t=1}^{T} \nabla_{\boldsymbol{W}_o} L_t = \sum_{t=1}^{T} ((\nabla_{\boldsymbol{v}_t} L_t) \boldsymbol{h}_t^{\mathrm{T}}) = \sum_{t=1}^{T} (((\boldsymbol{y}_t^* - \boldsymbol{y}_t) \odot g'(\boldsymbol{v}_t)) \boldsymbol{h}_t^{\mathrm{T}})$$

下面考虑循环层。因为

$$\boldsymbol{u}_t = \boldsymbol{W}_{xh} \boldsymbol{x}_t + \boldsymbol{W}_{hh} \boldsymbol{h}_{t-1} + \boldsymbol{b}_h = \boldsymbol{W}_{xh} \boldsymbol{x}_t + \boldsymbol{W}_{hh} f(\boldsymbol{u}_{t-1}) + \boldsymbol{b}_h$$

根据 9.2.2 节的结论，有

$$\nabla_{\boldsymbol{u}_{t-1}} L_t = (\nabla_{\boldsymbol{h}_{t-1}} L) \odot f'(\boldsymbol{u}_{t-1}) = (\boldsymbol{W}_{hh}^{\mathrm{T}} (\nabla_{\boldsymbol{u}_t} L_t)) \odot f'(\boldsymbol{u}_{t-1})$$

由此建立了$\nabla_{\boldsymbol{u}_{t-1}} L_t$ 与$\nabla_{\boldsymbol{u}_t} L_t$ 之间的递推关系。定义误差项为

$$\boldsymbol{\delta}_t = \nabla_{\boldsymbol{u}_t} L$$

在整个损失函数 $L$ 中，比 $t$ 更早的时刻 $1,2,\cdots,t-1$ 的损失函数不含有 $\boldsymbol{u}_t$，因此与它无关；$L_t$ 由 $\boldsymbol{u}_t$ 决定，和它直接相关；比 $t$ 晚的时刻的 $\boldsymbol{u}_{t+1}, \boldsymbol{u}_{t+2}, \cdots, \boldsymbol{u}_T$ 都与 $\boldsymbol{u}_t$ 有关。因此有

$$\boldsymbol{\delta}_t = \nabla_{\boldsymbol{u}_t} L_t + ((\boldsymbol{W}_{hh})^{\mathrm{T}} \boldsymbol{\delta}_{t+1}) \odot f'(\boldsymbol{u}_t)$$

而

$$\begin{aligned}\nabla_{\boldsymbol{u}_t} L_t &= \nabla_{\boldsymbol{h}_t} L_t \odot f'(\boldsymbol{u}_t) = ((\boldsymbol{W}_o)^{\mathrm{T}} \nabla_{\boldsymbol{v}_t} L_t) \odot f'(\boldsymbol{u}_t) \\ &= ((\boldsymbol{W}_o)^{\mathrm{T}} ((\nabla_{\boldsymbol{y}_t^*} L_t) \odot g'(\boldsymbol{v}_t))) \odot f'(\boldsymbol{u}_t)\end{aligned}$$

带入上式得到

$$\boldsymbol{\delta}_t = ((\boldsymbol{W}_o)^{\mathrm{T}} ((\nabla_{\boldsymbol{y}_t^*} L_t) \odot g'(\boldsymbol{v}_t))) \odot f'(\boldsymbol{u}_t) + (\boldsymbol{W}_{hh})^{\mathrm{T}} \boldsymbol{\delta}_{t+1} \odot f'(\boldsymbol{u}_t)$$

由此建立了误差项沿时间轴的递推公式。可以类比前馈型神经网络，在前馈型神经网络中，通过后面层的误差项计算本层误差项。在循环神经网络中，通过后一个时刻的误差项来计算当前时刻的误差项。递推的终点是最后一个时刻的误差：

$$\boldsymbol{\delta}_T = (\boldsymbol{W}_o)^{\mathrm{T}} (\nabla_{\boldsymbol{v}_T} L) \odot f'(\boldsymbol{u}_T) = (\boldsymbol{W}_o)^{\mathrm{T}} ((\nabla_{\boldsymbol{y}_T^*} L) \odot g'(\boldsymbol{v}_T)) \odot f'(\boldsymbol{u}_T)$$

根据误差项可以计算出损失函数对权重和偏置的梯度。整个损失函数 $L$ 是 $\boldsymbol{u}_1, \boldsymbol{u}_2, \cdots, \boldsymbol{u}_T$ 的函数，而它们都是权重和偏置的函数。根据链式法则，有

$$\nabla_{\boldsymbol{W}_{hh}} L = \sum_{t=1}^{T} (\nabla_{\boldsymbol{u}_t} L) \boldsymbol{h}_{t-1}^{\mathrm{T}} = \sum_{t=1}^{T} \boldsymbol{\delta}_t \boldsymbol{h}_{t-1}^{\mathrm{T}}$$

类似地：

$$\nabla_{\boldsymbol{W}_{xh}} L = \sum_{t=1}^{T} (\nabla_{\boldsymbol{u}_t} L) \boldsymbol{x}_t^{\mathrm{T}} = \sum_{t=1}^{T} \boldsymbol{\delta}_t \boldsymbol{x}_t^{\mathrm{T}}$$

对偏置项的梯度为

$$\nabla_{\boldsymbol{b}_h} L = \sum_{t=1}^{T} \nabla_{\boldsymbol{u}_t} L = \sum_{t=1}^{T} \boldsymbol{\delta}_t$$

计算出对所有权重和偏置的梯度之后，由此可以得到 BPTT 算法的流程。

循环，对 $t=1,2,\cdots,T$

　　对$(\boldsymbol{x}_t,\boldsymbol{y}_t)$进行正向传播

结束循环

计算输出层权重和偏置的梯度

用梯度下降法更新输出层权重和偏置的值

循环，反向传播，对 $t=T,\cdots,2,1$

　　计算误差项 $\boldsymbol{\delta}_t$

　　根据误差项计算循环层权重和偏置的梯度

　　用梯度下降法更新循环层权重和偏置的值

结束循环

与全连接神经网络、卷积神经网络类似，这种在时间轴上累积信息的网络结构同样存在梯度消失和梯度爆炸问题，在 16.3 节中将会详细解释并介绍解决的办法。

## 16.3　挑战与改进措施

本节中将分析梯度消失问题和梯度爆炸问题形成的原因以及改进措施。

### 16.3.1　梯度消失

循环神经网络在进行反向传播时也面临梯度消失或者梯度爆炸问题，这种问题表现在时间轴上。如果输入序列的长度很长，人们很难进行有效的参数更新。文献[7]对循环神经网络难以训练的问题进行了分析。文献[6]对这一问题也进行了解释，并给出一种解决方案。

下面对循环神经网络的梯度消失问题和梯度爆炸问题给出一个不太严格的解释。循环层的变换为

$$\boldsymbol{h}_t = f(\boldsymbol{W}_{xh}\boldsymbol{x}_t + \boldsymbol{W}_{hh}\boldsymbol{h}_{t-1} + \boldsymbol{b}_h)$$

根据这个递推公式，按时间进行展开后为

$$\boldsymbol{h}_t = f(\boldsymbol{W}_{xh}\boldsymbol{x}_t + \boldsymbol{W}_{hh}f(\boldsymbol{W}_{xh}\boldsymbol{x}_{t-1} + \boldsymbol{W}_{hh}\boldsymbol{h}_{t-2} + \boldsymbol{b}_h) + \boldsymbol{b}_h)$$

如果一直展开到 $\boldsymbol{h}_1$，对上式进行简化，去掉激活函数的作用，1 时刻的状态传递到 $t$ 时刻会变为

$$\boldsymbol{h}_t = (\boldsymbol{W}_{hh})^{t-1}\boldsymbol{h}_1$$

假设矩阵 $\boldsymbol{W}_{hh}$ 可以对角化，存在正交矩阵 $\boldsymbol{Q}$ 使得：

$$\boldsymbol{Q}^{\mathrm{T}}\boldsymbol{W}\boldsymbol{Q} = \boldsymbol{\Lambda}$$

其中，$\boldsymbol{\Lambda}$ 是对角矩阵，对角线上的元素是矩阵 $\boldsymbol{W}_{hh}$ 的特征值。由于

$$\boldsymbol{W} = \boldsymbol{Q}\boldsymbol{\Lambda}\boldsymbol{Q}^{\mathrm{T}}$$

根据矩阵乘法的结合律可以得到

$$\boldsymbol{W}^{\mathrm{T}} = (\boldsymbol{Q}\boldsymbol{\Lambda}\boldsymbol{Q}^{\mathrm{T}})^{\mathrm{T}} = (\boldsymbol{Q}\boldsymbol{\Lambda}\boldsymbol{Q}^{\mathrm{T}})(\boldsymbol{Q}\boldsymbol{\Lambda}\boldsymbol{Q}^{\mathrm{T}})\cdots(\boldsymbol{Q}\boldsymbol{\Lambda}\boldsymbol{Q}^{\mathrm{T}}) = \boldsymbol{Q}\boldsymbol{\Lambda}^{\mathrm{T}}\boldsymbol{Q}^{\mathrm{T}}$$

在这里 $\boldsymbol{Q}^{\mathrm{T}}\boldsymbol{Q}=\boldsymbol{I}$，因为 $\boldsymbol{Q}$ 是正交矩阵。对角矩阵的幂为对角线元素的幂。如果 $\boldsymbol{W}_{hh}$ 的特

征值的绝对值小于1，经过多次乘积之后，会接近于0，在正向传播阶段，隐含层的信息就难以传递到很远的时刻；如果特征值的绝对值大于1，多次乘积之后，会趋向于无穷大。要解决上面的问题，就需要让每次相乘的值接近于1。反向传播时，也要连续乘以矩阵 $\boldsymbol{W}_{hh}$，会面临同样的问题。

从上面的分析中可以看出，即使是在正向传播过程中，要把很久以前时刻的状态值传递到当前时刻，存在很大的困难。反向传播计算梯度时，每次也要乘上权重矩阵，存在同样的问题。

如何解决这个问题？问题的根源在于矩阵的多次乘积。如果我们让每次矩阵乘积的效果近似于对元素乘以接近于1的值，问题就能得到解决，但是权重矩阵的值我们无法控制。另外一个思路是避免这种矩阵的累次乘积，目前主流的方法采用了这种做法。接下来我们将分别介绍解决此问题的两种方法——长短期记忆模型以及门控循环单元。

## 16.3.2 长短期记忆模型

长短期记忆模型（Long Short-Term Memory，LSTM）由 Schmidhuber 等人在 1997 年提出[8]。它对循环层单元进行改造，避免用前面的公式直接计算隐含层状态值。具体方法是使用输入门、遗忘门、输出门 3 个元件，通过另外一种方式由 $\boldsymbol{h}_{t-1}$ 计算 $\boldsymbol{h}_t$。LSTM 的基本单元称为记忆单元，记忆单元在 $t$ 时刻维持一个记忆值 $\boldsymbol{c}_t$，循环层状态的输出值计算公式为

$$\boldsymbol{h}_t = \boldsymbol{o}_t \odot \tanh(\boldsymbol{c}_t)$$

这是输出门与记忆值的乘积。其中，$\boldsymbol{o}_t$ 为输出门，这是一个向量，按照如下公式计算：

$$\boldsymbol{o}_t = \sigma(\boldsymbol{W}_{\mathrm{xo}}\boldsymbol{x}_t + \boldsymbol{W}_{\mathrm{ho}}\boldsymbol{h}_{t-1} + \boldsymbol{b}_{\mathrm{o}})$$

其中，$\sigma$ 为 sigmoid 函数。输出门决定了记忆单元中存储的记忆值有多大比例可以被输出。使用 sigmoid 函数是因为它的值域是(0,1)，这样 $\boldsymbol{o}_t$ 的所有分量的取值范围都在 0～1，它们分别与另外一个向量的分量相乘，可以控制另外一个向量的输出比例。$\boldsymbol{W}_{\mathrm{xo}}$、$\boldsymbol{W}_{\mathrm{ho}}$、$\boldsymbol{b}_{\mathrm{o}}$ 是输出门的权重矩阵和偏置项，这些参数通过训练得到。

记忆值 $\boldsymbol{c}_t$ 是循环层神经元记住的上一个时刻的状态值，随着时间进行加权更新，它的更新公式为

$$\boldsymbol{c}_t = \boldsymbol{f}_t \odot \boldsymbol{c}_{t-1} + \boldsymbol{i}_t \odot \tanh(\boldsymbol{W}_{xc}\boldsymbol{x}_t + \boldsymbol{W}_{hc}\boldsymbol{h}_{t-1} + \boldsymbol{b}_c)$$

其中，$\boldsymbol{f}_t$ 是遗忘门；$\boldsymbol{c}_{t-1}$是记忆单元在上一时刻的值，遗忘门决定了记忆单元上一时刻的值有多少会被传到当前时刻，即遗忘速度。记忆单元当前值是上时刻值与当前输入值的加权和，记忆值只是个中间值。遗忘门的计算公式为

$$\boldsymbol{f}_t = \sigma(\boldsymbol{W}_{xf}\boldsymbol{x}_t + \boldsymbol{W}_{hf}\boldsymbol{h}_{t-1} + \boldsymbol{b}_f)$$

这里也使用了 sigmoid 函数。$\boldsymbol{i}_t$ 是输入门，控制着当前时刻的输入有多少可以进入记忆单元，其计算公式为

$$\boldsymbol{i}_t = \sigma(\boldsymbol{W}_{xi}\boldsymbol{x}_t + \boldsymbol{W}_{hi}\boldsymbol{h}_{t-1} + \boldsymbol{b}_i)$$

这 3 个门的计算公式都是一样的，分别使用了自己的权重矩阵和偏置向量，这 3 个值的计算都用到了 $\boldsymbol{x}_t$ 和 $\boldsymbol{h}_{t-1}$，它们起到了信息的流量控制作用。

隐含层的状态值由遗忘门、记忆单元上一时刻的值，以及输入门、输出门共同决定。除掉 3 个门之外，真正决定 $\boldsymbol{h}_t$ 的只有 $\boldsymbol{x}_t$ 和 $\boldsymbol{h}_{t-1}$。总结起来，LSTM 的计算思路如下：输入门作用于当前时刻的输入值，遗忘门作用于之前的记忆值，二者加权和，得到汇总信息；最后通

过输出门决定输出值。如果将 LSTM 在各个时刻的输出值进行展开，会发现其中有一部分最早时刻的输入值避免了与权重矩阵的累次乘法，这是 LSTM 能够缓解梯度消失问题的主要原因。

### 16.3.3 门控循环单元

门控循环单元[45](Gated Recurrent Units，GRU)是解决循环神经网络梯度消失的另外一种方法，它也是通过门来控制信息的流动。与 LSTM 不同的是，GRU 只使用了两个门，把 LSTM 的输入门和遗忘门合并成更新门。更新门的计算公式如下：

$$\boldsymbol{z}_t = \sigma(\boldsymbol{W}_{xz}\boldsymbol{x}_t + \boldsymbol{W}_{hz}\boldsymbol{h}_{t-1})$$

更新门决定了之前的记忆值进入当前值的比例。另外一个门是重置门，定义如下：

$$\boldsymbol{r}_t = \sigma(\boldsymbol{W}_{xr}\boldsymbol{x}_t + \boldsymbol{W}_{hr}\boldsymbol{h}_{t-1})$$

这种门的计算公式和 LSTM 一样，我们不再做重复解释。记忆单元的值定义为

$$\boldsymbol{c}_t = \tanh(\boldsymbol{W}_{xc}\boldsymbol{x}_t + \boldsymbol{W}_{rc}(\boldsymbol{h}_{t-1} \odot \boldsymbol{r}_t))$$

它由上一个时刻的状态值及当前输入值共同决定。隐含层的状态值定义为

$$\boldsymbol{h}_t = (1 - \boldsymbol{z}_t) \odot \boldsymbol{c}_t + \boldsymbol{z}_t \odot \boldsymbol{h}_{t-1}$$

它是当前时刻的记忆值以及上一时刻的状态值的加权组合。根据正向传播计算公式可以推导出反向传播时误差项和权重梯度的计算公式。

### 16.3.4 双向网络

前面介绍的循环神经网络是单向的，每一个时刻的输出依赖于比它早的时刻的输入值，这没有利用未来时刻的信息。对于有些问题，当前时刻的输出不仅与过去时刻的数据有关，还与将来时刻的数据有关，如机器翻译问题。为此，Schuster 等人设计了双向循环神经网络[9]，它用两个不同的循环层分别从正向和反向对数据进行扫描。正向传播时的流程如下：

```
循环，对 t=1,…,2,T
    用正向循环层进行正向传播，记住每一个时刻的输出值
结束循环
循环，对 t=T,…,2,1
    用反向循环层进行正向传播，记住每一个时刻的输出值
结束循环
循环，对所有的 t，可以按照任意顺序进行计算
    用正向和反向循环层的输出值拼接起来作为输出层的输入，计算最终的输出值
结束循环
```

下面用一个简单的例子来说明，假设双向循环神经网络的输入序列为

$$\boldsymbol{x}_1, \boldsymbol{x}_2, \cdots, \boldsymbol{x}_4$$

首先用第一个循环层进行正向迭代，得到隐含层的正向输出序列：

$$\overrightarrow{\boldsymbol{h}}_1, \overrightarrow{\boldsymbol{h}}_2, \overrightarrow{\boldsymbol{h}}_3, \overrightarrow{\boldsymbol{h}}_4$$

在这里 $\overrightarrow{\boldsymbol{h}}_1$ 由 $\boldsymbol{x}_1$ 决定，$\overrightarrow{\boldsymbol{h}}_2$ 由 $\boldsymbol{x}_1$、$\boldsymbol{x}_2$ 决定，$\overrightarrow{\boldsymbol{h}}_3$ 由 $\boldsymbol{x}_1$、$\boldsymbol{x}_2$、$\boldsymbol{x}_3$ 决定，$\overrightarrow{\boldsymbol{h}}_4$ 由 $\boldsymbol{x}_1$、$\boldsymbol{x}_2$、$\boldsymbol{x}_3$、$\boldsymbol{x}_4$ 决定，即每个时刻的状态值由到当前时刻为止的所有输入值序列决定，这里利用的是序列的过去时

刻信息。然后用第二个循环层进行反向迭代，输入顺序是 $\boldsymbol{x}_4, \boldsymbol{x}_3, \cdots, \boldsymbol{x}_1$，得到隐含层的反向输出序列：

$$\overleftarrow{\boldsymbol{h}_4}, \overleftarrow{\boldsymbol{h}_3}, \overleftarrow{\boldsymbol{h}_2}, \overleftarrow{\boldsymbol{h}_1}$$

在这里，$\overleftarrow{\boldsymbol{h}_4}$ 由 $\boldsymbol{x}_4$ 决定，$\overleftarrow{\boldsymbol{h}_3}$ 由 $\boldsymbol{x}_4$、$\boldsymbol{x}_3$ 决定，$\overleftarrow{\boldsymbol{h}_2}$ 由 $\boldsymbol{x}_4$、$\boldsymbol{x}_3$、$\boldsymbol{x}_2$ 决定，$\overleftarrow{\boldsymbol{h}_1}$ 由 $\boldsymbol{x}_4$、$\boldsymbol{x}_3$、$\boldsymbol{x}_2$、$\boldsymbol{x}_1$ 决定，即每个时刻的状态值由它之后的输入序列决定，这里利用的是序列未来时刻的信息。然后将每个时刻的隐含层正向输出序列和反向输出序列合并起来：

$$\boldsymbol{h}_i = [\overrightarrow{\boldsymbol{h}_i}, \overleftarrow{\boldsymbol{h}_i}]$$

送入神经网络中后面的层进行处理得到输出值，此时，各个时刻的处理顺序是随意的，可以不用按照输入序列的时间顺序。

## 16.4 序列预测问题

循环神经网络实现的是序列到序列的映射，输入序列在每个时刻都对应一个输出值：

$$(\boldsymbol{x}_1, \boldsymbol{x}_2, \cdots, \boldsymbol{x}_T) \rightarrow (\boldsymbol{y}_1, \boldsymbol{y}_2, \cdots, \boldsymbol{y}_T)$$

以这种映射关系为基础，可以构造出多种解决序列预测问题的方法。序列预测问题只要求输入是一个序列数据，输出是多样化的，可以是一个向量，也可以是多个向量构成的序列，并且两个序列的长度可以不相等。

### 16.4.1 序列标注问题

序列标注问题[10]指将一个序列数据映射成离散标签值序列的任务，其本质是根据上下文信息对序列每个时刻的输入值进行预测。典型的序列标注问题包括语音识别、机器翻译、词性标注等。对于语音识别问题，输入数据是语音信号序列，输出是离散的文字序列；对于机器翻译问题，输入是一种语言的语句，即单词序列，输出是另外一种语言的单词序列；对于词性标注问题，输入是一句话的单词序列，输出是每个单词的词性，如名词、动词。

与普通的模式分类问题相比，序列标注问题最显著的区别是输入序列数据的数据点之间存在相关性，输出序列数据的数据点之间也存在相关性。例如，对于语音识别问题，一句话的语音信号在各个时刻显然是相关的；识别的结果由单词序列组成，各个单词之间显然也具有相关性，它们必须符合词法和语法规则。

序列标注问题的一个困难之处在于输入序列和输出序列之间的对齐关系是未知的。以语音识别问题为例，语音信号哪个时间段内的数据对应哪个单词的对应关系在进行识别之前并不知道，我们不清楚一个单词在语音信号中的起始时刻和终止时刻。

循环神经网络因为具有记忆功能，特别适合序列标注任务。但是，循环神经网络在处理这类任务时面临几个问题。第一个问题是标准的循环神经网络是单向的，但有些问题不仅需要序列过去时刻的信息，还需要未来时刻的信息。例如，我们要理解一个句子中的某个词，它不仅与句子中前面的词有关，还与后面的词有关，即上下文语境。解决这个问题的方法是双向循环神经网络，这在之前已经介绍。

第二个问题是循环神经网络的输出序列和输入序列之间要对齐，即每一个时刻的输出值与输入值对应，而有些问题中输入序列和输出序列的对应关系是未知的。典型的是语音识别问题，这在前面已经介绍。解决这个问题的一种方法是连接主义时序分类

(Connectionist Temporal Classification,CTC)。

根据输入序列和输出序列的对应关系,可以将序列标注问题分为三类。第一类是序列分类问题,它给输入序列赋予一个类别标签,即输出序列只有一个值,因此输出序列的长度为 1。第二类问题为段分类问题,输入序列被预先分成了几段,每段为一个序列,为每一段赋予一个标签值,显然,第一类问题是第二类问题的一个特例。第三类问题为时序分类问题,对于这类问题,输入序列和输出序列的任何对齐方式都是允许的。第二类问题是第三类问题的一个特例,因此,这 3 类问题是层层包含关系。

### 16.4.2 连接主义时序分类

循环神经网络虽然可以解决序列数据的预测问题,但它要求输入的数据是每个时刻分割好并且计算得到的固定长度的特征向量。对于有些问题,对原始的序列数据进行分割并计算特征向量存在困难,典型的是语音识别。人们很难先对原始的声音信号进行准确分割,得到每个发音单元所对应的准确的时间区间。解决这类问题的一种典型方法是 CTC (Connectionist Temporal Classification)技术。

CTC[13]是一种解决从带有噪声和未格式化的序列数据预测标签值的通用方法,不要求将输入数据进行分割之后再送入循环神经网络中预测。2013 年 Graves 等人将这一方法用于语音识别问题[14],通过和循环神经网络整合来完成语音识别任务。CTC 解决问题的关键思路是引入了空白符,以及用一个函数将循环神经网络的原始输出序列映射为最终的标签序列,消除掉空白符和进行连续相同输出的合并。

假设训练样本集为 $S$,训练样本服从概率分布 $D_{X\times Z}$。输入空间是输入向量序列的集合,定义为

$$X = (\mathbb{R}^m)^*$$

这是所有 $m$ 维实向量序列的集合。目标空间定义是输出向量序列的集合,定义为

$$Z = L^*$$

这是建立在包含有限个字母集 $L$ 之上的标签序列的集合,将 $L^*$ 中的元素称为标签序列。训练样本集中的每个样本是一个序列对$(\boldsymbol{x},\boldsymbol{z})$。其中输入序列为

$$\boldsymbol{x} = (\boldsymbol{x}_1, \boldsymbol{x}_2, \cdots, \boldsymbol{x}_T)$$

目标序列为

$$\boldsymbol{z} = (\boldsymbol{z}_1, \boldsymbol{z}_2, \cdots, \boldsymbol{z}_U)$$

这有一个约束条件,目标序列的长度不大于输入序列的长度,即 $U \leqslant T$。由于输出序列的长度与输入序列的长度可能不相等,因此无法用先验知识将它们对齐,即让输出序列的某些元素和输入序列的某一个元素对应起来。我们的目标是用训练样本集训练一个时序分类器:

$$h: X \to Z$$

然后用它对新的输入序列进行分类。分类时,要让定义的某种误差最小化。

给定测试样本集 $S' \subset D_{X\times Z}$,时序分类器的标签错误率定义为预测的标签值与真实标签值的归一化编辑距离的均值:

$$\text{LER}(h, S') = \frac{1}{|S'|} \sum_{(\boldsymbol{x},\boldsymbol{z})\in S'} \frac{\text{ED}(h(\boldsymbol{x}), \boldsymbol{z})}{|\boldsymbol{z}|}$$

其中，ED($\boldsymbol{p},\boldsymbol{q}$)是两个序列 $\boldsymbol{p}$ 和 $\boldsymbol{q}$ 之间的编辑距离，即将 $\boldsymbol{p}$ 序列变成 $\boldsymbol{q}$ 所需要的最少的元素插入、删除和替换的次数。

要使用循环神经网络对时序数据进行分类，其中关键的一步是将循环神经网络的输出值转换成某一个序列的条件概率值。这样，通过寻找使得这个条件概率最大化的输出序列来完成对输入序列的分类。

CTC 网络的输出层为 softmax 层，如果标签字母集中的字母个数为 $|L|$，则这一层有 $|L|+1$ 个神经元，其中前 $|L|$ 个神经元表示在某一个时刻输出标签为每一个标签字母的概率，最后一个神经元的输出值为输出标签值为空的概率，即没有标签输出。这样，softmax 层在各个时刻的输出值合并在一起，定义了各种可能的输出标签序列和输入序列进行对齐的方式的概率。任何一个标签序列的概率值可以通过对其所有不同的对齐方式的概率进行求和得到。

假设输入序列的长度为 $T$，循环神经网络的输入数据为 $m$ 维，输出向量为 $n$ 维，权重向量为 $\boldsymbol{w}$，它实现了如下的映射：

$$(\mathbb{R}^m)^T \to (\mathbb{R}^n)^T$$

我们将网络的映射写成 $\boldsymbol{y}=N_w(\boldsymbol{x})$，其中，$\boldsymbol{y}$ 是输出序列。在 $t$ 时刻，网络第 $k$ 个输出单元的值为 $y_k^t$。在这里，$y_k^t$ 可以将解释为在 $t$ 时刻观测标签 $k$ 的概率。这个概率值定义了集合 $L'^T$ 中长度为 $T$ 的序列所服从的概率分布，其中 $L'=L\cup\{\text{blank}\}$，即

$$p(\pi \mid \boldsymbol{x}) = \prod_{t=1}^{T} y_{\pi_t}^t, \quad \forall \pi \in L'^T$$

在这里将集合 $L'^T$ 中的元素称为路径(Path)，记为 $\pi$。接下来，定义一个多对一的映射，将神经网络的输出序列映射为最终需要的标签值序列：

$$B: L'^T \to L^{\leqslant T}$$

其中，$L^{\leqslant T}$是所有可能的输出标签序列的集合，即由字母集合中的字母组成的长度小于或等于 $T$ 的序列的集合。从神经网络的输出序列 $L^T$ 得到目标标签序列 $L^{\leqslant T}$的做法是消除空白符和连续的重复标签值。下面来看 $B$ 函数作用于一个序列的例子：

$$B(a-ab-) = B(-aa--abb) = aab$$

其中，－为空白符号。由于与一个标签序列对应的路径不止一个，因此，目标标签序列的条件概率应该等于能得到它的所有路径的条件概率之和。我们借助映射 $B$ 来定义一个标签序列 $\boldsymbol{l}\in L^{\leqslant T}$的条件概率，它等于所有映射后为 $\boldsymbol{l}$ 的路径 $\pi\in B^{-1}(\boldsymbol{l})$的概率之和：

$$p(\boldsymbol{l} \mid \boldsymbol{x}) = \sum_{\pi \in B^{-1}(\boldsymbol{l})} p(\pi \mid \boldsymbol{x})$$

下面用一个简单的例子进行说明。如果标签字母集合为$\{a,b,c\}$，路径的序列长度为 4，标签序列的长度为 3，则标签序列 $abc$ 所对应的所有可能路径 $\pi$ 为

$$-abc$$
$$a-bc$$
$$ab-c$$
$$abc-$$
$$aabc$$
$$abbc$$

$$abcc$$

总共有 7 条路径和一个标签序列对应。基于上面的定义，CTC 分类器的分类结果是给定输入序列，寻找上面的条件概率最大的那个输出序列：

$$h(\boldsymbol{x}) = \operatorname{argmax}_{l \in L^{\leqslant T}} p(\boldsymbol{l} \mid \boldsymbol{x})$$

在这里，需要解决如何找到概率最大的输出序列的问题，而前面定义的框架只是计算给定的输出序列的条件概率。采用和隐马尔可夫模型类似的概念，我们称这一过程为解码，它们都是要得到概率最大的序列值。直接计算概率 $p(\boldsymbol{l} \mid \boldsymbol{x})$ 显然不可能，因为能得到 $\boldsymbol{l}$ 的所有可能的 $\pi$ 太多。在实现时使用了近似的方法，这里有两种方案。第一种方法先计算概率最大的路径 $\pi^*$，然后用 $B$ 对这个路径进行处理，得到最终的输出序列，将这个解作为上面定义的 $h(\boldsymbol{x})$ 的近似：

$$h(\boldsymbol{x}) \approx B(\pi^*)$$

其中，$\pi^*$ 为条件概率最大的路径：

$$\pi^* = \arg\max_{\pi \in N^t} p(\pi \mid \boldsymbol{x})$$

显然这种方法的 $\pi^*$ 和最优标签序列并不一定是对应的，即概率最大的 $\boldsymbol{l}$ 并不一定对应概率最大的 $\pi^*$。第二种方案为前缀搜索解码，通过使用前向后向算法，逐步地扩展输出的标签序列得到最优解。

网络训练的目标是最大化训练样本集的似然概率。在计算似然概率时，需要计算条件概率值 $p(\boldsymbol{l} \mid \boldsymbol{x})$，根据它的定义，它是所有可以得到输出序列的路径的概率和，路径的数量非常多，因此，需要一种高效的算法计算这个概率值。在这里，解决此问题的思路是动态规划。对一个标签序列对应的所有路径进行求和可以分解为迭代地对这个路径的前缀对应的路径进行求和。

对于长度为 $r$ 的序列 $\boldsymbol{q}$，定义 $\boldsymbol{q}_{1:p}$ 和 $\boldsymbol{q}_{r-p:r}$ 分别为它的最前面和最后面 $p$ 个元素。对于序列 $\boldsymbol{l}$，定义前向变量 $\alpha_t(s)$ 为 $t$ 时刻 $\boldsymbol{l}_{1:s}$ 的总概率：

$$\alpha_t(s) = \sum_{\pi \in N^T : B(\pi_{1:t}) = 1_{1:s}} \prod_{t'=1}^{t} y_{\pi_{t'}}^{t'}$$

根据上面的定义，$\alpha_t(s)$ 可以由 $\alpha_{t-1}(s)$ 和 $\alpha_{t-1}(s-1)$ 递归计算得到。为了允许在输出路径中出现空白符，对输出标签序列 $\boldsymbol{l}$ 进行修改，在每两个符号之间，以及序列的头尾都加上一个空白符，得到序列 $\boldsymbol{l}'$，显然，它的长度为 $2|\boldsymbol{l}|+1$。在计算 $\boldsymbol{l}'$ 的前缀的概率时，允许空白符和非空白符之间的转换，以及任意两个不同的非空白符之间的转换。所有前缀的开头必须是空白符或者 $\boldsymbol{l}$ 的第一个符号 $l_1$。

这样得到如下初始化规则：

$$\alpha_1(1) = y_b^1$$

$$\alpha_1(2) = y_{l_1}^1$$

$$\alpha_1(s) = 0, \quad \forall s > 2$$

递推计算公式为

$$\alpha_t(s) = \begin{cases} \bar{\alpha}_t(s) y_{l'_s}^t, & l'_s = b \text{ 或 } l'_{s-2} = l'_s \\ (\bar{\alpha}_t(s) + \alpha_{t-1}(s-2)) y_{l'_s}^t, & \text{其他} \end{cases}$$

其中：

$$\bar{\alpha}_t(s) = \alpha_{t-1}(s) + \alpha_{t-1}(s-1)$$

显然有

$$\alpha_t(s) = 0 \quad \forall s < |\boldsymbol{l}'| - 2(T-t) - 1$$

因为这些变量对应于那些没有足够的剩余时间步长来完成整个输出序列的状态。可以得到：

$$p(\boldsymbol{l} \mid \boldsymbol{x}) = \alpha_T(|\boldsymbol{l}'|) + \alpha_T(|\boldsymbol{l}'| - 1)$$

类似地，定义后向变量 $\beta_t(s)$ 为 $t$ 时刻 $\boldsymbol{l}_{s:|\boldsymbol{l}|}$ 的总概率：

$$\beta_t(s) = \sum_{\pi \in N^T : B(\pi_{t:T}) = \boldsymbol{l}_{s:|\boldsymbol{l}|}} \prod_{t'=t}^{T} y_{\pi_{t'}}^{t'}$$

类似地有

$$\beta_T(|\boldsymbol{l}'|) = y_b^T$$

$$\beta_T(|\boldsymbol{l}'| - 1) = y_{\boldsymbol{l}_{|\boldsymbol{l}|}}^T$$

$$\beta_T(s) = 0, \quad \forall s < |\boldsymbol{l}'| - 1$$

递推关系为

$$\beta_t(s) = \begin{cases} \bar{\beta}_t(s) y_{l'_s}^t, & l'_s = b \text{ 或 } l'_{s+2} = l'_s \\ (\bar{\beta}_t(s) + \bar{\beta}_{t+1}(s+2)) y_{l'_s}^t, & \text{其他} \end{cases}$$

其中：

$$\bar{\beta}_t(s) = \beta_{t+1}(s) + \beta_{t+1}(s+1)$$

然后定义：

$$C_t = \sum_s \alpha_t(s)$$

$$\hat{\alpha}_t(s) = \frac{\alpha_t(s)}{C_t}$$

类似地定义下面的变量：

$$D_t = \sum_s \beta_t(s)$$

$$\hat{\beta}_t(s) = \frac{\beta_t(s)}{D_t}$$

输出序列的条件概率可以按照下面的公式计算：

$$\ln(p(\boldsymbol{l} \mid \boldsymbol{x})) = \sum_{t=1}^{T} \ln(C_t)$$

训练时采用最大似然概率，即最大化训练样本集中所有样本的对数概率值。这等价于最小化下面的目标函数：

$$O^{\mathrm{ML}}(S, N_w) = -\sum_{(\boldsymbol{x},\boldsymbol{z}) \in S} \ln(p(\boldsymbol{z} \mid \boldsymbol{x}))$$

求解时可以采用梯度下降法。使用反向传播算法，可以计算出神经网络所有参数对目标函数的梯度值。由于训练样本集中各个样本相互独立，所以可以分别计算每个样本的目标函数对神经网络输出值的偏导数：

$$\frac{\partial O^{\mathrm{ML}}(\{\boldsymbol{x}, \boldsymbol{z}\}, N_w)}{\partial y_k^t} = -\frac{\partial \ln(p(\boldsymbol{z} \mid \boldsymbol{x}))}{\partial y_k^t}$$

利用前面定义的 $\alpha$ 和 $\beta$ 这两个变量，可以很容易计算出导数值。对于一个输出标签序列 $\boldsymbol{l}$，前向和后向变量在给定的 $s$ 和 $t$ 处的值的乘积为 $\boldsymbol{l}$ 对应的所有路径中，在 $t$ 时刻经过 $s$ 的所有路径的概率的乘积：

$$\alpha_t(s)\beta_t(s)=\sum_{\substack{\pi\in B^{-1}(\boldsymbol{l})\\ \pi_t=l_s}} y_{l_s}^t\prod_{t=1}^{T} y_{\pi_t}^t$$

整理后得到

$$\frac{\alpha_t(s)\beta_t(s)}{y_{l_s}^t}=\sum_{\substack{\pi\in B^{-1}(\boldsymbol{l})\\ \pi_t=l_s}} p(\pi\mid\boldsymbol{x})$$

由于 $\alpha_t(s)\beta_t(s)$所有的路径在 $t$ 时刻经过了 $s$，根据 $p(\boldsymbol{l}|\boldsymbol{x})$的定义，它只是 $p(\boldsymbol{l}|\boldsymbol{x})$的一部分。因此，可以对所有的 $t$ 和 $s$ 求和得到 $p(\boldsymbol{l}|\boldsymbol{x})$的值：

$$p(\boldsymbol{l}\mid\boldsymbol{x})=\sum_{t=1}^{T}\sum_{s=1}^{|\boldsymbol{l}|}\frac{\alpha_t(s)\beta_t(s)}{y_{l_s}^t}$$

由于神经网络的输出值之间条件独立，因此，在计算 $p(\boldsymbol{l}|\boldsymbol{x})$对 $y_k^t$ 的偏导数时只用考虑 $t$ 时刻经过标签值 $k$ 的那些路径。由于在标注序列 $\boldsymbol{l}$ 中同一个标签值在不同时刻可能会重复出现，我们定义标签值 $k$ 在序列 $\boldsymbol{l}$ 中出现的时刻的集合为 $\mathrm{lab}(\boldsymbol{l},k)=\{s:l_s=k\}$，这可能是一个空集。这样有

$$\frac{\partial p(\boldsymbol{l}\mid\boldsymbol{x})}{\partial y_k^t}=-\frac{1}{(y_k^t)^2}\sum_{s\in\mathrm{lab}(\boldsymbol{l},k)}\alpha_t(s)\beta_t(s)$$

根据链式法则有

$$\frac{\partial\ln(p(\boldsymbol{l}\mid\boldsymbol{x}))}{\partial y_k^t}=\frac{1}{p(\boldsymbol{l}\mid\boldsymbol{x})}\frac{\partial p(\boldsymbol{l}\mid\boldsymbol{x})}{\partial y_k^t}$$

结合上面的结果，可以得到目标函数对神经网络输出值的偏导数。这样，根据这两个变量既可以在正向传播时方便地计算出网络的输出，又可以在反向传播时方便地计算出导数值。

### 16.4.3 序列到序列学习

对有些问题，输入序列的长度和输出序列不一定相等，而且我们事先并不知道输出序列的长度，典型的是语音识别和机器翻译问题。以机器翻译为例，将一种语言的句子翻译成另外一种语言之后，句子的长度即包括的单词数量一般是不相等的。以英译汉为例，英文句子 what's your name 是 3 个单词组成的序列，翻译成中文为"你叫什么名字"，由 6 个汉字(包括 2 个词)组成。标准的 RNN 没法处理这种输入序列和输出序列长度不相等的情况，解决这类问题的一种方法是序列到序列学习技术。

序列到序列的学习[16](Sequence to Sequence Learning，seq2seq)是用循环神经网络构建的一种框架，它能实现从一个序列到另外一个序列的映射，两个序列的长度可以不相等。seq2seq 框架包括两部分，分别称为编码器和解码器，它们都是循环神经网络。这里要完成的是从一个序列到另外一个序列的预测：

$$S_{\mathrm{src}}\rightarrow S_{\mathrm{dst}}$$

前者是源序列，后者是目标序列，两个序列的长度可能不相等。

在卷积神经网络中，我们也有类似的思路。对于图像分割、边缘检测等需要对每个像素进行预测的任务，卷积网络的前半部分是编码器，通过多个卷积层和下采样层得到图像的特征；后半部分是解码器，用反卷积和上采样层对编码的特征进行解码，得到预测结果。在这里是一张图像到另一张图像的映射：

$$\boldsymbol{S} \rightarrow \boldsymbol{D}$$

前者是源图像，后者是目标图像。卷积网络在这里根据源图像预测目标图像。循环神经网络的编码器-解码器框架和这个过程类似。用于编码器的网络接收输入序列 $\boldsymbol{x}_1, \boldsymbol{x}_2, \cdots, \boldsymbol{x}_T$，最后时刻 $T$ 产生的隐含层状态值 $\boldsymbol{h}_T$ 作为序列的编码值，它包含了时刻 $1 \sim T$ 输入序列的所有信息，在这里我们将其简写为 $\boldsymbol{v}$，这是一个固定长度的向量。用于解码的网络以 $\boldsymbol{v}$ 和 $\boldsymbol{y}_i$ 拼接起来作为每个时刻的输入，它可以计算目标序列 $\boldsymbol{y}_1, \boldsymbol{y}_2, \cdots, \boldsymbol{y}_{T'}$ 的条件概率：

$$p(\boldsymbol{y}_1, \boldsymbol{y}_2, \cdots, \boldsymbol{y}_{T'} \mid \boldsymbol{x}_1, \boldsymbol{x}_2, \cdots, \boldsymbol{x}_T)$$

根据循环神经网络的输出值之间的关系，这个概率可以进一步写成

$$p(\boldsymbol{y}_1, \boldsymbol{y}_2, \cdots, \boldsymbol{y}_{T'} \mid \boldsymbol{x}_1, \boldsymbol{x}_2, \cdots, \boldsymbol{x}_T) = \prod_{t=1}^{T'} p(\boldsymbol{y}_t \mid \boldsymbol{v}, \boldsymbol{y}_1, \boldsymbol{y}_2, \cdots, \boldsymbol{y}_{t-1})$$

如果在输出层使用 softmax 函数映射，就可以得到上面每一个时刻的概率。实现时编码器和解码器同时训练，最大化上面的条件概率。在这里训练样本是成对的序列($\boldsymbol{A}, \boldsymbol{B}$)，训练的目标是让序列 $\boldsymbol{A}$ 编码之后解码得到序列 $\boldsymbol{B}$ 的概率最大，即最大化如下条件对数似然函数：

$$\max_{\boldsymbol{\theta}} \frac{1}{N} \sum_{n=1}^{N} \ln p_{\boldsymbol{\theta}}(\{\boldsymbol{y}_n\} \mid \{\boldsymbol{x}_n\})$$

其中，$N$ 是训练样本数；$\boldsymbol{\theta}$ 为要求解的参数。输入序列和对应的输出序列组合在一起为一个训练样本。

seq2seq 框架有两种用法。第一种用法是为输入输出序列对打分，即计算条件概率值：

$$p_\theta(\{\boldsymbol{y}_n\} \mid \{\boldsymbol{x}_n\})$$

第二种用法是根据输入序列生成对应的输出序列，由于 seq2seq 只有计算条件概率的功能，因此，需要采用搜索技术得到条件概率最大的输出序列，可以使用集束搜索技术。机器翻译问题采用的是第二种用法，在后面的小节中将详细介绍。seq2seq 框架提供的是一种预测输出序列对输入序列的条件概率的手段。

集束搜索通过在每一步对上一步的结果进行扩展来生成最优解。在每一步，选择一个词添加到之前的序列中，形成新的序列，并只保留概率最大的 $k$ 个序列。在这里，$k$ 为人工设定的参数，称为集束宽度。

下面用一个例子来说明集束搜索的原理。假设词典大小为 3，包含的词为$\{a, b, c\}$。如果集束搜索的搜索宽度设置为 2，则在选择第一个词的时候，寻找概率最大的两个词，假设为：

$$\{a, b\}$$

接下来，生成下一个词，对所有可能的组合：

$$\{aa, ab, ac, ba, bb, bc\}$$

保留概率最大的 2 个，假设为$\{ab, bb\}$。接下来在此基础上再选择第三个词，以此类推。最终得到概率最大的完整序列作为输出。

# 16.5 应用——语音识别

循环神经网络被成功地应用于各类时间序列数据的分析和建模，典型的包括语音识别，自然语言处理，机器视觉中的目标跟踪、视频动作识别等。本节介绍在这些问题上的应用。

## 16.5.1 语音识别问题

在第 1 章中介绍过语音识别的目标是将声音信号转换成文字。一般做法是将声音信号切分成时间长度很短的帧（如 20ms），对每个帧计算出一个固定长度的特征向量，这样得到一个向量序列，识别出的文字也可以编码成一个向量序列。这个问题可以抽象为从一个向量序列到另外一个向量序列的预测。语音识别的目标是求解如下最大化问题：

$$\arg\max_{\boldsymbol{w}} p(\boldsymbol{w} \mid \boldsymbol{x})$$

其中，$\boldsymbol{x}$ 为输入的语音数据；$\boldsymbol{w}$ 为识别出来的文字序列。我们要找到给定的声音序列所对应的最大概率的文字序列。根据贝叶斯公式有

$$p(\boldsymbol{w} \mid \boldsymbol{x}) = \frac{p(\boldsymbol{x} \mid \boldsymbol{w})p(\boldsymbol{w})}{p(\boldsymbol{x})}$$

分母部分是一个常数，这等价于求解下面的问题：

$$\arg\max_{\boldsymbol{w}} p(\boldsymbol{x} \mid \boldsymbol{w})p(\boldsymbol{w})$$

目标函数的第一部分是从给定的文字序列生成声音信号的概率，称为声学模型(Acoustic Model)，即每个单词或者字发出什么样的声音。第二部分是文字序列出现的概率，它由语言规则控制，要符合语法规则，与声音没有关系，称为语言模型(Language Model)。以汉语为例，同一个拼音可能会对应多个汉字（即存在同音字），语言模型所起到的作用就是根据拼音序列确定出文字序列。

下面以一个简单的句子为例来说明语音识别的整个过程，在这里只考虑最主要的步骤，忽略掉细节信息以便于理解。假设要识别下面这句话：

我是中国人

首先对这句话的语音信号进行分帧，得到这些帧的特征向量序列。接下来用声学模型将这个特征向量序列识别成声母和韵母组成的拼音序列：

wo shi zhong guo ren

这通过寻找特征向量序列对应的概率最大的拼音序列得到。接下来用语言模型将这个拼音序列转化成最终的文字系列：

我是中国人

这通过寻找拼音序列所对应的最大概率的文字序列得到。

语音识别的经典方法是 GMM+HMM 框架[17]。它首先对声音信号进行分帧，每帧包含一段很短时间的语音信号，这些帧之间会有时间上的重叠。然后计算这段信号的 MFCC 特征，根据傅里叶变换的系数计算得到，一般为 12 维。这样一段语音信号被变换成多个 12 维的特征 $\boldsymbol{x}_1, \boldsymbol{x}_2, \cdots, \boldsymbol{x}_N$，其中，$N$ 为帧数。这个特征向量序列可以看成是 12 行 $N$ 列的矩阵，称为观测序列。接下来的过程如下。

(1) 把这些帧识别成一些状态，得到一个状态序列，状态是对基本发音的切分。

(2) 将若干个状态组合成一个音素,得到一个音素序列。

(3) 把若干个音素组合成单词或者字,得到最终的识别结果。

音素是基本的发音单位。对于英语,是 39 个音素构成的音素集;对于汉语,是声母和韵母。状态是音素的进一步切分,即一个音素由多个状态组成。声学模型是对发声的建模,给出了语音属于某个声学符号的概率。

语言模型的作用是在声学模型给出发音序列之后,从候选的文字序列中找出概率最大的字符串序列。

由帧到音素的转换由高斯混合模型和隐马尔可夫模型完成。通过高斯混合模型可以得到帧观测概率,即帧属于某一状态的概率。得到观测概率之后,接下来的工作由隐马尔可夫模型完成,即由观测序列得到状态序列。下面介绍隐马尔可夫模型和高斯混合模型的原理。

### 16.5.2 隐马尔可夫模型

隐马尔可夫模型是一种概率图模型,它也可以用于时间序列建模。这种模型可以计算出一个系统每一时刻处于各种状态的概率以及这些状态之间的转移概率。首先定义状态的概念,在 $t$ 时刻系统的状态为 $z_t$,这是一个离散型随机变量,取值来自一个有限的集合:

$$S = \{s_1, s_2, \cdots, s_n\}$$

如果我们要观察每一天的天气,天气的状态集合为

{晴天,阴天,雨天,雪天}

为了简化表示,将状态用整数编号,这样可以写成

$$\{0,1,2,3\}$$

从时刻 1 开始到 $T$ 时刻为止,系统所有时刻的状态值构成一个随机变量序列:

$$z = \{z_1, z_2, \cdots, z_T\}$$

系统在不同时刻可以处于同一种状态,但在任何一个时刻系统只能有一种状态。不同时刻的状态之间是有关系的,例如,如果今天是阴天,明天下雨的可能性会更大,在时刻 $t$ 的状态由它之前时刻的状态决定,这可以表示为如下的条件概率:

$$p(z_t \mid z_{t-1}, \cdots, z_1)$$

即在从 1 到 $t-1$ 时刻系统的状态值分别为 $z_1, z_2, \cdots, z_{t-1}$ 的前提下,时刻 $t$ 系统的状态为 $z_t$ 的概率。注意,这里是离散型随机变量的条件概率。如果要考虑之前所有的状态,数学模型太复杂。因此做了一个简化,假设 $t$ 时刻系统的状态只与 $t-1$ 时刻系统的状态有关,与更早的时刻无关。上面的概率可以简化为

$$p(z_t \mid z_{t-1}, \cdots, z_1) = p(z_t \mid z_{t-1})$$

这个假设称为一阶马尔可夫假设,满足一阶马尔可夫假设的马尔可夫模型称为一阶马尔可夫模型。如果状态的取值有 $n$ 种可能,在 $t$ 时刻取任何一个值与 $t-1$ 时刻取任何一个值的条件概率构成一个 $n \times n$ 的矩阵 $\boldsymbol{A}$,称为状态转移概率矩阵,其元素为

$$a_{ij} = p(z_t = j \mid z_{t-1} = i)$$

这个矩阵的元素表示 $t-1$ 时刻系统的状态为 $i$、$t$ 时刻系统的状态为 $j$ 的概率,即从状态 $i$ 转移到状态 $j$ 的概率。如果知道了每一时刻的状态转移矩阵,就可以计算出任意时刻系统状态取每个值的概率。状态转移矩阵的值通过训练样本学习。

状态转移概率矩阵的元素必须满足如下约束:

$$a_{ij} \geqslant 0$$

$$\sum_{j=1}^{n} a_{ij} = 1$$

第一条是因为概率的值必须为[0,1]，第二条是因为无论 $t$ 时刻的状态值是什么，在下一个时刻一定会转向 $n$ 个状态中的一个，因此，它们的转移概率和必须为 1。另外还需要为系统指定初始状态 $z_0 = s_0$。

给定一阶马尔可夫过程的参数，由该模型产生一个状态序列 $z_1, z_2, \cdots, z_T$ 的概率为

$$\begin{aligned} p(z_1, z_2, \cdots, z_T) &= pz_t \mid z_1, \cdots, z_{t-1})p(z_{t-1} \mid z_1, \cdots, z_{t-2}) \cdots \\ &= p(z_t \mid z_{t-1})p(z_{t-1} \mid z_{t-2}) \cdots \\ &= \prod_{i=1}^{T} a_{z_i z_{i-1}} \end{aligned}$$

结果就是状态转移矩阵的元素乘积。在这里假设任何一个时刻的状态转移矩阵都是相同的，即状态转移矩阵与时间无关。

状态转移矩阵通过训练样本学习得到，训练时的损失函数使用对数似然函数。给定一个状态序列 $z$，定义马尔可夫过程的对数似然函数为

$$\begin{aligned} L(\boldsymbol{A}) &= \ln p(z; \boldsymbol{A}) \\ &= \ln \prod_{t=1}^{T} a_{z_{t-1} z_t} \\ &= \sum_{t=1}^{T} \ln a_{z_{t-1} z_t} \\ &= \sum_{i=1}^{n} \sum_{j=1}^{n} \sum_{t=1}^{T} \boldsymbol{l}\{z_{t-1} = i \wedge z_t = j\} \ln a_{ij} \end{aligned}$$

因为状态转移矩阵要满足上面的两条约束，因此，要求解的是如下带约束的最优化问题：

$$\max_{\boldsymbol{A}} L(\boldsymbol{A})$$

$$\sum_{j=1}^{n} a_{ij} = 1, \quad i = 1, 2, \cdots, n$$

$$a_{ij} \geqslant 0, \quad i, j = 1, 2, \cdots, n$$

由于对数函数的定义域也要求自变量大于 0，因此可以去掉不等式约束，上面的最优化问题是一个带等式约束的优化问题，可以用拉格朗日乘数法求解。构造拉格朗日函数：

$$L(\boldsymbol{A}, \boldsymbol{\alpha}) = \sum_{i=1}^{n} \sum_{j=1}^{n} \sum_{t=1}^{T} \boldsymbol{l}\{z_{t-1} = i \wedge z_t = j\} \ln a_{ij} + \sum_{i=1}^{n} \alpha_i (1 - \sum_{j=1}^{n} a_{ij})$$

对 $a_{ij}$ 求偏导数并令导数为 0，可以得到

$$\frac{\sum_{t=1}^{T} L\{z_{t-1} = i \wedge z_t = j\}}{a_{ij}} = \alpha_i$$

解得

$$a_{ij} = \frac{1}{\alpha_i} \sum_{t=1}^{T} L\{z_{t-1} = i \wedge z_t = j\}$$

对 $\alpha_i$ 求偏导数并令导数为 0，可以得到

$$1-\sum_{j=1}^{n} a_{ij}=0$$

将 $a_{ij}$ 带入上式可以得到

$$1-\sum_{j=1}^{n}\left(\frac{1}{\alpha_i}\sum_{t=1}^{T} 1\{z_{t-1}=i \wedge z_t=j\}\right)=0$$

解得

$$\alpha_i=\sum_{j=1}^{n}\sum_{t=1}^{T} 1\{z_{t-1}=i \wedge z_t=j\}=\sum_{t=1}^{T} 1\{z_{t-1}=i\}$$

合并后得到下面的结果：

$$a_{ij}=\frac{\sum_{t=1}^{T} 1\{z_{t-1}=i \wedge z_t=j\}}{\sum_{t=1}^{T} 1\{z_{t-1}=i\}}$$

这也符合直观的解释：从状态 $i$ 转移到状态 $j$ 的概率估计值，就是在训练样本中从状态 $i$ 转移到状态 $j$ 的次数除以从状态 $i$ 转移到下一个状态的总次数。

在实际应用中，有时不能直接得到状态的值。这种应用场景下，状态的值是隐含的，只能得到观测的值。为此对马尔可夫模型进行扩充，得到隐马尔可夫模型。

隐马尔可夫模型(Hidden Markov Model，HMM)描述了观测变量和状态变量之间的概率关系。与马尔可夫过程相比，隐马尔可夫模型不仅对状态进行建模，而且对观测值进行建模。不同时刻的状态值之间，同一时刻的状态值和观测值之间，都存在概率关系。

首先定义观测序列

$$x=\{x_1,x_2,\cdots,x_T\}$$

这是我们直接能观察或者计算得到的值。任一时刻的观测值来自一个有限的集合：

$$V=\{v_1,v_2,\cdots,v_m\}$$

接下来定义状态序列

$$z=\{z_1,z_2,\cdots,z_T\}$$

任一时刻的状态值也来自一个有限的集合：

$$S=\{s_1,s_2,\cdots,s_n\}$$

如果我们要识别视频中的动作，则状态就是要识别的动作，如站立、坐下，观测就是我们能直接得到的值(如人体各个关节点的坐标)。除了之前的状态转移矩阵，还定义如下观测矩阵 $\boldsymbol{B}$，其元素为

$$b_{ij}=p(v_j \mid s_i)$$

其元素表示状态值为 $s_i$ 时观测值为 $v_j$ 的概率。显然该矩阵也要满足和状态转移矩阵同样的约束条件：

$$b_{ij}\geqslant 0$$

$$\sum_{j=1}^{n} b_{ij}=1$$

另外还要给出初始时状态取每种值的概率 $\boldsymbol{\pi}$。这样隐马尔可夫模型可以表示为一个五元组：

$$\{S,V,\boldsymbol{\pi},\boldsymbol{A},\boldsymbol{B}\}$$

在实际应用中，一般假设矩阵 **A** 和 **B** 在任何时刻都是一样的，即与时间无关，这样简化了问题的计算。

在隐马尔可夫模型中，隐藏状态和观测值的数量是人工设定的，根据实际问题而定；状态转移矩阵和混淆矩阵通过样本学习得到。隐马尔可夫模型需要解决以下 3 个问题。

（1）估值问题，给定隐马尔可夫模型的参数，计算一个观测序列出现的概率值。

（2）解码问题，给定隐马尔可夫模型的参数以及一个观测序列，计算最有可能产生此观测序列的状态序列。这是应用中最常见的问题。

（3）学习问题，给定隐马尔可夫模型的结构，但参数未知，给定一组训练样本，确定隐马尔可夫模型的参数。

下面分别介绍这 3 个问题的解决方案。估值问题需要计算隐马尔可夫模型产生一个观测序列 $x=\{x_1,x_2,\cdots,x_T\}$ 的概率，根据全概率公式，它可以通过下式计算：

$$p(x)=\sum_z p(x\mid z)p(z)$$

上式的含义是列举所有可能的状态序列，以及该状态序列产生此观测序列的概率，要对 $n^T$ 项求和。因为每一时刻的状态取值有 $n$ 种可能，因此，长度为 $T$ 的状态序列总共有 $n^T$ 种可能。

由于隐马尔可夫模型满足一阶马尔可夫假设，因此，可以做下面的简化，任意一个状态序列出现的概率为

$$p(z)=\prod_{t=1}^{T} p(z_t\mid z_{t-1})$$

由于每一时刻的观测值只依赖于本时刻的状态值，因此有

$$p(x\mid z)=\prod_{t=1}^{T} p(x_t\mid z_t)$$

产生一个观测序列的概率可以简化为

$$p(x)=\sum_z \prod_{t=1}^{T} p(z_t\mid z_{t-1})p(x_t\mid z_t)=\sum_z \prod_{t=1}^{T} b_{z_t x_t} a_{z_t z_{t-1}}$$

直接计算这个值的成本太高，时间复杂度是 $O(n^T T)$。使用动态规划的递归策略，问题可以简化。显然，如果按照上面的公式会有很多重复计算。

例如，要计算产生观测序列 $(x_1,x_2,\cdots,x_5)$ 的概率，产生它的状态序列为 $(z_1,z_2,\cdots,z_5)$，假设状态取值有 3 种情况。无论 $z_5$ 取什么值，为了计算整个序列出现的概率，任何一个长度为 4 的子序列 $(z_1,z_2,\cdots,z_4)$ 产生观测子序列 $(x_1,x_2,\cdots,x_4)$ 的概率都要被重复计算 3 次。

假设已经计算出长度为 $l$ 的观测序列的概率，现在要计算长度为 $l+1$ 的观测序列的概率。如果状态的取值有 $n$ 种可能，则 $z_{l+1}$ 的取值就有 $n$ 种可能。定义变量

$$\alpha_i(t)=p(x_1,x_2,\cdots,x_t,z_t=i)$$

这个变量是到时刻 $t$ 为止的观测序列，产生它的状态序列中，最后一个状态为 $i$，即 $z_t=i$ 的概率。这样就有

$$p(x)=p(x_1,x_2,\cdots,x_T)=\sum_{i=1}^{n} p(x_1,x_2,\cdots,x_T,z_T=i)=\sum_{i=1}^{n}\alpha_i(T)$$

还可以得到这个变量的递归计算公式为

$$\alpha_j(t)=\sum_{i=1}^{n}\alpha_i(t-1)a_{ij}b_{jx_t},\quad j=1,2,\cdots,n;\ t=1,2,\cdots,T$$

由此得到计算观测序列概率的高效算法。

初始化 $\alpha_i(0)=a_{0i}, i=1,2,\cdots,n$

循环,对 $t=1,2,\cdots,T$

　　循环,对 $j=1,2,\cdots,n$

　　　　递归计算 $\alpha_j(t)=\sum_{i=1}^{n}\alpha_i(t-1)a_{ij}b_{jx_t}$

$p(x)=\sum_{i=1}^{n}\alpha_i(T)$

显然上面算法的时间复杂度为 $O(n^2T)$,这比之前大为减少。这个算法称为前向算法,类似地,也可以实现后向算法,和前向算法一样,可以定义变量 $\beta$。

解码问题是已知一个观测序列,寻找出最有可能产生它的状态序列,这是实际应用时最常见的问题。根据贝叶斯公式,解码问题可以形式化地定义为如下最大后验概率问题:

$$\arg\max_z p(z\mid x)=\arg\max_z\frac{p(x,z)}{p(x)}=\arg\max_z\frac{p(x,z)}{\sum_z p(x,z)}=\mathrm{argmax}_z p(x,z)$$

这和贝叶斯分类器类似,忽略掉分母。贝叶斯分类器是已知特征向量计算后验概率,这里是已知观测序列反算状态序列的条件概率。

最简单的方法是列举所有可能的状态序列,然后计算它们产生该观测序列的概率,找出概率最大的那个。但这是没有必要的,通过动态规划的思想,可以高效地解决此问题。动态规划的核心结论:要保证一个解是全局最优解,其部分解也必须是最优的。根据这一结论,可以得到经典的维特比(Viterbi)算法。

要保证 $p(x_1,x_2,\cdots,x_T;z_1,z_2,\cdots,z_T)$ 的概率最大,就需要保证 $p(x_1,x_2,\cdots,x_{T-1};z_1,z_2,\cdots,z_{T-1})$ 的概率最大,这相当于寻找一条产生最大概率的路径,这条路径对应一个状态序列。这与前面的前向算法类似,只要把求和换成求最大值就可以了。

动态规划求解最优路径时,一个要满足的条件是如果整体路径是最优的,那么子路径也是最优的。假设概率最大的路径是 $(z_1,z_2,\cdots,z_T)$,在 $t$ 时刻经过的节点为 $z_t$,路径序列 $z_t,\cdots,z_T$ 必须是最优的。假设它不是最优的,则存在另外一个序列 $z'_t,\cdots,z_T$ 的概率值更大,这与 $(z_1,z_2,\cdots,z_T)$ 是最优解矛盾。

基于这个思想,可以从 1 时刻开始,递推地计算 $t$ 时刻的状态 $z_t=i$ 的子序列的最大概率路径,最后就可以得到整个问题的最优解。定义下面两个变量:

$$\alpha_t(i)=\max_{z_1,z_2,\cdots,z_{t-1}}p(z_t=i,z_{t-1},\cdots,z_2,z_1,x_t,\cdots,x_2,x_1),\quad i=1,2\cdots,T$$

即产生观测序列 $(x_1,x_2,\cdots,x_t)$ 的所有状态序列 $(z_1,z_2,\cdots,z_t)$ 中,$t$ 时刻的状态 $z_t=i$ 的概率的最大值。它可以递推地计算:

$$\alpha_t(i)=\max_j(\alpha_{t-1}(j)a_{ji}b_{ix_t}),\quad j=1,2,\cdots,n;t=1,2,\cdots,T$$

最后可以得到产生观测序列的最大概率为

$$\max_i\alpha_T(i)$$

上面的定义只能得到最大概率,但我们要求得到这个最大概率的状态序列,为此,定义下面变量：

$$\beta_t(i) = \arg\max_j \alpha_{t-1}(j) a_{ji}, \quad i = 1,2,\cdots,n; \ j = 1,2,\cdots,n$$

即 $t$ 时刻的状态 $z_t = i$ 的概率最大的状态序列中，$t-1$ 时刻的状态值。有了这两个变量，就可以得到维特比算法的流程。

初始化，$\alpha_1(i) = \pi_i b_{ix_1}$，$i=1,2,\cdots,n$，$\beta_1(i)=0$，$i=1,2,\cdots,n$
循环，对 $t=1,2,\cdots,T$
  循环，对 $i=1,2,\cdots,n$
    计算 $\alpha_t(i) = \max_j(\alpha_{t-1}(j) a_{ji} b_{ix_t})$
    计算 $\beta_t(i) = \arg\max_j \alpha_{t-1}(j) a_{ji}$
得到最大概率，$p_{\max} = \max_i \alpha_T(i)$，$z_T = \arg\max_i \alpha_T(i)$
反向回溯，循环，对 $t = T-1,\cdots,2,1$
  计算 $z_t = \beta_{t+1}(z_{t+1})$
结束

在算法实现时，需要存储所有的 $\beta_t(i)$，而只用存储当前步的 $\alpha_t(i)$。这个算法的时间复杂度为 $O(nT)$。

隐马尔可夫模型的训练问题是给定一组观测样本，得到状态转移概率矩阵和观测矩阵，目标是状态转移概率矩阵和观测矩阵能很好地解释这组样本，即最大化对数似然函数。训练通过 EM 算法（EM 算法的原理将在第 18 章中讲述）实现，它确保给定的参数能让样本产生的概率最大。根据 EM 算法可以推导出解决隐马尔可夫模型训练问题的前向-后向算法（即 Baum-Welch 算法）。

用随机数初始化矩阵 $\boldsymbol{A}$ 和 $\boldsymbol{B}$ 的元素，注意要满足矩阵元素的约束条件
循环，直到收敛：
  $E$ 步，循环，根据当前参数值用前向算法和后向算法计算 $\alpha$ 和 $\beta$，然后计算

$$\gamma_t(i,j) = \alpha_i(t) a_{ij} b_{jx_t} \beta_j(t+1)$$

  $M$ 步，更新参数的值：

$$a_{ij} = \frac{\sum_{t=1}^{T} \gamma_t(i.j)}{\sum_{j=1}^{n} \sum_{t=1}^{T} \gamma_t(i,j)}$$

$$b_{ik} = \frac{\sum_{i=1}^{n} \sum_{t=1}^{T} 1\{x_t = k\} \gamma_t(i,j)}{\sum_{i=1}^{n} \sum_{t=1}^{T} \gamma_t(i,j)}$$

结束循环

这与反向传播算法类似，先给出参数的估计值，然后用此参数计算预测结果，然后反过来更新参数值。正向传播时可以计算出产生观测序列的概率，反向传播时再用这个概率来更新参数。

### 16.5.3 高斯混合模型

高斯混合模型(Gaussian Mixture Model,GMM)通过多个正态分布(高斯分布)的加权和来描述一个随机变量的概率分布,概率密度函数定义为

$$p(\boldsymbol{x}) = \sum_{i=1}^{k} w_i N_i(\boldsymbol{x};\boldsymbol{\mu}_i,\boldsymbol{\Sigma}_i)$$

其中,$\boldsymbol{x}$ 为随机向量;$k$ 为高斯分布的数量;$w_i$ 为高斯分布的权重,是一个正数;$\boldsymbol{\mu}$ 为高斯分布的均值向量;$\boldsymbol{\Sigma}$ 为协方差矩阵。所有高斯分布的权重之和为 1,即

$$\sum_{i=1}^{k} w_i = 1$$

任意一个样本可以看作是先从 $k$ 个高斯分布中选择出一个,选择第 $i$ 个高斯分布的概率为 $w_i$,再由第 $i$ 个高斯分布 $N(\boldsymbol{x},\boldsymbol{\mu}_i,\boldsymbol{\Sigma}_i)$产生出这个样本数据 $\boldsymbol{x}$。高斯混合模型可以逼近任何一个连续的概率分布,因此,它可以看作是连续型概率分布的万能逼近器。之所以要保证权重的和为 1,是因为概率密度函数必须满足在$(-\infty,+\infty)$内的积分值为 1。

高斯分布的参数、权重通过训练算法得到。指定高斯分布的数量,给定一组训练样本,可以通过期望最大化算法(EM 算法)确定高斯混合模型的参数。由于每个样本属于哪个高斯分布是未知的,而计算高斯分布的参数时需要用到这个信息;反过来,样本属于哪个高斯分布又是由高斯分布的参数确定的。因此存在循环依赖,解决此问题的办法是打破此循环依赖,从高斯分布的一个不准确的初始猜测值开始,计算样本属于每个高斯分布的概率,然后又根据这个概率更新每个高斯分布的参数。

从另外一个角度看,高斯混合模型的对数似然函数为

$$\sum_{i=1}^{l} \ln\Big(\sum_{j=1}^{k} w_j N_j(\boldsymbol{x};\boldsymbol{\mu}_j,\boldsymbol{\Sigma}_j)\Big)$$

由于对数函数中有 $k$ 个求和项,以及参数 $w_j$ 的存在,无法像单个高斯模型那样通过最大似然估计求得公式解。

EM 算法每次迭代时,在 E 步计算每个样本属于每个高斯分布的概率值,在 M 步计算高斯分布的均值、协方差,以及权重系数,如此循环交替直至收敛。给定 $l$ 个训练样本 $\boldsymbol{x}_i$,$i=1,2,\cdots,l$,训练算法的流程如下:

循环,直至收敛

E 步,根据当前的参数估计值计算每个样本属于每个高斯分布的概率值:

$$\gamma_{ij} = \frac{w_j N_j(\boldsymbol{x};\boldsymbol{\mu}_j,\boldsymbol{\Sigma}_j)}{\sum_{q=1}^{k} w_q N_q(\boldsymbol{x};\boldsymbol{\mu}_q,\boldsymbol{\Sigma}_q)}$$

其中,$\gamma_{ij}$ 为 $i$ 个样本属于第 $j$ 个高斯分布的概率。

M 步,更新每个高斯分布的参数值,以及高斯分布的权重系数:

$$\boldsymbol{\mu}_j = \frac{\sum_{i=1}^{l} \gamma_{ij}\boldsymbol{x}_i}{\sum_{i=1}^{l} \gamma_{ij}}$$

$$\boldsymbol{\Sigma}_j = \frac{\sum_{i=1}^{l} \gamma_{ij}(\boldsymbol{x}_i - \boldsymbol{\mu}_j)(\boldsymbol{x}_i - \boldsymbol{\mu}_j)^{\mathrm{T}}}{\sum_{i=1}^{l} \gamma_{ij}}$$

$$w_j = \frac{\sum_{i=1}^{l} \gamma_{ij}}{l}$$

结束循环

EM 算法只能保证收敛到局部最优解，算法的推导在第 18 章讲述。

### 16.5.4 GMM-HMM 框架

在语音识别的 GMM-HMM 框架中，高斯混合模型给出隐马尔可夫模型的观测概率，即每个音频帧属于某一状态的概率，隐马尔可夫模型给出状态之间的转移概率。给定观测序列，概率最大的状态序列就是识别的结果，这是隐马尔可夫模型的解码问题。

### 16.5.5 深度模型

深度学习最早应用于语音识别问题时的作用是替代 GMM-HMM 框架中的高斯混合模型，负责声学模型的建模，即 DNN-HMM 结构。在这种结构[18-22]里，深层神经网络（如玻尔兹曼机、卷积神经网络）负责计算音频帧属于某一声学状态的概率或者是提取出声音的特征，其余的部分和 GMM-HMM 结构相同。

语音识别的困难之处在于输入语音信号序列中每个发音单元的起始位置和终止位置是未知的，即不知道输出序列和输入序列之间的对齐关系，这属于之前介绍的时序分类问题。

深度学习技术在语音识别里一个有影响力的成果是循环神经网络和 CTC 的结合，与卷积神经网络、自动编码器等相比，循环神经网络具有可以接收不固定长度的序列数据作为输入的优势，而且具有记忆功能。文献[13]将 CTC 技术用于语音识别问题。语音识别中，识别出的字符序列或者音素序列长度一定不大于输入的特征帧序列。CTC 在标注符号集中加上空白符号 blank，然后利用循环神经网络进行标注，再把 blank 符号和预测出的重复符号消除。

假设 $\boldsymbol{x}$ 为语音输入序列，$\boldsymbol{l}$ 为识别出来的文字序列，$\pi$ 为循环神经网络的输出。可能有多个连续帧对应一个文字，有些帧可能没有任何输出，按照之前介绍的 CTC 原理，用多对一的函数 $B$ 把输出序列中重复的字符进行合并，形成一个唯一的序列：

$$p(\boldsymbol{l} \mid \boldsymbol{x}) = \sum_{\boldsymbol{\pi} \in B^{-1}(\boldsymbol{l})} p(\boldsymbol{\pi} \mid \boldsymbol{x})$$

其中，$\boldsymbol{l}$ 为文字序列；$\boldsymbol{\pi}$ 是带有冗余的循环神经网络输出；映射函数 $B$ 将神经网络的输出序列 $\boldsymbol{\pi}$ 映射成文字序列 $\boldsymbol{l}$。分类器的输出为对输入序列最可能的标签值：

$$h(\boldsymbol{x}) = \arg\max_{\boldsymbol{l} \in L^{\leqslant T}} p(\boldsymbol{l} \mid \boldsymbol{x})$$

解码时采用的是前缀搜索技术，在之前已经介绍过。CTC 在这里起到对齐的作用，最显著的优势是实现了端到端的学习，无须人工对语音序列进行分割，这样做还带来了精度上的提升。

在实现时循环神经网络采用了双向 LSTM 网络，简称 BLSTM。训练样本集的音频数据被切分成 10ms 的帧，其中相邻帧之间有 5ms 的重叠，使用 MFCC 特征作为循环神经网络的输入向量。原始音频信号被转换成一个 MFCC 向量序列。特征向量为 26 维，包括对数能量和一阶导数值。向量的每一个分量都进行了归一化。

解码时，使用最优路径和前缀搜索解码，这在之前已经讲过，不再重复介绍。解码的结果就是语音识别要得到的标记序列。

文献[13]中的循环神经网络是一个浅层的网络，文献[14]提出一种用深度双向 LSTM 网络和 CTC 框架进行语音识别的方法，这种方法主要的改进是使用了多个双向 LSTM 层，称为深度 LSTM 网络。双向循环神经网络的原理在 16.3.4 节已经介绍过。

双向深度循环神经网络采用两套隐含层，分别正向、反向对输入序列进行处理，并把最后一个隐含层的输出值合并之后送到输出层。对于深度双向 LSTM 网络，原理类似，只是把隐含层的变换换成 LSTM 结构的公式，在这里不再详细介绍。

假设输入的声学序列数据为 $\boldsymbol{x}$，输出音素序列为 $\boldsymbol{y}$。第一步是给定输入序列和所有可能的输出序列，用循环神经网络计算出条件概率值 $p(\boldsymbol{y} \mid \boldsymbol{x})$。训练时的样本为输入序列以及对应的输出序列。训练时的损失函数为对数似然函数：

$$L = -\ln p(\boldsymbol{z} \mid \boldsymbol{x})$$

这里使用 CTC 来对序列 $\boldsymbol{z}$ 进行分类，对于一段输入的语音数据，分类的结果是一个音素序列。假设有 $k$ 个音素，再加上一个空白符，是一个 $k+1$ 类的分类问题。循环神经网络的最后一层为 softmax 层，输出 $k+1$ 个概率值，在时刻 $t$ 输出值为 $p(\boldsymbol{y} \mid t)$。

神经网络在每一个时刻确定是输出一个音素，还是输出空白符。将所有时刻的输出值合并在一起，得到了一个输入和输出序列的对齐方案。CTC 对所有的对齐方式进行概率求和得到 $p(\boldsymbol{z} \mid \boldsymbol{x})$。在使用 CTC 时，循环神经网络被设计成双向的，这样每个时刻的概率输出值为

$$\boldsymbol{y}_t = \boldsymbol{W}_{\overline{h}N_y} \overline{\boldsymbol{h}}_t^N + \boldsymbol{W}_{\overline{h}N_y} \overline{\boldsymbol{h}}_t^N + \boldsymbol{b}_y$$

$$p(k \mid t) = \frac{\exp(\boldsymbol{y}_t[k])}{\sum_{i=1}^{K} \exp(\boldsymbol{y}_t[i])}$$

其中，$N$ 是隐含层的数量；$\boldsymbol{y}$ 是神经网络的输出向量。上式用 softmax 映射根据神经网络的输出向量得到每一个音素的概率值。

前面介绍的 CTC 框架输入是声学数据，输出是音素数据，只是一个声学模型。接下来还需要将音素序列转化成最终的文字序列作为识别结果，需要一个语言模型。在这里采用 RNN transducer，这是一种集成了声学建模 CTC 和语言模型 RNN 的方法，后者负责将音素转化成文字，二者联合起来训练得到模型，我们称第一个网络为 CTC 网络，第二个网络为预测网络。

假设 $\overrightarrow{\boldsymbol{h}}^N$ 和 $\overleftarrow{\boldsymbol{h}}^N$ 为 CTC 网络最后一个 CTC 最后一个隐含层的前向和后向输出序列，$\boldsymbol{p}$ 为预测网络的隐含层输出序列。在每个时刻 $t,u$ 为输出网络，它包含一个线性层，接收输入 $\overrightarrow{\boldsymbol{h}}^N$ 和 $\overleftarrow{\boldsymbol{h}}^N$，产生输出向量 $\boldsymbol{l}_t$，另外还包含一个 tanh 隐含层，接收输入值 $\boldsymbol{l}_t$ 和 $\boldsymbol{p}_u$，产生输出值 $\boldsymbol{h}_{tu}$，最后将 $\boldsymbol{h}_{tu}$ 送入类的 softmax 层得到概率值 $p(k \mid t,u)$。

RNN transducer 只是给出了任何一个输出序列相对于输入序列的条件概率值，还需要

解码算法得到概率最大的输出序列。在这里使用了集束搜索算法，算法给出 $n$ 个最优的候选结果，选择的依据是概率值 $p(k|t)$。

整个系统的输入数据是对音频数据进行分帧后的编码向量，具体做法是对分帧后的音频数据进行傅里叶变换，然后用变换系数构造特征向量，整个向量进行了归一化。在这里使用了 61 个音素，它们被映射为 39 个类。实验结果证明，更深的网络具有更高的准确率，双向 LSTM 比单向网络也有更高的精度。

前面的方法分别建立了声学模型和语言模型，二者是分离的。文献[15]提出一种直接将声音数据转换成文字的算法，不需要中间的发音表示环节，实现了完全端到端的语音识别。这个框架使用了深度双向 LSTM 循环神经网络和 CTC 分类器，整个系统融合的声学模型与语言模型。另外还采用了一种新型的损失函数，称为 arbitrary transcription 损失函数。

算法的输入是声音数据，输出直接是文字序列。首先，将声音数据送入深度双向 LSTM 网络中进行处理，然后再送入 CTC 输出层。这里的深度双向 LSTM 网络和文献[12]的相同，不同的是它和 CTC 层直接用文字作为标注信息训练得到，而不需要音素信息。CTC 层的计算方式、训练方式和文献[14]中的相同。不同的是这里采用了新的损失函数，直接优化词错误率。

假设输入序列为 $\boldsymbol{x}$，循环神经网络的输出序列为 $\boldsymbol{y}$，经过 softmax 变换之后，它是 $t$ 时刻的输出标签属于某一标签 $k$ 的概率值：

$$p(k,t \mid \boldsymbol{x}) = \frac{\exp(y_t^k)}{\sum_i \exp(y_t^i)}$$

CTC 的对齐结果 $\alpha$ 是一个长度为 $T$ 的序列，可能包含空白符号。整个序列对输入序列的条件概率值为各个时刻的标签概率值的乘积：

$$p(\boldsymbol{\alpha} \mid \boldsymbol{x}) = \prod_{t=1}^{T} p(\boldsymbol{\alpha}_t, t \mid \boldsymbol{x})$$

通过映射函数 $B$ 的作用，序列 $\boldsymbol{\alpha}$ 最终被转化为输出序列 $\boldsymbol{y}$。输出序列对输入序列的条件概率为

$$p(\boldsymbol{y} \mid \boldsymbol{x}) = \sum_{\boldsymbol{\alpha} \in B^{-1}(\boldsymbol{y})} p(\boldsymbol{\alpha} \mid \boldsymbol{x})$$

标准的 CTC 在训练时优化的目标是上面这个概率的对数似然函数。在本文提出的方法中，并没有采用这种损失函数，而是使用了一种称为 arbitrary transcription 的损失函数。条件概率 $p(\boldsymbol{y} \mid \boldsymbol{x})$由 CTC 给出，$L(\boldsymbol{x},\boldsymbol{y})$是一个实值损失函数，定义损失函数为

$$L(\boldsymbol{x}) = \sum_{\boldsymbol{y}} p(\boldsymbol{y} \mid \boldsymbol{x}) L(\boldsymbol{x},\boldsymbol{y})$$

直接计算这个值很困难，在这里采用蒙特卡洛采样技术来计算损失函数和它的梯度值。损失函数的计算公式为

$$\begin{aligned} L(\boldsymbol{x}) &= \sum_{\boldsymbol{y}} \sum_{\boldsymbol{\alpha} \in B^{-1}(\boldsymbol{y})} p(\boldsymbol{\alpha} \mid \boldsymbol{x}) L(\boldsymbol{x},\boldsymbol{y}) \\ &= \sum_{\boldsymbol{\alpha}} p(\boldsymbol{\alpha} \mid \boldsymbol{x}) L(\boldsymbol{x},B(\boldsymbol{\alpha})) \end{aligned}$$

采用蒙特卡洛算法的近似计算公式为

$$L(\boldsymbol{x}) \approx \frac{1}{N}\sum_{i=1}^{N} L(\boldsymbol{x}, B(\alpha^i)), \alpha^i \sim p(\boldsymbol{\alpha} \mid \boldsymbol{x})$$

偏导数值的计算同样采用了采样技术。解码可以使用如下近似值：

$$\arg\max_{\boldsymbol{y}} p(\boldsymbol{y} \mid \boldsymbol{x}) \approx B(\arg\max_{\boldsymbol{\alpha}} p(\boldsymbol{\alpha} \mid \boldsymbol{x}))$$

也可以使用集束搜索技术。循环神经网络和 CTC 同时训练，输出序列为英文字符序列，输出字符的取值包含 43 种情况，其中包括大写字母、标点符号，以及空格符号，用来分隔相邻的单词。输入序列为谱数据，对原始的音频数据计算得到，每一帧的向量维数为 128。

文献[23]提出了一种融合了卷积神经网络和循环神经网络的英语与汉语普通话语音识别算法。这也是一种完全端到端的方法，所有人工工程的部分都用神经网络替代，可以处理各种情况，包括噪声、各种语言。

整个系统的输入为音频数据，使用 20ms 的窗口对原始音频数据分帧，然后计算对数谱，对功率进行归一化形成序列数据，送入神经网络中处理。首先是 1D 或者 2D 卷积层，然后是双向 RNN，接下来全力连接的 lookahead 卷积层，最后是 CTC 分类器。整个模型也实现了端到端的训练。

在每个时刻 $t$ 神经网络的输出值为 $p(l_t|\boldsymbol{x})$。其中，$l_t$ 为字母表中的符号或者是空格。对于英文为

$$\{a, b, c, \cdots, z, space, apotrophe, blank\}$$

其中，space 为词之间的边界。对于中文输出值为简化的汉字字符。识别时 CTC 模型和语言模型结合起来使用。解码时使用集束搜索算法寻找输出序列 $\boldsymbol{y}$，最大化如下函数：

$$\ln(p_{\text{RNN}}(\boldsymbol{y} \mid \boldsymbol{x})) + \alpha\ln(p_{\text{LM}}(\boldsymbol{y})) + \beta_{\text{wc}}(\boldsymbol{y})$$

第一部分为 RNN 的损失函数；第二部分为语言模型的损失函数；第三部分对英文为单词数，对汉语为字数，$\alpha$ 和 $\beta$ 为人工设定的权重参数。

网络的最前端是卷积层，对输入的频谱向量执行一维或者二维卷积。实验结果证明二维卷积有更好的效果。

整个网络包含多个循环层，循环层还使用了批量归一化技术，它可以作用于前一层和本层上一时刻状态值的线性加权和，也可以只作用于前一层的输入值。

在所有循环层之前，加上了 lookahead 卷积层，计算公式为

$$r_{ti} = \sum_{j=1}^{\tau+1} W_{ij} h_{t+j-1i}, \quad 1 \leqslant i \leqslant d$$

其中，$d$ 为前一层神经元数；$\boldsymbol{h}$ 是前一层的输出值是一个 $d \times (\tau+1)$ 的矩阵；$\boldsymbol{W}$ 是 $d \times \tau$ 的权重矩阵；$\tau$ 为时间步长。限于篇幅，本书只介绍几种具有代表性的算法，更多的算法可以阅读参考文献[24-33]。

## 16.6 应用——自然语言处理

在第 14 章中已经列举出了深度学习技术在自然语言处理领域中的应用。本节中我们将详细介绍循环神经网络解决这些重要问题的典型方法。

在自然语言处理领域，循环神经网络的输入向量是编码的词向量，如对单词的 one-hot 编码，特征向量的维数等于词典的大小。处理过程：每次送入一个向量，得到一个输出，对于分类问题，这个输出结果可以是概率值。以词性标注为例，每输入一个词，网络给出的是

这个词属于每类词(如代词、动词、名词等)的概率向量。此时,网络的输出层可以采用 softmax 层。

文献[34]提出了一种将循环神经网络用于自然语言处理问题的一般性建模方法,称为基于 RNN 的语言模型,即 RNN-LM。在这里,根据上一时刻的隐含层状态值以及当前时刻的输入单词来产生对当前单词的预测结果。

### 16.6.1　中文分词

汉语句子的词之间没有类似英文的空格,因此,需要根据上下文来完成对句子的切分。分词的任务是把句子切分成词的序列,即完成通常所说的断句功能,它是解决自然语言处理很多问题的第一步,在搜索引擎等产品中都有应用。由于歧义和未登录词即词典里没有的新词的存在,中文分词并不是一件简单的任务。以下面的句子为例:

乒乓球拍卖了

显然这句话有歧义,对应于下面两种切分方案:

乒乓球 拍卖 了

乒乓球拍 卖 了

句子中出现词典里没有的词也会影响我们的正确切分,例如下面的句子:

李国庆节日在加班

在这里李国庆是一个人名字,而国庆节也是一个合法的词,正确的分词需要程序知道李国庆是人名。

最简单的分词算法是基于词典匹配,这又分为正向匹配、反向匹配和双向匹配 3 种策略。如果使用正向最大匹配,在分词时用词典中所有的词和句子中还未切分的部分进行匹配,如果存在多个匹配的词,则以长度最大的那个词作为匹配结果。反向最大匹配的做法和正向最大匹配类似,只是从后向前扫描句子。双向最大匹配则既进行正向最大匹配,也进行反向最大匹配,以切分的词较少的最为结果。显然,词典匹配无法有效地处理未登录词问题,对歧义切分也只能简单使用长度最大的词去匹配。词典匹配可以看作是解决分词问题的基于规则的方法。

作为改进,可以采用全切分路径技术。这种技术列出一个句子所有切分的方案,然后选择出最佳的方案。随着句子的增长,这种方法的计算量将呈指数级增长。

机器学习技术也被用于分词问题,采用序列标注的手段解决此问题。隐马尔科夫模型、条件随机场等方法为其中的代表,典型的方法包括文献[63-66]。

分词可以看成是序列标注问题,将一个句子中的每个字标记成各种标签。系统的输入是字序列,输出是一个标注序列,因此,这是一个标准的序列到序列的问题。在这里,标注序列有这样几种类型:

$$\{B,M,E,S\}$$

其中,B 表示当前字为一个词的开始;M 表示当前字为一个词的中间位置;E 表示当前字为一个词的结束位置;S 表示单字词。以下面的句子为例:

我是中国人

其分词结果为

我 是 中国人

标注序列为

我/S 是/S 中/B 国/M 人/E

同样地，可以用循环神经网络进行序列标注从而完成分词任务，在这里网络的输出是句子中的每个字，输出是每个字的类别标签 BMES。得到类别标签之后，就完成了对句子的切分。

### 16.6.2 词性标注

词性标注(POS Tagging)是确定一个句子中各个词的词性，它是和分词密切相关的一个问题。典型的分类有名词、动词、形容词和副词等。给定句子中的词序列，词性标注的结果是每个词的词类别。这也可以看成是一个序列标注问题，即给定一个句子，预测出句子中每个词的类别：

$$(\boldsymbol{w}_1,\boldsymbol{w}_2,\cdots,\boldsymbol{w}_n)\rightarrow(\boldsymbol{s}_1,\boldsymbol{s}_2,\cdots,\boldsymbol{s}_n)$$

最简单的是基于统计信息的模型，即从训练样本中统计出每种词性的词后面所跟的词的词性，然后计算最大的概率。除此之外，条件熵、隐马尔可夫模型、条件随机场等技术也被用于词性标注问题。

同样地，词性标注问题可以看作是一个序列标注问题。将循环神经网络用于词性标注时[40,41]，输入序列是一个句子的单词序列，每个时刻的输入向量是单词的 one-hot 编码向量，网络的输出为单词属于某一类词的概率，此时输出层可以采用 softmax 回归。在这里，典型的标注集合为

$$\{\mathrm{v},\mathrm{n},\mathrm{a},\cdots\}$$

其中，v 为动词，n 为名字，a 为形容词，其他词性在这里不详细列出。训练时，也使用端到端的方案，直接给定语句和对应的标签序列。神经网络的预测输出就是每个词的词性类别值。

### 16.6.3 命名实体识别

命名实体识别(Named Entity Recognition，NER)又称为专名识别，其目标是识别文本中有特定含义的实体，如人名、地名、机构名称、专有名词等，属于未登录词识别的范畴[36-38]。命名实体识别和其他自然语言处理问题相比存在的一个困难是训练样本缺乏，因为未登录词很少有重复的，基本上都是新词。

如果直接用序列标注的方法解决命名实体识别，思路与分词类似，这里要识别出句子里所有的专名词。假设要识别的专有词包括人名、地名、组织机构名称，则标注集合为

$$\{\mathrm{BN},\mathrm{MN},\mathrm{EN},\mathrm{BA},\mathrm{MA},\mathrm{EA},\mathrm{BO},\mathrm{MO},\mathrm{EO},\mathrm{O}\}$$

其中，BN 表示这个字是人名的开始；MN 表示人名的中间字；EN 表示人名的结束；BA 表示地名的开始；MA 表示地名的中间字；EA 表示地名的结束；BO 表示机构名称的开始；MO 表示机构名称的中间字；EO 表示机构名称的结束；O 表示这个字不是命名实体。给定所有训练样本句子的标注序列，就可以实现端到端的训练。预测时输入一个句子，输出标签序列，根据标签序列可以得到命名实体识别的结果。

除了这种最直接的序列标记手段，还更复杂的方法。文献[38]提出了一种用 LSTM 和条件随机场 CRF 进行命名实体识别的方法。假设 LSTM 网络的输入序列是 $\boldsymbol{x}_1,\boldsymbol{x}_2,\cdots,\boldsymbol{x}_n$，输出序列是 $\boldsymbol{h}_1,\boldsymbol{h}_2,\cdots,\boldsymbol{h}_n$。其中，输入序列是一个句子所有的单词，这些单词被编码为向量。

LSTM 在 $t$ 时刻的输出向量 $\overrightarrow{\boldsymbol{h}}_t$ 是句子中第 $t$ 个单词的左上下文。单词的右上下文 $\overleftarrow{\boldsymbol{h}}_t$ 也是非常重要的信息，也通过 LSTM 计算得到，具体做法是将整个句子颠倒过来送入 LSTM 中计算，第个时刻的输出向量即为右上下文。在这里，称第一个 LSTM 为前向 LSTM；第二个为后向 LSTM。它们是两个不同的神经网络，分别有各自的参数。这种结构也称为双向 LSTM。

每个词用它的左上下文和右上下文联合起来表示，即将两个向量拼接起来：

$$\boldsymbol{h}_t = [\overrightarrow{\boldsymbol{h}}_t, \overleftarrow{\boldsymbol{h}}_t]$$

接下来用条件随机场对句子中的所有词进行联合标注。对于一个句子，假设矩阵 $\boldsymbol{P}$ 是双向 LSTM 输出的得分矩阵。这是一个 $n\times k$ 的矩阵，其中 $k$ 是不同的标记个数。元素 $P_{ij}$ 为第 $i$ 个单词被赋予第 $j$ 个标记的概率。

对于预测输出序列 $\boldsymbol{y}$，它的得分定义为

$$s(\boldsymbol{X},\boldsymbol{y}) = \sum_{i=0}^{n} \boldsymbol{A}_{y_i y_{i+1}} + \sum_{i=1}^{n} P_{iy_i}$$

其中，矩阵 $\boldsymbol{A}$ 是转移得分矩阵，其元素表示从标记 $i$ 转移到标记 $j$ 的得分。$y_0$ 和 $y_n$ 是句子的开始和结束标记，我们把它们加入到标记集合中。因此，矩阵 $\boldsymbol{A}$ 是一个 $k+2$ 阶方阵。

对所有可能的标记序列的 softmax 值定义了序列的概率：

$$p(\boldsymbol{y} \mid \boldsymbol{X}) = \frac{\mathrm{e}^{s(\boldsymbol{X},\boldsymbol{y})}}{\sum_{\widetilde{\boldsymbol{y}}\in \boldsymbol{Y}_{\boldsymbol{X}}} \mathrm{e}^{s(\boldsymbol{X},\widetilde{\boldsymbol{y}})}}$$

其中，$\boldsymbol{Y}_X$ 为句子 $\boldsymbol{X}$ 所有可能的标记序列。在训练时，最大化正确的标记序列的对数概率值：

$$\begin{aligned}\ln(p(\boldsymbol{y} \mid \boldsymbol{X})) &= s(\boldsymbol{X},\boldsymbol{y}) - \ln\Big(\sum_{\widetilde{\boldsymbol{y}}\in \boldsymbol{Y}_{\boldsymbol{X}}} \mathrm{e}^{s(\boldsymbol{X},\widetilde{\boldsymbol{y}})}\Big) \\ &= s(\boldsymbol{X},\boldsymbol{y}) - \ln \operatorname{add}_{\widetilde{\boldsymbol{y}}\in \boldsymbol{Y}_{\boldsymbol{X}}}(s(\boldsymbol{X},\widetilde{\boldsymbol{y}}))\end{aligned}$$

在解码时将具有最大得分的序列作为预测输出：

$$\boldsymbol{y}^* = \arg\max s_{\widetilde{\boldsymbol{y}}\in \boldsymbol{Y}_{\boldsymbol{X}}}(\boldsymbol{X},\widetilde{\boldsymbol{y}})$$

这可以通过动态规划算法得到。根据输出序列的值，就可以直接得到命名实体识别的结果。

### 16.6.4 文本分类

在第 11 章中介绍过文本分类问题，经典的机器学习算法如支持向量机、贝叶斯分类器等都曾被用于解决此问题。在第 15 章中也介绍了卷积神经网络在文本分类问题中的应用。除了这些方法之外，循环神经网络也被成功地应用于文本分类问题。

文献[39]设计了一种用分层注意力网络进行文本分类的方案。在这种方案里采用了分层的结构，首先建立句子的表示，然后将它们聚合，形成文档的表示。在文档中，不同的词和句子所蕴含的有用信息是不一样的，而且重要性和文档上下文有密切的关系。因此，采用了两层的注意力机制，第一个是单词级的，第二个是句子级的。在提取文档的表示特征时，会关注某些词和句子，也会忽略一些词和句子。

整个网络由一个单词序列编码器、一个单词级注意力层、一个句子编码器、一个句子级注意力层组成。单词序列编码器由 GRU 循环神经网络实现。网络的输入是一个句子的单词序列，输出是句子的编码向量。

假设一篇文档有 $L$ 个句子 $s_i$，句子 $s_i$ 有 $T_i$ 个词。$w_{it}$ 表示第 $i$ 个句子中的第 $t$ 个单词，其中 $t\in[1,T]$。首先将文档投影为一个向量，然后对这个向量进行分类。第一步是采用词嵌入技术将一个句子的单词转换为一个向量。计算公式为

$$x_{ij}=\boldsymbol{W}_e w_{ij}$$

在这里 $\boldsymbol{W}_e$ 称为嵌入矩阵。然后用双向 GRU 网络对词序列进行编码：

$$\overrightarrow{\boldsymbol{h}}_{it}=\overrightarrow{\mathrm{GRU}}(x_{it}),\quad t\in[1,T]$$

$$\overleftarrow{\boldsymbol{h}}_{it}=\overleftarrow{\mathrm{GRU}}(x_{it}),\quad t\in[T,1]$$

具体做法参考双向 RNN 和双向 LSTM。得到隐含层的状态值：

$$\boldsymbol{h}_{it}=[\overrightarrow{\boldsymbol{h}}_{it},\overleftarrow{\boldsymbol{h}}_{it}]$$

将这个状态值作为句子的表示。句子中的不同单词有不同的重要性，在这里采用了注意力机制。它的计算公式为

$$\boldsymbol{u}_{it}=\tanh(\boldsymbol{W}_w\boldsymbol{h}_{it}+\boldsymbol{b}_w)$$

$$\alpha_{it}=\frac{\exp(\boldsymbol{u}_{it}^{\mathrm{T}}\boldsymbol{u}_w)}{\sum_t\exp(\boldsymbol{u}_{it}^{\mathrm{T}}\boldsymbol{u}_w)}$$

$$\boldsymbol{s}_i=\sum_t\alpha_{it}\boldsymbol{h}_{it}$$

首先将 $\boldsymbol{h}_{it}$ 输入一个单层的 MLP，得到它的隐含层表示 $\boldsymbol{u}_{it}$，这个单词的重要性由向量 $\boldsymbol{u}_{it}$ 与单词级上下文向量 $\boldsymbol{u}_w$ 的相似度来衡量。通过 softmax 函数，最后得到归一化的重要性权重值 $\alpha_{it}$。接下来计算句子向量 $\boldsymbol{s}_i$，它是词向量的加权平均，加权值为每个词的重要性权重。在这里，上下文向量 $\boldsymbol{u}_w$ 被随机初始化，并且在训练过程中和神经网络一起训练得到。

在得到句子向量之后，可以用类似的方式得到文档向量。在这里，使用双向 GRU 对句子进行编码：

$$\overrightarrow{\boldsymbol{h}}_i=\overrightarrow{\mathrm{GRU}}(\boldsymbol{s}_i),\quad i\in[1,L]$$

$$\overleftarrow{\boldsymbol{h}}_i=\overleftarrow{\mathrm{GRU}}(\boldsymbol{s}_i),\quad i\in[L,1]$$

将这两个向量合并，得到句子的编码向量：

$$\boldsymbol{h}_i=[\overrightarrow{\boldsymbol{h}}_i,\overleftarrow{\boldsymbol{h}}_i]$$

这个编码综合第 $i$ 个句子周围的句子，但还是聚焦于第 $i$ 个句子。类似地，用句子级的注意力机制来形成文档的表示向量：

$$\boldsymbol{u}_i=\tanh(\boldsymbol{W}_s\boldsymbol{h}_i+\boldsymbol{b}_s)$$

$$\alpha_i=\frac{\exp(\boldsymbol{u}_i^{\mathrm{T}}\boldsymbol{u}_s)}{\sum_i\exp(\boldsymbol{u}_i^{\mathrm{T}}\boldsymbol{u}_s)}$$

$$\boldsymbol{v}=\sum_i\alpha_i\boldsymbol{h}_i$$

在这里 $\boldsymbol{v}$ 是文档向量，它综合了所有句子的信息。向量 $\boldsymbol{u}_s$ 通过训练得到。最后用文档向量来对文档进行分类：

$$p=\mathrm{softmax}(\boldsymbol{W}_c\boldsymbol{v}+\boldsymbol{b}_c)$$

训练时的损失函数采用负对数似然函数，定义为

$$L=-\sum_d\ln p_{dj}$$

其中，$j$ 是第 $d$ 个文档的类别标签值。采用注意力机制，可以直接把对分类有贡献的词和句

子显示出来，便于理解和调试分析。

### 16.6.5　自动摘要

自动摘要的目标是给定一段文本，得到它的摘要信息，摘要信息浓缩了文本的内容，与输入文本有相同的语义，体现了文章的主要内容。在这里，输入文本可以是一句话或者多句话。摘要输出语句的词汇表和输入文本的词汇表相同。可以将自动摘要也看成是一个序列到序列的预测问题，输出序列的长度远小于输入序列的长度。

文献[43]提出了一种使用注意力机制和 seq2seq 技术的新闻类文章标题生成算法。在这里，先用 seq2seq 的编码网络生成文本的抽象表示，解码器网络在生成摘要的每个单词的时候使用注意力机制关注文本中的重点词。

首先，新闻文章的每个单词被依次输入编码网络，单词首先被送入嵌入层，生成概率分布表示。然后，被送入有多个隐含层组成的训练神经网络。所有词被输入网络处理之后，最后一个隐含层的状态值 $\boldsymbol{h}$ 将用来作为解码器网络的输入。

接下来将 $\boldsymbol{h}$ 作为解码器网络的部分输入信息。首先将一个结束符 End-Of-Sequences（简称 EOS）和 $\boldsymbol{h}$ 拼接起来，输入解码器网络，用 softmax 层和注意力机制生成第一个摘要单词，反复执行这种操作，最后以 EOS 结束。在生成每一个单词时，将生成的上一个单词作为解码器网络的输入。

训练时的损失函数定义为

$$-\ln p(\boldsymbol{y}_1,\boldsymbol{y}_2,\cdots,\boldsymbol{y}_{T'} \mid \boldsymbol{x}_1,\boldsymbol{x}_2,\cdots,\boldsymbol{x}_T)=-\sum_{t=1}^{T'}\ln p(\boldsymbol{y}_t \mid \boldsymbol{y}_1,\boldsymbol{y}_2,\cdots,\boldsymbol{y}_{t-1},\boldsymbol{x}_1,\boldsymbol{x}_2,\cdots,\boldsymbol{x}_T)$$

其中，$\boldsymbol{x}_i$ 是输入文本的单词序列，$\boldsymbol{y}_i$ 是生成的摘要单词序列。训练时，解码器在每个时刻的输入为真实的标题中的单词，而不是上一时刻生成的单词。在测试时，则使用的是上一时刻生成的单词。但这样做会造成训练和预测时的脱节，作为补救，在训练时随机地使用真实的单词和上一时刻生成的单词作为输入。在预测时，使用集束搜索技术生成每一个输出单词。

在解码器生成每个输出单词时使用了注意力机制。对于每一个输出单词，注意力机制为每个输入单词计算一个权重值，这个权重值决定了对每个输入单词的关注度。这些权重的和为 1，并被用于计算最后一个隐含层的输出值的加权平均值，在这里，每次处理完一个输入单词，会产生一个输出值，最后是对这些输出值进行平均。这个加权平均值被看作是文档的上下文信息，接下来，它和解码器当前解码时最后一个隐含层的输出值一起被送入 softmax 层进行计算。

### 16.6.6　机器翻译

在第 1 章中介绍了机器翻译问题，在这里重点介绍用深度学习技术的机器翻译模型。统计机器翻译采用大量的语料库进行学习，训练样本为源语言和目标语言的语句。得到模型之后，对于一条语句，算法直接使用这个模型得到目标语言的语句。

如果用统计学习的方法，机器翻译要解决的问题是，给定一个输入句子 $\boldsymbol{a}$，对于另外一种语言所有可能的翻译结果 $\boldsymbol{b}$，计算条件概率 $p(\boldsymbol{b} \mid \boldsymbol{a})$，概率最大的句子就是翻译的结果。

使用机器学习的翻译有基于词的翻译和基于短语的翻译两种方法。前者对词进行翻译，不考虑上下文语境和词之间的关联，后者对整个句子进行翻译，目前主流的是基于短语的翻译。

可以将机器翻译问题抽象成一个序列 $\boldsymbol{x}_i$ 到另外一个序列 $\boldsymbol{y}_j$ 的预测：

$$(\boldsymbol{x}_1,\boldsymbol{x}_2,\cdots,\boldsymbol{x}_m)\rightarrow(\boldsymbol{y}_1,\boldsymbol{y}_2,\cdots,\boldsymbol{y}_n)$$

与语音识别之类的应用不同，这里的序列到序列映射并不是一个单调映射，也就是说，输出序列的顺序是按照输入序列的顺序来的。这很容易理解，将一种语言的句子翻译成另一种语言的句子时，源语言中的每个单词的顺序和目标语言种每个单词的顺序不一定是一致的。

训练时的目标是对所有的样本最大化下面的条件概率：

$$\max\ p(\boldsymbol{y}_1,\boldsymbol{y}_2,\cdots,\boldsymbol{y}_n\mid\boldsymbol{x}_1,\boldsymbol{x}_2,\cdots,\boldsymbol{x}_m)$$

因此，我们需要在所有可能的输出序列中寻找到上面的条件概率值最大的那个序列作为机器翻译的输出。如果用神经网络来对机器翻译进行建模，称为神经机器翻译。当前，用循环神经网络解决机器翻译问题的主流方法是序列到序列学习技术。

文献[44]提出了用 seq2seq 技术解决机器翻译问题。在这里，使用编码器对输入的输入序列进行特征编码，得到这句话的意义，然后用解码器对这个意义进行解码并得到概率最大的输出序列，这就得到了翻译的结果。

先将源句子表示成向量序列 $\boldsymbol{x}_i, i=1,2,\cdots,T$，在这里每个向量是一个词的编码向量。通过第一个循环神经网络，当输入完这个序列之后得到最后时刻的隐含层状态值 $\boldsymbol{h}_T$，在这里简记为 $\boldsymbol{v}$。这个值包含整个句子的信息。

接下来用解码器生成翻译序列。解码器循环神经网络隐含层的初始状态值为 $\boldsymbol{v}$，它输出向量序列 $\boldsymbol{y}_i, i=1,2,\cdots,n$。在每个时刻，它以 $\boldsymbol{y}_i$ 和 $\boldsymbol{v}$ 作为输入，输出 $\boldsymbol{y}_{i+1}$。在每个时刻，用解码器网络的 softmax 函数回归结果，选择概率最大的词作为候选词。对于所有可能的输出序列，都可以用解码器计算出它的条件概率值，在这里要寻找概率值最大的那个序列。如果枚举所有可能的输出序列，计算量太大，显然是不现实的。在这里采用了集束搜索技术。

训练样本是成对的句子，即源句子和它的翻译结果。训练的目标是最大化对数概率值：

$$1/|D|\sum_{(T,S)\in D}\ln p(T\mid S)$$

其中，$D$ 是训练样本集，$S$ 是源句子，$T$ 是翻译的句子。训练完成之后，可以用这个模型来进行翻译，即寻找概率最大的输出序列：

$$\hat{T}=\arg\max_T p(T\mid S)$$

在这里采用了自左到右的集束解码器。它维持 $k$ 个最有可能的部分结果，部分结果是整个翻译句子的前缀部分。在每一步，我们在词典的范围内用每一个可能的词扩展这个部分结果。然后用 seq2seq 模型计算这些部分结果的概率，保留概率最大的部分结果。当输入结束符之后，整个翻译过程结束。

在实现时，无论是在训练阶段还是测试阶段，都将句子反序输入，但是预测结果序列是正序而不是反序。另外，并没有采用单个隐含层的循环神经网络，而是采用了 4 层的 LSTM 网络。

文献[44]提出了一种用编码器-解码器框架进行机器翻译的方法。在这里，编码器-解码器框架的结构和之前介绍的相同。不同的是，使用了一种新的隐藏单元，即循环层的激活函数。这种激活函数与 LSTM 类似，但计算更简单。在这里，使用了两个门来进行信息流的控制,分别称为更新门和复位门,原理与 GRU 类似,在这里不详细介绍。

假设 $\boldsymbol{e}$ 为源语句,$\boldsymbol{f}$ 为翻译后的目标语句。根据贝叶斯公式,机器翻译的目标是给定源语句,寻找使得如下条件概率最大的目标语句:

$$p(\boldsymbol{f} \mid \boldsymbol{e}) \propto p(\boldsymbol{e} \mid \boldsymbol{f})p(\boldsymbol{f})$$

上式右边的第一项为转换模型,第二项为语言模型,这与语音识别类似。大多数机器翻译算法将转换模型表示成对数线性模型:

$$\ln p(\boldsymbol{f} \mid \boldsymbol{e}) = \sum_{n=1}^{N} w_n f_n(\boldsymbol{f},\boldsymbol{e}) + \ln Z(\boldsymbol{e})$$

其中,$f_n$ 为第 $n$ 个特征;$w_n$ 为特征的权重;$Z(\boldsymbol{e})$为归一化因子。在这里编码器-解码器框架用于对对数线性模型的翻译候选结果短语进行评分。

文献[45]提出一种使用了双向循环神经网络的机器翻译算法,循环层也使用了重置门和更新门结构。

解码器用循环神经网络实现,它根据当前状态,以及当前的输出词预测下一个输出词,计算公式为

$$p(\boldsymbol{y}_i \mid \boldsymbol{y}_1,\boldsymbol{y}_2,\cdots,\boldsymbol{y}_{i-1},\boldsymbol{x}) = g(\boldsymbol{y}_{i-1},\boldsymbol{s}_i,\boldsymbol{c}_i)$$

其中,$\boldsymbol{s}_i$ 为解码器网络隐含层的状态。这个框架采用了注意力机制,计算方法和之前介绍的相同。

文献[47]介绍了 Google 公司的机器翻译系统。它们的系统同样采用了编码器-解码器架构,两个网络都由深层双向 LSTM 网络实现,并采用了注意力机制。

这里的深层双向 LSTM 网络和前面介绍的相同,不再重复讲述。为了克服深层带来的梯度消失问题,隐含层采用了残差网络结构,即跨层连接。

给定训练样本集 $D=\{(\boldsymbol{X}_i,\boldsymbol{Y}_i^*)\},i=1,2,\cdots,N$,训练时的目标是最大化对数似然函数,即对数条件概率值:

$$O_{\mathrm{ML}}(\boldsymbol{\theta}) = \sum_{i=1}^{N} \ln p_{\theta}(\boldsymbol{Y}_i^* \mid \boldsymbol{X}_i)$$

在这里 $\boldsymbol{\theta}$ 是要求解的参数。同样地,解码时也使用了集束搜索算法。

## 16.7 应用——机器视觉

机器视觉是卷积神经网络擅长的领域,使用它人们可以提取出复杂的图像特征。在视觉领域的各种问题中,有些问题和时间有关,如视频、动作、物体的运动等,如果我们提取出了描述每一个时刻状态的特征,这个问题就变成了时间序列预测问题,这是循环神经网络擅长处理的。机器视觉领域的这些问题都有循环神经网络的成功应用。

### 16.7.1 字符识别

如果我们知道每个字符的笔画信息,即整个字的书写过程,则可以将手写字符识别看成是一个轨迹分类问题。每个手写字符是一个序列数据,每个时刻的坐标连接起来,在平面上构成一个字符的图像。手写字符识别属于序列标记问题中的序列分类问题,即给定一个字符的坐标点序列,预测这个字符的类别。在这里,循环神经网络的输入为坐标点序列,输出

值为类别，为了达到这个目的，我们可以将最后一个时刻的循环层输出值映射为类别概率，这可以通过 softmax 层实现。

另外，也可以直接以图像作为输入，在这里，把图像看作是一个序列，序列中的每一个向量是图像中的一个行的像素。依次将每一行输入循环神经网络，最后时刻的隐含层状态输出作为提取的字符特征，送入 softmax 层进行分类。

### 16.7.2 目标跟踪

在第 15 章中已经介绍过运动跟踪的概念。这个问题可以抽象为已知目标在之前时刻的坐标，预测出它在当前时刻的坐标，这同样是一个序列预测问题。

文献[49]提出一种用循环神经网络进行目标跟踪的方法，称为 RTT。RTT 主要的目标是解决目标遮挡问题。循环神经网络的作用是得到置信度图，即每个点处是目标的概率。下面介绍这种方法的处理流程。

在对每一帧进行跟踪时，给定目标在上一帧中的矩形框，以目标的中心为中心，以目标宽高的 2.5 倍为宽高，即将目标矩形放大 2.5 倍，得到一个矩形的候选区域。然后，将这个候选区域划分成网格。然后对每个矩形框提取特征，可以使用 HOG 特征，也可以使用更复杂的卷积网络提取的特征。在这里，划分网格而不是对整个候选区域计算特征的原因是这样做能够更好地处理遮挡，以及目标外观的变化。最后得到候选区域的特征。

然后，以这个特征作为输入，用多维 RNN 对特征进行处理，得到置信度图。最后根据置信度图完成对目标位置的预测。

与单个目标跟踪不同，多目标跟踪需要解决数据关联问题，即上一帧的每个目标和下一帧的哪个目标对应，还要解决新目标出现、老目标消失问题。多目标跟踪的一般流程为每一时刻进行目标检测，然后进行数据关联，为已有目标找到当前时刻的新位置，在这里，目标可能会消失，也可能会有新目标出现，另外目标检测结果可能会存在虚警和漏检测。联合概率滤波[50]、多假设跟踪[51]、线性规划[52]、全局数据关联[53]、MCMC 马尔可夫链蒙特卡洛算法[54]先后被用于解决数据关联问题来完成多个目标的跟踪。

首先定义多目标跟踪的中的基本概念，目标是我们跟踪的对象，每个目标有自己的状态，如大小、位置、速度。观测是指目标检测算法在当前帧检测出的目标，同样地，它也有大小、位置、速度等状态值。在这里，我们要建立目标与观测之间的对应关系。图 16.4 是数据关联的示意图。

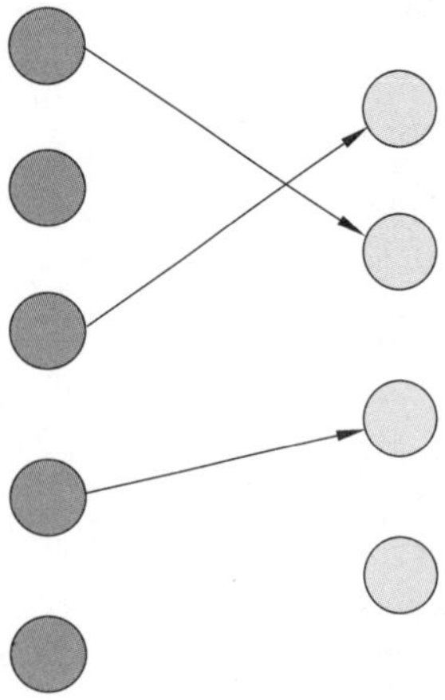

图 16.4 数据关联的示意图

在图 16.4 中，第一列圆形为跟踪的目标，即之前已经存在的目标；第二列圆为观测值，即当前帧检测出来的目标。在这里，第 1 个目标与第 2 个观察值匹配，第 3 个目标与第 1 个观测值匹配，第 4 个目标与第 3 个观测值匹配。第 2 个和第 5 个目标没有观测值与之匹配，这意味着它们在当前帧可能消失了，或者是当前帧漏检，没有检测到这两个目标。类似地，第 4 个观测值没有目标与之匹配，这意味着它是新目标，或者虚警。

文献[55]提出了一种用循环神经网络在线跟踪多个目标的算法。这种方法实现了完全端到端的训练。在这里，用

LSTM 循环神经网络同时解决数据关联、新目标出现、老目标消失问题。

首先定义状态向量 $\boldsymbol{x}_t$，这是一个 $N\times D$ 维向量，表示 $t$ 时刻所有目标的状态值，其中，$D$ 为每个目标的状态个数，在这里 $D$ 的值为 4，状态分别为目标的位置和宽高。定义 $N$ 为某一帧中能够同时跟踪的最大目标个数。$\boldsymbol{x}_t^i$ 为第 $i$ 个目标的状态。

类似地定义观测向量 $\boldsymbol{z}_t$，这是一个 $M\times D$ 维向量，表示 $t$ 时刻所有观测值。其中，$M$ 为每一帧中最大检测目标个数。需要注意的是，我们对模型能够处理的最大目标个数并没有限制。

接下来定义分配概率矩阵 $\boldsymbol{A}$，这是一个 $N\times(M+1)$ 的矩阵，元素取值 0～1 的实数。矩阵的每一行为一个目标的分配概率向量，即元素 $A_{ij}$ 表示将第 $i$ 个目标分配给第 $j$ 个观测的概率。分配概率矩阵满足约束条件：

$$\sum_j A_{ij} = 1$$

在这里矩阵的列数不是 $M$ 而是 $M+1$，因为一个目标可能不和任何一个观测相匹配。最后定义指示向量 $\boldsymbol{\varepsilon}$，这是一个 $N$ 维向量，每个元素表示一个目标存在的概率值。

跟踪问题被分成两个部分来解决：状态预测与更新，以及跟踪管理；数据关联。前一部分负责单个目标的状态跟踪；后一部分解决目标之间的对应关系。

对于第一个问题，用一个时序循环神经网络来学习 $N$ 个目标的运动模型，以及目标的指示变量，指示变量用于处理目标的出现与消失。在时刻 $t$，循环神经网络输出 4 种值。

（1）包括所有目标的状态预测值 $\boldsymbol{x}_{t+1}^*$，前面已经介绍过。

（2）所有目标状态的更新值 $\boldsymbol{x}_{t+1}$。

（3）指示向量 $\boldsymbol{\varepsilon}_{t+1}$，其每个元素的值为(0,1)，表示目标是一个真实轨迹的概率。

（4）$\boldsymbol{\varepsilon}_{t+1}^*$，这是与 $\boldsymbol{\varepsilon}_t$ 的差值。

神经网络的输入为前一个时刻的状态值 $\boldsymbol{x}_t$、前一个时刻的指示向量值 $\boldsymbol{\varepsilon}_t$、当前时刻的观测值 $\boldsymbol{z}_{t+1}$，以及当前时刻的数据关联矩阵 $\boldsymbol{A}_{t+1}$，数据关联矩阵的计算方法将在后面介绍。

这个功能模块有 3 个目标。

（1）预测。为指定数量的目标学习一个复杂的运动模型，这个模型包含每个目标的运动参数，包括速度、加速度信息等。

（2）更新。根据当前的观测数据，对预测值进行校正，修正物体的状态值，包括运动状态值。

（3）目标的出现与消失。学习到如何根据目标的状态值、当前时刻的观测值，以及数据关联信息来处理新目标的出现问题和已有目标的消失问题。

预测值 $\boldsymbol{x}_{t+1}^*$ 只取决于状态值 $\boldsymbol{x}_t$ 和循环神经网络隐含层的状态值 $\boldsymbol{h}_t$。一旦数据关联矩阵 $\boldsymbol{A}_{t+1}$ 已经确定，即已经知道了目标和观测之间的对应关系，就可以根据观测值来更新状态值，完成校正。接下来，将观测值和预测的状态值拼接在一起：

$$\hat{\boldsymbol{x}} = [\boldsymbol{z}_{t+1}, \boldsymbol{x}_{t+1}^*]$$

然后乘以矩阵 $\boldsymbol{A}_{t+1}$。同时 $\boldsymbol{\varepsilon}_{t+1}$ 也被计算出来。在确定了网络的输出之后，需要定义训练时的损失函数。损失函数定义为

$$L(\boldsymbol{x}^*, \boldsymbol{x}, \boldsymbol{\varepsilon}, \tilde{\boldsymbol{x}}, \tilde{\boldsymbol{\varepsilon}}) = \frac{\lambda}{ND}\sum \| \boldsymbol{x}^* - \tilde{\boldsymbol{x}} \|^2 + \frac{k}{ND}\sum \| \boldsymbol{x} - \tilde{\boldsymbol{x}} \|^2 + \nu L_{\boldsymbol{\varepsilon}} + \xi \boldsymbol{\varepsilon}^*$$

其中，$\boldsymbol{x}^*$、$\boldsymbol{x}$、$\boldsymbol{\varepsilon}$ 为预测值，$\tilde{\boldsymbol{x}}$、$\tilde{\boldsymbol{\varepsilon}}$ 为真实值。上面损失函数的第一部分为预测误差，第二部分为

更新误差,第三和第四部分为目标消失、出现以及回归值误差。这里只定义了某一个时刻的误差值,训练时需要将每一帧的误差值累加起来,然后计算平均值。第一部分误差的意义是在没有观察值的情况下,预测值要和目标的真实运动轨迹尽可能接近。第二部分的意义是得到观测值之后,要将预测值校正到与观测值尽可能接近。

第三部分损失反映了目标的出现与消失。如果 $\varepsilon=1$,表示一个目标存在。如果 $\varepsilon=0$,表示这个目标不存在。为此我们定义交叉熵损失函数:

$$L_{\varepsilon}(\varepsilon,\tilde{\varepsilon}) = \tilde{\varepsilon}\ln\varepsilon + (1-\tilde{\varepsilon})\ln(1-\varepsilon)$$

最后一个问题是数据关联。数据关联的目标为每个目标分配一个唯一的观测值,这是一个组合优化问题,直接求解的话是 NP 完全问题。在这里,采用 LSTM 网络通过学习来解决此问题。在这里,网络的输入是成对距离矩阵 $\boldsymbol{C}$,这是一个 $N\times M$ 的矩阵,矩阵元素定义为

$$C_{ij} = \| \boldsymbol{x}^i - \boldsymbol{z}^j \|_2$$

即第 $i$ 个目标的预测状态与第 $j$ 个观察值之间的欧氏距离。也可以使用更多的信息,如目标的外观或其他相似度。网络的输出值为概率向量 $\boldsymbol{A}^i$,表示第 $i$ 个目标与所有观测值之间的分配概率,通过 softmax 层输出。这里的 $\boldsymbol{A}^i$ 是数据关联矩阵的第 $i$ 行。最后,定义网络训练时的损失函数为

$$L(\boldsymbol{A}^i,\tilde{a}) = -\ln(\boldsymbol{A}_{i\tilde{a}})$$

其中,$\tilde{a}$是一个标量,是目标 $i$ 的真实分配值,即将目标 $i$ 分配给观测值$\tilde{a}$。

### 16.7.3 视频分析

视频动作识别[57-62]的目标是对运动物体的动作进行分类,如人的站立、坐下等动作。动作识别在诸多领域有实际的应用,如视频监控、人机交互、游戏控制等。这个问题可以抽象成一个时间序列分类问题。以人的动作识别为例,它的输入是目标关键点坐标序列,如人体一些关键点的二维或三维坐标,输出值为动作类别,即序列的标签值。

文献[57]提出一种整合了卷积神经网络和循环神经网络的框架进行人体动作分类的方法。整个系统包括一个三维卷积神经网络和一个循环神经网络。其中,三维卷积神经网络的输入为多张图像,用于提取一段视频的时空特征。然后将提取的特征序列送入循环神经网络中进行分类。

在这里,卷积神经网络的输入为三维图像。整个视频被分成一系列的固定长度片段,每个片段包括相同数量的帧,被处理成固定大小的输入图像。第三个卷积层后面是两个全连接层,最后一个全连接层有 6 个神经元,即卷积网络的输出向量为六维。

接下来将卷积得到的固定长度的特征向量序列送入 LSTM 循环神经网络。用循环神经网络的输出完成对视频的分类。

文献[58]提出一种用双向 LSTM 循环神经网络进行三维手势分类的方法。在这里,每个时刻用加速度计和陀螺仪测量出手在三维空间的加速度和角速度,形成一个六维的向量,作为循环神经网络的输入,这是一个序列数据。循环神经网络采用双向 LSTM 网络。循环神经网络的输出向量维数和要分类的手势类型数相同,最后通过 softmax 层产生概率输出用于分类。这些都是标准的做法,不再详细讲述。

文献[59]提出一种用分层循环神经网络进行人体动作识别的方法,在这里,利用人体骨

架的关键点信息，对骨架关键点的运动轨迹进行分析。

整个人体被分成 5 个部分进行建模，分别为四肢和躯干。整个处理流程如下。

(1) 将 5 个部分分别送入 5 个子网络中进行处理。

(2) 将四肢和躯干在第(1)步中的处理结果分别进行融合，送入 4 个子网络中进行处理。

(3) 将两只胳膊、两条腿、躯干在第(2)步中的处理结果进行融合，送入 2 个子网络中进行处理。

(4) 将第(3)步中的两个结果融合，送入第 4 层子网络中进行处理。

(5) 将第(4)步的结果送入全连接层中进行处理。

(6) 最后用 softmax 层进行计算，得到分类概率。

在这里，所有循环层都使用双向循环结构，前面 3 个循环层都采用 tanh 激活函数，最后一个循环层采用 LSTM 单元。循环层和全连接层的计算方式和前面介绍的标准结构相同，在这里不详细讲述。

全连接层在各时刻的输出向量被累计起来，然后用 softmax 层进行概率输出。训练时的损失函数定义为

$$L(\Omega)=-\sum_{m=1}^{M}\ln\left(\sum_{k=1}^{C}\delta(k-r)p(C_k\mid\Omega_m)\right)$$

其中，$\Omega$ 为训练样本集；$\Omega_m$ 为第 $m$ 个训练样本；$M$ 为总样本数；$\delta$ 为 Kronecker 函数；$r$ 为第 $m$ 个训练样本的真实类别标签值。

整个网络的输入为人体各个部位关键点的三维坐标，送入网络之前，对坐标进行了归一化处理；要识别的动作类型根据实际应用而定。

文献[60]提出了一种整合卷积神经网络和循环神经网络的视频识别方法。在这里，用卷积网络提取单帧图像的特征，多个帧的特征依次被送入循环神经网络中进行处理。这种结构不仅在空间上具有深度，在时间上也具有深度，称为 Long-term Recurrent Convolutional Networks，简称 LRCNs。

整个系统的输入是一系列的视频帧，对于每一帧，首先经过卷积网络的作用，产生固定长度的输出向量。经过这一步，得到一个固定长度的序列数据：

$$\boldsymbol{\phi}_1,\boldsymbol{\phi}_2,\cdots,\boldsymbol{\phi}_T$$

这个序列数据被送入循环神经网络中进行处理，得到输出值。最后，经过 softmax 层，得到概率输出。这里的卷积网络和循环神经网络的变换和前面介绍的标准做法一致，不再重复介绍。假设循环神经网络的学习参数为 $\boldsymbol{V}$ 和 $\boldsymbol{W}$，训练时的损失函数定义为

$$L(\boldsymbol{V},\boldsymbol{W})=-\sum_{t=1}^{T}\ln p_{\boldsymbol{V},\boldsymbol{W}}(\boldsymbol{y}_t\mid\boldsymbol{x}_{1:t},\boldsymbol{y}_{1:t-1})$$

这一框架可以用于以下 3 种情况。

(1) 序列输入，固定长度输出，即实现映射：

$$(\boldsymbol{x}_1,\boldsymbol{x}_2,\cdots,\boldsymbol{x}_T)\rightarrow\boldsymbol{y}$$

典型的是视频动作识别。在这里输入是多个视频帧，输出是动作类别。

(2) 固定长度输入，序列输出，即实现映射：

$$\boldsymbol{x}\rightarrow(\boldsymbol{y}_1,\boldsymbol{y}_2,\cdots,\boldsymbol{y}_T)$$

典型的是生成图像的描述，如给图像生成文字说明。

(3) 序列输入，序列输出。即实现映射：

$$(\boldsymbol{x}_1, \boldsymbol{x}_2, \cdots, \boldsymbol{x}_T) \rightarrow (\boldsymbol{y}_1, \boldsymbol{y}_2, \cdots, \boldsymbol{y}_{T'})$$

典型的是视频描述，如为一段视频生成文字解说。

视频分类是比图像分类更为复杂的问题，视频由多个帧构成，它不仅包含了空间维度上的信息，还包含时间维度上的信息。文献[61]提出一种视频分类算法，这种框架整合了 bag-of-words 或 LDA 这样的采样技术和循环神经网络，来形成视频在时间线上的特征表示。在这里，先用卷积网络提取每一帧的特征。然后对特征进行池化采样，最后用循环神经网络完成分类。

# 参考文献


[1] Ronald J Williams, David Zipser. A learning algorithm for continually running fully recurrent neural networks. Neural Computation, 1989.

[2] Mikael Boden. A guide to recurrent neural networks and backpropagation, 2001.

[3] Razvan Pascanu, Caglar Gulcehre, Kyunghyun Cho, et al. How to Construct Deep Recurrent Neural Networks. International Conference on Learning Representations, 2014.

[4] Fernando J Pineda. Generalization of back-propagation to recurrent neural networks. Physical Review Letters, 1987.

[5] Paul J Werbos. Backpropagation through time: what it does and how to do it. Proceedings of the IEEE, 1990.

[6] Xavier Glorot, Yoshua Bengio. On the difficulty of training recurrent neural networks. International Conference on Machine Learning, 2013.

[7] Y Bengio, P Simard, P Frasconi. Learning long-term dependencies with gradient descent is difficult. IEEE Transactions on Neural Networks, 1994, 5(2): 157-166.

[8] S Hochreiter, J Schmidhuber. Long short-term memory. Neural computation, 1997, 9(8): 1735-1780.

[9] M Schuster, K K Paliwal. Bidirectional recurrent neural networks. IEEE Transactions on Signal Processing, 1997, 45(11): 2673-2681.

[10] Alex Graves. Supervised Sequence Labelling with Recurrent Neural Networks, 2012.

[11] S EI Hihi, Y Bengio. Hierarchical recurrent neural networks for long-term dependencies. Adavnces in Neural Information Processing Systems, 1996, 8: 493-499.

[12] Junyoung Chung, Caglar Gulcehre, Kyunghyun Cho, et al. Gated Feedback Recurrent Neural Networks. International Conference on Machine Learning, 2015.

[13] Alex Graves, Santiago Fernandez, Faustino J Gomez, et al. Connectionist temporal classification: labelling unsegmented sequence data with recurrent neural networks. International Conference on Machine Learning, 2006.

[14] A Graves, A Mohamed, G. Hinton. Speech Recognition with Deep Recurrent Neural Networks. ICASSP 2013.

[15] Alex Graves, Navdeep Jaitly. Towards End-To-End Speech Recognition with Recurrent Neural Networks. International Conference on Machine Learning, 2014.

[16] Ilya Sutskever, Oriol Vinyals, Quoc V Le. Sequence to Sequence Learning with Neural Networks.

Neural Information Processing Systems,2014.

[17] Lawrence R Rabiner. A tutorial on hidden Markov models and selected applications in speech recognition. Proceedings of the IEEE,1989.

[18] Jaitly Navdeep, Hinton, Geoffrey。Learning a better representation of speech sound waves using restricted boltzmann machines. In ICASSP,2011,5884-5997.

[19] Abdel-Hamid Ossama, Mohamed Abdel-rahman, Jang Hui, et al. Applying convolutional neural networks concepts to hybrid nn-hmm model for speech recognition. In ICASSP,2012.

[20] Sainath, Tara N, Rahman Mohamed Abdel, Kingsbury Brian, et al. Deep convolutional neural networks for LVCSR. In ICASSP,2013.

[21] A Mohamed,G E Dahl,G. Hinton. Acoustic modeling using deep belief networks. Audio,Speech, and Language Processing,IEEE Transactions on,2012,20(1): 14-22.

[22] G. Hinton, Li Deng, Dong Yu, et al. Deep Neural networks for acoustic modeling in speech recognition. Signal Processing Magazine,IEEE,2012,29(6): 82-97.

[23] Dario Amodei, Sundaram Ananthanarayanan, Rishita Anubhai, et al. Deep speech 2: end-to-end speech recognition in English and mandarin. International Conference on Machine Learning,2016.

[24] Oriol Vinyals,Suman Ravuri,Daniel Povey. Revisiting Recurrent Neural Networks for Robust ASR. ICASSP,2012.

[25] Hasim Sak,Andrew W Senior,Kanishka Rao,et al. Fast and Accurate Recurrent Neural Network Acoustic Models for Speech Recognition. Conference of the International Speech Communication Association,2015.

[26] Miao Yajie, Mohammad Gowayyed, Florian Metze. EESEN: End-to-end speech recognition using deep RNN models and WFST-based decoding. 2015 IEEE Workshop on Automatic Speech Recognition and Understanding(ASRU). IEEE,2015.

[27] Bahdanau,Dzmitry, et al. End-to-end attention-based large vocabulary speech recognition. 2016 IEEE International Conference on Acoustics,Speech and Signal Processing(ICASSP). IEEE,2016.

[28] Chan,William,et al. Listen,attend and spell: A neural network for large vocabulary conversational speech recognition. 2016 IEEE International Conference on Acoustics,Speech and Signal Processing (ICASSP). IEEE,2016.

[29] H Sak, Senior Andrew, Beaufays Francoise. Long short-term memory recurrent neural network architectures for large scale acoustic modeling. In Inter speech,2014.

[30] Sainath Tara, Vinyals Oriol, Senior Andrew, et al. Convolutional, long short-term memory, fully connected deep neural networks. In ICASSP,2015.

[31] Chorowski Jan,Bahdanau Dzmitry Cho,Kyunghyun,et al. End-to-End continuous speech recognition using attention-based recurrent nn: First results. abs/1412,1602,2015.

[32] Hannun Awni, Case Carl, Casper Jared, et al. Deep speech: Scaling up end-to-end speech recognition.

[33] A Graves. Sequence transduction with recurrent neural networks. ICML Representation Learning Workshop,2012.

[34] Tomas Mikolov, Martin Karafiat, Lukas Burget, et al. Recurrent neural network based language model. Onference of the International Speech Communication Association,2010.

[35] Graves Alex. Generating sequences with recurrent neural networks. arXiv preprint: 1308. 0850 (2013).

[36] Kevin Zhang(Hua-Ping Zhang), Qun Liu, Hao Zhang, et al. Automatic Recognition of Chinese

Unknown Words Based on RoleTagging. First SIGHAN affiliated with 19th COLING,2002：71-77.
[37] Hua-Ping Zhang, Qun Liu, Hong-Kui YU, et al. Chinese Name Entity Recognition Using Role Model. Special issue "Word Formation and Chinese Language processing" of the International Journal of Computational Linguistics and Chinese Language Processing,2003,8(2)：29-602.
[38] Guillaume Lample,Miguel Ballesteros,Sandeep Subramanian,et al. Neural architectures for named entity recognition. North American Chapter of the Association for Computational Linguistics,2016.
[39] Zichao Yang, Diyi Yang, Chris Dyer, et al. Hierarchical Attention Networks for Document Classification. North American Chapter of the Association for Computational Linguistics,2016.
[40] Xiaoqing Zheng,Hanyang Chen,Tianyu Xu. Deep Learning for Chinese Word Segmentation and POS Tagging. Empirical Methods in Natural Language Processing,2013.
[41] Peilu Wang,Yao Qian,Frank K Soong,et al. Part-of-Speech Tagging with Bidirectional Long Short-Term Memory Recurrent Neural Network. Computation and Language,2015.
[42] Siwei Lai, Liheng Xu, Kang Liu, et al. Recurrent convolutional neural networks for text classification. National Conference on Artificial Intelligence,2015.
[43] Konstantin Lopyrev. Generating News Headlines with Recurrent Neural Networks. arXiv：Computation and Language,2015.
[44] Kyunghyun Cho,Bart Van Merrienboer,Caglar Gulcehre,et al. Learning Phrase Representations using RNN Encoder — Decoder for Statistical Machine Translation. Empirical Methods in Natural Language Processing,2014.
[45] Dzmitry Bahdanau,Kyunghyun Cho,Yoshua Bengio. Neural Machine Translation by Jointly Learning to Align and Translate. International Conference on Learning Representations,2015.
[46] Shujie Liu,Nan Yang,Mu Li,et al. A Recursive Recurrent Neural Network for Statistical Machine Translation. Meeting of the Association for Computational Linguistics,2014.
[47] Yonghui Wu,et al. Google's Neural Machine Translation System：Bridging the Gap between Human and Machine Translation. Technical Report,2016.
[48] Junyoung Chung,Caglar Gulcehre,Kyunghyun Cho,et al. Empirical Evaluation of Gated Recurrent Neural Networks on Sequence Modeling. arXiv：Neural and Evolutionary Computing,2014.
[49] Zhen Cui,Shengtao Xiao,Jiashi Feng,et al. Recurrently Target-Attending Tracking. Computer Vision and Pattern Recognition,2016.
[50] Thomas E Fortmann, Yaakov Barshalom, Molly Scheffe. Multi-target tracking using joint probabilistic data association. Conference on Decision and Control,1980.
[51] Donald B Reid. An algorithm for tracking multiple targets. IEEE Transactions on Automatic Control,1979.
[52] Hao Jiang,Sidney Fels,James J Little. A Linear Programming Approach for Multiple Object Tracking. Computer Vision and Pattern Recognition,2007.
[53] Li Zhang,Yuan Li,Ramakant Nevatia. Global data association for multi-object tracking using network flows. Computer Vision and Pattern Recognition,2008.
[54] Zia Khan,Tucker R Balch,Frank Dellaert. MCMC-based particle filtering for tracking a variable number of interacting targets. IEEE Transactions on Pattern Analysis and Machine Intelligence, 2005.
[55] Anton Milan,Seyed Hamid Rezatofighi,Anthony R Dick,et al. Online Multi-target Tracking using Recurrent Neural Networks. National Conference on Artificial Intelligence,2016.
[56] Peter Ondruska, Ingmar Posner. Deep tracking：seeing beyond seeing using recurrent neural

networks. National Conference on Artificial Intelligence,2016.

[57] M Baccouche,F Mamalet,C Wolf,et al. Sequential deep learning for human action recognition. In Human Behavior Understanding,2011：29-39.

[58] G Lefebvre,S Berlemont,F Mamalet,et al. Blstm-rnn based 3d gesture classification. In Artificial Neural Networks and Machine Learning,2013：381-388.

[59] Y Du, W Wang, L Wang. Hierarchical recurrent neural network for skeleton based action recognition. CVPR 2015.

[60] J Donahue,L A Hendricks,S Guadarrama,et al. Long-term recurrent convolutional networks for visual recognition and description. arXiv preprint：1411.4389,2014.

[61] Antoine Miech, Ivan Laptev, Josef Sivic. Learnable pooling with Context Gating for video classification. Computer Vision and Pattern Recognition,2017.

[62] A Grushin,D D Monner,J A Reggia,et al. Robust human action recognition via long short-term memory. In International Joint Conference on Neural Networks,IEEE,2013：1-8.

[63] Hua-Ping Zhang, Hong-Kui Yu, De-Yi Xiong, et al. HMM-based Chinese Lexical Analyzer ICTCLAS. Second SIGHAN workshop affiliated with 41th ACL,Sapporo Japan,2003：184-187.

[64] Hua-Ping Zhang,Qun Liu,Xue-Qi Cheng,et al. Chinese Lexical Analysis Using Hierarchical Hidden Markov Model. Second SIGHAN workshop affiliated with 41st ACL;Sapporo Japan,2003：63-70.

[65] Fuchun Peng, Fangfang Feng, Andrew Mccallum. Chinese segmentation and new word detection using conditional random fields. International Conference on Computational Linguistics,2004.

[66] John D Lafferty,Andrew Mccallum,Fernando C N Pereira. Conditional Random Fields：Probabilistic Models for Segmenting and Labeling Sequence Data. International Conference on Machine Learning, 2001.

# 第 17 章

# 生成对抗网络

到目前为止，本书介绍的机器学习算法都是在解决分类、回归、聚类或者数据降维之类的数据预测问题。另外，还存在一类称为数据生成的问题，它的目标是生成服从某种概率分布的数据。例如下面这样一个问题，要让算法能够模仿人写字，先考虑最简单的情况：写出 0～9 的阿拉伯数字。这种问题该如何解决？人在学习写字的时候是通过反复训练得到的，如果有一种方法能模拟这个过程，先从头开始学习，对每次写出来的字进行评判并不断地改进，就可以解决这一问题。

目前已经有多种深度生成模型，生成对抗网络（Generative Adversarial Network，GAN）是其中的典型代表，它是用机器学习的思路来解决数据生成问题的一种通用框架。它的目标是生成服从某种概率分布的随机数据，由 Goodfellow 在 2014 年提出[1]。这种模型能够找出样本数据的概率分布，并根据这种分布产生出新的样本数据。

## 17.1 随机数据生成

在介绍生成对抗网络之前，首先考虑最简单的随机数据生成问题。在编程语言中常用的随机数函数就是一种随机数据生成算法，它可以生成符合某种概率分布的随机数（实际上是伪随机数而不是真正意义上的随机数），如均匀分布和正态分布的随机数。对于均匀分布，生成器生成的数据应该在$[a,b]$这个区间上每个数出现的概率相同。

生成均匀分布随机数的经典算法是线性同余法，它通过线性函数进行迭代，根据上一个随机数确定下一个随机数，迭代公式为

$$x_{i+1} = (a \cdot x_i + b) \bmod m$$

其中，mod 为取余运算，$a$、$b$ 和 $m$ 为人工设定的常数。相比之下，生成正态分布随机数的算法更为复杂。下面以 Box-Muller 算法为例，先考虑生成正态分布 $N(0,1)$的随机数。假设随机变量 $u_1$ 和 $u_2$ 服从$[0,1]$内的均匀分布，则随机数 $z_1$ 和 $z_2$：

$$z_1 = \sqrt{-2\ln u_1} \cos 2\pi u_2$$

$$z_2 = \sqrt{-2\ln u_1} \sin 2\pi u_2$$

相互独立，并且服从正态分布 $N(0,1)$。借助于均匀分布的随机数，通过上面的变换就可以得到正态分布的随机数。

上面这两个例子都是已知要生成的数据所服从的概率分布，如均匀分布、正态分布；并且分布的参数也是已知的，比如正态分布的均值和方差，这称为显式的建模。对于实际应用中的很多问题，只有一些样本，算法需要从这些样本来估计它们服从的分布，且概率分布非

常复杂，无法得到概率密度函数的精确表达式，但要估计出概率密度函数或者直接根据一个模型生成想要的随机数，这称为隐式建模。

对于写出 0～9 的阿拉伯数字的问题，算法无法得知这些数字的图像所服从的概率分布。对于每个类型的数字 $c$，假设要生成 32×32 像素的黑白数字图像，如果将图像拼接成向量 $\boldsymbol{x}$ 则为 1024 维的随机向量，每种数字服从某种概率分布：

$$p(\boldsymbol{x} \mid c), \quad c = 0,1,\cdots,9$$

但我们并不知道这个概率分布的具体形式。这就需要通过机器学习的手段直接产生一个映射函数，给定输入数据，如噪声和数字的类别，直接产生出服从此概率分布的样本。

## 17.2　生成对抗网络简介

生成对抗网络由一个生成模型和一个判别模型组成。生成模型用于学习真实样本数据的概率分布，并直接生成符合这种分布的数据；判别模型的任务是指导生成模型的训练，判断一个输入样本数据是真实样本还是由生成模型生成的。在训练时，两个模型不断竞争，从而分别提高它们的生成能力和判别能力。

判别模型的训练目标是最大化判别准确率，即区分样本是真实数据还是由生成模型生成的。生成模型的训练目标是让生成的数据尽可能与真实数据相似，最小化判别模型的判别准确率，这是一对矛盾。在训练时采用交替优化的方式，每一次迭代时分两个阶段：第一阶段先固定住判别模型，优化生成模型，使得生成的数据被判别模型判定为真样本的概率尽可能高；第二阶段固定住生成模型，优化判别模型，提高判别模型的分类准确率。

生成模型以随机噪声或类别之类的控制变量作为输入，一般用多层神经网络实现，其输出为生成的样本数据，这些样本数据和真实样本一起送给判别模型进行训练。判别模型是一个二分类器，判定一个样本是真实的还是生成的，一般也用神经网络实现。随着训练的进行，生成模型产生的样本与真实样本几乎没有差别，判别模型也无法准确地判断出一个样本是真实的还是生成模型生成的，此时的分类错误率为 0.5，系统达到平衡，训练结束。生成对抗网络的原理如图 17.1 所示。

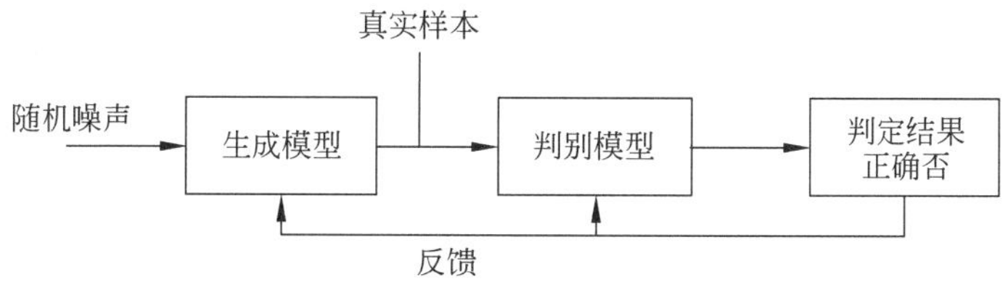


**图 17.1　生成对抗网络框架的结构**

训练完成之后，就可以用生成模型来生成人们想要的数据，可以通过控制生成模型的输入（即隐变量和随机噪声）来生成想要的数据。

### 17.2.1　生成模型

生成对抗网络是一个抽象框架，并没有指明生成模型和判别模型具体为何种模型，可以采用全连接神经网络、卷积神经网络，或者其他机器学习模型。生成模型要做的事情与图像分类之类的任务刚好相反，是根据类型等输入变量来生成图像之类的样本数据。生成模型接收的输入是类别之类的隐变量和随机噪声，输出与训练样本相似的样本数据。其目标是从训练样本学习到它们所服从的概率分布 $p_g$，假设随机噪声变量 $z$ 服从的概率分布为 $p_z(z)$，则生成模型将这个随机噪声映射到样本数据空间。生成模型的映射函数为

$$G(z,\boldsymbol{\theta}_g)$$

其中，$z$ 是生成模型的输入，一般为随机噪声，生成模型的输出为一个向量，如图像；$\boldsymbol{\theta}_g$ 是生成模型的参数，通过训练得到。这个映射根据随机噪声变量构造出服从某种概率分布的随机数。

### 17.2.2 判别模型

判别模型一般是一个用于分类问题的神经网络，用于区分样本是生成模型产生的还是真实样本，这是一个二分类问题。当这个样本被判定为真实数据时标记为 1，判定为来自生成模型时标记为 0。判别模型的映射函数为

$$D(\boldsymbol{x},\boldsymbol{\theta}_d)$$

其中，$\boldsymbol{x}$ 是模型的输入，是真实样本或生成模型产生的样本；$\boldsymbol{\theta}_d$ 是模型的参数，这个函数的输出值是分类结果，是一个标量。标量值 $D(\boldsymbol{x})$表示 $\boldsymbol{x}$ 来自于真实样本而不是生成器生成的样本的概率，是[0,1]的实数，这类似于 logistic 回归预测函数的输出值。

## 17.3 模型的训练

17.2 节介绍了生成对抗网络的框架，接下来介绍模型的优化目标函数与训练算法，即如何交替地训练生成模型和判别模型。

### 17.3.1 目标函数

训练的目标是让判别模型能够最大程度地正确区分真实样本和生成模型生成的样本；同时要让生成模型生成的样本尽可能地和真实样本相似。也就是说，判别模型要尽可能将真实样本判定为真实样本，将生成模型产生的样本判定为生成样本；生成模型要尽量让判别模型将自己生成的样本判定为真实样本。基于以上 3 个要求，对于生成模型，要最小化如下目标函数：

$$\ln(1-D(G(\boldsymbol{z})))$$

这意味着如果生成模型生成的样本 $G(\boldsymbol{z})$和真实样本越接近，则被判别模型判断为真实样本的概率就越大，即 $D(G(\boldsymbol{z}))$的值越接近于 1，目标函数的值越小。对于判别模型，要让真实样本尽量被判定为真实的，即最大化 $\ln D(\boldsymbol{x})$，这意味着 $D(\boldsymbol{x})$的值尽量接近于 1；对于生成模型生成的样本，尽量被判别为 0，即最大化 $\ln(1-D(G(\boldsymbol{z})))$。这样要优化的目标函数定义为

$$\min_G \max_D V(D,G) = E_{\boldsymbol{x}\sim p_{\text{data}}(\boldsymbol{x})}[\ln D(\boldsymbol{x})] + E_{\boldsymbol{z}\sim p_{\boldsymbol{z}}(\boldsymbol{z})}[\ln(1-D(G(\boldsymbol{z})))]$$

在这里判别模型和生成模型是目标函数的自变量，它们的参数是要优化的变量。$E$ 为数学期望，对于有限的训练样本，按照样本的概率进行加权和。这里的 min 表示控制生成模型的参数让目标函数取最小值，max 表示控制判别模型的参数让目标函数取最大值。

目标函数前半部分表示要让判别模型对真实样本的概率输出最大化，即真实样本要被判别为真实类；后半部分表示判别模型要将生成模型生成的样本的概率输出最小化，即生成模型生成的样本，也要尽可能被正确分类，输出值接近于 0。综合起来，两部分相加要最大化。

控制生成模型时，目标函数前半部分与生成模型无关，可以当作常数，后半部分的取值要尽可能小，即 $\ln(1-D(G(\boldsymbol{x})))$ 要尽可能小，这意味着 $D(G(\boldsymbol{z}))$ 要尽可能大，即生成模型生成的样本要尽可能被判别成真实样本。

这个目标函数和 logistic 回归的对数似然函数类似，后者也是用来解决二分类问题，在第 11 章中介绍过它的似然函数为

$$\sum_{i=1}^{l}(y_i \ln h_{\boldsymbol{w}}(\boldsymbol{x}_i) + (1-y_i)\ln(1-h_{\boldsymbol{w}}(\boldsymbol{x}_i)))$$

如果按样本标签值的取值 0 和 1 将上式拆开，并将标签的值带入上式，目标函数可以写成如下形式：

$$\sum_{i=1,y_i=1}^{l} \ln h_{\boldsymbol{w}}(\boldsymbol{x}_i) + \sum_{i=1,y_i=0}^{l} \ln(1-h_{\boldsymbol{w}}(\boldsymbol{x}_i))$$

生成对抗网络的目标函数将 $h_{\boldsymbol{w}}(\boldsymbol{x})$ 换成了 $D(G(\boldsymbol{z}))$，表示样本是生成模型产生的，在控制判别模型时要达到的优化效果和上式类似。不同的是，logistic 回归在训练达到最优点处时负样本的预测输出值接近于 0，而在生成对抗网络中判别模型对生成样本的输出概率值在最优点处接近于 0.5，与生成模型达到均衡。

### 17.3.2　训练算法

训练时采用分阶段优化策略进行优化，交替的优化生成模型和判别模型，最终达到平衡的状态，训练终止。完整的训练算法如下。

循环，对 $t=1,2,\cdots,\text{max\_iter}$。

　　第一阶段：训练判别模型

　　循环，对 $i=1,2,\cdots,k$。

　　　　根据噪声服从的概率分布 $p_g(\boldsymbol{z})$ 产生 $m$ 个噪声数据 $\boldsymbol{z}_1,\boldsymbol{z}_2,\cdots,\boldsymbol{z}_m$

　　　　根据样本数据服从的概率分布 $p_{\text{data}}(\boldsymbol{x})$ 采样出 $m$ 个样本 $\boldsymbol{x}_1,\boldsymbol{x}_2,\cdots,\boldsymbol{x}_m$

　　　　用随机梯度上升法更新判别模型，判别模型参数梯度的计算公式为

$$\nabla_{\boldsymbol{\theta}_d} \frac{1}{m}\sum_{i=1}^{m}[\ln(D(\boldsymbol{x}_i)) + \ln(1-D(G(\boldsymbol{z}_i)))]$$

　　第二阶段：训练生成模型。

　　根据噪声分布产生 $m$ 个噪声数据 $\boldsymbol{z}_1,\boldsymbol{z}_2,\cdots,\boldsymbol{z}_m$

　　用随机梯度下降法更新生成模型，生成模型参数的梯度计算公式为

$$\nabla_{\boldsymbol{\theta}_g} \frac{1}{m}\sum_{i=1}^{m}\ln(1-D(G(\boldsymbol{z}_i)))$$

结束循环

其中，$m$ 是人工设定的参数，即 Mini-Batch 梯度下降法中的批量大小。外层循环里所

做的工作分为两步，首先获取 $m$ 个真实样本，用生成模型生成 $m$ 个样本，用这 $2m$ 个样本训练判别模型。然后用生成模型生成 $m$ 个样本，用这些样本训练生成模型。在第一步中，生成模型保持不变；在第二步中，判别模型保持不变。训练判别模型时采用的是梯度上升法，因为要求目标函数的极大值；训练生成模型时使用的是梯度下降法，因为要求目标函数的极小值。

从实现上看，生成对抗网络就是同时训练两个神经网络。生成模型和判别模型是一起训练的，但是二者训练的次数不一样，每一轮迭代时，生成模型训练一次，判别模型训练多次，对应内层循环。训练判别模型时使用生成的数据和真实样本数据计算损失函数，训练生成模型时要用判别模型计算损失函数和梯度值。

使用生成对抗网络可以生成图像或声音之类的数据，如手写数字、人脸、自然场景图像，图 17.2 是算法生成的数字和人脸图像。

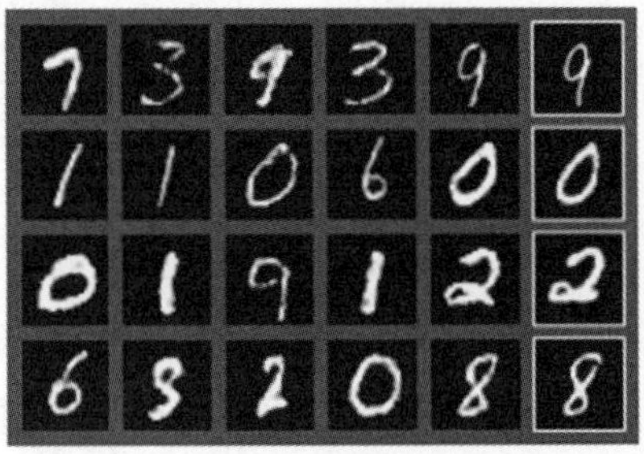

(a) 手写数字

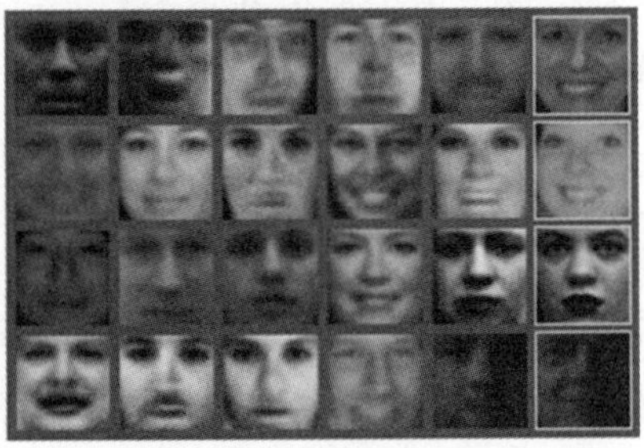

(b) 人脸图像

**图 17.2 用生成对抗网络生成的图像**（来自文献[1]）

### 17.3.3 理论分析

下面对生成对抗网络的优化目标函数进行理论分析。

结论 1：如果生成模型固定不变，使得目标函数取得最优值的判别模型为

$$D_G^*(\boldsymbol{x}) = \frac{p_{\text{data}}(\boldsymbol{x})}{p_{\text{data}}(\boldsymbol{x}) + p_g(\boldsymbol{x})}$$

下面给出证明。将数学期望按照定义展开，要优化的目标为

$$\begin{aligned} V(G,D) &= \int_{\boldsymbol{x}} p_{\text{data}}(\boldsymbol{x})\ln(D(\boldsymbol{x}))\mathrm{d}\boldsymbol{x} + \int_{\boldsymbol{z}} p_z(\boldsymbol{z})\ln(1-D(g(\boldsymbol{z})))\mathrm{d}\boldsymbol{z} \\ &= \int_{\boldsymbol{x}} p_{\text{data}}(\boldsymbol{x})\ln(D(\boldsymbol{x})) + p_g(\boldsymbol{x})\ln(1-D(\boldsymbol{x}))\mathrm{d}\boldsymbol{x} \end{aligned}$$

将 $p_{\text{data}}(\boldsymbol{x})$和 $p_g(\boldsymbol{x})$看作常数，上式为 $D(\boldsymbol{x})$的函数。构造如下函数：

$$a\ln x + b\ln(1-x)$$

我们要求它的极值，对函数求导并令导数为 0，解方程可以得到

$$x = a/(a+b)$$

函数在该点处取得极大值，我们要优化的目标函数是这样的函数，因此结论 1 成立。将最优判别模型的值代入目标函数中消掉 $D$，得到关于 $G$ 的目标函数：

$$\begin{aligned} C(G) &= \max_D V(D,G) \\ &= E_{\boldsymbol{x}\sim p_{\text{data}}(\boldsymbol{x})}[\ln D_G^*(\boldsymbol{x})] + E_{\boldsymbol{z}\sim p_{\boldsymbol{z}}(\boldsymbol{z})}[\ln(1-D_G^*(G(\boldsymbol{z})))] \end{aligned}$$

$$= E_{\boldsymbol{x} \sim p_{\text{data}}(\boldsymbol{x})} [\ln D_G^*(\boldsymbol{x})] + E_{\boldsymbol{z} \sim p_g(\boldsymbol{z})} [\ln(1 - D_G^*(\boldsymbol{x}))]$$

$$= E_{\boldsymbol{x} \sim p_{\text{data}}(\boldsymbol{x})} \left[\ln \frac{p_{\text{data}}(\boldsymbol{x})}{p_{\text{data}}(\boldsymbol{x}) + p_g(\boldsymbol{x})}\right] + E_{\boldsymbol{z} \sim p_g(\boldsymbol{z})} \left[\ln \frac{p_g(\boldsymbol{x})}{p_{\text{data}}(\boldsymbol{x}) + p_g(\boldsymbol{x})}\right]$$

结论 2：当且仅当

$$p_g = p_{\text{data}}$$

时这个目标函数取得最小值，且最小值为 $-\ln 4$。下面给出证明。如果有

$$p_g = p_{\text{data}}$$
$$D_G^*(\boldsymbol{x}) = 1/2$$

则有

$$C(G) = \ln \frac{1}{2} + \ln \frac{1}{2} = -\ln 4$$

因此结论成立。接下来证明仅有 $p_g = p_{\text{data}}$ 能达到此最小值。由于

$$E_{\boldsymbol{x} \sim p_{\text{data}}} [-\ln 2] + E_{\boldsymbol{x} \sim p_g} [-\ln 2] = -\ln 4$$

将 $C(G)$ 减掉该值有

$$C(G) = -\ln 4 + \text{KL}\left(p_{\text{data}} \parallel \frac{p_{\text{data}} + p_g}{2}\right) + \text{KL}\left(p_g \parallel \frac{p_{\text{data}} + p_g}{2}\right)$$

其中，KL 为 Kullback-Leibler 散度（简称 KL 散度）。KL 散度用于衡量两个概率分布之间的距离，假设 $x$ 为离散型随机变量，$p(x)$ 和 $q(x)$ 是它的两个概率分布，KL 散度定义为

$$\text{KL}(p \parallel q) = \sum_x p(x) \ln \frac{p(x)}{q(x)}$$

$C(G)$ 也可以写成

$$C(G) = -\ln(4) + 2\text{JSD}(p_{\text{data}} \parallel p_g)$$

JSD 为 Jensen-Shannon 散度。Jensen-Shannon 散度衡量两个概率分布之间的相似度，定义为

$$\text{JSD}(p \parallel q) = \frac{1}{2}\text{KL}(p \parallel m) + \frac{1}{2}\text{KL}(q \parallel m)$$

其中：

$$m = \frac{1}{2}(p + q)$$

由于两个概率分布之间的 Jensen-Shannon 散度非负，并且只有当两个分布相等时取值为 0，因此结论 2 成立。这个结论也符合人们的直观认识：当生成模型生成的样本和真实样本充分相似时，判别模型无法有效区分二者，此时系统达到最优状态。对生成对抗网络训练机制以及面临的问题更深入的理论分析可以阅读文献[13]。

## 17.4 应用与改进

生成对抗网络出现之后被广泛用于一些实际问题，如图像生成、图像超分辨分析、图像转换成文字、安全攻击等。在最初的生成对抗网络基础上出现了大量改进方案，接下来介绍几种典型的改进以及它的应用。

### 17.4.1 改进方案

前面介绍的生成模型的输入是随机噪声数据，在实际应用中，对于要生成的数据一般都有明确的变量来控制类别或其他信息，例如，生成 1～9 数字中的哪一个。文献[2]提出条件生成对抗网络，简称 CGAN。其主要改进是生成模型的输入数据除了随机噪声之外还有人工控制的变量，通过控制这个变量可以生成不同类型的数据。

具体做法是生成模型除了接收随机噪声作为输入之外还加上了一个输入变量 $\boldsymbol{y}$，判别模型的输入中也加上这个变量。变量 $\boldsymbol{y}$ 称为条件变量，它是类别标签或其他信息。由于标准的生成对抗网络中没有引入这种条件变量，因此，可以认为它的生成模型是无监督的学习，引入条件模型之后，生成模型变成了有监督的学习。

实现时，变量 $\boldsymbol{y}$ 用额外的输入层加入到生成模型和判别模型中。加入这个变量之后优化目标函数变为

$$\min_G \max_D V(D,G) = E_{\boldsymbol{x}\sim p_{\text{data}(\boldsymbol{x})}}(\ln D(\boldsymbol{x} \mid \boldsymbol{y})) + E_{\boldsymbol{x}\sim p_{z(\boldsymbol{z})}}(\ln(1 - D(G(\boldsymbol{z} \mid \boldsymbol{y}))))$$

与 17.3 节定义的目标函数相比，只是把生成模型和判别模型的输入变量换成了条件分布的随机变量，其他都一样，训练算法和 17.3 节中介绍的也相同。从这里也可以更清晰地看到，生成模型和图像分类这样的任务正好相反，图像分类是由图像得到类别，而这里是由类别得到图像。

实现时，如果条件变量作为类别变量，则它可以采用前面介绍的 one-hot 向量编码方式。以生成 MNIST 数据集的手写数字图像为例，在生成模型中向量 $\boldsymbol{y}$ 和随机噪声向量 $\boldsymbol{z}$ 串联输入到神经网络中，噪声用 0～1 的均匀分布的随机数生成。网络的输出层有 784 个神经元，对应 MNIST 数据集的图像。判别模型将 $\boldsymbol{x}$ 和 $\boldsymbol{y}$ 合并起来送入神经网络进行训练，这里是一个多分类问题，总共有 10 个类。

用生成对抗网络生成尺寸较大的图像时会有模糊的问题，其中一个原因是生成模型的网络过于简单。为了生成清晰的图像，文献[3]提出了一种称为深度卷积生成对抗网络的方法，简称 DCGAN。这种方法的主要改进是用深度卷积神经网络作为生成模型，以随机噪声向量作为输入，输入向量通过一个反卷积网络映射为二维的输出图像，反卷积网络通过转置卷积实现。

实现时，生成网络的输入是均匀分布随机向量，被神经网络映射成三维图像，接下来是反卷积层，最后输出 RGB 图像，这个网络没有池化层和全连接层。判别网络结构和生成网络相反。采用这种结构的生成模型和判别模型，DCGAN 在图片生成上可以达到非常真实的效果。图 17.3 是 DCGAN 生成的卧室图像。

文献[4]提出了一种称为拉普拉斯金字塔 GAN 的方法解决生成的图像模糊的问题，核心思想是逐步细化求精。人在绘画时会先画一个草图，然后逐步细化，金字塔 GAN 使用了这种思路。在标准生成对抗网络中，生成模型只使用一个卷积网络来生成图像。在这种方法中，金字塔的每一层都有一个卷积网络作为生成模型，生成比上一层更清晰的图像，通过不断地上采样然后细化，最后得到清晰的图像。

中间的每个卷积网络以前一层生成网络产生的输出图像和随机噪声作为输入，得到分辨率更高的图像。依次进行这种操作，最后得到高分辨率的图像。

在图像处理中，金字塔是一种线性可逆的图像表示，它将图像表示为一个带通图像集

图 17.3　DCGAN 生成的卧室图像(来自文献[3])

合,加上一个低频残差。下采样操作 $d(\boldsymbol{I})$ 将输入图像 $\boldsymbol{I}$ 的高度和宽度各缩小一半,并且使图像变模糊。与之相反的是上采样 $u(\boldsymbol{I})$,它将图像 $\boldsymbol{I}$ 的高度和宽度各扩大一倍。通过下采样操作可以构造图像的高斯金字塔:

$$g(\boldsymbol{I}) = [\boldsymbol{I}_0, \boldsymbol{I}_1, \cdots, \boldsymbol{I}_k]$$

在这里 $\boldsymbol{I}_0$ 是原始输入图像 $\boldsymbol{I}$,$\boldsymbol{I}_{i+1}$ 在 $\boldsymbol{I}_i$ 的基础上下采样得到。根据高斯金字塔可以构造出拉普拉斯金字塔 $l(\boldsymbol{I})$,它每一级的系数 $\boldsymbol{h}_k$ 是高斯金字塔相邻两级图像的差:

$$\boldsymbol{h}_k = l_k(\boldsymbol{I}) = g_k(\boldsymbol{I}) - u(g_{k+1}(\boldsymbol{I})) = \boldsymbol{I}_k - u(\boldsymbol{I}_{k+1})$$

反过来可以通过拉普拉斯金字塔重构出图像,重构公式为

$$\boldsymbol{I}_k = u(\boldsymbol{I}_{k+1}) + \boldsymbol{h}_k$$

金字塔 GAN 是拉普拉斯金字塔表示和 CGAN 的结合。在这里用一系列卷积网络作为生成模型 $G_0, G_1, \cdots, G_k$。每一个生成模型捕捉拉普拉斯金字塔系数的分布,上面的重构公式可以写成

$$\tilde{\boldsymbol{I}}_k = u(\tilde{\boldsymbol{I}}_{k+1}) + \tilde{\boldsymbol{h}}_k = u(\tilde{\boldsymbol{I}}_{k+1}) + G_k(\boldsymbol{z}_k, u(\tilde{\boldsymbol{I}}_{k+1}))$$

生成模型序列 $G_0, G_1, \cdots, G_k$ 用每一级金字塔进行训练得到。第 $k$ 级生成器网络的损失函数定义为

$$L_k(\boldsymbol{I}_k) = \min_{\{\boldsymbol{z}_j\}} \| G_k(\boldsymbol{z}_k, u(\boldsymbol{I}_{k+1})) - \boldsymbol{h}_k \|_2$$

其中,$\boldsymbol{z}_j$ 为随机噪声向量,根据其服从的概率分布得到。整个模型要优化的目标函数加入了额外的输入变量 $l$,定义如下:

$$\min_G \max_D E_{\boldsymbol{h},\boldsymbol{l} \sim p_{\text{data}(\boldsymbol{h},\boldsymbol{l})}}(\ln D(\boldsymbol{h}, \boldsymbol{l})) + E_{\boldsymbol{z} \sim p_{\text{noise}(\boldsymbol{z})}}(\ln(1 - D(G(\boldsymbol{z}, \boldsymbol{l}), \boldsymbol{l})))$$

其中,$\boldsymbol{l}$ 是一张图像,它由另外一个生成模型生成。

文献[6]将循环神经网络用于生成对抗网络框架,简称 GRAN。这个框架的思路是逐步对图像进行细化调整,最后生成高质量的输出图像,就像在一块画布上画画一样,逐步添加内容最后形成一幅画。

生成器网络是一个循环神经网络,以随机噪声序列 $\boldsymbol{z}_1, \boldsymbol{z}_2, \cdots, \boldsymbol{z}_T$ 作为输入。网络的输出是时间序列 $\Delta\boldsymbol{C}_1, \Delta\boldsymbol{C}_2, \cdots, \Delta\boldsymbol{C}_T$,为生成的图像。在每个时刻随机噪声 $\boldsymbol{z}_t$ 和循环神经网络

隐含层的状态向量$\boldsymbol{h}_{c,t}$一起被送入函数$f$中计算。其中，$\boldsymbol{h}_{c,t}$是上一时刻生成的图像$\Delta\boldsymbol{C}_{t-1}$的编码向量，通过函数$g$作用于$\Delta\boldsymbol{C}_{t-1}$得到。$\Delta\boldsymbol{C}_t$可以看作是$t$时刻画到画布上的内容。将每个时刻的输出值$\Delta\boldsymbol{C}_t$作用于画布，最后形成图像$\boldsymbol{C}$。

在这里$f$充当解码器，从当前时刻的状态值$\boldsymbol{h}_{c,t}$以及噪声$\boldsymbol{z}_t$解码出当前时刻要画的内容；$g$充当编码器的角色，将上一个时刻绘制的内容$\Delta\boldsymbol{C}_{t-1}$编码为一个向量。初始时，系统根据噪声向量生成初始状态值：

$$\boldsymbol{z} \sim p(\boldsymbol{Z})$$
$$\boldsymbol{h}_{z,0} = \tanh(\boldsymbol{W}\boldsymbol{z} + \boldsymbol{b})$$

即先得到随机噪声，再用神经网络进行映射得到状态向量。然后在每个时间步计算要绘制的内容：

$$\boldsymbol{h}_{c,t} = g(\Delta\boldsymbol{C}_{t-1})$$
$$\Delta\boldsymbol{C}_t = f([\boldsymbol{h}_{z,t}, \boldsymbol{h}_{c,t}])$$

其中，$[\boldsymbol{h}_{z,t}, \boldsymbol{h}_{c,t}]$表示将向量$\boldsymbol{h}_{z,t}$、$\boldsymbol{h}_{c,t}$拼接起来，$\boldsymbol{h}_{z,t}$为$t$时刻根据噪声输入得到的隐含层状态值。最后输出的图像为各个时刻输出图像的和，然后再通过激活函数变换：

$$\boldsymbol{C} = \sigma\left(\sum_{t=1}^{T} \Delta\boldsymbol{C}_t\right)$$

下面介绍训练和测试流程。给定两个生成对抗模型$M_1$和$M_2$。每个模型包含一个生成器和一个判定器，即

$$M_1 = \{(G_1, D_1)\}$$
$$M_2 = \{(G_2, D_2)\}$$

训练时两个模型同时训练，以准备进行二者竞争。在测试阶段模型$M_1$和模型$M_2$进行竞争，让生成模型$G_1$欺骗判别模型$D_2$；反过来$M_1$也让生成模型$G_2$欺骗判别模型$D_1$。

文献[9]提出了一种称为InfoGAN的方法，其主要的改进是引入了隐变量以对生成的样本加入语义控制信息。系统由3个网络组成，包括一个生成网络和两个判别网络。生成网络的映射为

$$\boldsymbol{x} = G(\boldsymbol{z}, \boldsymbol{c})$$

它用于数据的生成，接收的输入为随机噪声$\boldsymbol{z}$和隐变量$\boldsymbol{c}$。第一个判别网络的映射为

$$\boldsymbol{y}_1 = D_1(\boldsymbol{x})$$

其中，$\boldsymbol{x}$为真实样本或者生成器生成的样本，它用于区分样本是真实的还是生成器生成的。第二个判别网络的映射为

$$\boldsymbol{y}_2 = D_2(\boldsymbol{x})$$

它用于判断样本的类别。除了最后一层之外，两个判别网络共享参数。

损失函数通过互信息构造。互信息是信息论中的一个概念，用来衡量两个随机变量的相互依赖程度。对于两个离散型随机变量$x$和$y$，互信息定义为

$$I(x,y) = \sum_{x}\sum_{y} p(x,y)\ln\frac{p(x,y)}{p(x)p(y)}$$

其中，$p(x,y)$为联合概率分布；$p(x)$和$p(y)$为边缘概率分布。对于两个连续型随机变量，互信息定义为

$$I(x,y) = \int_{x}\int_{y} p(x,y)\ln\frac{p(x,y)}{p(x)p(y)}\mathrm{d}x\mathrm{d}y$$

其中，$p(x,y)$为联合概率密度函数；$p(x)$和 $p(y)$为边缘概率密度函数。如果两个随机变量相互独立，互信息为 0。如果它们存在确定的、可逆的函数关系，则二者的互信息有最大值。

基于互信息和隐含变量，InfoGAN 构造的损失函数为

$$\min_G \max_D V_I(D,G) = V(D,G) - \lambda I(\boldsymbol{c};G(\boldsymbol{z};\boldsymbol{c}))$$

函数的第二项可以看作是正则化项，用互信息进行惩罚。训练时的求解算法和标准生成对抗网络类似。

### 17.4.2 典型应用

图像超分辨的目标是由低分辨率的图像得到高分辨率的图像，传统的做法大多采用纯图像处理的技术。用机器学习的思路解决超分辨问题取得了更好的效果，卷积神经网络被成功地用于超分辨问题[11]。文献[7]提出了一种用生成对抗网络框架解决图像超分辨问题的方法，称为超分辨生成对抗网络，简称 SRGAN，能够将缩小 4 倍以上的图像进行复原。

这种方法使用了一种新的损失函数，由对抗损失和内容损失两部分构成。第一部分损失和标准生成对抗框架相同，通过一个判别模型，让生成网络生成的超分辨图像和真实高分辨率图像尽可能接近。

生成器卷积网络采用了深度残差网络；判别模型也是一个层次很深的卷积网络，用于区分一张图像是真实的高分辨率图像还是由生成器网络生成的图像。图像超分辨率的网络结构如图 17.4 所示。

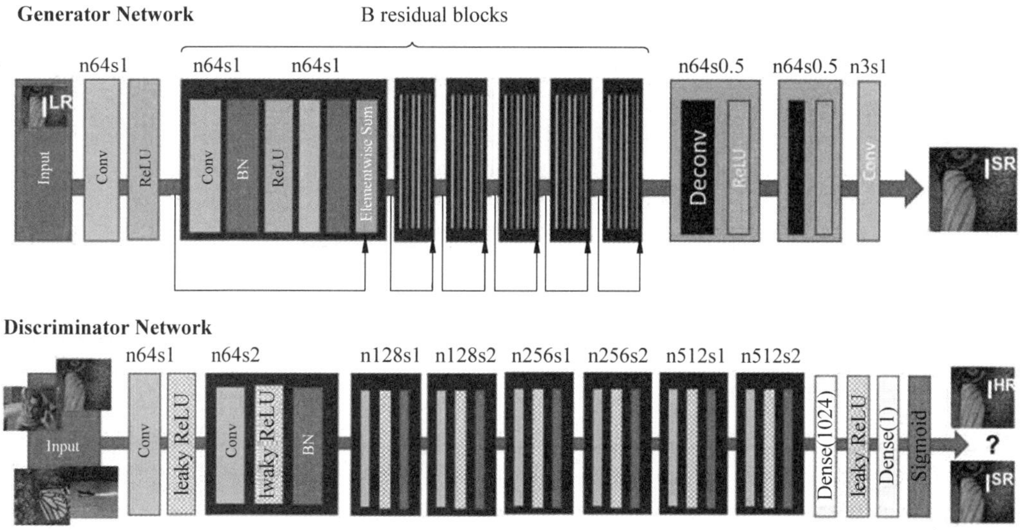


**图 17.4 图像超分辨的网络结构**(来自文献[7])

假设低分辨率图像为 $\boldsymbol{I}^{LR}$，这里的目标是根据它估计出高分辨率的图像 $\boldsymbol{I}^{SR}$，在训练样本中与低分辨率图像相对应的真实高分辨率图像为 $\boldsymbol{I}^{HR}$。

在训练时，低分辨率图像通过对高分辨率图像进行高斯平滑滤波后下采样得到。假设图像有 $C$ 个颜色通道，低分辨率图像为 $W \times H \times C$ 的张量，$\boldsymbol{I}^{SR}$ 和 $\boldsymbol{I}^{HR}$ 为 $rW \times rH \times C$ 的张量。其中，$r$ 为图像的缩放因子。

图像超分辨由生成器卷积网络 $G_{\boldsymbol{\theta}_G}$ 完成，其参数为 $\boldsymbol{\theta}_G$。给定训练样本集($\boldsymbol{I}_n^{\text{HR}}$，$\boldsymbol{I}_n^{\text{LR}}$)，其中，样本数为 $N$。生成器网络的训练目标是求解如下最优化问题：

$$\min_{\boldsymbol{\theta}_G} \frac{1}{N}\sum_{n=1}^{N} l^{\text{SR}}(G_{\boldsymbol{\theta}_G}(\boldsymbol{I}_n^{\text{LR}}),\boldsymbol{I}_n^{\text{HR}})$$

其中，$l^{\text{SR}}$ 为单个样本的损失函数，它由多个部分加权和组成。第一部分为内容损失，为逐像素的均方误差损失函数，称为 VGG 损失，定义为

$$l_{\text{VGG}/ij}^{\text{SR}} = \frac{1}{W_{ij}H_{ij}}\sum_{x=1}^{W_{ij}}\sum_{y=1}^{H_{ij}}(\phi_{ij}(\boldsymbol{I}^{\text{HR}})_{xy} - \phi_{ij}(G_{\theta_G}(\boldsymbol{I}^{\text{LR}}))_{xy})^2$$

其中，$\phi_{ij}$ 是第 $i$ 个池化层之前的卷积层中第 $j$ 个卷积特征图像；$W_{ij}$ 和 $H_{ij}$ 为卷积特征图像的宽度和高度。第二部分为对抗损失，它用判别模型输出的概率值构造，定义为

$$l_{\text{Gen}}^{\text{SR}} = \sum_{n=1}^{N} - \ln D_{\boldsymbol{\theta}_D}(G_{\boldsymbol{\theta}_G}(\boldsymbol{I}^{\text{LR}}))$$

其中，$D_{\boldsymbol{\theta}_D}(G_{\boldsymbol{\theta}_G}(\boldsymbol{I}^{\text{LR}}))$ 是判别模型对生成器生成的图像 $G_{\boldsymbol{\theta}_G}(\boldsymbol{I}^{\text{LR}})$ 的概率输出，即这张图像是真实高分辨率图像的概率。与标准生成对抗网络类似，训练目标是如下最优化问题：

$$\min_{\boldsymbol{\theta}_G}\max_{\boldsymbol{\theta}_G} E_{\boldsymbol{I}^{\text{HR}}\sim \text{ptrain}(\boldsymbol{I}^{\text{HR}})}(\ln D_{\boldsymbol{\theta}_D}(\boldsymbol{I}^{\text{HR}})) + E_{\boldsymbol{I}^{\text{LR}}\sim pG(\boldsymbol{I}^{\text{LR}})}(\ln(1 - D_{\boldsymbol{\theta}_D}(G_{\boldsymbol{\theta}_G}(\boldsymbol{I}^{\text{HR}}))))$$

生成器网络采用残差网络结构，其输入为低分辨率的图像以及随机噪声，输出为高分辨率图像。判别网络也是一个深度卷积网络，包括 8 个卷积层。

在第 16 章中介绍了为图像或视频生成文字解说的方法。现在面临一个相反的问题：由一段文字来生成图像。文献[5]提出了一种用循环神经网络和深度卷积生成对抗网络解决这一问题的方法，将视觉概念从文字变成像素表示。

与机器翻译类似，这里采用编码器-解码器思想。算法的第一步是将一段文字转换成向量表示，即文字的语义信息，在这里采用了深度对称结构化联合嵌入方法。这种方法通过一个深度卷积网络和一个循环神经网络为文本产生向量输出，这个输出和图像对应，完成这一功能的映射函数称为对应函数 $f_t$。这个函数通过在训练时求解如下最优化问题得到：

$$\frac{1}{N}\sum_{n=1}^{N} \Delta(y_n, f_v(\boldsymbol{v}_n)) + \Delta(y_n, f_t(\boldsymbol{t}_n))$$

其中，($\boldsymbol{v}_n$，$\boldsymbol{t}_n$，$y_n$)为训练样本集，$\boldsymbol{v}_n$ 为图像，$\boldsymbol{t}_n$ 为对应的文字描述，$y_n$ 为类别标签，$\Delta$ 为 0-1 损失函数。分类器 $f_v$ 和 $f_t$ 被参数化表示为

$$f_v(v) = \arg\max_{y\in Y} E_{t\sim T(y)}(\phi(v)^{\text{T}}\varphi(t))$$

$$f_t(t) = \arg\max_{y\in Y} E_{v\sim V(y)}(\phi(v)^{\text{T}}\varphi(t))$$

其中，$\phi$ 为图像编码器，是一个深度卷积神经网络；$\varphi$ 为文本编码器，用循环神经网络实现；$T(y)$为类型 $y$ 的文本描述集合；$V(y)$为类型 $y$ 的图像描述集合。

算法的第二步是在第一步生成的文本向量基础上训练一个生成对抗网络。在这里生成模型是一个深度卷积网络，负责生成图像。生成器网络实现的映射为

$$\mathbb{R}^Z \times \mathbb{R}^T \rightarrow \mathbb{R}^D$$

其中，$T$ 为文字描述向量化后的向量维数；$Z$ 为随机噪声的维数；$D$ 是生成的图像的维数。生成网络接收随机噪声向量和文字的特征向量作为输入，输出指定大小的图像。

判别器实现的映射为

$$\mathbb{R}^D \times \mathbb{R}^T \rightarrow \{0,1\}$$

其输入为文字向量和图像，输出是这张图像是真实的还是生成网络生成的，判别模型也是一个深度卷积网络。

## 参考文献


[1] Goodfellow Ian, Pouget-Abadie J, Mirza M, et al. Generative adversarial nets. Advances in Neural Information Processing Systems, 2014: 2672-2680.

[2] Mirza M, Osindero S. Conditional Generative Adversarial Nets. Computer Science, 2014: 2672-2680.

[3] Radford A, Metz L, Chintala S. Unsupervised representation learning with deep convolutional generative adversarial networks. arXiv preprint: 1511.06434, 2015.

[4] Denton E L, Chintala S, Fergus R. Deep Generative Image Models using a Laplacian Pyramid of Adversarial Networks. Advances in neural information processing systems, 2015.

[5] S Reed, Zeynep Akata, Xinchen Yan, et al. Generative Adversarial Text to Image Synthesis. International Conference on Machine Learning, 2016.

[6] Im D J, Kim C D, Jiang H, et al. Generating images with recurrent adversarial networks[J]. arXiv Preprint: 1602.05110, 2016.

[7] Christian Ledig, Lucas Theis, Ferenc Huszar, et al. Photo-Realistic Single Image Super-Resolution Using a Generative Adversarial Network. Computer Vision and Pattern Recognition, 2016.

[8] Wang X, Gupta A. Generative Image Modeling using Style and Structure Adversarial Networks[J]. arXiv Preprint: 1603.05631, 2016.

[9] Chen X, Duan Y, Houthooft R, et al. InfoGAN: Interpretable Representation Learning by Information Maximizing Generative Adversarial Nets[J]. arXiv Preprint: 1606.03657, 2016.

[10] Martin Arjovsky, Leon Bottou. Towards Principled Methods for Training Generative Adversarial Networks. ICLR 2017.

[11] C Dong, C C Loy, K He, et al. Image super-resolution using deep convolutional networks. IEEE Transactions on Pattern Analysis and Machine Intelligence, 2015.

# 第 18 章

# 聚类算法

聚类[1]属于无监督学习问题，其目标是将样本集划分成多个类，保证同一类的样本之间尽量相似，不同类的样本之间尽量不同，这些类称为簇(Cluster)。与有监督的分类算法不同，聚类算法没有训练过程，直接完成对一组样本的划分。与有监督学习算法相比，无监督学习算法的研究进展更为缓慢，但在很多实际问题中得到了成功的应用。

## 18.1 问题定义

聚类也是分类问题，它的目标也是确定每个样本所属的类别。与有监督的分类算法不同，这里的类别不是人工预定好的，而由聚类算法确定。假设有一个样本集：

$$C = \{\boldsymbol{x}_1, \boldsymbol{x}_2, \cdots, \boldsymbol{x}_l\}$$

聚类算法把这个样本集划分成 $m$ 个不相交的子集 $C_1, C_2, \cdots, C_m$。这些子集的并集是整个样本集：

$$C_1 \cup C_2 \cup \cdots \cup C_m = C$$

每个样本只能属于这些子集中的一个，即任意两个子集之间没有交集：

$$C_i \cap C_j = \phi, \quad \forall i, j, i \neq j$$

其中，$m$ 的值可以由人工设定，也可以由算法确定。下面用一个实际的例子来说明聚类任务。假设有一堆水果，我们事先并不知道有几类水果，聚类算法要完成对这堆水果的归类，而且要在没有人工的指导下完成。

聚类本质上是集合划分问题。因为没有人工定义的类别标准，因此，要解决的核心问题是如何定义簇。通常的做法是根据簇内样本间的距离、样本点在数据空间中的密度来确定。对簇的不同定义导致了各种不同的聚类算法。常见的聚类算法有以下几种。

(1) 连通性聚类。典型的代表是层次聚类算法，它根据样本之间的连通性来构造簇，所有连通的样本属于同一个簇。

(2) 基于质心的聚类。典型的代表是 $k$ 均值算法，它用类中心向量来表示一个簇，样本所属的簇由它到每个簇的中心向量的距离确定。

(3) 基于概率分布的聚类。这种算法假设每种类型的样本服从某一概率分布，如多维正态分布，典型的代表是 EM 算法。

(4) 基于密度的聚类。典型的代表是 DBSCAN 算法、OPTICS 算法和均值漂移(Mean Shift)算法，它们将簇定义为空间中样本密集的区域。

(5) 基于图的算法。这类算法用样本点构造出带权重的无向图，每个样本是图中的一个顶点，然后使用图论中的方法完成聚类。

## 18.2　层次聚类

对于有些问题，类型的划分具有层次结构。例如，水果分为苹果、杏、梨等，苹果又可以细分成黄元帅、红富士、蛇果等很多品种，杏和梨也是如此。将这种谱系关系画出来，是一棵分层的树。层次聚类[1]使用了这种做法，它反复将样本进行合并，形成一种层次的表示。

初始时每个样本各为一簇，然后开始反复合并的过程。计算任意两个簇之间的距离，并将聚类最小的两个簇合并。图 8.1 是对水果进行层次聚类的示意图。

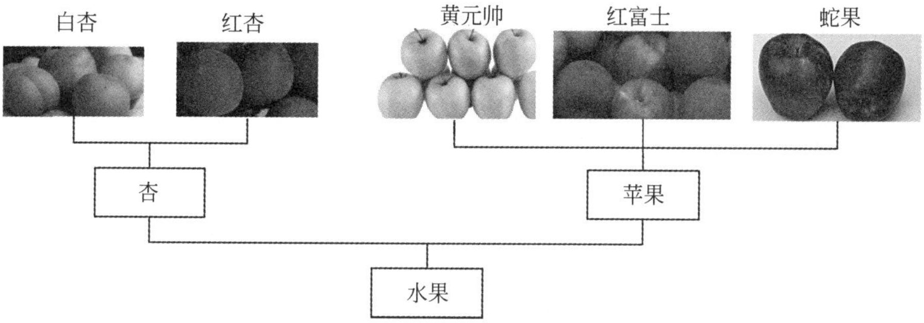


**图 18.1　对水果进行层次聚类的结果**

算法依赖于两个簇的距离值，因此需要定义它的计算公式。常用的方案可有 3 种。第一种方案是使用两个簇中任意两个样本之间的距离的最大值，第二种方案是使用两个簇中任意两个样本之间的距离的最小值，第三种方案是使用两个簇中所有样本之间距离的均值。

## 18.3　基于质心的算法

基于质心的算法计算每个簇的中心向量，以此为依据来确定每个样本所属的类别，典型的代表是 $k$ 均值算法。

$k$ 均值算法[2]是一种被广泛用于实际问题的聚类算法。它将样本划分成 $k$ 个类，参数 $k$ 由人工设定。算法将每个样本划分到离它最近的那个类中心所代表的类，而类中心的确定又依赖于样本的划分方案。假设样本集有 $l$ 个样本，特征向量 $\boldsymbol{x}_i$ 为 $n$ 维向量，给定参数 $k$ 的值，算法将这些样本划分成 $k$ 个集合：

$$S=\{S_1,S_2,\cdots,S_k\}$$

最优分配方案是如下最优化问题的解：

$$\min_S\sum_{i=1}^{k}\sum_{\boldsymbol{x}\in S_i}\|\boldsymbol{x}-\boldsymbol{\mu}_i\|^2$$

其中，$\boldsymbol{\mu}_i$ 为类中心向量。这个问题是 NP 难问题，不易求得全局最优解，只能近似求解。实现时采用迭代法，只能保证收敛到局部最优解处。

算法的流程如下。

*初始化 $k$ 个类的中心向量 $\boldsymbol{\mu}_1,\boldsymbol{\mu}_2,\cdots,\boldsymbol{\mu}_k$*

*循环，直到收敛*

分配阶段。根据当前的类中心估计值确定每个样本所属的类：
循环，对每个样本 $\boldsymbol{x}_i$
计算样本离每个类中心 $\boldsymbol{\mu}_j$ 的距离：

$$d_{ij} = \| \boldsymbol{x}_i - \boldsymbol{\mu}_j \|$$

将样本分配到距离最近的那个类
结束循环
更新阶段。更新每个类的类中心：
循环，对每个类
根据上一步的分配方案更新每个类的中心：

$$\boldsymbol{\mu}_i = \sum_{j=1, y_j=i}^{l} \boldsymbol{x}_j / N_i$$

结束循环
结束循环

其中，$y_j$ 为第 $j$ 个样本的类别；$N_i$ 为第 $i$ 个类的样本数。

与 $k$ 近邻算法一样，这里也依赖于样本之间的距离，因此需要定义距离的计算方式，最常用的是欧氏距离，也可以采用其他距离定义，这在第 6 章已经介绍。算法在实现时要考虑下面几个问题。

(1) 类中心向量的初值。一般采用随机初始化[19,20]。最简单的是 Forgy 算法，它从样本集中随机选择 $k$ 个样本作为每个类的初始类中心。第二种方案是随机划分，它将所有样本随机地分配给 $k$ 个类中的一个，然后按照这种分配方案计算各个类的中心向量。

(2) 参数 $k$ 的设定。可以根据先验知识人工指定一个值，或者由算法自己确定[11,12]。

(3) 迭代终止的判定规则。一般做法是计算本次迭代后的类中心和上一次迭代时的类中心之间的距离，如果小于指定阈值，则算法终止。

$k$ 均值算法有多种改进版本，包括模糊 $c$ 均值聚类[6]、用三角不等式加速[7]，感兴趣的读者可以进一步阅读这些参考文献。

## 18.4 基于概率分布的算法

基于概率分布的聚类算法假设每个簇的样本服从相同的概率分布，这是一种生成模型。经常使用的是多维正态分布，如果服从这种分布，则为第 16 章介绍的高斯混合模型，在求解时一般采用 EM 算法。

EM 算法[8]即期望最大化算法，是一种迭代法，它同时估计出每个样本所属的簇类别以及每个簇的概率分布的参数。如果要聚类的样本数据服从它所属的簇的概率分布，则可以通过估计每个簇的概率分布以及每个样本所属的簇来完成聚类。估计每个簇概率分布的参数需要知道哪些样本属于这个簇，而确定每个样本属于哪个簇又需要知道每个簇的概率分布的参数，这存在循环依赖。EM 算法在每次迭代时交替地解决上面的两个问题，直至收敛到局部最优解。

在介绍算法之前首先介绍 Jensen 不等式，后面的推导会用到它。假设 $f(\boldsymbol{x})$ 是凸函数，$\boldsymbol{x}$ 是随机变量，则下面的不等式成立：

$$E(f(\boldsymbol{x})) \geqslant f(E(\boldsymbol{x}))$$

如果 $f(\boldsymbol{x})$ 是一个严格凸函数，当且仅当 $\boldsymbol{x}$ 是常数时不等式取等号：

$$E(f(\boldsymbol{x})) = f(E(\boldsymbol{x}))$$

EM 算法是一种迭代法，其目标是求解似然函数或后验概率的极值，而样本中具有无法观测的隐含变量。例如，有一批样本分属于 3 个类，每个类都服从正态分布，均值和协方差未知，并且每个样本属于哪个类也是未知的，需要在这种情况下估计出每个正态分布的均值和协方差。图 18.2 是一个例子，3 类样本都服从正态分布，但每个样本属于哪个类是未知的。

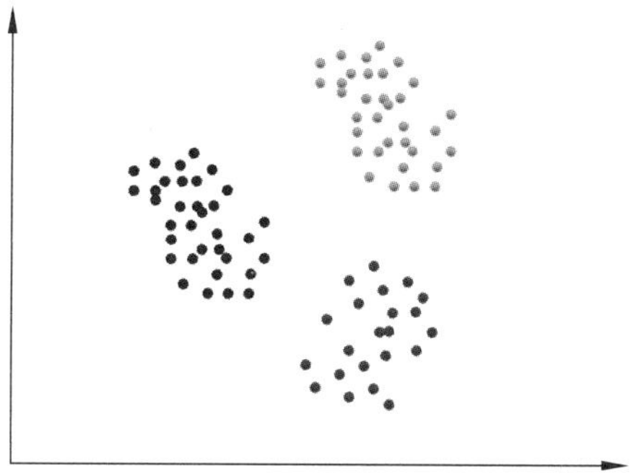

**图 18.2　3 类正态分布样本，每个样本所属类别未知**

样本所属的类别就是隐变量，这种隐变量的存在导致了用最大似然估计求解时的困难。

假设有一个概率分布 $p(\boldsymbol{x};\boldsymbol{\theta})$，从它生成了 $l$ 个样本。每个样本包含观测数据 $\boldsymbol{x}_i$，以及无法观测到的隐变量 $z_i$，这个概率分布的参数 $\boldsymbol{\theta}$ 是未知的，现在需要根据这些样本估计出参数 $\boldsymbol{\theta}$ 的值。如果用最大似然估计，可以构造出对数似然函数：

$$\begin{aligned} L(\boldsymbol{\theta}) &= \sum_{i=1}^{l} \ln p(\boldsymbol{x}_i;\boldsymbol{\theta}) \\ &= \sum_{i=1}^{l} \ln \sum_{z} p(\boldsymbol{x}_i, z_i;\boldsymbol{\theta}) \end{aligned}$$

这里的 $z_i$ 是一个无法观测到（即人们不知道它的值）的隐含变量，是离散型随机变量，上式是对隐含变量求和得到 $\boldsymbol{x}$ 的边缘概率。因为隐含变量的存在，无法直接通过最大化似然函数得到参数的公式解。可以采用一种策略，构造出对数似然函数的一个下界函数，这个下界函数更容易优化，然后优化这个下界。不断地改变优化变量的值使得下界函数的值升高，从而使得对数似然函数的值也升高，这就是 EM 算法所采用的思路。

对每个样本 $i$，假设 $Q_i$ 为变量 $z_i$ 的一个概率分布，根据对概率分布的要求它必须满足

$$\sum_{z} Q_i(z) = 1$$

$$Q_i(z) \geqslant 0$$

利用这个概率分布，将对数似然函数变形，可以得到

$$\sum_{i=1}^{l} \ln p(\boldsymbol{x}_i;\boldsymbol{\theta}) = \sum_{i=1}^{l} \ln \sum_{z_i} p(\boldsymbol{x}_i, z_i;\boldsymbol{\theta})$$

$$= \sum_{i=1}^{l} \ln \sum_{z_i} Q_i(z_i) \frac{p(\boldsymbol{x}_i, z_i; \boldsymbol{\theta})}{Q_i(z_i)}$$

$$\geqslant \sum_{i=1}^{l} \sum_{z_i} Q_i(z_i) \ln \frac{p(\boldsymbol{x}_i, z_i; \boldsymbol{\theta})}{Q_i(z_i)}$$

上式第二步凑出了数学期望的形式，最后一步利用了 Jensen 不等式。令

$$f(x) = \ln x$$

按照数学期望的定义(注意，在这里 $z_i$ 是随机变量)，有

$$\begin{aligned}
\ln \sum_{z_i} Q_i(z_i) \frac{p(\boldsymbol{x}_i, z_i; \boldsymbol{\theta})}{Q_i(z_i)} &= f\left(E_{Q_i(z_i)}\left(\frac{p(\boldsymbol{x}_i, z_i; \boldsymbol{\theta})}{Q_i(z_i)}\right)\right) \\
&= \ln\left(E_{Q_i(z_i)}\left(\frac{p(\boldsymbol{x}_i, z_i; \boldsymbol{\theta})}{Q_i(z_i)}\right)\right) \\
&\geqslant E_{Q_i(z_i)} f\left(\frac{p(\boldsymbol{x}_i, z_i; \boldsymbol{\theta})}{Q_i(z_i)}\right) \\
&= E_{Q_i(z_i)} \ln\left(\frac{p(\boldsymbol{x}_i, z_i; \boldsymbol{\theta})}{Q_i(z_i)}\right) \\
&= \sum_{z_i} Q_i(z_i) \ln \frac{p(\boldsymbol{x}_i, z_i; \boldsymbol{\theta})}{Q_i(z_i)}
\end{aligned}$$

对数函数是凹函数，因此不等式成立，Jensen 不等式反号。上式给出了对数似然函数的一个下界，$Q_i$ 可以是任意一个概率分布，因此，可以利用参数 $\boldsymbol{\theta}$ 的当前估计值来构造 $Q_i$。显然，这个下界函数更容易求极值，因为对数函数里面已经没有求和项。

算法在实现时首先随机初始化参数 $\boldsymbol{\theta}$ 的值，接下来循环迭代，每次迭代时分为两步。

E 步，基于当前的参数估计值 $\boldsymbol{\theta}_i$，计算在给定 $\boldsymbol{x}$ 时对 $z$ 的条件概率：

$$Q_i(z_i) = p(z_i \mid \boldsymbol{x}_i; \boldsymbol{\theta})$$

M 步，求解如下极值问题，更新 $\boldsymbol{\theta}$ 的值：

$$\boldsymbol{\theta} = \arg\max_{\boldsymbol{\theta}} \sum_{i} \sum_{z_i} Q_i(z_i) \ln \frac{p(\boldsymbol{x}_i, z_i; \boldsymbol{\theta})}{Q_i(z_i)}$$

上面的目标函数中对数内部没有求和项，更容易求得 $\boldsymbol{\theta}$ 的公式解。由于 $Q_i$ 可以是任意个概率分布，实现时 $Q_i$ 可以按照下面的公式计算：

$$Q_i(z_i) = \frac{p(\boldsymbol{x}_i, z_i; \boldsymbol{\theta})}{\sum_{z} p(\boldsymbol{x}_i, z; \boldsymbol{\theta})}$$

迭代终止的判定规则是相邻两次函数值之差小于指定阈值。下面给出算法收敛性的证明。假设第 $t$ 次迭代时的参数值为 $\boldsymbol{\theta}_t$，第 $t+1$ 次迭代时的参数值为 $\boldsymbol{\theta}_{t+1}$。如果能证明每次迭代时对数似然函数的值单调增，即

$$L(\boldsymbol{\theta}_t) \leqslant L(\boldsymbol{\theta}_{t+1})$$

则算法能收敛到局部极值点。由于在迭代时选择了

$$Q_{it}(z_i) = p(z_i \mid \boldsymbol{x}_i; \boldsymbol{\theta}_t)$$

因此有

$$\frac{p(\boldsymbol{x}_i, z_i; \boldsymbol{\theta})}{Q_i(z_i)} = \frac{p(\boldsymbol{x}_i, z_i; \boldsymbol{\theta})}{p(z_i \mid \boldsymbol{x}_i; \boldsymbol{\theta}_t)} = \frac{p(\boldsymbol{x}_i, z_i; \boldsymbol{\theta})}{p(\boldsymbol{x}_i, z_i; \boldsymbol{\theta}) / p(\boldsymbol{x}_i; \boldsymbol{\theta})} = p(\boldsymbol{x}_i; \boldsymbol{\theta})$$

这和 $z_i$ 无关，因此是一个常数，从而保证 Jensen 不等式可以取等号。因此，有下面的等

式成立：

$$L(\boldsymbol{\theta}_t)=\sum_i \ln \sum_{z_i} Q_{it}(z_i)\frac{p(\boldsymbol{x}_i,z_i;\boldsymbol{\theta}_t)}{Q_{it}(z_i)}=\sum_i \sum_{z_i} Q_{it}(z_i)\ln \frac{p(\boldsymbol{x}_i,z_i;\boldsymbol{\theta}_t)}{Q_{it}(z_i)}$$

从而有

$$\begin{aligned}L(\boldsymbol{\theta}_{t+1}) &\geqslant \sum_i \sum_{z_i} Q_{it}(z_i)\ln \frac{p(\boldsymbol{x}_i,z_i;\boldsymbol{\theta}_{t+1})}{Q_{it}(z_i)}\\ &\geqslant \sum_i \sum_{z_i} Q_{it}(z_i)\ln \frac{p(\boldsymbol{x}_i,z_i;\boldsymbol{\theta}_t)}{Q_{it}(z_i)}\\ &= L(\boldsymbol{\theta}_t)\end{aligned}$$

上式第一步利用了 Jensen 不等式，第二步成立是因为 $\boldsymbol{\theta}_{t+1}$ 是函数的极值，因此，会大于等于任意点处的函数值；第三步在上面已经做了说明，是 Jensen 不等式取等式。上面的结论保证了每次迭代时函数值会上升，直到到达局部极大值点处，但只能保证收敛到局部极值。

在每次循环时首先计算对隐变量的数学期望（下界函数），然后将该期望最大化，这就是期望最大化算法这一名称的来历。图 18.3 直观地解释了 EM 算法的原理。

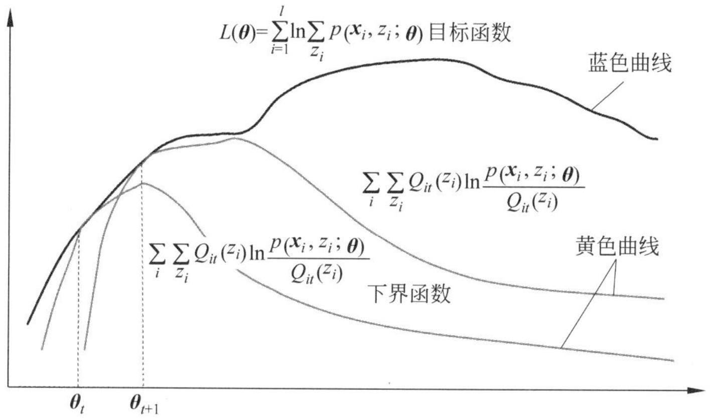


**图 18.3　EM 算法原理示意图**

图中的蓝色曲线为要求解的对数似然函数，黄色曲线为构造出的下界函数。首先用参数的估计值 $\boldsymbol{\theta}_t$ 计算出每个训练样本的隐变量的概率分布估计值 $Q_t$，然后用该值构造下界函数，在参数的当前估计值 $\boldsymbol{\theta}_t$ 处，下界函数与对数似然函数的值相等（对应图中左侧第一条虚线）。然后求下界函数的极大值，得到参数新的估计值 $\boldsymbol{\theta}_{t+1}$，再以当前的参数值 $\boldsymbol{\theta}_{t+1}$ 计算隐变量的概率分布 $Q_{t+1}$，构造出新的下界函数，然后求下界函数的极大值得到 $\boldsymbol{\theta}_{t+2}$。如此反复，直到收敛。

EM 算法的精髓如下。

构造下界函数（Jensen 不等式成立），通过巧妙地取 $Q$ 的值而保证在参数的当前迭代点处下界函数与要求解的目标函数值相等（Jensen 不等式取等号），从而保证优化下界函数后在新的迭代点处目标函数值是上升的。

下面介绍 EM 算法在高斯混合模型中的使用。假设有一批样本 $\{\boldsymbol{x}_1,\cdots,\boldsymbol{x}_l\}$。为每个样本 $\boldsymbol{x}_i$ 增加一个隐变量 $z_i$，表示样本来自于哪个高斯分布。这是一个离散型的随机变量，取值范围为$\{1,\cdots,k\}$，取每个值的概率为$w_i$。$\boldsymbol{x}$和$z$的联合概率可以写成

$$p(\boldsymbol{x},z=j)=p(z=j)p(\boldsymbol{x}\mid z=j)$$
$$=w_j N(\boldsymbol{x};\boldsymbol{\mu}_j,\boldsymbol{\Sigma}_j)$$

这是样本的隐变量取值为$j$，并且样本向量值为$\boldsymbol{x}$的概率。在$E$步构造$Q$函数：

$$Q_i(z_i=j)=q_{ij}=\frac{p(\boldsymbol{x}_i,z_i=j;\boldsymbol{\theta})}{\sum_z p(\boldsymbol{x}_i,z;\boldsymbol{\theta})}$$

$$=\frac{w_j N(\boldsymbol{x};\boldsymbol{\mu}_j,\boldsymbol{\Sigma}_j)}{\sum_{t=1}^{k} w_t N(\boldsymbol{x};\boldsymbol{\mu}_t,\boldsymbol{\Sigma}_t)}$$

这个值根据$\boldsymbol{\mu}$、$\boldsymbol{\Sigma}$、$\boldsymbol{w}$的当前迭代值计算，是一个常数。得到$z$的分布即$Q$值之后，要求解的目标函数为

$$L(\boldsymbol{w},\boldsymbol{\mu},\boldsymbol{\Sigma})=\sum_i\sum_{z_i}Q_i(z_i)\ln\frac{p(\boldsymbol{x}_i,z_i;\boldsymbol{\theta})}{Q_i(z_i)}$$

$$=\sum_{i=1}^{l}\sum_{j=1}^{k}q_{ij}\ln\frac{w_j N(\boldsymbol{x};\boldsymbol{\mu}_j,\boldsymbol{\Sigma}_j)}{q_{ij}}$$

$$=\sum_{i=1}^{l}\sum_{j=1}^{k}q_{ij}\ln\frac{w_j\dfrac{1}{(2\pi)^{n/2}\mid\boldsymbol{\Sigma}_j\mid^{1/2}}\exp\left(-\dfrac{1}{2}(\boldsymbol{x}_i-\boldsymbol{\mu}_j)^{\mathrm{T}}\boldsymbol{\Sigma}_j^{-1}(\boldsymbol{x}_i-\boldsymbol{\mu}_j)\right)}{q_{ij}}$$

$$=\sum_{i=1}^{l}\sum_{j=1}^{k}q_{ij}\left(\ln\frac{1}{(2\pi)^{n/2}\mid\boldsymbol{\Sigma}_j\mid^{1/2}q_{ij}}+\ln w_j-\frac{1}{2}(\boldsymbol{x}_i-\boldsymbol{\mu}_j)^{\mathrm{T}}\boldsymbol{\Sigma}_j^{-1}(\boldsymbol{x}_i-\boldsymbol{\mu}_j)\right)$$

在这里$q_{ij}$已经是一个常数而不是$\boldsymbol{\mu}$和$\boldsymbol{\Sigma}$的函数。对$\boldsymbol{\mu}_j$求梯度并令梯度为$\boldsymbol{0}$，可以得到

$$\nabla_{\boldsymbol{\mu}_j}L(\boldsymbol{w},\boldsymbol{\mu},\boldsymbol{\Sigma})=\nabla_{\boldsymbol{\mu}_j}\sum_{i=1}^{l}\sum_{j=1}^{k}q_{ij}\left(\ln\frac{1}{(2\pi)^{n/2}\mid\boldsymbol{\Sigma}_j\mid^{1/2}q_{ij}}+\ln w_j-\frac{1}{2}(\boldsymbol{x}_i-\boldsymbol{\mu}_j)^{\mathrm{T}}\boldsymbol{\Sigma}_j^{-1}(\boldsymbol{x}_i-\boldsymbol{\mu}_j)\right)$$

$$=-\sum_{i=1}^{l}q_{ij}\boldsymbol{\Sigma}_j^{-1}(\boldsymbol{x}_i-\boldsymbol{\mu}_j)=\boldsymbol{0}$$

可以解得

$$\boldsymbol{\mu}_j=\frac{\sum_{i=1}^{l}q_{ij}\boldsymbol{x}_i}{\sum_{i=1}^{l}q_{ij}}$$

对$\boldsymbol{\Sigma}_j$求梯度并令梯度为$\boldsymbol{0}$，根据正态分布最大似然估计的结论，可以解得

$$\boldsymbol{\Sigma}_j=\frac{\sum_{i=1}^{l}q_{ij}(\boldsymbol{x}_i-\boldsymbol{\mu}_j)(\boldsymbol{x}_i-\boldsymbol{\mu}_j)^{\mathrm{T}}}{\sum_{i=1}^{l}q_{ij}}$$

最后处理$\boldsymbol{w}$。上面的目标函数中，只有$\ln w_j$和$\boldsymbol{w}$有关，因此可以简化。由于$w_i$有等式约束$\sum_{i=1}^{k}w_i=1$，因此，构造拉格朗日乘子函数

$$L(\boldsymbol{w},\lambda)=\sum_{i=1}^{l}\sum_{j=1}^{k}q_{ij}\ln w_j+\lambda\left(\sum_{j=1}^{k}w_j-1\right)$$

对 $\boldsymbol{w}$ 求梯度并令梯度为 $\mathbf{0}$,可以得到下面的方程组：

$$\sum_{i=1}^{l}\sum_{j=1}^{k}\frac{q_{ij}}{w_j}+\lambda=0$$

$$\sum_{i=1}^{k}w_i=1$$

最后解得

$$w_j=\frac{1}{l}\sum_{i=1}^{l}q_{ij}$$

由此得到求解高斯混合模型的 EM 算法流程。首先初始化 $\boldsymbol{\mu}$、$\boldsymbol{\Sigma}$、$\boldsymbol{w}$,接下来循环进行迭代,直至收敛,每次迭代时的操作如下。

E 步,根据模型参数的当前估计值,计算第 $i$ 个样本来自第 $j$ 个高斯分布的概率：

$$q_{ij}=p(z_i=j\mid \boldsymbol{x}_i;\boldsymbol{w},\boldsymbol{\mu},\boldsymbol{\Sigma})$$

M 步,计算模型的参数。权重的计算公式为

$$w_j=\frac{1}{l}\sum_{i=1}^{l}q_{ij}$$

均值的计算公式为

$$\mu_j=\frac{\sum_{i=1}^{l}q_{ij}\boldsymbol{x}_i}{\sum_{i=1}^{l}q_{ij}}$$

协方差的计算公式为

$$\boldsymbol{\Sigma}_j=\frac{\sum_{i=1}^{l}q_{ij}(\boldsymbol{x}_i-\boldsymbol{\mu}_j)(\boldsymbol{x}_i-\boldsymbol{\mu}_j)^{\mathrm{T}}}{\sum_{i=1}^{l}q_{ij}}$$

## 18.5　基于密度的算法

基于密度的聚类算法的核心思想是根据样本点某一邻域内的邻居数定义样本空间的密度,这类算法可以找出空间中形状不规则的簇,并且不用指定簇的数量。算法的核心是计算每一点处的密度值,以及根据密度来定义簇。

### 18.5.1　DBSCAN 算法

DBSCAN 算法[3]是一种基于密度的算法,可以有效地处理噪声,发现任意形状的簇。它将簇定义为样本点密集的区域,算法从一个种子样本开始,持续向密集的区域生长,直至到达边界。

算法使用了两个人工设定的参数 $\varepsilon$ 和 $M$,前者是样本点邻域的半径,后者是定义核心点的样本数阈值。下面介绍它们的概念。

假设有样本集 $X=\{\boldsymbol{x}_1,\boldsymbol{x}_2,\cdots,\boldsymbol{x}_N\}$,样本点 $\boldsymbol{x}$ 的 $\varepsilon$ 邻域定义为样本集中与该样本的距离小于等于 $\varepsilon$ 的样本构成的集合

$$N_\varepsilon(\boldsymbol{x}) = \{\boldsymbol{y} \in X : d(\boldsymbol{x}, \boldsymbol{y}) \leqslant \varepsilon\}$$

其中，$d(\boldsymbol{x}, \boldsymbol{y})$是两个样本之间的距离，可以采用任何一种距离定义。样本的密度定义为它的 ε 邻域的样本数：

$$\rho(\boldsymbol{x}) = |N_\varepsilon(\boldsymbol{x})|$$

密度是一个非负整数。核心点定义为数据集中密度大于指定阈值的样本点，即如果

$$\rho(\boldsymbol{x}) \geqslant M$$

则称 $\boldsymbol{x}$ 为核心点，核心点是样本分布密集的区域。样本集 $X$ 中所有的核心点构成的集合为 $X_c$，非核心点构成的集合为 $X_{nc}$。如果 $\boldsymbol{x}$ 是非核心点，并且它的 ε 邻域内存在核心点，则称 $\boldsymbol{x}$ 为边界点，边界点是密集区域的边界。如果一个点既不是核心点，也不是边界点，则称为噪声点，噪声点是样本稀疏的区域。

如果 $\boldsymbol{x}$ 是核心点，$\boldsymbol{y}$ 在它的 ε 邻域内，则称 $\boldsymbol{y}$ 是从 $\boldsymbol{x}$ 直接密度可达的。对于样本集中的一组样本 $\boldsymbol{x}_1, \boldsymbol{x}_2, \cdots, \boldsymbol{x}_n$，如果 $\boldsymbol{x}_{i+1}$ 是从 $\boldsymbol{x}_i$ 直接密度可达的，则称 $\boldsymbol{x}_n$ 是从 $\boldsymbol{x}_1$ 密度可达的。密度可达是直接密度可达的推广。

对于样本集中的样本点 $\boldsymbol{x}$、$\boldsymbol{y}$ 和 $\boldsymbol{z}$，如果 $\boldsymbol{y}$ 和 $\boldsymbol{z}$ 都从 $\boldsymbol{x}$ 密度可达，则称它们是密度相连的，根据定义，密度相连具有对称性。

基于上面的概念可以给出簇的定义。样本集 $C$ 是整个样本集的一个子集，如果它满足下列条件：对于样本集 $X$ 中的任意两个样本 $\boldsymbol{x}$ 和 $\boldsymbol{y}$，如果 $\boldsymbol{x} \in C$，且 $\boldsymbol{y}$ 是从 $\boldsymbol{x}$ 密度可达的，则 $\boldsymbol{y} \in C$；如果 $\boldsymbol{x} \in C, \boldsymbol{y} \in C$，则 $\boldsymbol{x}$ 和 $\boldsymbol{y}$ 是密度相连的，则称集合 $C$ 是一个簇。

根据簇的定义可以构造出聚类算法，具体做法是从某一核心点出发，不断向密度可达的区域扩张，得到一个包含核心点和边界点的最大区域，这个区域中任意两点密度相连。

假设有样本集 $X$，聚类算法将这些样本划分成 $K$ 个簇以及噪声点的集合，其中，$K$ 由算法确定。每个样本要么属于这些簇中的一个，要么是噪声点。定义变量 $m_i$ 为样本 $\boldsymbol{x}_i$ 所属的簇，如果它属于第 $j$ 个簇，则 $m_i$ 的值为 $j$，如果它不属于这些簇中的任何一个，即是噪声点，则其值为$-1$，$m_i$ 就是聚类算法的返回结果。变量 $k$ 表示当前的簇号，每发现一个新的簇，其值加 1。聚类算法的流程如下。

```
第一阶段，初始化
计算每个样本的邻域 N_ε(x_i)
令 k=1，m_i=0，初始化待处理样本集合 I={1,2,…,N}
第二阶段，生成所有的簇
循环，当 I 不为空
    从 I 中取出一个样本 i，并将其从集合中删除
    如果 i 没被处理过，即 m_i=0
        初始化集合 T=N_ε(x_i)
        如果 i 为非核心点
            令 m_i=-1，暂时标记为噪声
        如果即 i 为核心点
            令 m_i=k，将当前簇编号赋予该样本
            循环，当 T 不为空
                从集合 T 中取出一个样本 j，并从该集合中将其删除
```

如果 $m_j=0$ 或 $m_j=-1$

令 $m_j=k$

如果 $j$ 是核心点

将 $j$ 的邻居集合 $N_\varepsilon(\boldsymbol{x}_j)$ 加入集合 $T$

结束循环

令 $k=k+1$

结束循环

算法的核心步骤是依次处理每一个还未标记的点，如果是核心点，则将其邻居点加入到连接集合中，反复扩张，直到找到一个完整的簇。

在实现时有几个问题需要考虑，第一个问题是如何快速找到一个点的所有邻居集合，可以用 R 树或者 KD 树等数据结构加速。第二个问题是参数 $\varepsilon$ 和 $M$ 的设定，$\varepsilon$ 的取值在有些时候非常难以确定，而它对聚类的结果有很大影响。$M$ 值的选择有一个指导性的原则，如果样本向量是 $n$ 维的，则 $M$ 的值至少是 $n+1$。

DBSCAN 无须指定簇的数量，可以发现任意形状的簇，并且对噪声不敏感。其缺点是聚类的质量受距离函数的影响很大，如果数据维数很高，将面临维数灾难的问题。参数 $\varepsilon$ 和 $M$ 的设定有时候很困难。

### 18.5.2 OPTICS 算法

OPTICS 算法[4]是对 DBSCAN 算法的改进，对参数更不敏感。它不直接生成簇，而是对样本进行排序，从这个排序可以得到各种邻域半径 $\varepsilon$ 和密度阈值 $M$ 时的聚类结果。

OPTICS 算法复用了 DBSCAN 的一些概念，除此之外，还定义了两个新的概念。给定参数 $\varepsilon$ 和 $M$，使得样本 $\boldsymbol{x}$ 成为核心点的最小邻域半径称为 $\boldsymbol{x}$ 的核心距离，即

$$\mathrm{cd}(\boldsymbol{x})=\begin{cases}\text{UNDEFINED}, & |N_\varepsilon(\boldsymbol{x})|<M\\ d(\boldsymbol{x},N_\varepsilon^M(\boldsymbol{x})), & |N_\varepsilon(\boldsymbol{x})|\geqslant M\end{cases}$$

其中，$N_\varepsilon^i(\boldsymbol{x})$ 为 $\boldsymbol{x}$ 的 $\varepsilon$ 邻域内距离它第 $i$ 近的点。按照定义，如果 $\boldsymbol{x}$ 是核心点，则其核心距离小于等于 $\varepsilon$，否则核心距离没有定义。给定样本集中的两个点 $\boldsymbol{x}$ 和 $\boldsymbol{y}$，$\boldsymbol{y}$ 对于 $\boldsymbol{x}$ 的可达距离定义为

$$\mathrm{rd}(\boldsymbol{y},\boldsymbol{x})=\begin{cases}\text{UNDEFINED}, & |N_\varepsilon(\boldsymbol{x})|<M\\ \max(\mathrm{cd}(\boldsymbol{x}),d(\boldsymbol{x},\boldsymbol{y})), & |N_\varepsilon(\boldsymbol{x})|\geqslant M\end{cases}$$

如果 $\boldsymbol{x}$ 是核心点，$\boldsymbol{y}$ 对它的可达距离是 $\boldsymbol{x}$ 的核心距离与 $\boldsymbol{y}$ 和 $\boldsymbol{x}$ 之间的距离的最大值，如果不是核心点则该值未定义。这是使得 $\boldsymbol{x}$ 成为核心点，并且 $\boldsymbol{y}$ 从 $\boldsymbol{x}$ 直接密度可达的最小邻域半径。显然，可达距离与参考点 $\boldsymbol{x}$ 有关，不同的 $\boldsymbol{x}$ 将导致不同的计算结果。可达距离和 $\boldsymbol{y}$ 点处的密度有关，密度越大，它从邻居节点直接密度可达的距离越小。聚类时同样向密集的区域扩张，优先考虑可达距离小的样本。

给定样本集 $X=\{\boldsymbol{x}_1,\boldsymbol{x}_2,\cdots,\boldsymbol{x}_N\}$，以及人工设定的参数 $\varepsilon$ 和 $M$，OPTICS 算法输出所有样本的一个排序，以及每个样本的核心距离、可达距离。其中，第 $i$ 个样本在输出序列中的位置为 $p_i$，它的核心距离为 $c_i$，可达距离为 $r_i$。辅助数组 $v_i$ 表示第 $i$ 个样本是否被处理过，用于算法的实现。算法维持了一个列表 seedList，存储所有待处理的样本，按样本点离它最

近直接密度可达的核心点的可达距离升序排列。

算法依次处理每一个没有被处理的点，如果是核心点，则按照可达距离升序的顺序依次扩展到每一个能到达的新的点。OPTICS 算法的流程如下。

```
第一阶段：初始化
计算每个样本的邻域 N_ε(x_i)
计算每个样本的核心距离 c_i
将所有样本的处理标志 v_i 初始化为 0
将所有样本的可达距离 r_i 初始化为 UNDEFINED
令 k=1，待处理样本的集合初始化为 I={1,2,…,N}
第二阶段：输出排序
循环，当 I 中还有样本未处理
    从 I 中取出一个样本 i，将 i 从 I 中删除
    如果 v_i=0，即样本没被处理过
        令 v_i=1，p_k=i，k=k+1
        如果 i 是核心点
        调用 insert(N_ε(x_i)，seedlist)，将 N_ε(x_j)中未处理点插入列表
        循环，当列表 seedList 不为空
            从 seedList 中取出第一个样本 j
            令 v_j=1，p_k=j，k=k+1
            如果 j 是核心点
                调用 insert(N_ε(x_j)，seedlist)，将 N_ε(x_j)中未处理点插入列表
        结束循环
结束循环
```

注意，这里的 $\varepsilon$ 只用于生成样本的顺序，真正的聚类使用另一个邻域半径阈值。函数 insert 将一个样本点邻域集合中的所有未处理点按照可达距离插入到列表中。这里分两种情况，如果之前没有计算过可达距离，则直接按照本次计算的可达距离将样本插入列表，否则取之前的可达距离与本次可达距离的最小值，即使用从最近的那个核心点计算出来的可达距离。算法处理流程如下：

```
循环，对 N_ε(x_k)中的所有样本 i
    如果 v_i=0
        计算 i 对 k 的可达距离 rd=max(cd_k，d(x_k，x_i))
        如果 r_i 为 UNDEFINED
            令 r_i=rd
            将 i 按照可达距离值插入到 seedList 列表中的适当位置
        否则
            如果 rd<r_i
                令 r_i=rd
                将 i 按照可达距离值插入到 seedList 列表中的适当位置
```

结束循环

算法返回的序列是按照所有点对各个种子点的可达距离升序排序的。如果将横坐标设为有序样本的编号，纵坐标为可达距离，则寻找每个谷底的位置可以得到聚类结果。这里需要一个人工设定的参数 $\varepsilon'$，并且要保证 $\varepsilon' \leqslant \varepsilon$，这是聚类时使用的最小邻域半径。算法依次处理 OPTICS 算法返回的有序列表中的每个样本，如果其可达距离大于 $\varepsilon'$，则认为是一个新的簇的开始，因为它不能被加入到之前被处理的那些那边所在的簇中。这里又分两种情况，如果其可达距离小于 $\varepsilon$，则是一个新的簇，否则是噪声。如果可达距离小于 $\varepsilon'$，则把样本加入到已经存在的簇中，因为它和前面的样本是密度可达的。

与 DBSCAN 算法相同，用变量 $m_i$ 标记对每个样本的分配结果。根据排序结果生成聚类结果的算法流程如下：

```
初始化 clusertID=-1,k=1
循环,对 i=1,2,…,N,依次处理有序列表中的每个样本
    如果 r_i>ε'
        如果 c_i≤ε'
            clusterID=k,k=k+1,m_j=clusterID
        否则
            m_i=-1
    否则
        m_i=clusterID
结束循环
```

clusterID 为当前簇号，每生成一个新的簇，其值加 1。算法执行结束之后得到每个样本的簇编号，与 DBSCAN 算法一样，它要么属于某一个簇，要么是噪声。

### 18.5.3 Mean Shift 算法

均值漂移(Mean Shift)算法[5,23]基于核密度估计技术，是一种寻找概率密度函数极值点的算法。它在聚类分析、图像分割、视觉目标跟踪中都有应用。在用于聚类任务时，它寻找概率密度函数的极大值点，即样本分布最密集的位置，以此得到簇。

对于某些应用，人们不知道概率密度函数的具体形式，但有一组采样自此分布的离散样本数据，核密度估计可以根据这些样本值估计概率密度函数，均值漂移算法可以找到概率密度函数的极大值点。与之前介绍的数值优化算法一样，这也是一种迭代算法，从一个初始点 $\boldsymbol{x}$ 开始，按照某种规则移动到下一点，直到到达极值点处。

假设有 $n$ 个样本点 $\boldsymbol{x}_i, i=1,2,\cdots,n$，由核函数 $K$ 与窗口半径 $h$ 定义的核密度估计函数为

$$p(\boldsymbol{x}) = \frac{1}{nh^d}\sum_{i=1}^{n} K\left(\frac{\boldsymbol{x}-\boldsymbol{x}_i}{h}\right)$$

$d$ 为向量的维数。这里使用了核函数

$$K\left(\frac{\boldsymbol{x}-\boldsymbol{x}_i}{h}\right)$$

最常用的是高斯核。要找到概率密度函数的极大值点，即寻找核密度函数的极大值点，

可以采用梯度上升法(与梯度下降法相反,在这里沿着梯度方向迭代),可以证明,其梯度为如下形式:

$$\boldsymbol{m}=\frac{\sum_{i=1}^{n} g(\boldsymbol{x}_i-\boldsymbol{x})\boldsymbol{x}_i}{\sum_{i=1}^{n} g(\boldsymbol{x}_i-\boldsymbol{x})}-\boldsymbol{x}$$

其中,

$$g(\boldsymbol{x})=-K'(\boldsymbol{x})$$

其中,$\boldsymbol{m}$ 称为均值漂移向量,均值漂移算法反复使用下面的公式进行迭代:

$$\boldsymbol{x}_{t-1}=\boldsymbol{x}_t+\boldsymbol{m}_t$$

直到收敛到最极值点处。在聚类时,从某一初始点开始,反复用均值漂移算法进行迭代,直到到达密度最大的点处,这就找到了一个簇。

## 18.6 基于图的算法

基于图的算法把样本数据看作图的顶点,根据数据点之间的距离构造边,形成带权重的图。通过图的切割实现聚类,即将图切分成多个子图,这些子图就是对应的簇。这类算法的典型代表是谱聚类算法[21][22]。谱聚类算法首先构造样本集的邻接图(也称为相似度图),得到图的拉普拉斯矩阵,这和 7.3.2 节中介绍的方法相同。接下来对矩阵进行特征值分解,通过对特征向量进行处理构造出簇。

算法首先根据样本集构造出带权重的图 $G$,聚类算法的目标是将其切割成多个子图,每个子图即为聚类后的一个簇。假设图的顶点集合为 $V$,边的集合为 $E$。聚类算法将顶点集合切分成 $k$ 个子集,它们的并集是整个顶点集:

$$V_1\cup V_2\cup\cdots\cup V_k=V$$

任意两个子集之间的交集为空:

$$V_i\cap V_j=\phi,\quad \forall i,j,i\neq j$$

对于任意两个子图,其顶点集合为 $A$ 和 $B$,它们之间的切图权重定义为连接两个子图节点的所有边(即跨两个子图的边)的权重之和:

$$W(A,B)=\sum_{i\in A,j\in B} w_{ij}$$

这可以看作两个子图之间的关联程度,如果两个子图之间没有边连接,则该值为 0。从另一个角度看,这是对图进行切割时去掉的边的权重之和。

图 18.4 为图切割示意图。

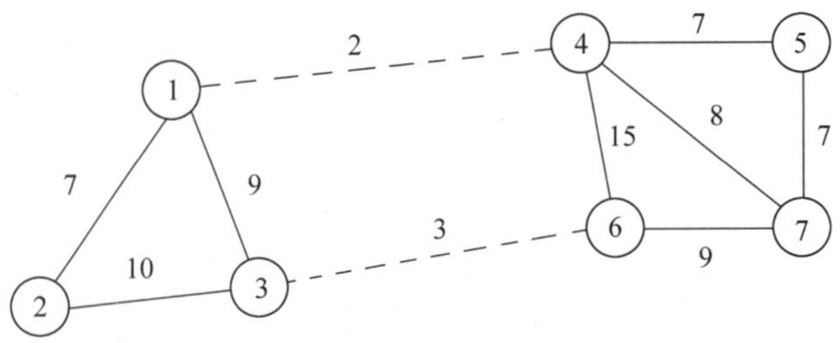


**图 18.4 图切割**

图 18.4 中有 7 个顶点，被切割成蓝色和黄色两个子图(左侧为蓝色图，右侧为黄色图)，虚线边为被切割掉的边，因此切图权重为

$$2+3=5$$

对图顶点子集 $V_1, V_2, \cdots, V_k$，定义这种分割的代价为

$$\mathrm{cut}(V_1, V_2, \cdots, V_k)=\frac{1}{2}\sum_{i=1}^{k} W(V_i, \bar{V}_i)$$

其中，$\bar{V}_i$ 为 $V_i$ 的补集。该值与聚类的目标一致，即每个子图内部的连接很强，而子图之间的连接很弱，换一种语言来表述就是同一个子图内的样本相似，不同子图之间的样本不相似。但直接通过最小化这个值实现聚类还有问题，它没有考虑子图规模对代价函数的影响，使得这个指标最小的切分方案不一定就是最优切割。

解决这个问题的方法是对代价函数进行归一化。第一种方法是用图的顶点数进行归一化，由此得到优化的目标为

$$\mathrm{cut}(V_1, V_2, \cdots, V_k)=\frac{1}{2}\sum_{i=1}^{k} \frac{W(V_i, \bar{V}_i)}{|V_i|}$$

其中，$|V_i|$ 为子集的元素数，称为 RatioCut。另外一种归一化方案为

$$\mathrm{cut}(V_1, V_2, \cdots, V_k)=\frac{1}{2}\sum_{i=1}^{k} \frac{W(V_i, \bar{V}_i)}{\mathrm{vol}(V_i)}$$

其中，vol 是图中所有顶点的加权度之和：

$$\mathrm{vol}(V)=\sum_{i\in V_i} d_i$$

称为 NCut。这两种情况都可以转化成求解归一化后的拉普拉斯矩阵的特征值问题。假设 $\boldsymbol{L}$ 为图的拉普拉斯矩阵，$\boldsymbol{W}$ 为邻接矩阵，$\boldsymbol{D}$ 为加权度矩阵，它们的定义与 7.3 节相同。定义归一化后的拉普拉斯矩阵为

$$\boldsymbol{L}_{\mathrm{sym}}=\boldsymbol{D}^{-1/2}\boldsymbol{L}\boldsymbol{D}^{-1/2}=\boldsymbol{I}-\boldsymbol{D}^{-1/2}\boldsymbol{W}\boldsymbol{D}^{-1/2}$$

对于 RatioCut，求解的是如下特征值问题：

$$\min_{\boldsymbol{H}\in\mathbb{R}^{n\times k}} \mathrm{tr}(\boldsymbol{H}^{\mathrm{T}}\boldsymbol{L}\boldsymbol{H})$$
$$\boldsymbol{H}^{\mathrm{T}}\boldsymbol{H}=\boldsymbol{I}$$

其中，$n$ 为样本数，$\boldsymbol{I}$ 为单位矩阵，tr 为矩阵的迹，下面给出证明。首先考虑最简单的情况，将图切分成两个子图 $A$ 和 $\bar{A}$，此时要求解的最优化问题为

$$\min_{A\subset V} \mathrm{RatioCut}(A, \bar{A})$$

为方便表述，给定一个子集 $A$，构造指示向量 $\boldsymbol{f}=(f_1, f_2, \cdots, f_n)^{\mathrm{T}}$，表示每个样本所属的簇即子图，其元素的取值为

$$f_i=\begin{cases}\sqrt{|\bar{A}|/|A|} & v_i\in A\\ -\sqrt{|A|/|\bar{A}|} & v_i\in\bar{A}\end{cases}$$

根据该向量的定义有

$$\begin{aligned}\boldsymbol{f}^{\mathrm{T}}\boldsymbol{L}\boldsymbol{f}&=\frac{1}{2}\sum_{i=1}^{n}\sum_{j=1}^{n} w_{ij}\,(f_i-f_j)^2\\&=\frac{1}{2}\sum_{i\in A, j\in\bar{A}} w_{ij}\left(\sqrt{|\bar{A}|/|A|}+\sqrt{|A|/|\bar{A}|}\right)^2\end{aligned}$$

$$+\frac{1}{2}\sum_{i\in\overline{A},j\in A}w_{ij}\left(-\sqrt{|\overline{A}|/|A|}-\sqrt{|A|/|\overline{A}|}\right)^2$$
$$=\mathrm{cut}(A,\overline{A})(|\overline{A}|/|A|+|A|/|\overline{A}|+2)$$
$$=\mathrm{cut}(A,\overline{A})((|A|+|\overline{A}|)/|A|+(|A|+|\overline{A}|)/|\overline{A}|)$$
$$=|V|\cdot \mathrm{RatioCut}(A,\overline{A})$$

即给定任意子图 $A$,上面这个二次型与 RatioCut 的目标函数一致。另外根据 $\boldsymbol{f}$ 的定义有

$$\sum_{i=1}^{n}f_i=\sum_{i\in A}\sqrt{|\overline{A}|/|A|}-\sum_{i\in\overline{A}}\sqrt{|A|/|\overline{A}|}$$
$$=|A|\sqrt{|\overline{A}|/|A|}-|\overline{A}|\sqrt{|A|/|\overline{A}|}=0$$

即向量 $\boldsymbol{f}$ 与全 1 向量 $\mathbf{1}$ 正交。另外

$$\|\boldsymbol{f}\|^2=\sum_{i=1}^{n}f_i^2=|A||\overline{A}|/|A|+|\overline{A}||A|/|\overline{A}|=|\overline{A}|+|A|=n$$

因此向量 $\boldsymbol{f}$ 需要满足等式约束。求解的切图问题等价于如下带约束的最优化问题

$$\min_{A\subset V}\boldsymbol{f}^{\mathrm{T}}\boldsymbol{L}\boldsymbol{f}$$
$$\boldsymbol{f}\perp\mathbf{1}$$
$$\|\boldsymbol{f}\|=\sqrt{n}$$

其中⊥表示向量正交。向量 $\boldsymbol{f}$ 所有分量的取值必须为定义的两种情况,此问题是一个离散优化问题,为 NP 难问题,不易求解。对问题进行放松,变成连续优化问题:

$$\min_{\boldsymbol{f}\in\mathbb{R}^n}\boldsymbol{f}^{\mathrm{T}}\boldsymbol{L}\boldsymbol{f}$$
$$\boldsymbol{f}\perp\mathbf{1}$$
$$\|\boldsymbol{f}\|=\sqrt{n}$$

这个问题的解是 $\boldsymbol{L}$ 的第二小的特征值所对应的特征向量。因为该矩阵最小的特征值是 0,对应的特征向量是 $\mathbf{1}$。因此,第二小的特征值对应的特征向量近似是 RatioCut 的最优解。但是,切图所对应的结果应该是离散的,而这里得到的解是连续的,需要转换成离散的。一种解决方案是

$$\begin{cases}v_i\in A, & f_i\geqslant 0\\ v_i\in\overline{A}, & f_i<0\end{cases}$$

类似于 sgn 函数。对于超过两个簇的情况,这种简单的阈值化不合适,此时可以将 $f_i$ 当作点的坐标,用聚类算法将其聚成两类。然后按照如下的规则得到聚类结果:

$$\begin{cases}v_i\in A, & f_i\in C\\ v_i\in\overline{A}, & f_i\in\overline{C}\end{cases}$$

推广到多个子图的情况,通过构造指示向量可以得到类似的优化目标。对于 NCut 最后求解的是如下广义特征值问题:

$$\min_{\boldsymbol{H}\in\mathbb{R}^{n\times k}}\mathrm{tr}(\boldsymbol{H}^{\mathrm{T}}\boldsymbol{L}_{\mathrm{sym}}\boldsymbol{H})$$
$$\boldsymbol{H}^{\mathrm{T}}\boldsymbol{H}=\boldsymbol{I}$$

在完成特征值分解之后,保留 $k$ 个最小的特征值和它们对应的特征向量,构成一个 $n\times k$ 的矩阵,矩阵的每一行为降维后的样本数据。最后用其他聚类算法如 $k$ 均值算法对降维

之后的数据进行聚类。

下面介绍归一化谱聚类算法的流程，即文献[24]提出的方法。算法输入为相似度矩阵 $\boldsymbol{S}\in\mathbb{R}^{n\times n}$，需要生成的簇数 $k$，输出为聚类结果。流程如下。

（1）构造相似度图，可以采用之前介绍的三种方式。假设 $\boldsymbol{W}$ 为带权重的邻接矩阵。

（2）计算未归一化的拉普拉斯矩阵 $\boldsymbol{L}$。

（3）计算下面广义特征值问题的前 $k$ 个特征向量 $\boldsymbol{u}_1,\boldsymbol{u}_2,\cdots,\boldsymbol{u}_k$。

$$\boldsymbol{L}\boldsymbol{u}=\lambda\boldsymbol{D}\boldsymbol{u}$$

（4）假设矩阵 $\boldsymbol{U}\in\mathbb{R}^{n\times k}$ 为这些特征向量按照列构成的矩阵。对于 $\boldsymbol{U}\in\mathbb{R}^{n\times k}$，假设 $\boldsymbol{y}_i\in\mathbb{R}^k$ 为矩阵 $\boldsymbol{U}$ 的第 $i$ 个行向量，对这些行向量用 $k$ 均值算法进行聚类，得到簇 $C_1,C_2,\cdots,C_k$。

（5）输出最终的簇：$A_1,A_2,\cdots,A_k$，其中 $A_i=\{j\mid y_j\in C_i\}$。

前面已经解释，需要使用 $k$ 均值算法的原因是上面求解的问题是连续问题，而原始的切割问题是 NP 难的组合优化问题，为减小计算量将离散问题放宽为连续问题，因此，要将连续优化问题的解变换回组合优化问题的解。

# 18.7　算法评价指标

与有监督学习算法一样，需要对聚类算法的效果进行评估。由于聚类算法要处理的样本可能没有人工标定的标签值，因此需要定义其特有的评价指标。这些指标可以分为内部指标和外部指标两种类型。

## 18.7.1　内部指标

内部指标只用算法对聚类样本的处理结果来评价聚类的效果，不依赖于事先由人工给出的标准聚类结果，因此，它完全由聚类算法的内部结果而定。下面介绍几种常用的指标。

Davies-Bouldin 指标定义为

$$\frac{1}{n}\sum_{i=1}^{n}\max_{i\neq j}\left(\frac{\sigma_i+\sigma_j}{d(c_i,c_j)}\right)$$

其中，$n$ 为簇的数量；$c_i$ 是第 $i$ 个簇的质心；$\sigma_i$ 是第 $i$ 个簇的所有样本离这个簇的质心的平均距离；$d(c_i,c_j)$ 是第 $i$ 个簇的质心与第 $j$ 个簇的质心之间的距离。上式中的求和项是簇内差异与簇间差异的比值，这个指标值越大，聚类效果越差，反之则越好。

Dunn 指标是簇间距离的最小值与簇内距离的最大值之间的比值，计算公式为

$$\frac{\min_{1\leqslant i<j\leqslant n}d(i,j)}{\max_{1\leqslant k\leqslant n}d'(k)}$$

其中，$d(i,j)$ 为第 $i$ 个簇与第 $j$ 个簇的簇间距离；$d'(k)$ 为第 $k$ 个簇的簇内距离。这个比值越大，说明簇之间被分得越开，簇内越紧密，聚类效果越好；反之则聚类效果越差。

## 18.7.2　外部指标

外部指标用事先定义好的聚类结果来评价算法的处理效果，它的计算依赖于人工标定结果。下面介绍几种典型的指标。

纯度定义了一个簇包含某一个类的程度，即这个簇内的样本是否都属于同一个类，类似

于决策树中的纯度指标。定义为

$$\frac{1}{N}\sum_{m\in M}\max_{d\in D}|m\cap d|$$

其中，$M$ 是人工划分的簇，$D$ 是聚类算法划分的簇，$N$ 为样本数。这个指标反映了算法聚类的结果与人工聚类结果的重叠程度，值越大，说明聚类效果越好。Rand 测度定义了算法划分的结果与人工划分结果之间的耦合程度，定义为

$$\frac{\mathrm{TP}+\mathrm{TN}}{\mathrm{TP}+\mathrm{FP}+\mathrm{FN}+\mathrm{TN}}$$

公式中的 4 个值定义与 3.2 节相同。这个指标值越大，聚类结果与人工分类结果越相似。Jaccard 指标是两个集合的交集与并集的比值，类似于目标检测中的 IOU 指标，定义为

$$\frac{|A\cap B|}{|A\cup B|}=\frac{\mathrm{TP}}{\mathrm{TP}+\mathrm{FP}+\mathrm{FN}}$$

这个值越大，说明两个集合的重合度越高，即算法聚类的结果与人工聚类的结果越接近，聚类效果越好。

## 18.8 应用

聚类算法有很多实际应用的案例。在自然语言处理的文本分析[9,10]，机器视觉中的图像分类[14,16]与视频分析[17]问题、基因数据分析[15]等问题中都有它的应用。图像分割问题也可以看做是聚类问题，将所有像素划分成几个类别。

## 参考文献


[1] Rokach Lior, Oded Maimon. Data mining and knowledge discovery handbook. Springer US, 2005: 321-352.

[2] MacQueen J B. Some Methods for classification and Analysis of Multivariate Observations. Proceedings of 5th Berkeley Symposium on Mathematical Statistics and Probability. University of California Press, 1967: 281-297.

[3] Martin Ester, Hanspeter Kriegel, Jorg Sander, et al. A density-based algorithm for discovering clusters in large spatial databases with noise. Proceedings of the Second International Conference on Knowledge Discovery and Data Mining, 1996: 226-231.

[4] Mihael Ankerst, Markus M Breunig, Hanspeter Kriegel, et al. OPTICS: Ordering Points To Identify the Clustering Structure. ACM SIGMOD international conference on Management of data. ACM Press, 1999: 49-60.

[5] Yizong Cheng. Mean Shift, Mode Seeking, et al. IEEE Transactions on Pattern Analysis and Machine Intelligence, 1995.

[6] J C Dunn. A Fuzzy Relative of the ISODATA Process and Its Use in Detecting Compact Well-Separated Clusters. Cybernetics and Systems, 1973.

[7] Charles Elkan. Using the triangle inequality to accelerate k-means. International Conference on Machine Learning, 2003.

[8] Arthur P Dempster, Nan M Laird, Donald B Rubin. Maximum Likelihood from Incomplete Data via

the EM Algorithm. Journal of the royal statistical society series b-methodological,1976.

[9] Inderjit S Dhillon,Dharmendra S Modha. Concept decompositions for large sparse text data using clustering. Machine Learning,2001.

[10] Michael Steinbach,George Karypis,Vipin Kumar. A comparison of document clustering techniques. In KDD workshop on text mining,2000,400(1): 525-526.

[11] Dan Pelleg, Andrew W Moore. X-means: Extending K-means with Efficient Estimation of the Number of Clusters. In ICML(Vol. 1),2000.

[12] Greg Hamerly,Charles Elkan. Learning the k in k-means. Advances in neural information processing systems,2004.

[13] D Sculley. Web-scale k-means clustering. International World Wide Web Conferences,2010.

[14] Gabriella Csurka, Christopher R Dance, Lixin Fan, et al. Visual categorization with bags of keypoints. European Conference on Computer Vision,2004.

[15] Amir Bendor, Ron Shamir, Zohar Yakhini. Clustering Gene Expression Patterns. Journal of Computational Biology,1999.

[16] Mohamed N Ahmed, Sameh M Yamany, Nevin A Mohamed, et al. A Modified Fuzzy C-Means Algorithm for Bias Field Estimation and Segmentation of MRI Data. IEEE Transactions on Medical Imaging,2002.

[17] Tanvi Banerjee,James M Keller, Marjorie Skubic, et al. Day or Night Activity Recognition From Video Using Fuzzy Clustering Techniques. IEEE Transactions on Fuzzy Systems,2014.

[18] Alireza Kashanipour, Amir Reza Kashanipour, Nargess Shamshiri Milani, et al. Robust Color Classification Using Fuzzy Reasoning and Genetic Algorithms in RoboCup Soccer Leagues. Robot Soccer World Cup,2008.

[19] Greg Hamerly,Charles Elkan. Alternatives to the k-means algorithm that find better clusterings. Conference on Information and Knowledge Management,2002.

[20] M Emre Celebi,Hassan A Kingravi,Patricio A Vela. A comparative study of efficient initialization methods for the k-means clustering algorithm. Expert Systems With Applications,2013.

[21] Andrew Y Ng,Michael I Jordan,Yair Weiss. On Spectral Clustering: Analysis and an algorithm. Neural Information Processing Systems,2002.

[22] Ulrike Von Luxburg. A tutorial on spectral clustering. Statistics and Computing,2007.

[23] Dorin Comaniciu,Peter Meer. Mean shift: a robust approach toward feature space analysis. IEEE Transactions on Pattern Analysis and Machine Intelligence,2002.

[24] Shi J. Malik J. Normalized Cuts and Image Segmentation. IEEE Transactions on Pattern Analysis and Machine Intelligence, 22 (8), 888—905. 2000.

# 第 19 章

# 半监督学习

第 3 章介绍了半监督学习的概念。它的训练样本中只有少量带有标签值，算法要解决的核心问题是如何有效地利用无标签的样本进行训练。本质上，半监督学习也是要解决有监督学习所处理的问题。实践结果证明，使用大量无标签样本，配合少量有标签样本，可以有效提高算法的精度。在有些实际应用中，样本的获取成本不高，但标注成本非常高，这类问题适合使用半监督学习算法。

有监督学习中一般假设样本独立同分布。从样本空间中抽取 $l$ 个样本用于训练，它们带有标签值。另外从样本空间中抽取 $u$ 个样本，它们没有标签值。半监督学习[1,4]要利用这些数据进行训练，得到比只用 $l$ 个样本更好的效果。

## 19.1 问题假设

要利用无标签样本进行训练，必须对样本的分布进行假设。例如，对于人脸识别问题，如果一个未标注的人脸图像属于某一个人，则它和已标注的样本一样要服从某种分布，即符合这个人的特点。半监督学习算法根据此假设来使用未标注样本，下面介绍常用的假设。

### 19.1.1 连续性假设

在数学中连续性指自变量的微小改变不会导致函数值的大幅度改变。这里的连续性假设利用了同样的思想，距离近的样本具有相同的标签值，这是符合常规的一条假设。在有监督学习中也使用了这一假设，如 $k$ 近邻算法假设一个样本和它的邻居点有相同的类型。

### 19.1.2 聚类假设

这一假设的定义：样本点形成一些离散的簇，同一个簇中的样本更可能是同一种类型的。需要注意的是同一个类型的样本可能分布在多个簇中。

### 19.1.3 流形假设

这和第 7 章介绍的流形降维算法中提出的假设相同，样本在高维空间中的分布近似位于低维空间的流形上。在这种情况下，可以用有标签和无标签的样本学习这个流形。

### 19.1.4 低密度分割假设

对于分类问题，这里假设决策边界位于样本空间的低密度区域，即两个不同类之间的边界区域的样本稀疏。

## 19.2 启发式算法

启发式算法是最简单的半监督学习算法，它的核心思想是先用有标签样本进行训练，然后用训练得到的模型对无标签样本进行预测，从中挑选出一部分样本继续进行训练，以提升模型的精度。

### 19.2.1 自训练

自训练(Self-Training，也称为自标记)[2]是最简单的半监督学习算法。其做法是用有标签样本训练一个模型，然后对无标签样本进行预测，得到这些样本的伪标签。挑选出预测置信度高的部分样本加入到训练集继续训练模型，重复这一步骤直至结束。

### 19.2.2 协同训练

协同训练(Co-Training)[3]将有标签样本的特征集划分成两个子集，然后用这些子集训练两个分类器，再用这些分类器对没有标签的样本进行预测，挑选出置信度高的样本，加入到另一个分类器的训练集中继续训练。

## 19.3 生成模型

有监督学习的生成模型首先估计每个类的条件概率密度函数，然后根据贝叶斯公式得到样本属于每个类的概率。半监督学习的生成模型是这种方法的推广，它假设有标签样本和无标签样本由相同的概率分布生成，即聚类假设。根据这一假设，可以将无标签样本与概率分布关联起来，它们的标签是缺失变量，可以用 EM 算法求解。

生成模型假设每个类的样本服从概率分布 $p(\boldsymbol{x} \mid y;\boldsymbol{\theta})$，其中，$\boldsymbol{\theta}$ 是概率密度函数的参数。如果无标签样本与有标签样本来自同一概率分布，则将这些无标签样本加上推测出来的标签值之后作为训练样本能够提高模型的准确率。如果这一假设不正确，用推理出来的错误标签进行模型训练反而会降低模型的准确率。

无标签样本由每个类的概率分布的混合来生成，常用的是高斯混合模型，假设每个类的数据服从正态分布。样本数据与标签值的联合概率密度函数可以由类的条件概率密度函数得到

$$p(\boldsymbol{x},y \mid \boldsymbol{\theta}) = p(y \mid \boldsymbol{\theta})p(\boldsymbol{x} \mid y,\boldsymbol{\theta})$$

每个类的参数向量 $\boldsymbol{\theta}$ 的值是要确定的参数，利用有标签样本和无标签样本得到，即求解下面的最优化问题：

$$\max_{\boldsymbol{\theta}}(\ln p(\{\boldsymbol{x}_i,y_i\}_{i=1}^{l} \mid \boldsymbol{\theta}) + \lambda \ln p(\{\boldsymbol{x}_i,y_i\}_{i=l+1}^{l+u} \mid \boldsymbol{\theta}))$$

其中，$\lambda$ 是人工设定的参数，$\boldsymbol{x}_1,\boldsymbol{x}_2,\cdots,\boldsymbol{x}_l$ 是有标签样本，$\boldsymbol{x}_{l+1},\boldsymbol{x}_{l+2},\cdots,\boldsymbol{x}_{l+u}$ 是无标签样本。在实现时一般采用 EM 算法，首先用有标签的样本估计出一组参数，然后在 E 步中用这些参数对无标签样本进行标记，最后在 M 步中用所有样本重新估计参数并更新参数。在得到无标签样本的标签值之后，将它们加入到训练集中继续训练。

## 19.4 低密度分割

半监督支持向量机(Transductive SVM,TSVM)[16]是标准支持向量机的半监督学习版本,它可以用部分标注的样本进行训练,找到的分界面是样本稀疏的地方,使用了低密度分割假设。半监督支持向量机的目标是对无标签样本进行预测,使得分类间隔对所有样本最大化。在这里用有标签样本集 $D$ 进行训练,对无标签集进行测试:

$$D^* = \{\boldsymbol{x}_i^*\}, \quad i = 1,2,\cdots,k$$

训练时求解的问题为

$$\min \frac{1}{2} \|\boldsymbol{w}\|^2$$

$$y_i(\boldsymbol{w}^{\mathrm{T}}\boldsymbol{x}_i + b) \geqslant 1 - \xi_i$$

$$y_j^*(\boldsymbol{w}^{\mathrm{T}}\boldsymbol{x}_j^* + b) \geqslant 1 - \xi_j$$

实现时首先用带标签的样本进行训练,然后用得到的模型对无标签样本进行预测,得到这些样本的伪标签值 $y_j^*$。接下来再用这无标签的样本进行训练得到新的模型。

在图 19.1 中矩形为无标签样本,半监督支持向量机将它们和圆形的有标签样本一同考虑,保证分类间隔最大化。

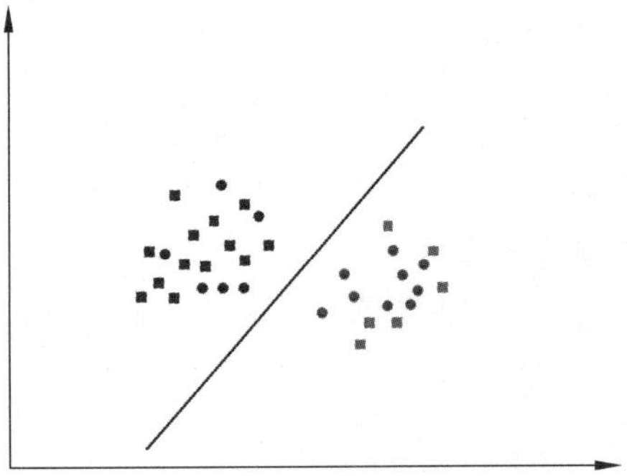

图 19.1 半监督支持向量机示意图

## 19.5 基于图的算法

基于图的算法为样本构造带权重的无向图,用图表示有标签和无标签样本数据,图的构造和 7.3.2 节的流形降维算法相同。图的顶点是有标签样本或无标签样本,边的权重为样本之间的相似度。建立图之后可以得到它的拉普拉斯矩阵,通过优化某一目标函数得到模型参数。分类函数要保证对有标签样本预测正确,对于图的点的预测结果是连续的,即满足连续性假设,这通过引入正则化项来实现。

流形正则化算法假设每个类的有标签样本和无标签样本分布在同一个流形 $M$ 上。训练时要求解的问题为

$$\min_{f\in H}\left(\frac{1}{l}\sum_{i=1}^{l}L(f(\boldsymbol{x}_i),y_i) + \lambda_A \|f\|_H^2 + \lambda_I \int_M \|\nabla_M f(\boldsymbol{x})\|^2 \mathrm{d}p(\boldsymbol{x})\right)$$

其中,$l$ 为有标签的训练样本数;$M$ 为样本所在的流形。

损失函数的第一项是对有标签样本的分类损失。第二项是预测函数的正则化项，用于控制预测函数的复杂度。第三项是流形正则化项，用于实现流形假设，即有标签样本与无标签样本分布在同一个流形上。其中，$H$ 为再生核希尔伯特空间，$\lambda_A$ 和 $\lambda_I$ 是正则化项系数。流形正则化项由图的拉普拉斯二次型来近似，即

$$\boldsymbol{f}^{\mathrm{T}}\boldsymbol{L}\boldsymbol{f} = \sum_{i=1}^{l+u}\sum_{j=1}^{l+u} w_{ij}(f_i - f_j)^2 \approx \int_M \| \nabla_M f(\boldsymbol{x}) \|^2 \mathrm{d}p(\boldsymbol{x})$$

其中，$u$ 为无标签的训练样本数。拉普拉斯二次型在 7.3.2 节已经介绍。

## 19.6 半监督深度学习

与经典的机器学习算法相比，深度学习算法所需的训练样本量更大，因此，样本标注成本问题更严重，半监督学习的各种方法也可以用于深度学习算法，下面介绍几种典型的实现。

最简单的方案是先用无标签样本预训练，然后用有标签样本进行模型微调。如果第一阶段不使用标签值，则只适合于无监督的深度学习，如自动编码器、受限玻尔兹曼机，这称为无监督预训练。另外一种思路是伪有监督预训练，用聚类等算法为样本生成标签值，然后用这些伪标签样本训练神经网络。无论哪种方案最后都是用有标签的样本进行微调。

也可以采用自训练的策略，文献[5]采用了这种思路。首先用有标签样本训练神经网络，然后用得到的模型对无标签的样本进行预测，得到伪标签，继续用这些样本训练模型。假设有 $n$ 个有标签样本$(\boldsymbol{x}^m, \boldsymbol{y}^m)$，$m=1,2,\cdots,n$，$n'$个无标签的样本 $\boldsymbol{x}^m$，$m=1,2,\cdots,n'$，类别数为 $C$，标签是一个向量。$f^m$ 是网络对有标签样本的预测输出值，$f'^m$ 是网络对无标签样本的预测输出值。损失函数为有标签样本与无标签样本损失之和：

$$L = \frac{1}{n}\sum_{m=1}^{n}\sum_{i=1}^{C} L(y_i^m, f_i^m) + \alpha(t)\frac{1}{n'}\sum_{m=1}^{n'}\sum_{i=1}^{C} L(y_i'^m, f_i'^m)$$

损失函数的前半部分是有标签样本的损失，后半部分为无标签样本的损失。其中，$y_i'^m$ 为伪标签，是神经网络的预测结果。这种方法的一个主要创新是引入了参数 $\alpha(t)$，这是无标签损失的权重参数，迭代过程中动态调整。初始时，神经网络对无标签样本的预测不准确，因此权重值很小；随着迭代的进行，预测越来越准，因此逐步加大这个值。

文献[6]提出了一种使用 ladderNet 网络的半监督学习算法，训练时同时优化有标签样本和无标签样本的损失函数。ladderNet 网络是对多层自动编码器的改进。在这种网络中，编码器的中间层有一个分支连接到解码器网络，这可以被看作是跨层连接，另外在编码器的每层都加入了随机噪声。自动编码器的训练是无监督的，而半监督 ladderNet 网络训练时，在编码器的最高层加入了有监督的损失函数，与无监督的损失函数整合，完成对有标签样本和无标签样本的训练。图 19.2 为一个两层的 ladderNet 网络示意图。

图 19.2 最左边是为编码器的每一层添加的随机噪声，服从正态分布 $N(0,\sigma^2)$。$f_i$ 为编码器网络第 $i$ 层的映射函数，被无标签样本与有标签样本共享。解码器网络第 $i$ 层的映射函数为 $g_i$。每层有一个代价函数 $C_i$，用于最小化重构误差。训练时要同时保证对有标签样本正确分类，并最小化无标签样本的重构误差，前者是损失函数的有监督部分。半监督生成模型也可以与深度神经网络结合[15]。更多的半监督深度学习算法可以阅读文献[7-14]。

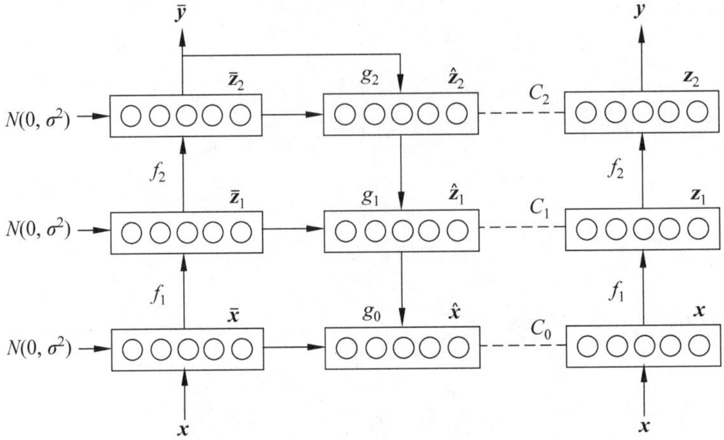


**图 19.2 一个两层的 ladderNet**

# 参 考 文 献


[1] Olivier Chapelle, Bernhard Schlkopf, Alexander Zien. Semi-supervised learning. Cambridge. Mass: MIT Press, 2006.

[2] Isaac Triguero, Salvador Garcia, Francisco Herrera. Self-labeled techniques for semi-supervised learning: taxonomy, software and empirical study. Knowledge and Information Systems, 2015.

[3] Luca Didaci, Giorgio Fumera, Fabio Roli. Analysis of Co-training Algorithm with Very Small Training Sets. Lecture Notes in Computer Science, 2012.

[4] Zhu, Xiaojin. Semi-supervised learning literature survey. Computer Sciences, University of Wisconsin-Madison, 2008.

[5] Dong-Hyun Lee. Pseudo-Label: The Simple and Efficient Semi-Supervised Learning Method for Deep Neural Networks. ICML 2013.

[6] Antti Rasmus, Harri Valpola, Mikko Honkala, et al. Semi-supervised learning with Ladder networks. Neural Information Processing Systems, 2015.

[7] Zihang Dai, Zhilin Yang, Fan Yang, et al. Good Semi-supervised Learning That Requires a Bad GAN. Neural Information Processing Systems, 2017.

[8] Tim Salimans, Ian J Goodfellow, Wojciech Zaremba, et al. Improved Techniques for Training GANs. Neural Information Processing Systems, 2016.

[9] Philip Bachman, Ouais Alsharif, Doina Precup. Learning with Pseudo-Ensembles. Neural Information Processing Systems, 2014.

[10] Mehdi Sajjadi, Mehran Javanmardi, Tolga Tasdizen. Mutual exclusivity loss for semi-supervised deep learning. International Conference on Image Processing, 2016.

[11] Mehdi Sajjadi, Mehran Javanmardi, Tolga Tasdizen. Regularization With Stochastic Transformations and Perturbations for Deep Semi-Supervised Learning. Neural Information Processing Systems, 2016.

[12] Samuli Laine, Timo Aila. Temporal Ensembling for Semi-Supervised Learning. International Conference on Learning Representations, 2017.

[13] Antti Tarvainen, Harri Valpola. Mean teachers are better role models: Weight-averaged consistency

targets improve semi-supervised deep learning results. Neural Information Processing Systems, 2017.

[14] M Belkin, P Niyogi. Semi-supervised Learning on Riemannian Manifolds. Machine Learning, 2004.

[15] Diederik P Kingma, Shakir Mohamed, Danilo Jimenez Rezende, et al. Semi-supervised Learning with Deep Generative Models. Neural Information Processing Systems, 2014.

[16] Thorsten Joachims. Transductive inference for text classification using support vector machines. International Conference on Machine Learning, 1999.

# 第 20 章

# 强化学习

强化学习[1,25]是一类特殊的机器学习算法，它借鉴于行为主义心理学。与有监督学习和无监督学习的目标不同，算法要解决的问题是智能体在环境中怎样执行动作以获得最大的累计奖励。对于自动行驶的汽车，强化学习算法控制汽车的动作，保证安全行驶。智能体指强化学习算法，环境是类似车辆当前行驶状态（如速度）与路况这样的由若干参数构成的系统，奖励是人们期望得到的结果，如汽车在路面上正确地行驶而不发生事故。

很多控制、决策问题都可以抽象成这种模型。与有监督学习不同，这里没有标签值作为监督信号，系统只会给算法执行的动作一个评分反馈，这种反馈一般还具有延迟性，当前的动作所产生的后果在未来才会完全体现，另外未来还具有随机性，例如，下一个时刻路面上有哪些行人、车辆在运动是随机的而不是确定的。

## 20.1 强化学习简介

### 20.1.1 问题定义

某些应用问题需要算法在每个时刻做出决策并执行动作。对于围棋，每一步需要决定在棋盘的哪个位置放置棋子，以最大可能战胜对手；对于自动驾驶算法，需要根据路况来确定当前的行驶策略以保证行驶安全；对于机械手，要驱动手臂运动以抓取到设定的目标物体。这类问题有一个共同的特点，要根据当前的条件做出决策和动作，以达到某一预期目标。

智能体是强化学习中的动作实体，对于自动驾驶的汽车，环境是当前的路况。在每个时刻智能体和环境有自己的状态，如汽车当前位置和速度，路面上的车辆和行人情况。智能体根据当前状态确定一个动作，并执行该动作。之后它和环境进入下一个状态，同时系统给它一个反馈值，对动作进行奖励或惩罚，以迫使智能体执行期望的动作。图 20.1 是智能体和环境交互的示意图。

强化学习是解决这种决策问题的一类方法。与其他机器学习算法不同，算法要通过样本学习得到一个映射函数 $\boldsymbol{\pi}$，其输入是当前时刻环境信息，输出是要执行的动作：

$$a = \pi(s)$$

其中，$s$ 为状态；$a$ 为要执行的动作，状态和动作分别来自状态集合和动作集合。动作和状态可以是离散的情况，如左转、右转，也可以是连续的实数，如左转 50°，右转 50°。对于前者，动作和状态集合是有限集，对于后者，是无限集。执行动作的目标是要达到某种目的，如无人汽车安全的行驶，赢得本次围棋比赛，在强化学习中用回报函数对此进行建模。

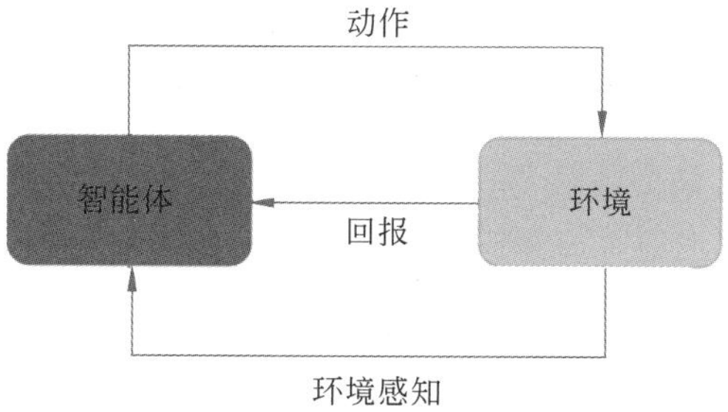


**图 20.1 智能体和环境交互**

建立强化学习模型需要解决几个基本问题。首先是如何定义状态，对于离散、有限的状态，可以列举出所有状态值然后形成状态集合；对于连续的状态，可以定义出描述状态的变量。对于自动驾驶的汽车，如果只考虑本车，可以定义停止、行驶、异常 3 种状态；也可以用汽车的位置坐标、速度来描述车的状态，这是连续的状态。另外还需要确定所有动作的集合。对于游戏，可以是按上、下、左、右 4 个键，因此动作集有 4 种动作。

### 20.1.2 马尔可夫决策过程

强化学习要解决的问题可以抽象成马尔可夫决策过程（Markov Decision Process，MDP）。马尔可夫过程的概念在第 16 章已经介绍，其特点是系统下一个时刻的状态由当前时刻的状态决定，与更早的时刻无关。与马尔可夫过程不同的是，在 MDP 中智能体可以执行动作，从而改变自己和环境的状态，并且得到惩罚或奖励。马尔可夫决策过程可以表示成一个五元组：

$$\{S,A,P_a,R_a,\gamma\}$$

其中，$S$ 和 $A$ 分别为状态和动作的集合。假设 $t$ 时刻状态为 $s_t$，智能体执行动作 $a$，下一时刻进入状态 $s_{t+1}$。这种状态转移与马尔可夫模型类似，不同的是下一时刻的状态由当前状态以及当前采取的动作决定，是一个随机性变量，这一状态转移的概率为

$$p_a(s,s') = p(s_{t+1} = s' \mid s_t = s, a_t = a)$$

这是当前状态为 $s$ 时执行动作 $a$，下一时刻进入状态 $s'$ 的条件概率。这个公式表明下一时刻的状态与更早时刻的状态和动作无关，状态转换具有马尔可夫性。有一种特殊的状态称为终止状态（也称为吸收状态），到达该状态之后不会再进入其他后续状态。对于围棋，终止状态是一局的结束。

执行动作之后，智能体会收到一个立即回报：

$$R_a(s,s')$$

立即回报和当前状态、当前采取的动作以及下一时刻进入的状态有关。在每个时刻 $t$，智能体选择一个动作 $a_t$ 执行，之后进入下一状态 $s_{t+1}$，环境给出回报值。智能体从某一初始状态开始，每个时刻选择一个动作执行，然后进入下一个状态，得到一个回报，如此反复：

$$s_0 \xrightarrow{a_0} s_1 \xrightarrow{a_1} s_2 \xrightarrow{a_2} s_3 \cdots$$

下面来看一个具体的例子。在地图上有 9 个地点，编号从 $A$ 到 $I$，终点是 $I$，现在我们要以任意一个位置为起点，走到终点。这些地点之间有路连接，如图 20.2 所示。

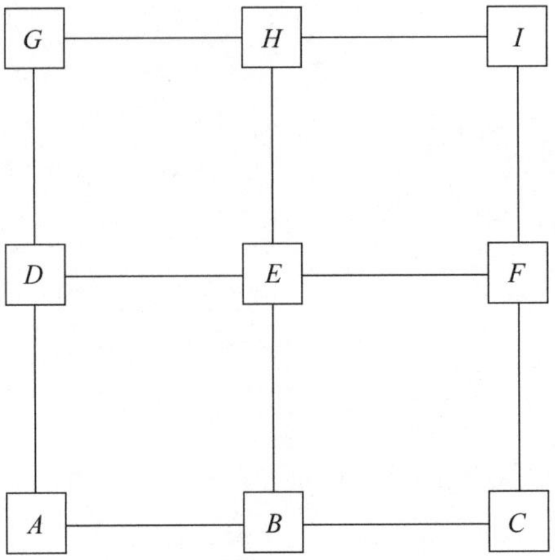


图 20.2 寻找路径任务

对于上面的问题，状态有 9 种，就是当前所处的位置，其中 $I$ 为终止状态。在每个状态可以执行的动作有 4 种：向上走、向下走、向左走、向右走。将这 4 种动作简写为 $u$、$d$、$l$、$r$。由此得到状态的集合为

$$S = \{A,B,C,E,E,F,G,H,I\}$$

动作的集合为

$$A = \{u,d,l,r\}$$

无论在什么位置，执行一个动作之后下一步到达的位置是确定的，因此，状态转移概率为 1。除非到达了终点 $I$，否则每一次执行动作之后的回报值为 0，到达终点后的回报值为 100。如果用马尔可夫决策过程表示上面的问题，如图 20.3 所示。

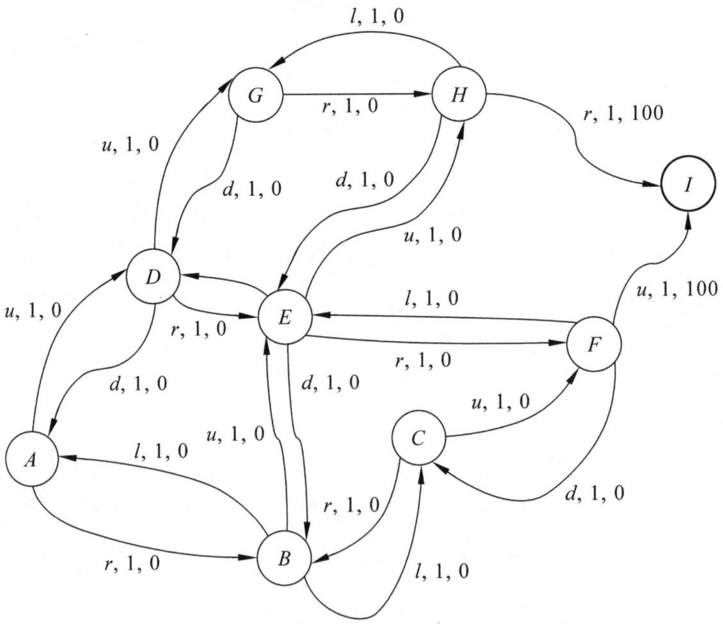


图 20.3 寻找路径任务的马尔可夫决策过程

这里终止状态 $I$ 用加粗的圆表示。图中每条边表示执行动作后的状态转移，包含的信息有动作、转移概率，以及得到的立即回报。例如，从 $E$ 到 $I$ 的边表示执行动作 $u$ 即向上走，到达状态 $I$，转移的概率是 1，得到的回报是 100。除了进入终止状态 $I$ 的两条边各有 100 的回报之外，其他动作的回报都为 0。因为状态转移是确定性的，因此转移概率全部为 1。

问题的核心是执行动作的策略，它可以抽象成一个函数 $\pi$，定义了在每种状态时要选择执行的动作。这个函数定义了在状态 $s$ 所选择的动作为

$$a = \pi(s)$$

这是确定性策略。对于确定性策略，在每种状态下智能体要执行的动作是唯一的。另外还有随机性策略，智能体在一种状态下可以执行的动作有多种，策略函数给出的是执行每种动作的概率：

$$\pi(a \mid s) = p(a \mid s)$$

即按概率从各种动作中随机选择一种执行。策略只与当前所处的状态有关，与历史时间无关，在不同时刻对于同一个状态所执行的策略是相同的。下面以一个例子来说明策略函数。根据交通规则，在一个红绿灯路口，驾驶汽车时执行的确定性策略如表 20.1 所示。

**表 20.1　确定性策略**

| 状态 | 动作 |
|---|---|
| 绿灯 | 通过 |
| 红灯 | 停止 |
| 黄灯 | 通过 |

强化学习的目标是要达到某种预期，当前执行动作的结果会影响系统后续的状态，因此需要确定动作在未来是否能够得到好的回报，这种回报具有延迟性。对于围棋，当前走的一步棋一般不会马上结束，但会影响后续的棋局，需要使得未来赢的概率最大化，而未来又具有随机性，这为确定一个正确的决策带来了困难。

选择策略的目标是按照这个策略执行后，在各个时刻的累计回报值最大化，即未来的预期回报最大。按照某一策略执行的累计回报定义为

$$\sum_{t=0}^{+\infty} \gamma^t R_{a_t}(s_t, s_{t+1})$$

这里使用了带衰减系数的回报和。按照策略 $\pi$，智能体在每个时刻 $t$ 执行的动作为

$$a_t = \pi(s_t)$$

其中，$\gamma$ 称为折扣因子，是[0,1]区间的一个数。在每个时刻 $t$ 执行完动作 $a_t$ 得到的回报为

$$\gamma^t R_{a_t}(s_t, s_{t+1})$$

使用折扣因子是因为未来具有更大的不确定性，所以回报值要随着时间衰减。另外，如果不加上这种按照时间的指数级衰减会导致整个求和项趋向于无穷大。这里假设状态转移概率以及每个时刻的回报是已知的，算法要寻找最佳策略来最大化上面的累计回报。

如果每次执行一个动作进入的下一个状态是确定的，则可以直接用上面的累计回报计算公式。如果执行完动作后进入的下一个状态是随机的，则需要计算各种情况的数学期望。类似于有监督学习中需要定义损失函数来评价预测函数的优劣，在强化学习中也需要对策

略函数的优劣进行评价。为此定义状态价值函数的概念，它是在某个状态 $s$ 下，按照策略 $\pi$ 执行动作，累计回报的数学期望，衡量的是按照某一策略执行之后的累计回报。状态价值函数的计算公式为

$$\begin{aligned} V_\pi(s) &= \sum_{s'} p_{\pi(s)}(s,s')(R_{\pi(s)}(s,s') + \gamma V_\pi(s')) \\ &= \sum_{s'} p_{\pi(s)}(s,s')R_{\pi(s)}(s,s') + \sum_{s'} \gamma p_{\pi(s)}(s,s')V_\pi(s') \\ &= R(s) + \gamma \sum_{s'} p_{\pi(s)}(s,s')V_\pi(s') \end{aligned}$$

这是一个递归的定义，函数的自变量是状态与策略函数，将它们映射成一个实数，每个状态的价值函数依赖于从该状态执行动作后能到达的后续状态的价值函数。在状态 $s$ 时执行动作 $\pi(s)$，下一时刻的状态 $s'$ 是不确定的，进入每个状态的概率为 $p_{\pi(s)}(s,s')$，当前获得的回报是 $R_{\pi(s)}(s,s')$，因此，需要对下一时刻的所有状态计算数学期望，即概率意义上的均值，而总的回报包括当前的回报和后续时刻的回报值之和，即 $V_\pi(s')$。在这里 $R(s)$ 表示当前时刻获得的回报。如果是非确定性策略，还要考虑所有的动作，这种情况的状态价值函数计算公式为

$$V_\pi(s) = \sum_a \pi(a \mid s) \sum_{s'} p_a(s,s')(R_a(s,s') + \gamma V_\pi(s'))$$

对于终止状态，无论使用什么策略函数，其状态价值函数为 0。类似地可以定义动作价值函数。它是智能体按照策略 $\pi$ 执行，在状态 $s$ 时执行具体的动作 $a$ 后的预期回报，计算公式为

$$Q_\pi(s,a) = \sum_{s'} p_a(s,s')(R_a(s,s') + \gamma V_\pi(s'))$$

动作价值函数除了指定初始状态 $s$ 与策略 $\pi$ 之外，还指定了在当前的状态 $s$ 时执行的动作 $a$。这个函数衡量的是按照某一策略，在某一状态时执行各种动作的价值。这个值等于在当前状态 $s$ 下执行一个动作后的立即回报 $R_a(s,s')$，以及在下一个状态 $s'$ 时按照策略 $\pi$ 执行所得到的状态价值函数 $V_\pi(s')$ 之和，此时也要对状态转移概率 $p_a(s,s')$ 求数学期望。状态价值函数和动作值函数的计算公式称为贝尔曼方程，它们是马尔可夫决策过程的核心。

因为算法要寻找最优策略，因此需要定义最优策略的概念。因为状态价值函数定义了策略的优劣，因此，可以根据此函数值对策略的优劣进行排序。对于两个不同的策略 $\pi$ 和 $\pi'$，如果对于任意状态 $s$ 都有

$$V_\pi(s) \geqslant V_{\pi'}(s)$$

则称策略 $\pi$ 优于策略 $\pi'$。对于任意有限状态和动作的马尔可夫决策过程，都至少存在一个最优策略，它优于其他任何不同的策略。根据最优策略的定义与性质，马尔可夫决策过程的优化目标为

$$V^*(s) = \max_\pi V_\pi(s)$$

即寻找任意状态 $s$ 的最优策略函数 $\pi$。这个最优化问题的求解目前有 3 种主流的方法，分别是动态规划、蒙特卡洛算法和时序差分算法。

一个重要结论是，所有的最优策略有相同的状态价值函数和动作价值函数值。最优动作价值函数定义为

$$Q^*(s,a) = \max_\pi Q_\pi(s,a)$$

对于状态-动作对$(s,a)$，最优动作价值函数给出了在状态 $s$ 时执行动作 $a$，后续状态时按照最优策略执行时的预期回报。找到了最优动作价值函数，根据它可以得到最优策略，具体做法是在每个状态时执行动作价值函数值最大的那个动作：

$$\pi^*(s) = \text{argmax}_a Q^*(s,a)$$

因此，可以通过寻找最优动作价值函数得到最优策略函数。如果只使用状态价值函数，虽然能找到其极值，但不并知道此时所采用的策略函数。

## 20.2 基于动态规划的算法

强化学习的目标是求解最优策略，最直接的求解手段是动态规划算法。动态规划通过求解子问题的最优解得到整个问题的最优解，其基本原理是如果要保证一个解全局最优，则每个子问题的解也要是最优的。

20.1.2 节定义了状态价值函数和动作价值函数，并根据它们的定义建立了递推的计算公式。强化学习的优化目标是寻找一个策略使得状态价值函数极大化：

$$\pi^*(s) = \arg\max_\pi V_\pi(s)$$

假设最优策略 $\pi^*$ 的状态价值函数和动作价值函数分别为 $V^*(s)$和 $Q^*(s,a)$，根据定义最优状态价值函数和最优动作价值函数之间存在如下关系：

$$V^*(s) = \max_a Q^*(s,a)$$

即要保证状态价值函数是最优的，则当前的动作也要是最优的。状态价值函数和动作价值函数都满足贝尔曼最优性方程。对于状态价值函数，有

$$V^*(s) = \max_a \sum_{s'} p_a(s,s')(R_a(s,s') + \gamma V^*(s'))$$

上式的意义是对任何一个状态 $s$，要保证一个策略 $\pi$ 能让状态价值函数取得最大值，则需要本次执行的动作 $a$ 所带来的回报与下一状态 $s'$的最优状态价值函数值之和是最优的。对于动作价值函数，类似地有

$$Q^*(s,a) = \sum_{s'} p_a(s,s')(R_a(s,s') + \gamma \max_{a'} Q^*(s',a'))$$

算法要寻找状态价值函数最大的策略，因此，需要确定一个策略的状态价值函数，得到一个策略的状态价值函数之后，可以调整策略，让价值函数不断变大。动态规划算法在求解时采用了分步骤迭代的思路解决这两个问题，分别称为策略评估和策略改进。

### 20.2.1 策略迭代算法

给定一个策略，可以用动态规划算法计算它的状态价值函数，这称为策略评估(Policy Evaluation)。在每种状态下执行的动作有多种可能，需要对各个动作计算数学期望。按照定义，状态价值函数的计算公式为

$$V_\pi(s) = \sum_a \pi(a \mid s) \sum_{s'} p_{\pi(s)}(s,s')(R_{\pi(s)}(s,s') + \gamma V_\pi(s'))$$

状态 $s$ 的价值函数依赖于后续状态，因此，计算时需要利用后续状态 $s'$的价值函数依次更新状态 $s$ 的价值函数。如果将这个式子展开，得到的是一个关于所有状态的价值函数的方程组，因此，计算所有状态的价值函数本质上是求解方程组。

求解时使用迭代法，首先为所有状态的价值函数设置初始值，然后用公式更新所有状态的价值函数，第 $k$ 次迭代时的更新公式为

$$V_{k+1}(s)=\sum_a \pi(a\mid s)\sum_{s'} p_a(s,s')(R_a(s,s')+\gamma V_k(s'))$$

算法最后会收敛到真实的价值函数值。更新有两种方法：第一种是更新某一状态的价值函数时用其他所有状态的价值函数在上一次迭代时的值；第二种方法是更新某一状态的价值函数时用其他状态最新的迭代值，而不用等所有状态一起更新。从上面的计算公式可以看到，策略估计需要知道状态转移概率。

策略评估的目的是为了找到更好的策略，即策略改进。策略改进通过按照某种规则对当前策略进行调整，得到更好的策略。如果在某一状态下执行一个动作 $a$ 所得到的预期回报比之前计算出来的价值函数还要大，即

$$Q_\pi(s,a)>V_\pi(s)$$

则至少存在一个策略比当前策略更好，因为即使只将当前状态下的动作改为 $a$，其他状态下的动作按照策略 $\pi$ 执行，得到的预期回报也比按照 $\pi$ 执行要好。假设 $\pi$ 和 $\pi'$ 是两个不同的策略，如果对于所有状态 $s$ 都有

$$Q_\pi(s,\pi'(s))\geqslant V_\pi(s)$$

则称策略 $\pi'$ 比 $\pi$ 更好。可以遍历所有状态和所有动作，用贪心策略获得新策略。具体做法是对于所有状态都按照下面的公式计算新的策略：

$$\begin{aligned}\pi(s)&=\arg\max_a Q_\pi(s,a)\\&=\arg\max_a\sum_{s'} p_a(s,s')(R_a(s,s')+\lambda V_\pi(s'))\end{aligned}$$

每次选择的都是能获得最好回报的动作，用它们来更新每个状态下的策略函数，从而完成对策略函数的更新。

策略迭代是策略评估和策略改进的结合。从一个初始策略开始，不断地改进这个策略达到最优解。每次迭代时首先用策略估计一个策略的状态价值函数，然后根据策略改进方案调整该策略，再计算新策略的状态价值函数，如此反复直到收敛。策略迭代的原理如图 20.4 所示。

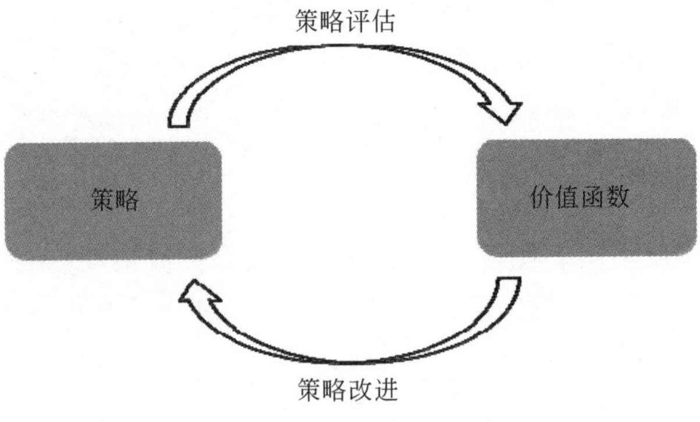


**图 20.4 策略迭代的原理**

完整的策略迭代算法流程如下。

对所有的状态 $s$，将策略函数 $\pi(s)$ 和状态价值函数 $V(s)$ 初始化为任意值
第一阶段：策略估计
循环
  初始化相邻两次迭代的价值函数的差值：$\Delta=0$
  循环，对于每个状态 $s\in S$
    获取上次迭代的状态价值函数：$v=V(s)$
    更新状态价值函数：

$$V(s)=\sum_{s'} p_{\pi(s)}(s,s')(R+\gamma V(s'))$$

    更新差值：

$$\Delta=\max(\Delta,|v-V(s)|)$$

直到 $\Delta<\theta$
第二阶段：策略改进
初始化策略是否没有改进的标志变量：flag=true
循环，对于每个状态 $s\in S$
获取之前的策略所确定的动作：$a=\pi(s)$
计算当前状态的最优动作：

$$\pi(s)=\mathrm{argmax}_a\sum_{s'} p_a(s,s')(R+\gamma V(s'))$$

如果 $a\neq\pi(s)$
  则 flag←false
如果 flag=true 则停止迭代，返回 $\pi$ 和 $V$；否则继续执行策略估计

其中，$\theta$ 是人工设置的阈值，用于判断状态价值函数的估计值是否已经收敛，这通过相邻两次迭代时的价值函数之差与阈值 $\theta$ 进行比较来实现。算法首先计算给定策略的状态价值函数，收敛之后，执行策略改进，如果无法继续改进，则认为已经收敛到最优策略。

### 20.2.2 价值迭代算法

在策略迭代算法中，策略评估的计算量很大，需要多次处理所有状态并不断地更新状态价值函数。实际上不需要知道状态价值函数的精确值也能找到最优策略，价值迭代就是其中的一种方法。

根据贝尔曼最优化原理，如果一个策略是最优策略，整体最优的解其局部一定也最优，因此，最优策略可以被分解成两部分：从状态 $s$ 到 $s'$ 采用了最优动作，在状态 $s'$ 时采用的策略也是最优的。根据这一原理，每次选择当前回报和未来回报之和最大的动作，价值迭代的更新公式为

$$V_{k+1}(s)=\max_a\sum_{s'} p_a(s,s')(R_a(s,s')+\gamma V_k(s'))$$

价值迭代算法与策略迭代算法的区别在于，不是对某一策略的状态价值函数进行计算，而是直接收敛到最优的价值函数。

价值迭代算法的流程如下。

初始化所有状态的价值函数值为任意值

循环

初始化相邻两次迭代时价值函数的最大差值：$\Delta=0$

循环，对于状态集中的每个状态 $s$

获取迭代之前的状态价值函数：$v=V(s)$

更新价值函数：

$$V(s)=\max_a \sum_{s'} p_a(s,s')(R+\gamma V(s'))$$

更新差值：

$$\Delta=\max(\Delta,|v-V(s)|)$$

直到 $\Delta<\theta$

迭代结束后，输出一个确定性的策略 $\pi$，每个状态下选择价值最大的动作：

$$\pi(s)=\arg\max_a \sum_{s'} p_a(s,s')(R+\gamma V(s'))$$

其中，$\theta$ 为人工设置的阈值，用于迭代终止的判定。价值迭代利用贝尔曼最优性方程来更新状态价值函数，每次选择在当前状态下达到最优值的动作。策略迭代算法和价值迭代算法都依赖于环境的模型，需要知道状态转移的概率，因此，被称为有模型的强化学习算法。

## 20.3 蒙特卡洛算法

策略迭代算法和价值迭代算法虽然都可以得到理论上的最优解，但是它们的计算过程依赖于事先知道状态转移概率和立即回报值。对于很多应用场景，无法得到准确的状态模型和回报函数。因此，前面介绍的这两种算法在实际问题中使用价值有限。

对于无法建立精确的环境模型的问题，只能根据一些状态、动作、回报值序列样本进行计算，估计出价值函数和最优策略。基本思想是按照某种策略随机执行不同的动作，观察得到的回报，然后进行改进，即通过随机试探来学习。这类算法称为无模型的算法。

蒙特卡洛算法和时序差分算法是这种随机方法的典型代表，在本节中讲述蒙特卡洛算法，时序差分算法在 20.4 节中介绍。蒙特卡洛算法是一种随机数值算法，它通过使用随机数来近似求解某些难以直接求解的问题。在强化学习中，蒙特卡洛算法可以根据样本得到状态价值函数和动作价值函数的估计值，用于近似它们计算公式中的数学期望值。

### 20.3.1 算法简介

蒙特卡洛算法通过随机样本来计算目标函数的值。下面用一个例子进行说明，如何用这种算法来计算单位圆的面积。以原点为圆心的单位圆的方程为

$$x^2+y^2=1$$

圆内部的点满足下面的不等式：

$$x^2+y^2<1$$

用蒙特卡洛算法求解时，使用大量的随机点$(x,y)$，其中，$x$ 和 $y$ 都服从区间$[-1,1]$内的均匀分布。算法维护了两个计数器，第一个是落在圆内的点的数量，第二个是随机点的总数。实现时，生成大量的样本点(如 10000 个)，对于每个点，判断它是否在圆的内部，如果是，则将第一个计数器加 1。通过生成大量这样的点，最后得到圆内部点数的计数器值，除

以随机点的总数，得到一个比值，这个比值就是圆的面积与矩形面积的比：

$$\frac{\text{落在圆内的点数}}{\text{总点数}}$$

这个圆的外接矩形的面积是 4，用比值乘以矩形的面积，就得到了圆的面积。这一过程的原理如图 20.5 所示。

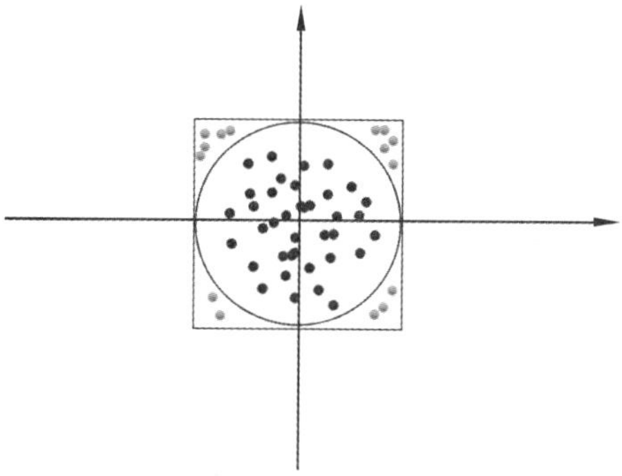

图 20.5　用蒙特卡洛算法计算圆的面积

在图 20.5 中随机生成了均匀分布在矩形区域内的样本点，落在圆内的点标记为蓝色，落在圆之外的点标记为黄色。计算蓝色的点数量与总点数的比值，就可以得到圆的面积与矩形面积的比值，然后乘上矩形的面积，最后得到圆的面积。

### 20.3.2　状态价值函数估计

在上面的例子中，样本是一些随机的点，在用于计算强化学习的价值函数时，样本是一些片段。在这里先定义片段(Episode)的概念，它是从某一状态开始，执行一些动作，直到终止状态为止的一个完整的状态和动作序列，这类似于循环神经网络中的时间序列样本。蒙特卡洛算法从这些片段样本中学习，估算出状态价值函数和动作价值函数。实现时的做法非常简单：按照一个策略执行，得到一个状态和回报序列，即片段。多次执行，得到多个片段。接下来根据这些片段样本估计出价值函数。

在蒙特卡洛算法中，状态价值函数的估计值是所有片段中以该状态计算得到的回报的平均值。具体实现时，根据给定的策略生成一些片段样本：

$$s_1, a_1, R_2, s_2, a_2 \cdots s_t, a_t, R_{t+1} \cdots$$

如果要计算状态 s 的价值函数，则在这个片段中找到 s 出现的位置，假设为 $s_t$。然后按照状态价值函数的定义计算它的价值函数值：

$$V_\pi(s) = R_{t+1} + \lambda R_{t+2} + \cdots$$

可能会出现这种情况：从状态 $s$ 离开之后，经过一段时间又回到这个状态。对于这个问题有两种处理策略，即 First-Visit 和 Every-Visit。前者只使用第一次到达状态 $s$ 时所计算的价值函数值，后者对每次进入状态 $s$ 时的价值函数值累加取平均。

蒙特卡洛策略评估算法的流程如下。

初始化所有状态的价值函数，将所有状态 $s$ 的回报值列表 Returns($s$)初始化为空

循环

按照策略 $\pi$ 生成一个片段
循环，对于片段中出现的每个状态 $s$
　　寻找状态 $s$ 在片段中的第一次出现的位置，计算它的回报值 $G$
　　将 $G$ 加入到列表 Returns($s$)中
结束循环
返回列表的均值作为状态价值函数的估计值 avg(Returns($s$))；
结束循环

每次得到价值函数的估计值之后，使用类似梯度下降法的公式进行更新，以保证平滑性。更新公式为

$$V(s) = V(s) + \alpha(\overline{G} - V(s))$$

这里的更新项使用了蒙特卡洛估计值与当前函数值的差分，类似于梯度下降法，以保证函数值收敛，参数 $\alpha$ 是人工设置的学习率。

### 20.3.3 动作价值函数估计

估计动作价值函数的做法和估计状态价值函数类似。给定一个策略，在状态 $s$ 下执行动作 $a$，后面的动作遵循策略 $\pi$，生成片段。然后根据片段计算出动作值函数，最后用从这些片段得到的函数值的平均值作为最终的估计值。

用蒙特卡洛算法估计价值函数时存在一个问题，在某一状态下有多个动作可以执行，如果只执行估值最大的那个动作，则其他动作没有机会得到执行，这样就无法估计这些动作的值。因此，要让所有动作都有机会执行。一种做法称为 $\varepsilon$-贪心策略，以 $1-\varepsilon$ 的概率执行最优动作，以 $\varepsilon$ 的概率执行其他动作，这样可以获得所有动作的估计值。

### 20.3.4 蒙特卡洛控制

蒙特卡洛控制是动作价值函数估计与策略改进的结合。算法的流程如下。

初始化策略函数 $\pi(s)$ 为随机值，初始化所有状态的动作价值函数 $Q(s,a)$ 为随机值
初始化 Retruns($s,a$)列表为空
循环
　　随机选择初始状态 $s_0$，初始动作 $a_0$
　　按照策略 $\pi$ 生成一个片段
　　循环，对片段中出现的每个状态-动作对 $s$、$a$
　　　　计算 $s$、$a$ 第一出现时的价值函数值 $G$
　　　　将 $G$ 加入到列表 Retruns($s,a$)中
　　　　计算列表的均值，赋予动作价值函数：

$$Q(s,a) = \text{avg}(\text{Returns}(s,a))$$

　　结束循环
　　循环，对片段中的每个状态 $s$

$$\pi(s) = \arg\max_a Q(s,a)$$

结束循环

结束循环

与价值迭代算法类似，在这里首先计算所有状态-动作对的价值函数，然后更新策略，将每种状态下的动作置为使得动作价值函数最大的动作，反复迭代直至收敛。

## 20.4 时序差分学习

蒙特卡洛算法需要使用完整的片段进行计算，这在有些问题中是不现实的，尤其是对于没有终止状态的问题。时序差分算法（Temporal Difference learning，TD 学习）[2] 对此进行了改进，执行一个动作之后就进行价值函数估计，无须使用包括终止状态的完整片段。与蒙特卡洛算法一样，TD 算法无须依赖状态转移概率，直接通过生成的随机样本来计算。最基本的 TD 算法用贝尔曼方程估计价值函数的值，然后构造更新项。迭代更新公式为

$$V(s)=V(s)+\alpha(R+\gamma V(s')-V(s))$$

算法用当前动作的立即回报值与下一状态当前的状态价值函数估计值之和构造更新项，更新本状态的价值函数。更新项为

$$R+\gamma V(s')$$

在上式中没有使用状态转移概率，而是和蒙特卡洛算法一样随机产生一些样本来进行计算，因此也是无模型的算法。用于估计状态价值函数时，算法的输入为策略，输出为该策略的状态值函数。

用于估计状态价值函数值的 TD 学习算法的流程如下。

初始化所有状态的价值函数 $V(s)$，可以全部初始化为 0
循环，对于所有的片段
　　选择一个初始状态 $s$
　　循环，对于片段中的每一步
　　　　按照策略 $\pi$ 为状态 $s$ 确定一个动作 $a$ 来执行
　　　　执行动作 $a$，得到立即回报 $R$ 以及下一个状态 $s'$
　　　　更新价值函数：
$$V(s)=V(s)+\alpha(R+\gamma V(s')-V(s))$$
　　　　进入新状态：$s=s'$
　　直到 $s$ 为终止状态
结束循环

在实现时需要将状态价值函数存在一维数组中，然后根据公式迭代更新数组中的每个元素，直到收敛。

### 20.4.1 Sarsa 算法

前面介绍的算法用于估计状态价值函数的值，而 Sarsa 算法用于估计给定策略的动作价值函数，同样是每次执行一个动作之后就进行更新。它的迭代更新公式为

$$Q(s,a)=Q(s,a)+\alpha(R+\gamma Q(s',a')-Q(s,a))$$

由于更新值的构造使用了 $\{s,a,R,s',a'\}$ 这 5 个变量，因此被命名为 Sarsa 算法。根据

所有状态-动作对的价值函数可以得到最优策略。

算法的流程如下。

初始化，将所有非终止状态的 $Q(s,a)$ 初始化为任意值，终止状态的初始化为 0
循环，对所有片段
  选择一个初始状态 $s$
  根据 $Q$ 函数为状态 $s$ 确定一个动作 $a$，可以采用 ε-贪心策略
  循环，对于片段中的每一步
    执行动作 $a$，得到立即回报 $R$ 以及下一个状态 $s'$
    根据 $Q$ 函数为状态 $s'$ 确定一个动作 $a'$，可以采用 ε-贪心策略
    更新 $Q$ 函数：
$$Q(s,a)=Q(s,a)+\alpha(R+\gamma Q(s',a')-Q(s,a))$$
    更新状态和动作：$s=s',a=a'$
  直到 $s$ 为终止状态
结束循环

对于有限的状态和动作集合，可以将动作价值函数存储在二维数组中，行代表状态，列代表动作，每个元素为在某种状态下执行某种动作的价值函数值。算法运行时迭代更新这个数组中的每个元素，直到收敛。

## 20.4.2 Q学习

$Q$ 学习[23]算法类似于 Sarsa 算法，不同的是估计动作价值函数的最大值，通过迭代可以直接找到价值函数的极值，从而确定最优策略，类似于价值迭代算法的思想。

算法的流程如下。

初始化，将所有非终止状态的 $Q(s,a)$ 初始化为任意值，终止状态的初始化为 0
循环，对所有的片段
  选择一个初始状态 $s$
  循环，对于片段中的每一步
    根据 $Q$ 函数为状态 $s$ 确定一个动作 $a$，可以采用 ε-贪心策略
    执行动作 $a$，得到立即回报 $R$ 以及下一个状态 $s'$
    更新价值函数：
$$Q(s,a)=Q(s,a)+\alpha(R+\gamma \max_{a'}Q(s',a')-Q(s,a))$$
    进入新状态：$s=s'$
  直到 $s$ 为终止状态
结束循环

实现时需要根据当前的动作价值函数的估计值为每个状态选择一个动作来执行，这里有 3 种方案：第 1 种方案是随机选择一个动作，这称为探索(Exploration)；第 2 种方案是根据当前的动作函数值选择一个价值最大的动作执行：

$$a=\max_{a'}Q(s,a')$$

这称为利用(Exploitation)。第 3 种方案是前两者的结合，即 ε-贪心策略。以 1−ε 的概率执行最优动作，以 ε 的概率执行其他动作。执行完动作之后，进入状态 $s'$，然后寻找状态 $s'$ 下所有动作的价值函数的极大值、构造更新项。算法最终会收敛到动作价值函数的最优值。用于预测时，在每个状态下选择函数值最大的动作执行，这就是最优策略，具体实现时同样可以采用 ε-贪心策略。

## 20.5　深度强化学习

前面介绍的强化学习算法(如 $Q$ 学习)只能用于状态和动作集合是离散的有限集且状态和动作数量较少的情况，状态和动作需要人工设计，$Q$ 函数值存储在一个二维表格中。实际应用中的场景一般很复杂，很难定义出离散的状态；即使能够定义，数量也非常大，无法用数组存储。这些实际应用问题的输入数据是高维的(如图像、声音)，强化学习算法要根据它们选择一个动作执行。例如，对于自动驾驶算法，要根据当前的画面决定汽车的动作。$Q$ 学习需要列举出所有可能的情况，然后进行迭代。对于高维的输入数据，显然是不现实的，如果直接以原始数据作为状态，维数太高，导致状态数量太多。

一种解决方案是从高维数据中抽象出特征，作为状态，然后用强化学习建模，但这种做法很大程度上依赖于人工特征的设计，如从画面中提取出目标的位置、速度等信息非常困难，且通用性差。

用函数来拟合价值函数或策略函数是第二种解决方案，函数的输入是原始的状态数据，输出是价值函数值或策略函数值。在有监督学习中，我们用神经网络来拟合分类或回归函数，同样，也可以用神经网络可来拟合强化学习中的价值函数和策略函数，这就是深度强化学习的基本思想，它是深度学习与强化学习相结合的产物。

将神经网络与强化学习进行结合并不是一个新的想法，早在 1995 年就有人进行了尝试。文献[24]提出了 TD-gammon 算法，用强化学习实现西洋双陆棋，取得了比人类选手更好的成绩。这种方法采用了与 $Q$ 学习类似的策略，用多层感知器模型逼近状态价值函数($V$ 函数)。然而，后来将这种算法用于国际象棋、围棋、西洋跳棋时，效果非常差。这使得人们认为 TD-gammon 算法只是一个特例，不具有通用性。

此后的研究表明，将 $Q$ 学习这样的无模型强化学习算法与非线性价值函数逼近结合使用时，会导致训练时 $Q$ 函数无法收敛到极大值。相比之下，用线性函数来逼近价值函数，会有更好的收敛性。文献[25]对收敛性问题进行了详细的分析与证明。

深度学习出现并取得成功之后，将深度神经网络用于强化学习是一个很自然的想法。深度神经网络能够实现端到端的学习，直接从图像、声音等高维数据中学习有用的特征，比人工设计的特征更为强大和通用。在文献[26]中，受限玻尔兹曼机被用于表示价值函数；在文献[27]中，受限玻尔兹曼机被用于表示策略函数。神经网络用于 $Q$ 学习时不收敛的问题被 gradient temporal-difference 算法部分解决。用非线性函数来学习一个固定的策略时，这些方法的收敛性是可以得到保证的，相关的分析可以阅读文献[34]。用线性函数来近似价值函数，采用 $Q$ 学习训练，收敛性也可以得到保证，文献[36]对此有详细的分析与论证。

文献[22]提出了 Neural Fitted Q-learning(NFQ)算法，使用神经网络作为 $Q$ 函数的逼近。NFQ 优化 $Q$ 学习的目标函数，采用 RPROP 算法更新 $Q$ 网络的参数。训练时采用了批量梯度下降法进行更新迭代，因此，单次迭代的计算量太大。这种方法需要反复对神经网络进行从头开始的上百次迭代，不适合训练大规模的神经网络，效率太低。

NFQ也被用于现实世界中的控制任务[28]，以自动编码器作为提取特征的网络，直接接收视觉输入信号，然后将NFQ算法作用于提取出的特征表示。文献[29]将$Q$学习与经验回放机制进行整合，采用简单的神经作为逼近器。这里还是用低维的状态向量作为神经网络的输入，而不是高维的图像等原始数据。

### 20.5.1 深度Q网络

在$Q$学习中用表格存储$Q$函数的值，如果状态和动作太多，这个表将非常大，在某些应用中也无法列举出所有的状态形成有限的状态集合。解决这个问题的方法是用一个函数来近似价值函数，深度$Q$学习用神经网络来近似动作价值函数。网络的输入是状态，输出是各种动作的价值函数值。例如，算法要实现自动驾驶，将当前场景的图像作为状态，神经网络的输入是这种图像，输出是每个动作对应的$Q$函数值，这里的动作是左转、右转、刹车、踩油门等。显然，神经网络输出层的尺寸与动作数相等。

在计算机视觉、语音识别领域，深度神经网络可以直接从场景数据（如图像、声音）中提取出高层特征，实现端到端的学习，无须再人工设计特征。一个自然的想法是能否用深度学习来为强化学习的原始输入数据进行建模。用深度神经网络近似$Q$函数时，网络的输入值为状态数据，如原始的游戏画面，输出值为在当前状态下执行各种动作所得到的最大$Q$函数值。但是将深度学习用于强化学习将面临几个挑战。

(1) 深度学习需要大量有标签的训练样本，而在强化学习中，算法要根据标量回报值进行学习，这个回报值往往是稀疏的，即不是执行每个动作都立刻能得到回报。例如，对于打乒乓球这样的游戏，只有当自己或者对手失球时得分才会变化，此时才有回报，其他时刻没有回报。回报值带有噪声，另外还具有延迟，当前时刻的动作所得到的回报在未来才能得到体现。在下棋时，当前所走的一步的结果会延迟一段时间后才能得到体现。

(2) 有监督学习一般要求训练样本之间是相互独立的，在强化学习中，经常遇到的是前后高度相关的状态序列。在某个状态下执行一个动作之后进入下一个状态，前后两个状态之间存在着明显的概率关系，不是独立的。

(3) 在强化学习中，随着学习到新的动作，样本数据的概率分布会发生变化，而在深度学习中，要求训练样本的概率分布是固定的。

在文献[4]中，DeepMind公司提出了一种用深度神经网络打Atari游戏的方法，仅通过观察游戏画面和得分，就可以学会打这种游戏。该方法使用深度卷积神经网络拟合$Q$函数，称为深度$Q$网络(DQN)，它是第一个成功的具有通用性的深度强化学习算法。网络的输入为经过处理后的若干帧游戏图像画面，输出为在这种状态下执行各种动作的$Q$函数值。原始的游戏画面是210像素×160像素的彩色图像，如果将每个像素的值变换为0～255的整数，所有可能的状态数为

$$256^{210\times 160}$$

这个规模的矩阵无法直接用表格存储，因此使用卷积神经网络对$Q$函数进行逼近。网络的输出值是在输入状态下执行每个动作的$Q$函数值，在这里有18个值，代表游戏中的18种动作。卷积神经网络用于近似最优$Q$函数：

$$Q(s,a,\boldsymbol{\theta}) \approx Q_\pi(s,a)$$

其中，$\boldsymbol{\theta}$ 是网络的参数。文献[3]的网络结构如图 20.6 所示。

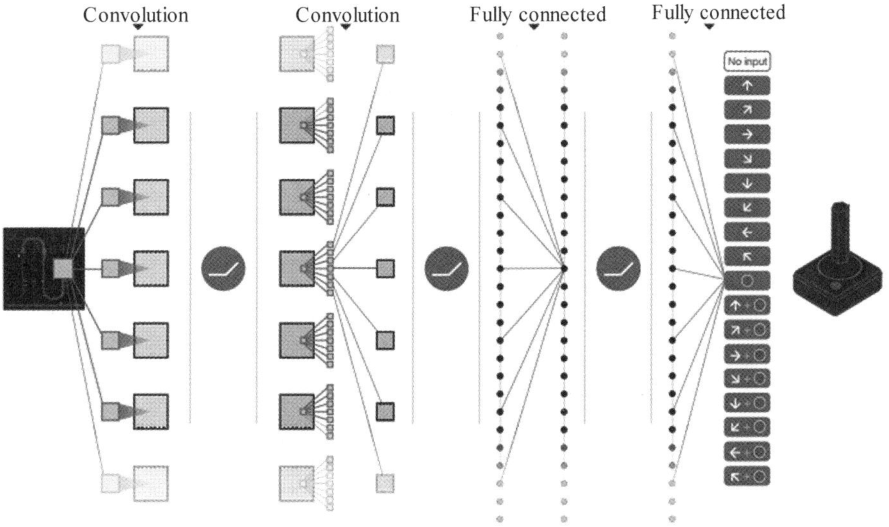


**图 20.6　DQN 的网络结构**(来自文献[3])

这个卷积网络有 2 个卷积层，2 个全连接层。网络的结构和输出值与之前介绍的卷积神经网络相比并没有特殊之处，关键问题是训练样本的获取与目标函数的设计。在这里并没有将动作作为神经网络的输入，而是在输出层同时输出所有动作的 $Q$ 函数值，这样可以提高计算效率。这里的目标是逼近最优策略的 $Q$ 函数值，因此，可以采用 $Q$ 学习的做法。损失函数用神经网络的输出值与 $Q$ 学习每次迭代时的更新值构造，定义为

$$L(\boldsymbol{\theta}) = E((R + \gamma \max_{a'}(s',a',\boldsymbol{\theta}) - Q(s,a,\boldsymbol{\theta})))^2)$$

在这里采用了欧氏距离损失，是神经网络的输出值与 $Q$ 函数估计值之间的误差，与 $Q$ 学习中的更新项相同。另一个问题是如何得到训练样本，与 $Q$ 学习类似，可以通过执行动作来生成样本。实现时，用当前的神经网络进行预测，得到所有动作的价值函数，然后按照策略选择一个动作执行，得到下一个状态以及回报值，以此作为训练样本。

DQN 的一个创新是使用了经验回放(Experience Replay)机制，以解决训练样本之间存在相关性、训练样本的概率分布不固定的问题。神经网络要求训练样本之间相互独立，而 Atari 游戏的训练样本前后具有相关性。解决这个问题的做法是使用经验池，先将样本存储在一个集合中，训练神经网络时从中随机采样得到每次迭代所用的训练样本，以打破按照动作序列执行时前后两个时间步样本之间的依赖关系，实验结果证明这一方法的有效性。DQN 训练算法的流程如下：

```
初始化回放经验池 D，其容量为 N
用随机权重初始化神经网络，得到初始的 Q 函数
循环，对片段 1,2,…,M
    初始化序列 s_1 = {x_1}, φ_1 = φ(s_1)
    循环，对 t=1,2,…,T
        用神经网络对输入值进行预测，得到每个动作的价值函数
```

以概率 $\varepsilon$ 随机选择一个动作 $a_t$，否则选择 $a_t=\max_a Q^*(\phi(s_t),a;\boldsymbol{\theta})$

用模拟器执行动作 $a_t$，得到回报 $r_t$ 和图像 $x_{t+1}$

设置 $s_{t+1}=s_t,a_t,x_{t+1}$，计算 $\phi_{t+1}=\phi(s_{t+1})$

将 $(\phi_t,a_t,r_t,\phi_{t+1})$ 存储到经验池 $D$ 中

从经验池 $D$ 中随机采样 $m$ 个训练样本 $(\phi_j,a_j,r_j,\phi_{j+1})$

设置样本标签值：$y_j=\begin{cases} r_j, & \phi_{j+1}\text{ 为终止状态} \\ r_j+\gamma\max_{a'}Q(\phi_{j+1},a';\boldsymbol{\theta}), & \phi_{j+1}\text{ 为非终止状态} \end{cases}$

计算损失函数，用梯度下降法更新神经网络的参数 $\boldsymbol{\theta}$

结束循环

结束循环

其中，$\phi$ 是对游戏画面进行预处理的函数，实现时使用了最近 4 帧的游戏画面。预测时根据输入图像计算各个动作的 $Q$ 函数值，然后用 $\varepsilon$-贪心策略决定要执行的动作。

在实验中，对 Atari 中的 7 种游戏进行了测试，需要强调的是使用完全相同的算法，没有做网络结构和学习算法的调整。最后的结果是，在 6 个游戏中超越了之前最好的算法，并且在 3 个游戏上的表现超越了人类专家。实验结果证明 DQN 的收敛性，文献[4]对此进行了细致的分析。分析的指标是游戏得分值和 $Q$ 函数值，随着迭代的进行，二者会升高，这一结果如图 20.7 所示。

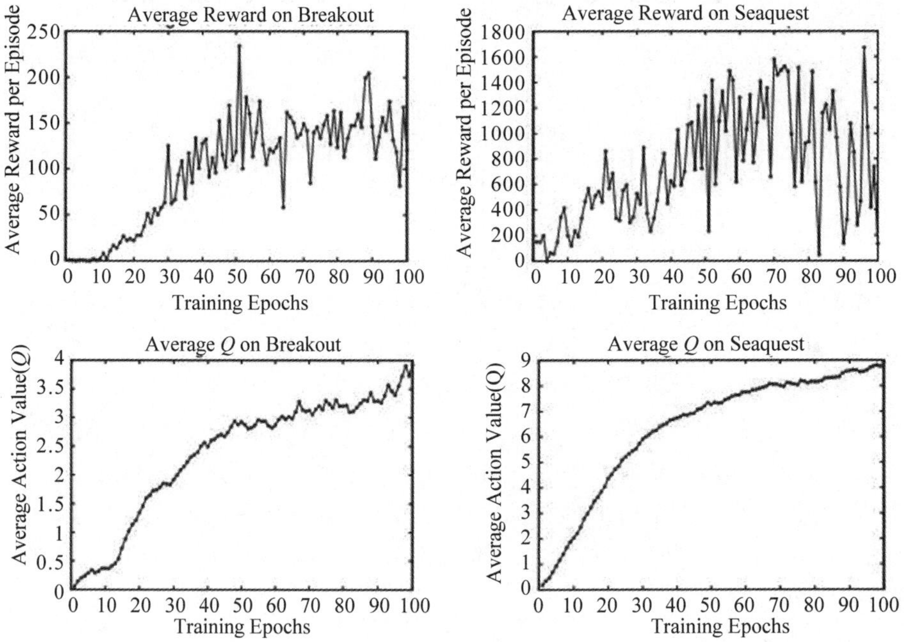


**图 20.7 DQN 的收敛性分析**（来自文献[4]）

DQN 实现了端到端学习，无须人工提取状态和特征，整合了深度学习和强化学习，深度学习用于感知任务，可以解决复杂环境下的决策问题。这种方法具有通用性，可以用于各种不同的问题。

文献[3]对 DQN 进行了改进，除了使用经验回放机制之外，还提出了固定 $Q$ 函数的策

略，使用另外一个 $Q$ 网络（称为目标 $Q$ 网络）来计算训练时的目标函数值，目标 $Q$ 网络周期性地与 $Q$ 网络进行同步。在 DQN 中，每次迭代时 $Q$ 值与 $Q$ 学习的目标值 $r+\gamma\max_{a'}Q(s',a')$ 之间存在相关性，因为它们用同一个 $Q$ 网络预测产生。文献[3]通过引入目标 $Q$ 网络，消除了这种相关性，每次计算训练样本的目标值时采用另外一个网络（目标 $Q$ 网络），有效地解决了这种问题。

此后 DQN 出现了大量改进算法[30-33]，这些改进包括系统整体结构、训练样本的构造、神经网络结构等方面。文献[30]提出 Double DQN（DDQN）算法。DDQN 中有两组不同的参数，$\boldsymbol{\theta}$ 和 $\boldsymbol{\theta}^-$。$\boldsymbol{\theta}$ 用于选择对应最大 $Q$ 值的动作，$\boldsymbol{\theta}^-$ 用于评估最优动作的 $Q$ 值。这两组参数将动作选择和策略评估分离，降低了过高估计 $Q$ 值的风险。DDQN 使用当前值网络的参数 $\boldsymbol{\theta}$ 选择最优动作，用目标值网络的参数 $\boldsymbol{\theta}^-$ 评估该最优动作。实验结果证明，DDQN 能更准确地估计 $Q$ 函数值，使得训练算法和训练得到的策略更为稳定。

文献[31]提出了基于优先级采样的 DQN，是对经验回放机制的改进。在之前的 DQN 中，经验回放通过经验池中的样本等概率随机抽样来获得每次迭代时的训练样本。显然，这没有利用每个样本的重要性。文献[31]的方法为经验池中的每个样本计算优先级，增大有价值的训练样本在采样时的概率。样本的优先级用时序差分算法的误差项进行构造，计算公式为

$$r+\gamma\max_{a'}Q(s',a';\boldsymbol{\theta}_i^-)-Q(s,a;\boldsymbol{\theta}_i)$$

这个值的绝对值越大，样本在采样时的概率越大。实验结果证明这种算法有更快的训练速度，并且在运行时有更好的效果。

文献[32]提出基于竞争架构的 DQN。其主要改进是将 CNN 卷积层之后的全连接层替换为两个分支，其中一个分支拟合状态价值函数，另外一个分支拟合动作优势函数。最后将两个分支的输出值相加，形成 $Q$ 函数值。实验表明，这种改进能够更准确地估计价值函数值。

DQN 中的深度神经网络是卷积神经网络，不具有长时间的记忆能力。为此，文献[33]提出了一种整合循环神经网络 RNN 的 DQN 算法（DRQN）。这种方法在 CNN 的卷积层之后加入循环层（LSTM 单元），能够记住之前的信息，对于有些任务具有更好的效果。

### 20.5.2 策略梯度算法

DQN 基于动作价值函数，它用神经网络拟合 $Q$ 函数的最优值，通过函数值间接得到最优策略。如果动作集合是连续的或维数很高，这种方法将面临问题。例如，算法要控制机器人在 $x$ 和 $y$ 方向上移动，每个方向上的移动距离是 $-1.0\sim+1.0$ 实数，移动距离无法穷举出来离散化的动作集合，因此，无法使用基于价值函数的方法。此时可以让神经网络根据输入的状态直接输出 $x$ 和 $y$ 方向的移动距离，从而解决连续性动作问题。

策略梯度（Policy Gradient）算法[6]是这种思想的典型代表，策略函数网络的输入是图像之类的原始数据。策略函数根据这个输入状态直接预测出要执行的动作：

$$a=\pi(s;\boldsymbol{\theta})$$

其中，$\boldsymbol{\theta}$ 是神经网络的参数。对于随机性策略，神经网络的输出是执行每种动作的概率值：

$$\pi(a\mid s;\boldsymbol{\theta})=p(a\mid s;\boldsymbol{\theta})$$

这是一种更为端到端的方法，神经网络的映射定义了在给定状态的条件下执行每种动

作的概率,根据这些概率值进行采样可以得到要执行的动作。对于离散的动作,神经网络的输出层神经元数量等于动作数,输出值为执行每个动作的概率。对于连续型动作,神经网络的输出值为高斯分布的均值和方差,动作服从此分布。

这里的关键问题是构造训练样本和优化目标函数,在这两个问题解决之后剩下的就是标准的神经网络训练过程。在样本生成问题上,策略梯度算法采用的做法和 DQN 类似,用神经网络当前的参数对输入状态进行预测,根据网络的输出结果确定出要执行的动作,接下来执行这个动作,得到训练样本,并根据反馈结果调整网络的参数。如果最后导致负面的回报,则更新网络的参数使得在面临这种输入时执行此动作的概率降低;否则加大这个动作的执行概率。策略梯度算法在优化目标上和深度 $Q$ 学习不同,深度 $Q$ 学习是逼近最优策略的 $Q$ 函数,而策略梯度算法是通过最大化回报而逼近最优策略。

有 3 种典型的目标函数。第一种称为 Start Value,它要求有起始状态,并且能得到完整的片段,即在有限步之后能到达终止状态。根据当前的策略函数执行动作可以得到一个完整的片段,然后计算这个片段的累计回报值:

$$L(\boldsymbol{\theta}) = E(r_0 + r_1 + \cdots + r_T \mid \pi_{\boldsymbol{\theta}})$$

这里将策略函数简写为 $\pi_{\boldsymbol{\theta}}$,表示 $\boldsymbol{\theta}$ 是它的参数,接下来会采用这种写法。

第二种称为 Average Value,它针对没有起始状态的问题。此时可以计算状态价值函数的数学期望:

$$L(\boldsymbol{\theta}) = \sum_s p(s) V_{\pi_{\boldsymbol{\theta}}}(s)$$

其中,$p(s)$是状态 $s$ 出现的概率,它受策略函数的影响。

第三种称为 Average Reward Per Time-Step(即单步平均回报),这是每执行一个动作的立即回报的均值,即在各种状态时,执行各种动作的回报的概率平均:

$$L(\boldsymbol{\theta}) = \sum_s p(s) \sum_a \pi(s,a;\boldsymbol{\theta}) R(s,a)$$

其中,$R(s,a)$为在状态 $s$ 时执行动作 $a$ 后的立即回报值。确定了目标函数之后,不断地执行动作来构造训练样本。如果策略函数可导,则可以根据样本计算目标函数的梯度值,用梯度上升法(因为要求目标函数的极大值,因此要将梯度下降改为梯度上升)更新策略函数的参数。这样问题的关键就变成了如何计算目标函数对策略参数的梯度值。

下面先计算第 3 种目标函数的梯度:

$$\begin{aligned}
\nabla_{\boldsymbol{\theta}} L(\boldsymbol{\theta}) &= \nabla_{\boldsymbol{\theta}} \sum_s p(s) \sum_a \pi_{\boldsymbol{\theta}}(a \mid s) R(s,a) \\
&= \sum_s p(s) \sum_a \nabla_{\boldsymbol{\theta}} \pi_{\boldsymbol{\theta}}(a \mid s) R(s,a) \\
&= \sum_s p(s) \sum_a \pi_{\boldsymbol{\theta}}(a \mid s) \frac{\nabla_{\boldsymbol{\theta}} \pi_{\boldsymbol{\theta}}(a \mid s)}{\pi_{\boldsymbol{\theta}}(a \mid s)} R(s,a) \\
&= \sum_s p(s) \sum_a \pi_{\boldsymbol{\theta}}(a \mid s) \nabla_{\boldsymbol{\theta}} \ln \pi_{\boldsymbol{\theta}}(a \mid s) R(s,a) \\
&= E(\nabla_{\boldsymbol{\theta}} \ln \pi_{\boldsymbol{\theta}}(a \mid s) R(s,a))
\end{aligned}$$

接下来看第一种目标函数,有起始状态和完整片段的情况。假设按照策略 $\pi$ 执行得到了一个片段,在这里称为轨迹 $\tau$,它由各个时刻的状态和执行的动作构成:

$$\tau = (s_0, a_0, s_1, a_1, \cdots, s_{T-1}, a_{T-1}, s_T)$$

这条轨迹最终得到的回报为 $R(\tau)$。轨迹出现的概率为

$$p(\tau)=p(s_0)\pi(a_0 \mid s_0;\boldsymbol{\theta})p(s_1 \mid s_0,a_0)\cdots\pi(a_{T-1} \mid s_{T-1};\boldsymbol{\theta})p(s_T \mid s_{T-1},a_{T-1})$$

对此概率取对数，可以得到

$$\ln p(\tau)=\ln p(s_0)+\sum_{t=1}^{T}\ln p(s_t \mid s_{t-1},a_{t-1})+\sum_{t=0}^{T-1}\ln\pi(a_t \mid s_t;\boldsymbol{\theta})$$

上式中前面两项和 $\boldsymbol{\theta}$ 无关，因此它的梯度为 0。优化的目标是最大化轨迹回报的数学期望：

$$E_\tau(R(\tau))=\sum_{i=1}^{l}p(\tau_i)R(\tau_i)$$

对数学期望求梯度，可以得到

$$\begin{aligned}\nabla_{\boldsymbol{\theta}}E_\tau(R(\tau))&=\sum_\tau \nabla_{\boldsymbol{\theta}}(R(\tau)p(\tau))\\&=\sum_\tau(R(\tau)\ \nabla_{\boldsymbol{\theta}}p(\tau))\\&=\sum_\tau\left(R(\tau)p(\tau)\ \frac{\nabla_{\boldsymbol{\theta}}p(\tau)}{p(\tau)}\right)\\&=\sum_\tau(R(\tau)p(\tau)\ \nabla_{\boldsymbol{\theta}}\ln p(\tau))\\&=E_\tau\left(R(\tau)\ \nabla_{\boldsymbol{\theta}}\sum_{t=0}^{T-1}\ln\pi(a_t\,|\,s_t;\boldsymbol{\theta})\right)\end{aligned}$$

此时已经没有了 $p(s_0)$ 和 $p(s_t\,|\,s_{t-1},a_{t-1})$，因此，梯度值只和策略函数有关，而与状态转移概率等模型参数无关。

可以证明，前面定义的 3 种目标函数梯度计算公式有相同的形式。策略梯度定理指出，对于一个可导的策略函数 $\pi_{\boldsymbol{\theta}}$，无论采用前面定义的哪种目标函数，策略的梯度都为下面的形式：

$$\nabla_{\boldsymbol{\theta}}L(\boldsymbol{\theta})=E_{\pi_{\boldsymbol{\theta}}}(Q_{\pi_{\boldsymbol{\theta}}}(s,a)\ \nabla_{\boldsymbol{\theta}}\ln\pi(s,a;\boldsymbol{\theta}))$$

定理的证明利用了下面的等式：

$$\begin{aligned}\nabla_{\boldsymbol{\theta}}\pi(s,a;\boldsymbol{\theta})&=\pi(s,a;\boldsymbol{\theta})\ \frac{\nabla_{\boldsymbol{\theta}}\pi(s,a;\boldsymbol{\theta})}{\pi(s,a;\boldsymbol{\theta})}\\&=\pi(s,a;\boldsymbol{\theta})\ \nabla_{\boldsymbol{\theta}}\ln\pi(s,a;\boldsymbol{\theta})\end{aligned}$$

这个定理为计算策略函数的梯度提供了依据。

策略函数的构造对离散型动作和连续型动作有不同的处理。对于离散型动作，策略函数给出的是执行每个动作的概率，所有动作的概率之和为 1。这可以看作多分类问题，根据输入的状态确定要执行的动作的类型，因此，采用 softmax 输出是一个自然的选择。此时的神经网络本质上是一个用于多分类任务的网络。

对于连续型动作，无法将所有的动作列举出来，输出执行每个动作的概率值，只能得到动作的概率密度函数。在运行时，动作参数根据概率分布采样得到，即生成服从此分布的一个随机数作为最后的动作参数。无论采用哪种做法，在确定了损失函数之后，都可以用神经网络的标准训练算法对网络进行训练。

## 20.6 应用

强化学习被广泛地应用于策略与控制类问题。典型的代表是策略类游戏[3][11][12]、机器人控制[13][14]、自动驾驶系统[17-19]、人机对话[20]、视觉导航[21]。深度学习与强化学习的结合极大地拓宽了强化学习的实际应用领域，可以对复杂的状态和动作进行建模，使得强化学习真正走向实用，使得深度强化学习成为实现通用人工智能的有力工具。

## 参考文献


[1] Kaelbling Leslie P, Littman Michael L, Moore Andrew W. Reinforcement Learning: A Survey. Journal of Artificial Intelligence Research, 1996, 4: 237-285.

[2] Richard Sutton. Learning to predict by the methods of temporal differences. Machine Learning, 1988, 3(1): 9-44.

[3] Mnih Volodymyr, et al. Human-level control through deep reinforcement learning. Nature, 2015, 518 (7540): 529-533.

[4] Volodymyr Mnih, Koray Kavukcuoglu, David Silver, et al. Playing Atari with Deep Reinforcement Learning. NIPS 2013.

[5] John N Tsitsiklis, B Van Roy. An analysis of temporal-difference learning with function approximation. IEEE Transactions on Automatic Control, 1997.

[6] Richard S Sutton, David A Mcallester, Satinder P Singh, et al. Policy Gradient methods for reinforcement learning with function approximation. Neural Information Processing Systems, 2000.

[7] Yan Duan, Xi Chen, Rein Houthooft, et al. Bench marking Deep Reinforcement Learning for Continuous Control. International Conference on Machine Learning, 2016.

[8] Timothy P Lillicrap, Jonathan J Hunt, Alexander Pritzel, et al. Continuous Control With Deep Reinforcement Learning. International Conference on Learning Representations, 2016.

[9] Volodymyr Mnih, Adria Puigdomenech Badia, Mehdi Mirza, et al. Asynchronous methods for deep reinforcement learning. International Conference on Machine Learning, 2016.

[10] Yuxi Li. Deep Reinforcement Learning: An Overview, 2017.

[11] David Silver, et al. Mastering the Game of Go with Deep Neural Networks and Tree Search. Nature, 2016.

[12] David Silver, Thomas Hubert, Julian Schrittwieser, et al. AlphaZero: Mastering Chess and Shogi by Self-Play with a General Reinforcement Learning Algorithm. arXiv: Artificial Intelligence, 2017.

[13] Jan Peters, Stefan Schaal. Policy Gradient Methods for Robotics. Intelligent Robots and Systems, 2006.

[14] Xue Bin Peng, Glen Berseth, Michiel van de Panne. Terrain-Adaptive Locomotion Skills Using Deep Reinforcement Learning. ACM SIGGRAPH 2016.

[15] Mariusz Bojarski, Davide Del Testa, Daniel Dworakowski, et al. End to End Learning for Self-Driving Cars. arXiv: Computer Vision and Pattern Recognition, 2016.

[16] Yan Duan, Xi Chen, Rein Houthooft, et al. Benchmarking deep reinforcement learning for continuous control. International Conference on Machine Learning, 2016.

[17] Matt Vitelli, Aran Nayebi. CARMA: A Deep Reinforcement Learning Approach to Autonomous

Driving,2016.

[18] April Yu, Raphael Palefsky-Smith, Rishi Bedi. Deep Reinforcement Learning for Simulated Autonomous Vehicle Control,2016.

[19] Ahmad El Sallab,Mohammed Abdou,Etienne Perot,et al. Deep Reinforcement Learning framework for Autonomous Driving. Electronic Imaging,2017.

[20] Jiwei Li, Will Monroe, Alan Ritter, et al. Deep Reinforcement Learning for Dialogue Generation. Empirical Methods in Natural Language Processing,2016.

[21] Yuke Zhu, Roozbeh Mottaghi, Eric Kolve, et al. Target-driven visual navigation in indoor scenes using deep reinforcement learning. International Conference on Robotics and Automation,2017.

[22] Riedmiller M. Neural fitted q iteration-first experiences with a data efficient neural reinforcement learning method. Proceedings of the Conference on Machine Learning. 2005: 317-328.

[23] Christopher JCH Watkins,Peter Dayan. *Q*-learning. Machine learning,1992,8(3-4): 279-292.

[24] Gerald Tesauro. Temporal difference learning and TD-gammon. Communications of the ACM,1995, 38(3): 58-68.

[25] Richard S S,Andrew G B. Reinforcement Learning: An Introduction. Second edition,2017.

[26] Brian Sallans,Geoffrey E Hinton. Reinforcement learning with factored states and actions. Journal of Machine Learning Research,2004,5: 1063-1088.

[27] Nicolas Heess,David Silver, Yee Whye Teh. Actor-critic reinforcement learning with energy-based policies. In European Workshop on Reinforcement Learning,2012.

[28] Sascha Lange,Martin Riedmiller. Deep auto-encoder neural networks in reinforcement learning. In Neural Networks (IJCNN). The 2010 International Joint Conference on,2010.

[29] Long-Ji Lin. Reinforcement learning for robots using neural networks. Technical report, DTIC Document,1993.

[30] Van H V,Guez A,Silver D. Deep reinforcement learning with double *Q*-learning. Proceedings of the AAAI Conference on Artificial Intelligence,2016: 2094-2100.

[31] Schaul T, Quan J, Antonoglou I, et al. Prioritized experience replay. Proceedings of the 4th International Conference on Learning Representations. San Juan,Puerto Rico,2016:322-355.

[32] Wang Z,Freitas N D, Lanctot M. Dueling network architectures for deep reinforcement learning. Proceedings of the International Conference on Machine Learning,2016: 1995-2003.

[33] Hausknecht M,Stone P. Deep recurrent *Q*-learning for partially observable MDPs. arXiv preprint: 1507.06527,2015.

[34] Hamid Maei,Csaba Szepesvari,Shalabh Bhatnagar,et al. Convergent Temporal-Difference Learning with Arbitrary Smooth Function Approximation. In Advances in Neural Information Processing Systems 22,2009: 1204-1212.

[35] Hamid Maei, Csaba Szepesvari, Shalabh Bhatnagar, et al. Toward off-policy learning control with function approximation. In Proceedings of the 27th International Conference on Machine Learning (ICML 2010),2010,719-726.

# 第三部分

# 工程实践问题

本部分介绍机器学习算法在应用时的工程实践问题。这对正确地使用、实现机器学习算法至关重要。首先讲述工程实现时的细节，包括样本与标注问题、数据与处理、特征工程、模型的选择等问题。其次讲解安全性问题，核心是对抗样本问题。最后讲解效率问题，包括计算效率与存储效率，以及深度神经网络的压缩与优化技术。

# 第 21 章

# 工程实践问题概述

本章介绍机器学习实际应用时的工程问题与面临的挑战。实现细节对于算法的精度和运行速度至关重要，包括训练样本的制作、数据预处理、模型的选择与参数的设定等。对抗样本问题为机器学习算法的安全性带来了挑战，在 21.2 节中将详细介绍这一问题。深度神经网络虽然在很多问题上取得了很好的精度，但面临计算成本、存储成本过高的问题，对此有一些优化的方案，将在 21.4 节中介绍几种经典的方法。

## 21.1 实现细节问题

### 21.1.1 训练样本

训练样本与标注对算法和模型的精度至关重要。对于分类问题，为了让算法学习得充分，减轻过拟合，训练样本不仅要保证数量，而且样本的选取应该尽量具有代表性，能够覆盖所有的情况。例如，对于人脸检测问题，不仅要有正面人脸，还有侧面和其他角度的人脸。过拟合是有监督的机器学习算法在应用时需要面临的问题，对训练样本进行优化可以部分解决过拟合问题。

对训练样本的优化包括增加样本的数量和代表性。这可以通过采集更多的训练样本以及对样本进行增广得到。前者在很多时候会受现实条件和成本因素的限制，无法采集到太多的样本。后者通过对已有样本进行处理，得到更多的样本。例如，对图像进行平移、旋转、缩放、翻转、调整对比度和加噪声等操作的生成更多的样本图像。

样本的标注对算法的精度至关重要。错误的标注会导致算法训练的模型精度低。对于图像、声音类样本，样本的对齐也是需要考虑的问题。例如，对于人脸识别问题所有样本要尽量进行关键点的对齐；对于字符识别，也要求所有字符在训练样本图像中的相对位置一致。

在实际应用时会遇到各个类的训练样本不均衡的问题，如有些类的样本非常多，而有些类的样本数非常少。如果直接用这些样本训练，最后得到的模型可能会偏向于训练样本数多的类。这个问题有如下几种解决方法。

对数量少的样本进行增广，增加样本数。或者采用抽样的方法从各个类抽取数量大致相等的样本。

为损失函数加上类权重，样本数少的类权重大，样本数大的类权重小。贝叶斯分类器、决策树、支持向量机、AdaBoost 算法、神经网络等都支持为类或者样本设置权重值。

### 21.1.2 特征预处理

如果特征向量各分量的取值范围相差很大，会影响算法的精度，导致值小的特征被值大的特征淹没，在计算时也可能会导致浮点数的溢出。例如，身高特征的范围是 1.0～2.4m，体重特征的范围是 35～100kg，则身高特征可能会被体重特征淹没。有些模型使用了指数函数、对数函数、多次乘积，过大或过小的输入数据可能会导致浮点数溢出。

处理这一问题的手段是数据归一化，下面介绍常用的方案。第一种方案是将所有特征分量缩放到某一范围内，如 0～1：

$$x' = \frac{x - x_{\min}}{x_{\max} - x_{\min}}$$

其中，$x_{\min}$是特征的最小值；$x_{\max}$是特征的最大值；$x$ 是原始的特征值；$x'$是归一化后的特征值。第二种方案是用方差和均值进行归一化：

$$x' = \frac{x - \mu}{\sigma}$$

其中，$\mu$ 是特征的均值；$\sigma$ 是方差。这种方法不保证归一化到[0,1]范围内。第三种方案将特征向量归一化到单位长度，将特征向量的每个分量除以向量的模：

$$x' = \frac{x}{\| \boldsymbol{x} \|}$$

如果特征向量的维数过高，不仅计算量大，还会影响算法的精度，此时需要对数据进行降维，把向量变换到更低维的空间中之后再做处理，第 7 章介绍的各种数据降维算法可以完成这一任务。

### 21.1.3 模型选择

对于一个应用问题，一般存在多种算法可作为候选方案，具体应该选用哪种算法？对于某些被广为研究的通用问题，如人脸识别、语音识别，有大量的方法可供参考。对于某些特定的应用问题，需要根据问题的特点、需求来确定使用什么算法。总体来说需要考虑精度，计算成本等多种因素。

对于精度，没有免费午餐定理[25]（No Free Lunch Theorem）指出，没有一种算法能在所有的数据集上表现最优。但这只是一个理论的结果，实际应用时，每个问题的数据都有自己的特点，因此一般选用精度高的算法。考虑到计算成本等问题，有些时候人们会在精度上做出牺牲，选择精度满足要求，但计算成本低的算法。一般来说，在同等性能前提下，人们倾向于选择简单的模型（Occam 剃刀原理），简单的模型更不容易产生过拟合。

### 21.1.4 过拟合问题

过拟合是所有有监督学习算法实际使用时需要面对的问题。通过加入惩罚项迫使训练得到的模型更简单，从而减轻算法对噪声的拟合能力。对复杂模型的惩罚有多种手段，例如，决策树的剪枝，神经网络训练中的 Dropout 机制都是正则化的具体实现。提前终止[26]（Early Stopping）也是机器学习训练时采用的一种减轻过拟合的手段，它在训练时对测试集进行测试，统计准确率，如果精度开始下降，则提前停止迭代。对深度学习泛化性能的分析可以阅读文献[27]和[28]。

## 21.2　安全性问题

在生成对抗网络中，随着训练的进行，判别模型最后无法正确区分真实样本和生成器生成的样本。这促使我们思考一个类似的问题：如果在真实图像上做细微的修改，判别模型能对它正确地进行分类吗？对于深度神经网络和其他机器学习算法，都可以通过将一个输入样本 $\boldsymbol{x}$ 进行细微调整，得到一个人无法察觉到变化的样本 $\boldsymbol{a}$，分类器会对 $\boldsymbol{a}$ 做出错误的预测结果。在这里，$\boldsymbol{a}$ 称为对抗样本。

### 21.2.1　对抗样本

文献[1]研究了神经网络对输入图像随机扰动的鲁棒性并发现了对抗样本问题的存在。文献[1]提出了两个与安全性有关的问题。

(1) 神经网络学习到的映射函数高度不连续。即使是对输入图像进行很细微的、人无法察觉的非随机扰动，也可导致图像被以很高的置信度错分类。

(2) 同样一个随机扰动样本不仅在一个模型上会被错误分类，而且在其他神经网络模型上也会被错分。

文献[1]的实验结果证明，即使是对图像进行细微的非随机扰动，也可导致图像被以很高的置信度错分类。因此得出结论：神经网络拟合出来的目标函数不连续。数学上对函数连续性的定义是给自变量一个小的扰动 $\Delta\boldsymbol{x}$，有

$$|f(\boldsymbol{x}_0+\Delta\boldsymbol{x})-f(\boldsymbol{x}_0)|\leqslant\delta$$

其中，$\delta$ 为一个很小的正数，即自变量小的变化导致函数值变化也很小。如果对自变量加上小的扰动导致函数值的变化很大，则函数不连续，即存在间断点。

从数学上来看，神经网络的所有计算步骤都使用了连续函数，它们的复合函数还是连续函数，因此拟合出的函数一定是连续函数，这与实验结果矛盾。但是由于输入数据维数很高而导致的数值计算累计效应因素的存在，即使是输入数据小幅度的扰动，也可能会导致最终的输出数据出现大的波动，这在后面会进行解释。

神经网络拟合出的目标函数不连续是非常危险的，可能会被人利用进行攻击。如果用于人脸识别，人为地改变样本会导致错误的分类结果，而这种错误会被利用；垃圾邮件发送者可以通过构造对抗样本来欺骗过滤邮件用的分类器。

文献[1]分析了神经网络的整体特性，这通过分析网络所表示的映射函数来实现。假设神经网络的映射函数为

$$f:\mathbb{R}^m\rightarrow\{1,2,\cdots,k\}$$

即将一个输入向量如图像映射成一个类别号。假设训练时使用了一个连续的损失函数，它和映射函数相关：

$$\mathbb{R}^m\times\{1,2,\cdots,k\}\rightarrow\mathbb{R}^+$$

在神经网络训练完成之后，给定一个样本图像 $\boldsymbol{x}$，给定一个目标类别标签 $l$，求解如下最优化问题：

$$\min\ \|\boldsymbol{r}\|_2$$
$$f(\boldsymbol{x}+\boldsymbol{r})=l$$

$$x+r \in [0,1]^m$$

在这里 $r$ 是一个扰动向量,用它对图像进行一个尽可能小的扰动,使得加入扰动之后的新图像被神经网络判别为第 $L$ 类,如果这个类别不是样本的类别,这意味着新图像被神经网络误判为其他类别。通过这种方法可以找到我们想要的对抗样本。图 21.2 是用这种方法找到的扰动图像。

**图 21.1　对抗样本图像**(来自文献[1])

实验结果还证明,在一个网络上寻找到的这种对抗样本在其他网络上也是有效的,即具有迁移特性。这种迁移性是非常危险的,因为攻击者可以在自己的模型上找到对抗样本,用于其他模型,即使他不知道其他模型的数据。

文献[2]得出了与文献[1]类似的结论。作者提出了另外一种方法,用来对输入图像进行调整形成新的图像,而这两张图像的差异是人类无法感知到的,但是神经网络会给出不同的分类结果。

这种生成新图像的方法基于遗传算法或梯度下降法。对于一个已经训练好的卷积神经网络,用这两种算法对一张图像进行调整,最后使得卷积网络以很高的置信度把这张图像判定为某个指定的类别。作者在 ImageNet 和 MNIST 数据集上对这种方法进行了验证。另外还发现在 MNIST 数据集上用生成的欺骗样本对神经网络进行重新训练,还是不能解决神经网络容易被欺骗的问题,因为即使是用欺骗样本进行重新训练,还是能找到新的欺骗样本让神经网络错误地分类。

遗传算法是求解函数极值的一种随机算法,从大自然的适者生存启发而设计,其核心思想是随机交叉和变异。假设有一个要优化的目标函数:

$$\min f(\boldsymbol{x})$$

给定一批初始可行解 $\boldsymbol{x}_i$,首先计算每个 $\boldsymbol{x}_i$ 的函数值。然后随机选取两个变量 $\boldsymbol{x}_i$ 和 $\boldsymbol{x}_j$ 进行交叉。最后对交叉结果进行变异。算法会将目标函数值小的变量遗传下去,最后得到最优解。

在生成欺骗样本时,对一些图像进行选择,然后随机杂交,将适应函数(Fitness Function)值高的图像保留下来。反复进行这种迭代,最后得到结果图像。在这里适应函数就是神经网络的预测函数。

### 21.2.2 形成原因分析

前面的结论只是证明了对抗样本的存在，并提出人工生成对抗样本的方法，但并没有分析其存在的原因。文献[3]分析了对抗样本产生的原因。首先分析线性模型的对抗样本形成原因，然后推广到更复杂的非线性模型(如神经网络)。

假设有一个样本向量 $\boldsymbol{x}$，加上扰动之后得到对抗输入 $\tilde{\boldsymbol{x}}=\boldsymbol{x}+\boldsymbol{\eta}$，为了限制扰动值的大小，限定了下面不等式约束：

$$\|\boldsymbol{\eta}\|_\infty<\varepsilon$$

其中，$\varepsilon$ 是一个很小的正数。正常情况下线性模型应该能对 $\tilde{\boldsymbol{x}}$ 进行正确地分类。线性模型的映射为

$$\boldsymbol{w}^{\mathrm{T}}\tilde{\boldsymbol{x}}=\boldsymbol{w}^{\mathrm{T}}\boldsymbol{x}+\boldsymbol{w}^{\mathrm{T}}\boldsymbol{\eta}$$

扰动造成的函数值变化为 $\boldsymbol{w}^{\mathrm{T}}\boldsymbol{\eta}$。可以证明，在满足上面不等式约束条件的情况下，使得函数变化值最大化的扰动值为

$$\boldsymbol{\eta}=\varepsilon\operatorname{sgn}(\boldsymbol{w})$$

如果维数很高，对输入数据微小的扰动就会导致输出值改变很大，这种改变量足以影响分类结果。因此得出结论：如果线性模型的维数很高，会出现对抗样本问题。

作者进一步指出，使用 ReLU 等激活函数的网络由于激活函数的线性或者近似线性，从而也容易出现对抗样本问题。使用 sigmoid 激活函数的神经网络如果激活函数值大部分都落在不饱和区间(不饱和区间的函数近似线性)，也会出现类似的问题。

假设神经网络的参数为 $\boldsymbol{\theta}$，输入样本为 $\boldsymbol{x}$，样本的标签值为 $y$，神经网络训练时的损失函数为 $L(\boldsymbol{\theta},\boldsymbol{x},y)$。在网络参数的当前值 $\boldsymbol{\theta}$ 处，对损失函数进行线性近似，可以得到满足最大范数约束的扰动值为

$$\eta=\varepsilon\operatorname{sgn}(\nabla_{\boldsymbol{\theta}}L(\boldsymbol{\theta},\boldsymbol{x},y))$$

通过这种方式可以生成对抗样本，梯度值可以在反向传播过程中得到。实验发现，通过这种方法生成的样本导致大量的神经网络模型出现错分类。

前面讲述的对抗样本都是通过特定的算法精心构造的，如果随机对图像做一个微小的扰动，一般来说并不会导致它被神经网络错分类。因此，需要考虑一个问题：对抗样本的数量有多少？文献[4]分析了对抗样本的空间，得出的结论是对抗样本在整个样本空间中所占的比例并不小。下面先介绍该文献提出的寻找对抗样本的方法。如果分类器实现的映射为

$$\boldsymbol{p}=f(\boldsymbol{X})$$

其中，$\boldsymbol{X}$ 为输入图像；$\boldsymbol{p}$ 为样本属于每一类的概率值向量。如果概率最大的值为 $p_h$，则将样本的标签值设为 $h$。

假设样本正确的标签值为 $c$，初始时 $h=c$，通过为输入图像加上一个扰动值 $\boldsymbol{D}$，使得样本被错误分类，这需要求解如下最优化问题：

$$\begin{gathered}\min_{\boldsymbol{D}}\|\boldsymbol{D}\|\\ \boldsymbol{L}\leqslant\boldsymbol{X}+\boldsymbol{D}\leqslant\boldsymbol{U}\\ \boldsymbol{p}=f(\boldsymbol{X}+\boldsymbol{D})\end{gathered}$$

$$\max(p_1 - p_c, \cdots, p_n - p_c) > 0$$

其中,**L** 和 **U** 分别为图像像素值的下限和上限。最后一个不等式约束相当于产生错分类。求解上面的最优化问题可以寻找出不止一张对抗样本图像。通过在 MNIST 和 ImageNet 数据集上的实验,作者发现对抗样本大量存在。关于机器学习算法安全性以及对抗样本问题的更多讨论,可以阅读文献[5-8]。

## 21.3 实现成本问题

深度学习技术为了解决机器视觉、语音识别、自然语言处理等复杂问题,使用了规模越来越大的网络结构,虽然带来精度上的提升,但也导致模型越来越复杂。复杂的模型不仅带来存储空间的开销,还带来计算量的增加;另一方面,为了训练复杂的网络需要越来越多的标注样本,为样本采集和标注工作带来沉重的负担。

### 21.3.1 训练样本量

为避免过拟合问题,深度神经网络需要大量训练样本以保证模型的精度。对于图像、语音之类的数据,样本的收集和标注是一个高成本的事情,需要耗费大量的人力和物力。如何降低样本的标注量是实际应用时需要面临的一个问题。

除了人工标注训练样本之外,还有其他手段能够解决此问题。文献[10]提出一种称为对偶学习的方法解决机器翻译的训练样本问题。在第 16 章中介绍过,机器翻译的训练样本为两种语言对应的语句对。这种任务是具有对偶性的,可以将 A 语言的语句翻译成 B 语言,然后再从 B 语言翻译回 A 语言。基于这一思想,可以从两个不准确的翻译模型开始训练,得到高精度的翻译模型。

小样本的深度学习技术是当前的一个有价值的方向,它研究如何用有限的样本训练出高精度的深度学习模型。这里使用的手段有迁移学习、数据增广技术,以及 One-Shot 学习[11]技术。迁移学习使用其他问题上的训练样本训练模型,再用本问题上的少量样本进行调优,在第 15 章中采用了这种做法。

另外,如果有大量未标注但已经采集的样本,可以考虑使用半监督学习算法,这在第 19 章中已经介绍。

### 21.3.2 计算与存储成本

深度神经网络的模型需要占用大量的存储空间,网络传输时也会耗费大量的带宽和时间,这限制了在移动设备、智能终端上的应用。以 Caffe 为例,AlexNet 网络的模型文件超过 200MB,VGG 网络则超过 500MB,这样的模型文件是不适合集成到 App 安装包中的。因此需要对模型进行压缩,在 21.4 节中将介绍解决这一问题的典型方法。

复杂的模型不仅带来存储空间的问题,还有计算量的增加。运行在服务端的模型可以通过 GPU、分布式等并行计算技术进行加速,运行在移动端和嵌入式系统中的模型由于成本等因素的限制,除了采用并行计算等进行加速之外,还需要对算法和模型本身进行裁剪或者优化以加快速度。在 21.4 节中,将详细介绍加快网络运行速度的方法。

## 21.4 深度模型优化

减少存储空间和计算量的一种方法是对神经网络的模型进行压缩。有多种实现手段，包括剪枝与编码[13,14,18,19]、二值化网络、卷积核分离等，接下来分别介绍。

### 21.4.1 剪枝与编码

文献[19]提出一种卷积神经网络模型压缩方法。在不影响精度的前提下，能够将 AlexNet 网络模型的参数减少到 1/9，VGG-16 网络模型的参数减少到 1/13。其做法是先按照正常的流程训练神经网络，然后去掉小于指定阈值的权重，最后对剪枝后的模型进行重新训练，反复执行上面的过程直到完成模型的压缩。

更进一步，文献[13]提出一种称为 Deep Compression 的深度模型压缩技术，通过剪枝、量化和哈夫曼编码对模型进行压缩，而且不会影响网络的精度。整个方法分为 3 步，第 1 步对模型进行剪枝，只保留一些重要的连接。第 2 步通过权值量化来共享一些权值。第 3 步通过哈夫曼编码来进一步压缩数据。

网络剪枝采用了和文献[19]相同的方法。首先按照正常的步骤训练神经网络，然后对小权重代表的连接进行剪枝，即将权重绝对值小于某一阈值的连接删除掉，最后对删除连接之后的网络进行重新训练。

下面用一个简单的例子介绍权重剪枝的原理。假设有如下权重矩阵：

$$\begin{bmatrix} 0.001 & -0.2 & 0.6 & 0.0003 \\ -0.0001 & 0.63 & 0.0001 & -0.7 \\ 0.0001 & -0.21 & -0.00002 & 0.00001 \\ 0.00001 & 0.0 & 0.2 & 0.00001 \end{bmatrix}$$

如果以 0.002 为阈值对这个权重矩阵进行阈值化，可以得到下面的阈值化矩阵，这是一个稀疏矩阵：

$$\begin{bmatrix} 0 & -0.2 & 0.6 & 0 \\ 0 & 0.63 & 0 & -0.7 \\ 0 & -0.21 & 0 & 0 \\ 0 & 0 & 0.2 & 0 \end{bmatrix}$$

经过剪枝的权重矩阵大部分元素为 0，因此需要用合适的方式进行存储。对稀疏矩阵的存储有多种成熟的解决方案，这里使用了压缩的稀疏行(CSR)或压缩的稀疏列(CSC)格式存储。如果非 0 元素的个数为 $a$，行或者列的尺寸为 $n$，这种存储使用 $2a+n+1$ 个数。对于上面的稀疏矩阵，如果采用 CSR 编码，其结果为

$$\begin{bmatrix} -0.2 & 0.6 & 0.63 & -0.7 & -0.21 & 0.2 \\ 1 & 3 & 5 & 6 & 7 & * \\ 2 & 3 & 2 & 4 & 2 & 3 \end{bmatrix}$$

第一行为所有非 0 元素，数量是 6；第二行为稀疏矩阵每行第一个非 0 元素在第一行中的位置，最后一个数是非 0 元素数加 1，在这里是 7；第三行是每一个非 0 元素所在的列。

为了进一步压缩，在这里存储每个非 0 元素和上一个非 0 元素的位置的差值，而不是存

储每个非 0 元素的绝对位置。对于卷积层，这个位置差值用 8 位进行编码；对于全连接层，采用 5 位进行编码。

进行剪枝之后，接下来是量化编码和权重共享，其目的是让多个权值共享一个值。量化编码通过对权重值进行聚类实现，在这里采用 $k$-均值算法。通过聚类，将权重划分为 $k$ 个类，每个类有一个中心值。对于属于这个组的权重值，用类中心值进行替代。这样每个非 0 权重值只需要存储属于哪个类即(类编号)。如果有 $k$ 个类，只需要$\log_2 k$ 位就可以存储类编号值。

$k$ 均值算法通过优化所有样本到类中心的距离平方和来确定类中心：

$$\arg\min_c \sum_{i=1}^{k} \sum_{\boldsymbol{w} \in \boldsymbol{c}_i} |\boldsymbol{w} - \boldsymbol{c}_i|^2$$

其中，$\boldsymbol{c}_i$ 为类中心；$\boldsymbol{w}$ 为样本向量值。类中心的初始化是一个需要考虑的问题，在这里有 3 种策略。第一种方法是随机初始化，即从原始数据中随机产生 $k$ 个值作为类中心。第二种方式是密度分布初始化，对累计概率密度的 $y$ 值均匀划分，然后根据每个划分点 $y$ 值找到累计概率密度曲线的交点，以交点的 $x$ 坐标作为初始类中心。第三种方法是线性初始化，将权重值的最小值到最大值的区间进行均匀划分，以这个划分作为初始类中心。实验证明线性划分具有更好的效果。

对于上面例子中阈值化后的权重矩阵，如果将其非 0 元素聚类成 4 个类，则只需要为每个元素存储类编号，得到如下编码矩阵：

$$\begin{bmatrix} * & -0.2 & 0.6 & * \\ * & 0.63 & * & -0.7 \\ * & -0.21 & * & * \\ * & * & 0.2 & * \end{bmatrix} \to \begin{bmatrix} * & 1 & 3 & * \\ * & 3 & * & 0 \\ * & 1 & * & * \\ * & * & 2 & * \end{bmatrix}$$

上面左边的矩阵是阈值化后的矩阵，右边的矩阵是每个元素值的类别编号。4 个类的中心为

$$\begin{bmatrix} -0.7 & -0.205 & 0.2 & 0.615 \end{bmatrix}$$

为了进行反向传播，对梯度矩阵也进行这种量化编码和共享。训练时，每次迭代只需要将权重矩阵减掉学习因子和梯度矩阵的乘积即可。

最后一步是对权重进行哈夫曼编码。哈夫曼编码是一种前缀编码技术，它对数据频率进行统计，给频率高的数据更短的编码，并且保证其中任何一个编码不能是另外一个编码的前缀。

在不损失模型精度的前提下，模型压缩算法能将 AlexNet 网络压缩为 1/35，模型从 240MB 减小到 6.9MB；将 VGG-16 网络压缩为 1/49，从 552MB 减为 11.3MB。这使得深度卷积网络在移动端的应用成为可能。

文献[18]提出了一种对卷积神经网络的通道进行剪枝的模型压缩方法。首先用 LASSO 回归来选择出要剪枝的通道，然后用最小二乘法对模型进行重建。在这里不详细介绍，感兴趣的读者可以阅读文献[18]。

### 21.4.2 二值化网络

将网络的权重由浮点数转换为定点数甚至是二值数据可以大幅度地提高计算的速度，

减少模型的存储空间。相比浮点数的加法和乘法运算，定点数要快很多，而二值化数据的运算可以直接用位运算实现，带来的加速比更大。

文献[17]提出一种称为二值神经网络(Binarized Neural Networks,BNN)的模型。二值神经网络的权重值和激活函数都是二值化的数据，这能显著减小模型存储空间，并且加快模型的计算速度。

BNN 将网络的权重和激活函数值都限定为二值，在这里使用 +1 和 −1。为了将实数值变量转化为这种二值变量，可以使用两种不同的二值化函数。第一种二值化函数定义为

$$x^b = \mathrm{sgn}(x) = \begin{cases} +1, & x \geqslant 0 \\ -1, & x < 0 \end{cases}$$

这称为确定性二值化函数。其中，$x$ 为实数变量，$x^b$ 为二值化后的变量值，这就是符号函数。第二种二值化函数是一个随机函数，称为随机性二值化函数，定义为

$$x^b = \begin{cases} +1, & p(x^b = +1) = \sigma(x) \\ -1, & p(x^b = -1) = 1 - \sigma(x) \end{cases}$$

其中，$p(x^b = +1)$ 为变量二值化后其值 $x^b$ 为 +1 的概率，$p(x^b = -1)$ 为变量被二值化为 −1 的概率，这类似于 logistic 回归的分类函数。$\sigma$ 为硬 sigmoid 函数，定义为

$$\sigma(x) = \max\left(0, \min\left(1, \frac{x+1}{2}\right)\right)$$

这是一个折线阶跃函数。根据硬 sigmoid 函数的性质，变量的值越大二值化后值为 +1 的概率就越大。随机性二值化函数比确定性二值化函数更强大，但实现起来更困难，因为它依赖于随机数生成。因此，实现时选择第一个二值化函数。

在定义二值化函数之后，接下来要做的是在正向传播和反向传播时将网络的权重以及激活函数值进行二值化，并在二值化的基础上构造正向传播和反向传播算法。虽然在训练时用来计算网络参数梯度值的激活函数值、权重值都是二值数据，但是梯度值是累积为实数变量的。

由于 sgn 函数除 0 点之外导数都是 0，这导致根据它计算的梯度值都是 0，反向传播算法将面临失效的问题。因此，需要为这个函数设计一个合适的导数计算公式。如果 sgn 二值化函数为

$$q = \mathrm{sgn}(r)$$

假设损失函数对 $q$ 的偏导数为 $g_q$，则损失函数对 $r$ 的偏导数按照下式计算：

$$g_r = g_q 1_{|r| \leqslant 1}$$

其中，$1_{|r| \leqslant 1}$ 的定义为

$$1_{|r| \leqslant 1} = \begin{cases} 1, & |r| \leqslant 1 \\ 0, & |r| > 1 \end{cases}$$

即当 $|r| \leqslant 1$ 时保持后一层传过来的导数值，否则将导数值置为 0。

对于隐藏层的所有神经元，使用 sgn 函数来得到二值化的激活函数值。正向传播时，先计算激活函数值，然后用二值化函数进行二值化。其他的步骤和标准神经网络相同。反向传播时，按照上面的公式计算二值化函数的梯度值，其他的和标准神经网络相同。

权重值的计算分两步。第一步是将实数的权重值限定在 −1～+1。如果用梯度下降法进行权重值更新之后落在这个区间之外，则将其截取到 −1 或者 +1。第二步将实数值的权

重进行二值化：

$$w^b = \operatorname{sgn}(w^r)$$

通过上面的操作，每次反向传播更新之后权重值都被限定为二值化值。根据上面的定义，可以得到二值神经网络的训练算法。

与标准神经网络相同，训练算法每次迭代时分为正向传播、反向传播和参数更新三步。第一步是正向传播，用神经网络每一层二值化的权重对样本进行预测。第二步是反向传播，计算参数的梯度值。第三步是累积参数的梯度值，并对参数进行更新。

文献[16]提出一种称为二值权重网络和 XNOR(同或门)网络的模型，这是对卷积神经网络的二值化逼近，也是对文献[17]方法的进一步优化。

二值权重网络的权重矩阵是二值化数据，输入数据是实数。XNOR 网络的卷积核、卷积层、全连接层的输入数据都是二值化的。在不损失精度的前提下，XNOR 网络能够把模型的存储空间压缩为 1/32，速度提升 58 倍。

下面先介绍二值权重网络。其目标是用二值卷积核 $\boldsymbol{B}\in\{+1,-1\}^{c\times w\times h}$ 以及一个大于 0 的缩放因子 $\alpha$ 来近似实数卷积核 $\boldsymbol{W}$，即

$$\boldsymbol{W} \approx \alpha \boldsymbol{B}$$

这样卷积运算可以实现为

$$\boldsymbol{I} * \boldsymbol{W} \approx (\boldsymbol{I} \oplus \boldsymbol{B})\alpha$$

其中，$\oplus$为没有乘法的卷积运算。由于权重数组是二值化+1 或−1，因此，可以用加法和减法来实现卷积运算。与单精度浮点卷积核相比，二值化卷积核可以将存储空间缩小为1/32。基于上面的定义，二值权重网络可以表示为$(\boldsymbol{I},\boldsymbol{B},\boldsymbol{A},\oplus)$。其中，$\boldsymbol{B}$ 为二值张量的集合，$\boldsymbol{A}$ 为正实数的集合，其元素为上面的缩放因子，$\boldsymbol{I}$ 为输入图像的集合，即

$$W_{lk} \approx A_{lk} B_{lk}$$

核心的问题是如何得到 $\boldsymbol{B}$ 和 $\alpha$。为了表述简便，在这里将 $\boldsymbol{W}$ 和 $\boldsymbol{B}$ 都看作是 $n$ 维向量，其中 $n=c\times w\times h$。为了寻找最优估计，可以求解如下最优化问题：

$$L(\boldsymbol{B},\alpha) = \| \boldsymbol{W} - \alpha \boldsymbol{B} \|^2$$

$$\alpha^*,\boldsymbol{B}^* = \arg\min_{\alpha,\boldsymbol{B}} L(\boldsymbol{B},\alpha)$$

这是一个很自然的想法，因为我们的目标是要让 $\boldsymbol{W}$ 和 $\alpha\boldsymbol{B}$ 尽可能接近。将上面的目标函数展开，有

$$L(\boldsymbol{B},\alpha) = \alpha^2 \boldsymbol{B}^{\mathrm{T}}\boldsymbol{B} - 2\alpha \boldsymbol{W}^{\mathrm{T}}\boldsymbol{B} + \boldsymbol{W}^{\mathrm{T}}\boldsymbol{W}$$

由于 $\boldsymbol{B}$ 的元素是−1 或+1，因此必定有 $\boldsymbol{B}^{\mathrm{T}}\boldsymbol{B}=n$，这是一个常数。由于 $\boldsymbol{W}$ 是已知量，因此 $\boldsymbol{W}^{\mathrm{T}}\boldsymbol{W}$ 也是一个常数，假设其值为 $c$。目标函数可以简化为

$$L(\boldsymbol{B},\alpha) = \alpha^2 n - 2\alpha \boldsymbol{W}^{\mathrm{T}}\boldsymbol{B} + c$$

由于 $\alpha$ 是一个正数，要让上面的目标函数最小化，需要让 $\boldsymbol{W}^{\mathrm{T}}\boldsymbol{B}$ 最大化。这就是求解如下只关于 $\boldsymbol{B}$ 的最优化问题：

$$\boldsymbol{B}^* = \arg\max_{\boldsymbol{B}} \{\boldsymbol{W}^{\mathrm{T}}\boldsymbol{B}\}$$

$$\boldsymbol{B} \in \{+1,-1\}^n$$

容易证明其最优解为：如果 $\boldsymbol{W}_i \geqslant 0$ 则 $\boldsymbol{B}_i=+1$，否则 $\boldsymbol{B}_i=-1$。最优解可以写成

$$\boldsymbol{B}^* = \operatorname{sgn}(\boldsymbol{W})$$

在确定 $\boldsymbol{B}$ 之后，接下来优化 $\alpha$，这是一个二次函数，其导数为

$$L' = 2n\alpha - 2\boldsymbol{W}^{\mathrm{T}}\boldsymbol{B}^*$$

令导数为 0 可以解得

$$\alpha^* = \frac{\boldsymbol{W}^{\mathrm{T}}\boldsymbol{B}^*}{n}$$

将 $\boldsymbol{B}$ 的最优解代入上式，可以得到

$$\alpha^* = \frac{\boldsymbol{W}^{\mathrm{T}}\mathrm{sgn}(\boldsymbol{W})}{n} = \frac{\sum |\boldsymbol{W}_i|}{n} = \frac{1}{n}\ \|\boldsymbol{W}\|_1$$

即向量 $\boldsymbol{B}$ 的 1 范数的均值，实现起来非常容易。上面的方法只解决了如何根据实数卷积核得到二值化卷积核的问题，和文献[17]中一样，还需要解决网络的训练问题。

在这里训练卷积网络的每一次迭代同样包括 3 个步骤，即正向传播、反向传播和更新参数。为了训练二值权重的网络，只在正向传播和反向传播时对权重进行二值化。由于二值化时需要计算 sgn($\boldsymbol{W}$)，同样需要解决这个函数求导的问题，在这里的做法和文献[17]相同。参数更新时使用了高精度的浮点数。

假设训练样本为($\boldsymbol{I}$,$\boldsymbol{Y}$)，损失函数为 $L$。网络当前权重为 $\boldsymbol{W}^t$，当前学习率为 $\eta^t$。算法的输出为更新后的权重以及学习率。训练算法流程如下。

(1) 对每一层的权重进行二值化，计算公式为

$$\alpha = \frac{1}{n}\ \|\boldsymbol{W}\|_L$$

$$\boldsymbol{B} = \mathrm{sgn}(\boldsymbol{W})$$

$$\widetilde{\boldsymbol{W}} = \alpha\boldsymbol{B}$$

(2) 用二值化的权重 $\widetilde{\boldsymbol{W}}$ 进行正向传播。

(3) 用二值化的权重进行反向传播，得到 $\nabla_{\widetilde{W}}L$。

(4) 用梯度下降法更新权重值，得到 $\boldsymbol{W}^{t+1}$。

(5) 更新学习率，得到 $\eta^{t+1}$。

练完之后就不再需要保留实值权重，因为在预测时只使用二值权重进行正向传播，这将大量节省存储空间。

二值权重网络的权重是二值数，但输入数据还是实数值。进一步，可以将输入数据也变成二值数据，这就是 XNOR 网络。XNOR 网络的目标是对输入图像和权重矩阵的内积进行逼近：

$$\boldsymbol{X}^{\mathrm{T}}\boldsymbol{W} \approx \beta\boldsymbol{H}^{\mathrm{T}}\alpha\boldsymbol{B}$$

其中，$\boldsymbol{X},\boldsymbol{W}\in\mathbb{R}^n$ 是输入图像和权重矩阵展开后得到的向量；$\boldsymbol{H},\boldsymbol{B}\in\{+1,-1\}^n$ 是输入图像和卷积核的二值化逼近，$\alpha,\beta\in\mathbb{R}^+$。二值化逼近通过求解如下最优化问题来实现：

$$\alpha^*,\boldsymbol{B}^*,\beta^*,\boldsymbol{H}^* = \arg\min_{\alpha,\boldsymbol{B},\beta,\boldsymbol{H}}\ \|\boldsymbol{X}\odot\boldsymbol{W} - \beta\alpha\boldsymbol{H}\odot\boldsymbol{B}\|$$

定义向量 $\boldsymbol{Y}\in\mathbb{R}^n$，其中，$\boldsymbol{Y}_i = \boldsymbol{X}_i\boldsymbol{W}_i$，$\boldsymbol{C}\in\{+1,-1\}^n$，$\boldsymbol{C}_i = \boldsymbol{H}_i\boldsymbol{B}_i$，标量 $\gamma\in\mathbb{R}^+$，$\gamma=\alpha\beta$。上面的目标函数可以简化为

$$\gamma^*,\boldsymbol{C}^* = \arg\min_{\gamma,\boldsymbol{C}}\ \|\boldsymbol{Y} - \gamma\boldsymbol{C}\|$$

与前面的推导类似，这个问题的最优解为

$$\boldsymbol{C}^* = \mathrm{sgn}(\boldsymbol{Y}) = \mathrm{sgn}(\boldsymbol{X})\odot\mathrm{sgn}(\boldsymbol{W}) = \boldsymbol{H}^*\odot\boldsymbol{B}^*$$

由于 $|\boldsymbol{X}_i|$，$|\boldsymbol{W}_i|$ 相互独立并且 $\boldsymbol{Y}_i = \boldsymbol{X}_i\boldsymbol{W}_i$，因此有

$$E[|\boldsymbol{Y}_i|]=E[|\boldsymbol{X}_i||\boldsymbol{W}_i|]=E[|\boldsymbol{X}_i|]E[|\boldsymbol{W}_i|]$$

从而有

$$\gamma^* = \frac{\sum|\boldsymbol{Y}_i|}{n}=\frac{\sum|\boldsymbol{X}_i||\boldsymbol{W}_i|}{n}\approx\left(\frac{1}{n}\|\boldsymbol{X}\|_{L1}\right)\left(\frac{1}{n}\|\boldsymbol{W}\|_{L1}\right)=\beta^*\alpha^*$$

接下来可以根据卷积核以及待卷积图像构造出它们的卷积结果的二值化逼近值，从而完成二值化卷积运算。假设卷积核为张量 $\boldsymbol{W}$，卷积输入图像为张量 $\boldsymbol{I}$。在这里需要对图像中和卷积核尺寸相同的所有可能子张量（即卷积位置）计算缩放因子 $\beta$。显然这存在冗余计算，因为两个子张量和之间可能存在重叠。为了快速计算，可以首先计算如下矩阵：

$$\mathrm{A}=\frac{\sum|\boldsymbol{I}_{:,:,i}|}{c}$$

这是对输入张量的元素的绝对值按照通道这个维度计算的平均值。接下来用一个二维的滤波器 $\boldsymbol{k}$ 对 $\boldsymbol{A}$ 进行卷积：

$$\boldsymbol{K}=\boldsymbol{A}*\boldsymbol{k}$$

对 $\forall\, ij$ 有

$$\boldsymbol{k}_{ij}=\frac{1}{w\times h}$$

卷积结果包含了缩放因子。元素 $\boldsymbol{K}_{ij}$ 对应于中心位于 $(i,j)$ 处的子张量的缩放因子。在得到了权重的缩放因子 $\alpha$ 以及输入图像 $\boldsymbol{I}$ 的所有子张量的缩放因子 $\beta$ 之后，可以按照下式来计算二值化的卷积：

$$\boldsymbol{I}*\boldsymbol{W}\approx(\mathrm{sgn}(\boldsymbol{I})\otimes\mathrm{sgn}(\boldsymbol{W}))\odot\boldsymbol{K}\alpha$$

其中，$\otimes$为用 XNOR 和位计数实现的卷积运算。XNOR 为同或运算，其规则为如果两个运算数相同，则结果为 1，否则为 0。

在执行同或运算之后，统计 1 和 0 的个数，假设为 $n_1$ 和 $n_0$，则卷积结果为 $n_1-n_0$。相比用浮点运算实现卷积，这能极大地加快速度。XNOR 网络的训练和二值权重网络相同，不再重复介绍。

### 21.4.3 卷积核分离

卷积核分离[21,24]也可以有效减少卷积核参数和计算量，它将一个卷积核拆分成多个简单的卷积核实现（一般是更低维的卷积核），用简单的卷积核依次对数据进行卷积在效果上等同于标准的卷积。

文献[24]公开了一种称为 MobileNets 的网络模型，它针对移动端等嵌入式系统设计，通过卷积核分解达到减少模型参数、加快运行速度的目的。这种方法基于深度可分离的卷积，它将标准卷积运算分解成一个深度卷积和一个 1×1 的卷积。深度卷积将每个卷积核作用于每个通道，1×1 卷积用来合并通道卷积的输出。卷积核分离并不是一种新的技术，在数字图像处理中，这种技术就被经常使用，采用两个一维的卷积核可以达到和一个二维的卷积核同样的效果，但计算量更少，前提是二维的卷积核是可以分离的。

假设标准卷积运算的输入图像为 $D_F\times D_F\times M$，输出图像为 $D_G\times D_G\times N$，其中，$D_F$ 是输入图像的高度和宽度，$M$ 是输入图像的通道数，$D_G$ 是输出图像的高度和宽度，$N$ 是输出图像的通道数。在这里，输入和输出图像都是正方形的。

完成这个卷积运算的标准卷积运算的卷积核为 $D_K \times D_K \times M \times N$ 的张量，$D_K$ 为卷积核的高度和宽度，$M$ 为卷积核的通道数，$N$ 为卷积核的数量。假设步长为 1，卷积运算的计算公式为

$$G_{k,l,n} = \sum_{i,j,m} K_{i,j,m,n} \cdot F_{k+i-1,l+j-1,m}$$

其中，$\boldsymbol{G}$ 是卷积输出图像，$\boldsymbol{F}$ 是卷积输入图像，$\boldsymbol{K}$ 是卷积核。标准卷积的计算成本为

$$D_K \times D_K \times M \times N \times D_F \times D_F$$

卷积运算的计算量由卷积核的尺寸、输入图像的尺寸、输入图像的通道数、输出图像的通道数决定。

在这里对上面的卷积运算进行分解，拆分成逐深度卷积和逐点卷积，依次用它们进行卷积。逐深度卷积的卷积核为 $D_K \times D_K \times M$ 尺寸，其通道数等于输入图像的通道数。它分别作用于输入图像的每个通道，计算公式为

$$\hat{G}_{k,l,m} = \sum_{i,j} \hat{K}_{i,j,m} \cdot F_{k+i-1,l+j-1,m}$$

即用 $M$ 个 $D_K \times D_K$ 的卷积核分别作用于输入图像的每个通道，不进行通道累加。其中 $\hat{\boldsymbol{K}}$ 为卷积核，$\hat{\boldsymbol{G}}$ 为卷积输出图像。这一运算的成本为

$$D_K \times D_K \times M \times D_F \times D_F$$

输出图像为 $D_G \times D_G \times M$。接下来，用 $N$ 个 $1 \times 1 \times M$ 的卷积核对上一步的卷积结果，其中，卷积核的高度和宽度都为 1，有 $M$ 个通道。显然，这一步的计算成本为

$$D_F \times D_F \times M \times N$$

最后得到的图像为 $D_G \times D_G \times N$。这和标准卷积运算输出图像的尺寸相同。如果卷积核为 3×3，采用这种分离卷积的方案可以将计算量缩减为 1/8～1/9。

这个网络所有的卷积都用这种分离的方案实现。为了进一步加速计算，还使用了两个超参数对模型进行压缩。第一个参数称为宽度乘子 $\alpha$，其作用是减少图像的通道数。第二个参数称为分辨率乘子 $\rho$，其作用是减小图像的高度和宽度。两个参数的取值都在 0～1，由人工设定。更多的深度模型压缩与优化技术可以阅读文献[12-15]和文献[20-23]。

## 参考文献


[1] Christian Szegedy, Wojciech Zaremba, Ilya Sutskever, et al. Intriguing properties of neural networks. International Conference on Learning Representations, 2014.

[2] Anh Mai Nguyen, Jason Yosinski, Jeff Clune. Deep neural networks are easily fooled: High confidence predictions for unrecognizable images. Computer Vision and Pattern Recognition, 2015.

[3] Ian J Goodfellow, Jonathon Shlens, Christian Szegedy. Explaining and Harnessing Adversarial Examples. ICLR 2015.

[4] Pedro Tabaco, Eduardo Valle. Exploring the Space of Adversarial Images. International Joint Conference on Neural Network, 2016.

[5] Battista Biggio, Igino Corona, Davide Maiorca, et al. Evasion attacks against machine learning at test time. In Joint European Conference on Machine Learning and Knowledge Discovery in Databases, 2013.

[6] Dalvi Nilesh, Domingos Pedro, Sanghai Sumit, et al. Adversarial classification. In Proceedings of the tenth ACM SIGKDD international conference on Knowledge discovery and data mining, 2004.

[7] Nicolas Papernot, Patrick D Mcdaniel, Ian J Goodfellow, et al. Practical Black-Box Attacks against Deep Learning Systems using Adversarial Examples. arXiv: Cryptography and Security, 2016.

[8] Nicolas Papernot, Patrick D Mcdaniel, Ian J Goodfellow. Transferability in Machine Learning: from Phenomena to Black-Box Attacks using Adversarial Samples. arXiv: Cryptography and Security, 2016.

[9] Christian Szegedy, Vincent Vanhoucke, Sergey Ioffe, et al. Rethinking the Inception Architecture for Computer Vision. Computer Vision and Pattern Recognition, 2016.

[10] Yingce Xia, Di He, Tao Qin, et al. Dual Learning for Machine Translation. Neural Information Processing Systems, 2016.

[11] Oriol Vinyals, Charles Blundell, Timothy P Lillicrap, et al. Matching Networks for One Shot Learning. Neural Information Processing Systems, 2016.

[12] Xiang Li, Tao Qin, Jian Yang, et al. LightRNN: Memory and Computation-Efficient Recurrent Neural Networks. Neural Information Processing Systems, 2016.

[13] Song Han, Huizi Mao, William J Dally. Deep Compression: Compressing Deep Neural Networks with Pruning, Trained Quantization and Huffman Coding. International Conference on Learning Representations, 2016.

[14] Hao Li, Asim Kadav, Igor Durdanovic, et al. Pruning Filters for Efficient ConvNets. arXiv: Computer Vision and Pattern Recognition, 2016.

[15] Yi Sun, Xiaogang Wang, Xiaoou Tang. Sparsifying Neural Network Connections for Face Recognition. Computer Vision and Pattern Recognition, 2016.

[16] Mohammad Rastegari, Vicente Ordonez, Joseph Redmon, et al. XNOR-Net: ImageNet Classification Using Binary Convolutional Neural Networks. European Conference on Computer Vision, 2016.

[17] Matthieu Courbariaux, Itay Hubara, Daniel Soudry, et al. Binarized Neural Networks: Training Deep Neural Networks with Weights and Activations Constrained to +1 or -1. arXiv: Learning, 2016.

[18] Yihui He, Xiangyu Zhang, Jian Sun. Channel Pruning for Accelerating Very Deep Neural Networks, 2017.

[19] Han Song, Pool Jeff, Tran John, et al. Learning both weights and connections for efficient neural networks. In Advances in Neural Information Processing Systems, 2015.

[20] Denton E L, Zaremba W, Bruna J, et al. Exploiting linear structure within convolutional networks for efficient evaluation. In Advances in Neural Information Processing Systems, 2014: 1269-1277.

[21] Jaderberg M, Vedaldi A Zisserman A. Speeding up convolutional neural networks with low rank expansions. arXiv: 1405. 3866, 2014.

[22] Qinyao He, He Wen, Shuchang Zhou, et al. Effective Quantization Methods for Recurrent Neural Networks, 2016.

[23] Shuchang Zhou, Yuxin Wu, Zekun Ni, et al. DoReFa-Net: Training Low Bitwidth Convolutional Neural Networks with Low Bitwidth Gradients, 2015.

[24] Andrew G, Howard, Menglong Zhu, et al. MobileNets: Efficient Convolutional Neural Networks for Mobile Vision Applications, 2017.

[25] Wolpert, D H, Macready W G. No Free Lunch Theorems for Optimization. IEEE Transactions on Evolutionary Computation, 1997.

[26] Lutz P. Automatic early stopping using cross validation: quantifying the criteria. Neural Networks, 1998.

[27] Kawaguchi K, Kaelbling L P, Bengio. Generalization in deep learning, 2017.

[28] Chiyuan Zhang, Samy B, Moritz H, et al. Understanding deep learning requires rethinking generalization. international conference on learning representations, 2017.

# 附录 A

# 各种机器学习算法的总结

### 贝叶斯分类器(第 4 章)

核心:将样本判定为后验概率最大的类。

贝叶斯分类器直接用贝叶斯公式解决分类问题,分类的规则是将样本归到后验概率最大的那个类。训练时确定先验概率分布(类条件概率)的参数,一般用最大似然估计。贝叶斯分类器是一种非线性的生成模型,可以处理多分类问题。

### 决策树(第 5 章)

核心:一组嵌套的判定规则。

决策树是一组嵌套的 if-else 判定规则,其映射函数是分段常数函数,对应于用平行于坐标轴的平面对空间的划分。决策树的这些规则通过训练样本学习得到,递归地创建树,首先用整个训练样本集训练根节点,然后用分裂的训练样本集分别训练左子树和右子树。决策树是一种非线性的判别模型,既支持分类问题,也支持回归问题,它天然地支持多分类问题。

### kNN 算法(第 6 章)

核心:模板匹配,将样本判定为离它最相似的那些训练样本所属的类。

kNN 算法没有训练过程,预测寻找距离待预测样本最近的 $k$ 个邻居,然后统计这些邻居所属的类,将样本判定为训练样本数最多的那个类。kNN 算法是一种非线性的判别模型,既支持分类问题,也支持回归问题,它天然地支持多分类问题。

### 主成分分析(第 7 章)

核心:向重构误差最小的方向做线性投影。

主成分分析将向量线性投影到低维空间,确定投影方向的依据是最小化重构误差。主成分分析是一种无监督学习算法,是线性降维算法。

### 局部线性嵌入(第 7 章)

核心:用一个样本点所有邻居点的线性组合近似重构这个样本,将样本投影到低维空间中以后依然保持这种线性组合关系。

局部线性嵌入将向量投影到低维空间中,并保持数据点之间的局部线性关系。其核心思想是每个点都可以由与它相邻的多个点的线性组合来近似,投影到低维空间之后要保持这种线性重构关系,即有相同的重构系数。局部线性嵌入是一种无监督学习算法,是非线性降维算法。

### 等距映射(第 7 章)

核心:将样本投影到低维空间之后依然保持相对距离关系。

等距映射使用了测地线和测地距离的概念,它将向量投影到低维空间之后能够保持流形上的测地线距离。直观来看,就是投影到低维空间之后,还要保持相对距离关系,即投影之前距离远的点,投影之后还要远;投影之前相距近的点,投影之后还要近。等距映射是一种无监督学习算法,是非线性降维算法。

### 线性判别分析(第 8 章)

核心:向最大化类间差异、最小化类内差异的方向线性投影。

线性判别分析是有监督的线性降维算法,它确保将样本向量线性投影到低维空间之后,同类样本的差异尽可能小,不同类样本间的差异尽可能大。

### 人工神经网络(第 9 章)

核心:多层的复合函数。

神经网络本质上是一个多层的复合函数,由激活函数保证其映射函数的非线性。训练算法的核心是计算损失函数对各层参数的梯度值,即反向传播算法,此算法由多元复合函数求导的链式法则导出。反向传播算法从输出层开始,递推地根据后一层的误差项计算本层的误差项,然后根据误差项计算损失函数对本层参数的梯度值,最后用梯度下降法进行参数更新。神经网络是一种非线性的有监督学习算法,它既可以用于分类问题,也可以用于回归问题,天然地支持多分类问题。

### 支持向量机(第 10 章)

核心:最大化分类间隔的线性分类器(不考虑核函数)。

支持向量机的目标是寻找一个分类超平面,它不仅能正确地分类所有训练样本,并且要使得每一类样本中距离超平面最近的样本到超平面的距离尽可能远。通过使用核函数,支持向量机将向量非线性地映射到高维空间,使得其更可能线性可分。实现的时候,通过拉格朗日对偶转化为对偶问题求解,采用了高效的 SMO 算法,这是一种分治法。支持向量机是一种非线性的判别模型,它既可以用于分类问题,也可以用于回归问题。

### logistic 回归(第 11 章)

核心:从样本向量预测出它属于正负样本的概率。

logistic 回归用于二分类问题,先对向量做线性映射,然后用 logistic 函数进行映射,得到它属于正样本的概率。模型的参数通过最大似然估计确定。logistic 回归是一种线性的判别模型,它是分类算法而不是回归算法。

### 随机森林(第 12 章)

核心:用有放回抽样的样本训练多棵决策树,训练决策树的每个节点时只用了随机抽取的部分特征，预测时对这些树的预测结果进行投票。

随机森林是一种集成学习算法，由多棵决策树组成。这些决策树用从训练样本集又放回的随机抽样构造出的样本集训练得到。训练决策树的每个内部节点时，还对特征向量的分量随机抽样，只使用了部分特征。预测时，用所有决策树的预测结果进行投票，得到最终的结果。随机森林是一种非线性判别模型，既支持分类问题，也支持回归问题，并且支持多分类问题。

### AdaBoost 算法(第 13 章)

核心：用多课决策树的加权和进行预测，训练时重点关注错分的样本，准确率高的弱分类器权重大。

AdaBoost 算法是一种集成学习算法，用多个弱分类器的线性加权组合构造强分类器。训练时，样本带有权重值，算法依次训练每个弱分类器，确定它们的权重。准确率高的弱分类器权重大，被错分的训练样本增大权重，否则减小权重。训练算法通过广义加法模型和指数损失函数导出。标准的 AdaBoost 算法是一种非线性判别模型，只支持二分类问题。

### 卷积神经网络(第 15 章)

核心：共享权重的多层复合函数。

卷积神经网络在本质上也是一个多层复合函数，与全连接神经网络不同的是它的某些权重参数是共享的，另外它还使用了池化层。通过卷积层和池化层自动抽取图像在各个尺度上的特征。训练时同样采用了反向传播算法。卷积神经网络是一个非线性判别模型，它既可以用于分类问题，也可以用于回归问题，并且支持多分类问题。

### 循环神经网络(第 16 章)

核心：综合了复合函数和递推数列的一个函数。

循环神经网络是一种具有记忆功能的神经网络，用于序列预测问题。每个时刻的输出值不仅由当前时刻的输入值确定，还由上一个时刻的状态值决定。它的训练样本是一个向量序列，训练时采用了 BPTT 算法，误差项沿着时间轴反向传播。循环神经网络是一个非线性判别模型，既支持分类问题，也支持回归问题，并且支持多分类问题。

### 生成对抗网络(第 17 章)

核心：生成对抗网络用于随机数据的生成，它由一个生成器和一个判别器组成，训练时二者相互竞争，使得生成器生成的数据和真实样本数据具有同样的概率分布。

生成对抗网络是一种用于生成随机数据的算法，它由一个生成器和一个判别器构成。生成器负责生成随机数据，判别器用于判断数据是生成器生成的还是真实样本。训练时，二者相互竞争，生成器要让生成的数据尽可能和真实样本同分布而难以区分，即让判别模型无法正确地鉴别。判别模型的目标是尽可能正确地鉴别一个数据是真实数据还是生成器生成的。训练时系统达到均衡，预测时，只使用生成器进行数据生成。

### *k* 均值算法(第 18 章)

核心：把样本分配到离它最近的类中心所对应的类，类中心由属于这个类的所有样本确定。

*k* 均值算法是一种无监督算法，是聚类算法。算法将每个样本分配到离它最近的那个类中心所对应的类，而类中心的确定又依赖于样本的分配方案，二者存在循环依赖。求解时，先随机生成类中心，然后在每次迭代时先将样本分配到离它最近的类中心，然后根据这个分配方案更新类中心向量，反复迭代直至收敛。

### EM 算法(第 18 章)

核心：EM 算法用于求解带有隐变量的概率密度函数的参数估计问题。算法通过 Jensen 不等式构造出对数似然函数的一个下界函数，然后优化此下界函数得到参数的估计值，接下来根据参数的新估计值构造新的下界函数，如此反复，直至收敛到对数似然函数的极值点。

EM 算法用于求解带有隐变量的概率密度函数的参数估计问题，因为隐变量的存在，无法直接求得对数似然函数极大值的公式解。算法首先给出参数的一个估计值，然后通过 Jensen 不等式根据它构造对数似然函数的下界函数，在参数的当前值点处，下界函数的值和对数似然函数的值相等。然后优化对数似然函数，求其极大值，得到新的参数估计值。接下来用新的参数估计值构造新的下界函数，如此交替，直至收敛到对数似然函数的极大值点处。

### DBASCAN 算法(第 18 章)

核心：DBSCAN 是一种基于密度的聚类算法，算法从样本分布密集的核心点开始扩展，反复将样本密集的点加入到本簇，直到到达簇的边界。

DBSCAN 算法将样本分布密集的各个区域作为簇，从各个种子点开始，依次生成每个簇。在生成每个簇的过程中，以种子点为起点，这是样本分布密集(即周围的邻域内有大量样本点)的点，逐步向样本分布密集的点进行扩张，直到到达每个簇的边界处。不属于任何一个簇的点为噪声点。

# 附录 B

## 梯度下降法的演化关系（见第 15 章）

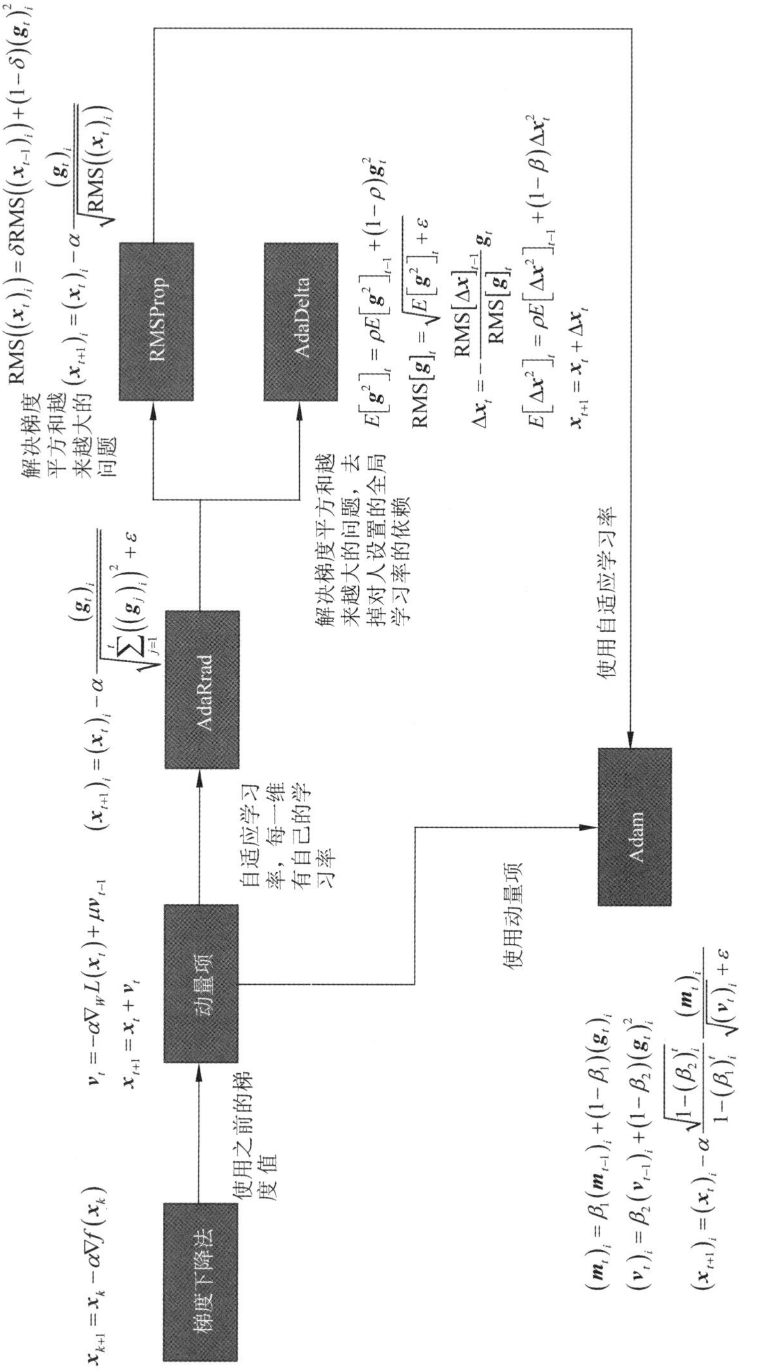